燃煤烟气非碳基
吸附剂脱汞原理

张军营　赵永椿　刘　晶
李海龙　杨建平　著

科学出版社
北　京

内 容 简 介

我国是煤炭消费大国，也是人为汞排放大国，对燃煤烟气汞污染的防治已经成为我国的重大战略需求和研究热点。本书详细论述燃煤烟气中汞的多相氧化反应动力学，阐明SCR脱硝催化剂对汞的非均相催化氧化机理，揭示湿法脱硫系统中汞的再释放及控制机制，介绍系列廉价高效的非碳基脱汞吸附剂，并揭示汞的氧化和吸附机制，提出光催化烟气脱汞技术，开发新型的光催化脱汞材料及反应器，阐明超低排放燃煤电厂汞的迁移转化和排放行为。本书融入作者多年来的研究思想和成果，兼具理论性、资料性和实践性，以期推动该领域科研和技术的发展。

本书可作为热能工程、火力发电、环境保护和化学工程等专业的教师、研究生和本科生的教学参考用书，也可供能源、煤炭、电力、环保和化工等行业的科研人员、工程技术人员和管理人员参考。

图书在版编目(CIP)数据

燃煤烟气非碳基吸附剂脱汞原理/张军营等著. —北京：科学出版社，2020.9

ISBN 978-7-03-064266-0

Ⅰ.①燃… Ⅱ.①张… Ⅲ.①煤烟污染-汞-废气处理-研究 Ⅳ.①X701.7

中国版本图书馆CIP数据核字(2020)第017693号

责任编辑：刘宝莉 陈 婕 罗 娟 / 责任校对：王萌萌
责任印制：师艳茹 / 封面设计：王 浩

科学出版社 出版
北京东黄城根北街16号
邮政编码：100717
http://www.sciencep.com
河北鹏润印刷有限公司 印刷
科学出版社发行 各地新华书店经销
*
2020年9月第 一 版 开本：720×1000 1/16
2020年9月第一次印刷 印张：34 3/4
字数：682 000

定价：268.00元

(如有印装质量问题，我社负责调换)

前　言

煤炭是我国的基础能源，煤炭的大量消耗给人类的生存环境和人体健康造成了严重的危害。在燃煤排放的众多大气污染物中，汞具有强挥发性、持久性、长距离输运性及生物累积性，被视为全球性剧毒污染物。联合国环境规划署发布的《2018年全球汞评估报告》指出，2015年全球人为汞排放达2150t，比2010年增加12%，其中，煤燃烧是最大的人为汞排放源之一，约占全球汞排放总量的22.4%。全球汞污染已经成为人类面临的最大环境问题之一。有关汞的排放和控制已经成为燃烧污染领域中一个新兴且前沿的研究领域。

为了保护环境，实现可持续发展，我国在2011年颁布了国家标准GB 13223—2011《火电厂大气污染物排放标准》，规定燃煤锅炉汞的排放限值为30$\mu g/m^3$，但是，该排放限值与发达国家标准中的限值还有较大差距。2014年9月，我国国家发展和改革委员会、环境保护部、国家能源局联合印发了《煤电节能减排升级与改造行动计划(2014—2020年)》，国内燃煤电厂掀起了超低排放改造的热潮。现有燃煤电厂经超低排放技术改造后，汞排放浓度可低至1～10$\mu g/m^3$，完全能满足现行国家标准GB 13223—2011中规定的排放限值。2017年8月16日，具有全球法律约束力的《关于汞的水俣公约》正式生效。在保护环境与履行汞公约的双重压力下，我国对燃煤机组烟气汞的控制必将越来越严格。届时，继烟尘、二氧化硫、氮氧化物超低排放之后，汞超低排放也必将被列入燃煤电厂减排目标中。此前，我国已将汞公约的履约目标和任务列入《"十三五"生态环境保护规划》中，但我国燃煤电厂汞控制技术及政策滞后，目前还没有成熟、经济、高效的燃煤烟气脱汞技术。鉴于此，研发具有我国自主知识产权、高效经济的燃煤电厂脱汞技术，不仅能切实减少汞污染对生态环境和人类健康的危害，而且能有效缓解我国履行国际公约的汞减排压力，更是燃煤电厂未来超低排放总体目标中不可分割的重要部分。

20世纪90年代以来，作者先后在国家重点基础研究发展计划项目、国家高技术研究发展计划项目、国家重点研发计划项目以及国家自然科学基金项目等的支持下，针对煤燃烧过程中汞的分布、赋存、迁移、排放和控制，开展了卓有成效的研究。2010年，作者出版了《煤燃烧汞的排放及控制》一书，该书系统介绍了煤及其燃烧产物中汞的分析方法，论述了煤中汞的分布和形态转化，阐明了煤燃烧过程中汞的化学反应动力学机理，描述了燃煤电厂汞的排放行为，揭示了燃煤飞灰与汞的相互作用机制，为发展新型脱汞吸附剂和脱汞方法奠定了基础。近年来，作者继续在燃煤烟气脱汞，尤其是非碳基吸附剂脱汞方面，开展更加深入系统的研究，积累了大量重要的基础数据，发现了一些颇具价值的现象和规律，提出了一些新的学术观点和方法，这些工作为撰写本书奠定了基础。

本书的特色和创新之处主要表现在：

(1) 系统阐述燃煤烟气中汞的多相氧化反应动力学。建立燃煤烟气中 Hg/Cl/Br 复杂体系、飞灰中活性组分耦合的多相氧化反应动力学模型，克服以往动力学研究中将汞的均相、非均相反应机理分开研究的不足，阐明燃煤烟气中汞形态转化的主要反应路径，为实现煤燃烧中汞向易于控制形态的转化提供依据。

(2) 应用密度泛函理论揭示 SCR 催化剂对汞的吸附和氧化反应机理。阐明 SCR 催化剂表面的分子结构、不同活性位对汞吸附及氧化性能的关系，分析汞在 SCR 催化剂表面上的催化氧化反应路径，揭示烟气成分对汞在 SCR 催化剂表面的竞争、协同影响机制。

(3) 揭示系列新型 SCR 催化剂对汞的催化氧化机制。在理论研究的基础上，对新型的 V_2O_5-TiO_2 基、CeO_2-TiO_2 基、MnO_x-TiO_2 基 SCR 催化剂进行系统的脱汞研究，分析催化剂组成、反应条件、烟气成分等对汞催化氧化的影响。新型 SCR 催化剂具有高效氧化汞、宽温度窗口等特点，为开发新型 SCR 催化剂协同控制烟气中汞的排放奠定了基础。

(4) 探究湿法脱硫系统中汞的还原释放及抑制方法。研究 WFGD 浆液中 Hg^{2+} 再释放机制及影响因素，获得 WFGD 系统高效脱汞运行参数；研究脱硫产物中汞的分布、赋存形态和浸出特性，评价 WFGD 系统的汞固定能力，为实现 WFGD 系统高效协同脱汞的工业应用奠定了基础。

(5) 提出系列非碳基吸附剂脱汞思路。对新型矿物和飞灰吸附剂的脱汞性能进行详细研究，分析吸附剂特性、反应条件、烟气组分以及各种改性方法对汞脱除能力的影响，探讨吸附剂对汞的吸附机制，建立非碳基吸附剂脱汞的动力学模型，开发新的燃煤烟气汞排放控制技术，提出高效的失活吸附剂再生方法。

(6) 开发新型的光纤型光催化反应器。研究纳米 TiO_2 复合物、钛基纳米纤维、Ce 掺杂 TiO_2 纳米纤维的光催化脱硝脱汞能力，分析影响光催化脱汞性能的主要因素，揭示 TiO_2 基纳米材料光催化脱汞机理；开发新型的蜂窝陶瓷光纤反应器，获得最优的反应器设计参数，评价新型 TiO_2 基纳米材料光催化脱汞性能。

(7) 掌握超低排放燃煤机组汞排放控制规律。分析各污染物控制装置(如 SCR、LTE、ESP、FGD、WFGD 及 WESP 等装置)对汞形态转化的影响，以及对汞的协同脱除性能和机理；全面分析汞在固、液、气中的分布规律，阐述 ESP、WFGD、WESP 对汞的脱除机理，获得污染物控制装置对汞的协同控制优化策略，研究结果对电厂合理控制汞排放具有指导意义。

全书由张军营、赵永椿、刘晶、李海龙、杨建平分工执笔完成。具体分工如下：第 1 章由杨建平撰写，第 2 章和第 3 章由刘晶撰写，第 4 章由李海龙撰写，第 5 章和第 6 章由张军营撰写，第 7 章由张军营和赵永椿撰写，第 8 章和第 9 章由赵永椿和杨建平撰写。全书由张军营和杨建平统稿。常林、张世博、杨应举、王路路、刘欢等博士研究生参与了前期资料整理工作。

燃煤汞排放及控制已经引起世界各国的高度关注。我国国内有关煤燃烧汞的排放控制的研究是近些年才逐渐展开的，人们对汞的排放规律和控制机理的探索与认识也在不断地深入和完善。囿于作者有限的知识视野和学术水平，书中难免存在不妥之处，诚望读者斧正。

目　　录

第1章　绪　　论

1.1　汞的排放及污染现状

1.1.1　汞的危害

汞是一种神经毒物，具有生物累积性，对人体健康威胁很大。煤中的汞及其化合物在燃烧过程中会释放到大气中，大量的汞沉降到水体和土壤中，它们不能被微生物降解，发生生物反应后形成毒性很大的甲基汞，在鱼类和其他生物体内富集后会循环进入人体，对人体健康造成极大的危害。

无机汞主要通过呼吸系统进入人体，其毒性主要表现为神经毒性和肾脏毒性，对汞蒸气暴露最敏感的器官大脑中枢神经系统产生影响，可导致人体运动失调、语言障碍等，还会引起肝脏和肾脏损害甚至衰竭。甲基汞主要通过食物（尤其是鱼类）进入人体，其毒性主要表现为神经毒性，主要入侵中枢神经系统，可造成语言和记忆力障碍，其损害的主要部位是大脑的枕叶和小脑。食用富含甲基汞的海水产品后，甲基汞会进入胃中与胃酸作用，产生氯化甲基汞，经过肠道吸收进入血液，从而使人患有水俣病等疾病。不同种类的汞的毒性以有机汞化合物的毒性最大，汞中毒以甲基汞致病最为严重，环境中任何一种形式的汞均可在一定条件下转化为甲基汞。日本的水俣病事件，从1953年发现第一个水俣病患者，到1972年总共发现283个病例，其中已有60多人死亡。汞危害问题已引起国际环境组织、卫生界的高度重视。汞具有高挥发性和低水溶性，且在环境大气中可停留长达半年至两年，极易通过环境大气长距离输送至全球各地，形成全球性污染，对人类和环境造成极大危害。

1.1.2　汞污染现状

大气中汞的来源主要分为两类：自然释放源和人为释放源。自然释放源包括火山活动、表层土壤、植物、岩石、森林火灾等，它向大气中释放的汞占大气总汞排放量的1/3～1/2[1]。人为释放源包括化石燃料（煤、石油和天然气）燃烧、城市垃圾和医疗垃圾的焚烧、黄金等有色金属的开采及冶炼、水泥生产以及含汞产品的使用。20世纪以来，大气汞的释放量与工业化前相比，一直保持较高的水平；20世纪后半叶，因人为活动的影响，全球汞的释放量和冰芯中汞的质量浓度都呈现出稳定增长的趋势。270年的冰芯记录显示，人为汞释放量占汞释放总量的52%，近100年增加了 72%[2]。图 1.1 为 2010 年全球不同行业人为汞源组成，由图可以发现，煤燃烧和冶金是主要的人为汞释放源。

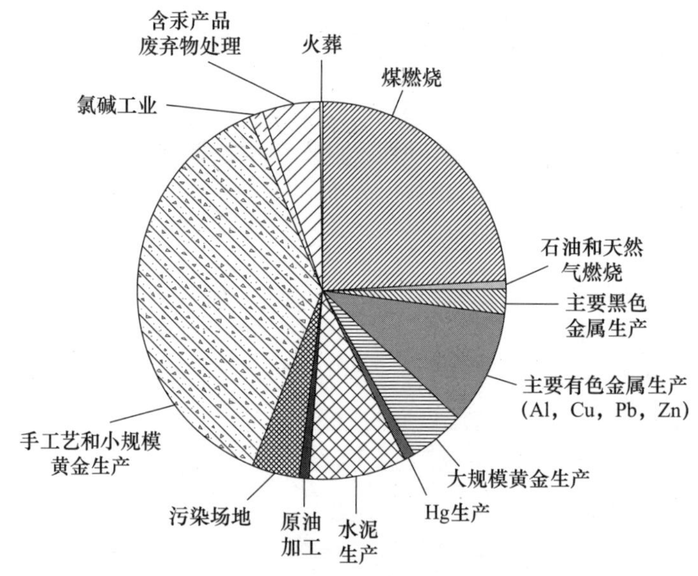

图 1.1　2010 年全球不同行业人为汞源组成[1]

根据联合国环境规划署(United Nations Environment Programme，UNEP)发布的《2013 年全球汞评估报告：来源排放、释放和环境迁移》，2010 年全球人为汞释放量约为 1960t，但是全球汞释放量显示出地域不均衡性[1]。人为汞释放源主要分布在北半球，包括亚洲东部及东南部、欧洲中部、非洲北部近地中海地区、北美洲东南部等，其中亚洲地区释放到大气中的汞约占全球汞释放总量的 50%。中国作为全球最大的煤炭资源消耗国，汞的释放量占亚洲东部及东南部汞释放总量的 3/4[1]。如图 1.2 所示，欧洲和北美洲的人为汞释放量呈逐年减少的趋势，而亚洲人为汞释放量逐年

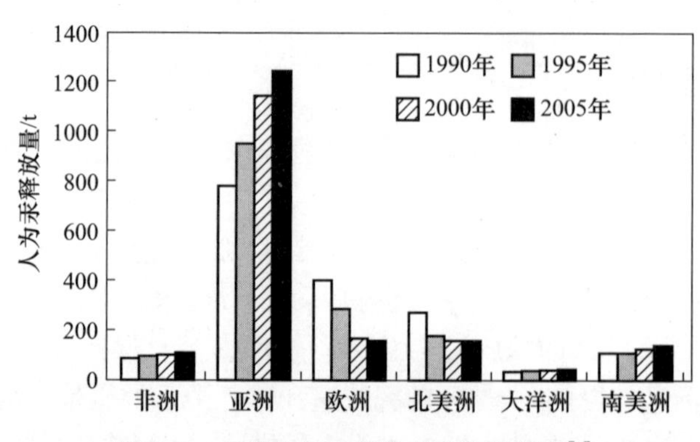

图 1.2　全球人为汞释放量变化趋势图[1]

递增，其原因主要是亚洲地区经济持续快速发展，煤炭消耗量大幅增加，加之金属冶炼、氯碱工业、水泥行业的快速发展，导致汞释放量增加。

中国是煤炭消费大国，也是人为汞释放大国。近年来，我国学者开始重视汞污染情况的调查研究工作。Liang 等[3]的研究表明，2007 年中国人为汞排放总量为 794.9t，从生产过程的角度来看，最主要的人为汞释放源分别为火力发电(357.7t)、黄金生产(151.6t)、水泥生产(118.3t)、锌生产(46.2t)、铅生产(30.5t)、生物质燃烧(26.9t)和生铁生产(23.8t)，分别占人为汞释放总量的 45.0%、19.1%、14.9%、5.8%、3.8%、3.4%和 3.0%，如图 1.3(a)所示。另外，荧光灯生产也释放了 14.1t 汞，占人为汞释放总量的 1.8%，这部分人为汞释放源主要集中在我国沿海地区，如广东、浙江、江苏、福建等地。从产品角度来看，主要的人为汞释放源分别为金属生产(282.3t)、电能和热能生产(215.2t)、非金属矿物产品生产(135.4t)，分别占人为汞释放总量的 35.5%、27.1%和 17.0%，如图 1.3(b)所示。

联合国环境规划署 2013 年的报告指出，2010 年中国由燃煤引起的汞释放量，占全球燃煤汞释放总量的 1/3，由燃煤释放的汞主要来源于电力和工业生产[1]。此外，Mukherjee 等[4]在 2008 年指出，中国煤中汞平均含量为 0.19～1.95μg/g，高于世界平均水平(0.02～1μg/g)。因此，中国由燃煤引起的汞污染日益严重。

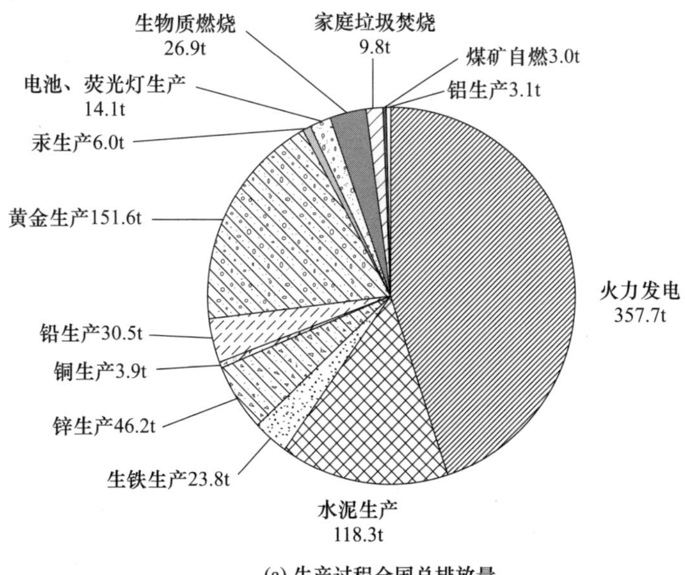

(a) 生产过程全国总排放量

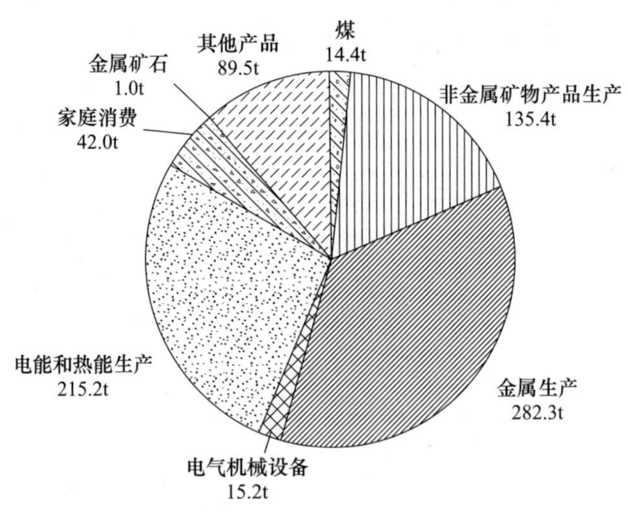

(b) 产品全国总排放量

图 1.3　中国人为汞释放源分布[3]

Wu 等[5]统计了 1978 年、2000 年、2010 年和 2014 年中国各省(自治区、直辖市)的人为汞释放量,发现 1978 年,中国中南地区汞释放量占了最大份额,达 23%;西北地区汞释放量最少,为 8%左右;其他地区基本接近,为 16%～19%。辽宁省汞释放量最大,达 17t,约占全国的 12%,其中主要的释放源为 Zn/Pb 冶炼、燃煤电厂、燃煤工业锅炉。2000 年,中南地区和华东地区汞释放量分别增加到 20%和 31%,东北地区汞的释放量从 1978 年的 16%降低到 7%。2010 年,全国各地区汞的释放量均有所增加,其中,华东地区因水泥业的迅速发展,其汞的释放量增加到 24%;山东和江苏两省的汞释放量增加最多,达到 46t 和 32t,其他省(自治区)如河南、河北、云南、湖南、内蒙古等汞的释放量也均超过 30t。2014 年,华东和中南地区汞的释放量达到 26%和 28%,其中以河南和云南两省的释放量最高。

冯新斌等[6]、王起超等[7]、蒋靖坤等[8]分别计算了中国燃煤汞排放量,他们采用的煤中汞含量均高于中国煤种资源数据库中的值,因而计算出的汞排放量普遍偏高。中国作为世界上最大的煤炭消费国,煤炭燃烧所导致的汞污染问题日益严重,随着《关于汞的水俣公约》的生效,国际上对我国汞的排放十分关注。由于我国燃煤电厂中汞的排放和控制相关研究才刚起步,系统测试的电厂很少,加之我国燃煤电厂燃用煤种多变,燃烧设备和污染物净化装置差别较大,我国燃煤电厂汞排放量的计算值与实际值还存在很大误差,因此,准确地计算煤中汞含量和燃煤所引起的汞排放量至关重要。清华大学王书肖团队采用“燃煤大气汞排放因子概率模型”建立了我国燃煤部门 2010 年和 2012 年的大气汞排放清单,评估了《大气污染防治行动计划》(简称《大气十条》)对燃煤部门大气汞排放的协同控制效果;同时,采用情景分析方法,对 2020 年和 2030 年我国燃煤部门的大气汞排放情况进行预测,分析了未来不同污染物控制措施的减排效果[9]。他们的研究结果如图 1.4 所示，2010 年中国燃煤电厂、燃煤工业锅炉和民用燃煤炉灶的大气汞排放量的估计值分别为 100.0t、72.5t 和 18.0t；2012 年中国燃煤电厂、燃煤工业锅炉和民用燃煤炉灶的大气汞排放量的估计值分别为 93.8t、75.7t 和 17.5t。燃煤电厂和燃煤工业锅炉在《关于汞的水俣公约》所列的 5 类重点管控大气汞排放点源之中，而民用燃煤炉灶由于缺少污染物控制设备，其大气汞排放情况也较为严重。

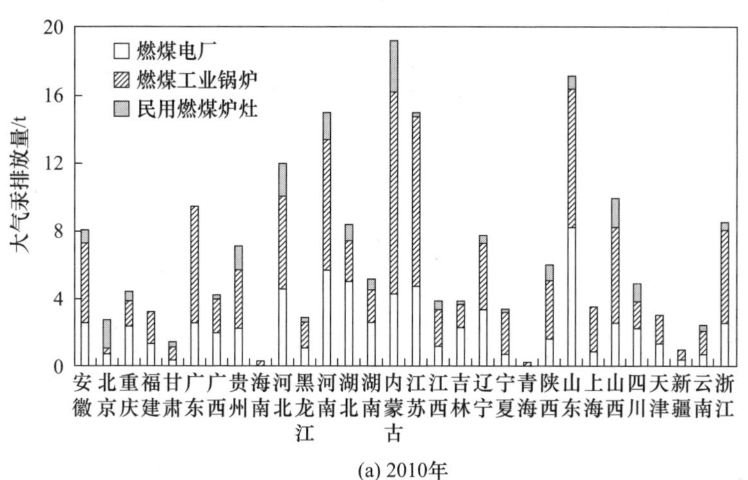

(a) 2010年

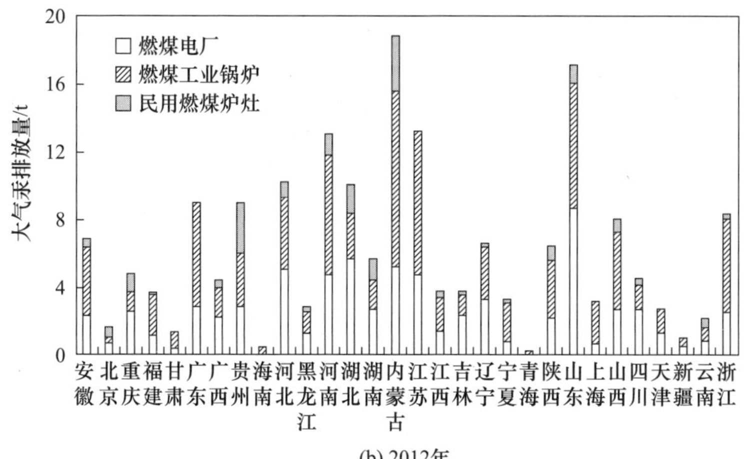

(b) 2012年

图 1.4　中国燃煤部门部分省市(自治区、直辖市，不包括港、澳、台)大气汞排放量[9]

在《大气十条》的约束下，到 2017 年，我国燃煤部门大气汞排放量比 2012 年减少 92.5t，其中，燃煤电厂、燃煤工业锅炉和民用燃煤炉灶分别减排大气汞 46.3t、45.6t 和 0.6t。《大气十条》中的不同措施对燃煤电厂、燃煤工业锅炉和民用燃煤炉灶的大气汞排放的协同脱除效果如图 1.5 所示，其中能源结构调整对大气汞的协同

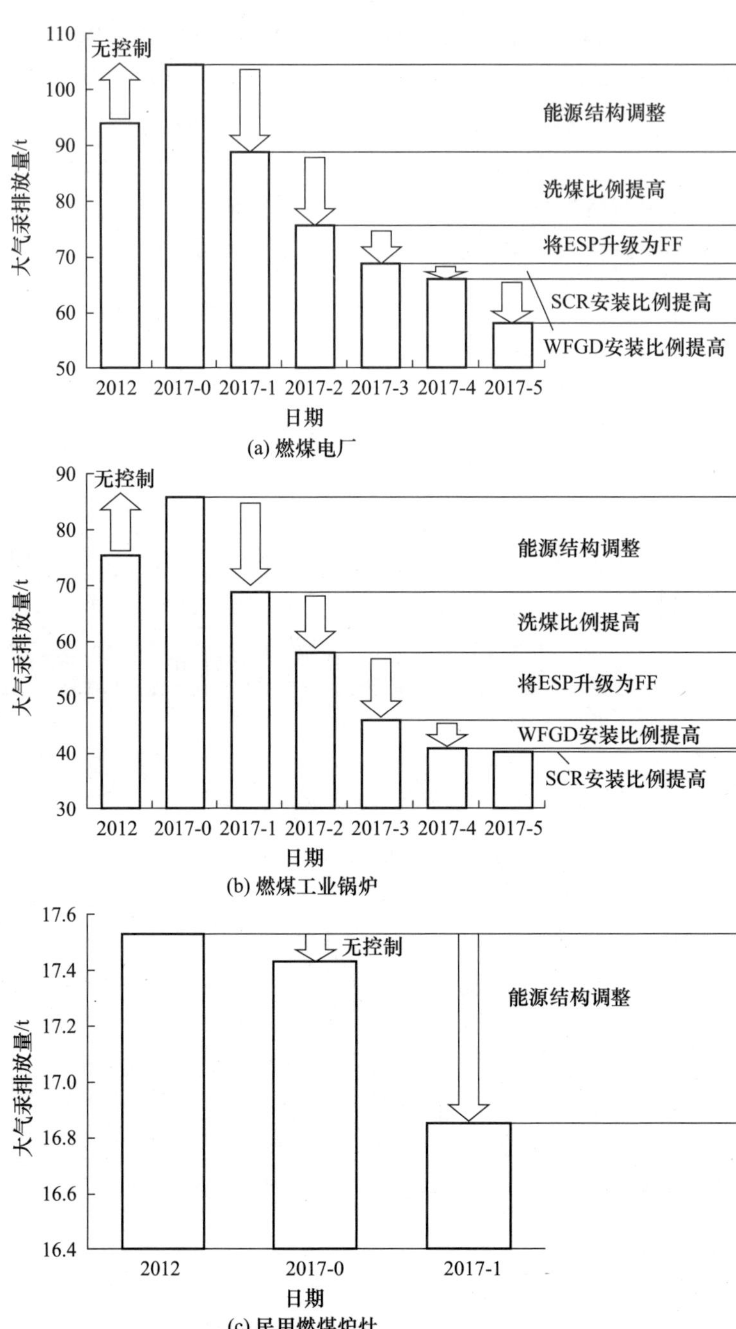

图 1.5 不同措施对各污染源大气汞排放的协同脱除效果[9]

ESP—静电除尘器；FF—袋式除尘器；WFGD—湿法烟气脱硫装置；SCR—选择性催化还原脱硝装置；2017-0—实施《大气十条》之前；2017-1～2017-5—不同的控制情景

脱除效果最为显著，分别协同脱除了燃煤电厂16.0t和燃煤工业锅炉17.3t的大气汞，而民用燃煤炉灶的大气汞减排全部来自能源结构调整的协同控制作用。在最佳估计情景下，2020年和2030年燃煤部门大气汞排放量分别为128.5t和80.0t，与2010年相比分别降低了33%和58%；在最严格控制情景下，2020年和2030年燃煤部门大气汞的排放量分别为103.2t和50.9t，相较2010年分别下降了46%和73%。为履行《关于汞的水俣公约》，我国应制定燃煤部门的大气汞减排目标。对于燃煤电厂，2020年和2030年的减排目标可以分别设定为比2010年降低25%和50%～70%；对于燃煤工业锅炉，2020年和2030年的大气汞减排目标可以分别设定为比2010年降低30%～50%和50%～70%；对于民用燃煤炉灶，2020年和2030年的大气汞减排目标可以分别设定为比2010年降低5%～15%和10%～25%。

1.2 汞排放标准

1.2.1 部分国家与地区的汞排放标准

近年来，随着燃煤污染问题的严重和人类环保意识的增强，燃煤造成的汞污染问题开始得到重视，世界各国和地区制定了许多限制汞排放的标准。

1. 美国

2000年12月，美国国家环境保护署(Environmental Protection Agency, EPA)宣布开始控制燃煤电厂锅炉烟气中汞的排放；2005年3月15日，美国政府发布了《清洁空气汞控制法规》(Clean Air Mercury Rule, CAMR)，计划将汞的排放量降低过程分为两个阶段：第一阶段，2010年将汞排放量从48t降低到38t，减排率为21%，主要是依靠在CAMR约束下的脱硫和脱硝装置对汞的协同脱除作用来降低汞的排放；第二阶段，到2018年最终达到70%的汞排放控制率。虽然2008年2月美国联邦上诉法院取消了CAMR，但是，责成EPA制定了更严格的汞排放控制法规，要求燃煤电厂汞排放标准的制定必须采用“最大可实现控制技术”，即根据汞排放最少12%的电厂的总平均值为基础来制定。之后美国没有再发布统一的汞排放法规，各州根据自身情况制定了更为严格的汞排放限值，如表1.1所示。

表1.1 美国部分州汞减排规定

州名	实施时间	规定
马萨诸塞州	2012年10月	脱汞效率≥95%或≤0.0025lb[①]/(GW·h)
康涅狄格州	2008年7月	脱汞效率≥90%

续表

州名	实施时间	规定
威斯康星州	至 2015 年	脱汞效率≥75%
	至 2018 年	脱汞效率≥80%
	至 2020 年	脱汞效率≥90%
伊利诺伊州	2009 年 7 月 1 日	脱汞效率≥90%或≤0.0080lb/(GW·h)
宾夕法尼亚州	至 2010 年	脱汞效率≥80%或≤0.024lb/(GW·h),禁止汞排放交易
	至 2015 年	脱汞效率≥90%或≤0.012lb/(GW·h),禁止汞排放交易
印第安纳州		遵守《清洁空气汞排放控制法规》
南卡罗来纳州		遵守《清洁空气汞排放控制法规》

① 1lb=0.453592kg。

由于缺乏统一的标准和监管规范,美国 EPA 于 2011 年 3 月 16 日首次对外发布了电厂汞及其有毒有害气体排放标准的征求意见稿,并于 2011 年 12 月 16 日发布了针对燃煤电厂包括汞在内的有毒气体的排放标准《汞和有毒空气污染物排放标准》(Mercury and Air Toxics Standards,MATS),规定现有和新建的燃煤、燃油锅炉都要实行减排。该标准于 2012 年 4 月 16 日起正式执行,这是美国第一个针对燃煤电厂颁布的全国性大气污染控制法规。在美国,发电厂是汞的最大排放源,有 50%的汞排放来自电厂,该标准适用于 25MW 以上的燃煤和燃油机组,将限制电厂煤中 90%的汞排放,各装置的汞排放限值如表 1.2 所示。美国约有 1300 座燃煤和燃油发电厂,其中近 40%未配备现代化的污染控制设施,大约包括 600 家电厂的 1100 台现有燃煤机组和 300 台燃油机组。对于燃煤机组,烟煤占 50%,次烟煤占 45%,褐煤占 5%。MATS 将机组进行了类别划分,其中,燃煤机组分为 2 个类别,燃油机组分为 4 个类别,整体煤气化联合循环发电系统燃烧装置(integrated gasification combined cycle,IGCC)分为 1 个类别。

表 1.2　美国现有和新建燃煤电厂汞排放限值 (单位:mg/(MW·h))

类别	汞排放标准
现有机组——非低阶煤燃烧装置	5.90
现有机组——设计用于低阶煤装置	54.4
现有机组——IGCC	18.16
新建机组——非低阶煤燃烧装置	1.36
新建机组——设计用于低阶煤装置	18.16
新建机组——IGCC	1.36

2. 加拿大

2006 年,加拿大出台了燃煤电厂汞排放国家标准,对现有电厂以省为单位进行总量控制，根据不同省的情况要求在2003～2004年的基础上，至2010年汞排放总量减少0%～82%，全国平均减排约52%，至2018年减排80%以上。而对新建电厂，根据不同燃煤，规定了汞减排率和汞排放限值(见表1.3)。

表1.3 加拿大新建燃煤电厂汞减排率及汞排放限值

煤种	汞减排率/%	汞排放限值*/(kg/(TW·h))
烟煤	85	3(约为0.0023mg/m^3)
次烟煤	75	8(0.0062mg/m^3)
褐煤	75	15(0.0116mg/m^3)
混煤	85	3(0.0023mg/m^3)

*表示12个月平均值。

3. 欧盟

欧盟对燃煤电厂汞的排放在2001年颁布的《大型燃烧装置大气污染物排放限制指令》(2001P 80P EC)中未作要求。随后，欧盟在2006年制定的《大型燃烧装置的最佳可行性技术参考文件》(Best Available Techniques for Large Combustion Plants)中也未对汞的排放限值提出要求，仅推荐了汞的排放控制技术，主要是利用常规烟气净化装置协同脱汞，如选择性催化还原(selective catalytic reduction，SCR)装置、湿法烟气脱硫(wet flue gas desulfurization，WFGD)装置、静电除尘器/袋式除尘器(electrostatic precipitators/fabric filters，ESP/FF)等。

德国在2004年对《大型燃烧装置法》进行了修订，针对燃煤电厂的汞排放制定了排放限值，规定汞及其化合物的日均排放限值不超过0.03mg/m^3。《联邦污染控制法》确定了所有的燃煤电厂的汞排放限值为30μg/m^3，并要求所有电厂安装汞排放连续检测系统，此外，还设定了日平均排放值和半小时平均排放值。而对于所有安装SCR装置和WFGD装置的燃煤电厂，在无需任何专门的汞控制技术的情况下，其汞的排放浓度仍可以达到排放限值以下。

与德国相似，荷兰政府也采取了积极的措施以控制汞的排放，并设立了远远严于欧盟的全国性与地方性法规。尽管欧盟2012年生效的《工业排放指令》(Industrial Emissions Directive，IED)中指定的“最佳可行技术”(best available technology，BAT)文件仅对颗粒物、SO_2、NO_x做了要求，但是荷兰政府要求所有燃煤电厂考虑将汞包含到BAT中。这是基于监控所得的汞输入(燃料中的含量)与空气污染物控制装置的年平均脱除效率确定的。

4. 中国

2011年，中国标准GB 13223—2011《火电厂大气污染物排放标准》正式发布，要求燃煤锅炉自 2015 年 1 月 1 日起将汞及其化合物排放量控制在 0.03mg/m^3 以下。这是中国首次将汞纳入燃煤锅炉的排放限值中，但与美国等发达国家和地区燃煤电厂汞的排放标准相比还存在很大差距。在此之前，中国除对垃圾焚烧炉和其他与汞相关的化工生产出台了控制排放标准外，还没有制定针对燃煤锅炉汞排放控制的标准。GB 16297—1996《大气污染物综合排放标准》中规定：汞的最高允许排放浓度为 0.015mg/m^3。

“十二五”期间，对我国燃煤部门大气汞排放影响较大的政策和标准包括：2013 年的《大气污染防治行动计划》(《大气十条》)、2011 年的 GB 13223—2011《火电厂大气污染物排放标准》和 2014 年的 GB 13271—2014《锅炉大气污染物排放标准》。《大气十条》对环境大气中的污染物浓度提出了要求，其他两项标准对污染物排放浓度提出了要求。《火电厂大气污染物排放标准》和《锅炉大气污染物排放标准》加严了烟尘、SO_2 和 NO_x 的排放要求，并提出大气汞排放浓度限值，分别为 30μg/m^3 和 50μg/m^3。对比上述三个文件可以发现，《大气十条》的要求最为严格，其他两项标准中关于大气汞的排放要求相对宽松，对于燃煤电厂和燃煤工业锅炉中的大气汞排放没有有效的约束。如果能够达到《大气十条》的要求，则意味着也能够满足其他两项标准中对于大气污染物排放限值的规定。

1.2.2 关于汞的水俣公约

2013 年 10 月，在 UNEP 组织下，包括中国在内的 92 个国家和地区的代表在日本熊本签署了具有法律约束力的全球性条约《关于汞的水俣公约》，该公约对汞的产品贸易、含汞产品使用以及工业生产过程中的汞排放都进行了相应的规定，旨在全球范围内控制和减少汞的排放，以保护人体和环境免受汞和汞化合物带来的危害。《关于汞的水俣公约》是联合国可持续发展大会后第一个具有里程碑意义的多边环境公约，也是对发展中国家又一具有强制减排义务的限时公约。

2017 年 8 月 16 日，具有全球法律约束力的《关于汞的水俣公约》在中国正式生效。第一次缔约方大会于 2017 年 9 月 23 日至 29 日在瑞士日内瓦召开，来自包括中国在内的 163 个国家、政府间国际组织和国际机构的近 1050 名代表出席了会议。尽管在该公约生效之前我国就已做了履约前期准备工作，并将该公约的履约目标和任务结合到《“十三五”生态环境保护规划》中，但我国目前还没有一种公认的最经济、最有效的燃煤烟气脱汞技术。作为世界上最大的煤炭消费国，以煤炭为主的能源结构导致我国汞污染严重，因此，我国在未来汞的履约方面将面临巨大的压力。

《关于汞的水俣公约》附件 D 列出了大气汞排放的重点管控源，包括燃煤电厂、燃煤工业锅炉、有色金属(铅、锌、铜和工业黄金)生产当中使用的冶炼和焙烧工艺、废物焚烧设施和水泥熟料生产设施。在我国的大气汞排放源中，燃煤部门的排放量占 40%以上，是首要的控制对象，优先制定燃煤部门大气汞排放控制对策具有重要意义。针对大气汞排放控制的履约要求主要体现在《关于汞的水俣公约》第八项——“排放”部分，此部分针对重点管控源主要有以下四方面的要求。

(1) 缔约方须在公约生效之日起 4 年内制订“国家实施计划”(national implementation plan，NIP)，对我国来说，即 2020 年之前制订 NIP，因此，“十三五”是我国制订大气汞排放控制方案的关键时期。

(2) 对于新建排放源，缔约方须在公约生效之日起 5 年内使用最佳可得技术(best available technology，BAT)和最佳环境实践(best environmental practice，BEP)，以控制并减少大气汞排放。

(3) 对于现有排放源，缔约方须在公约生效之日起 10 年内在国家计划中列入并实施以下一种或多种措施：控制并于可行时减少重点源汞排放的量化目标；控制并于可行时减少重点源汞排放的排放限值；采用 BAT/BEP 来控制重点源汞排放；采用针对多种污染物的控制对策，取得控制汞排放的协同效益；采用减少重点源汞排放的替代性措施。

(4) 缔约方须在实际情况允许时尽快且在公约生效之日起 5 年内建立并更新重点源大气汞排放清单。

在我国，与公约相关的重点管控源主要包括燃煤电厂和燃煤工业锅炉。因此，履约要求可进一步理解表述如下。

(1) 建立并更新燃煤电厂和燃煤工业锅炉大气汞排放清单。大气汞排放清单是设置全国汞减排目标及制定 NIP 的基础，建立大气汞排放动态清单也是公约的核心要求之一，公约将以此作为衡量缔约方减排措施效果的关键指标。

(2) 对于新建电厂和工业锅炉，采用 BAT/BEP 以控制并减少大气汞排放。BAT/BEP 的可操作性是各类控制措施中最强的，留给地方政府和企业较大的空间来自主选择成本效果最佳的控制技术。燃煤部门大气汞排放控制主要包括以下几方面的技术：燃烧前控制技术、协同控制技术、强化协同控制技术、专门脱汞技术。决定是否采用 BAT/BEP 的因素主要有煤种、煤中汞的形态、现有的 ESP/FF、现有的 WFGD、现有的 SCR，以及对脱汞效率的要求。

(3) 对于现有电厂和工业锅炉，采用总量控制、排放限值、BAT/BEP、多污染物协同控制、替代性措施或其组合措施，以控制并减少大气汞排放。

1.3　燃煤烟气汞控制技术研究现状

1.3.1　汞在燃煤烟气中的形态

煤中的汞大多数存在于辰砂、黄铁矿、方铅矿、闪锌矿等硫化物中[10]。此外，煤中的汞也存在于硒化物中[11]，或者以金属汞、有机汞、氯化汞的形式存在[12]。煤燃烧时，在炉膛内高于800℃的高温燃烧区，煤中的汞几乎全部转变为气态Hg^0，随着烟气流经各换热面，烟气温度逐步降低，烟气中的Hg^0大约1/3与烟气中其他成分发生反应，形成Hg^{2+}的化合物，也有部分Hg^0被飞灰中的未燃尽炭所吸附或凝结在其他亚微米飞灰颗粒表面上形成颗粒态汞(Hg^p)，但大部分汞仍停留在气相中(见图1.6)[13-15]。

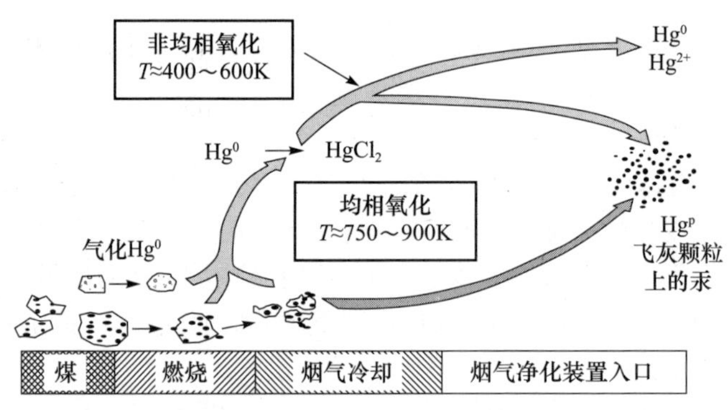

图1.6 煤燃烧过程中汞的迁移转化[15]

1.3.2 常规烟气净化装置对汞的脱除

电厂现有的烟气净化装置(air pollution control device，APCD)对汞具有一定的脱除作用，但脱除能力主要取决于烟气中汞的形态。图1.7给出了燃煤电厂现有的主要污染物控制设备，包括SCR、颗粒物脱除装置(ESP和FF)、WFGD、湿式电除尘装置(wet electrostatic precipitators，WESP)。

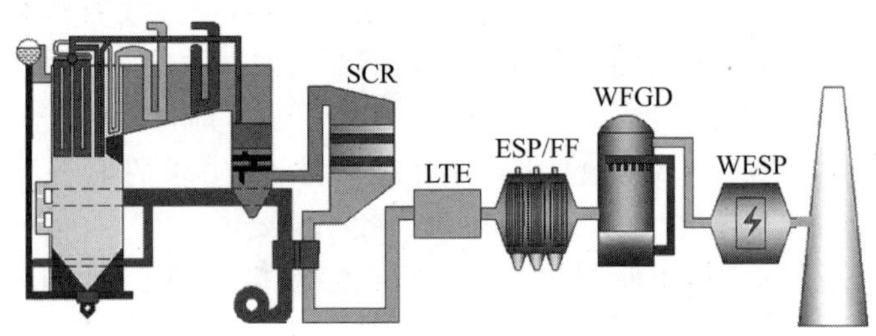

图1.7 燃煤电厂污染物控制装置

SCR装置主要用来脱除烟气中的NO_x，其催化脱硝工艺是在350℃左右的反应温度，在SCR催化剂的作用下，通过加NH_3将烟气中的NO_x还原为N_2和H_2O。研究表明，SCR催化剂对Hg^0也有一定的氧化作用。许月阳等[16]测试了国内20个典型燃煤电厂SCR装置对汞的形态和浓度的影响。结果表明，SCR装置前后烟气中总汞的浓度基本不变，这说明SCR装置对烟气中总汞排放量的削减效果不明显。烟气经过SCR脱硝装置后，Hg^p 的浓度变化也不大，而 Hg^0 的浓度明显降低，Hg^{2+} 的浓度明显增加，说明SCR催化剂对 Hg^0 具有明显的催化氧化作用。SCR催化剂对 Hg^0 的氧化效率与烟气中HCl的浓度密切相关[17-19]，一个可能的反应机制是HCl吸附在催化剂的钒活性位上，形成活性Cl，然后活性Cl将 Hg^0 氧化为 Hg^{2+}。Senior[20]研究发现 NH_3 对SCR催化氧化 Hg^0 有明显的抑制作用，这主要是由于 NH_3 与 Hg^0 在催化剂表面发生竞争吸附或反应消耗HCl。

当烟气流经各个换热面后温度逐渐降低，部分气态汞会吸附在飞灰上。因此，颗粒物控制装置对烟气中吸附在飞灰上的汞具有一定的脱除作用。美国EPA测试了14台装有冷态ESP的煤粉锅炉的汞排放情况[21]。结果表明，不同电厂汞的排放因子差别较大，平均脱汞效率为27%。ESP对汞的脱除能力与煤种有很大关系，其原因是不同特性的煤中汞含量、氯含量和低位发热量都有很大差别，会在很大程度上影响烟气中汞的形态分布，例如，某些燃烧烟煤的电厂烟气中含有较多的气态 Hg^{2+} 和较少的 Hg^p，而某些燃烧次烟煤的电厂烟气中含有较多的气态 Hg^0 和较多的 Hg^p。此外，其他烟气净化装置的配置对ESP的脱汞能力也有一定影响。安装了SCR装置的电厂，ESP的脱汞效率明显增加，这主要是由于SCR催化剂能将 Hg^0 氧化成 Hg^{2+}，而 Hg^{2+} 更易于吸附在飞灰表面。虽然ESP的除尘效率一般可达99%以上，但是其对亚微米(0.1～1μm)颗粒存在明显穿透窗口。因此，吸附在较大飞灰颗粒上的 Hg^p 可被ESP有效脱除，但是，由于亚微米颗粒粒径小、比表面积大，大部分 Hg^p 吸附在亚微米颗粒上，ESP对这部分 Hg^p 的脱除效率很低，所以ESP的脱汞能力有限。与ESP相比，FF脱除微细粉尘的能力更为优越，因此，FF通常比ESP具有更好的脱汞效果[21]。

目前，针对WFGD装置的协同脱汞性能也受到广泛关注。Hg^{2+} 化合物具有较好的水溶性，在经过WFGD系统后，绝大多数的 Hg^{2+} 都会被吸收，但是WFGD装置对 Hg^0 没有明显的脱除效果。此外，WFGD装置中存在 Hg^{2+} 的还原和再释放问题。Blythe等[22]研究发现，经过WFGD装置后，烟气中的 Hg^0 浓度由1.0$\mu g/m^3$ 提高到3.0$\mu g/m^3$，他们认为脱硫浆液中一些组分与 Hg^{2+} 发生还原反应，导致 Hg^{2+} 的还原和再释放。脱硫浆液中的还原性物质 SO_3^{2-} 对 Hg^{2+} 具有一定的还原能力[23]。Acuña-Caro等[24]研究了Hg在脱硫系统中富集和形态分布，发现脱硫浆液中的 Cl^- 对 Hg^{2+} 的稳定有很强的促进作用。

近些年来，为实现燃煤电厂的超净排放，部分电厂在WFGD后增配了WESP，以进一步降低排入大气的颗粒物浓度。已有研究发现，WESP装置对烟气中的汞也有一定的协同脱除作用。美国能源部研究发现，WESP装置对 Hg^p 和 Hg^{2+} 的脱除效果较明显，但对 Hg^0 的脱除有限；WESP阳极材料对汞的脱除效率有一定的影响[25]。现阶段针对Hg在WESP技术中的协同脱除仍缺乏系统研究。

1.3.3 碳基吸附剂脱汞技术

目前,活性炭喷射(activated carbon injection,ACI)技术被国际上公认为最有效的燃煤烟气汞控制技术。活性炭的脱汞性能与其物理化学特征密切相关,不同的前驱体和加工处理方法会导致活性炭的脱汞性能差异较大。活性炭的比表面积、孔隙特征、颗粒粒径分布及表面活性官能团都会对其脱汞性能产生影响[26-29]。活性炭表面的含氧官能团被认为是吸附和氧化汞的活化中心。活性炭表面主要由酸性和碱性两种含氧官能团构成,内酯基和羰基等表面酸性含氧官能团对汞的吸附是有利的,酚羟基则对汞的吸附起阻碍作用。

烟气组分对活性炭的脱汞性能具有重要影响。烟气中卤素(Cl、Br、I)的存在能极大地提高活性炭吸附汞的能力。Hutson 等[30]采用 X 射线吸收光谱(X-ray absorption spectroscopy,XAS)和 X 射线光电子能谱(X-ray photoelectron spectroscopy,XPS)研究了汞在溴化活性炭和氯化活性炭上的反应机理,发现汞首先在活性炭上的 Br 和 Cl 活性位发生非均相氧化反应,随后生成的 Hg^{2+} 吸附在活性炭表面。美国能源部的国家能源技术实验室(National Energy Technology Laboratory,NETL)先后投入 8 亿美元进行了数十次中试和现场全尺度试验[31],结果表明,要获得高的脱汞效率需要较高的 C/Hg 质量比,要达到 90%的脱汞效率时,C/Hg 质量比至少为 3000∶1～20000∶1[32]。当 ACI 技术用于脱除燃烧次烟煤和褐煤的烟气中的汞时,脱汞效率在 60%以下,且增加活性炭喷射量对脱汞效率没有明显提高。低阶煤中氯含量较低,导致烟气中 HCl 含量较低,使得 ACI 技术的脱汞效率受到限制。SO_2 对活性炭脱汞性能的影响取决于 SO_2 的浓度。Uddin 等[33]研究发现,SO_2 会抑制活性炭对汞的吸附,这主要是因为在烟气中的 H_2O 的作用下,SO_2 可诱发 HgO 还原成 Hg^0。Diamantopoulou 等[26]研究发现,在 N_2 气氛中增加 200ppm① 和 500ppm 的 SO_2,活性炭的脱汞能力分别增加了 2 倍和 5 倍,其原因是 SO_2 吸附在活性炭表面形成酸性吸附位点,从而增强了活性炭对汞的吸附。烟气中 SO_3 的存在会严重抑制活性炭的脱汞性能,烟气中 20ppm 的 SO_3 即会使活性炭脱汞效率下降 80%[34]。

目前,对于碳基吸附剂的研究主要集中在改变原材料、采用不同的活化方法、不同的改性剂和改性方法等方面,以提高吸附剂的脱汞效果。采用卤素、硫和金属氧化物等对活性炭进行化学改性后,含 Cl、Br、I、S 等元素的改性物质以表面官能团的形式固定在活性炭上,形成新的活性位点,从而提升脱汞能力。Lee 等[35-39]研究了 $CuCl_2$ 浸渍的活性炭对 Hg^0 的吸附和氧化性能,发现其汞吸附能力与商业溴化活性炭相似,但是其汞氧化能力更优。Hu 等[27]研究发现,采用 $ZnCl_2$ 浸渍后的

① 1ppm=0.001‰,下同。

活性炭脱汞效率大幅提高，该活性炭对汞的脱除主要是化学吸附。Reddy 等[40]研究了浸 S 活性炭的脱汞性能，结果表明，在 140℃时，最大汞吸附能力为 4325μg/g。Liu 等[41]研究了烟气组分对浸 S 活性炭的影响，发现 1600ppm SO_2、500ppm NO 和 10% H_2O 对脱汞性能几乎没有影响。Mei 等[42-44]采用金属氧化物（Co_3O_4、MnO_2、$CuCoO_4$）改性活性炭，结果表明活性炭的脱汞性能大幅提高，但是其抗 SO_2 中毒能力较差。

1.3.4　飞灰对汞的捕获和氧化

最近的研究表明，飞灰尤其是其中的未燃炭对汞有较强的氧化和捕获能力[45,46]。飞灰的物理特征、未燃炭含量和岩相组分等是影响脱汞性能的重要因素[13,47]。

飞灰的颗粒粒径和比表面积对其脱汞性能具有重要影响[13]。Dunham 等[48]的研究表明，飞灰的汞吸附能力随着比表面积的增加而提高，但是飞灰对汞的脱除性能不仅与比表面积有关，还取决于其比表面积的利用率[13,49]。目前，大多数研究认为飞灰对 Hg^0 的脱除性能随粒径的减小而增加，然而，也有学者得出了相反的结论。赵永椿等调查了不同粒度级飞灰的脱汞性能，发现粗颗粒飞灰的脱汞性能明显高于细颗粒飞灰，这主要是因为前者含有较多的未燃尽炭[50]。此外，飞灰颗粒的粒径会影响汞分子向飞灰表面和内部的传质过程，只有合适的飞灰颗粒粒径范围才能获得最佳的吸附效果，过大或过小的粒径都会导致汞吸附效率下降[13,51]。

以往许多学者认为，飞灰对 Hg^0 的吸附和氧化性能主要取决于未燃炭的含量，飞灰对 Hg^0 的吸附和氧化能力随着未燃炭含量的增加而增加[45]。但是，最新的研究发现，未燃炭的含量并不是影响飞灰脱汞性能的唯一因素。Goodarzi 等[47]的研究表明，来源于不同煤阶的飞灰，其汞吸附性能与未燃炭的含量并没有明显的相关性。飞灰中未燃炭的含量并不是影响其脱汞性能的唯一因素，还在很大程度上取决于未燃炭的碳质结构和岩相组成[13]。飞灰中的未燃炭根据其结构特征可以分为各向同性未燃炭和各向异性未燃炭[13]。López-Antón 等[52]的研究表明，飞灰的汞吸附能力取决于各向异性未燃炭的含量，尤其是在高汞浓度条件下，两者的相关性更加明显。赵永椿等[53]的研究也得出了类似的结论[53]，飞灰中各向异性炭颗粒的含量与汞吸附量具有显著的相关性，具有多孔结构的各向异性未燃炭含量对飞灰的汞吸附能力影响最大。

1.3.5　钙基吸附剂脱汞技术

钙基吸附剂价廉、易得，具有很大的应用潜力。美国 EPA 研究了 CaO、$Ca(OH)_2$、$CaCO_3$、$CaSO_4 \cdot H_2O$ 等钙基吸附剂脱除烟气中汞的性能，结果表明钙基吸附剂对 Hg^{2+} 有很好的脱除效果，增加了烟气中 Hg^p 的含量，但是其对 Hg^0 的吸附效果较差。目前，主要从增加吸附剂上捕获汞的活性位点方面增强钙基吸附剂的脱汞能力。黄治军等[54]采用 $AgNO_3$ 改性 $Ca(OH)_2$，由于 Ag 和 Hg 之间发生汞齐反应，其 Hg^0 脱除率高达 90%。采用 $KMnO_4$ 对 $Ca(OH)_2$ 进行改性后，脱汞效率可达到 50%以上[55]。任建莉等[56]的研究发现，当烟气中有 SO_2 存在时，CaO 的脱汞效率可提高 15%～20%，其原因是 SO_2 与 CaO 相互作用形成新的活性点位，促进了 Hg^0 的脱除。

1.3.6 贵金属及金属氧化物催化剂脱汞技术

采用贵金属催化剂如 Pd、Au、Pt 和 Ag 等，无论是实验室规模的实验还是现场试验，均可获得较高的脱汞效率。Gao 等[57]的研究表明，在反应初始阶段，Pd 催化剂的 Hg^0 氧化效率可达 95%以上，经过 3 个月的试验以后，Hg^0 氧化效率维持在 85%以上，即使经过长达 20 个月的试验后，催化剂还具有超过 65%的 Hg^0 氧化效率。此外，在 315℃下加热可以使失活催化剂的脱汞性能获得再生。Hrdlicka 等[58]的研究表明，Pd/TiO_2 和 Pd/Al_2O_3 催化剂具有较高的脱汞能力、良好的稳定性和再生性能。Au 催化剂易与 Hg 发生汞齐反应，具有优异的汞吸附性能，因此广泛应用于汞分析仪器中的汞吸附富集元件和其他大规模工业尾气中汞的控制。Zhao 等[59]的研究表明，Au 对 Hg 和 Cl 具有较高的吸附能力，可表现出良好的 Hg^0 氧化性能，同时其他烟气组分如 NO、SO_2、H_2O 等对 Hg^0 氧化性能几乎没有干扰。Presto 等[60]的研究表明，Au 催化剂上 Hg^0 的氧化反应不受传质过程的控制，Au 催化剂适用于燃煤烟气中超低浓度(ppb 级)汞的吸附和氧化。

虽然贵金属催化剂的脱汞效率较高，但是其高昂的成本限制了其在电厂的大规模应用。过渡金属氧化物可通过晶格氧和化学吸附氧吸附及氧化烟气中的 Hg^0，而烟气中剩余的 O_2 可补充脱汞过程中消耗的晶格氧和化学吸附氧，从而维持较高的脱汞能力[63]。该方法不受煤种和燃烧工况的限制，具有非常大的应用潜力。

部分研究表明[61-66]，Fe 基金属氧化物对 Hg^0 有较强的吸附和氧化能力。Kong 等[66]研究了纳米 Fe_2O_3 的脱汞性能，结果表明 Hg^0 的氧化能力随颗粒粒径的增加而明显降低，当粒径大于 7μm 时，几乎没有氧化 Hg^0 的能力；随着反应温度从 75℃增加到 350℃，Hg^0 的氧化能力大幅提高，但是高温也会导致催化剂失活。通过金属离子掺杂等方法可大幅提高其脱汞能力。Yang 等[61-65]将过渡金属(Mn、Ti 和 V 等)元素掺杂到磁赤铁矿中，合成了 $(Fe_{3-x}Ti_x)_{1-\delta}O_4$、$Mn/\gamma\text{-}Fe_2O_3$、$(Fe_{3-x}Mn_x)_{1-\delta}O_4$、$(Fe_2Ti_xMn_{1-x})_{1-\delta}O_4$ 和 $(Fe_2Ti_{0.6}V_{0.4})_{1-\delta}O_4$ 等多种铁基尖晶石，在无 HCl 条件下，获得了良好的 Hg^0 吸附能力。Mn-Fe 和 Fe-Ti 尖晶石在脱汞过程中以吸附作用占主导，而不是催化氧化。二元掺杂可进一步提高磁赤铁矿的脱汞能力，如 Ti 掺杂的 Mn-Fe 尖晶石和 V 掺杂的 Fe-Ti 尖晶石，其汞吸附容量和抗 SO_2 中毒能力都大幅提升[61,63,65]。

以 MnO_x 作为催化剂，通过 HCl 或 Cl_2 作为氧化剂可以实现 Hg^0 的高效脱除。Qiao 等[67]研究了 MnO_x/Al_2O_3 在 100～500℃温度范围内对 Hg^0 的氧化能力，发现在无 HCl 存在的情况下，MnO_x 能够有效吸附 Hg^0，最佳吸附温度为 230℃。Li 等[68]的研究表明，通过 Mo 掺杂改性可显著提高 MnO_x/α-Al_2O_3 的抗 SO_2 中毒能力以及低温条件下的催化性能，在 150℃条件下对 Hg^0 的催化氧化能力甚至优于 300℃条件下未掺杂改性催化剂时，即使有 SO_2 存在的情况下，也获得了超过 85%的 Hg^0 氧化效率。

Yamaguchi 等[69]研究了纳米 CuO 对 Hg^0 的氧化和吸附能力，发现在 150℃，低 HCl 浓度(2ppm)的烟气中，Hg^0 的氧化效率可达 80%以上；随着反应温度从 300℃降低到 90℃，Hg^0 的氧化效率有所提高，最高可达 96%；随着颗粒粒径从 50nm 增加到 620nm，Hg^0 的氧化能力下降；同时，当反应温度超过 150℃时，纳米颗粒会发生烧结，颗粒尺寸变大，Hg^0 的氧化能力降低。Kamata 等[70]研究发现，在 150℃，HCl 存在的情况下，表面包裹 CuO 的纳米颗粒表现出优异的脱汞活性，并且随着 HCl 浓度的增加其脱汞能力有所提高；在反应过程中，在催化剂表面有 $Cu_2Cl(OH)_2$ 生成。Du 等[71]研究发现，CuO_x-Al_2O_3 催化剂在有 HCl 存在的情况下表现出良好的 Hg^0 氧化能力，且随着 HCl 浓度和反应温度的升高而提高，同时具有良好的抗 SO_2 中毒能力。

Co 基催化剂广泛应用于 NO、CO 和 VOCs 的催化氧化，表现出较高的反应活性和稳定性[72-77]。研究表明，Co 基催化剂具有较高的催化氧化 Hg^0 的能力。因此，这些催化剂具有联合脱除 NO 和 Hg^0 的潜力。Liu 等[78]采用溶胶凝胶法合成了 Co/TiO_2 催化剂，在 120～330℃范围内，当 Co 负载量为 7.5%时，Hg^0 的氧化效率可达 90%以上。催化剂良好的脱汞性能主要归因于 TiO_2 表面高度分散的 Co_3O_4。O_2 对 Hg^0 的氧化起到重要的促进作用，HCl 能够与催化剂表面的 HgO 反应，使其以气态 Hg^{2+} 形式释放到烟气中。

CeO_2 具有巨大的储氧能力以及特殊的 Ce^{3+}/Ce^{4+} 氧化还原对，因此具有良好的 Hg^0 氧化能力[79,80]。Wen 等[83]研究了 CeO_2/γ-Al_2O_3 催化剂在无 HCl 条件下的 Hg^0 吸附和氧化能力，结果表明，当 CeO_2 负载量低于 9%时，催化剂的脱汞性能随 CeO_2 负载量的增加而提高：当 CeO_2 负载量为 9%时，催化剂的脱汞能力达到最佳；在 150～350℃温度范围内，Hg^0 的吸附能力随温度升高而提高，进一步升高反应温度，Hg^0 吸附能力有所降低；烟气中的 SO_2 和 H_2O 抑制了 Hg^0 的吸附，在高温(350℃)下，CeO_2 与 SO_2 反应生成 $Ce(SO_4)_2$，阻碍了 Hg^0 与 CeO_2 活性位的接触。Li 等[79]研究发现，CeO_2/TiO_2 催化剂在低温(150～250℃)条件下具有良好的 Hg^0 氧化能力，在无 HCl 模拟烟气的条件下，200～250℃时，获得了超过 90%的 Hg^0 氧化效率，这主要归因于催化剂表面富集的 Ce^{3+} 及储存的大量活性氧。有 O_2 存在的情况下，HCl、NO 和 SO_2 均可以促进 Hg^0 的氧化，即使在无 O_2 的情况下，由于 CeTi 催化剂具有巨大的储氧能力，HCl 仍能极大地促进 Hg^0 的氧化。

Tian 等[86]、Fan 等[83]和 Hua 等[84]分别研究了 CeO_2 负载活性炭、活性炭纤维和活性焦的脱汞能力，结果证明负载 CeO_2 极大促进了 Hg^0 向 Hg^{2+} 的转化。

1.4 中国汞排放控制研究进展

2017 年，清华大学王书肖团队[9]采用“燃煤大气汞排放因子概率模型”对中国燃煤部门大气汞排放协同控制效果进行了评估及未来预测，他们的研究表明，结合《大气十条》的相关政策，2017 年燃煤电厂大气汞的预计排放量为 58.1t，如果不考虑《大气十条》的相关政策，将停留在 2012 年的污染控制水平；由于电力需求的增长，2017 年我国燃煤电厂大气汞的排放量为 104.4t；若将 ESP 升级为 FF、提高 SCR 和 WFGD 装置的安装比例，可分别减少 6.6t、2.8t 和 8.0t 的大气汞排放；对燃煤工业锅炉来说，将 ESP 升级为 FF 减排效果更加显著，大气汞减排量为 12.0t，提高 WFGD 及 SCR 装置的安装比例可分别减少 5.2t 和 0.3t 的大气汞排放。

许月阳等[16]采用 Ontario Hydro 方法对国内 20 个典型燃煤电厂安装 SCR 装置、ESP 或 FF、WFGD 装置前后烟气汞的形态和浓度进行测试，研究电厂常规污染物控制设施对烟气汞的形态转化及协同控制作用。各个燃煤电厂系统配置见表 1.4，机组的装机容量为 150～1000MW，燃烧方式包括煤粉炉燃烧与循环流化床燃烧，燃煤涵盖了褐煤、烟煤和无烟煤等煤种，所测试的电厂代表了国内燃煤电厂的技术特点。

表 1.4 燃煤电厂基本情况

电厂编号	机组装机容量/MW	煤种	污染物控制装置
1	150	烟煤	ESP+WFGD
2	200	烟煤	ESP+WFGD
3	300	烟煤	ESP+WFGD
4	300	烟煤、贫煤混煤	ESP+WFGD
5	600	贫煤	ESP+WFGD
6	300	烟煤	ESP+WFGD
7	300	烟煤	ESP+WFGD
8	300	烟煤	ESP+WFGD
9	600	烟煤	ESP+WFGD
10	300	烟煤	SCR+ESP+WFGD
11	300	烟煤	FF+WFGD
12	300	无烟煤	FF+WFGD
13	300	烟煤	FF+WFGD

续表

电厂编号	机组装机容量/MW	煤种	污染物控制装置
14	300	褐煤	CFB+ESP
15	300	烟煤	CFB+ESP
16	300	烟煤	SCR+ESP+WFGD
17	600	贫煤	SCR+ESP+WFGD
18	1000	烟煤	SCR+ESP+WFGD
19	200	贫煤	ESP+WFGD
20	600	烟煤	ESP+WFGD

10号和16号电厂中SCR对汞的浓度和形态的影响如图1.8所示[16]，当烟气流经SCR装置后，总汞(Hg^T)和颗粒态汞(Hg^p)的浓度基本不变，这说明SCR装置对烟气中Hg^T和Hg^p的减排效果不明显，但是，当烟气经过SCR装置后，Hg^0的浓度明显降低，Hg^{2+}的浓度明显增加，SCR对Hg^0具有明显的催化氧化作用。

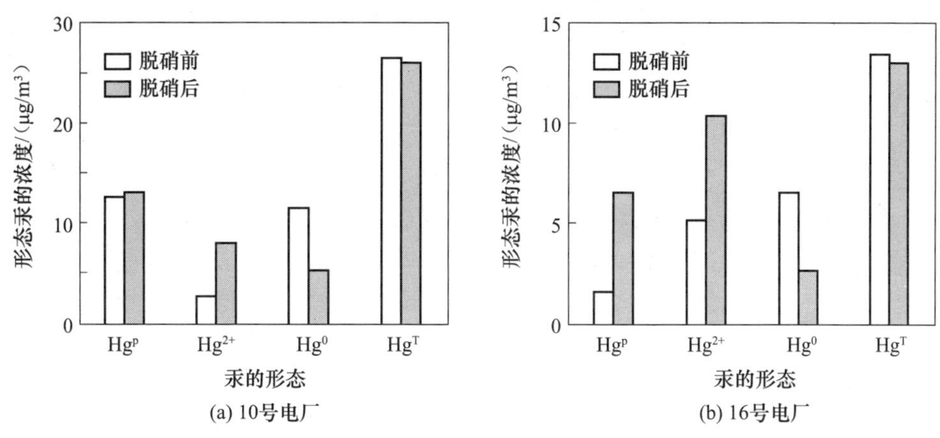

图1.8　SCR前后各形态汞及总汞的变化情况[16]

SCR催化剂对Hg^0的氧化效率在很大程度上取决于烟气中HCl的浓度，其原因是HCl吸附在SCR催化剂(V_2O_5-TiO_2)的钒活性位上，形成中间过渡态产物活性Cl，然后活性Cl将烟气中的Hg^0氧化。烟气中HCl的浓度与煤中氯含量成正相关[25]，煤中氯含量越高，烟气中HCl浓度越高。16号电厂燃煤中氯含量对SCR的Hg^0氧化效率的影响如图1.9所示[16]，可以看出当氯含量由109mg/kg增加到876mg/kg时，Hg^0氧化效率随着氯含量的增加而增加，由2%增加到89%。

SCR脱硝采用NH_3作为还原剂，而NH_3对SCR催化氧化Hg^0的能力有明显的抑制作用，如图1.10所示。NH_3的抑制作用主要是因为其竞争吸附或反应消耗导致汞形态转化反应的反应物浓度降低，且随着氨氮比的增加，这种抑制效果越来越明显。

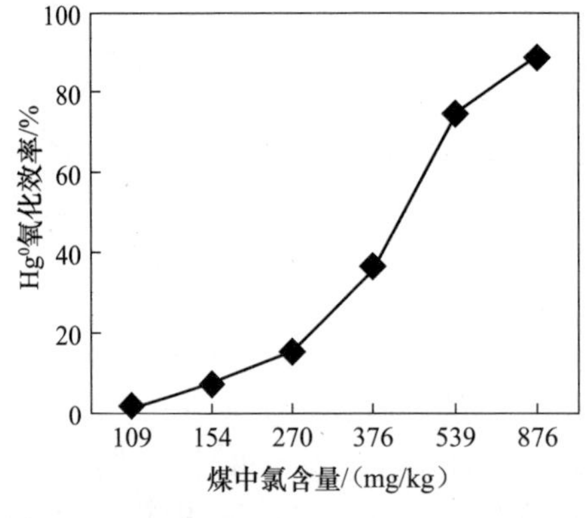

图 1.9　煤中氯含量对 SCR 氧化 Hg^0 的影响[16]

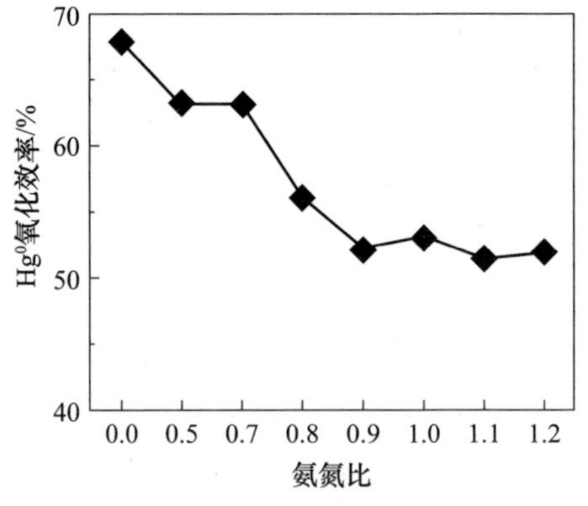

图 1.10　氨氮比与氧化效率的关系[16]

ESP 对烟气中 Hg^T 排放的削减主要体现在对 Hg^p 的脱除上，测试结果如图 1.11 所示，烟气中 Hg^p 所占比例平均值由 ESP 前的 28.4%下降到 ESP 后的 5.3%，ESP 对 Hg^p 的脱除率可达 90%以上。其他污染物净化装置的布置对 ESP 的脱汞能力具有重要影响。例如，安装 SCR 装置后 ESP 的脱汞能力显著提高，当电厂具有 SCR 装置时，ESP 的对 Hg^T 的脱除率达到 80.6%，其原因是 SCR 催化剂将烟气中部分 Hg^0 氧化成 Hg^{2+}，Hg^{2+} 易于吸附在飞灰颗粒物表面，在静电除尘器内被协同脱除。

WFGD 装置对汞的脱除依赖于烟气中 Hg^{2+} 的比例，如图 1.12 所示[16]。无 SCR 装置时，WFGD 的平均脱汞效率为 34.2%，有 SCR 装置时，WFGD 装置的平均脱汞效率为 40.0%，SCR 促进了 WFGD 装置的脱汞效果。

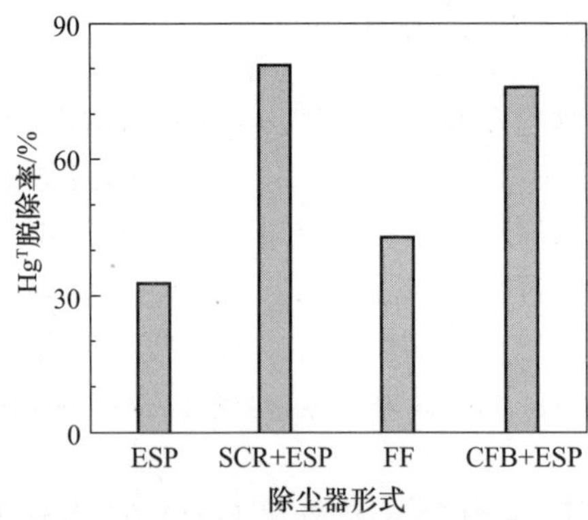

图 1.11　除尘器对 Hg^T 的脱除率[16]

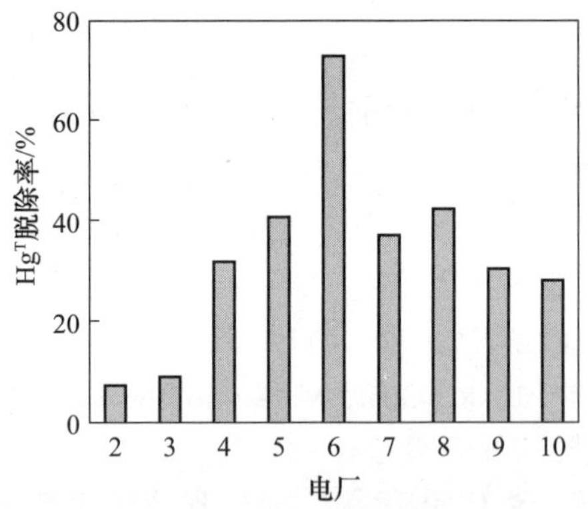

图 1.12　WFGD 对 Hg^T 的脱除率[16]

根据对20个燃煤电厂的现场测试分析和统计，各种污染物控制设施组合协同脱除燃煤烟气汞的效果见表1.5[16]。不同的燃烧方式与污染物控制设施呈现不同的脱汞效率。当煤粉炉配置ESP+WFGD装置时，污染物控制设施的协同脱汞效率为57.4%，而配置FF+WFGD装置时，脱汞效率达到67.1%；当煤粉炉配置SCR+ESP+WFGD装置时，污染物控制设施的协同脱汞效率达到70.0%。当采用循环流化床锅炉(circulating fluidized bed，CFB)配置ESP时，脱汞效率相对于煤粉炉ESP+WFGD装置有一定的增加，达到了69.3%，由于CFB飞灰中碳含量较高，加之采用炉内喷钙脱硫，烟气中Hg^{p}比例较高，CFB+ESP的协同脱汞效率优于煤粉炉的ESP+WFGD装置的脱汞效率。

表1.5 常规污染物控制设施对汞的协同脱除效率[16]

污染物控制设施	平均脱汞效率/%	备注
PC+ESP+WFGD	57.4(11.4~80.8)	11套
PC+FF+WFGD	67.1(55.9~79.3)	3套
PC+SCR+ESP+WFGD	70.0(48.3~86.1)	4套
CFB+炉内喷钙+ESP	69.3(62.2~76.4)	2套

2014年9月，我国国家发展和改革委员会、环境保护部、国家能源局联合印发《煤电节能减排升级与改造行动计划(2014—2020年)》之后，国内燃煤电厂掀起了超低排放改造的热潮。现有燃煤电厂经超低排放技术改造后，汞排放浓度可达到1~10μg/m^3[85-88]，完全能满足GB 13223—2011《火电厂大气污染物排放标准》中规定的30μg/m^3排放限值。但是，在环境保护与履行《关于汞的水俣公约》的双重压力下，将来我国对燃煤机组烟气汞的控制指标必将越来越严格。参照美国新法规《汞和空气毒物标准》(Mercury and Air Toxics Standards，MATS)要求的燃煤电厂汞排放折算浓度(褐煤0.5μg/m^3；非褐煤1.7μg/m^3)，我国几乎所有的电厂均需进行脱汞。届时，继烟尘、二氧化硫、氮氧化物超低排放之后，汞超低排放也必将被列入燃煤电厂减排目标中。同时，考虑到我国燃煤机组煤种多样、运行工况多变等复杂情况，迫切需要在现有污染物控制装置协同脱汞的基础上，配合专门的脱汞技术。

参考文献

[1] UNEP. Global Mercury Assessment 2013：Sources，Emissions，Releases and Environmental Transport. Geneva：UNEP Chemicals Branch，2013.

[2] 仇广乐，冯新斌. 270年以来大气汞的沉降——自然释汞源与人为释汞源之冰芯记录. 环境监测管理与技术，2003，15(2)：45－46.

[3] Liang S,Zhang C,Wang Y,et al. Virtual atmospheric mercury emission network in China. Environmental Science & Technology,2014,48(5):2807—2815.

[4] Mukherjee A B,Zevenhoven R,Bhattacharya P,et al. Mercury flow via coal and coal utilization by-products:A global perspective. Conservation and Recycling,2008,52(4):571—591.

[5] Wu Q R, Wang S S, Li G L, et al. Temporal trend and spatial distribution of speciated atmospheric mercury emissions in China during 1978—2014. Environmental Science & Technology,2016,50(24):13428—13435.

[6] 冯新斌,洪业汤. 中国燃煤向大气排放汞量的估算. 煤矿环境保护,1996,10(3):10—13.

[7] 王起超,沈文国. 中国燃煤汞排放量估算. 中国环境科学,1999,19(4):318—321.

[8] 蒋靖坤,郝吉明,吴烨,等. 中国燃煤汞排放清单的初步建立. 环境科学,2005,26(2):34—39.

[9] 惠霂霖,张磊,王书肖,等. 中国燃煤部门大气汞排放协同控制效果评估及未来预测. 环境科学学报,2017,37(1):11—22.

[10] 郑楚光,张军营,赵永椿,等. 煤燃烧汞的排放与控制. 北京:科学出版社,2010.

[11] Finkelman R B. Modes of occurrence of trace elements in coal. US Geological Survey Open-File Report,1981,81:99—322.

[12] Ruch R R,Gluskoter H J,Kennedy E J. Mercury content of Illinois coals. Illinois State Geological Survey,1971,43:1—15.

[13] 杨建平,赵永椿,张军营,等. 燃煤电站飞灰对汞的捕获和氧化研究进展. 动力工程学报,2014,34(5):1—9.

[14] Galbreath K C,Zygarlicke C J. Mercury transformations in coal combustion flue gas. Fuel Processing Technology,2000,65(99):289—310.

[15] Atkins P,Paula J D. Physical Chemistry. Oxford:Oxford University Press,2002.

[16] 许月阳,薛建明,王宏亮,等. 燃煤烟气常规污染物净化设施协同控制汞的研究. 中国电机工程学报,2014,34(23):3924—3931.

[17] Ko K B,Byun Y,Cho M,et al. Influence of HCl on oxidation of gaseous elemental mercury by dielectric barrier discharge process. Chemosphere,2008,71(9):1674—1682.

[18] Eswaran S,Stenger H G. Effect of halogens on mercury conversion in SCR catalysts. Fuel Processing Technology,2008,89(11):1153—1159.

[19] An J,Shang K F,Lu N,et al. Oxidation of elemental mercury by active species generated from a surface dielectric barrier discharge plasma reactor. Plasma Chemistry and Plasma Processing,2013,34(1):217—228.

[20] Senior C L. Oxidation of mercury across selective catalytic reduction catalysts in coal-fired power plants. Journal of the Air & Waste Management Association,2006,56(1):23—31.

[21] James D,Kilgroe D,Charles B,et al. Control of mercury emissions from coal-fired electric utility boilers:Interim report. Virginia:National Risk Management Research Laboratory,2002.

[22] Blythe G,Currie J,De B. Bench-scale kinetics study of mercury reactions in FGD liquors.

2007 Mercury Control Technology Conference, Pittsburgh, 2007.

[23] van Loon L L, Mader E A, Scott S L. Sulfite stabilization and reduction of the aqueous mercuric ion: Kinetic determination of sequential formation constants. The Journal of Physical Chemistry A, 2001, 105(13): 3190—3195.

[24] Acuña-Caro C, Brechtel K, Scheffknecht G, et al. The effect of chlorine and oxygen concentrations on the removal of mercury at an FGD-batch reactor. Fuel, 2009, 88(12): 2489—2494.

[25] Reynold J, Bayless D L, Calne J. Multi-pollutant Control Using Membrane-Based Up-Flow Wet Electrostatic Precipitation. Ohio: Ohio University, 2004.

[26] Diamantopoulou I, Skodras G, Sakellaropoulos G P. Sorption of mercury by activated carbon in the presence of flue gas components. Fuel Processing Technology, 2010, 91(2): 158—163.

[27] Hu C, Zhou J, He S, et al. Effect of chemical activation of an activated carbon using zinc chloride on elemental mercury adsorption. Fuel Processing Technology, 2009, 90(6): 812—817.

[28] Lee S S, Lee J Y, Keener T C. Mercury oxidation and adsorption characteristics of chemically promoted activated carbon sorbents. Fuel Processing Technology, 2009, 90(10): 1314—1318.

[29] Uddin M A, Ozaki M, Sasaoka E, et al. Temperature-programmed decomposition desorption of mercury species over activated carbon sorbents for mercury removal from coal-derived fuel gas. Energy & Fuels, 2009, 23(10): 4710—4716.

[30] Hutson N D, Atwood B C, Scheckel K G. XAS and XPS characterization of mercury binding on brominated activated carbon. Enviromental Science Technology, 2007, 41(5): 1747—1752.

[31] Clack H L. Mercury capture within coal-fired power plant electrostatic precipitators: Model evaluation. Environmental Science & Technology, 2009, 43(5): 1460—1466.

[32] Liu Y, Bisson T M, Yang H, et al. Recent developments in novel sorbents for flue gas clean up. Fuel Processing Technology, 2010, 91: 1175—1197.

[33] Uddin M A, Yamada T, Ochiai R, et al. Role of SO_2 for elemental mercury removal from coal combustion flue gas by activated carbon. Energy Fuels, 2008, 22(4): 2284—2289.

[34] Liu Y. Impact of sulfur oxides on mercury capture by activated carbon. Environmental Science & Technology, 2008, 42(3): 972—973.

[35] Lee S S, Lee J K, Keener T C. Bench-scale studies of in-duct mercury capture using cupric chloride-impregnated carbons. Environmental Science & Technology, 2009, 43(8): 2957—2962.

[36] Lee S S, Lee J Y, Khang S J, et al. Modeling of mercury oxidation and adsorption by cupric chloride-impregnated carbon sorbents. Industrial & Engineering Chemistry Research, 2009, 48(19): 9049—9053.

[37] Lee S S, Lee J K, Keener T C. Performance of copper chloride-impregnated sorbents on mercury vapor control in an entrained-flow reactor system. Journal of the Air & Waste Management Association, 2008, 58(11): 1458—1462.

[38] Lee S S, Lee J K, Keener T C. The effect of methods of preparation on the performance of cupric chloride-impregnated sorbents for the removal of mercury from flue gases. Fuel, 2009, 88(10): 2053—2056.

[39] Lee J Y, Ju Y, Lee S S, et al. Novel mercury oxidant and sorbent for mercury emissions control from coal-fired power plants. Water Air & Soil Pollution Focus, 2008, 8(3-4): 333—341.

[40] Reddy K S K, Shoaibi A A, Srinivasakannan C. Gas-phase mercury removal through sulfur impregnated porous carbon. Journal of Industrial and Engineering Chemistry, 2014, 20(5): 2969—2974.

[41] Liu W, Vidic R D. Impact of flue gas conditions on mercury uptake by sulfur-impregnated activated carbon. Environmental Science & Technology, 2000, 34(34): 154—159.

[42] Mei Z J, Shen Z M, Zhao Q J, et al. Removal and recovery of gas-phase element mercury by metal oxide-loaded activated carbon. Journal of Hazardous Materials, 2008, 152(2): 721—729.

[43] Mei Z J, Shen Z M, Zhao Q J, et al. Removing and recovering gas-phase elemental mercury by $Cu_xCo_{3-x}O_4$ ($0.75 \leqslant x \leqslant 2.25$) in the presence of sulphur compounds. Chemosphere, 2008, 70(8): 1399—1404.

[44] Mei Z J, Shen Z M, Wang W H, et al. Novel sorbents of non-metal-doped spinel Co_3O_4 for the removal of gas-phase elemental mercury. Environmental Science & Technology, 2008, 42(2): 590—595.

[45] López-Antón M A, Díaz-Somoano M, Martínez-Tarazona M R. Mercury retention by fly ashes from coal combustion: Influence of the unburned carbon content. Industrial & Engineering Chemistry Research, 2007, 46(3): 927—931.

[46] Hower J C, Senior C L, Suuberg E M, et al. Mercury capture by native fly ash carbons in coal-fired power plants. Progress in Energy and Combustion Science, 2010, 36(4): 510—529.

[47] Goodarzi F, Hower J C. Classification of carbon in Canadian fly ashes and their implications in the capture of mercury. Fuel, 2008, 87(10-11): 1949—1957.

[48] Dunham G E, DeWall R A, Senior C L. Fixed-bed studies of the interactions between mercury and coal combustion fly ash. Fuel Processing Technology, 2003, 82(2-3): 197—213.

[49] López-Antón M A, Díaz-Somoano M, Ochoa-González R, et al. Analytical methods for mercury analysis in coal and coal combustion by-products. International Journal of Coal Geology, 2012, 94(94): 44—53.

[50] Zhao Y C, Zhang J Y, Liu J, et al. Study on mechanism of mercury oxidation by fly ash from coal combustion. Chinese Science Bulletin, 2010, 55(2): 163—167.

[51] 孟素丽,段钰锋,黄治军,等. 燃煤飞灰的物化性质及其吸附汞影响因素的试验研究. 热力发电,2009,38(8):46−51.

[52] López-Antón M A, Abad-Valle P, Díaz-Somoano M, et al. The influence of carbon particle type in fly ashes on mercury adsorption. Fuel, 2009, 88(7): 1194−1200.

[53] Zhao Y C, Zhang J Y, Liu J, et al. Experimental study on fly ash capture mercury in flue gas. Science China Technological Sciences, 2010, 53(4): 976−983.

[54] 黄治军,段钰锋,王运军,等. 改性氢氧化钙吸附脱除模拟烟气中汞的试验研究. 中国电机工程学报,2009,29(17):56−62.

[55] Wang Y J, Duan Y F, Huang Z J, et al. Vapor-phase elemental mercury adsorption by $Ca(OH)_2$ impregnated with MnO_2 and Ag in fixed-bed system. Asia-Pacific Journal of Chemical Engineering, 2009, 5(3): 479−487.

[56] 任建莉,周劲松,骆仲泱,等. 钙基类吸附剂脱除烟气中气态汞的试验研究. 燃料化学学报,2006,34(5):557−561.

[57] Gao Y, Zhang Z, Wu J, et al. A critical review on the heterogeneous catalytic oxidation of elemental mercury in flue gases. Environmental Science & Technology, 2013, 47(19): 10813−10823.

[58] Hrdlicka J A, Seames W S, Mann M D, et al. Mercury oxidation in flue gas using gold and palladium catalysts on fabric filters. Environmental Science & Technology, 2008, 42(17): 6677−6682.

[59] Zhao Y, Mann M D, Pavlish J H, et al. Application of gold catalyst for mercury oxidation by chlorine. Environmental Science & Technology, 2006, 40(5): 1603−1608.

[60] Presto A A, Granite E J. Noble metal catalysts for mercury oxidation in utility flue gas. Platinum Metals Review, 2008, 52(3): 144−154.

[61] Yang S, Guo Y, Yan N, et al. Remarkable effect of the incorporation of titanium on the catalytic activity and SO_2 poisoning resistance of magnetic Mn-Fe spinel for elemental mercury capture. Applied Catalysis B: Environmental, 2011, 101(3-4): 698−708.

[62] Yang S, Guo Y, Yan N, et al. Nanosized cation-deficient Fe-Ti spinel: A novel magnetic sorbent for elemental mercury capture from flue gas. ACS Applied Materials & Interfaces, 2011, 3(2): 209−217.

[63] Yang S, Liu C, Chang H, et al. Improvement of the activity of γ-Fe_2O_3 for the selective catalytic reduction of NO with NH_3 at high temperatures: NO reduction versus NH_3 oxidization. Industrial & Engineering Chemistry Research, 2013, 52(16): 5601−5610.

[64] Yang S, Wang C, Li J, et al. Low temperature selective catalytic reduction of NO with NH_3 over Mn-Fe Spinel: Performance, mechanism and kinetic study. Applied Catalysis B: Environmental, 2011, 110(41): 71−80.

[65] Yang S, Yan N, Guo Y, et al. Gaseous elemental mercury capture from flue gas using magnetic nanosized $(Fe_{3-x}Mn_x)_{1-\delta}O_4$. Environmental Science & Technology, 2011, 45(4): 1540−1546.

[66] Kong F, Qiu J, Liu H, et al. Catalytic oxidation of gas-phase elemental mercury by nano-Fe_2O_3. Journal of Environmental Sciences, 2011, 23(4): 699—704.

[67] Qiao S H, Chen J, Li J F, et al. Adsorption and catalytic oxidation of gaseous elemental mercury in flue gas over MnO_x/alumina. Industrial & Engineering Chemistry Research, 2009, 48(7): 3317—3322.

[68] Li J, Yan N, Qu Z, et al. Catalytic oxidation of elemental mercury over the modified catalyst Mn/α-Al_2O_3 at lower temperatures. Environmental Science & Technology, 2010, 44(1): 426—431.

[69] Yamaguchi A, Akiho H, Ito S. Mercury oxidation by copper oxides in combustion flue gases. Powder Technology, 2008, 180(1-2): 222—226.

[70] Kamata H, Mouri S, Uueno S I, et al. Mercury oxidation by hydrogen chloride over the CuO based catalysts. Studies in Surface Science and Catalysis, 2007, 172: 621—622.

[71] Du W, Yin L, Zhuo Y, et al. Performance of CuO_x-neutral Al_2O_3 sorbents on mercury removal from simulated coal combustion flue gas. Fuel Processing Technology, 2015, 131: 403—408.

[72] Wang Q, Chung J S, Guo Z. Promoted soot oxidation by doped $K_2Ti_2O_5$ catalysts and NO oxidation catalysts. Industrial & Engineering Chemistry Research, 2011, 50(11): 8384—8388.

[73] Wang Q, Park S, Duan L, et al. Activity, stability and characterization of NO oxidation catalyst Co/$K_xTi_2O_5$. Applied Catalysis B: Environmental, 2008, 85(1-2): 10—16.

[74] Wang Q, Park S Y, Choi J S, et al. Co/$K_xTi_2O_5$ catalysts prepared by ion exchange method for NO oxidation to NO_2. Applied Catalysis B: Environmental, 2008, 79(2): 101—107.

[75] Wang Q, Sohn J H, Park S Y, et al. Preparation and catalytic activity of $K_4Zr_5O_{12}$ for the oxidation of soot from vehicle engine emissions. Journal of Industrial and Engineering Chemistry, 2010, 16(1): 68—73.

[76] Xie X, Li Y, Liu Z Q, et al. Low-temperature oxidation of CO catalysed by Co_3O_4 nanorods. Nature, 2009, 458(7239): 746—749.

[77] Wyrwalski F, Lamonier J F, Perez-Zurita M J, et al. Influence of the ethylenediamine addition on the activity, dispersion and reducibility of cobalt oxide catalysts supported over ZrO_2 for complete VOC oxidation. Catalysis Letters, 2006, 108(1-2): 87—95.

[78] Liu Y, Wang Y, Wang H, et al. Catalytic oxidation of gas-phase mercury over Co/TiO_2 catalysts prepared by sol-gel method. Catalysis Communications, 2011, 12(14): 1291—1294.

[79] Li H, Wu C Y, Li Y, et al. CeO_2-TiO_2 catalysts for catalytic oxidation of elemental mercury in low-rank coal combustion flue gas. Environmental Science & Technology, 2011, 45(17): 7394—7400.

[80] Reddy B M, Khan A, Yamada Y, et al. Structural characterization of CeO_2-TiO_2 and V_2O_5/CeO_2-TiO_2 catalysts by Raman and XPS techniques. The Journal of Physical Chem-

istry B, 2003, 107(22): 5162—5167.

[81] Wen X, Li C, Fan X, et al. Experimental study of gaseous elemental mercury removal with $CeO_2/\gamma\text{-}Al_2O_3$. Energy & Fuels, 2011, 25(7): 2939—2944.

[82] Tian L, Li C, Li Q, et al. Removal of elemental mercury by activated carbon impregnated with CeO_2. Fuel, 2009, 88(9): 1687—1691.

[83] Fan X, Li C, Zeng G, et al. Removal of gas-phase element mercury by activated carbon fiber impregnated with CeO_2. Energy & Fuels, 2010, 24(8): 4250—4254.

[84] Hua X, Zhou J, Li Q, et al. Gas-phase elemental mercury removal by CeO_2 impregnated activated coke. Energy & Fuels, 2010, 24(10): 5426—5431.

[85] Zhao S, Duan Y, Chen L, et al. Study on emission of hazardous trace elements in a 350MW coal-fired power plant. Part 1. Mercury. Environmental Pollution, 2017, 229: 863—870.

[86] Zhao S, Duan Y, Yao T, et al. Study on the mercury emission and transformation in an ultra-low emission coal-fired power plant. Fuel, 2017, 119: 653—661.

[87] Zheng C, Wang L, Zhang Y, et al. Partitioning of hazardous trace elements among air pollution control devices in ultra-low-emission coal-fired power plants. Energy & Fuels, 2017, 31(6): 6334—6344.

[88] Zhang Y, Yang J, Yu X, et al. Migration and emission characteristics of Hg in coal-fired power plant of China with ultra low emission air pollution control devices. Fuel Processing Technology, 2017, 158: 272—280.

第2章　燃煤烟气中汞的多相氧化反应动力学

2.1　燃煤烟气中汞的均相反应动力学

燃煤电厂的汞排放控制效率取决于燃煤烟气中汞形态分布，而煤燃烧过程中汞形态转化受动力学控制[1,2]，因此，研究控制燃煤烟气中汞形态转化的机理与动力学具有重要的意义。动力学模型能够准确地预测运行条件下汞形态转化过程，包括均相反应机理与非均相反应机理[3]。均相反应机理是动力学研究的基础，只有很好地掌握均相反应机理的基础，才能深入研究非均相反应机理。虽然目前建立的许多均相汞氧化反应动力学模型已与试验数据进行对比验证[4-8]，但这些动力学模型仍具有较大的不确定性[9]，因为用来验证动力学模型的试验数据受到质疑[1,10-13]。此外，这些反应动力学模型并不能准确地预测实际燃煤烟气中汞均相反应与非均相反应动力学路径。因此，建立一个准确的均相反应动力学模型，并应用最新的试验数据进行系统的验证，对理解不同动力学反应路径的相对重要性具有重要意义。

2.1.1　燃煤烟气中Hg/Cl/C/H/O/N/S均相反应动力学模型

1. 动力学模型建立

Hg/Cl/C/H/O/N/S均相反应动力学模型包括Hg/Cl子机理、Hg/O子机理、C/H/O/N/S/Cl子机理、湿CO氧化子机理、NO_x子机理、SO_x子机理和NO_x/SO_x转化子机理。大部分的动力学子机理直接从美国国家标准与技术研究院(National Institute of Standards and Technology，NIST)数据库获得[14]。气相基元反应的速率常数由改进的Arrhenius公式给出，$k=AT^n\exp[-E_a/(RT)]$。Hg/Cl和Hg/O子机理及动力学参数见表2.1。

Hg/Cl子机理(反应1到反应9)的动力学参数来自文献[6]、[15]、[16]。Hg/O子机理(反应10到反应12)的动力学参数来自文献[5]、[16]。C/H/O/N/S/Cl子机理的动力学参数来自NIST数据库[14]、文献[17]～[19]。湿CO氧化子机理的动力学参数来自文献[20]～[22]。NO_x子机理、SO_x子机理及NO_x/SO_x子机理来自利兹大学官网。Hg/Cl/C/H/O/N/S均相反应动力学模型包括279个基元反应和79种化学反应物质，热力学数据来自

CHEMKIN 数据库[22]。

表 2.1　Hg/Cl 和 Hg/O 子机理以及动力学参数

序号	基元反应	指前因子 A /[cm^3/(mol·s)]	温度指数 n	活化能 E_a /(cal①/mol)	参考文献
1	$Hg^0+Cl+M \longrightarrow HgCl+M$	9.00×10^{15}	0	0	[15]
2	$Hg^0+Cl_2 \longrightarrow HgCl+Cl$	1.39×10^{14}	0	34000	[6]
3	$Hg^0+HCl \longrightarrow HgCl+H$	4.94×10^{14}	0	79300	[6]
4	$Hg^0+HOCl \longrightarrow HgCl+OH$	4.27×10^{13}	0	19000	[6]
5	$HgCl+Cl+M \longrightarrow HgCl_2+M$	1.16×10^{15}	0.5	0	[6]
6	$HgCl+Cl_2 \longrightarrow HgCl_2+Cl$	1.39×10^{14}	0	−1000	[15]
7	$HgCl+HCl \longrightarrow HgCl_2+H$	4.64×10^{3}	2.5	19100	[6]
8	$HgCl+HOCl \longrightarrow HgCl_2+OH$	4.27×10^{13}	0	1000	[6]
9	$Hg^0+Cl_2+M \longrightarrow HgCl_2+M$	1.04×10^{14}	0	39487	[16]
10	$Hg^0+O \longrightarrow HgO$	3.40×10^{9}	0	0	[5]
11	$HgO+HCl \longrightarrow HgCl+OH$	2.36×10^{13}	0	78394	[16]
12	$HgO+HOCl \longrightarrow HgCl+HO_2$	1.75×10^{11}	0	57173	[16]

① 1cal=4.1868J。

2. *动力学模型验证*

van Otten 等[1]进行了汞的均相氧化试验并揭示了安大略法对试验数据测量造成的误差，从而获得准确的试验数据，数据可以用于 Hg/Cl/C/H/O/N/S 均相反应动力学模型的验证。该试验系统为一外径 50mm、内径 47mm、长 132.08cm 的石英反应器。300W 的天然气燃烧器为石英反应器提供流量为 6L/min 的烟气，反应器中烟气的停留时间约为 7s。试验过程中，烟气降温速率分别为 210K/s 和 440K/s，不同降温速率的温度-距离曲线如图 2.1 所示。从图中可以看出，降温曲线主要由高温区（1000～1360K）和低温区（600～1000K）组成。烟气在

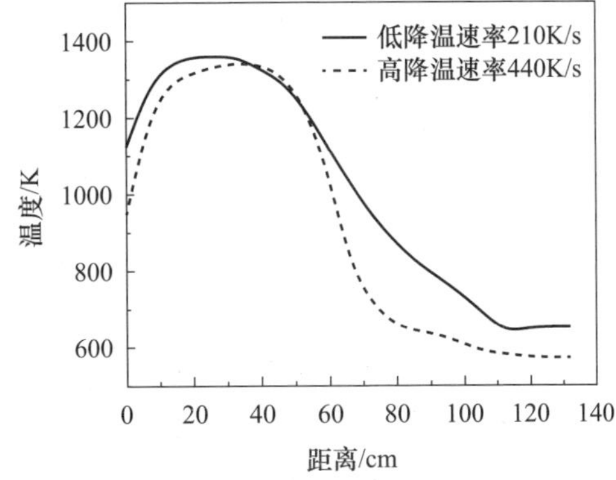

图 2.1　反应器中烟气在不同降温速率条件下的时间-温度曲线

高温区的停留时间大约为 2s，然后以 210K/s 和 440K/s 的降温速率降到大约 600K。烟气在低温区的停留时间大约为 5s。低温区代表燃煤锅炉省煤器后面的烟气降温过程，是汞均相氧化的主要温度区间。烟气成分通过甲烷燃烧的动力学计算获得，见表 2.2。Smith 等[23]和 Cauch 等[24]研究得到的烟气组分数据将在后面章节的动力学计算中用到。

表 2.2 不同课题组试验的烟气组分浓度

烟气组分	烟气组分浓度		
	van Otten 等[1]	Smith 等[23]	Cauch 等[24]
N_2	72.5%(体积分数)	72%(体积分数)	72%(体积分数)
O_2	0.72%(体积分数)	2%(体积分数)	1.66%(体积分数)
H_2O	18.1%(体积分数)	17%(体积分数)	17.3%(体积分数)
CO_2	8.6%(体积分数)	8.4%(体积分数)	8.46%(体积分数)
NO	27ppm	—	30ppm
CO	7.4ppm	—	—
HCl	0～500ppm	200～400ppm	0～500ppm
Hg^0	25μg/Nm³	37.6μg/Nm³	25μg/Nm³

汞均相氧化的动力学模拟在 CHEMKIN-PRO 软件的柱塞流反应器中进行。柱塞流反应器中的烟气降温速率被指定为 210K/s 和 440K/s。Fry 等[3]指出，Cl_2 通过燃烧后变成 Cl 自由基，随后变成 HCl。因此，在动力学模拟过程中，Cl 主要由 HCl 组成，HCl 浓度从 0ppm 变化到 500ppm。模拟结果与试验结果如图 2.2 所示，两者具有较好的一致性，说明建立的均相反应动力学模型能够较好地预测 HCl 浓度和降温速率对汞均相氧化的影响。汞氧化效率随着 HCl 浓度增加而增加。

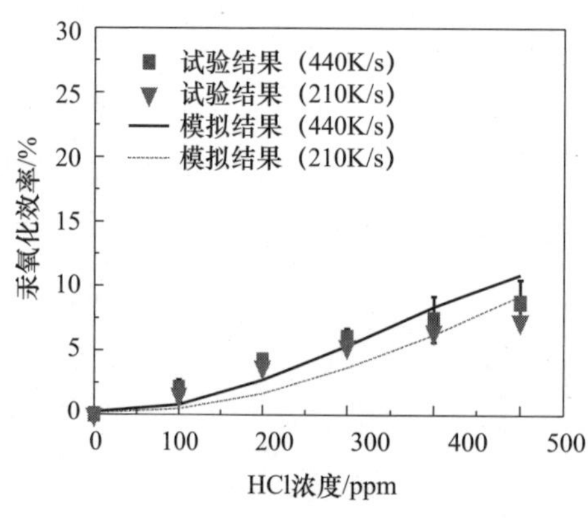

图 2.2 烟气中的汞氧化试验结果与模拟结果

为了研究降温速率对汞氧化的影响，分析了 HCl 在不同降温速率条件下的形态转化过程，如图 2.3 所示。从图 2.3(a)可以看出，在烟气降温过程中，高降温速率条件下生成的 Cl_2 的摩尔分数高于低降温速率条件下生成的 Cl_2 的摩尔分数。此外，从图 2.3(b)可以看出，停留时间在 1.7～2.5s 区间，高降温速率条件下生成的 Cl 自由基摩尔分数大于低降温速率条件下生成的 Cl 自由基摩尔分数。而在其他停留时间条件下，高降温速率条件下生成的 Cl 自由基摩尔分数小于低降温速率条件下生成的 Cl 自由基摩尔分数。研究表明[3]，Cl_2 和 Cl 自由基对汞具有较高的氧化活性。因此，较高的 Cl_2 和 Cl 自由基摩尔分数有利于汞的氧化，较高的烟气降温速率有利于汞的氧化。对于 Cl 自由基摩尔分数（见图 2.3(b)），烟气停留时间在 1.7～2.5s 之外时，高降温速率条件下的 Cl 自由基摩尔分数小于低降温速率条件下的 Cl 自由基摩尔分数，这可能是因为 NO 组分消耗了 Cl 自由基。

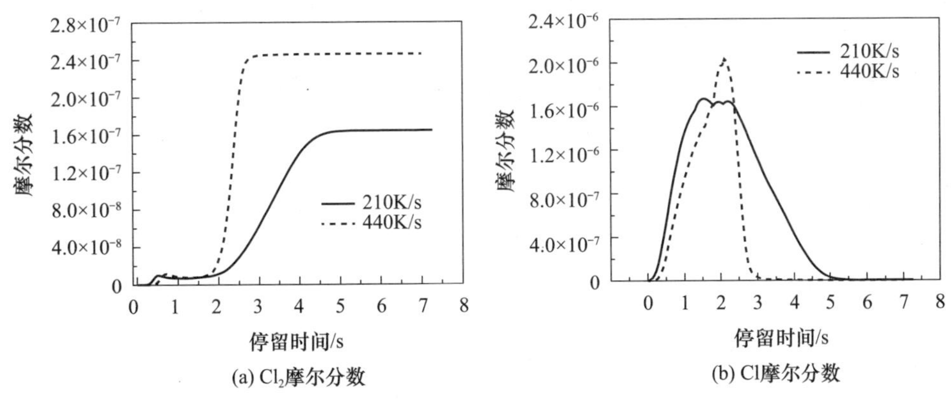

图 2.3　烟气降温过程中的氯物质摩尔分数的变化过程

3. Hg/Cl 均相氧化试验动力学计算

一个精确的动力学模型可以用于预测不同试验条件下汞的形态转化。下面针对不同学者提出的均相汞氧化试验进行动力学计算，进一步分析 Hg/Cl/C/H/O/N/S 动力学模型的可靠性与准确性。Smith 等[23]在实验室火焰基流动反应器中进行了汞的均相氧化试验，并进行了汞均相氧化化学分析。火焰基反应器为汞的均相氧化提供自由基，可以模拟煤粉颗粒燃烧温度条件。

甲烷与氧气在一个多元微扩散平流火焰燃烧器（multi-element micro-diffusion flat-flame burner）中燃烧，为流动反应器中汞的均相氧化提供模拟烟气。甲烷与氧气的当量比为 0.9。将体积分数 1%的 HCl 加入不锈钢混合器，单质汞通过独立管路引入混合器混合均匀。混合器尺寸为 16cm(L)×17cm(W)×21cm(H)。通过流量调节烟气中的 HCl 浓度，烟气成分见表 2.2。石英反应器的尺寸为 59cm(L)×13cm(d)。插入混合器的距离大约为 13cm。

为了减少反应器的散热损失，反应器前端采用电加热带保温。沿流动反应器烟气流动方向布置 6 个 K 型热电偶，测量烟气温度。流动反应器中烟气的时间-温度曲线如图 2.4 所示。平流火焰燃烧器流出的烟气首先进入混合室，混合室中最高温度约为 1017℃。反应器中烟气的总流量为 33.3L/min，停留时间大约为

2.9s。测量系统烟气取样点距离反应器进口端大约为25cm。

基于上述试验条件，采用柱塞流反应器进行动力学计算。其中，汞均相氧化的模拟结果与试验结果如图2.5所示。随着HCl浓度增加，汞氧化效率逐渐增加。HCl浓度低于400ppm时，均相反应动力学模型稍微低估了汞的氧化效率。当HCl浓度从400ppm增加到555ppm时，汞氧化效率缓慢增加。HCl浓度为555ppm时，均相反应动力学模型稍微高估了汞的氧化效率。但是，总体而言，模型能够较好地预测汞氧化效率随HCl浓度变化的趋势。

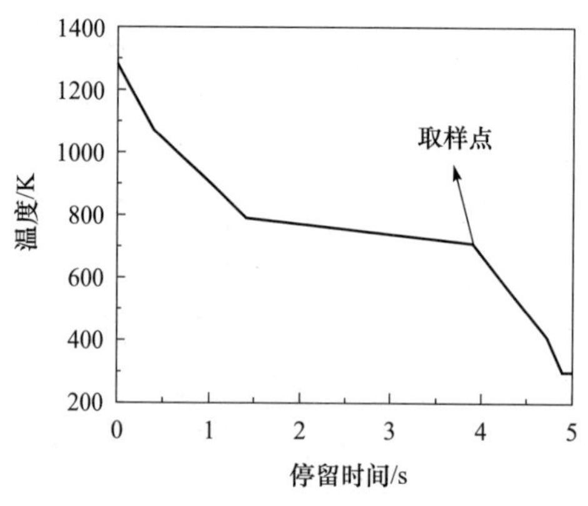

图2.4 流动反应器中模拟烟气降温过程的时间-温度曲线

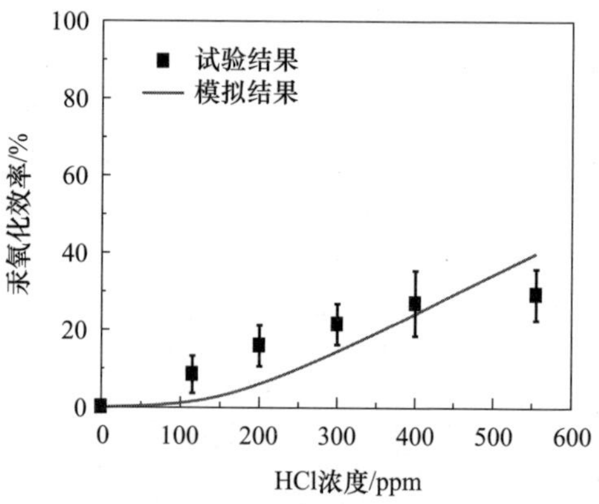

图2.5 不同HCl浓度条件下汞均相氧化的模拟结果与试验结果

4. Hg/Cl均相氧化的主要反应路径

为了解燃煤烟气中Hg/Cl均相氧化的反应过程，进行Hg^0的敏感性分析和$HgCl_2$的产率分析(rate of production，ROP)，以揭示Hg/Cl均相氧化的主要反应路径。敏感性分析在HCl浓度为500ppm、降温速率为440K/s的试验条件下进行[1]，敏感性分析结果如图2.6所示。从图中可以看出，$HgCl+Cl_2 \longrightarrow HgCl_2+Cl$、$Hg+Cl+M \longrightarrow HgCl+M$、$Hg+O \longrightarrow HgO$和$Hg+HOCl \longrightarrow HgCl+OH$是$Hg^0$均相氧化最敏感的反应。其中，$Hg+HOCl \longrightarrow HgCl+OH$表现出正敏感性系数，表明$Hg+HOCl \longrightarrow HgCl+OH$不利于$Hg^0$均相氧化。因为该反应在烟气降温过程中正反应速率大于逆反应速率，反应主要向逆反应方向进行。

$HgCl+Cl_2 \longrightarrow HgCl_2+Cl$、$Hg+Cl+M \longrightarrow HgCl+M$和$Hg+O \longrightarrow HgO$表现出负敏感性系数，表明这三个反应有利于$Hg^0$均相氧化。$Hg+O \longrightarrow HgO$的负敏感性系数大于$HgCl+Cl_2 \longrightarrow HgCl_2+Cl$和$Hg+Cl+M \longrightarrow HgCl+M$的负敏感性系数。因此，$Hg^0$均相氧化对$HgCl+Cl_2 \longrightarrow HgCl_2+Cl$和$Hg+Cl+M \longrightarrow HgCl+M$的敏感性要大于$Hg^0$均相氧化对$Hg+O \longrightarrow HgO$的敏感

性。基于上面的分析，可以总结出 Hg^0 均相氧化的主要反应路径为 Hg＋Cl＋M ⟶ HgCl＋M 和 HgCl＋Cl_2 ⟶ $HgCl_2$＋Cl。在 Hg/Cl 均相氧化反应的主要反应路径中，Hg^0 首先被 Cl 自由基氧化成 HgCl，HgCl 随后被 Cl_2 进一步氧化成 $HgCl_2$。同时，第二步氧化反应产生一个 Cl 自由基，Cl 自由基可以进一步参与 Hg^0 的第一步氧化反应。由此可见，Hg/Cl 均相氧化的主要反应路径可以近似地看成一个 Cl 原子的循环反应，如图 2.7 所示。Hg/Cl 均相氧化可以近似地看成一个 Cl 原子的循环反应，循环反应主要由 Cl 自由基和 HgCl 中间体组成。

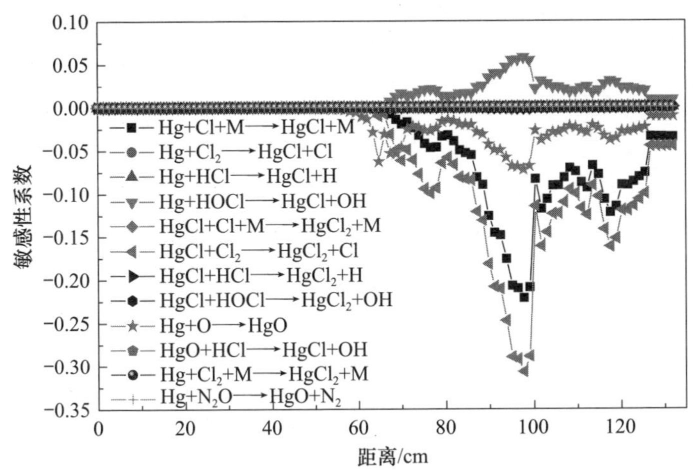

图 2.6　HCl 浓度为 500ppm、降温速率为 440K/s 的试验条件下 Hg^0 的敏感性分析结果

为了进一步验证 Hg/Cl 均相氧化的主要反应路径，进行 $HgCl_2$ 的产率分析。产率分析的条件与敏感性分析的条件一致。$HgCl_2$ 的产率分析结果如图 2.8 所示。从图中可以看出，HgCl＋Cl＋M ⟶ $HgCl_2$＋M、HgCl＋Cl_2 ⟶ $HgCl_2$＋Cl 和 HgCl＋HOCl ⟶ $HgCl_2$＋OH 对 $HgCl_2$ 的形成具有较大的贡献。相比于 HgCl＋Cl＋M ⟶ $HgCl_2$＋M 和 HgCl＋HOCl ⟶ $HgCl_2$＋OH，HgCl＋Cl_2 ⟶ $HgCl_2$＋Cl 对 $HgCl_2$ 的形成具有更大的贡献，$HgCl_2$ 主要通过 HgCl＋Cl_2 ⟶ $HgCl_2$＋Cl 形成。这与上述的敏感性分析结果一致，Hg/Cl 均相氧化反应对 HgCl＋Cl_2 ⟶ $HgCl_2$＋Cl 具有较强的敏感性。

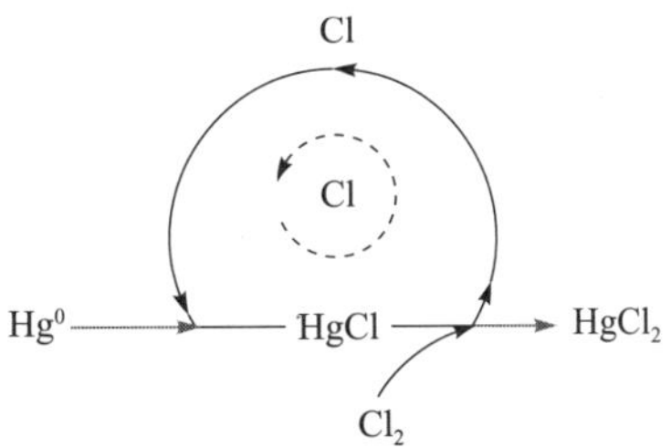

图 2.7　Hg/Cl 均相氧化过程中的 Cl 循环反应

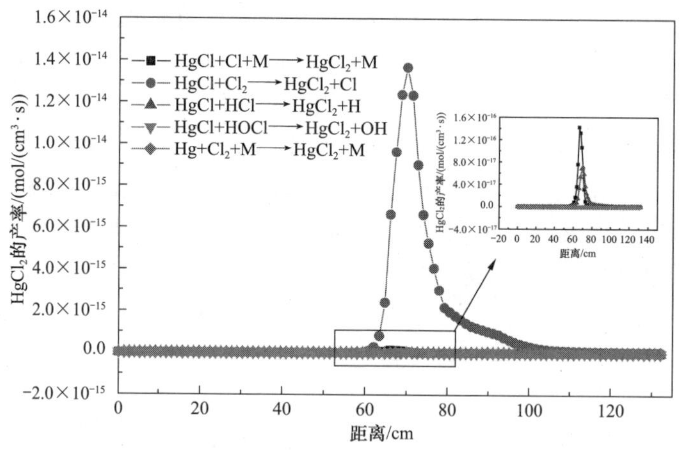

图 2.8 Hg/Cl 均相氧化过程中 $HgCl_2$ 的产率分析

2.1.2 燃煤烟气中 Hg/Br/Cl/C/H/O/N/S 均相反应动力学模型

1. Hg/Br/Cl/C/H/O/N/S 均相反应动力学模型建立

Hg/Br/Cl/C/H/O/N/S 均相反应动力学模型包括 Hg/Cl 子机理、Hg/Br 子机理、Hg/Br/Cl 子机理、Hg/O 子机理、Br/H/O/C 子机理、Br/Cl/S/N 子机理、Cl/H/C/O/N/S 子机理、CO 氧化子机理、NO_x 子机理、SO_x 子机理和 NO_x/SO_x 子机理，如图 2.9 所示。

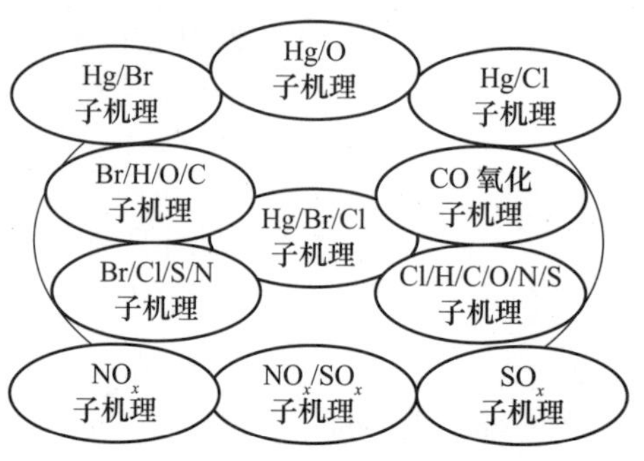

图 2.9 Hg/Br/Cl/C/H/O/N/S 均相反应动力学模型的子机理

从图中可以看出，Hg/Br/Cl/C/H/O/N/S 均相反应动力学模型的各个子机理之间相互影响。Hg/Cl 和 Hg/O 子机理列于表 2.1，动力学参数来自文献[6]、[15]、[16]。Hg/Br 子机理和 Hg/Br/Cl 子机理如表 2.3 所示，动力学参数来自文献[24]～[26]。Br/H/O/C 子机理、Br/Cl/S/N 子机理和 Cl/H/C/O/N/S 子机理来自美国 NIST 数据库[14]和文献[17]、[27]。CO 氧化子机理的动力学参数来自文献[20]和[21]。NO_x 子机理、SO_x 子机理和 NO_x/SO_x 子机理来自利兹大学官网。总的来说，Hg/Br/Cl/C/H/O/N/S 均相反应动力学模型包括 11 个子机理、352 个基元反应和 94 种化学反应物质。热力学数据来自 CHEMKIN 数据库[22]和 JANAF 热化学数据库[28]。

表 2.3　Hg/Br 和 Hg/Br/Cl 子机理以及动力学参数

序号	基元反应	指前因子 A /[cm^3/(mol·s)]	温度指数 n	活化能 E_a /(cal/mol)	参考文献
1	$Hg^0+Br+M \longrightarrow HgBr+M$	1.00×10^{16}	0	0	[24]
2	$Hg^0+Br_2 \longrightarrow HgBr+Br$	1.15×10^{14}	0	31800	[26]
3	$Hg^0+HBr \longrightarrow HgBr+H$	3.78×10^{14}	0	75700	[26]
4	$Hg^0+BrOH \longrightarrow HgBr+OH$	3.52×10^{13}	0	36900	[26]
5	$HgBr+Br_2 \longrightarrow HgBr_2+Br$	6.00×10^{14}	0	1000	[25]
6	$HgBr+Br+M \longrightarrow HgBr_2+M$	8.83×10^{14}	0.5	0	[26]
7	$HgBr+HBr \longrightarrow HgBr_2+H$	1.16×10^{7}	2.5	28100	[26]
8	$HgBr+BrOH \longrightarrow HgBr_2+OH$	3.47×10^{13}	0	5500	[26]
9	$HgBr+Cl_2 \longrightarrow HgBrCl+Cl$	1.39×10^{14}	0	1000	[26]
10	$HgBr+HOCl \longrightarrow HgBrCl+OH$	4.27×10^{13}	0	3300	[26]
11	$Hg^0+BrCl \longrightarrow HgBr+Cl$	1.39×10^{14}	0	32100	[26]
12	$HgBr+Cl+M \longrightarrow HgBrCl+M$	1.16×10^{15}	0.5	0	[26]
13	$HgBr+HCl \longrightarrow HgBrCl+H$	4.64×10^{3}	2.5	18200	[26]

2. Hg/Br/Cl/C/H/O/N/S 均相反应动力学模型验证

Preciado 等[13]在 300W 层流甲烷燃烧石英反应器中研究了 Hg/Br 均相氧化反应。石英反应器的尺寸为 135cm(L)×4.7cm(内径)。甲烷燃烧器向石英反应器提供 6L/min 的模拟烟气，烟气在石英反应器中的停留时间约为 7s。烟气组分浓度采用甲烷燃烧机理 GRI-Mechanism 3.0 计算获得，结果见表 2.2。流动反应器中模拟烟气降温过程的时间-温度曲线如图 2.4 所示。根据 Preciado 等[13]的均相汞氧化试验进行动力学计算，并验证 Hg/Br/Cl/C/H/O/N/S 均相反应动力学模型，计算模拟结果与试验结果对比如图 2.10 所示。

从图 2.10(a)中可以看出，汞氧化效率随着 HBr 浓度增加而增加，HBr 浓度从 0ppm 增加到 50ppm 时，汞氧化效率从 0 增加到 45.8%。动力学模型的计算模拟结果与试验结果具有较好的一致性，表明 Hg/Br/Cl/C/H/O/N/S 均相反应动力学模型能够较好地预测燃煤烟气中 HBr 对 Hg^0 的均相氧化。如图 2.10(b)所示，Hg/Br/Cl/C/H/O/N/S 均相反应动力学模型稍微低估了 HCl 对 Hg^0 的均相氧化。但是，随着 HCl 浓度增加，模拟结果与试验结果之间的差异逐渐减小。模拟结果与试验结果之间的偏差暗示了试验的不确定性，如试验过程中准确测量汞较困难。此外，模拟结果与试验结果之间的偏差是由非均相反应过程(表面诱导催化效应)造成的。总之，均相反应动力学模型能够很好地预测不同 HBr 或 HCl 浓

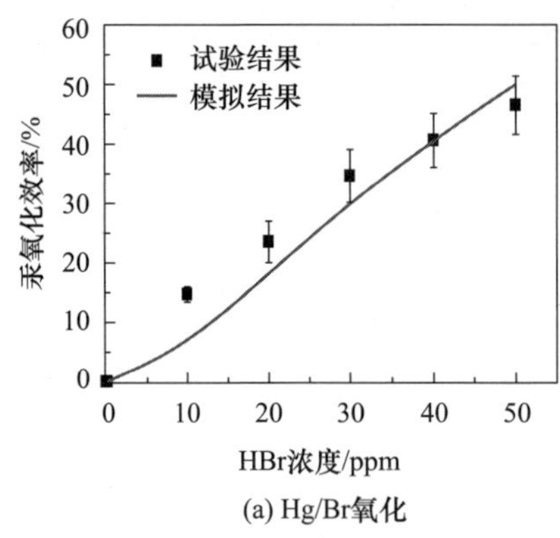

(a) Hg/Br氧化

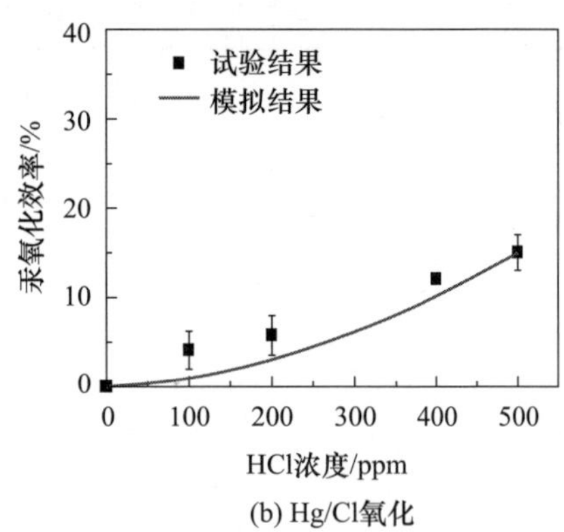

(b) Hg/Cl氧化

图 2.10 空气燃烧条件下石英反应器中 Hg/Br 氧化和 Hg/Cl 氧化的试验结果与模拟结果

度对汞氧化的影响。Hg/Br/Cl/C/H/O/N/S 均相反应动力学模型具有较好预测燃煤烟气中汞均相氧化的性能。对比图 2.10(a)和图 2.10(b)中的汞氧化效率,尽管 HBr 浓度远低于 HCl 浓度,但是 HBr 对汞的氧化效率高于 HCl 对汞的氧化效率,这说明 HBr 对 Hg^0 的氧化比 HCl 更具有活性。

3. Hg/Br 均相氧化的主要反应路径

为了进一步理解燃煤烟气中 Hg/Br 均相氧化反应过程,可进行敏感性分析,以揭示燃煤烟气中 Hg/Br 均相氧化的主要反应路径。敏感性分析在 HBr 浓度为 50ppm 的条件下进行。敏感性分析结果如图 2.11 所示。从图 2.11(a)中可以看出,$Hg+Br+M \longrightarrow HgBr+M$ 和 $HgBr+Br_2 \longrightarrow HgBr_2+Br$ 是对 Hg^0 氧化最敏感的反应。这两个反应对 Hg^0 氧化表现出负敏感性系数。$Hg+Br+M \longrightarrow HgBr+M$ 和 $HgBr+Br_2 \longrightarrow HgBr_2+Br$ 对汞具有较强的促进作用,Hg^0 氧化主要通过 $Hg+Br+M \longrightarrow HgBr+M$ 和 $HgBr+Br_2 \longrightarrow HgBr_2+Br$ 进行。Hg^0 首先通过 $Hg+Br+M \longrightarrow HgBr+M$ 被 Br 氧化生成 HgBr,HgBr 随后通过 $HgBr+Br_2 \longrightarrow HgBr_2+Br$ 被 Br_2 氧化生成 $HgBr_2$。因此,燃煤烟气中 Hg/Br 均相氧化的主要反应路径是一个两步反应过程:$Hg+Br+M \longrightarrow HgBr+M$ 和 $HgBr+Br_2 \longrightarrow HgBr_2+Br$。

如图 2.11(a)所示,相比于 $Hg+Br+M \longrightarrow HgBr+M$ 和 $HgBr+Br_2 \longrightarrow HgBr_2+Br$,$HgBr+Br+M \longrightarrow HgBr_2+M$ 表现出相对较低的敏感性系数。但是如图 2.11(b)所示,相比于其他反应,$HgBr+Br+M \longrightarrow HgBr_2+M$ 对 Hg^0 的氧化表现出较高的敏感性系数。由此可见,生成的部分 HgBr 通过 $HgBr+Br+M \longrightarrow HgBr_2+M$ 被进一步氧化生成 $HgBr_2$。$HgBr+Br+M \longrightarrow HgBr_2+M$ 在 Hg/Br 均相氧化过程中为 $HgBr_2$ 的形成提供了独立的反应通道。

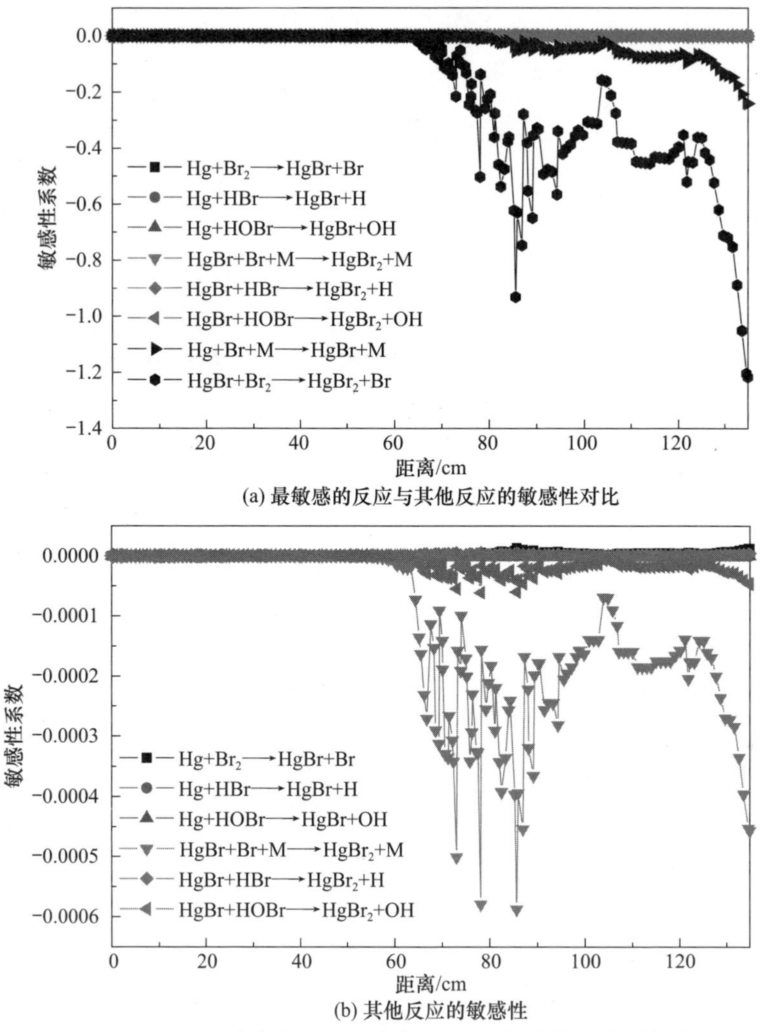

(a) 最敏感的反应与其他反应的敏感性对比

(b) 其他反应的敏感性

图 2.11　HBr 浓度为 50ppm 条件下 Hg^0 的敏感性分析结果

为了进一步验证 Hg/Br 均相氧化过程中的主要反应路径，可进行产率分析。产率分析的条件与敏感性分析的条件一致。$HgBr_2$ 的产率分析结果如图 2.12 所示。从图 2.12(a)中可以看出，$HgBr+Br_2 \longrightarrow HgBr_2+Br$ 对 $HgBr_2$ 的产率表现出最大的贡献。Hg/Br 均相氧化过程中 $HgBr_2$ 的形成主要通过 $HgBr+Br_2 \longrightarrow HgBr_2+Br$ 进行，$HgBr+Br_2 \longrightarrow HgBr_2+Br$ 是 $HgBr_2$ 形成的主要反应通道。除此之外，如图 2.12(b)所示，相比于 $HgBr+HBr \longrightarrow HgBr_2+H$ 和 $HgBr+HOBr \longrightarrow HgBr_2+OH$，$HgBr+Br+M \longrightarrow HgBr_2+M$ 对 $HgBr_2$ 的形成具有相对较大的贡献。因此，$HgBr+Br+M \longrightarrow HgBr_2+M$ 为 $HgBr_2$ 的形成提供了独立的反应通道。由此可见，产率分析结果与敏感性分析结果相吻合。

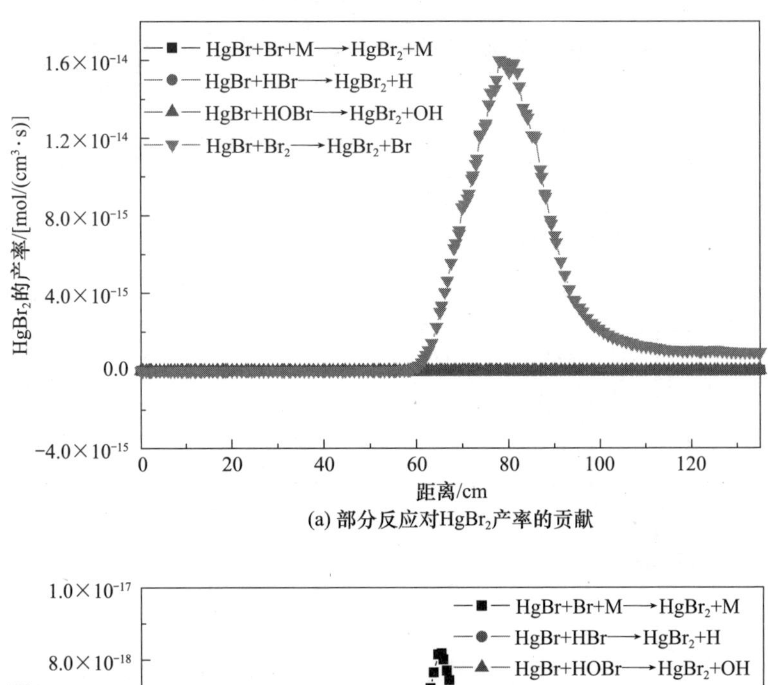

(a) 部分反应对$HgBr_2$产率的贡献

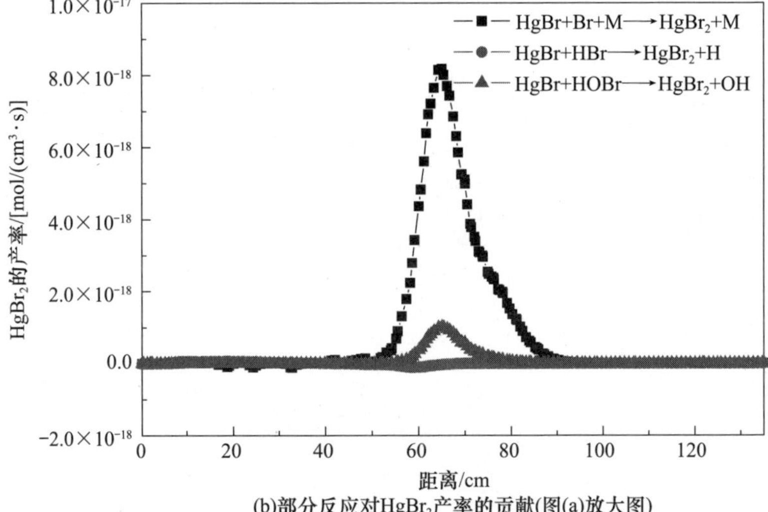

(b)部分反应对$HgBr_2$产率的贡献(图(a)放大图)

图 2.12 Hg/Br 均相氧化过程中 $HgBr_2$ 的产率分析结果

2.1.3 HCl 与 HBr 形态转化

Hg/Cl 均相氧化的主要反应路径为 Hg+Cl+M⟶HgCl+M 和 HgCl+Cl_2⟶$HgCl_2$+Cl;燃煤烟气中 Hg/Br 均相氧化的主要反应路径为 Hg+Br+M⟶HgBr+M 和 HgBr+Br_2⟶$HgBr_2$+Br,这说明燃煤烟气中 Cl、Cl_2、Br 和 Br_2 的形成对 Hg^0 的均相氧化反应具有至关重要的作用。尽管 Hg/Cl 和 Hg/Br 均相氧化的主要反应路径是相似的,但是 HBr 对 Hg^0 的氧化比 HCl 更具有活性。探究燃煤烟气中 HCl 与 HBr 的形态转化，比较烟气中 Cl、Cl_2、Br 和 Br_2 的浓度大小对理解 HCl 与 HBr 形态转化意义不大，需要比较 Cl、Cl_2、Br 和 Br_2 的转化率。Br、Br_2、Cl 和 Cl_2 的转化率在 Preciado 等[13]的试验条件下进行比较。Cl 和 Cl_2 的转化率在 HCl 浓度为 500ppm、空气燃烧的反应条件下计算获得，Br 和 Br_2 的转化率在 HBr 浓度为 50ppm、空气燃烧的反应条件下计算获得。动力学计算结果如图 2.13 所示。

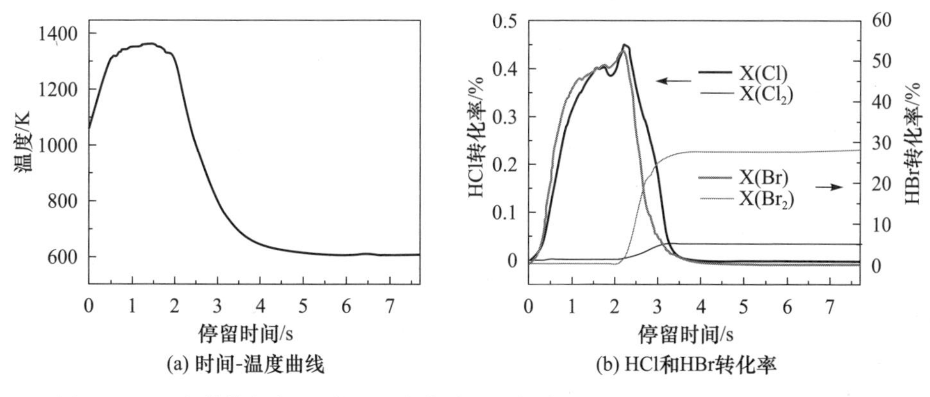

图 2.13　空气燃烧气氛下时间-温度曲线和烟气降温过程中 HCl 和 HBr 形态转化

从图 2.13(a)中可以看出，烟气进入反应器时的温度为 1072K，在 0.5s 的停留时间内，烟气温度升高到大约 1300K 并保持该温度大约 1.5s。当烟气停留时间从 2s 增加到 4s 时，烟气温度从 1300K 急剧下降到大约 650K。在烟气停留时间为 4～7.6s 时，烟气温度缓慢从 650K 降低到 600K。结合图 2.13(a)和 2.13(b)可以看出，停留时间为 0～2.3s，烟气温度在 1072～1300K，HCl 分解转化为 Cl 自由基，Cl 自由基的转化率从 0 增加到 0.45%左右，Cl_2 的转化率几乎保持为 0。HBr 分解产生 Br 自由基，Br 自由基的转化率从 0 增加到 52.5%，在该温度区间几乎没有 Br_2 产生，Br_2 的转化率为 0。从图 2.13(b)可以看出，Br 自由基的转化率远高于 Cl 自由基的转化率，HBr 分解产生 Br 自由基比 HCl 分解产生 Cl 自由基更容易。在 Hg^0 均相氧化的主要反应路径中，Cl 自由基和 Br 自由基对 Hg^0 的第一步氧化具有至关重要的作用，这说明 HBr 比 HCl 更具氧化活性。

当烟气停留时间为 2.3～4.0s、烟气温度为 650～1072K 时，Cl 自由基和 Br 自由基的转化率急剧降低到 0，Cl_2 和 Br_2 的转化率分别上升到 0.04%和 28.3%。当烟气停留时间为 4.0～7.6s、烟气温度为 600～650K 时，Cl、Cl_2、Br 和 Br_2 的转化率保持不变。对比 Cl_2 和 Br_2 稳定时的转化率，Br_2 的转化率远高于 Cl_2 的转化率。在 Hg^0 均相氧化的主要反应路径中，Cl_2 和 Br_2 对 Hg^0 的第二步氧化具有至关重要的作用。Br_2 的转化率远高于 Cl_2 的转化率，可以进一步证明 HBr 比 HCl 更具活性。

2.1.4 不同均相反应动力学模型对比与验证

汞均相反应机理的研究历程如图 2.14 所示。Sliger 等[4]建立了一个汞氧化的均相反应动力学模型,模型包括 23 个均相基元反应,Hg/Cl 子机理包括 5 个基元反应。动力学模型的预测结果与试验结果一致。分析结果表明,汞氧化主要通过两个反应 $Hg+Cl \longrightarrow HgCl$ 和 $HgCl+Cl \longrightarrow HgCl_2$ 进行。汞氧化主要发生在降温环境条件下,温度区间为 400~700℃。

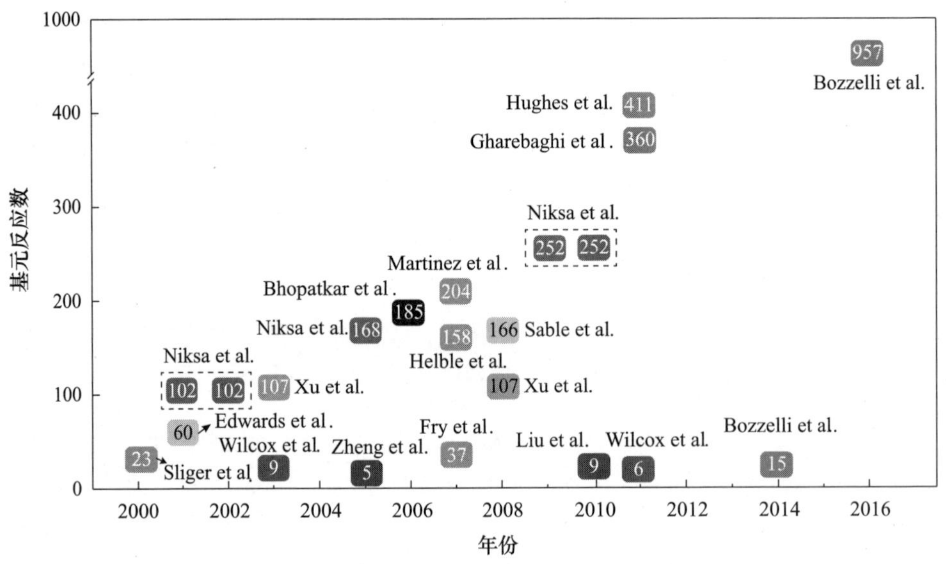

图 2.14 汞均相反应机理的研究历程[3-8,16,26,29-45]

Niksa 等[6,37]建立了一个均相反应动力学模型,模型包括 102 个基元反应,涉及 Cl 氧化子机理、NO_x 转化子机理、SO_x 转化子机理、CO 氧化子机理、H/N/O 反应子机理、Hg/Cl 子机理。模拟结果与 Sliger 等[4]、Widmer 等[46]和 Hall 等[47]的试验结果一致。汞氧化是通过 Cl 原子再循环过程进行的,Cl 和 Cl_2 浓度对汞的氧化都比较重要。其中,Cl 自由基首先通过反应 $Hg^0+Cl \longrightarrow HgCl$ 将 Hg^0 氧化成 HgCl,随后,HgCl 通过反应 $HgCl+Cl_2 \longrightarrow HgCl_2+Cl$ 被进一步氧化成 $HgCl_2$ 并生成一个 Cl 自由基,生成的 Cl 自由基可以进一步用于 Hg^0 的第一步氧化。NO 促进或抑制汞的均相氧化,取决于 NO 的浓度。NO 浓度小于 20ppm 时,NO 促进汞的均相氧化;NO 浓度大于 20ppm 时,NO 抑制汞的均相氧化。当 NO 浓度增加到 100ppm 时,汞的均相氧化效率降低到 0。O_2 促进汞的氧化,H_2O 通过消耗 Cl 自由基从而抑制汞的氧化。随后,Niksa 等[38]将均相反应动力学模型扩展到 168 个反应。为了研究含溴燃煤烟气中汞形态转化,Niksa 等[26,42]又将均相反应动力学模型扩展到 252 个基元反应,该均相反应动力学模型包括 11 个子机理，分别为 Hg/Cl 子机理、Cl/H/C/O/N 子机理、湿 CO 氧化子机理、NO_x 子机理、SO_x 子机理、NO_x/SO_x 子机理、Hg/Br 子机理、Hg/Br/Cl 子机理、Br/O/H/C 子机理、Br/Cl 子机理和 Br/N 子机理。

Xu 等[7,36]建立了一个包括 107 个基元反应的均相反应动力学模型。该模型涉及 30 种气相反应物质，其中，涉及 HgO 的 6 个基元反应被整合到均相反应动力学模型中。敏感性分析结果表明，相比于 Hg/Cl 反应，Hg/O 反应对汞氧化作用较小，但是，相比于其他涉及 HgO 的反应，$HgO+HCl \longrightarrow HgCl+OH$ 具有较高的敏感性系数并促进了汞的氧化。动力学模型的计算结果与 Mamani-Paco 等[48]的结果一致，但是低估了 Sliger[4]和 Edwards 等[5]的试验结果。

Wilcox 等[32]采用量子化学计算方法预测了煤燃烧过程中 9 个 Hg/Cl 基元反应的速率常数。基于二次组态相互作用(quadratic configuration interaction，QCI)的过渡态理论计算基元反应的速率常数。含溴燃煤烟气中汞的形态难以测量，只有采用动力学计算来预测实际燃煤烟气中汞的形态转化。Wilcox 等[41]使用密度泛函理论和偶合簇方法研究了 6 个 Hg/Br 基元反应，计算反应焓、平衡键长、振动频率和反应速率常数。这些数据用于煤燃烧过程中 Hg/Br 反应动力学模拟。尽管计算了 Hg/Cl 和 Hg/Br 基元反应的动力学参数，但没有建立一个汞氧化动力学模型。

Zheng 和 Liu 等[16,39]采用量子化学耦合有效核电势的方法研究了 Hg/Cl 基元反应的速率常数。使用计算获得的热力学和动力学数据与文献中数据对比，从而验证了选择的计算方法和电势基组的准确性。在 Hg/Cl 基元反应研究过程中，发现 QCISD/RCEP28DVZ 是最精确的方法。

Bhopatkar 等[29]建立了一个均相反应动力学模型，该模型包括 185 个基元反应和 54 种反应物质。均相模型的模拟结果低估了 Edwards 等[5]的试验结果。Fry 等[3]研究了降温速率和石英表面积对均相汞氧化的影响，建立了一个包括 37 个基元反应的均相反应动力学模型。试验与模拟结果表明，HCl 浓度为 200ppm 时，烟气降温速率为 440K/s 条件下的汞氧化效率要比烟气降温速率为 210K/s 条件下的汞氧化效率高 52%。Krishnakumar 等[30]比较了 Niksa[6]和 Qiu[49]等的动力学模型，并基于 Wilcox[32]等的理论速率常数建立了另外一个动力学模型。动力学计算结果表明，Qiu 等[49]的动力学模型具有较高的准确性。Martinez 等[8]建立了一个包括 204 个基元反应、48 种化学物质的动力学模型并研究了 H_2O_2 分解产生 OH 自由基对汞氧化的影响。敏感性分析结果表明，OH 自由基通过促进 Cl 自由基的形成而促进汞的氧化。Cl 和 H_2O_2 之间反应生成 HOCl 自由基，HOCl 自由基对汞的氧化也具有重要的作用。

Gharebaghi 等[35]研究了实际燃煤烟气中汞的形态转化，并建立了一个包括 360 个基元反应、78 种反应物质的均相反应动力学模型。基于试验数据，更新了 Hg/Cl 子机理的动力学参数。敏感性分析结果表明，控制 Cl 自由基形成的反应是汞氧化最敏感的反应。Hughes 等[43]研究了含溴燃煤烟气中汞的反应动力学，并建立一个均相反应动力学模型。该模型包括 403 个可逆基元反应、8 个不可逆基元反应和 87 种反应物质。该模型低估了添加 HBr 的模拟烟气中汞的氧化。敏感性分析表明，$2Br+M \longrightarrow Br_2+M$ 是汞氧化最敏感的反应。

Auzmendi-Murua 等[44]首先采用量子化学计算方法研究了 HgX_2（X=Cl、Br、I）在大气环境条件下形成的反应机理，并揭示了 HgX_2 形成的主要反应路径。为了研究煤燃烧过程中汞与卤素之间氧化反应过程，Auzmendi-Murua 等[45]基于热力学和统计力学的基本原理建立了一个包括 957 个基元反应、203 种反应物质的动力学模型。含汞物质和不含汞物质的热化学数据分别采用 M06-2X/aug-cc-pVTZ-PP 和 CBS-QB3 基组函数计算。反应速率常数采用过渡态理论计算。动力学计算结果表明，由于 Cl 和 H 发生竞争反应，Br 和 I 对汞的氧化比 Cl 更具有活性。SO_2 和 NO 抑制汞的氧化，H_2O 浓度较小的变化对汞氧化的影响较小。

如上所述，已有许多学者提出了不同的均相反应机理模型来研究燃煤烟气中 Hg/Cl/Br 均相氧化过程。为了进一步验证均相反应机理模型的准确性和可靠性，本节采用不同的机理模型对 van Otten 等[1]的均相汞氧化试验进行动力学计算，其他不同课题组的 Hg/Cl 或 Hg/O 均相反应子机理列于表 2.4～表 2.10 中。Hg/Cl 均相氧化试验中不同机理模型的动力学计算结果和试验结果如图 2.15 所示。

表 2.4 Bhopatkar 等[29]的 Hg/Cl 子机理

序号	基元反应	指前因子 A /[cm^3/(mol·s)]	温度指数 n	活化能 E_a /(cal/mol)
1	$Hg+Cl+M \longrightarrow HgCl+M$	9.00×10^{9}	0.5	0
2	$Hg+Cl_2 \longrightarrow HgCl+Cl$	1.39×10^{8}	0	34000
3	$HgCl+Cl_2 \longrightarrow HgCl_2+Cl$	1.39×10^{8}	0	1000
4	$HgCl+Cl+M \longrightarrow HgCl_2+M$	1.16×10^{9}	0.5	0
5	$Hg+HCl \longrightarrow HgCl+H$	4.94×10^{8}	0	79300
6	$HgCl+HCl \longrightarrow HgCl_2+H$	4.64×10^{-3}	2.5	19000
7	$HgCl+HOCl \longrightarrow HgCl_2+OH$	4.27×10^{7}	0	1000

表 2.5 Edwards 等[5]的 Hg/Cl 子机理

序号	基元反应	指前因子 A /[cm^3/(mol·s)]	温度指数 n	活化能 E_a /(cal/mol)
1	$Hg+Cl \longrightarrow HgCl$	1.95×10^{13}	0	0
2	$HgCl+Cl \longrightarrow HgCl_2$	1.95×10^{13}	0	0
3	$Hg+Cl_2 \longrightarrow HgCl_2$	3.40×10^{9}	0	0
4	$Hg+O \longrightarrow HgO$	3.40×10^{9}	0	0

表 2.6 Krishnakumar 等[30]的 Hg/Cl 子机理

序号	基元反应	指前因子 A /[cm^3/(mol·s)]	温度指数 n	活化能 E_a /(cal/mol)
1	$Hg+Cl+M \longrightarrow HgCl+M$	1.92×10^{13}	1.0	2130
2	$Hg+Cl_2 \longrightarrow HgCl+Cl$	4.52×10^{13}	0	35994
3	$Hg+HOCl \longrightarrow HgCl+OH$	2.70×10^{14}	0	31801
4	$Hg+HCl \longrightarrow HgCl+H$	2.76×10^{15}	0	79782
5	$HgCl+Cl_2 \longrightarrow HgCl_2+Cl$	2.45×10^{5}	2.4	−2353
6	$HgCl+HCl \longrightarrow HgCl_2+H$	2.49×10^{13}	0	24967
7	$HgCl+Cl+M \longrightarrow HgCl_2+M$	1.66×10^{12}	1.0	−1203
8	$HgCl+HOCl \longrightarrow HgCl_2+OH$	3.28×10^{5}	2.4	294

表 2.7 Niksa 等[6]的 Hg/Cl 子机理

序号	基元反应	指前因子 A /[cm^3/(mol·s)]	温度指数 n	活化能 E_a /(cal/mol)
1	$Hg+Cl+M \longrightarrow HgCl+M$	9.00×10^{15}	0.5	0
2	$Hg+Cl_2 \longrightarrow HgCl+Cl$	1.39×10^{14}	0	34000
3	$Hg+HCl \longrightarrow HgCl+H$	4.94×10^{14}	0	79300
4	$Hg+HOCl \longrightarrow HgCl+OH$	4.27×10^{13}	0	19000
5	$HgCl+Cl_2 \longrightarrow HgCl_2+Cl$	1.39×10^{14}	0	1000
6	$HgCl+Cl+M \longrightarrow HgCl_2+M$	1.16×10^{15}	0.5	0
7	$HgCl+HCl \longrightarrow HgCl_2+H$	4.64×10^{3}	2.5	19100
8	$HgCl+HOCl \longrightarrow HgCl_2+OH$	4.27×10^{13}	0	1000

表 2.8 Wilcox 等[32-34]的 Hg/Cl 子机理

序号	基元反应	指前因子 A /[cm^3/(mol·s)]	温度指数 n	活化能 E_a /(cal/mol)
1	$HgCl+M \longrightarrow Hg+Cl+M$	4.25×10^{13}	0	16100
2	$Hg+Cl_2 \longrightarrow HgCl+Cl$	1.34×10^{12}	0	42800
3	$Hg+HOCl \longrightarrow HgCl+OH$	3.09×10^{13}	0	36600
4	$Hg+HCl \longrightarrow HgCl+H$	2.62×10^{12}	0	82100
5	$HgCl+Cl_2 \longrightarrow HgCl_2+Cl$	2.47×10^{10}	0	0
6	$HgCl+HCl \longrightarrow HgCl_2+H$	3.11×10^{11}	0	30270
7	$HgCl_2+M \longrightarrow HgCl+Cl+M$	2.87×10^{13}	0	80600
8	$HgCl+HOCl \longrightarrow HgCl_2+OH$	3.48×10^{10}	0	0
9	$HgCl_2+M \longrightarrow Hg+Cl_2+M$	3.19×10^{11}	0	87000

表 2.9　Gharebaghi 等[35]的 Hg/Cl 子机理

序号	基元反应	指前因子 A /[cm^3/(mol·s)]	温度指数 n	活化能 E_a /(cal/mol)
1	$Hg+Cl+M \longrightarrow HgCl+M$	1.35×10^{-9}	0	−1351.32
2	$Hg+Cl_2 \longrightarrow HgCl+Cl$	6.14×10^{13}	0	43338.22
3	$Hg+HCl \longrightarrow HgCl+H$	1.93×10^{13}	0	93383.33
4	$Hg+HOCl \longrightarrow HgCl+OH$	3.09×10^{13}	0	36633.31
5	$HgCl+Cl+M \longrightarrow HgCl_2+M$	1.92×10^{-9}	0.5	0
6	$HgCl+Cl_2 \longrightarrow HgCl_2+Cl$	2.47×10^{10}	0	0
7	$HgCl+HCl \longrightarrow HgCl_2+H$	3.11×10^{11}	0	30328.20
8	$HgCl+HOCl \longrightarrow HgCl_2+OH$	3.47×10^{10}	0	500.43

表 2.10　Xu 等[7,36]的 Hg/Cl 和 Hg/O 子机理

序号	基元反应	指前因子 A /[cm^3/(mol·s)]	温度指数 n	活化能 E_a /(cal/mol)
1	$Hg+Cl+M \longrightarrow HgCl+M$	2.40×10^{8}	1.4	−14400
2	$Hg+Cl_2 \longrightarrow HgCl+Cl$	1.39×10^{14}	0	34000
3	$HgCl+Cl_2 \longrightarrow HgCl_2+Cl$	1.39×10^{14}	0	1000
4	$HgCl+Cl+M \longrightarrow HgCl_2+M$	2.19×10^{18}	0	3100
5	$Hg+HOCl \longrightarrow HgCl+OH$	4.27×10^{13}	0	19000
6	$Hg+HCl \longrightarrow HgCl+H$	4.94×10^{14}	0	79300
7	$HgCl+HCl \longrightarrow HgCl_2+H$	4.94×10^{14}	0	21500
8	$HgCl+HOCl \longrightarrow HgCl_2+OH$	4.27×10^{13}	0	1000
9	$Hg+ClO \longrightarrow HgO+Cl$	1.38×10^{12}	0	8320
10	$Hg+ClO_2 \longrightarrow HgO+ClO$	1.87×10^{7}	0	51270
11	$Hg+O_3 \longrightarrow HgO+O_2$	7.02×10^{14}	0	42190
12	$Hg+N_2O \longrightarrow HgO+N_2$	5.08×10^{10}	0	59810
13	$HgO+HCl \longrightarrow HgCl+OH$	9.63×10^{4}	0	8920
14	$HgO+HOCl \longrightarrow HgCl+HO_2$	4.11×10^{13}	0	60470

从图 2.15 中可以看出，Gharebaghi 等[35]的 Hg/Cl 均相反应机理模型高估了高降温速率条件下的汞氧化效率，并低估了低降温速率条件下的汞氧化率。在 HCl 浓度低于 400ppm 时，Niksa 等[6]的机理模型低估了高降温速率条件下的汞氧化效率。在 HCl 浓度大于 400ppm 时，机理模型的预测结果与试验结果具有较好的一致性。然而，该机理模型在整个 HCl 浓度范围内显著低估了低降温速率条件

下的汞氧化效率。Bhopatkar 等[29]、Wilcox 等[32-34]和 Krishnakumar 等[30]的机理模型显著低估了汞均相氧化效率，这些机理模型并不能准确地预测燃煤烟气中汞的均相氧化。Edwards 等[5]和 Xu 等[7,36]的机理模型能够较好地预测烟气高降温速率条件下汞的均相氧化。但是，低降温速率条件下，均相模型的模拟结果低于试验结果，这两个机理模型低估了低降温速率条件下的汞氧化效率。Yang 等[15,25]建立的 Hg/Cl 均相反应动力学模型能够很好地预测高降温和低降温速率条件下的汞氧化效率，如图 2.15 所示。

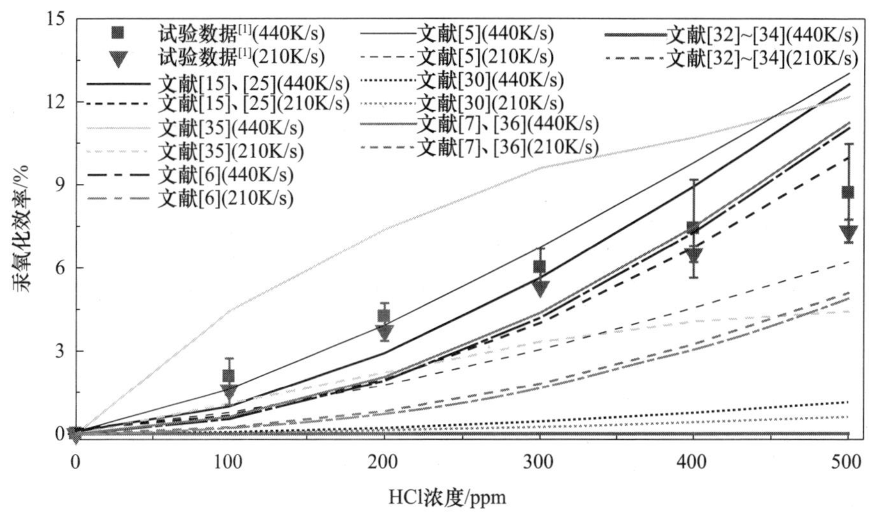

图 2.15　不同 Hg/Cl 均相反应机理的动力学计算结果与试验结果对比

实线和虚线分别表示烟气高降温速率和低降温速率条件下的模拟结果，实心点表示试验结果

2.2　燃煤烟气中 Fe_2O_3 表面上 Hg/Cl 非均相反应动力学

燃煤飞灰中 UBC 和 Fe_2O_3 对汞具有催化氧化作用[49-52]。已有学者建立了飞灰中未燃尽炭表面上 Hg/Cl 非均相反应动力学模型[15,25,37,38,53]。对于飞灰中 Fe_2O_3 表面上的 Hg/Cl 氧化反应过程，Liu 等[54]采用试验与密度泛函理论研究了 Hg^0 和 HCl 在 Fe_2O_3 表面上的吸附过程。然而，这些试验与理论研究没有涉及基元反应的过渡态与中间体，不能为反应动力学模型的建立提供动力学参数。

2.2.1　燃煤烟气中 Fe_2O_3 表面上 Hg/Cl 非均相氧化试验

1. Fe_2O_3 样品合成与表征

为了避免飞灰中其他组分对 Fe_2O_3 表面上汞非均相反应机理与动力学研究的

影响，采用共沉淀法制备纯的 Fe_2O_3 组分，该方法制备得到的 Fe_2O_3 样品与飞灰中 Fe_2O_3 组分具有相似的物理化学性质[55]。称取一定量的 $Fe(NO_3)_3 \cdot 9H_2O$ 在磁力搅拌的条件下溶于去离子水中，从而形成 $Fe(NO_3)_3$ 溶液。随后，向 $Fe(NO_3)_3$ 溶液中添加化学当量比的氨水作为沉淀剂，溶液中形成棕色 $Fe(OH)_3$ 沉淀。然后，采用真空泵对 $Fe(OH)_3$ 沉淀进行抽滤并清洗三次。将收集得到的沉淀放到110℃的干燥箱中干燥12h，将干燥后的沉淀转移到550℃的马弗炉中煅烧3h。将煅烧后的 Fe_2O_3 样品进行研磨，采用180目的筛子进行筛分，从而获得粒径小于 $80\mu m$ 的 Fe_2O_3 样品。

Fe_2O_3 样品测试的BET比表面积为 $7.1m^2/g$。据研究报道，飞灰中富铁组分的比表面积为 $1.5m^2/g$，与制备 Fe_2O_3 样品的BET比表面积差别不大。由此可见，制备的 Fe_2O_3 样品能够表示飞灰中 Fe_2O_3 组分。测试的BET比表面积可以用于计算 Fe_2O_3 表面上发生非均相反应的有效表面积。Fe_2O_3 样品的吸附等温曲线和孔径分布特征如图2.16所示。从图2.16(a)中可以看出，相对压力达到0.9时，Fe_2O_3 样品才开始吸附氮气。随着相对压力进一步增加，氮气吸附量急剧增加。当相对压力达到1时，氮气吸附量达到 $46cm^3/g$。由此可见，Fe_2O_3 样品的孔隙结构不发达，可以进一步说明制备的 Fe_2O_3 样品能够表示飞灰中 Fe_2O_3 组分。飞灰在炉膛高温条件下呈现出熔融状态，导致炉膛燃后区域的飞灰颗粒孔隙结构不发达。从图2.16(b)中可以看出，Fe_2O_3 样品孔径呈现出双峰型分布。第一个较窄的孔峰分布在2～4nm，第二个较宽的孔峰分布在20～100nm。Fe_2O_3 样品的平均孔径为39.28nm，远大于 Hg^0 的原子直径(3.52Å)[55]。因此，Fe_2O_3 表面上Hg/Cl非均相氧化过程中，Hg^0 很容易到达内孔道壁面上的活性位并参与非均相氧化反应。

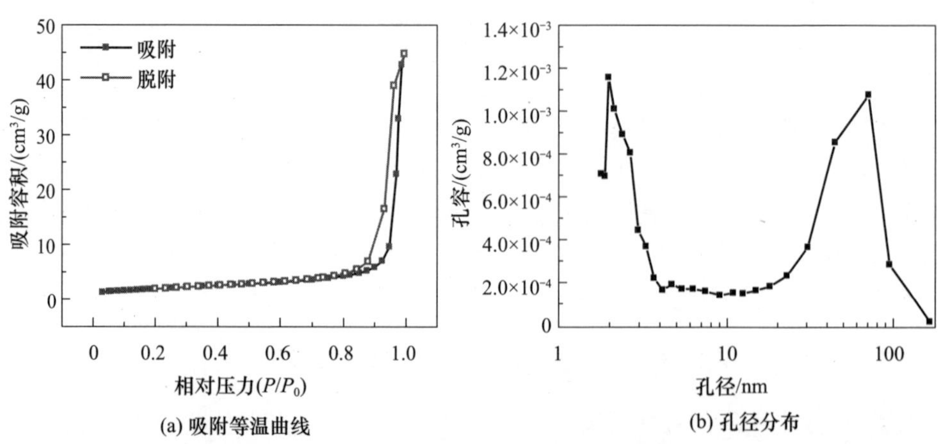

(a) 吸附等温曲线　　(b) 孔径分布

图2.16　Fe_2O_3 样品的吸附等温曲线和孔径分布

Fe_2O_3 样品的 X 射线光电子能谱(XPS)分析结果如图 2.17 所示。Fe 2p 光谱在结合能为 723.64eV、717.80eV、711.82eV、710.18eV 表现出 4 个光谱峰，这些光谱峰主要归因于 Fe^{3+}[55]。此外，Fe 2p 光谱在 708.98eV 表现出一个特征峰，该峰归因于 Fe^{2+}[55]。O 1s 光谱表现出两个光谱峰。结合能为 531.30eV 的特征峰归因于 Fe_2O_3 样品的表面化学吸附氧。Fe_2O_3 样品暴露在空气气氛条件下，空气中的 O_2 在 Fe_2O_3 表面上吸附或分解产生化学吸附氧。这些化学吸附氧具有较强的氧化能力，在非均相 Hg/Cl 氧化过程中具有至关重要的作用，能为 HCl 在 Fe_2O_3 表面上分解产生活性 Cl 物质和 H_2O 提供氧原子。结合能为 529.09eV 的特征峰归因于 Fe_2O_3 样品的晶格氧。其中，化学吸附氧占表面氧原子的浓度为 36.61%，晶格氧占表面氧原子的浓度为 63.39%。由此可见，Fe_2O_3 样品具有较高的表面化学吸附氧浓度。

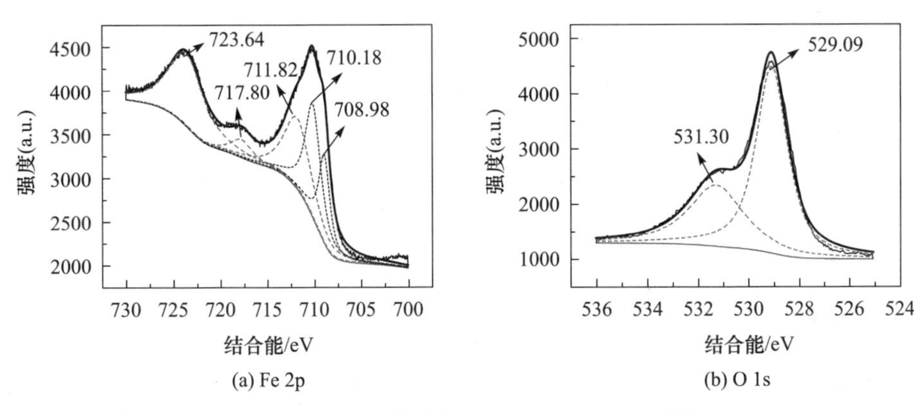

图 2.17　Fe_2O_3 样品的 Fe 2p 和 O 1s XPS 分析

为了进一步验证制备样品是否为纯的 Fe_2O_3 组分，采用 X 射线衍射(X-ray diffraction, XRD)对制备样品进行表征分析。Fe_2O_3 样品的 XRD 表征分析结果如图 2.18 所示。从图中可以看出，制备的样品表现出 Fe_2O_3 晶相，并没有出现其他杂峰，可以准确地评估 Fe_2O_3 组分对汞的催化氧化活性。

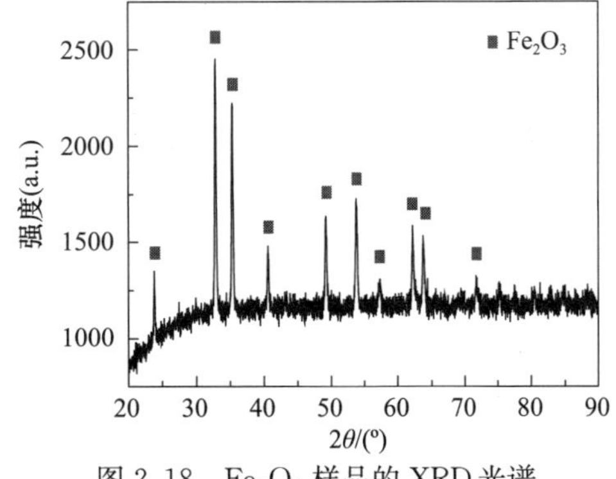

图 2.18　Fe_2O_3 样品的 XRD 光谱

2. Fe_2O_3 表面上 Hg/Cl 非均相氧化试验

通过固定床非均相汞氧化试验，为 Fe_2O_3 表面上 Hg/Cl 非均相反应动力

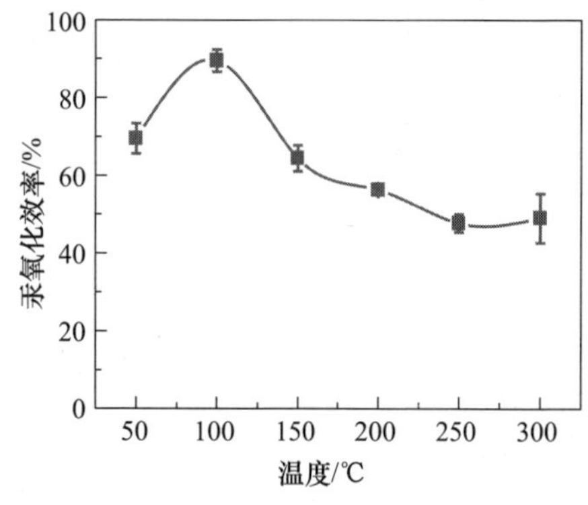

图 2.19 Fe_2O_3 样品在反应温度 50～300℃的汞氧化效率

学模型验证提供试验数据。试验的模拟烟气组分为：4% O_2，12% CO_2，30ppm HCl，N_2 作为平衡气体。Fe_2O_3 样品在反应温度 50～300℃的汞氧化效率如图 2.19 所示。在 50～100℃，汞氧化效率随着反应温度升高而增加，汞氧化效率从 69.5%增加到 89.5%。在该温度区间，反应温度升高加快了 Fe_2O_3 表面上 Hg/Cl 氧化反应，从而使汞氧化效率增加。在 100～350℃，汞氧化效率随着反应温度升高而减小，汞氧化效率从 89.5%降低到 49.1%。汞氧化效率在该温度区间降低，一方面，归因于 Fe_2O_3 表面上活性 Cl 物质在较高的温度条件下分解，降低了 Fe_2O_3 表面上活性 Cl 物质的覆盖度，从而使 Fe_2O_3 表面上 Hg/Cl 氧化反应速率减小；另一方面，较高的反应温度下，Fe_2O_3 发生烧结现象，从而使汞氧化效率降低。相似的烧结现象也发生在一些试验中，如在 Fe_2O_3 样品制备过程中，煅烧温度从 110℃升高到 300℃时，Fe_2O_3 的汞氧化效率随着煅烧温度的升高而降低。

3. Fe_2O_3 表面上 Hg/Cl 非均相氧化机制

到目前为止，Langmuir-Hinshelwood 机制、Eley-Rideal 机制和 Deacon 反应机制已被广泛用于解释催化剂表面上 HCl 对 Hg^0 的非均相氧化[56]。Langmuir-Hinshelwood 机制表示催化剂表面上吸附态 Hg^0 与表面活性氯物质之间的反应过程。Eley-Rideal 机制表示气相 Hg^0 或弱物理吸附态 Hg^0 与表面活性氯物质之间的反应过程。Deacon 反应机制表示 HCl 在催化剂表面分解产生 Cl_2，Cl_2 随后与 Hg^0 在气相条件下发生均相反应生成 $HgCl_2$。由于均相汞氧化反应速率较小，汞均相氧化效率较低，可以排除 Deacon 反应机制的可能。

利用 HCl 预处理的 Fe_2O_3 样品识别 Fe_2O_3 表面上 Hg/Cl 非均相反应机制。首先，在 100℃条件下，使用 30ppm 的 HCl 预处理 Fe_2O_3 样品 30min。然后，在同样的反应温度条件下，用纯 N_2 吹扫预处理样品 10min，消除样品预处理过程中可能产生的 Cl_2。XPS 表征 HCl 预处理 Fe_2O_3 样品表面的元素价态，探索汞氧化试验过程中 HCl 在 Fe_2O_3 样品表面上存在的形态。HCl 预处理 Fe_2O_3 样品的 XPS 分析结果如图 2.20 所示。

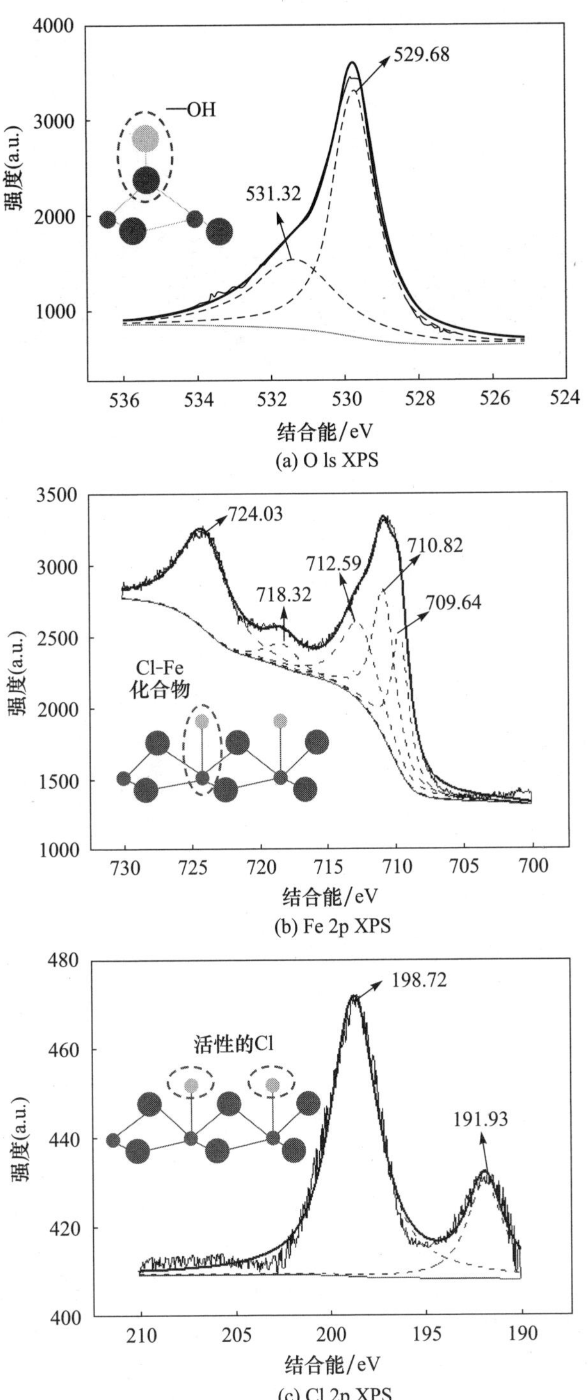
4000
3000
2000
1000
强度(a.u.)
529.68
—OH
531.32
536
534
532
530
528
526
524
结合能/eV
(a) O ls XPS
3500
3000
2500
2000
1500
1000
724.03
718.32
712.59
710.82
709.64
Cl-Fe
化合物
730
725
720
715
710
705
700
结合能/eV
(b) Fe 2p XPS
480
460
440
420
400
198.72
活性的Cl
191.93
210
205
200
195
190
结合能/eV
(c) Cl 2p XPS

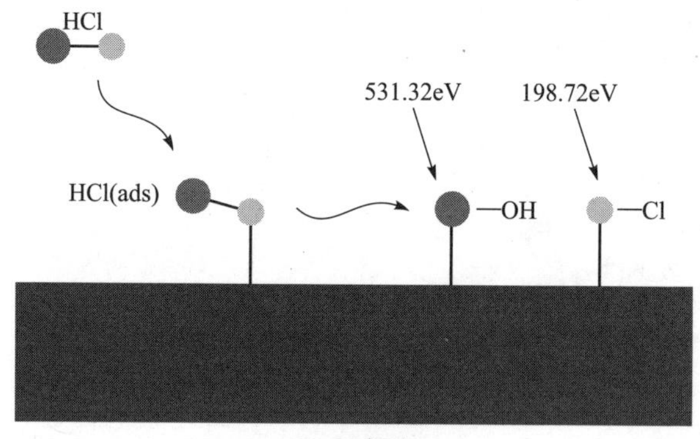

(d) Fe_2O_3表面HCl分解过程

图 2.20　HCl 预处理 Fe_2O_3 样品的 XPS 分析结果

从图 2.20(a)可以看出，O 1s XPS 在结合能为 529.68eV 和 531.32eV 处表现出两个光谱峰，其中，529.68eV 处出现的光谱峰归因于金属氧化物表面的晶格氧。531.32eV 处出现的光谱峰归因于 Fe_2O_3 表面羟基官能团(—OH)中的氧，表明 HCl 在 Fe_2O_3 表面上分解吸附并产生—OH。从图 2.20(b)中可以看出，Fe 2p XPS 表现出五个光谱峰，其中，结合能为 709.64eV 的光谱峰归因于 Cl-Fe 复杂化合物中的 Fe^{3+}[56]，表明 HCl 与 Fe_2O_3 表面之间的强烈相互作用。其他四个 Fe 2p 光谱峰归因于 Fe_2O_3 中的 Fe^{3+}。从图 2.20(c)中可以看出，Cl 2p XPS 在 198.72eV 处表现出一个光谱峰，该峰归因于 Cl-Fe 复杂化合物中的 Cl。由此可见，HCl 预处理过程中，HCl 分解吸附产生的活性 Cl 物质主要以 Cl-Fe 复杂化合物的形式存在，Cl 原子主要吸附在表面 Fe 原子上，如图 2.20(d)所示。

XPS 分析结果表明，HCl 预处理的 Fe_2O_3 表面存在活性 Cl 物质，有利于 Hg^0 的氧化。在纯 N_2 气氛条件下，HCl 预处理的 Fe_2O_3 样品进行汞非均相氧化试验。不同反应温度条件下，HCl 预处理 Fe_2O_3 样品的 Hg^0 穿透曲线如图 2.21 所示。

从图 2.21 中可以看出，当反应温度在 50～100℃区间，随着反应温度升高，汞氧化效率逐渐增大。一般来说，在较低的反应温度条件下(50～100℃)，反应温度升高增大了汞氧化反应速率，并对 Hg^0 的吸附具有较小的抑制作用。当反应温度在 100～150℃区间，汞氧化效率随着反应温度升高而降低。众所周知，如果气相 Hg^0 与表面活性 Cl 物质发生非均相氧化反应，反应温度升高会加快气相 Hg^0 与表面活性 Cl 物质之间的反应，汞氧化效率随着反应温度升高而增大。然而，这与试验结果相违背。因此，Fe_2O_3 表面上 Hg/Cl 非均相氧化反应过程发生在吸附态 Hg^0 与表面活性 Cl 物质之间，Fe_2O_3 表面上 Hg/Cl 非均相氧化过程遵循 Langmuir-Hinshelwood 机制。

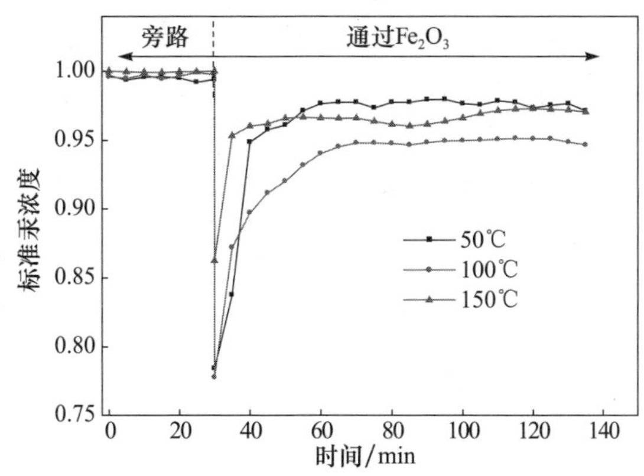

图 2.21　不同反应温度条件下 HCl 预处理 Fe_2O_3 样品的 Hg^0 穿透曲线

2.2.2　燃煤烟气中 Fe_2O_3 表面上 Hg/Cl 非均相反应机理

1. 计算方法介绍

本节采用赝势平面波法扩展 Kohn-Sham 方程中的电子波函数，具体计算过程基于量子力学计算程序 CASTEP[57]。Vanderbilt[58]提出用超软赝势来描述电子-离子之间的相互作用。α-Fe_2O_3 晶胞优化的布里渊区取样的 k 点网格被划分为 6×6×2。截断能(energy cutoff)为 300eV。在晶胞优化过程中，Broyden-Fletcher-Goldfarb-Shanno (BFGS)[59]几何结构优化方法被用于寻找晶胞的最低能量，确定最稳定的结构。BFGS 方法的收敛标准如下：①自洽场迭代误差为 2.0×10^{-6} eV/atom；②能量误差为 2.0×10^{-5} eV/atom；③最大原子受力为 5.0×10^{-2}eV/Å；④最大位移误差为 2.0×10^{-3} Å。电子密度函数采用广义梯度近似(GGA)和局域密度近似(LDA)，以及 PBE、PW91、PBESOL、WC、CA-PZ 泛函进行计算。

不同计算方法的收敛过程如图 2.22 所示，不同计算方法的计算结果与试验结果对比如图 2.23 所示。从图 2.22 中可以看出，采用 GGA-PW91 计算方法 27 步达到收敛，采用 GGA-PBE 计算方法 120 步达到收敛，而采用 GGA-PBESOL、GGA-WC 和 LDA-CA-PZ 计算方法超过 350 步都不会收敛，能量处于振荡状态。因此，图 2.23 中没有 GGA-PBESOL、GGA-WC 和 LDA-CA-PZ 方法的计算结果。相比于 GGA 近似方法和 PW91 函数的密度泛函理论(DFT)计算结果，GGA 近似方法和 PBE 函数的 DFT 计算结果与试验结果吻合较好，说明 GGA 近似方法和 PBE 函数对α-Fe_2O_3 表面非均相反应体系具有较高的计算精度。因此，采用 GGA 近似方法和 PBE 函数研究 α-Fe_2O_3 表面上 Hg^0 非均相氧化反应动力学。

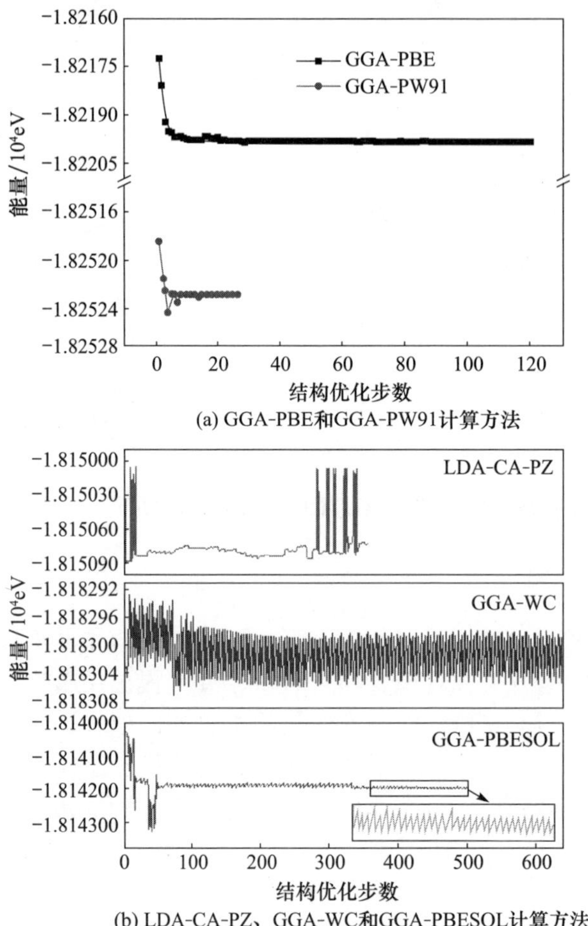

图 2.22　α-Fe_2O_3 晶胞结构优化选择不同计算方法的收敛过程

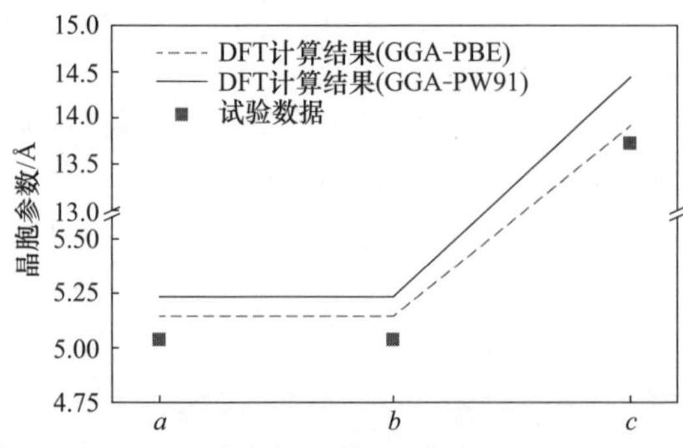

图 2.23　α-Fe_2O_3 晶胞参数的计算值与实验值[60]对比

2. Fe_2O_3 表面模型建立

具有反铁磁性的 Fe_2O_3 具有最低的能量，从而表现出最稳定的性能。Fe_2O_3 优化的晶胞参数($a=b=5.145Å$，$c=13.913Å$)与试验数据($a=b=5.035Å$，$c=13.720Å$)[60]具有较好的一致性。因此，采用的计算方法具有较好的可靠性。建立一个准确的固体表面模型对研究 Fe_2O_3 表面上 Hg/Cl 非均相反应机理至关重要。据报道[61]，$Fe_2O_3(1\bar{1}02)$是一个具有较高化学反应活性和热力学稳定性的表面。因此，采用 $Fe_2O_3(1\bar{1}02)$表面来研究 Fe_2O_3 表面上 Hg/Cl 非均相氧化反应机理。采用含有八层原子的周期性平板来表示 $Fe_2O_3(1\bar{1}02)$表面，如图 2.24 所示。底部五层原子被固定在原始固相位置，顶部三层原子完全弛豫。两个相邻周期性平板之间的距离被 20Å 的真空层隔开，从而防止两个周期性平板之间的相互作用。

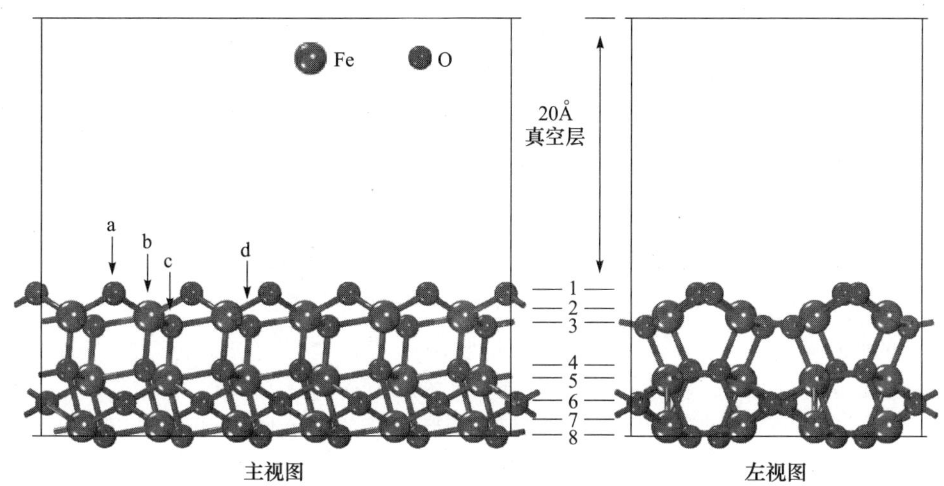

图 2.24　$Fe_2O_3(1\bar{1}02)$表面的周期性平板模型

a、b、c 和 d 分别表示 O_2、Fe、O_3 和桥不同吸附活性位，O_2 和 O_3 分别表示两配位和三配位氧原子

$Fe_2O_3(1\bar{1}02)$表面上不同物质的吸附能(E_{ads})公式为

$$E_{ads}=E_{(Fe_2O_3\text{-adsorbate})}-(E_{Fe_2O_3}+E_{adsorbate}) \tag{2.1}$$

式中，$E_{(Fe_2O_3\text{-adsorbate})}$、$E_{Fe_2O_3}$ 和 $E_{adsorbate}$ 分别表示 $Fe_2O_3(1\bar{1}02)$表面-吸附质的总能量、纯净 $Fe_2O_3(1\bar{1}02)$表面总能量和气相吸附质的总能量。吸附能越高，吸附质与 Fe_2O_3 表面之间的相互作用越强。正的吸附能表示吸附质不能稳定吸附在 Fe_2O_3

表面上。物理吸附与化学吸附之间的区别见表 2.11。

表 2.11　物理吸附与化学吸附的基本区别[62]

性质	吸附力	吸附能或吸附热	吸附速率	吸附层	吸附温度	吸附稳定性	选择性	吸附类型	吸附剂影响
物理吸附	范德瓦耳斯力，无电子转移	较小，与液化热相似（10～30kJ/mol）	较快，瞬间发生，不受温度影响，一般不需要活化能	单分子层或多分子层，低于吸附气体临界温度时发生多层吸附	沸点以下或低于临界温度	不稳定，常可完全脱附	无	整个分子吸附	吸附剂影响不强
化学吸附	共价键或静电力、有电子转移或共享	较大，与反应热相似（50～960kJ/mol）	较慢，速率随温度升高而变大，需要活化能	单层吸附	无限制，通常在较高温度发生	比较稳定，脱附时常伴随化学反应	有	常解离成原子、离子或自由基	吸附剂有较强影响，形成表面化合物

3. 不同形态汞在 Fe_2O_3 表面上的吸附机理

1）Hg^0 在 Fe_2O_3 表面上的吸附

Hg^0 在 Fe_2O_3 表面上的稳定吸附构型如图 2.25 所示。从图中可以看出，Hg^0 在 Fe_2O_3 表面上最稳定的吸附构型为 1A。在 1A 构型中，Hg^0 吸附在表面 Fe 原子上并形成 Hg—Fe 键，键长为 2.785Å，吸附能为－91.73kJ/mol。在 1B 构型中，Hg^0 的吸附能为－85.20kJ/mol，Hg^0 也吸附在表面 Fe 原子上，但是并没有形成 Hg—Fe 键，Hg 原子与表面 Fe 原子之间的平衡距离为 3.016Å。据报道[63]，吸附能大于－50kJ/mol 的吸附属于化学吸附，吸附能小于－30kJ/mol 的吸附属于物理吸附。因此，Fe_2O_3 表面上 Hg^0 的吸附属于化学吸附。

为了进一步理解 Hg^0 与 Fe_2O_3 表面之间的相互作用，分析 Hg 原子与 Fe_2O_3 表面原子的态密度。Hg^0 最稳定的吸附构型为 1A，因此计算 1A 构型的原子态密度。1A 构型的投影态密度如图 2.26 所示。Fe 原子的 s、p 和 d 轨道与 Hg 原子的 d 轨道在－5.98～－3.66eV 重叠。Fe 原子的 p 和 d 轨道与 Hg 原子的 s 轨道在－1.14eV 处进行强烈的轨道杂化。轨道重叠及轨道杂化对 Hg^0 与 Fe_2O_3 表面之间的相互作用具有重要的贡献。Hg^0 在 Fe_2O_3 表面上进行非均相氧化反应时，Hg^0 依靠原子轨道之间的相互作用吸附在 Fe_2O_3 表面上，吸附态的 Hg^0 与表面活性 Cl 物质发生反应。

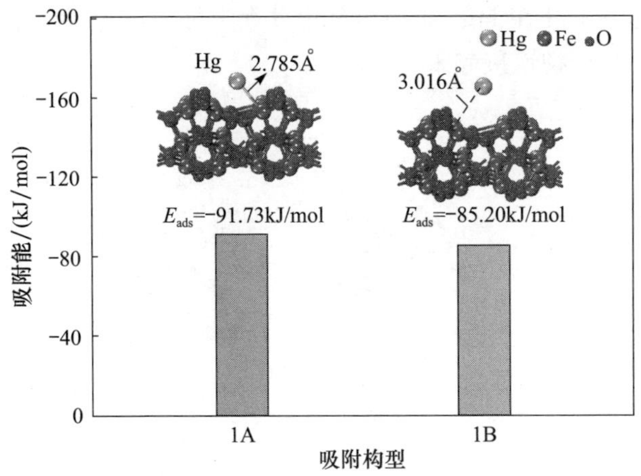

图 2.25　Hg^0 在 Fe_2O_3 表面上的稳定吸附构型

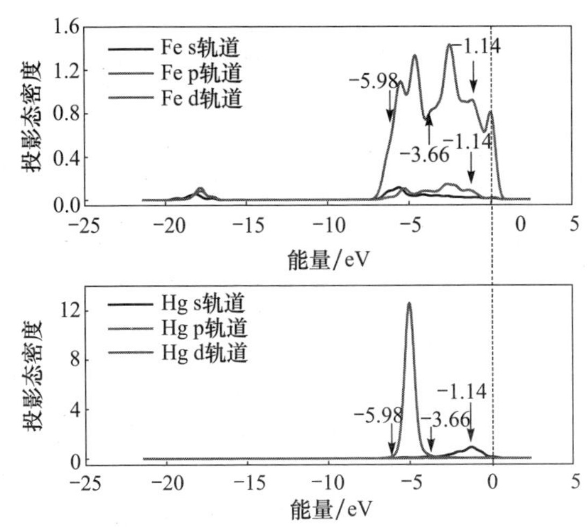

图 2.26　Hg^0 在 Fe_2O_3 表面上最稳定吸附结构的投影态密度

虚线表示费米能级

2）HgCl 和 $HgCl_2$ 在 Fe_2O_3 表面上的吸附

HgCl 在 Fe_2O_3 表面上的稳定吸附构型如图 2.27 所示。不同吸附构型的稳定性为 2A>2B。在 2A 构型中，HgCl 倾斜吸附在三配位 O 原子上，并形成 Hg—O 键，键长为 2.105Å，HgCl 在该吸附构型中的吸附能为−243.13kJ/mol。在 2B 构型中，HgCl 同时吸附在三配位 O 原子和表面 Fe 原子上，形成 Hg—O 键和 Hg—Fe 键，Hg—O 键和 Hg—Fe 键的键长分别为 2.078Å 和 2.863Å。在该吸附构型中，HgCl 的吸附能为−156.17kJ/mol，由此可证明 HgCl 与 Fe_2O_3 表面之间的相互作用属于强烈的化学吸附。HgCl 在 Fe_2O_3 表面上的吸附能较大，很难从 Fe_2O_3 表面上脱附。因此，HgCl 在 Hg^0 非均相氧化过程中可以作为反应中间产物，在反应路径中将反应物与产物连接起来。

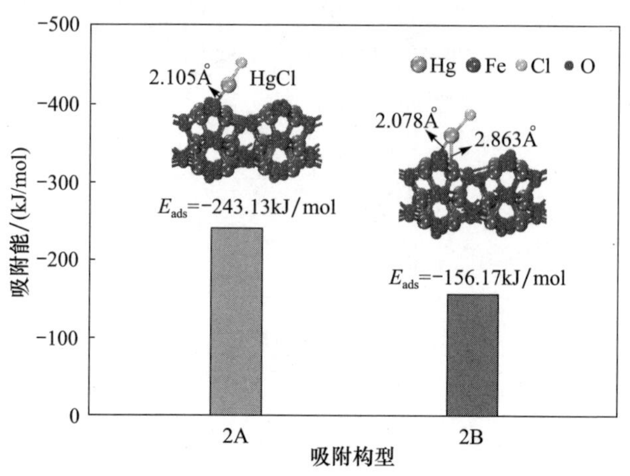

图 2.27　HgCl 在 Fe_2O_3 表面上的稳定吸附构型

$HgCl_2$ 在 Fe_2O_3 表面上的稳定吸附构型如图 2.28 所示。不同吸附构型的稳定性为 3A>3B>3C。在 3A 吸附构型中，$HgCl_2$ 平行吸附在表面 O 原子上，Hg 原子与表面 O 原子之间的平衡距离为 3.110Å，$HgCl_2$ 的吸附能为 −75.23kJ/mol。在 3B 吸附构型中，$HgCl_2$ 平行吸附在表面 Fe 原子上并转化成弯曲的 $HgCl_2$ 分子，$HgCl_2$ 分子的 Cl 原子与表面 Fe 原子之间具有强烈的相互作用，形成 Fe—Cl 键，其键长为 2.461Å，$HgCl_2$ 的吸附能为 −62.49kJ/mol。在 3C 吸附构型中，$HgCl_2$ 平行吸附在三配位 O 原子上，Hg 原子与 O 原子之间的平衡距离为 2.768Å，

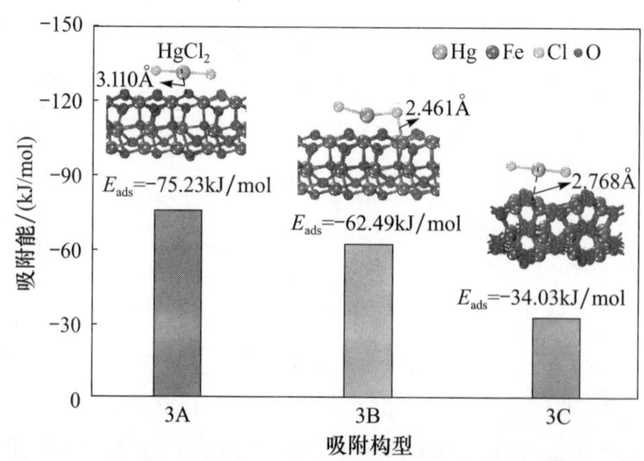

图 2.28　$HgCl_2$ 在 Fe_2O_3 表面上的稳定吸附构型

吸附能为－34.03kJ/mol。这证明了 $HgCl_2$ 在 Fe_2O_3 表面上的吸附属于弱化学吸附。相比于 HgCl 在 Fe_2O_3 表面上的吸附，$HgCl_2$ 的吸附能较小，Hg/Cl 非均相反应过程中产生的 $HgCl_2$ 容易从 Fe_2O_3 表面上脱附到烟气中，并释放出反应活性位，为下一个汞氧化反应过程的进行提供活性位。

4. HCl 在 Fe_2O_3 表面上的吸附与分解机理

1）HCl 在 Fe_2O_3 表面上的吸附

HCl 在 Fe_2O_3 表面上的稳定吸附构型如图 2.29 所示。不同吸附构型的稳定性为 4A＞4B＞4C＞4D。在 4A 吸附构型中，HCl 分解吸附在 Fe_2O_3 表面上并形成羟基(—OH)和活性 Cl 原子。Cl 原子吸附在表面 Fe 原子上并形成 Fe—Cl 键，键长为 2.218Å。由 HCl 预处理 Fe_2O_3 样品的 XPS 表征分析结果发现表面羟基官能团和 Cl—Fe 复杂化合物。由此可见，DFT 计算结果与试验结果是一致的。HCl 在 4A 吸附构型中的分解吸附能为－180.40kJ/mol。在 4B 吸附构型中，HCl 以 H 原子靠近表面 O 原子的形式平行吸附在 Fe_2O_3 表面上，HCl 并没有发生分解，H 原子与表面 O 原子之间的平衡距离为 2.289Å，HCl 的吸附能为－87.71kJ/mol。在 4C 吸附构型中，HCl 以 Cl 原子靠近表面 Fe 原子的方式倾斜吸附在 Fe_2O_3 表面上，Cl 原子与表面 Fe 原子之间的平衡距离为 2.759Å，HCl 的吸附能为－55.12kJ/mol。在 4D 吸附构型中，HCl 垂直吸附在三配位 O 原子上，Cl 原子与 O 原子之间的平衡距离为 3.030Å，HCl 的吸附能为－51.59kJ/mol。

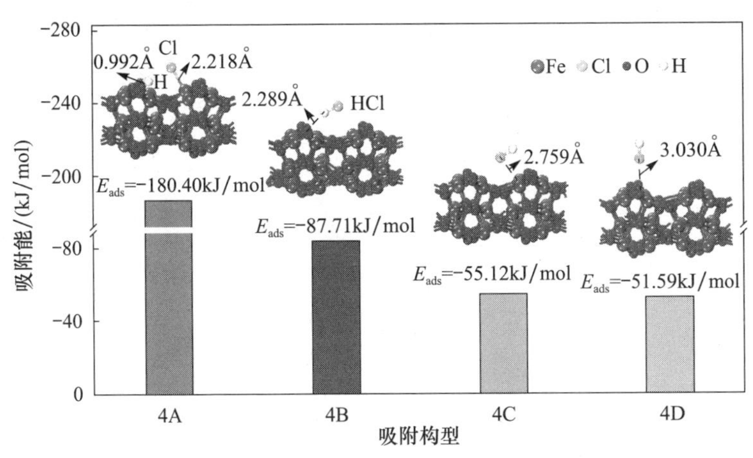

图 2.29　HCl 在 Fe_2O_3 表面上的稳定吸附构型

以此证明 HCl 在 Fe_2O_3 表面上的吸附属于化学吸附。其中，HCl 在 Fe_2O_3 表面上可以发生分解并为 Hg^0 的氧化产生活性 Cl 物质，是一个无能能垒的过程。活性 Cl 原子主要吸附在表面 Fe 原子上。Hg^0 和 HCl 在 Fe_2O_3 表面上的吸附均属于化学吸附，表明 Fe_2O_3 表面上 Hg/Cl 非均相反应过程遵循 Langmuir-Hinshelwood 机制，这与试验结果一致。

2）HCl 在 Fe_2O_3 表面上的分解

Hg^0 氧化生成 $HgCl_2$ 分子需要消耗两个 HCl 分子，需要进一步探索另一个 HCl 分子在 Fe_2O_3 表面上的吸附过程。图 2.29 中的 4A 是第一个 HCl 分子吸附最稳定的吸附构型，在 4A 吸附构型的基础上再吸附一个 HCl 分子，第二个 HCl 分子在 Fe_2O_3 表面上的分解反应路径如图 2.30 所示。

从图 2.30 中可以看出，4A 吸附第二个 HCl 分子后产生 IM1。随后，HCl 通过过渡态 TS1 分解产生 H 原子和 Cl 原子。产生的 H 原子吸附在羟基的 O 原子上形成 H_2O 分子，Cl 原子吸附在表面 Fe 原子上，如 IM2 结构所示。在这个分解反应中，H 原子和 O 原子之间的距离逐渐减小：2.381Å(IM1)→1.298Å(TS1)→0.984Å(IM2)。HCl 分解反应的活化能垒和反应热分别为 44.92kJ/mol 和 −29.20kJ/mol。随后，HCl 分解反应过程中产生的 H_2O 分子从 Fe_2O_3 表面脱附。同时，Fe_2O_3 表面产生一个氧空位（O_{vac}），如 FS1 结构所示。H_2O 分子脱附后，剩下两个活性 Cl 原子吸附在 Fe_2O_3 表面上，这两个活性 Cl 原子可以用于 Hg^0 的氧化。H_2O 从 Fe_2O_3 表面脱附的过程是一个吸热反应，脱附反应的活化能垒和反应热分别为 124.45kJ/mol 和 32.24kJ/mol。

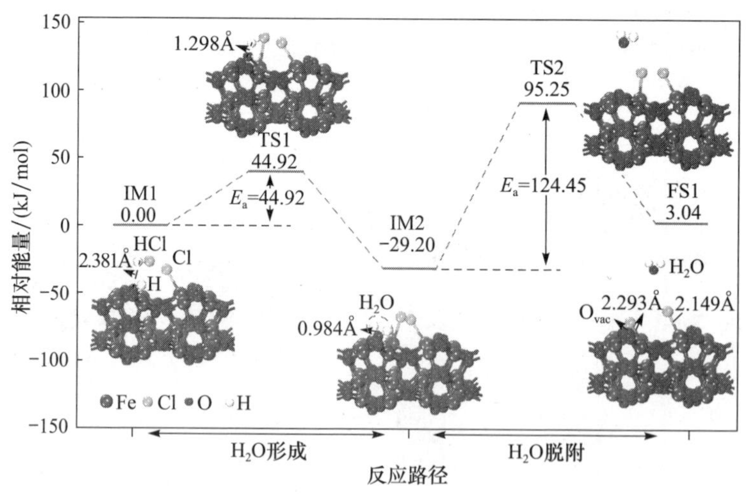

图 2.30 HCl 在 Fe_2O_3 表面上的分解反应路径

作为 Hg^0 氧化的催化剂，Fe_2O_3 发生一个催化过程以后，其表面得以恢复，烟气中的 O_2 在其表面吸附并分解产生氧原子，氧原子用于填充氧空位。因此，很有必要研究 O_2 在含有氧空位的 Fe_2O_3 表面上吸附与分解的反应过程。以图 2.30 中 HCl 分解后产生的表面为初始结构，O_2 吸附与分解的反应路径如图 2.31 所示。

O_2 首先吸附在氧空位周围的 Fe 原子上，形成一个 Fe—O 键，键长为 2.112Å。O_2 在缺陷 Fe_2O_3 表面上的吸附能为－18.98kJ/mol。随后，O_2 分解产生活性 O 原子并填充氧空位。O_2 分解过程中，两个 O 原子之间的距离逐渐增大：1.256Å(IM3)→2.846Å(TS3)→4.118Å(FS2)。O_2 分解产生两个 O 原子，一个 O 原子用于填充氧空位，另一个 O 原子吸附在表面 Fe 原子上。O_2 分解需要克服较高的活化能垒(332.85kJ/mol)。O_2 分解是一个吸热反应，反应热为 14.42kJ/mol。

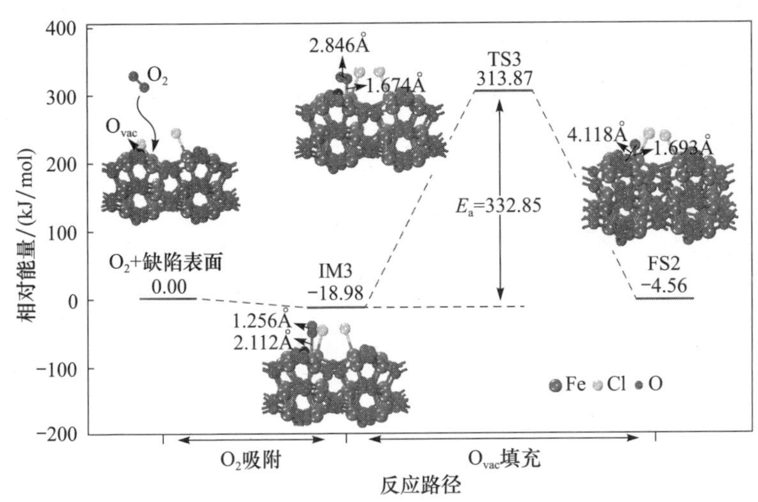

图 2.31　O_2 在 Fe_2O_3 表面上的吸附与分解反应路径

5. Fe_2O_3 表面上 Hg/Cl 非均相反应机理

试验和 DFT 计算都表明，Fe_2O_3 表面上 Hg/Cl 非均相反应过程遵循 Langmuir-Hinshelwood 机制。因此，Fe_2O_3 表面上 Hg/Cl 非均相反应过程起始于吸附态 Hg^0 和表面活性 Cl 物质，反应路径如图 2.32 所示。Fe_2O_3 表面上 Hg/Cl 非均相氧化包括两条反应路径：路径 1 和路径 2。

路径 1 是一个四步反应过程，包括 Hg^0 吸附、Hg^0→HgCl、HgCl→$HgCl_2$ 和 $HgCl_2$ 脱附。在 Hg^0 吸附反应步骤中，气相 Hg^0 首先吸附在含有两个 Cl 原子的 Fe_2O_3 表面上，形成 IM4 结构。在 IM4 结构中，Hg 原子吸附在表面 Fe 原子上，形成 Fe—Hg 键，键长为 2.896Å，Hg^0 的吸附能为－21.54kJ/mol。在 Hg^0→HgCl 反应步骤中，IM4 中的 Hg^0 通过过渡态 TS4 从表面 Fe 原子上剥离左手边的 Cl 原子并被氧化为 HgCl。Hg 原子和 Cl 原子之间的距离逐渐减小：3.311Å(IM4)→2.628Å(TS4)→2.309Å(IM5)。Hg^0→HgCl 反应步骤的活化能垒和反应热分别为 77.26kJ/mol 和－52.37kJ/mol。在 HgCl→$HgCl_2$ 反应步骤中，第二步中产生的 HgCl 被进一步氧化成 $HgCl_2$。右手边的 Cl 原子从表面 Fe 原子迁移到 HgCl 分子周围的区域并与 HgCl 反应生成 $HgCl_2$ 分子。Hg 原子与右手边 Cl 原子之间的距离逐渐减小：5.106Å(IM5)→3.517Å(TS5)→2.332Å(IM6)。HgCl→$HgCl_2$ 基元反应步骤是一个放热过程，活化能垒和反应热分别为 126.89kJ/mol 和−8.48kJ/mol。在 $HgCl_2$ 脱附反应步骤中，第三步中产生的 $HgCl_2$ 分子从 Fe_2O_3 表面上脱附。$HgCl_2$ 脱附反应是一个吸热过程，该反应的活化能垒和反应热分别为 32.75kJ/mol 和 30.10kJ/mol。相比于路径 1 中的其他基元反应步骤，HgCl→$HgCl_2$ 基元反应步骤具有最高的活化能垒 126.89kJ/mol。因此，HgCl→$HgCl_2$ 被识别为路径 1 的速控步骤。

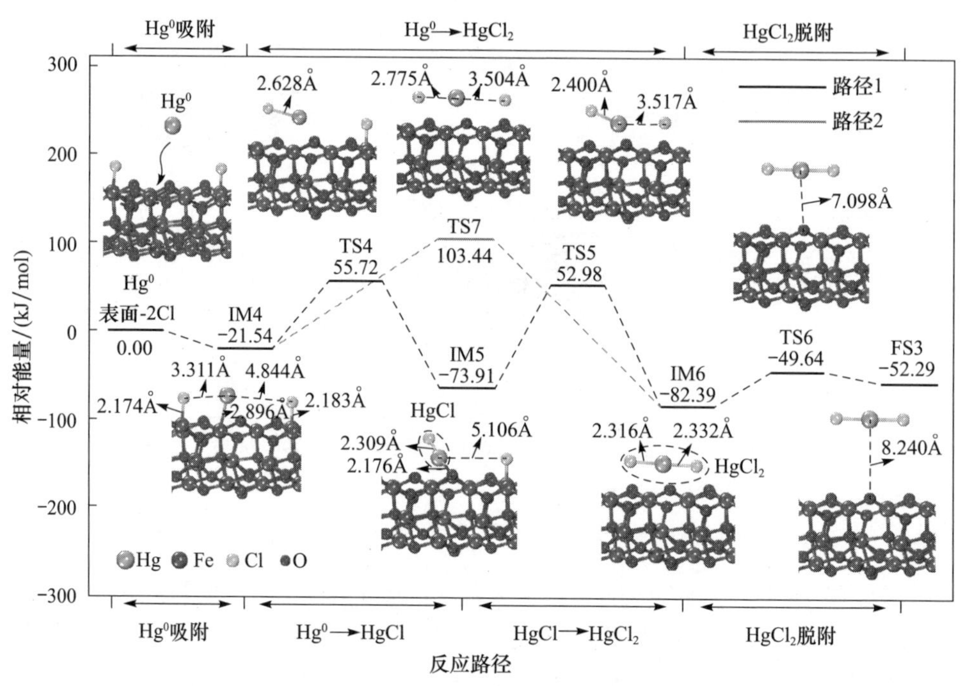

图 2.32 Fe_2O_3 表面上 Hg/Cl 非均相反应路径

路径 2 是一个三步反应过程，包括 Hg^0 吸附、Hg^0→$HgCl_2$ 和 $HgCl_2$ 脱附。其中，Hg^0 吸附和 $HgCl_2$ 脱附基元反应步骤与路径 1 中的相应基元反应步骤相同。唯一不同的是：路径 1 通过两个基元反应步骤(Hg^0→HgCl 和 HgCl→$HgCl_2$)将 Hg^0 氧化成 $HgCl_2$，路径 2 通过一个反应步骤(Hg^0→$HgCl_2$)直接将 Hg^0 氧化成 $HgCl_2$。在 Hg^0→$HgCl_2$ 反应步骤中，两个 Cl 原子同时从不同表面 Fe 活性位迁移到 Hg 原子周围，并与 Hg^0 反应生成 $HgCl_2$。Hg 原子与 Cl 原子之间的距离逐渐减小：3.311Å/4.844Å(IM4)→2.775Å/3.504Å(TS7)→2.316Å/2.332Å(IM6)。Hg^0→

$HgCl_2$ 反应步骤是一个放热过程，活化能垒和反应热分别为 124.98kJ/mol 和 −60.85kJ/mol。在路径 2 中，Hg^0 吸附反应步骤是一个无能垒的过程，$HgCl_2$ 脱附反应具有较低的活化能垒 32.75kJ/mol。由此可见，相比于 Hg^0 吸附和 $HgCl_2$ 脱附反应步骤，$Hg^0 \rightarrow HgCl_2$ 反应步骤具有较高的活化能垒。因此，$Hg^0 \rightarrow HgCl_2$ 被识别为路径 2 的速控步骤。

路径 1 和路径 2 速控步骤的活化能垒分别为 126.89kJ/mol 和 124.98kJ/mol。由此可见，路径 1 和路径 2 速控步骤具有相似的活化能垒，Fe_2O_3 表面上 Hg/Cl 非均相氧化可以以路径 1 和路径 2 同时进行。当气相 Hg^0 吸附在 Fe_2O_3 表面上时，吸附态 Hg^0 可以通过两条不同反应路径被氧化成 $HgCl_2$。随后，生成的 $HgCl_2$ 很容易从 Fe_2O_3 表面上脱附。

2.2.3　燃煤烟气中 Fe_2O_3 表面上 Hg/Cl 非均相反应动力学计算

1. Fe_2O_3 表面上 Hg/Cl 非均相反应动力学模型建立

基于 Fe_2O_3 表面上 Hg/Cl 非均相反应过程遵循 Langmuir-Hinshelwood 机制。本节建立了 Fe_2O_3 表面上 Hg/Cl 非均相反应动力学模型，该模型包括 8 个不可逆基元反应步骤，如表 2.12 所示[15]。

Fe(s)、FeCl(s)和 FeHgCl(s)分别表示空白铁活性位、氯化铁活性位和 Hg_p 铁活性位。在反应 1 中，气相 HCl 分子吸附在空白活性位上并发生分解吸附，形成 FeCl(s)。在高温条件下，FeCl(s)因热力学不稳定通过反应 2 发生分解。FeCl(s)通过反应 3 也可以与氯自由基反应生成 Cl_2，Cl_2 又与气相 Hg^0 发生均相氧化反应形成 $HgCl_2$。在反应 4 和 5 中，气相 Hg^0 首先被氧化成 FeHgCl(s)和 HgCl 中间产物。随后，这些中间产物通过反应 6 和 7 被进一步氧化成 $HgCl_2$。气相 $HgCl_2$ 也可以重新吸附在 Fe_2O_3 表面形成颗粒态汞。

表 2.12　Fe_2O_3 表面上 Hg/Cl 非均相反应子机理及动力学参数(黏性系数)[15]

序号	基元反应	a	b	c
1	$Fe(s)+HCl \longrightarrow FeCl(s)+H$	1.0×10^{-4}	0.0	0.0
2	$FeCl(s) \longrightarrow Fe(s)+Cl$	1.0×10^{-5}	1.72	0.0
3	$FeCl(s)+Cl \longrightarrow Cl_2+Fe(s)$	5.0×10^{-5}	0.0	0.0
4	$FeCl(s)+Hg^0 \longrightarrow FeHgCl(s)$	2.0×10^{-5}	0.0	0.0
5	$FeCl(s)+Hg^0 \longrightarrow Fe(s)+HgCl$	6.0×10^{-6}	0.0	0.0
6	$FeCl(s)+HgCl \longrightarrow Fe(s)+HgCl_2$	1.0×10^{-5}	0.0	0.0
7	$FeHgCl(s)+HCl \longrightarrow Fe(s)+HgCl_2+H$	1.0×10^{-6}	0.0	0.0
8	$FeCl(s)+HgCl_2 \longrightarrow FeHgCl(s)+Cl_2$	7.5×10^{-6}	0.0	0.0

注：$\gamma=\min[1, aT^b\exp(-c/(RT))]$。$a$ 和 b 都是无量纲变量，c 的单位与 RT 相同。

2. Fe_2O_3 表面上 Hg/Cl 非均相反应动力学模型验证

在 Fe_2O_3 颗粒存在的条件下，Lighty 等[64]进行了一系列非均相汞氧化试验，其试验结果可以用来验证 Fe_2O_3 表面上的 Hg/Cl 非均相动力学模型。

试验系统中，甲烷与氧气在一个多元微扩散平流火焰燃烧器(multi-element micro-diffusion flat-flame burner)中燃烧，为流动反应器中汞的氧化提供模拟烟气条件，烟气组分浓度见表 2.13。一个 80cm(L)×12.7cm(d)的石英反应器用于非均相汞氧化试验，反应器中烟气停留时间为 5s。烟气降温的时间-温度曲线已在 Smith 等[23]的试验中详细介绍。烟气的最高温度为 1290K，在 5s 的时间内从 1290K 降到 300K。700K 是取样温度点，以防止汞蒸气冷凝。N_2 作为载气将 Fe_2O_3 颗粒引入反应器。纳米 Fe_2O_3 颗粒的比表面积范围和颗粒尺寸范围分别为 30～60m^2/g 和 20～50nm，比表面积和颗粒尺寸用来计算非均相反应的有效面积。在试验过程中很难获得均匀的 Fe_2O_3 颗粒浓度，用 Fe_2O_3 颗粒表面积与烟气容积比的函数表示。

表 2.13 烟气组分浓度

烟气组分	N_2	O_2	CO_2	H_2O	HCl	Hg^0
浓度	71.8%（体积分数）	0.9%（体积分数）	9.1%（体积分数）	18.2%（体积分数）	200～555ppm	52.2μg/Nm^3

将 Fe_2O_3 表面上 Hg/Cl 非均相反应动力学模型与建立的均相反应动力学模型结合，采用 PFR 反应器进行动力学计算。Fe_2O_3 的初始表面活性位密度参数通过文献[55]提出的计算方法获得，计算方法具体步骤为：①初始表面活性位密度可以表示为表面活性原子数与表面积之比；②如果反应物吸附在某个原子上，那么该原子被定义为活性原子；③通过密度泛函理论计算可以获得第二步中的活性原子，因为密度泛函理论计算可以通过比较反应物在不同表面原子上的吸附能从而揭示不同的表面活性原子[63]；④表面积可以从晶格参数中获得。基于该方法，Fe_2O_3 表面上的初始活性位密度确定为 2.66×10^{-9} mol/cm^2[55]。模拟结果与 Lighty 等的试验结果对比如图 2.33 所示。

从图 2.33 中可以看出，动力学模型的模拟结果与试验结果具有较好的一致性，能够准确地预测不同 HCl 浓度与 Fe_2O_3 颗粒浓度对汞氧化的影响，表明 Fe_2O_3 表面上 Hg/Cl 非均相反应动力学模型是可靠的。此外，发现 Fe_2O_3 表面上非均相汞氧化效率(Fe_2O_3 颗粒表面积/烟气容积比等于 26.4m^2/m^3、123.3m^2/m^3 和 622m^2/m^3 时)大于均相汞氧化效率(Fe_2O_3 颗粒表面积/烟气容积比等于 0m^2/m^3 时)。由此可见，Fe_2O_3 颗粒对汞氧化表现出催化氧化活性。

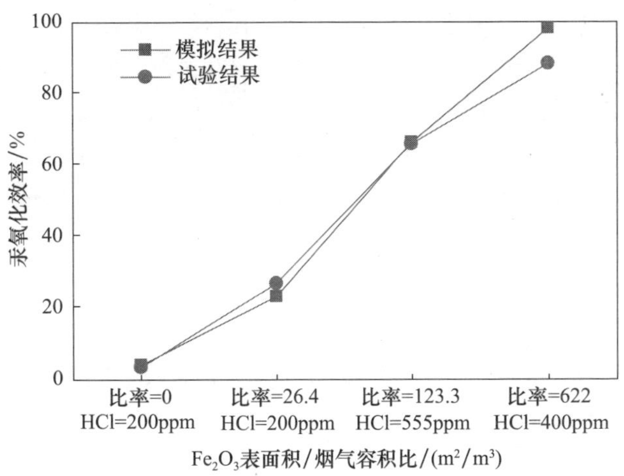

图 2.33　模拟结果与 Lighty 等[67]的试验结果对比

3. 反应动力学计算

在固定床反应器上进行了 Fe_2O_3 表面上的 Hg/Cl 非均相氧化试验，采用全混反应器(perfectly stirred reactor，PSR)对试验进行动力学计算，验证 Fe_2O_3 表面上 Hg/Cl 非均相反应动力学模型。全混反应器的反应条件与试验条件相同，烟气的停留时间由试验中烟气空塔气速(gas hourly space velocity)计算获得。烟气成分为 4% O_2+12% CO_2+30ppm HCl+平衡 N_2。全混反应器的反应容积从非均相反应区(0.5g Fe_2O_3+1.5g 石英砂)计算获得。非均相反应的有效面积根据 Fe_2O_3 样品的 BET 比表面积和质量计算获得。

Fe_2O_3 表面上 Hg/Cl 非均相氧化的模拟结果与试验结果对比如图 2.34 所示。两者结果一致，尤其在 150～300℃区间。反应温度在 50～100℃区间，两者结果之

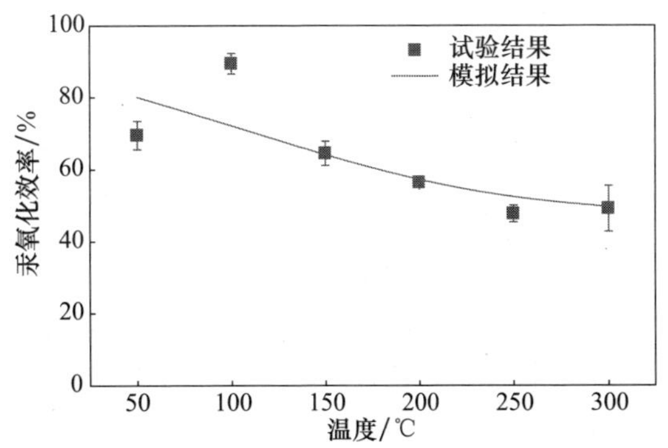

图 2.34　Fe_2O_3 表面上 Hg/Cl 非均相氧化的模拟结果与试验结果对比

间具有一定的偏差,可能归因于动力学模型的缺陷。此外,Fe_2O_3 表面上 Hg/Cl 非均相氧化过程包括质量扩散过程和本征反应动力学过程。在动力学计算过程中,忽略了质量扩散的影响,这可能造成了模拟结果与试验结果之间的偏差。实际燃煤电厂中,静电除尘器中烟气的温度大概在 150℃左右。烟气通过静电除尘器之后,烟气中 99%以上的飞灰颗粒被脱除。因此,尽管动力学模型的模拟结果与试验数据在 50～100℃区间存在偏差,但是 Fe_2O_3 表面上 Hg/Cl 非均相反应动力学模型能够预测静电除尘器之前飞灰颗粒中 Fe_2O_3 表面上 Hg/Cl 非均相反应过程。

Smith 等[23]在试验规模的火焰基流动反应器中进行了汞的均相与非均相氧化试验。在试验系统中,CH_4 与 O_2 在化学当量比为 0.9 的条件下在燃烧器中燃烧,为反应器提供了模拟烟气。在 PSR 反应器中,采用 GRI-Mechanism 3.0 计算 CH_4 燃烧的模拟烟气组分,烟气组分浓度如表 2.2 所示。烟气降温的时间-温度曲线如图 2.4 所示。烟气中 Fe_2O_3 颗粒负荷表示为 Fe_2O_3 颗粒表面积与烟气容积比。

采用反应动力学模型对 Smith 等[23]的试验进行动力学计算,模拟结果与试验结果对比如图 2.35 所示,两者结果具有较好的一致性。汞氧化效率随着模拟烟气

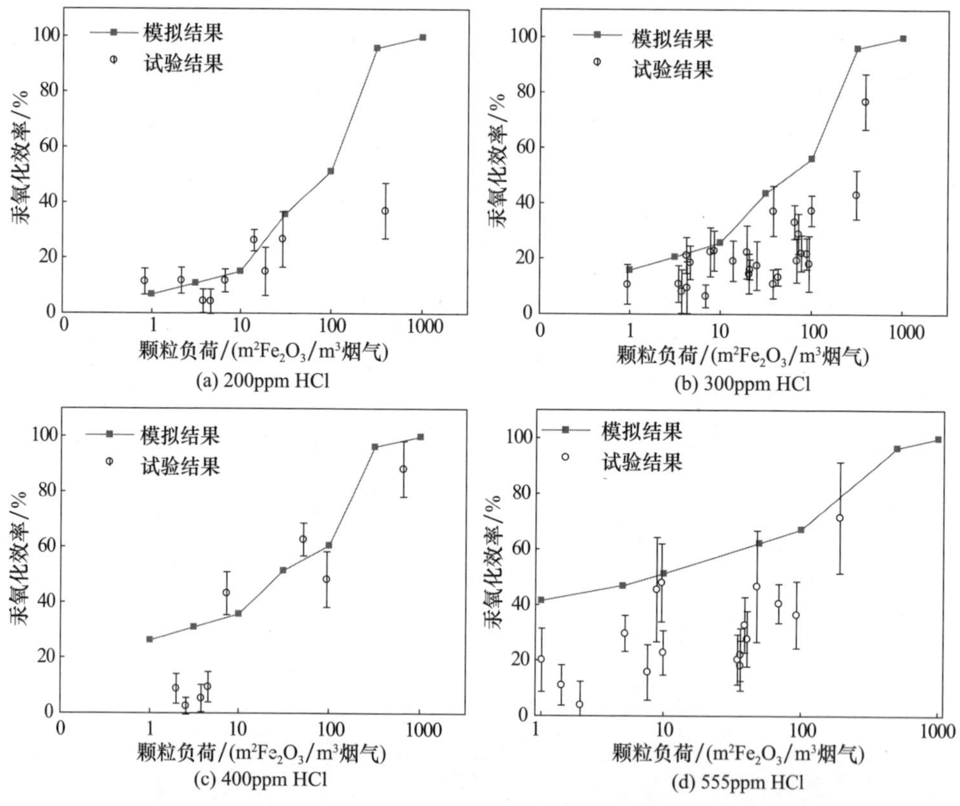

图 2.35　模拟结果与 Smith 等[23]的试验数据对比

中 Fe_2O_3 颗粒浓度的增加而增大。HCl 浓度为 300ppm 和 555ppm 时，反应动力学模型的计算结果稍微高于试验结果，模拟结果与试验结果之间的偏差可能归因于非均相反应机理自身的缺陷或者试验过程中汞形态测量的困难。但是，总体而言，反应动力学模型的模拟结果落在试验结果的误差范围内，并且与 Smith 等[23]、Lighty [64]和 Yang 等[55]三个独立的试验结果一致。因此，建立的 Fe_2O_3 表面上 Hg/Cl 非均相反应动力学模型可以较好地预测实际燃煤烟气飞灰中 Fe_2O_3 表面上 HCl 对 Hg^0 的非均相氧化。

4. 敏感性分析与产率分析

动力学计算的模拟结果与 Lighty 等[64]的试验结果具有较好的一致性，因此敏感性分析在 Lighty 等[64]的试验条件下进行。进行敏感性分析时，HCl 浓度为 555ppm，Fe_2O_3 表面积与烟气容积比为 123.3m^2/m^3。当增大某个非均相基元反应的黏性系数 50%，其他非均相反应的黏性系数保持不变时，进行动力学计算，评估该基元反应对 Fe_2O_3 表面上汞氧化的敏感性。Fe_2O_3 表面上 Hg/Cl 非均相反应机理的敏感性分析结果如图 2.36 所示。正敏感性系数和负敏感性系数分别表示相应基元反应促进和抑制 Fe_2O_3 表面上非均相汞氧化。

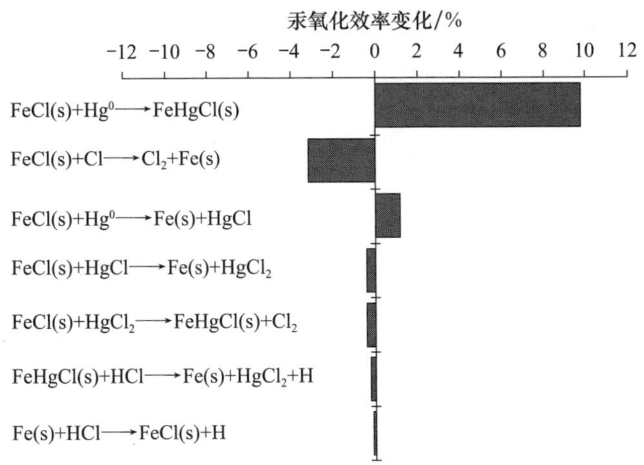

图 2.36　Fe_2O_3 表面上 Hg/Cl 非均相反应机理的敏感性分析结果

从图中可以看出，当 $FeCl(s)+Hg^0 \longrightarrow FeHgCl(s)$的黏性系数增大 50%时，汞氧化效率变化最大，增加了 9.8%，表明 $FeCl(s)+Hg^0 \longrightarrow FeHgCl(s)$是 Fe_2O_3 表面上 Hg/Cl 非均相氧化最敏感的反应，且它对汞的非均相氧化表现出促进作用。敏感性分析结果表明，较高的氯化活性位密度通过 $FeCl(s)+Hg^0 \longrightarrow FeHgCl(s)$维持 Fe_2O_3 表面上 Hg^0 氧化，生成的 FeHgCl(s)通过 $FeHgCl(s)+HCl \longrightarrow$

Fe(s)+$HgCl_2$+H 随后被进一步氧化成 $HgCl_2$。由此可见，Fe_2O_3 表面上 Hg/Cl 非均相氧化的主要反应路径为 Hg^0→FeHgCl(s)→$HgCl_2$。

为了进一步验证均相反应与非均相反应机理对汞氧化的作用，在敏感性分析相同的条件下对 Hg^0 进行产率分析。正的 Hg^0 生成速率和负的 Hg^0 生成速率分别表示对汞氧化的抑制和促进作用。Hg^0 的产率分析结果如图 2.37 所示。均相反应机理在 1.2s 之前抑制汞的氧化，1.2～5s 促进汞的氧化。均相反应机理的产率曲线在 0 以下的面积大于 0 以上的面积，表明均相反应机理在整个烟气降温过程中对汞氧化的总贡献是起促进作用的。非均相反应机理的 Hg^0 产率曲线在整个烟气降温过程中都是负的，说明非均相反应机理在较宽的反应温度窗口范围内都表现出促进作用，可能是因为氯化活性位能够在较宽的温度范围内为 Hg^0 的氧化提供 Cl 源。此外发现，非均相反应机理对汞氧化的贡献大于均相反应机理。

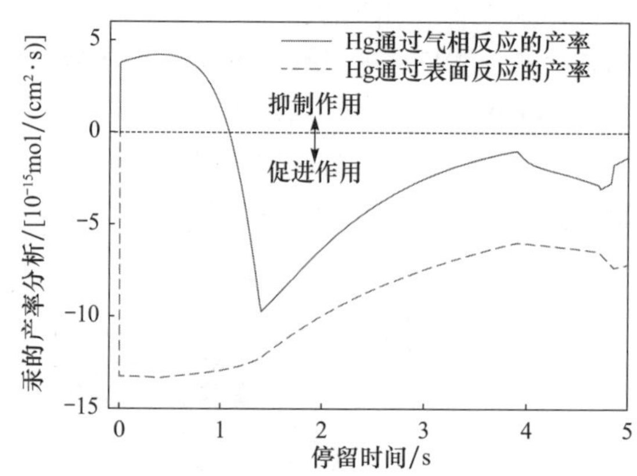

图 2.37　Lighty 等[64]试验条件下 Hg^0 的产率分析结果

2.3　燃煤烟气中 Fe_2O_3 表面上 Hg/Br 非均相反应化学

2.3.1　燃煤烟气中 Fe_2O_3 表面上 Hg/Br 非均相氧化试验

1. Fe_2O_3 表面上 Hg/Br 非均相氧化试验

在固定床上进行 Hg/Br 非均相氧化试验，可为 Fe_2O_3 表面上 Hg/Br 非均相反应动力学模型验证提供试验数据。试验的模拟烟气组分为 4% O_2、12% CO_2、5ppm HBr，N_2 作为平衡气体。反应温度在 100～350℃ 范围内，Fe_2O_3 表面上 HBr 对 Hg^0 的氧化效率如图 2.38 所示。在低反应温度窗口(100～150℃)范围内，汞氧化效率随着反应温度升高而增加。在 150℃，汞氧化效率达到最大值 14.1%。在高反应温度窗口(150～350℃)，汞氧化效率随着反应温度升高而降低，从 14.1%降低到 9.3%。

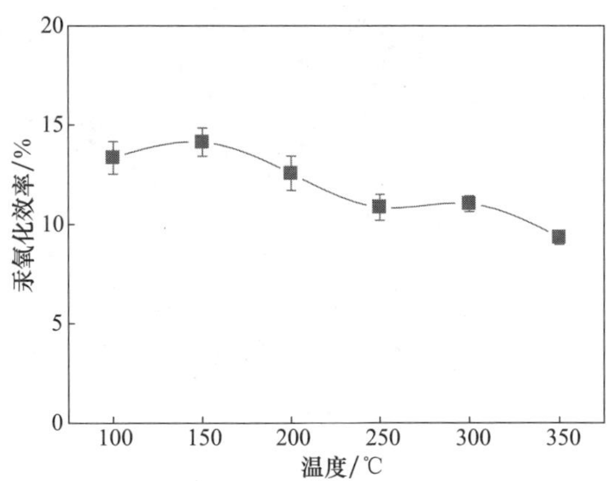

图 2.38　反应温度 100～350℃范围内 Fe_2O_3 表面上 HBr 对 Hg^0 的氧化效率

Papirer 等[65]采用 XPS 研究了溴化炭黑表面吸附的溴化合物，发现溴化合物从炭黑表面上分解脱附。推测 Fe_2O_3 表面上活性溴物质可能发生分解，与 150～350℃范围内汞氧化效率降低紧密相关。Fe_2O_3 表面上 Hg/Br 非均相氧化反应可能发生在吸附态 Hg^0 与活性 Br 物质之间。一方面，反应温度升高加快吸附态 Hg^0 与表面活性 Br 物质之间的反应，从而促进汞的氧化；另一方面，反应温度升高不利于 Hg^0 吸附，从而抑制汞的氧化。在低温区 100～150℃，反应温度升高对汞氧化的促进作用大于抑制作用，汞氧化效率增加。在高温区 150～350℃，反应温度升高对汞吸附的抑制作用大于对汞氧化的促进作用，汞氧化效率随着反应温度升高而降低。

2. Fe_2O_3 表面上 Hg/Br 非均相反应机制

采用 HBr 预处理的 Fe_2O_3 样品研究 Fe_2O_3 表面上 Hg/Br 非均相氧化机制。在 200℃，用含有 30ppm HBr 的 N_2 预处理 Fe_2O_3 样品 30min；然后，在同样的预处理反应温度条件下用纯 N_2 吹扫 10min。XPS 首先用来表征预处理 Fe_2O_3 样品表面上活性 Br 物质的存在形态，分析结果如图 2.39 所示。

如图 2.39(a)所示，对于 Fe 2p XPS，出现在 709.42eV 的光谱峰归因于 Fe-Br 化合物[66]，表明 HBr 预处理过程中 HBr 与 Fe_2O_3 表面之间具有强烈的相互作用。结合能分别为 710.60eV、712.28eV、718.33eV 和 724.06eV 的光谱峰归因于 Fe_2O_3 中的 Fe^{3+}。如图 2.39(b)所示，O 1s XPS 出现两个峰，结合能为 529.48eV 的峰归因于过渡金属氧化物中的晶格氧。结合能为 531.45eV 的峰表示羟基官能团(—OH)，表明预处理过程中 HBr 在 Fe_2O_3 表面上分解并产生羟基官能团。如

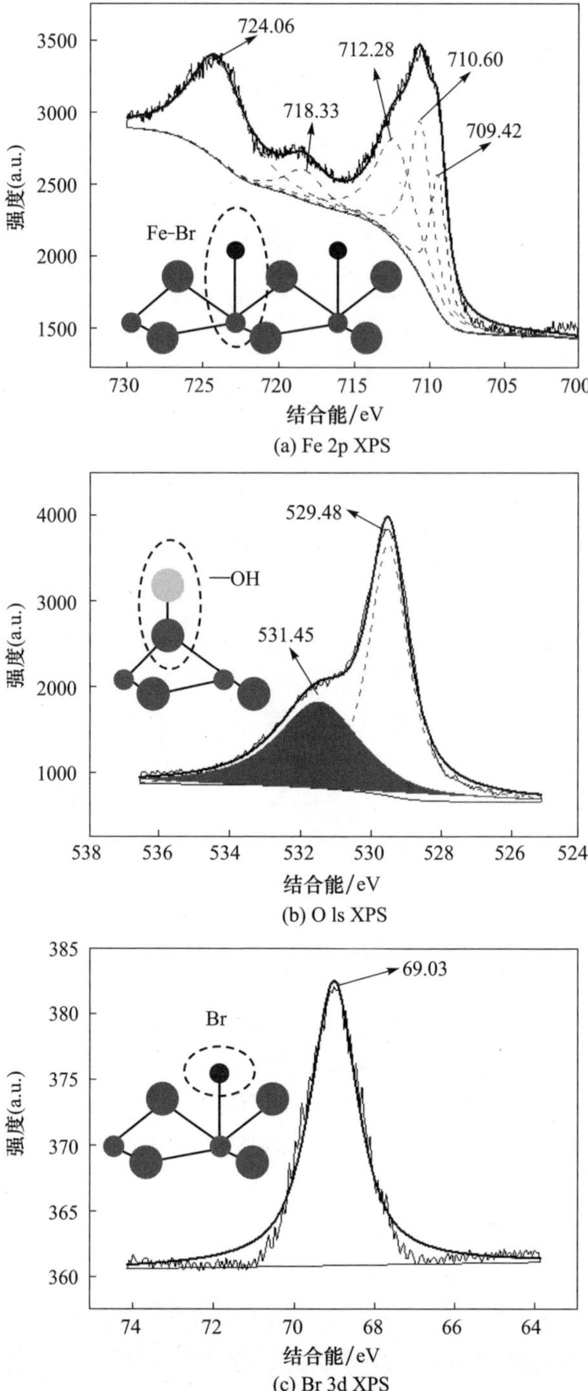

(a) Fe 2p XPS

(b) O ls XPS

(c) Br 3d XPS

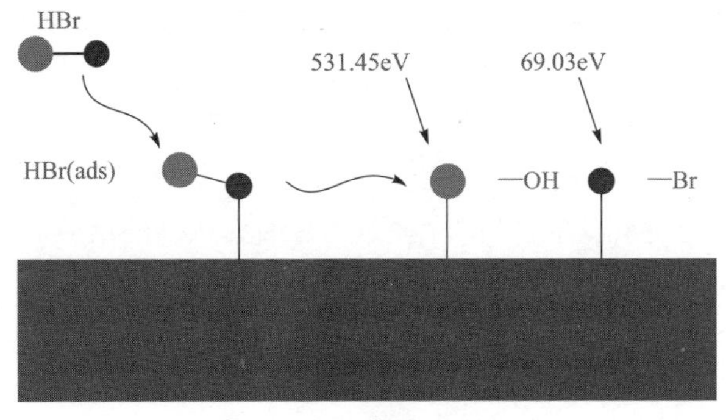

(d) Fe_2O_3表面HBr分解过程

图 2.39　HBr 预处理 Fe_2O_3 样品的 XPS 表征分析结果

图 2.39(c)所示，HBr 预处理的 Fe_2O_3 样品的 Br 3d XPS 在 69.03eV 处表现出一个光谱峰，该峰归因于 Br-Fe 化合物[66]。基于上面的分析，可以发现 Fe_2O_3 表面上的 Br 物质主要以 Fe-Br 化合物的形式存在，这些化合物可以为 Fe_2O_3 表面上汞的氧化提供 Br 源。因此，可以总结出，HBr 预处理过程中，HBr 在 Fe_2O_3 表面上分解产生活性 Br 物质，Br 原子主要与 Fe 原子相结合，如图 2.39(d)所示。

将 HBr 预处理的 Fe_2O_3 样品在纯 N_2 条件下进行汞的氧化试验，研究 Fe_2O_3 表面上 Hg/Br 非均相氧化反应机制。纯 N_2 条件下，HBr 预处理 Fe_2O_3 样品的汞氧化效率如图 2.40 所示。当反应温度从 50℃升高到 100℃时，汞氧化效率逐渐提高。在低温区(<100℃)，反应温度升高会增大表面反应速率，同时对 Fe_2O_3 表面上 Hg^0 吸附的影响可以忽略不计。因此，汞氧化效率随着温度升高而提高(<100℃)。然而，当反应温度从 100℃升高到 200℃时，汞氧化效率逐渐降低。较高的反应温度

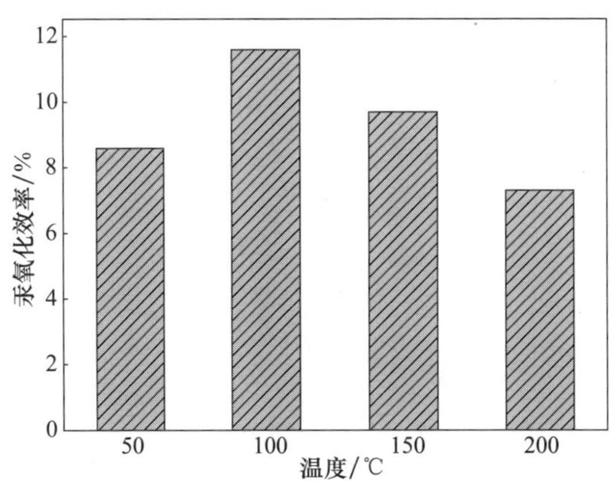

图 2.40　纯 N_2 条件下 HBr 预处理 Fe_2O_3 样品的汞氧化效率

会加快气相 Hg^0 与表面活性 Br 物质之间的化学反应，促进汞的氧化。但这与 100～200℃的试验结果相反，说明汞氧化反应并不是发生在气相 Hg^0 与表面活性 Br 物质之间。在较高的反应温度条件下（100～200℃），反应温度对 Fe_2O_3 表面上 Hg^0 吸附的影响不能被忽略。如果吸附态 Hg^0 与表面活性 Br 物质之间发生反应，那么汞氧化效率随着反应温度升高而降低，因为较高的反应温度不利于 Fe_2O_3 表面上 Hg^0 的吸附。这与 100～200℃的试验结果一致。因此，可以总结出，Fe_2O_3 表面上 Hg/Br 非均相氧化反应遵循 Langmuir-Hinshelwood 机制，吸附态 Hg^0 与 HBr 分解产生的表面活性 Br 物质直接反应生成 $HgBr_2$。

3. Fe_2O_3 表面上 Hg/Br 非均相氧化反应过程

利用 XPS 阐明 HBr 存在条件下 Fe_2O_3 表面上 Hg/Br 非均相氧化反应过程。在 150℃的反应条件下，新鲜的 Fe_2O_3 样品用来进行汞的催化氧化试验。随后，XPS 用来表征催化反应后 Fe_2O_3 样品表面上汞物质的表面化学态。XPS 分析结果如图 2.41 所示。如上面所述，Fe_2O_3 表面上 Hg/Br 非均相氧化遵循 Langmuir-Hinshelwood 机制，吸附态 Hg^0 与 HBr 分解产生的表面活性 Br 物质直接反应。但是，结合能在 104eV 和 99.9eV 并没有出现对应 Hg^0 的 Hg $4f_{5/2}$ 和 Hg $4f_{7/2}$ 峰，表明吸附态 Hg^0 没有被检测到。这可能归因于吸附态 Hg^0 在 XPS 的高真空条件下从 Fe_2O_3 表面上脱附。Sasmaz 等[67]也发现了相似的试验现象，他们指出吸附态 Hg^0 在 XPS 的高真空条件下从活性炭表面上脱附。

如图 2.41 所示，Hg 4f XPS 在结合能为 100.74eV 处出现一个 Hg $4f_{7/2}$ 峰，该峰对应 HgBr[66]。在 HBr 存在的条件下，Fe_2O_3 表面上吸附态 Hg^0 被氧化成 HgBr。相比于中间产物 HgBr，最终产物 $HgBr_2$ 的热力学更稳定[66]。Fe_2O_3 表面上产生的 HgBr 被进一步氧化成 $HgBr_2$，然而在 Hg 4f XPS 光谱中没有检测到对

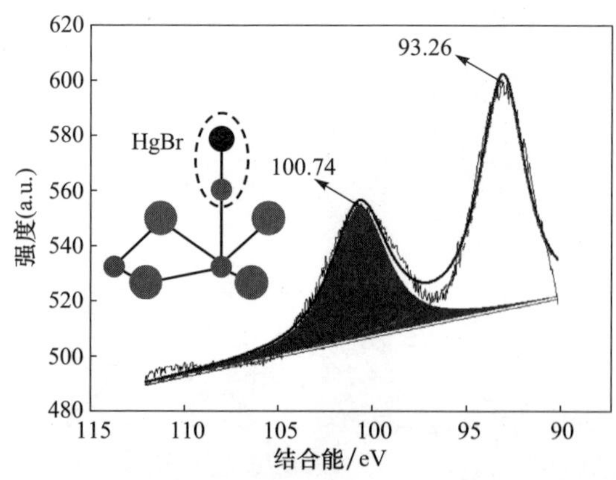

图 2.41　催化反应试验后 Fe_2O_3 样品的 Hg 4f XPS

应 $HgBr_2$ 的峰，因为 $HgBr_2$ 峰的结合能为 101eV。这说明非均相氧化产生的 $HgBr_2$ 很容易从 Fe_2O_3 表面上脱附到烟气中，而不是稳定地吸附在 Fe_2O_3 表面上。因此，Fe_2O_3 表面上 Hg/Br 非均相氧化的主要反应路径是一个四步反应过程。气相 Hg^0 首先吸附在 Fe_2O_3 表面上，随后与 HBr 分解产生的表面活性 Br 物质进行反应产生 HgBr，生成的 HgBr 进一步氧化成热力学稳定的产物 $HgBr_2$，$HgBr_2$ 最终从 Fe_2O_3 表面上脱附到烟气中。

2.3.2　燃煤烟气中 Fe_2O_3 表面上 Hg/Br 非均相反应机理

1. Hg^0 和 HBr 在 Fe_2O_3 表面上的吸附

Fe_2O_3 表面上 HBr 的稳定吸附构型、吸附能和几何结构参数如图 2.42 所示。HBr 吸附构型的稳定性为 1B>1C>1D>1A。Fe_2O_3 表面上 HBr 最稳定的吸附构型是 1B，吸附能为－217.24kJ/mol。HBr 在 Fe_2O_3 表面上发生分解吸附，分解产生的 H 原子吸附在表面 O 原子上形成羟基官能团，O 原子与 H 原子之间的键长为 0.993Å。HBr 分解产生的 Br 原子吸附在表面 Fe 原子上，形成 Fe—Br 键，键长为 2.361Å。在 1C 吸附构型中，HBr 分解吸附的吸附能为－202.23kJ/mol，Fe—Br 键和 H—O 键的键长分别为 2.438Å 和 0.997Å。在 1D 吸附构型中，HBr 的分解吸附能为－174.81kJ/mol，Fe—Br 键和 H—O 键的键长分别为 2.391Å 和 0.996Å。在 1A 吸附构型中，HBr 的分解吸附能为－153.20kJ/mol，Fe—Br 键和 H—O 键的键长分别为 2.360Å 和 0.981Å。

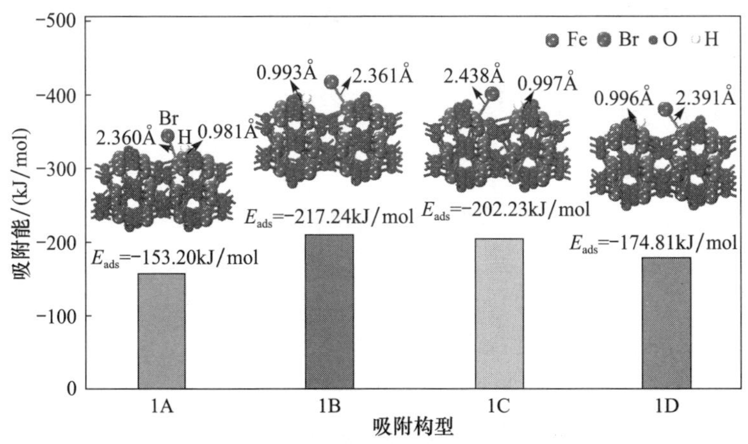

图 2.42　Fe_2O_3 表面上 HBr 的稳定吸附构型、吸附能和几何结构参数

基于上述结果，Hg^0 和 HBr 在 Fe_2O_3 表面上发生化学吸附。HBr 分解产生活性 Br 物质，活性 Br 物质以 Fe-Br 化合物的形式存在。吸附态的 Hg^0 与表面活性

Br 物质发生反应，Fe_2O_3 表面上 HBr 对 Hg^0 的氧化遵循 Langmuir-Hinshelwood 机制，密度泛函理论计算结果与前面的试验结果相吻合。

Hg^0 氧化生成 $HgBr_2$ 分子需要消耗两个 HBr 分子，需要进一步探索另外一个 HBr 分子在 Fe_2O_3 表面上的吸附过程。如图 2.42 所示，1B 是第一个 HBr 分子最稳定的吸附构型。因此，在 1B 吸附构型的基础上再吸附一个 HBr 分子，第二个 HBr 分子也发生分解吸附。在汞的氧化过程中，H 原子不参与汞的氧化反应，而是与表面 O 原子反应生成 H_2O，最后以 H_2O 的形式存在。因此，很有必要研究汞氧化过程中 H_2O 的形成反应。Fe_2O_3 表面上 H_2O 形成的反应路径如图 2.43 所示。

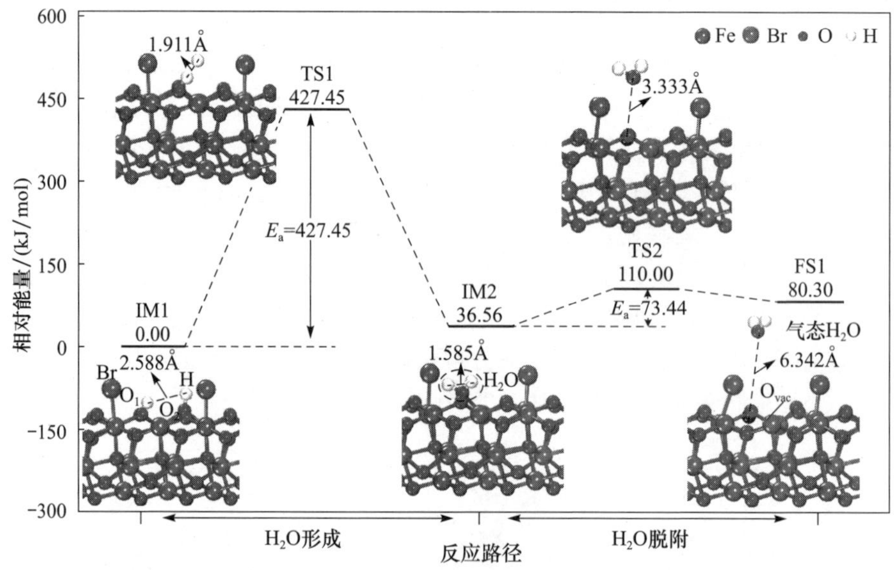

图 2.43　Fe_2O_3 表面上 HBr 分解过程中 H_2O 形成的反应路径与能量曲线

从图 2.43 中可以看出，1B 吸附第二个 HBr 分子后产生 IM1。第二个 HBr 分子分解产生的 H 原子吸附在 O_2 原子上。第二个 HBr 分子分解吸附后，第二个 HBr 分子的 H 原子从 O_2 原子迁移到 O_1 原子形成 H_2O 分子，如 IM2 构型所示。两个 H 原子之间的距离逐渐减小：2.588Å(IM1)→1.911Å(TS1)→1.585Å(IM2)。H_2O 形成反应步骤的活化能垒与反应热分别为 427.45kJ/mol 和 36.56kJ/mol。随后，第一步反应中形成的 H_2O 分子从 Fe_2O_3 表面脱附，形成气相 H_2O 分子。同时，Fe_2O_3 表面上形成一个氧空位(O_{vac})，如 FS1 构型所示。H_2O 分子脱附反应的活化能垒与反应热分别为 73.44kJ/mol 和 43.74kJ/mol。

Fe_2O_3 作为汞氧化的催化剂，经历汞氧化反应后，Fe_2O_3 表面并没有发生变化。然而，在 H_2O 形成反应过程中产生氧空位。因此，气相中的 O_2 会在氧缺陷表面上吸附并分解产生活性 O 原子,O 原子填充氧空位,使缺陷 Fe_2O_3 表面恢复成完整表面。很有必要进一步研究缺陷 Fe_2O_3 表面上氧空位的填充过程。H_2O 从 Fe_2O_3 表面上脱附后产生氧缺陷表面,在图 2.43 中 FS1 结构表面上研究 O_2 的吸附与分解过程。氧缺陷表面上 O_2 的吸附与分解反应路径和能量曲线如图 2.44 所示。

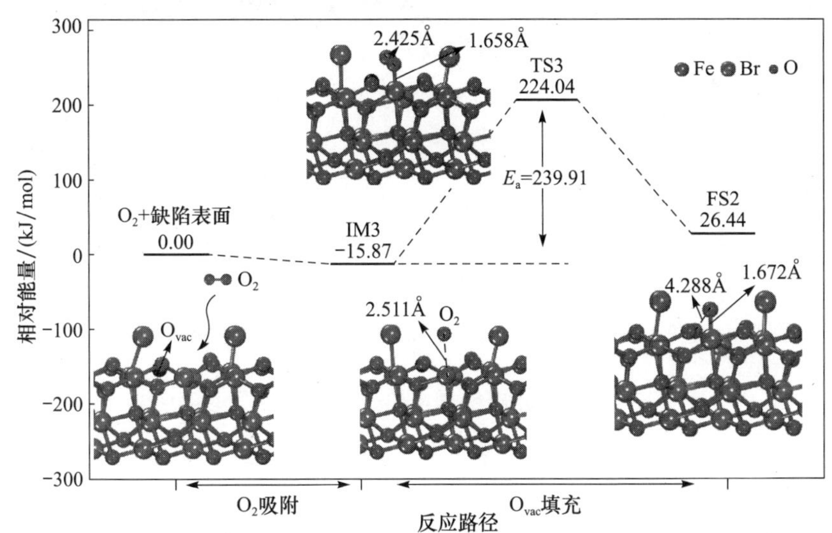

图 2.44　氧缺陷表面上 O_2 吸附与分解的反应路径和能量曲线

由图 2.44 可知,O_2 分子在氧缺陷表面上吸附后产生 IM3。在 IM3 结构中,O_2 吸附在表面 Fe 原子上,O 原子与表面 Fe 原子之间的平衡距离为 2.511Å。O_2 在氧缺陷 Fe_2O_3 表面上的吸附能为−15.87kJ/mol。随后,吸附的 O_2 分子发生分解反应,产生两个活性 O 原子。一个活性 O 原子吸附在表面 Fe 原子上,形成 Fe—O 键,键长为 1.672Å。另外一个活性 O 原子填充氧空位,氧缺陷表面变成完整表面。O_2 分解反应过程中,O_2 分子的两个 O 原子之间的距离逐渐增大:1.266Å(IM3)→2.425Å(TS3)→4.288Å(FS2)。O_2 分解反应的活化能垒与反应热分别为 239.91kJ/mol 和 42.31kJ/mol。

2. HgBr 和 $HgBr_2$ 在 Fe_2O_3 表面上的吸附

HgBr 和 $HgBr_2$ 分别是 Fe_2O_3 表面上 Hg/Br 非均相氧化反应的中间产物和最终产物。HgBr 和 $HgBr_2$ 的吸附机理对 Fe_2O_3 表面上 Hg/Br 非均相反应动力学模型的建立至关重要。因此,很有必要研究 HgBr 和 $HgBr_2$ 在 Fe_2O_3 表面上的吸附机理。Fe_2O_3 表面上 HgBr 的稳定吸附构型、吸附能和几何结构参数如图 2.45 所示。

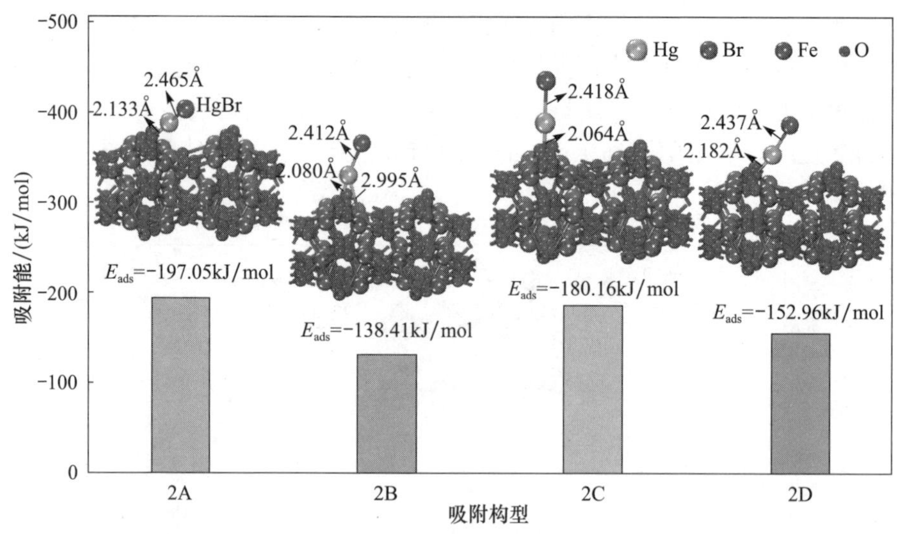

图 2.45 Fe_2O_3 表面上 HgBr 的稳定吸附构型、吸附能和几何结构参数

吸附能的结果表明，HgBr 吸附构型的稳定性为 2A＞2C＞2D＞2B。HgBr 最稳定的吸附构型是 2A，吸附能为－197.05kJ/mol。在 2A 吸附构型中，HgBr 以分子的形式吸附在 Fe_2O_3 表面。HgBr 分子的 Hg 原子与表面 O 原子进行配位，形成 Hg—O 键，键长为 2.133Å，键布局数为 0.30。键布局数大小可以用来衡量键的强度。键布局数越大，键的强度越高。在 2C 吸附构型中，HgBr 分子以 Hg 原子靠近表面 O 原子的形式垂直吸附在 Fe_2O_3 表面，Hg—O 键的键长为 2.064Å，键布局数为 0.33，吸附能为－180.16kJ/mol。在 2D 吸附构型中，HgBr 分子与 Fe_2O_3 表面之间具有强烈的相互作用，形成 Hg—O 键，键长为 2.182Å，产生的吸附能为－152.96kJ/mol。在 2B 吸附构型中，HgBr 的吸附能最低，为－138.41kJ/mol，HgBr的吸附产生 Hg—O 键和 Hg—Fe 键，键长分别为 2.080Å 和 2.995Å。基于上面的分析，HgBr 在 Fe_2O_3 表面上的吸附属于化学吸附。前面的 XPS 分析结果表明，催化试验后的 Fe_2O_3 样品表面上检测到 HgBr 的 XPS 峰，HgBr 在高真空的条件下不会从 Fe_2O_3 样品表面上脱附，这归因于 HgBr 与 Fe_2O_3 表面之间的强烈化学相互作用。由此可见，密度泛函理论计算结果与 XPS 表征分析结果一致。

Fe_2O_3 表面上 $HgBr_2$ 的稳定吸附构型、吸附能和几何结构参数如图 2.46 所示。根据吸附能的大小，$HgBr_2$ 吸附构型的稳定性为 3C＞3B＞3A。在 3C 吸附构型中，$HgBr_2$ 分子平行吸附在表面 Fe 原子上，$HgBr_2$ 分子的 Br 原子与表面 Fe 原子进行配位形成 Fe—Br 键，键长为 2.754Å，键布局数为 0.16。吸附后，$HgBr_2$ 分子从直线型变成弯曲型，$HgBr_2$ 的吸附能为－135.15kJ/mol。在 3B 吸附构型中，

$HgBr_2$ 分子悬空吸附在 Fe_2O_3 表面，$HgBr_2$ 分子的 Hg 原子与表面 Fe 原子之间的平衡距离为 3.196Å，吸附能为－131.51kJ/mol。在 3A 吸附构型中，$HgBr_2$ 分子平行吸附在表面 Fe 原子上，形成 Fe—Br 键，键长为 2.592Å，键布局数为 0.24，吸附能为－116.18kJ/mol。相比于 HgBr，$HgBr_2$ 在 Fe_2O_3 表面上的吸附能较小。因此，$HgBr_2$ 分子比 HgBr 分子更容易从 Fe_2O_3 表面脱附。催化试验后，Fe_2O_3 样品的 XPS 光谱并没有出现 $HgBr_2$ 的光谱峰，只出现 HgBr 的光谱峰，这主要归因于 $HgBr_2$ 在 Fe_2O_3 表面上的吸附能较小。因此，吸附能的大小可以进一步解释催化试验后的 Fe_2O_3 表面没有检测到 $HgBr_2$ 分子存在的原因。

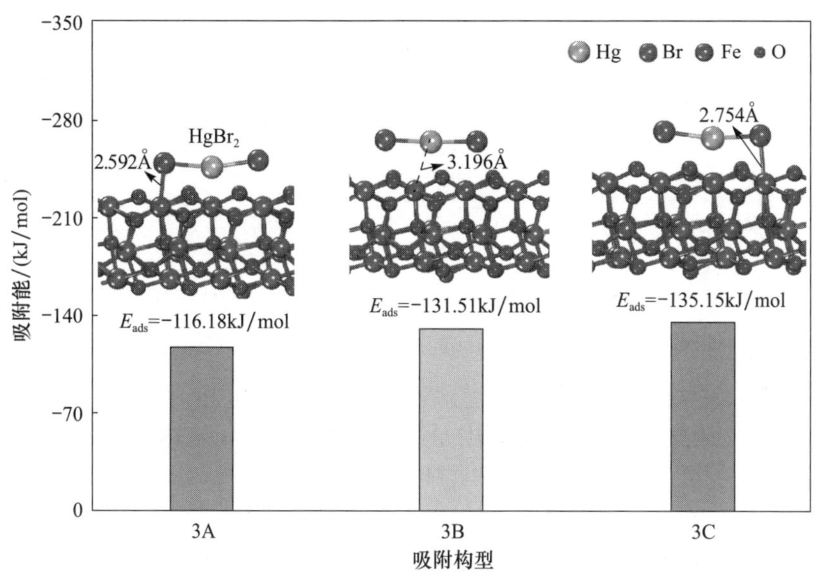

图 2.46　Fe_2O_3 表面 $HgBr_2$ 的稳定吸附构型、吸附能和几何结构参数

3. Fe_2O_3 表面 Hg/Br 非均相反应机理

Fe_2O_3 表面上 Hg/Br 非均相氧化反应过程包括两个路径。路径 1 是一个四步反应过程（Hg^0→Hg(s)→HgBr(s)→$HgBr_2$(s)→$HgBr_2$）。气相 Hg^0 首先吸附在 Fe_2O_3 表面，随后与溴活性位反应产生 HgBr(s)，中间产物 HgBr(s)被进一步氧化成 $HgBr_2$(s)，$HgBr_2$ 从 Fe_2O_3 表面脱附。路径 2 是一个三步反应过程（Hg^0→Hg(s)→$HgBr_2$(s)→$HgBr_2$）。在吸附反应步骤后，吸附态的 Hg^0 通过一步反应直接被氧化成 $HgBr_2$(s)，随后发生 $HgBr_2$ 的脱附反应。图 2.47 给出了 Fe_2O_3 表面 Hg/Br 非均相反应路径的能量曲线以及中间体、过渡态和终态的反应结构。在不同反应路径中，过渡态将反应物、中间体和产物连接起来。

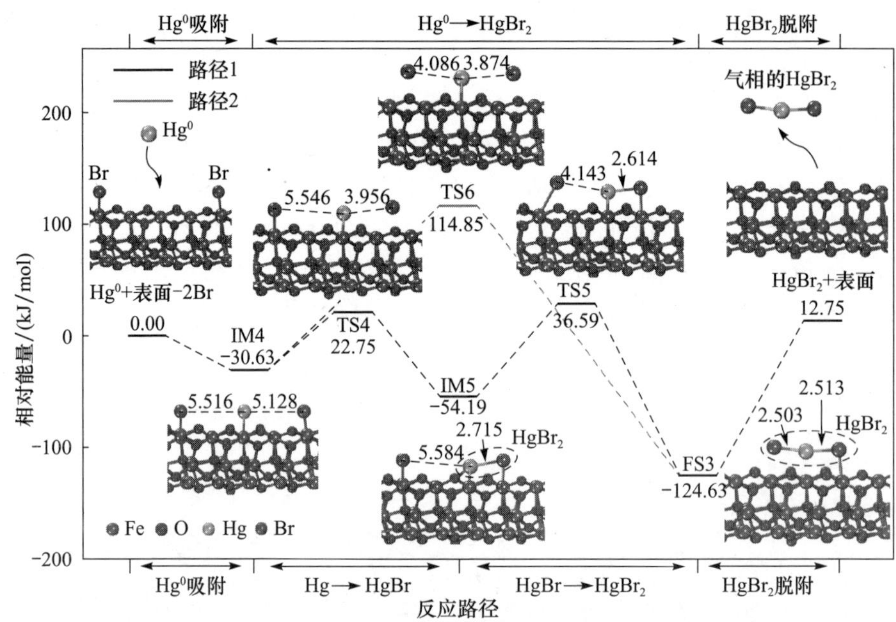

图 2.47　Fe_2O_3 表面上 Hg/Br 非均相反应路径的能量曲线以及中间体、过渡态和终态的反应结构

反应路径 1 有四个基元反应步骤：Hg^0 吸附、Hg→HgBr、HgBr→$HgBr_2$ 和 $HgBr_2$ 脱附。在 Hg^0 吸附反应步骤中，Hg^0 以化学吸附的方式吸附在溴化 Fe_2O_3 表面，导致 IM4 结构的形成。Hg^0 吸附是一个放热过程，反应热为－30.63kJ/mol。随后，在 Hg→HgBr 基元反应步骤中，Hg 原子从表面 Fe 活性位上抽取一个 Br 原子，吸附态 Hg^0 通过过渡态 TS4 被不完全氧化成 HgBr，如结构 IM5 所示。与此同时，Hg 原子与右手边 Br 原子之间的距离逐渐减小，形成 Hg—Br 键，键长为 2.715Å。Hg→HgBr 基元反应步骤是一个放热反应，活化能垒和反应热分别为 53.38kJ/mol 和－23.56kJ/mol。在 HgBr→$HgBr_2$ 基元反应步骤中，第二个基元反应步骤中生成的 HgBr 通过过渡态 TS5 被进一步氧化成 $HgBr_2$。左手边的 Br 原子从表面 Fe 活性位扩散进入 HgBr 分子周围的区域，从而与 HgBr 分子反应生成 $HgBr_2$。Hg 原子与左手边 Br 原子之间的距离逐渐减小。HgBr→$HgBr_2$ 基元反应步骤是一个放热过程，活化能垒与反应热分别为 90.78kJ/mol 和－70.44kJ/mol。在 $HgBr_2$ 脱附基元反应步骤中，$HgBr_2$ 分子从 Fe_2O_3 表面上脱附，脱附反应热为 137.38kJ/mol。在汞氧化的表面反应过程中，第三步反应的活化能垒高于第二步反应的活化能垒，表明 HgBr→$HgBr_2$ 基元反应是路径 1 的速控步骤。

路径 2 有三个基元反应步骤：Hg^0 吸附、Hg→$HgBr_2$ 和 $HgBr_2$ 脱附。Hg^0 吸附反应步骤和 $HgBr_2$ 脱附反应步骤与路径 1 中对应的反应步骤完全相同。不同的是：Hg^0 氧化在路径 2 中只需要一步（$Hg \to HgBr_2$）完成，Hg^0 氧化在路径 1 中需要两步（$Hg \to HgBr \to HgBr_2$）完成。在 $Hg \to HgBr_2$ 反应步骤中，吸附态 Hg^0 通过过渡态 TS6 直接被氧化成 $HgBr_2$，如结构 FS3 所示。Hg 原子从表面 Fe 活性位同时抽取两个 Br 原子，然后被完全氧化成 $HgBr_2$。$Hg \to HgBr_2$ 反应步骤的活化能垒与反应热分别为 145.48kJ/mol 和－94.00kJ/mol。

反应路径 1 的活化能垒（53.38kJ/mol 和 90.78kJ/mol）低于反应路径 2 的活化能垒（145.48kJ/mol）。因此，吸附态 Hg^0 更容易通过路径 1 被氧化成 HgBr，HgBr 随后进一步被氧化成 $HgBr_2$。相比于路径 2，有较低活化能垒的路径 1 是热力学和动力学有利的。因此，可以总结出，Fe_2O_3 表面上 Hg/Br 非均相氧化的主要反应路径是一个四步反应过程：$Hg^0 \to Hg(s) \to HgBr(s) \to HgBr_2(s) \to HgBr_2$。其中，$HgBr(s) \to HgBr_2(s)$ 是汞氧化反应的速控步骤。

2.3.3　燃煤烟气中 Fe_2O_3 表面上 Hg/Br 非均相反应动力学计算

1. Fe_2O_3 表面上 Hg/Br 非均相反应动力学模型建立

基于密度泛函理论计算结果，建立了 Fe_2O_3 表面上 HBr 对 Hg^0 氧化的化学反应动力学模型，如表 2.14 所示。

表 2.14　Fe_2O_3 表面上 Hg/Br 非均相反应机理[66]

序号	基元反应	A/[cm^3/(mol·s)]或 γ	n	E_a/(J/mol)
1	$Fe(s)+O(s)+HBr \longrightarrow Br(s)+OH(s)$	1×10^{-8}[a]	0	0
2	$2Br(s) \longrightarrow Br_2+2Fe(s)$	1×10^{13}	0	0
3	$2OH(s) \longrightarrow H_2O(s)+O(s)$	1×10^{21}	0	0
4	$Fe(s)+Br \longrightarrow Br(s)$	1×10^{-5}[a]	0	0
5	$2Fe(s)+Br_2 \longrightarrow 2Br(s)$	1×10^{-7}[a]	0	0
6	$Hg^0+Fe(s) \longrightarrow Hg(s)$	3.5×10^{-8}[a]	0	0
7	$2\square(s)+O_2 \longrightarrow 2O(s)$	1×10^{-4}[a]	0	0
8	$Br(s)+Hg(s) \longrightarrow HgBr(s)+Fe(s)$	5×10^{19}	0.4	53380[b]
9	$Br(s)+HgBr(s) \longrightarrow Fe(s)+HgBr_2(s)$	5×10^{19}	0.4	90780[b]
10	$2Br(s)+Hg(s) \longrightarrow HgBr_2(s)+2Fe(s)$	1×10^{20}	0	145480[b]
11	$Hg(s) \longrightarrow Hg^0+Fe(s)$	1×10^{10}	0	91730[b]
12	$Br(s)+OH(s) \longrightarrow Fe(s)+O(s)+HBr$	1×10^{13}	0	217240[b]
13	$HgBr(s) \longrightarrow Fe(s)+HgBr$	1×10^{13}	0	197050[b]
14	$HgBr_2(s) \longrightarrow Fe(s)+HgBr_2$	1×10^{23}	0	135150[b]
15	$H_2O(s) \longrightarrow \square(s)+H_2O$	1×10^{21}	0	73447[b]

续表

序号	基元反应	$A/[cm^3/(mol \cdot s)]$或 γ	n	$E_a/(J/mol)$
16	$Fe(s)+HgBr \longrightarrow HgBr(s)$	1×10^{-7}[a]	0	0
17	$Fe(s)+HgBr_2 \longrightarrow HgBr_2(s)$	1×10^{-7}[a]	0	0

a 表示黏性系数；
b 表示活化能，从密度泛函理论计算中获得。

Fe(s)、O(s)和□(s)分别表示空白 Fe 活性位、O 活性位和氧空位。Br(s)和 OH(s)分别表示溴活性位和表面羟基官能团。溴物质（HBr、Br_2 和 Br）化学吸附在空白 Fe 活性位上并产生溴活性位，如反应 1、4 和 5。溴化 Fe 活性位可以相互反应或者与羟基官能团反应，从而释放出空白活性位，如反应 2 和 12。通过消耗羟基官能团产生 H_2O，然后从 Fe_2O_3 表面上脱附形成氧空位，如反应 3 和 15。消耗的表面活性氧可以被气相 O_2 分解填充，从而再生氧活性位，如反应 7。

气相 Hg^0 化学吸附在 Fe_2O_3 表面上，然后被不完全氧化成 HgBr，如反应 6 和 8。生成的中间产物 HgBr 被进一步氧化成 $HgBr_2$，如反应 9。随后，生成的 $HgBr_2$ 从 Fe_2O_3 表面上脱附，如反应 14。此外，气相 Hg^0 也可以通过三步反应直接与溴化 Fe 活性位反应直接生成 $HgBr_2$，如反应 6、10 和 14。气相 HgBr 和 $HgBr_2$ 也可以重新吸附在空白 Fe 活性位上，形成 Hg_p，如反应 16 和 17。

2. Fe_2O_3 表面上 Hg/Br 非均相反应动力学模型验证

将非均相反应动力学模型与均相反应动力学模型结合，采用柱塞流反应器进行动力学计算，预测 HBr 存在条件下 Fe_2O_3 表面上汞的氧化效率。柱塞流反应器进口烟气组分为：4% O_2＋12% CO_2＋5ppm HBr＋平衡 N_2。反应器停留时间也是由气体空塔流速（$5\times10^4h^{-1}$）和烟气流量（1L/min）计算得到的。柱塞流反应器的长度和直径分别为 16mm 和 10mm。非均相反应的有效面积从 Fe_2O_3 样品测量的 BET 比表面积（$7.1m^2/g$）和 Fe_2O_3 样品质量（0.5g）计算得到。

汞氧化效率的动力学计算结果与试验结果对比如图 2.48 所示，两者具有较好的一致性。在较宽的反应温度窗口内，建立的多相反应动力学模型能够准确地预测 Fe_2O_3 催化汞氧化的效率。试验结果表明，汞氧化效率一开始随着反应温度升高逐渐增大，然后随着反应温度升高而逐渐减小。汞氧化效率随反应温度变化的趋势与反应温度对不同反应速率常数的不同影响紧密相关，如反应温度对吸附反应和表面氧化反应速率常数的影响不同。这种温度影响趋势能够被多相反应动力学模型很好地复现。因此，建立的非均相反应动力学模型能够很好地预测飞灰中 Fe_2O_3 表面上 Hg/Br 非均相氧化，该模型具有较好的可靠性。

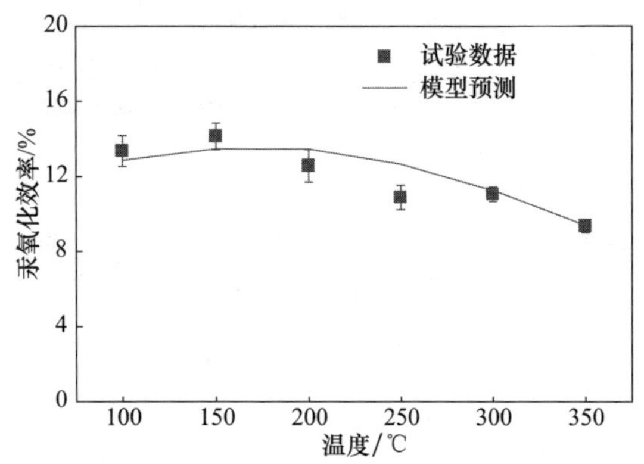

图 2.48　汞氧化效率的动力学计算结果与试验结果对比

3. 敏感性分析与温度系数

在 HBr 存在条件下对 Fe_2O_3 表面上汞氧化非均相反应动力学模型进行敏感性分析，获得前 10 个最敏感的反应，如图 2.49 所示。

从图 2.49 中可以看出，Hg^0 +Fe(s)⟶Hg(s)对汞氧化表现出较大的正敏感性系数，被识别为最敏感的反应，因为该反应直接控制了气相 Hg^0 的氧化。此外，表面双分子反应 Hg(s)+Br(s)⟶HgBr(s)+Fe(s)对汞的氧化也表现出较大的正敏感性系数，表明导致吸附态 Hg^0 消耗的主要反应是 Hg(s)+Br(s)⟶HgBr(s)+Fe(s)，而不是 Hg(s)+2Br(s)⟶$HgBr_2$(s)+2Fe(s)。相比于那些没有列于图 2.49 中的非均相反应，HgBr(s)+Br(s)⟶$HgBr_2$(s)+Fe(s)和 $HgBr_2$(s)⟶$HgBr_2$+Fe(s)对汞的氧化表现出较高的敏感性系数。此外，产率分析结果表明，大部分气相 $HgBr_2$ 主要来自 HgBr(s)+Br(s)⟶$HgBr_2$(s)+Fe(s)和 $HgBr_2$(s)⟶$HgBr_2$+Fe(s)两个非均相反应。因此，Fe_2O_3 表面上 HBr 对 Hg^0 氧化的主要反应路径是一个四步反应过程：Hg^0→Hg(s)→HgBr(s)→$HgBr_2$(s)→$HgBr_2$。其中，较高的溴活性位密度通过 Hg(s)+Br(s)⟶HgBr(s)+Fe(s)维持了 Hg(s)到 HgBr(s)的不完全氧化。随后，形成的中间产物 HgBr(s)进一步与溴化 Fe 活性位反应形成 $HgBr_2$(s)，$HgBr_2$ 从 Fe_2O_3 表面上脱附。该结论与 XPS 分析结果和密度泛函理论计算结果一致。

非均相反应 Hg(s)⟶Hg^0+Fe(s)表现出较大的负敏感性系数，表明 Hg(s)⟶Hg^0+Fe(s)的反应速率增大会导致汞氧化效率降低。主要原因是该反应降低了吸附态 Hg^0 的表面覆盖度，从而使得链传播反应 Hg(s)+Br(s)⟶HgBr(s)+Fe(s)减慢，导致汞氧化效率降低。因此，Hg(s)⟶Hg^0+Fe(s)抑制汞的氧化。

从敏感性分析结果可以看出，反应温度升高会加快图 2.49 中非均相反应的化

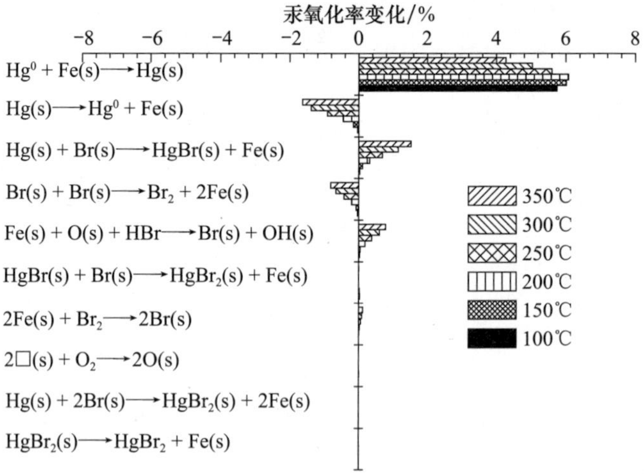

图 2.49　非均相反应动力学模型的敏感性分析结果[2][69]

学反应速率。依据这些反应对汞氧化的促进作用与抑制作用，这些敏感的非均相反应可以分为两类：促进反应（机理 M1）与抑制反应（机理 M2），见表 2.15。

表 2.15　促进反应（机理 M1）和抑制反应（机理 M2）

促进反应（机理 M1）	抑制反应（机理 M2）
$Hg^0+Fe(s)\longrightarrow Hg(s)$ $Hg(s)+Br(s)\longrightarrow HgBr(s)+Fe(s)$ $Fe(s)+O(s)+HBr\longrightarrow Br(s)+OH(s)$ $HgBr(s)+Br(s)\longrightarrow Fe(s)+HgBr_2(s)$ $2Fe(s)+Br_2\longrightarrow 2Br(s)$ $2\square(s)+O_2\longrightarrow 2O(s)$ $Hg(s)+2Br(s)\longrightarrow HgBr_2(s)+2Fe(s)$ $HgBr_2(s)\longrightarrow Fe(s)+HgBr_2$	$Hg(s)\longrightarrow Hg^0+Fe(s)$ $Br(s)+Br(s)\longrightarrow Br_2+2Fe(s)$

基于机理 M1 和机理 M2，提出一个无量纲温度系数（ψ），详细阐释反应温度对汞氧化的影响机制。温度系数被定义为

$$\psi(T_i)=\sum_{j=1}^{n}\left[\varphi_j(T_i)-\varphi_j(T_{i-1})\right] \tag{2.2}$$

式中，$\psi(T_i)$表示反应温度为 T_i 时的温度系数；$\varphi_j(T_i)$表示基元反应 j 在反应温度 T_i 处的敏感性系数；$\varphi_j(T_{i-1})$表示基元反应 j 在反应温度 T_{i-1} 处的敏感性系数。温度间隔为 50℃，$T_{i-1}=T_i-50$。n 表示敏感性分析获得的基元反应数。物理意义上，温度系数表示敏感的基元反应对汞氧化的总贡献。此外，温度系数也可以表

示机理 M1 和机理 M2 对汞氧化的贡献之和。因此，$\psi(T_i)>0$ 时，表示机理 M1 对汞氧化的促进作用大于机理 M2 对汞氧化的抑制作用；$\psi(T_i)<0$ 时，表示机理 M1 对汞氧化的促进作用小于机理 M2 对汞氧化的抑制作用。

温度系数与汞氧化效率在不同反应温度条件下的关系如图 2.50 所示。在较低反应温度（100～150℃）条件下，温度系数大于零（$\psi(T_i)>0$）。反应温度从 100℃升到 150℃时，机理 M1 对汞氧化的促进作用大于机理 M2 对汞氧化的抑制作用。事实上，机理 M2 对汞氧化表现出微弱的抑制作用，因为抑制反应 $Hg(s) \longrightarrow Hg^0 + Fe(s)$ 和 $Br(s) + Br(s) \longrightarrow Br_2 + 2Fe(s)$ 的敏感性系数在较低温度（100～150℃）条件下是较小的，如图 2.49 所示。这可以详细地解释汞氧化效率在反应温度 100～150℃区间为什么增加。

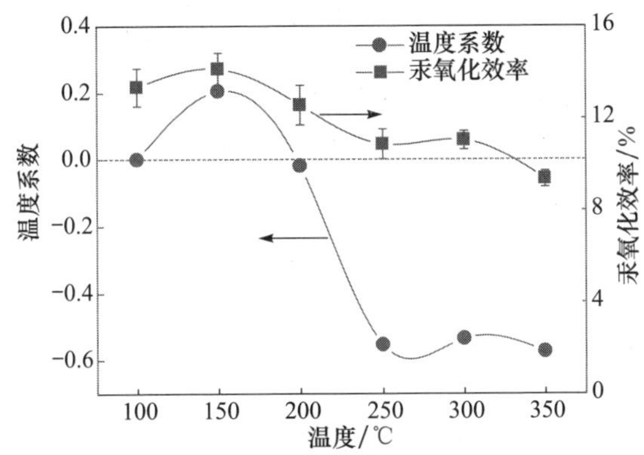

图 2.50　温度系数与汞氧化效率在不同反应温度条件下的关系

当反应温度从 150℃升高到 200℃时，机理 M2 对汞氧化的抑制作用越来越重要。在 200℃时，温度系数小于零（$\psi(T_i)<0$）。当反应温度从 150℃升高到 200℃时，汞氧化效率逐渐减小。当反应温度从 200℃升高到 350℃时，温度系数小于零（$\psi(T_i)<0$），机理 M2 对汞氧化的抑制作用大于机理 M1 对汞氧化的促进作用。尽管促进反应 $Fe(s) + O(s) + HBr \longrightarrow Br(s) + OH(s)$ 和 $Hg(s) + Br(s) \longrightarrow HgBr(s) + Fe(s)$ 的敏感性系数随着反应温度升高而缓慢增加，但是最敏感的反应 $Hg^0 + Fe(s) \longrightarrow Hg(s)$ 的敏感性系数随着反应温度升高而显著降低，如图 2.49 所示。机理 M1 随着反应温度升高而逐渐被抑制。分析可以详细地解释汞氧化效率在 200～350℃区间为什么降低。值得注意的是，汞氧化效率降低是热力学与动力学共同作用的结果。事实上，反应温度增加会加快吸附态 Hg^0 的脱附（$Hg(s) \longrightarrow Hg^0 + Fe(s)$），不利于汞的氧化。从图 2.49 中的敏感性分析结果可以看出，脱附反应对汞氧化的抑制作用在 200～350℃区间也是相当显著的。

2.4 燃煤烟气中汞的均相-非均相反应动力学

单独考虑均相反应机理并不能准确地预测实际燃煤烟气中汞的形态转化[37,38]，只有将均相反应机理与燃煤飞灰表面上的非均相反应机理结合才能准确地预测实际燃煤烟气中汞的形态分布。

2.4.1 燃煤烟气中 Hg/Cl 均相-非均相反应动力学模型

1. 未燃尽炭表面上 Hg/Cl 非均相反应动力学模型建立与验证

飞灰中未燃尽炭(UBC)对燃煤烟气中 HCl 存在的条件下汞氧化具有催化氧化作用[37]。因此，建立了 UBC 表面 Hg/Cl 非均相反应机理，见表 2.16。

表 2.16 UBC 表面 Hg/Cl 非均相反应机理与动力学参数[15]

序号	基元反应	a	b	c
1	$StSA(s)+HCl \longrightarrow StCl(s)+H$	3×10^{-3}	0	0
2	$StCl(s)+Cl \longrightarrow Cl_2+StSA(s)$	1×10^{-4}	0	0
3	$StCl(s)+Hg^0 \longrightarrow StHgCl(s)$	5.2×10^{-4}	0	0
4	$StCl(s)+Hg^0 \longrightarrow StSA(s)+HgCl$	2×10^{-4}	0	0
5	$StCl(s)+HgCl \longrightarrow StSA(s)+HgCl_2$	1×10^{-4}	0	0
6	$StHgCl(s)+HCl \longrightarrow StSA(s)+HgCl_2+H$	5×10^{-4}	0	0
7	$StCl(s)+HgCl_2 \longrightarrow StHgCl(s)+Cl_2$	1×10^{-4}	0	0
8	$StCl(s)+H_2O \longrightarrow HCl+OH+StSA(s)$	5×10^{-7}	0	0

注：$\gamma=\min[1, aT^b\exp(-c/(RT))]$。$a$ 和 b 都是无量纲变量，c 的单位与 RT 相同。

StSA(s)、StCl(s)和 StHgCl(s)分别表示 UBC 表面上的空白活性位、氯化活性位和颗粒态汞活性位。空白炭活性位被 HCl 氯化产生氯化活性位，如反应 1 所示。氯化活性位要么与 Cl 原子结合或者与 H_2O 反应产生空白活性位 StSA(s)，如反应 2 和 8 所示。为了使 UBC 表面上 Hg^0 的非均相氧化开始反应，Hg^0 首先吸附在氯化活性位上并被不完全氧化成 HgCl。HgCl 要么吸附在 UBC 表面上形成 StHgCl(s)，或者释放到烟气中形成气相 HgCl，如反应 3 和 4 所示。随后，气相 HgCl 可以通过反应 5 被氯化活性位完全氧化成 $HgCl_2$，或者通过均相反应氧化成 $HgCl_2$。吸附态 HgCl 可以停留在 UBC 表面上形成 Hg_p，或者通过反应 6 与 HCl 反应形成气相 $HgCl_2$。气相 $HgCl_2$ 也可以通过反应 7 吸附在氯化活性位上形成 Hg^p。

为了验证 UBC 表面上的非均相 Hg/Cl 反应机理，将 Hg/Cl/C/H/O/N/S 均相反应机理、Fe_2O_3 表面上 Hg/Cl 非均相反应子机理与 UBC 表面上 Hg/Cl 非均相反应机理耦合起来形成多相反应动力学模型。进行动力学计算，定量预测实际燃煤烟气中汞的形态分布，从而验证 UBC 表面上的 Hg/Cl 非均相反应机理。动力学计算基于下面的假设：①燃煤烟气与飞灰颗粒具有柱塞流特性；②烟气与飞灰颗粒具有相同的温度和流速，烟气与飞灰之间没有传热极限和速度滑移；③飞灰颗粒具有相同的颗粒尺寸并均匀分散在烟气中；④烟气反应系统维持在稳定状态，烟气和飞灰颗粒的流量都是常数。换句话说，汞氧化反应的停留时间是一个常数。

将建立的多相反应动力学模型导入 CHEMKIN-PRO 软件的柱塞流反应器中进行动力学计算，预测实际燃煤烟气中汞的形态分布。UBC 的密度和初始活性位密度分别为 $0.45g/cm^3$ 和 $6\times10^{-9}mol/cm^2$[15]。UBC 和其他气相物质的热力学数据来自 CHEMKIN 数据库[22]。Fe_2O_3 的热力学数据从文献[15]中获得。Fe_2O_3 的密度为 $5.24g/cm^3$。Fe_2O_3 的初始表面活性位密度确定为 $2.66\times10^{-9}mol/cm^2$。在动力学计算过程中，非均相反应的有效面积可以根据飞灰比表面积、烟气中飞灰浓度、飞灰中 UBC 和 Fe_2O_3 含量计算获得。反应器单位长度的有效非均相反应面积定义为

$$A_{int}=\frac{A_{ash}W_{ash}r}{100L} \tag{2.3}$$

式中，A_{int}表示非均相反应发生的有效表面积，cm^2/cm；A_{ash}表示飞灰的比表面积，cm^2/g；W_{ash}表示飞灰质量，g；r 表示金属分散率，%；L 表示反应器的长度，m。飞灰中 UBC 和 Fe_2O_3 含量用来表示金属分散率 r。

非均相反应过程包括质量扩散过程和本征反应动力学过程。在典型的煤燃烧系统中，燃煤烟气中存在大量的飞灰颗粒，颗粒尺寸一般小于 $75\mu m$[68]，表明燃煤烟气中的飞灰可以为非均相汞氧化反应提供足够大的表面积。Hg^0 是一个相对稳定的物质，Hg^0 氧化反应速率较小。燃煤烟气中 Hg^0 的质量扩散速率较大[69]。根据蒂勒模数公式（$\phi=d(k/D_{eff})^{0.5}/6$），较小的飞灰颗粒尺寸和氧化反应速率、较大的扩散速率导致较小的蒂勒模数。据报道[1,6]，燃煤烟气中汞氧化反应受动力学控制。因此，在动力学计算过程中，汞氧化的质量扩散过程可以忽略不计。

美国南方研究院在 1-MW_t 半工业规模的燃烧设备上监测了燃煤烟气中汞的形态分布[70]。燃烧设备中烟气的燃后降温曲线与实际燃煤电厂的烟气降温曲线相似。燃烧设备包括给粉系统、耐火材料组成的垂直线性炉膛、一个燃烧器、由三根空气冷却管束构成的水平对流烟道、一根交叉对流管束构成的空气预热器和一个布袋除尘器。使用半连续的在线监测系统测量烟气中汞的形态分布。

为了详细理解燃煤烟气中汞形态转化的反应化学和动力学，试验过程中燃烧两种煤：加拉提亚烟煤（氯含量较高的煤）和布莱克斯维尔烟煤（氯含量适中的煤）。

在运行工况 1 中，加拉提亚烟煤以(283±3)lb/h 的给粉速率进行燃烧。在运行工况 2～工况 5 中，布莱克斯维尔烟煤以(262±3)lb/h 的给粉速率进行燃烧。燃煤烟气中的飞灰浓度可以从给粉速率和煤工业分析的灰含量计算获得。不同运行工况条件下，飞灰的矿物成分分析与 UBC 含量见表 2.17。

表 2.17　不同运行工况条件下收集飞灰的矿物成分分析与 UBC 含量　(单位：%)

工况	矿物成分											UBC 含量
	Fe_2O_3	SiO_2	Al_2O_3	CaO	MgO	Li_2O	K_2O	Na_2O	TiO_2	P_2O_5	SO_3	
1	14.2	49.14	24.0	3.1	1.2	0.03	2.5	1.5	1.7	0.79	1.5	0.34
2	15.4	47.24	25.1	4.1	1.0	0.03	1.6	1.3	1.1	0.36	2.2	0.57
3	15.4	47.46	25.1	4.1	1.0	0.03	1.6	1.3	1.1	0.36	2.2	0.35
4	16.2	40.13	25.3	4.2	1.0	0.03	1.0	1.3	1.3	0.42	1.8	7.32
5	16.2	39.74	25.3	4.2	1.0	0.03	1.0	1.3	1.3	0.42	1.8	7.71

在运行工况 4 和 5 的条件下，通过增加煤粉粒度并降低炉膛出口氧浓度，从而获得飞灰中较高的 UBC 含量。在化学动力学计算过程中，粉河盆地煤(powder river basin,PRB)飞灰的比表面积($2.02m^2/g$)[15]用来计算非均相反应的有效表面积。根据方程(2.3)，飞灰比表面积、飞灰 UBC 和 Fe_2O_3 含量可以用来计算不同运行工况条件下非均相汞氧化反应的有效表面积。采用便携式的在线监测系统测量烟气组分的浓度，如 CO_2、CO、NO_x、SO_x、HCl 和 O_2。不同运行工况条件下烟气组分浓度见表 2.18。

表 2.18　不同运行工况条件下烟气组分浓度

工况	浓度/%				浓度/ppm					Hg^0 浓度/($\mu g/m^3$)
	N_2	CO_2	H_2O	O_2	CO	NO	SO_2	SO_3	HCl	
1	69.1	16.6	6.8	7.3	99	698	973	0.5	250	10.4
2	68.8	16.4	6.6	8.0	79	635	1731	12.0	54	7.2
3	62.6	16.4	12.9	7.9	79	654	1660	13.5	54	7.2
4	63.2	16.7	15.0	4.9	106	212	1760	3.2	54	7.2
5	69.7	16.6	8.1	5.4	107	222	1771	5.0	54	7.2

燃烧设备中烟气降温曲线如图 2.51 所示。汞氧化反应动力学计算开始于 1640K 并使用不同的烟气降温速率。运行工况 1、2 和 5 的烟气降温速率为普通降温速率(749.8～777.6K/s)。运行工况 3 和 4 的烟气降温速率表示快降温速率(888.7～899.8K/s)。烟气温度在 1500～1640K，烟气停留时间大约为 2s，对应垂直炉膛内的烟气温度。烟气流入水平对流烟道，然后冷却降温到 422K。汞测点温度为 436K。动力学计算结果与 436K 处测量数据进行对比。

动力学计算结果与试验数据对比如图 2.52 所示，模拟结果与试验数据具有较好的一致性。不同运行工况的动力学计算都是基于对应工况的烟气降温速率、烟气组分、飞灰中UBC和Fe_2O_3含量。在五个运行工况中，多相反应动力学模型对工况1、2和4的汞氧化效率预测是相当准确的。在运行工况3和5中，模拟结果与试验数据之间具有较小的偏差，可能归因于飞灰中UBC含量和烟气中HCl浓度测量的不确定性，因为动力学计算过程中采用的是平均值而不是实时测量值。总体上，动力学模型的预测结果落在试验数据测量的不确定性范围之内。

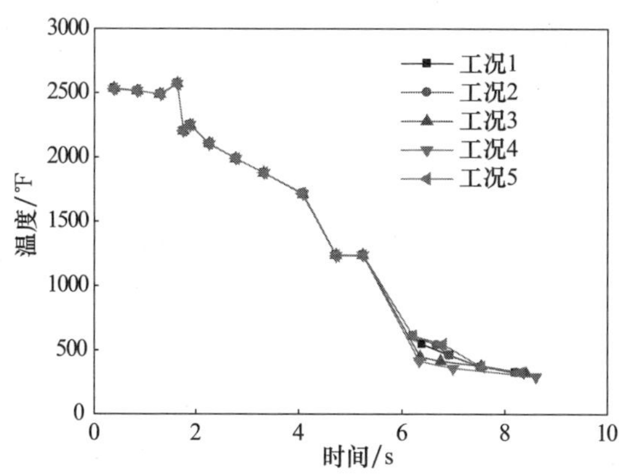

图2.51 美国南方研究院1-MW_t半工业规模燃烧设备的烟气降温曲线[73]

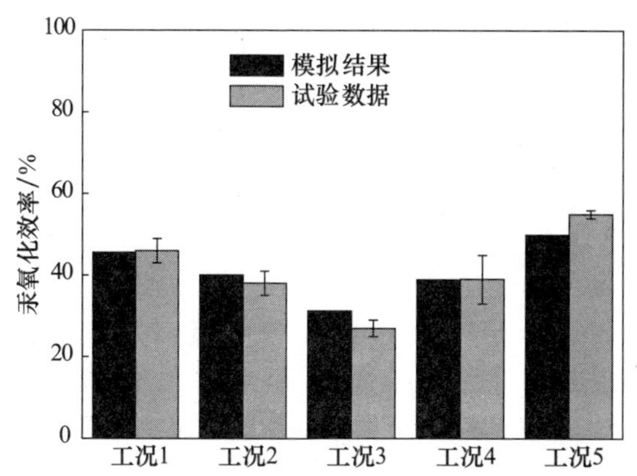

图2.52 动力学模型的模拟结果与美国南方研究院1-MW_t燃煤锅炉的试验数据对比

如表2.17所示，不同运行工况收集飞灰的Fe_2O_3含量相似，汞氧化效率的变化主要取决于飞灰中UBC含量和烟气中HCl和H_2O的浓度。工况1条件下，烟气中HCl浓度为(250±37)ppm，汞氧化效率的预测值为45.6%。工况2、3、4和5条件下，烟气中HCl浓度为(54±10)ppm，汞氧化效率的预测值分别为40.1%、31.25%、38.9%和50%。工况3条件下，飞灰中UBC含量较低。较高

的 H_2O 浓度抑制汞的氧化，所以工况 3 具有最低的汞氧化效率。尽管工况 3 和工况 4 具有相似的 HCl 和 H_2O 浓度，但是工况 4 的汞氧化效率高于工况 3 的汞氧化效率。这主要归因于工况 4 的飞灰 UBC 含量高于工况 3 的飞灰 UBC 含量。工况 4 和工况 5 具有相同的 HCl 浓度和相似的飞灰 UBC 含量，但是工况 5 的 H_2O 浓度低于工况 4 的 H_2O 浓度，从而导致工况 5 的汞氧化效率高于工况 4 的汞氧化效率。

2. 燃煤烟气中 Hg/Cl 氧化的主要反应路径

对飞灰表面上 Hg/Cl 非均相反应机理进行敏感性分析，敏感性分析在运行工况 5 的条件下进行，结果如图 2.53 所示。当 $StCl(s)+Hg^0 \longrightarrow StHgCl(s)$ 的黏性系数增大 50% 时，汞氧化效率变化最大，变化值为 12.1%。加快 $StCl(s)+Hg^0 \longrightarrow StHgCl(s)$ 化学反应发生可以有效地促进燃煤烟气中汞的氧化。这说明 $StCl(s)+Hg^0 \longrightarrow StHgCl(s)$ 是燃煤烟气中汞氧化最敏感的反应，该反应对燃煤飞灰表面上汞的非均相氧化具有显著的促进作用。

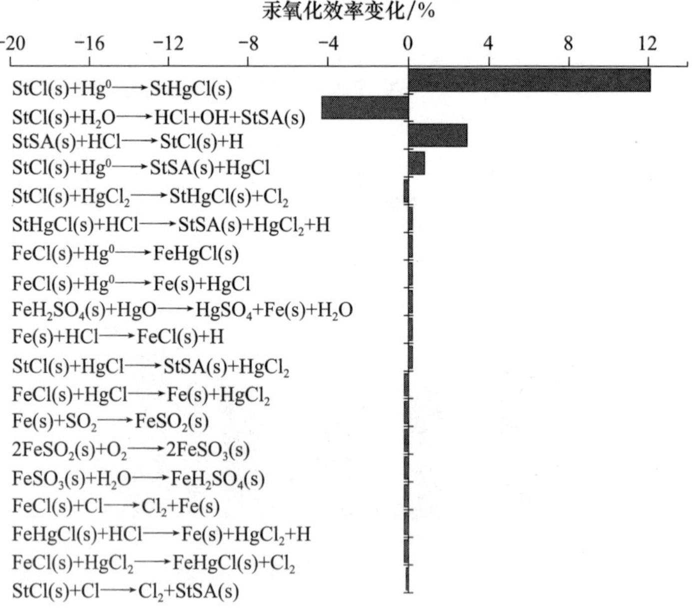

图 2.53　飞灰表面上 Hg/Cl 非均相反应机理的敏感性分析结果

燃煤烟气中汞氧化的产率分析结果如图 2.54 所示。以较高速率氧化 Hg^0 的反应通道为 $StCl(s)+Hg^0 \longrightarrow StHgCl(s)$，该反应产生 64% 的氧化态汞。$StCl(s)+Hg^0 \longrightarrow StSA(s)+HgCl$ 产生 24.6% 的氧化态汞。但是，通过均相反应 $Hg^0+Cl+M \longrightarrow HgCl+M$ 产生的氧化态汞只占 4.5%。来自 $FeCl(s)+$

$Hg^0 \longrightarrow FeHgCl(s)$ 和 $FeCl(s) + Hg^0 \longrightarrow Fe(s) + HgCl$ 的氧化态汞占 6.9%。尽管有 3.6% 的 $HgCl_2$ 通过 $StCl(s) + HgCl_2 \longrightarrow StHgCl(s) + Cl_2$ 重新吸附在 UBC 表面上，$HgCl_2$ 主要的产率通道是 $StHgCl(s) + HCl \longrightarrow StSA(s) + HgCl_2 + H$，这说明飞灰表面上 Hg/Cl 非均相氧化的主要反应路径为 $Hg^0 \rightarrow StHgCl(s) \rightarrow HgCl_2$。

飞灰中 UBC 表面上的非均相反应产生 88.6% 的氧化态汞，飞灰中 Fe_2O_3 表面上的非均相反应产生 6.9% 的氧化态汞。飞灰表面 Hg/Cl 非均相氧化的主要反应路径为 $Hg^0 \rightarrow StHgCl(s) \rightarrow HgCl_2$。相比于飞灰中的 Fe_2O_3，飞灰中 UBC 对燃煤烟气中汞的氧化表现出更高的催化活性。早期试验结果发现[71]，飞灰中 UBC 组分对燃煤烟气中汞氧化表现出最高的催化氧化活性。因此，产率分析结果与早期的试验观察结果是一致的。

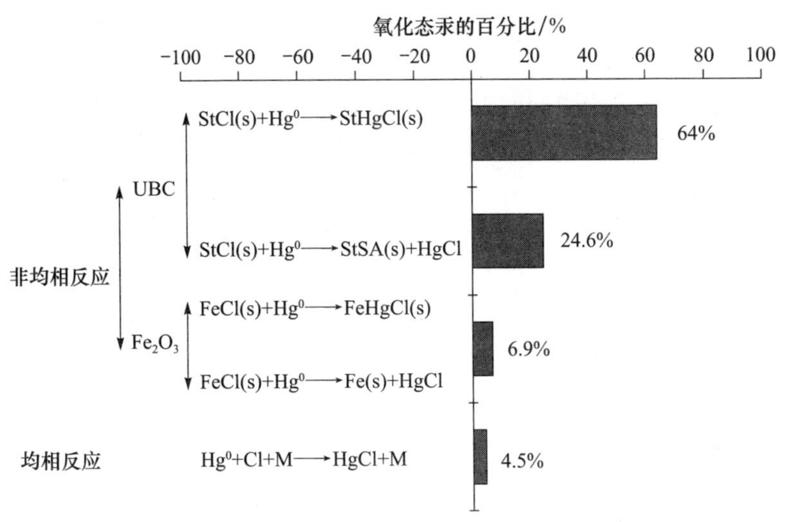

图 2.54　燃煤烟气中汞氧化的产率分析

3. 烟气组分的影响

燃煤烟气中 HCl 对汞氧化的影响结果如图 2.55 所示。燃煤烟气中汞氧化效率随着 HCl 浓度增加显著增大，尤其在运行工况 5 的条件下。当飞灰中 UBC 含量从工况 1 的 0.34% 增加到工况 5 的 7.71% 时，汞氧化效率-HCl 浓度曲线变得越来越陡峭，表明飞灰中 UBC 含量较高时汞氧化对 HCl 浓度变化的敏感性要比飞灰中 UBC 含量较低时汞氧化对 HCl 浓度的敏感性高。这种汞氧化行为受飞灰中 UBC 含量和烟气中 HCl 浓度同时控制。当飞灰中 UBC 含量较低时，UBC 提供的活性位决定了汞的氧化效率；当飞灰中 UBC 含量较高时，烟气中 HCl 浓度决定了汞的氧化效率。

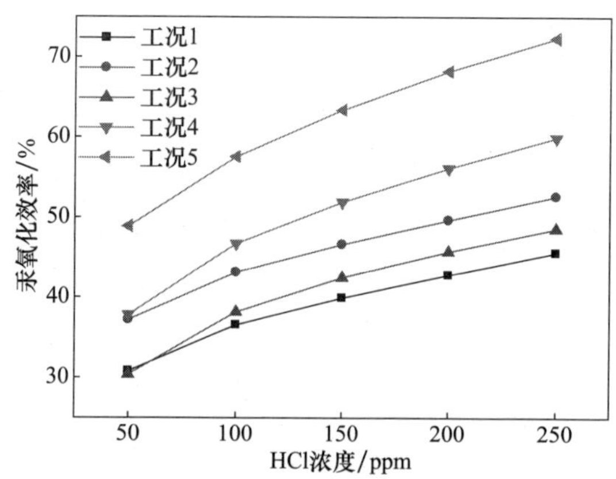

图 2.55　实际燃煤烟气中 HCl 对汞氧化的影响

Niksa 等[6]研究了燃煤烟气中 H_2O 对汞均相氧化的影响。当烟气中 H_2O 浓度从 26%减小到 12%时，预测的汞氧化效率从 0 增加到 6.4%，表明 H_2O 抑制 HCl 或 Cl_2 对汞的均相氧化。在多相反应动力学计算过程中详细分析了 H_2O 对汞氧化的影响，阐释 H_2O 对汞氧化的影响机制。实际燃煤烟气中 H_2O 对汞氧化的影响如图 2.56 所示，该图表明 H_2O 抑制了汞的氧化。

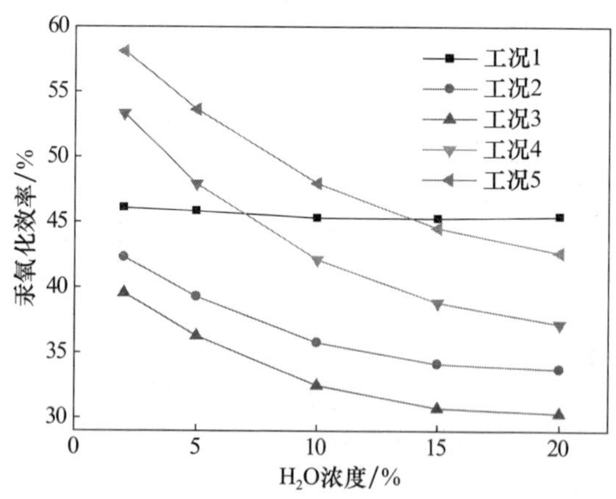

图 2.56　实际燃煤烟气中 H_2O 对汞氧化的影响

在工况 1 的条件下，H_2O 的抑制作用并不显著，因为较高的 HCl 浓度((250±37)ppm)可以确保汞氧化有足够多的氯化活性位。关于 H_2O 对汞氧化的抑制作用，有两种可能的解释。从敏感性分析结果中可以看出，$StCl(s)+H_2O \longrightarrow HCl+OH+$

StSA(s)的敏感性系数是负值，表明 H_2O 强烈抑制飞灰表面上汞的非均相氧化。因此，H_2O 对非均相汞氧化的抑制作用是由于 H_2O 通过 $StCl(s)+H_2O \longrightarrow HCl+OH+StSA(s)$ 消耗氯化活性位引起的。此外，H_2O 也可以通过抑制 HCl 分解产生 Cl 自由基，从而抑制均相汞氧化[15]。

在 0～2000ppm 的 SO_2 浓度范围内，研究 SO_2 对实际燃煤烟气中汞氧化的影响，结果如图 2.57 所示。实际燃煤烟气中，SO_2 微弱地促进汞的氧化。例如，在工况 4 的条件下，添加 2000ppm SO_2 到烟气中时，汞氧化效率从 30.3% 增加到 39.28%。Shi 等[72]指出，在 O_2 和 H_2O 存在的条件下，SO_2 在 Fe_2O_3 表面上形成 H_2SO_4。H_2SO_4 是一种强酸，可以与 HgO 反应生成 $HgSO_4$[73]。SO_2 通过 $FeH_2SO_4(s)+HgO \longrightarrow HgSO_4+Fe(s)+H_2O$ 促进飞灰表面的非均相汞氧化。汞氧化效率随 SO_2 浓度增加而升高的趋势与试验结果[74]一致。Agarwal 等[75]报道，SO_2 可以通过不可逆反应 $SO_2+Cl_2 \rightarrow SO_2Cl_2$ 抑制汞的均相氧化。工况 1 的飞灰 UBC 和 Fe_2O_3 含量低于其他四个工况的飞灰 UBC 和 Fe_2O_3 含量。因此，在工况 1 的条件下，SO_2 对均相汞氧化的抑制作用削弱了飞灰表面的非均相汞氧化。

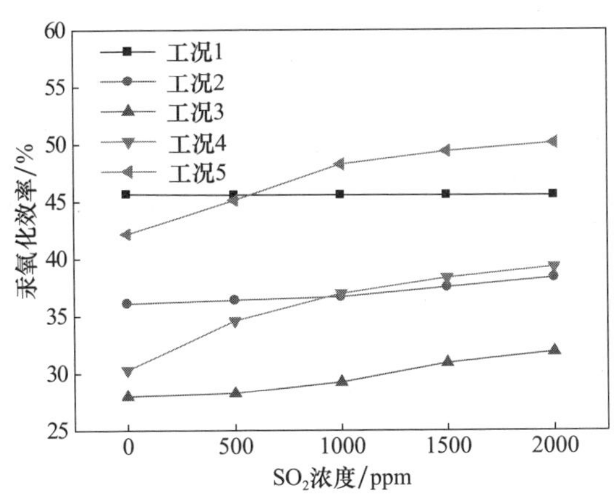

图 2.57　实际燃煤烟气中 SO_2 对汞氧化的影响

2.4.2　燃煤烟气中 Hg/Cl/Br 均相-非均相反应动力学模型

1. 飞灰 UBC 表面上 Hg/Br 非均相反应动力学模型建立与验证

HCl 浓度较低的燃煤烟气中，添加溴可以显著地促进汞的氧化[25,76,77]。在煤燃烧过程中，HBr 比 HCl 更容易分解产生自由基[26]，烟气中 Br、Br_2 以及 HBr 浓度处于同一数量级[1]。基于量子化学计算结果[78]，提出飞灰 UBC 表面上 Hg/Br 非均相反应机理，见表 2.19。

表 2.19 飞灰 UBC 表面上 Hg/Br 非均相反应机理与动力学参数[25]

序号	基元反应	a	b	c
1	$StSA(s)+HBr\longrightarrow StBr(s)+H$	7×10^{-3}	0	0
2	$StSA(s)+Br_2\longrightarrow StBr(s)+Br$	3×10^{-3}	0	0
3	$StSA(s)+Br\longrightarrow StBr(s)$	1×10^{-4}	0.3	0
4	$StBr(s)+Br\longrightarrow Br_2+StSA(s)$	3×10^{-3}	0	0
5	$StBr(s)+Hg^0\longrightarrow StHgBr(s)$	9×10^{-3}	0	0
6	$StBr(s)+Hg^0\longrightarrow StSA(s)+HgBr$	3.5×10^{-2}	0	0
7	$StBr(s)+HgBr\longrightarrow StSA(s)+HgBr_2$	1×10^{-2}	0	0
8	$StHgBr(s)+HBr\longrightarrow StSA(s)+HgBr_2+H$	1×10^{-3}	0	0
9	$StHgBr(s)+Br_2\longrightarrow StSA(s)+HgBr_2+Br$	7×10^{-3}	0	0
10	$StBr(s)+HgBr_2\longrightarrow StHgBr(s)+Br_2$	1×10^{-4}	0	0
11	$StBr(s)+H_2O\longrightarrow HBr+OH+StSA(s)$	1×10^{-8}	0	0

注：$\gamma=\min[1,aT^b\exp(-c/(RT))]$。$a$ 和 b 都是无量纲变量，c 的单位与 RT 相同。

StBr(s)和 StHgBr(s)分别表示溴化炭活性位和 Hg_p 活性位。空白炭活性位被溴化产生溴化活性位，如反应 1、2 和 3 所示。溴化活性位可以与 Br 原子结合释放出空白活性位(反应 4)。Hg^0 通过反应 5 与溴化活性位反应产生吸附态 HgBr，或通过反应 6 与溴化活性位反应产生气相 HgBr。溴化炭活性位为 HgBr 的进一步氧化提供 Br 源，如反应 7 所示。吸附态的 HgBr 通过反应 8 和 9 可以进一步氧化成 $HgBr_2$，或者停留在 UBC 表面上形成 Hg_p。气相 $HgBr_2$ 通过反应 10 也可以重新吸附在溴化炭活性位上形成颗粒态汞。H_2O 通过反应 11 抑制 UBC 表面上溴化活性位的形成。

Cao 等[77]在携带流反应器中研究 HBr 添加对燃煤烟气中汞氧化的影响。携带流反应器是一根方形的不锈钢管，尺寸为 0.152m×0.152m。试验过程中，烟气从省煤器后引入携带流反应器。烟气成分如表 2.20 所示。烟气在携带流反应器中的停留时间大约为 1.4s。携带流反应器的平均温度维持在 155℃。飞灰中 UBC 和矿物成分分析如表 2.21 所示。PRB 飞灰的比表面积为 $5.42m^2/g$，烟气中飞灰颗粒浓度为 $3.53\times10^{-3}kg/m^3$。

表 2.20 烟气组分浓度

烟气组分	N_2	CO_2	H_2O	O_2	NO	SO_2	HCl	HBr	Hg^0
浓度	70.4%	11.44%	12%	5.28%	300ppm	300ppm	10ppm	0～3.5ppm	10ppb

表 2.21 飞灰矿物成分分析与 UBC 含量 (单位：%)

飞灰矿物成分									UBC 含量
Fe_2O_3	SiO_2	Al_2O_3	CaO	MgO	Na_2O	K_2O	TiO_2	SO_3	
5.49	39.70	18.78	25.20	4.65	1.12	0.63	1.72	1.96	0.75

图 2.58 给出了不同 HBr 浓度条件下动力学模型的模拟结果与试验数据对比。如图 2.58(a)所示，HBr 浓度为 0、0.9ppm、1.8ppm 和 3.5ppm 时，携带流反应器中测量的净汞氧化效率分别为 3%、25%、40%和 60%，多相反应动力学模型的模拟值分别为 0%、26%、46%和 58.2%。多相反应动力学模型能够很好地预测含溴实际燃煤烟气中 HBr 对汞的氧化。多相反应动力学模型预测的总汞氧化效率与试验数据的对比如图 2.58(b)所示，动力学模型的模拟结果与试验数据具有较好的一致性。携带流反应器出口的总汞氧化效率等于反应器进口之前燃煤烟道中的汞氧化效率与反应器中净汞氧化效率之和。这说明 Yang 等[25]建立的 Hg/Cl/Br 多相反应动力学模型是可靠的。

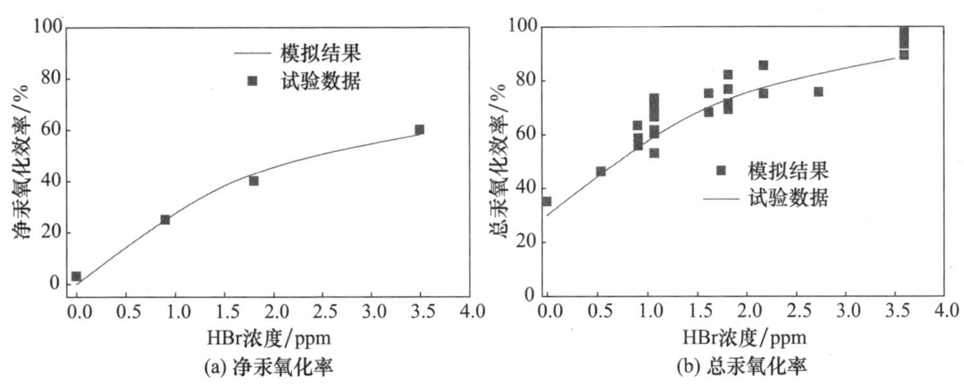

图 2.58　多相反应动力学模型的模拟结果与 Cao 等[77]的试验数据对比

2. 含溴烟气中汞氧化的主要反应路径

在 Cao 等[77]的试验条件下，对 Hg/Cl/Br 非均相反应机理进行敏感性分析。HCl 和 HBr 浓度分别为 10ppm 和 0.9ppm，敏感性分析结果如图 2.59 所示。

由敏感性分析获得的 8 个最敏感的反应如图 2.59 所示。当 $StBr(s)+Hg^0 \longrightarrow StHgBr(s)$的黏性系数增大 50%时，最大净汞氧化效率变化值为 8.6%，表明 $StBr(s)+Hg^0 \longrightarrow StHgBr(s)$是最敏感的反应，该反应对含溴燃煤烟气中汞的氧化具有显著的促进作用。较高的溴化炭活性位通过 $StBr(s)+Hg^0 \longrightarrow StHgBr(s)$维持汞的非均相氧化，StHgBr(s)通过 $StHgBr(s)+HBr \longrightarrow StSA(s)+HgBr_2+H$ 随后被进一步氧化成 $HgBr_2$。因此，含溴燃煤烟气中飞灰表面上汞非均相氧化的主要反应通道为 $Hg^0 \rightarrow StHgBr(s) \rightarrow HgBr_2$。含 Cl 的反应具有较低的敏感性系数，因为 Cl 物质对汞的氧化能力没有 Br 物质对汞的氧化能力强[1]。但是，前面的动力学计算结果[15]发现 $StCl(s)+Hg^0 \longrightarrow StHgCl(s)$对不含溴燃煤烟气中汞的氧化表现出较高的正敏感性系数。因此，不含溴燃煤烟气中汞氧化的主要反应通道为 $Hg^0 \rightarrow StHgCl(s) \rightarrow HgCl_2$。

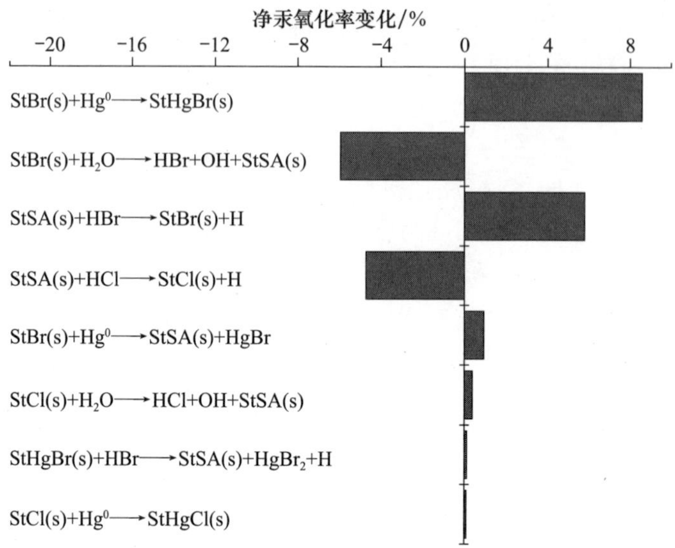

图 2.59　含溴燃煤烟气中 Hg/Cl/Br 非均相反应机理的敏感性分析结果

StBr(s)＋H_2O⟶HBr＋OH＋StSA(s)和 StSA(s)＋HBr⟶StBr(s)＋H 直接控制 UBC 表面上溴化活性位的形成。因此，StBr(s)＋H_2O⟶HBr＋OH＋StSA(s)和 StSA(s)＋HBr⟶StBr(s)＋H 对含溴燃煤烟气中汞的氧化表现出较高的敏感性系数。StBr(s)＋H_2O⟶HBr＋OH＋StSA(s)的敏感性系数是一个负值，说明 H_2O 通过 StBr(s)＋H_2O⟶HBr＋OH＋StSA(s)消耗 UBC 表面上的溴化活性位，从而抑制汞的非均相氧化。

通过产率分析进一步确定含溴燃煤烟气中汞氧化的主要反应路径，为那些连接和消耗汞的反应提供可视化表示[25]。含溴烟气中汞氧化的可视化反应路径分析结果如图 2.60 所示。

大约有 79.2％消耗的 Hg^0 通过 StBr(s)＋Hg^0⟶StSA(s)＋HgBr 被氧化成 HgBr。仅有少量的 HgBr 被进一步氧化成 $HgBr_2$，主要通过均相反应的逆反应又还原成 Hg^0。大约有 20.4％消耗的 Hg^0 通过 StBr(s)＋Hg^0⟶StHgBr(s)被氧化成 StHgBr(s)。约有 44.3％和 5.7％的 StHgBr(s)分别通过 StHgBr(s)＋HBr⟶StSA(s)＋$HgBr_2$＋H 和 StHgBr(s)＋Br_2⟶StSA(s)＋$HgBr_2$＋Br 被进一步氧化成 $HgBr_2$。尽管燃煤烟气中 HCl 浓度(10ppm)高于 HBr 浓度(0.9ppm)，但是 Cl 物质与 Hg^0 之间的反应在整个汞氧化过程中的作用可以忽略不计。因此，含溴烟气中汞氧化的主要反应路径是一个两步反应过程，该过程受 StBr(s)＋Hg^0⟶StHgBr(s)和 StHgBr(s)＋HBr⟶StSA(s)＋$HgBr_2$＋H 控制。反应路径分析结果与敏感性分析结果一致。值得注意的是，Cao 等[77]试验条件下，飞灰中 Fe_2O_3 含量较低(＜6％)。因此，反应路径分析结果中，Fe_2O_3 对汞的氧化作用较小。但是，据报道[68]，烟煤飞灰中的 Fe_2O_3 含量在 10%～40%范围内。因此，Fe_2O_3 对富含铁的燃煤飞灰表面上汞的非均相氧化变得越来越重要。

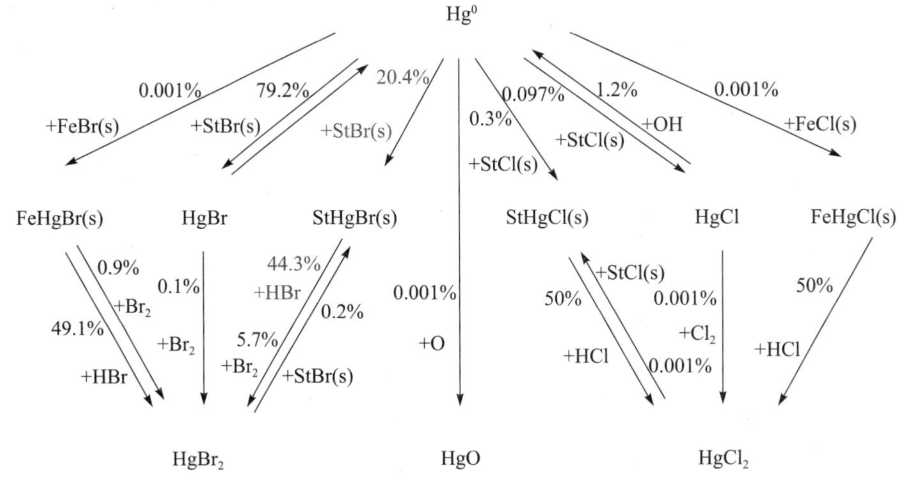

图 2.60　含溴燃煤烟气中汞氧化的反应路径分析

3. 含溴烟气中各组分对汞氧化的影响

含溴烟气中 H_2O 对汞氧化的影响如图 2.61 所示，动力学模型预测 H_2O 对汞氧化的影响与试验结果一致。汞氧化效率随着 H_2O 浓度的增加而降低，表明 H_2O 对含溴烟气中汞的氧化具有抑制作用[79]。H_2O 通过 $StBr(s)+H_2O \longrightarrow HBr+OH+StSA(s)$ 消耗 UBC 表面的溴化活性位，从而对飞灰表面上汞的非均相氧化表现出抑制作用。此外，H_2O 抑制 HBr 分解产生自由基，从而抑制汞的均相氧化。由此可见，H_2O 主要通过非均相反应和均相反应抑制含溴烟气中汞的氧化。

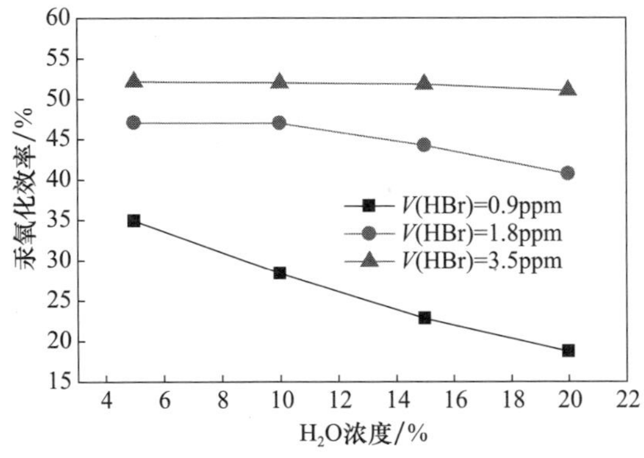

图 2.61　含溴燃煤烟气中 H_2O 对汞氧化的影响

燃煤烟气中 SO_2 浓度在 300～3000ppm 范围内[1]，在该范围研究 SO_2 对含溴烟气中汞氧化的影响，如图 2.62 所示。汞氧化效率随着 SO_2 浓度的增加而降低，表明 SO_2 微弱的地抑制含溴烟气中汞氧化的影响。动力学模型预测 SO_2 对汞氧化的影响与试验结果[79]一致。SO_2 对汞氧化的抑制作用可能归因于 SO_2 通过 $Fe(s)+SO_2 \longrightarrow FeSO_2(s)$ 与 HBr 竞争吸附 Fe 活性位，因此阻碍了 Fe_2O_3 表面上 HBr 对 Hg^0 氧化。此外，SO_2 通过 $2FeSO_2(s)+O_2 \longrightarrow 2FeSO_3(s)$ 被氧化成 SO_3，SO_3 占据 Fe 活性位，阻碍了溴化 Fe 活性位 Br(s) 和氯化 Fe 活性位 Cl(s) 的形成。因此，SO_3 也抑制含溴烟气中汞的氧化。

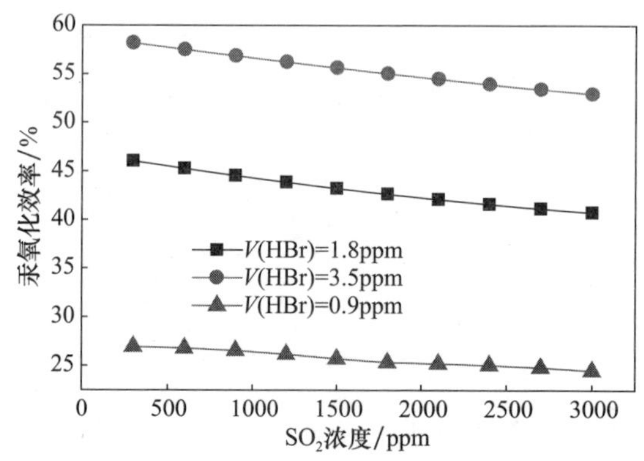

图 2.62　含溴燃煤烟气中 SO_2 对汞氧化的影响

燃煤烟气中 NO 的浓度为 100～1000ppm，在该范围研究 NO 对含溴烟气中汞氧化的影响，结果如图 2.63 所示。含溴烟气中 NO 微弱地抑制汞的氧化，这与早期的试验现象[80]一致。NO 通过一个三体碰撞反应($Br+NO+M \Longrightarrow NOBr+M$)消耗

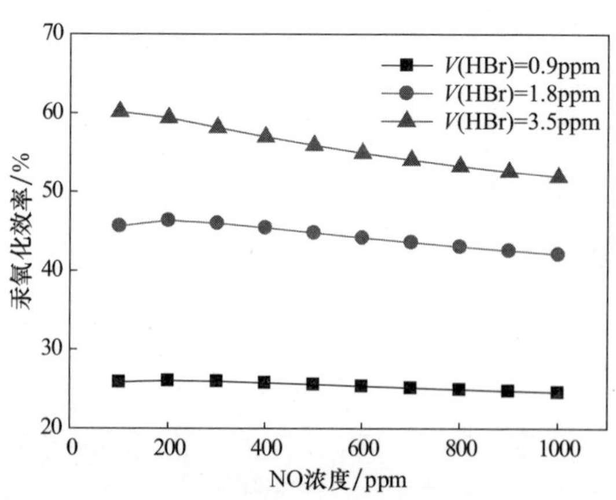

图 2.63　含溴燃煤烟气中 NO 对汞氧化的影响

燃煤烟气中的 Br 自由基，从而抑制汞的均相氧化。此外，NO 也可以通过 $Br_2+2NO\longrightarrow 2NOBr$ 消耗 Br_2 抑制汞的均相氧化。

2.4.3 燃煤电厂现场试验模拟

Benson 等[81]在美国得克萨斯州蒙蒂塞洛燃煤电厂＃3 锅炉机组上研究了 $CaBr_2$ 喷射对汞氧化的影响。锅炉机组容量为 793MW，燃烧得克萨斯州褐煤和 PRB 亚烟煤的混煤的混合比例为 50∶50。主要烟气组分浓度如表 2.22 所示。飞灰矿物成分分析与 UBC 含量列于表 2.23 中。燃煤烟气中 Hg_p 百分含量为 22%～33%，静电除尘器进口的 Hg_p 摩尔分数平均值取 27%。

表 2.22 蒙蒂塞洛燃煤电厂＃3 锅炉机组的烟气组分浓度[81]

烟气组分	N_2	CO_2	H_2O	O_2	NO	SO_2	HCl	HBr	Hg^0
浓度	68.7%	12%	13.5%	5.64%	210ppm	440ppm	3ppm	1.76～7.6ppm	22.5μg/m³

表 2.23 飞灰矿物成分分析与 UBC 含量 (单位：%)

飞灰矿物成分									UBC 含量
Fe_2O_3	SiO_2	Al_2O_3	CaO	MgO	Na_2O	K_2O	TiO_2	SO_3	
5.80	39.30	17.00	20.20	4.10	4.90	1.00	1.20	6.30	0.20

采用多相反应动力学模型对蒙蒂塞洛燃煤电厂 3＃锅炉机组的汞氧化效率进行预测，模型的模拟结果与试验数据对比如图 2.64 所示。如图 2.64(a)所示，动力学模型能够准确地预测燃煤电厂 ESP 进口处的汞氧化效率。如图 2.64(b)所示，动力学模型的模拟结果与 ESP 出口处的汞氧化效率之间具有一定的偏差，可能归因于每种汞形态测量的不确定性，因为动力学计算使用了平均值而不是实时在

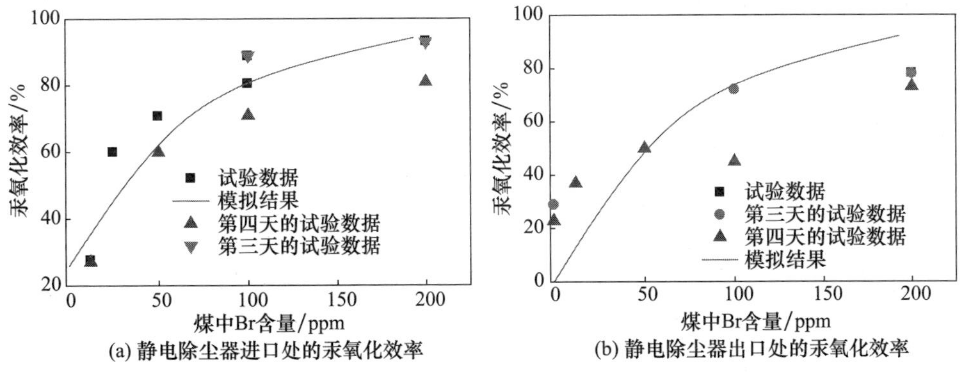

图 2.64 蒙蒂塞洛燃煤电厂 3＃锅炉机组汞氧化效率的动力学模拟结果与试验结果对比

线测量值。煤中 Br 含量为 150ppm 时，对应燃煤烟气中 HBr 浓度为 3.5ppm，汞氧化效率大于 90%。由此可见，燃煤烟气中较低的 HBr 浓度就能实现大于 90% 的脱汞效率。

产率分析可以用来检验燃煤烟气中汞形态转化的均相反应与非均相反应相对重要性。对 Cao 等[77]和 Benson 等[81]的试验进行 $HgBr_2$ 的产率分析，分析结果如图 2.65 所示。在 Cao 等[77]的试验条件下，燃煤烟气中形成的 $HgBr_2$ 几乎全部来自非均相反应。由于该试验在 155℃ 的低温反应条件下进行，均相反应的作用几乎可以忽略不计。在 Benson 等[81]的试验条件下，均相反应贡献大约 2% 的 $HgBr_2$。总体来说，非均相反应对实际燃煤烟气中汞的形态转化起主导作用。

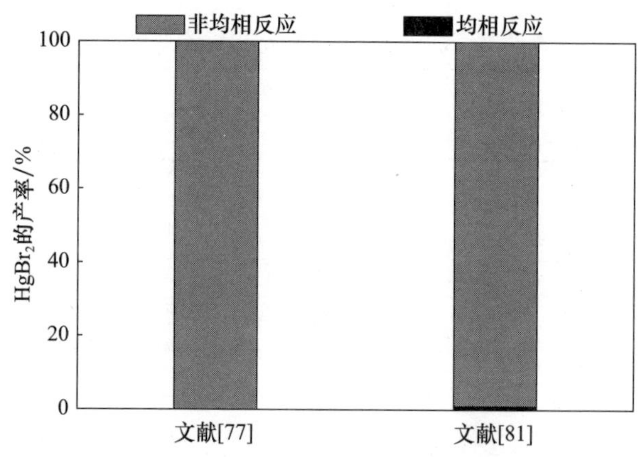

图 2.65　Cao 等[77]和 Benson 等[81]试验条件下均相与非均相反应机理对 $HgBr_2$ 形成的贡献

参考文献

[1] van Otten B, Buitrago P A, Senior C L, et al. Gas-phase oxidation of mercury by bromine and chlorine in flue gas. Energy & Fuels, 2011, 25(8): 3530—3536.

[2] Shin D, Choi S, Oh J E, et al. Evaluation of polychlorinated dibenzo-*p*-dioxin/dibenzofuran (PCDD/F) emission in municipal solid waste incinerators. Environmental Science & Technology, 1999, 33(15): 2657—2666.

[3] Fry A, Cauch B, Silcox G D, et al. Experimental evaluation of the effects of quench rate and quartz surface area on homogeneous mercury oxidation. Proceedings of the Combustion Institute, 2007, 31(2): 2855—2861.

[4] Sliger R N, Kramlich J C, Marinov N M. Towards the development of a chemical kinetic model for the homogeneous oxidation of mercury by chlorine species. Fuel Processing Technology, 2000, 65: 423—438.

[5] Edwards J R, Srivastava R K, Kilgroe J D. A study of gas-phase mercury speciation using

detailed chemical kinetics. Journal of the Air & Waste Management Association, 2001, 51(6): 869—877.

[6] Niksa S, Helble J J, Fujiwara N. Kinetic modeling of homogeneous mercury oxidation: The importance of NO and H_2O in predicting oxidation in coal-derived systems. Environmental Science & Technology, 2001, 35(18): 3701—3706.

[7] Xu M H, Qiao Y, Zheng C G, et al. Modeling of homogeneous mercury speciation using detailed chemical kinetics. Combustion and Flame, 2003, 132(1-2): 208—218.

[8] Martinez A I, Deshpande B K. Kinetic modeling of H_2O_2-enhanced oxidation of flue gas elemental mercury. Fuel Processing Technology, 2007, 88(10): 982—987.

[9] Schofield K. Mercury emission control: Phase II. Let's now go passive. Energy, 2017, 122: 311—318.

[10] Schofield K. Fuel-mercury combustion emissions: An important heterogeneous mechanism and an overall review of its implications. Environmental Science & Technology, 2008, 42(24): 9014—9030.

[11] Cauch B, Silcox G D, Lighty J S, et al. Confounding effects of aqueous-phase impinger chemistry on apparent oxidation of mercury in flue gases. Environmental Science & Technology, 2008, 42(7): 2594—2599.

[12] Buitrago P A, van Otten B, Senior C L, et al. Impinger-based mercury speciation methods and gas-phase mercury oxidation by bromine in combustion systems. Energy & Fuels, 2013, 27(10): 6255—6261.

[13] Preciado I, Young T, Silcox G. Mercury oxidation by halogens under air-and oxygen-fired conditions. Energy & Fuels, 2014, 28(2): 1255—1261.

[14] Manion J, Huie R, Levin R, et al. NIST chemical kinetics database. NIST Standard Reference Database, 2008, 17: 20899—28320.

[15] Yang Y J, Liu J, Shen F H, et al. Kinetic study of heterogeneous mercury oxidation by HCl on fly ash surface in coal-fired flue gas. Combustion and Flame, 2016, 168: 1—9.

[16] Liu J, Qu W Q, Yuan J Z, et al. Theoretical studies of properties and reactions involving mercury species present in combustion flue gases. Energy & Fuels, 2010, 24(1): 117—122.

[17] Roesler J F, Yetter R A, Dryer F L. Kinetic interactions of CO, NO_x, and HCl emissions in postcombustion gases. Combustion and Flame, 1995, 100(3): 495—504.

[18] Qiu J, Sterling R, Helble J. Kinetic modeling of Cl-containing species transformations and their effects on mercury oxidation under simulated coal combustion conditions. The 12th International Conference on Coal Science, Cairns, 2003.

[19] Li J, Zhao Z, Kazakov A, et al. A comprehensive kinetic mechanism for CO, CH_2O, and CH_3OH combustion. International Journal of Chemical Kinetics, 2007, 39(3): 109—136.

[20] Mueller M, Yetter R, Dryer F. Flow reactor studies and kinetic modeling of the $H_2/O_2/NO_x$ and $CO/H_2O/O_2/NO_x$ reactions. International Journal of Chemical Kinetics, 1999,

31(10):705－724.

[21] Mueller M, Kim T, Yetter R, et al. Kinetic modeling of the $H_2/O_2/NO/SO_2$ system: Implications for high-pressure fall-off in the $SO_2+O(+M)$ reaction. International Journal of Chemical Kinetics, 1999, 31:113－125.

[22] Design R. Chemkin-Pro 15101. San Diego: Reaction Design, 2010.

[23] Smith C A, Krishnakumar B, Helble J J. Homo-and heterogeneous mercury oxidation in a bench-scale flame-based flow reactor. Energy & Fuels, 2011, 25(10):4367－4376.

[24] Cauch B, Senior C L, Silcox G D, et al. Effects of quench rate, NO, and quartz surface area on gas phase oxidation of mercury by bromine. The 2008 Annual Meeting, Philadelphia, 2008.

[25] Yang Y J, Liu J, Wang Z, et al. Homogeneous and heterogeneous reaction mechanisms and kinetics of mercury oxidation in coal-fired flue gas with bromine addition. Proceedings of the Combustion Institute, 2017, 36(3):4039－4049.

[26] Niksa S, Padak B, Krishnakumar B, et al. Process chemistry of Br addition to utility flue gas for Hg emissions control. Energy & Fuels, 2010, 24(2):1020－1029.

[27] Dixon-Lewis G, Marshall P, Ruscic B, et al. Inhibition of hydrogen oxidation by HBr and Br_2. Combustion and Flame, 2012, 159(2):528－540.

[28] Burcat A, Ruscic B. Third millenium ideal gas and condensed phase thermochemical database for combustion with updates from active chemical tables. Argonne National Laboratory, Argonne, 2005.

[29] Bhopatkar N S, Ban H, Gale T K. Prediction of mercury speciation in coal-combustion systems. The ASME International Mechanical Engineering Congress and Exposition, Chicago, 2006.

[30] Krishnakumar B, Helble J J. Understanding mercury transformations in coal-fired power plants: Evaluation of homogeneous Hg oxidation mechanisms. Environmental Science & Technology, 2007, 41(22):7870－7875.

[31] Buitrago P, Silcox G, Senior C, et al. Analysis of halogen-mercury reactions in flue gas. The University of Utah, 2010.

[32] Wilcox J, Robles J, Marsden D C, et al. Theoretically predicted rate constants for mercury oxidation by hydrogen chloride in coal combustion flue gases. Environmental Science & Technology, 2003, 37(18):4199－4204.

[33] Wilcox J, Marsden D C, Blowers P. Evaluation of basis sets and theoretical methods for estimating rate constants of mercury oxidation reactions involving chlorine. Fuel Processing Technology, 2004, 85(5):391－400.

[34] Wilcox J. A kinetic investigation of high-temperature mercury oxidation by chlorine. The Journal of Physical Chemistry A, 2009, 113(24):6633－6639.

[35] Gharebaghi M, Hughes K J, Porter R T J, et al. Mercury speciation in air-coal and oxy-coal combustion: A modelling approach. Proceedings of the Combustion Institute, 2011, 33(2):

1779—1786.

[36] Xu M H, Qiao Y, Liu J, et al. Kinetic calculation and modeling of trace element reactions during combustion. Powder Technology, 2008, 180(1-2): 157—163.

[37] Niksa S, Fujiwara N, Fujita Y, et al. A mechanism for mercury oxidation in coal-derived exhausts. Journal of the Air & Waste Management Association, 2002, 52(8): 894—901.

[38] Niksa S, Fujiwara N. Predicting extents of mercury oxidation in coal-derived flue gases. Journal of the Air & Waste Management Association, 2005, 55(7): 930—939.

[39] Zheng C G, Liu J, Liu Z H, et al. Kinetic mechanism studies on reactions of mercury and oxidizing species in coal combustion. Fuel, 2005, 84(10): 1215—1220.

[40] Sable S P, de Jong W, Spliethoff H. Combined homo-and heterogeneous model for mercury speciation in pulverized fuel combustion flue gases. Energy & Fuels, 2008, 22(1): 321—330.

[41] Wilcox J, Okano T. Ab initio-based mercury oxidation kinetics via bromine at postcombustion flue gas conditions. Energy & Fuels, 2011, 25(4): 1348—1356.

[42] Niksa S, Naik C V, Berry M S, et al. Interpreting enhanced Hg oxidation with Br addition at Plant Miller. Fuel Processing Technology, 2009, 90(11): 1372—1377.

[43] Hughes K J, Ma L, Porter R T, et al. Mercury transformation modelling with bromine addition in coal derived flue gases. Computer Aided Chemical, 2011, 29: 171—175.

[44] Auzmendi-Murua I, Castillo A, Bozzelli J W. Mercury oxidation via chlorine, bromine, and iodine under atmospheric conditions: thermochemistry and kinetics. The Journal of Physical Chemistry A, 2014, 118(16): 2959—2975.

[45] Auzmendi-Murua I, Bozzelli J W. Gas phase mercury oxidation by halogens (Cl, Br, I) in combustion effluents: Influence of operating conditions. Energy & Fuels, 2016, 30(1): 603—615.

[46] Widmer N, Cole J, Seeker W R, et al. Practical limitation of mercury speciation in simulated municipal waste incinerator flue gas. Combustion science and technology, 1998, 134(1-6): 315—326.

[47] Hall B, Schager P, Lindqvist O. Chemical reactions of mercury in combustion flue gases. Water Air & Soil Pollution, 1991, 56(1): 3—14.

[48] Mamani-Paco R, Helble J. Bench-scale examination of mercury oxidation under non-isothermal conditions. The 93rd Annual Conference of the Air and Waste Management Association, Salt Lake City, 2000.

[49] Bhardwaj R, Chen X, Vidic R D. Impact of fly ash composition on mercury speciation in simulated flue gas. Journal of the Air & Waste Management Association, 2009, 59(11): 1331—1338.

[50] Dunham G E, Dewall R A, Senior C L. Fixed-bed studies of the interactions between mercury and coal combustion fly ash. Fuel Processing Technology, 2003, 82(2): 197—213.

[51] Galbreath K C, Zygarlicke C J, Tibbetts J E, et al. Effects of NO_x, α-Fe_2O_3, γ-Fe_2O_3, and

HCl on mercury transformations in a 7kW coal combustion system. Fuel Processing Technology,2005,86(4):429－448.

[52] Ghorishi S B,Lee C W,Jozewicz W S,et al. Effects of fly ash transition metal content and flue gas HCl/SO_2 ratio on mercury speciation in waste combustion. Environmental Engineering Science,2005,22(2):221－231.

[53] 杨应举,赵利鹏,刘晶,等. 溴化物对燃煤烟气中汞的均相与非均相氧化动力学研究. 工程热物理学报,2015,36(9):2040－2044.

[54] Liu T, Xue L C, Guo X, et al. Mechanisms of elemental mercury transformation on α-Fe_2O_3(001)surface from experimental and theoretical study:Influences of HCl,O_2,and SO_2. Environmental Science & Technology,2016,50(24):13585－13591.

[55] Yang Y J,Liu J,Wang Z,et al. Heterogeneous reaction kinetics of mercury oxidation by HCl over Fe_2O_3 surface. Fuel Processing Technology,2017,159:266－271.

[56] Presto A A,Granite E J. Survey of catalysts for oxidation of mercury in flue gas. Environmental science & technology,2006,40(18):5601－5609.

[57] Segall M,Lindan P J,Probert M A,et al. First-principles simulation:Ideas,illustrations and the CASTEP code. Journal of Physics:Condensed Matter,2002,14(11):2717－2744.

[58] Vanderbilt D. Soft self-consistent pseudopotentials in a generalized eigenvalue formalism. Physical Review B,1990,41(11):7892－7895.

[59] Pfrommer B G,Côté M,Louie S G,et al. Relaxation of crystals with the quasi-Newton method. Journal of Computational Physics,1997,131(1):233－240.

[60] Wang X G,Weiss W,Shaikhutdinov S K,et al. The hematite(α-Fe_2O_3)(0001)surface:Evidence for domains of distinct chemistry. Physical review letters,1998,81(5):1038－1041.

[61] Jung J E,Geatches D,Lee K,et al. First-principles investigation of mercury adsorption on the α-Fe_2O_3 (1102) surface. The Journal of Physical Chemistry C, 2015, 119 (47): 26512－26518.

[62] 辛勤,罗孟飞. 现代催化研究方法. 北京:科学出版社,2009.

[63] Yang Y J,Liu J,Zhang B K,et al. Density functional theory study on the heterogeneous reaction between Hg^0 and HCl over spinel-type $MnFe_2O_4$. Chemical Engineering Journal, 2017,308:897－903.

[64] Lighty J,Silcox G,Fry A,et al. Fundamentals of mercury oxidation in flue gas. Technical Annual Report No. DE-FG26-03NT41797. Salt Lake City:University of Utah,2004.

[65] Papirer E,Lacroix R,Donnet J B,et al. XPS study of the halogenation of carbon black-part 1. Bromination. Carbon,1994,32(7):1341－1358.

[66] Yang Y J,Liu J,Liu F,et al. Comprehensive Hg/Br reaction chemistry over Fe_2O_3 surface during coal combustion. Combustion and Flame,2018,196:210－222.

[67] Sasmaz E,Kirchofer A,Jew A D,et al. Mercury chemistry on brominated activated carbon. Fuel,2012,99:188－196.

[68] Ahmaruzzaman M. A review on the utilization of fly ash. Progress in Energy and Combus-

tion Science,2010,36(3):327—363.

[69] Scala F. Simulation of mercury capture by activated carbon injection in incinerator flue gas. 2. Fabric filter removal. Environmental science & technology,2001,35(21):4373—4378.

[70] Gale T, Cushing K. Understanding mercury chemistry in coal-fired boilers. Technical Annual Report No. 1008026. Birmingham:Southern Research Institute,2003.

[71] Abad-Valle P, Lopez-Anton M A, Diaz-Somoano M, et al. The role of unburned carbon concentrates from fly ashes in the oxidation and retention of mercury. Chemical Engineering Journal,2011,174(1):86—92.

[72] Shi Y H, Fan M H. Reaction kinetics for the catalytic oxidation of sulfur dioxide with microscale and nanoscale iron oxides. Industrial & engineering chemistry research,2007, 46(1):80—86.

[73] Larsen E M. Inorganic chemistry:A guide to advanced study. Journal of Chemical Education,1961,38(6):331.

[74] Norton G A, Yang H, Brown R C, et al. Heterogeneous oxidation of mercury in simulated post combustion conditions. Fuel,2003,82(2):107—116.

[75] Agarwal H, Stenger H G, Wu S, et al. Effects of H_2O, SO_2, and NO on homogeneous Hg oxidation by Cl_2. Energy & Fuels,2006,20(3):1068—1075.

[76] Berry M, Dombrowski K, Richardson C, et al. Mercury control evaluation of calcium bromide injection into a PRB-fired furnace with an SCR. The Air Quality VI Conference, Arlington,2007.

[77] Cao Y, Wang Q H, Li J, et al. Enhancement of mercury capture by the simultaneous addition of hydrogen bromide (HBr) and fly ashes in a slipstream facility. Environmental Science & Technology,2009,43(8):2812—2817.

[78] Liu J, Qu W, Zheng C. Theoretical studies of mercury-bromine species adsorption mechanism on carbonaceous surface. Proceedings of the Combustion Institute, 2013, 34(2): 2811—2819.

[79] Qu Z, Yan N, Liu P, et al. Oxidation and stabilization of elemental mercury from coal-fired flue gas by sulfur monobromide. Environmental Science & Technology, 2010, 44(10): 3889—3894.

[80] Liu S H, Yan N Q, Liu Z R, et al. Using bromine gas to enhance mercury removal from flue gas of coal-fired power plants. Environmental Science & Technology, 2007, 41(4): 1405—1412.

[81] Benson S, Holmes M, McCollor D, et al. Large-scale mercury control testing for lignite-fired utilities-oxidation systems for wet FGD. Technical Annual Report No. DE-FC26-03NT41991. Grand Forks :Energy and Environmental Research Center,2007.

第3章　基于密度泛函理论的 SCR 催化剂对汞的吸附和氧化反应机理

3.1　钒基 SCR 催化剂对汞的吸附与氧化反应机理

V_2O_5/TiO_2 是目前应用最广泛的燃煤烟气 SCR 脱硝催化剂，它不仅对 NO 具有强的选择性催化还原作用[1-3]，而且能够把烟气中的单质汞催化氧化为易脱除的氧化态汞[4-12]。钒基催化剂上汞的氧化通过以下途径进行：

$$Hg^0 + 2HCl + \frac{1}{2}O_2 \longrightarrow HgCl_2 + H_2O \tag{3.1}$$

目前，钒基 SCR 催化剂氧化汞机理仍不清楚，不同的试验条件下得出的研究结论之间还存在一定的矛盾[6,13]。有学者认为 HCl 与 NH_3 竞争 SCR 催化剂表面的活性位而吸附在催化剂表面，然后与 Hg^0 发生反应产生 $HgCl_2$[14,15]。然而，Senior 等[11]基于 Hg^0 可吸附在 SCR 催化剂表面的结果，认为 Hg^0 先吸附在催化剂表面，随后与烟气中 HCl 反应产生 $HgCl_2$。He 等[16]提出 HCl 和 Hg^0 同时被吸附在催化剂两个相邻的活性位中心上，然后，转变成 $HgCl_2$。Ariya 等[17]认为 SCR 催化剂能够通过 Deacon 反应在 O_2 的作用下将 HCl 催化氧化成 Cl_2，然后 Cl_2 与 Hg^0 发生氧化反应生成 $HgCl_2$。但是其他试验研究表明通过 Deacon 反应产生 Cl_2 来促进 Hg^0 氧化的量可忽略，认为 Cl_2 对 Hg^0 的均相氧化不是主要的，Hg^0 的氧化主要是通过非均相反应进行的[10,16]。此外，烟气中其他成分对 SCR 催化剂氧化 Hg^0 也有一定影响。试验研究[4,18]表明 SO_2 会抑制 Hg^0 的氧化，但也有研究报道 SO_2 对 Hg^0 在 V_2O_5 基 SCR 催化剂上的氧化和捕获没有明显的影响[9,19]，还有研究表明 SO_2 对 Hg^0 在 V_2O_5 上的氧化具有促进作用[12]，SCR 催化剂可将 SO_2 催化氧化为 SO_3，SO_3 可促进 SCR 催化剂氧化 Hg^0。此外，有试验表明 SCR 脱硝时喷入的 NH_3 会抑制 Hg^0 氧化[7,14]，而烟气中的 NO 会促进 Hg^0 在 SCR 催化剂上的氧化[12]，所以 SCR 系统中的 NH_3/NO 比对 Hg^0 的氧化也有很大影响，但是具体机理仍处于依据试验数据加以推测阶段。

3.1.1　V_2O_5/TiO_2 表面模型的建立与计算方法

在分子水平理解催化反应机理，催化剂的结构模型是非常重要的。当 V_2O_5 负载量很低时，在以 TiO_2、ZrO_2、Al_2O_3 作为载体的催化剂上，V_2O_5 以四配位的、孤立的钒氧四面体存在；当负载量增加时，钒氧四面体开始聚集成链状[20,21]。在商业 SCR 体系中，V_2O_5/TiO_2 催化剂上 V_2O_5 的负载量小于 2%（质量分数）[22,23]，属于低负载量。试验研究[21,24,25]表明 V_2O_5 以孤立单层和聚合体单元分散在 TiO_2 表面。Kozlowski 等[26]和 Haber 等[27]采用 EXAFS/XANES 表征了 V_2O_5/TiO_2 催化剂的结构和活性，他们发现 V_2O_5 是以孤立和双聚钒物种结构存在的，孤立 VO_x 物种且通过 V—O—V 化学键相连形成聚合的 VO_x 物种。此外，V_2O_5 在载体上的结构与活性不但与 V_2O_5 的负载量有关，还受载体表面影响[28]。对锐钛矿型 TiO_2 载体，(101)是最稳定的表面。目前理论计算中，周期性"嵌入式"的 V_2O_5/TiO_2 模型[29-31]广泛应用于研究各种反应过程[20,28,30,32-37]。Wilcox 等也采用"嵌入式"结构研究了 V_2O_5 在 TiO_2(001)表面不同的负载形式、V_2O_5/TiO_2(001)表面的热力学稳定性以及汞的氧化机理[38]。结果表明，H_2O 在表面的形态（分子吸附还是分解吸附）与 H_2O 在表面的覆盖度有关，而覆盖度与温度有关；在 390K 以上温度，H_2O 会以自由态的形式离开表面。吸附态的 H_2O 对表面起到碱性吸附位（Lewis 位）的作用，增加了表面氧的负电性。HgCl 在表面吸附能最强，其次是 HCl，而 Hg^0 的吸附很弱。随着温度的增加，表面与不同形态汞之间的作用减弱。但是 Wilcox 等没有考虑 HCl 在表面的分解、Hg 与 HCl 在表面的共吸附以及汞在表面的反应路径，这些对研究整个汞氧化反应非常重要。基于以上分析，本章采用"嵌入式"V_2O_5/TiO_2(001)模型来计算汞在表面的氧化机理。

建立的 V_2O_5/TiO_2(001)的周期性表面如图 3.1 所示，模型选取超胞为(3×2)的双层 TiO_2(001)为载体，打断 TiO_2 顶层表面的两个 Ti—O—Ti 键，将 O═V—O—V═O 与表面的 O 共同组合成 V_2O_5/TiO_2(001)模型。V 原子与表面 O 原子之间形成了新的 V—O 键。为区分不同氧原子，用 O(1)表示顶位氧(V═O)，O(2)表示桥位氧(V—O—V)，O(3)表示桥位氧(V—O—Ti)。为满足密度泛函理论计算所要求的周期性边界条件，选用厚度为 14Å 的真空层，以确保平板间的分子间相互作用足够小。考虑表面弛豫对吸附的影响，计算时所有原子坐标完全放开优化。结构优化后 V—O(1)、V—O(2)和 V—O(3)的键长分别是 1.601Å、1.790Å 和 1.773Å，与文献[27]、[39]中相应的键长比较，最大误差为 1.25%(0.02Å)，说明计算所用的模型是可靠的。

本节采用密度泛函理论和周期性平板模型模拟不同形态汞和 HCl 在 V_2O_5/TiO_2(001)表面的吸附。计算采用 GGA 的 PBE 泛函来描述电子交换关联势[40,41]，电子波函数用平面波基组扩展，静电势为超软赝势[42]，平面波截止能量为 400eV，布里渊区采用 Monkhorst-Pack 方法[43]，k 点取样为 4×4×1。自洽场迭代采用 BFGS 算法，能量计算与结构优化标准设定为：①自洽场精度收敛标准为每个原子有 1.0×10^{-6} eV；②能量标准为每个原子有 1.0×10^{-5} eV；③最大原子受力 0.03eV/Å；④最大位移为 0.001Å。采用以上参数对 TiO_2 晶胞进行优化后，晶胞

参数分别是 $a=b=3.776\text{Å}$，$c=9.486\text{Å}$，与试验值 $a=b=3.782\text{Å}$，$c=9.502\text{Å}$[44]，相对误差在 2%以内，说明计算方法和参数的可靠性。计算 Hg 在表面的氧化路径时，利用 LST/QST 方法[45]来确定势能面上活化过程中过渡态结构和最低能量路径。所有计算由 CASTEP 软件包实现[46]。

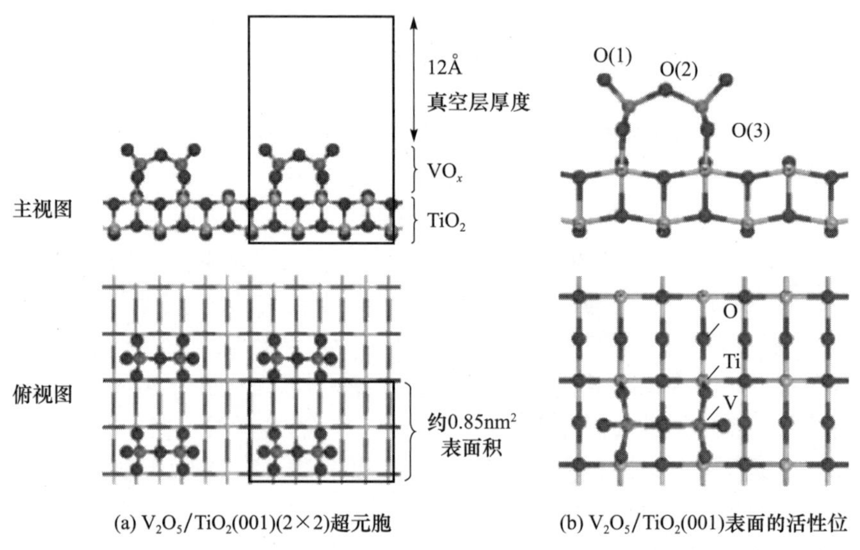

图 3.1　V_2O_5/TiO_2(001)周期性模型

为了优化 HgCl、$HgCl_2$、HCl、NO、NH_3 和 SO_2 的结构，建立了边长 $a=b=c=10\text{Å}$ 的立方体模型，以确保分子之间没有作用。优化后的键长如表 3.1 所示，可以看出优化后的分子键长与试验值都有较好的吻合，这也表明了计算方法的准确性。

表 3.1　HgCl、$HgCl_2$、HCl、NO、NH_3 和 SO_2 分子的键长计算值与试验值比较

（单位：Å）

结果	HgCl	$HgCl_2$	HCl	NO	NH_3	SO_2
	R_{Hg-Cl}	R_{Hg-Cl}	R_{H-Cl}	R_{N-O}	R_{H-N}	R_{S-O}
计算值	2.467	2.300	1.285	1.196	1.029	1.452
试验值	2.36～2.50[47]	2.25～2.44[47]	1.275～1.287[48]	1.098～1.186[49]	1.012[50]	1.432±0.003[50]

3.1.2　不同形态汞在 V_2O_5/TiO_2(001)表面的吸附

1. Hg^0 在 V_2O_5/TiO_2(001)表面的吸附

考虑 Hg^0 在 V_2O_5/TiO_2(001)表面的四种不同吸附位：O(1)顶位，O(2)顶位，O(3)顶位和 O(1)—O(2)，吸附构型如图 3.2 所示。计算结果如下：相对于 V 原子，Hg 倾向与 O 原子靠近，表明 Hg 在表面主要以 Hg—O 键存在。Hg^0 在各吸附位的吸附能(E_{ads})、键长(R_{Hg-O})和电荷(Q)见表 3.2。可以看出,在 V_2O_5/TiO_2(001)表面上 Hg—O 键长为 2.971～3.342Å,大于试验得到的 HgO 分子的 Hg—O 键长 2.040Å[47],吸附能为 −10.61 ～ −27.93kJ/mol,说明 Hg 与 V_2O_5/TiO_2(001)之间的作用力不足以形成化学吸附,而是属于物理吸附。同时由 Mulliken 布局分析可知,当体系处于平衡构型时,Hg 原子的 Mulliken 电荷为 0.01～0.07e,说明有较少的电子转移。在试验研究中[10,16],纯 N_2 气氛和不同温度下钒基催化剂上汞的吸附试验表明,催化剂在很短时间内即被穿透,仅有很少量的汞被钒基 SCR 催化剂脱除。此外,其他试验文献[14,51]也得到同样的结论。因此,本计算与试验结论一致,即 Hg^0 在 V_2O_5/TiO_2(001)表面上主要是物理吸附。

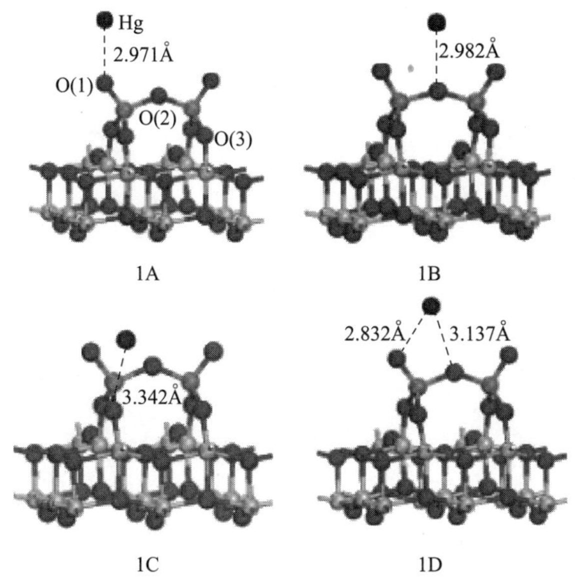

图 3.2　Hg^0 在 V_2O_5/TiO_2(001)表面的吸附构型

表 3.2　Hg^0 在 V_2O_5/TiO_2(001)表面的吸附能、Hg—O 键长与 Hg 的 Mulliken 电荷

吸附构型	E_{ads}/(kJ/mol)	R_{Hg-O}/Å	Q
1A	−19.15	2.971	0.03e
1B	−18.58	2.982	0.03e
1C	−10.61	3.342	0.01e
1D	−27.93	2.823	0.07e

注:表中最后一列 e 表示电子,下同。

2. HgCl 在 V_2O_5/TiO_2(001)表面的吸附

研究表明,HgCl 是汞氧化反应中重要的中间产物[39,52]。因此,有必要研究

$V_2O_5/TiO_2(001)$吸附 HgCl 的机理。HgCl 在 $V_2O_5/TiO_2(001)$表面上的吸附经过结构优化后得到四种稳定吸附构型，如图 3.3 所示，其吸附能和键长见表 3.3。计算结果表明，HgCl 倾向于 Hg 原子端靠近 $V_2O_5/TiO_2(001)$表面，而不是 Cl 原子端，这是因为 Hg 原子带有未配对的电子。HgCl 分子中的 Hg 原子与表面的 O 原子成键，在 2A 和 2B 构型上 Hg—O 键长分别为 2.157Å 和 2.397Å，这与气体 HgO 分子键长 2.040Å 比较接近，表明 Hg 与 O 在表面形成了化学键。吸附能分别达到−152.17kJ/mol 和−101.32kJ/mol。HgCl 分子在吸附后，Hg—Cl 键长被拉长(气相 HgCl 的 Hg—Cl 键长为 2.465Å)，说明 Hg—Cl 键在吸附之后稍微减弱。

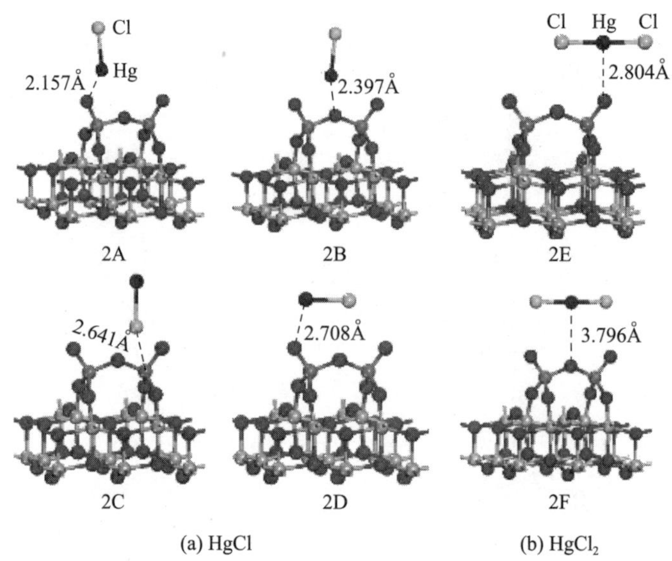

图 3.3　HgCl 和 $HgCl_2$ 在 $V_2O_5/TiO_2(001)$表面的吸附构型

表 3.3　HgCl 与 $HgCl_2$ 在 $V_2O_5/TiO_2(001)$表面的吸附能、Hg—O 键长及 Hg—Cl 键长

吸附分子	吸附构型	E_{ads}/(kJ/mol)	$R_{Hg—O}$/Å	$R_{Hg—Cl}$/Å
HgCl	2A	−152.17	2.157	2.467
	2B	−101.32	2.397	2.469
	2C	−87.25	—	2.447
	2D	−68.97	2.708	2.479
$HgCl_2$	2E	−12.73	—	2.298/2.294
	2F	−10.53	—	2.309/2.310

为了进一步地研究 HgCl 在 V_2O_5/TiO_2(001)表面吸附的成键细节，计算了2A构型中 Hg 原子和表面 O(1)原子的态密度，结果如图3.4所示。为了分析两者的成键，比较了吸附前后 Hg 原子和 O(1)原子的投影态密度。计算结果表明，吸附前 Hg 的 s 轨道和 d 轨道峰在−2.6eV 和−5.1eV 附近，未占据的 p 轨道在4.9eV 附近。吸附后 Hg 原子的所有轨道向低能级方向发生了移动，使汞原子的能量降低，而氧原子的轨道向高能级方向移动。同时，观察到 Hg 与 O 的轨道发生共振现象：Hg 的 d 轨道和 s 轨道与 O 的 p 轨道在−7.9eV 和−5.2eV 处产生共振。这些有力地证明 Hg 与表面氧原子轨道之间发生了较强的相互作用。在 XPS 光谱中，Hg^0 $4f_{7/2}$(99.5～100.0eV)、HgO(100.5～101.1eV)和 $HgCl_2$(101.4eV)[53]，不同形态汞结合能的峰值很接近，因此很难区分汞的吸附形态。大部分试验表明 Hg^0 物理吸附在 V_2O_5/TiO_2 催化剂表面，但也有研究表明 Hg^0 在表面形成了 Hg—O 键[12]。计算结果显示，单质汞物理吸附在 V_2O_5/TiO_2(001)表面，很难与表面氧之间形成 Hg—O 键；但 HgCl 会与表面氧之间产生强烈的作用，并形成很强的 Hg—O 键。因此，对 X 射线吸收光谱(XAFS)测试[12]显示的 Hg—O 键，可能的解释是 HgCl 中 Hg 与表面氧之间的成键。

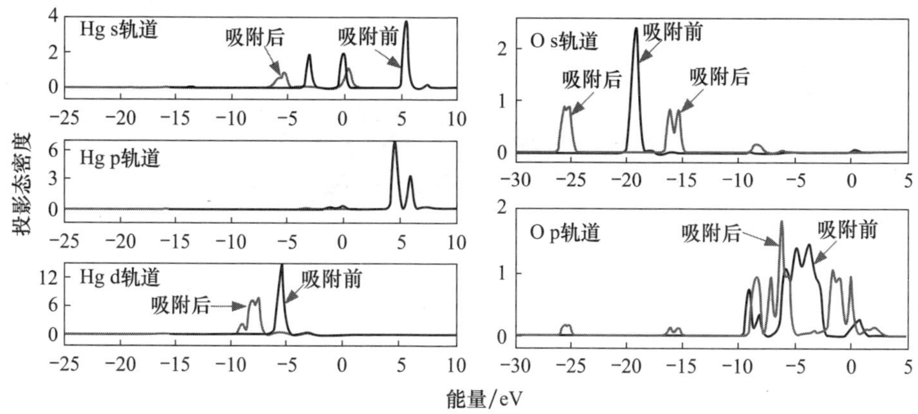

图3.4　$HgCl/V_2O_5/TiO_2$(001)体系上 Hg 和 O(1)原子的投影态密度

3. $HgCl_2$ 在 V_2O_5/TiO_2(001)表面的吸附

$HgCl_2$ 在 V_2O_5/TiO_2(001)表面上的两种稳定优化结构、吸附能和键长如图3.3(b)和表3.3所示。因位阻效应，Hg—O 键长较长，$HgCl_2$ 难以靠近表面。吸附后，$HgCl_2$ 分子的键长和键角基本没有变化。$HgCl_2$ 垂直、平行吸附在表面的吸附能分别为−12.73kJ/mol 和−10.53kJ/mol，表明 $HgCl_2$ 在 V_2O_5/TiO_2(001)表面上的吸附为较弱的物理吸附，容易脱附，同时表明位阻效应比吸附效应的作用更大。

3.1.3 HCl 在 $V_2O_5/TiO_2(001)$ 表面的吸附与分解

1. HCl 在 $V_2O_5/TiO_2(001)$ 表面的吸附

经过结构优化后得到了 HCl 的两种稳定吸附构型，如图 3.5 所示。吸附能大小见表 3.4，HCl 在 $V_2O_5/TiO_2(001)$ 表面的吸附比较复杂，既有物理吸附，也有化学吸附。在 3A 与 3B 两种构型中，H—Cl 键长在吸附后分别为 1.315Å 和 1.300Å，超过气态 HCl 分子的 H—Cl 键长(1.284Å)，H 原子向表面的氧原子接近。同时 3A 和 3B 构型中 HCl 的 Mulliken 电荷分别为 0.12e 与 0.08e，这表明 HCl 向表面转移了电子，H—O(1)之间有弱的成键作用。比较 Hg 和 HCl 的吸附能，HCl 在表面上的吸附比 Hg^0 强。这与试验现象的结论一样，HCl 通入催化剂后 Hg 在催化剂表面被 HCl 取代[16,54]。因此，在整个反应过程中，汞在 V_2O_5/TiO_2 催化剂表面上氧化遵守 Eley-Rideal 机理，HCl 首先吸附在表面上形成 HCl_{ads}，然后，气态或者弱吸附的 Hg^0 与吸附的 HCl 相互作用。

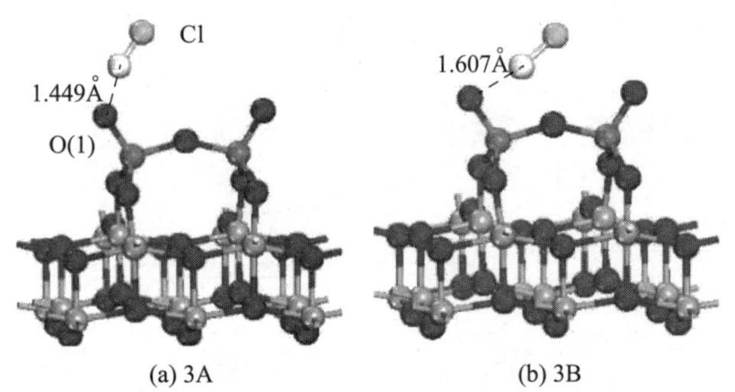

图 3.5 HCl 在 $V_2O_5/TiO_2(001)$ 表面的吸附构型

表 3.4 HCl 在 $V_2O_5/TiO_2(001)$ 表面的吸附能、构型参数和 Mulliken 电荷

吸附构型	E_{ads}/(kJ/mol)	R_{H-Cl}/Å	R_{H-O}/Å	Q
3A	−46.50	1.315	1.449	0.12e
3B	−37.73	1.300	1.607	0.08e

2. HCl 在 $V_2O_5/TiO_2(001)$ 表面的分解

在研究 HCl 分解过程之前，先研究 HCl 分解产物 H 和 Cl 原子在表面不同位的吸附。当 H 原子和 Cl 原子都在 O(1)位时，稳定后构型的吸附能为正值，表明这种结构不能稳定存在；当 H 原子和 Cl 原子分别吸附在 O(1)和 O(2)位时，稳定后构型的吸附能也是正值，说明该构型也不能稳定存在；当 H 原子和 Cl 原子分别在 O(1)和 V 位时，稳定后的吸附能为负值，表明 H 原子和 Cl 原子在 O(1)和 V 原子位下能够稳

定存在。根据 HCl 在 V_2O_5/TiO_2(001)表面上的初始构型(见图 3.6,IM1)和终态构型(见图 3.6,FS1),经过过渡态的搜索,确定了 HCl 在 V_2O_5/TiO_2(001)表面上的解离过程,即 H—Cl 活化过程,如图 3.6 所示。

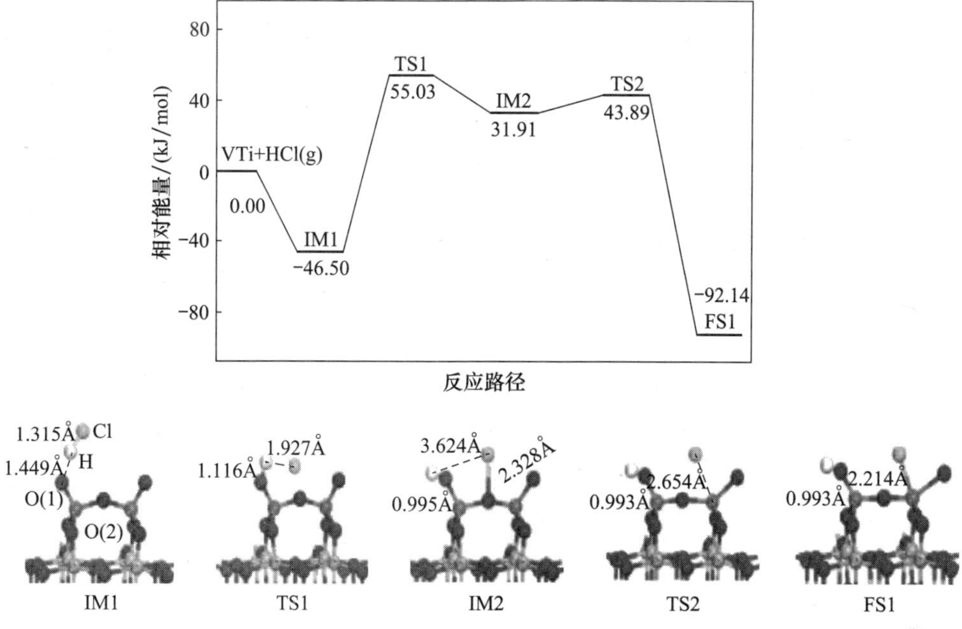

图 3.6　HCl 在 V_2O_5/TiO_2(001)表面上分解路径势能图和相应的中间态、过渡态和终态构型

由图 3.6 可见,HCl 分解中经过中间态 IM1 和 IM2、过渡态 TS1 和 TS2 及终态 FS1。在 IM1→TS1→IM2 反应中,HCl 吸附在 O(1)位,反应中随着 HCl 靠近表面 O(1),H—Cl 键被活化,活化的 H 原子吸附在 O(1)位,Cl 原子吸附在 O(2)位,形成 IM2。计算得到此反应的活化能为 101.53kJ/mol,反应热为 78.41kJ/mol。在 IM2→TS2→FS1 反应中,O(2)—Cl 逐渐吸附到 V 位,形成终态 FS1,计算得到此反应的活化能为 11.98kJ/mol,放热 124.05kJ/mol。通过计算可见,HCl 在 V_2O_5/TiO_2(001)表面形成了钒氯与羟基物种,这与 XPS 和傅里叶变换红外光谱仪(Fourier transform infrared spectrometer,FTIR)试验结论相一致[9,10,14,16],试验表明 HCl 在 V_2O_5/TiO_2 表面形成了 V—OH 和 V—Cl[16]或者 $V_2O_3(OH)_2Cl_2$、VO_2Cl[9]。此外,HCl 在 V_2O_5/TiO_2(001)表面分解的能垒较大,表明该反应很难在低温下进行,这与试验中 V_2O_5/TiO_2 催化剂在 300℃下汞氧化活性低的结论一致[9,10]。

3.1.4　汞在 V_2O_5/TiO_2(001)表面的氧化反应路径分析

根据之前的计算,Hg^0 和 $HgCl_2$ 物理吸附在 V_2O_5/TiO_2(001)表面,HgCl 强烈地化学吸附在 V_2O_5/TiO_2(001)表面。由此推测,HgCl 是整个反应中十分重要的中间体。此外，HCl 在 $V_2O_5/TiO_2(001)$ 表面分解形成吸附态的 Cl 原子和 OH 基，表明整个反应通过 Eley-Rideal 机理影响汞的氧化。Hg 的氧化途径由以上计算推测如下：①气相的 HCl 吸附于催化剂表面，分解形成吸附态的 Cl 原子和 OH 基；②气相单质汞与表面吸附态 Cl 原子反应，形成 HgCl 并进一步生成 $HgCl_2$，$HgCl_2$ 从表面脱附；③表面上的两个 OH 基相互反应生成 H_2O，在表面形成氧缺陷，经过烟气中气态 O_2 氧化再生，完成一个催化循环。

考虑到 HgCl 在表面上两种最稳定的稳定构型 2A 和 2C(2A，Hg 朝下垂直吸附；2C，Cl 原子垂直朝下吸附)，研究两种 Hg 氧化路径，即路径 1 和路径 2，汞氧化反应路径中涉及的反应物、中间态、过渡态和终态以及相应的结构参数如图 3.7 所示，汞氧化反应过程中能量变化如图 3.8 所示。两种路径都通过以下三个基元反应完成：①HgCl 形成反应，即 $Hg+HCl \longrightarrow HgCl$；②$HgCl_2$ 形成反应，即 $HgCl+HCl \longrightarrow HgCl_2$；③$HgCl_2$ 的脱附反应。两种路径中的不同反应的能垒见表 3.5。

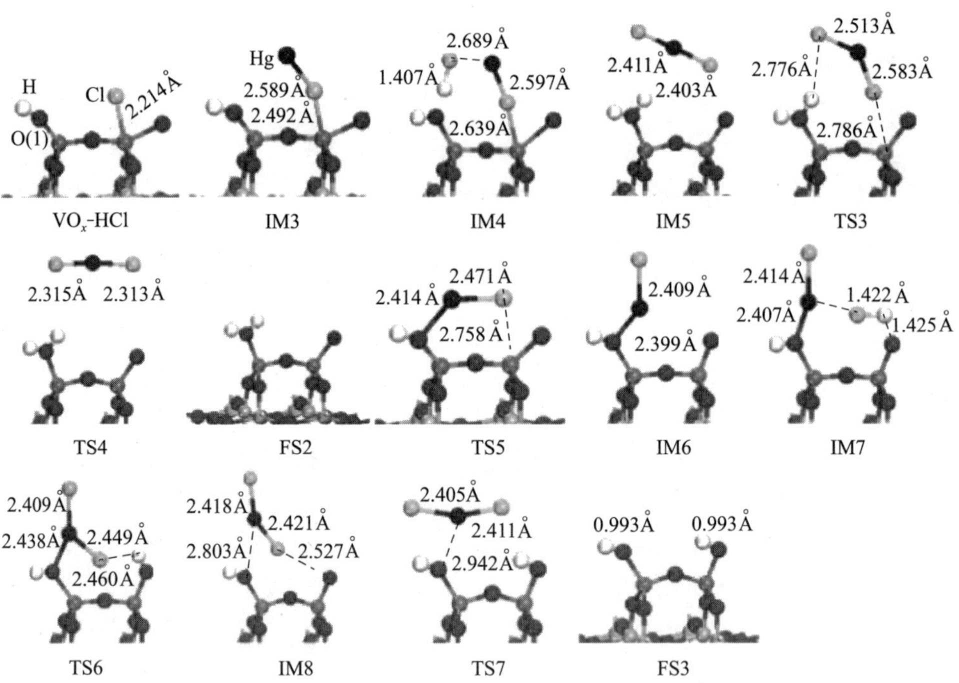

图 3.7　$V_2O_5/TiO_2(001)$ 表面上 Hg 氧化过程中相应的中间态、过渡态和终态构型

路径 1(IM3→IM4→TS3→IM5→TS4→FS3 中，Hg 在第 1 步吸附在氯化表面形成 IM3，该过程无能垒并放出 51.50kJ/mol 热量。接着，在第 2 步反应 $HgCl+HCl \longrightarrow HgCl_2$ 中，另一个 H—Cl 键断裂，Cl 原子经过过渡态 TS3(O(1)…Hg(Cl)…Cl 复合体)逐渐靠近 Hg 原子，跨越 91.53kJ/mol 的能垒并放出 44.70 kJ/mol热量。

在第 3 步 $HgCl_2$ 脱附反应中，活化能垒为 21.03kJ/mol，表明该反应容易进行，这与前面计算的 $HgCl_2$ 吸附能很低的结论一致。比较不同反应中的能垒，整个 Hg 氧化反应中速控步骤为 $HgCl_2$ 的形成过程，即 $HgCl + HCl \longrightarrow HgCl_2$，大小为 91.53kJ/mol。路径 2 通过 2A 构型完成汞的氧化反应，反应路径中 $HgCl_2$ 的形成与路径 1 中的过程相似，整个反应路径为 IM3→TS5→IM6→IM7→TS6→IM8→TS7→FS3。路径 2 中的终态构型(FS3)能量高于路径 1 中的终态构型(FS2)。同时由表 3.5 可知，路径 2 中三个基元反应的能垒分别是 36.41kJ/mol、98.72kJ/mol 和 29.67kJ/mol，都高于路径 1，说明路径 1 较路径 2 在热力学与动力学上都有利。但是需要提出的是，路径 1 较路径 2 并没有十分明显的优势(基元反应能垒之差在 10kJ/mol 以内)，因此，Hg 在 V_2O_5/TiO_2 表面上的氧化反应通过以上两种路径来完成，但以路径 1 为主。

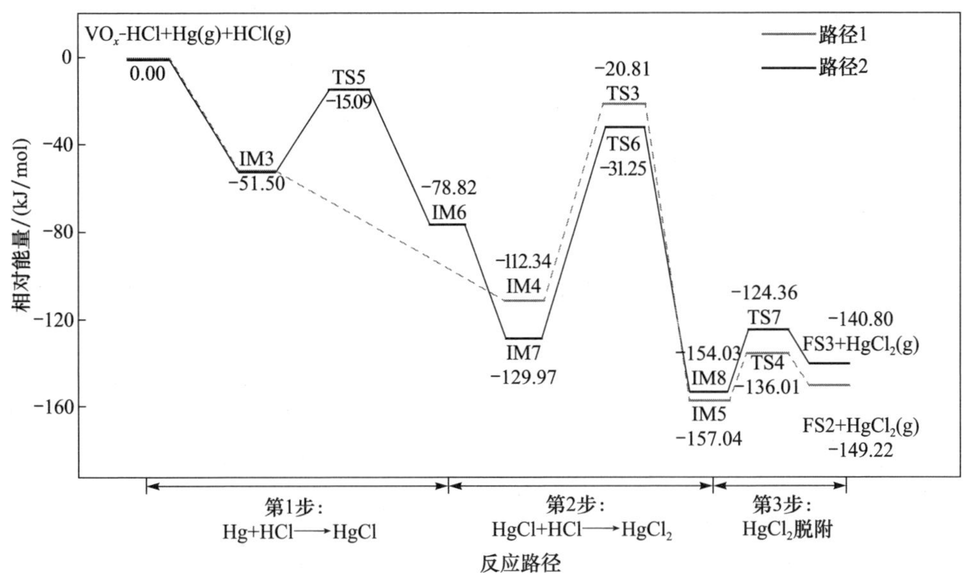

图 3.8　Hg^0 在 $V_2O_5/TiO_2(001)$表面的氧化路径图

表 3.5　Hg^0 在 $V_2O_5/TiO_2(001)$表面上基元反应的能垒

(相对能量:kJ/mol)

路径	第 1 步 ($Hg + HCl \longrightarrow HgCl$)	第 2 步 ($HgCl + HCl \longrightarrow HgCl_2$)	第 3 步 ($HgCl_2$ 脱附)
路径 1	—	91.53	21.03
路径 2	36.41	98.72	29.67

在汞的氧化反应后，HCl 中的 H 原子留在表面，并与 O(1)形成羟基(—OH)。

HCl 中的氢原子最终将以水的形式作为汞氧化的产物之一离开表面，一般来讲相邻的两个 OH 基团结合脱水，如果这个反应不可行，那么催化剂将最终会被毒化失活。图 3.7 中 FS3 构型研究了两个—OH 的耦合反应过程，耦合反应中初始态、中间态、过渡态和终态构型及能量变化如图 3.9 所示。计算发现，初态中两个相邻的 O(1)H 基团倾向于形成氢键，接下来 H 原子转移过程中一个 O—H 键断裂，一个新的 O—H 键形成(IM9→TS8→IM10)，该过程在经过 31.50kJ/mol 能垒并放热 6.7kJ/mol 后，H_2O 非常稳定地存在于表面，同时与相邻的氧之间形成距离为 2.570Å 的氢键。接着，H_2O 的脱附反应伴随着 O—V 键的断裂要经历一个 73.76kJ/mol 的能垒，并吸热 43.73kJ/mol。整个 H_2O 形成脱附反应是吸热反应，共需 37.03kJ/mol 的能量。一旦 H_2O 脱附离开，$V_2O_5/TiO_2(001)$表面会形成氧缺陷位。

羟基耦合反应后表面会形成氧缺陷位，再通过气相氧的吸附与解离完成表面的再生。通过计算 O_2 在氧缺陷的 $V_2O_5/TiO_2(001)$表面的吸附构型，可得 O_2 在表面的吸附能大小为 −97.08kJ/mol，O—O 键长从气相的 1.224Å 增加到 1.312Å，表明超氧物种(O_2^-)在表面上形成。经过以上分析，可以得出一个完整的汞氧化循环反应，如图 3.10 所示。

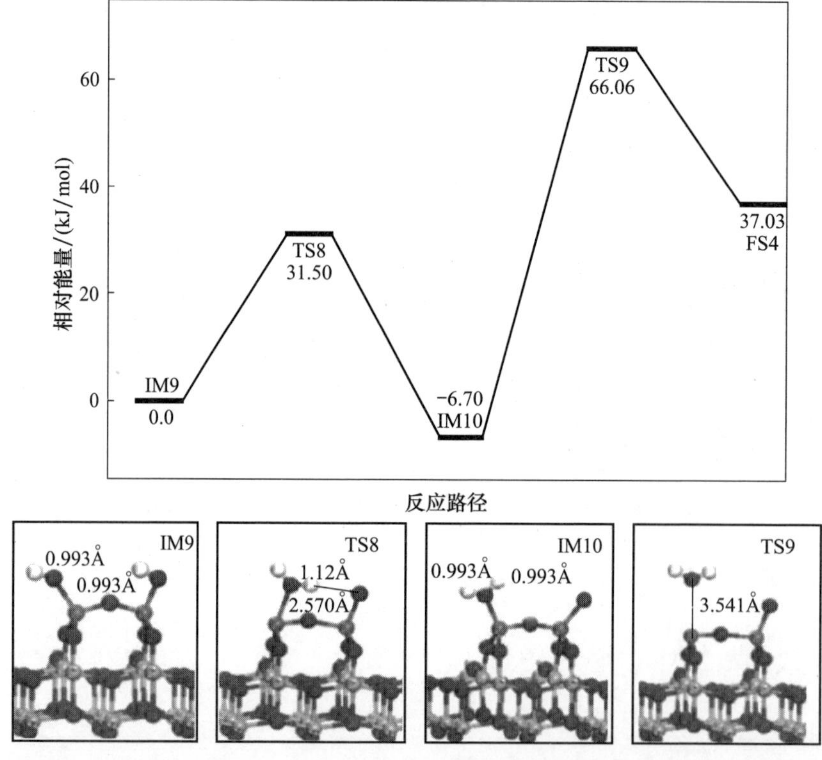

图 3.9　$V_2O_5/TiO_2(001)$表面上 H_2O 形成的反应路径及中间态和过渡态结构

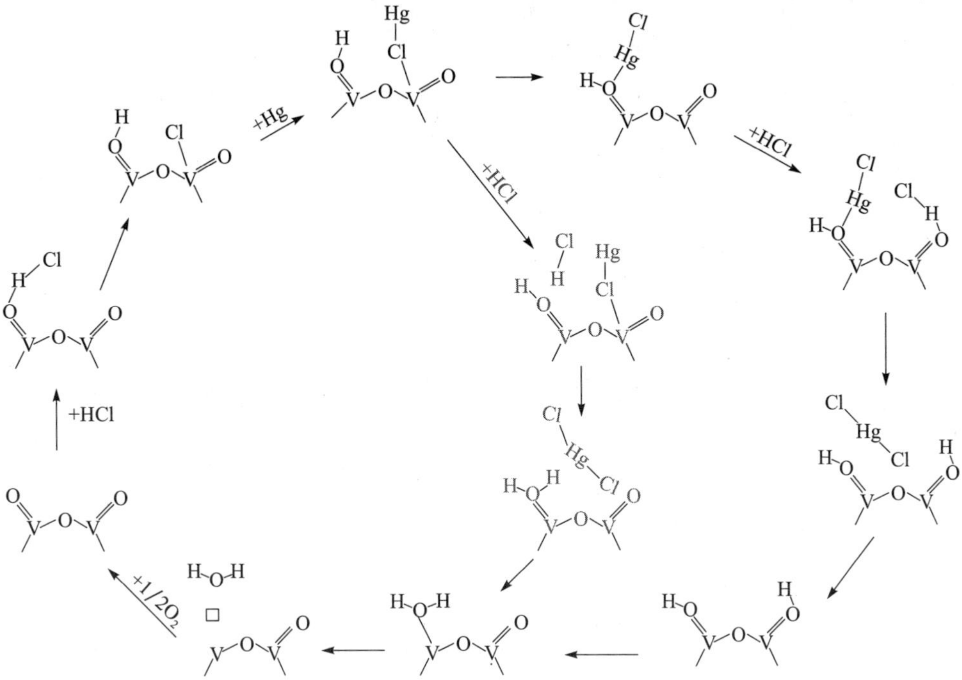

图 3.10　V_2O_5/TiO_2(001)表面上 Hg^0 氧化循环路径

综上所述，鉴于 Hg^0 较低的吸附能、HCl 较高的分解能垒以及 V_2O_5/TiO_2(001)表面氧在整个反应中的活性作用，可以通过以下两个方面提高 V_2O_5/TiO_2 催化剂的汞氧化效率：①表面氧是 Hg^0 和 HCl 的吸附位，H_2O 生成（表面氧提取）和表面氧再生（表面氧补充）反应也影响整个反应的进程，为了有效地提高 V_2O_5/TiO_2 表面上活性氧的数目，可以考虑掺杂元素改变原有氧化物的“化学键”，如 Ce、Mn 和 Fe 等具有 M^{3+}/M^{4+}（M 代表金属元素）氧化还原对的元素，从而增加表面活性氧数目并增强其氧迁移速率；②表面 V_2O_5 物种是整个反应中起作用的成分，而商业用钒的负载量较低，可以考虑增加钒的负载量以增强汞的氧化能力。

3.1.5　烟气成分对汞在 V_2O_5/TiO_2(001)表面吸附的影响

1. NO 在 V_2O_5/TiO_2(001)表面的吸附

NO 分子在 V_2O_5/TiO_2(001)表面有两种吸附取向：垂直底物和 NO 分子平行于底物表面。经过结构优化后得到 NO 的两种稳定吸附构型，如图 3.11 所示。吸附能和构型参数如表 3.6 所示，NO 在 V_2O_5/TiO_2(001)表面的吸附能分别为 -31.07kJ/mol 和 -36.51kJ/mol，NO 主要通过 N 原子与表面 O 原子之间的作用发生吸附。在两种优化构型中，N 原子向表面 O 原子靠近，O 原子远离表面，吸附后的 NO 分子键长减小，比自由 NO 分子键长短，吸附后 NO 的 Mulliken 电荷很小，分别为 0.03e 和 0.04e，以上分析说明 NO 的吸附属于物理吸附。NO 与 HCl 在表面的吸附位相同，但是其吸附能小于 HCl 的吸附能，因此 NO 对汞氧化的影响较弱。此外，NO 与钒基催化剂的试验研究[55]表明，NO 可以以分子形态吸附于钒基催化剂表面，在表面形成 NO_2^+ 和 NO^+ 等活性中心；但同时 NO 在钒基催化剂上的吸附能力较弱，不能与催化剂表面产生强的相互作用，这与计算结果一致。

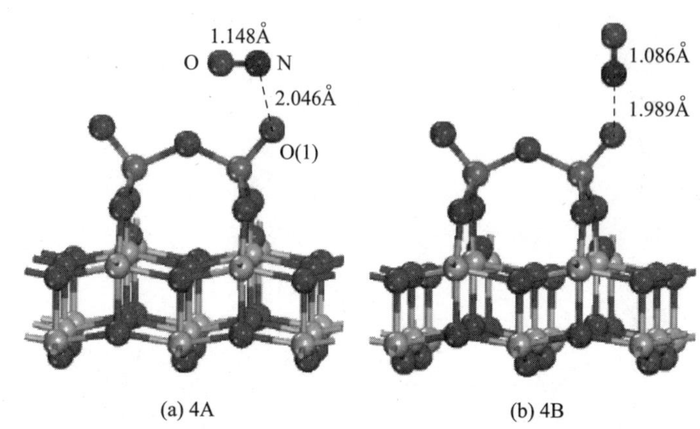

图 3.11　NO 在 $V_2O_5/TiO_2(001)$ 表面的吸附构型

表 3.6　NO 在 $V_2O_5/TiO_2(001)$ 表面上的吸附能、键长和 Mulliken 电荷

优化构型	E_{ads}/(kJ/mol)	$R_{N-O(1)}$/Å	R_{N-O}/Å	Q
4A	−31.07	2.046	1.148	0.03e
4B	−36.51	1.989	1.086	0.04e

2. NH_3 在 $V_2O_5/TiO_2(001)$ 表面的吸附

NH_3 分子在 $V_2O_5/TiO_2(001)$ 表面有两种吸附取向：垂直底物 N 端吸附和垂直底物 H 端吸附。图 3.12 表示结构优化后 NH_3 的两种稳定吸附构型。吸附能和构型参数如表 3.7 所示。NH_3 在表面的吸附位主要在氧位和钒位，分别如 5A 和 5B 构型所示。5A 构型中，吸附后 NH_3 分子的几何结构基本没有变化，吸附能大小为 −36.07kJ/mol，H 和 O(1)之间的键长为 2.230Å，说明 NH_3 与表面之间作用较弱。5B 构型中，NH_3 通过 N 与表面 V 之间作用，吸附能大小为 −71.46kJ/mol，N 原子和 V 原子之间的键长为 2.405Å。此外，5B 构型中 VO_x 的结构的对称性丢失，V═O 双键变得倾斜于表面上；H 和 O(3)之间键长为 2.282Å，表明 NH_3 在表面有非常强的吸附作用。从 5B 构型中 NH_3 的电荷分析可看出，一部分 NH_3 的电子转移到了表面，进一步分析，这些电子来自N原子的贡献。根据PDOS图（见图3.13），NH_3吸附后，N原子在−5.5eV和−19.3eV左右出现新的轨道峰并与V原子发生共振，这是N原子的孤对电子进入V原子的空轨道所引起的。

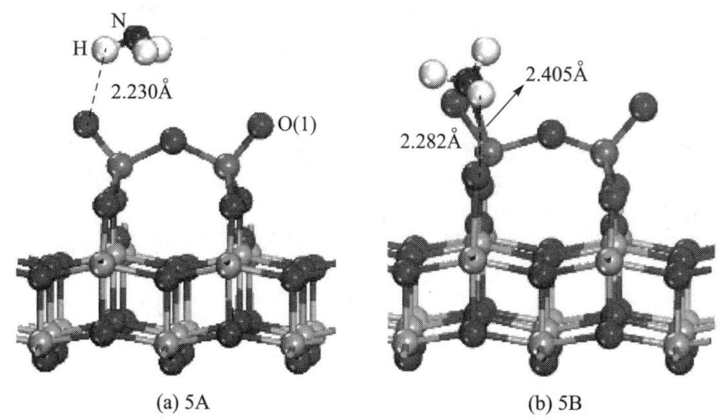

图3.12　结构优化后NH_3在V_2O_5/TiO_2(001)表面的两种稳定吸附构型

表3.7　NH_3在V_2O_5/TiO_2(001)表面吸附能、键长和Mulliken电荷

吸附构型	E_{ads}/(kJ/mol)	$R_{H-O(1)}$/Å	R_{N-V}/Å	R_{N-H}/Å	Q
5A	−36.07	2.230	—	1.031/1.030/1.301	0.04e
5B	−71.46	—	2.405	1.035/1.032/1.032	0.32e

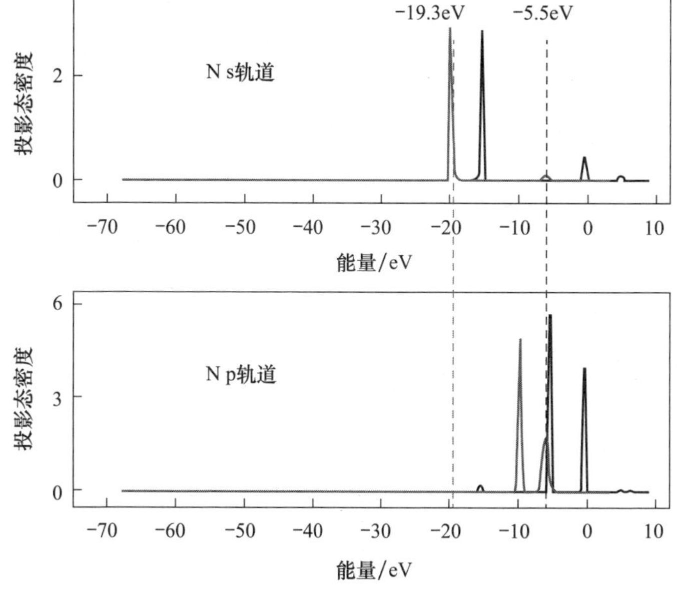

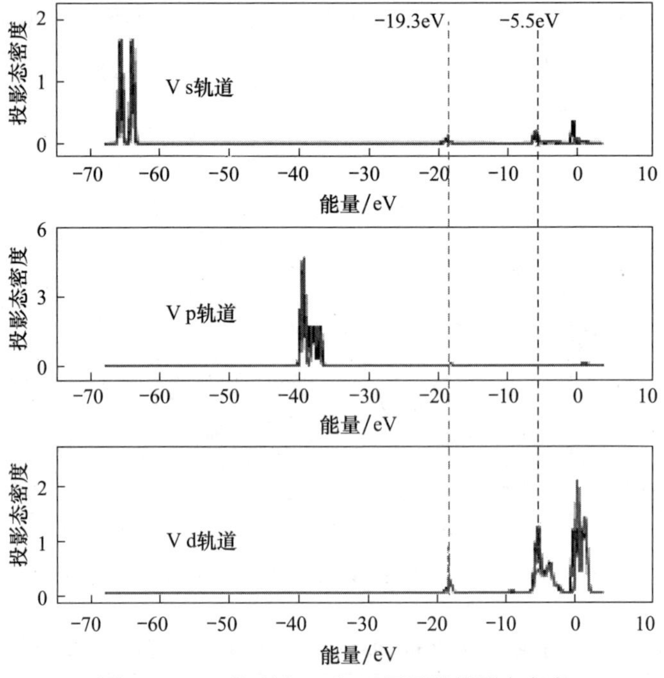

图 3.13　5B 构型中 N 和 V 原子的投影态密度

NH_3 的吸附能大于 HCl 在表面的吸附能并占据了表面 V 位，这在一定程度上会阻碍 HCl 与表面之间的相互作用，从而对汞氧化反应产生抑制作用。此外，根据 NO 和 NH_3 在表面的吸附行为，NO 的 SCR 反应可能路径是：①NH_3 吸附在表面；②NH_3 中 H 原子与 O(1)或者 O(2)作用形成 OH 基团及吸附态 NH_2；③NH_2 与气相或弱吸附的 NO 反应生成 NH_2NO 复合物；④NH_2NO 在表面生成 N_2 和 H_2O。以上根据 DFT 计算所预测的 SCR 反应路径也验证了钒基 SCR 催化剂试验现象[55]，即 SCR 反应中 NH_3 吸附在催化剂表面，而吸附态的 NH_3 与气相或弱吸附的 NO 反应。

3. SO_2 在 $V_2O_5/TiO_2(001)$表面的吸附

SO_2 在 $V_2O_5/TiO_2(001)$表面的吸附构型如图 3.14 所示，吸附在各吸附位优化后所得吸附能、键长和 Mulliken 电荷见表 3.8。SO_2 在表面的吸附位主要为氧位和钒位，分别如 6A 和 6B 构型所示。6A 构型中，吸附后 SO_2 分子的几何结构基本没有变化，吸附能大小为−30.26kJ/mol，S 原子和 O 原子之间的键长为 2.552Å。6B 构型中，SO_2 中 S 原子与表面 V 原子之间作用，吸附能大小为−64.31kJ/mol，S 原子和 V 原子之间的键长为 2.473Å。6B 构型中，SO_2 的 Mulliken 电荷大小为 0.26e，表明电子由 SO_2 转移到了表面，根据 6B 结构的 PDOS 图（见图 3.15），SO_2 吸附后 S 原子的轨道向低能级扩展并变宽，V 原子轨道变化较小，两者在−4.2eV 和−5.9eV 左右出现共振峰，说明 SO_2 与 V 位具有较强的相互作用。

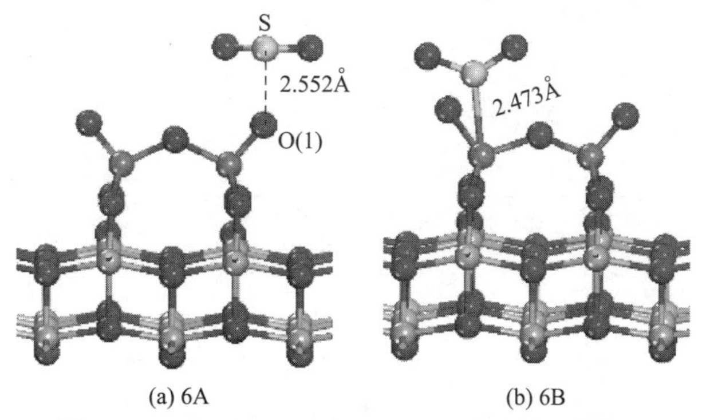

图 3.14　SO_2 在 V_2O_5/TiO_2(001)表面的吸附构型

此外，SO_2 的吸附能大于 HCl 在表面的吸附能，但低于 NH_3 和 HgCl 的吸附能。这可能会阻碍 HCl 与表面之间的相互作用，对汞氧化反应产生抑制作用。但 SO_2 与 V_2O_5/TiO_2(001)表面的作用形成了硫酸化表面，这也可能会有利于汞的吸附并最终形成 $HgSO_4$，从而促进汞的氧化。目前，有文献表明钒基 SCR 催化剂能够发生 $SO_2+O_2 \longrightarrow SO_3$ 的副反应[56]，但是理论研究很少，计算显示 SO_2 与催化剂表面有强的相互作用，这与试验所预测的一致。

表 3.8　SO_2 在 V_2O_5/TiO_2(001)表面上的吸附能、键长和 Mulliken 电荷

吸附构型	E_{ads}/(kJ/mol)	$R_{S-O(1)}$/Å	R_{S-V}/Å	Q
6A	−30.26	2.552	—	0.04e
6B	−64.31	—	2.473	0.26e

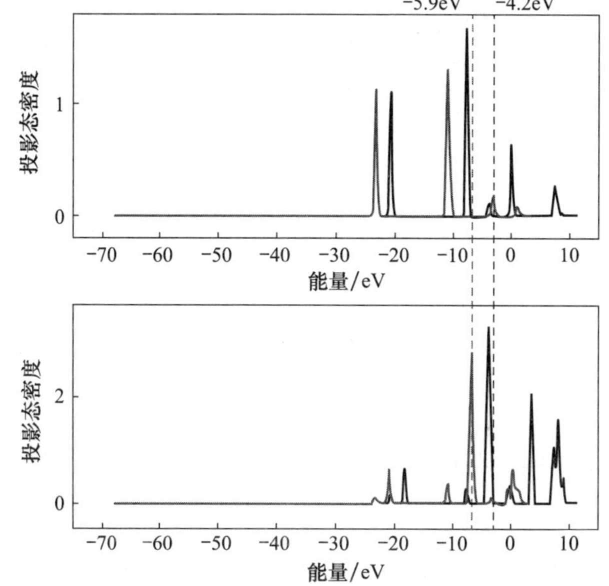

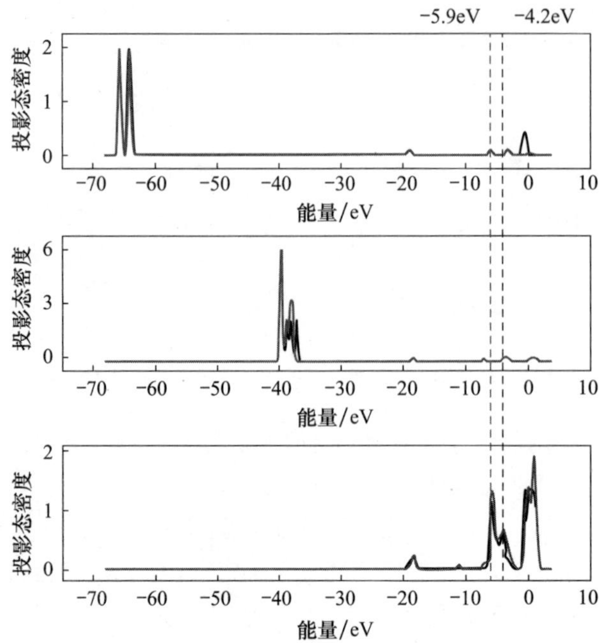

图 3.15　6B 构型中 S 原子和 V 原子的投影态密度

4. H_2O 在 $V_2O_5/TiO_2(001)$表面的吸附

H_2O 在 $V_2O_5/TiO_2(001)$表面的吸附构型如图 3.16 所示，吸附能、键长和 Mulliken 电荷见表 3.9。从结构以及吸附能大小来看，H_2O 在表面的吸附能在 40kJ/mol 以下，属于物理吸附。H_2O 通过 H 原子与表面发生吸附作用，H 原子与表面氧之间的距离在 2Å 以内，说明 H_2O 与表面的作用来自两者之间的氢键。

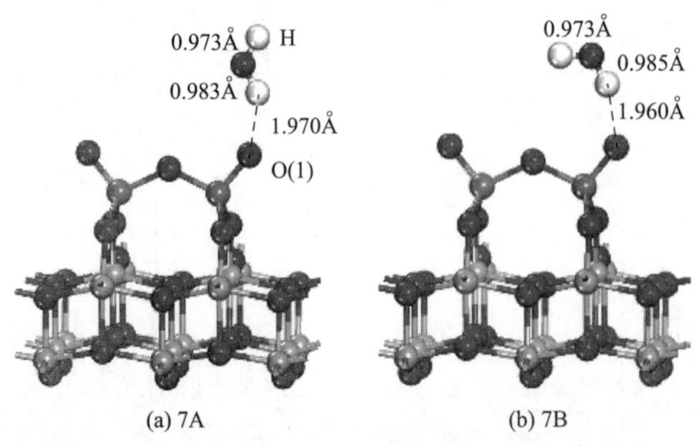

图 3.16　H_2O 在 $V_2O_5/TiO_2(001)$表面的吸附构型

表 3.9　H_2O 在 $V_2O_5/TiO_2(001)$ 表面上的吸附能、键长和 Mulliken 电荷

吸附构型	E_{ads}/(kJ/mol)	$R_{H-O(1)}$/Å	R_{H-O}/Å	Q
7A	−26.06	1.970	0.973/0.983	0.04e
7B	−33.11	1.960	0.973/0.985	0.06e

3.2　MnO_2 基 SCR 催化剂对汞的吸附与氧化反应机理

近年来，氧化锰基催化剂因在低温 NO_x 选择性催化还原（NH_3-SCR）反应中表现出优良的催化活性而得到广泛的关注。其主要原因可能是 Mn 物种具有多种可变价态，在 NH_3-SCR 反应中表现出很强的低温氧化还原能力。研究者探讨了纯 MnO_x 在 SCR 反应中的性能。Kapteijn 等[57]发现，不同价态的纯 MnO_x 催化剂在 NH_3-SCR 反应中的活性差别很大，使用比表面积归一化后的 SCR 活性顺序为 $MnO_2>Mn_5O_8>Mn_2O_3>Mn_3O_4>MnO$。Park 等[58]对比研究了天然锰矿石（NMO）、MnO_2 和 MnO_2/Al_2O_3 催化剂在 NH_3-SCR 反应中的催化活性，结果为 $MnO_2>NMO>MnO_2/Al_2O_3$。Peña 等[59]还发现，MnO_x/TiO_2 催化剂上 Mn 活性物种主要以 MnO_2 形式存在，氧化锰基催化剂因其较低的催化剂焙烧温度、丰富的 Lewis 酸性位点、较强的氧化还原能力以及较高的表面浓度，对提高催化剂的低温 SCR 活性非常重要。

3.2.1　MnO_2 表面模型的建立与计算方法

采用基于密度泛函理论的 $Dmol^3$ 软件包[60]进行自旋极化计算。计算过程中，采用广义梯度近似方法中的 GGA-PBE[40,41]描述电子交换关联势能。价电子与内层电子、原子核之间的相互作用由 DNP 方法[61]处理，原子截断半径为 4.5Å。布里渊区积分使用 Monkhorst-Pack 网格[43]，计算 MnO_2 单晶胞时使用的 k 点规模为 4×4×7。优化收敛参数设置为：能量 1×10^{-5} Hartree（1Hartree=2625.5kJ/mol），力场梯度 2×10^{-3} Hartree/Å，5×10^{-3} Bohr（1Bohr≈52.9×10^{-3}nm）。密度多极采用 Octupole。采用 LST/QST[45]的方法对汞氧化反应的过渡态进行搜索。

MnO_2 属于正方晶系（tetragonal）中的金红石（rutile）结构，空间群为 P42/mnm，如图 3.17(a)所示。在计算单元晶胞中，考虑了三种体系：无铁磁性（NM）、铁磁性（FM）和反铁磁性（AFM）。三种体系优化后的能量值与晶胞参数见表 3.10，反铁磁性体系晶胞的能量更低，与试验的 XRD 数据对比可发现，反铁磁性体系晶胞参数更接近试验数据，与试验值的误差分别在+1.1%和+0.8%以内。因此，采用反铁磁性体系展开计算。

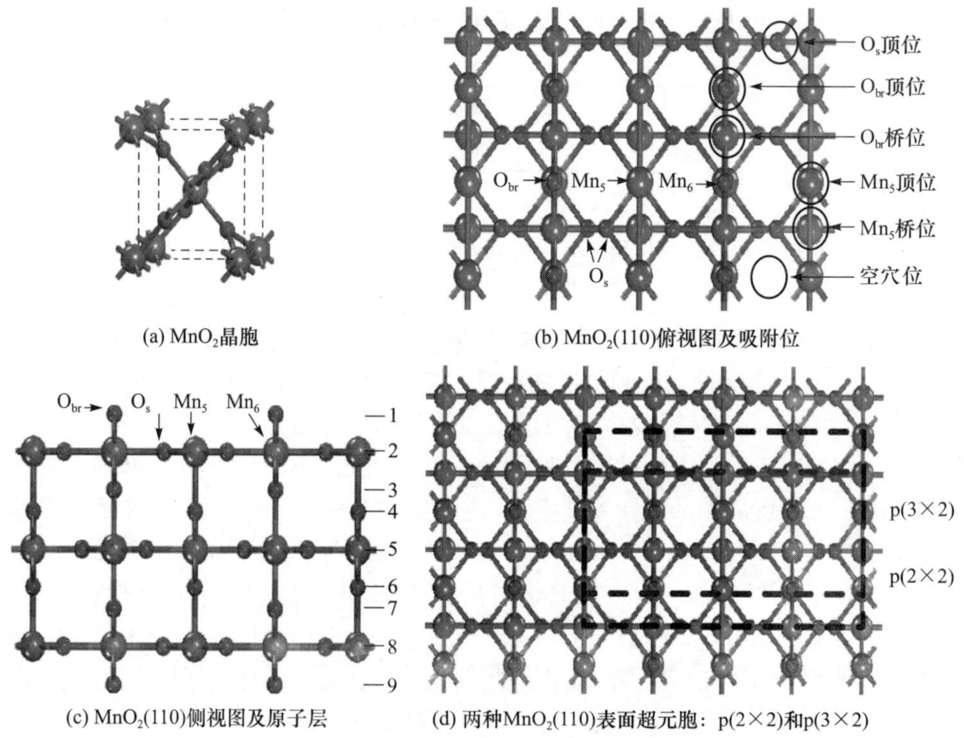

(a) MnO_2晶胞　(b) MnO_2(110)俯视图及吸附位

(c) MnO_2(110)侧视图及原子层　(d) 两种MnO_2(110)表面超元胞：p(2×2)和p(3×2)

图 3.17　MnO_2(110)表面模型

表 3.10　三种磁性状态下 MnO_2 原胞的晶胞参数与总能量

磁性状态	能量/Hartree	晶胞参数/Å	
		$a=b$	c
NM	−509.749	4.471	2.963
FM	−509.749	4.471	2.901
AFM	−509.755	4.454	2.900
试验值	—	4.404	2.876

MnO_2 晶体主要的三个低指数表面按照稳定性依次是(110)>(111)>(100)。其中,(110)面被认为最为稳定的一个晶面,由连续的 O—Mn—O 结构组成[62,63]。因此,主要考察 MnO_2(110)面上的 Hg 吸附与氧化机理。在 MnO_2(110)表面上有 4 种不同原子,分别为 O_{br}、O_s、Mn_5、Mn_6。其中,O_{br}连接两个 Mn_6 原子,O_s 分别连接 Mn_5 和 Mn_6 原子。考虑了 MnO_2(110)表面六种不同的高对称性吸附位:O_s 顶位、O_{br}顶位、Mn_5顶位、O_{br}桥位、Mn_5 桥位和空穴位,如图 3.17(b)所示。用 3 个重复的 O—Mn—O 原子结构(9 个原子层)来模拟 MnO_2(110)表面,如

图3.17(c)所示。考虑到覆盖度对吸附结果的影响,采用两种 MnO_2(110)超元胞表面:p(2×2)和p(3×3),如图3.17(d)所示。结构优化时两种表面的布里渊区采样分别使用了(3×2×1)和(4×3×1)的 k 点。为消除相邻表面间的影响并保证表面原子层有足够的自由空间,Z 方向上重复的平板之间的真空层厚度为12Å。采用10Å×10Å×10Å的原胞优化HgCl、$HgCl_2$、HCl、H_2O、NO、NH_3 和 SO_2 分子结构,计算后的键长见表3.11,优化后的分子键长能够较好地吻合试验值,揭示了计算方法的准确性。

表3.11　HgCl、$HgCl_2$、HCl、NO、NH_3 和 SO_2 键长的计算值与试验值　(单位:Å)

结果	HgCl	$HgCl_2$	HCl	NO	NH_3	SO_2	H_2O
	$R_{Hg—Cl}$	$R_{Hg—Cl}$	$R_{H—Cl}$	$R_{N—O}$	$R_{H—N}$	$R_{S—O}$	$R_{H—O}$
计算值	2.528	2.313	1.286	1.164	1.023	1.479	0.970
试验值	2.36~2.50[47]	2.25~2.44[47]	1.275~1.287[48]	1.098~1.186[49]	1.012[50]	1.432[50]	0.96[50]

3.2.2　MnO_2(110)表面弛豫分析与热力学稳定性

1. MnO_2(110)表面弛豫分析

晶体的三维周期性在表面处突然中断,表面上原子的配位情况发生变化,并且表面原子附近的电荷分布也有改变,使表面原子所处的力场与体内原子不同。因此,表面上的原子会发生相对于正常位置的上下位移以降低体系能量。表面上原子的这种位移(压缩或膨胀)称为表面弛豫。表面弛豫的定义式为

$$\Delta d_{ij}=d_{ij}-d_0 \tag{3.2}$$

式中,d_{ij} 为结构优化后表面的第 i 层与第 j 层间间距;d_0 为结构优化前面的层间距。Δd_{ij} 为正代表原子向外伸展,Δd_{ij} 为负则原子向内收缩。

由于表面弛豫效应的大小会影响模型的准确性和计算的精度,表面弛豫对于研究表面计算非常重要。在建立 MnO_2(110)表面时(见图3.18),层数越多对表面计算越接近实际的情况,但是会增加过多的计算时间。因此,在兼顾精度与效率的情况下,需先了解表面弛豫的影响。表3.12给出了优化前后p(2×2)MnO_2(110)表面原子的移动量。从表中看出,MnO_2(110)表面的第2、3、4、5、6层分别向外拉伸了0.117Å、0.038Å、0.070Å、0.031Å、0.018Å,最下面两层没有变化。此外,表3.13给出了 MnO_2(110)优化前后原子在 X、Y 和 Z 方向的位移变化量。可以看到,优化后,在 Z 方向的位移最大变化量为0.306Å,在 X 和 Y 方向几乎没有变化,所以认为 MnO_2 结构在表面弛豫的效应是非常小的。因此,在研究分子吸附时,固定最下面三层原子,以节省计算时间。

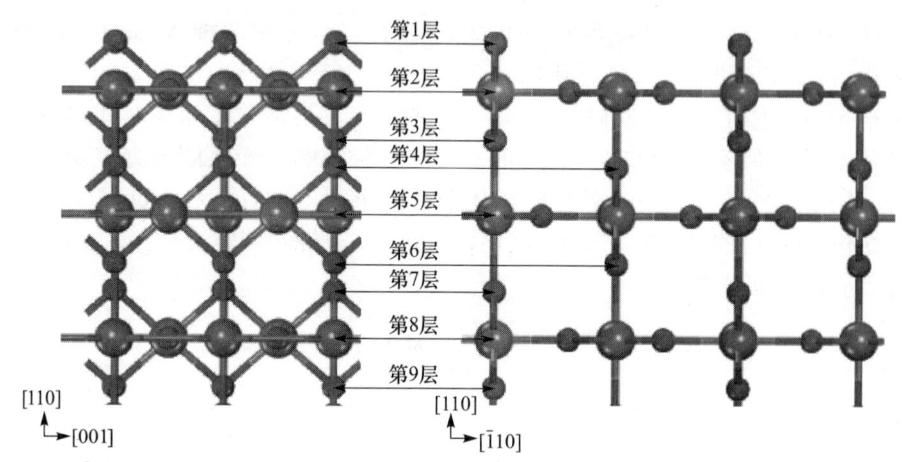

图 3.18　MnO_2(110)表面弛豫结构

表 3.12　MnO_2(110)表面原子弛豫后层间距变化量　(单位:Å)

Δd_{ij}	Δd_{12}	Δd_{23}	Δd_{34}	Δd_{45}	Δd_{56}	Δd_{67}	Δd_{78}	Δd_{89}
数值	0.000	+0.117	+0.038	+0.070	+0.031	+0.018	0.000	0.000

表 3.13　MnO_2(110)表面原子弛豫后 *X*、*Y* 和 *Z* 方向变化量　(单位:Å)

层数	*X* 方向变化量		*Y* 方向变化量		*Z* 方向变化量	
	O	Mn	O	Mn	O	Mn
1	0.000	—	+0.020	—	+0.225	—
2	0.000	0.000	+0.056	+0.014	+0.306	+0.225
3	0.000	—	+0.008	—	+0.108	—
4	0.000	—	0.006	—	+0.070	—
5	0.000	0.000	0.000	0.000	0.002	0.001
6	0.000	—	0.000	—	0.001	—
7	0.000	—	0.000	—	0.000	—
8	0.000	0.000	0.000	0.000	0.000	0.000
9	0.000	—	0.000	—	0.000	—

2. MnO_2(110)表面热稳定性

明确温度和压力等因素对表面构型的作用,有助于理解催化剂活性表面的选取和反应组分在表面的吸附与反应。尽管目前已经有一些关于 MnO_2 表面的试验研究,但是仍然有许多问题没有解决。对于表面构型受烟气组分、温度和压力的影响,缺少明确的认识。从理论视角探讨表面的原子、电子结构以及表面稳定性问题，有利于指导试验研究，且有利于解决催化反应机理等基础问题。

体系中氧的化学势只能在一定的范围内变化。首先，Mn元素的化学势不能太大，超过临界值后，MnO_2 会转化成块体金属Mn，$\mu_{Mn} \leqslant \mu_{Mn}^{bulk}$，此时对应Mn元素化学势的上限和氧化学势的下限，即富锰(Mn-rich)极限和贫氧(O-poor)极限。通过约束条件

$$\mu_{Mn}(T,p) + 2\mu_O(T,p) = g_{MnO_2}^{bulk}(T,p) \tag{3.3}$$

可以把它转化为氧化学势的下限：

$$\mu_O(T,p) = \frac{1}{2}[g_{MnO_2}^{bulk}(T,p) - \mu_{Mn}(T,p)] \geqslant \frac{1}{2}[g_{MnO_2}^{bulk}(T,p) - \mu_{Mn}^{bulk}(T,p)] \tag{3.4}$$

对固体锰有

$$\mu_{Mn}(T,p) = g_{Mn}^{bulk}(T,p) \tag{3.5}$$

同时氧的化学势不能太大，太大的化学势会导致氧原子凝聚成氧气分子(对应富氧极限，O-rich)，因而有

$$\mu_O(T,p) \leqslant \frac{1}{2}E_{O_2} \tag{3.6}$$

氧化学势的变化区间为

$$\frac{1}{2}[g_{MnO_2}^{bulk}(T,p) - \mu_{Mn}^{bulk}(T,p)] \leqslant \mu_O(T,p) \leqslant \frac{1}{2}E_{O_2} \tag{3.7}$$

定义形成吉布斯自由能：

$$\Delta G_f(T,p) = g_{MnO_2}^{bulk}(T,p) - \mu_{Mn}^{bulk}(T,p) - g_{O_2}^{bulk}(T,p) \tag{3.8}$$

式中，

$$g_{O_2}^{bulk}(0,0) \approx E_{O_2} \tag{3.9}$$

则式(2.9)可以变换为

$$\underbrace{g_{MnO_2}^{bulk}(T,p) - \mu_{Mn}^{bulk}(T,p) - 2E_{O_2}}_{\Delta G_f(0,0)} \leqslant \underbrace{\mu_O(T,p) - \frac{1}{2}E_{O_2}}_{\Delta G_f(0,0)} \leqslant 0 \tag{3.10}$$

则氧化学势应该满足的条件为

$$\Delta G_{f,MnO_2}(T,p) \leqslant \Delta\mu_O \leqslant 0 \tag{3.11}$$

$\Delta G_{f,MnO_2}$ 是 MnO_2 体相在0K时的形成能，查找NIST-JANAF热力学数据表可知其大小为−5.34eV。

1) 氧缺陷表面热稳定性

MnO_2(110)表面由交替的O—Mn—O原子层构成，在这一结构的基础上，提出了 MnO_2(110)表面的4种可能结构：

(1) 化学当量比表面：MnO_2(110)表面最外层是 O_{br} 原子层。

(2) O_{br}-半缺陷表面：MnO_2(110)表面最外层是 O_{br} 原子层，但有一半 O_{br} 原子缺陷。

(3) O_{br}-全缺陷表面：MnO_2(110)表面最外层是 Mn 原子层，即表面所有 O_{br}原子产生氧缺陷。

(4) O_{cus}表面：MnO_2(110)表面最外层是 O_{cus}原子层，即表面处于富氧状态。

$$E_{ads}=E_{(adsorbate/surface)}-(E_{adsorbate}+E_{surface}) \tag{3.12}$$

根据式(3.12)，可以得出 MnO_2(110)表面自由能的表达式：

$$\gamma(T,\{p_i\})=\frac{1}{A}[E_{slab}-N_{Mn}E_{MnO_2}-(N_O-2N_{Mn})\mu_O(T,p_i)] \tag{3.13}$$

如式(3.13)所示，表面自由能随化学势线性变化，表面组分是否跟氧化物块体相的组分一致决定曲线的斜率，若表面终端的化学配比与块体一致，则其自由能不随氧化学势变化；若高于化学计量比，随着氧化学势的增加，表面自由能降低，反之增加。

根据式(3.13)，计算得到这 4 种 MnO_2(110)表面构型与氧化学势的变化关系，如图 3.19 所示。首先，化学当量比表面自由能不依赖氧化学势的变化而变化，保持恒定值；而 O_{br}原子缺失一半、O_{br}原子全部缺失和富氧表面的自由能随着氧化学势线性变化，O_{br}原子缺失一半和 O_{br}原子全部缺失构型的自由能随着氧化学势

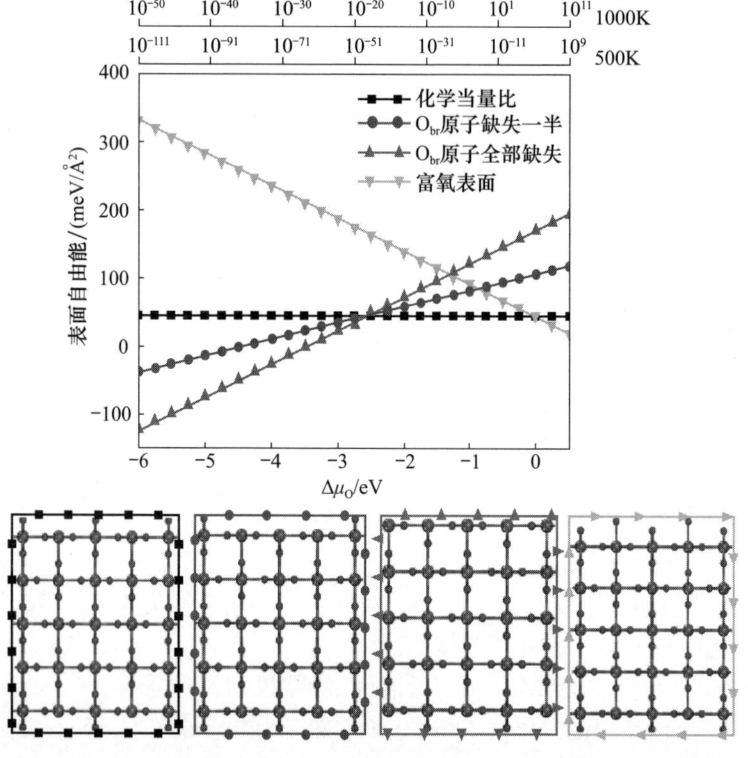

图 3.19　MnO_2(110)表面 4 种模型的表面自由能随 O 的化学势的变化关系图

的增加而增加，富氧表面构型的自由能则随着氧化学势的增加而降低。表面自由能越大表面越不稳定，从图 3.19 中可以看出，在氧分压特别高时，富氧表面构型的自由能才会低于化学当量比模型；在氧分压特别低时，化学当量比模型的表面自由能才会高于 O_{br}原子缺失一半和 O_{br}原子全部缺失模型。因此，在烟气条件（200～400℃，$p_{O_2}\approx0.05$atm①）下，氧化学势变化范围在－1eV 附近，化学当量比构型的表面自由能最低，也就是说化学当量比构型最稳定。因此在提出的 4 种模型中，化学当量比构型是 SCR 烟气条件下最稳定的表面结构。这个结果与 Loomer 等[64]的试验一致，他们应用与透射电子显微镜技术（STEM）相结合的电子能量损失光谱（EELS）在纳米尺度上测定天然锰矿物表面上 Mn 的价态为 4，说明 MnO_2 的完整表面最稳定。

2）羟基化和质子化表面热稳定性

烟气中存在 H_2O 以及少量的 H_2，不可避免地会造成催化剂表面质子化和羟基化，从而对催化剂的性能产生影响。因此，有必要研究羟基化和质子化表面在不同条件下的热稳定性。研究 6 种不同的表面，分别是：①化学当量比构型；②H_2O 吸附在化学当量比的 MnO_2(110)面 Mn_5 位上；③OH 基团在 Mn_5 位上，H 基团在 O_s 位上；④OH 基团在 Mn_5 位上，H 基团在 O_{br}位上；⑤H 基团在 O_s 位上；⑥H 基团在 O_{br}位上。

MnO_2(110)质子化或羟基化表面自由能的表达式为

$$\gamma(T,\{p_i\})=\frac{1}{A}[E_{slab}-N_{Mn}E_{MnO_2}-(N_O-2N_{Mn})\mu_O(T,p_i)-N_H\mu_H] \tag{3.14}$$

式中，$\gamma(T,\{p_i\})$表示表面自由能；A 表示面积；E_{slab}表示表面平板的总能量；N_{Mn}表示 Mn 原子数；E_{MnO_2} 表示 MnO_2 表面的总能量；N_O 表示 O 原子数；$\mu_O(T,p_i)$表示温度和压力分别为 T 和 p_i 条件下的氧化学势；N_H 表示 H 原子数；μ_H 表示 H 的化学势。

在羟基化表面自由能计算中，根据试验假设 SCR 烟气中 H_2O 的质量分数为 9%。虽然燃煤烟气中 H_2 的浓度可以忽略，这里为了计算的实现，假设烟气中 H_2 的浓度为 1ppb。在式(3.14)中，当 MnO_2 处于贫氧区（oxygen-poor region，OPR）时，μ_H 定义为

$$\mu_H=\frac{1}{2}\mu_{H_2} \tag{3.15}$$

当 MnO_2 处于富氧区（oxygen-rich region，ORR）时，μ_H 定义为

$$\mu_H=\frac{1}{2}(\mu_{H_2O}-\mu_O) \tag{3.16}$$

这样，H 原子的来源的不同会导致两区间斜率的不同。根据式(3.14)～式(3.16)，计算得到 6 种 MnO_2 羟基化或质子化表面的自由能随氧化学势的变化趋势，如图 3.20 所示。

---

① 1atm＝1.01325×10^5Pa，下同。

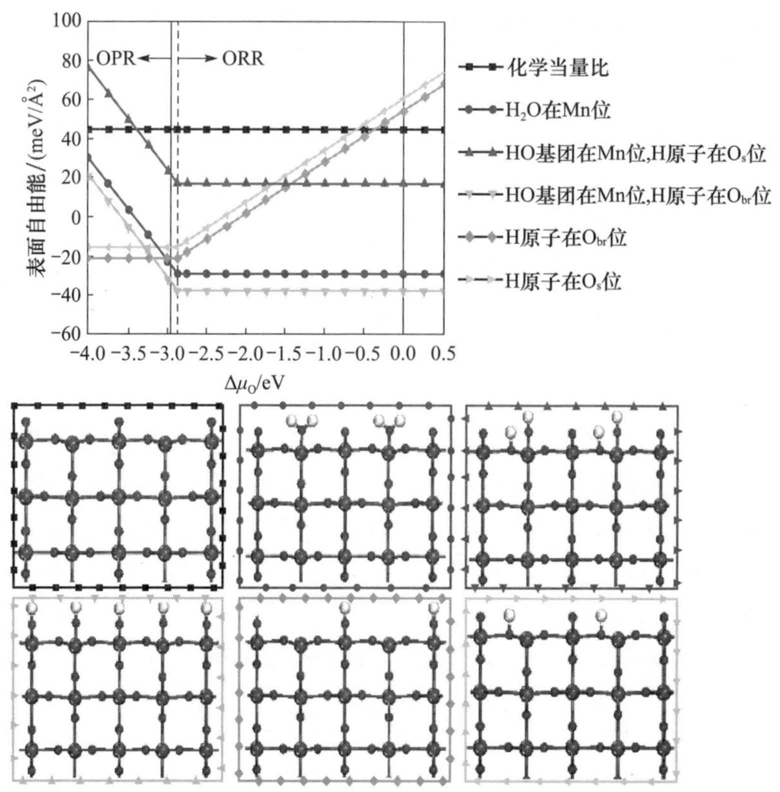

图 3.20 MnO_2(110)6 种羟基化或质子化表面的自由能随氧化学势的变化关系

两条竖线分别表示贫氧和富氧极限,虚线代表贫氧区与富氧区的界限

从图中可以看出,在 OPR 区间,质子化的结构表面自由能更低更稳定;而在 ORR 区间,质子化结构表现出更高的表面自由能,说明在高的氧化学势下,质子化的结构不稳定。在 ORR 区间中,H_2O 在 Mn_5 位与 HO 基团在 Mn_5 位、H 原子在 O_{br}位是氧化学势变化范围内最稳定的两种结构,结构优化后两种表面 OH 基团之间都形成了紧密的氢键,这可能是其稳定的重要原因。此外,可以看出 H_2O 在 MnO_2(110)较倾向于解离吸附,但分子吸附的稳定性也很高。目前,对于金红石结构的金属氧化物(TiO_2、RuO_2 和 SnO_2),H_2O 分子到底是以分子形式还是以解离形式吸附是个备受争议的话题。对 TiO_2(110)表面,大部分学者[65-68]认为它是分子吸附,小部分学者[69]认为是解离吸附。对 SnO_2(110)表面则相反,目前一般认为 H_2O 在表面是解离吸附[65,70]。因此,可以得出,在 SCR 烟气条件下,H_2O 的存在容易造成表面羟基化,从而改变 MnO_2 表面的结构和组成,降低催化剂的活性与反应性。

3) 氯化表面热力学稳定性

在 SCR 烟气中,HCl 的浓度在几个 ppm 到几百个 ppm 范围内。HCl 的存在可能会导致催化剂表面被氯化，同时考虑到 HCl 在 Hg 氧化过程中的氧化机理仍然不明确，因此研究不同氯化表面结构的热力学稳定性有助于解释 HCl 在 Hg 氧化过程中的作用机理。H 原子和 Cl 原子的化学势满足以下关系：

$$\mu_{H}+\mu_{Cl}=\mu_{HCl} \tag{3.17}$$

根据式(3.17)，可以得到 $MnO_2(110)$氯化表面自由能的表达式：

$$\gamma(T,\{p_i\})=\frac{1}{A}[E_{slab}-N_{Mn}E_{MnO_2}-(N_O-2N_{Mn})\mu_O(T,p_i)-N_{HCl}\mu_{HCl}-N_H\mu_H] \tag{3.18}$$

式中，N_{HCl}表示 HCl 分子数；μ_{HCl}表示 HCl 的化学势。

$MnO_2(110)$氯化构型的建立是通过优化 H 原子和 Cl 团子原子在 MnO_2 完整表面的吸附构型来实现。主要研究了 H 原子吸附在 O_{br} 位、Cl 原子吸附在 Mn_5 位，以及不同覆盖度下的氯化表面。不同结构的表面自由能随 HCl 化学势的变化如图 3.21 所示。由图可见，覆盖度在 1/6 时的氯化表面几乎在整个 HCl 化学势区

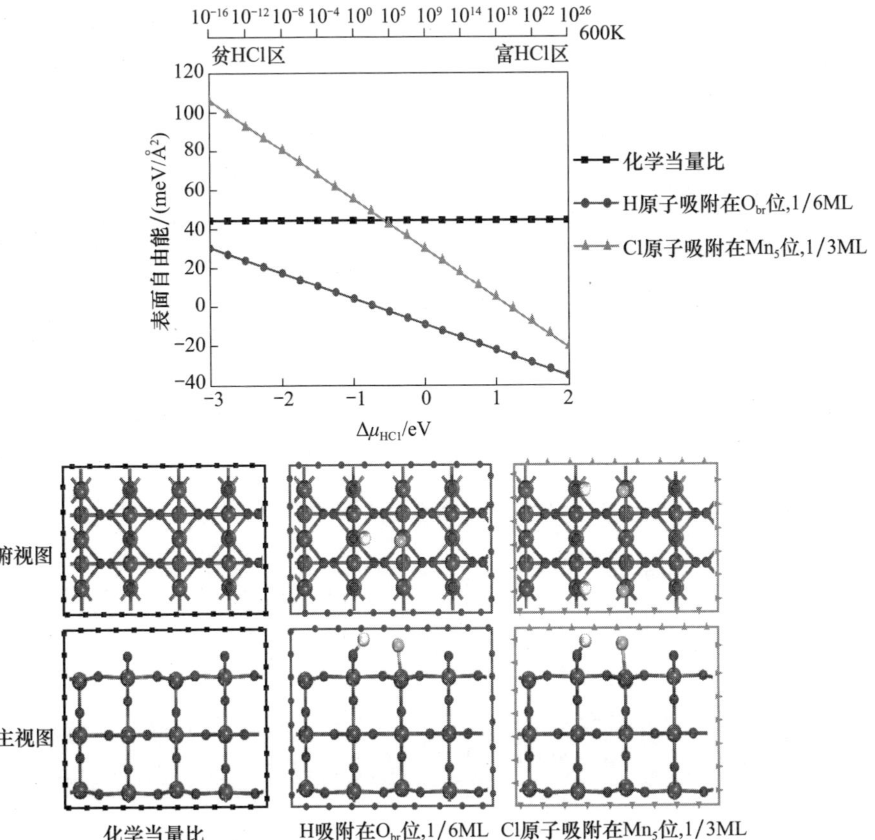

图 3.21　$MnO_2(110)$不同覆盖度下氯化表面的自由能随 HCl 化学势的变化关系

间下都是最稳定的，比化学当量比表面还要稳定。随着 HCl 覆盖度的增加和 HCl 化学势的降低，氯化表面的稳定性降低。从以上结果来看，氯化 MnO_2(110)表面能够稳定存在，这种氯化表面可能会提供 Hg 氧化反应的活性位，可以解释 HCl 存在下 MnO_2 高的 Hg 氧化效率。

通过以上分析，可以得出烟气条件下，MnO_2(110)化学当量比表面比氧缺陷表面要稳定；H_2O 可能会造成 MnO_2(110)表面羟基化，从而会对 Hg 吸附或氧化反应造成不利影响；低 HCl 化学势下，氯化的 MnO_2(110)表面仍能稳定存在。因此，在下面的吸附计算中，采用 MnO_2(110)完整表面作为基底来研究不同形态汞和 HCl 在表面的吸附；在汞氧化路径分析中，采用氯化的 MnO_2(110)表面作为基底来研究汞的氧化机理。

3.2.3 不同形态汞在 MnO_2(110)表面的吸附

1. Hg^0 在 MnO_2(110)表面的吸附

本节计算 MnO_2(110)表面 6 种不同的高对称性位（即 O_s 顶位、O_{br} 顶位、Mn_5 顶位、O_s 桥位、Mn_5 桥位和空穴位）上 Hg 原子的吸附情况。经过结构优化，图 3.22 给出 Hg^0 在 MnO_2(110)表面上 4 种最稳定的吸附构型。相应的吸附能、键长和 Mulliken 电荷列于表 3.14 中。Hg^0 在 MnO_2(110)表面的吸附能为 −63.51～−78.32kJ/mol，属于化学吸附，说明 Hg^0 与 MnO_2(110)表面之间有较强的相互作用。各吸附位的吸附能大小顺序为：O_s 桥位＞O_s 顶位＞Mn_5 顶位＞O_{br} 顶位。Hg 在 O_s 桥位吸附最强，吸附能为 −78.32kJ/mol，吸附后 Hg 的 Mulliken 电荷为正 0.274e，表明电荷从 Hg 转移到 MnO_2 表面。电荷转移越多，Hg 与表面的作用越强烈，电荷转移的强度趋势和前面吸附能得出的结论一致。

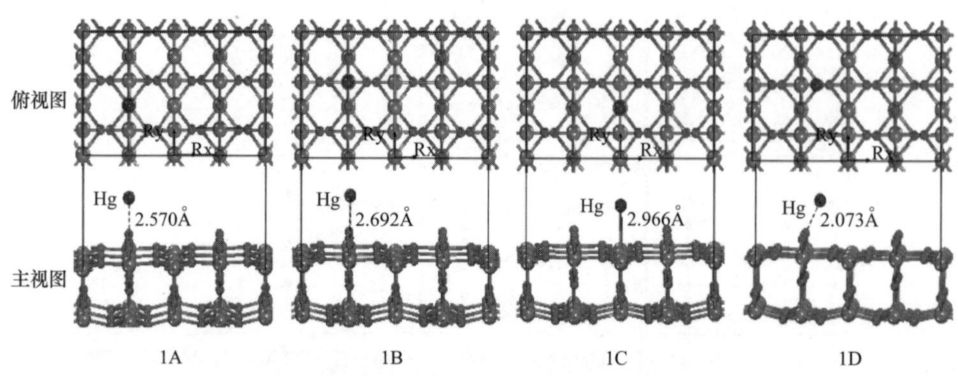

图 3.22 Hg^0 在 MnO_2(110)表面的吸附构型

表 3.14　Hg^0 在 MnO_2(110)表面上的吸附能、键长及 Mulliken 电荷

吸附构型	p(3×2)超胞			p(2×2)超胞		
	E_{ads}/(kJ/mol)	$R_{Hg—X}$/Å	Q_{Hg}	E_{ads}/(kJ/mol)	$R_{Hg—X}$/Å	Q_{Hg}
1A	−71.48	2.570	0.217e	−65.97	2.593	0.206e
1B	−78.32	2.692	0.274e	−68.31	2.721	0.247e
1C	−67.60	2.966	0.202e	−64.08	2.969	0.178e
1D	−63.51	2.703	0.205e	−58.74	2.754	0.2e

同时,从图 3.22 和表 3.14 可见,Hg 在 O_{br} 顶位的吸附能为−71.48kJ/mol,在 Mn_5 顶位的吸附能为−67.60kJ/mol;相应的 Hg—O 键长为 2.570Å,Hg—Mn 键长为 2.966Å,从吸附能和键长结果可以看出,表面氧与锰位在 Hg^0 与表面的吸附中都起到重要作用。锰位对 Hg 的活性可能与其 4d 空轨道所表现出的金属性有关。由于氧位的吸附能大于锰位的吸附能,MnO_2 表面氧位在 Hg 吸附中占主导地位。

有研究者探讨了 Hg^0 在其他氧化物上的吸附情况,研究表明,Hg^0 在 CaO[71,72]、Al_2O_3[73]、V_2O_5[39]等的表面吸附中通过 Hg—O 的反应起作用,而在 Fe_2O_3[74]上,Fe 位在 Hg^0 与表面的反应发挥重要作用。计算结果显示了 Mn 原子在 Hg^0 与表面的反应中起主要作用,进一步证明单质 Hg^0 与氧化物的反应并不是单一的 Hg—O 反应方式。此外,随着覆盖度的增加,Hg 在 MnO_2(110)表面的吸附能降低,这可能是由于 Hg—Hg 之间的作用增强,降低了 Hg 与表面之间的作用。

为了详细说明 Hg^0 在 MnO_2(110)表面吸附的成键细节,计算了 Hg 原子和吸附基底表面原子的投影态密度。计算选取的是 Hg 原子位于稳定的吸附位 O_{br} 顶位和 Mn_5 顶位,态密度结果如图 3.23 和图 3.24 所示。并计算对比了吸附前后

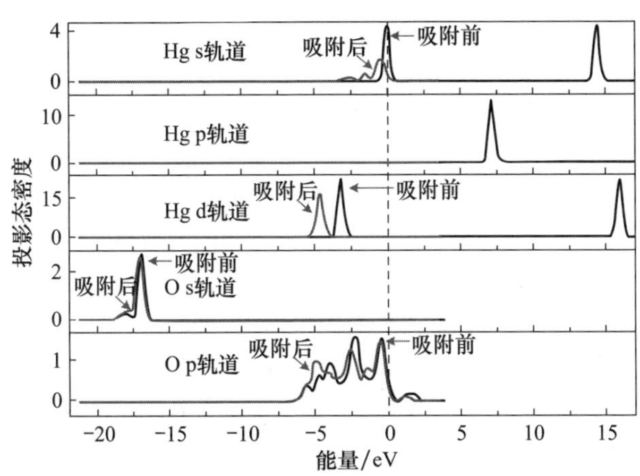

图 3.23　Hg^0 在 MnO_2(110)表面 O_{br} 顶位吸附前后投影态密度图

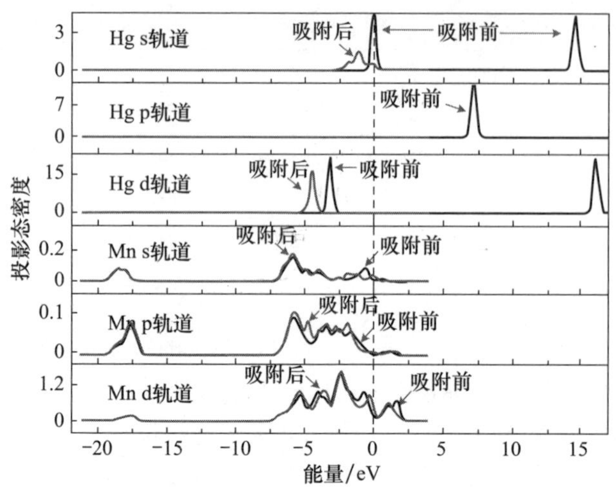

图 3.24　Hg^0 在 MnO_2(110)表面 Mn_5 顶位吸附前后投影态密度图

Hg 原子、O_{br}原子和 Mn_5 原子的态密度图。费米能级设为 0eV 并用垂直的虚线标记。自由态的 Hg 原子的态密度为吸附前 Hg 原子的态密度图。计算结果表明，吸附前 Hg 原子的 s 轨道和 d 轨道在－3.6eV 和－0.1eV 附近，未占据的 p 轨道在 7.0eV 附近。由态密度图可知，吸附后 Hg 原子的所有轨道向低能级方向移动且能量降低，说明 Hg 原子和 MnO_2 之间具有相互作用。同时，反映出 Hg 原子与 O 原子的电子轨道存在共振现象：Hg 原子的 s 轨道和 d 轨道与 O 的 p 轨道分别在－4.9eV 和－0.6eV 处发生共振。此外，Hg 原子的 s 轨道和 d 轨道与 Mn 原子的 p 轨道和 d 轨道分别在－4.8eV和－0.2eV 处发生共振。这表明 Hg 原子与表面 O 原子和 Mn 原子轨道之间具有较强的作用。

Scala 等[75]研究了 MnO_2 吸附剂上汞的动态吸附特性，试验显示在 0～200℃，汞的吸附速率和吸附量随着温度增加而增加，汞的表观活化能很大。根据这些信息 Scala 等[75]认为 Hg 在吸附剂表面为化学吸附。Wang 等[53]对 Hg 预吸附的 $MnO_2/Ca(OH)_2$ 吸附剂的 XPS 试验结果表明，Hg 在表面形成了氧化态汞，Hg 吸附后 Mn 元素的价态发生了变化。Qiao 等[76]通过 XPS 和热解-原子吸收光谱(AAS)发现 Hg 在 MnO_2 表面的形态为 HgO，同时，在 Hg 吸附后，Mn 元素的价态由＋4价降为＋3 价。以上试验报道与理论计算得出相同的结论。基于以上分析，可以得出，单质汞可以稳定地吸附在 MnO_2 表面，与表面 O 原子和 Mn 原子通过杂化轨道相互作用而生成新的化学键，理论计算与上述试验结果相一致。

由以上分析可见，Hg 在表面 O 位强烈吸附并形成 Hg—O 键，由此 Hg 在 MnO_2 表面存在两种可能的最终状态：一种是 Hg 吸附在表面形成稳定的 $MnHgO_{x-1}$结构，另一种是形成 HgO 从表面脱附到烟气中。为了进一步确定 Hg 在 MnO_2 表面上吸附生成 HgO 的可能性，研究了 HgO 在 MnO_2 表面的吸附构型与 HgO 反应的能量路径图。研究发现，HgO 在 MnO_2 表面 O 的吸附能为 −195.04～−204.14kJ/mol，说明 HgO 在 MnO_2(110)表面属于强的化学吸附。在表面 O 位，Hg 朝下吸附后，HgO 吸附后 HgO 键长比气相 HgO 缩短；O 原子朝下吸附后，HgO 的键长增加至 3Å 左右，说明 HgO 在表面发生分解反应。通过计算反应物、中间态和生成物随着反应路径的能量变化，进一步分析 HgO 在 MnO_2 表面的反应路径。计算结果表明，HgO 在 MnO_2 表面吸附属于强的放热反应，HgO 很难发生脱附反应；HgO 在表面可能的脱附过程是 HgO 的 O 原子吸附在 MnO_2 表面，而 Hg 从表面脱附到气相中。该过程需要吸收 15.70kJ/mol 的能量。基于上述结果可以得出，HgO 在 MnO_2(110)表面的吸附是强的吸热反应，属于化学吸收作用；HgO 可以通过 O 原子吸附而 Hg 脱附的路径在表面解离。

因此，Hg^0 在 MnO_2 表面的吸附和转换机理可以通过 Mars-Maessen 机理解释，即 Hg 与晶格氧形成了稳定的 $HgMnO_{x-1}$ 结构，但形成的 HgO 结构很难从表面脱附到气态。此外，根据上述热力学稳定性计算，羟基化表面的热稳定性比完整表面还要高。因此，计算了 Hg 在 MnO_2(110)羟基化表面上的吸附。计算结果表明，Hg 在羟基化的表面吸附能大幅降低，说明表面质子化不利于 Hg 的吸附。

2. HgCl 在 MnO_2(110)表面的吸附

HgCl 分子在 MnO_2 表面有两种吸附取向：HgCl 分子垂直于表面和 HgCl 分子平行于表面。考察了 HgCl 在 MnO_2(110)表面 10 种可能的初始构型，优化计算后得到 5 种稳定的构型，如图 3.25 所示。表 3.15 给出了 HgCl 在 5 种稳定构型中的吸附能和结构参数。由表可知，吸附体系的稳定性顺序排列为 2A>2E>2B>2D>2C，5 种稳定构型的吸附能都大于 −60kJ/mol，说明 HgCl 与 MnO_2(110)表面有着强烈的相互作用，且属于化学吸附。Hg 原子端吸附时的吸附能大于 Cl 原子端吸附的吸附能。HgCl 在 O_{br} 顶位吸附最强，吸附能为 −232.52kJ/mol，为强

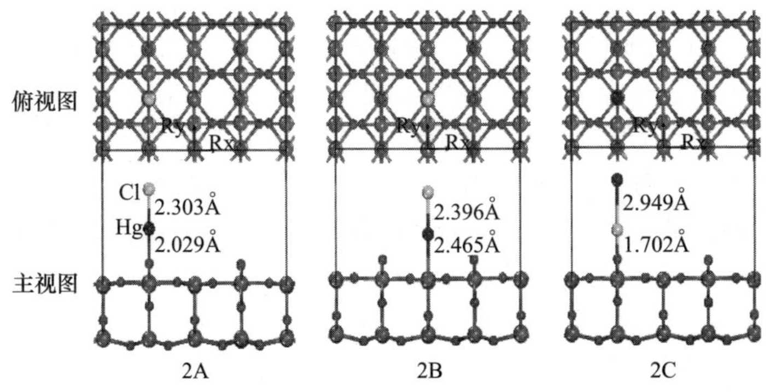

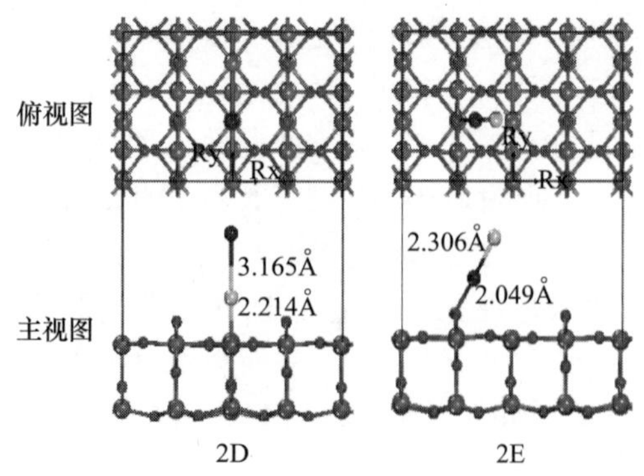

图 3.25　HgCl 在 MnO_2(110)表面吸附的优化构型

烈的化学吸附,即 2A 构型在能量上最为有利,结构最稳定。此外,随着覆盖度的增加,HgCl 吸附能降低,其原因一方面是 HgCl 分子间作用力的增强降低了其与表面的作用,另一方面是 HgCl 与表面的作用降低了 MnO_2(110)的电子态密度,使表面与其他 HgCl 分子的作用减弱。

表 3.15　HgCl 在 MnO_2(110)氧终端表面的吸附能和构型参数

吸附构型	p(3×2)超胞				p(2×2)超胞			
	E_{ads} /(kJ/mol)	R_{Hg-X} /Å	R_{Cl-X} /Å	R_{Hg-Cl} /Å	E_{ads} /(kJ/mol)	R_{Hg-X} /Å	R_{Cl-X} /Å	R_{Hg-Cl} /Å
2A	−232.52	2.029	—	2.303	−196.40	2.036	—	2.304
2B	−141.44	2.465	—	2.396	−97.27	2.644	—	2.400
2C	−63.47	—	1.702	2.949	−50.53	—	1.706	2.966
2D	−84.58	—	2.214	3.165	−77.05	—	2.218	3.228
2E	−222.58	2.049	—	2.306	194.25	2.050	—	2.305

为了进一步探究 HgCl 在表面上的反应途径,计算反应物、中间态以及生成物随着反应路径相对的能量变化,结果如图 3.26 所示。图中结果揭示了从中间体中脱附 Cl 原子均属于高吸热反应,需要外加的能量进入吸附系统,否则无法完成。中间体构型 2C 和 2D 吸附 Cl 原子脱附 Hg 原子也属于吸热反应,但其需要的能量较小。并且所有中间体吸附构型中,2A 最可能形成中间体构型,其反应过程中放热最多,稳定性最强,其吸附 Hg 原子脱附 Cl 原子需要很大的外加能量,一旦 HgCl 分子与吸附表面结合,就不容易发生脱附。综上所示,HgCl 分子与吸附表面结合后一般很难发生脱附反应。在所有中间体中,2C 构型发生脱附较容易,吸附 Cl 原子而脱附 Hg 原子是其可能的途径。

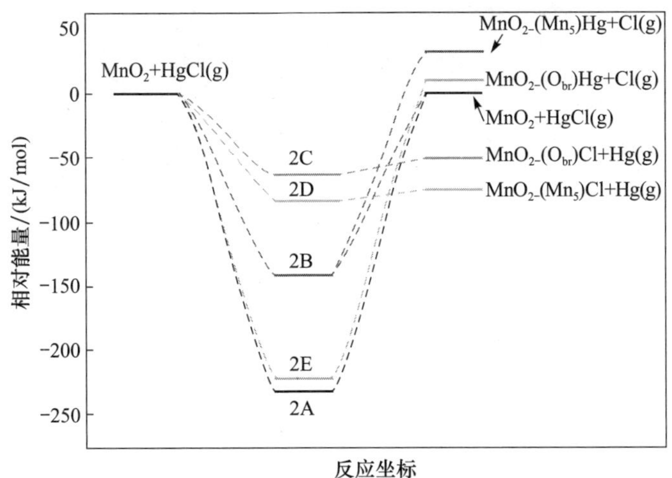

图 3.26　HgCl 在 MnO_2(110)表面反应的能量图

虚线表示反应中没有考虑过渡态

3. $HgCl_2$ 在 MnO_2(110)表面的吸附

$HgCl_2$ 分子在 MnO_2(110)表面同样有两种吸附取向：$HgCl_2$ 分子垂直于表面和平行于表面。考察 $HgCl_2$ 分子在表面上 8 种初始的吸附构型，优化后得到 4 种稳定的构型，如图 3.27 所示。表 3.16 给出了优化后稳定构型的吸附能和结构参数。$HgCl_2$ 吸附能大小顺序为 3C>3D>3B>3A，且平行吸附时的吸附能大于垂直吸附时的吸附能。3C 构型中 $HgCl_2$ 以 Hg 吸附于 O_{br} 位，吸附能大小为−67.86kJ/mol，为化学吸附。3D 与 3C 构型类似，$HgCl_2$ 的吸附能为−58.04kJ/mol。而 3B 和 3A 吸附构型的吸附能都明显小于 40kJ/mol，属于物理吸附。通过以上分析可见，

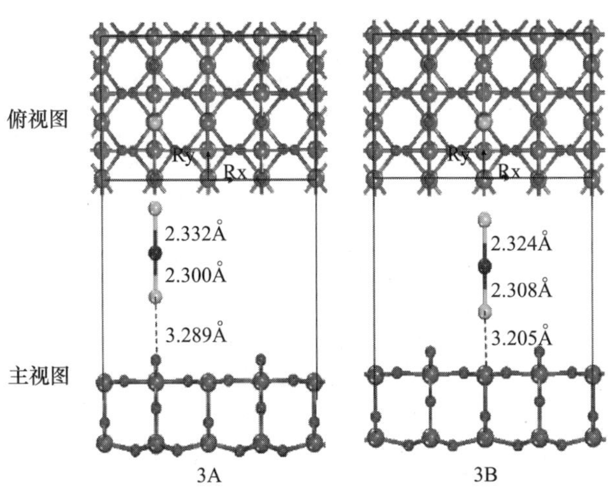

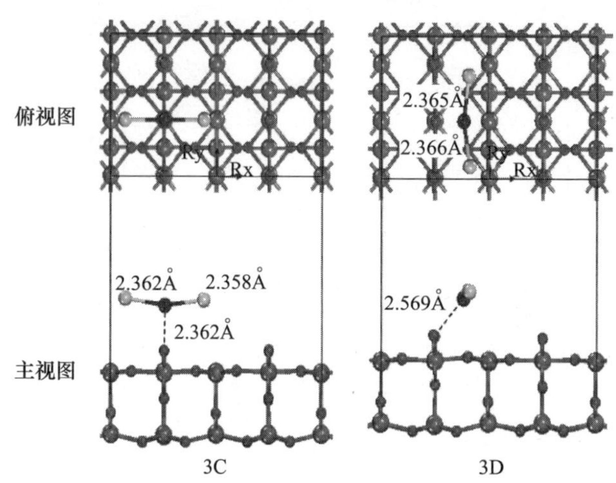

图 3.27 $HgCl_2$ 在 MnO_2(110)表面的吸附优化构型

表 3.16 $HgCl_2$ 在 MnO_2(110)表面上的吸附能、键长和键角

吸附构型	p(3×2)超胞					p(2×2)超胞				
	E_{ads} /(kJ/mol)	R_{Hg-X} /Å	R_{Cl-X} /Å	R_{Hg-Cl} /Å	θ_{HgCl_2} /(°)	E_{ads} /(kJ/mol)	R_{Hg-X} /Å	R_{Cl-X} /Å	R_{Hg-Cl} /Å	θ_{HgCl_2} /(°)
3A	−22.35	—	3.289	2.300/2.332	180.0	−11.14	—	3.288	2.301/2.330	180.0
3B	−25.79	—	3.205	2.308/2.324	180.0	−23.26	—	3.219	2.307/2.324	180.0
3C	−67.86	2.362	—	2.358/2.362	164.2	−56.26	2.891	—	2.342/2.344	172.4
3D	−58.04	2.569	—	2.365/2.366	165.4	−49.62	2.801	—	2.351/2.351	173.3

$HgCl_2$ 在 MnO_2(110)表面既有物理吸附又有化学吸附，且其主要吸附模式是平行吸附。

同时，对 $HgCl_2$ 在表面的吸附进行了势能图解分析，如图 3.28 所示。能量值均是相对于 $HgCl_2$ 在 MnO_2(110)表面的总能量值。从能量图可以更直观地看出，中间体构型 3C 和 3D 的生成都是高的放热反应，其中生成构型 3C 放出的热量最多，推知该构型最可能生成也最稳定。次稳定的构型是 3D，$HgCl_2$ 在 MnO_2(110)表面可能的脱附反应是脱附 $HgCl_2$ 分子或者吸附 Hg 脱附 HgCl。在中间体构型 3C 和 3D 中，可能发生的是脱附 $HgCl_2$ 分子，从能量图中可以清楚地看出，此种脱附方式是吸热反应，需要外加能量，说明此种脱附反应需在较高温度下发生。与 3C 和 3D 构型的脱附反应相比较，3A 和 3B 构型的脱附反应相对容易，只需要很少的能量。综上，认为 $HgCl_2$ 分子与吸附表面结合后脱附反应不易发生，这与吸附能的结论一致。

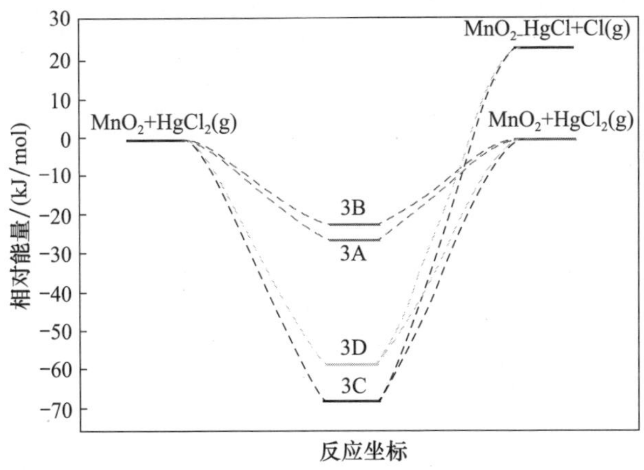

图 3.28　$HgCl_2$ 在 MnO_2(110)表面上吸附的能量图

4. 温度对不同形态汞在 MnO_2(110)表面上的吸附平衡常数的影响

基于前面不同形态汞在 MnO_2 表面强的吸附作用，考虑温度对吸附的影响，计算了基于第一性原理的热力学数据，用来研究温度对不同形态汞在表面吸附平衡常数的影响。平衡常数通过以下公式计算：

$$\ln K_{eq} = -\frac{\Delta G}{RT} \tag{3.19}$$

式中，ΔG 为吉布斯自由能；R 为理想气体常数；T 为温度。吉布斯自由能由以下公式计算：

$$\Delta G \approx \Delta E_{ads} + \Delta E_0 + T(\Delta S_{vib} + \Delta S_{trans,rot}) - kT\ln\left(\frac{P}{P_0}\right) \tag{3.20}$$

其中，ΔE_{ads} 为吸附能；ΔE_0 为零点能；ΔS_{vib} 和 $\Delta S_{trans,rot}$ 分别为吸附过程中的振动能、移动和旋转能；k 为玻尔兹曼常量。由于吸附过程中压力保持恒定，压力项为零。考虑到实际 SCR 温度区间，计算的平衡常数的温度取在 250～1000K。几何优化过程中 HgCl 分子之间可能会有相互作用，导致计算结果不准确。为了减少基底大小造成的误差，采用 p(3×2)MnO_2(110)表面作为吸附基底。不同形态汞在 p(3×2)MnO_2(110)表面上的吸附平衡常数与温度之间关系曲线如图 3.29 所示。

三种形态汞吸附平衡常数都是随着温度的增加而降低的。HgCl 的吸附平衡常数最大，与前文吸附能的结论一致。温度对 HgCl 吸附平衡常数最敏感，这可能是因为 HgCl 含有未成对的电子。当温度高于 660K 时，Hg^0 和 $HgCl_2$ 的吸附平衡常数较小，且随着温度增加降低，这与汞吸附试验观察结论一致。此外，在 375K

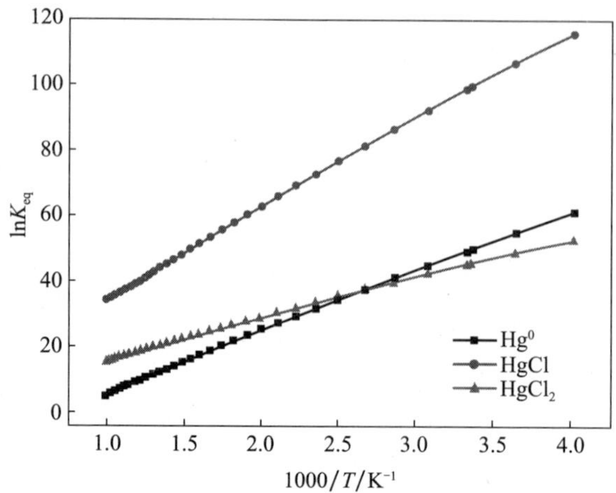

图 3.29　不同形态汞在 MnO_2(110)表面上的吸附平衡常数与温度之间的关系

以上，由于 Hg^0 有强的挥发性，Hg^0 的吸附平衡常数低于 $HgCl_2$ 的吸附平衡常数。基于以上分析，得出提高温度会对汞的吸附产生不利影响，但也会有助于吸附剂的再生；氧化态汞在较高温度下更容易被吸附。此外，Kim 等[71]研究了不同形态汞在 CaO(001)表面上的吸附热力学。比较汞在 MnO_2 与 CaO 表面上的热力学特性，发现汞在两种表面上都倾向于低温吸附。但在整个温度范围内，单质汞在 MnO_2 表面的吸附平衡常数高于 CaO 表面。

3.2.4　汞在 MnO_2(110)表面的氧化反应路径分析

1. HCl 在 MnO_2(110)表面上的吸附与分解

分析 HCl 分子在 MnO_2(110)表面 10 种可能的吸附方式，结构优化后得到了三种稳定吸附构型 4A、4B 和 4C，如图 3.30 所示。稳定吸附构型的吸附能与键长见表 3.17，HCl 在 MnO_2(110)表面的吸附能为－58.56～－181.50kJ/mol，属于较强的化学吸附。各吸附位吸附能的大小顺序为 4C>4B>4A。在三种吸附构型中，4C 构型的 HCl 吸附最强，吸附能为－181.50kJ/mol。在 4B 和 4C 构型中，HCl 发生了解离吸附，H 原子与 Cl 原子分别向 O 原子和 Mn 位移动。H—O 和 Cl—Mn 的键长分别在 0.9Å 和 2.4Å 左右，表明 HCl 在吸附后 H 原子和 Cl 原子分别与表面的 O 原子和 Mn 原子有成键作用。此外，对比 HCl 和 $HgCl_2$ 在 MnO_2(110)表面的吸附，可以发现两者的吸附都发生在表面氧位，且 HCl 的吸附明显强于 $HgCl_2$。Qiao 等[76]的试验结果表明，在 MnO_2 催化剂表面通入 HCl 后，$HgCl_2$ 会从催化剂表面释放出来，说明 HCl 与 $HgCl_2$ 在 MnO_2 催化剂表面发生竞争吸附，这与计算结论一致。此外，黄慧萍等[77]采用程序升温脱附技术研究了 14 种金属氧化物(Al_2O_3、TiO_2、Cr_2O_3、Fe_2O_3、ZnO、CoO、CuO、La_2O_3、CaO、MgO、RuO_2、MnO_2、CeO_2、Co_3O_4)吸附 HCl 与释放 Cl_2 的效果,采用 XPS 分析反应后样品残氯量。结果表明,MnO_2 具有较好的吸附 HCl 的效果,表明 MnO_2 与 HCl 之间有强的相互作用,与计算结论一致。

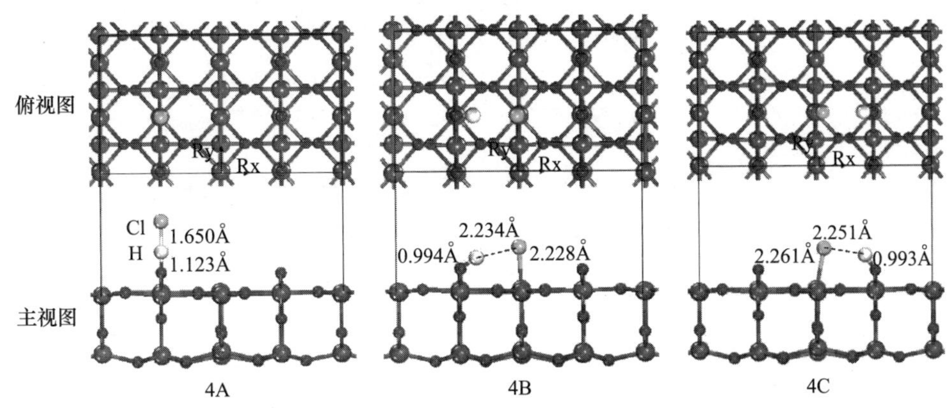

图 3.30　HCl 在 MnO_2(110)表面的吸附构型

表 3.17　HCl 在 MnO_2(110)表面上的吸附能和键长

吸附构型	p(3×2)超胞				p(2×2)超胞			
	E_{ads} /(kJ/mol)	$R_{H—O}$ /Å	$R_{Cl—Mn}$ /Å	$R_{H—Cl}$ /Å	E_{ads} /(kJ/mol)	$R_{H—O}$ /Å	$R_{Cl—Mn}$ /Å	$R_{H—Cl}$ /Å
4A	−58.56	1.123	—	1.650	−56.30	1.125	—	1.644
4B	−175.63	0.994	2.234	2.228	−175.57	0.993	2.454	2.226
4C	−181.50	0.993	2.251	2.261	−177.41	0.998	2.227	2.255

为了更进一步地确定 HCl 在 MnO_2(110)表面吸附的成键细节,计算 HCl 分子和吸附基底表面原子的态密度。计算选取的是 HCl 吸附构型 4C,态密度结果如图 3.31 和图 3.32 所示。由图 3.31 可知,吸附前 HCl 分子中 H 原子与 Cl 原子的轨道具有明显的共振效应,说明两者发生强的相互作用。吸附后,H 原子和 Cl 原子之间几乎没有共振峰,表明 H—Cl 键已完全断裂。同时在图 3.32 中,HCl 吸附后,H 原子的 s 轨道和 p 轨道与 O 原子的 s 轨道在 −19.0eV 和 −6.5eV 强烈共振;Cl 原子的 s 轨道和 p 轨道与 Mn 原子的 p 轨道在 −18.0eV、−2.1eV 和 1.2eV 处强烈共振。以上分析说明,HCl 在 MnO_2 表面发生分解吸附,并产生吸附态的活性 Cl 原子和羟基。

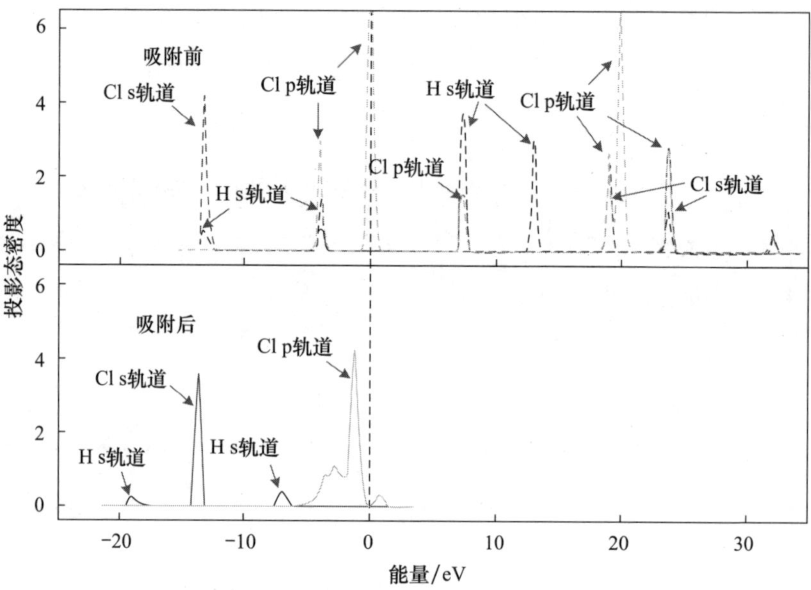

图 3.31 HCl 在 MnO_2(110)表面吸附前后投影态密度图

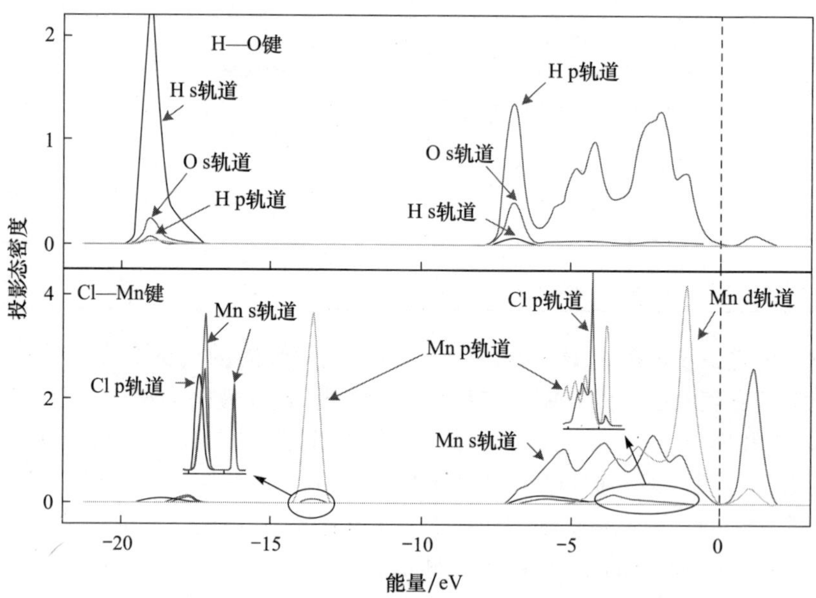

图 3.32 HCl 在 MnO_2(110)表面吸附后的投影态密度图

2. 汞在 MnO_2(110)表面上的氧化机理研究

考虑两种汞氧化路径，路径 1 是两步反应：Hg→HgCl→$HgCl_2$，路径 2 是一步反应：Hg→$HgCl_2$。以 Hg/Cl/2H 原子在 MnO_2(110)表面的两种最稳定的吸附构型作为反应物，HgCl/Cl/2H 和 $HgCl_2$/2H 的共吸附构型作为中间产物来描述汞在 MnO_2(110)表面上可能的氧化路径，搜索了各个基元步骤的过渡态。汞氧化反应过程中能量变化如图 3.33 所示，两种初始构型分别为模型 1 和模型 2。反应中涉及的过渡态、中间态和终态的结构以及相应结构的结构参数如图 3.34 所示。

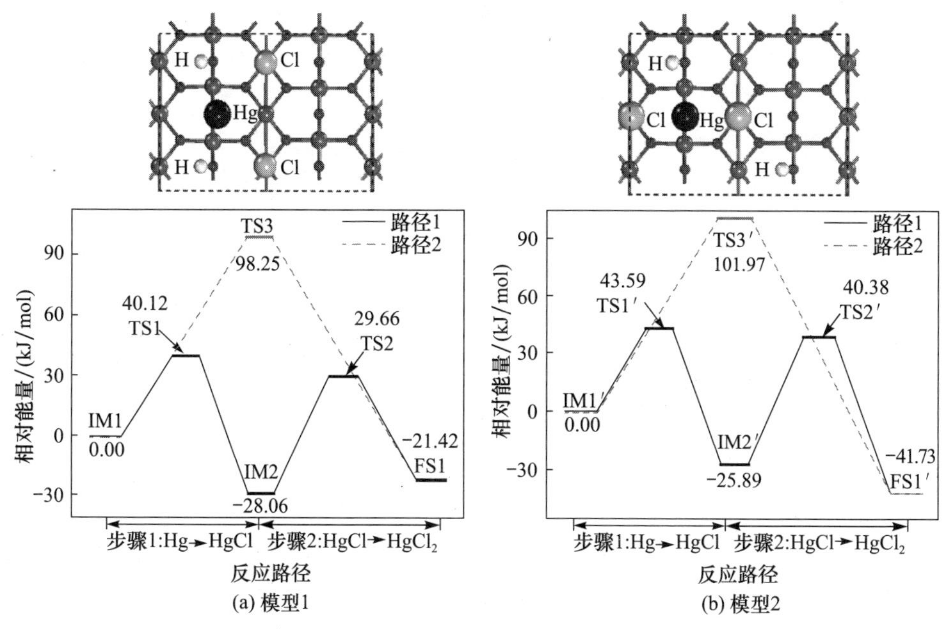

图 3.33 汞在 MnO_2(110)表面上反应路径

如图 3.33(a)所示，汞反应过程以模型 1 吸附构型作为反应物。在路径 1 中，首先发生了第一步 HgCl 形成过程(Hg→HgCl)：Hg 原子、Cl 原子和 H 原子共吸附在 MnO_2(110)表面，形成 IM1。其中，Cl 原子吸附在 Mn_5 位，H 原子吸附在 O_{br} 位，Hg 原子吸附在 Mn_5 位；吸附态的 Cl 原子经过过渡态 TS1 接近吸附的 Hg，形成了吸附态的 HgCl 构型，即 IM2，这一步需跨越的反应能垒为 40.12kJ/mol；同时，Hg—O 键的键长从反应物中的 2.639Å 经过渡态 TS1 中的 2.993Å 增加到了 IM2 中的 3.652Å；IM2 构型的形成放出热量 28.06kJ/mol。然后，第二步为 $HgCl_2$ 的形成过程，即吸附态的 HgCl 与另一个 Cl 原子形成吸附态 $HgCl_2$(HgCl→$HgCl_2$)：IM2→TS2→FS1 中，两个 Hg—Cl 的键长变化分别为 2.649Å→2.440Å→2.378Å

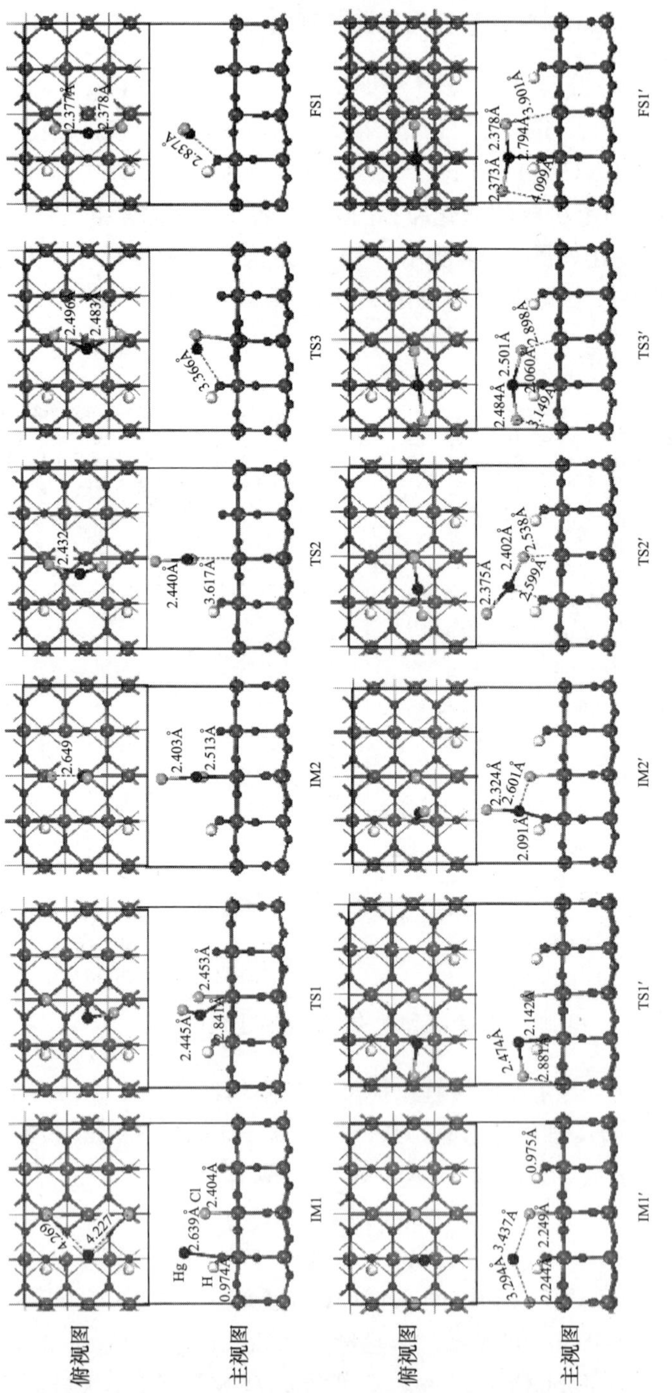

图3.34 汞在$MnO_2(110)$表面上反应路径的中间态、过渡态和终态的结构参数

和 2.403Å→2.432Å→2.377Å，表明 $HgCl_2$ 分子的形成；这一步反应需克服 57.72kJ/mol 的能垒；相对于 IM2，FS1 的生成需要吸收热量 6.64kJ/mol。根据活化能垒的大小，该反应中的速控步骤是 $HgCl_2$ 的形成。

对于图 3.33(a)中的反应路径 2，两个 Cl 原子与 Hg 原子直接作用形成 $HgCl_2$（IM1→TS3→FS1）。该反应通过过渡态 TS3 形成了一个 Cl—Hg—Cl 复合体，形成的 $HgCl_2$ 分子吸附在 Mn 位上，形成了终态 FS1。该过程需要克服 98.25kJ/mol 的能垒，整个反应放热 21.42kJ/mol。反应中 Hg—O 的键长变化为 2.639Å→3.366Å→2.837Å，两个 Hg—Cl 的键长变化分别为 4.227Å→2.483Å→2.378Å 和 4.269Å→2.496Å→2.377Å。

图 3.33(b)所示汞反应路径以模型 2 吸附构型作为反应物，反应过程与模型 1 的反应途径类似，同样研究了两种不同反应路径。路径 1 中 HgCl 和 $HgCl_2$ 形成过程的能垒分别是 43.59kJ/mol 和 66.27kJ/mol；路径 2 中 $HgCl_2$ 形成过程的能垒是 101.97kJ/mol。分别比较模型 1 和模型 2 中两种反应路径的能垒，可以得出，在两种吸附构型下的反应中，路径 1 的能垒都要低于路径 2 的能垒，说明汞在 MnO_2(110)表面的反应更倾向于经由路径 1，即 Hg→HgCl→$HgCl_2$，而不是路径 2，即 Hg→$HgCl_2$。

Au 等贵金属是非常高效的汞氧化催化剂，通过比较 MnO_2(110)和 Au(111)[52] 表面上的 $HgCl_2$ 形成能垒，发现 MnO_2(110)上的能垒(模型 1 和模型 2 的能垒分别是 57.72kJ/mol 和 66.27kJ/mol)高于 Au(111)表面(33～55kJ/mol)，但是两种表面上 $HgCl_2$ 形成能垒的差值在 10kJ/mol 以内。此外，对比 V_2O_5/TiO_2 表面上汞的反应能垒，可以发现两种表面上汞反应的速控步骤都是 $HgCl_2$ 的形成过程，但汞在 MnO_2 上的反应能垒明显低于 V_2O_5/TiO_2 表面上的能垒。以上对比分析表明，MnO_2 低温下会保持高的汞氧化效率，以 MnO_2 基材料为活性组分的催化剂具有很好的应用前景。

3.2.5　烟气成分对汞在 MnO_2(110)表面吸附的影响

1. H_2O 在 MnO_2(110)表面的吸附

在优化吸附构型时，测试了 H_2O 分子在 MnO_2(110)表面不同位置的各种初始结构，包括 H_2O 分子平行于表面和垂直于表面(O 原子朝下或 H 原子朝下)，最终发现 H_2O 主要吸附在表面的 Mn_5、O_{br} 位置，构型如图 3.35 所示。H_2O 在 MnO_2(110)表面上稳定构型 5A 和 5B 的吸附能、键长和键角列于表 3.18 中。H_2O 最稳定的位置是 Mn 位，通过 O 原子与 Mn_5 成键，吸附能为 121.06kJ/mol，O—Mn_5 键长为 2.195Å。吸附后的结构，H_2O 中 O—H 键长分别拉长到 0.993Å 和 0.981Å，H—O—H 键角从 104.0°增加到 110.6°。这说明 H_2O 中 O 原子电子转移至表面 Mn_5 形成化学键，使得 O 原子与 H 原子之间电子密度分布降低。在 5B 构型中，H_2O 以 H 原子朝下吸附于表面 O_{br} 位，H 原子与 O_{br} 位距离 2.855Å，

吸附后的 H_2O 分子结构与气相 H_2O 结构相同，键长与键角都没有改变，吸附能为 −6.35kJ/mol。

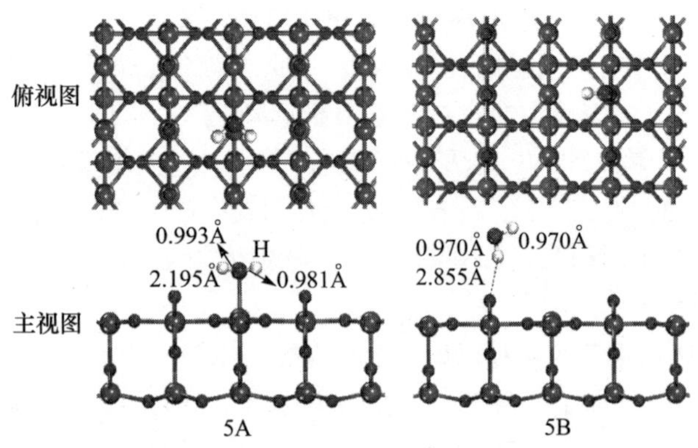

图 3.35　H_2O 在 MnO_2(110)表面的稳定构型

表 3.18　H_2O 在 MnO_2(110)表面稳定构型的吸附能、键长和键角

吸附构型	E_{ads}/(kJ/mol)	R_{O-Site}/Å	R_{O-H}/Å	θ_{H_2O}/(°)
5A	−121.06	2.195	0.993/0.981	110.6
5B	−6.35	3.650	0.970/0.970	104.1

H_2O 在 MnO_2(110)表面 Mn 位吸附构型的 PDOS 如图 3.36 所示。从图中的虚线可见，H_2O 中 O 的 p 轨道与 Mn 的 d 轨道在−0.9eV、−2.4eV 和−6.0eV 处发生共振作用，表明 O 原子与 Mn 原子之间发生了轨道杂化作用，H_2O 的孤对电

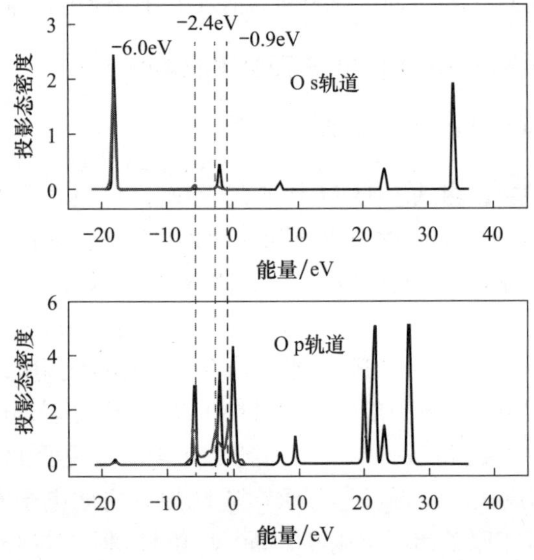

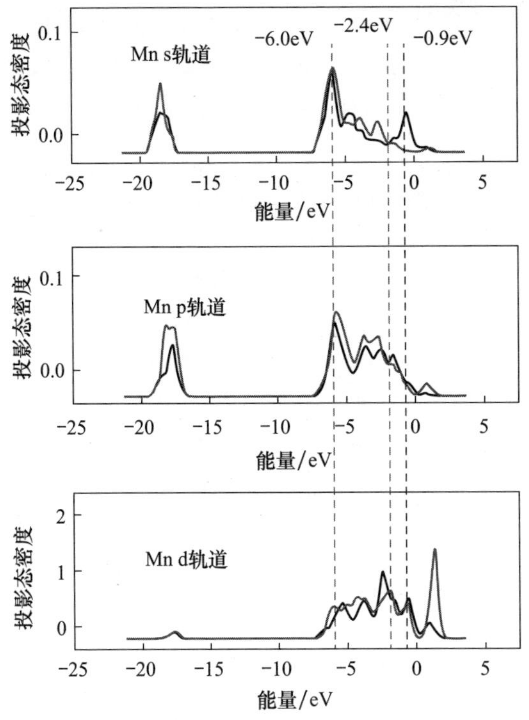

图 3.36　H_2O 在 MnO_2(110)表面上 PDOS 图

子转移到 Mn 原子空的 d 轨道，与吸附能的结论一致。此外，H_2O 会与 Hg 和 HCl 在 MnO_2 表面发生竞争吸附，从而对汞的吸附与氧化造成不利影响。综合前面羟基化表面的热力学研究，H_2O 与 MnO_2 表面之间会发生分解吸附，从而造成表面羟基化并改变 MnO_2 表面的结构和组成，降低催化剂的活性与反应性。

2. NH_3 在 MnO_2(110)表面的吸附

在 NH_3 的吸附计算中，考虑了 NH_3 分子平行于表面和垂直于表面(N 原子朝下或 H 原子朝下)两种取向。最终 NH_3 在 MnO_2(110)表面吸附的稳定构型如图 3.37 所示，吸附能和键长如表 3.19 所示。从图中可见，6A 为 NH_3 在 Mn 位最稳定的吸附构型，吸附能大小为－150.88kJ/mol，属于化学吸附，N 原子与 Mn 原子键长为 2.239Å，同时 N 原子与三个 H 原子的键长也有所增加。6B 构型中，NH_3 通过 N 原子与表面 O_{br} 作用，N 原子与 O_{br} 之间键长 2.666Å，吸附能大小为－48.26kJ/mol，说明在 O_{br} 位 NH_3 的吸附属于较弱的化学吸附。根据 6A 构型的 PDOS 图(见图 3.38)。可以看出，NH_3 吸附后 N 原子的轨道向低能级扩展，带宽和密度峰值的数量在表面吸附后都有所减少。而 Mn 原子的 s 轨道和 p 轨道没有明显的改变，N 原子的 s 轨道与 Mn 原子的 s 轨道在－17.5eV 左右发生共振，而 Mn 原子的 d 轨道向高能级扩展，且在费米能级以上的能量状态中产生了较强的新的峰值，这可能是由 N 原子的孤对电子进入 Mn 原子的空轨道所引起的。此外，NH_3 会与 Hg 和 HCl 在 MnO_2 表面发生竞争吸附，从而对汞的吸附与氧化造成不利影响。

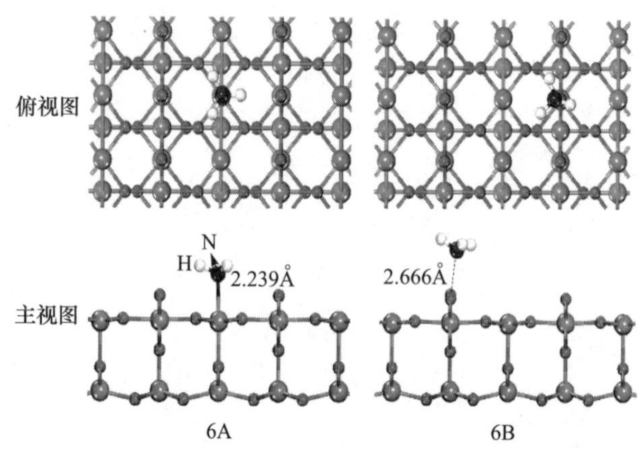

图 3.37 NH_3 在 MnO_2(110)表面上吸附的稳定构型

表 3.19 NH_3 在 MnO_2(110)表面稳定结构的吸附能和键长

吸附构型	E_{ads}/(kJ/mol)	$R_{N—Site}$/Å	$R_{N—H}$/Å
6A	−150.88	2.239	1.043/1.041/1.037
6B	−48.26	3.05	1.021/1.021/1.022

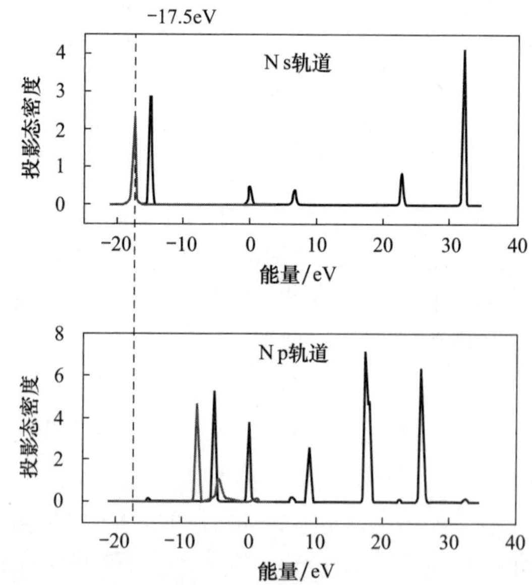

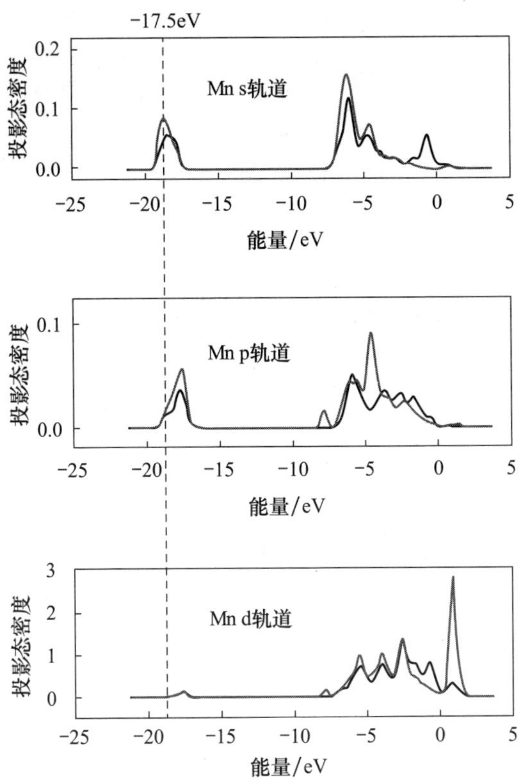

图 3.38 NH_3 在 MnO_2(110)表面上的PDOS图

3. SO_2 在 MnO_2(110)表面的吸附

SO_2 在 MnO_2(110)表面优化后稳定的吸附构型如图 3.39 所示，吸附能、键长和键角见表 3.20，SO_2 在 MnO_2 表面的吸附能较强，吸附能大小分别为 －98.35kJ/mol 和－103.65kJ/mol，吸附主要通过S原子与表面O原子或Mn原子实现，SO_2 与 MnO_2(110)表面之间的吸附属于强化学吸附。吸附后 S—O_{br}键长在1.7Å以内，说明 SO_2 会在表面形成 SO_3 物种，这有可能有助于Hg的吸附与氧化，从而形成 $HgSO_4$。根据7B构型的PDOS图(见图 3.40)可以看出，SO_2 吸附后S原子的轨道向低能级扩展，而Mn原子的p轨道和d轨道向高能级方向有所增加，但不是很明显。S原子的p轨道与Mn原子的d轨道在－3.1eV和－4.9eV左右发生共振；S原子的s轨道与Mn原子的s轨道和p轨道在－17.5eV左右发生共振，这说明 SO_2 与表面Mn原子之间发生了强的轨道杂化作用，SO_2 强烈吸附在Mn位，这与吸附能的结论一致。

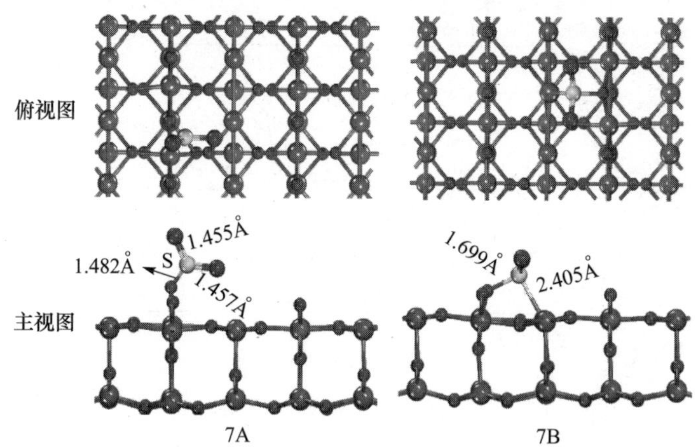

图 3.39 SO_2 在 MnO_2(110)表面的稳定构型

表 3.20 SO_2 在 MnO_2(110)表面稳定结构的吸附能、键长和键角

吸附构型	E_{ads}/(kJ/mol)	R_{S-Site}/Å	R_{S-O}/Å	θ_{SO_2}/(°)
7A	−98.35	1.482	1.455/1.457	120.7
7B	−103.65	1.699/2.405	1.472/1.472	120.7

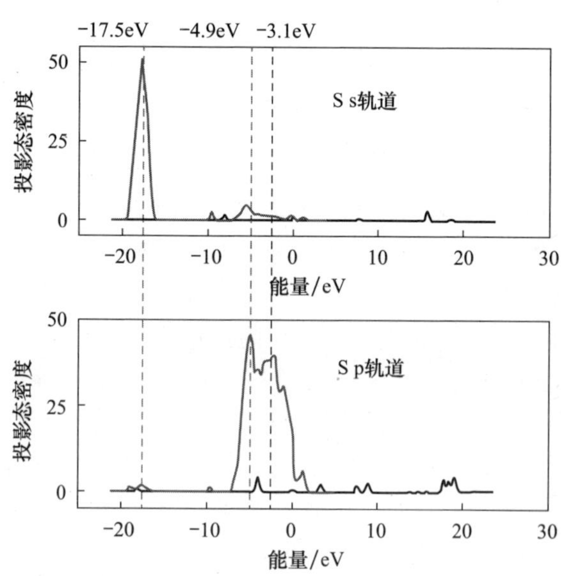

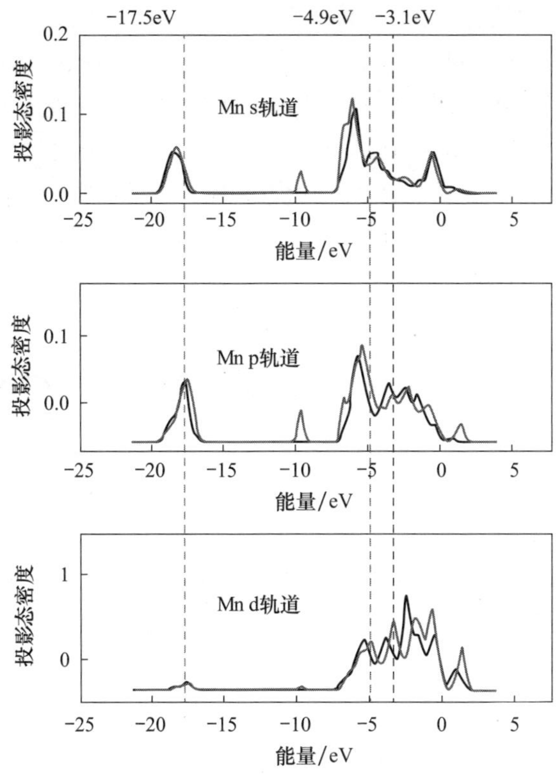

图 3.40　SO_2 在 MnO_2(110)表面上的 PDOS 图

4. NO 在 MnO_2(110)表面的吸附

NO 在 MnO_2(110)表面稳定的吸附构型如图 3.41 所示，吸附能和键长见表 3.21。对于 8A 和 8B 构型，NO 在表面的吸附能分别为 −48.61kJ/mol 和 −75.03kJ/mol，

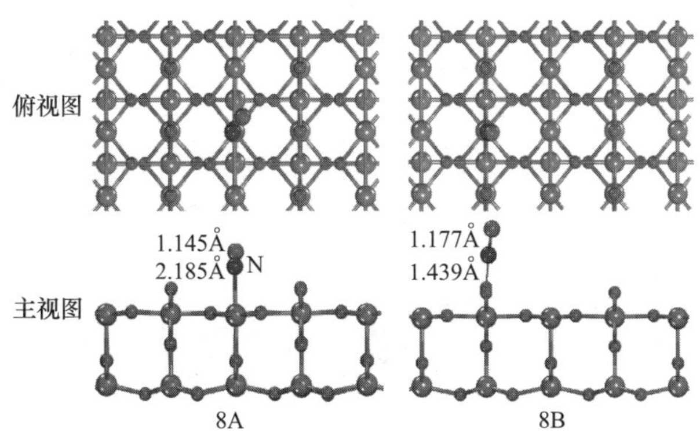

图 3.41　NO 在 MnO_2(110)表面的稳定构型

N—Mn 和 N—O_{br}键长分别为 2.185Å 和 1.439Å，说明 NO 在表面属于强的化学吸附，且 NO 更倾向于吸附在 O_{br}位。进一步通过 PDOS 图(见图 3.42 和图 3.43)分析 NO 在表面的成键作用，对于 8A 构型(见图 3.42)，NO 中 N 原子的 s 轨道和 p 轨道与 Mn 原子的 s 轨道和 p 轨道在－7.4eV、－8.7eV 和－12.4eV 处发生共振；对于 8B 构型(见图 3.43)，NO 中 N 原子与表面 O_{br} 原子在－6.5eV、－7.8eV 和－11.3eV 处发生共振。由以上分析可见，NO 与 MnO_2 表面有较强的相互作用。NO 吸附在 O_{br}上可能产生的硝酸盐沉积会侵占催化剂的活性中心，影响催化剂的活性。

表 3.21 NO 在 MnO_2(110)表面稳定结构的吸附能和键长

吸附构型	E_{ads}/(kJ/mol)	R_{N-Site}/Å	R_{N-O}/Å
8A	－48.61	2.185	1.145
8B	－75.03	1.439	1.177

通过以上分析可见，烟气组分大都与表面有较强的相互作用，比较不同成分在表面的最大吸附能，可以得到烟气组分和不同形态汞在 MnO_2(110)表面的吸附稳定性依次为 HgCl＞HCl＞NH_3＞H_2O＞SO_2＞Hg^0＞NO＞$HgCl_2$。NH_3 和 H_2O 会与 Hg^0 和 HCl 在 MnO_2(110)表面发生竞争吸附。SO_2 和 NO 与单质汞在 MnO_2(110)表面的吸附反应可能存在竞争、协同吸附共同作用的机理。当烟气成分浓度低时，烟气在 MnO_2(110)表面的吸附会促进 MnO_2(110)表面活性位对单质汞的吸附，此时协同吸附机理起主要作用；当烟气中各组分浓度逐渐升高后，占

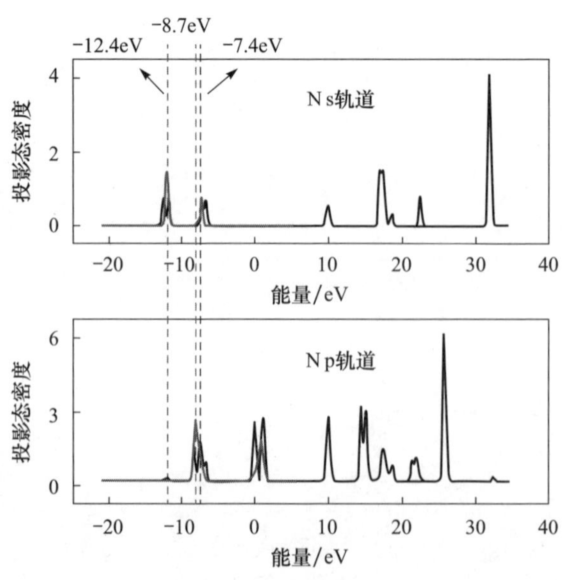

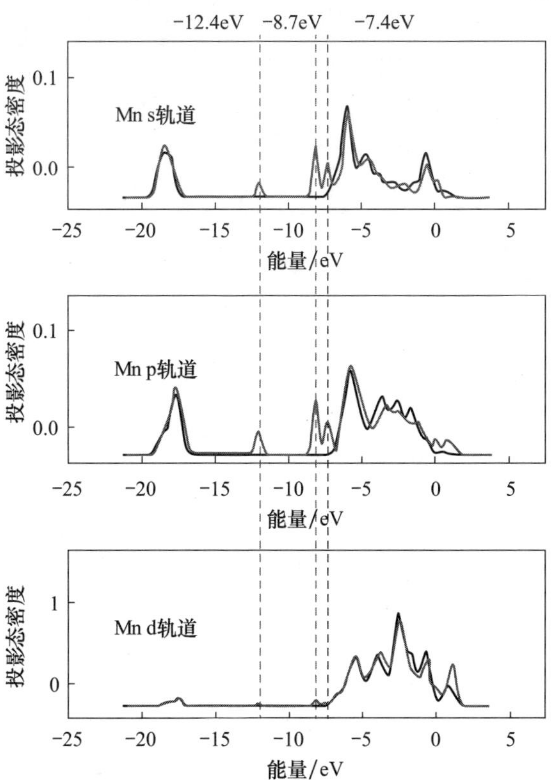

图 3.42　NO 在 MnO_2(110)表面 Mn 位上的 PDOS 图

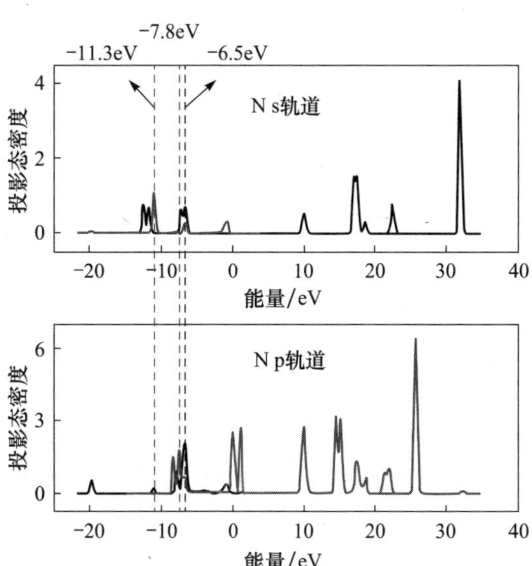

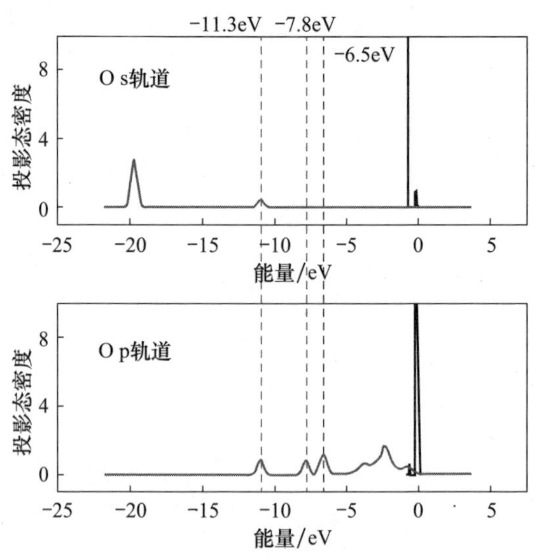

图 3.43　NO 在 MnO_2(110)表面 O_{br} 位上的 PDOS 图

据了大量 MnO_2(110)表面的吸附活性位，使 MnO_2(110)表面无法提供足够多的活性位与单质汞进行反应，因此会抑制汞的吸附，此时竞争机理起主要作用。SO_2 和 NO 与 HCl 在 MnO_2(110)表面的吸附反应存在竞争吸附，浓度过高时会对 HCl 的吸附分解造成不利影响，从而抑制汞的氧化。

3.3　CeO_2 基 SCR 催化剂对汞的吸附与氧化反应机理

商业中常用的 SCR 脱硝催化剂是 V_2O_5-WO_3/TiO_2 或 V_2O_5-MoO_3/TiO_2 催化剂。在应用钒基催化剂过程中存在操作温度窗口(300～400℃)窄、钒毒性高、副反应多(高温时易生成 N_2O、易将 SO_2 氧化成 SO_3)等问题。因此，研究者致力于开发有较宽温度窗口、无钒的新型 SCR 催化剂。研究者开发了一些应用于 NH_3-SCR 反应的含铈催化剂，如 CeO_2/TiO_2 催化剂[79,80]、CeO_2-WO_3/TiO_2 催化剂[81-84]、CeO_2-SiO_2/TiO_2 催化剂[85]、CeO_2/ZrO_2 催化剂[86]等，均在 200～450℃具有较高的催化活性。CeO_2 在理论方面也得到了研究，包括与 CO、H_2、H_2O 的吸附反应。Yang 等[87]采用 DFT 方法计算了 CeO_2 不同表面的热力学稳定性。研究表明，CeO_2 表面稳定性顺序为(111)＞(110)＞(100)。Mei 等[88]理论研究了甲醛在 CeO_2(111)与(110)表面的吸附机理，发现甲醛在 CeO_2 表面既有物理吸附又有化学吸附，且化学吸附的甲醛形成 CH_2O_2 物种。近年来，CeO_2 应用于 Hg 催化氧化中[78,87-100]。研究表明，CeO_2 能够很好地促进单质汞向氧化态汞的形态转化。

3.3.1　CeO_2 表面模型的建立与计算方法

计算在 Dmol^3 软件包[60]中进行。电子交换关联势采用 GGA-PBE[40,41]计算。离子采用 DNP 描述并设置原子截止半径 4.5Å。布里渊区采用 Monkhorst-Pack 方法 k 点取样，体相用 8×8×8 点计算。结构优化和能量计算标准为：①自洽场能量收敛标准为 1×10^{-5} Hartree；②最大力设置为 2×10^{-3} Hartree/Å；③优化收敛的能量小于 5×10^{-3} Hartree。体相 CeO_2 晶胞具有立方萤石结构，如图 3.44(a)所示，Ce^{4+} 按面心立方点阵排列，每个 Ce^{4+} 与周围的 8 个 O^{2-} 配位，O^{2-} 排列则为体心立方点阵，每个 O^{2-} 与 4 个 Ce^{4+} 配位，Ce—O 键长为 2.34Å。CeO_2 晶胞优化后的参数为 $a=b=c=5.476$Å，与试验测量值[101]和其他文献[87,102-105]计算值接近，符合计算精度，具体见表 3.22。

表 3.22　试验与理论计算文献中 CeO_2 晶胞参数

晶胞参数	试验[101]	本节	Liu 等[103]	Fabris 等[102]	Skorodumova 等[105]	Yang 等[87]	Nolan 等[104]
a/Å	5.411	5.476	5.482	5.48	5.47	5.45	5.47

CeO_2 主要的三个低指数表面按照稳定性依次是(111)>(110)>(100)[87,104-107]。其中，(111)面被认为是最稳定的一个晶面，由紧密的连续 O—Ce—O 网状夹层结构组成。因此，主要考察汞在 CeO_2(111)面的吸附与氧化机理。CeO_2(111)表面上主要有三种原子(Ce、O_s(表面氧)和 O_{sub}(次表面氧))和 4 个不同位点(O_s 顶位、Ce 顶位、O_{sub} 顶位和 O_s 桥位)，如图 3.44(b)所示。采用的模型为 3 层 O—Ce—O 原子层结(9 个原子层)的重复来模拟 CeO_2(111)表面，计算过程中固定最下面的三层，如图 3.44(c)所示，为消除相邻表面影响并保证表面原子层有足够的自由距离，真空层厚度取 12Å。考虑到覆盖度对吸附能大小的影响，采用了两种平板模型：p(2×2)和 p(3×3)，如图 3.44(d)所示。

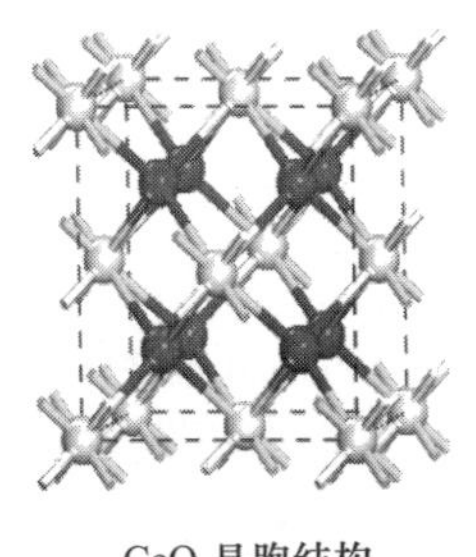

(a) CeO_2晶胞

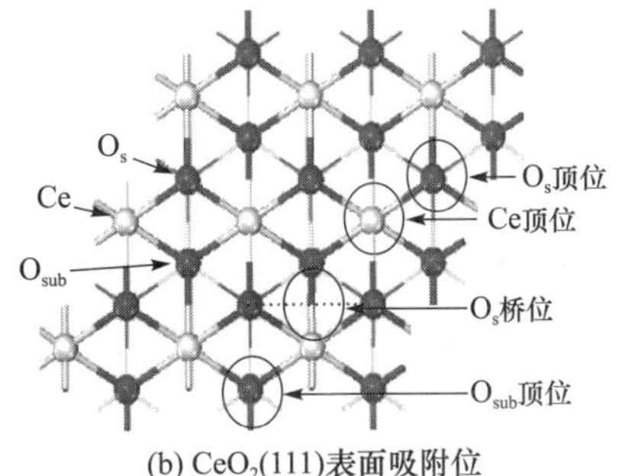

(b) CeO_2(111)表面吸附位

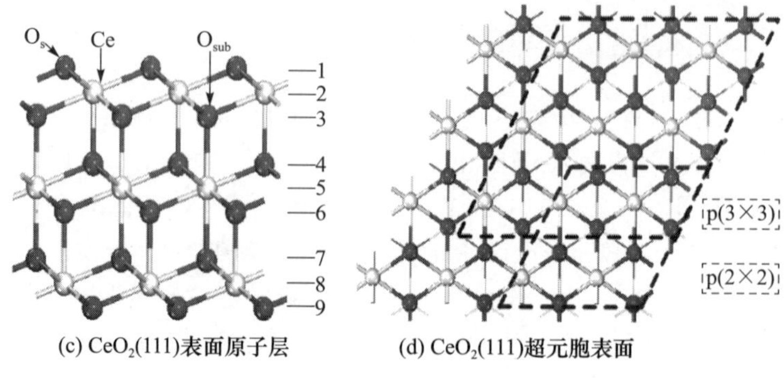

(c) CeO_2(111)表面原子层　　(d) CeO_2(111)超元胞表面

图 3.44　CeO_2(111)表面构型

3.3.2　CeO_2(111)表面弛豫分析与热力学稳定性

1. CeO_2(111)表面弛豫分析

在研究吸附质在CeO_2(111)表面吸附行为之前，本节研究了CeO_2(111)表面原子弛豫的现象。以p(2×2)的CeO_2(111)为研究对象，通过结构优化让所有原子得以达到热力学能量稳定的状态，模拟表面弛豫的现象。从表3.23的结果可以发现，在X、Y两个方向上各原子层几乎没有位移，在Z方向上，第1、2、3和4层原子向外稍微伸展，第6和7层向内稍微收缩。同样，对照层间弛豫结果(见表3.24)可以发现，第1～6层有稍微变化，都不超出0.015Å，最下面两层没有变化。因此，本节的CeO_2(111)构型中，前6层原子可以自由移动，最下面三层保持固定。

表 3.23　CeO_2(111)表面原子弛豫后 X、Y 和 Z 方向变化量　(单位:Å)

层数	X方向变化量		Y方向变化量		Z方向变化量	
	O	Ce	O	Ce	O	Ce
1	0.000	—	0.000	—	+0.014	—
2	—	0.000	—	0.000	—	+0.010
3	0.000	—	0.000	—	+0.001	—
4	0.000	—	0.000	—	+0.015	—
5	—	0.000	—	0.000	—	0.000
6	0.000	—	0.000	—	−0.015	—
7	0.000	—	0.000	—	−0.001	—
8	—	0.000	—	0.000	—	−0.000
9	0.000	—	0.000	—	−0.000	—

表 3.24 CeO_2(111)表面原子弛豫后层间距变化量

Δd_{ij}	Δd_{12}	Δd_{23}	Δd_{34}	Δd_{45}	Δd_{56}	Δd_{67}	Δd_{78}	Δd_{89}
数值/Å	+0.005	+0.009	−0.014	+0.015	−0.015	−0.014	+0.000	+0.000

2. CeO_2 表面的热力学稳定性

为了比较不同 CeO_2 表面的热力学稳定性以及氧缺陷表面的稳定性，本节计算(111)和(110)完整表面及氧缺陷表面的表面自由能，同时考虑不同氧缺陷覆盖度的影响。研究 8 种不同的 CeO_2 表面：①CeO_2(111)，完整表面；②CeO_2(111)_Ov 1/4ML，CeO_2(111)表面氧缺陷覆盖度为 1/4ML；③CeO_2(111)_Ov 1/2′ML，CeO_2(111)表面氧缺陷覆盖度为 1/2ML；④CeO_2(111)_Ov 1/2′ML，CeO_2(111)表面氧缺陷(不同结构)覆盖度为 1/2ML；⑤CeO_2(110)，完整表面；⑥CeO_2(110)_Ov 1/4ML，CeO_2(110)表面氧缺陷覆盖度为 1/4ML；⑦CeO_2(110)_Ov 1/2′ML，CeO_2(110)表面氧缺陷覆盖度为 1/2ML；⑧CeO_2(110)_Ov 1/2′ML，CeO_2(110)表面氧缺陷(不同结构)覆盖度为 1/2ML，以上表面构型如图 3.45 所示。由于 CeO_2 晶胞处于热力学平衡态，Ce 原子和 O 原子应该满足

$$2\mu_O + \mu_{Ce} = g_{CeO_2} \tag{3.21}$$

式中，g_{CeO_2} 为单个 CeO_2 的吉布斯自由能。

CeO_2 表面自由能方程为

$$\gamma(T,\{p_i\}) = \frac{1}{A}\left[E_{slab} - N_{Ce}E_{CeO_2} - (N_O - 2N_{Ce})\mu_O(T,p_i)\right] \tag{3.22}$$

式中，$\gamma(T,\{p_i\})$表示表面自由能；A 表示面积；E_{slab}表示表面平板的总能量；N_{Ce}表示 Ce 原子数；E_{CeO_2} 表示 CeO_2 表面的总能量；N_O 表示 O 原子数；$\mu_O(T,p_i)$表示温度和压力分别为 T 和 p_i 条件下的氧化学势。

如图 3.46 所示，所有表面的自由能均随氧化学势呈线性变化，其中(111)表面自由能在整个氧化学势范围内都低于(110)面，说明(111)面比(110)面更稳定，这与其他文献结论一致[67,105,107-109]。对于氧缺陷表面，(111)面上随着氧化学势的降低，1/4ML 覆盖度下氧缺陷最先容易形成与稳定，其次是 1/2ML 下的氧缺陷表面，而且在极低的氧化学势下 1/2ML 氧缺陷表面更稳定，说明 CeO_2 具有很高的释氧能力，这与试验现象相符[110-113]。而在氧化氛围(氧化学势较高)下，(111)面的计量结构的表面自由能更低，从而更稳定。(110)面与(111)面有相同的趋势和结论，但相对应的表面自由能要高于(111)面，包括完整表面与氧缺陷表面。在 SCR 烟气条件下($p_{O_2}\approx$0.05atm、$T\approx$600K)，CeO_2(111)完整表面更稳定。

接下来研究 CeO_2(111)和(110)完整表面、质子化及羟基化表面(见图 3.47)的自由能随氧化学势的变化，根据上述氢化学势的定义(见式(3.15)和式(3.16))，得出 CeO_2 表面上质子化和羟基化表面自由能的计算公式为

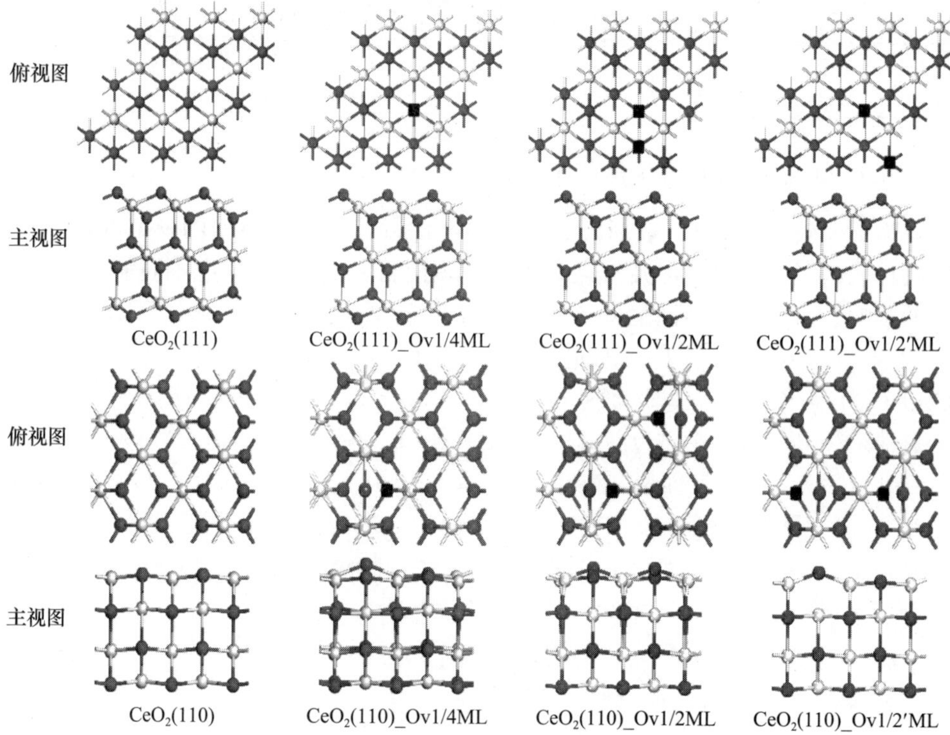

图 3.45　8 种不同 CeO_2 表面构型

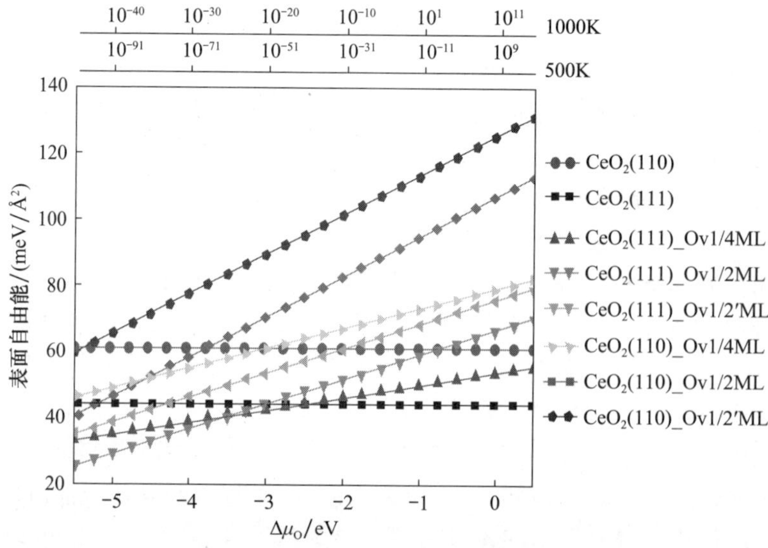

图 3.46　CeO_2(111)和(110)完整表面与氧缺陷表面自由能随氧化学势的变化

$$\gamma(T,\{p_i\})=\frac{1}{A}[E_{slab}-N_{Mn}E_{MnO_2}-(N_O-2N_{Mn})\mu_O(T,p_i)-N_H\mu_H] \tag{3.23}$$

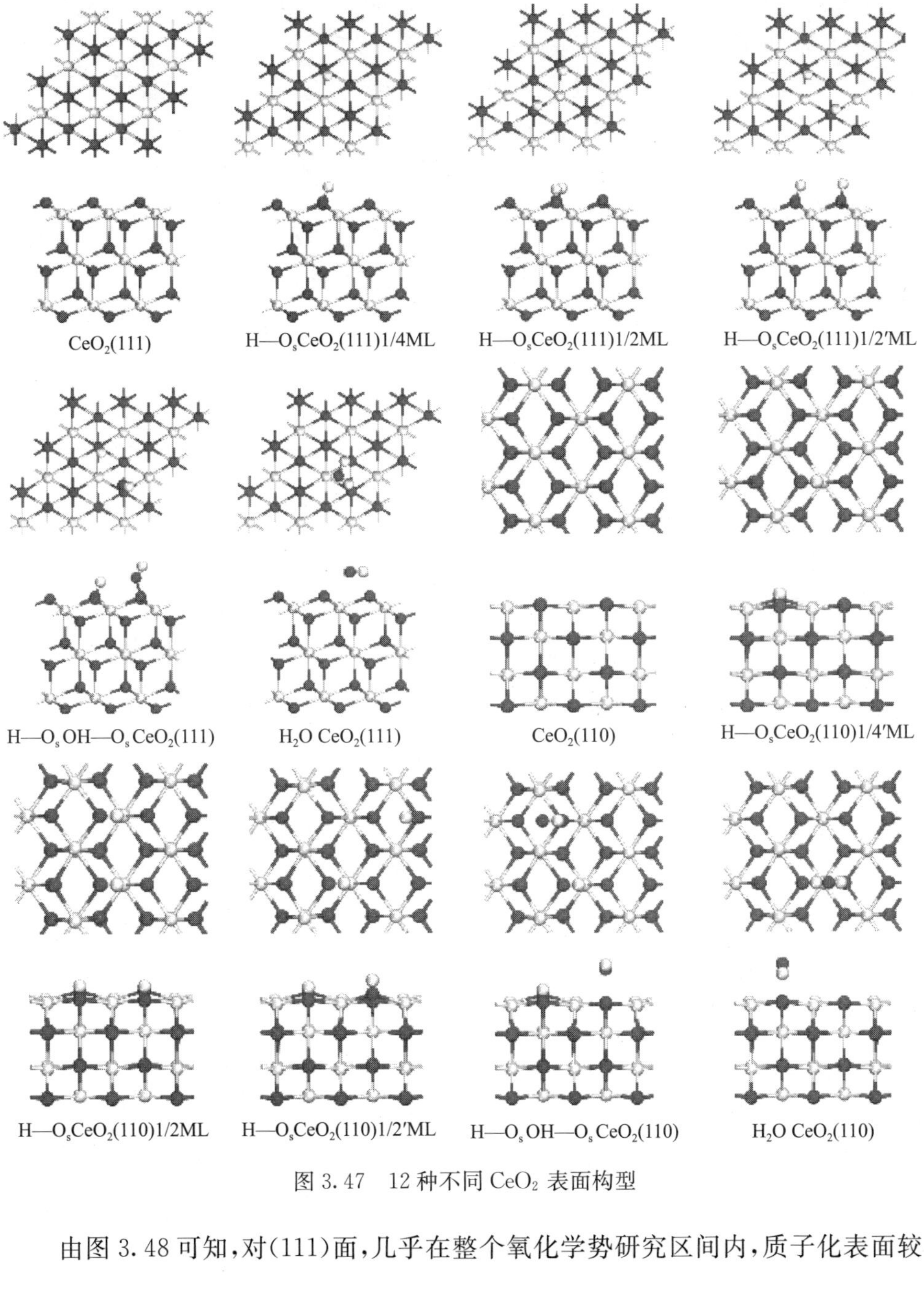

CeO$_2$(111) H—O$_s$CeO$_2$(111)1/4ML H—O$_s$CeO$_2$(111)1/2ML H—O$_s$CeO$_2$(111)1/2′ML

H—O$_s$ OH—O$_s$ CeO$_2$(111) H$_2$O CeO$_2$(111) CeO$_2$(110) H—O$_s$CeO$_2$(110)1/4′ML

H—O$_s$CeO$_2$(110)1/2ML H—O$_s$CeO$_2$(110)1/2′ML H—O$_s$ OH—O$_s$ CeO$_2$(110) H$_2$O CeO$_2$(110)

图3.47 12种不同CeO$_2$表面构型

由图3.48可知,对(111)面,几乎在整个氧化学势研究区间内,质子化表面较完整表面与羟基化表面更稳定，说明 CeO_2(111)表面极易发生质子化过程。羟基化表面与 H_2O 吸附表面的自由能都高于完整表面，但不是很明显，表明 H_2O 会对(111)表面产生羟基化影响，这与试验表征的结论一致，试验表明在 H_2O 存在下，改变温度与 H_2O 分压能够改变 CeO_2 的表面态。同样，(110)完整表面、质子化表面与羟基化表面的稳定性顺序与(111)表面的结论一致，且对应(111)面有更高的自由能。说明无论在还原还是氧化气氛下，CeO_2 的(111)面较(110)面更稳定。此外，随着 H 原子覆盖度的增加，CeO_2 质子化表面的自由能也增加。同样，CeO_2 表面上，质子化表面的稳定性高于羟基化表面，说明质子化表面更容易形成。

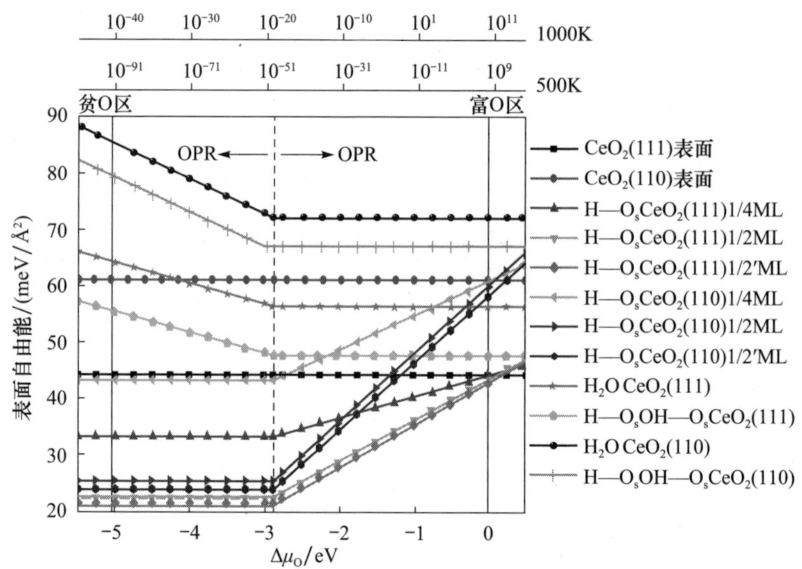

图 3.48　CeO_2(111)和(110)完整表面、质子化表面及羟基化表面的自由能随氧化学势的变化

最后，研究 CeO_2(111)氯化表面的热力学稳定性，考察两种不同覆盖度的氯化表面，结构如图 3.49 所示。根据 3.2.3 节中 HCl 化学势的定义(式 3.20)，得出 CeO_2 氯化表面自由能的计算公式：

$$\gamma(T,\{p_i\})=\frac{1}{A}[E_{\mathrm{slab}}-N_{\mathrm{Ce}}E_{\mathrm{CeO_2}}-(N_{\mathrm{O}}-2N_{\mathrm{Ce}})\mu_{\mathrm{O}}(T,p_i)-N_{\mathrm{HCl}}\mu_{\mathrm{HCl}}-N_{\mathrm{H}}\mu_{\mathrm{H}}] \tag{3.24}$$

两种不同氯化表面和完整表面的自由能随 HCl 化学势的变化如图 3.50 所示。由图可见，氯化表面的自由能低于完整表面，且随着覆盖度的增加，氯化表面的自由能也增加，说明随着覆盖度的增加表面越不稳定。即使在极低的 HCl 浓度下，CeO_2(111)上也能形成稳定的氯化表面，这证明 CeO_2 对 HCl 有很强的吸附能力。

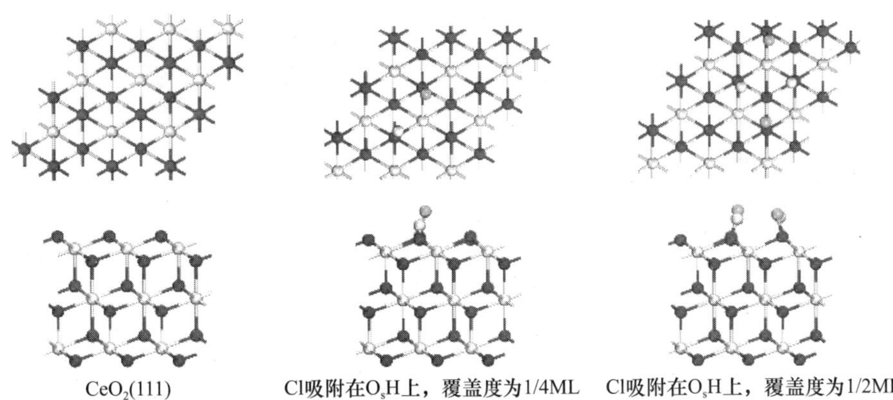

图 3.49 CeO_2(111)计量和氯化表面的构型

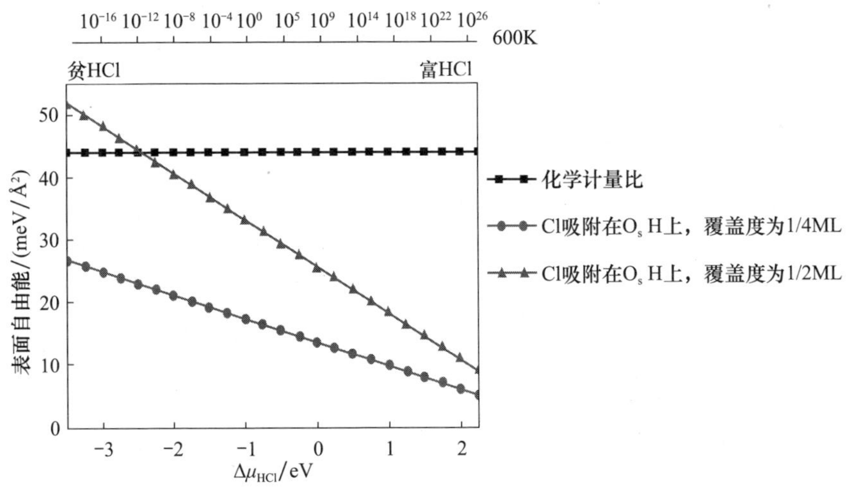

图 3.50 CeO_2(111)计量和氯化表面的自由能随 HCl 化学势的变化图

3.3.3 不同形态汞在 CeO_2(111)表面的吸附

1. Hg^0 在 CeO_2(111)表面的吸附

Hg^0 在 CeO_2(111)表面上的吸附考虑了 4 个不同吸附位，优化后的构型如图 3.51 所示。优化后的吸附能、键长和 Mulliken 电荷见表 3.25。各构型的稳定性依次为 1D>1A>1B>1C，吸附能在 −10kJ/mol 以下。优化后的结构 Hg 原子均远离表面，Mulliken 电荷在 0.03e 以下。以上内容说明在 CeO_2(111)表面上 Hg 的吸附为弱的物理吸附，与基底并未发生强的相互作用。Hua 等[94]分析了 Hg^0 + CO_2 + O_2 烟气条件下 CeO_2/活性焦(AC)的 XPS 谱图，发现其整体 XPS 谱图中却检测不出 Hg 的存在。这一结果说明，在 CeO_2/AC 上 Hg 的含量仍然低于 XPS 检测的下限。这意味着，CeO_2/AC 上 Hg 的吸附量很少。此外，其他学者的研究表明，在没有其他酸性气体(HCl、SO_2、NO)的条件下，Hg 在 CeO_2/TiO_2[114]、CeO_2-WO_3/TiO_2[99]、CeO_2/活性炭纤维[90]上的吸附属于物理吸附，以上试验结论与计算结果一致。

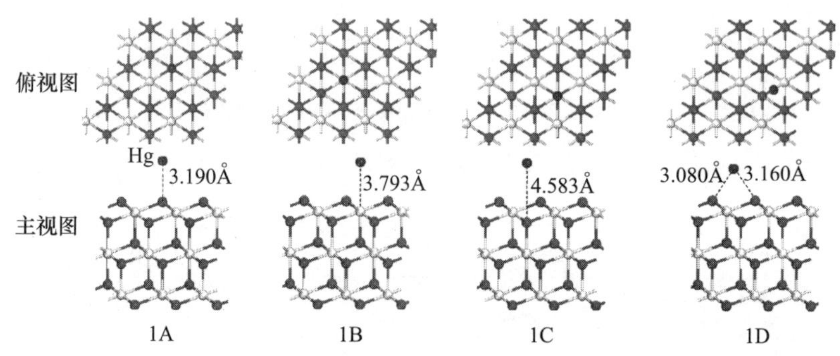

图 3.51　Hg^0 在 CeO_2(111)表面的优化构型

表 3.25　Hg^0 在 CeO_2(111)表面吸附能、键长以及 Mulliken 电荷

吸附构型	p(3×3)超胞			p(2×2)超胞		
	E_{ads}/(kJ/mol)	R_{Hg-X}/Å	Q_{Hg}	E_{ads}/(kJ/mol)	R_{Hg-X}/Å	Q_{Hg}
1A	−8.32	3.190	0.03e	−6.89	3.483	0.02e
1B	−3.15	3.793	0.01e	−3.04	3.711	0.01e
1C	2.87	4.583	0	3.77	4.586	0
1D	−9.01	3.080/3.160	0.03e	−8.37	3.084/3.175	0.03e

2. HgCl 在 CeO_2(111)表面的吸附机理

HgCl 分子在 CeO_2(111)表面有两种吸附取向：垂直吸附和平行吸附。考察了各种可能的吸附方式，最后得到 3 种稳定的优化构型，如图 3.52 所示。表 3.26 给出了 HgCl 在 3 种稳定构型的吸附能和键长，HgCl 吸附的稳定性顺序为 2A>2B>2C，得到的 5 种优化构型的吸附能都大于 −40kJ/mol，为化学吸附，这也说明

HgCl 与 CeO_2(111)表面有强的相互作用。比较 2A、2B 和 2C 构型可见，HgCl 倾向于通过 Hg 与表面氧的作用完成表面的吸附过程。此外，随着覆盖度的增加，HgCl 吸附能降低，这一方面是由于 HgCl 分子间作用力的增强降低了其与表面的作用，另一方面是因为 HgCl 的强吸附降低了 CeO_2(111)表面的电子态，使其与其他 HgCl 分子的作用减弱。

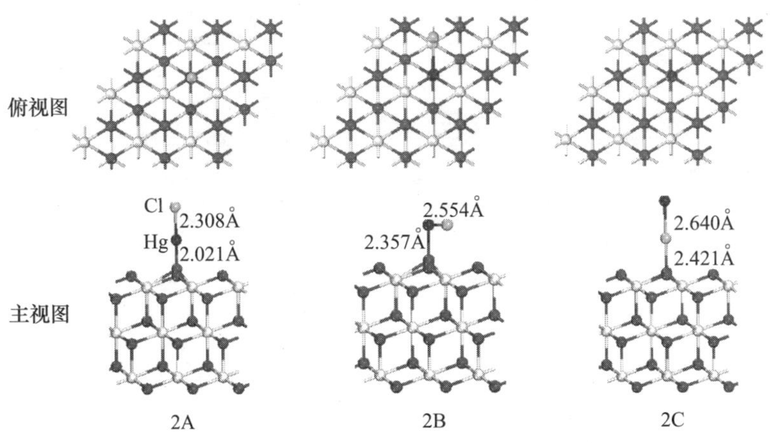

图 3.52　HgCl 在 CeO_2(111)表面的优化构型

表 3.26　HgCl 在 CeO_2(111)表面上的吸附能和键长

吸附构型	p(3×3)超胞				p(2×2)超胞			
	E_{ads} /(kJ/mol)	$R_{Hg—O}$ /Å	$R_{Cl—O}$ /Å	$R_{Hg—Cl}$ /Å	E_{ads} /(kJ/mol)	$R_{Hg—O}$ /Å	$R_{Cl—O}$ /Å	$R_{Hg—Cl}$ /Å
2A	−146.57	2.021	—	2.308	−139.48	2.057	—	2.312
2B	−131.82	2.357	—	2.544	−127.61	2.374	—	2.517
2C	−42.41	—	2.421	2.640	−35.81	—	2.447	2.666

3. $HgCl_2$ 在 CeO_2(111)表面的吸附机理

与 HgCl 相似，$HgCl_2$ 在 CeO_2(111)表面的吸附模式可分为平行位吸附、垂直位吸附两类。计算所得 $HgCl_2$ 在 CeO_2(111)表面的稳定吸附构型如图 3.53 所示，各构型吸附能和结构参数列于表 3.27。3A 和 3B 构型中 Hg—O 的键长分别是 2.552Å 和 2.509Å；吸附能大小分别为−36.48kJ/mol 和−46.55kJ/mol。由此可以看出，$HgCl_2$ 在 CeO_2(111)表面上的吸附介于物理吸附和化学吸附之间，即说明 $HgCl_2$ 能够在 CeO_2(111)表面稳定吸附。

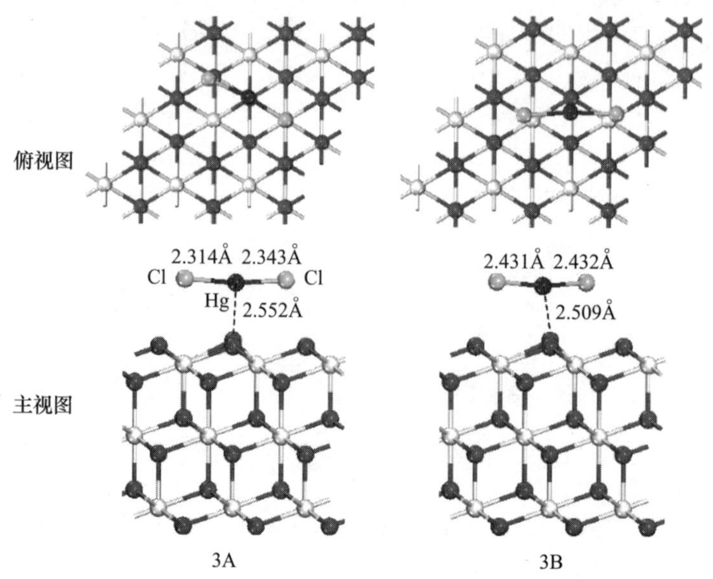

图 3.53　$HgCl_2$ 在 CeO_2(111)表面的吸附构型

表 3.27　$HgCl_2$ 在 CeO_2(111)表面的吸附能和结构参数

吸附构型	p(3×3)超胞				p(2×2)超胞			
	E_{ads} /(kJ/mol)	$R_{Hg—O}$ /Å	$R_{Hg—Cl}$ /Å	θ_{HgCl_2} /(°)	E_{ads} /(kJ/mol)	$R_{Hg—O}$ /Å	$R_{Hg—Cl}$ /Å	θ_{HgCl_2} /(°)
3A	−36.48	2.552	2.341/2.343	172.4	−32.37	2.531	2.371/2.372	173.0
3B	−46.55	2.509	2.431/2.432	170.1	−43.13	2.529	2.387/2.384	172.8

3.3.4　汞在 CeO_2(111)表面的氧化反应路径分析

1. HCl 在 CeO_2(111)表面的吸附机理

与 HgCl 相似，HCl 在 CeO_2(111)表面的吸附模式可分为平行吸附、垂直吸附两类。计算所得 HCl 在 CeO_2(111)表面的稳定吸附构型如图 3.54 所示，各构型吸附能和键长列于表 3.28。4A 和 4B 构型中 H—Cl 的键长分别增加到 2.122 和 1.978Å；吸附能大小分别为−181.50kJ/mol 和−173.12kJ/mol；H 原子与表面氧之间的键长分别减小到 0.991Å 和 1.010Å。由此可以看出，HCl 在 CeO_2(111)表面上的吸附属于强烈的化学吸附，即说明 HCl 能够在 CeO_2(111)表面稳定吸附，这与前文氯化表面的热力学稳定性分析以及 CeO_2 催化 HCl 制氯气的试验结论一致[77,89,115]。Amrute 等[89]采用固定床研究了 CeO_2 与 HCl 反应制取 Cl_2 的效果，

XRD、程序升温分析技术和XPS分析表明，CeO_2 和HCl之间具有强的相互作用，这与计算结论一致。

然后研究HCl在 CeO_2(111)表面的分解过程。在研究HCl分解路径之前，测试了H原子和Cl原子在 CeO_2(111)表面不同吸附位的稳定构型。测试发现，当H原子和Cl原子分别吸附在 O_s 位和Ce位时，Cl原子不能与表面Ce原子成键，且Cl原子与表面的距离为2.895Å；当H原子和Cl原子在不同 O_s 位时，H原子与Cl原子都能与表面 O_s 形成较强的键，结构最稳定。因此，以后一种结构作为最终分解产物，同时以4A构型作为分解过程的反应物。通过搜索过渡态，给出整个分解过程的能量变化以及对应的构型，如图3.55所示。HCl分解的能垒仅为19.57kJ/mol，说明该反应很容易进行。分解后的Cl原子移向表面的氧原子，形成Cl—O物种，Cl—O键长为1.810Å，整个分解过程放热40.66kJ/mol。以上分析说明，HCl强烈吸附在 CeO_2(111)表面且易发生分解反应，这可能是汞在 CeO_2 基催化剂上具有很高汞氧化效率的原因之一。

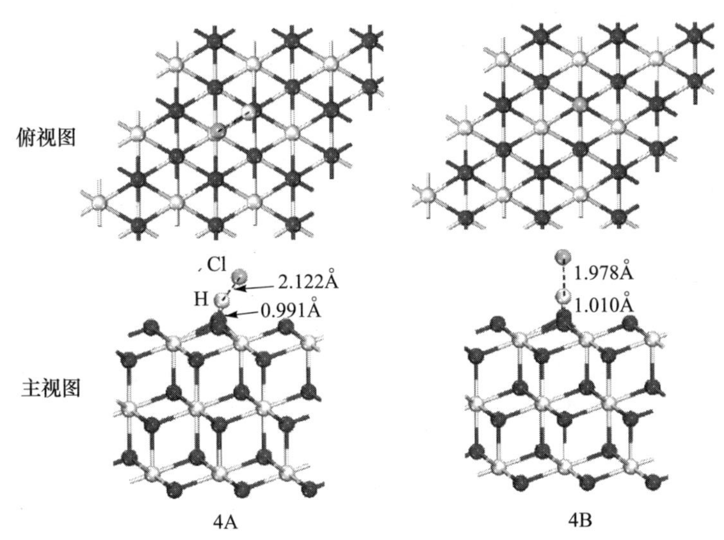

图3.54　HCl在 CeO_2(111)表面的吸附构型

表3.28　HCl在 CeO_2(111)表面的吸附能和键长

吸附构型	p(3×3)超胞			p(2×2)超胞		
	E_{ads}/(kJ/mol)	$R_{H—O}$/Å	$R_{H—Cl}$/Å	E_{ads}/(kJ/mol)	$R_{H—O}$/Å	$R_{H—Cl}$/Å
4A	−181.50	0.991	2.122	−175.06	1.002	2.105
4B	−173.12	1.010	1.978	−169.46	1.015	1.977

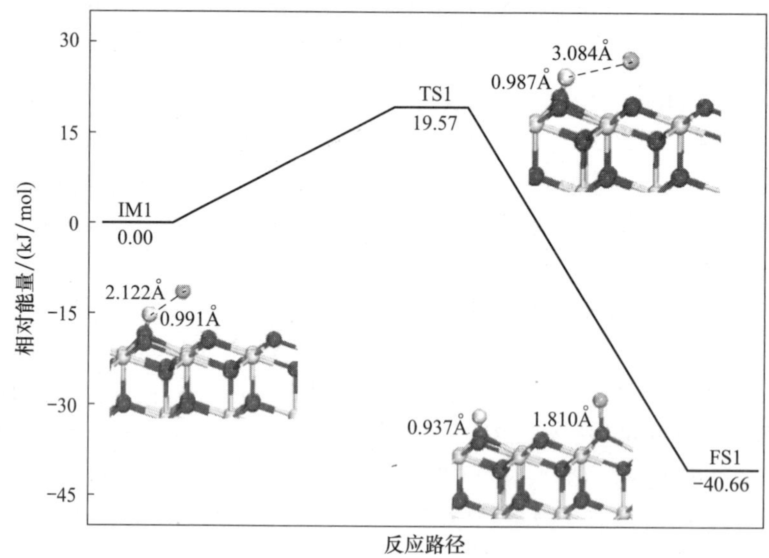

图 3.55　HCl 在 CeO_2(111)表面上分解的能量图和对应构型

2. Hg 在 CeO_2(111)表面的氧化路径

接着研究了汞在 CeO_2(111)表面的氧化路径。类似于 MnO_2 表面上汞的氧化机理的研究，考虑两种不同的路径：路径 1 是两步反应，Hg→HgCl→$HgCl_2$；路径 2 是一步反应，Hg→$HgCl_2$。同样，也考虑了两种初始的吸附构型，模型 1 和模型 2，Hg、Cl 原子和 H 原子共吸附在 CeO_2(111)表面的吸附位上，如图 3.56 所示。汞氧化反应的中间态、过渡态和终态的构型如图 3.57 所示。在模型 1 中，路径 1 的反应过程为 IM2→TS2→IM3→TS3→FS2。第一步为吸附态的 Hg 原子与 Cl 原子发生反应：Cl 原子向 Hg 原子方向迁移，Cl 原子与表面氧之间的键长逐渐拉长，最后形成吸附态的 HgCl。该反应活化能垒为 21.77kJ/mol，放出 47.79kJ/mol 的热量。下一步为吸附态的 HgCl 与另一个 Cl 发生反应：IM3→TS3→FS2。随着反应进行，Hg 和 Cl 原子之间的键长减小，另一个 Cl 原子和表面氧之间的键长断裂并逐渐与 HgCl 作用，形成 Cl—Hg—Cl 结构的复合体。经过过渡态 TS3 形成吸附态的 $HgCl_2$。该反应的活化能垒为 59.39kJ/mol，反应吸收 12.70kJ/mol 的热量。在模型 1 中，反应路径 2 的反应过程：IM2→TS4→FS2。两个 Cl 原子与表面氧之间的键逐渐断裂，向 Hg 原子靠近，形成 Cl—Hg—Cl 的复合体，最终在表面形成吸附态的 $HgCl_2$。该过程中的活化能垒为 78.05kJ/mol，高于路径 1 中的活化能垒。

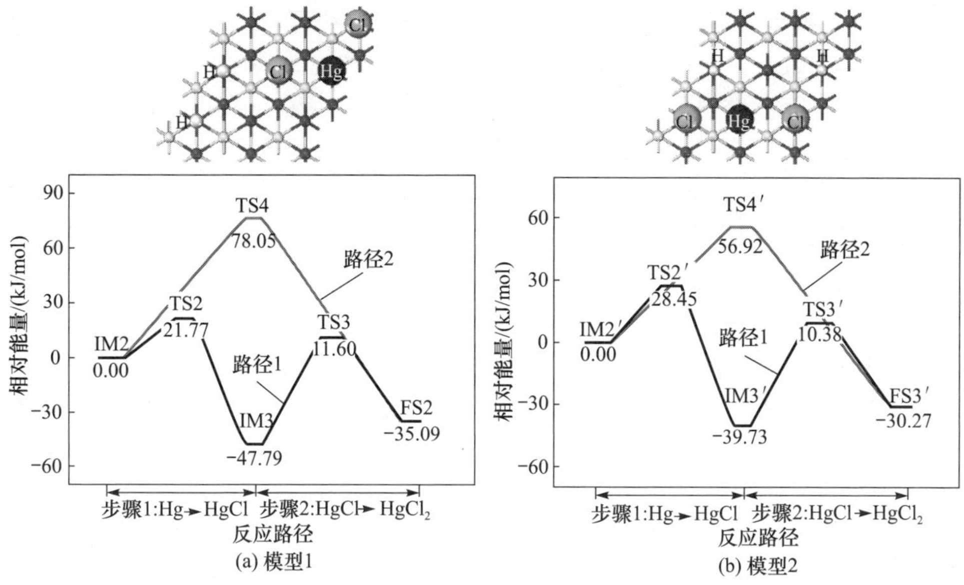

图 3.56　汞在 CeO_2(111)表面氧化路径的能量图

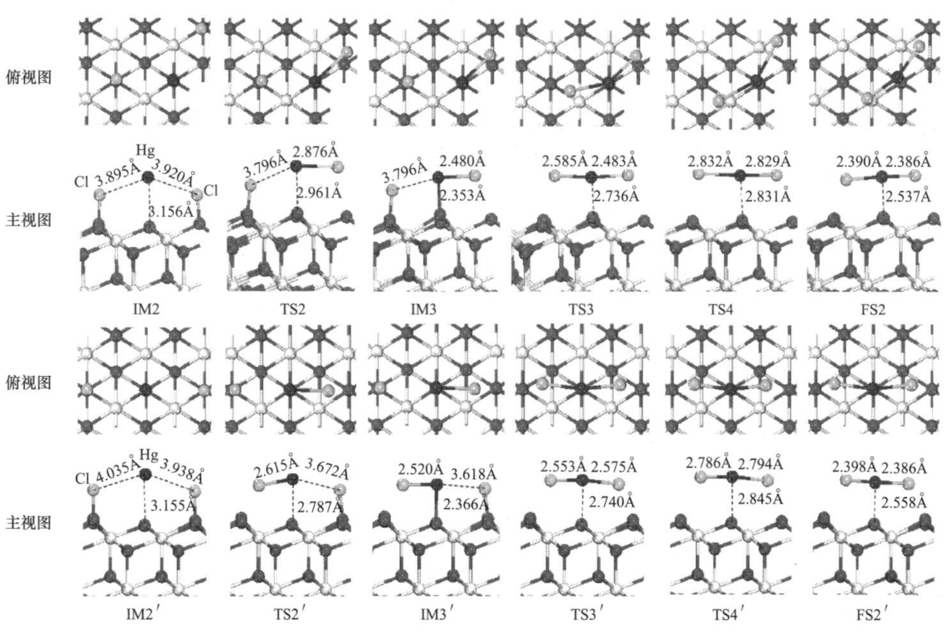

图 3.57　汞在 CeO_2(111)表面氧化路径中的中间态、过渡态和终态构型

同样，在模型 2 中，汞氧化路径 1 的 HgCl 形成能垒为 28.45kJ/mol，$HgCl_2$ 形成能垒为 40.11kJ/mol；汞氧化路径 2 的 $HgCl_2$ 形成能垒为 56.92kJ/mol。通过比较两种稳定吸附结构中汞氧化路径的活化能垒可见，汞的氧化以路径 1 为主，即 Hg→HgCl→$HgCl_2$。其中，$HgCl_2$ 的形成是反应的速控步骤。

比较了不同催化剂（V_2O_5[116]、MnO_2[117]、Au[52]、Pd[118]和 CeO_2[119]）上汞氧化性能，发现五种体系中汞氧化的速控步骤均是 $HgCl_2$ 的形成。$HgCl_2$ 形成的能垒从高到低分别是 V_2O_5＞Pd≈MnO_2＞CeO_2＞Au；V_2O_5 体系上能垒最高(路径 1 和 2 的能垒别分是 91.53kJ/mol 和 98.72kJ/mol)；Pd 表面的能垒是 67.53kJ/mol，略高于 MnO_2(110)上的能垒(模型 1 和模型 2 的能垒分别是 66.27kJ/mol 和 57.72kJ/mol)；而 CeO_2 上的能垒(模型 1 和模型 2 的能垒分别是 59.39kJ/mol 和 40.11kJ/mol)略低于 MnO_2 表面上的能垒，但高于 Au 表面上的能垒(33～55kJ/mol)。可以预测，CeO_2 和 MnO_2 是两种可以媲美贵金属 Pd 或 Au 的汞催化剂，两者表面上 $HgCl_2$ 的形成能垒均明显低于 V_2O_5 基表面，因此 CeO_2 和 MnO_2 是两种低温活性高、成本低的汞氧化催化剂，具有很好的应用前景。

3.3.5 烟气成分对汞在 CeO_2(111)表面吸附的影响

1. H_2O 在 CeO_2(111)表面的吸附

在优化吸附构型时，测试了 H_2O 分子在 CeO_2(111)表面不同位置的各种初始结构，包括 H_2O 分子平行于表面或垂直于表面(O 朝下或 H 朝下)，最终得到 H_2O 在 CeO_2(111)表面上最稳定的两种构型为 5A 和 5B，结构如图 3.58 所示，吸附能和键长见表 3.29。两种结构中吸附的 H_2O 分子基本平行于 CeO_2(111)表面，其

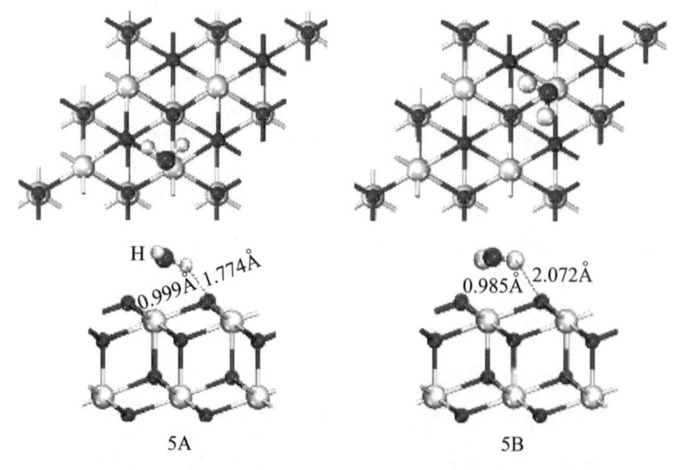

图 3.58 H_2O 在 CeO_2(111)表面的稳定构型

中 H_2O 中的 O 原子在表面 Ce 原子的上方，两个 H 原子则指向表面 O 原子；5A 和 5B 构型中，H 原子与表面 O 原子之间的最近距离分别为 1.774Å 和 2.072Å，表明 H_2O 分子与 CeO_2(111)表面容易形成双氢键的吸附结构，这与 Fronzi 等[120]的结论一致。

表 3.29　H_2O 在 CeO_2(111)表面稳定结构的吸附能、键长和键角

吸附构型	E_{ads}/(kJ/mol)	R_{H-O}/Å	R_{O-H}/Å	θ_{H_2O}/(°)
5A	−61.06	1.774/2.597	0.999/0.974	106.6
5B	−51.07	2.072/2.110	0.985/0.983	106.5

2. NH_3 在 CeO_2(111)表面的吸附

NH_3 在 CeO_2(111)表面最稳定的构型如图 3.59 所示，吸附能和键长见表 3.30。由表可见，NH_3 在 CeO_2(111)表面两种稳定构型 6A 和 6B 的吸附能分别为 −48.36kJ/mol 和 −31.21kJ/mol，说明 NH_3 在表面上吸附能较弱，介于化学吸附与物理吸附之间。

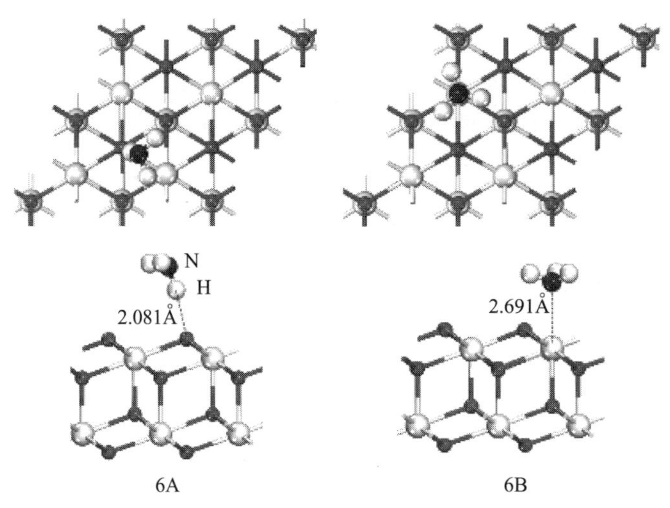

图 3.59　NH_3 在 CeO_2(111)表面的稳定构型

表 3.30　NH_3 在 CeO_2(111)表面稳定结构的吸附能和键长

吸附构型	E_{ads}/(kJ/mol)	R_{NH_3-Site}/Å	R_{N-H}/Å
6A	−48.36	2.081	1.028/1.021/1.021
6B	−31.21	2.691	1.022/1.022/1.022

3. SO_2 在 $CeO_2(111)$表面的吸附

SO_2 在 $CeO_2(111)$表面的稳定构型如图 3.60 所示，吸附能与键长见表 3.31 所示。从中可见，SO_2 与表面之间作用较强，两种构型 7A 和 7B 的吸附能分别为 −101.03kJ/mol 和 −92.94kJ/mol，其中，S 原子与表面 O 原子之间的键长分别为 1.686Å 和 2.236Å，吸附后 SO_2 的键长较气相 SO_2 分子有所增长。从 PDOS 图(见图 3.61)可见，吸附后 SO_2 中 S 原子与 CeO_2 表面氧之间发生强烈的共振作用，表明 SO_2 与表面之间发生了强烈的作用，这与吸附能的结论一致。$SO_2+O_2 \longrightarrow SO_3$ 反应是 SCR 脱硝反应中的重要副反应，Xu 等[121]在研究 CeO_2/TiO_2 催化剂表面 NH_3-SCR 反应时发现，SO_2 会与催化剂表面发生反应，XPS 表明在表面会形成硫酸盐物种，计算结果与试验结论一致。

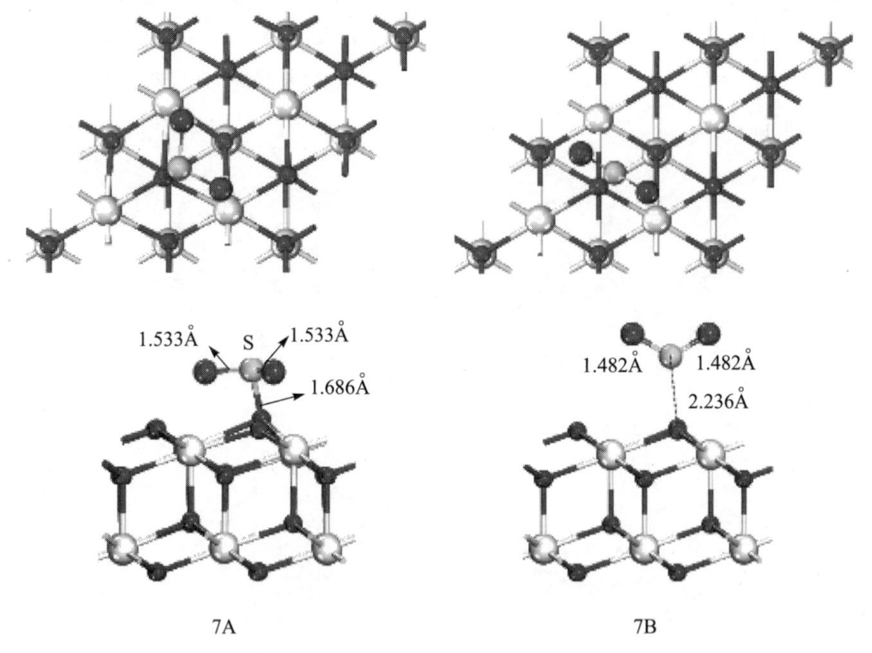

图 3.60　SO_2 在 $CeO_2(111)$表面的稳定构型

表 3.31　SO_2 在 $CeO_2(111)$表面稳定结构的吸附能和键长

吸附结构	E_{ads}/(kJ/mol)	R_{SO_2-Site}/Å	R_{S-O}/Å
7A	−101.03	1.686	1.533/1.533
7B	−92.94	2.236	1.482/1.482

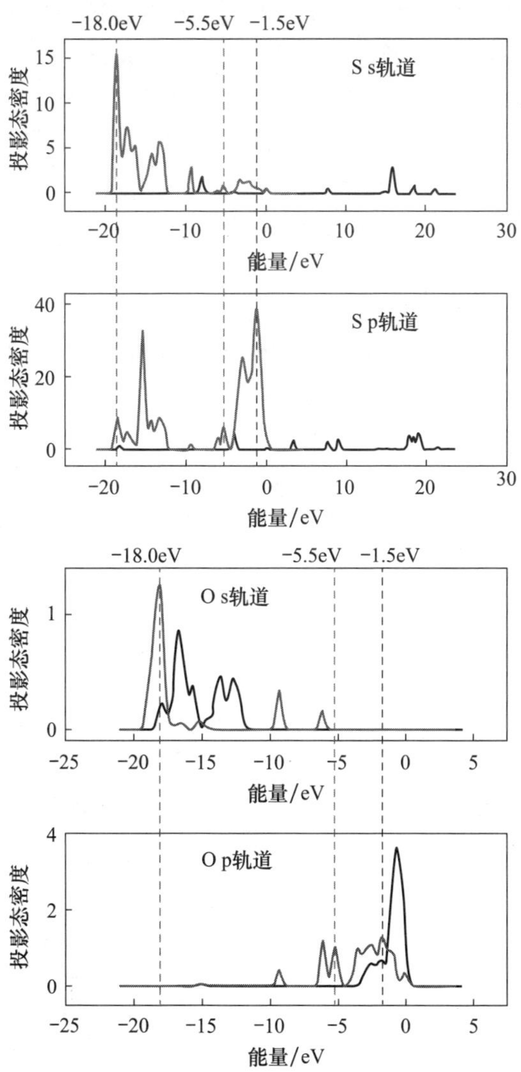

图 3.61　SO_2 在 CeO_2(111)表面的 PDOS 图

4. NO 在 CeO_2(111)表面的吸附

NO 在 CeO_2(111)表面的稳定构型如图 3.62 所示，从稳定构型和表 3.32 可见，NO 中 N 原子与表面 O 原子之间发生作用，8A 和 8B 构型的吸附能分别为 99.07kJ/mol 和 98.33kJ/mol，N 原子与表面 O 原子之间键长分别为 1.359Å 和 1.356Å，说明 NO 在表面形成了 NO_2 物种，这与 Long 等[122]做的 NO 氧化反应试验结论一致。在该试验中，研究了铈催化剂在 350℃、400℃和 450℃下 NO 氧化反应性能，结果表明，对富氧的铈催化剂（500℃下，在10% O_2/N_2气流中预处理1h），NO被氧化为NO_2，O_2的存在会促进NO_2的生成，且NO氧化效率在400℃下达到最高；而对贫氧铈催化剂（400℃下，在20% H_2/N_2气流中预处理1h），NO不会被氧化成NO_2。因此，在燃煤烟气条件（约5% O_2）下，CeO_2催化剂在SCR反应中可能会将NO先转化为NO_2，再与NH_3反应生成N_2。一些学者研究表明，NO_2的催化还原速率要大于NO的还原速率[123]。从PDOS图（见图3.63）可见，NO中N原子与表面O原子之间在−1.1eV、−7.8eV和−11.1eV发生强烈的共振，说明NO与表面O原子之间已经形成比较稳定的键。

综合以上分析，HCl在所有烟气中的吸附能最强，SO_2和NO强烈地吸附在CeO_2(111)表面，属于化学吸附，会与HCl在表面上发生竞争吸附，从而对汞氧化反应产生抑制作用。NH_3和H_2O与表面作用较弱，小于HCl在表面的吸附能，但高浓度下会占据表面的吸附位，在一定程度上会阻碍HCl与表面之间的相互作用，从而对汞氧化产生负面作用。另外，SO_2与CeO_2(111)表面的作用形成了硫化表面，这可能会有利于汞的吸附，从而促进汞的氧化。

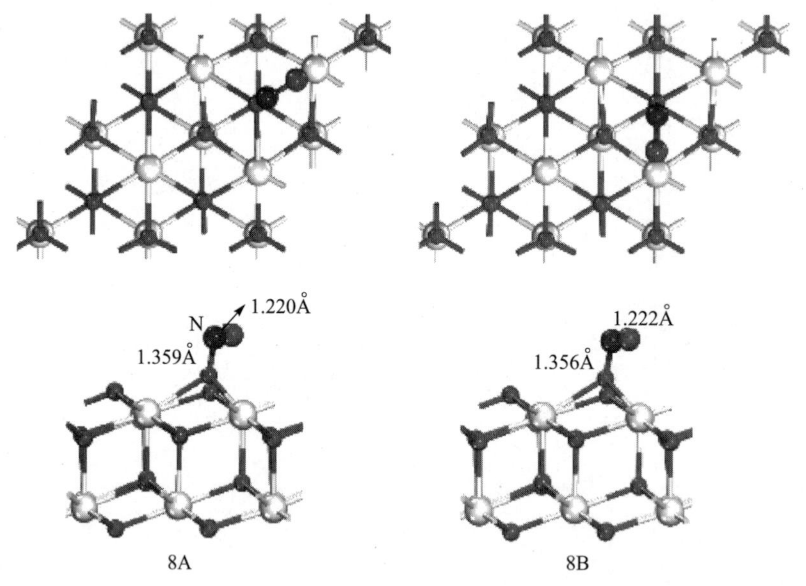

图3.62　NO在CeO_2(111)表面的稳定构型

表3.32　NO在CeO_2(111)表面稳定结构的吸附能和键长

吸附构型	E_{ads}/(kJ/mol)	$R_{NO-Site}$/Å	R_{N-O}/Å
8A	99.07	1.359	1.220
8B	98.33	1.356	1.222

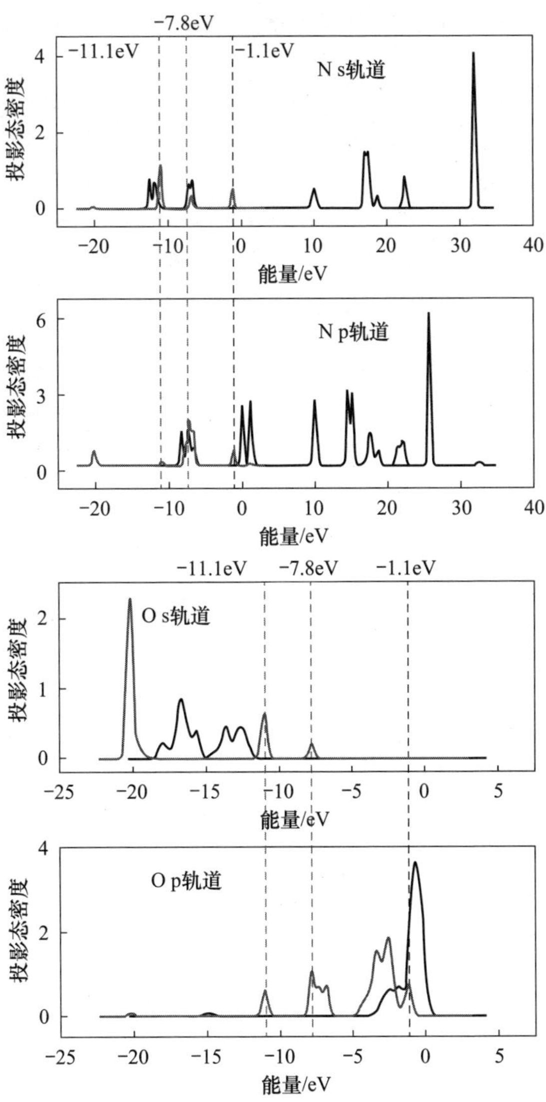

图 3.63　NO 在 CeO_2(111)表面的 PDOS 图

参 考 文 献

[1] Pârvulescu V I, Boghosian S, Pârvulescu V, et al. Selective catalytic reduction of NO with NH_3 over mesoporous V_2O_5-TiO_2-SiO_2 catalysts. Journal of Catalysis, 2003, 217(1): 172—185.

[2] 刘清才，席文昌，杨剑. 堇青石改性 V_2O_5-WO_3/TiO_2 催化剂性能影响研究. 功能材料，2013，44(11)：1624—1628.

[3] 闫志勇,胡建飞,徐鸿. SCR 烟气脱硝催化剂 V_2O_5-WO_3/TiO_2 性能研究. 中国计量学院学报,2011,22(1):68—72.

[4] Cao Y,Chen B,Wu J,et al. Study of mercury oxidation by a selective catalytic reduction catalyst in a pilot-scale slipstream reactor at a utility boiler burning bituminous coal. Energy & Fuels,2007,21(1):145—156.

[5] Cao Y,Gao Z,Zhu J,et al. Impacts of halogen additions on mercury oxidation,in a slipstream selective catalyst reduction (SCR),reactor when burning sub-bituminous coal. Environmental Science & Technology,2008,42(1):256—261.

[6] Dranga B A,Lazar L,Koeser H. Oxidation catalysts for elemental mercury in flue gases—A review. Catalysts,2012,2(1):139—170.

[7] Kamata H,Ueno S I,Naito T,et al. Mercury oxidation by hydrochloric acid over a VO_x/TiO_2 catalyst. Catalysis Communications,2008,9(14):2441—2444.

[8] Kamata H,Ueno S I,Naito T,et al. Mercury oxidation over the V_2O_5(WO_3)/TiO_2 commercial SCR catalyst. Industrial & Engineering Chemistry Research,2008,47(21):8136—8141.

[9] Lee C W,Srivastava R K,Ghorishi S B,et al. Pilot-scale study of the effect of selective catalytic reduction catalyst on mercury speciation in Illinois and Powder River Basin coal combustion flue gases. Journal of the Air & Waste Management Association, 2006, 56(5): 643—649.

[10] Li H,Li Y,Wu C Y,et al. Oxidation and capture of elemental mercury over SiO_2-TiO_2-V_2O_5 catalysts in simulated low-rank coal combustion flue gas. Chemical Engineering Journal,2011,169(1-3):186—193.

[11] Senior C L. Oxidation of mercury across selective catalytic reduction catalysts in coal-fired power plants. Journal of the Air & Waste Management Association,2006,56(1):23—31.

[12] Straube S,Hahn T,Koeser H. Adsorption and oxidation of mercury in tail-end SCR-DeNO_x plants—bench scale investigations and speciation experiments. Applied Catalysis B: Environmental,2008,79(3):286—295.

[13] Wilcox J,Rupp E,Ying S C,et al. Mercury adsorption and oxidation in coal combustion and gasification processes. International Journal of Coal Geology,2012,90-91:4—20.

[14] Niksa S,Fujiwara N. A predictive mechanism for mercury oxidation on selective catalytic reduction catalysts under coal-derived flue gas. Journal of the Air & Waste Management Association,2005,55(12):1866—1875.

[15] 李鹏,张亚平,肖睿. 整体式 V_2O_5-WO_3/TiO_2-ZrO_2 催化剂用于 NH_3 选择性催化还原 NO_x. 中南大学学报(自然科学版),2013,44(4):1719—1726.

[16] He S,Zhou J,Zhu Y,et al. Mercury oxidation over a vanadia-based selective catalytic reduction catalyst. Energy & Fuels,2009,23(1):253—259.

[17] Ariya P A,Khalizov A,Gidas A. Reactions of gaseous mercury with atomic and molecular halogens:Kinetics,product studies,and atmospheric implications. The Journal of Physical Chemistry A,2002,106(32):7310—7320.

[18] Zhuang Y, Laumb J, Liggett R, et al. Impacts of acid gases on mercury oxidation across SCR catalyst. Fuel Processing Technology, 2007, 88(10): 929—934.

[19] Yang H M, Pan W P. Transformation of mercury speciation through the SCR system in power plants. Journal of Environmental Sciences, 2007, 19(2): 181—184.

[20] Christodoulakis A, Machli M, Lemonidou A A, et al. Molecular structure and reactivity of vanadia-based catalysts for propane oxidative dehydrogenation studied by in situ Raman spectroscopy and catalytic activity measurements. Journal of Catalysis, 2004, 222(2): 293—306.

[21] Weckhuysen B M, Keller D E. Chemistry, spectroscopy and the role of supported vanadium oxides in heterogeneous catalysis. Catalysis Today, 2003, 78(1): 25—46.

[22] Alemany L J, Lietti L, Ferlazzo N. Reactivity and physicochemical characterization of V_2O_5-WO_3/TiO_2 De-NO_x catalysts. Journal of Catalysis, 1995, 155(1): 117—130.

[23] Lietti L, Forzatti P, Bregani F. Steady-state and transient reactivity study of TiO_2-supported V_2O_5-WO_3 De-NO_x catalysts: Relevance of the vanadium-tungsten interaction on the catalytic activity. Industrial & Engineering Chemistry Research, 1996, 35(11): 3884—3892.

[24] Wachs I E, Weckhuysen B M. Structure and reactivity of surface vanadium oxide species on oxide supports. Applied Catalysis A: General, 1997, 157(1): 67—90.

[25] Went G T, Oyama S T, Bell A T. Laser Raman spectroscopy of supported vanadium oxide catalysts. Journal of Physical Chemistry, 1990, 94(10): 4240—4246.

[26] Kozlowski R, Pettifer R F, Thomas J M. X-ray absorption fine structure investigation of vanadium(V) oxide-titanium(IV) oxide catalysts. 2. The vanadium oxide active phase. The Journal of Physical Chemistry, 1983, 87(25): 5176—5181.

[27] Haber J, Kozlowska A, Kozłowski R. The structure and redox properties of vanadium oxide surface compounds. Journal of Catalysis, 1986, 102(1): 52—63.

[28] Du Y J, Li Z H, Fan K N. Periodic density functional theory studies of the VO_x/TiO_2(anatase) catalysts: Structure and stability of monomeric species. Surface Science, 2012, 606(11): 956—964.

[29] Lazzeri M, Selloni A. Stress-driven reconstruction of an oxide surface: The anatase TiO_2 (001)-(1×4) surface. Physical Review Letters, 2001, 87(26): 266105.

[30] Vittadini A, Selloni A. Periodic density functional theory studies of vanadia-titania catalysts: Structure and stability of the oxidized monolayer. The Journal of Physical Chemistry B, 2004, 108(22): 7337—7343.

[31] 唐富顺，庄柯，杨芳. 负载型 V_2O_5/TiO_2 催化剂表面分散状态和性质对氨选择性催化还原 NO 性能的影响. 催化学报，2012，33(6)：934—940.

[32] Alexopoulos K, Reyniers M F, Marin G B. Reaction path analysis of propane selective oxidation over V_2O_5 and V_2O_5/TiO_2. Journal of Catalysis, 2012, 289: 127—139.

[33] Avdeev V I, Bedilo A F. Molecular mechanism of oxygen isotopic exchange over supported vanadium oxide catalyst VO_x/TiO_2. The Journal of Physical Chemistry C, 2013, 117(6):

2879—2887.

[34] Avdeev V I, Tapilin V M. Electronic structure and stability of peroxide divanadate species V(O-O) on the TiO_2(001) surface reconstructed. The Journal of Physical Chemistry C, 2009, 113(33): 14941—14945.

[35] Avdeev V I, Tapilin V M. Water effect on the electronic structure of active sites of supported vanadium oxide catalyst VO_x/TiO_2(001). The Journal of Physical Chemistry C, 2010, 114(8): 3609—3613.

[36] Calatayud M, Mguig B, Minot C. A periodic model for the V_2O_5-TiO_2(anatase) catalyst: Stability of dimeric species. Surface Science, 2003, 526(3): 297—308.

[37] Han Y, Wang H, Cheng H. Dispersed vanadium phosphorus oxide on titania-silica xerogels: Highly active for selective oxidation of propane. New Journal of Chemistry, 1998, 22(11): 1175—1176.

[38] Suarez N A, Wilcox J. DFT study of Hg oxidation across vanadia-titania SCR catalyst under flue gas conditions. The Journal of Physical Chemistry C, 2013, 117(4): 1761—1772.

[39] Liu J, He M, Zheng C, et al. Density functional theory study of mercury adsorption on V_2O_5(001) surface with implications for oxidation. Proceedings of the Combustion Institute, 2011, 33(2): 2771—2777.

[40] Perdew J P, Burke K, Wang Y. Generalized gradient approximation for the exchange-correlation hole of a many-electron system. Physical Review B, 1996, 54(23): 16533—16539.

[41] Perdew J P, Burke K, Ernzerhof M. Generalized gradient approximation made simple. Physical Review Letters, 1996, 77(18): 3865—3868.

[42] Vanderbilt D. Soft self-consistent pseudopotentials in a generalized eigenvalue formalism. Physical Review B, 1990, 41(11): 7892—7895.

[43] Monkhorst H J, Pack J D. Special points for Brillouin-zone integrations. Physical Review B, 1976, 13(12): 5188—5192.

[44] Burdett J K, Hughbanks T, Miller G J, et al. Structural-electronic relationships in inorganic solids: Powder neutron diffraction studies of the rutile and anatase polymorphs of titanium dioxide at 15 and 295 K. Journal of the American Chemical Society, 1987, 109(12): 3639—3646.

[45] Halgren T A, Lipscomb W N. The synchronous-transit method for determining reaction pathways and locating molecular transition states. Chemical Physics Letters, 1977, 49(2): 225—232.

[46] Segall M D, Philip J D L, Probert M J, et al. First-principles simulation: Ideas, illustrations and the CASTEP code. Journal of Physics: Condensed Matter, 2002, 14(11): 2717.

[47] Kaupp M, von Schnering H G. Origin of the unique stability of condensed-phase Hg^{2+}: An ab initio investigation of MI and MII species (M= Zn, Cd, Hg). Inorganic Chemistry, 1994, 33(18): 4179—4185.

[48] Niimura N, Shimaoka K, Motegi H, et al. Crystal structure and phase transition of hydrogen chloride. Journal of the Physical Society of Japan, 1972, 32(4): 1019—1026.

[49] Dulmage W, Meyers E, Lipscomb W. On the crystal and molecular structure of N_2O_2. Acta Crystallographica, 1953, 6(10): 760—764.

[50] Chase M W. NIST-JANAF thermochemical tables. Journal of Physical and Chemical Reference Data, 1996, 25(4): 1069—1111.

[51] Kamata H, Ueno S I, Sato N, et al. Mercury oxidation by hydrochloric acid over TiO_2 supported metal oxide catalysts in coal combustion flue gas. Fuel Processing Technology, 2009, 90(7): 947—951.

[52] Lim D H, Wilcox J. Heterogeneous mercury oxidation on Au(111) from first principles. Environmental Science & Technology, 2013, 47(15): 8515—8522.

[53] Wang Y, Duan Y. Effect of manganese ions on the structure of $Ca(OH)_2$ and mercury adsorption performance of $Mn^{x+}/Ca(OH)_2$ composites. Energy & Fuels, 2011, 25(4): 1553—1558.

[54] Eom Y, Jeon S H, Ngo T A, et al. Heterogeneous mercury reaction on a selective catalytic reduction (SCR) catalyst. Catalysis Letters, 2008, 121(3): 219—225.

[55] Busca G, Lietti L, Ramis G, et al. Chemical and mechanistic aspects of the selective catalytic reduction of NO_x by ammonia over oxide catalysts: A review. Applied Catalysis B: Environmental, 1998, 18(1): 1—36.

[56] Dunn J P, Stenger H G, Wachs I E. Molecular structure-reactivity relationships for the oxidation of sulfur dioxide over supported metal oxide catalysts. Catalysis Today, 1999, 53(4): 543—556.

[57] Kapteijn F, Singoredjo L, Andreini A, et al. Activity and selectivity of pure manganese oxides in the selective catalytic reduction of nitric oxide with ammonia. Applied Catalysis B: Environmental, 1994, 3(2): 173—189.

[58] Park T S, Jeong S K, Hong S H, et al. Selective catalytic reduction of nitrogen oxides with NH_3 over natural manganese ore at low temperature. Industrial & Engineering Chemistry Research, 2001, 40(21): 4491—4495.

[59] Peña D A, Uphade B S, Smirniotis P G. TiO_2-supported metal oxide catalysts for low-temperature selective catalytic reduction of NO with NH_3: I. Evaluation and characterization of first row transition metals. Journal of Catalysis, 2004, 221(2): 421—431.

[60] Delley B. From molecules to solids with the $Dmol^3$ approach. The Journal of Chemical Physics, 2000, 113(18): 7756—7764.

[61] Inada Y, Orita H. Efficiency of numerical basis sets for predicting the binding energies of hydrogen bonded complexes: Evidence of small basis set superposition error compared to Gaussian basis sets. Journal of Computational Chemistry, 2007, 29(2): 225—232.

[62] Oxford G A E, Chaka A M. First-principles calculations of clean, oxidized, and reduced β-MnO_2 surfaces. The Journal of Physical Chemistry C, 2011, 115(34): 16992—17008.

[63] Oxford G A E, Chaka A M. Structure and stability of hydrated β-MnO_2 surfaces. The Journal of Physical Chemistry C, 2012, 116(21): 11589—11605.

[64] Loomer D B, Al T A, Weaver L. Manganese valence imaging in Mn minerals at the nanoscale using STEM-EELS. American Mineralogist,2007,92(1):72—79.

[65] Bandura A V,Kubicki J D,Sofo J O. Comparisons of multilayer H_2O adsorption onto the (110) surfaces of α-TiO_2 and SnO_2 as calculated with density functional theory. The Journal of Physical Chemistry B,2008,112(37):11616—11624.

[66] Bandura A V,Sykes D G,Shapovalov V,et al. Adsorption of water on the TiO_2(rutile) (110) surface:A comparison of periodic and embedded cluster calculations. The Journal of Physical Chemistry B,2004,108(23):7844—7853.

[67] Barnard A S,Zapol P,Curtiss L A. Modeling the morphology and phase stability of TiO_2 nanocrystals in water. Journal of Chemical Theory and Computation,2005,1(1):107—116.

[68] Lindan P J D,Zhang C. Exothermic water dissociation on the rutile TiO_2(110) surface. Physical Review B,2005,72(7):075439.

[69] Harris L A,Quong A A. Molecular chemisorption as the theoretically preferred pathway for water adsorption on ideal rutile TiO_2(110). Physical Review Letters,2004,93(8):086105.

[70] Evarestov R A,Bandura A V,Proskurov E V. Plain DFT and hybrid HF-DFT LCAO calculations of SnO_2(110) and (100) bare and hydroxylated surfaces. Physica Status Solidi (b),2006,243(8):1823—1834.

[71] Kim B G,Li X,Blowers P. Adsorption energies of mercury-containing species on CaO and temperature effects on equilibrium constants predicted by density functional theory calculations. Langmuir,2009,25(5):2781—2789.

[72] Sasmaz E,Wilcox J. Mercury species and SO_2 adsorption on CaO(100). The Journal of Physical Chemistry C,2008,112(42):16484—16490.

[73] Li X. A density functional theory study of mercury adsorption on paper waste derived sorbents. Tucson:The University of Arizona,2006.

[74] Guo P,Guo X,Zheng C G. Computational insights into interactions between Hg species and α-Fe_2O_3(001). Fuel,2011,90(5):1840—1846.

[75] Scala F,Anacleria C,Cimino S. Characterization of a regenerable sorbent for high temperature elemental mercury capture from flue gas. Fuel,2013,108:13—18.

[76] Qiao S H,Chen J,Li J F,et al. Adsorption and catalytic oxidation of gaseous elemental mercury in flue gas over MnO_x/alumina. Industrial & Engineering Chemistry Research,2009,48(7):3317—3322.

[77] 黄慧萍,涂香甜,史雪君. 金属氧化物催化氧化氯化氢制氯气的研究. 四川大学学报(工程科学版),2011,43(2):150—155.

[78] Zhou J,Hou W,Qi P,et al. CeO_2-TiO_2 sorbents for the removal of elemental mercury from syngas. Environmental Science & Technology,2013,47(17):10056—10062.

[79] Chen L,Li J,Ge M,et al. Enhanced activity of tungsten modified CeO_2/TiO_2 for selective catalytic reduction of NO_x with ammonia. Catalysis Today,2010,153(3):77—83.

[80] Xu W, Chen Q, Zhang T, et al. Development and application of ultra performance liquid chromatography-electrospray ionization tandem triple quadrupole mass spectrometry for determination of seven microcystins in water samples. Analytica Chimica Acta, 2008, 626(1): 28−36.

[81] Chen L, Li J, Ge M. DRIFT study on cerium-tungsten/titiania catalyst for selective catalytic reduction of NO_x with NH_3. Environmental Science & Technology, 2010, 44(24): 9590−9596.

[82] Gao X, Jiang Y, Fu Y, et al. Preparation and characterization of CeO_2/TiO_2 catalysts for selective catalytic reduction of NO with NH_3. Catalysis Communications, 2010, 11(5): 465−469.

[83] Gao X, Jiang Y, Zhong Y, et al. The activity and characterization of CeO_2-TiO_2 catalysts prepared by the sol-gel method for selective catalytic reduction of NO with NH_3. Journal of Hazardous Materials, 2010, 174(1): 734−739.

[84] Shan W, Liu F, He H, et al. A superior Ce-W-Ti mixed oxide catalyst for the selective catalytic reduction of NO_x with NH_3. Applied Catalysis B: Environmental, 2012, 115: 100−106.

[85] Liu C, Chen L, Li J, et al. Enhancement of activity and sulfur resistance of CeO_2 supported on TiO_2-SiO_2 for the selective catalytic reduction of NO by NH_3. Environmental Science & Technology, 2012, 46(11): 6182−6189.

[86] Li Y, Cheng H, Li D. WO_3/CeO_2-ZrO_2, a promising catalyst for selective catalytic reduction (SCR) of NO_x with NH_3 in diesel exhaust. Chemical Communications, 2008, (12): 1470−1472.

[87] Yang Z, Woo T K, Baudin M, et al. Atomic and electronic structure of unreduced and reduced CeO_2 surfaces: A first-principles study. The Journal of Chemical Physics, 2004, 120(16): 7741−7749.

[88] Mei D, Aaron D N, Dupuis M. A density functional theory study of form aldehyde adsorption on ceria. Surface Science, 2007, 601(21): 4993−5001.

[89] Amrute A P, Mondelli C, Moser M, et al. Performance, structure, and mechanism of CeO_2 in HCl oxidation to Cl_2. Journal of Catalysis, 2012, 286: 287−297.

[90] Fan X, Li C, Zeng G, et al. Removal of gas-phase element mercury by activated carbon fiber impregnated with CeO_2. Energy & Fuels, 2010, 24(8): 4250−4254.

[91] Gerward L, Staun O J, Petit L, et al. Bulk modulus of CeO_2 and PrO_2—An experimental and theoretical study. Journal of Alloys and Compounds, 2005, 400(1): 56−61.

[92] He J, Reddy G K, Thiel S W, et al. Ceria-modified manganese oxide/titania materials for removal of elemental and oxidized mercury from flue gas. The Journal of Physical Chemistry C, 2011, 115(49): 24300−24309.

[93] Hou W, Zhou J, Qi P, et al. Effect of H_2S/HCl on the removal of elemental mercury in syngas over CeO_2-TiO_2. Chemical Engineering Journal, 2014, 241: 131−137.

[94] Hua X Y, Zhou J S, Li Q, et al. Gas-phase elemental mercury removal by CeO_2 impregna-

ted activated coke. Energy & Fuels, 2010, 24(10): 5426—5431.

[95] Jampaiah D, Tur K M, Ippolito S. Structural characterization and catalytic evaluation of transition and rare earth metal doped ceria-based solid solutions for elemental mercury oxidation. RSC Advances, 2013, 3(31): 12963—12974.

[96] Laachir A, Perrichon V, Badri A. Reduction of CeO_2 by hydrogen, magnetic susceptibility and fourier-transform infrared, ultraviolet and X-ray photoelectron spectroscopy measurements. Journal of the Chemical Society, 1991, 87(10): 1601—1609.

[97] Tao S, Li C, Fan X, et al. Activated coke impregnated with cerium chloride used for elemental mercury removal from simulated flue gas. Chemical Engineering Journal, 2012, 210: 547—556.

[98] Tian L, Li C, Li Q, et al. Removal of elemental mercury by activated carbon impregnated with CeO_2. Fuel, 2009, 88(9): 1687—1691.

[99] Wan Q, Duan L, He K, et al. Removal of gaseous elemental mercury over a CeO_2-WO_3/TiO_2 nanocomposite in simulated coal-fired flue gas. Chemical Engineering Journal, 2011, 170(2): 512—517.

[100] Wen X, Li C, Fan X, et al. Experimental study of gaseous elemental mercury removal with CeO_2/γ-Al_2O_3. Energy & Fuels, 2011, 25(7): 2939—2944.

[101] Kümmerle E A, Heger G. The structures of C-$Ce_2O_3{}^{+\delta}$, Ce_7O_{12}, and $Ce_{11}O_{20}$. Journal of Solid State Chemistry, 1999, 147(2): 485—500.

[102] Fabris S, De Gironcoli S, Baroni S, et al. Taming multiple valency with density functionals: A case study of defective ceria. Physical Review B, 2005, 71(4): 041102.

[103] Liu Z P, Jenkins S J, King D A. Origin and activity of oxidized gold in water-gas-shift catalysis. Physical Review Letters, 2005, 94(19): 196102.

[104] Nolan M, Parker S C, Watson G W. CeO_2 catalysed conversion of CO, NO_2 and NO from first principles energetics. Physical Chemistry Chemical Physics, 2006, 8(2): 216—218.

[105] Skorodumova N V, Baudin M, Hermansson K. Surface properties of CeO_2 from first principles. Physical Review B, 2004, 69(7): 075401.

[106] Branda M M, Ferullo R M, Causà M, et al. Relative stabilities of low index and stepped CeO_2 surfaces from hybrid and GGA+U implementations of density functional theory. The Journal of Physical Chemistry C, 2011, 115(9): 3716—3721.

[107] Nolan M, Parker S C, Watson G W. The electronic structure of oxygen vacancy defects at the low index surfaces of ceria. Surface Science, 2005, 595(1): 223—232.

[108] Lyons D M. Preparation of ordered mesoporous ceria with enhanced thermal stability. Journal of Materials Chemistry, 2002, 12(4): 1207—1212.

[109] Lyons D M, Mcgrath J P, Morris M A. Surface studies of ceria and mesoporous ceria powders by solid-state 1H MAS NMR. The Journal of Physical Chemistry B, 2003, 107(19): 4607—4617.

[110] Kim Y J, Gao Y, Herman G S, et al. Growth and structure of epitaxial CeO_2 by oxygen-

plasma-assisted molecular beam epitaxy. Journal of Vacuum Science & Technology A, 1999,17(3):926—935.

[111] Madier Y, Descorme C, Le Govic A M, et al. Oxygen mobility in CeO_2 and $Ce_xZr_{(1-x)}O_2$ compounds: Study by CO transient oxidation and $^{18}O/^{16}O$ isotopic exchange. The Journal of Physical Chemistry B, 1999, 103(50): 10999—11006.

[112] Putna E S, Bunluesin T, Fan X L, et al. Ceria films on zirconia substrates: Models for understanding oxygen-storage properties. Catalysis Today, 1999, 50(2): 343—352.

[113] Trovarelli A. Structural and oxygen storage/release properties of CeO_2-based solid solutions. Comments on Inorganic Chemistry, 1999, 20(4-6): 263—284.

[114] Li H, Wu C Y, Li Y, et al. CeO_2-TiO_2 catalysts for catalytic oxidation of elemental mercury in low-rank coal combustion flue gas. Environmental Science & Technology, 2011, 45(17): 7394—7400.

[115] 曹锐，费兆阳，陈献. CuO 和 CeO_2在氯化氢氧化反应中的协同作用. 化学反应工程与工艺，2013，(4)：295—300.

[116] Zhang B, Liu J, Dai G, et al. Insights into the mechanism of heterogeneous mercury oxidation by HCl over V_2O_5/TiO_2 catalyst: Periodic density functional theory study. Proceedings of the Combustion Institute, 2015, 35(3): 2855—2865.

[117] Zhang B, Liu J, Yang Y, et al. Oxidation mechanism of elemental mercury by HCl over MnO_2 catalyst: Insights from first principles. Chemical Engineering Journal, 2015, 280: 354—362.

[118] Zhang B, Liu J, Zhang J, et al. Mercury oxidation mechanism on Pd(100) surface from first-principles calculations. Chemical Engineering Journal, 2014, 237: 344—351.

[119] Zhang B, Liu J, Shen F. Heterogeneous mercury oxidation by HCl over CeO_2 catalyst: Density functional theory study. The Journal of Physical Chemistry C, 2015, 119(27): 15047—15055.

[120] Fronzi M, Piccinin S, Delley B. Water adsorption on the stoichiometric and reduced CeO_2 (111) surface: A first-principles investigation. Physical Chemistry Chemical Physics, 2009, 11(40): 9188—9199.

[121] Xu W, He H, Yu Y. Deactivation of a Ce/TiO_2 catalyst by SO_2 in the selective catalytic reduction of NO by NH_3. The Journal of Physical Chemistry C, 2009, 113(11): 4426—4432.

[122] Long R Q, Yang R T. The promoting role of rare earth oxides on Fe-exchanged TiO_2-pillared clay for selective catalytic reduction of nitric oxide by ammonia. Applied Catalysis B: Environmental, 2000, 27(2): 87—95.

[123] Bröer S, Hammer T. Selective catalytic reduction of nitrogen oxides by combining a non-thermal plasma and a V_2O_5-WO_3/TiO_2 catalyst. Applied Catalysis B: Environmental, 2000, 28(2): 101—111.

第 4 章 SCR 催化剂汞氧化脱除

SCR 催化剂在不同规模的大量试验中均被证实具有促进单质汞非均相氧化的作用。氧化态的汞易溶于水且易于被吸附,因此可以在现有除污设备中脱除。虽然商业钒基 SCR 催化剂已在工业上成功应用,但其仍存在一些缺陷,如比表面积较低、温度窗口较窄等。因此,近年来研究者争相对钒基 SCR 催化剂进行改性并开发新型的 SCR 催化剂。例如,铈基催化剂展现出优秀的低温 SCR 脱硝活性,扩展了传统 SCR 催化剂的温度窗口,同时在 SCR 过程中具有极高的 N_2 选择性以及较强的抗硫和抗水能力。这些新型的 SCR 催化剂能够克服传统商业 SCR 催化剂的部分局限性,作为极具潜力的 SCR 催化剂很可能在不远的将来被工业界采用。本章重点介绍几种新型 SCR 催化剂,并系统分析和研究催化剂对汞氧化性能的影响、汞氧化机理以及影响催化剂性能因素等。

4.1 V_2O_5/TiO_2 基催化剂对汞的催化氧化

与 SCR 催化剂脱硝相比,SCR 催化剂脱汞的研究尚未成熟,对汞的催化氧化机理仍不确定,仅有部分研究者提出了几种可能的机制:Deacon 机制、Mars-Maessen 机制、Langmuir-Hinshelwood 机制和 Eley-Rideal 机制[1]。Deacon 机制认为,HCl 首先被 SCR 催化剂非均相氧化成 Cl_2[2],然后通过 Cl_2 与汞之间的气相反应实现汞的氧化。但是 Cao 等[3]通过试验证实:在真实烟气条件下,Cl_2 不能有效促进汞的氧化。He 等[4]认为 V_2O_5/TiO_2 催化剂上汞的氧化遵循 Langmuir-Hinshelwood 机制,催化剂上的活性吸附位可以同时吸附 HCl 和单质汞。相反,Straube 等[5]发现,当烟气中 HCl 浓度较高时,汞不能吸附于 SCR 催化剂上。现有商业 SCR 催化剂仍有不足,可以改进。为了提高钒钛基 SCR 催化剂的性能,明确高温条件下钒钛基 SCR 催化剂脱汞的机理,新型 SCR 催化剂的研发及对汞的氧化的相关机制还需要进一步研究。本节对钒钛基 SCR 催化剂进行掺杂改性,对改性后的催化剂的脱汞性能及机理进行评价,遴选出很有潜力的新型钒钛基 SCR 催化剂。

4.1.1 试验系统

试验在实验室规模的固态催化剂脱汞效能测定系统中进行。试验系统主要由配气系统、反应装置、测试系统及尾气处理系统四部分组成，如图 4.1 所示。

配气系统中，N_2 气流分成三路：第一路 N_2 气流与 O_2 及 CO_2 混合构成模拟烟气的主要部分，且这部分气流通过鼓泡将水汽带入模拟烟气；第二路 N_2 气流用于稀释总气流，调节模拟烟气中汞及其他组分的浓度；第三路 N_2 气流通过储存汞渗透管（VICI Metronics）的 U 形玻璃管，将单质汞带入模拟烟气。U 形玻璃管置于恒温油浴中，通过调节温度控制汞的发生量，保证模拟烟气中汞浓度的稳定性。试验中采用的汞浓度为 50～75$\mu g/m^3$。其他烟气组分与 N_2、O_2、CO_2 等主要烟气组分一样均来源于钢瓶气（Airgas），并采用质量流量计（FMA 5400/5500，Omega）精确控制各烟气组分的流量，保证模拟烟气总流量为 1.0L/min。模拟烟气中除汞外各烟气组分的浓度均在典型燃煤烟气的浓度范围内：4%～20% O_2，12% CO_2，8% H_2O，5～100ppm HCl，400～1600ppm SO_2，50～300ppm NO，平衡气为 N_2。当采用 NH_3 时，NH_3/NO 比为 1∶1。各组分气体混合均匀，在反应器前的管道内被加热带预热后进入反应器。

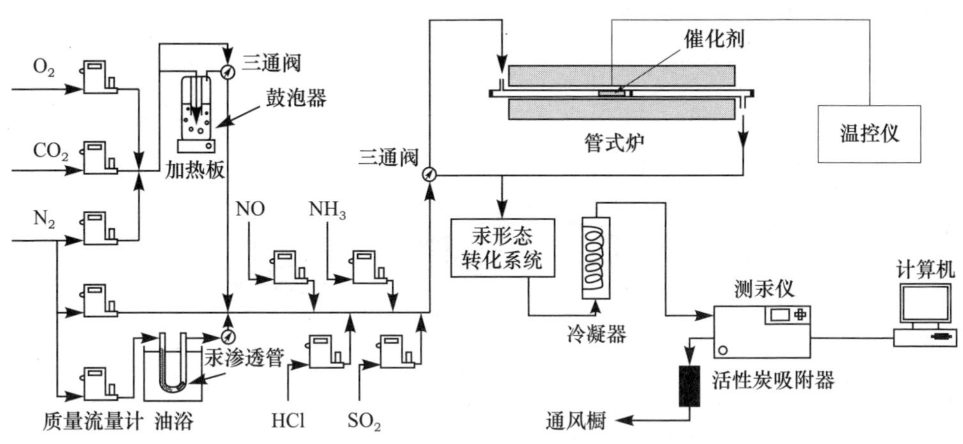

图 4.1　试验系统示意图

反应装置为内径 12mm、长 400mm 的圆柱形 Pyrex 玻璃管。反应器中部设置有多孔石英板，用于支撑粉末状催化剂。反应器置于一个可程序控温的管式炉（F21100，Barnstead）内，反应温度可通过管式炉精确控制及调节。

测试系统主要包括汞形态转化系统及测汞仪。湿法汞形态转化系统位于反应器下游，可将二价汞还原为单质汞。如图 4.2 所示，汞形态转化系统中气流分成两条支路：一路用于测试烟气中单质汞的浓度，另一路用于测试烟气中总汞浓度。在用于测试单质汞浓度的支路上设置一个装有 10% KCl 溶液的洗气瓶。气流通过该洗气瓶后，其中的二价汞溶于 KCl 溶液而被脱除，单质汞则穿过该洗气瓶被测汞仪检测到。在另外一条支路上，前后设置 10% NaOH 及 10% $SnCl_2$

两个洗气瓶。NaOH 洗气瓶用于去除烟气中的 SO_2，因为 SO_2 对 $SnCl_2$ 还原二价汞有一定的影响。$SnCl_2$ 洗气瓶中二价汞被还原成单质汞，重新回到烟气中，然后在下游被测汞仪检测到。两条支路的汞浓度之差即为烟气中二价汞的浓度。

汞形态转化系统下游采用 RA-915＋测汞仪(OhioLumex)测试烟气中的汞浓度。该测汞仪采用 Zeeman 原子吸收光谱方法测汞，可实时监测烟气中的单质汞浓度，响应时间为 1s。由于研究中采用的汞浓度较高，试验中采用测汞仪的高浓度模式进行测试，该模式下测汞仪的检测限为 0.5～200$\mu g/m^3$。此外，该测汞仪仅能测试烟气中单质汞的浓度，这也是在测汞仪前设置汞形态转化系统的原因。烟气在进入测汞仪前，采用冷凝器脱除烟气中的水汽，避免产生水汽可能造成的测试误差及对测汞仪检测窗口的腐蚀。

烟气通过测汞仪被测试后，采用盐酸浸渍过的活性炭吸附其中的汞，然后通过专门管道连接到通风橱排空。系统中所有的连接管道均采用 Teflon 管。为了避免汞在管道上的冷凝，冷凝器前的管道均采用加热带加热到 90℃以上。

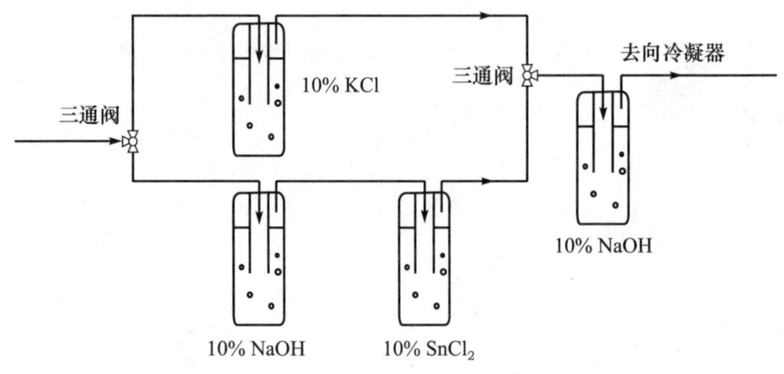

图 4.2　湿法汞形态转化系统

4.1.2　Ag-V_2O_5/TiO_2 催化剂对烟气中汞的催化氧化

V_2O_5/TiO_2 催化剂由于具有较低的活化能以及钒与载体的强相互作用而被广泛应用[6]。通过金属离子掺杂、形成复合半导体等方法对 V_2O_5/TiO_2 催化剂进行改性，是目前催化材料研究的一个热点。Ag 是一种有效的催化组分，能产生有利于氧化反应的亲电氧原子，且具有与汞强结合的能力，故将 Ag 掺杂到 V_2O_5/TiO_2 催化剂中有可能提高催化剂氧化 Hg^0 的性能。本节采用静电纺丝法制备得到新型 SCR 催化剂 Ag-V_2O_5/TiO_2，验证其催化性能，以及 Ag 的质量分数、反应温度和不同烟气组分对氧化 Hg^0 效率的影响。

1. 催化剂的制备及特征

采用静电纺丝法制备 Ag 和 V_2O_5 掺杂 TiO_2 的纳米纤维。

1）静电纺丝技术的原理

静电纺丝法就是聚合物喷射静电拉伸纺丝法。将聚合物熔体或溶液加上几千至几万伏的高压静电，在毛细管和接地的接收装置间产生一个强大的电场力。当电场力施加于液体的表面时，在表面产生电流，相同电荷相斥导致电场力与液体的表面张力方向相反，因而此时将产生一个向外的力。对于半球形状的液滴，这个向外的力与表面张力的方向相反。当电场力的大小等于高分子溶液或熔体的表面张力时，带电的液滴就悬挂在毛细管的末端并处在平衡状态。随着电场力的增大，在毛细管末端呈半球状的液滴在电场力的作用下将被拉伸成圆锥状，即 Taylor 锥。当电场力超过一个临界值时，排斥的电场力将克服液滴的表面张力形成射流。在静电纺丝过程中，液滴通常具有一定的静电压并处于一个电场中。当射流从毛细管末端向接收装置运动时，会出现加速现象，导致射流在电场中被拉伸，其中的溶剂蒸发或固化，最终在接收装置上形成无纺布状的纳米纤维[7]。因此，静电纺丝就是高分子流体静电雾化的特殊形式，此时雾化分裂出的物质不是微小液滴，而是聚合物微小射流，可以运行相当长的距离，最终固化成纤维。

2）催化剂的制备

V_2O_5 和 Ag 同时掺杂 TiO_2 前驱体溶液的制备步骤如下：首先称取一定量的三异丙醇氧钒加入烧杯中，接着迅速称取 2g 钛酸四丁酯加入烧杯中，在剧烈搅拌的条件下，向其中加入一定量的无水乙醇、乙酸，配置得到溶液 C；然后向溶液 C 中加入一定量的 $AgNO_3$ 水溶液，并用磁力搅拌器持续搅拌；最后加入聚乙烯吡咯烷酮(PVP)，剧烈搅拌，直至得到均一、透明、具有一定黏度的 PVP/TiO_2/WO_3/Ag 的前驱体溶液。

将制得的前驱体溶液加入注射器中，注射器通过聚乙烯软管与不锈钢的喷丝头相连，喷丝头内径为 0.5mm。转鼓收集装置与喷丝头的距离为 15cm，转鼓的旋转速度为 200r/min。在转鼓与喷丝头之间加入 16kV 的高压电，在 25℃条件下，保持湿度在 40%左右，开始静电纺丝。在电场力的作用下，纳米纤维被收集到旋转金属丝转鼓收集装置上。

将制得的纳米纤维无纺布取下后，置于马弗炉中 500℃下煅烧 3h 以去除其中的 PVP 与其他有机组分。高温煅烧将会引起应力的变化及纤维的弯曲，为了释放应力并减小纤维的变形，煅烧温度从室温经过 4h 缓慢地升高到 500℃。

制备得到的 Ag-V_2O_5/TiO_2 催化剂简写为 Ag_xV_yTi，其中，Ti 代表 TiO_2，V 代表 V_2O_5，下角 y 代表 V_2O_5 的质量分数(y=3、5、7)，x 代表 Ag 的质量分数(x=1、2、3)。

3）催化剂的特征

采样用能量色散X射线光谱仪(energy dispersive X-ray spectroscopy,EDX)、扫描电子显微镜(scanning electron microscope,SEM)、透射电子显微镜(transmission electron microscope,TEM)、X射线衍射(XRD)仪对催化剂进行分析。结果显示,采用静电纺丝法成功制备了 V_2O_5 和 Ag 同时掺杂的 TiO_2 纳米纤维。在 Ag-V_2O_5-TiO_2 催化剂中,TiO_2 完全以锐钛矿形态存在,不含金红石相,V_2O_5 高度分散在载体表面,通过煅烧,纤维中的有机组分已完全去除。纤维的粗细均匀且表面光滑,直径在200nm左右,没有中空或多孔的结构,由大量致密的微小颗粒组成。这些微小的颗粒为结晶态的 TiO_2,它们紧密地连接在一起构成了细长的连续不断的纤维,颗粒状 TiO_2 的外径在10nm左右。

2. Ag-V_2O_5/TiO_2 催化剂对 Hg^0 的氧化

1）Ag/TiO_2 质量比对 Hg^0 氧化的影响

Ag/TiO_2 质量比是影响催化剂氧化 Hg^0 的效率的一个重要因素。由于 Ag 为贵金属单质,为了经济且高效地氧化烟气中的单质汞,要求催化剂在 Ag/TiO_2 质量比较低的条件下仍具有很强的氧化 Hg^0 能力。

通过不同的试验研究改变 Ag 的质量分数(分别为1%、2%和3%)时,Ag_1V_5Ti、Ag_2V_5Ti 和 Ag_3V_5Ti 催化剂在纯氮气条件下370℃时对 Hg^0 的氧化效率,从而确定 Ag 的最佳掺杂比。Ag/TiO_2 质量比对 Hg^0 氧化的影响如图4.3所示。

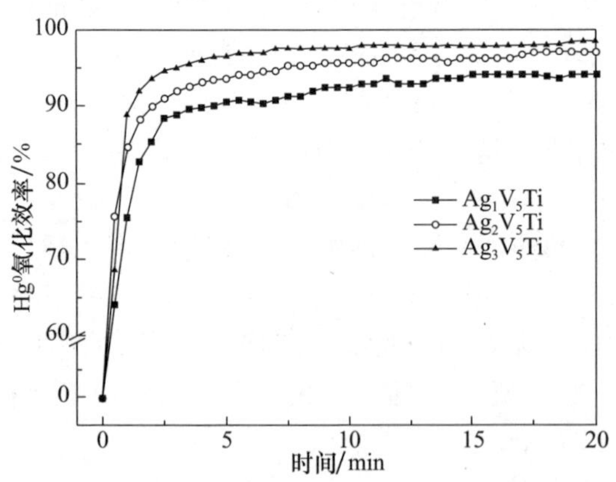

图4.3 Ag/TiO_2 质量比对 Hg^0 氧化的影响

当 Ag/TiO_2 质量比为1%时,随着 Ag_1V_5Ti 催化剂的加入,Hg^0 氧化效率快速升高到90%以上,并在20min后稳定在94%,表明 Ag_1V_5Ti 催化剂中的 Ag 可以有效地与烟气中的单质汞结合,形成银汞合金,且1%的银量已经能够满足 Hg^0 氧化的要求。同时发现,随着 Ag 含量的不断增加,催化剂对 Hg^0 的氧化也不断增强。当 Ag/TiO_2 质量比增加到 2%时，加入 Ag_2V_5Ti 催化剂，370℃时 Hg^0 氧化效率增加到 97%，表明 Ag 在去除烟气中 Hg^0 的重要作用，更多质量的单质银可以更加彻底有效地降低 Hg^0 的含量；同时表明，$Ag\text{-}V_2O_5/TiO_2$ 催化剂在高温下仍然有很高的 Hg^0 氧化能力，能够在高温下高效地去除烟气中的 Hg^0。随着 Ag/TiO_2 质量比进一步增加到 3%，加入 Ag_3V_5Ti 催化剂，370℃时 Hg^0 氧化效率增加到 98%。下面试验中选用 Ag_1V_5Ti 纤维作为后续研究的催化剂。

2) 反应温度对 Hg^0 氧化的影响

反应温度对 Hg^0 氧化的影响也非常重要，很多 SCR 催化剂只在低温时具有良好的 Hg^0 氧化能力，而随着反应温度升高，Hg^0 氧化效率降低很快，因此研究催化剂在高温下的 Hg^0 氧化活性非常重要。

在纯 N_2 气氛下，300～400℃较高温度时，反应温度对 Ag_1V_5Ti 催化剂氧化 Hg^0 的能力的影响如图 4.4 所示。在 300℃时，Hg^0 氧化效率稳定在 94%；当反应温度升高到 350℃时，Hg^0 氧化效率稳定在 95%，几乎没有变化；当反应温度继续升高到 370℃和 400℃，Hg^0 氧化效率仍然变化非常小，分别保持在 94%和 93%。试验表明，在 300～400℃，Ag_1V_5Ti 催化剂对 Hg^0 氧化效率不随温度变化而变化，催化剂中的单质银在高温下仍然可以快速稳定地和烟气中的汞发生齐化反应，生成银汞合金，而 Ag_1V_5Ti 催化剂在高温下仍表现出很好的 Hg^0 氧化活性。

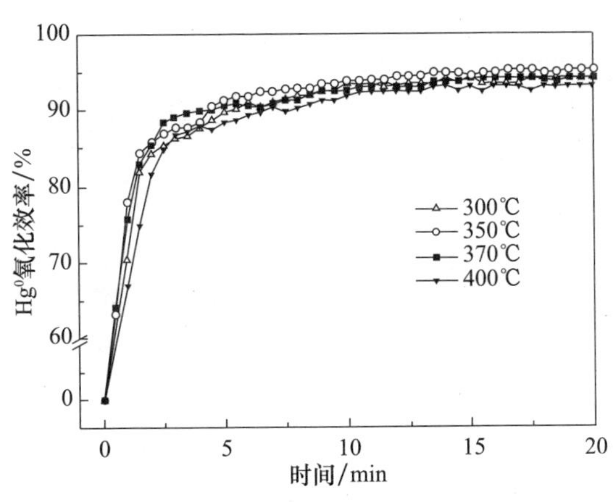

图 4.4　反应温度对 Hg^0 氧化的影响

3) 烟气组分对 Hg^0 氧化的影响

(1) O_2 的影响。

气相 O_2 对 Ag_1V_5Ti 催化剂去除 Hg^0 的影响如图 4.5 所示。在纯 N_2 气氛下，370℃时，当载气中不含 O_2 时，Ag_1V_5Ti 催化剂对 Hg^0 的氧化效率为 94%；向载气中通入 4%的 O_2 后，Hg^0 氧化效率上升到 98%，气相 O_2 对 Ag_1V_5Ti 催化剂

氧化 Hg^0 表现出促进作用。Granite 等[8]研究了各种金属氧化物催化脱除 Hg^0 的过程，指出金属氧化物中的晶格氧能够担任汞的氧化剂，将 Hg^0 氧化成为 HgO，认为晶格氧是最重要的反应中间体，是 V_2O_5 基催化剂起氧化作用的重要原因。烟气中的气相 O_2 能够重新氧化被还原的 V_2O_5，重新补充氧化剂——晶格氧，晶格氧再将 Hg^0 氧化成为 HgO，因此，烟气中的 O_2 能够促进 Ag-V_2O_5/TiO_2 催化剂氧化 Hg^0 过程中 HgO 的形成，从而提高了 Hg^0 氧化效率。氧化还原过程总结如下：

$$V_2O_5 + Hg \longrightarrow V_2O_4 + HgO \tag{4.1}$$

$$V_2O_4 + \frac{1}{2}O_2 \longrightarrow V_2O_5 \tag{4.2}$$

总的反应式为

$$Hg + \frac{1}{2}O_2 \longrightarrow HgO \tag{4.3}$$

当进一步提高 O_2 含量到 8%时，Hg^0 氧化效率没有继续增加，可见 O_2 含量 4%已经满足了催化剂中晶格氧的补充和再生，因而继续提高氧浓度时 Hg^0 氧化效率没有明显变化。

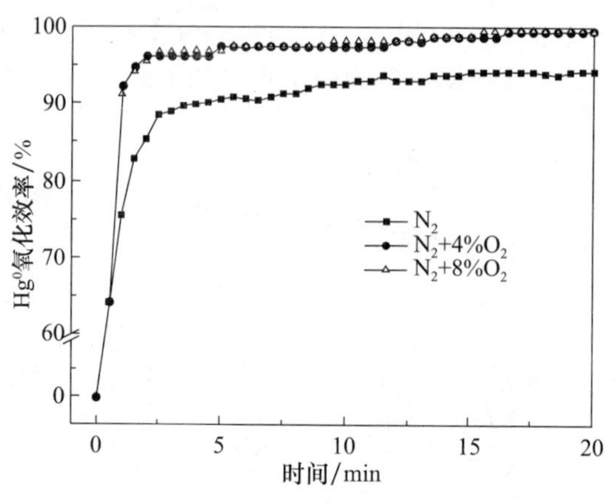

图 4.5 O_2 对 Hg^0 氧化的影响

(2) HCl 的影响。

氯是煤中最主要的卤族元素，HCl 是燃煤烟气中氯的主要存在形态，由于在燃煤烟气中，氧化态的汞主要以 $HgCl_2$ 的形态存在，HCl 气体通常被认为是影响汞氧化的最重要的烟气组分之一。

在 N_2 气氛下、370℃时，考察了 HCl 浓度在 10～50ppm 时对 TV5A1 催化剂氧化 Hg^0 的影响，结果如图 4.6 所示。向载气中添加 10ppm 的 HCl 气体后，Hg^0 氧化效率由不含 HCl 时的 94%提高到 97%；继续增加 HCl 的浓度至 30ppm 和 50ppm，Hg^0 氧化效率没有明显变化，仍稳定在 97%左右。试验表明，HCl 气体的存在可以在一定程度上促进 Hg^0 的去除。此时，Hg^0 在 Ag-V_2O_5/TiO_2 催化剂上的氧化遵循 Eley-Rideal 机制，首先吸附在催化剂表面的 HCl 和 V_2O_5 通过反应(4.4)生成 V—OH—V—Cl，实际上 V—OH 结构是一个活性位，很容易存在于钒基催化剂表面，因此 HCl 与 V—OH 的反应(4.5)可以直接发生，然后化学吸附的 Cl 物种会和气相的 Hg^0 反应生成中间体 HgCl，HgCl 会进一步和 Cl 反应生成更稳定的氯化物 $HgCl_2$。总反应如式(4.6)所示。

$$\text{V—O—V} + \text{HCl} \longrightarrow \text{V—OH—V—Cl} \tag{4.4}$$

$$\text{V—OH} + \text{HCl} \longleftrightarrow \text{V—Cl} + H_2O \tag{4.5}$$

$$2HCl + Hg + \frac{1}{2}O_2 \xrightarrow{V_2O_5} HgCl_2 + H_2O \tag{4.6}$$

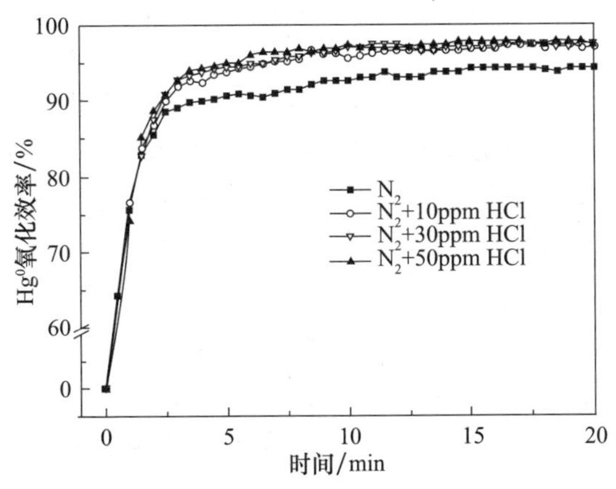

图 4.6　HCl 对 Hg^0 氧化的影响

在不存在外加氧的情况下，反应中所需的氧来源为 V_2O_5 中的晶格氧，晶格氧将 HCl 转化成具有汞氧化能力的活性 Cl，从而促进汞的氧化。另外，当 HCl 浓度为 10～50ppm 时，Hg^0 氧化效率基本不变，表明 HCl 的浓度与其对 Hg^0 氧化的促进作用关系不大，这很可能是因为 V_2O_5 中的晶格氧数量有限，当 HCl 浓度大于 10ppm 时，进一步增大 HCl 的浓度不能与更多的晶格氧反应产生活性 Cl，因此 Hg^0 氧化效率没有继续升高。

(3) NO 的影响。

在 370℃时，浓度在 100～300ppm 范围内的 NO 对 Ag_1V_5Ti 催化剂氧化 Hg^0 的影响如图 4.7 所示。

向载气中通入 100ppm 的 NO 后，Hg^0 氧化效率有小幅度的增加，由不含 NO 时的 94%增加到了 96%；当增加 NO 浓度到 200ppm，Hg^0 氧化效率稳定在 97%；继续增加 NO 浓度到 300ppm，Hg^0 氧化效率没有变化，仍然保持在 97%。试验表

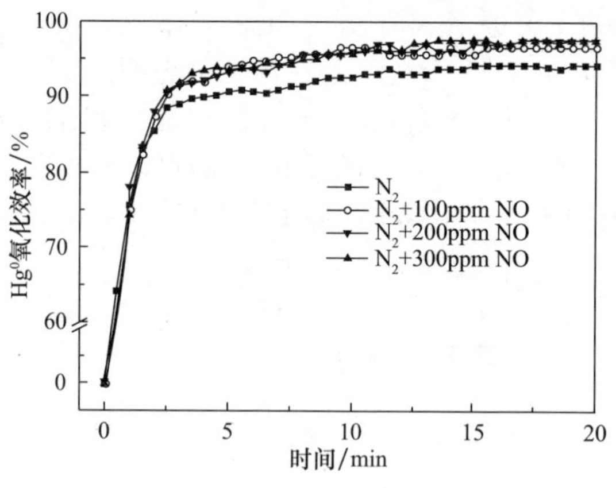

图 4.7　NO 对 Hg^0 氧化的影响

明，NO 对催化剂氧化 Hg^0 有较小的促进作用，且这种促进作用并不显著。Busca 等[9]研究指出，NO 可以以分子形态吸附于钒基催化剂的表面，产生 NO^+、NO_2^+ 和 NO_2 等活性物种，这些活性物种具有氧化单质汞的能力，因此 NO 会促进汞的去除，但是钒钛基催化剂对 NO 的吸附能力较弱，导致 NO 对 Hg^0 氧化性能的促进作用并不明显。

(4) SO_2 的影响。

在众多研究中，SO_2 对金属氧化物催化剂脱除 Hg^0 的影响没有统一的结论，Eswaran 等[10]和 Li 等[11]认为 SO_2 对 Hg^0 氧化有促进作用，Li 等[12]和 Ji 等[13]则认为 SO_2 表现出抑制作用，而 Wu 等[14]认为 SO_2 的影响不大。在 N_2 气氛下，370℃时，考察浓度为 400～1200ppm 的 SO_2 对 Ag_1V_5Ti 催化剂氧化 Hg^0 的影响，结果如图 4.8 所示。当烟气中不含 SO_2 时，Hg^0 氧化效率稳定在 94%；向载气中通入

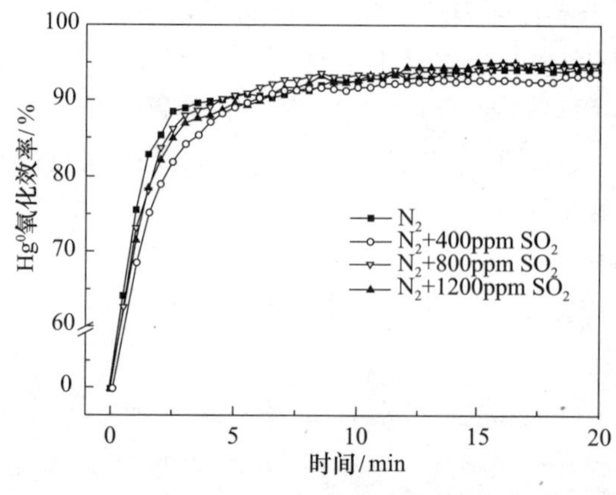

图 4.8　SO_2 对 Hg^0 氧化的影响

400ppm的SO_2后，Hg^0氧化效率为93%，几乎没有变化；继续增加SO_2浓度到800ppm，Hg^0氧化效率仍保持在94%左右；进一步提高SO_2浓度到1200ppm，Hg^0氧化效率稳定为95%。试验表明，烟气中的SO_2在典型的SCR反应温度下对Ag-V_2O_5/TiO_2催化剂氧化Hg^0没有影响，Hg^0氧化效率一直保持在基准值94%左右。可见，Ag-V_2O_5/TiO_2在氧化Hg^0时有很好的抗SO_2能力，燃煤烟气中会不可避免地存在SO_2气体，这个特性对今后的实际生产应用是非常有益的。

(5) H_2O的影响。

在纯N_2气氛下，370℃时，研究水蒸气对Ag_1V_5Ti催化剂氧化Hg^0的影响，结果如图4.9所示。烟气中不含水蒸气时，Hg^0氧化效率稳定在94%；向载气中通入4%H_2O后，Hg^0氧化效率有所下降，由94%下降至89%；继续增加H_2O的含量至8%时，Hg^0氧化效率继续下降至87%。试验表明，H_2O对Ag_1V_5Ti氧化Hg^0表现出抑制作用，H_2O会与Hg^0相互竞争活性点位，在竞争吸附的作用下不利于TV5A1催化剂氧化Hg^0的进行，因此H_2O的加入抑制了Ag_1V_5Ti催化剂氧化烟气中的Hg^0。

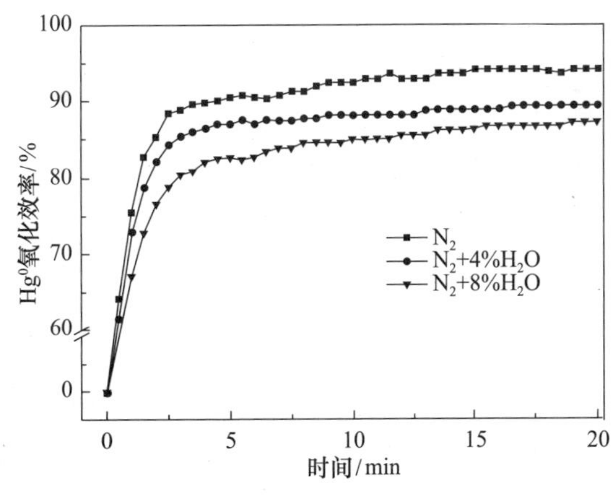

图4.9 H_2O对Hg^0氧化的影响

4.1.3 SiO_2-V_2O_5/TiO_2催化剂对烟气中汞的催化氧化

为了增强钒基SCR催化剂的性能，一些研究者采用共沉淀法或溶胶凝胶法合成了SiO_2-V_2O_5/TiO_2催化剂，这些催化剂在250～400℃比传统的SCR催化剂具有更强的催化能力，有希望应用于电厂SCR脱硝[15-17]。与SCR脱硝类似，钒基SCR催化剂的比表面积对于汞的氧化及脱除同样非常重要。本节采用溶胶凝胶法合成具有高比表面积的 SiO_2-V_2O_5/TiO_2 催化剂，探讨不同温度时催化剂氧化 Hg^0 的性能，分析 SCR 操作温度下的汞氧化、脱除机理，研究催化剂组成及单一烟气组分对汞氧化、脱除的影响。

1. 催化剂的制备及特征

1）催化剂的制备

采用溶胶凝胶法制备 SiO_2-V_2O_5/TiO_2 催化剂。首先在聚甲基戊烯容器中加入 15mL 去离子水、20mL 乙醇、35mL 原硅酸四乙酯以及 2mL 1moL/L 的硝酸，混合 15min 使之形成 SiO_2 溶胶。将一定量的三异丙醇氧钒（Alfa Aesar）溶解于 30mL 乙醇中，混合均匀。

逐滴滴加三异丙醇氧钒的乙醇溶液到 SiO_2 溶胶中，并同时添加 10mL 去离子水、2mL 1moL/L 的硝酸和 4mL 3%的氢氟酸，混合 45min 使之形成 SiO_2-V_2O_5 溶胶。向 SiO_2-V_2O_5 溶胶中添加一定量的 TiO_2 纳米颗粒（P25，德国 Degussa），磁力搅拌混合 40min。用移液管将 SiO_2-V_2O_5/TiO_2 溶胶移至聚苯乙烯托盘，密封，贴上标签，在室温条件下陈化 2 天，然后在 65℃条件下陈化 2 天。

经过陈化后的凝胶颗粒用去离子水冲洗，去除上面残留的酸及乙醇等。然后，在 103℃条件下干燥 18h，180℃条件下煅烧 6h，使凝胶硬化。最后，经过 90min 以上的降温过程得到长 5mm、直径 3mm 的圆柱状催化剂。圆柱状催化剂经过研磨、筛分得到所用的粉末状催化剂。

制得的 SiO_2-V_2O_5/TiO_2 催化剂的 V_2O_5 质量分数约为 5%，接近 SVT 催化剂中最佳的 V_2O_5 质量分数[18]。制得的催化剂用 $SiTi_xV_y$ 表示，其中 Si 代表 SiO_2，Ti 代表 TiO_2，V 代表 V_2O_5，x、y 分别代表 TiO_2 和 V_2O_5 的质量分数（%）。

2）催化剂的特征

对 SiO_2-V_2O_5/TiO_2 催化剂分别进行 BET 比表面积、XRD 及 XPS 分析。具有不同 TiO_2 含量的催化剂的 BET 比表面积见表 4.1。由表可知，纯硅胶具有最大的比表面积，为 341.8m^2/g。引入 V_2O_5 及 TiO_2 均使得催化剂比表面积有所降低。催化剂中 TiO_2 含量与其比表面积之间没有明显的关系。所有 SiO_2-V_2O_5/TiO_2 催化剂的比表面积均大于 250m^2/g，远大于商业钒基催化剂的比表面积（约为 100m^2/g）。

不同 SiO_2-V_2O_5/TiO_2 催化剂的 XRD 图谱如图 4.10 所示。当 SiO_2-V_2O_5/TiO_2 催化剂中 V_2O_5 质量分数小于或等于 5%时，XRD 不能检测到 V_2O_5 晶体，说明此时 V_2O_5 晶体颗粒小于 XRD 的检测限或 V_2O_5 呈无定形状态高度分散于催化剂表面。这可能与 SiO_2-V_2O_5/TiO_2 催化剂巨大的比表面积有关。由于 TiO_2 含量较高，在 $SiTi_{18}V_5$ 及 $SiTi_{12}V_5$ 的 XRD 图谱上，TiO_2 晶体的特征峰比较明显，且 TiO_2 晶体主要以锐钛矿形式存在。

表 4.1　催化剂的 BET 比表面积及表面 V^{5+}/V^{4+} 物质的量比[18]

催化剂	BET 比表面积/(m^2/g)	V^{5+}/V 物质的量比/%	V^{4+}/V 物质的量比/%
硅胶	341.8		
SiV_5	283.2	91.7	8.3
$SiTi_6V_5$	268.2		
$SiTi_{12}V_5$	262.5	83.9	16.1
$SiTi_{18}V_5$	263.3		

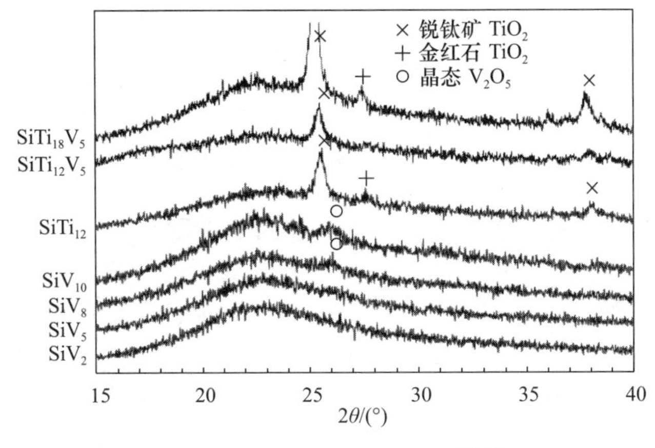

图 4.10　催化剂的 XRD 图谱[18]

采用 XPS 检测 SiV_5 及 $SiTi_{12}V_5$ 催化剂中钒的存在形态，采用 Gaussian 模型拟合 XPS，计算了催化剂表面 V^{5+}/V^{4+} 物质的量比例，结果见表 4.1 所示。SiV_5 催化剂中 90%以上的钒以 V^{5+} 的形式存在。$SiTi_{12}V_5$ 催化剂中 V^{5+} 的含量略有降低，为 83.9%，但仍是钒存在的主要形态。大量 V^{5+} 的存在有利于汞的氧化。

2. 温度对催化剂性能的影响

SiO_2-V_2O_5/TiO_2 催化剂作为一种 SCR 催化剂通常在高温条件下应用，因此本节研究温度的影响，重点考察 SCR 操作温度下催化剂的性能。

1）汞氧化效率随温度的变化

模拟燃煤烟气（4% O_2，8% H_2O，12% CO_2，10ppm HCl，300ppm NO 和 400ppm SO_2）条件下，具有不同 TiO_2 含量的 SiO_2-V_2O_5-TiO_2 催化剂时，汞的氧化效率 E_{oxi} 随烟气温度 T 的变化如图 4.11 所示。

当催化剂中不含 TiO_2 时（SiV_5），在整个考察的温度范围（135～400℃）内，汞的氧化效率维持在 20%左右。对于所有催化剂，在 135℃时汞的氧化效率均在 80%以上，且随着温度从 135℃上升到 300℃而迅速降低。催化剂中 TiO_2 含量越

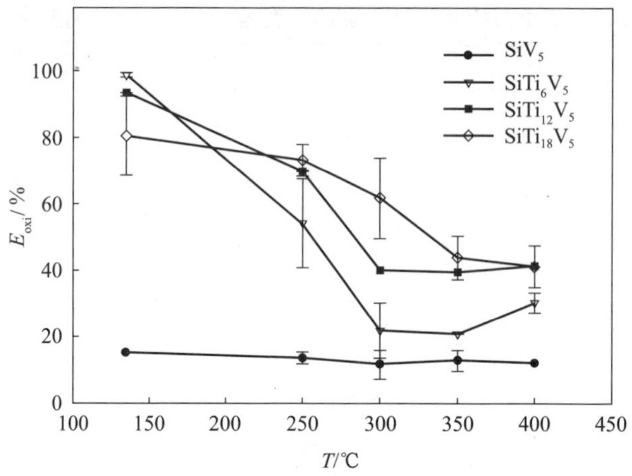

图 4.11　不同 SiO_2-V_2O_5/TiO_2 催化剂上汞的氧化效率随温度的变化

低，汞的氧化效率随温度升高降低得越快。当温度继续从 300℃上升到 400℃时，汞的氧化效率变化不大。$SiTi_{18}V_5$ 催化剂在 SCR 操作温度范围内，具有最强的促进汞氧化的能力。由于 SiO_2 与 TiO_2 在烟气条件下的汞氧化过程中均是惰性的，催化剂上汞的氧化可以归因于其中的 V_2O_5。很可能 SiO_2-V_2O_5/TiO_2 催化剂中的 V—O—Ti 基团比 V—O—Si 基团在汞氧化过程中的活性更高。因此，催化剂中的 TiO_2 含量越高，V—O—Ti 基团越多，则汞氧化效率越高。350℃时，$SiTi_{18}V_5$ 与 $SiTi_{12}V_5$ 催化剂上汞的氧化效率相当，这说明进一步增大催化剂中的 TiO_2 含量可能对汞氧化的作用不大。

本节中所采用的模拟烟气代表低阶煤烟气，HCl 浓度很低，且空塔气速为 80000h^{-1}，远高于实际燃煤电厂 SCR 反应器中的空塔气速（2000～4000h^{-1}）。而燃煤烟气中更高浓度的 HCl 及较低的空塔气速均有利于 SCR 催化剂上汞的氧化。在这样不利的条件下，300℃时 $SiTi_{18}V_5$ 催化剂上汞的氧化效率仍高于 60%，说明 SiO_2-V_2O_5/TiO_2 催化剂具有非常好的应用前景。

2）汞捕集效率随温度的变化

在考察的温度范围内汞的捕集效率（E_{cap}）仅略低于汞的氧化效率，如图 4.12 所示。这可能是由于大比表面积的 SiO_2-V_2O_5/TiO_2 催化剂对氧化态的汞具有较强的吸附能力，大部分单质汞被氧化后均吸附于催化剂上。汞的捕集效率随温度变化的趋势与汞的氧化效率完全一致，即 SiO_2-V_2O_5/TiO_2 催化剂上汞的捕集效率随温度从 135℃上升到 300℃迅速降低；当温度继续从 300℃上升到 400℃时，汞捕集效率降低的速度变缓。需要指出的是，这仅是短时间的试验结果。温度越高，催化剂的吸附能力越弱，氧化态的汞越容易从催化剂上逃逸，因此，捕集效率与氧化效率的差别越大。

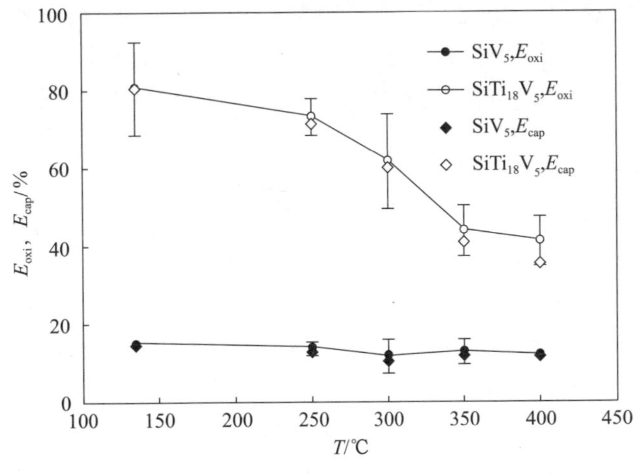

图 4.12　汞的捕集与氧化

3）烟气组分的作用随温度的变化

在 $SiTi_{18}V_5$ 催化剂上，主要烟气组分在汞氧化过程中的作用随温度的变化如图 4.13 所示。当模拟烟气中仅含有 O_2 时，在 200～400℃汞的氧化效率均低于 20%，且 O_2 对汞氧化的作用随温度变化的趋势不明显。向含 O_2 模拟烟气中添加 400ppm SO_2 后，汞氧化效率仍维持在 20%以下，说明 SO_2 对汞氧化的作用不明显。当温度从 300℃上升到 400℃时，汞氧化效率略有上升，这可能是由于 SiO_2-V_2O_5/TiO_2 催化剂在高温条件下将少量 SO_2 转化成 SO_3，而 SO_3 可以促进汞的氧化。300ppm NO 时，在氧的协助下可以实现烟气中约 40%汞的氧化，且汞氧化

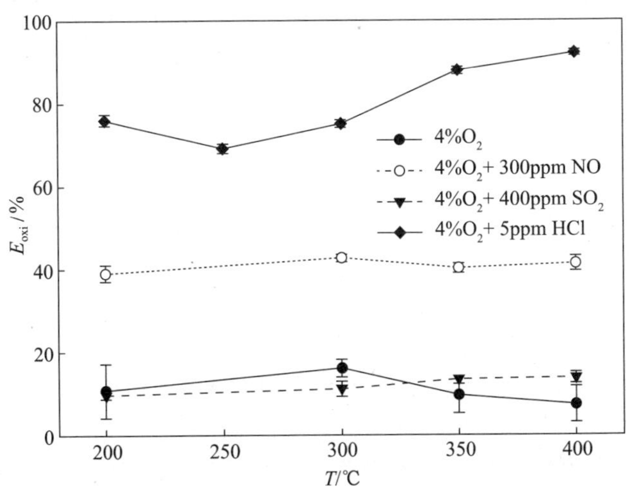

图 4.13　单个烟气组分的作用

效率基本不随温度发生变化。当模拟烟气中含有 5ppm HCl 及 4% O_2 时，在 200～400℃条件下汞的氧化效率均在 70%以上，且随温度升高汞的氧化效率增大。这可能是因为温度越高，SiO_2-V_2O_5/TiO_2 催化剂的活性越强，产生了更多具有汞氧化能力的活性物质。

4) 不同温度下 $SiTi_{18}V_5$ 催化剂上汞的穿透曲线

由纯 N_2 气氛、26℃、135℃、350℃条件下汞在 $SiTi_{18}V_5$ 催化剂上的穿透曲线(见图 4.14)可知，室温条件下，模拟烟气穿过 0.2g 催化剂后，汞的浓度迅速降低到 0 且在整个长达 4h 的试验中维持在 0 左右。而钒基催化剂在室温条件下通常是没有催化活性的，烟气穿过催化剂后汞浓度降低是由于催化剂对汞的物理吸附。

吸附试验后对吸附了汞的催化剂进行升温脱附，并采用数值积分方法计算汞的脱附量，结果表明绝大部分汞均被脱附出来。这说明对 SiO_2-V_2O_5/TiO_2 催化剂而言，室温、纯 N_2 气氛下，汞仅发生物理吸附。钒基 SCR 催化剂的操作温度通常为 280～400℃，因此 135℃、纯 N_2 气氛下，SiO_2-V_2O_5/TiO_2 催化剂上绝大部分的汞也仅发生物理吸附。通常汞的物理吸附随温度升高而减弱，所以 135℃时催化剂很快被汞饱和。同样，当温度升高到 SCR 操作温度时，汞在催化剂上的物理吸附进一步减弱。烟气穿过催化剂后，汞浓度仅降低到进口浓度的 60%左右，且催化剂在很短时间内即被穿透(无因次汞浓度＞0.8)。这与 He 等[4]报道的在纯 N_2 下，300℃时仅有少量汞被 SCR 催化剂脱除是一致的。

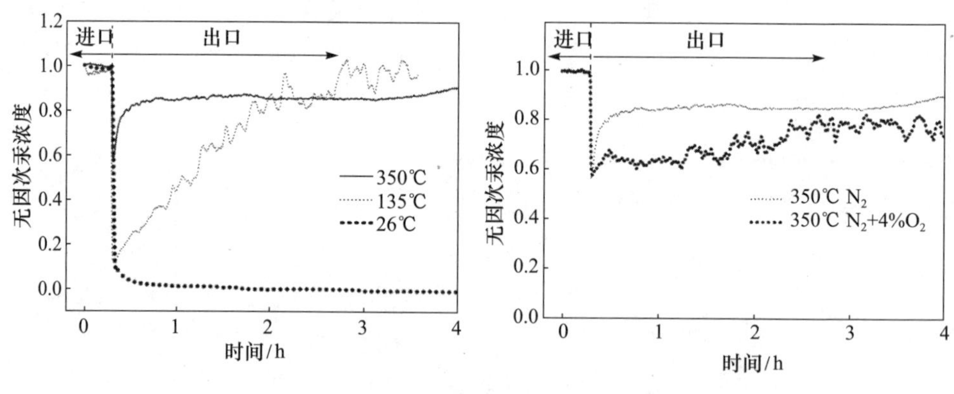

图 4.14　不同温度、气氛下汞的穿透曲线

由图 4.14 还可以发现，350℃时反应器出口汞浓度略低于进口浓度，且长时间维持在同一水平。穿过催化剂后汞的损失很可能是由于催化剂表面的氧与汞之间发生化学反应生成了氧化汞或汞的二元氧化物。试验进行 2h 后，135℃条件下反应器出口汞浓度甚至高于 350℃条件下反应器出口汞浓度，这同样说明汞在加入 SiO_2-V_2O_5/TiO_2 催化剂后发生了化学反应，且高温条件下此催化剂具有更强的反应活性。

3. 烟气组分对汞氧化及脱除的影响

本节介绍在 SCR 操作温度下，O_2、HCl、NO、SO_2、H_2O 等烟气组分对 SiO_2-V_2O_5/TiO_2 催化剂上汞催化氧化及脱除的影响。大部分情况下汞的捕集效率均略低于汞的氧化效率，因此本节主要讨论汞的氧化。

1) O_2 的影响

气相 O_2 对 SiO_2-V_2O_5/TiO_2 催化剂上汞氧化与脱除的影响如图 4.15 所示。在纯 N_2 气氛、350℃条件下，汞很难吸附于催化剂上，汞的氧化效率在 10%以下，汞的捕集效率略低于氧化效率。催化剂上少量的汞损失是由于汞与催化剂上的活性氧发生了化学反应。向载气中添加 4% O_2 后，汞的氧化效率从 6.78%增大到 11.32%。继续增大 O_2 含量到 20%，汞的氧化效率不再继续增加。气相 O_2 再生了催化剂表面的晶格氧，而晶格氧在高温条件下可以参与汞的氧化，因此气相 O_2 的存在有利于汞的氧化。在试验条件下，4% O_2 已经足够再生催化剂表面的晶格氧，进一步提高 O_2 含量到 20%对汞的氧化效率影响不大。

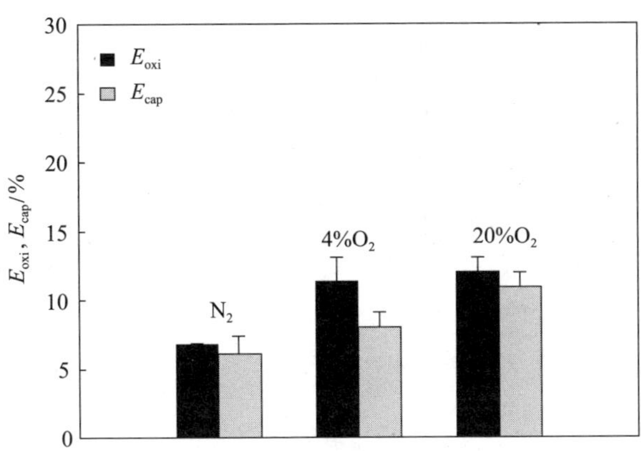

图 4.15 O_2 对汞氧化与脱除的影响

2) HCl 的影响

前期研究发现，在 135℃条件下 HCl 可以促进 V_2O_5/SiO_2 催化剂上汞的氧化与脱除[18]。然而，如图 4.16 所示，50ppm HCl 条件下汞的氧化效率仅为 3.30%，甚至低于纯 N_2 气氛下汞的氧化效率 6.78%。这说明在没有气相 O_2 的条件下，HCl 抑制了 SiO_2-V_2O_5/TiO_2 催化剂上汞的吸附与氧化。这与 Straube 等报道的，在 290℃条件下 3ppm HCl 使得钒基催化剂对单质汞的吸附能力降低 2 个数量级以上是一致的[5]。

通过脱附试验(见图 4.17)和考察 HCl 预处理催化剂的影响(见图 4.18)可知，

HCl 对 SiO_2-V_2O_5/TiO_2 催化剂上吸附的汞具有排斥作用。用含汞的 N_2 气流在 350℃时将 SiO_2-V_2O_5/TiO_2 催化剂吸附饱和后切断汞源，同时通入 50ppm HCl，加入催化剂后汞的浓度急剧升高。相反，如果不添加 HCl，切断汞源后，加入催化剂后，汞的浓度迅速降低到 0。这表明，在无 O_2 条件下，HCl 极大地抑制了单质汞在钒基催化剂上的吸附。在 350℃条件下，即使 SiO_2-V_2O_5/TiO_2 催化剂上存在少量能够吸附单质汞的活性位，当烟气中存在 HCl 时，这些活性位也将被 HCl 分子占据，从而失去吸附汞的能力。

很多文献中都报道过 HCl 对于 SCR 催化剂上汞氧化的促进作用，需要指出的是，这些研究都是在有 O_2 的条件下进行的。由图 4.16 可知，10ppm HCl 与 4% O_2 并存的条件下，汞的氧化效率高达 100%，远高于仅有 4% O_2 条件下汞的氧化效率 11.32%。显然，HCl 促进了汞的氧化。然而，由于 HCl 处于一种完全还原状态不具备氧化能力，不能直接将单质汞氧化，因此一种非常可能的反应途径就是汞与被氯化的催化剂表面之间发生非均相反应。

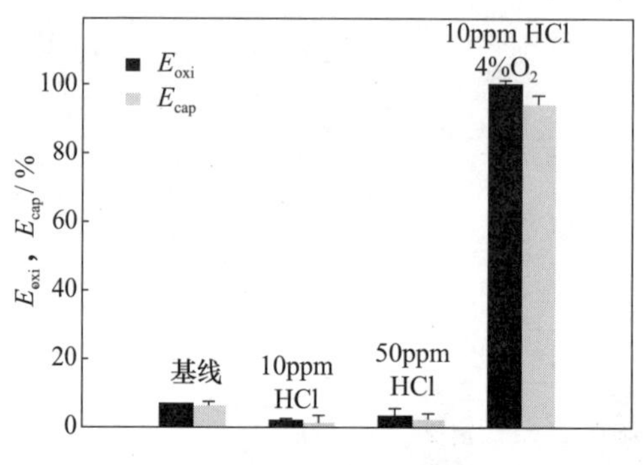

图 4.16　HCl 对汞氧化及脱除的影响

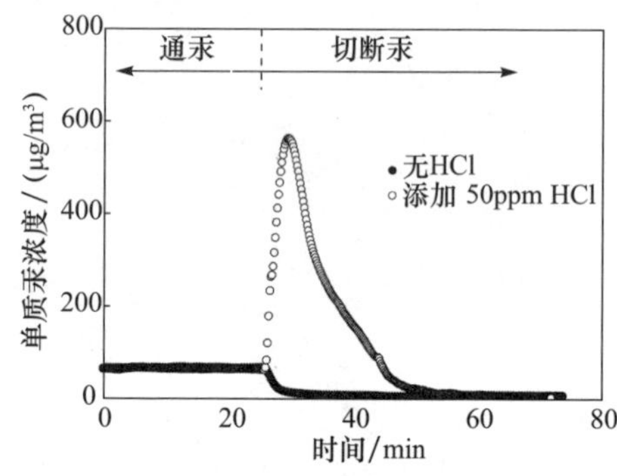

图 4.17　HCl 促进催化剂上汞的脱附

当烟气穿过 HCl 预处理（4% O_2、50ppm HCl 在 350℃条件下穿过 $SiTi_{18}V_5$ 催化剂 2h，然后用高纯 N_2 冲洗 0.5h）的 SiO_2-V_2O_5/TiO_2 催化剂后，汞的浓度降低至进口浓度的 20%以下，远低于新鲜催化剂下游的汞浓度，这说明有 O_2 条件下的 HCl 预处理极大地提高了 SiO_2-V_2O_5/TiO_2 催化剂对汞的氧化能力。在气相 O_2 的协助下，HCl 可能与钒基催化剂反应生成了 $V_2O_3(OH)_2Cl_2$ 及 VO_2Cl 等一些活性物质[19]，且这些活性物质具有一定的稳定性。随后，气相或弱吸附相的汞与钒的氯氧化物等活性物质反应生成中间产物 HgCl，最后 HgCl 被活性 Cl 进一步氧化成 $HgCl_2$。试验结果表明，SiO_2-V_2O_5/TiO_2 催化剂上的活性晶格氧不足以与烟气中的 HCl 反应生成大量的活性 Cl。因此，气相 O_2 在汞与 HCl 反应过程中的作用极为重要，它再生了被 HCl 消耗的活性晶格氧，极大地促进了汞的氧化。

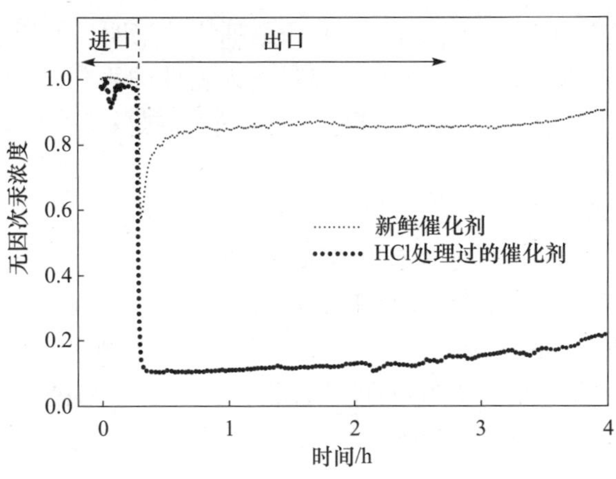

图 4.18　HCl 预处理催化剂的影响

3）NO 的影响

在 135℃条件下，NO 可以促进 SiV_5 催化剂上汞的氧化与脱除[18]。在 350℃条件下，NO 同样起到了促进 SiO_2-V_2O_5/TiO_2 催化剂上汞氧化的作用。如图 4.19 所示，在 100ppm NO 条件下，汞的氧化效率和捕集效率分别为 15.38%和 12.31%。增大 NO 浓度到 300ppm，汞的氧化效率和捕集效率分别增大到 26.15%和 16.92%。NO 可以以分子形态吸附于钒基催化剂表面，产生 NO^+、NO_2^+ 及 NO_2 等活性物质。这些活性物质可以参与汞的氧化过程，从而促进汞的氧化。然而，可能钒基催化剂对 NO 的吸附能力较弱，与 HCl 相比 NO 对汞氧化的促进作用不是很显著。

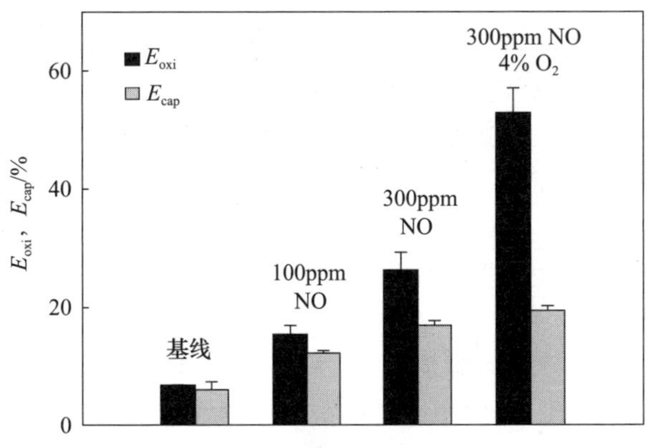

图 4.19　NO 对汞氧化及脱除的影响

气相 O_2 再生了催化剂表面被 NO 还原的晶格氧，因此向 300ppm NO 中引入 4% O_2 后，汞的氧化效率和捕集效率分别上升到 52.92%和 21.08%。当烟气中存在NO时，尤其是NO与O_2共同存在时，汞的捕集效率明显低于汞的氧化效率，说明汞被氧化后生成了$Hg(NO_3)_2$等具有较强挥发性的汞化合物。这些有强挥发性的汞化合物在高温烟气条件下从催化剂表面逃逸，被气流带走，从而使汞的捕集效率低于氧化效率。

4）SO_2的影响

由图4.20可知，SO_2本身没有促进汞氧化的作用。1200ppm SO_2条件下汞的氧化效率仅为6.74%，与纯N_2条件下汞的氧化效率相当。然而，1200ppm SO_2与20% O_2的组合使得汞的氧化效率上升到32.61%，高于20% O_2条件下汞的氧化效率11.95%。这说明，有O_2的条件下，SiO_2-V_2O_5/TiO_2催化剂将SO_2转化成一些具有汞氧化活性的物质，从而促进了汞的氧化。

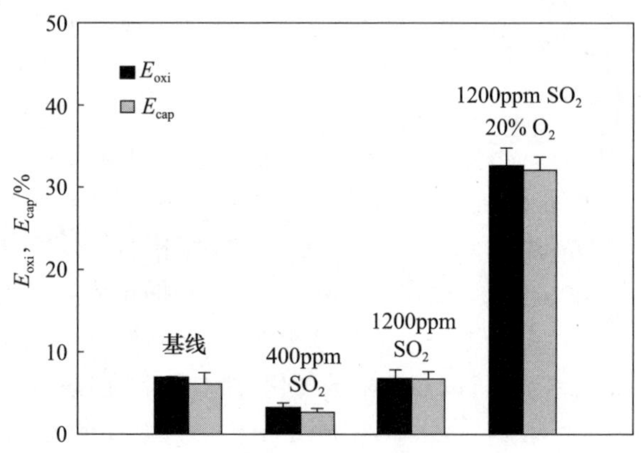

图4.20　SO_2对汞氧化及脱除的影响

一种可能就是SiO_2-V_2O_5/TiO_2催化剂将烟气中的SO_2氧化成了SO_3，SO_3进一步将汞氧化成为$HgSO_4$。由于$HgSO_4$的热稳定性很强，反应器出口总汞浓度与单质汞浓度相当，因此汞的氧化效率与汞的捕集效率几乎一样。值得一提的是，SO_2氧化成为SO_3在SCR脱硝过程中是不利的副反应，且与V_2O_5/TiO_2催化剂相比，SiO_2-V_2O_5/TiO_2催化剂上该副反应非常微弱[15]。因此，即使在有O_2的条件下，SO_2对汞氧化的促进作用也不显著。

5）H_2O的影响

燃煤烟气中H_2O是不可避免的，且H_2O通常被认为可以抑制钒基催化剂上汞的脱除。如图4.21所示，向干燥的模拟烟气中添加8% H_2O形成湿烟气后，汞的氧化效率从100%迅速降低到43.84%。SCR操作温度下，H_2O同样显著地抑制了汞的氧化，这与SCR脱硝研究[20]是一致的。SCR操作温度下水汽吸附于SCR催化剂上极大地抑制了SCR的脱硝性能。H_2O占据了催化剂上的活性吸附位，抑制了HCl、NO_x等活性组分的吸附，从而抑制了汞的氧化与脱除。

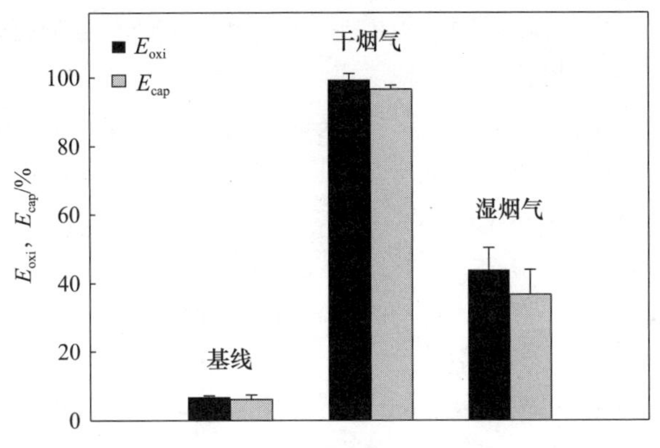

图 4.21　H_2O 对汞氧化及脱除的影响

4. SiO_2-V_2O_5/TiO_2 催化剂上汞氧化及脱除机理分析

Deacon 机制、Mars-Maessen 机制、Langmuir-Hinshelwood 机制以及 Eley-Rideal 机制的机理通常用于解释金属氧化物催化剂上汞的氧化过程。

Deacon 反应可用式(4.7)来描述：

$$2HCl(g)+\frac{1}{2}O_2(g)\longleftrightarrow Cl_2(g)+H_2O(g) \tag{4.7}$$

高温条件下，HCl 可被金属氧化物氧化成具有较强汞氧化能力的 Cl_2。根据热力学平衡，当温度升高时，反应(4.7)向左移动，生成的 Cl_2 量减少。然而，由图 4.22 可知，在没有 H_2O 存在的条件下，汞的氧化效率随温度升高而增大，与热力学计算结果矛盾，这说明 Deacon 机制的机理不适用于解释 SiO_2-V_2O_5/TiO_2 催化剂上汞的氧化。

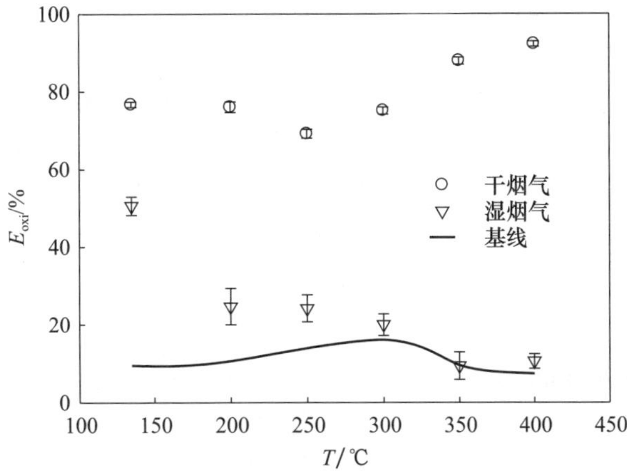

图 4.22　不同条件下 HCl 对汞氧化的影响

Granite 等[8]提出金属氧化物催化剂上汞可以通过 Mars-Maessen 机制发生氧化，即吸附态的汞与催化剂上的晶格氧化发生反应生成 HgO。Mars-Maessen 机制在无 O_2 条件下可以被证实[1]。此外，SCR 催化剂上汞的氧化还可能遵循 Langmuir-Hinshelwood 机制，即催化剂吸附 HCl，生成活性 Cl，然后活性 Cl 与其相临吸附位上的汞反应生成 $HgCl_2$[21]。

汞不管是通过 Mars-Maessen 机制还是 Langmuir-Hinshelwood 机制发生氧化，均需要先被催化剂吸附。然而，在 SCR 操作温度下，HCl 极大地抑制了汞在 SiO_2-V_2O_5/TiO_2 催化剂上的吸附。

因此，Mars-Maessen 机制及 Langmuir-Hinshelwood 机制均不能解释 HCl 存在时 SiO_2-V_2O_5/TiO_2 催化剂上汞的高效氧化。

综上所述，SiO_2-V_2O_5/TiO_2 催化剂上汞的氧化很可能遵循 Eley-Rideal 机制，即 HCl 首先吸附于催化剂上，产生活性 Cl，然后通过活性 Cl 与气相汞的反应实现汞的氧化。图 4.22 中，在湿烟气中(含 8% H_2O)，汞的氧化效率随温度升高而降低。而在干燥烟气中，汞的氧化效率随温度升高而增大，且干烟气中汞的氧化效率远高于湿烟气中汞的氧化效率。其他研究者也曾报道过湿烟气中汞的氧化效率随温度升高而降低的现象[5,19]。

H_2O 存在时，催化剂对 HCl 的吸附是整个汞氧化过程的控制步骤。由于 H_2O 的竞争吸附，催化剂对 HCl 的吸附量随温度升高急剧降低，催化剂表面生成的活性 Cl 急剧减少[19]。因此，汞氧化效率随温度升高而降低。烟气中无 H_2O 存在时，即使是在高温条件下，HCl 也很容易吸附于钒基催化剂上[4]。被吸附的 HCl 与催化剂发生反应生成活性 Cl，然后气相汞通过 Eley-Rideal 机制被活性 Cl 氧化成 $HgCl_2$。通常，温度越高，化学反应速率越大，因此汞氧化效率随温度升高而增大。

本节的绝大部分试验中，汞的捕集效率几乎等于汞的氧化效率，说明反应器出口总汞浓度约等于单质汞浓度，绝大部分单质汞被氧化后仍吸附于催化剂上。然而，相关研究表明燃煤电厂使用过的 SCR 催化剂上仅有少量的汞富集[22,23]。

为了研究 SiO_2-V_2O_5/TiO_2 催化剂上吸附的氧化态汞对后续汞氧化过程的影响，阐明汞氧化及脱除的机理，在 350℃条件下，模拟低阶煤烟气开展了一个长达 5 天的连续试验，结果如图 4.23 所示。由于模拟烟气中的汞来源于汞渗透管，反应器进口所有的汞均以单质形态存在。

试验进行一天后，汞的氧化效率在 50%左右且反应器出口总汞浓度低于反应器进口，说明部分汞被催化剂捕集。模拟烟气中含有 10ppm 的 HCl 且温度较高，单质汞很难被吸附，因此被捕集的汞主要是氧化态的汞。此外，5 天试验结束后，在纯 N_2 气氛下对使用过的催化剂进行升温脱附试验，没有单质汞从催化剂上脱附出来，同样说明了催化剂上吸附的不是单质汞而是氧化态汞。

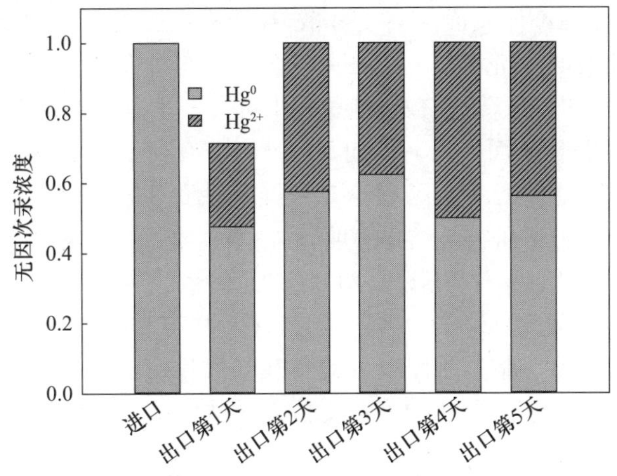

图 4.23　$SiTi_{18}V_5$ 催化剂的稳定性

因此，催化剂上汞氧化及脱除的整个过程为：催化剂首先通过 Eley-Rideal 机制将单质汞氧化，然后被氧化后的汞吸附于催化剂上；两天以后，反应器中的催化剂被氧化态汞所饱和，反应器出口总汞浓度等于进口浓度。需要指出的是，此时汞的氧化效率仍维持在 50%左右，这说明催化剂表面吸附的氧化态汞对后续的汞氧化过程没有明显的影响。一种合理的解释是，催化剂上吸附的 Hg^{2+} 增强了其对单质汞的吸附能力，从而有利于后续汞的氧化；另一种合理的解释是单质汞被氧化后形成的 Hg^{2+} 从催化剂表面的活性钒位转移到了不具有催化活性的位置，因为当 SiO_2-V_2O_5/TiO_2 催化剂中 V_2O_5 含量小于 8%时，其表面存在大量不具有催化活性的空位[18]。

总之，SiO_2-V_2O_5/TiO_2 催化剂对汞的氧化性能在 SCR 操作条件下是可以在长时间内保持稳定高效的。

4.1.4　M_xO_y-V_2O_5/TiO_2 催化剂对烟气中汞的催化氧化

燃煤电厂装配的 SCR 催化剂一般将 V_2O_5 负载在具有锐钛矿结构的 TiO_2 上，再掺杂各种金属氧化物以提高其催化活性和抗硫抗水性能。高温、高效、经济持久的新型催化剂研制一直是开发的重点方向，其主要研究方法是探寻催化剂中不同活性组分对单质汞的氧化效率以及调整其成分配比或进行掺杂改性等。

WO_3-V_2O_5/TiO_2 和 MoO_3-V_2O_5/TiO_2 是目前工业上广泛应用的 SCR 催化剂，以 TiO_2 为载体，V_2O_5 为活性组分，WO_3 或 MoO_3 为助剂来改善催化剂的稳定性。它们克服了传统 SCR 催化剂比表面积较小、温度窗口窄的缺陷，对温度有极高的耐受性，且展现出极高的抗硫中毒及抗水能力。同时，氧化铈（CeO_2）作为一种具有独特性能的稀土氧化物也越来越受到人们关注。CeO_2 的掺杂不仅能够提高金属活性组分在载体表面的高度分散，还能提高此类催化剂储存与释放氧的能力，从而提高催化剂的活性。CeO_2-V_2O_5/TiO_2 催化剂在氧化还原反应中主要表现出 Ce^{3+}/Ce^{4+} 的相互转化，在转换过程中可以产生具有高度反应活性的、不稳定的氧空位及体相氧，从而促进 NO 向 NO_2 转化，有利于氧化烟气中的 Hg^0。

Negreira 等[24]通过密度泛函理论对不同负载量下 WO_3-V_2O_5/TiO_2 催化剂的 Hg^0 氧化性能进行了研究。结果表明，Hg^0 氧化能力的提高由改变催化剂的表面组分及表面覆盖程度所致(见图 4.24)。三元体系(V_2O_5-WO_3/TiO_2)的催化剂与二元体系(如 100% V_2O_5-TiO_2 或 100% WO_3-TiO_2)相比，对 Hg、HgCl、HCl 和 ·Cl 拥有更高的吸附能。活性组分的负载导致反应活性的增加并不是通过增加大量吸附位点实现的，而是由改变吸附位点的结构及协同性所带来的。

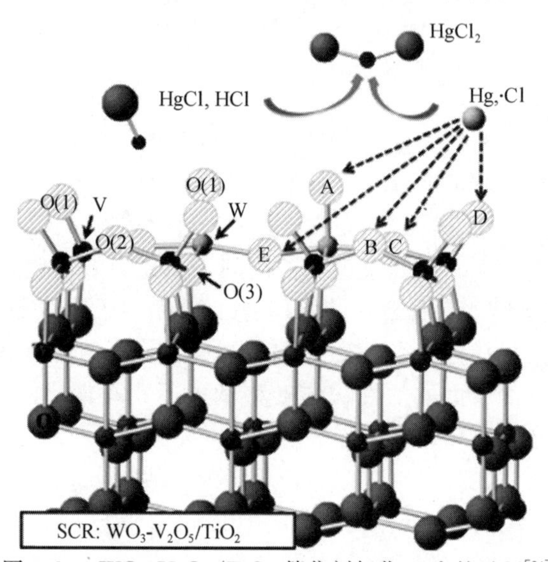

图 4.24 WO_3-V_2O_5/TiO_2 催化剂氧化 Hg^0 的过程[24]

Zhao 等[25,26]调查了 WO_3-V_2O_5/TiO_2 催化剂对 Hg^0 的氧化能力，并在其中掺杂 CeO_2，以提高其催化性能。不同掺杂比催化剂中，$V_{0.80}WTiCe_{0.25}$ 有最好的 Hg^0 氧化效率(见图 4.25)，在 250℃时 Hg^0 氧化效率最高能达到 88%。$V^{4+}+Ce^{4+} \longleftrightarrow V^{5+}+Ce^{3+}$ 氧化还原反应的循环是促使其催化性能提高的关键，且 CeO_2 的掺杂提高了催化剂的抗硫性和抗水性。在有 O_2 存在的情况下，NO 和 SO_2 对 Hg^0 的氧化起促进作用。H_2O 和 NH_3 则起抑制作用，其原因主要是其与 Hg^0 的竞争吸附。

万奇[27]调查了 WO_3-V_2O_5/TiO_2 催化剂中掺杂 Ce 后氧化 Hg^0 的性能，结果发现掺杂后的催化剂中 Ce 以 Ce^{4+} 的形式存在。由图 4.26 可知，在 200～500℃的温度范围内能氧化模拟燃煤烟气中 95%的 Hg^0。温度为 100～400℃时，高温更有利于 Hg^0 的氧化，400℃后氧化效率下降，这是由于未及时转化为 HgCl 的那部分

HgO 的热分解。Ce 的负载量对 Hg^0 的氧化效率也有一定影响，可能与 Ce 在材料表面的分散性不同有关，但没有表现出随含量升高的相关性。

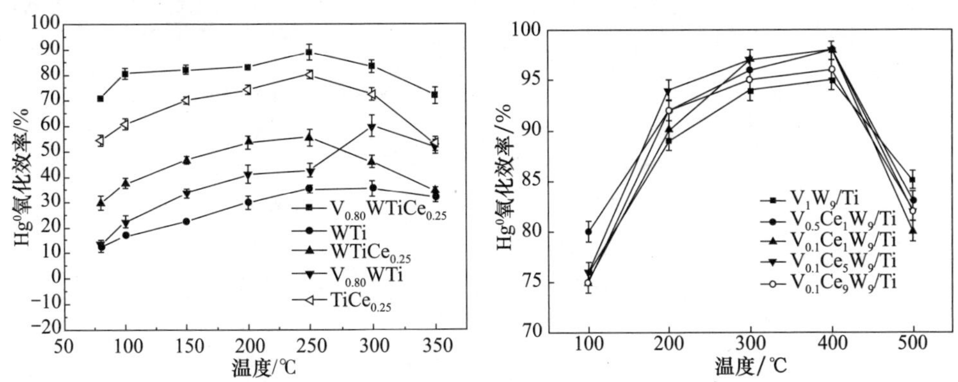

图 4.25　催化剂对 Hg^0 氧化性能比较[25]　　图 4.26　WVTi 系列催化剂对 Hg^0 氧化性能[27]

Wang 等[28]调查了 280～360℃时 Cu 和 Fe 对 WO_3-V_2O_5/TiO_2 催化剂氧化 Hg^0 能力的影响。Cu 和 Fe 的掺杂在 WO_3-V_2O_5/TiO_2 催化剂中形成了 Cu^{2+} 和 $FeVO_4$（见图 4.27）。活性物质分散性好，丰富的化学吸附表面氧及良好的氧化还原性质提升了催化剂的催化性能，温度的升高会降低催化剂对 Hg^0 的氧化效率，且认为钒钛基催化剂上的 Hg^0 氧化遵循 Mars-Maessen 机制，即 Hg^0 首先吸附在材料表面，再与晶格氧或化学吸附氧反应生成 HgO-MO_x。

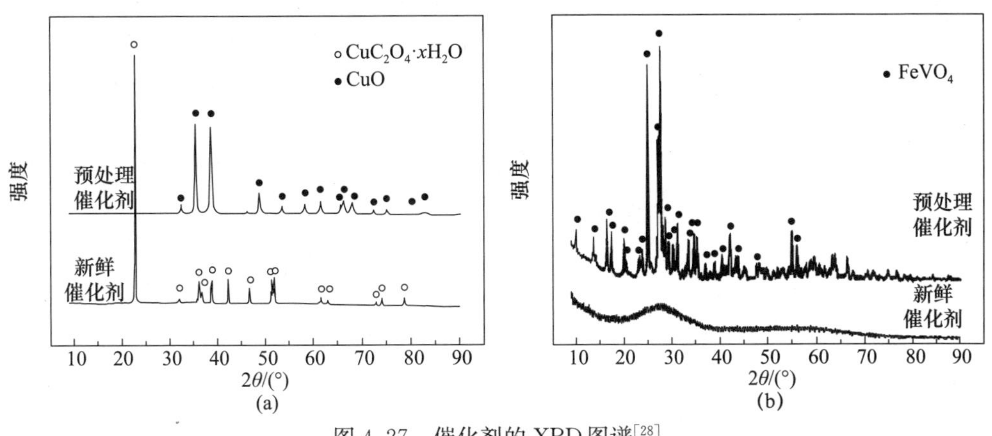

图 4.27　催化剂的 XRD 图谱[28]

Zhao 等[29]对多个烟气组分下 MoO_3-V_2O_5/TiO_2 催化剂氧化的 Hg^0 能力进行了试验及燃煤电厂验证。结果表明，实际燃煤烟气组分下，MoO_3-V_2O_5/TiO_2 催化剂能有超过 90%的汞氧化效率。即使在有 NH_3 存在的情况下，MoO_3-V_2O_5/TiO_2 催化剂上 Hg^0 氧化效率也远超商业 SCR 催化剂 20%以上（见图 4.28）。NH_3

会和 HCl 争夺催化剂表面的活性位点，从而抑制 MoO_3-V_2O_5/TiO_2 催化剂对于汞的氧化。图 4.28 中，催化剂用 M_xV_yTi 表示，其中 M 代表 MoO_3，V 代表 V_2O_5，Ti 代表 TiO_2，x、y 分别代表 MoO_3 和 V_2O_5 的质量分数(%)，CSCR 表示商业 SCR 氧化剂，末尾加 N 表示不存在 NH_3，末尾加 Y 表示添加 NH_3。

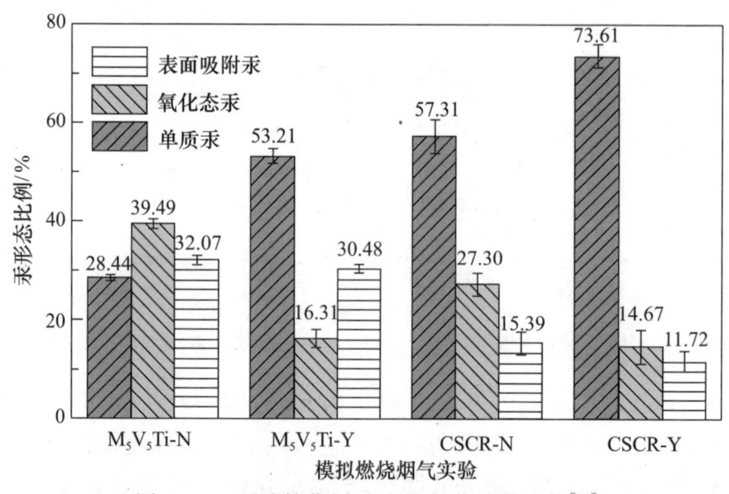

图 4.28 两种催化剂对 Hg^0 氧化性能比较[29]

Usberti 等[30]对 MoO_3-V_2O_5-TiO_2 催化剂上 Hg^0 的氧化进行了动力学研究及试验验证，发现在 300℃以下时，Hg^0 的氧化效率随温度变化差异很大，温度升高使氧化效率迅速上升，但 HCl 浓度基本对其无影响(见图 4.29)。300℃以上时，2.5ppm HCl 对 Hg^0 的氧化起抑制作用，50ppm HCl 则起促进作用。SCR 催化剂对烟气中 Hg^0 的形态转化的影响，主要是通过其催化作用，使烟气中的 HCl 和 O_2

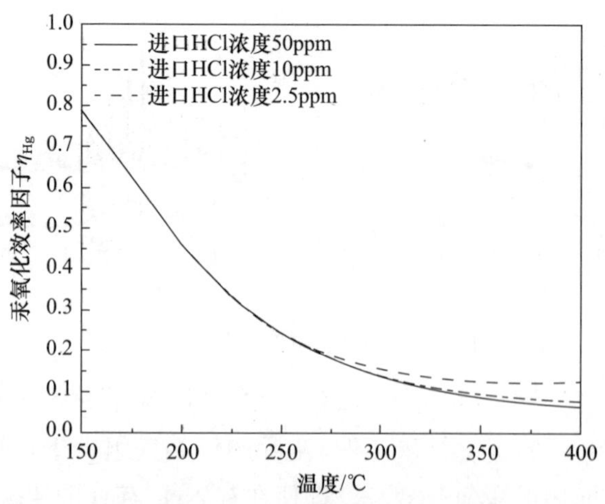

图 4.29 温度和 HCl 对 Hg^0 氧化的影响[30]

形成具有强氧化性的 Cl_2 及相关 Cl 原子或 O 原子，再与 Hg^0 反应，即 $Hg^0 \rightarrow HgCl_{ads} \rightarrow HgCl_2$ 的氯化过程。

Zhang 等[31]通过超声波辅助浸渍法将 Ce 掺杂在 V_2O_5/TiO_2 催化剂上，结果发现 1% V_2O_5-10% CeO_2/TiO_2（简写为 $V_1Ce_{10}Ti$）掺杂比的催化剂在 250℃下可获得最高为 81.55%的 Hg^0 氧化效率（见图 4.30）。而有 O_2 条件下 Hg^0 氧化效率将会提高，NH_3 的加入则会抑制催化剂的性能，SO_2 和 H_2O 对 Hg^0 的氧化也有不可逆的抑制作用。

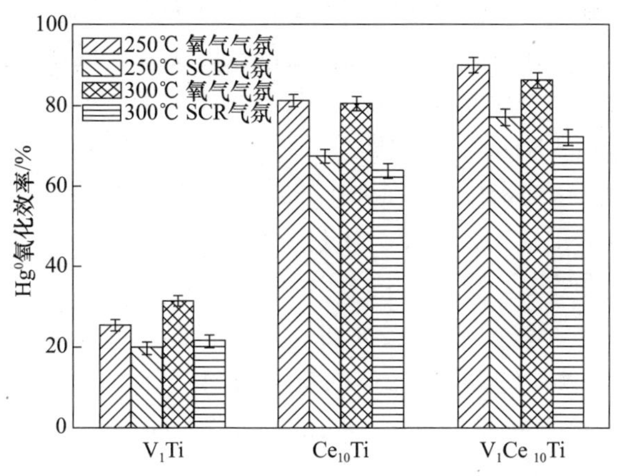

图 4.30　不同掺杂比催化剂上 Hg^0 氧化效率比较[31]

4.2　CeO_2/TiO_2 基催化剂对烟气中汞的催化氧化

4.2.1　CeO_2/TiO_2 催化剂对烟气中汞的催化氧化

对于汞的催化氧化，V_2O_5 是最有效的金属氧化物催化剂之一。钒基催化剂上汞的氧化极大地依赖于 HCl 的存在及浓度。低阶煤烟气中 HCl 浓度较低，钒基 SCR 催化剂对汞的氧化效率低于 30%。随着煤资源的枯竭，越来越多的低阶煤将被利用。O_2 是汞与 HCl 发生反应不可缺少的因素，因为 HCl 本身处于一种还原态，不具备氧化汞的能力，所以具有大储氧能力的催化剂可能会有利于汞的氧化。另外，V_2O_5 是一种剧毒物质，在生产、使用过程中容易对人类及环境造成危害[32]。当考虑到钒基催化剂的这些缺点时，一种储量丰富、无毒、经济、高效的低温金属氧化物催化剂 CeO_2 进入我们的视野。

CeO_2 具有强大的储氧能力，即便没有气相 O_2 的存在，铈基催化剂上 HCl 也很可能会转化成活性 Cl。此外，CeO_2/TiO_2 催化剂（简写为 CeTi 催化剂）还具有很强的抗 H_2O 能力，可以降低烟气中 H_2O 对汞氧化及脱除的负面作用。然而，纯

CeO_2 热稳定性不高，高温下容易烧结而失去储氧及氧化还原对转换能力[33]。在 CeO_2 的晶体结构中引入 TiO_2 形成 Ce—Ti—O 固溶体可以增强 CeO_2 的热稳定性。此外，TiO_2 可以促进无定形 CeO_2 在催化剂表面的分布，避免在高温下形成 CeO_2 晶体。因此可以应用 CeTi 催化剂来促进燃煤烟气中汞的氧化。

1. 催化剂的制备与特征

采用超声波增强的浸渍法合成具有不同 CeO_2/TiO_2 质量比的 CeTi 催化剂。首先 TiO_2 纳米颗粒(P25，Evonik)或锐钛矿 TiO_2(98%，Acros Organics)与硝酸铈(六水合物 99.5%，Acros Organics)水溶液充分混合。机械搅拌 30min 后，将悬浮液暴露于超声波水浴中 2h，然后在 110℃条件下干燥 12h，再在 500℃、空气气氛下煅烧 4h。煅烧后的固体产物经研磨，筛分后得到颗粒粒径小于 150μm 的催化剂。纯 TiO_2 或 CeO_2 均采用与以上相同的步骤制备。采用 TiO_2 纳米颗粒(P25)合成的催化剂以 Ce_xTi 表示，锐钛矿 TiO_2 合成的催化剂用 Ce_xTi(a)表示，其中 x 表示 CeO_2/TiO_2 质量比。

对 Ce_xTi 及 Ce_xTi(a)催化剂分别进行 BET 比表面积、SEM、XRD、XPS 分析可知，以 TiO_2 纳米颗粒(P25)为载体的 CeTi 催化剂比表面积均在 $60m^2/g$ 左右，Ce_xTi(a)催化剂的比表面积只有 Ce_xTi 的约 1/2。纯 TiO_2 呈絮状结构，纯 CeO_2 呈块状结构。TiO_2 与 CeO_2 混合后形成的 CeTi 催化剂的结构比 TiO_2 紧密，比 CeO_2 疏松，外形介于纯 TiO_2 与 CeO_2 之间，说明 CeTi 催化剂中 TiO_2 与 CeO_2 之间发生了作用。由 CeTi 催化剂的 XRD 图谱(见图 4.31)可知，在所有的 CeTi 催化剂中，锐钛矿仍然是 TiO_2 主要的存在形态，随着催化剂中 CeO_2/TiO_2 质量比的增大，锐钛矿峰逐渐减弱，所有的 CeTi 催化剂中均存在晶体 CeO_2，且晶体含量随之增大。CeTi 催化剂中 Ce 元素的 XPS 图如图 4.32 所示。在所有的 CeTi 催化剂

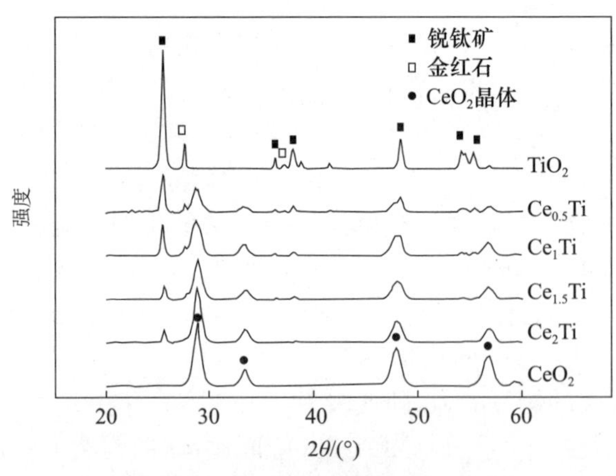

图 4.31 CeTi 催化剂的 XRD 图谱

表面，Ce^{4+} 仍然是 Ce 元素最主要的存在状态。然而，光谱中出现了指示 Ce^{3+} 的 u1/v1 双峰对。TiO_2 与 CeO_2 的相互作用使得 CeTi 催化剂中出现了 Ce^{3+}。Ce^{3+} 的存在使得催化剂表面产生了电荷不平衡、电子空穴及不饱和的化学键。这些因素均可以使催化剂表面的吸附态氧含量大大增加，有利于氧化过程的发生。

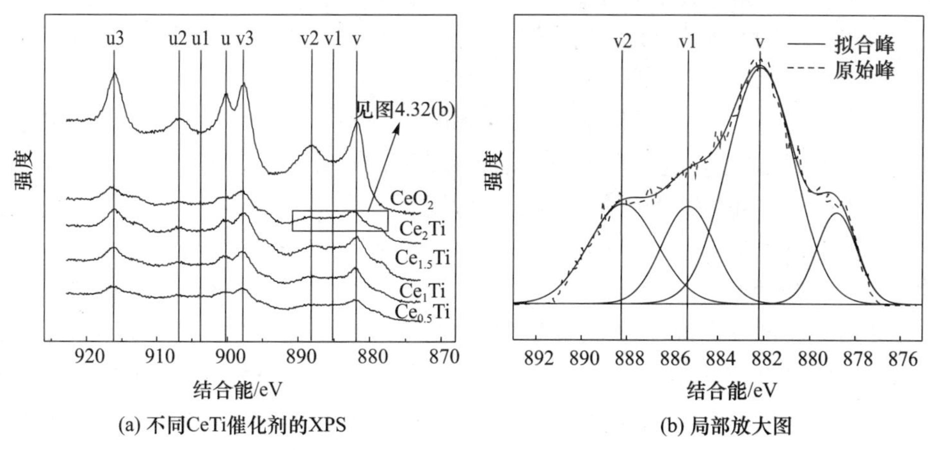

图 4.32　CeTi 催化剂中 Ce 元素的 XPS 图

2. 催化剂的性能

1) 不同 CeO_2/TiO_2 质量比的 CeTi 催化剂的性能

不同 CeO_2/TiO_2 质量比的 CeTi 催化剂上汞的氧化效率 E_{oxi} 随温度 T 变化的趋势如图 4.33 所示。纯 TiO_2 上汞的氧化很不明显，在所考察的温度范围内，E_{oxi}

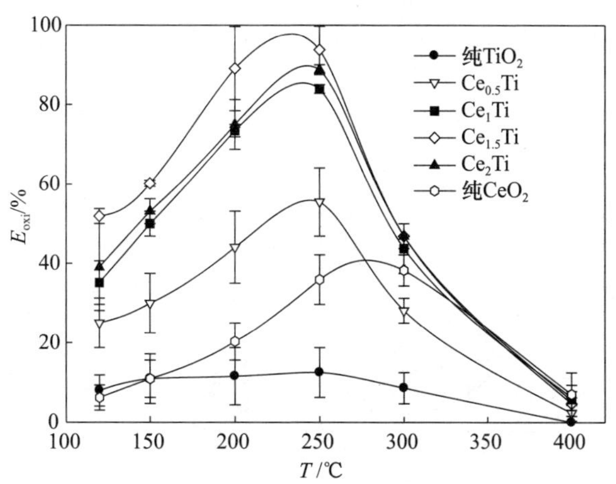

图 4.33　不同 CeO_2/TiO_2 质量比的影响

低于10%。随着催化剂中CeO_2/TiO_2质量比值从0增大到1.5，E_{oxi}增大；继续增大CeO_2/TiO_2质量比值到2.0，E_{oxi}开始下降。$Ce_{1.5}Ti$具有最强的汞氧化活性，这可能与$Ce_{1.5}Ti$表面Ce原子含量较高有关。纯CeO_2也具有一定的汞氧化能力，但是其E_{oxi}远低于CeTi催化剂，这说明CeO_2及TiO_2结合后，其对汞的氧化能力得到极大提高。对于所有的CeTi催化剂，当温度低于250℃时，E_{oxi}随温度升高而增大；但是当温度高于250℃时，E_{oxi}随温度升高而降低。CeTi催化剂在150～250℃范围内具有较高的活性。在200～250℃90%以上的汞可被$Ce_{1.5}Ti$氧化。因此，CeTi催化剂上汞的氧化可归因于TiO_2上负载的CeO_2。由于Ce^{3+}的存在，催化剂表面形成的化学吸附态氧可能是CeTi催化剂具有极强的汞氧化能力的原因。

2) Ce_1Ti在不同空塔气速条件下的性能

模拟烟气中，Ce_1Ti在空塔气速为60000h^{-1}及120000h^{-1}条件下对汞的氧化效率如图4.34所示。

在所考察的整个温度范围内，E_{oxi}随空塔气速降低而增大。值得指出的是，试验采用的空塔气速远高于燃煤电厂SCR装置的空塔气速(2000～4000h^{-1})，采用的模拟烟气代表低阶煤烟气，HCl含量较低。在这样不利的条件下，CeTi催化剂仍表现出极强的促进汞氧化的能力。考虑到高阶煤烟气中的高浓度HCl和低空塔气速均有利于汞的氧化，CeTi催化剂对于燃煤烟气中汞的氧化将是非常有益的。同时，CeTi催化剂在低温条件下(150～250℃)表现出的很高的催化活性，使得其可以被安置在除尘装置下游，避免了高浓度飞灰造成的催化剂堵塞及中毒现象。

3) 不同TiO_2载体的CeTi催化剂的性能

在200℃模拟烟气条件下，不同种类TiO_2合成的CeTi催化剂上汞的氧化效率如图4.35所示。在采用锐钛矿TiO_2合成的CeTi(a)催化剂中，$Ce_{0.5}Ti$(a)催化剂效率最高，约为45%。而在采用TiO_2纳米颗粒(P25)合成的CeTi催化剂中，

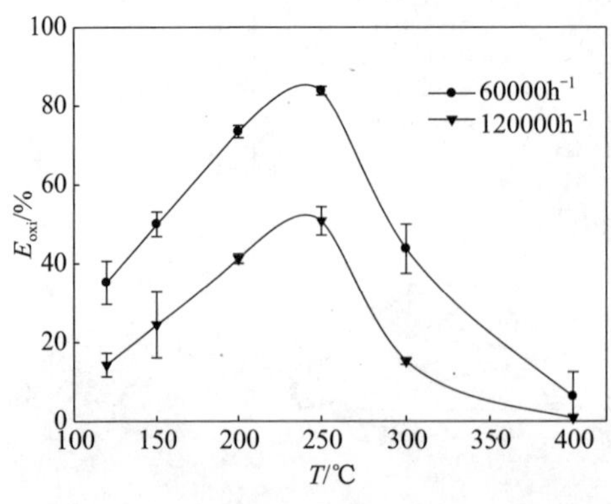

图4.34　空塔气速对汞氧化效率的影响

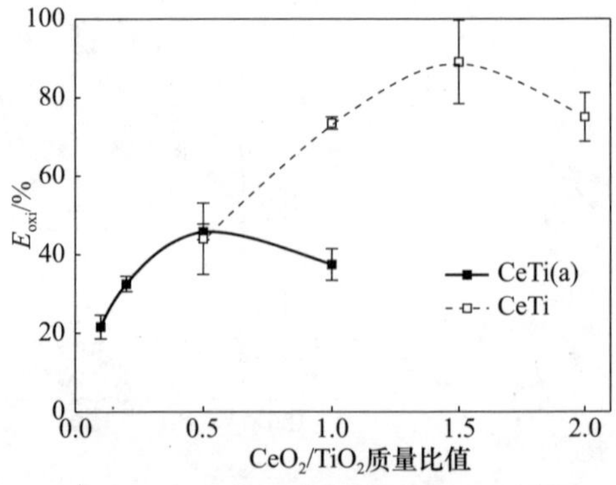

图4.35　不同载体的催化剂的性能

$Ce_{1.5}Ti$ 催化剂效率最高，达 90%以上。根据催化剂表征结果，可以推断低的比表面积可能是 CeTi(a)催化剂效率低下的主要原因。

3. 烟气组分对汞催化氧化的影响及其机理

单个烟气组分对 $Ce_{1.5}Ti$ 催化剂上汞催化氧化及脱除的影响如图 4.36 所示。

1) O_2 的影响

在 200℃纯 N_2 载气条件下，$Ce_{1.5}Ti$ 上 E_{oxi} 约为 27.4%，4 倍于类似条件下 V_2O_5/SiO_2 催化剂上汞的氧化效率[18]。此外，据 He 等[4]报道，钒基催化剂在纯 N_2 气流中几乎没有氧化及脱除汞的能力。CeTi 催化剂在纯 N_2 条件下展现出比钒基催化剂更强的促进汞氧化的能力。纯 N_2 气氛下，穿过 CeTi 催化剂后，烟气中汞的损失源于汞与催化剂上存储的氧(晶格氧，化学吸附态氧等)之间的反应。向纯 N_2 载气中添加 4%甚至 20%的 O_2，汞的氧化效率基本保持不变。CeTi 催化剂对气相 O_2 是否存在并不敏感，表明催化剂上存储的氧相对于汞是远远过量的，试验过程中汞与氧之间的反应仅消耗了少量的存储氧。

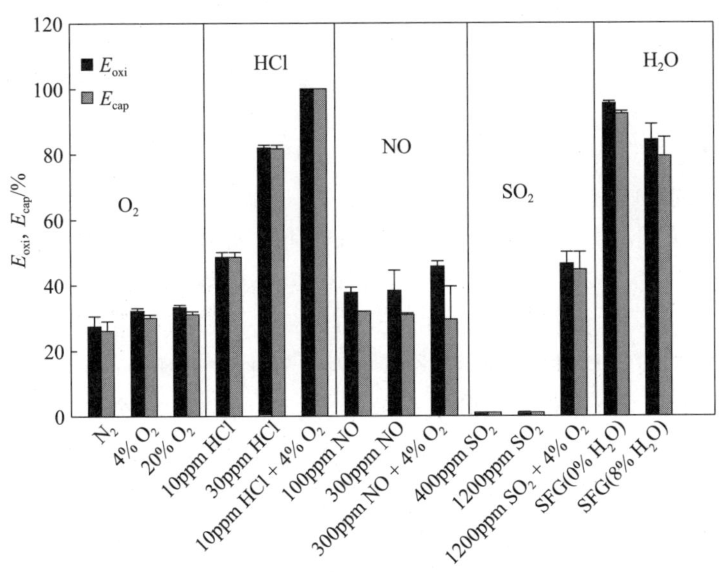

图 4.36　烟气组分对 $Ce_{1.5}Ti$ 催化剂上汞氧化及脱除的影响

2) HCl 的影响

HCl 对 CeTi 催化剂上汞氧化的促进作用非常明显。在还原气氛下，CeTi 催化剂中的 Ce^{4+}/Ce^{3+} 氧化还原对可以释放出氧，从而维持 HCl 与汞之间的反应。10ppm HCl 时，E_{oxi} 为 48.5%，远高于纯 N_2 气氛下的 E_{oxi}(为 27.4%)。进一步增大 HCl 浓度到 30ppm,E_{oxi}增大到 81.9%。

无 O_2 条件下,HCl 与 CeTi 催化剂之间的反应如方程(4.8)所示:

$$2HCl+2CeO_2 \longleftrightarrow Ce_2O_3+H_2O+2Cl^* \tag{4.8}$$

式中,Cl^* 表示可以与汞反应的活性 Cl。在有气相 O_2 存在的条件下,10ppm HCl 可以得到 100%的汞氧化效率,说明 CeTi 催化剂对汞与 HCl 之间的非均相反应具有很强的促进作用,因为汞与 HCl 之间的均相反应阻力太大,不太可能发生。CeTi 催化剂表面的 Ce^{3+} 至少在一定程度上使得其具有如此高的汞氧化活性,因为由 Ce^{3+} 引起的表面吸附态氧被认为是最具有反应活性的氧。气相 O_2 补充了催化剂表面被消耗的吸附态氧,再生了催化剂表面的晶格氧,从而维持了 CeTi 催化剂高的表面氧浓度。因此,在有 O_2 的条件下,更多的 HCl 可以被氧化成能够与汞反应的活性 Cl,从而促进了汞的氧化。单质汞被认为首先与活性 Cl 反应生成 HgCl,然后进一步被其他活性 Cl 氧化成 $HgCl_2$。CeTi 催化剂表面汞的非均相氧化过程可能如以下方程所示:

$$2HCl+O^* \longrightarrow 2Cl^*+H_2O \tag{4.9}$$

$$Cl^*+Hg^0 \longrightarrow HgCl \tag{4.10}$$

$$HgCl+Cl^* \longrightarrow HgCl_2 \tag{4.11}$$

式中,O^* 表示催化剂表面能够与汞反应的化学吸附态氧和晶格氧,它们可以分别被气相 O_2 补充和再生。因此,CeTi 催化剂上汞与 HCl 反应的总方程如下:

$$Hg^0+2HCl+\frac{1}{2}O_2 \xrightarrow{CeTi} HgCl_2+H_2O \tag{4.12}$$

3) NO 的影响

CeTi 催化剂上 NO 对汞的氧化有促进作用。如图 4.36 所示,在纯 N_2 载气中添加 100ppm NO 后,E_{oxi}从 27.4%增大到 37.7%。继续增大 NO 浓度到 300ppm,E_{oxi}基本不变。CeTi 催化剂表面的 Ce^{3+} 可以促进 NO 氧化成为 NO_2,而 NO_2 是一种强氧化剂,可以促进催化剂及飞灰上汞的氧化。有 NO 存在的条件下汞的氧化效率略高于无 NO 条件下汞的氧化效率,说明催化剂上的氧对汞的氧化能力与 NO_2 相当,具有极强的反应活性。在本研究的短时间试验中,催化剂表面存储的氧对于汞及 NO 的氧化是足够的。因此,向含 300ppm NO 的气流中添加 4%的气相 O_2 后,E_{oxi}仅有微弱升高。在有 NO 存在的条件下,在反应器的出口可以明显地检测到氧化态汞的存在(图 4.36 中,汞的捕集效率低于汞的氧化效率),说明 NO 参与了汞的氧化过程,生成了一些像 $Hg(NO_3)_2$ 一样的具有较强挥发性的汞化合物。烟气中有 NO 存在时,CeTi 催化剂上汞的氧化可能遵循如下过程:

$$NO+\frac{1}{2}O_2 \xrightarrow{CeTi} NO_2 \tag{4.13}$$

$$Hg^0+NO_2 \longrightarrow HgO+NO \tag{4.14}$$

$$Hg^0+2NO_2+O_2 \longrightarrow Hg(NO_3)_2 \tag{4.15}$$

4）SO_2 的影响

无气相 O_2 存在时，SO_2 极大地抑制了 CeTi 催化剂上汞的氧化。400ppm 或 1200ppm SO_2 条件下，汞在 CeTi 催化剂上基本不发生氧化。这可能是因为在 CeTi 催化剂上汞的氧化遵循 Langmuir-Hinshelwood 机制，即催化剂表面的活性氧化剂与其邻近的吸附态的单质汞反应生成氧化态的汞[21]。如果 SO_2 与单质汞之间存在竞争吸附，高浓度的 SO_2 就会极大地抑制汞的吸附，进而抑制汞氧化。本节采用一个脱附试验验证了 CeTi 催化剂上汞与 SO_2 之间的竞争吸附，结果如图 4.37 所示。首先，用含汞 N_2 气流在 200℃时将 $Ce_{1.5}Ti$ 饱和，然后切断汞源，同时通入 400ppm SO_2，催化剂下游汞的浓度急剧升高。相反，如果不添加 SO_2，切断汞源后，催化剂下游汞的浓度迅速降低到 0。这表明在 CeTi 催化剂表面，SO_2 与汞之间发生了竞争吸附，且催化剂对 SO_2 的亲和力大于其对汞的亲和力。

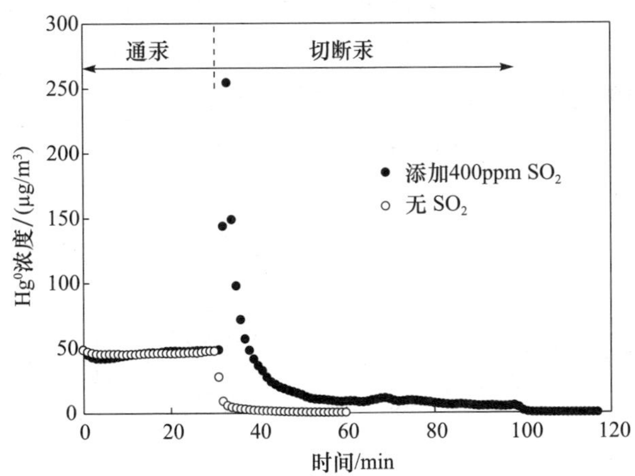

图 4.37　SO_2 促进 CeTi 催化剂上汞的脱附

在气相 O_2 的协助下，1200ppm SO_2 时，汞氧化效率为 52.6%，高于没有 SO_2 存在时的汞氧化效率。这说明在有 O_2 的条件下，SO_2 促进了 CeTi 催化剂上汞的氧化。这可能是因为有 O_2 条件下催化剂表面源源不断地产生了大量的吸附态氧，SO_2 可以被这些吸附态氧氧化成为 SO_3，从而减弱了其对汞吸附的抑制作用，同时 SO_3 可以与汞反应生成 $HgSO_4$。反应过程如下所示：

$$SO_2+\frac{1}{2}O_2\xrightarrow{CeTi}SO_3 \tag{4.16}$$

$$Hg^0+SO_3+\frac{1}{2}O_2\xrightarrow{CeTi}HgSO_4 \tag{4.17}$$

SO_2 在有 O_2 或无 O_2 条件下对汞氧化的影响截然相反，为了进一步确定有 O_2 条件下 SO_2 对 CeTi 催化剂上汞氧化的促进作用，本节采用 SO_2 预处理过的

$Ce_{1.5}Ti$ 来研究汞的氧化。首先，将含有 1600ppm SO_2 及 4% O_2 的气流在 200℃条件下通过 $Ce_{1.5}Ti$ 催化剂约 1h，然后分别在有氧及无氧条件下测试汞的氧化效率，试验结果如图 4.38 所示。SO_2 预处理过的 CeTi 催化剂比未经预处理的催化剂具有更强的氧化汞的能力。纯 N_2 气氛条件下，含汞气流通过 SO_2 预处理过的 CeTi 催化剂后，汞浓度降低更多。气流中是否有 O_2 对汞氧化影响不大，说明 SO_2 在预处理过程中已经转化成具有汞氧化能力的活性物质（如 SO_3），且该活性物质在 CeTi 催化剂上具有一定的稳定性。

虽然在有 O_2 的条件下，SO_2 可以促进 CeTi 催化剂上汞的氧化，但是高浓度的 SO_2 仍然可能抑制汞的氧化。在 200℃、有 O_2 条件下，汞氧化效率随 SO_2 浓度的变化如图 4.39 所示。在 4% O_2 条件下，当 SO_2 浓度较低时（低于 1200ppm），SO_2 可以促进汞的氧化，且随着 SO_2 浓度从 100ppm 增大到 1200ppm，汞的氧化效率降低；当 SO_2 浓度高于 1600ppm 时，汞的氧化效率低于无 SO_2 时的汞氧化效率。这个结果表明，虽然在 O_2 的协助下，SO_2 可以被氧化成具有汞氧化活性的物质从而促进汞的氧化，但是 SO_2 的氧化过程可能速度较慢，当 SO_2 浓度较高时，过量的未被氧化的 SO_2 抑制了汞的吸附及进一步的氧化。

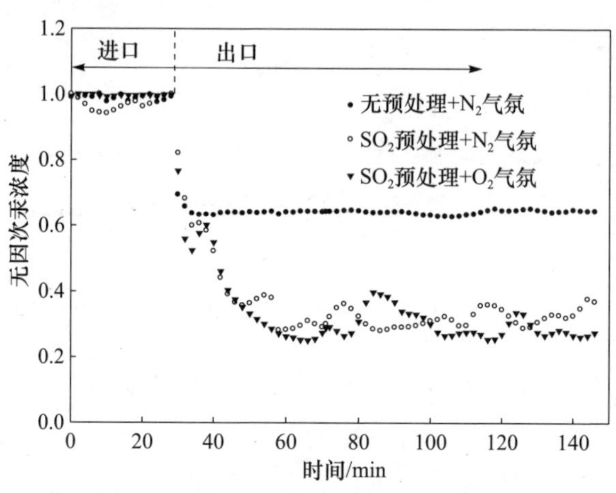

图 4.38　SO_2 预处理对汞氧化的影响

5）H_2O 的影响

通常 H_2O 会抑制金属及金属氧化物催化剂上汞的氧化与脱除。同样，CeTi 催化剂上 H_2O 对汞氧化的作用仍是负面的。然而，H_2O 对 CeTi 催化剂上汞氧化的抑制作用很小。这说明 CeTi 催化剂在汞氧化过程中具有良好的抗 H_2O 能力。CeTi 催化剂的这个特性对于它的实际应用是非常有益的，因为在燃煤烟气中 H_2O 通常不可避免。

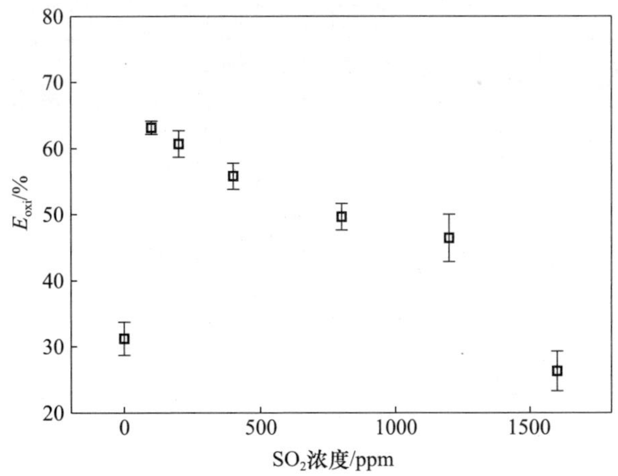

图 4.39　SO_2 浓度对汞氧化的影响

4. CeTi 催化剂上汞催化氧化机理分析

通常认为，催化剂上汞的氧化机制取决于催化剂类型、烟气气氛及反应温度等因素。HCl 是影响 CeTi 催化剂上汞氧化最重要的烟气组分，且 CeTi 催化剂中的活性组分 CeO_2 可以吸附 HCl 并与之反应生成活性的氯氧化物，因此本节采用经过 HCl 预处理的 $Ce_{1.5}Ti$ 催化剂来研究汞的催化氧化机理。

由于 HCl 与汞之间的反应通常认为是通过一些高活性的中间物质（活性 Cl 等）来发生的，本节首先在无汞条件下，利用 HCl 与 $Ce_{1.5}Ti$ 催化剂反应（HCl 预处理过程：30ppm HCl 在 200℃及 300℃条件下通过 $Ce_{1.5}Ti$ 催化剂 1h，然后在同样温度下用高纯 N_2 冲洗反应过的催化剂 0.5h）产生活性 Cl，然后根据汞与活性 Cl 的反应考察预处理温度对 HCl 与催化剂之间反应的影响。

由图 4.40 可知，CeTi 催化剂经过 HCl 在 200℃预处理后，其对汞的氧化效率大大提高，含汞气流通过 HCl 预处理过的 CeTi 催化剂后，催化剂下游汞浓度迅速降低到进口浓度的 30%左右，远低于未经 HCl 处理的催化剂下游的汞浓度。然而，催化剂下游汞浓度很快上升到与原始催化剂下游汞浓度相当的水平，说明 200℃时仅有少量的 HCl 与 CeTi 催化剂发生反应，生成了少量的活性 Cl。

提高预处理温度到 300℃，催化剂的性能进一步提高，说明温度越高，CeTi 催化剂的活性越强，产生了更多的活性 Cl。这同样说明了 CeTi 催化剂上产生的活性 Cl 在 300℃条件下具有一定的稳定性。否则，这些活性 Cl 在 N_2 冲洗过程中已被分解，被气流带走。经过 HCl 预处理的催化剂便不会具有如此高的汞氧化能力。这与 Onstott[34] 的研究结论 CeOCl 在 777℃ 条件下稳定是一致的，因为 CeOCl 很可能就是引起汞氧化的活性 Cl 物质之一。

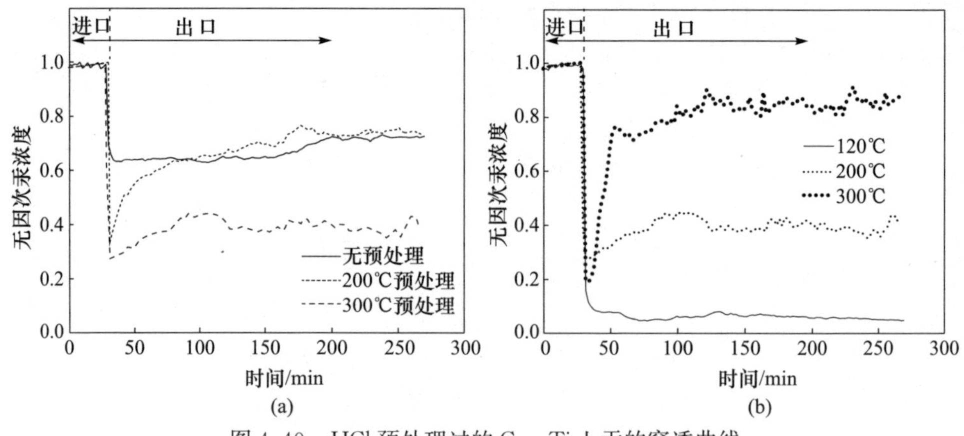

图 4.40　HCl 预处理过的 $Ce_{1.5}Ti$ 上汞的穿透曲线

除了 HCl 与 CeTi 催化剂之间的反应，汞与 CeTi 催化剂上活性物质的反应同样可以影响汞的氧化效率。在 300℃条件下采用 HCl 预处理 $Ce_{1.5}Ti$ 获得活性 Cl 后，纯 N_2 气氛下汞与活性 Cl 之间的反应随反应温度的变化如图 4.40 所示，温度越低，HCl 预处理过的 CeTi 催化剂对汞的氧化能力越强。通常化学反应速率随温度升高而增大。因此，HCl 预处理过的 CeTi 催化剂上的活性 Cl 若能与气相汞发生反应，则应该有更多的汞在高温下被氧化。这与试验结果矛盾。因此，可以推断催化剂上的活性 Cl 很可能只能与吸附态的汞发生反应，低温有利于汞的吸附，从而促进汞的氧化，即 CeTi 催化剂上汞的氧化遵循 Langmuir-Hinshelwood 机制。

CeTi 催化剂上汞随温度升高的脱附曲线如图 4.41 所示。当温度从 200℃升高到 250℃时，仅有极少量的单质汞发生脱附，说明当温度低于 250℃时催化剂对汞的吸附能力随温度升高变化不大。当温度从 250℃升高到 300℃时，大量的汞从催化剂上脱附，说明当温度高于 250℃时，催化剂对汞的吸附能力随温度升高急剧

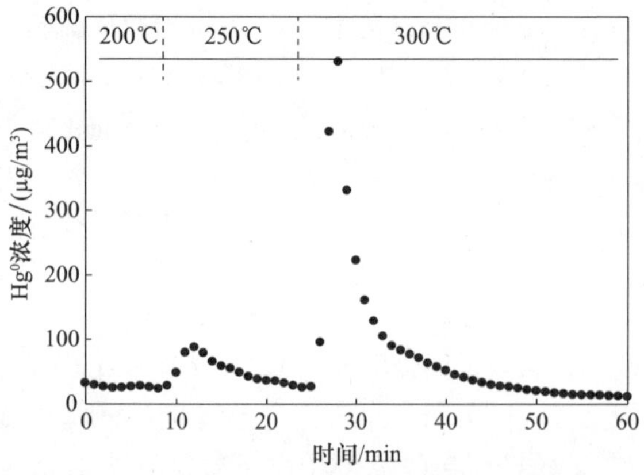

图 4.41　CeTi 催化剂上汞随温度升高的脱附曲线

降低，300℃以上单质汞很难吸附于 CeTi 催化剂上。

根据 CeTi 催化剂对单质汞的吸附能力随温度变化的规律，采用 Langmuir-Hinshelwood 机理可以解释模拟烟气条件下汞的氧化行为。在低温（120～250℃）条件下，单质汞容易吸附于催化剂表面，此时汞的氧化效率随温度升高而增大，因为温度越高 CeTi 催化剂的活性越强，从而产生更多的参与汞氧化过程的活性物质。当温度继续从 250℃上升到 400℃时，温度升高对催化剂的活性影响不大，但是极大地抑制了汞的吸附，从而抑制了汞的进一步氧化。因此，汞的氧化效率随温度升高而降低。

5. 无 HCl 条件下汞的氧化

HCl 是燃煤烟气中最有效的能够促进汞氧化的组分，SO_2、NO 在有氧条件下也都能促进 CeTi 催化剂上汞的氧化。SO_2 及 NO 对 HCl 促进汞氧化的影响如图 4.42 所示。当模拟烟气中含有 5ppm HCl 和 4% O_2 时，E_{oxi} 为 94.3%，E_{cap} 约为 91.2%。向该模拟烟气中添加 400ppm SO_2 后，E_{oxi} 与 E_{cap} 分别降低到 69.8%和 66.0%。SO_2 减弱了 HCl 对汞氧化的促进作用。这可能是由于活性 Cl 比 SO_3 等含 S 活性物质具有更强的汞氧化能力，添加 SO_2 后抑制了 HCl 与 CeTi 催化剂之间的反应，从而使得汞的氧化效率降低。

值得指出的是，纯 CeO_2 上汞的氧化受 SO_2 影响很大，添加 TiO_2 后其抗硫中毒能力得到了显著提高。这与钒基 SCR 催化剂中添加 TiO_2 增强其抗硫中毒能力是一致的。向含 HCl 的模拟烟气中添加 300ppm NO 后，E_{oxi} 从 94.3%升高到 96.0%，而 E_{cap} 降低到 76.3%。NO 微弱地增强，至少维持了 HCl 对汞氧化的促进作用，却降低了汞的捕集效率，这说明 CeTi 催化剂上 NO 同样具有很强的促进汞氧化的能力，HCl 存在时 NO 仍然参与了汞的氧化过程，生成了具有较强挥发性的汞化合物。向含 HCl 模拟烟气中同时添加 400ppm SO_2 及 300ppm NO 后，E_{oxi} 约为 90%左右，仍维持在较高水平，说明 SO_2 及 NO 的同时存在对 HCl 氧化汞的促进作用影响不大，或者 SO_2 及 NO 的同时存在也能够实现汞的高效氧化。汞的捕集效率低于汞的氧化效率，同样说明 NO 参与了汞的氧化过程，生成了挥发性的汞化合物。

无 HCl 条件下，SO_2 及 NO 同时存在可以实现汞的高效氧化（见图 4.43）。图中基线 1 表示无 O_2 条件下 300ppm NO 模拟烟气中汞的氧化效率。无 O_2 条件下，300ppm NO 模拟烟气中添加 400ppm SO_2 后，E_{oxi} 从 38.3%降低到 6.5%。汞与 SO_2 之间的竞争吸附是汞氧化效率降低的主要原因。进一步增大 SO_2 浓度到 1200ppm，汞的氧化效率基本不变。基线 2 代表有 O_2 条件下 300ppm NO 模拟烟气中汞的氧化效率。有 O_2 条件下，添加 400ppm SO_2 到含有 300ppm NO 的模拟烟气中，E_{oxi} 从 45.6%上升到 64.7%。在 O_2 的协助下，含有 300ppm NO 及

1200ppm SO_2 的模拟烟气中，E_{oxi} 可高达 99.9%，说明应用 CeTi 催化剂可以使汞氧化摆脱对 HCl 的依赖，在无 HCl 条件下实现汞的高效氧化。这对于 HCl 浓度较低的低阶煤烟气中汞的氧化具有极其重要的意义。

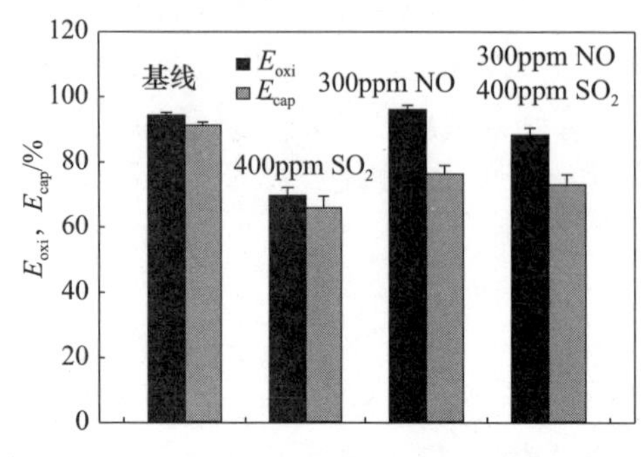

图 4.42　SO_2 及 NO 对汞氧化过程中 HCl 促进作用的影响

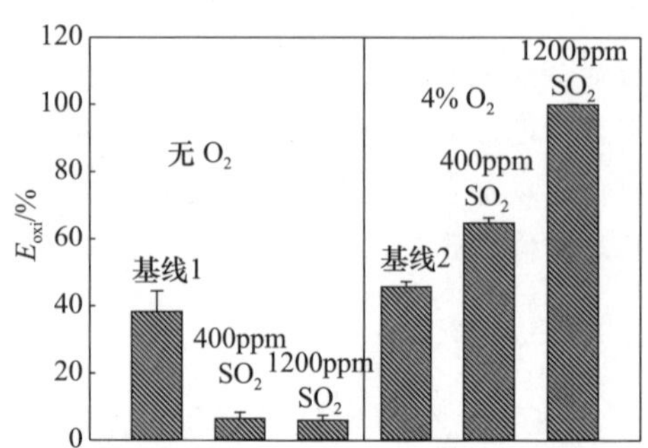

图 4.43　无 HCl 条件下汞的高效氧化

由图 4.26 可知，有 O_2 的条件下，300ppm NO 模拟烟气中 E_{oxi} 为 45.6%，1200ppm SO_2 模拟烟气中 E_{oxi} 为 52.4%。两者之和约为 99.0%，与 300ppm NO 及 1200ppm SO_2 同时存在时的 E_{oxi} 相当，说明 NO 及 SO_2 对 CeTi 催化剂上汞氧化的促进作用可以被加和。SO_2 具有抑制 NO 被氧化成为其他活性物质的作用且过量的未被氧化的 SO_2 可以抑制汞的吸附，但是添加 SO_2 并没有抑制 NO 对汞的氧化。这很可能是由于 NO 催化促进了 SO_2 向 SO_3 的转化，消除了 SO_2 对汞吸附的抑制作用，同时产生了具有汞氧化活性的 SO_3。

4.2.2　MnO_x 增强 CeO_2/TiO_2 催化剂性能及其机理研究

尽管 CeTi 催化剂具有传统钒基催化剂所不具备的很多优点，但当其应用于汞的催化氧化时仍有缺陷，例如，仅在 150～250℃温度范围内具有很高的活性。因此，有必要进一步提高其活性或拓宽其温度窗口，保证其在不同烟气条件下具有高的汞催化氧化效率。

近年来，MnO_x 基催化剂被广泛研究并应用于低温 SCR 脱硝。Ettireddy 等[35]、Kim 等[36]、Wu 等[37]、Qiao 等[38]合成了 MnO_x/TiO_2(MnTi)催化剂并将其应用于低温 SCR 脱硝。结果表明 MnTi 催化剂是一种高效、经济的控制燃煤 NO_x 排放的催化剂。同时，Ji 等[13]、Li 等[11]、Qiao 等[38]、Wang 等[39]发现 MnO_x 具有很强的催化氧化汞的能力。换言之，MnO_x 基催化剂可以同时作为 SCR 催化剂及汞氧化催化剂。正如 Ji 等[13]报道的：TiO_2 负载的 MnO_x 可以在低温烟气条件下同时脱除 NO_x 并实现汞的高效氧化。Qi 等[40-42]研究发现，MnO_x 与 CeO_2 具有协同促进作用，其混合后产生的二元金属氧化物 MnO_x-CeO_2 具有极高的低温 SCR 脱硝活性，且催化剂表现出较强的抗 H_2O 及抗硫中毒能力。Wu 等[43-44]制备了 TiO_2 负载的 Mn-Ce 二元氧化物，即 MnCeTi 催化剂，发现该催化剂具有很强的低温 SCR 脱硝活性，以及抗硫中毒能力。为了实现 SCR 催化剂的协同 Hg^0 氧化，非常有必要研究 MnCeTi 这种新型、高效的低温 SCR 催化剂对汞的催化氧化。

本节采用超声波增强的化学浸渍方法合成 MnTi、CeTi 及 MnCeTi 催化剂，分析这些催化剂在低阶煤烟气及相应的 SCR 气氛中对汞的催化氧化性能及机理。

1. 催化剂的制备及特征

1) 催化剂的制备

采用超声波增强的化学浸渍方法分别合成 MnTi、CeTi 及 MnCeTi 催化剂的具体步骤如下。①MnTi 催化剂：分别称取 2.73g TiO_2 纳米颗粒(P25，Evonik)，0.77g 硝酸锰(四水合物 99.9%，Acros Organics)；CeTi 催化剂：分别称取 3.0g TiO_2 纳米颗粒(P25，Evonik)，7.58g 硝酸铈(六水合物 99.5%，Acros Organics)；MnCeTi 催化剂：分别称取 3.0g TiO_2 纳米颗粒(P25，Evonik)，1.54g 硝酸锰(Tetrahydrate，for analysis，Acros Organics)，6.22g 硝酸铈(Hexahydrate 99.5%，Acros Organics)；②依次将硝酸锰、硝酸铈溶于 30mL 去离子水中；③将 TiO_2 加入 30mL 硝酸锰溶液、硝酸铈溶液或其混合溶液中，机械搅拌 30min；④将搅拌后的混合物暴露于超声波清洗器中，持续 2h；⑤110℃条件下干燥 12h，然后在 500℃、静止空气气氛下煅烧 4h；⑥研磨，过 100 目(150μm)筛，储存备用。根据计算，MnCeTi 催化剂中 $MnO_2/CeO_2/TiO_2$ 质量比为 0.18∶0.82∶1，相应的 Mn/(Ce+Mn)物质的量之比为 0.3∶1，该比例依据 Qi 等[42]纳米颗粒的研究确定(他们发现 Mn/(Ce+Mn)物质的量之比为 0.3∶1 时，MnO_x-CeO_2 催化剂具有最高的 SCR 脱硝活性)。MnTi 催化剂中 MnO_2/TiO_2 质量比与 MnCeTi 催化剂中 MnO_2/TiO_2 质量比相同。CeTi 催化剂中 CeO_2/TiO_2 质量比为 1∶1，与 4.2.1 节中最佳 CeO_2/TiO_2 质量比(1.5∶1)差别不大，此时 CeTi 催化剂的活性较高。

2) 催化剂的特征

MnTi、CeTi 及 MnCeTi 三种催化剂的 BET 比表面积均在 55m^2/g 左右。其中 MnTi 催化剂的比表面积最小，为 53.1m^2/g，CeTi 催化剂的比表面积最大，为 61.1m^2/g。

MnTi、CeTi 及 MnCeTi 三种催化剂的 XRD 图谱如图 4.44 所示。MnTi 催化剂中存在锐钛矿及金红石两种形态的 TiO_2 晶体，其中锐钛矿是最主要的 TiO_2 晶相，且仅有少量晶体态锰氧化物的峰，这表明大部分的锰进入 TiO_2 晶体内部或者均匀分布于 TiO_2 载体表面以无定形或微弱的晶型结构存在。在 CeTi 催化剂中，锐钛矿 TiO_2 仍然是最主要的 TiO_2 存在形式，同时，CeO_2 晶体的特征峰也非常明显。与 MnTi 及 CeTi 催化剂的 XRD 图谱相比，MnCeTi 催化剂的 XRD 图谱中，TiO_2 及 CeO_2 的特征峰变得非常微弱，同时锰的特征峰消失，这表明在 MnCeTi 催化剂中，MnO_x、CeO_2 及 TiO_2 等金属氧化物之间存在强烈的相互作用。这些作用可能包括：Ti^{4+} 进入 CeO_2 晶格，Mn^{4+} 进入 TiO_2 晶格，以及不同价态的锰离子进入 CeO_2 晶格[42]。这些相互作用使得催化剂表面富集了更多的无定形金属氧化物，无定形金属氧化物比晶态的金属氧化物在催化过程中具有更高的反应活性。

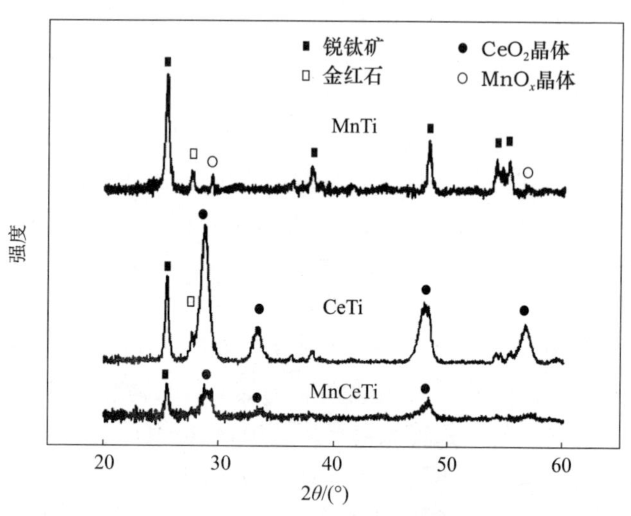

图 4.44　MnTi、CeTi 及 MnCeTi 催化剂的 XRD 图谱

MnTi 及 MnCeTi 催化剂中锰元素的 XPS 如图 4.45 所示。结合能从 630eV 到 660eV 的两个峰分别是 Mn $2p_{3/2}$ 和 Mn $2p_{1/2}$ 的特征峰。Mn $2p_{3/2}$ 的特征峰较大，包括两个次峰：①642.7eV 左右 Mn^{4+} 的特征峰；②641.2eV 左右 Mn^{3+} 的特征峰。对比 MnTi 及 MnCeTi 催化剂中锰元素的 XPS 光谱可以发现：添加 CeO_2 后，Mn^{4+}/Mn^{3+} 比例急剧增大，这对汞的氧化是极为有利的，因为 Mn^{4+} 比 Mn^{3+} 具有更强的氧化性[11]。

CeTi 及 MnCeTi 催化剂中 Ce 3d 的 XPS 如图 4.46 所示。图 4.46(a)中，带字母 u 的峰代表 Ce $3d_{3/2}$ 自旋轨道，带字母 v 的峰对应于 Ce $3d_{5/2}$ 状态，u/v、u2/v2 及 u3/v3 谱峰对表示处于 $3d^{10}4f^0$ 电子状态的 Ce^{4+}，而 u1/v1 谱峰对代表处于 $3d^{10}4f^1$ 电子状态的 Ce^{3+}。两种催化剂表面均存在大量 Ce^{4+}。然而，由图 4.46(b)可知，u1/v1 谱峰对的存在证明了 CeTi 及 MnCeTi 催化剂表面存在少量 Ce^{3+}，且 MnCeTi 催化剂表面 Ce^{3+}/Ce^{4+} 物质的量比例大于 CeTi 催化剂表面的 Ce^{3+}/Ce^{4+} 物质的量比例。Ce^{3+} 的存在造成催化剂表面的电荷不平衡，形成了电子空穴及一些游离的化学键，使得催化剂表面富集了大量的化学吸附态氧，有利于汞的氧化。

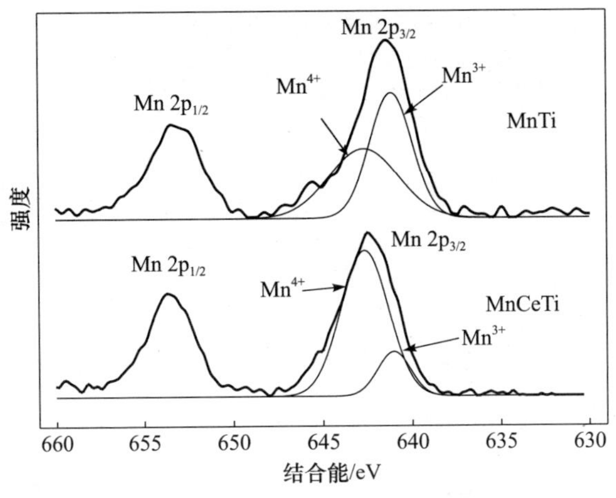

图 4.45　MnTi 及 MnCeTi 催化剂中锰元素的 XPS 图

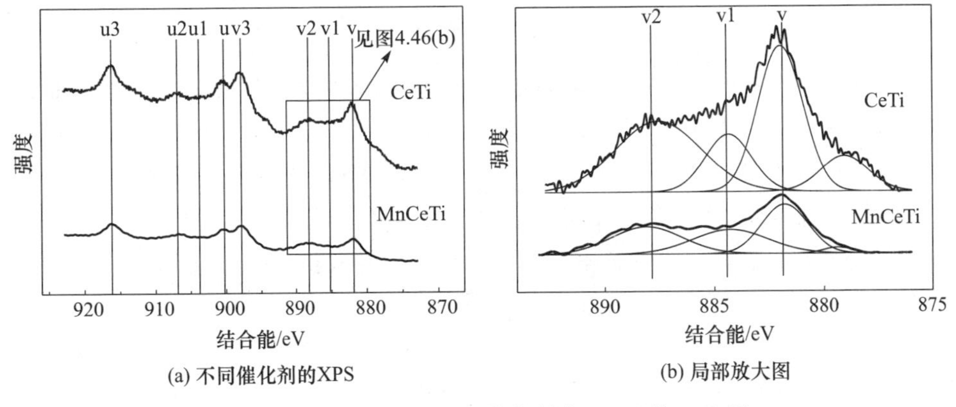

图 4.46　CeTi 及 MnCeTi 催化剂中 Ce 3d 的 XPS 图

2. 不同催化剂在模拟燃煤烟气条件下的性能

模拟燃煤烟气条件下 MnTi、CeTi 及 MnCeTi 三种催化剂对汞的氧化效率如图 4.47 所示。在 120～400℃时，E_{oxi} 随 T 升高而增大；250～400℃时，E_{oxi} 随 T 升高而减小。当烟气中有 HCl 存在时，Deacon 机制、Eley-Rideal 机制以及 Langmuir-Hinshelwood 机制均有可能造成汞的非均相氧化。在试验考察的温度范围内，HCl 转化成 Cl_2 的转化率较低，同时 Cl_2 与汞之间的气相反应速率也不大。因此，Deacon 反应不足以获得试验中所观察到的汞氧化效率。通常来讲，高温可以加快化学反应的进程。如果催化剂表面的活性物质能与气相中的汞通过 Eley-Rideal 机制发生反应，则汞的氧化效率应该随温度升高而增大。而试验结果表明，当温度在 250～400℃时，汞的氧化效率降低。因此，这三种催化剂上汞的氧化很可能是通过 Langmuir-Hinshelwood 机制发生的。

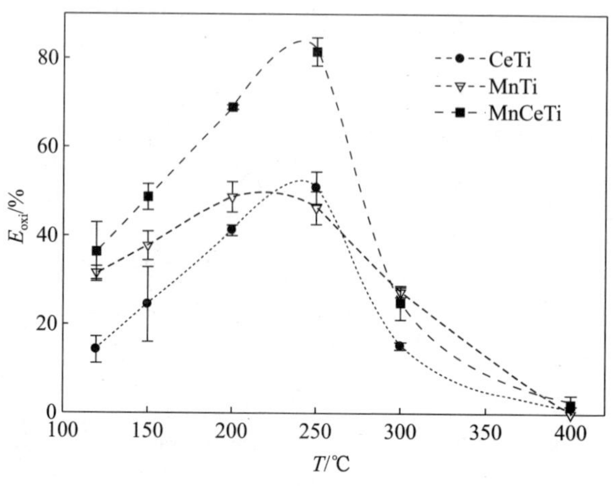

图 4.47 不同催化剂上汞的氧化

根据 Langmuir-Hinshelwood 机制，当催化剂对单质汞的吸附能力降低时，汞的氧化效率也应随之降低。MnCeTi 催化剂在 200～400℃温度范围内对单质汞的吸附能力如图 4.48 所示。在 200℃纯 N_2 条件下，MnCeTi 催化剂吸附单质汞数小时后切断汞源，逐步升高温度促使催化剂上吸附的单质汞发生脱附。200～250℃时仅有极少量的单质汞发生脱附，而 250～300℃时大量汞从催化剂上脱附，说明催化剂对汞的吸附能力随温度升高急剧降低，单质汞很难吸附于 MnCeTi 催化剂上。因此，可以推断单质汞的吸附是其在 MnCeTi 催化剂上发生氧化的必要条件，即汞很可能是通过 Langmuir-Hinshelwood 机制发生氧化的。

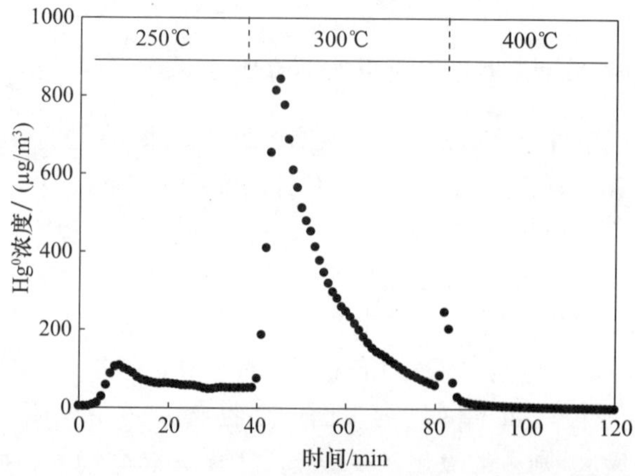

图 4.48 MnCeTi 催化剂上汞的脱附曲线

低温条件下(120～200℃),MnTi 催化剂上汞的氧化效率高于 CeTi 催化剂上汞的氧化效率,因为锰基催化剂在低温条件下具有较高的氧化汞的活性[11,38]。在整个考察的温度范围内,MnCeTi 催化剂上汞的氧化效率高于 MnTi 及 CeTi 催化剂,MnO_x 与 CeO_2 混合得到了更高的汞氧化效率。这说明 MnO_x 与 CeO_2 的结合产生了协同促进作用。此外,XRD 及 XPS 分析结果表明 MnO_x 与 CeO_2 的结合促进了活性物质在 MnCeTi 催化剂表面的分布,同时产生了更多的表面氧,正是这些活性物质与表面氧参与了汞的氧化过程,促进了汞的氧化。

需要指出的是,本节的模拟燃煤烟气代表低阶煤烟气,且空塔气速为 $120000h^{-1}$,远远大于燃煤电厂 SCR 反应器中的空塔气速($2000～4000h^{-1}$)。采用如此高的空塔气速是因为催化剂的效率很高,当采用较低的空塔气速时每种催化剂的效率均很高,很难进行比较。在这样不利的条件下,在 150～250℃范围内,MnCeTi 催化剂上汞的氧化效率仍然高于 50%。因此,采用 MnCeTi 催化剂催化氧化燃煤烟气中的汞是可行的。由于 MnCeTi 催化剂在低温(150～250℃)条件下具有很高的汞氧化活性,它们可以被置于颗粒物控制装置下游,因此由飞灰颗粒沉积造成的催化剂性能下降也可以避免或减小。

3. MnCeTi 催化剂在不同工况下的性能

1) MnCeTi 催化剂在不同烟气条件下的性能

作为一种极具应用前景的 SCR 催化剂,MnCeTi 催化剂很可能会应用于 NH_3 催化还原 NO_x。MnCeTi 催化剂在不同烟气条件下对汞的氧化能力如图 4.49 所示。其中,SCR 条件定义为模拟燃煤烟气加上 300ppm NH_3,其中 NO/NH_3 浓度比例为 1。

在 200℃、纯 N_2 条件下,E_{oxi}约为 70%,远高于类似条件下 V_2O_5-SiO_2 催化剂上汞的氧化效率。MnCeTi 催化剂在纯 N_2 气氛下有出众的氧化汞的能力是因为它有巨大的储氧能力和良好的低温活性。模拟燃煤烟气条件下,E_{oxi}高达 90%,说明 HCl、NO 等烟气组分在催化剂的协助下与单质汞发生了反应。当向模拟烟气中添加 300ppm NH_3 形成 SCR 气氛时,E_{oxi}从 91.7%降低到 62.5%,说明 NH_3 的存在抑制了 MnCeTi 催化剂上汞的氧化。

然而,此时汞氧化效率 62.5%仍然是令人鼓舞的,因为降低空塔气速及提高烟气中 HCl 浓度很可能会获得更高的汞氧化效率。此外,SCR 反应器末端的 NH_3 的浓度远低于 300ppm,其抑制作用将会大大减弱。

2) MnCeTi 催化剂在不同空塔气速条件下的性能

在实际应用中空塔气速是影响催化剂性能的一个非常重要的因素。为了实现经济高效的汞催化氧化,要求催化剂在高的空塔气速条件下仍具有很强的汞氧化能力。催化剂如能在极高的空塔气速条件下仍具有很高的汞氧化能力,将对其工业应用非常有益。MnCeTi 催化剂在不同空塔气速条件下对汞的氧化性能如图 4.50 所示。在整个考察的温度范围内，汞氧化效率随着空塔气速从 60000h^{-1}升高到 120000h^{-1}而降低。然而，当温度低于 250℃时，空塔气速从 60000h^{-1}升高到 120000h^{-1}的巨大变化仅造成了约 10%的汞氧化效率降低。空塔气速为 120000h^{-1}时，在最佳的操作温度范围内，汞的氧化效率仍然可高达 80%。需要指出的是，120000h^{-1}的空塔气速约为实际 SCR 装置中空塔气速的 50 倍。由此可见，MnCeTi 催化剂非常有希望应用于燃煤烟气中汞的氧化，甚至是 SCR 烟气条件下汞的氧化。

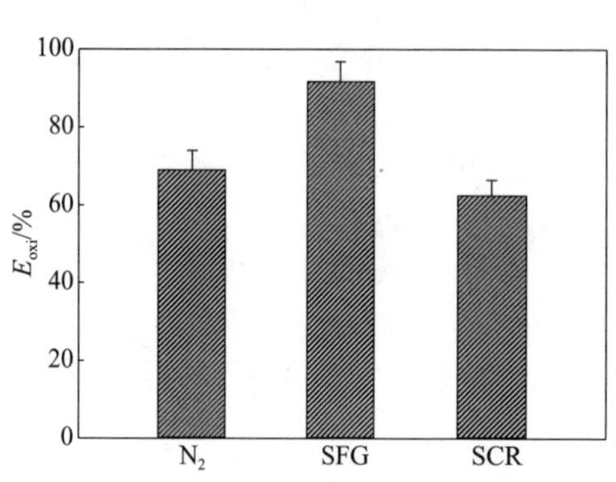

图 4.49 MnCeTi 催化剂在不同烟气条件下对汞的氧化能力

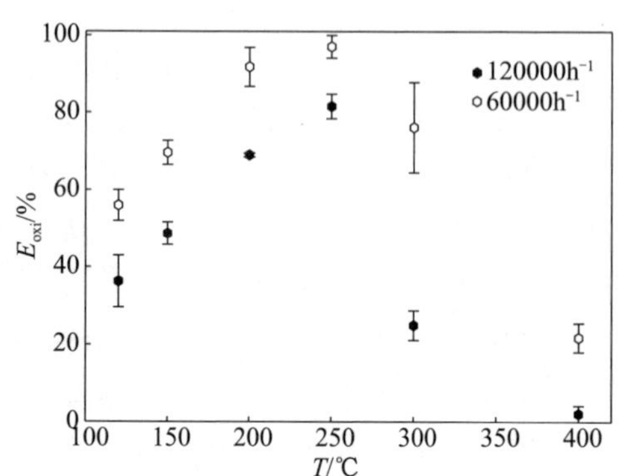

图 4.50 MnCeTi 催化剂在不同空塔气速条件下的汞氧化能力

4. NH_3 抑制汞的催化氧化及其机理

NH_3 对汞氧化的抑制作用如图 4.51 所示。向纯 N_2 载气中添加 100ppm NH_3 后，E_{oxi}从 40%降低到 1.5%，这可能是由于 NH_3 消耗了催化剂表面可以在纯 N_2 气氛下将汞氧化的氧，也可能是由于 NH_3 抑制了汞在催化剂表面的吸附。当载气中含有 4% O_2 时，E_{oxi}为 75%，高于纯 N_2 载气条件下的 E_{oxi}(40%)，这是由于气相 O_2 再生了催化剂表面的晶格氧，同时补充了催化剂表面的化学吸附态氧。在有氧条件下，NH_3 同样可以抑制汞的氧化，添加 100ppm NH_3 到含 4% O_2 的载气中，E_{oxi}从 75%降低到 43%。然而，43%仍然远高于纯 N_2 载气添加 100ppm NH_3 时汞的氧化效率 1.5%，这说明气相 O_2 的存在抵消了部分 NH_3 的抑制作用。因此，可以推断 NH_3 对汞氧化的抑制作用至少部分是由 NH_3 消耗了催化剂表面的氧引起的。

MnCeTi 催化剂首先在 200℃纯 N_2 条件下吸附少量单质汞，然后切断汞源，同时添加 100ppm NH_3 到载气中，加入催化剂后汞的浓度急剧升高。相反，如果不添加 NH_3，切断汞源后，加入催化剂后汞的浓度逐渐降低到 0。这表明催化剂表面 NH_3 与汞之间发生了竞争吸附，且催化剂对 NH_3 的亲和力大于其对汞的亲和力。值得注意的是，在切断汞源同时添加 NH_3 后一小段时间内(30～40min)，汞的浓度没有明显升高，这可能是由于在初始阶段，催化剂表面的氧将 NH_3 氧化成其他物质,且这些新物质与汞之间不存在竞争吸附。此外,NH_3 还可能与 SO_2 等烟气组分发生反应,这些反应也有可能影响 MnCeTi 催化剂上汞的氧化。

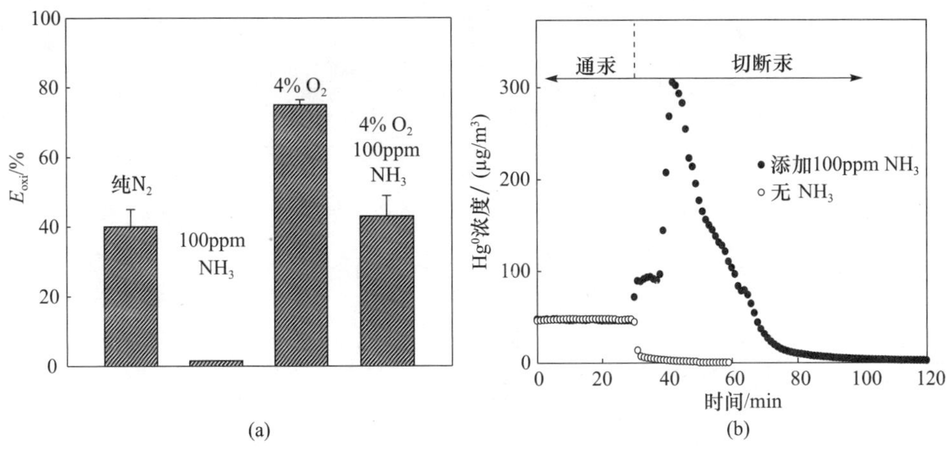

图 4.51　NH_3 对汞氧化的抑制作用

NH_3 通过抑制单质汞的吸附、消耗催化剂的表面氧抑制了 MnCeTi 催化剂表面汞的氧化。切断 NH_3 后,催化剂对汞的氧化能力可以迅速恢复,尤其是在有 O_2 存在的条件下(见图 4.52)。在 4% O_2 存在的条件下,含汞气流通过催化剂后,汞浓度降低到进口浓度的 25%左右。添加 100ppm NH_3 后,反应器出口汞浓度约为进口浓度的 60%左右,较无 NH_3 条件下有所降低。在 105min 切断 NH_3 后,反应器出口汞浓度迅速(小于 15min)降低到与无 NH_3 条件下相当的水平。

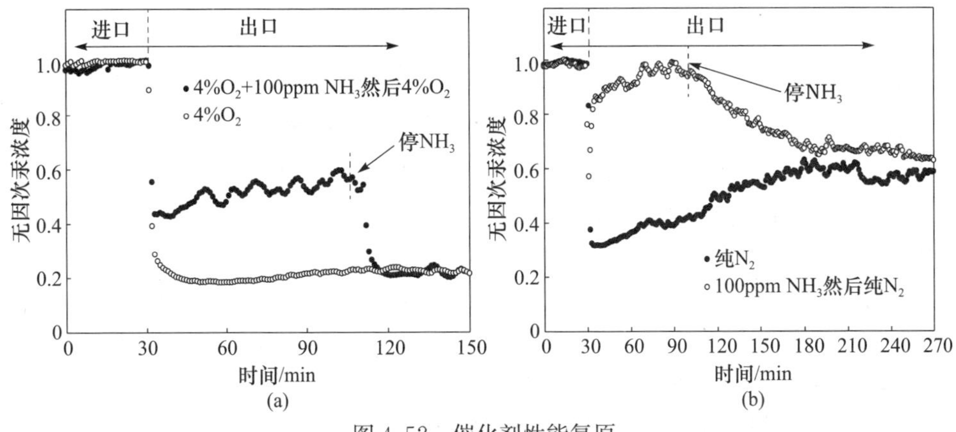

图 4.52　催化剂性能复原

由于 MnCeTi 催化剂的这个优点,在 SCR 反应器的尾部,当 SCR 反应器中的 NH_3 在 NO_x 的催化还原中被消耗后,仍可获得较高的汞氧化效率。在无氧条件下,停止 NH_3 后,绝大部分的汞氧化能力仍然可以快速地恢复。与有 O_2 条件下相比,催化剂性能恢复需要更长的时间，再次说明 NH_3 与催化剂表面氧之间的反应抑制了汞的氧化，同时说明与抑制单质汞的吸附相比 NH_3 消耗氧对催化剂性能降低的贡献较少。

5. 烟气组分对汞催化氧化的影响

单个烟气组分对 MnCeTi 催化剂上汞氧化的影响如图 4.53 所示。

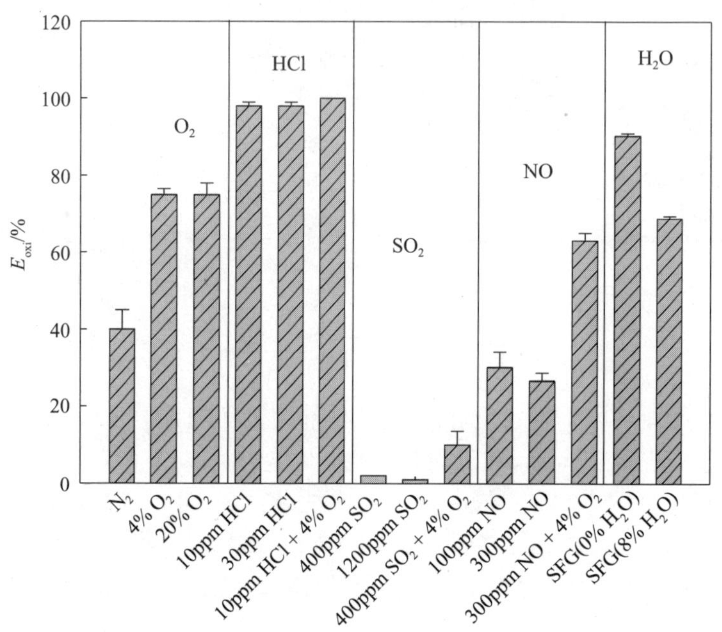

图 4.53　烟气组分对 MnCeTi 催化剂上汞氧化的影响

1）O_2 的影响

在 200℃、纯 N_2 气氛下，达到稳定后 MnCeTi 催化剂上的 E_{oxi} 约为 40%。在纯 N_2 气氛下，催化剂前后单质汞浓度的变化主要是由于单质汞与催化剂上储存的氧（包括晶格氧和化学吸附态氧）之间存在化学反应。MnCeTi 催化剂在纯 N_2 气氛下有良好的氧化汞的能力是由于其具有巨大的储氧能力及良好的低温活性。向载气中引入 4%的气相 O_2 后，E_{oxi} 从 40%上升到 75%，这是由于气相 O_2 再生了催化剂表面的晶格氧，补充了催化剂表面吸附态的氧，因为这些晶格氧及吸附态的氧可以参与汞催化剂表面汞的氧化。进一步增大氧浓度到 20%，汞氧化效率不再继续增大，说明 4%的气相 O_2 已经足够补充催化剂表面被消耗掉的氧。

2）HCl 的影响

在锰基催化剂上，HCl 可以促进单质汞氧化成为 $HgCl_2$，在 MnCeTi 催化剂上，HCl 对单质汞氧化的促进作用非常强烈。在纯 N_2 载气中添加 10ppm 的 HCl

后，E_{oxi}从 40%上升到 98%，这说明 HCl 参与了汞的氧化过程。催化剂表面的晶格氧及表面吸附态氧将 HCl 转化成具有汞氧化能力的活性 Cl，促进了汞的氧化。在考察的 HCl 浓度范围内，HCl 对汞氧化的促进作用与其浓度关系不大。当 HCl 浓度从 10ppm 上升到 30ppm 时，E_{oxi}基本不变，这说明当 HCl 浓度高于 10ppm 时，进一步增大 HCl 浓度，在本试验条件下不会产生更多的活性 Cl，这很可能是由于催化剂表面参与 HCl 氧化的活性氧数量有限。

因此，向载气中引入气相 O_2 可能会进一步促进汞的氧化。当载气中含有 10ppm HCl 及 4% O_2 时，汞的氧化效率为 100%，这说明在 HCl 存在的条件下，MnCeTi 催化剂可以高效地促进汞的氧化。气相 O_2 再生了催化剂表面的晶格氧，补充了催化剂表面的吸附态氧，为 HCl 氧化成活性 Cl 提供了源源不断的氧化剂，从而促进了汞的氧化。

HCl 对汞氧化的促进作用依赖于催化剂表面氧的支持，HCl 存在的条件下，汞氧化途径可能是 Hg^0 与 Deacon 反应过程中产生的 Cl_2 之间的气相反应，也可能是锰基催化剂表面活性 Cl 与 Hg^0 之间的非均相反应。由图 4.54 可知，HCl 预处理过的催化剂比原始催化剂具有更强的氧化汞的能力。这说明预处理过程中 HCl 与催化剂之间发生了反应，生成了一些具有汞氧化能力的活性 Cl，即使 Deacon 反应过程中产生了少量的 Cl_2，这些 Cl_2 也会在冲洗过程中被纯 N_2 气流带走。因此，可以推断 Hg^0 与活性 Cl 之间的反应是 MnCeTi 催化剂上汞氧化的主要途径。一般来说，温度越高，化学反应速率越大。因此，预处理温度越高，催化剂表面的活性 Cl 越多，汞氧化效率越高，反应器出口 Hg^0 浓度越低。

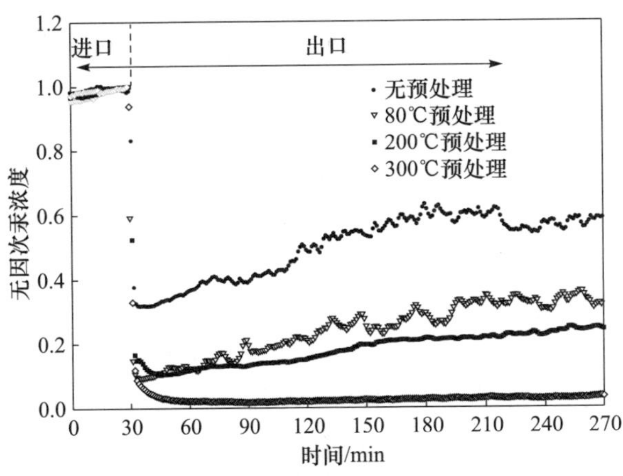

图 4.54　HCl 预处理对汞氧化的影响

3）NO 的影响

NO 在催化剂表面可以被氧化成 NO^+ 及 NO_2 等一些具有汞氧化能力的物

质。相反，NO也可以消耗烟气中可以参与汞氧化的Cl_2，从而抑制汞的氧化。虽然MnCeTi催化剂上Cl_2对汞氧化的贡献不明显，NO仍然抑制了汞的氧化。100ppm NO条件下的E_{oxi}为30.2%，低于纯N_2气氛下的E_{oxi}。进一步增大NO浓度到300ppm，E_{oxi}降低到26.7%。NO不能明显地促进汞的脱附，说明NO不能明显抑制MnCeTi催化剂上Hg^0的物理吸附，至少NO不能将已吸附的Hg^0排斥出来。根据红外光谱结果，无氧条件下，NO可以微弱地吸附于MnO_x/CeO_2催化剂上[42]，并与MnO_x/CeO_2催化剂反应生成少量的NO_2、亚硝酸根、硝酸根等物质[45]。相比于模拟烟气中汞的浓度，NO浓度很高，弱吸附态的NO掩盖了催化剂表面的活性吸附位，消耗了催化剂表面的活性氧，从而抑制了汞的氧化。有O_2条件下，更多的NO可以被氧化成为NO_2等具有很强汞氧化能力的物质。因此，当向含有300ppm NO的模拟烟气中引入4% O_2时，E_{oxi}上升到63.0%。在有氧条件下，催化剂上除生成NO_2等具有汞氧化能力的活性物质外，也会生成一些像亚硝酸根一样不具备汞氧化能力的物质。因此，即使有O_2的协助，NO仍然微弱地抑制了汞的氧化。

4）SO_2的影响

不管是在纯N_2气氛还是在有O_2的气氛下，SO_2都抑制了MnCeTi催化剂上汞的氧化。在纯N_2载气中添加400ppm SO_2，可使得E_{oxi}从40.0%降低到2.1%。当SO_2浓度进一步升高到1200ppm时，基本上没有汞被氧化，这说明无氧条件下SO_2抑制了MnCeTi催化剂上汞的氧化。这可能是由以下三个原因引起的：①SO_2与催化剂表面的活性氧反应生成了SO_3，从而消耗了催化剂表面在纯N_2气氛下可以参与汞氧化过程的活性氧；②只有吸附态的Hg^0才能被氧化，且SO_2抑制了Hg^0的物理吸附；③SO_2与MnCeTi催化剂反应生成了稳定的硫酸锰和(或)硫酸铈，使得催化剂中毒。

若SO_2引起的汞氧化效率降低是由第一个原因引起的，则向载气中添加气相O_2应该可以明显降低SO_2的抑制作用。然而，试验结果表明，添加4% O_2后，汞的氧化仍旧被SO_2剧烈地抑制。因此，SO_2对汞氧化的抑制作用不是由其消耗催化剂表面的活性氧引起的。若SO_2与Hg^0在催化剂表面发生竞争吸附，抑制了Hg^0的吸附，就将极大地抑制汞的进一步氧化。SO_2与Hg^0在催化剂表面的竞争吸附被本节的脱附试验证明(见图4.55)。在该试验中，MnCeTi催化剂首先在200℃、75 μg/m^3 Hg^0条件下吸附Hg^0数小时，然后切断汞源，同时通入400ppm SO_2，可以发现，反应器出口Hg^0浓度急剧升高，大量的Hg^0从催化剂上脱附出来。相反，如果只切断汞源不通入SO_2，反应器出口汞浓度迅速降低到0。这表明，SO_2与Hg^0竞争催化剂表面的吸附位，而SO_2与催化剂之间的亲和力比Hg^0更强。因此，可以确定SO_2对汞氧化的抑制作用至少部分是由SO_2抑制Hg^0的物理吸附引起的。

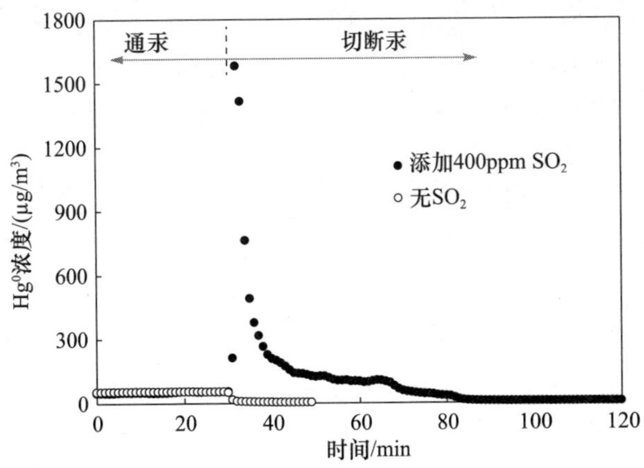

图 4.55　SO_2 促进 MnCeTi 催化剂上 Hg^0 的脱附

5）H_2O 的影响

燃煤烟气组分中的 H_2O 通常会降低催化剂的性能。H_2O 通过占据催化剂表面的活性位，从而抑制 MnO_x/CeO_2 催化剂上 NO 的选择性催化还原。同时，H_2O 也会由于竞争吸附抑制催化剂上汞的氧化与脱除。MnCeTi 催化剂上，H_2O 同样抑制了汞的氧化。向不含水汽的模拟燃煤烟气中添加 8% 的 H_2O 后，E_{oxi} 从 90.3%降低至 68.9%。H_2O 在催化剂表面的竞争吸附可能抑制了 HCl 等活性烟气组分的吸附，从而抑制了汞的氧化。

总之，MnO_x 与 CeO_2 混合促进了金属氧化物在催化剂表面的分散，使得催化剂表面富集了更多的无定形金属氧化物，产生了协同促进作用，MnCeTi 催化剂比 MnTi 及 CeTi 催化剂具有更强的汞氧化能力。MnCeTi 催化剂上汞的催化氧化很可能遵循 Langmuir-Hinshelwood 机理，可应用于 SCR 烟气条件下汞的催化氧化。

4.2.3　CuO_x 增强 CeO_2/TiO_2 催化剂对烟气中汞的催化氧化

CuO 在低温汞氧化方面亦表现出较高的催化活性和化学反应稳定性[46]。据此，将 CuO 与 CeO_2 结合在一起，可能同时具有比 CuO 和 CeO_2 单活性组分更优秀的低温 NO 还原性能和汞氧化性能。Gao 等[47]采用共沉淀法制备了 CuO-CeO_2/TiO_2 催化剂，试验结果表明其具有良好的低温 NO 还原活性。本节采用溶胶凝胶法制备了 CuCeTi 催化剂，在固定床上研究其协同汞氧化与 NO 还原的催化性能，分析汞氧化过程与 NO 还原过程间的相互影响。

1. 催化剂的制备与特征

1）催化剂的制备

采用溶胶凝胶法制备 CuO/TiO_2（简写为 CuTi）、CeO_2/TiO_2（简写为 CeTi）及 CuO-CeO_2/TiO_2（简写为 Cu_xCeTi）催化剂。

首先将一定量的 $Ce(NO_3)_3 \cdot 6H_2O$(99.95%(质量分数),阿拉丁)和 $Cu(NO_3)_2 \cdot 3H_2O$(99.5%(质量分数),阿拉丁)溶解在33mL去离子水、无水乙醇(AR,国药)、硝酸(AR,国药)体积比为1∶1∶0.2的溶液中,得到溶液A。将钛酸四丁酯(15mL,CP,国药)和无水乙醇(60mL,AR)混合制得溶液B。

将溶液B在剧烈磁力搅拌下以1mL/min的速度逐滴加入到溶液A中,滴定完成后,继续磁力搅拌3h形成透明溶胶。将溶胶放入干燥箱中恒温80℃老化24h形成干凝胶。将干凝胶放入马弗炉中,在500℃并通入1.2L/min的干燥空气的条件下焙烧5h,焙烧后的固体产物经研磨,筛分后得到60~80目的催化剂。

CeTi催化剂中 CeO_2/TiO_2 质量比值固定为0.6。Cu_xCeTi 催化剂中($CuO+CeO_2$)/TiO_2 质量比值为0.6。下角 x 代表Cu/Ce原子摩尔比。经后续试验研究发现,当 $x=0.2$ 时,即 $Cu_{0.2}CeTi$ 催化剂的催化活性最佳。因此,试验中主要采用 $Cu_{0.2}CeTi$ 作为对象,后文中CuCeTi催化剂均指 $Cu_{0.2}CeTi$。CuCeTi催化剂中Cu/Ce/Ti原子摩尔比为0.051∶0.255∶1,相应的 $CuO/CeO_2/TiO_2$ 质量比为0.0508∶0.549∶1。由于CuCeTi催化剂中 $CuO/(CuO+CeO_2+TiO_2)$ 的质量比为0.032∶1,CuTi催化剂中 $CuO/(CuO+TiO_2)$Cu/Ti质量比采用0.032∶1,对应 CuO/TiO_2 质量比为0.033∶1。

2) 催化剂的特征

CuTi、CeTi和 Cu_xCeTi 催化剂的比表面积、总孔体积(又称孔容)及平均孔径见表4.2。

CuTi催化剂的比表面积为14.2m^2/g,远小于CeTi及 Cu_xCeTi 催化剂。与之对应,CuTi总孔容最小,为0.0583cm^3/g;平均孔径最大,为16.428nm。此外,CuTi比表面积小于纯 TiO_2 的比表面积(57.0m^2/g),说明CuO积聚在载体 TiO_2 表面,堵塞了载体的孔道。在所有催化剂中,CeTi催化剂的比表面积最大,为101.4m^2/g。将活性组分CuO负载在CeTi催化剂中,CeTi的比表面积有所降低。当Cu/Ce原子摩尔比不大于0.2时,添加CuO对催化剂的表面结构影响不大。当Cu/Ce原子摩尔比由0.2增大至0.5时,催化剂比表面积明显降低,同时总孔容降低,平均孔径增大。这可能是由于随着CuO负载量增大,CuO在CeTi表面积聚并堵塞了孔道。$Cu_{0.2}CeTi$ 催化剂(简写为CuCeTi)的表面结构特性与CeTi催化剂区别不大,表明催化剂的性能差别与孔结构参数的差异关系不大。

表4.2 催化剂的表面结构性质

催化剂	比表面积/(m^2/g)	孔容/(cm^3/g)	平均孔径/nm	晶格常数/Å
CuTi	14.2	0.0583	16.428	—
CeTi	101.4	0.2718	10.724	5.373
$Cu_{0.1}CeTi$	97.7	0.2724	11.159	5.396

续表

催化剂	比表面积/(m^2/g)	孔容/(cm^3/g)	平均孔径/nm	晶格常数/Å
$Cu_{0.2}CeTi$	95.0	0.2753	11.598	5.412
$Cu_{0.5}CeTi$	79.1	0.2391	12.097	5.395

催化剂的 XRD 图谱如图 4.56 所示。TiO_2 以锐钛矿和金红石两种晶相存在于制备的所有催化剂中，并以锐钛矿为其主要晶相。在 CeTi 和 Cu_xCeTi 催化剂中，仅能观测到少量的 CeO_2 特征峰，且特征峰较弱较宽，这表明 CeO_2 以极小晶粒高度分散在催化剂表面。在 Cu_xCeTi 催化剂中，当 $x=0.1$ 和 0.2 时，未检测到 CuO 的特征峰，说明 CuO 以非晶相高度分散在 CeTi 表面或者 Cu^{2+} 进入了 CeO_2 晶格内部。当 $x=0.5$ 时，随着 CuO 负载量的增大，$Cu_{0.5}CeTi$ 催化剂的 XRD 图谱中检测到 CuO 的特征峰($2\theta=35.6°, 38.8°$)，表明 CuO 在煅烧过程中发生烧结现象。这与 BET 结果一致，即 Cu/Ce 原子摩尔比由 0.2 增大至 0.5 时，比表面积显著减小。

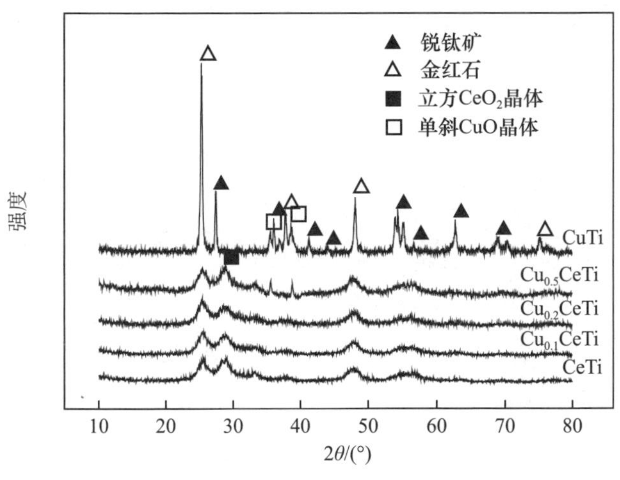

图 4.56　催化剂 XRD 图谱

明显的单斜晶 CuO 晶相出现在 CuTi 的 XRD 图谱中，说明 CuO 在 TiO_2 表面分散度底。与 CuTi 催化剂相比，CuO 高度分散于 CuCeTi 催化剂表面，这可能是由于 CuO 与 CeO_2 之间的强相互作用促进了 CuO 的分散。此外，根据 Debye-Scherrer 公式计算了 CeO_2 的(111)晶面的晶格常数。添加 CuO 后，CeO_2 的晶格常数均有所增大，这与 Cu^{2+}(0.72Å)的离子半径小于 Ce^{4+}(0.87Å)的离子半径不相符[48,49]。原因可能是 CuO 进入 CeO_2 晶格后，晶格扭曲，产生更多的 Ce^{3+}，而 Ce^{3+} 的离子半径为 1.02Å，大于 Ce^{4+} 的离子半径。CeO_2 晶格参数增大还可能与掺杂导致的固溶体结构产生了更多的氧缺陷有关[50]。

催化剂中 Ti 2p、Cu 2p 和 Ce 3d 轨道的 XPS 图如图 4.57 所示。图 4.57(a)为 Ti 2p XPS 能谱图。Ti 元素在 CiTi、CeTi 和 CuCeTi 催化剂中均以最高价态(正四价)存在。图 4.57(b)为 Cu 2p 的 XPS 能谱图。在纯 CuO 样品中,Cu 2p 轨道有两个特征峰,分别为 Cu $2p_{1/2}$(结合能为 933.8eV),Cu $2p_{3/2}$(结合能为 953.5eV),此外,在结合能位于 938.5～948.2eV 区间伴随出现伴峰,这三个特征峰归因于 Cu^{2+}。与纯 CuO 相比,CuCeTi 催化剂的 Cu 2p 的两个特征峰对应的结合能向低结合能位置移动,此外,相应结合能区间伴峰变弱或者消失。这些特征表明 Cu^{+} 存在于催化剂表面。在 CuCeTi 催化剂中,结合能位于 931.3eV 位置的弱特征峰是 Cu^{+} 特征峰,Cu^{+} 的形成归因于 CuO 与 CeO_2 间的强相互作用。

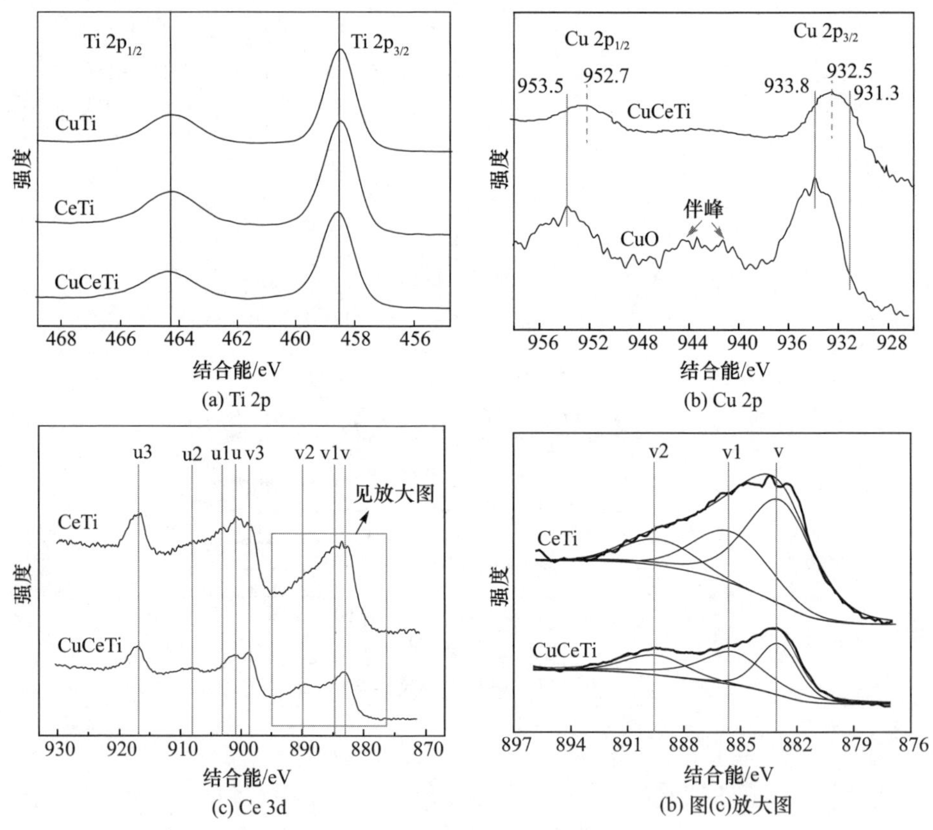

图 4.57 催化剂的 XPS 能谱图

采用 Gaussian 模型拟合了催化剂的 Ce 3d XPS(见图 4.57),Ce 3d 轨道有 8 个特征峰,u、v 标记的特征峰分别为 Ce $3d_{3/2}$ 和 Ce $3d_{5/2}$ 对应的自旋分裂轨道,其中,标记为 v、v2、v3、u、u2、u3 的特征峰为 Ce^{4+} 的 $3d^{10}4f^{0}$ 电子状态,标记为 v1 和 u1 的特征峰为 Ce^{3+} 的 $3d^{10}4f^{1}$ 电子状态。由图可知,Ce 元素在 CeTi 和 CuCeTi 催

化剂中均以 Ce^{4+} 与 Ce^{3+} 同时存在，且以 Ce^{4+} 为主。催化剂表面 Ce^{3+} 的含量由式(4.18)计算得到[51]：

$$Ce^{3+}\text{ 摩尔分数 } m(Ce^{3+}) = \frac{S_{u1} + S_{v1}}{\sum (S_u + S_v)} \times 100\% \tag{4.18}$$

计算结果见表 4.3。掺杂 CuO 使 CeTi 催化剂表面 Ce^{3+} 的含量由 23.1%增加到 29.7%。这表明 CuO 促进了 Ce^{4+} 向 Ce^{3+} 的转化，归因于 CuO 与 CeO_2 间的强相互作用，其促进机理如式(4.19)所示：

$$Cu^+ + Ce^{4+} \longrightarrow Cu^{2+} + Ce^{3+} \tag{4.19}$$

Ce^{3+} 含量的增加有利于催化剂表面电荷的不平衡、电子空穴及不饱和化学键的产生，促使催化剂表面产生更多的活性氧，这对提高催化剂的活性十分有利。此外，由 Ce^{3+} 的特征峰 v1 和 Ce^{4+} 的特征峰 v 的结合能大小可知，掺杂 CuO 后，v1 结合能向低结合能区移动了 0.8eV，而 v 特征峰结合能的位置基本没有变化。这表明 Ce^{3+} 的 $3d_{5/2}$ 自旋轨道电子云密度增大，这有利于 Ce^{3+} 失去电子而被氧化为 Ce^{4+} 。电子转移有利于增强催化剂表面活性氧的移动性，从而提高催化剂的催化活性。

表 4.3　XPS 分析结果

催化剂	表面原子浓度/%						结合能/eV	
	Cu	Ce	Ti	O_γ	O_β/O_γ	Ce^{3+}/Ce	Ce^{3+} $3d_{5/2}$ v1	Ce^{4+} $3d_{5/2}$ v
CuTi	1.9	—	32.1	66	10.5	—	—	—
CeTi	—	5.4	19.6	75	15.7	23.1	886.1	883.3
CuCeTi	3.7	8.0	21.2	67.1	21.4	29.7	885.3	883.2

催化剂的 O 1s 的 XPS 如图 4.58 所示。结合能位于 529.6～530.0eV 归因于表面晶格氧(O_α)，结合能位于 531.0～531.4eV 归因于化学吸附态氧(O_β)，结合能在 532.0～532.6eV 为表面羟基和表面吸附态水中的氧(O_γ)[21]。表面氧含量的计算结果见表 4.3。CuCeTi 催化剂表面吸附态氧含量为 21.4%，高于 CeTi(15.7%)以及 CuTi(10.5%)。吸附态氧相对于晶格氧具有更好的移动性，因此认为是最具催化活性的氧。CuCeTi 良好的低温协同汞氧化与 NO 还原性能可能归因于其表面丰富的化学吸附态活性氧。

CuTi、CeTi 和 CuCeTi 催化剂的程序升温还原(H_2-TPR)图谱如图 4.59 所示。CeTi 催化剂的图谱中有两个特征峰，分别位于 503℃和 670℃。两个特征峰是由 CeO_2 的逐步还原造成的，第一个峰是由于 Ce^{4+}—O—Ce^{4+} 的还原，位于更高温度的峰是 Ce^{3+}—O—Ce^{4+} 的还原。在 CuTi 催化剂的图谱中，位于 180℃和 270℃的特征峰分别对应表面高度分散相 CuO 和体相 CuO 的还原。CuCeTi 催化剂的图谱中有三个明显的特征峰，位于 160℃的峰归因于表面分散相 CuO 的还原，位于 200℃的峰归因于进入 CeO_2 晶格中 Cu^{2+} 的还原，位于 225℃的峰归因于体相 CuO 的还原[52]。以上结果表明，CuO 与 CeO_2 相结合降低了活性组分 CuO 的还原温度。此外，CuCeTi 的起峰温度低于 CeTi 催化剂，掺杂 CuO 有利于提高催化剂在低温条件下的催化活性。

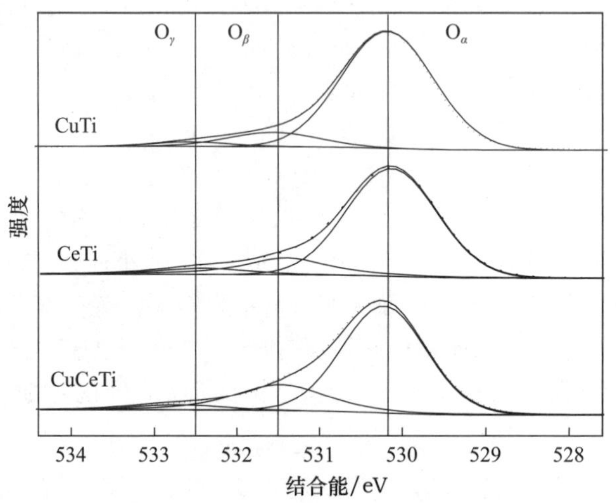

图 4.58 催化剂的 O 1s XPS 能谱图

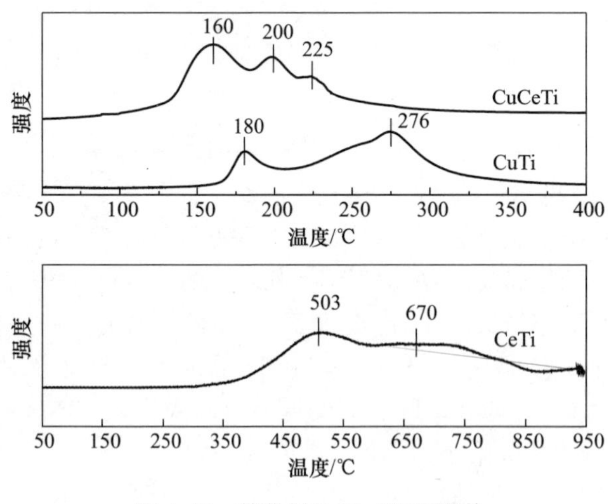

图 4.59 催化剂的 H_2-TPR 图谱

2. 催化剂的 Hg^0 氧化性能

1) 不同温度下的 Hg^0 氧化性能

在低温条件下(150～250℃)，催化剂的汞氧化性能如图 4.60 所示。由于

TiO_2 不具有汞氧化活性，试验过程中观测到的 E_{oxi} 均归因于载体 TiO_2 表面负载的活性组分。在 SCR 条件下，CeTi 催化剂的 E_{oxi} 随反应温度 T 的升高而增大，但在整个试验温度范围内 E_{oxi} 均不高于 70%。200℃时 CuTi 的 E_{oxi} 为 87%，当温度低于 225℃时，CuTi 催化剂的 E_{oxi} 明显高于 CeTi 催化剂，这说明在 SCR 条件下 CuO 比 CeO_2 具有更好的低温汞氧化活性。

在整个温度范围内，CuCeTi 催化剂的 E_{oxi} 均大于 CuTi 和 CeTi，E_{oxi} 在 200℃高达 99%，CuO 的引入显著提高了 CeTi 催化剂的低温汞氧化活性。值得注意的是，当温度高于 200℃时，升温降低了 CuTi 和 CuCeTi 的汞氧化活性。通常升温可以加快化学反应，因此，如果催化剂表面的活性氧能与气相汞经过 Eley-Rideal 机制反应，则 E_{oxi} 应随温度的升高而增大，这与试验结果不符合。Langmuir-Hinshelwood 机制（催化剂上的活性物质与吸附态的汞反应）可能是 CuTi 及 CuCeTi 催化剂上汞的氧化机制，因为当温度超过 200℃时，升温虽然有益于增大化学反应速率，但抑制了汞在催化剂表面的吸附，从而抑制了汞的氧化。

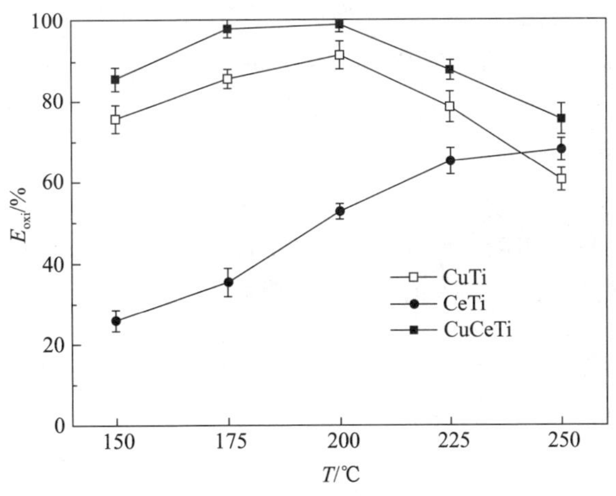

图 4.60　催化剂的汞氧化性能随温度的变化

CuCeTi 催化剂的 E_{oxi} 与 E_{red} 均高于 CuTi 和 CeTi 催化剂，CuO 与 CeO_2 结合的双活性组分催化剂的低温催化活性显著高于 CuO 与 CeO_2 单活性组分催化剂，说明 CuO 与 CeO_2 的结合产生了协同促进作用。这与 XRD 和 XPS 分析结果一致，即 CuCeTi 表面具有高度分散的活性 CuO 和更多的表面活性氧。CuCeTi 催化剂在低温条件下表现出优秀的汞氧化能力，可以放置于除尘设备之后，能有效避免高浓度飞灰的影响。

2) SCR 气体对 Hg^0 氧化的影响

CuCeTi 催化剂是一种潜在的 SCR 催化剂，利用其在 SCR 气氛下实现 Hg^0 的氧化，烟气中将不可避免地含有 NO 和 NH_3（SCR 气体指 NO 或 NH_3）。因此，有必要探讨 SCR 气体对 Hg^0 氧化的影响。图 4.61 通过逐步向纯 N_2 中添加 500ppm、1000ppm NO 以及 4% O_2 研究了 NO 对催化剂 Hg^0 氧化的影响。

在纯 N_2 气氛下，CuTi 和 CeTi 催化剂的 Hg^0 氧化效率逐步降低，而 CuCeTi 催化剂的 Hg^0 氧化效率则在短时间试验内保持不变。在无氧条件下，Hg^0 通过与催化剂表面活性氧反应生成 HgO。因此，CuCeTi 催化剂在无氧条件下有良好的 Hg^0 氧化稳定性归因于其表面丰富的活性氧，这与 XPS 分析结果一致。在 b 点加入 500ppm NO 后，CuTi 及 CuCeTi 催化剂的无因次 Hg^0 浓度均降低，表明 NO 促进了催化剂的 Hg^0 氧化活性。需要指出的是，CuTi 催化剂上无因次 Hg^0 浓度由 78%降至 20%，NO 显著促进了 CuTi 催化剂的 Hg^0 氧化活性。TiO_2 不具有 Hg^0 氧化活性，因此，NO 对 CuTi 催化剂的促进作用归因于 NO 与活性组分 CuO 的相互作用。

NO 能强烈吸附于 Cu^{2+} 活性位点，并与表面活性氧反应生成 NO_2[53]，而 NO_2 是一种强氧化剂，能促进催化剂上 Hg^0 的氧化。Ce^{3+} 能促进 NO 转化为 NO_2，但在无氧条件下，NO 对 CeTi 催化剂的促进作用不明显[54]。这说明 Cu^{2+} 可能比 Ce^{3+} 更能促进 NO 转化为 NO_2。继续加大模拟烟气中 NO 浓度至 1000ppm，如图 4.61 中 c 点所示，三种催化剂的无因次 Hg^0 浓度变化不大。在 d 点加入 4% O_2 后，CeTi 催化剂的无因次 Hg^0 浓度迅速降低至 0.23，其对应的 E_{oxi} 略高于其在 N_2+4% O_2 条件下的 E_{oxi}。在有 O_2 条件下，CuCeTi 催化剂上 E_{oxi} 几乎达到 100%，高于其在 N_2+4% O_2 条件下的 Hg^0 氧化效率。这表明气相 O_2 促进了其 Hg^0 的氧化活性，原因可能是气相 O_2 再生了催化剂表面消耗掉的活性氧，从而促进了 NO_2 的生成。添加 O_2 后，CuTi 催化剂上无因次 Hg^0 浓度变化不大，可能的解释是短时间内的试验中气相 O_2 浓度的大小不是影响 CuTi 催化剂上 NO 转化为 NO_2 反应速率的关键因素。

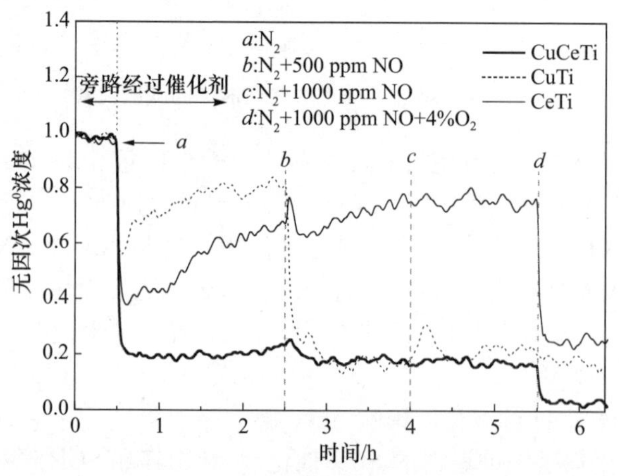

图 4.61　NO 对催化剂 Hg^0 氧化的影响

NH_3 对催化剂氧化 Hg^0 的影响如图 4.62 所示。加入 500ppm NH_3 后，CeTi 催化剂的无因次 Hg^0 浓度由 0.28 增大到 0.60，说明 NH_3 显著抑制了 CeTi 催化剂上 Hg^0 的氧化活性。值得注意的是，NH_3 对 CuTi 及 CuCeTi 催化剂的影响不明显。一般而言，对于金属氧化物催化剂，如 V_2O_5、Cr_2O_3、Mn_2O_3、Fe_2O_3、MoO_3，RuO_2 和 CeO_2 等，NH_3 与 Hg^0 的竞争吸附是 NH_3 抑制催化剂上 Hg^0 氧化的主要原因，并且这种不利的竞争吸附似乎是难以避免的[19]。

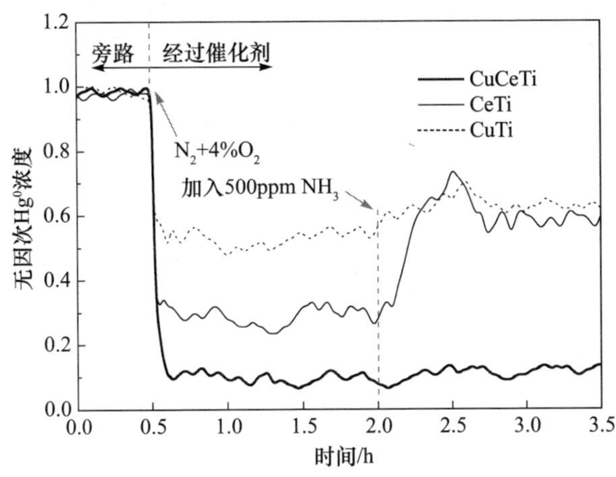

图 4.62　NH_3 对催化剂氧化 Hg^0 的影响

CeTi 及 CuCeTi 催化剂上 NH_3 与 Hg^0 的竞争吸附关系如图 4.63 所示。首先，0.2g CeTi 及 0.2g CuCeTi 催化剂在 200℃纯 N_2 气氛，Hg^0_{in}浓度为 150$\mu g/m^3$ 条件下预处理 12h，然后切断 Hg^0 的供应后，纯 N_2(1L/min)气氛下吹扫 0.5h 后，加入 500ppm NH_3，检测 Hg^0_{out}浓度的变化。当 NH_3 加入后，CeTi 催化剂床层出口烟气中的 Hg^0 浓度迅速升高，然后逐渐降低。与之不同的是，CuCeTi 催化剂的出口烟气中 Hg^0 浓度并未升高，而是随着时间逐渐降低至 0。

脱附试验说明，NH_3 使 CeTi 催化剂表面吸附态的 Hg^0 脱附出来，CeTi 催化剂表面活性位点对 NH_3 的亲和力强于 Hg^0。这与图 4.62 中出现峰值的试验现象相吻合，即当 NH_3 加入的起始时刻。由于表面吸附态 Hg^0 含量相对较大，NH_3 造成瞬时吸附态 Hg^0 脱附出来，无因次 Hg^0 浓度快速上升，随着大部分吸附态 Hg^0 脱附后，烟气中的 Hg^0 浓度逐渐降低。对比 CeTi 催化剂，NH_3 不能使 CuCeTi 催化剂表面的吸附态 Hg^0 脱附，说明 CuO 掺杂后 NH_3 与 Hg^0 的竞争吸附作用显著减弱或者不存在。这是 CuCeTi 催化剂上 NH_3 不影响其 Hg^0 氧化活性的原因。CuO 表面几乎没有 B 酸性位(Brønsted acid sites)，而 CeO_2 的表面既存在 B 酸性位，也存在 L 酸性位(Lewis acid sites)[55]。Yu 等[56]通过 NH_3 原位 FTIR 研究发现，在 Mo/Ce 催化剂中加入 CuO 后，催化剂表面 B 酸性位量显著减弱，而 L 酸性位量增强。这说明 CuO 添加后可能使 CuCeTi 催化剂中的 B 酸性位量减弱，而 L 酸性位量增强。因此，推断 CuCeTi 催化剂上 NH_3 与 Hg^0 竞争吸附作用的减弱可能与 CuO 掺杂后表面活性位种类及数量的变化有关。

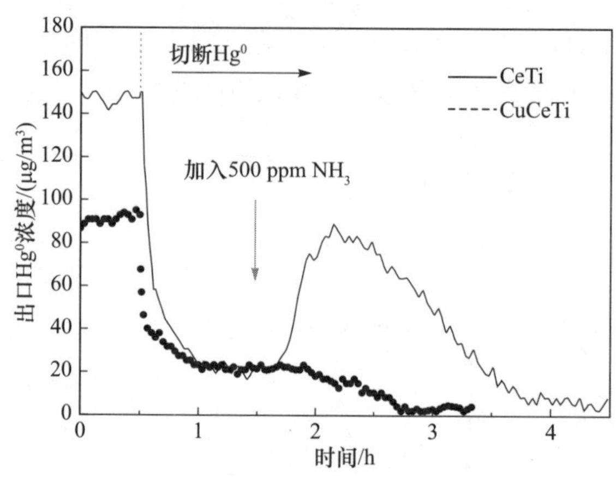

图 4.63 CeTi 和 CuCeTi 催化剂上 Hg^0 的脱附试验

3) NH_3-SCR 对 Hg^0 氧化的影响

在纯 N_2 中同时加入 1000ppm NO 和 1000ppm NH_3，考察 NO 与 NH_3 的结合对 Hg^0 氧化的影响，如图 4.64 所示。由于 NO 与 NH_3 同时存在，NH_3-SCR 过程伴随发生，此处实际是考察 NH_3-SCR 对 Hg^0 氧化的影响。由于 SCR 反应的程度与空塔气速密切相关，故通过改变催化剂用量来改变空塔气速大小，从而研究空塔气速大小与 Hg^0 氧化性能之间的关系。

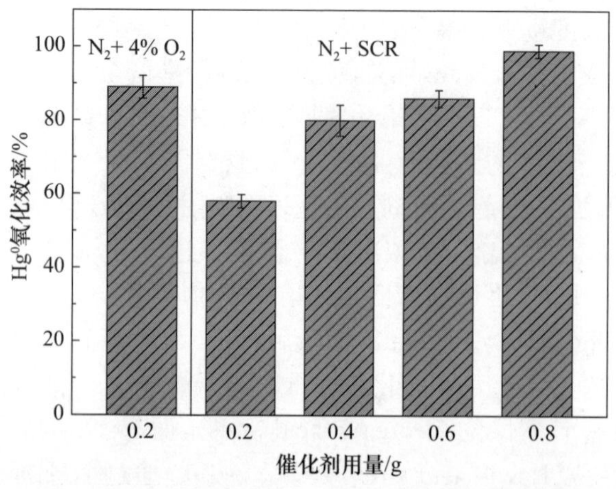

图 4.64 NH_3-SCR 对 CuCeTi 催化剂上 Hg^0 氧化的影响

相对于 $N_2+4\%\ O_2$ 条件下，N_2+SCR 条件下 CuCeTi 催化剂的 Hg^0 氧化效率由 89.6%显著降低至 58.0%；在有 O_2 条件下，NO 与 NH_3 均不影响 CuCeTi 催化剂上 Hg^0 的氧化活性，这表明 NO 与 NH_3 协同抑制了 CuCeTi 催化剂上 Hg^0 的氧化。在 SCR 气氛下，当催化剂用量由 0.2g 增大至 0.8g 时，相应的空塔气速由 $216000h^{-1}$减小至 $54000h^{-1}$，催化剂的 Hg^0 氧化效率由 58.0%升高至 98.0%，这表明 NO 与 NH_3 的协同抑制作用与反应器的空塔气速相关，降低空塔气速大小有利于减轻该抑制作用。

4) Hg^0 氧化对 NH_3-SCR 的影响

Hg^0 氧化对 NH_3-SCR 的影响如图 4.65 所示。往 SCR 气氛下添加 $75\mu g/m^3$ Hg^0 后，Hg^0 氧化效率变化不明显，这说明在短时间内 Hg^0 的氧化过程不影响 NO 的还原。随着 Hg^0 氧化时间的延长，氧化产物 HgO 积聚在催化剂表面。如图 4.65 所示，将催化剂进行 3 天或 5 天高浓度 Hg^0 氧化预处理对其后续 NO 还原性能影响不大，这表明吸附态 HgO 对催化剂的 NH_3-SCR 性能没有影响。

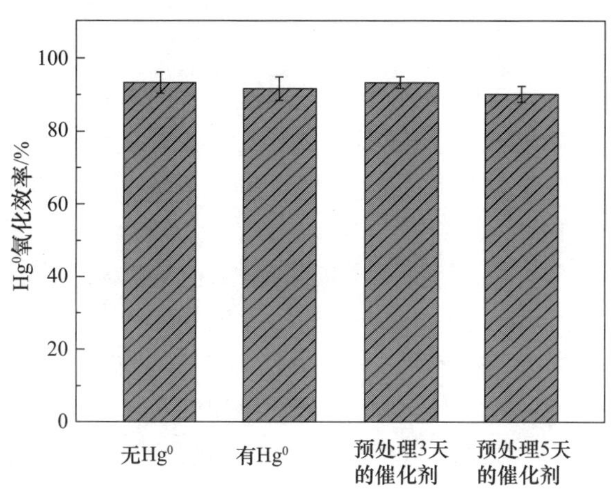

图 4.65　Hg^0 氧化对 NH_3-SCR 的影响

5) SCR 气氛下 Hg^0 氧化的稳定性

提高初始 Hg^0 浓度至 $300\mu g/m^3$，并在 SCR 气氛下测试 CuCeTi 催化剂的 Hg^0 氧化稳定性。Hg^{2+}浓度由 Hg^0_{in}减去 Hg^0_{out}计算得到(见图 4.66)。在 5 天的高浓度 Hg^0 烟气暴露下，催化剂的 Hg^0 氧化效率由 71%下降至 63%，这表明催化剂在 SCR 气氛下具有良好的 Hg^0 氧化稳定性。Hg^{2+}化合物，如 HgO、$Hg(NO_3)_2$ 等在催化剂表面的累积对 SCR 反应影响不大，可能的原因是这些产物从活性位点向非活性位点转移[10]。以上结果表明，CuCeTi 催化剂在如此不利条件下仍能保持良好的 Hg^0 氧化稳定性，应用 CuCeTi 催化剂有可能实现低温条件下燃煤烟气中 NO 与 Hg^0 的协同控制。

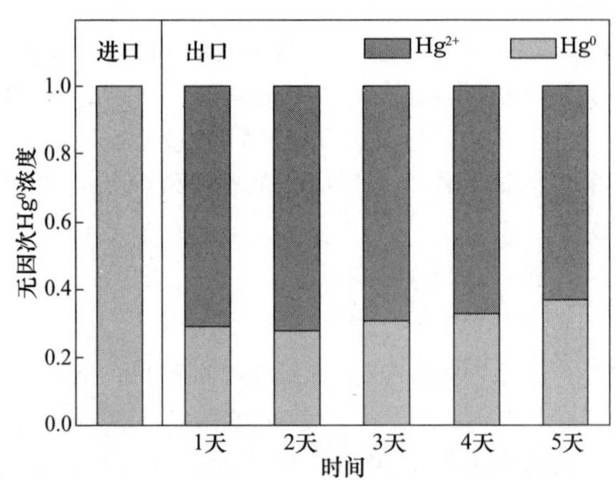

图 4.66　SCR 气氛下 Hg^0 氧化的稳定性

4.3　MnO_x/TiO_2 催化剂脱硝脱汞一体化的研究

虽然钒基和铈基 SCR 催化剂在一定条件下展现出较强的脱汞性能，但这两种催化剂的脱硝工作温度较高[57]。因此，近些年来针对 SCR 催化剂的研究向低温方向发展[58]。根据文献报道，锰基催化剂相比其他 SCR 催化剂在低温范围内呈现出更好的催化活性。例如，Wu 等[59]发现在 150～250℃的反应温度窗口内，MnO_x/TiO_2 能够将烟气中超过 90%的 NO 脱除；Xie 等[60]以纳米级的 MnO_x/TiO_2 作为催化剂，在 200～300℃获得了很高的脱汞效率。本节对 MnO_x/TiO_2 催化剂脱硝脱汞一体化进行了研究，以考察 MnO_x/TiO_2 催化剂的实际应用潜力。

4.3.1　催化剂的制备和表征

1. 催化剂制备

MnO_x/TiO_2 催化剂通过溶胶凝胶法制备，在室温下将溶于乙酸、乙醇和去离子水的硝酸锰溶液逐滴加入溶于乙醇的钛酸丁酯（$Ti(OC_4H_9)_4$）中，连续搅拌此混合液若干小时，直到溶胶变成凝胶，再在 100℃下干燥 12h，凝胶变成疏松多孔的紫黑色固体，将固体研磨并筛分，最后在 500℃的空气中煅烧 5h 即得到试验所用催化剂。在所有催化剂的制备过程中，钛酸丁酯、乙醇、乙酸和去离子水的用量不变，硝酸锰的用量取决于催化剂上 Mn 的负载量。MnO_x/TiO_2 催化剂在下面简写为

MnTi 或 Mn_xTi，x 代表 Mn 元素与 Ti 元素的摩尔比。

2. BET 测试

表 4.4 总结了不同配比的 MnTi 催化剂的比表面积、孔容及孔径。可以看出，Mn 的加入明显提升了催化剂的比表面积，随着 Mn 含量的增加，催化剂的比表面积和孔容呈现出先增加后减小的趋势，孔径则大致呈现出相反趋势，$Mn_{0.6}Ti$ 和 $Mn_{0.8}Ti$ 的比表面积最大，均达到 122m^2/g 左右，高于商用钒基 SCR 催化剂的比表面积（通常小于 100m^2/g）[61]，通常，较大的比表面积能够提供更多活性点位，因而有利于催化活性，当 Mn/Ti 物质的量之比超过 1.0 时，过量的 Mn 负载可能会对催化剂表面的孔隙造成堵塞，从而导致比表面积和孔容减小。

表 4.4　MnTi 催化剂的表面结构特性

催化剂	比表面积/(m^2/g)	孔容/(cm^3/g)	孔径/nm
纯 TiO_2	55.75	0.014	72.75
$Mn_{0.2}Ti$	89.09	0.070	39.38
$Mn_{0.4}Ti$	105.19	0.198	60.41
$Mn_{0.6}Ti$	122.71	0.276	70.50
$Mn_{0.8}Ti$	122.63	0.245	62.20
Mn_1Ti	96.14	0.164	56.01
$Mn_{1.2}Ti$	67.58	0.118	85.55
$Mn_{1.4}Ti$	54.19	0.140	86.36

3. XRD 测试

XRD 测试结果如图 4.67 所示。从图谱中可观察到 TiO_2（锐钛矿）的特征峰，随着 Mn 的加入及负载量的增加，TiO_2 峰强度逐渐减小，说明在催化剂内部，MnO_x 与 TiO_2 产生了强烈的相互作用。在 $Mn_{0.2}Ti$ 和 $Mn_{0.4}Ti$ 的曲线上未发现 MnO_x 的特征峰，说明 MnO_x 以无定形态分布在催化剂表面；Mn/Ti 物质的量比值介于 0.6～1 时，有微弱的 MnO_x 特征峰形成，说明生成了少量 MnO_x 晶体，但 MnO_x 依然主要以无定形态存在[62]；当 Mn/Ti 比值大于 1 时，催化剂曲线上出现了明显的 MnO_x 峰，此时 MnO_x 已由无定形态转变为晶态。因此，XRD 结果与 BET 结果紧密相关，即随着 Mn 含量增加，$Mn_{0.6}Ti$、$Mn_{0.8}Ti$ 和 $Mn_{1.0}Ti$ 中的 MnO_x 处于无定形与晶体之间的过渡态，因而比表面积最大，而 $Mn_{1.2}Ti$ 和 $Mn_{1.4}Ti$ 中 MnO_x 晶体的形成导致比表面积下降。

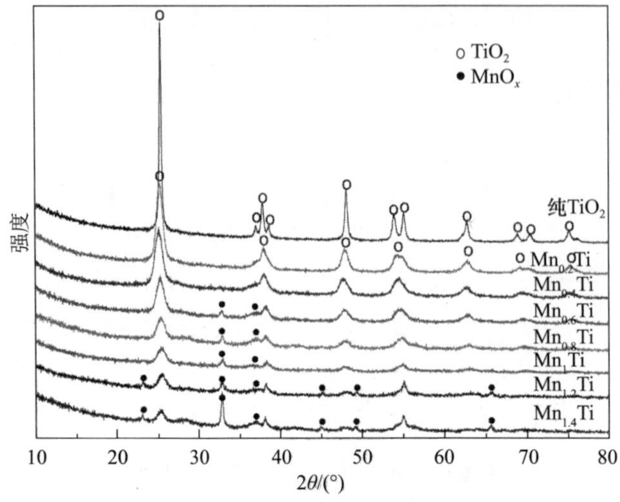

图 4.67　MnTi 催化剂的 XRD 曲线

4.3.2　脱硝试验

SCR 气氛下各种配比的 MnTi 催化剂在不同温度(100～350℃)下的脱硝效率如图 4.68 所示，所有催化剂的脱硝效率随温度升高均呈现先上升后下降的趋势，在 200～250℃脱硝效率达到最佳，这一温度低于商业 SCR 催化剂的工作温度(350℃左右)，这说明 MnTi 具有很好的低温催化活性。温度达到 250℃后继续提高温度，脱硝效率开始下降，这可能是由于高温下 NH_3 会被过度氧化生成 NO。同样，随着 Mn 负载量的提高，脱硝效率整体也是先上升后下降，$Mn_{0.6}Ti$、$Mn_{0.8}Ti$ 和 Mn_1Ti 的最佳效率均可达到 85%左右，$Mn_{0.8}Ti$ 为最佳配比，其最佳效率可达

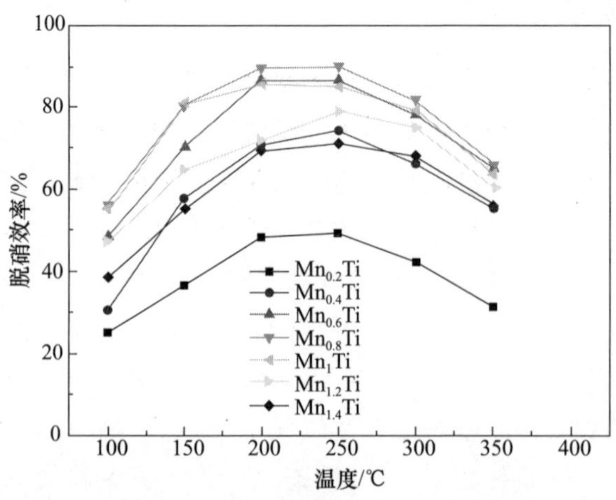

图 4.68　SCR 气氛下 MnTi 的脱硝效率

到 90%。$Mn_{0.8}Ti$ 较高的脱硝效率可归因于其较大的比表面积，比表面积越大，催化剂上的活性点位越多，越有利于催化活性。此外，催化剂表面的 MnO_x 呈无定形态也同样有助于催化剂的催化效率，此时 MnO_x 含量越高，催化效率越高，然而一旦形成晶态 MnO_x，则不利于催化效率的提高[63]。

4.3.3　烟气组分对脱汞效率的影响

研究过程中，通过验证燃煤烟气的单一组分对脱汞效率的影响考察 MnTi 催化剂的脱汞性能。SCR 催化剂的主要作用是脱硝，必须在确保高水平脱硝效率的前提下协同脱汞才有意义。因此本节试验采用脱硝效率最佳的 $Mn_{0.8}Ti$ 为催化剂，反应温度同样选为最佳脱硝温度 250℃，催化剂用量 0.1g。

1）O_2 的影响

O_2 对脱汞效率的影响如图 4.69(a)所示，在纯 N_2 气氛中，催化剂的脱汞效率为 63.4%，添加体积分数为 2%的 O_2 后，脱汞效率上升到 93.9%，继续增加 O_2 的含量，脱汞效率也基本维持在 95%左右。在没有引入 O_2 时，吸附在催化剂表面的 Hg^0 会和催化剂中的晶格氧反应生成 HgO，此时高于 60%的脱汞效率，由此说明 MnTi 具备一定的储氧能力[18]；引入 O_2 后，气态的 O_2 可以在催化剂表面产生晶格氧，从而补充被消耗的晶格氧，进一步氧化 Hg^0，因此脱汞效率比不含有 O_2 时提高了很多，当 O_2 比例为 4%时，晶格氧的补充达到饱和，继续增加 O_2 含量，脱汞效率不再有明显提高，因此燃煤烟气中大约 4%的氧气含量足以保证 MnTi 催化剂上汞氧化反应的顺利进行。

2）HCl 的影响

HCl 是烟气中影响脱汞效率的重要因素，$HgCl_2$ 也是燃煤烟气中汞的主要氧化态形式[3]，HCl 对脱汞效率的影响如图 4.69(b)所示，当 HCl 含量从 0 增加到 20ppm 时，脱汞效率逐渐提高。有文献认为 Mn 基催化剂上 Hg^0 被 HCl 氧化遵循 Langmuir-Hinshelwood 机理，即吸附态 HCl 首先与晶格氧反应生成活性 Cl，活性 Cl 再将吸附态的 Hg^0 氧化成 $HgCl_2$[1]。然而，当 HCl 过量时，催化剂表面的晶格氧有限，不足以与 HCl 反应生成更多活性 Cl，因此 HCl 继续增加到 30ppm 时，脱汞效率不再变化，同时这也能够表明 Hg^0 只能与活性 Cl 反应而不能直接与 HCl 反应。向 30ppmHCl 中加入 4%O_2 后，脱汞效率提高到接近 100%，这说明 O_2 的存在补充了被消耗且不足量的晶格氧，接着与 HCl 反应生成了更多的活性 Cl，进而促进汞的氧化。

3）SO_2 的影响

如图 4.69(c)所示，SO_2 对 MnTi 催化剂的脱汞效率有强烈的抑制作用，向纯 N_2 加入 400ppmSO_2 可以使脱汞效率从 60%以上直接降到 5%以下，该抑制作用主要可能由两方面原因引起：①SO_2 反应并消耗了 Hg^0 氧化所必需的晶格氧[10]；

②SO_2 与 Hg^0 在催化剂表面形成竞争吸附[64]。如果是第一个原因引起的，则通入 O_2 后抑制趋势应该有所改变。然而，向含有 400ppmSO_2 的烟气中加入 4% O_2 后，脱汞效率依然低于纯 N_2 下的效率，并且随着 SO_2 含量增加脱汞效率继续降低，说明第一个原因不是产生抑制作用的主要原因，因此很可能是 Hg^0 和 SO_2 之间的竞争吸附抑制了 Hg^0 通过 Mar-Maessen 机理和 Langmuir-Hinshelwood 机理被氧化。在相同 SO_2 浓度下，烟气中存在 O_2 比不存在 O_2 时脱汞效率高，这可能由于 SO_2 与 O_2 反应生成具有氧化性的 SO_3，SO_3 能够将 Hg^0 氧化成 $HgSO_4$[65]。

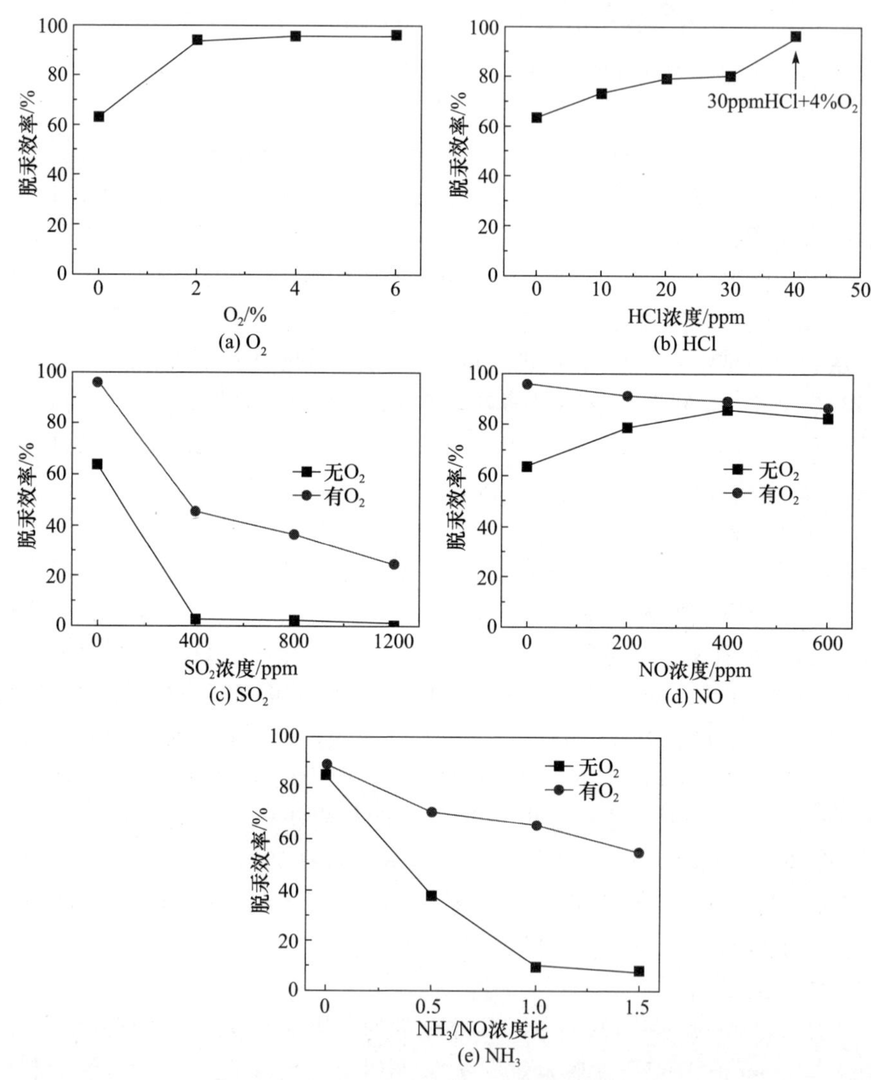

图 4.69 单一烟气组分对 MnTi 脱汞效率的影响

4）NO 的影响

NO 对脱汞效率的影响如图 4.69(d)所示，在没有 O_2 时，随着 NO 浓度从 0 增加到 400ppm，脱汞效率从 63.4%提高到 85.6%，可能是由于 NO 被晶格氧氧化生成 NO^+、NO_2 等具有汞氧化能力的物质，汞与这些物质反应生成 $Hg(NO_3)_2$[54]。继续增加 NO 浓度至 600ppm，脱汞效率降至 82.4%，此时 NO 相对于 Hg^0 和晶格氧是过量的，过量的 NO 会覆盖活性吸附点位，从而抑制汞的氧化。加入 4%O_2 后，NO 更加容易被氧化成 NO_2，因此脱汞效率明显高于纯 N_2 下的效率。当 NO 和 O_2 同时存在时，催化剂表面除能够生成 NO_2 等具有汞氧化能力的活性物质外，也会生成一些亚硝酸根等不具备汞氧化能力却能堵塞活性点位的物质[9]，因此增加 NO 含量导致脱汞效率略微降低。

5）NH_3 的影响

由图 4.69(e)可知，NH_3 对脱汞效率有明显的抑制作用，在没有 O_2 条件下、氨氮比达到 1.0 时，即可将脱汞效率降到 10%以下。Hg^0 与 NH_3 之间在催化剂表面存在强烈的竞争吸附作用，同时 NH_3 与 NO 会发生脱硝反应从而消耗氧化单质汞所必需的晶格氧[21]，基于这些原因，NH_3 的存在抑制汞的脱除。然而，O_2 的加入能够补充被消耗的晶格氧，同时会使脱硝反应进行得更加充分，更多的 NH_3 在脱硝反应中被消耗掉，从而减弱了 NH_3 对汞的竞争吸附，所以当 O_2 存在时，NH_3 对脱汞效率的抑制作用明显减弱[66]。

4.3.4　MnTi 催化剂在不同模拟烟气下同时脱硝脱汞

为了探究 MnTi 催化剂的脱硝及协同脱汞的实际应用潜力，此部分试验选择 $Mn_{0.8}Ti$ 作为催化剂，在多种模拟烟气下测试催化剂同时脱硝脱汞的效率。

1. 不同模拟烟气下 MnTi 的脱硝效率

不同模拟烟气下 MnTi 的脱硝效率如图 4.70 所示。相比在简单 SCR 气氛下，模拟烟气下的脱硝效率受到明显抑制，特别是在 250℃以下的低温范围内，此时脱硝的最佳温度向高温区偏移，但即便如此，最佳温度 250℃依然明显低于商业 SCR 催化剂的工作温度。模拟烟气对脱硝效率的抑制作用可主要归因于其中的 SO_2，已有相关文献证实了 SO_2 对 Mn 基催化剂的脱硝活性有较强的抑制作用[44,64]。此外，空气模拟烟气(air-SFG)和富氧模拟烟气(oxy-SFG)下的脱硝效率分别低于空气模拟干烟气(air-DSFG)和富氧模拟干烟气(oxy-DSFG)下的效率，说明 H_2O 的加入进一步抑制了脱硝效率，这主要因为 H_2O 会与还原剂 NH_3 竞争催化剂表面的酸性点位，使得能够吸附在催化剂上并参与反应的 NH_3 的数量减少[67]。另外，不难看出，空气模拟烟气下的脱硝效率高于富氧模拟烟气下的脱硝效率。首先，富氧烟气下高浓度的 CO_2 会堵塞活性点位，并与 NO 形成竞争吸附，导致脱硝效率下降[68]；其次，催化剂表面的脱硝是一种传质过程，高扩散系数有利于提高脱硝效率。气体扩散方程的计算[69]结果见表 4.5，NO 在空气模拟烟气下的扩散系数高于富氧模拟烟气，NO 的高扩散系数有利于脱硝。因此，结合以上两点，空气模拟烟气下的脱硝效率高于富氧模拟烟气下的。

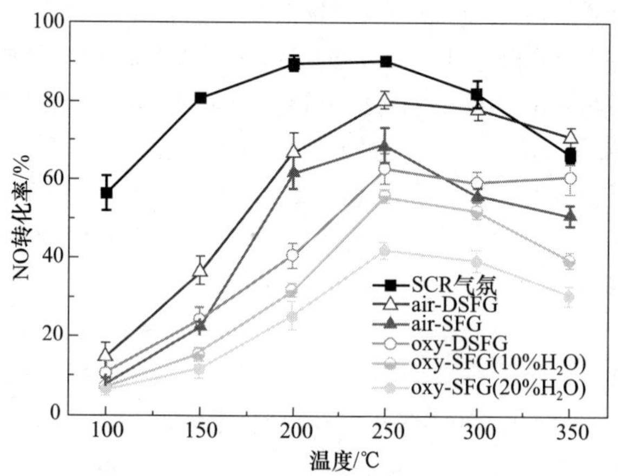

图 4.70　不同模拟烟气下 MnTi 的脱硝效率

表 4.5　250℃时 NO 和 SO_2 在空气和富氧气氛中的扩散系数

气氛	$D_{NO}/(cm^3/s)$	$D_{SO_2}/(cm^3/s)$
空气	0.613	0.33
富氧	0.53	0.282

2. 不同模拟烟气下 MnTi 的脱汞效率

不同模拟烟气下 MnTi 的脱汞效率如图 4.71 所示。与脱硝相似，MnTi 催化剂在 SCR 气氛下的脱汞效率可保持在较高水平，在 100～250℃范围内的脱汞效率均在 90%以上，温度超过 300℃时效率才开始下降，然而模拟烟气下的脱汞效率明显降低，在 250℃的最佳脱硝温度下，空气模拟干烟气和富氧模拟干烟气下的脱汞效率分别降至 66.8%和 76.8%，富氧烟气下的脱汞效率高于空气烟气下的效率，这与脱硝结果刚好相反，因此烟气中高浓度的 CO_2 可能有利于汞的脱除。

为了验证上述推测，对反应前后样品上的 C 元素形态进行测试，结果如图 4.72 所示，图中从低结合能到高结合能所对应的三个特征峰分别代表 C＝C、C—O 和 C═O[70]，它们在催化剂中所占比例通过曲线面积积分得到并总结于表 4.6 中。有文献指出，C—O 和 C＝O 的存在有利于汞的氧化及脱除，两者可以通过反应(4.20)和反应(4.21)将 Hg^0 氧化为 HgO[71,72]，而表 4.6 中结果显示两者在空气模拟烟气中反应后被消耗也证实了这一点，在富氧模拟烟气条件下反应后样品中的 C—O 和 C═O 高于空气模拟烟气条件下反应后样品，说明富氧烟气条件下高浓度的 CO_2 对 C—O 和

C═O形成补充，因而富氧模拟烟气条件下的脱汞效率高于空气模拟烟气条件下的。

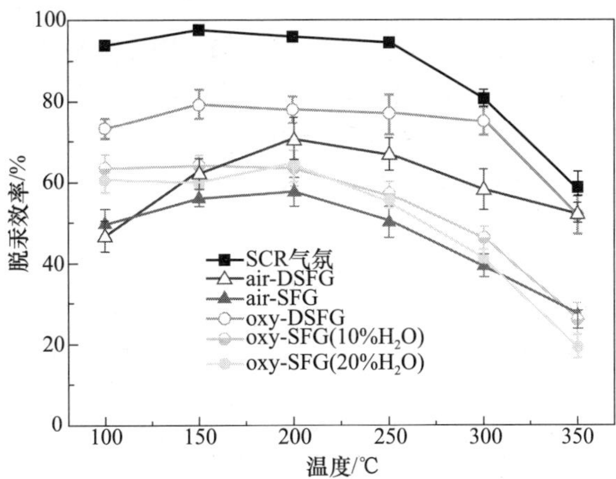

图 4.71　不同模拟烟气下 MnTi 的脱汞效率

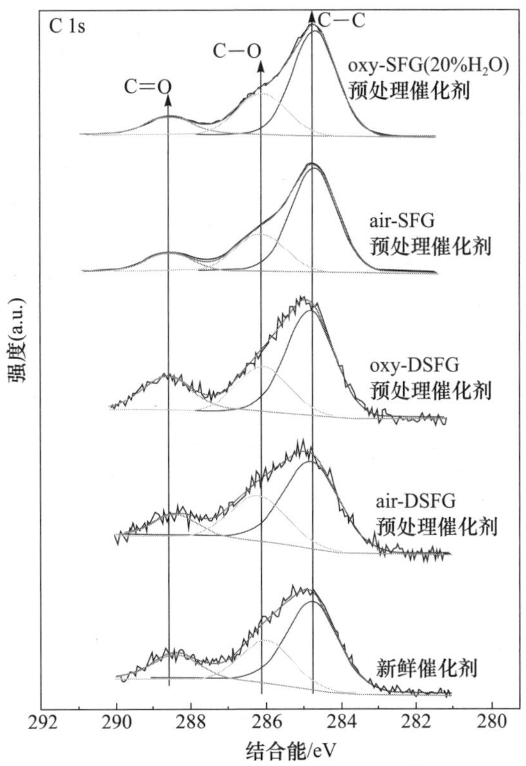

图 4.72　反应前后样品上的 C 元素的 XPS 图

$$Hg^0 + C—O—C \longrightarrow HgO + C═C \tag{4.20}$$

$$2Hg^0 + 2C═O \longrightarrow 2HgO + C═C \tag{4.21}$$

对于模拟烟气对脱汞效率的抑制作用，模拟烟气比 SCR 气氛多出的组分为 CO_2、HCl 和 SO_2，CO_2 和 HCl 已被证明对脱汞起促进作用，因此抑制作用可能还是来自于 SO_2，为了证实这一点，研究过程中详细考察了模拟烟气中的 SO_2 含量对脱汞效率的影响，结果如图 4.73(a)和 4.73(b)所示，不论对于空气模拟烟气还是富氧模拟烟气，烟气中 SO_2 浓度的升高均明显抑制脱汞效率，两种气氛下 SO_2 分别达到 800ppm 和 1200ppm 时，催化剂几乎完全失活。同时，SO_2 在 SCR 气氛下的瞬态反应试验结果，如图 4.73(c)所示。当烟气中通入 SO_2 后，脱汞效率急剧下降，断掉 SO_2 后，效率虽然略有恢复，但已远远达不到通入 SO_2 之前的水平。由此可以断定，SO_2 是导致催化活性在模拟烟气下被抑制的主要因素，且这种抑制作用不可逆。

表 4.6　反应前后样品中不同 C 官能团在 C^T 中的比例　（单位：%）

催化剂	C═C	C—O	C═O
新鲜	57.6	27.1	15.3
air-DSFG 预处理	65.8	22.9	11.3
oxy-DSFG 预处理	55.1	24.4	20.5
air-SFG 预处理	69.6	20.8	9.6
oxy-SFG 预处理	65.4	22.1	12.5

对反应后样品中的 S 元素进行 XPS 测试，如图 4.74 所示。反应后样品上生成了容易堵塞催化剂活性点位且不易分解的亚硫酸盐和硫酸盐[73]，这是导致 SO_2 对脱汞效率产生不可逆抑制作用的主要原因。另外，通过图中曲线的峰面积可以看出，富氧模拟烟气条件下生成的亚硫酸盐和硫酸盐的量少于空气模拟烟气条件，根据表 4.6 中的气体扩散系数，这可能是由于 SO_2 在富氧气氛下扩散系数较小，而这也能够解释图 4.73 中的试验结果，即相同含量的 SO_2 对富氧模拟干烟气中脱汞效率的抑制小于对空气模拟干烟气中脱汞效率的抑制，因此，SO_2 对富氧烟气下脱汞相对较小的抑制作用是富氧烟气下的脱汞效率高于空气烟气下的另一个主要原因。

除了 SO_2 以外，水蒸气的通入进一步抑制了模拟烟气下的脱汞效率，催化剂在 250℃时空气模拟烟气和富氧模拟烟气中的脱汞效率分别降至 50.2% 和 55.7%，该抑制作用主要源于 H_2O 与 Hg^0 及 HCl 等汞氧化的反应物在催化剂表面发生的竞争吸附[74]。当富氧烟气中 H_2O 体积分数由 10%增至 20%时，脱汞效率没有明显变化，这可能是由于催化剂表面能够同时吸附 H_2O、Hg^0 及 HCl 的点位有限，因而抑制作用没有扩大。此外，根据表 4.6 中的 XPS 结果，空气模拟烟气和富氧模拟烟气条件下反应后样品中的 C—O 和 C═O 含量小于干烟气条件下反应后的含量，这是由于 H_2O 具有一定还原性[29]，会抑制 CO_2 对 C—O 和 C═O 的补充这一氧化过程，因此通过这种方式 H_2O 也能对脱汞效率产生抑制作用。

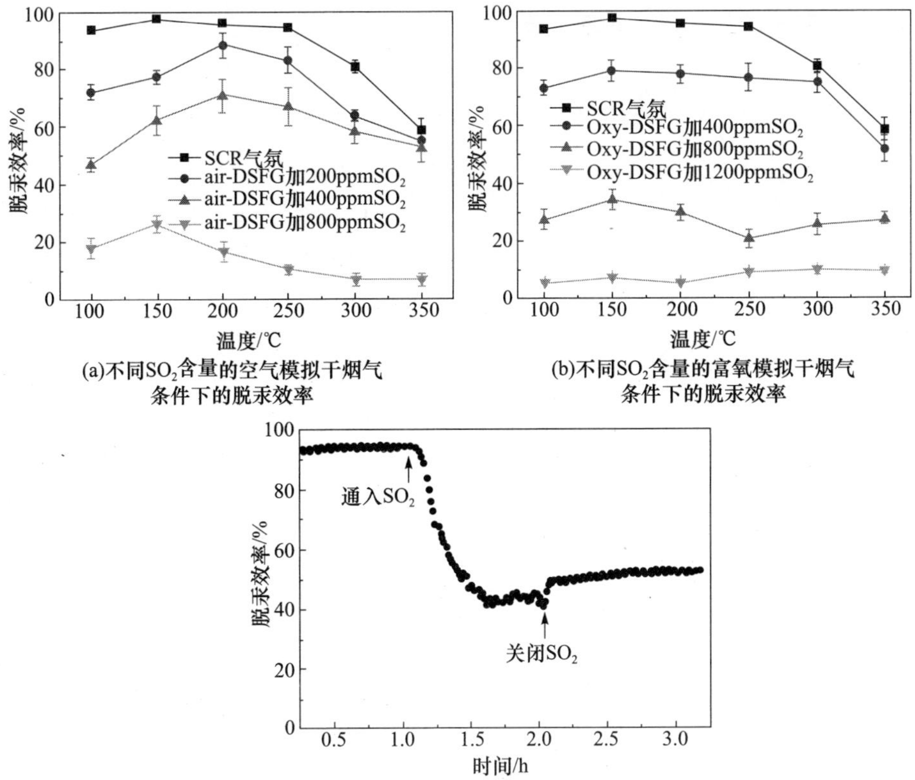

(a)不同SO_2含量的空气模拟干烟气条件下的脱汞效率

(b)不同SO_2含量的富氧模拟干烟气条件下的脱汞效率

(c)SO_2在SCR气氛下的瞬态反应曲线

图 4.73 不同 SO_2 含量的空气模拟干烟气和富氧模拟干烟气下的脱汞效率以及 SO_2 在 SCR 气氛下的瞬态反应曲线

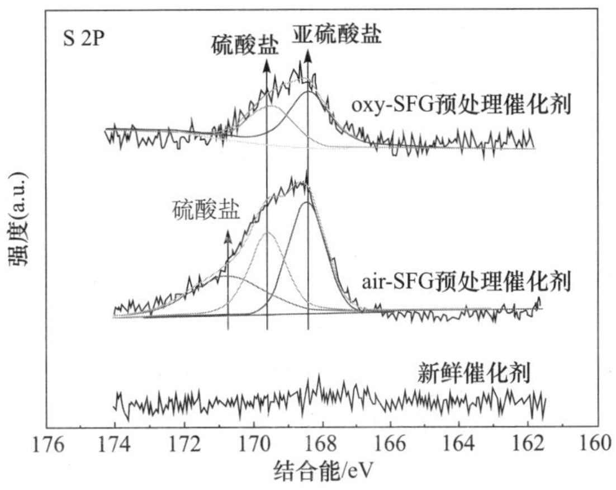

图 4.74 反应前后样品中的 S 元素的 XPS 图

4.3.5　脱硝与脱汞之间的相互影响

1. Hg^0 对脱硝效率的影响

在试验中,NO 的脱除与 Hg^0 的脱除同时进行,因此有必要考察脱硝与脱汞之间的相互影响,以达到同时脱硝脱汞的目的。首先,Hg^0 对脱硝效率的影响如图 4.75 所示,含有 Hg^0 与不含有 Hg^0 的 SCR 气氛下的脱硝效率几乎没有差别,说明烟气中 Hg^0 的存在对脱硝效率没有影响,这可能是由于烟气中 Hg^0 的含量远远低于 NO 和 NH_3 的含量,不足以产生影响。对于 Hg^0+O_2 下预处理后的样品,其脱汞效率相比新鲜样品略有抑制,原因可能是处理后的样品表面产生化学吸附态 HgO,这些 HgO 会占据一定数量的 NH_3 和 NO 吸附点位,从而产生一定的抑制效果[28],但是该抑制作用也十分微弱,最大时不超过 3%,因此,Hg^0 对脱硝效率的影响可以忽略。

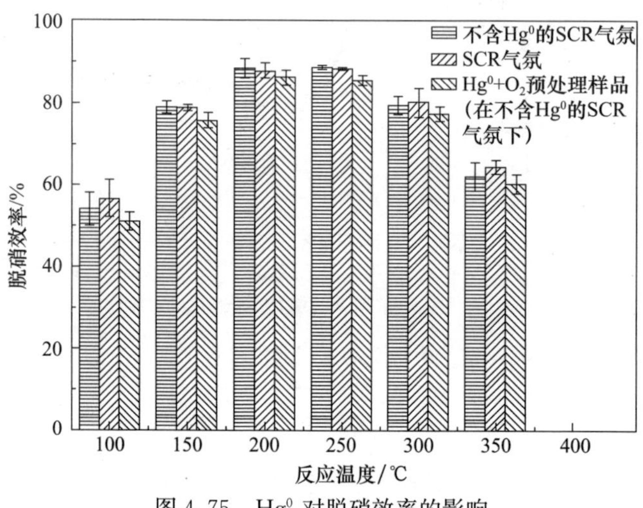

图 4.75　Hg^0 对脱硝效率的影响

2. SCR 气氛对脱汞效率的影响

作为脱硝的基本气氛,SCR 气氛对脱汞效率的影响如图 4.76(a)所示。与 N_2+O_2 气氛下相比,SCR 气氛在 100～250℃对脱硝效率基本没有影响,此时两种气氛下的脱汞效率均可达到 95%左右,可能是由于低温有利于 Hg^0 的吸附,且催化剂上有足够多的吸附点位可用于 NH_3 和 Hg^0 同时吸附,此时 Hg^0 在催化剂上的吸附力大于 Hg^0 与 NH_3 之间的竞争吸附对 Hg^0 造成的脱附力。随着温度进一步升高,Hg^0 的吸附力下降,使得 Hg^0 与 NH_3 之间的竞争吸附更加激烈,因此 SCR 气氛开始对脱汞产生抑制作用。根据之前单一烟气组分影响的试验结果,NO 对脱汞效率几乎没有影响,但是 NH_3 的存在在 250℃时会明显抑制脱汞效率,这与此处的研究结果不符，原因在于两处研究所使用的空塔气速不同，因此，不同空塔气速下 SCR 气氛对脱汞效率的抑制程度可能会有所不同，研究中也对此加以验证，结果如图 4.76(b)所示，空塔气速的提高的确会增大 SCR 气氛对脱汞效率的抑制作用，而当空塔气速小于 50000h^{-1}时，抑制作用可以忽略。由于 NH_3 是 SCR 气氛中抑制脱汞的主要成分，氨氮比在不同空塔气速下对脱汞效率的影响同样被考察，如图 4.76(c)所示，氨氮比的提高的确抑制脱汞效率，但是该抑制作用会随空塔气速的降低而减小，当在 50000h^{-1}以下的空塔气速改变 NH_3 含量时，脱汞效率几乎没有变化，原因可能是空塔气速的降低增加了 Hg^0 在催化剂表面的停留时间，因此当 NH_3 均在 SCR 催化剂上游被吸附后，Hg^0 有足够的时间吸附在 SCR 催化剂的下游，两者之间互不影响从而减小了抑制作用，相反，较高的空塔气速无法给 Hg^0 提供足够的时间避免竞争吸附。对于实际电厂的燃煤烟气，其空塔气速大约只有 2000～4000h^{-1}[75]，因此如果将 MnTi 作为 SCR 催化剂投入实际应用，烟气中的脱硝气氛对脱汞效率的影响可以忽略。

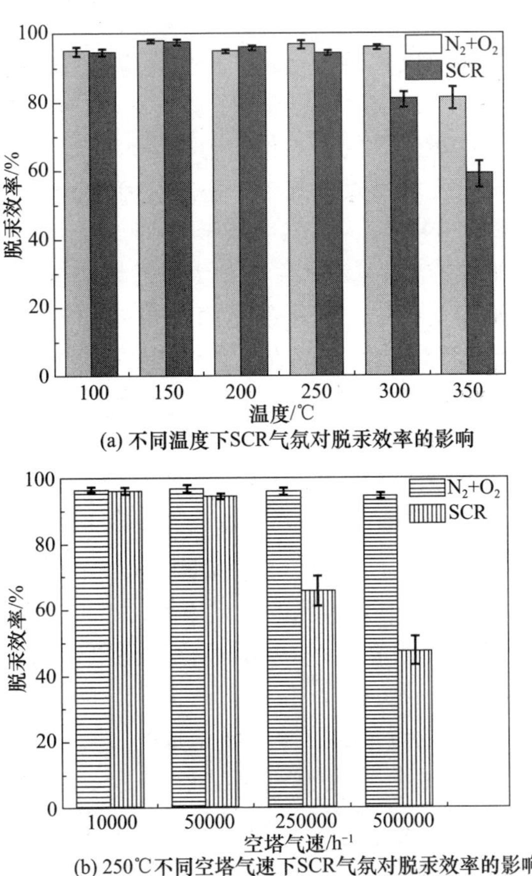

(a) 不同温度下SCR气氛对脱汞效率的影响

(b) 250℃不同空塔气速下SCR气氛对脱汞效率的影响

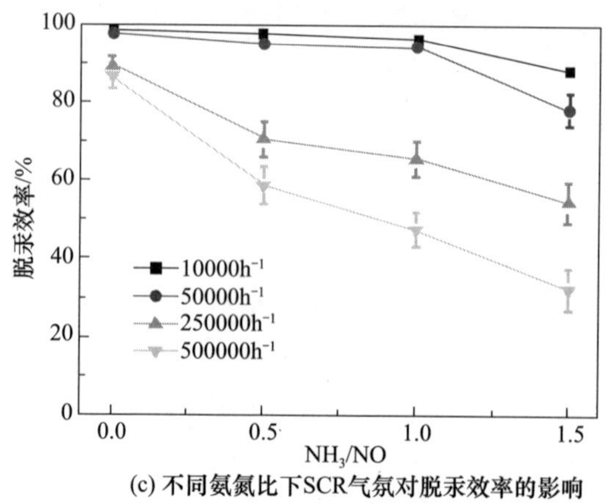

(c) 不同氨氮比下SCR气氛对脱汞效率的影响

图 4.76　不同情况下的 SCR 气氛对脱汞效率的影响

4.4　SCR 催化剂汞非均相氧化过程模拟

燃煤烟气中的单质汞可以通过均相及非均相反应被氧化成二价汞。通常，非均相反应的速度远高于均相反应。在燃煤烟气条件下，汞的均相反应阻力较大，远不足以获得试验观察到的燃煤烟气中二价汞的比例。因此，非均相氧化是燃煤烟气中汞氧化的主要机制。不管燃煤烟气中汞是通过何种途径被氧化的，其氧化过程通常被认为是动力学控制过程。当温度低于 450℃时，达到平衡时烟气中所有的汞均应该以二价汞形式存在，且 $HgCl_2$ 被认为是燃煤烟气中二价汞的主要存在形态。试验观察到的燃煤烟气中二价汞的比例为 0～100%，取决于煤种、燃烧方式、烟气温度历程等诸多因素。很明显，在绝大部分燃煤烟气中汞没有达到其热力学平衡状态。因此，研究汞的氧化机制及动力学对促进燃煤烟气中汞的氧化具有极为重要的意义。

燃煤烟气中汞的主要均相氧化过程被认为是 Cl_2 或活性 Cl 在 400～700℃与气相汞之间的反应。通常，SO_2 及 NO 均可以抑制燃煤烟气中汞与 Cl_2 之间的非均相氧化；H_2O 可以增强 SO_2 及 NO 的抑制作用。由于 Cl_2 与汞之间的均相氧化过程速度较慢，对催化剂上汞氧化的贡献不大，本节主要讨论催化剂上汞的非均相氧化机制。前面已简略介绍过，汞的催化氧化机理的相关机制主要有四种：Deacon 机制、Mars-Maessen 机制、Langmuir-Hinshelwood 机制及 Eley-Rideal 机制。

Deacon 机制即高温条件下 HCl 被氧化成 Cl_2。Deacon 机制通常分为两步：①金属氧化物吸附 HCl 形成金属氯化物；②金属氯化物与 O_2 反应，释放 Cl_2。Hisham 等[76]发现 V_2O_5 可以在 150℃吸附 N_2 气流中的 HCl。200℃时被吸附的

HCl 发生分解，但未检测到 V_2O_5 与 HCl 反应生成的 Cl_2，这说明即使有少量 Cl_2 生成，也低于检测限。此外，根据热力学平衡计算可知，Cl_2 的平衡浓度仅为 HCl 浓度的 1%左右，且 Cl_2 与汞之间的均相氧化过程速度较慢。因此，多数研究人员认为 Deacon 机制不是 SCR 催化剂上汞氧化的主要机制。

在 Mars-Maessen 机制中，吸附于金属氧化物上的汞可以与晶格氧化剂（活性 O 或 Cl 等）发生反应，晶格氧化剂可以从气相物质得到补充。金属氧化物催化剂上汞氧化的 Mars-Maessen 机制可以写成如下方程式：

$$Hg(g) + 表面 \longrightarrow Hg(ads) \tag{4.22}$$

$$Hg(ads) + M_xO_y \longrightarrow HgO(ads) + M_xO_{y-1} \tag{4.23}$$

$$HgO(ads) + M_xO_{y-1} + O_2(g) \longrightarrow HgO(ads) + M_xO_y \tag{4.24}$$

$$HgO(ads) + M_xO_y \longrightarrow HgM_xO_{y+1} \tag{4.25}$$

有气相 O_2 存在的条件下，汞氧化的 Mars-Maessen 机制的总方程可以写成

$$Hg(g) + M_xO_y + O_2(g) \longrightarrow HgOM_xO_{y+1} \tag{4.26}$$

汞氧化的 Mars-Maessen 机制，可通过无气相 O_2 及无气相 Cl 条件下汞的氧化得到确认。Mars-Maessen 机制与采用卤族元素增强活性炭及飞灰等吸附剂对汞的吸附能力是一致的[8]，因为预处理过程使吸附剂富集了大量的晶格氧化剂。

Langmuir-Hinshelwood 机制即吸附在某个表面的两种物质发生反应。对于催化剂上汞的氧化过程，可以用如下方程式进行描述：

$$Hg(g) + 表面 \longrightarrow Hg(ads) \tag{4.27}$$

$$M(g) + 表面 \longrightarrow M(ads) \tag{4.28}$$

$$Hg(ads) + M(ads) \longrightarrow HgM(ads) \tag{4.29}$$

$$HgM(ads) \longrightarrow HgM(g) \tag{4.30}$$

其中，M 代表 HCl、SO_2、NO 等烟气组分。在 Langmuir-Hinshelwood 机制下，汞氧化速率取决于烟气中汞及其他活性组分的浓度、吸附平衡常数以及表面反应的速率。汞可以吸附于活性炭及其他金属氧化物上，HCl 也可以吸附于活性炭及金属氧化物上，这就使得汞可以在活性炭及金属氧化物上通过 Langmuir-Hinshelwood 机制发生氧化。He 等[4]发现 SCR 催化剂可以同时吸附单质汞与 HCl，因此提出汞在 SCR 催化剂上的氧化遵循图 4.77 所示的 Langmuir-Hinshelwood 机制。HCl 首先吸附于钒基 SCR 催化剂上形成 V—OH 及活性的 V—Cl，然后吸附态的汞与活性 Cl 反应生成 $HgCl_2$。最后，V—OH 被气相中的 O_2 氧化重新生成 V═O 实现催化剂的还原。SO_2、H_2O 等其他烟气组分可能会与汞或 HCl 在催化剂上发生竞争吸附，从而抑制汞或 HCl 的吸附，阻碍汞通过 Langmuir-Hinshelwood 机制发生氧化。

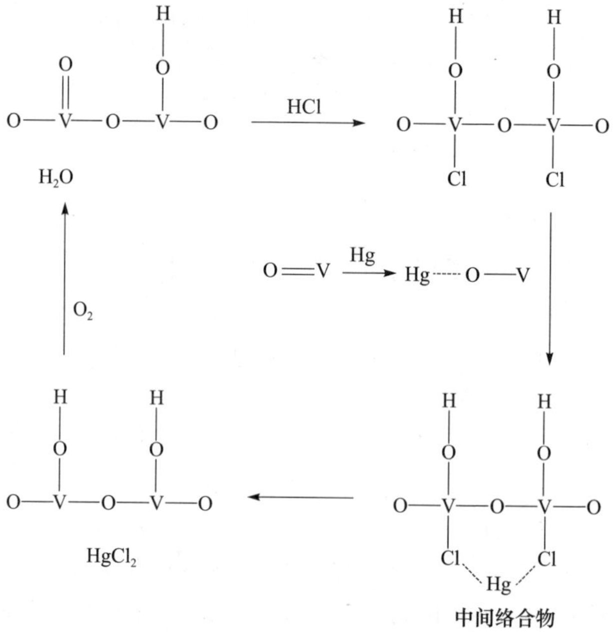

中间络合物

图 4.77 钒基催化剂上汞氧化的 Langmuir-Hinshelwood 机制[4]

Eley-Rideal 机制被普遍接受为 NH_3 法 SCR 脱硝的主要机理。它的基本过程如图 4.78 所示，首先 NH_3 强烈地吸附于 SCR 催化剂上形成活性物质，然后这些活性物质与气相中的 NO 反应生成 N_2。Niksa 等[77,78]、Kamata 等[19]以及 Li 等[10]认为钒基 SCR 催化剂上汞的氧化也遵循 Eley-Rideal 机制。HCl 首先吸附于钒基催化剂上产生活性氧化剂，然后与气相(或弱吸附相)的汞反应，从而实现汞的氧化。其反应路径可用反应(4.31)及反应(4.32)描述。

$$\text{M(g)} + \text{表面} \longrightarrow \text{M(ads)} \tag{4.31}$$

$$\text{Hg(g)} + \text{M(ads)} \longrightarrow \text{HgM(ads/g)} \tag{4.32}$$

此外，Senior 等[61]提出 SCR 催化剂上汞的氧化可以通过另外一种 Eley-Rideal 机制发生，即吸附态的汞与气相的 HCl 反应，其反应路径如下：

$$\text{Hg(g)} + \text{表面} \rightarrow \text{Hg(ads)} \tag{4.33}$$

$$\text{Hg(ads)} + \text{M(g)} \longrightarrow \text{HgM(ads/g)} \tag{4.34}$$

截至目前，没有一种机制可以解释不同催化剂、不同条件下汞的非均相氧化过程。通常认为，催化剂上汞的氧化机制取决于催化剂类型、烟气气氛以及反应温度等因素。4.1 节及 4.2 节的研究表明，在 SCR 操作条件下，STV 催化剂上汞的氧化很可能遵循 Eley-Rideal 机制；CeTi 催化剂及 MnCeTi 催化剂上汞的氧化遵循 Langmuir-Hinshelwood 机制。根据上述结论，针对 CeTi 催化剂建立了汞的非均

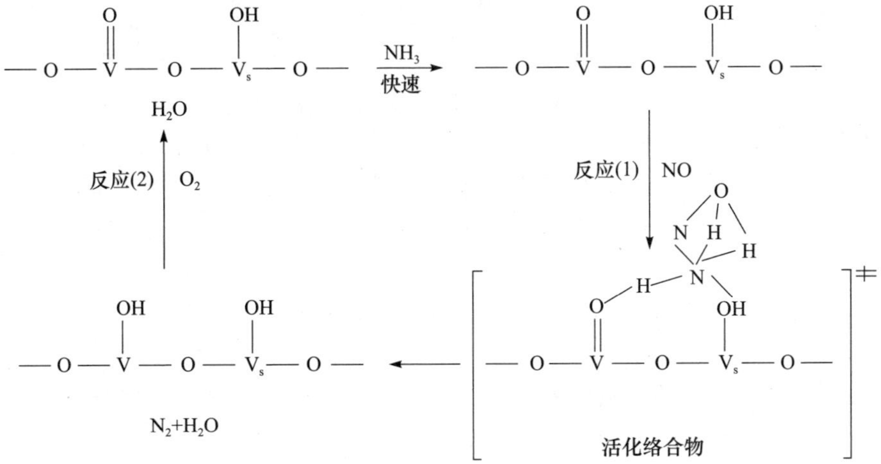

图 4.78　SCR 催化剂上 NH_3 法脱硝的 Eley-Rideal 机制[79]

相氧化模型，并设计试验验证了模型的正确性，获得部分重要的反应动力学参数，对汞的氧化机理进行了系统分析。

4.4.1　非均相催化理论

1. 活性中心位理论

Taylor 提出的活性中心位理论是目前多相催化动力学的主要理论，它认为催化反应发生在催化剂表面的活性位上而不是催化剂的整个表面。催化反应的必要条件是至少有一种反应物被吸附。被吸附后的反应物得到活化，使得反应比没有催化剂时更加容易进行。通常认为，多相催化反应包括以下 5 个连续的步骤：

(1) 反应物向催化剂外表面及孔内扩散。

(2) 反应物被催化剂吸附、活化。

(3) 反应物发生表面反应。

(4) 产物在催化剂表面脱附。

(5) 脱附的产物从催化剂内表面向外表面及气相扩散。

很明显，反应物的吸附是多相催化反应必要条件。双分子气体催化反应包括 Eley-Rideal 及 Langmuir-Hinshelwood 两种机制。其中 Eley-Rideal 机制只需要一种反应物发生吸附，被吸附的反应物与另一种气相反应物发生表面反应。Langmuir-Hinshelwood 机制要求发生反应的两种反应物都首先发生吸附。因此，要研究汞在催化剂表面氧化的动力学问题，必须首先考虑汞及其他烟气组分在催化剂表面的吸附。

2. 吸附平衡理论

吸附是指在两相接触时，某个相的物质浓度在界面上发生改变(与本体相不同)的现象。吸附是一种传质过程，物质内部的分子和周围分子有互相吸引的引力，但物质表面的分子，其相对物质外部的作用力没有充分发挥，所以液体或固体物质的表面可以吸附其他液体或气体分子，尤其是在表面积很大的情况下，这种吸附力能产生很强的作用，所以工业上经常利用表面积大的物质吸附脱除污染物，如活性炭喷射 Hg^0 氧化等。比表面积较大能够吸附其他分子的物质称为吸附剂。被吸附的物质称为吸附质。

吸附剂对吸附质的吸附平衡并非瞬间完成，受到吸附与脱附两个相反过程的控制。当吸附质与吸附剂接触时，由于吸附剂表面有引力场的作用，吸附质分子被吸附，但这并不表明吸附质分子在吸附剂表面上静止不动。吸附质分子一般可以沿着吸附剂表面自由运动，且由于分子的热运动，可能会发生脱附。吸附过程开始时，吸附速率大于脱附速率，随着吸附过程的进行，吸附剂表面吸附质浓度逐渐增加，吸附速率变慢而脱附速率加快，最后在一定的温度和压力下，吸附速率等于脱附速率，达到一个动态的吸附平衡。

吸附平衡理论经过一百多年的发展，取得了长足的进步。依据 Gibbs 吸附热力学、统计热力学、动力学等理论，出现了 Henry 方程、Langmuir 单层吸附方程、Freundlich 方程、BET 多层吸附方程等多种可以用来描述吸附平衡的经典吸附等温方程。

在多相催化动力学研究中，除少数情况外，均采用理想表面模型。理想表面模型的基本假设如下：

(1) 吸附质发生单层吸附，每个被吸附的分子占据一个吸附位。

(2) 催化剂表面均匀，每个活性位都具有相同的吸附热和吸附活化能。

(3) 被吸附分子间无相互作用力。

(4) 各吸附分子的吸附机理相同。

这与 Langmuir 吸附模型的假设完全一致，因此本研究中采用 Langmuir 吸附模型来计算反应物在催化剂表面的浓度。假设催化剂表面反应物的吸附速率为 r_a，脱附速率为 r_d，则有

$$r_a = k_a P_A (1-\theta_A) \tag{4.35}$$

$$r_d = k_d \theta_A \tag{4.36}$$

式中，k_a、k_d 分别为吸附、脱附速率常数；P_A 为吸附质 A 的分压；θ_A 为反应物 A 在催化剂表面的覆盖度。达到平衡时 $r_a = r_d$，据此可求得催化剂表面反应物 A 的覆盖度为

$$\theta_A = \frac{K_A P_A}{1 + K_A P_A} \tag{4.37}$$

式中，$K_A = k_a/k_d$ 为 Langmuir 吸附平衡常数。它的大小反映吸附的强弱，可以作为吸附键强度的量度。类似地，多种组分可以被催化剂吸附时，第 i 种组分的 Langmuir 等温吸附方程为

$$\theta_i = \frac{K_i P_i}{1 + \sum_{j=1}^{n} K_j P_j}, \quad i = 1, 2, \cdots, n \tag{4.38}$$

3. 气固传质理论

在非均相催化的吸附过程中，反应物分子的运动主要包括从气相向催化剂表面的移动（外部扩散或相际传质）以及从催化剂表面向吸附位的移动（颗粒内部扩散）。通常相际界面上反应物的吸附及生成物的脱附速率远比扩散过程快，因此相际传质及颗粒内部扩散是吸附过程的控制步骤。

1）相际传质

物质从一相进入另一相的传质过程称为相际传质。发生相际传质时，每个相都存在浓度梯度驱动扩散物质发生扩散，扩散物质由一相主体通过相界面扩散到另一相主体。在每一相中，传质驱动力是扩散物质在该相主体中和在该相界面处的浓度之差。相际传质的总驱动力并不是两相的主体浓度之差，而是任一相中主体浓度与它和另一相主体浓度平衡时的该相浓度之差。只有当两相处于不平衡状态时，相际传质才可能发生，偏离平衡状态越远，相际传质驱动力越大。当两相达到平衡状态时，各相内不存在浓度梯度，扩散停止，相际传质速率为零。

单质汞从气相向固相扩散时，气-固两相中汞浓度分布如图 4.79 所示，图中 C_s 和 C 分别表示汞在气相和固相主体中的浓度，C_i 和 C_{si} 分别表示汞在气相和固相表面的浓度。在气相中，汞浓度由主体浓度 C 降至相界面处的 C_i；在固相中，汞浓度由相界面处的 C_{si} 降低至 C_s。此时气相和固相的浓度 C_i 和 C_{si} 是不平衡的；否则就不存在扩散驱动力，也就不发生相际传质。

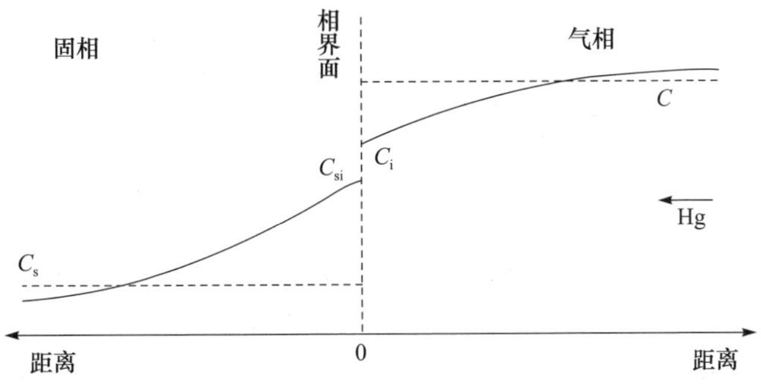

图 4.79　单质汞从气相向固相扩散时的浓度分布[82]

2）颗粒内部扩散

颗粒内部反应物的扩散包括细孔扩散、表面附着以及表面扩散三个步骤[80]。当吸附剂/催化剂内反应物的吸附量很小时，反应物在吸附剂/催化剂颗粒内的移动主要是由大孔向微孔的移动以及通过细孔内的空间引起的细孔内的扩散，称为细孔扩散；通常，反应物在颗粒表面发生附着的速度很快，几乎是瞬时完成的；吸附剂/催化剂表面反应物存在浓度梯度。该浓度梯度可以促进吸附剂/催化剂表面反应物分子的移动，促进反应物在细孔表面进行二次扩散，称为表面扩散。不同吸附剂-吸附质系统在不同操作条件下的扩散机理不尽相同，颗粒内部反应物的扩散可以按照这几种扩散机理中的一种或多种进行[81]。

细孔内气体反应物分子的扩散是由碰撞引起的。当气体分子的平均自由程比孔径小时，气体分子间的扩散控制着孔内的扩散过程，扩散机理以一般扩散为主。但是，如果微孔孔径很小，或气体密度很小，以及两者都很小时，气体分子与孔道壁的碰撞变得非常重要，此时的扩散过程称为 Knudsen 扩散。

表面扩散是由表面浓度梯度建立的。Carman[83]认为表面扩散是由于在分子处于势能图中能量最低处的吸附位置之间的分子跳跃而发生的。一个被吸附的分子可能因克服脱附能而发生脱附，也可能在克服脱附能后跳到相邻的某一位置发生表面扩散。吸附相的移动性比气相要小得多，因此只有当微孔表面反应物浓度较高且体系的温度比气体组分的沸点高得不很多时，表面扩散才能占据主导作用；当表面浓度不高时，表面扩散在颗粒内部扩散的总通量中可以忽略不计。

3）总传质过程

气固传质包括相际传质及颗粒内部扩散，因此相际传质及颗粒内部扩散均可能控制气固传质的速度。在计算总传质过程时，为了简化计算通常以扩散系数最小、扩散阻力最大的步骤为整个过程的控制步骤，该步骤可能是相际传质、颗粒内扩散，也可能是两个过程都非常重要。在实际过程中，气相物质以一定的流速或流速分布通过固定相吸附剂/催化剂床层，气相物质的流动状态（如层流、湍流或涡流流动）将影响固体颗粒外的边界层厚度及扩散方式。因此，气固传质过程有各种不同的推动力表达式。本章根据气相和边界层（界膜）的浓度差，采用一次的线性推动力（LDF）方程（4.39）来描述催化剂表面汞的传质，与 Niksa 等[77]采用气相浓度梯度来表示催化剂表面汞的传质过程是一致的。

$$\frac{\partial q}{\partial t}=k_{\mathrm{eff}}S_{\mathrm{v}}(C-C^{*}) \tag{4.39}$$

式中，k_{eff}为有效传质系数，kg/m^{2}s；S_{v} 为催化剂比表面积，m^2/m^3；C 为气相中反应物的浓度，mol/m^3；q 为某一时刻的催化剂中反应物的浓度，kg/kg；C^* 为与固相浓度 q 平衡的气相浓度，mol/m^3。

4.4.2　CeTi 催化剂上汞氧化的 Langmuir-Hinshelwood 模型

1. 模型的建立

利用试验数据，根据方程(4.40)可以计算 CeTi 催化剂上汞的氧化效率 γ，即

$$\gamma = \frac{\Delta C_{Hg^0}}{\Delta t} = \frac{C_{Hg^0} - C_{Hg^0}^0}{\Delta t} \tag{4.40}$$

式中，ΔC_{Hg^0} 为穿过催化剂后单质汞浓度的变化，mol/(m³ · s)；Δt 为模拟烟气和催化剂的接触时间，s；C_{Hg^0} 为反应器出口单质汞浓度，mol/m³；$C_{Hg^0}^0$ 为反应器进口单质汞浓度，mol/m³。在试验中，模拟烟气和催化剂的接触时间 Δt 小于 0.05s。由于时间间隔非常短暂，方程(4.40)可以写成方程(4.41)所示的微分方程：

$$\gamma = \frac{dC_{Hg^0}}{dt} \tag{4.41}$$

据 4.2 节研究结果，CeTi 催化剂上汞的氧化遵循 Langmuir-Hinshelwood 机理。HCl 是引起汞氧化最重要的烟气组分。在一定浓度范围内，烟气中 O_2 或 H_2O 浓度的变化对汞氧化效率基本无影响。根据这些结论，可以认为烟气中汞的氧化主要是由于汞与 HCl 在催化剂表面的化学反应。假设在试验条件下，HCl 被吸附后均转化成活性 Cl，则催化剂表面活性 Cl 的覆盖度可以用 HCl 的覆盖度来表示。CeTi 催化剂上吸附态的汞与活性 Cl 之间首先反应生成 HgCl，此时认为汞已经被氧化，在模型中不考虑汞的后续转化过程。因此，CeTi 催化剂上汞的氧化可以用方程(4.42)来描述：

$$\gamma = -kC_{Hg^0}^{s}\theta_{HCl} = -kC_{Hg^0}^{s}\ \frac{k_{HCl}C_{HCl}}{1+k_{HCl}C_{HCl}} \tag{4.42}$$

式中，k 为总反应常数，s^{-1}；$C_{Hg^0}^{s}$ 为催化剂表面单质汞的浓度，mol/m³；θ_{HCl} 为催化剂表面 HCl 或活性 Cl 的覆盖度；k_{HCl} 为 HCl 的 Langmuir 吸附常数，m³/mol；C_{HCl} 为烟气中 HCl 浓度，mol/m³。烟气中 HCl 浓度远高于单质汞的浓度，汞反应消耗的 HCl 可以忽略不计，因此在计算中认为 HCl 浓度是恒定的。

达到稳定状态时，催化剂表面所有的单质汞均被氧化，因为有 HCl 存在时，CeTi 催化剂上几乎没有单质汞存在。这表明在试验条件下，传递到催化剂表面的单质汞与汞的氧化达到了动态平衡。本节假设 200℃时所有通过相际传质扩散到催化剂表面的单质汞均被吸附进而可通过 Langmuir-Hinshelwood 机制被氧化，采用气相浓度梯度描述汞的传质过程。因此，该动态平衡过程用数学方程表示如下：

$$k_m S_v(C_{Hg^0} - C_{Hg^0}^{s}) = -kC_{Hg^0}^{s}\ \frac{k_{HCl}C_{HCl}}{1+k_{HCl}C_{HCl}} \tag{4.43}$$

式中，k_m 为单质汞的相际传质系数，m/s；S_v 为催化剂比表面积，m²/m³。传质系数 k_m 可通过舍伍德数 Sh 来求取。同时舍伍德数可以通过雷诺数 Re 及施密特数

Sc 进行关联。它们之间的关系如下[84]：

$$Sh=\frac{k_{\mathrm{m}}d_{\mathrm{p}}}{D_{\mathrm{M}}}=2.0+0.6\times Sc^{1/3}\times Re^{1/2} \tag{4.44}$$

$$Sc=\frac{\mu}{\rho_{\mathrm{g}}D_{\mathrm{M}}} \tag{4.45}$$

$$Re=\frac{\rho_{\mathrm{g}}vd_{\mathrm{p}}}{\mu} \tag{4.46}$$

式中，d_{p} 为催化剂颗粒粒径，m；μ 为烟气动力黏度，Pa・s；ρ_{g} 为气体密度，kg/m^3；v 为气体速度，m/s；D_{M} 为单质汞的扩散系数，m/s。对于双组分（A 和 B）系统，D_{M} 可通过 Chapman-Enskog 方程来估计。试验中采用的模拟烟气可以近似认为是汞与空气的双组分系统，因此可采用式（4.47）计算 D_{M}：

$$D_{\mathrm{M}}=\frac{0.001858T^{1.5}(1/M_{\mathrm{A}}+1/M_{\mathrm{B}})^{0.5}}{P\sigma_{\mathrm{AB}}\Omega_{\mathrm{AB}}} \tag{4.47}$$

式中，T 为热力学温度，K；M_{A} 及 M_{B} 分别为 A 和 B 的摩尔质量，g/mol；P 为双组分系统总压力，atm；σ_{AB}为 Lennard-Jones 势能函数常数；Ω_{AB}为碰撞积分。

令 $K_{\mathrm{m}}=k_{\mathrm{m}}S_{\mathrm{v}}$，则由式（4.43）可得

$$C_{\mathrm{Hg^0}}^{\mathrm{s}}=\frac{K_{\mathrm{m}}+K_{\mathrm{m}}k_{\mathrm{HCl}}C_{\mathrm{HCl}}}{K_{\mathrm{m}}+K_{\mathrm{m}}k_{\mathrm{HCl}}C_{\mathrm{HCl}}+kk_{\mathrm{HCl}}C_{\mathrm{HCl}}}C_{\mathrm{Hg^0}} \tag{4.48}$$

将方程（4.48）代入方程（4.41）及方程（4.42）可得

$$\gamma=\frac{\mathrm{d}C_{\mathrm{Hg^0}}}{\mathrm{d}t}=-\frac{kK_{\mathrm{m}}k_{\mathrm{HCl}}C_{\mathrm{HCl}}}{K_{\mathrm{m}}+K_{\mathrm{m}}k_{\mathrm{HCl}}C_{\mathrm{HCl}}+kk_{\mathrm{HCl}}C_{\mathrm{HCl}}}C_{\mathrm{Hg^0}} \tag{4.49}$$

移项积分后可得

$$\ln\frac{C_{\mathrm{Hg^0}}}{C_{\mathrm{Hg^0}}^{0}}=-\frac{kK_{\mathrm{m}}k_{\mathrm{HCl}}C_{\mathrm{HCl}}t}{K_{\mathrm{m}}+K_{\mathrm{m}}k_{\mathrm{HCl}}C_{\mathrm{HCl}}+kk_{\mathrm{HCl}}C_{\mathrm{HCl}}} \tag{4.50}$$

汞的氧化效率 η 可用式（4.51）表示：

$$\eta=\frac{C_{\mathrm{Hg^0}}^{0}-C_{\mathrm{Hg^0}}}{C_{\mathrm{Hg^0}}^{0}} \tag{4.51}$$

结合式（4.50）及式（4.51）可得

$$\ln(1-\eta)=-\frac{kK_{\mathrm{m}}k_{\mathrm{HCl}}C_{\mathrm{HCl}}t}{K_{\mathrm{m}}+K_{\mathrm{m}}k_{\mathrm{HCl}}C_{\mathrm{HCl}}+kk_{\mathrm{HCl}}C_{\mathrm{HCl}}} \tag{4.52}$$

将方程（4.52）两边取倒数可得

$$\frac{1}{\ln(1-\eta)}=-\frac{1}{kk_{\mathrm{HCl}}t}\times\frac{1}{C_{\mathrm{HCl}}}-\frac{1}{kt}-\frac{1}{K_{\mathrm{m}}t} \tag{4.53}$$

式中，η 为汞的氧化效率，%。如果建立的模型正确，以$[\ln(1-\eta)]^{-1}$为纵坐标、C_{HCl}^{-1}为横坐标作图，理想情况下应该是一条直线。

2. 汞氧化试验

HCl 存在时，CeTi 催化剂上汞的氧化效率很高。为了使试验数据具有可比

性，本节采用纯硅胶将CeTi催化剂进行稀释，采用其混合物（混合物中催化剂与硅胶的质量比为1∶4）在200℃条件下进行试验。试验中所采用的催化剂为纯TiO_2、Ce_1Ti、$Ce_{1.5}Ti$、Ce_2Ti及纯CeO_2。据前面的研究，HCl浓度是影响汞氧化的关键因素。此外，SO_2可以抑制HCl对汞的氧化。因此，本节设计试验考察无SO_2条件及有SO_2条件下HCl浓度对不同CeTi催化剂上汞氧化的影响。

无SO_2条件下，催化剂上汞氧化效率E_{oxi}随HCl浓度C_{HCl}的变化如图4.80所示。TiO_2对汞的氧化效率很低，即使在很高HCl浓度条件下，汞的氧化效率也不超过25%。低HCl浓度条件下，CeTi催化剂上汞的氧化效率随HCl浓度升高提高较快，当HCl浓度高于20ppm时所有CeTi催化剂上汞的氧化效率均高于80%。值得指出的是试验中采用的催化剂均采用硅胶稀释过，且空塔气速远高于实际SCR反应器中的气速。可见，CeTi催化剂剂可以高效利用HCl实现汞的氧化。另外，一个非常有意思的现象是纯CeO_2上汞的氧化效率很高，甚至略高于CeTi催化剂上汞的氧化效率。这似乎与4.2节结论有些不一致。然而，通过考察有SO_2存在时汞的氧化效率，可以合理地解释该矛盾。

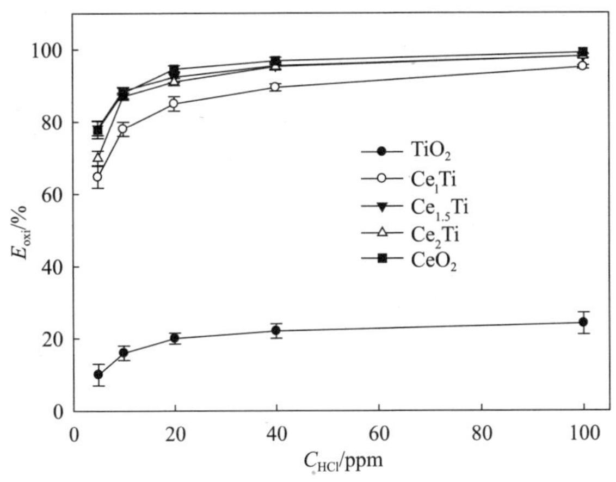

图4.80　无SO_2时汞氧化效率随HCl浓度的变化

当模拟烟气中含有400ppm SO_2时，$Ce_{1.5}Ti$及纯CeO_2上汞的氧化效率随HCl浓度的变化如图4.81所示。同样，当HCl浓度较低时，催化剂上汞的氧化效率随HCl浓度升高增大较快；随着HCl浓度增大，汞氧化效率随HCl浓度的变化趋于平缓。HCl浓度在5～100ppm，$Ce_{1.5}Ti$上汞的氧化效率几乎都高于80%。整个浓度范围内CeO_2上汞的氧化效率均明显低于$Ce_{1.5}Ti$上汞的氧化效率。SO_2对催化剂上HCl与汞之间相互作用的影响如图4.82所示。对于$Ce_{1.5}Ti$，烟气中是否含有SO_2对于汞的氧化基本无影响；对于CeO_2，烟气中的SO_2对汞的氧化有明显的抑制作用。CeO_2中添加TiO_2增强了其对SO_2的抵抗力，这与商业SCR

催化剂采用 TiO_2 作为载体增强其抗硫能力是一致的[85]。

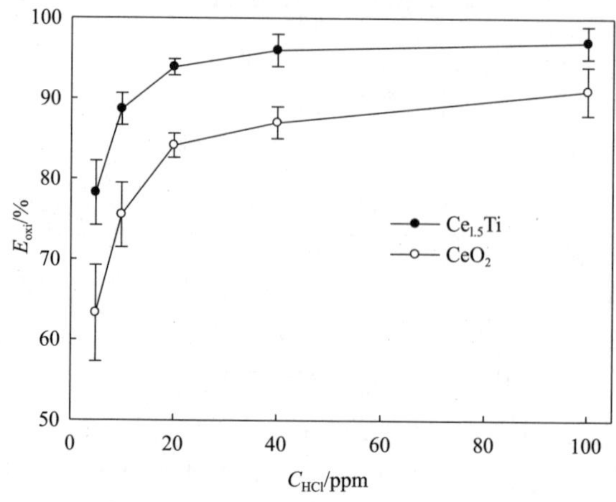

图 4.81　有 SO_2 时汞氧化效率随 HCl 浓度的变化

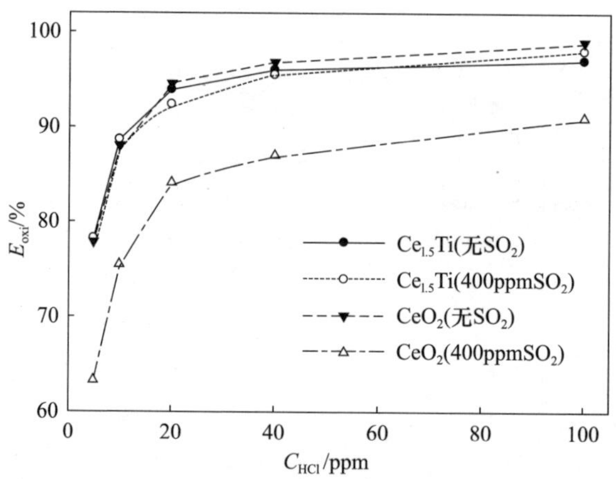

图 4.82　SO_2 对催化剂上 HCl 与汞之间相互作用的影响

3. 模型的验证与讨论

根据所提出的模型及所得试验数据，以 $[\ln(1-\eta)]^{-1}$ 为纵坐标、C_{HCl}^{-1} 为横坐标作图，结果如图 4.83 和图 4.84 所示。以 $[\ln(1-\eta)]^{-1}$ 为纵坐标、C_{HCl}^{-1} 为横坐标表达的试验结果均可以拟合成一条直线，相关性系数 R^2 均在 0.98 以上，即试验结果与动力学模型基本吻合。这进一步验证了 CeTi 催化剂上汞的氧化遵循 Langmuir-Hinshelwood 机制。

催化剂为 TiO_2 时，$[\ln(1-\eta)]^{-1}$ 的值远大于其他催化剂的对应值，使得其他数据在图中非常接近，因此在图 4.83 中未列出 TiO_2 的拟合直线。根据拟合所得直线的斜率及截距可求得汞氧化反应的动力学参数，结果见表 4.7。铈基催化剂上汞氧化反应速率常数为 80～130s^{-1}。

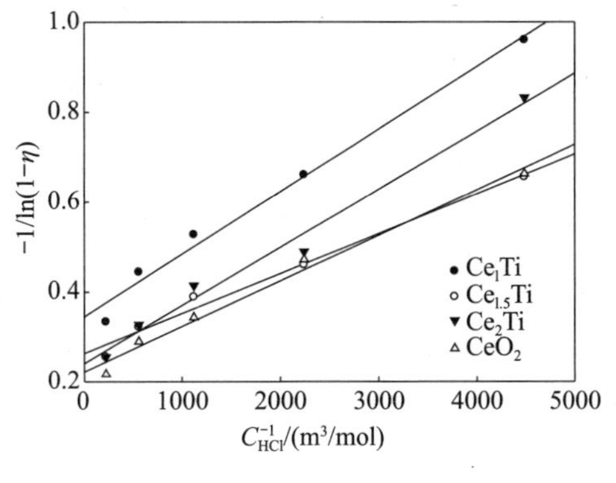

图 4.83　无 SO_2 时的拟合结果

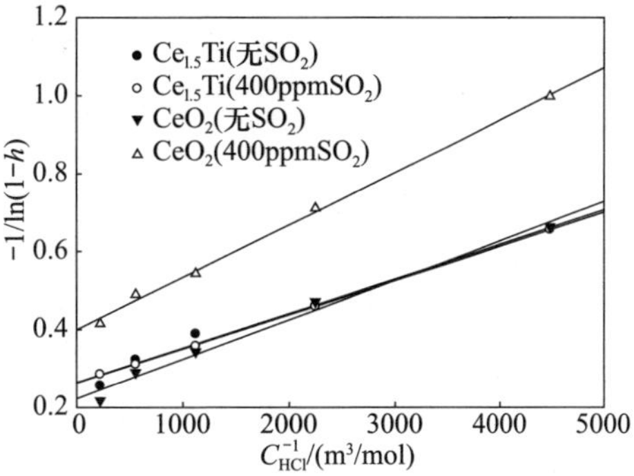

图 4.84　有 SO_2 时的拟合结果

这说明，铈基催化剂可能比钒基催化剂具有更强的汞氧化能力。不同烟气组分在钒基 SCR 催化剂上的吸附平衡常数一般在 10^2～10^6 m^3/mol 数量级。本节求得的 HCl 的吸附平衡常数在 2×10^3～3×10^3 m^3/mol，大于 Kamata 等[19]报道的 HCl 在某商业 SCR 催化剂上的吸附平衡常数。这可能与该模型假设有关，也很可能说明铈基催化剂具有较强的吸附、利用烟气中 HCl 的能力。从表 4.7 中所列动力学参数不难发现，当向烟气中添加 SO_2 时，$Ce_{1.5}Ti$ 上汞氧化反应速率常数及 HCl 在其上的吸附平衡常数基本不变；纯 CeO_2 上汞氧化反应速率常数明显降低，但 HCl 的吸附平衡常数基本不变。这说明 SO_2 对铈基催化剂上 HCl 的吸附影响不大，SO_2 通过抑制活性 Cl 与汞之间的反应抑制了汞的氧化。SO_2 的这种抑制作用可以通过抑制汞的吸附来实现，也可能通过消耗活性 Cl、降低活性 Cl 的反应活性来实现。SO_2 对汞吸附的抑制作用在前面已证明。关于 SO_2 是否能消耗活性 Cl、降低活性 Cl 的反应活性，有待进一步研究。

表 4.7　汞氧化反应动力学参数

催化剂	试验条件	动力学参数	
		k/s^{-1}	$k_{HCl}/(m^3/mol)$
TiO_2	无 SO_2	9.30	2267.07
Ce_1Ti	无 SO_2	83.77	2481.89
$Ce_{1.5}Ti$	无 SO_2	109.63	2962.01
Ce_2Ti	无 SO_2	119.96	1867.53
CeO_2	无 SO_2	129.98	2201.36
$Ce_{1.5}Ti$	400ppm SO_2	106.89	3072.22
CeO_2	400ppm SO_2	72.37	2657.99

利用建立的模型及表 4.7 中的反应动力学参数，可以很容易预测不同催化剂用量条件、不同 HCl 浓度条件下汞的氧化效率，这对 CeTi 催化剂的工业应用及工程设计具有非常重要的指导意义。

参 考 文 献

[1] Presto A A, Granite E J. Survey of catalysts for oxidation of mercury in flue gas. Environmental Science & Technology, 2006, 40(18): 5601—5609.

[2] Gutberlet H, Schlüter A, Licata A. SCR impacts on mercury emissions from coal-fired boilers//The EPRI SCR Workshop, Memphis, 2000.

[3] Cao Y, Chen B, Wu J, et al. Study of mercury oxidation by a selective catalytic reduction catalyst in a pilot-scale slipstream reactor at a utility boiler burning bituminous coal. Energy & Fuels, 2007, 21(1): 145—156.

[4] He S, Zhou J S, Zhu Y Q, et al. Mercury oxidation over a vanadia-based selective catalytic reduction catalyst. Energy & Fuels, 2009, 23(1): 253—259.

[5] Straube S, Hahn T, Koeser H. Adsorption and oxidation of mercury in tail-end SCR-DeNO$_x$ plants—Bench scale investigations and speciation experiments. Applied Catalysis B: Environmental, 2008, 79(3): 286—295.

[6] Lee W J, Bae G N. Removal of elemental mercury (Hg(0)) by nanosized V_2O_5/TiO_2 catalysts. Environmental Science & Technology, 2009, 43(5): 1522—1527.

[7] 薛聪，胡影影，黄争鸣. 静电纺丝原理研究进展. 高分子通报，2009，(6)：38—47.

[8] Granite E J, Pennline H W, Hargis R A. Novel sorbents for mercury removal from flue gas. Industrial & Engineering Chemistry Research, 2000, 39(4): 1020—1029.

[9] Busca G, Lietti L, Ramis G, et al. Chemical and mechanistic aspects of the selective catalytic reduction of NO$_x$ by ammonia over oxide catalysts: A review. Applied Catalysis B: Environmental, 1998, 18(1-2): 1—36.

[10] Eswaran S, Stenger H G. Understanding mercury conversion in selective catalytic reduction (SCR) catalysts. Energy & Fuels, 2005, 19(6): 2328—2334.

[11] Li H L, Li Y, Wu C Y, et al. Oxidation and capture of elemental mercury over SiO_2-TiO_2-V_2O_5 catalysts in simulated low-rank coal combustion flue gas. Chemical Engineering Journal, 2011, 169(1-3): 186—193.

[12] Li J F, Yan N Q, Qu Z, et al. Catalytic oxidation of elemental mercury over the modified catalyst Mn/α-Al_2O_3 at lower temperatures. Environmental Science & Technology, 2010, 44(1): 426—431.

[13] Ji L, Sreekanth P M, Smirniotis P G, et al. Manganese oxide/titania materials for removal of NO$_x$ and elemental mercury from flue gas. Energy & Fuels, 2008, 22(4): 2299—2306.

[14] Wu C Y, Li Y, Murphy P D, et al. Development of silica/vanadia/titania catalysts for removal of elemental mercury from coal-combustion flue gas. Environmental Science &

Technology, 2008,42(14):5304－5309.

[15] Kobayashi M,Kuma R,Masaki S,et al. TiO_2-SiO_2 and V_2O_5/TiO_2-SiO_2 catalyst:Physico-chemical characteristics and catalytic behavior in selective catalytic reduction of NO by NH_3. Applied Catalysis B:Environmental, 2005,60(3-4):173－179.

[16] Reiche M A,Ortelli E,Baiker A. Vanadia grafted on TiO_2-SiO_2, TiO_2 and SiO_2 aerogels-structural properties and catalytic behaviour in selective reduction of NO by NH_3. Applied Catalysis B:Environmental, 1999,23(2-3):187－203.

[17] Baiker A,Dollenmeier P,Glinski M,et al. Selective catalytic reduction of nitric oxide with ammonia:II. Monolayers of vanadia immobilized on titania-silica mixed gels. Applied Catalysis, 1987,35(2):365－380.

[18] Li Y,Murphy P D,Wu C Y,et al. Development of silica/vanadia/titania catalysts for removal of elemental mercury from coal-combustion flue gas. Environmental Science & Technology,2008,42(14):5304－5309.

[19] Kamata H,Ueno S I,Sato N,et al. Mercury oxidation by hydrochloric acid over TiO_2 supported metal oxide catalysts in coal combustion flue gas. Fuel Processing Technology, 2009,90(7-8):947－951.

[20] Lin C H,Bai H. Adsorption Behavior of moisture over a vanadia/titania catalyst:A study for the selective catalytic reduction process. Industrial & Engineering Chemistry Research, 2004,43(19):5983－5988.

[21] Eom Y,Jeon S H,Ngo T A,et al. Heterogeneous mercury reaction on a selective catalytic reduction (SCR) catalyst. Catalysis Letters, 2008,121(3-4):219－225.

[22] Spitznogle G,Senior C. Strategies for maximizing mercury oxidation across SCR catalyst in coal-fired power plants. Proceedings of Air Quality V:International Conference on Mercury,Trace Element,and Particulate Matter,Arlington,2005.

[23] Chu P,Laudal D L,Brickett L,et al. Power plant evaluation of the effect of SCR technology on mercury. Proceedings of the Combined Power Plant Air Pollutant Control Symposium. The Mega Symposium,Washington DC,2003.

[24] Negreira A S ,Wilcox J. Role of WO_3 in the Hg oxidation across the V_2O_5-WO_3-TiO_2 SCR catalyst:A DFT study. Journal of Physical Chemistry C, 2013, 117(46): 24397－24406.

[25] Zhao L K,Li C T,Zhang J,et al. Promotional effect of CeO_2 modified support on V_2O_5-WO_3/TiO_2 catalyst for elemental mercury oxidation in simulated coal-fired flue gas. Fuel, 2015,153:361－369.

[26] Zhao L K, Li C T, Wang Y, et al. Simultaneous removal of elemental mercury and NO from simulated flue gas using a CeO_2 modified V_2O_5-WO_3/TiO_2 catalyst. Catalysis Science & Technology,2016,6(15):6076－6086.

[27] 万奇. V/Ce 负载型催化剂脱除燃煤电厂烟气中元素汞的研究[博士学位论文]. 北京:清华大学,2011.

[28] Wang H Y, Wang B D, Sun Q, et al. New insights into the promotional effects of Cu and Fe over V_2O_5-WO_3/TiO_2 NH_3-SCR catalysts towards oxidation of Hg^0. Catalysis Communications, 2017, 100: 169－172.

[29] Zhao B, Liu X, Zhou Z, et al. Mercury oxidized by V_2O_5-MoO_3/TiO_2 under multiple components flue gas: An actual coal-fired power plant test and a laboratory experiment. Fuel Processing Technology, 2015, 134: 198－204.

[30] Usberti N, Clave S A, Nash M, et al. Kinetics of Hg degrees oxidation over a V_2O_5/MoO_3/TiO_2 catalyst: Experimental and modelling study under $DeNO_{(X)}$ inactive conditions. Applied Catalysis B-Environmental, 2016, 193: 121－132.

[31] Zhang X, Li C T, Zhao L K, et al. Simultaneous removal of elemental mercury and NO from flue gas by V_2O_5-CeO_2/TiO_2 catalysts. Applied Surface Science, 2015, 347: 392－400.

[32] Worle-Knirsch J M, Kern K, Schleh C, et al. Nanoparticulate vanadium oxide potentiated vanadium toxicity in human lung cells. Environmental Science & Technology, 2007, 41(1): 331－336.

[33] Reddy B M, Khan A, Yamada Y, et al. Structural characterization of CeO_2-TiO_2 and V_2O_5/CeO_2-TiO_2 catalysts by Raman and XPS techniques. Journal of Physical Chemistry B, 2003, 107(22): 5162－5167.

[34] Onstott E I. Cerium dioxide as a recycle reagent for thermochemical hydrogen production by splitting hydrochloric acid into the elements. International Journal of Hydrogen Energy, 1997, 22(4): 405－408.

[35] Ettireddy P R, Ettireddy N, Mamedov S, et al. Surface characterization studies of TiO_2 supported manganese oxide catalysts for low temperature SCR of NO with NH_3. Applied Catalysis B: Environmental, 2007, 76(1-2): 123－134.

[36] Kim Y J, Kwon H J, Nam I S, et al. High $deNO_x$ performance of Mn/TiO_2 catalyst by NH_3. Catalysis Today, 2010, 151(3-4): 244－250.

[37] Wu Z, Jiang B, Liu Y, et al. Experimental study on a low-temperature SCR catalyst based on MnO_x/TiO_2 prepared by sol-gel method. Journal of Hazardous Materials, 2007, 145(3): 488－494.

[38] Qiao S H, Chen J, Li J F, et al. Adsorption and catalytic oxidation of gaseous elemental mercury in flue gas over MnO_x/alumina. Industrial & Engineering Chemistry Research, 2009, 48(7): 3317－3322.

[39] Wang Y J, Duan Y F. Effect of manganese ions on the structure of $Ca(OH)_2$ and mercury adsorption performance of Mn^{x+}/$Ca(OH)_2$ composites. Energy & Fuels, 2011, 25(4): 1553－1558.

[40] Qi G S, Yang R T, Chang R. MnO_x-CeO_2 mixed oxides prepared by co-precipitation for selective catalytic reduction of NO with NH_3 at low temperatures. Applied Catalysis B: Environmental, 2004, 51(2): 93－106.

[41] Qi G S, Yang R T. Characterization and FTIR studies of MnO_x-CeO_2 catalyst for low temperature selective catalytic reduction of NO with NH_3. Journal of Physical Chemistry B, 2004, 108(40): 15738—15747.

[42] Qi G, Yang R T. Performance and kinetics study for low-temperature SCR of NO with NH_3 over MnO_x-CeO_2 catalyst. Journal of Catalysis, 2003, 217(2): 434—441.

[43] Wu Z, Jin R, Liu Y, et al. Ceria modified MnO_x/TiO_2 as a superior catalyst for NO reduction with NH_3 at low-temperature. Catalysis Communications, 2008, 9(13): 2217—2220.

[44] Wu Z, Jin R, Wang H, et al. Effect of ceria doping on SO_2 resistance of Mn/TiO_2 for selective catalytic reduction of NO with NH_3 at low temperature. Catalysis Communications, 2009, 10(6): 935—939.

[45] Jin R, Liu Y, Wu Z, et al. Low-temperature selective catalytic reduction of NO with NH_3 over MnCe oxides supported on TiO_2 and Al_2O_3: A comparative study. Chemosphere, 2010, 78(9): 1160—1166.

[46] Yamaguchi A, Akiho H, Ito S. Mercury oxidation by copper oxides in combustion flue gases. Powder Technology, 2008, 180(1-2): 222—226.

[47] Gao X A, Du X S, Cui L W, et al. A Ce-Cu-Ti oxide catalyst for the selective catalytic reduction of NO with NH_3. Catalysis Communications, 2010, 12(4): 255—258.

[48] Luo M F, Ma J M, Lu J Q, et al. High-surface area CuO-CeO_2 catalysts prepared by a surfactant-templated method for low-temperature CO oxidation. Journal of Catalysis, 2007, 246(1): 52—59.

[49] Djinovic P, Batista J, Pintar A. Calcination temperature and CuO loading dependence on CuO-CeO_2 catalyst activity for water-gas shift reaction. Applied Catalysis A: General, 2008, 347(1): 23—33.

[50] Kuang L, Huang P, Sun H H, et al. Preparation and characteristics of nano-crystalline Cu-Ce-Zr-O composite oxides via a green route: Supercritical anti-solvent process[J]. Journal of Rare Earths, 2013, 31(2): 137—144.

[51] Yao X J, Gao F, Yu Q, et al. NO reduction by CO over CuO-CeO_2 catalysts: Effect of preparation methods. Catalysis Science & Technology, 2013, 3(5): 1355—1366.

[52] Delimaris D, Ioannides T. VOC oxidation over CuO-CeO_2 catalysts prepared by a combustion method. Applied Catalysis B: Environmental, 2009, 89(1-2): 295—302.

[53] Zhao Q S, Sun L S, Liu Y, et al. Adsorption of NO and NH_3 over CuO/gamma-Al_2O_3 catalyst. Journal of Central South University of Technology, 2011, 18(6): 1883—1890.

[54] Li H L, Wu C Y, Li Y, et al. CeO_2-TiO_2 Catalysts for catalytic oxidation of elemental mercury in low-rank coal combustion flue gas. Environmental Science & Technology, 2011, 45(17): 7394—7400.

[55] Zhang L, Liu F D, Yu Y B, et al. Effects of adding CeO_2 to Ag/Al_2O_3 catalyst for ammonia oxidation at low temperatures. Chinese Journal of Catalysis, 2011, 32(5): 727—735.

[56] Yu W J, Zhu J, Qi L, et al. Surface structure and catalytic properties of MoO_3/CeO_2 and

$CuO/MoO_3/CeO_2$. Journal of Colloid and Interface Science, 2011, 364(2): 435—442.

[57] Benson S A, Laumb J D, Crocker C R, et al. SCR catalyst performance in flue gases derived from subbituminous and lignite coals. Fuel Processing Technology, 2005, 86(5): 577—613.

[58] Qi G S, Yang R T. Low-temperature selective catalytic reduction of NO with NH_3 over iron and manganese oxides supported on titania. Applied Catalysis B: Environmental, 2003, 44(3): 217—225.

[59] Wu Z, Jiang B, Liu Y, et al. Experimental study on a low-temperature SCR catalyst based on MnO_x/TiO_2 prepared by sol-gel method. Journal of Hazardous Materials, 2007, 145(3): 488—494.

[60] Xie J, Yan N, Yang S, et al. Synthesis and characterization of nano-sized Mn-TiO_2 catalysts and their application to removal of gaseous elemental mercury. Research on Chemical Intermediates, 2012, 38: 2511—2522.

[61] Senior C L. Oxidation of mercury across selective catalytic reduction catalysts in coal-fired power plants. Journal of Air & Waste Management Association, 2006, 56 (1): 23—31.

[62] Peña D A, Uphade B S, Smirniotis P G. TiO_2-supported metal oxide catalysts for low-temperature selective catalytic reduction of NO with NH_3: I. Evaluation and characterization of first row transition metals. Journal of Catalysis, 2004, 221 (2): 421—431.

[63] Zhang S B, Zhao Y C, Wang Z H, et al. Integrated removal of NO and mercury from coal combustion flue gas using manganese oxides supported on TiO_2. Journal of Environmental Sciences, 2016, 53: 141—150.

[64] Kijlstra W S, Biervliet M, Poels E K, et al. Deactivation by SO_2 of MnO_x/Al_2O_3 catalysts used for the selective catalytic reduction of NO with NH_3 at low temperatures. Applied Catalysis B: Environmental, 1998, 16 (4): 327—337.

[65] Eswaran S, Stenger H G, Fan Z. Gas-phase mercury adsorption rate studies. Energy & Fuels, 2007, 21 (2): 852—857.

[66] Li HL, Wu C Y, Li Y, et al. Superior activity of MnO_x-CeO_2/TiO_2 catalyst for catalytic oxidation of elemental mercury at low flue gas temperatures. Applied Catalysis B: Environmental, 2012, 111-112: 381—388.

[67] Wang P, Wang Q, Ma X, et al. The influence of F and Cl on Mn/TiO_2 catalyst for selective catalytic reduction of NO with NH_3: A comparative study, Catalysis Communications, 2015, 71: 84—87.

[68] Fernández-Miranda N, Lopez-Anton M A, Díaz-Somoano M, et al. Mercury oxidation in catalysts used for selective reduction of NO_x (SCR) in oxy-fuel combustion. Chemical Engineering Journal, 2016, 285: 77—82.

[69] Fuller E N, Schettler P D, Giddings J C. A new method for prediction of binary gasphase diffusion coefficients. Industrial Engineering Chemistry Research, 1966, 58: 18—27.

[70] Lee W H, Lee J G, Reucroft P J. XPS study of carbon fiber surfaces treated by thermal

oxidation in a gas mixture of $O_2/(O_2+N_2)$. Applied Surface Science, 2001, 171: 136−142.

[71] Yang J P, Zhao Y C, Chang L, et al. Mercury adsorption and oxidation over cobalt oxide loaded magnetospheres catalyst from fly ash in oxyfuel combustion flue gas. Environmental Science & Technology, 2015, 49: 8210−8218.

[72] Wang F, Li G, Shen B, et al. Mercury removal over the vanadia-titania catalyst in CO_2-enriched conditions. Chemical Engineering Journal, 2015, 263: 356−363.

[73] Romano E J, Schulz K H. A XPS investigation of SO_2 adsorption on ceria-zirconia mixed-metal oxides. Applied Surface Science, 2005, 246: 262−270.

[74] Yang J P, Zhao Y C, Zhang J Y, et al. Regenerable cobalt oxide loaded magnetosphere catalyst from fly ash for mercury removal in coal combustion flue gas. Environmental Science & Technology, 2014, 48: 14837−14843.

[75] Zhang S B, Zhao Y C, Yang J P, et al. Simultaneous NO and mercury removal over MnO_x/TiO_2 catalyst in different atmospheres. Fuel Processing Technology, 2017, 166: 282−290.

[76] Hisham M W M, Benson S W. Thermochemistry of the Deacon Process. The Journal of Physical Chemistry, 1995, 99(16): 6194−6198.

[77] Niksa S, Fujiwara N. Predicting extents of mercury oxidation in coal-derived flue gases. Journal of the Air & Waste Management Association, 2005, 55(7): 930−939.

[78] Niksa S, Fujiwara N. A predictive mechanism for mercury oxidation on selective catalytic reduction catalysts under coal-derived flue gas. Journal of the Air & Waste Management Association, 2005, 55(12): 1866−1875.

[79] Parvulescu V I, Grange P, Delmon B. Catalytic removal of NO. Catalysis Today, 1998, 46(4): 233−316.

[80] Ruthven D M. Principles of Adsorption and Adsorption Processes. New York: Weily, 1984.

[81] Yang R T. Gas Separation by Adsorption Processes. London: Imperial College Press, 1997.

[82] 王泉海. 煤燃烧过程中汞排放及其控制的实验及机理研究[博士学位论文]. 武汉：华中科技大学，2006.

[83] Carman P C. Flow of Gases through Porous Media. New York: Academic Press, 1956.

[84] Zhao B T, Zhang Z X, Jin J, et al. Simulation of mercury capture by sorbent injection using a simplified model. Journal of Hazardous Materials, 2009, 170(2-3): 1179−1185.

[85] Went G T, Leu L J, Bell A T. Quantitative structural analysis of dispersed vanadia species in TiO_2(anatase)-supported V_2O_5. Journal of Catalysis, 1992, 134(2): 479−491.

第 5 章　湿法烟气脱硫系统汞还原释放及控制

湿法烟气脱硫(wet flue gas desulfurization,WFGD)系统被认为是具有协同脱除 SO_2 和汞能力的重要设备。氧化态汞在 WFGD 系统内发生还原反应,引起汞的二次释放,对环境会造成危害。本章全面总结 WFGD 系统中氧化态汞的还原释放机理,详细介绍不同影响因素对氧化态汞还原释放的影响,评价多种非碳基吸附剂对 WFGD 系统中汞的固定性能和机制,分析汞在 WFGD 系统内的迁移转化规律,探讨汞在脱硫石膏中的赋存形态、浸出特性和毒性。

5.1　脱硫系统中汞的分布

5.1.1　湿法脱硫系统介绍

目前,SO_2 的脱除主要包括燃烧前脱硫、燃烧中脱硫和燃烧后脱硫。燃烧前脱硫可有效地控制 SO_2 的生产,从根本上减少 SO_2 的产生,减轻燃煤机组 SO_2 脱除负荷。燃烧前脱硫主要通过原煤洗选、煤气化等技术进行。燃烧中脱硫主要是在煤燃烧过程中干预燃烧反应路径,减少 SO_2 的生成,其主要方式为在燃烧过程中添加脱硫剂(石灰石、白云石等),脱硫剂在高温下的产物(如 CaO、MgO 等)与煤燃烧过程中产生的硫氧化物反应,生成硫酸盐,最终以固态燃烧产物灰渣排出。燃烧后脱硫主要通过碱性吸收剂与硫氧化物的中和反应来达到目的,包括干法脱硫和湿法脱硫两种[1],其主要脱硫工艺见表 5.1。从机组煤种适应性、前期投资、运行稳定性、硫氧化物脱除效率等各方面综合考虑,石灰石-石膏湿法脱硫工艺是目前应用最广泛、技术最成熟、运行最稳定的技术。国际上也普遍认同石灰石-石膏湿法脱硫技术。在美国的电厂中,石灰石-石膏法脱硫占已有机组脱硫装机容量的 80%,在日本占比超过 75%,脱硫效率总体保持在 90%以上[1-3]。脱硫产物石膏具有资源综合再利用的价值,可应用于建筑材料、改良土壤环境、水泥缓凝剂等行业[4]。

典型的石灰石-石膏湿法脱硫系统如图 5.1 所示,主要由以下几个子系统组成,即烟气系统、SO_2 吸收系统、石膏脱水系统、吸收剂制备系统等,所涉及的设备包括增压风机、氧化风机、脱硫塔、循环泵、石膏排出泵、水力旋流分离器、真空脱水皮带脱水机等。燃烧后产生的烟气从脱硫塔下方进入脱硫塔内,吸收剂(石灰石浆液)从上向下喷淋,与进入脱硫塔内的烟气形成对流,使两者接触更加充分。烟气中的 SO_2 与脱硫浆液中的碱性物质发生化学反应生成亚硫酸钙,在鼓入氧化空气的作用下强制氧化生成硫酸钙。生成的硫酸钙在脱硫塔底部积累,随后随脱硫浆液排出至水力旋流分离器进行固液浓缩分离。分离后的石膏在真空皮带的作用下脱水后运送至石膏库堆放。分离液则被输送回塔内继续循环利用。

表 5.1　几种主要脱硫工艺比较[1]

项目	工艺系统	石灰石-石膏湿法	旋转喷雾半干法	海水脱硫	电子束	炉内喷钙加增湿活化	循环流化床干法
应用条件	适用煤种含硫量	适用广泛	<2.0%	<1.0%	2.5%	<2.0%	<2.0%
	应用单机规模	没有限制	用于 10 万～25 万 kW 中型机组	30 万 kW、60 万 kW 机组,应用较少	已有 10 万 kW 机组的试验装置投运	多用于 10 万～20 万 kW 中型机组	多为中小型机组;20 万～30 万 kW 机组,已应用
技术条件	成熟程度	成熟	成熟	成熟	工业试验	成熟	成熟
	吸收剂	石灰石	消石灰	海水	氨	石灰石	消石灰
	Ca/S 质量比值	<1.1	1.5 左右	—	—	>2.0	1.3～1.5
	设计脱硫效率	>95%	80%左右	>90%	90%左右	65%～80%	85%～90%
经济条件	投资费用/(元/kW)	300	350～500	600	1050	350～500	200～300
	年运行费用	较低	较高	低	较高	较低	较高
	占有市场份额	80%	8%	较少	较少	2%	较少
副产品	种类	石膏(湿)	亚硫酸钙(半干)	—	硫酸铵/硝酸铵(干)	脱硫废渣(半干)	亚硫酸钙(干)
	利用方式	用途广	可利用	—	可利用	可利用	可利用

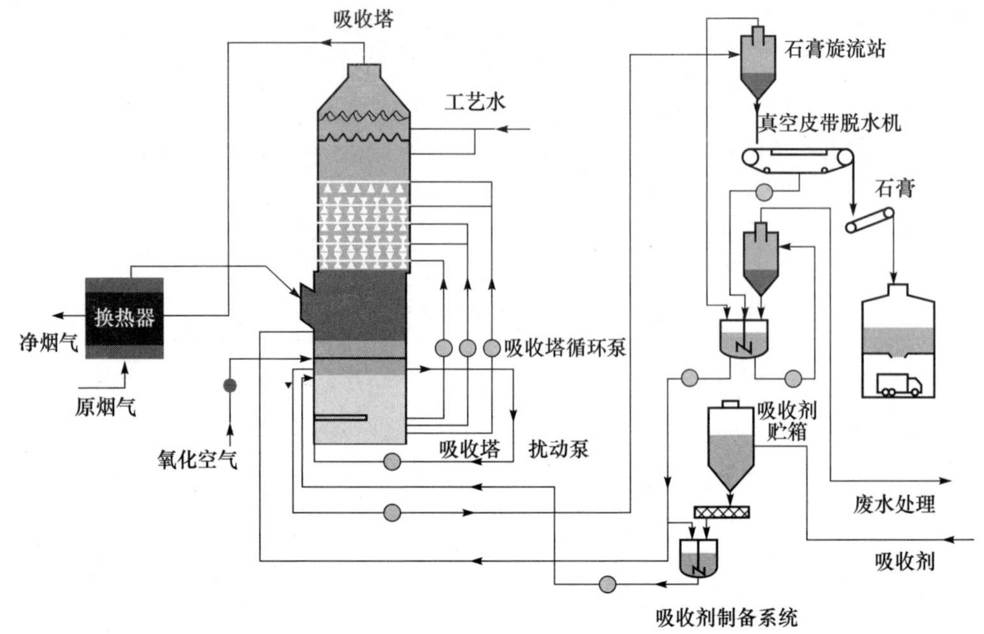

图 5.1　石灰石-石膏湿法烟气脱硫工艺设备图[5]

5.1.2　WFGD 系统内汞的含量分布

燃煤烟气与脱硫浆液在 WFGD 脱硫塔内充分混合接触，在脱硫浆液的淋洗作用下，烟气中的颗粒物和其他污染物大部分被脱除并转移到脱硫浆液中。氧化态汞具有水溶性的特点，目前普遍认为 WFGD 系统在脱硫的同时能够有效脱除烟气中的氧化态汞。因此，WFGD 系统协同脱除烟气中的汞被认为是可行性高、经济效益好的协同脱汞技术。但目前利用 WFGD 系统协同脱汞仍存在一些问题，如浆液中残留的四价 S 等还原性物质会将氧化态汞还原成元素态汞，造成汞的二次释放，使 WFGD 系统脱汞效率降低。另外，汞富集在脱硫石膏中，影响石膏后续综合利用。因此，研究 WFGD 系统中汞的迁移转化和脱除具有重要意义。

脱硫浆液中的 Hg^{2+} 经过一系列的复杂化学反应，在气相、液相和固相中重新分布，其迁移转化行为如图 5.2 所示。烟气中的氧化态汞($Hg^{2+}_{(g)}$)被 WFGD 系统脱除后，转变为液态汞($Hg^{2+}_{(l)}$)；吸收后的 $Hg^{2+}_{(l)}$ 存在三个迁移转化过程：一部分汞与浆液中的还原性物质如四价 S 发生反应，生成元素态汞进而再释放到烟气中；另一部分汞则被浆液中细小的石膏颗粒捕获而进入石膏中；其余部分汞残留在浆液中[6]。通过添加三巯基三嗪三钠盐(trimercaptotriazine，TMT)、二硫代氨基甲酸盐螯合树脂(dithiocarbamate type chelating resin，DTCR)等添加剂可以脱除液相中的汞，将液相中的汞通过沉淀形式转移到固相中。研究表明，液相中的汞与过量的四价 S 和 Cl^- 以及 Na_2S、DTCR、TMT 生成 $HgSO_4$、$HgSO_3$、$Hg(SO_3)_2^{2-}$、$ClHgSO_3^-$、$Cl_2HgSO_3^{2-}$、HgS、$Hg_3(TMT)_2$、$Hg(DTCR)_2$ 等物质。这些物质一方面会抑制浆液中汞的还原，另一方面促进汞富集到石膏中。

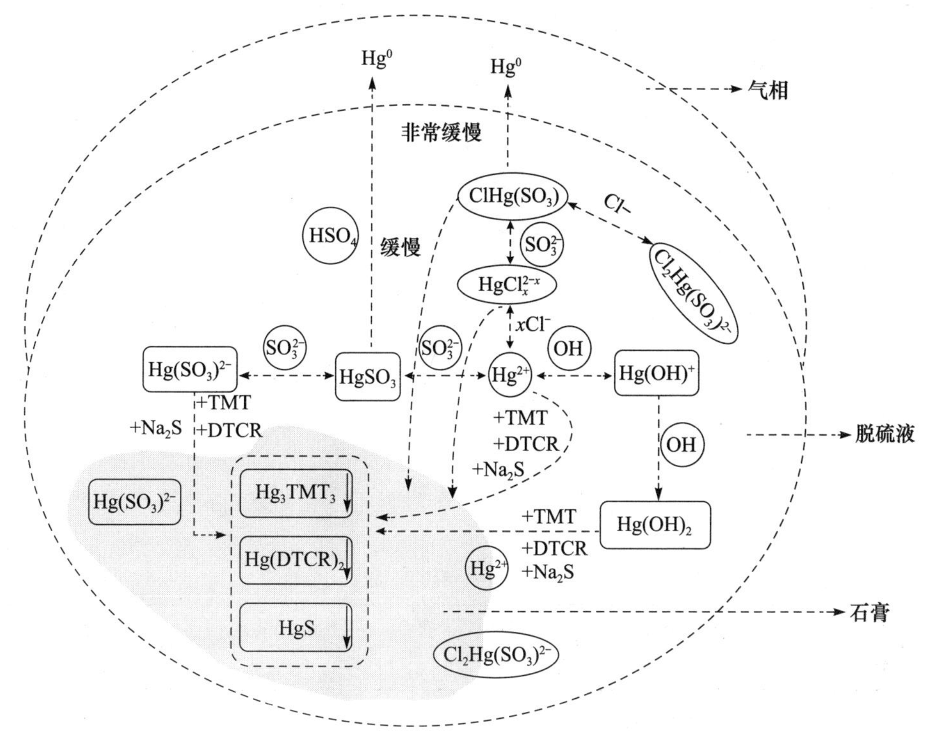

图 5.2　脱硫浆液中 Hg^{2+} 还原和吸附行为及主要反应机理[6]

WFGD 脱硫系统中浆液的循环利用导致液相中污染物富集。富集行为会导致环境问题，如降低气相滞留效率、污染土壤和地下水，也会引发技术问题，如脱硫塔和 FGD 管道腐蚀。Córdoba 等[7]研究了汞在 WFGD 系统中的迁移赋存行为，给出了电厂 FGD 系统和工艺流程图(见图 5.3)。WFGD 系统中的汞来源于煤和脱硫石灰石，进入 WFGD 系统内的汞随浆液循环发生迁移，流程图中各组浆液中汞含量见表 5.2 和表 5.3。

气相中的氧化态汞被脱硫浆液吸收，在脱硫塔内积聚。汞在脱硫塔内反应较为复杂，涉及不同相间及多种化学成分的反应。WFGD 系统内各采样点固相、液相组分中的汞含量见表 5.2 和表 5.3。可以看出，经过旋流器处理后，脱硫浆液液相中汞浓度为 0.01mg/L，脱硫浆液固相中汞浓度为 0.107mg/kg，旋流器分离出的石膏中汞浓度为 0.154mg/kg，分离出的液相产物中的汞继续在 WFGD 系统内随浆液循环。

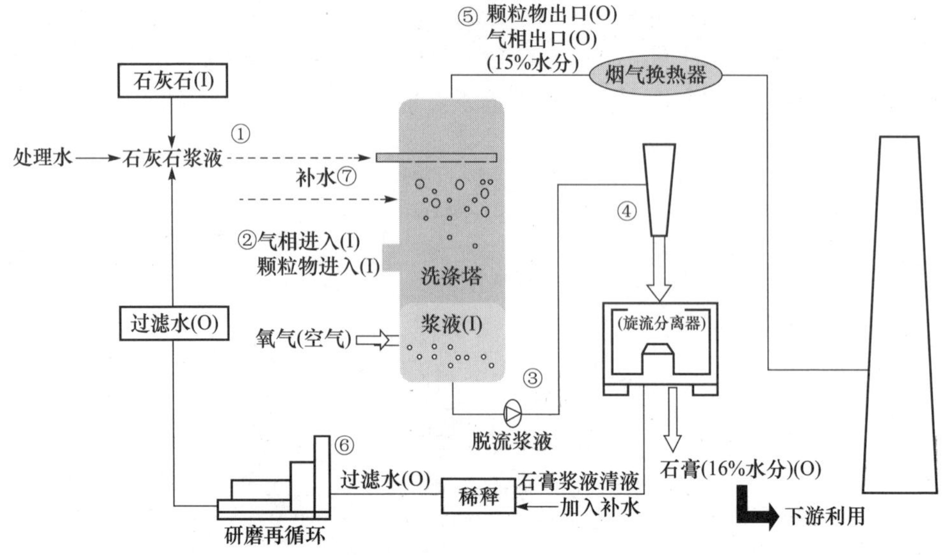

图 5.3 电厂 FGD 系统和工艺流程图[7]

表 5.2 固相中汞含量[7] (单位:mg/kg)

混煤	石灰石	石灰石浆液	石膏	石膏浆液
0.082	0.003	0.019	0.154	0.107

表 5.3 液相中汞含量[7] (单位:mg/L)

中水	补水	石灰石浆液水	石膏浆液水	过滤水
0.001	0.002	0.001	0.01	0.002

5.1.3 WFGD 系统设备对汞分布影响

脱硫石灰石中含有少量汞，含量约为 0.003mg/kg，这部分汞随石灰石浆液进入脱硫塔，成为 WFGD 系统内汞输入源之一。脱硫塔内化学反应复杂，含有高浓度的 Cl、S、Ca、Mg 等元素，发生气-液-固三相反应。汞在脱硫塔内发生吸附及氧化还原反应，最终大部分积聚在脱硫塔内，因此脱硫塔是 WFGD 系统内汞富集的主要场所。WFGD 系统的水力旋流器对汞的迁移行为有一定影响。旋流器将汞赋存的脱硫浆液进行固液分离，分离出石膏实现再利用。石膏浆液固相中汞的含量为 0.107mg/kg，分离后的石膏中汞含量为 0.154mg/kg。WFGD 系统的稀释系统处理后，浆液中汞浓度从 0.01mg/L 下降到 0.002mg/L，汞浓度降低主要是由于补水的添加。为补充石膏生产及烟气携带造成的水损失，在此处进行水补偿，这种补偿可一定程度上降低液相中汞的相对含量。随后经稀释过滤的水重新输送到石灰石浆液制备设备内。

5.2　脱硫系统中汞的还原释放

烟气中 Hg^{2+} 由于具有水溶性的特点可以被脱硫塔洗涤从而从烟气中脱除，然而，脱硫塔中的 Hg^{2+} 会发生还原反应造成 Hg^0 的二次释放。Wu 等[8]对 WFGD 系统进出口处的 Hg^0 浓度进行检测，结果发现 WFGD 系统进口处和出口处的 Hg^0 浓度分别为 2.48μg/m³ 和 8.85μg/m³，经过 WFGD 系统后 Hg^0 再释放率达到 257%，Hg^{2+} 还原释放主要发生在脱硫浆液中。Hg^{2+} 还原释放会降低 WFGD 系统的脱汞效率。Munthe 等[9]发现 SO_2 溶于水后会发生水解生成 HSO_3^- 和 SO_3^{2-}。Hg^{2+} 与 SO_3^{2-} 会发生反应生成 $HgSO_3$ 和 $Hg(SO_3)_2^{2-}$，随后分解成 Hg^0 造成二次释放。本节主要研究 WFGD 系统中各种因素对 Hg^{2+} 还原释放的影响。

5.2.1　温度对 Hg^{2+} 还原释放的影响

Wu 等[8]研究了温度对 Hg^{2+} 还原释放的影响，在 pH=6、$CaCO_3$ 质量分数为 0.5%、$HgCl_2$ 加入量为 1mL/h、N_2 流量为 800mL/min 的试验条件下，考察反应温度对 Hg^{2+} 还原释放的影响。随着反应的进行，Hg^{2+} 逐渐被还原并释放到气相中，如图 5.4 所示，反应过程可由式(5.1)表述。温度的升高会促进 Hg^{2+} 的还原释放，在 60℃时，Hg^0 释放浓度达到 1500ng/m³，温度升高会增加 Hg^{2+} 与 HSO_3^- 在浆液中的碰撞概率。其他学者[10,11]同样研究了 45～65℃不同条件下 Hg^{2+} 的还原释放，均认为温度升高会促进 Hg^{2+} 的还原释放。

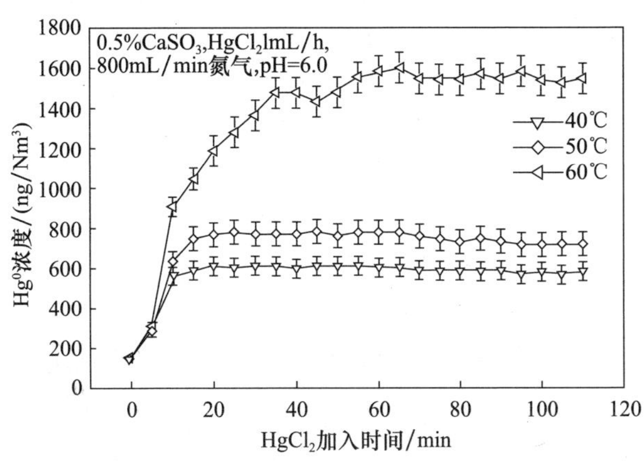

图 5.4　温度对 Hg^0 释放的影响[8]

$$HSO_3^- + H_2O + Hg^{2+} \longleftrightarrow Hg^0 + SO_4^{2-} + 3H^+ \quad (5.1)$$

Omine 等[12]在 20～75℃范围内，pH＝5.8，烟气组分 O_2、CO_2、N_2 分别为 5%、15%、80%的条件下，对 Hg^{2+} 还原释放反应进行了研究，得出结论与上述一致：浆液温度升高会促进 Hg^{2+} 还原和 Hg^0 的再释放（见图 5.5）。

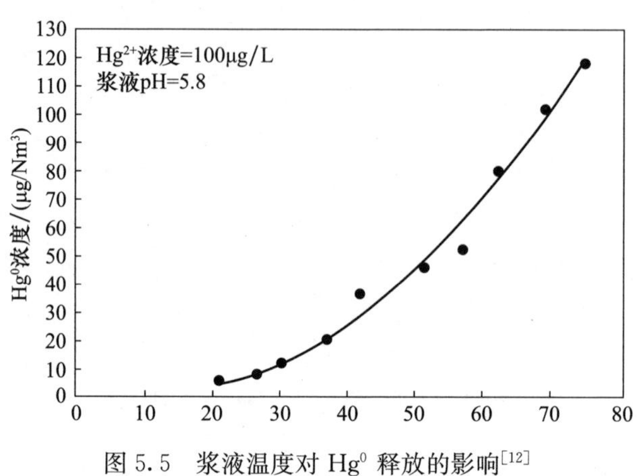

图 5.5　浆液温度对 Hg^0 释放的影响[12]

5.2.2　pH 对 Hg^{2+} 还原释放的影响

pH 是 WFGD 系统中重要的监控参数，pH 过低会导致 SO_2 吸收不充分，脱除效率不高，pH 过高则会导致脱硫剂 $CaCO_3$ 溶解受阻，石膏生成速率变慢[13]。通常，WFGD 系统脱硫浆液 pH 控制在 5～5.5。考察 pH 对 Hg^{2+} 还原释放的影响至关重要[14]。Wo 等[15]研究发现，pH 降低会导致 Hg^{2+} 还原释放减弱，如图 5.6 所示。在四价 S 浓度为 5mmol/L、反应温度 50℃的条件下，通过 H_2SO_4 和 NaOH 调节 pH，结果表明 pH 升高，Hg^0 的脱除效率降低，也就意味着 Hg^{2+} 还原释放程度增强。随着反应进行，Hg^{2+} 浓度降低，在反应 1h 后，Hg^{2+} 脱除效率降低程度减弱，这说明 Hg^0 的再释放趋于稳定。当 pH 从 3 升高到 4、5 和 6 时，反应经过 2h，Hg^{2+} 还原效率从 84.4%分别降低到 63.1%、51.1%和 23.3%[15]。在 pH 为 6 时，液相中存在较多的 OH^-，Hg^{2+} 还原释放较弱，主要是与 OH^- 生成了 $Hg(OH)^-$ 和 $Hg(OH)_2$，从而抑制了 Hg^0 的再释放。

pH 对 Hg^{2+} 的还原释放具有显著影响，可能是由于在反应过程中 pH 发生了改变。Ochoa-Gonzalez 等[16]对 Hg^{2+} 还原释放行为进行了研究，在反应的同时进行 pH 及氧化还原电位（oxidation reduction potential，ORP）在线监测，结果如图 5.7 所示。四价 S 浓度为 1mmol/L，Hg 为 130μg/m³。随着反应进行，汞蒸发系统携带酸性物质（如 HCl）进入反应系统，导致系统内 pH 逐渐降低。在反应初始 120min 内，Hg^0 释放浓度保持不变，在 120min 后，Hg^0 释放浓度急剧增大，这是因

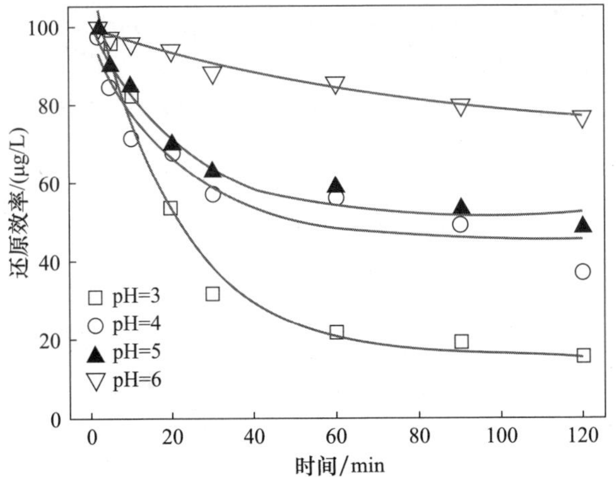

图 5.6　初始 pH 对 Hg^{2+} 还原效率的影响[15]

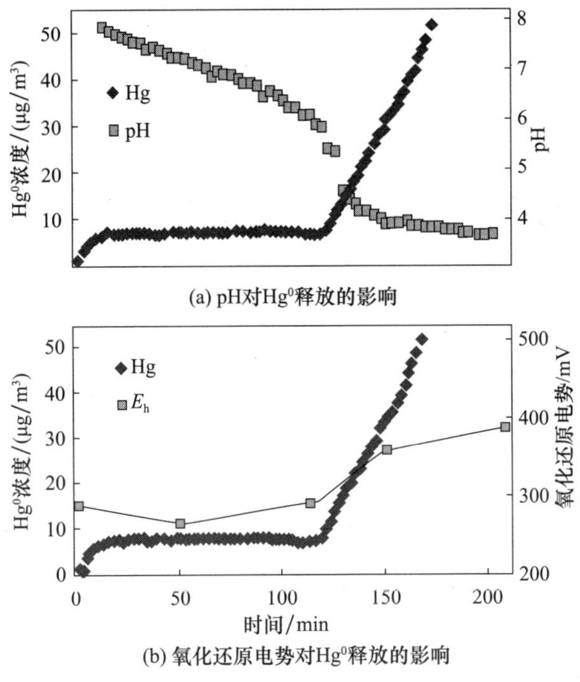

图 5.7　Hg^0 释放的影响因素[16]

为液相中的 SO_3^{2-} 逐渐减少。当 pH>6 时，Hg^{2+} 在液相中与 SO_3^{2-} 反应生成配合物 $Hg(SO_3)_2^{2-}$，见式(5.2)；当 pH<6 时，SO_3^{2-} 在液相中变得不稳定，转变为 HSO_3^-，见式(5.3)。此时，Hg 与四价 S 结合生成的配合物如 $HgHSO_3^-$ 不稳定，分解为 Hg^0，造成二次释放。同时，在反应结束时氧化还原电势升高到 400mV，证

明四价 S 与 Hg^{2+} 在溶液中发生反应生成 SO_4^{2-}，见式(5.4)。在 pH 降低至 4 以下后，Hg^0 释放浓度持续增大，超过 50μg/m³。

$$HgCl_2 + 2SO_3^{2-} \longleftrightarrow Hg^0 + Hg(SO_3)_2^{2-} + 2Cl^- \tag{5.2}$$

$$SO_3^{2-} + H^+ \longrightarrow HSO_3^- \tag{5.3}$$

$$HgCl_2 + SO_3^{2-} + H_2O \longleftrightarrow Hg^0 + SO_4^{2-} + 2Cl^- + 2H^+ \tag{5.4}$$

5.2.3 O_2 浓度对 Hg^{2+} 还原释放的影响

O_2 浓度是 WFGD 系统内调控的另一个重要参数。在脱硫塔下方布有风机，用于向脱硫塔内强制鼓入空气，主要目的是将脱硫后产生的 $CaSO_3$ 氧化成 $CaSO_4$，反应途径见式(5.5)。O_2 含量过低会导致 $CaSO_3$ 氧化不充分，石膏纯度不高，品质降低。

$$CaSO_3 + 1/2O_2 + H_2O \longrightarrow CaSO_4 + H_2O \tag{5.5}$$

O_2 浓度(体积分数)会影响 Hg^{2+} 还原释放。有研究结果表明，增大 O_2 浓度会抑制 Hg^0 的释放。Omine[12]调节 O_2 浓度为 5%、10%、20%，考察 Hg^0 的再释放，结果如图 5.8 所示。O_2 浓度从 2%增大到 20%时，Hg^0 再释放降低约 20%，同时氧化还原电势由 46mV 增大到 56mV。O_2 与 SO_3^{2-} 反应生成 SO_4^{2-}(或 HSO_4^-)，生成的 SO_4^{2-} 会与 Hg^0 反应生成 $HgSO_4$(见式(5.6)、式(5.7))，从而抑制 Hg^{2+} 还原释放。Chen 等[17]研究了 1%、3%、6%、15%的 O_2 浓度下 Hg^{2+} 还原释放规律及在固相和液相中的分布比例(见图 5.9)，结果表明增大 O_2 浓度有助于抑制 Hg^{2+} 的还原释放，当 O_2 浓度从 0%增大到 15%时，Hg^{2+} 还原释放浓度从 6.87μg/m³ 降低到 2.62μg/m³ 以下，降幅超过 50%。同时，O_2 浓度增大后，汞在固相中富集，这是因为液相中 SO_3^{2-} 被氧化为 SO_4^{2-}(见式(5.8))，随后与液相中的 Hg^{2+} 反应生成 $HgSO_4$，

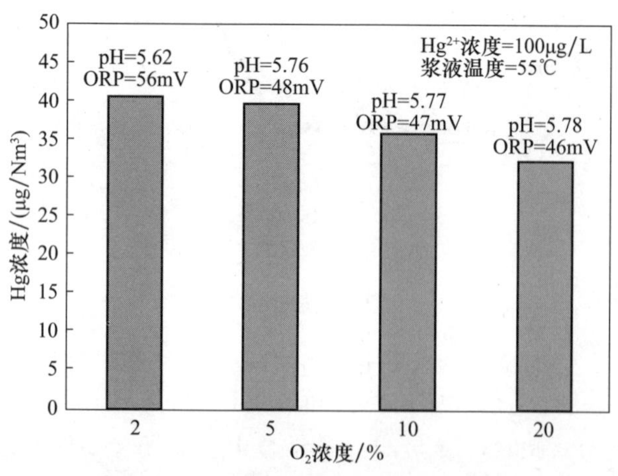

图 5.8 O_2 浓度对 Hg^0 再释放的影响[12]

导致汞转移到固相中[17]。Chang 等[11]指出，O_2 破坏 Hg^{2+} 与 SO_3^{2-} 生成的稳定配合物导致 Hg^0 的释放；另外，O_2 氧化 SO_3^{2-} 生成 SO_4^{2-}，Hg^{2+} 会与 SO_4^{2-} 生成新的配合物 $HgSO_3SO_4^{2-}$，有益于抑制 Hg^{2+} 的还原释放[18]。

$$HSO_3^- + H_2O + 1/2O_2 \longrightarrow SO_4^{2-} + H^+ + H_2O \tag{5.6}$$

$$Hg^{2+} + SO_4^{2-} \longrightarrow HgSO_4 \tag{5.7}$$

$$2SO_3^{2-} + O_2 \longrightarrow 2SO_4^{2-} \tag{5.8}$$

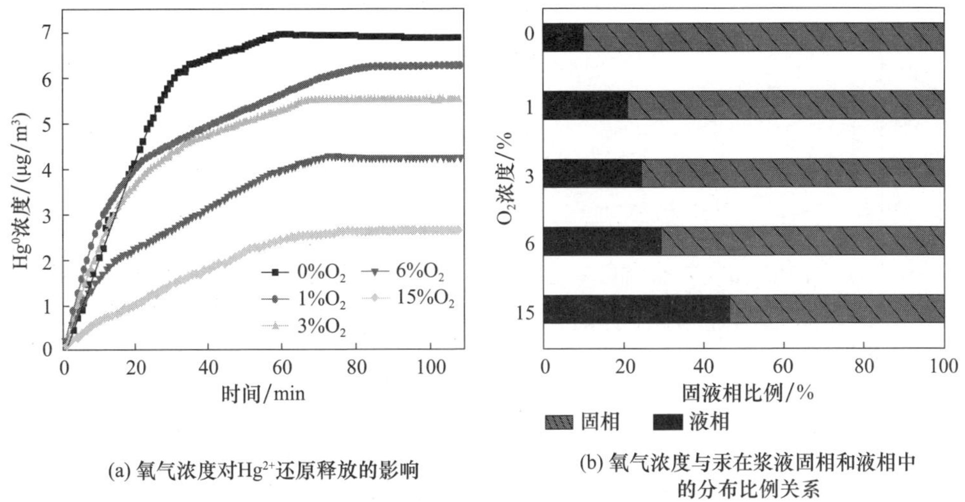

(a) 氧气浓度对Hg^{2+}还原释放的影响

(b) 氧气浓度与汞在浆液固相和液相中的分布比例关系

图 5.9　烟气中氧气浓度对 Hg^{2+} 还原释放的影响及烟气中氧气浓度与汞在浆液的固相和液相中赋存比例的关系[17]

5.2.4　SO_3^{2-} 浓度对 Hg^{2+} 还原释放的影响

WFGD 系统中石膏生产的关键步骤是 $CaSO_3$ 的生成及其氧化为 $CaSO_4$。大量四价 S 存在于脱硫浆液中，低价态的四价 S 具有还原性是导致 Hg^{2+} 还原释放的主要因素[19,20]。Chang 等[11]系统研究了 SO_3^{2-} 对 Hg^{2+} 在 WFGD 系统内还原释放的影响，结果如图 5.10 所示。SO_3^{2-} 对 Hg^{2+} 在液相中的反应体现出双重作用，当 SO_3^{2-} 浓度从 1.0mmol/L 增大到 10.0mmol/L 时，Hg^{2+} 还原释放量从 53.7μg 降至 4.5μg。造成 Hg^{2+} 大量还原释放的原因是 SO_3^{2-} 浓度较低。另外，试验 pH 较低，低 pH 会促进 Hg^{2+} 的还原释放。当 SO_3^{2-} 浓度较高时，Hg^{2+} 的还原释放被抑制。当 SO_3^{2-} 浓度较低时，Hg^{2+} 与 SO_3^{2-} 反应生成中间产物 $HgSO_3$，引起 Hg^{2+} 还原释放。$HgSO_3$ 具有氧化还原不稳定性，极易分解为 Hg^0 与 SO_4^{2-}。当 SO_3^{2-} 浓度过量时，$HgSO_3$ 与 SO_3^{2-} 进一步结合生成 $Hg(SO_3)_2^{2-}$。与 $HgSO_3$ 相比，$Hg(SO_3)_2^{2-}$ 较为稳定，不易分解释放出 Hg^0，可以抑制 Hg^{2+} 的还原释放[21,22]，反应途径见式(5.2)。陈传敏等[23]同样研究了 SO_3^{2-} 对 Hg^{2+} 还原释放的影响,认为 SO_3^{2-} 是导致 Hg^{2+} 还原释放的主要物质,Hg^{2+} 释放速率随浆液中 SO_3^{2-} 浓度的升高而降低,结果如图 5.11 所示。Munthe 等[9]计算了 Hg^{2+} 与过量 SO_3^{2-} 的反应速率,指出 Hg^{2+} 可迅速与 SO_3^{2-} 反应生成 $Hg(SO_3)_2^{2-}$,二阶反应速率常数估计值为 1.1×10^8mol/(L·S)。因此,过量的 SO_3^{2-} 会抑制 Hg^{2+} 还原释放。

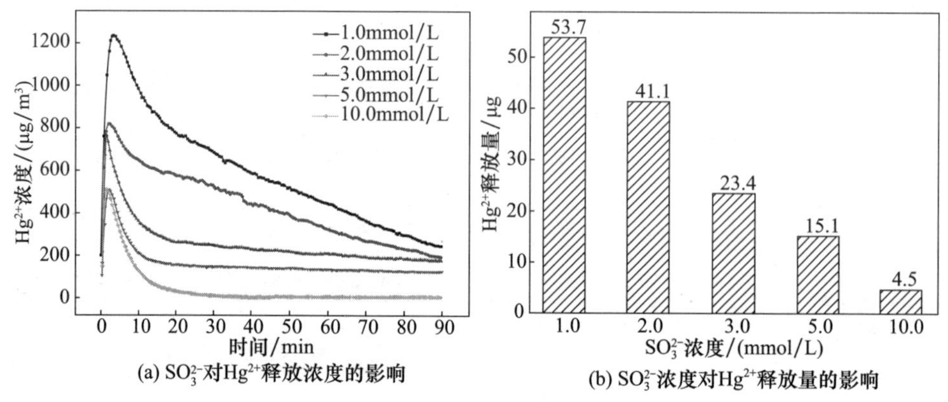

图 5.10　Hg^{2+} 释放量的影响[11]

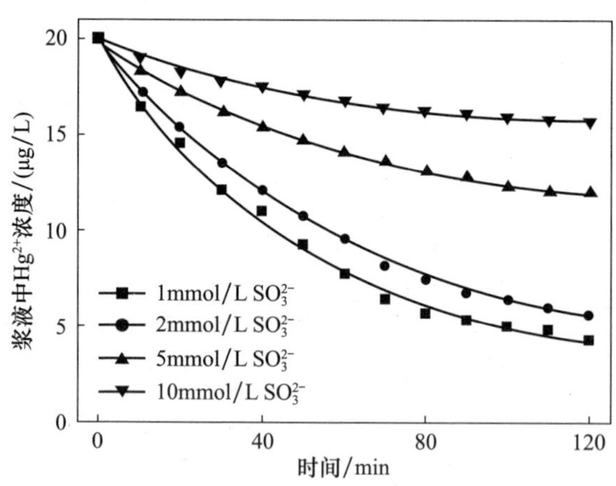

图 5.11　SO_3^{2-} 浓度对 Hg^{2+} 还原释放的影响[23]

5.2.5　SO_4^{2-} 浓度对 Hg^{2+} 还原释放的影响

Ochoa-González 等[24]研究指出,SO_4^{2-} 可抑制 Hg^0 的再释放。反应系统中加入 0.01mol/L 的 SO_4^{2-} 后,Hg^{2+} 还原效率从 45%降低到 10%,继续增加 SO_4^{2-} 的含量,Hg^{2+} 还原效率基本不变[25]。Chang 等[11]同样指出 SO_4^{2-} 会抑制 Hg^{2+} 还原

释放，继续增加 SO_4^{2-} 含量和增大 SO_3^{2-}/SO_4^{2-} 比例对 Hg^{2+} 还原释放影响不明显。通过反应过程中价电子跃迁产生的紫外可见光谱和光谱的吸收程度对物质组成进行分析，可了解 Hg^{2+} 的还原释放规律。Liu 等[18] 通过紫外光谱分析不同浓度 SO_4^{2-} 对 Hg^{2+} 还原释放的影响，如图 5.12 所示。在 SO_4^{2-} 存在的环境中，紫外光谱的吸收强度逐渐减弱。报道称即使 SO_4^{2-} 浓度很低，液相中也可检测到 236nm、215nm、204nm 处(图中箭头指示处)对应的 Hg_2^{2+} 吸收峰[26]。图 5.12(a)表明反应过程中生成了中间产物 Hg_2^{2+}。加入 SO_4^{2-} 后，Hg_2^{2+} 的吸收峰急剧减弱(见图 5.12(b)、(c)、(d))，这可能是由于液相中的 SO_4^{2-} 会与 $HgSO_3$ 结合，生成新的配合物 $HgSO_3SO_4^{2-}$，反应路径见式(5.9)。

$$Hg^{2+} + SO_3^{2-} + SO_4^{2-} \longleftrightarrow HgSO_3SO_4^{2-} \tag{5.9}$$

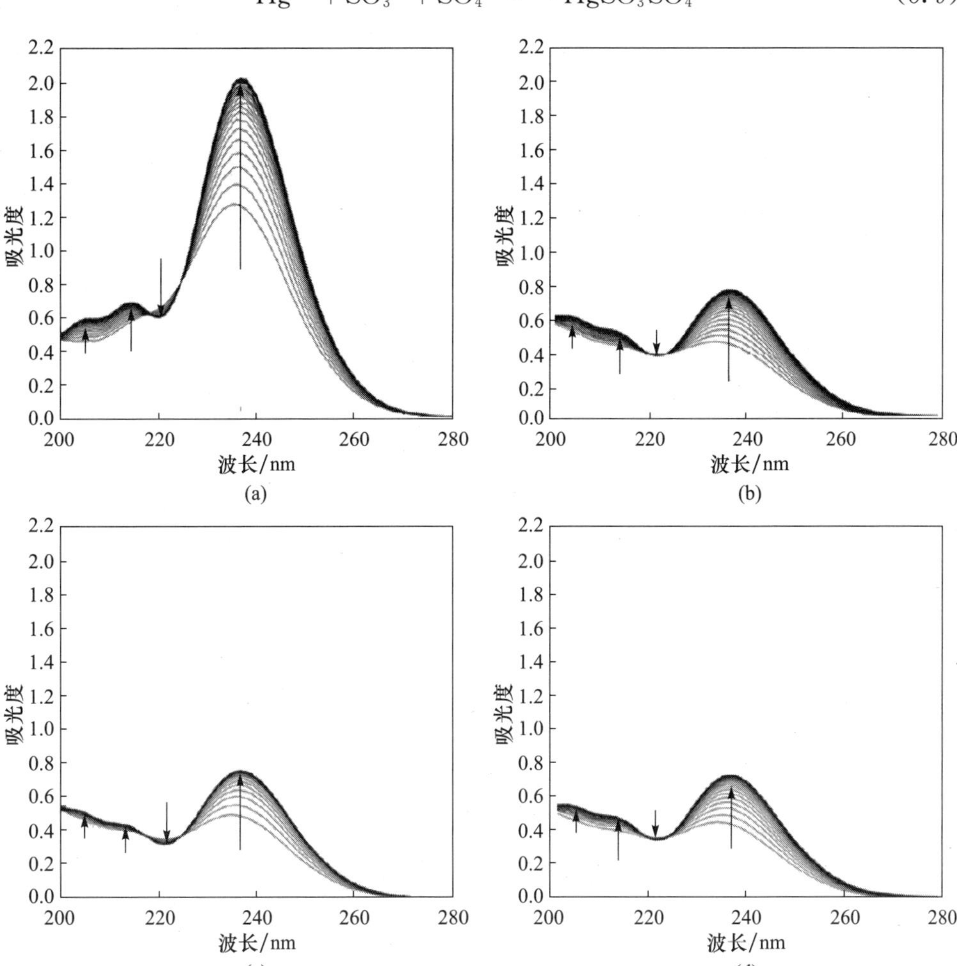

图 5.12 SO_4^{2-} 对 Hg^{2+} 还原释放过程中 UV 光谱的影响[18]

5.2.6 CO_2 浓度对 Hg^{2+} 还原释放的影响

尽管 CO_2 在水中的溶解度比 SO_2 和 SO_3 低很多，但是烟气中的 CO_2 浓度过高会导致液相 pH 降低，这种作用在富氧燃烧条件下更加明显。CO_2 对 Hg^0 再释放的影响及 Hg 在副产品中的分布情况如图 5.13 所示[27]，CO_2 浓度变化区间为 0～

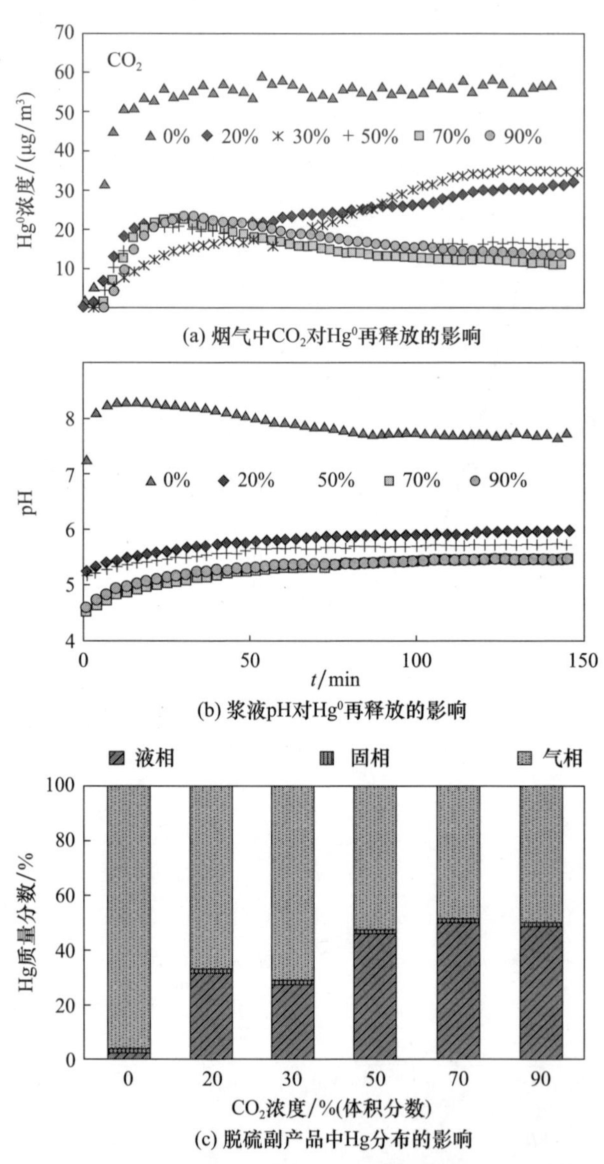

图 5.13 影响 Hg^0 再释放因素及 Hg 在副产品中的分布情况[27]

90%。从图 5.13 中可以看出，随着烟气中 CO_2 浓度增大，石膏浆液中 Hg^0 的释放量降低。当浓度高于 50%时，液相中的汞含量基本保持不变。当 CO_2 浓度由 0 增大到 70%～90%时，反应过程中石膏浆液的 pH 由 7.9±0.3 降低到 5.3±0.3，这是由以下 CO_2 在液相中的平衡结果导致的：

$$CO_2 + H_2O \longleftrightarrow H_2CO_3 \tag{5.10}$$

$$H_2CO_3 \longleftrightarrow CO_2 + H_2O \tag{5.11}$$

$$H_2CO_3 + H_2O \longleftrightarrow HSO_3^- + H_3O^+ \tag{5.12}$$

另外，随 CO_2 浓度从 20%增大至 90%，Hg^{2+} 在液相中的比例由 28%增加至 50%，同时以气相形式释放的比例相对减少，表明 CO_2 浓度增大促进 Hg^{2+} 在液相中的存留，抑制了在固相石膏中的富集。

5.2.7　WFGD 系统中 Hg^{2+} 还原释放机理

Blythe 等[28]考虑了 70 个反应，选定 25 个反应系统进行了反应动力学计算，并获得表观活化能 E_{act} 和指前因子 A，见表 5.4。

表 5.4　$Hg\text{-}SO_2$ 主要反应动力学参数[28]

反应	A/(gmol/(L·S))	E_{act}/(kcal①/gmol)
$H_2O \longrightarrow H^+ + OH^-$	1.00×10^{-4}	15.9
$Mg^{2+} + SO_3^{2-} \longrightarrow MgSO_3$	8.30×10^{9}	3.0
$H^+ + SO_3^{2-} \longrightarrow HSO_3^-$	1.00×10^{11}	3.0
$H^+ + HSO_3^- \longrightarrow SO_2 + H_2O$	1.00×10^{11}	3.0
$Hg^{2+} + SO_3^{2-} \longrightarrow HgSO_2$	1.00×10^{8}	10.0
$HgSO_3 + SO_3^{2-} \longrightarrow Hg(SO_3)^{2-}$	2.18×10^{7}	3.00
$HgSO_3 + H_2O \longrightarrow Hg^0 + HSO_4^- + H^+$	1.06×10^{-2}	17.0
$Hg(g) \longrightarrow Hg^0$	1.00×10^{-1}	5.30
$Hg^{2-} + Cl^- \longrightarrow HgCl^-$	1.00×10^{5}	0
$HgCl^+ + Cl^- \longrightarrow HgCl_2$	7.00×10^{9}	0
$HgCl_2 + Cl^- \longrightarrow HgCl_3^-$	6.70	11.2
$HgCl_3^- + Cl^- \longrightarrow HgCl_4^{2-}$	1.30×10^{9}	11.8
$Hg^{2+} + H_2O \longrightarrow HgOH^+ + H^+$	2.60×10^{-4}	13.3
$HgOH^+ + H_2O \longrightarrow Hg(OH)_2 + H^+$	2.60×10^{-3}	12.1
$Hg^{2+} + S_2O_3^{2-} \longrightarrow HgS_2O_3$	2.00×10^{7}	0
$HgS_2O_3 + S_2O_3^{2-} \longrightarrow Hg(S_2O_3)_2^{2-}$	1.00×10^{2}	0

续表

反应	A/(gmol/(L·S))	E_{act}/(kcal①/gmol)
$HgCl_2+SO_3^{2-}\longrightarrow ClHgSO_3^-+Cl^-$	1.00×10^8	10.0
$ClHgSO_3^-+H_2O\longrightarrow Hg^0+HSO_4^-+Cl^-+H^+$	2.0×10^{-3}	0
$Ca^{2+}+SO_3^{2-}\longrightarrow CaSO_3$	2.50×10^9	3.00
$ClHgSO_3^-+Cl^-\longrightarrow Cl_2HgSO_3^{2-}$	7.00×10^2	10.0
$ClHgSO_3^-\longrightarrow HgSO_3+Cl^-$	1.50	0
$HgSO_3+OH^-\longrightarrow Hg^0+SO_4^{2-}+H^+$	1.00×10^6	10.0
$Hg^{2+}+Inh\longrightarrow HgInh$(抑制剂)	1.00×10^{10}	0
$HgSO_3+e\longrightarrow Hg^0+e^++SO_3^{2-}$(电子迁移)	1.00×10^2	10.0
$HgSO_3+Acc+H_2O\longrightarrow Hg^0+2H^++Acc+SO_4^{2-}$(促进剂)	5.00	10.0

① 1 kcal=4.1868×10³J。

根据 Hg^{2+} 还原释放动力学反应模型，Hg^{2+} 反应机理主要是通过 Hg、Cl 和 SO_3^{2-} 生成配合物从而进一步发生反应。液相中 Cl 的存在会限制 Hg^{2+} 在低 pH 条件下发生还原反应。在较高 pH 环境下，Hg^{2+}、Cl、SO_3^{2-} 三者形成的配合物(如 $ClHgSO_3^-$)造成了 Hg^{2+} 还原释放。Cl^- 可与液相中 Hg^{2+} 和 SO_3^{2-} 生成稳定的 $ClHgSO_3^{2-}$ 并抑制 Hg^{2+} 的还原释放，$HgSO_3$ 是造成 Hg^0 再释放的关键中间产物(见图 5.14)。

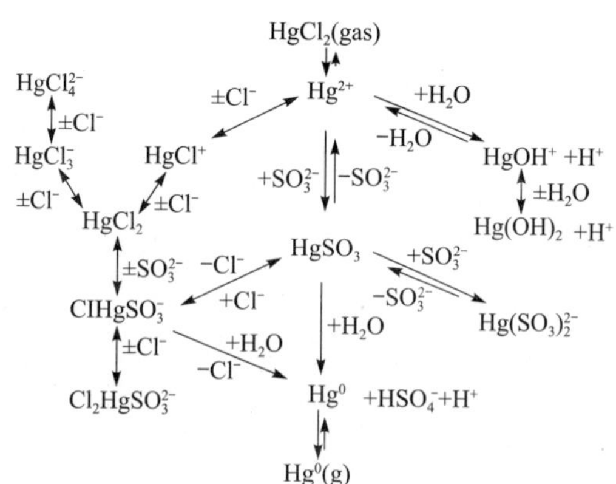

图 5.14 当前基于主要反应途径动力学模型的示意图[28]

5.3 脱硫浆液中汞的固定

5.3.1 燃煤机组 WFGD 系统中汞的脱除

WFGD 系统可高效脱除烟气中的氧化态汞和颗粒结合态汞，在 WFGD 系统

前促进 Hg^0 氧化，提高 Hg^{2+} 比例，可提高 WFGD 系统的脱汞效率[29]。Wu 等[30]考察了某 190MW 燃煤机组 WFGD 的脱汞效率，结果表明，WFGD 系统对烟气中氧化态汞的脱除效率较高。同时，经过 WFGD 系统后汞的形态分布发生改变，Hg^0 由 22.6%增大到 57.6%，Hg^{2+} 由 76.2%降低到 41.6%[31]。SCR 可促进 Hg^0 的氧化，在 SCR 运行的条件下，WFGD 系统可以脱除烟气中 89.5%～96.8%的氧化态汞，同时总汞的脱除率为 54.9%～68.8%。

WFGD 系统对烟气中汞的脱除效果随季节变化也表现出明显差异，在臭氧季节(ozone season，5 月 1 日～9 月 30 日)，WFGD 可以脱除 95.9%～98.0%的氧化态汞，总汞的脱除效率达 78.0%～90.2%(见图 5.15)。汞质量平衡计算结果见表 5.5，虽然脱硫系统可以脱除相当数量的汞，但仍有一定量的汞排入大气环境中。Pudasainee 等[32]指出 ESP 可脱除约 43%的汞，FGD 可脱除约 49.4%的汞，除了约 3.9%的汞赋存在底灰中，其余 3.7%的汞释放到大气环境中。

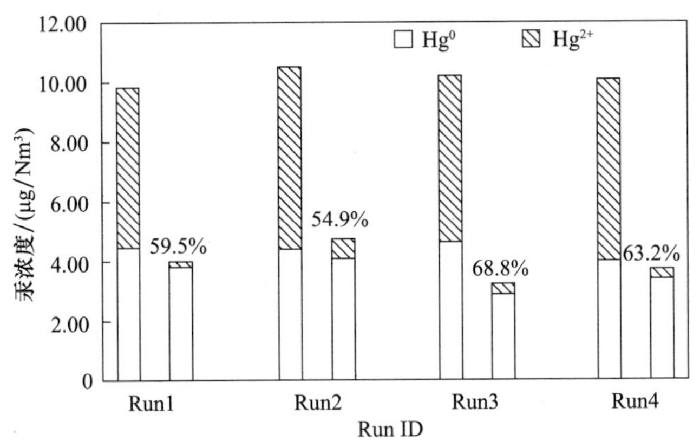

(a) 非臭氧季节WFGD系统中汞形态分布及汞脱除效率

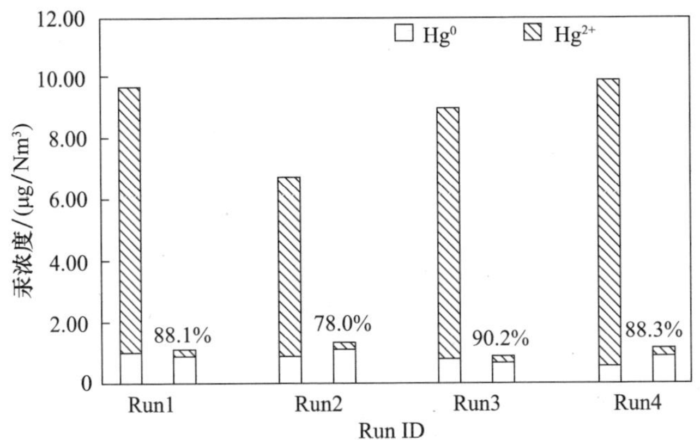

(b) 臭氧季节WFGD系统中汞形态分布及汞脱除效率

图 5.15　非臭氧季节与臭氧季节对汞的影响[30]

表 5.5　汞质量平衡计算表[30]

试验时间	煤中 Hg 含量/(μg/kg)	Hg 含量分布				R
		烟气中 Hg 含量/(μg/kg 煤)	底灰中 Hg 含量/(μg/kg 煤)	飞灰中 Hg 含量/(μg/kg 煤)	FGD 浆液中 Hg 含量/(μg/kg 煤)	
非臭氧季节	90.0	36.42	0.07	0.86	59.08	1.07
	90.0	43.27	0.08	0.60	52.84	1.07
	90.0	29.10	0.08	1.27	65.04	1.06
	90.0	34.12	0.08	1.43	62.44	1.08
臭氧季节	110.0	9.52	0.07	0.53	82.44	0.84
	110.0	11.71	0.08	0.84	90.27	0.93
	110.0	7.32	0.08	0.78	93.02	0.92
	110.0	9.97	0.09	0.65	90.67	0.92

Wang 等[33]选取了国内 6 个代表性燃煤电厂，系统研究了机组中汞的迁移转化和排放特征。结果表明，中国燃煤电厂烟气中汞浓度差异显著，分布在 1.92～27.15μg/m^3。不同燃煤电厂烟气污染控制设备配置不同，从图 5.16 中可以看出 WFGD 系统对烟气中汞的脱除效率有较大提升。对于燃烧无烟煤的电厂 3 机组，WFGD 系统对汞的脱除效果最明显，ESP＋WFGD 系统的脱汞效率超过 80%。WFGD 系统可以脱除 67%～98%的氧化态汞，半干法脱硫与湿法脱硫系统相比脱汞效率略低。装有 ESP＋WFGD 燃煤电厂平均脱汞效率为 73%，而 ESP＋干法 FGD＋FF 工艺的脱汞效率平均为 66%。

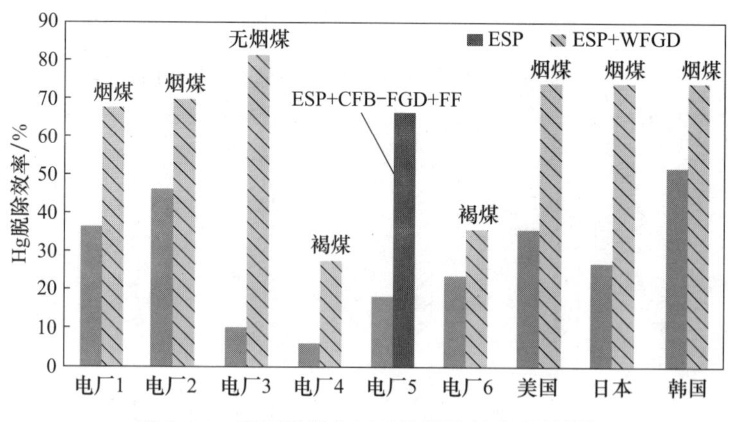

图 5.16　不同燃煤电厂汞的脱除效率比较[33]

5.3.2　非碳基吸附剂对 WFGD 系统中汞脱除的性能评价

湿法脱硫浆液体系组成极其复杂，其不仅有来自燃煤烟气中的气态或颗粒态污染物的吸收产物，还包含外加的脱硫剂或其他物质。这些物质进入脱硫系统中可能会对浆液中氧化态汞的还原行为造成影响，进而影响汞在 WFGD 系统中的脱除效率。WFGD 系统可高效脱除颗粒结合态汞和氧化态汞，但是对元素态汞的脱除效果有限。Fang 等[34]尝试用 $KMnO_4$ 在 WFGD 系统内协同脱除元素态汞和 SO_2 污染物。研究结果表明，$KMnO_4$ 可有效氧化烟气中的元素态汞，如图 5.17 所示。当 $KMnO_4$ 浓度从 0.05mmol/L 增大到 0.6mmol/L 时，Hg^0 脱除效率从 59.3%增大到 92.1%。继续增大 $KMnO_4$ 浓度，Hg^0 脱除效率增加变缓。当 $KMnO_4$ 浓度增大到 1.5mmol/L 时，Hg^0 脱除效率约为 100%。

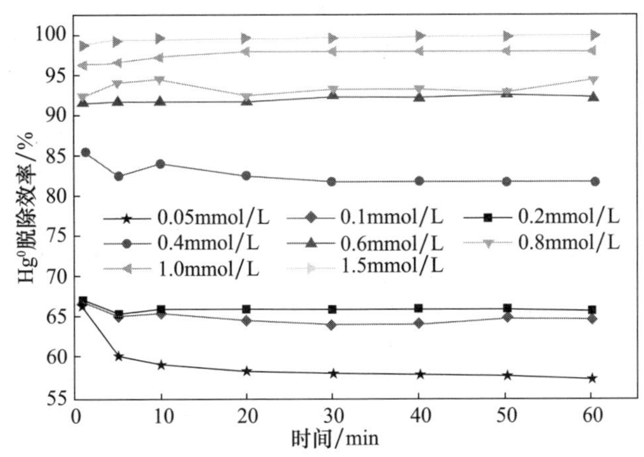

图 5.17　$KMnO_4$ 浓度对 Hg^0 脱除效率的影响[34]

WFGD 系统可高效脱除氧化态汞，并在脱硫浆液液相中富集。Omine 等[12]比较了 NaHS、Na_2S、TMT-15 和 Nalco-8034 对液相中氧化态汞的稳定效果，提出了液相中氧化态汞向固相转移的脱除思路。每种吸附剂添加量为 0.5μmol/L，反应温度为 55℃，pH 为 5.8，烟气组分 O_2、CO_2、N_2 的含量分别为 5%、15%、80%的试验条件下，NaHS、Na_2S、TMT-15 和 Nalco-8034 四种吸附剂对氧化态汞的脱除效率如图 5.18 所示。四种吸附剂对氧化态汞的脱除效果显著，效率分别达到 99%、97.1%、93.2%和 98.9%。

Wu 等[8]采用 Na_2S_4 脱除脱硫浆液中的氧化态汞。当加入 0.00125%的 Na_2S_4 时，可以获得良好的 Hg^0 再释放抑制效果，继续增大 Na_2S_4 的浓度时对 Hg^0 再释放控制增强并不明显，如图 5.19 所示。Na_2S_4 抑制 Hg^0 的再释放主要是依靠与 Hg^{2+} 反应生成 HgS。HgS 沉淀的生成可有效阻止 Hg^{2+} 还原为 Hg^0。在弱酸性环境中 Na_2S_4 会分解为硫离子及元素硫。Na_2S_4 分解产生的 S^{2-} 与 Hg^{2+} 反应生成 HgS 沉淀，反应机理如下：

$$Na_2S_4 + 2H^+ \longrightarrow H_2S + 3S^0 + 2Na^+ \tag{5.13}$$

$$H_2S \longleftrightarrow 2H^+ + S^{2-} \tag{5.14}$$

$$Hg^{2+} + S^{2-} \longrightarrow HgS\downarrow \tag{5.15}$$

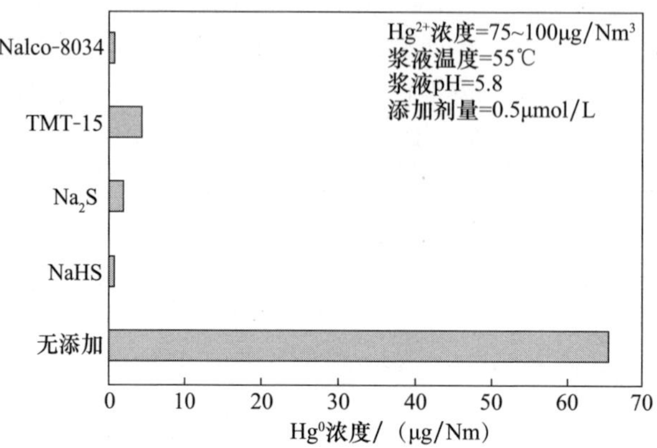

图 5.18　硫基吸附剂对 Hg^0 再释放的抑制效果[12]

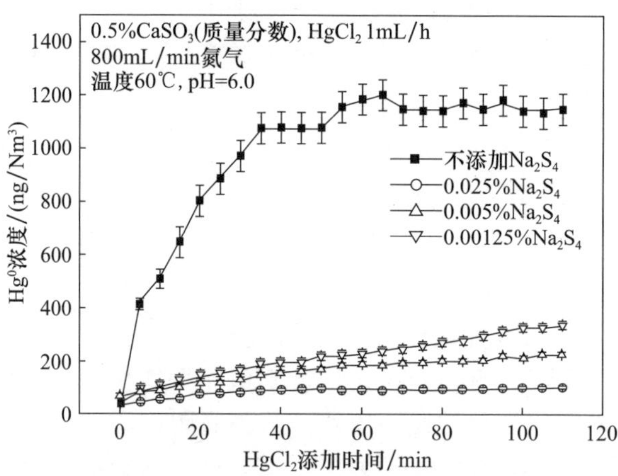

图 5.19　Na_2S_4 对 Hg^0 再释放的抑制影响[8]

Ochoa-González 等[35]研究了芬顿试剂、$Na_2S_2O_3$、NaHS 和 TMT 等脱硫添加剂对汞还原释放的抑制作用。结果表明，$Fe_2(SO_4)_3$ 和 $FeCl_3$ 的添加对汞的释放没有任何抑制作用，但是，当加入 200mg/mL H_2O_2 时，汞的释放显著减弱（见图 5.20 和图 5.21）。单独添加 H_2O_2 对汞的还原释放具有明显的抑制（见图 5.22），说明汞的抑制主要受 H_2O_2 控制，添加 $Fe_2(SO_4)_3$ 和 $FeCl_3$ 有助于脱硫和汞的沉淀。当 $Na_2S_2O_3$ 达到 5mmol/L 以上时，可以获得较高的抑制效率，如图 5.23 所示。当 NaHS 达到 1mmol/L 时，NaHS 对汞的再释放抑制才开始有明显效果，如图 5.24

所示。TMT 对液相中氧化态汞的再释放控制效果较为突出，当 TMT 浓度为 5.0×10^{-5} mmol/L 时即可获得较好的抑制效果。NaHS 和 TMT 与二价汞反应生成稳定的 HgS 和 Hg_3(TMT)，反应式如式(5.16)和式(5.17)所示。总体而言，TMT 对汞的再释放抑制效果明显优于其他添加剂，如图 5.25 所示。

$$NaHS+Hg^{2+}\longrightarrow HgS+H^{+}+Na^{+} \tag{5.16}$$

SNa / N N / NaS N SNa $+3/2Hg^{2+}\longrightarrow$ Hg / S / N N / Hg S N S Hg　　(5.17)

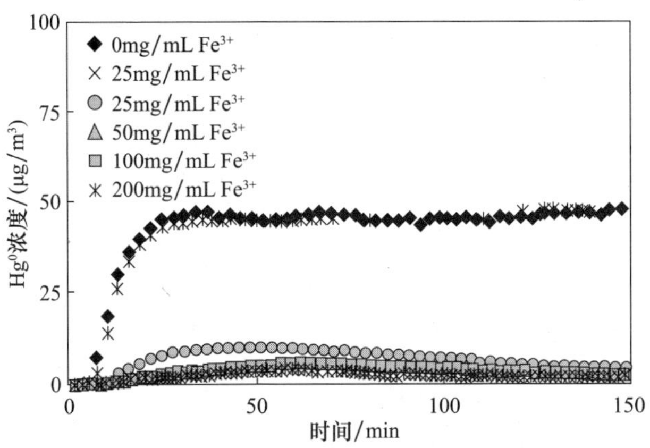

图 5.20　$Fe_2(SO_4)_3$ 浓度对汞释放的抑制作用和汞在固、液相之间的分布关系(H_2O_2 浓度为 200mg/mL)[35]

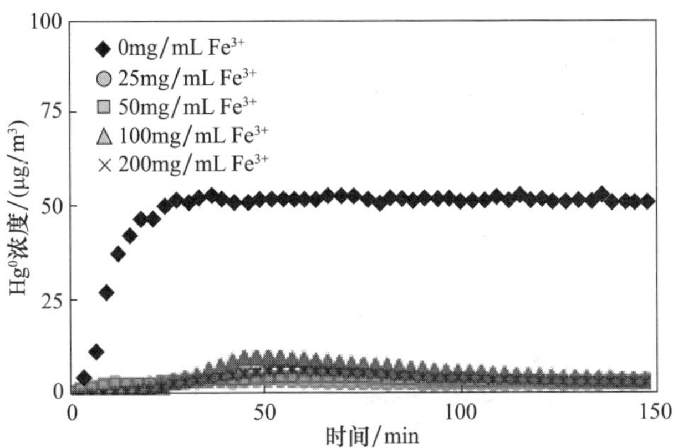

图 5.21　$FeCl_3$ 对汞释放的抑制作用(H_2O_2 浓度为 200mg/mL)[35]

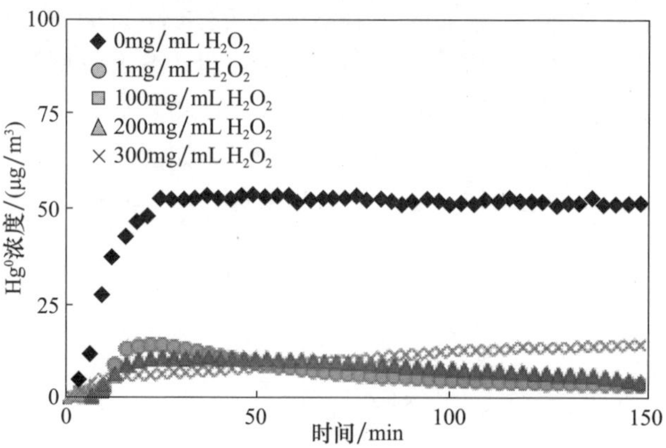

图 5.22　H_2O_2 对汞释放的抑制作用[35]

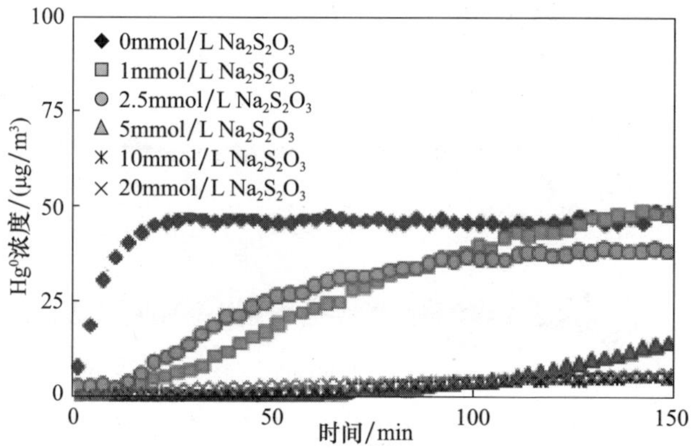

图 5.23　$Na_2S_2O_3$ 对汞释放的抑制作用[35]

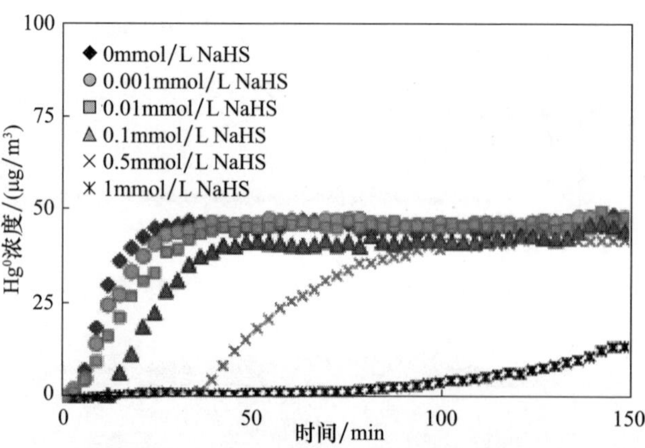

图 5.24　NaHS 对汞释放的抑制作用[35]

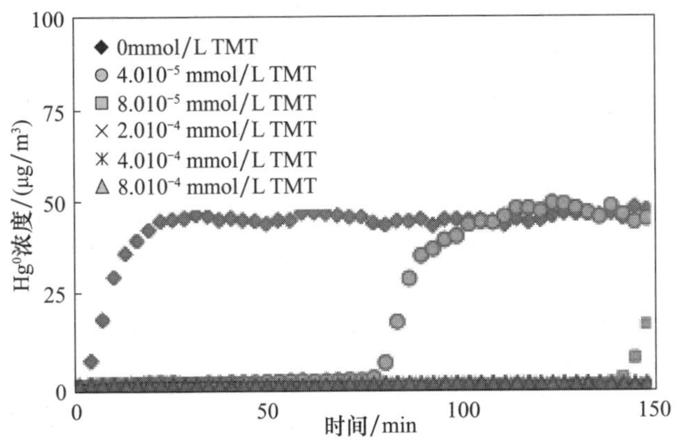

图 5.25　TMT 对汞释放的抑制作用[35]

Zou 等[36]将 NaHS、DTCR 和 TMT 作为吸附剂，研究其对汞形态分布的影响，结果表明，添加 NaHS、DTCR 和 TMT 后 Hg^0 释放率从 12.1%分别下降为 0.9%、0.4%和 0.4%；同时，固相石膏中汞含量由 833.1ng/g 分别增加到 1412.3ng/g、1806.8ng/g 和 1941.4ng/g。因此，添加 NaHS、DTCR 和 TMT 一方面抑制了 Hg^0 的释放，另一方面促进了液相中的 Hg^{2+} 向固相转移富集在石膏中(见图 5.26)。

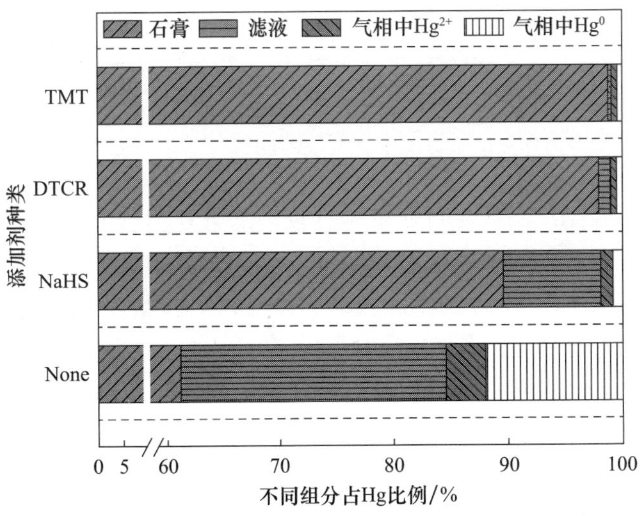

图 5.26　吸附剂对汞在三相间迁移的影响[36]

5.4　WFGD 系统石膏中汞的分布和赋存形态

中国火力发电量及脱硫石膏产量见表 5.6。脱硫石膏具有多种用途，可作为水泥缓蚀剂添加到水泥中，可推迟水泥的水化反应、延长凝结时间、方便浇注并提高施工效率。脱硫石膏还可作为建筑材料可代替水泥应用在建筑、建材、轻工、化工、电工、机械、装饰等诸多领域。循环经济协会统计了 2006～2012 年脱硫石膏的利用情况，如图 5.27 所示。

表 5.6 中国火力发电量及脱硫石膏产量[37]

年份	2006	2007	2008	2009	2010	2011	2012
火电/(亿 kW · h)	23696	27229	27901	29828	333195	38337	38555
脱硫石膏/(万 t)	944	1700	3495	4300	5230	6301	7241
利用率/%	40.4	45	50.01	56.00	69.01	70.00	74.73
堆存量/(万 t)	566	1501	3248	5140	6761	8621	10451

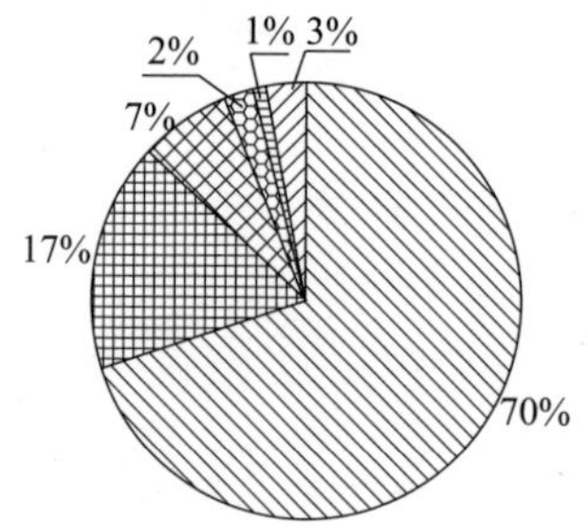

图 5.27 循环经济协会统计的 2006～2012 年脱硫石膏利用状况[37]

石膏作为脱硫副产品在各行业中具有较高的再利用价值。据统计，2012 年火电厂脱硫石膏产量超过 7000 万 t。预计 2020 年其排放量可能达到 1 亿 t/a[38]。WFGD 系统中的汞以石膏为载体进入下游产业，如建筑、农业等。石膏中汞的淋滤或释放势必会对环境造成影响，同时不同形态汞的毒性和迁移特点不同。研究汞的赋存形态可以有针对性地评价脱硫石膏利用过程中汞的污染问题。本节主要分析脱硫石膏中汞的含量，基于程序升温脱附方法分析不同形态汞的分布特征，并评价不同形态汞浸出特性及毒性。

5.4.1 脱硫石膏中汞的含量

曹晴[39]对国内 25 个电厂的燃煤固相产物中汞含量进行了分析，结果发现，我国燃煤电厂脱硫石膏中汞含量在 0.0705～0.7096mg/kg，平均汞含量为 0.3520mg/kg，见表 5.7。我国煤中汞含量差异显著，燃烧方式、工况和烟气净化系统也存在较大差异；脱硫石灰石中汞含量也不同，导致脱硫石膏中汞含量差异较大。

表 5.7　我国典型燃煤电厂副产物中汞含量[39]

电厂编号	脱硫石膏中汞含量/(mg/kg)	飞灰中汞含量/(mg/kg)	炉渣中汞含量/(mg/kg)
1	0.2902	0.0330	—
2	—	0.6012	0.0066
3	0.2453	0.0559	0.0066
4	0.7096	0.2889	0.0109
5	—	0.6005	0.0077
6	0.5176	0.0148	0.0092
7	—	0.1041	—
8	—	0.1104	0.0026
9	—	0.0287	0.0032
10	—	0.0062	—
11	—	0.0106	0.0030
12	—	0.1135	—
13	0.2305	0.0869	0.0563
14	0.2184	0.0893	0.0152
15	0.1177	0.0513	0.0023
16	0.5817	1.8523	0.0623
17	0.4468	0.0451	0.0139
18	0.2565	0.4684	0.0042
19	—	0.2741	0.0076
20	—	0.9957	0.0243
21	0.3026	0.0976	0.0151
22	0.0705	0.0869	0.0009
23	0.3602	0.0350	0.0060
24	0.5165	0.3301	0.0059
25	0.4163	0.1678	0.0074

5.4.2　脱硫石膏中汞的形态

研究脱硫石膏中汞的赋存形态，可以评价石膏在后续利用过程中汞的污染程度。堆放、筑路及改善土壤过程中发生汞析出会造成水体污染；石膏板材制造过程中造成汞的释放会污染环境。汞的赋存形态有很多分析方法，如逐级化学提取法、程序升温脱附法、毛细管电泳法和原位 X 射线吸收光谱法。程序升温脱附方法普遍用于测定各种固体物质中汞的形态，如固体沉积物、脱汞吸附剂、废弃日光灯、空气悬浮颗粒物及燃煤电站副产品等。Rumayor 等[40]利用程序升温脱附试验研究了不同形态汞的释放规律，如图 5.28～图 5.32 所示。不同含汞化合物的释放顺序

为 HgI_2 < $HgBr_2$ < Hg_2Cl_2 = $HgCl_2$ < $Hg(CN)_2$ < $HgCl_2O_8 \cdot H_2O$ < $Hg(SCN)_2$ < HgS（红色）< HgF_2 < $Hg_2(NO_3)_2 \cdot 2H_2O$ < $Hg(NO_3)_2 \cdot H_2O$ < HgO（黄色，红色）< Hg_2SO_4 < $HgSO_4$。含汞化合物的转化路径如式(5.18)～式(5.28)所示。不同汞化合物的释放曲线和释放温度区间见表 5.8。

$$HgO(s) \longrightarrow Hg(g) + O \tag{5.18}$$

$$HgS(s) \longrightarrow Hg(g) + \frac{1}{2}S_2(g) \tag{5.19}$$

$$Hg_2SO_4(s) \longrightarrow HgSO_4(s) + Hg(g) \tag{5.20}$$

$$3HgSO_4(s) \longrightarrow HgSO_4 \cdot 2HgO(s) + 2SO_2(g) + O_2(g) \tag{5.21}$$

$$3HgSO_4(s) \longrightarrow 3Hg(g) + SO_2(g) + 2O_2 \tag{5.22}$$

$$Hg(NO_3)_2(s) \longrightarrow HgO(s) + N_2O_5(g) \tag{5.23}$$

$$Hg_2(NO_3)_2(s) \longrightarrow 2HgO(s) + 2NO_2 \tag{5.24}$$

$$Hg_2(NO_3)_2(s) \longrightarrow Hg(NO_3)_2(s) + Hg \tag{5.25}$$

$$2Hg(SCN)_2(s) \longrightarrow 2HgS(s) + CS_2(aq) + C_3N_4(s) \tag{5.26}$$

$$Hg(ClO_4)_2(s) \longrightarrow HgCl_2(s) + 4O_2(g) \tag{5.27}$$

$$Hg(ClO_4)_2(s) \longrightarrow HgO(s) + Cl_2(g) + O_2(g) \tag{5.28}$$

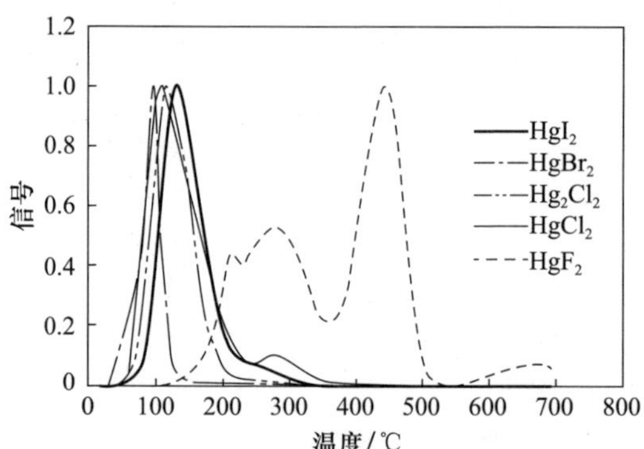

图 5.28　不同卤化汞化合物的脱附温度[40]

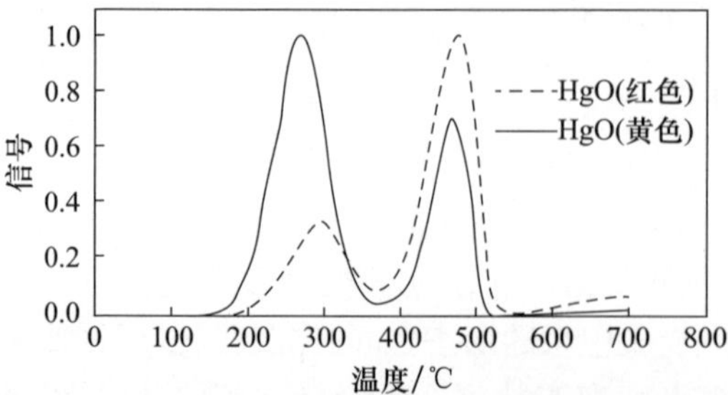

图 5.29　不同氧化汞化合物的脱附温度[40]

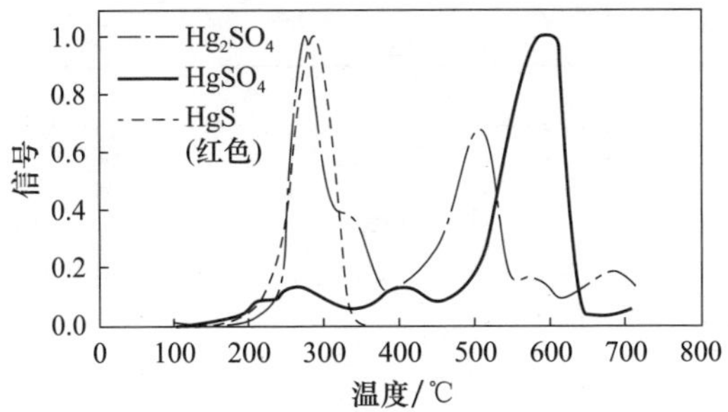

图 5.30　不同 S-Hg 化合物的脱附温度[40]

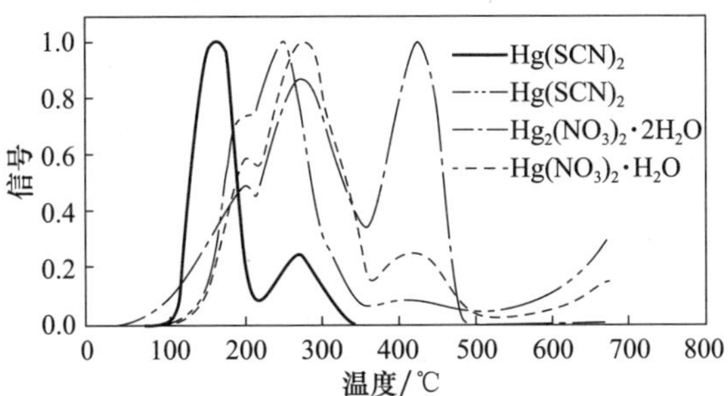

图 5.31　不同含 N 汞化合物的脱附温度[40]

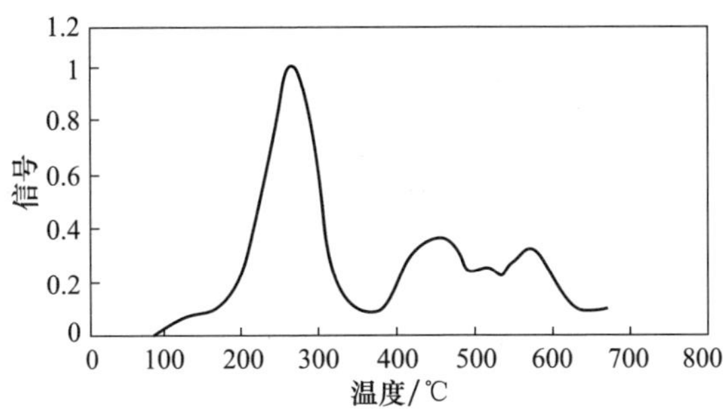

图 5.32　$Hg(ClO_4)_2 \cdot H_2O$ 的脱附曲线[40]

表 5.8　不同汞化合物的分解释放温度[40]

汞化合物	峰值温度 T/℃	分解温度区间/℃
HgI_2	100±12	60～180
$HgBr_2$	110±9	60～220
Hg_2Cl_2	119±9	60～250
$HgCl_2$	138±4	90～350

续表

汞化合物	峰值温度 T/℃	分解温度区间/℃
HgS(红色)	305±12	210～340
HgF_2	345±42;449±12	120～350;400～500
HgO(红色)	308±1;471±5	200～360;370～530
HgO(黄色)	284±7;469±6	190～380;320～540
Hg_2SO_4	295±4;514±4	200～400;410～600
$HgSO_4$	583±8	500～600
$Hg(SCN)_2$	177±4;288±4	100～220;250～340
$Hg(CN)_2$	267±1	140～360
$Hg(NO_3)_2 \cdot H_2O$	215±4;280±13;460±25	150～370;375～520
$Hg_2(NO_3)_2 \cdot 2H_2O$	264±35;427±19	120～375;376～500
$HgCl_2O_8 \cdot H_2O$	273±1;475±5;590±9	154～360;380～510;520～650

为了研究空气燃烧和富氧燃烧气氛下汞的赋存形态差异(见表 5.9),Rumayor 等[41]采用脱附试验研究了活性生物焦上汞的吸附形态,发现空气燃烧和富氧燃烧气氛下木质活性焦上汞(分别是 WW-CO 和 WW-OX)的形态主要是有机汞和 $Hg_2(NO_3)_2 \cdot 2H_2O$,如图 5.33 所示,但空气气氛下汞的吸附量低于富氧气氛下。$Hg_2(NO_3)_2 \cdot 2H_2O$ 形成反应如下:

$$4Hg^0(g)+6NO_2(g) \longrightarrow Hg_2(NO_3)_2+Hg_2(NO_2)_2+2NO(g) \quad (5.29)$$

$$4Hg^0(g)+4NO_2(g)+O_2(g) \longrightarrow Hg_2(NO_3)_2+Hg_2(NO_2)_2 \quad (5.30)$$

$$4Hg^0(g)+6NO(g)+3O_2(g) \longrightarrow Hg_2(NO_3)_2+Hg_2(NO_2)_2+2NO(g) \quad (5.31)$$

$$4Hg^0(g)+4NO(g)+3O_2(g) \longrightarrow Hg_2(NO_3)_2+Hg_2(NO_2)_2 \quad (5.32)$$

表 5.9 模拟空气燃烧和富氧燃烧烟气成分

气相组成	燃烧	富氧燃烧
CO_2	16%	64%
N_2	74%	20%
H_2O	6%	12%
O_2	4%	4%
SO_2	1000ppm	1000ppm
NO	1000ppm	1000ppm
NO_2	100ppm	100ppm
HCl	25ppm	25ppm

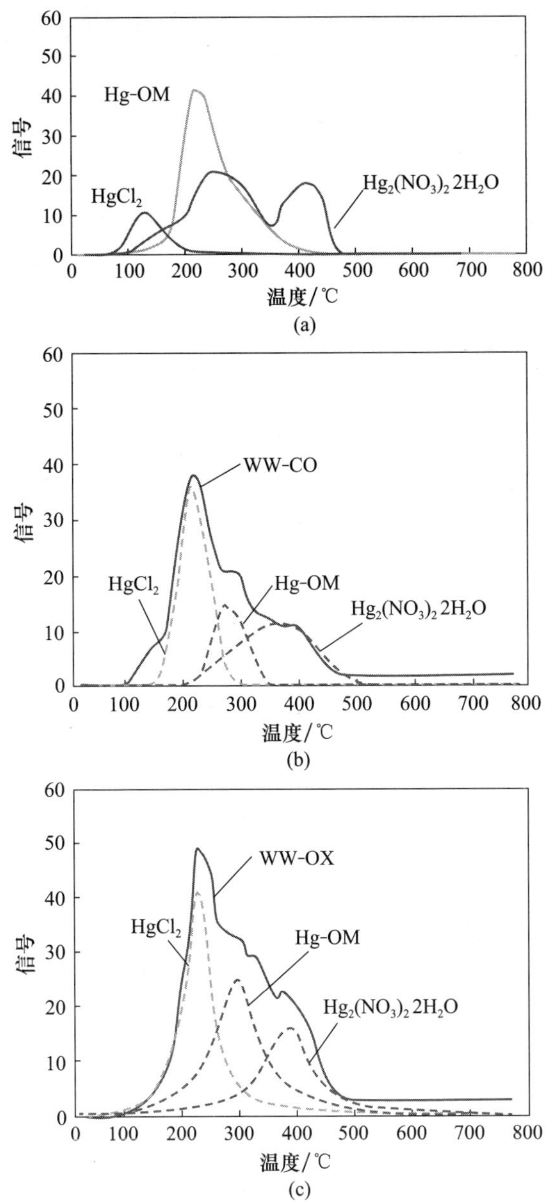

图 5.33　空气燃烧和富氧燃烧气氛下木质活性焦吸附汞的形态[41]

空气燃烧和富氧燃烧气氛下纸质活性焦上汞(分别为 PW-CO 和 PW-OX)的形态主要是有机汞和 HgS(红色)。虽然气氛中含有 HCl,但由于 HCl 浓度较低,只有 25ppm,两种生物焦中 $HgCl_2$ 的含量不高,如图 5.34 和图 5.35 所示。

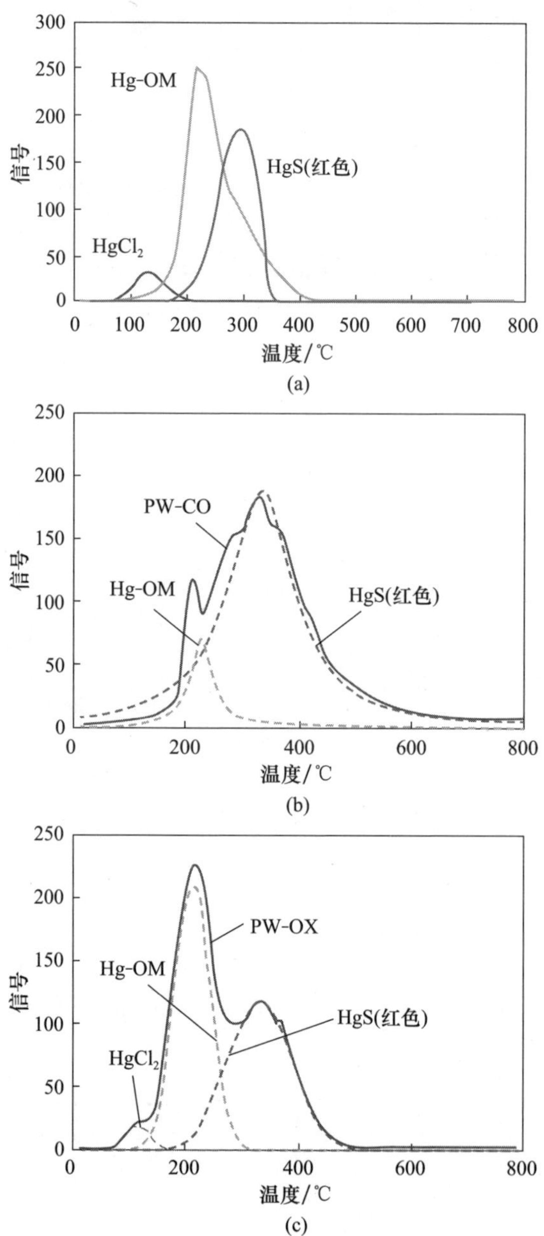

图 5.34 空气燃烧和富氧燃烧气氛下纸质活性焦吸附汞的形态[41]

Rumayor 等[42]采用脱附试验系统研究了脱硫石膏中汞的形态，相近结果在同一图中表示，如图 5.36 所示。脱硫石膏中汞的形态复杂，以 HgS 为主，同时还有 $HgCl_2$、HgF_2 和 $HgSO_4$ 等，这是该试验燃用煤种为高氯高氟煤的结果。通过向脱

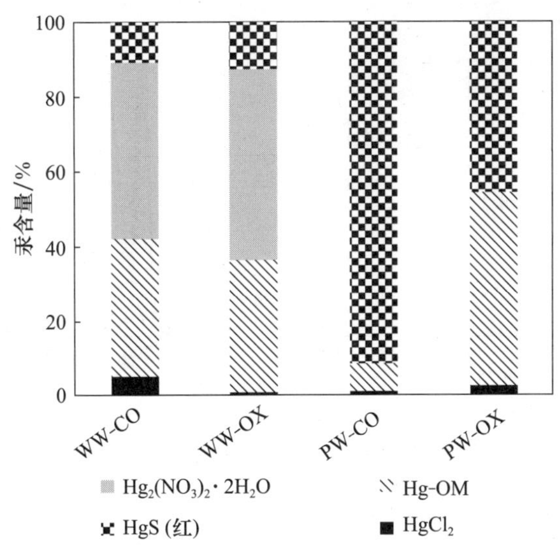

图 5.35　WW-CO、WW-OX、PW-CO 和 PW-OX 中不同形态汞含量[41]

硫系统中添加 $Al_2(SO_4)_3$ 脱除氟化物，在添加剂和氯的作用下形成新的含汞化合物。为了消除煤和石灰石复杂组成的影响，在实验室进行了不同条件下脱硫系统中汞形态的研究，如图 5.37 所示，发现实验室不同条件下产生的脱硫石膏中的汞也是以 HgS 为主，添加 TMT 后汞的结合形态发生较大改变，液相中大量的汞与 TMT 结合生成了 Hg_3TMT 赋存于石膏中，如图 5.37 所示。汞与 $CaSO_4$ 作用机理如图 5.38 所示。

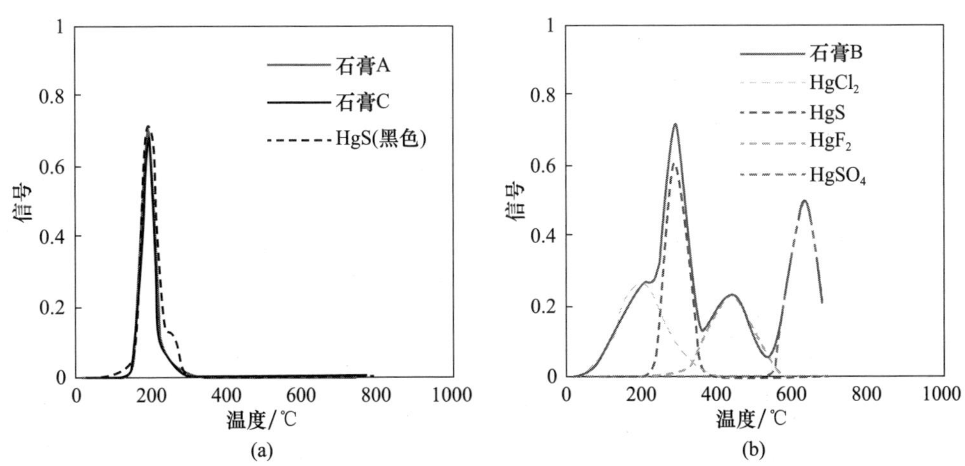

图 5.36　实际电厂脱硫石膏中汞的形态[42]

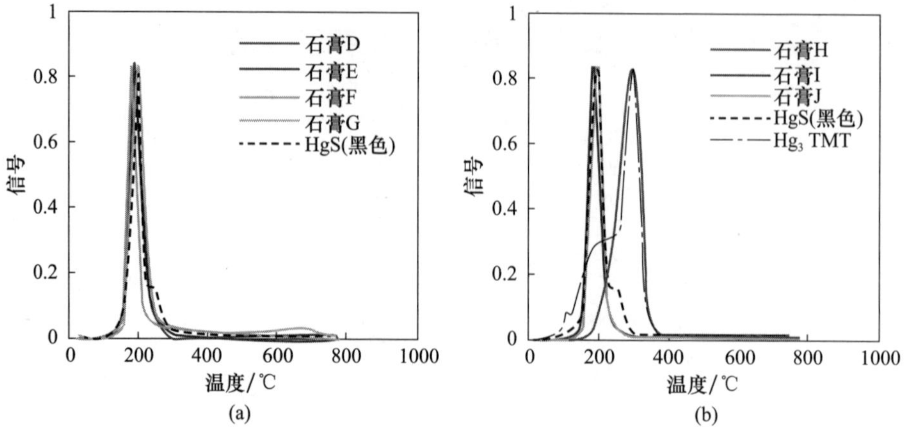

图 5.37　实验室制得脱硫石膏中汞的形态[42]

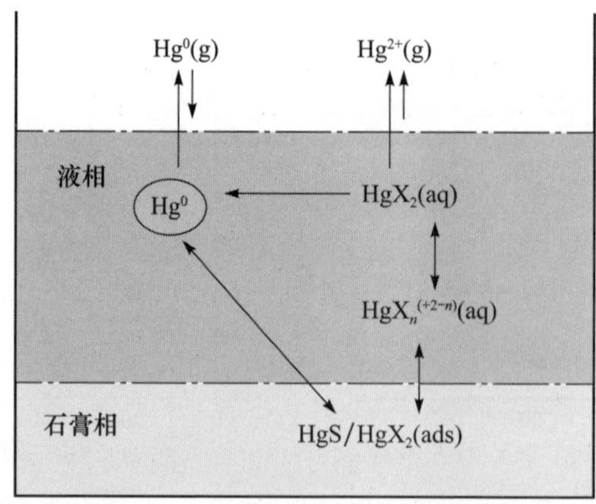

图 5.38　Hg-$CaSO_4$ 相互作用机理[42]

5.4.3　脱硫石膏中汞的浸出特性

Hao 等[43]采集了国内不同地区约 70 个燃煤电厂的石膏样品，对石膏样品汞含量、形态和浸出特性进行了详细分析。应用五步选择性连续提取方法[44]测定脱硫石膏中汞的形态分布。结果表明，在试验条件下，脱硫石膏中的汞会浸出并向液相迁移。根据汞结合态稳定程度不同，连续逐级提取分为五个步骤，这五个步骤分离提取的各部分(F1、F2、F3、F4 和 F5)中汞的含量如图 5.39 所示。其中 F1 和 F2 两部分是模拟自然界常见的纯水及弱酸环境提取，这两部分是容易从固相浸出的

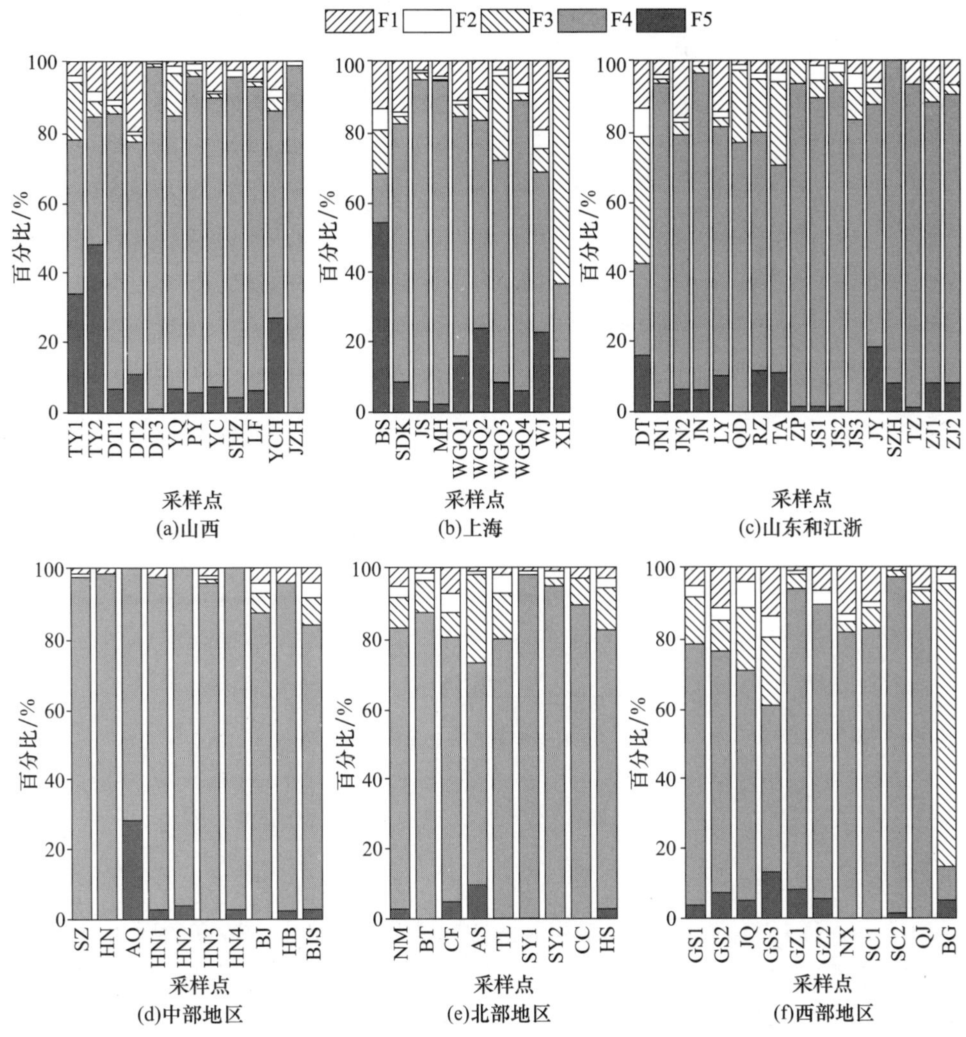

图 5.39　基于连续选择萃取对 FGD 石膏中汞的化学形态分析[43]

组分并且容易对环境造成危害。所有石膏样品中 F1+F2 组分的汞含量占总含量的 0～25.2%，平均比例为 7.4%。这部分汞的主要结合方式为 $HgCl_2$、$Hg(NO_3)_2$ 和 $HgSO_4$ 等[44]。F5 组分最难在自然环境中浸出，在脱硫石膏内最稳定，这部分汞约占脱硫石膏中汞总含量的 0～53%。对于大多数脱硫石膏，F5 主要成分为 HgS。F3 和 F4 为与金属螯合及与 Fe、Al 形成的复杂物质形式存在的汞[43]。

采用美国 EPA 毒性特性淋滤方法(to xicity characteristic leaching procedure，TCLP)[45]和合成沉淀淋滤方法(synthetic precipitation leaching procedure，SPLP)[46]对提取液进行分析。根据 EPA 标准，提取液中最高汞含量不得超过 0.2mg/L，否则将被认为具有毒性。TCLP 和 SPLP 测试结果如图 5.40 所示。

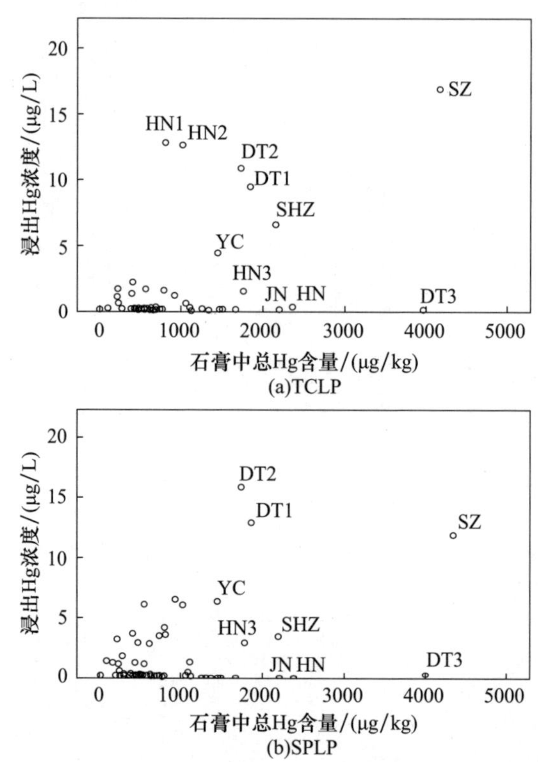

图 5.40 石膏中 Hg 浸出特性与石膏中总 Hg 含量的关系[43]

TCLP 结果表明，在汞浓度为 800μg/kg 的脱硫石膏样品中，浸出液中汞浓度低于 3.0μg/L。总体而言，浸出液中汞的浓度随石膏样品中汞浓度的增加而增加，但是也有例外。浸出液中汞的浓度与汞在脱硫石膏中的赋存形式有关，对于汞含量较高的石膏，浸出液中汞的含量也可能很低[47]。SPLP 结果表明，脱硫石膏中汞浓度与浸出性之间不存在明显的相关性。脱硫石膏中平均汞含量为 891μg/kg，经过 TCLP 和 SPLP 过程，汞的平均浸出量约为 2.75%。

参考文献

[1] 常艳君，燃煤电厂脱硫工艺及工艺选择要素探讨. 气象与环境学报，2007，23(5)：57－61.

[2] 中国环境保护产业协会脱硫脱硝委员会. 我国脱硫脱硝行业 2011 年发展综述. 中国环境保护产业，2012，(6)：20-26.

[3] 中国环境保护产业协会脱硫脱硝委员会. 我国脱硫脱硝行业 2012 年发展综述. 中国环境保护产业，2013，(7).

[4] 程镜润，陈小华，刘振鸿，等. 脱硫石膏改良滨海盐碱土的脱盐过程与效果实验研究. 中国环境科学，2014，34(6)：1505－1513.

[5] 王婷. 火电厂烟气脱硫系统综述. 工业技术，2015，(7)：57.

[6] Sun M Y，Lou Z M，Cheng G H，et al. Process migration and transformation of mercury in simulated wet flue gas desulfurization slurry system. Fuel，2015，140：136－142.

[7] Córdoba P，Ochoa-Gonzalez R，Font O，et al. Partitioning of trace inorganic elements in a coal-fired power plant equipped with a wet flue gas desulphurisation system. Fuel，2012，92(1)：145－157.

[8] Wu C L，Cao Y，He C C，et al. Study of elemental mercury re-emission through a lab-scale simulated scrubber. Fuel，2010，89(8)：2072－2080.

[9] Munthe J，Xiao Z F，Lindqvist O. The aqueous reduction of divalent mercury by sulfite. Water，Air，and Soil Pollution，1991，56：621－630.

[10] Wang Q F，Liu Y，Wang H Q，et al. Mercury re-emission behaviors in magnesium-based wet flue gas desulfurization process：The effects of oxidation inhibitors. Energy & Fuels，2015，29(4)：2610－2615.

[11] Chang L，Zhao Y C，Li H L，et al. Effect of sulfite on divalent mercury reduction and reemission in a simulated desulfurization aqueous solution. Fuel Processing Technology，2017，165：138－144.

[12] Omine N，Romero C E，Kikkawa H，et al. Study of elemental mercury re-emission in a simulated wet scrubber. Fuel，2012，91(1)：93－101.

[13] 侯庆伟，石荣桂，李永臣，等. 湿法烟气脱硫系统的 pH 值及控制步骤分析，2005，35(5)：37－40.

[14] Diaz-Somoano M，Unterberger S，Hein K R. Using Wet-FGD systems for mercury removal. Journal of Environmental Monitoring，2005，7(9)：906－909.

[15] Wo J J，Zhang M，Cheng X Y，et al. Hg^{2+} reduction and re-emission from simulated wet flue gas desulfurization liquors. Journal of Hazardous Materials，2009，172(2-3)：1106－1110.

[16] Ochoa-Gonzalez R，Diaz-Somoano M R，Martinez-Tarazona M R. The capture of oxidized mercury from simulated desulphurization aqueous solutions. Journal of Environmental Management，2013，120：55－60.

[17] Chen C M, Liu S T, Gao Y, et al. Investigation on mercury reemission from limestone-gypsum wet flue gas desulfurization slurry. The Scientific World Journal, 2014, 2014: 1—6.

[18] Liu Y, Wang Y J, Wu Z B, et al. A mechanism study of chloride and sulfate effects on Hg^{2+} reduction in sulfite solution. Fuel, 2011, 90(7): 2501—2507.

[19] Chang J C S, Ghorishi S B. Simulation and evaluation of elemental mercury concentration increase in flue gas across a wet scrubber. Environmental Science & Technology, 2003, 37 (24): 5763—5766.

[20] Wu C L, Cao Y, Dong Z B, et al. Impacting factors of elemental mercury re-emission across a lab-scale simulated scrubber. Chinese Journal of Chemical Engineering, 2010, 18(3): 523—528.

[21] Cheng C M, Cao Y, Kai Z, et al. Co-effects of sulfur dioxide load and oxidation air on mercury re-emission in forced-oxidation limestone flue gas desulfurization wet scrubber. Fuel, 2013, 106: 50511.

[22] van Loon L L, Mader E A, Scott S L. Sulfite stabilization and reduction of the aqueous mercuric ion: Kinetic determination of sequential formation constants. Journal of Physical Chemistry A, 2001, 105(13): 3190—3195.

[23] 陈传敏，张建华，俞立. 湿法烟气脱硫浆液中汞再释放特性研究. 中国电机工程学报，2011, 31(5): 48—51.

[24] Ochoa-González R, Díaz-Somoano M, Martínez-Tarazona M R. Effect of anion concentrations on Hg^{2+} reduction from simulated desulphurization aqueous solutions. Chemical Engineering Journal, 2013, 214: 165—171.

[25] Wang Y, Liu Y, Wu Z, et al. Experimental study on the absorption behaviors of gas phase bivalent mercury in Ca-based wet flue gas desulfurization slurry system. Journal of Hazardous Materials, 2010, 183(1-3): 902—907.

[26] van Loon L, Mader E, Scott S L. Reduction of the aqueous mercuric ion by sulfite: UV spectrum of $HgSO_3$ and its intramolecular redox reaction. Journal of Physical Chemistry A, 2000, 104(8): 1621—1626.

[27] Ochoa-Gonzalez R, Diaz-Somoano M, Martinez-Tarazona M R. A comprehensive evaluation of the influence of air combustion and oxy-fuel combustion flue gas constituents on Hg(0) re-emission in WFGD systems. Journal of Hazardous Materials, 2014, 276: 157—163.

[28] Blythe G M, Currie J, DeBerry D W. Bench-scale kinetics Study of mercury reactions in FGD liquors. Final Report. Austin: URS Group, 2008.

[29] Stergaršek A, Horvat M, Kotnik J, et al. The role of flue gas desulphurisation in mercury speciation and distribution in a lignite burning power plant. Fuel, 2008, 87(17-18): 3504—3512.

[30] Wu C L, Cao Y, Dong Z B, et al. Evaluation of mercury speciation and removal through air pollution control devices of a 190 MW boiler. Journal of Environmental Sciences, 2010, 22 (2): 277—282.

[31] Hsing-Cheng H, HsiuHsia L, Jyh-Feng H, et al. Mercury speciation and distribution in a

660-Megawatt utility boiler in Taiwan firing bituminous coals. Journal of the Air & Waste Management Association, 2010, 60(5): 514—522.

[32] Pudasainee D, Kim J H, Yoon Y S, et al. Oxidation, reemission and mass distribution of mercury in bituminous coal-fired power plants with SCR, CS-ESP and wet FGD. Fuel, 2012, 93: 312—318.

[33] Wang S X, Zhang L, Li G H, et al. Mercury emission and speciation of coal-fired power plants in China. Atmospheric Chemistry and Physics, 2010, 10(3): 1183—1192.

[34] Fang P, Cen C P, Tang Z J. Experimental study on the oxidative absorption of Hg^0 by $KMnO_4$ solution. Chemical Engineering Journal, 2012, 198-199: 95—102.

[35] Ochoa-González R, Díaz-Somoano M, Martínez-Tarazona M R. Control of Hg^0 re-emission from gypsum slurries by means of additives in typical wet scrubber conditions. Fuel, 2013, 105: 112—118.

[36] Zou R J, Zeng X B, Luo G Q, et al. Mercury stability of byproducts from wet flue gas desulfurization devices. Fuel, 2016, 186: 215—221.

[37] 赵龙广. 火电厂脱硫石膏的产生与利用现状. 科技视界, 2017, 7: 209—210.

[38] 王宏霞, 烟气脱硫石膏中杂质离子对其结构与性能的影响[博士学位论文]. 北京: 中国建筑材料科学研究总院, 2012.

[39] 曹晴. 燃煤电厂固体副产物中汞含量测定及对环境影响研究//中国环境科学学会学术年会论文集. 2012: 2131—2135.

[40] Rumayor M, Diaz-Somoano M, Lopez-Anton M A, et al. Mercury compounds characterization by thermal desorption, Talanta, 2013, 114: 318—322.

[41] Rumayor M, Fernandez-Miranda N, Lopez-Anton M A, et al. Application of mercury temperature programmed desorption (HgTPD) to ascertain mercury/char interactions. Fuel Processing Technology, 2015, 132: 9—14.

[42] Rumayor M, Díaz-Somoano M, López-Antón M, et al. Temperature programmed desorption as a tool for the identification of mercury fate in wet-desulphurization systems. Fuel, 2015, 148: 98—103.

[43] Hao Y, Wu S M, Pan Y, et al. Characterization and leaching toxicities of mercury in flue gas desulfurization gypsum from coal-fired power plants in China. Fuel, 2016, 177: 157—163.

[44] Bloom N S, Preus E, Katon J, et al. Selective extractions to assess the biogeochemically relevant fractionation of inorganic mercury in sediments and soils. Analytica Chimica Acta, 2003, 479(2): 233—248.

[45] USEPA. Toxicity Characteristic Leaching Procedure. Washington DC: US Environmental Protection Agency, 1997.

[46] USEPA. Synthetic Precipitation Leaching Procedure. Washington DC: US Environmental Protection Agency, 1994.

[47] Pasini R, Walker H W. Estimating constituent release from FGD gypsum under different management scenarios. Fuel, 2012, 95: 190—196.

第6章　改性矿物吸附剂脱汞

活性炭喷射技术(activated carbon injection,ACI)是目前公认的研究最广泛且最成熟的脱汞技术[1,2]。活性炭(activated carbon,AC)虽然具有较高的脱汞效率,但是由于其脱汞成本高、碳汞比值大以及影响飞灰的商业价值等,其未能实现在我国燃煤电厂的工业应用[3,4]。因此,开发廉价易得且能有效脱除单质汞的吸附剂对于控制燃煤电厂汞的排放具有重要意义[5]。

矿物材料来源广、储量大、成本低、无污染,备受广大学者的青睐[6-9]。尤其是具有独特结构性能的硅酸盐矿物材料吸附剂,已经在水处理方面得到广泛应用[10-12]。Bailey等[13]全面阐述了廉价重金属吸附剂,指出沸石(zeolite,Zeo)的吸附总容量可达155.4mg Pb^{2+}/g。在三种黏土材料,即高岭石(kaolinite,Kao)、云母和蒙脱石(montmorillonite,Mon)中,蒙脱石拥有最小的晶体结构、最大的比表面积和最高的离子交换能力,其对 Hg^{2+} 的吸附容量是高岭石的6倍[14]。Celis等[8]通过将有机配体(—SH金属螯合官能团)嫁接到海泡石表面的硅烷醇基以及植入蒙脱石的夹层两种方法得到了功能化的黏土吸附剂,用于对重金属离子(Hg^{2+}、Pb^{2+}、Zn^{2+})的吸附。Lagadic等[7]制备的可再生硫醇基层状含镁硅酸盐(thiol-functionalized layered magnesium phyllosilicate material,Mg-MTMS)表现出极高的吸附能力,1g吸附剂对 Hg^{2+}、Pb^{2+} 及 Cd^{2+} 的吸附容量分别高达603mg、365mg和210mg。Pérez-Quintanilla等[15]在改性介孔二氧化硅脱除 Hg^{2+} 的研究中指出,均相方法制备的材料比异相方法制备的材料拥有更高的共价键电子配体附着率和 Hg^{2+} 吸附容量。Melamed等[16]分别研究了凹凸棒石(attapulgite,Atp)、沸石、磁铁矿、高岭土、蛭石(vermiculite,Ver)和膨润土(bentonite,Ben)等几种矿物材料对废水中汞的脱除,研究结果表明,汞与蛭石及沸石的反应属于外层络合作用,而与磁铁矿的反应为内层络合作用。Chen等[17]通过大量的试验研究发现,盐酸活化的坡缕石能有效地吸附废水中的 Cu^{2+},主要得益于 Cu^{2+} 和硅烷醇基之间的反应。类似地,Wang等[18]在研究酸化的坡缕石对 Cd^{2+} 的吸附时也得到相似的结论。

近年来,矿物材料吸附剂包括沸石、蛭石、硅藻土、高岭土、膨润土、凹凸棒石等,已经开始尝试应用于燃煤烟气中汞的控制[19-21]。大量试验研究表明,蛭石、沸石、膨润土、凹凸棒石等矿物经过一系列改性处理,均具有较高的脱汞效率[22-24]。

Eswaran等[19]以丝光沸石(mordenite,Mor)为吸附材料进行了脱汞试验,结果表明丝光沸石本身就具有氧化汞特性，提高汞的浓度对其脱汞能力有明显的促进作用。Morency 等[20]对两种天然沸石的研究表明，当沸石/汞质量比为 25000∶1 时，脱汞效率可达 100%。Jurng 等[25]对沸石、膨润土、木炭在固定床中的脱汞性能进行了试验和比较，结果表明，天然沸石和膨润土对汞蒸气的吸附量都很低，分别为 9.2μg/g 和 7.4μg/g，而经硫改性后两种矿物的脱汞效率仅为 50%，说明其脱汞性能并未得到明显改善。张波等[26]的研究也表明渗硫可以提高凹凸棒石的脱汞性能，其中 S-Atp 在 30min 内的汞吸附量为 6.13μg/g，可见硫改性的效果是有限的。Wang 等[27]对来自八个不同电厂的粉煤灰运用临界水热法合成了沸石吸附剂(synthesize zeolite from coal fly ash adsorbents，CFAs)。如图 6.1 所示，方钠石沸石和钙霞石沸石具有脱汞活性，两者在 100℃模拟烟气下、8h 内分别能保持 75%和 60%以上的脱汞效率，没有改性的沸石拥有如此高的脱汞效率，值得深入研究和验证。Wdowin 等[28]研究了 Ag 改性沸石的脱汞性能。所用沸石由波兰一家燃煤电厂的飞灰通过 NaOH 溶液水热合成法得到。研究结果表明，Ag 改性沸石瞬时脱汞效率达 98%，并且 2h 内的脱汞效率仍保持在 87%以上(见图 6.2)。烟气组分对汞的脱除效率有一定的影响，降低脱汞效率 10%～15%(见图 6.3)。

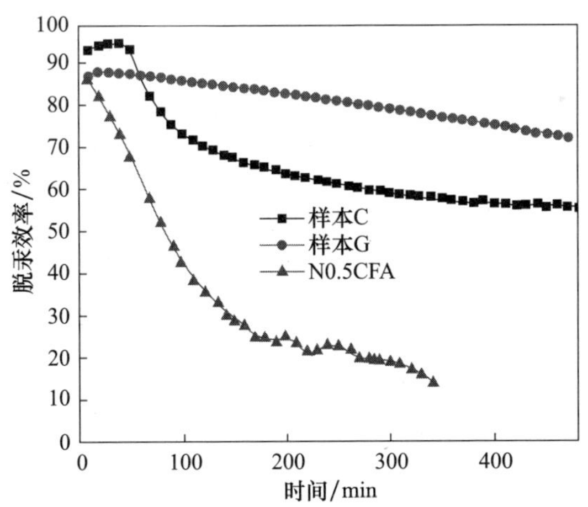

图 6.1　飞灰(CFA)及其合成沸石(C 和 G)脱汞曲线

(脱汞条件：汞浓度 40μg/m³；H_2S 体积分数 300ppm；H_2 体积分数 10%，CO 体积分数 20%；N_2 作为平衡气；反应温度 100℃；空塔速率为 $4.5\times10^4h^{-1}$)

He 等[23]以类似沸石的柱撑黏土材料为基体，合成了具有较大比表面积的 CeMn/Ti-PILC。试验结果表明，没有 HCl 的烟气氛围下，6%Ce-6%MnO_x/Ti-PILC 催化剂在 100～350℃均能保持超过 90%的汞捕获率，其中羟基氧和晶格氧(由 $Ce^{4+}\rightarrow Ce^{3+}$、$Mn^{3+}\rightarrow Mn^{2+}$ 或 $Mn^{4+}\rightarrow Mn^{3+}$ 提供)均参加了脱汞反应，反应机理可

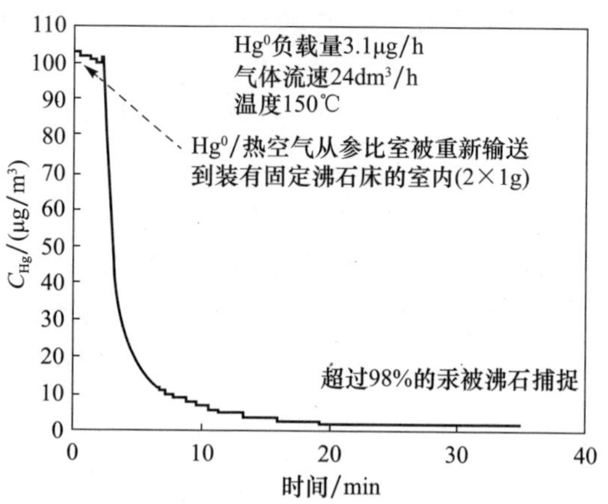

图 6.2　Ag 改性沸石在 Hg^0/空气混合气中的脱汞曲线

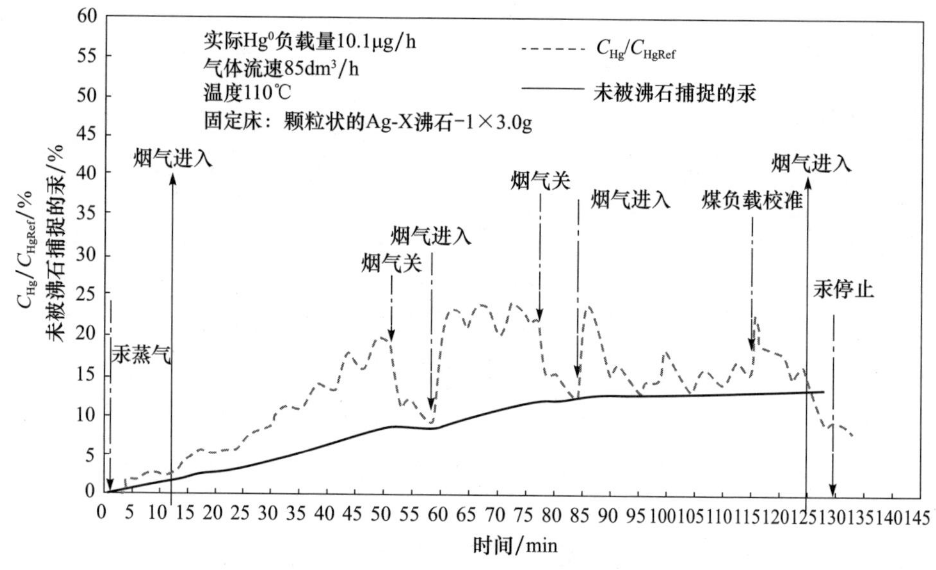

图 6.3　汞穿透率曲线

用图 6.4 表示。另外，He 等[29]还做了有关烟气组分影响的试验。结果表明，SO_2 和 NH_3 均会通过和 Hg^0 的竞争吸附作用抑制催化剂对汞的吸附和氧化，在催化剂的表面分别能检测到新生成的 SO_4^{2-} 及 NH^{4+}。虽然 NH_3 的抑制作用很明显，但 NO 和 NH_3 同时加入模拟烟气时，6%Ce-6%MnO_x/Ti-PILC 在 250℃仍能维持 72%的脱汞效率。

张亮等[22,30]针对 6 种吸附剂进行研究对比后发现，经 NaI 改性后的膨润土脱

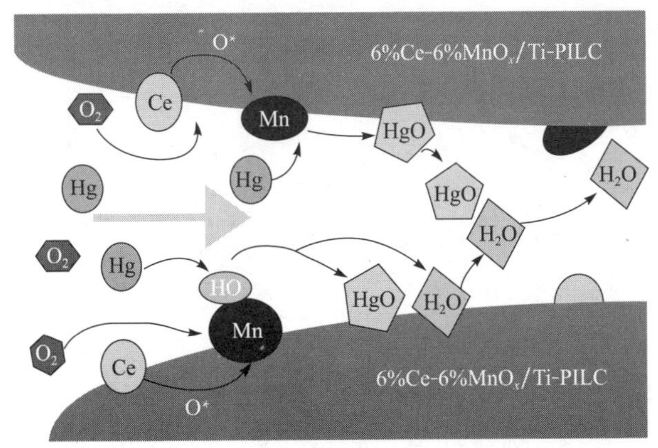

图 6.4 6%Ce-6%Ce-MnO_x/Ti-PILC 的脱汞机理图

汞效率可达 88.1%，其中 $CuCl_2$、$CuBr_2$ 和 $FeCl_3$ 改性的沸石、硅酸钙和中性铝也都有较好的脱汞能力。各种卤代碱金属活性物质中，NaI 改性效果最好。雷明婧等[31]利用无机柱撑技术对黏土矿物进行改性并研究了其吸附性能。丁峰等[32,33]以凹凸棒石、膨润土、沸石和蛭石等四种天然矿物为负载材料，对其进行一系列改性处理后，提高了脱汞能力。姚婷等[34]用 KI 改性凹凸棒石，并在模拟烟道进行喷射脱汞试验，其结果表明，经 2.5%KI 溶液处理后的凹凸棒石在空气气氛下具有 87.3%的脱汞效率，在模拟烟气中则提高到 90.2%。脱汞过程中生成的具有高氧化性能的 I_2 和 K_2O 起到关键作用，这与丁峰等的研究结果吻合。Lee 等[35,36]在固定床试验中发现改性黏土中掺杂少量的活性炭(如 80%$CuCl_2$-clay+20%AC、90%$CuCl_2$-clay+10%AC)后可达到 98%的脱汞效率。刘芳芳等[37,38]用 MnO_2 和 Co_3O_4 改性凹凸棒石，极大地提高了原矿的脱汞效率，由原来的 12.2%分别提高到 87.9%和 84.1%，并且 10ppm HCl 可将两种改性吸附剂的脱汞效率均提高到 90%以上。类似地，Shi 等[39]合成的新型凹凸棒石催化剂(CeO_2/Atp 质量比为 1∶1)在 200℃的脱汞效率和汞氧化效率分别达到 97.75%和 92.23%，并且能够在较宽的温度窗口保持较好的催化活性。而用酸改性的凹凸棒石脱汞效果并不是很理想，其中 4mol/L 盐酸改性的凹凸棒石在 180℃ 达到的最高脱汞效率只有 51.71%[40]。Liu 等[24]系统分析了卤化铜改性凹凸棒石的脱汞机理，XPS 表征结果表明，Cu 和 Cl/Br 在脱汞过程中分别提供了汞的活性吸附位点 Cu^{2+}、Cl 自由基及 Br 自由基，其中 Cu^{2+} 被 Hg^0 还原成 Cu^+。

李敏等[41]的研究结果表明，钠基膨润土较钙基膨润土在脱汞性能上的提高不大，而溴化铵改性的钠基膨润土(Br-Ben/Na)脱汞性能得到了显著提高，其脱汞效率可达 97.7%。Cai 等[42]研究了 KI 和 KBr 改性黏土矿物(膨润土)的脱汞性能。相同条件下 KI 改性的黏土矿物脱汞性能优于 KBr 改性，如图 6.5 所示。脱汞效率随活性物质负载量的增加以及温度(80～180℃)的升高而提高。

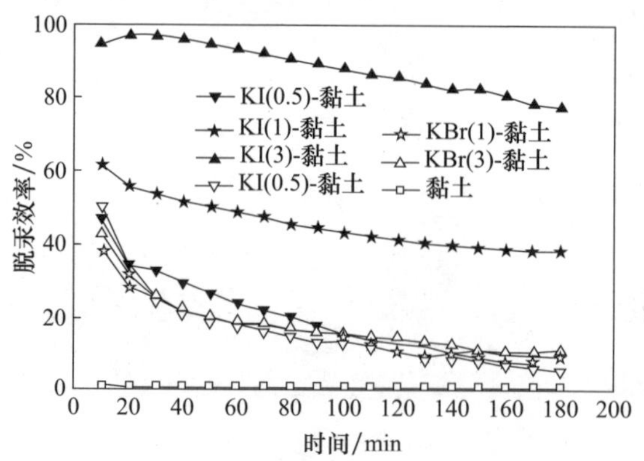

图 6.5　KI/KBr 负载量对改性黏土矿物脱汞效率的影响

Butz 等[43]在实际燃煤电厂喷射 $6.6lb/10^6ft^3$① 矿物吸附剂,发现脱汞效率平均达到 40%(见图 6.6)。与活性炭相比,成本仅为其 43%。然而,煤中硫含量对汞的脱除效率影响很大。硫分从 0.7%增加到 4%时,脱汞效率从 90%降低到 20%左右。喷入吸附剂冲灰水中汞含量变化如图 6.7 所示,喷入矿物吸附剂和活性炭后,可将烟气中的汞脱除。其中,部分汞进入冲灰水中,其含量的平均值从 7ng/L 增加到 11ng/L。

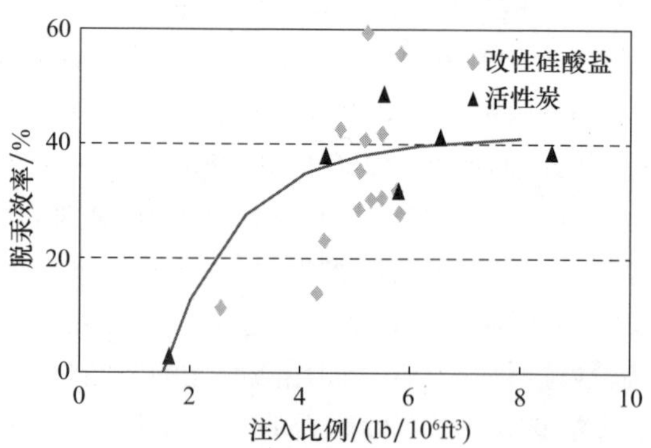

图 6.6　改性硅酸盐吸附剂与活性炭脱汞效率的比较

可见,虽然硅酸盐类矿物吸附剂表现出一定的脱汞能力,但与活性炭吸附剂相比,硅酸盐矿物吸附剂的研究还不足,各种新型活性吸附剂的研发以及相关脱汞机理的研究还需要进一步完善。本章介绍不同结构特征的硅酸盐矿物吸附剂,并对

① $1ft=3.048\times10^{-1}m$;$1ft^3=2.831685\times10^{-2}m^3$。

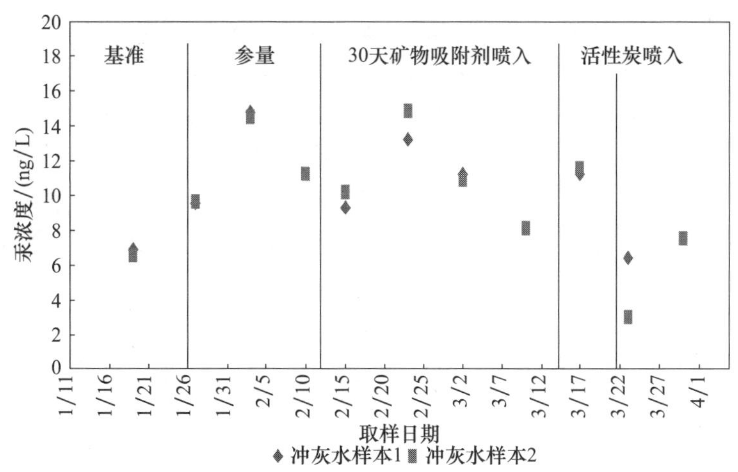

图 6.7　示范工程中喷入吸附剂各个取样时间冲灰水中汞浓度变化

其进行脱汞试验和机理研究，分析矿物吸附剂对汞的吸附性能，提出多种矿物吸附剂改性方法；通过对比，遴选出几种有潜力的脱汞矿物吸附剂。

6.1　试验系统和矿物吸附剂的选取

6.1.1　试验系统

根据不同的试验方案和试验目的，研究过程中分别设计和应用到了两套不同的试验台架系统。第一套汞在线测试试验台架系统（见图 6.8）主要用来对各种吸

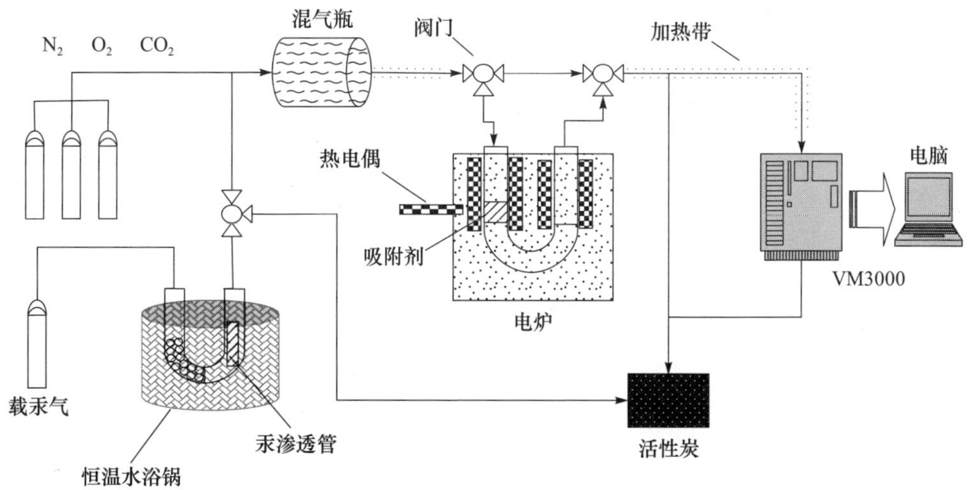

图 6.8　汞在线测试试验台架系统

附剂的脱汞性能进行初步评价和筛选。汞的发生装置由恒温水浴锅、U 形管和汞渗透管组成。模拟烟气成分的体积分数分别为 84% N_2、4% O_2、12% CO_2。

第二套试验台架系统(见图 6.9)采用安大略法测汞。此试验台架有以下几个优势:可以和汞在线测试试验台架系统的试验结果进行对比验证;可以研究不同气氛对吸附剂脱汞效果的影响;可以测试出口模拟烟气中氧化态汞(Hg^{2+})的含量。安大略法所需溶剂均参照美国有关安大略法测汞的法定标准[44]进行配制及消解。其中,消解程序见表 6.1。

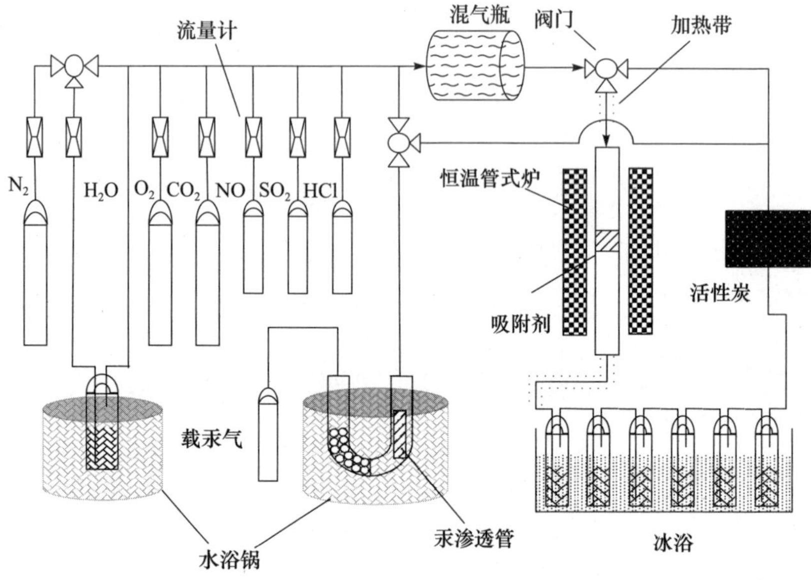

图 6.9　安大略法测汞试验台架系统

表 6.1　消解程序

步骤	升温时间/min	温度/℃	保温时间/min
1	10	140	5
2	5	160	10
3	5	170	3

试验结束后对数据进行处理:将每隔特定时间点的汞浓度选取用于作图。

在某时刻 t 吸附剂对 Hg^0 的穿透率 η 和脱除率 E 可分别用式(6.1)和式(6.2)计算:

$$\eta=\frac{C_t}{C_0}\times 100\% \tag{6.1}$$

$$E=1-\eta \tag{6.2}$$

如图 6.10 所示，图中阴影部分的面积与吸附剂吸附汞的量成正比。用式(6.3)可计算出在 t 时刻单位质量吸附剂吸附汞的量 Q(ng/g)：

$$Q=\frac{A_t}{M}F \tag{6.3}$$

吸附剂在 30min 内的平均汞脱除率 E_{eve} 可用下式计算：

$$E_{eve}=1-\frac{q_t}{q_0}\times 100\% \tag{6.4}$$

$$q_t=\int_{t_1}^{t_2} C_t F \mathrm{d}t \tag{6.5}$$

$$q_0=C_0 F(t_2-t_1) \tag{6.6}$$

式中，C_t 为吸附床出口气体中汞的浓度，ng/L；C_0 为吸附床进口气体中汞的浓度，ng/L；A_t 为图 6.10 中阴影部分的面积，min · ng/L；M 为试验中吸附剂的用量，g；F 为模拟烟气的流量，L/min；q_t 为在 30min 内流经吸附床出口的总 Hg^0 量，ng；q_0 为在 30min 内流经吸附床入口的总 Hg^0 量，ng。所有汞的脱除率和穿透率在计算时均以单质汞的脱除量为准。

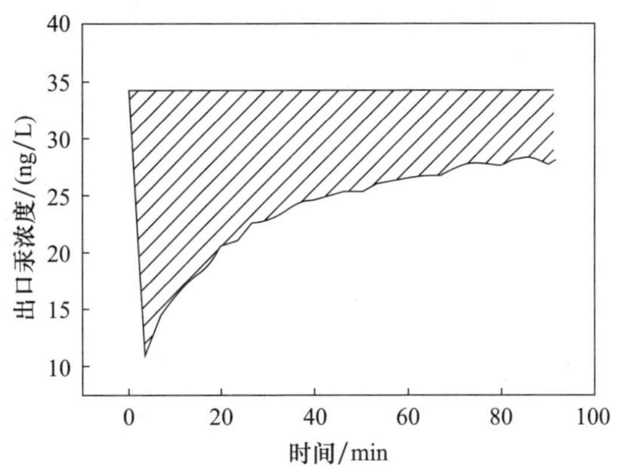

图 6.10　吸附剂出口汞浓度曲线

6.1.2　矿物吸附剂结构

硅酸盐矿物种类繁多，结构和物性也各不相同，同种矿物成分也会因产地不同而存在差异。本节在众多学者所研究的矿物吸附剂的基础上，结合研究所选取的矿物材料，对几种典型的矿物吸附剂材料——蛭石、沸石、膨润土、凹凸棒石、蒙脱石、高岭土、硅藻土等进行简单介绍。

蛭石是一种 2∶1 型结构的具有可交换性阳离子的二八面体和三八面体层状含镁水铝硅酸盐矿物。蛭石结构中的层电荷是由四面体层中 Al 代替 Si 引起的。在 2∶1 层之间含有水化的阳离子，主要是 Mg^{2+}，还有 Fe^{3+}、Fe^{2+}、Al^{3+} 等和水分子。其中,水分子以氢键与 O 连接,在同一分子层又以弱氢键相连[9]。蛭石具有层电荷密度大、离子交换能力强,以及膨胀性能好等特点。蛭石结构复杂多变,一般化学式为$(Mg,Ca)_{0.7}(Mg,Fe^{3+},Al)_{6.0}[(Al,Si)_{8.0}](OH_4 \cdot 8H_2O)$,晶体结构如图 6.11 所示[45]。蛭石分为白蛭石、红蛭石及膨胀蛭石。其中,膨胀蛭石具有蠕虫状的多孔层间结构,多用作吸附材料。

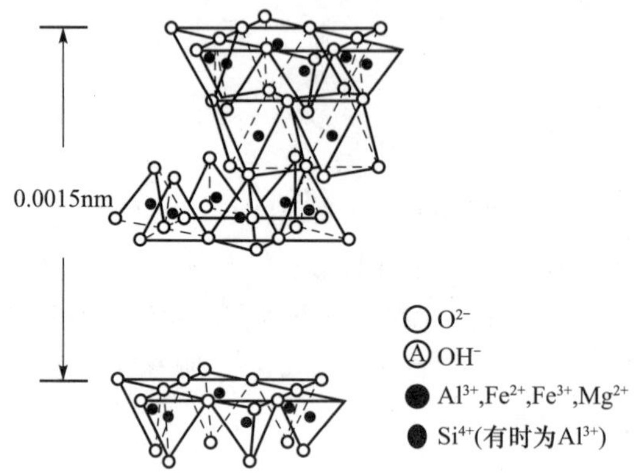

图 6.11　蛭石晶体结构示意图

天然沸石是含 Na、Ca 等金属离子的含水硅铝酸盐矿物,以斜发沸石、丝光沸石、菱沸石、钙十字沸石、方沸石、斜钙沸石、钠沸石、片沸石等的应用居多。沸石的结构式可表示为 $A_{x/q}[(AlO_2)_x(SiO_2)_y] \cdot nH_2O$,其中 A 为 Ca、Na、K、Ba、Sr 等阳离子,q 为阳离子电价,n 为水分子数,x 为 Al 原子数,y 为 Si 原子数。沸石由硅氧四面体和铝氧四面体构成(见图 6.12[46]),具有孔道结构。由于具有较大的静电吸引力,沸石可以优先吸附极性、不饱和及易极化的分子[47]。斜发沸石和丝光沸石等都具有很高的阳离子交换容量,因而具有优异的吸附能力。

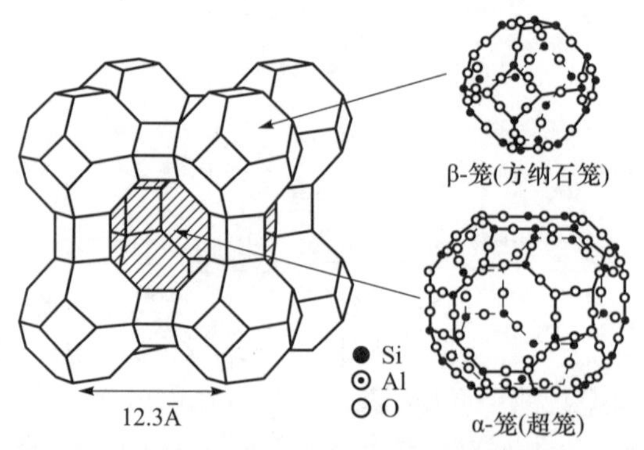

图 6.12　沸石晶体结构示意图

膨润土以蒙脱石为主要矿物成分。蒙脱石是含水铝硅酸盐矿物,化学式为

$Al_2O_3 \cdot 4SiO_2 \cdot 3H_2O$，属单斜晶系，具有 2∶1 型网架状结构，晶体结构如图 6.13 所示，即由两层硅氧四面体中间夹一层铝氧八面体组成。膨润土具有离子交换能力和吸水膨胀性[48]。膨润土的层间阳离子种类决定膨润土的类型，因而又有钙基膨润土和钠基膨润土之分。其中钠基膨润土比钙基膨润土有更高的膨胀性和阳离子交换容量，分散性更好，且有较好的热稳定性。

凹凸棒石又名坡缕石，是一种具有层链状结构的含水富镁铝硅酸盐矿物。其晶体结构属于单斜晶系，具有特殊的纤维状形态，为 2∶1 型层状结构。如图 6.14 所示，其晶体由两层硅氧四面体夹一层镁（铝）氧八面体组成，其理想化学式为 $(Mg,Al,Fe)_5Si_8O_{20}(HO)_2(OH_2)_4 \cdot 4H_2O$。凹凸棒石具有良好的化学吸附作用，主要表现为[49]：①硅氧四面体内类质同象置换，产生弱电子；②与金属阳离子（Mg^{2+}）配位的水分子和吸附核形成氢键；③Si—O—Si 中氧硅键的断裂可以与被吸附的物质形成共价键，产生较强的吸附能力；④非等价类质同象置换（Al^{3+} 或 Fe^{3+} 对 Mg^{2+} 的置换）及配位水失去而产生的电荷不平衡负电性吸附。

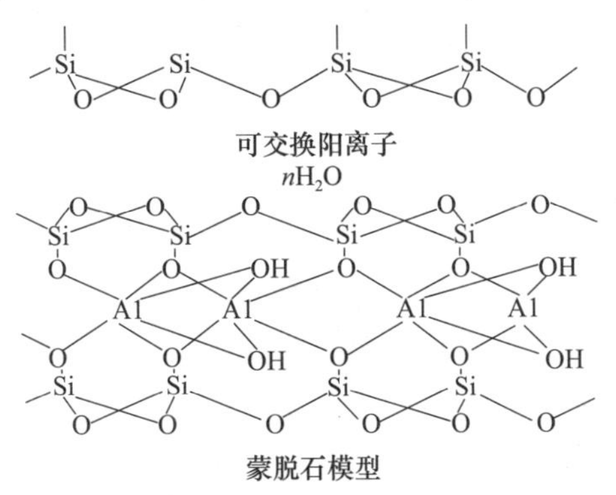

图 6.13　蒙脱石晶体结构示意图

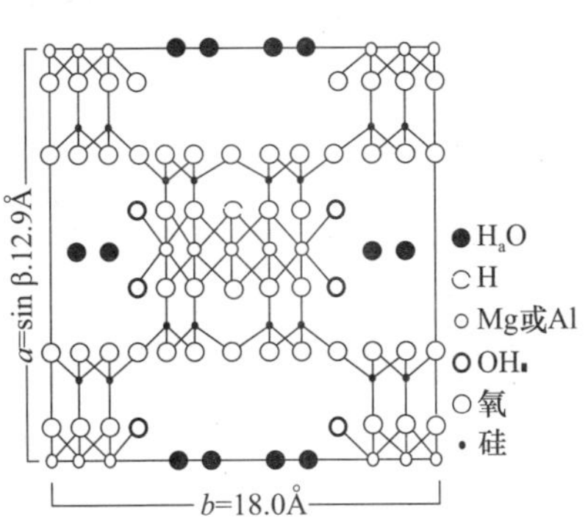

图 6.14　凹凸棒石晶体结构示意图

高岭土是以高岭石为主要矿物成分的黏土矿物，有皱纹状、角砾状和斑点状等构造。高岭石是属三斜晶系的含水铝硅酸盐，理想化学式为 $Al_4[Si_4O_{10}](OH)_8$。其晶体结构如图 6.15 所示，由一层 Si—O 四面体和一层 Al(O,H) 八面体组成，其中 Si 是四配位，Al 是六配位，两者通过氧离子的共享交错堆积而成，属于 1∶1 型二八面体的层状硅酸盐，层间以氢键相连接，无水分子和离子。高岭土具有从周围介质中吸附各种离子和杂质的性能，并且具有较弱的离子交换性质，以及较好的分散性和化学稳定性等。

硅藻土是一种多孔生物硅质岩[50]，主要由古代的硅藻遗核组成。硅藻壁壳上大量多级有序排列的微孔结构提供了充足的吸附空间[51,52]。硅藻土的化学成分主要是非晶态 SiO_2，具有较高的化学稳定性和热稳定性[52]。硅藻土具有大比表面积、松散、质轻、多孔（孔隙率达 90%～92%）等物性[53]。硅藻土特殊的孔隙结构使

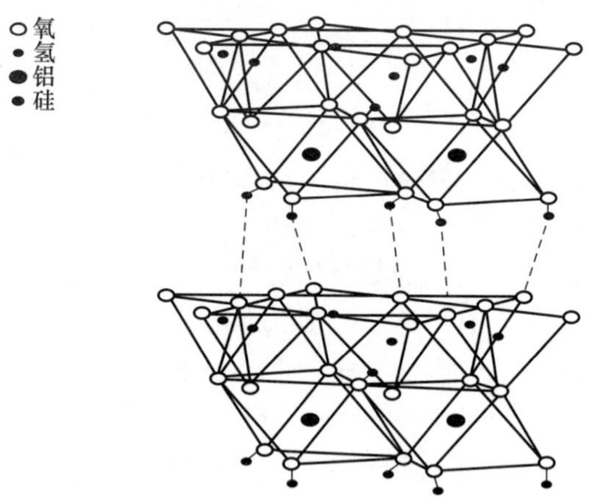

图 6.15　高岭石晶体结构示意图

其易改性，对活性物质的负载具有很大优势。硅藻土所具备的吸附性能归因于其多孔性、负电性以及大量的硅羟基和氢键。硅藻土表面结构微观示意图如图 6.16 所示[54]。

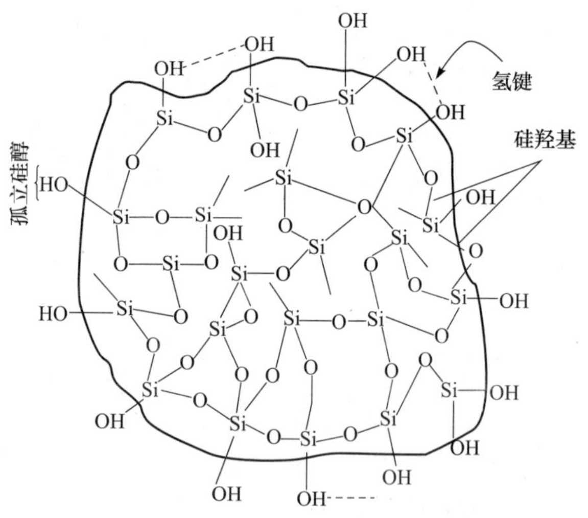

图 6.16　硅藻土表面结构微观示意图

6.1.3　矿物吸附剂的选取及特征

本节选取了几种典型矿物材料，其中，丝光沸石(Mor)来自浙江金华，膨润土(Ben)来自浙江余杭，凹凸棒石(Atp)来自江苏淮源，蛭石(Ver)和膨胀蛭石(H-Ver)来自河北灵寿。天然蛭石经过高温焙烧后，其体积会迅速膨胀数倍至数十倍，体积膨胀后的蛭石即为膨胀蛭石。因此，将直接购买的 H-Ver 作为蛭石的热活化样品进行研究。几种矿物材料的物理结构参数见表 6.2。凹凸棒石的比表面积达 153.55m^2/g,膨润土次之,而丝光沸石和蛭石的比表面积都不足 10m^2/g。

表 6.2　天然矿物材料的孔结构参数

样品	比表面积/(m^2/g)	孔径/nm	孔容/(cm^3/g)
Atp	153.55	9.42	0.36
Ben	40.90	7.44	0.08
Mor	6.83	13.02	0.022
Ver	5.25	11.14	0.015

几种天然矿物的 XRD 图谱如图 6.17 所示。结果表明,丝光沸石矿物中含少量石英和斜发沸石;膨润土主要成分是蒙脱石,含有少量方石英;凹凸棒石主要成分是坡缕石,含有少量云母和石英;蛭石中含有一些云母矿物。天然矿物吸附剂的吸附/脱附等温线和孔径分布曲线分别如图 6.18 和图 6.19 所示。根据国际纯粹

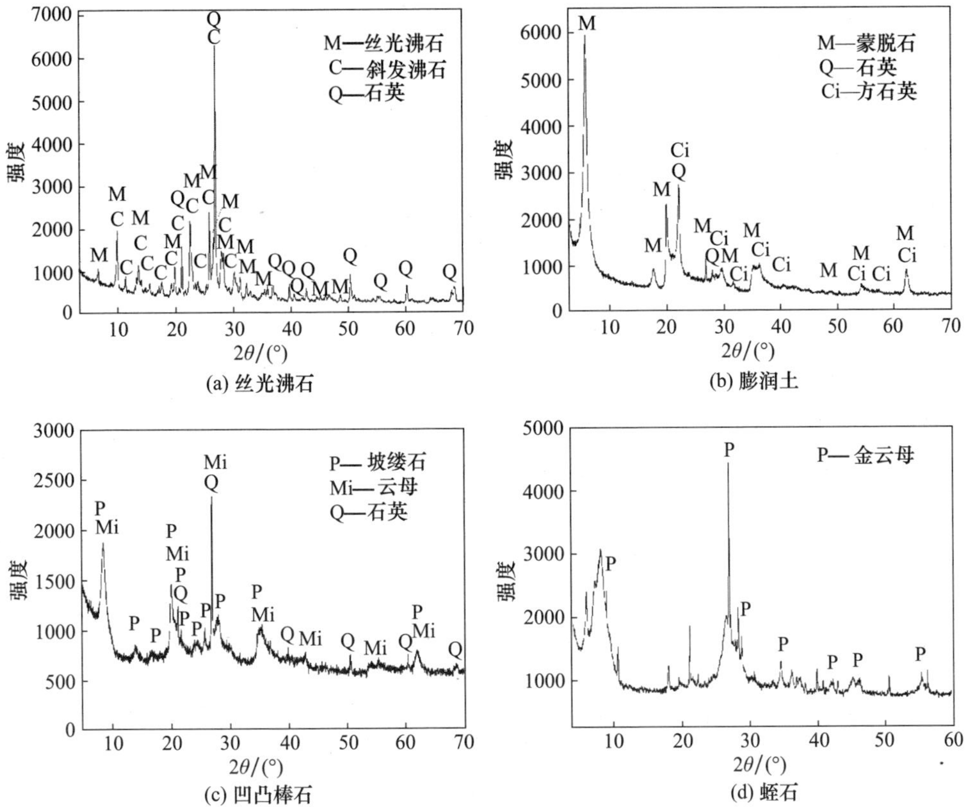

(a) 丝光沸石

(b) 膨润土

(c) 凹凸棒石

(d) 蛭石

图 6.17　天然矿物 XRD 图谱

与应用化学联合会(International Union of Pure and Applied Chemistry，IUPAC)对吸附等温线的分类，四种矿物的吸附等温线均属于第Ⅴ类型，吸附等温线和脱附等温线均在 $P/P_0 \approx 0.4$ 时发生了不同程度的分离，表现出宽窄不同的滞后环，出现的滞后环是吸附剂的毛细凝聚现象。这说明吸附质在吸附剂孔内发生了毛细管凝聚，吸附剂中存在中孔和大孔。其中丝光沸石和膨润土形成的滞后环比较大，凹凸棒石和膨润土次之。Ben 和 Atp 吸附量较大，从而使其比表面积也较大。de Boer 对孔形状和滞后环间关系的研究表明，试验所用两种天然矿物的孔形状存在狭缝形和两平行板之间的缝隙。其中 Atp 孔径呈现多峰分布，主要集中在 10～100nm 的中孔和大孔区域；Ben 的孔径分布呈现两个明显的峰值：45nm 和 85nm，说明其存在大量的中孔和大孔结构。其余两种天然矿物的吸附量比较小，其比表面积也较小。Mor 的孔径结构主要为 50nm 左右，处于中孔和大孔之间；Ver 的孔径呈现三峰分布：9nm、40nm 和 105nm，且吸附剂的孔形态主要集中在 30nm 以上的中孔和大孔区域。天然矿物的这些多孔结构使其易于担载活性物质，进而有利于改善其化学性能。

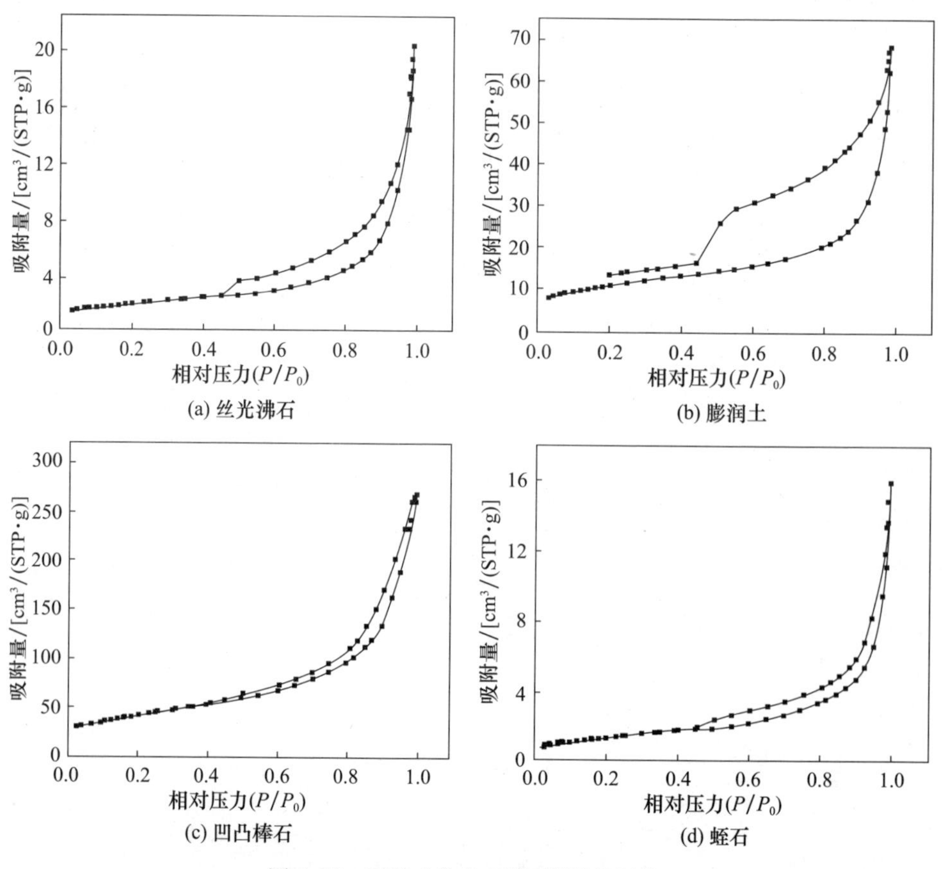

图 6.18　天然矿物的吸附/脱附等温线

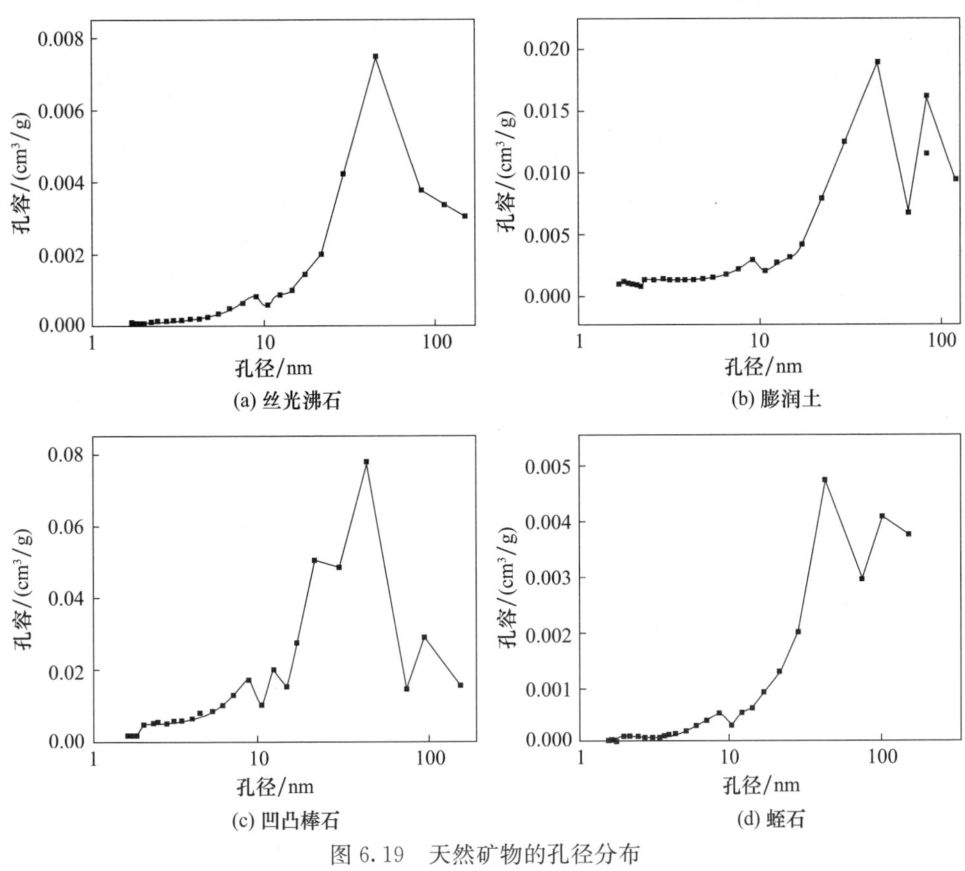

图 6.19　天然矿物的孔径分布

6.2　热活化矿物吸附剂的脱汞性能

6.2.1　矿物吸附剂的制备

天然吸附剂的制备步骤为：先将天然矿物研磨至 300 目，再置于烘箱中 120℃烘干，然后装瓶放入干燥皿中备用。

热活化吸附剂的制备步骤为：取 300 目天然吸附剂样品放入瓷舟中，在马弗炉中分别在 300℃和 500℃下活化 2h，所得吸附剂为热活化吸附剂凹凸棒石、膨润土、丝光沸石和蛭石，分别记作 Atp-300、Atp-500、Ben-300、Ben-500、Mor-300 和 Mor-500。

6.2.2　矿物吸附剂的表征

图 6.20 为不同温度热活化后吸附剂的 XRD 图谱。可明显看出，随着活化温度升高，Atp 的(110)面特征峰逐渐减弱，其原因是随着结晶水和结构水的不断脱出，Atp 的结晶结构发生折叠现象，导致孔道结构逐步塌陷。对 Ben 而言，经过热

活化处理后，其(001)面特征峰基本消失，说明其层状结构受到破坏。而 Mor 则显示出较好的热稳定性，热活化前后其结构特性未发生明显变化。Ver 经过高温膨胀后有机杂质得到清除，结晶度更好。

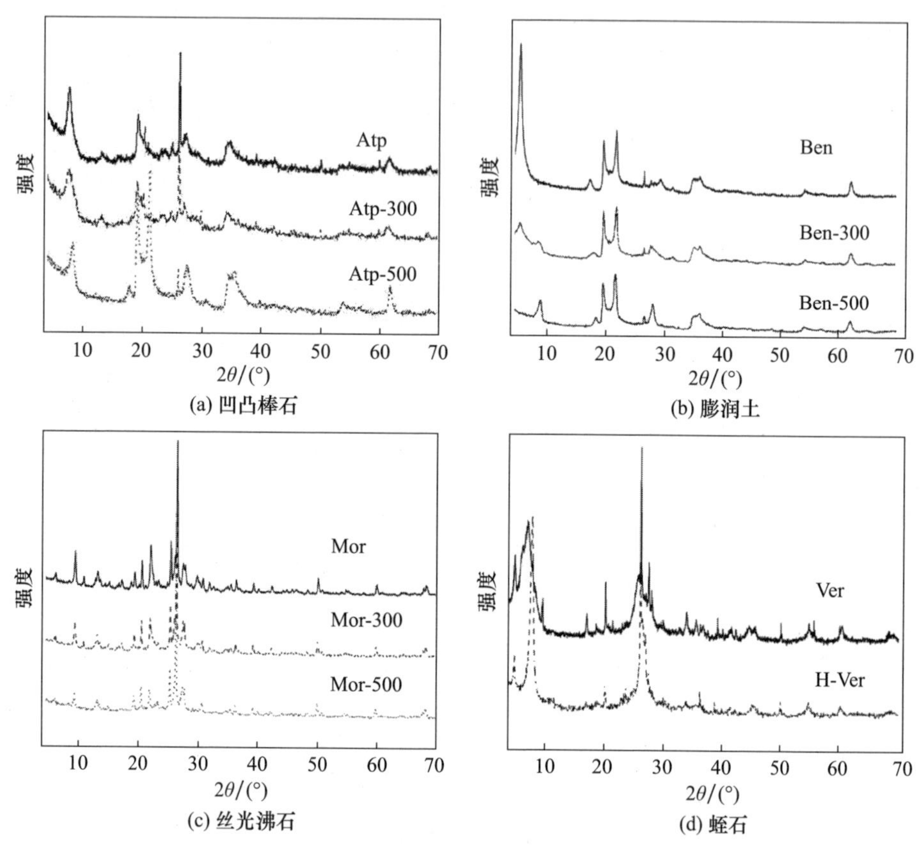

图 6.20　不同温度热活化后吸附剂的 XRD 图谱

由于不同的天然矿物具有其独特的结构特性，经过不同温度热处理后其孔隙结构会发生一定的改变。表 6.3 为几种吸附剂热活化前后的孔结构参数。对于 Atp、Ben 和 Mor 三种吸附剂，与原矿物相比，热活化后其微孔面积减少而平均孔径增加。特别是对于 Ben 和 Mor，500℃热活化使其孔容积和平均孔径均明显增加，其原因可能是一些有机杂质在高温下分解以及水分子的挥发，使得一些被填充的孔得以疏通，这一点与下面孔径分布的结果一致。随着热处理过程中 Ben 层间水分子的挥发，其层状结构受到破坏发生崩塌[55]，XRD 的表征分析也与这一现象吻合，从而使得其比表面积由约 41m^2/g 减小至约 38m^2/g。在四种吸附剂中，Atp 比表面积最大，然而由于热处理后其孔道结构发生塌缩，其比表面积大幅下降至约 34m^2/g。而 Ver 经过高温膨胀处理后的比表面积、微孔面积和孔容积都得到提升。热处理并未能显著改变 Mor 的比表面积[56]。

表 6.3　吸附剂热活化前后的孔结构参数

样品	比表面积/(m^2/g)	微孔面积/(m^2/g)	孔容/(cm^3/g)	孔径/nm
Atp	153.55	18.66	0.369	9.42
Atp-300	137.09	12.40	0.33	9.63
Atp-500	33.66	6.49	0.08	9.97
Ben	40.90	9.10	0.08	7.44
Ben-300	33.06	6.80	0.08	9.58
Ben-500	38.14	5.42	0.09	9.62
Mor	6.83	1.15	0.02	13.02
Mor-300	5.39	0.756	0.02	13.93
Mor-500	7.33	1.02	0.03	13.74
Ver	5.25	0.02	0.01	11.14
H-Ver	12.36	1.06	0.03	9.02

图 6.21 为不同温度热活化后吸附剂的吸附/脱附等温线。从图中可以看出，

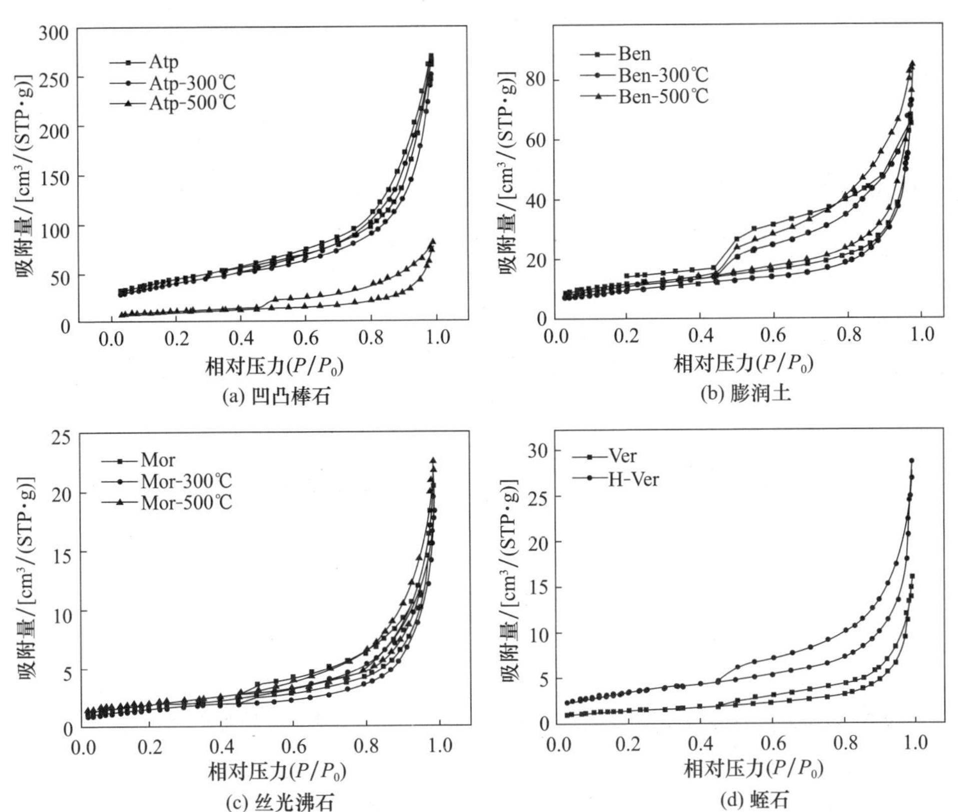

图 6.21　不同温度热活化后吸附剂的 N_2 吸附/脱附等温曲线

经 300℃热活化后，Atp 吸附/脱附等温线并无明显变化；而经 500℃热活化后，其吸附/脱附等温线均明显降低，吸附能力明显下降，说明 500℃热活化使其结构发生明显变化，与 XRD 结果一致，而滞后环的存在说明其结构中仍有中孔和大孔的存在；热活化前后 Ben 和 Mor 的吸附/脱附等温线无结构性改变，表明其孔隙结构未受到破坏；经高温热膨胀活化后，Ver 的滞后环变宽，吸附能力和孔隙结构均得到改善。

从图 6.22 可以看出，经 500℃热活化后，Atp 的孔隙结构受到破坏，特别是中孔和大孔大幅减少，与前面结论一致；经 500℃热活化后，Ben 和 Mor 的中孔和大孔均得到增强，可能为孔中的杂质在高温下分解所致；Ver 在高温膨胀后中孔和大孔明显增多。

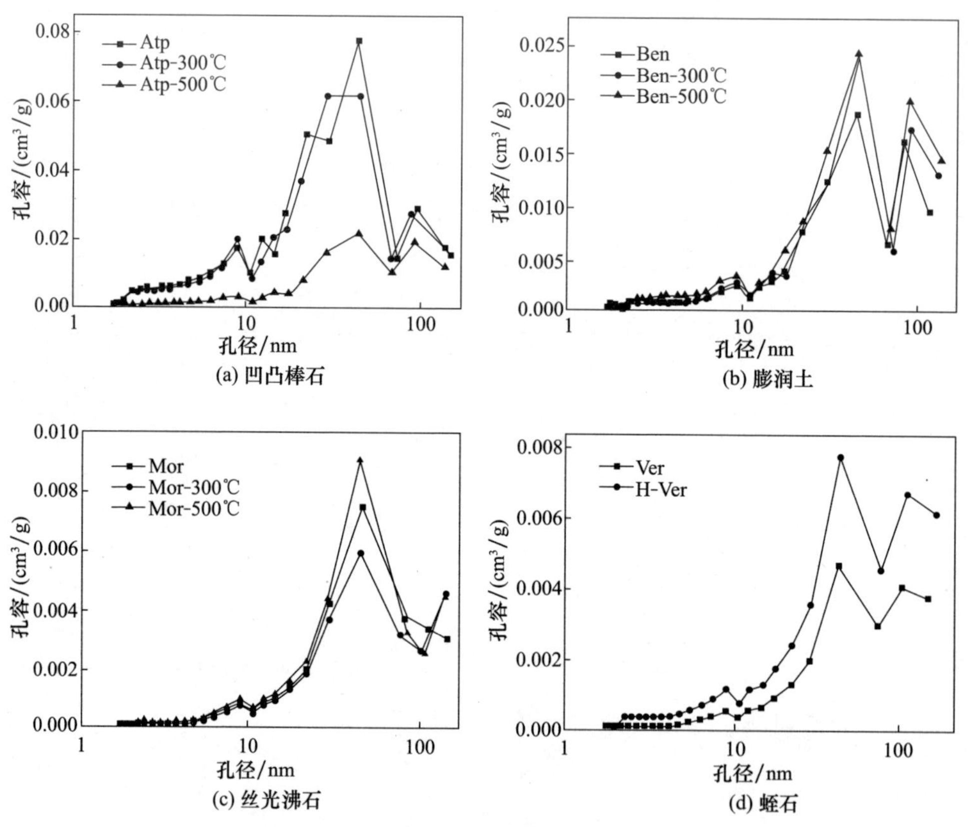

图 6.22　不同温度热活化吸附剂的孔径分布

表 6.4 为天然矿物材料的元素组成。吸附剂脱汞试验在第一套汞在线测试试验台架上完成，模拟烟气成分为 N_2(84%)、O_2(4%)、CO_2(12%)，总流量为 2L/min，吸附剂用量为 1g，其中 H-Ver 因为其密度与其他吸附剂差别太大，为保证试验过程中吸附剂与模拟烟气中 Hg^0 的接触时间相同，同时避免管路压力过大带来试验误差，H-Ver 的用量为 0.5g。试验后收集吸附剂样品，消解后测量其中汞的含量。

表 6.4　天然矿物材料的元素组成(质量分数)　(单位:%)

矿物材料	Mg	Al	Si	Ti	Fe	Cl
Atp	6.98	12.42	55.61	1.71	13.62	1.97
Ben	—	15.67	75.33	—	5.52	—
Mor	—	11.81	75.74	0.15	2.53	—
Ver	7.5	14.64	42.66	—	24.32	—

6.2.3　热活化矿物吸附剂的脱汞性能

每种天然矿物材料都有其独特的结构特征和组分,同时不可避免地含有一些有机物及其他杂质,而热活化法则是一种有效去除杂质和疏通孔道的常用方法,能够改善天然矿物的物理特性,从而对其吸附性能产生影响。前面对热活化后样品的表征分析结果也显示出吸附剂的孔隙结构得到了改善。

图 6.23 为四种吸附剂经热活化后的 Hg^0 穿透率曲线图,为了增强其物理吸附能力,试验温度设定为 30℃。由图可以看出,热活化后四种吸附剂的脱汞能力

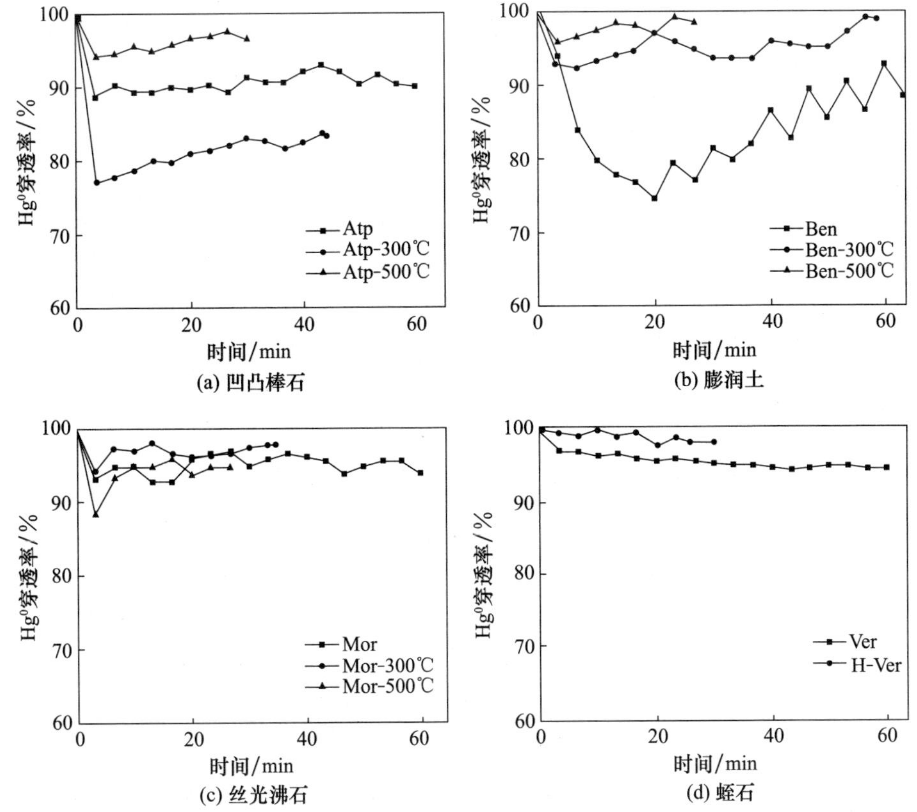

图 6.23　30℃下热活化吸附剂的 Hg^0 穿透率曲线

并未得到明显改善。相反，膨润土的 Hg^0 穿透率由约 75%上升到 90%以上，即热活化后膨润土的脱汞能力降低了。XRD 及孔径分布测试表明，经过 500℃热活化后，Ben 的层状结构发生崩塌但其孔隙结构并未遭到破坏，可推断 Ben 的层状结构对其脱汞能力有一定影响。Atp 的结构发生变化，孔隙结构受到破坏，基本无脱汞能力。物理吸附过程与吸附剂的物理性质相关，热活化后吸附剂中一些杂质被清除，孔道疏通，应有利于物理吸附单质汞，但试验结果并未显示出吸附剂脱汞能力有明显提高。比表面积被认为是影响吸附剂物理吸附能力的一个很重要的因素。然而，本试验中 Ben 的比表面积只有 Atp 比表面积的 1/4，但其脱汞能力优于 Atp。通过以上分析可以发现，天然硅酸盐矿物吸附剂对气态 Hg^0 的物理吸附能力较弱，除了物理吸附还存在其他形式的吸附。

6.2.4 温度对矿物吸附剂脱汞性能的影响

图 6.24 为不同吸附温度对吸附剂脱汞性能的影响。在吸附温度由 30℃提高到 120℃的过程中，凹凸棒石的汞穿透率由 90%下降到 70%，表明其对汞的吸附能

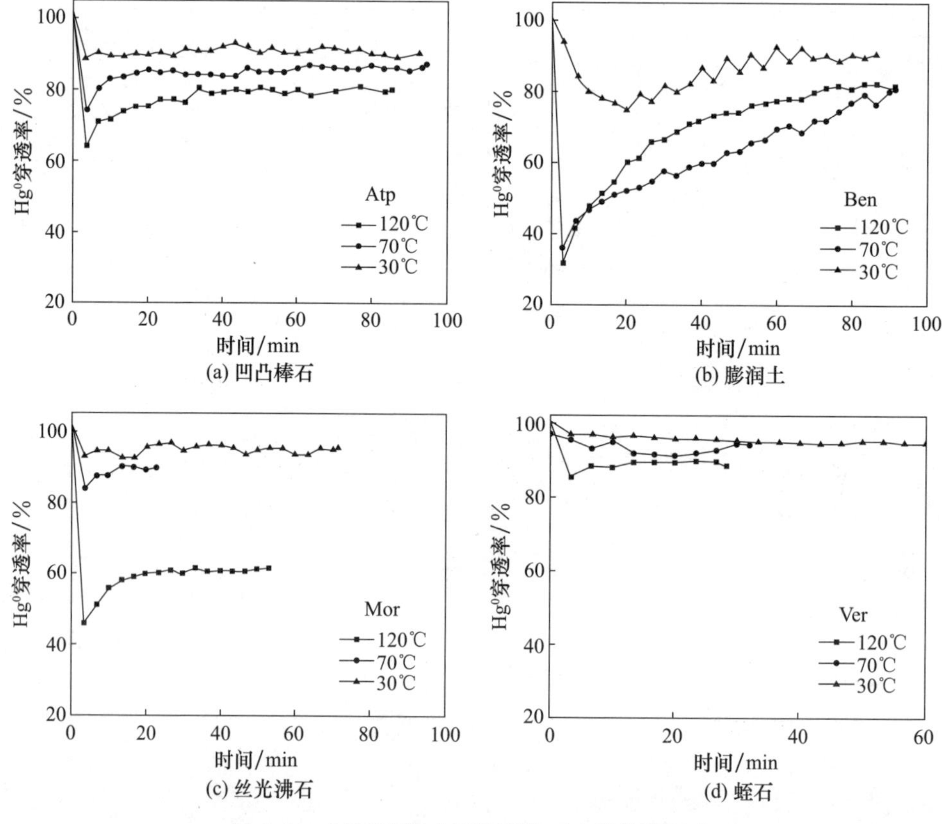

图 6.24 不同温度对吸附剂脱 Hg^0 性能的影响

力随温度升高而加强；吸附温度为 70℃和 120℃时，膨润土在最初的 15min 内表现出超过 50%的汞脱除率。Jurng 等[25]的试验结果也表明：烟气停留时间为 1s 时，膨润土具有约 50%的汞脱除率；丝光沸石在 30℃和 70℃下对汞基本无吸附能力，而在 120℃时则表现出稳定的汞脱除率(40%)。由此可以推测，在 120℃时 Hg^0 与 Mor 中的某些活性点位发生了反应。然而，蛭石在提高吸附温度后的吸附效果依然很差。

总体而言，适度地提高吸附温度有利于天然矿物吸附剂对 Hg^0 的脱除，而这一现象符合化学吸附的规律。由此可以推断，天然硅酸盐矿物吸附剂脱除烟气中 Hg^0 的过程实际上是一个化学吸附的过程。而升高温度对吸附剂脱汞性能表现出促进作用，其可能原因有以下两点：①随着温度的升高，汞蒸气更容易扩散到吸附剂的层间和微孔结构中，从而有利于吸附剂对汞的吸附；②吸附剂内部存在吸附汞的活性点位，而温度的升高使得这些活性点位对汞的吸附能力增强。

6.2.5　硅酸盐矿物吸附剂的脱汞机理

图 6.25 为四种吸附剂在 120℃时的 Hg^0 脱除量曲线，反映了各吸附剂的 Hg^0 脱除量随时间的变化趋势。随着反应时间的延长，Atp 和 Mor 的 Hg^0 脱除量呈现线性增长的趋势，表明两种吸附剂能对 Hg^0 保持稳定的脱除，膨润土的 Hg^0 脱除能力则呈现缓慢下降的趋势。

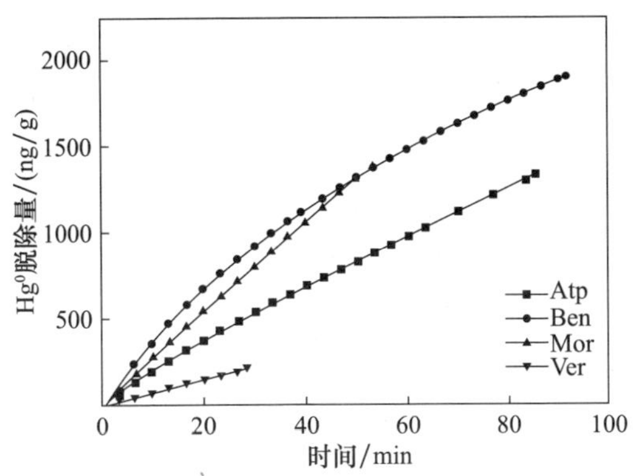

图 6.25　四种吸附剂在 120℃时的 Hg^0 脱除量曲线

在利用吸附剂喷射法脱汞时，吸附剂在烟气中的停留时间很短。其中，在静电除尘器中的停留时间只有 3～5s，而在布袋除尘器中的停留时间也只有约 25min[57]，因此在这段时间吸附剂的 Hg^0 脱除量(Q)是衡量一个吸附剂 Hg^0 脱除能力强弱的重要指标。如图 6.26 所示，比较了在 120℃时四种吸附剂在吸附试验开始 30min 内的 Hg^0 脱除量(Q_{30})。在四种天然硅酸盐矿物吸附剂中，Ben 的 Hg^0

脱除量最大，说明其层状结构有利于 Hg^0 的扩散和吸附。Atp 在 30min 内的 Hg^0 脱除量为 537ng/g，仅是 Ben 的 922ng/g 的一半，而 Atp 的比表面积是 Ben 比表面积的四倍。Mor 在 30min 内的 Hg^0 脱除量达到 798ng/g，而其比表面积只有约 $7m^2/g$。显然吸附剂的 Hg^0 脱除量与其比表面积之间没有必然联系。然而，比表面积是影响吸附剂物理吸附性能的一个重要因素。因此可以认为，四种天然硅酸盐矿物吸附剂脱除烟气中 Hg^0 的过程实际上是一个化学吸附的过程。

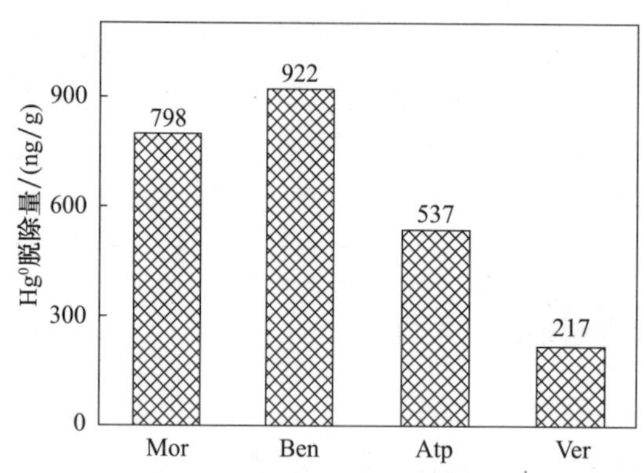

图 6.26 四种吸附剂在 30min 内 Hg^0 脱除量比较

烟气自动监控系统(continuous emission monitoring system，CEMS)只能检测模拟烟气中 Hg^0，而无法测量离子态汞，因此，为了判断模拟烟气中 Hg^0 是被吸附剂吸附还是被其氧化，同时验证汞在线测试试验结果的有效性，对吸附试验后吸附剂中的汞含量进行了消解测定；通过 CEMS 所得试验数据，进行积分计算后所得吸附剂的汞脱除量，即为汞在线结果。图 6.27 为两种测试结果的对比图。结果表明，除 Mor 外其他三种吸附剂的测试结果表现出相同的变化趋势。然而，Mor 和 Atp 两种吸附剂的汞含量的测试结果有着明显差别：Mor 的汞在线结果约是消解结果的 9 倍；Atp 的汞在线结果约是消解结果的 2 倍。然而，在原始吸附剂样品中并未检测到汞。因此可以说明 Mor 能够氧化 Hg^0，但其吸附汞的能力较弱；Atp 也具有氧化 Hg^0 的能力，还能够吸附一部分汞。Eswaran 等的研究也发现了类似现象[19]：在其研究中丝光沸石预先在 1mol/L 的盐酸中、90℃下活化 2h，然后用于脱汞试验，在不含任何酸性气体和氧化性气氛的条件下丝光沸石均表现出很好的氧化 Hg^0 的能力。

有研究表明，在废水处理过程中，天然矿物吸附剂主要依靠离子交换机理脱除废水中的重金属元素[8,18]。然而，与溶液环境不同，烟气中的 Hg^0 无法通过离子交换脱除。有一种可能存在的过程：烟气中的 Hg^0 与吸附剂层间的可交换活性离子或吸附剂表面的活性点位发生反应，被氧化成离子态汞，随后被吸附剂吸附。在这

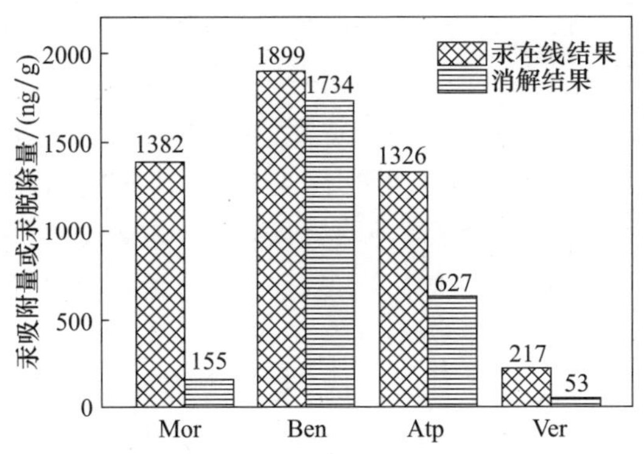

图 6.27　消解结果和汞在线结果的对比

个过程中吸附剂层间可交换活性离子以及其表面的活性点位的存在起到了关键作用。

通过脱汞试验数据及表 6.5 的吸附剂元素含量数据综合分析可以看出，与其他两种吸附剂相比，Atp 和 Mor 都具有氧化 Hg^0 的能力并且其成分中含有钛元素，可以推断吸附剂所具有的对 Hg^0 的氧化能力与钛元素的存在有关。通过以前的研究发现二氧化钛是一种很好的光催化剂并且广泛应用于废水处理及太阳能电池产业，并且发现其能够氧化烟气中的 Hg^0。可以认为 Mor 和 Atp 中所含的钛元素与吸附剂中的晶格氧结合，从而形成一种特殊的能够氧化 Hg^0 的活性点位。除此之外吸附剂固有的结构特性也对 Hg^0 的氧化起重要作用，如 Mor 的钛含量为 0.15%（质量分数），其对 Hg^0 的氧化能力却要强于钛含量为 1.71%（质量分数）的 Atp，可能原因有两点：一是 Mor 的物理结构更利于汞原子与吸附剂中的含钛活性点位接触或 Mor 中生成了更多的含钛活性点位；二是 Mor 的结构特性使其具备了固体酸的性质。晶体中的部分 Si 被 Al 取代，使格架中的部分氧呈现负电荷，为中和所出现的负电荷而进入格架中的阳离子形成了局部高电场，使格架中产生酸性位置，从而使 Mor 具有作为固体催化剂的固体酸性质，表现出对单质汞的氧化能力。

Li 等[58]的研究表明，水分子和 C—O 复合体之间的相互作用，使存在于活性炭表面的湿气有利于汞的吸附。对于 Ben，其结构中有大量的可交换阳离子及层间水，其与 Ben 晶格中的氧原子可以相互作用，形成类似的活性中心，从而促进吸附剂对汞的吸附，最终形成含汞的复合物结构。通过试验结果也可看出，吸附温度从 70℃升高到 120℃时，Ben 对汞脱除率随之下降，可解释为随温度的升高 Ben 层间水挥发，从而影响其对汞的吸附。对于 Atp，试验结果显示其不仅具备氧化 Hg^0 的能力，还能够吸附一定量的 Hg^0。可推断其对 Hg^0 的吸附能力也可能与 Atp 结构中的水分子有关。

6.2.6 矿物吸附剂材料筛选

从经济性方面考虑，天然的硅酸盐矿物材料要明显优于当前使用的活性炭类吸附剂；从脱汞效果方面考虑，未改性活性炭对汞的脱除能力比较差[59,60]。例如，Darco FGD是一种常用的未改性商业活性炭，并且是美国能源部（Department of Energy，DOE）的基准吸附剂，在固定床试验中其汞脱除率低于30%[35]，140℃时其对汞的吸附容量几乎可以忽略不计[61]。虽然本节中试验条件（汞进口浓度、吸附温度、吸附剂用量等）与之有所不同，但是所选天然矿物材料吸附剂表现出极具潜力的脱汞能力，如Ben具有超过50%的Hg^0脱除率。可见利用天然硅酸盐矿物材料代替现有活性炭用于燃煤电站烟气中汞的控制，是极具研究潜力且可行的。

本节选取的几种天然矿物材料是很好的化学改性吸附剂的底材[62]。在改性吸附剂的合成和使用过程中，所选取的吸附剂材料一方面要作为改性剂的载体，其结构特征要有利于负载改性剂，同时有利于改性剂与烟气中汞的接触；另一方面吸附剂材料本身对汞要有一定的脱除能力，能够与改性剂一起协同脱除汞。对四种天然矿物吸附剂的研究表明，Atp、Ben和Mor三种吸附剂对汞都有一定的脱除能力，同时三种矿物材料分别具有不同的结构特性：Atp为层链状结构；Ben为层状结构；Mor为格架状结构，其晶体结构中都存在不平衡电荷，能够吸附一定量的金属阳离子，进而有利于改性剂的负载。因此，选取Atp、Ben和Mor三种天然矿物进行后续的改性研究。

6.3 硫改性矿物吸附剂的脱汞性能

硫元素在常温下对汞表现出很强的化学活性，因此，在脱汞吸附剂的研究中常用作改性剂来提高吸附剂的脱汞效果。特别是在活性炭吸附剂的研究过程中，对硫改性活性炭进行了大量研究，包括不同温度下的脱汞机理、不同渗硫方式及烟气成分对脱汞效果的影响[63-66]、含氧官能团的影响[67]、有机硫改性的效果和硫改性海泡石的脱汞能力[68,69]，其中一些吸附剂表现出很好的脱汞能力。因此选取不同形态的无机硫和一系列的有机硫改性剂，以Atp、Ben和Mor三种天然矿物吸附剂材料，合成一系列的硫改性吸附剂，测试了各种吸附剂的实际脱汞能力以及硫形态对吸附剂脱汞能力的影响，为硫改性天然矿物吸附剂在以后的应用奠定了基础。

6.3.1 硫改性矿物吸附剂的制备和表征

采用不同形态的硫分别改性Atp、Ben和Mor三种天然矿物吸附剂，具体的制备方法如下所示，所得吸附剂详细信息及改性剂含量见表6.5。

表 6.5　改性吸附剂详细信息

吸附剂名称	简称	吸附剂材料	S 元素含量/%(质量分数)
单质硫改性吸附剂	S-Atp	凹凸棒石	2.25
	S-Ben	膨润土	7.35
	S-Mor	丝光沸石	15.95
交联硫化钠改性吸附剂	Na_2S_n-Atp	凹凸棒石	21.44
	Na_2S_n-Ben	膨润土	38.05
	Na_2S_n-Mor	丝光沸石	20.92
巯基乙酸钙改性吸附剂	CaHS-Atp	凹凸棒石	0.31
	CaHS-Ben	膨润土	2.31
	CaHS-Mor	丝光沸石	0.16
2-巯基吡啶改性吸附剂	PT-Atp	凹凸棒石	0.74
	PT-Ben	膨润土	2.23
	PT-Mor	丝光沸石	0.11
2-巯基吡啶 N 氧化物改性吸附剂	PTO-Atp	凹凸棒石	0.67
	PTO-Ben	膨润土	1.10
	PTO-Mor	丝光沸石	0.17
MPTMS 改性吸附剂	MPTMS-Atp	凹凸棒石	1.74
	MPTMS-Ben	膨润土	4.43
	MPTMS-Mor	丝光沸石	0.36
磺酸基化 MPTMS 改性吸附剂	MSO_3-Atp	凹凸棒石	1.74
	MSO_3-Ben	膨润土	4.43
	MSO_3-Mor	丝光沸石	0.36
胱氨酸改性吸附剂	DCys-Atp	凹凸棒石	1.14
	DCys-Ben	膨润土	4.55
半胱氨酸改性吸附剂	Cys-Atp	凹凸棒石	0.48
	Cys-Ben	膨润土	3.69

1）单质硫改性吸附剂的制备

将三种天然硅酸盐矿物研磨至 300 目，烘箱中于 100℃下干燥，所得天然吸附剂放入干燥皿中用于后续改性吸附剂的制备。取 2mol/L 的盐酸 5mL 加入 10mL 去离子水中，混合均匀后加入 2.5g 天然吸附剂，搅拌使吸附剂充分分散后加入 0.75g 硫代硫酸钠，继续搅拌 30min，过滤并用去离子水洗涤 3 次后烘干，得到单质硫改性的三种吸附剂，研磨至 300 目后放入干燥皿中备用。在吸附剂的制备过程中，所用到的各种试剂均为分析纯。

2）交联硫化钠改性吸附剂的制备

向 40mL 丙酮溶液中加入 2g 天然吸附剂和 2mol/L 的氢氧化钠溶液 0.5g，搅拌均匀后加入 1.5g 的硫化钠和 0.65g 单质 S 粉末，在 65℃下回流搅拌 6h，待混合液冷却后过滤，在40℃下真空干燥得到三种交联硫化钠改性吸附剂。将吸附剂研磨至300目后放入干燥皿中备用。

3) CaHS改性吸附剂的制备

量取0.5g巯基乙酸钙(CaHS)于烧杯中，加入50mL去离子水搅拌至完全溶解，随后在持续搅拌下缓慢加入2g天然吸附剂并在常温下搅拌5h，过滤后将吸附剂放入烘箱于50℃下干燥，所得改性吸附剂研磨至300目后放入干燥皿中备用。

4) PT和PTO改性吸附剂的制备

在持续搅拌下将0.5g的2-巯基吡啶(PT)加入50mL丙酮中，然后缓慢加入2g天然吸附剂，在常温下搅拌7h，过滤后用丙酮清洗两次，吸附剂放入烘箱于50℃下干燥，所得改性吸附剂研磨至300目后放入干燥皿中备用。用相同方法制备2-巯基吡啶-N-氧化物(PTO)改性吸附剂。

5) MPTMS改性吸附剂的制备

取1mol/L的盐酸100mL，加入4g天然吸附剂配置成悬浊液，常温下搅拌5h后，用去离子水清洗样品直至滤液中无Cl^-(用0.1mol/L硝酸银检测)，过滤后在120℃烘干得到酸化吸附剂。将2g酸化吸附剂和1.5mL的3-巯丙基-三甲氧基硅烷(MPTMS)加入100mL甲苯溶液中，搅拌24h，过滤后分别用甲苯和酒精洗涤，在50℃烘干后得到三种MPTMS改性吸附剂。将吸附剂研磨至300目后放入干燥皿中备用。

6) 磺酸基化MPTMS改性吸附剂的制备

按1∶1的体积比将30%的双氧水和95%的乙醇溶液配置成50mL混合液，向其中加入MPTMS改性吸附剂2g，常温下搅拌后浸渍24h，然后过滤并用去离子水洗涤三次，在真空干燥箱中40℃下干燥，然后于100℃下干燥得到三种磺酸基化MPTMS改性吸附剂。将吸附剂研磨至300目后放入干燥皿中备用。

7) 有机螯合改性吸附剂的制备

将0.2g半胱氨酸(Cys)和1.5mL浓盐酸加入50mL去离子水中搅拌至溶解，在40℃下加入2g天然吸附剂并搅拌2h，过滤后在70℃下烘干得到两种半胱氨酸改性吸附剂。用类似方法在不加入改性剂的情况下制备了盐酸浸渍过的吸附剂样品：HCl-Atp和HCl-Ben。所有吸附剂研磨至300目后放入干燥皿中备用。用相同方法制备了胱氨酸(DCys)改性吸附剂。

6.3.2 无机S改性矿物吸附剂的脱汞性能

1. 单质S改性吸附剂的脱汞试验分析

S单质能够与汞发生反应生成HgS，HgS是一种很好的脱汞改性剂。利用液相化学反应将单质S很好地分散于三种矿物吸附剂中，成功制备出三种单质S改性汞吸附剂，考察了温度对吸附剂脱汞效果的影响，在试验中三种吸附剂的用量为0.25g。图 6.28～图 6.30 为三种单质 S 改性吸附剂对 Hg^0 的穿透率曲线。可以看出在负载了单质 S 后，凹凸棒石和膨润土的脱汞能力都有了较大改善，特别是在70℃的低温下，吸附剂 S-Atp 和 S-Ben 对 Hg^0 的穿透率在 30min 内都能维持在20%以下，表现出很强的 Hg^0 脱除率，其脱汞机理可表示为

$$Hg+S \longrightarrow HgS \tag{6.7}$$

随反应时间的延长吸附剂脱除效果逐渐减弱，可能因为模拟烟气中氧气的存在，单质 S 被氧化而失去活性。XRF 测试结果表明，吸附剂 S-Mor 中的 S 含量明显高于另两种吸附剂，而其脱汞效果却弱于 S-Atp 和 S-Ben，说明吸附剂的脱汞能力除受所选择的改性剂影响外，还与吸附剂本身的结构和特性相关。Mor 有格架状的晶体结构，其中分布着大量微孔，在吸附剂的制备过程中，因单质 S 由液相反应生成，所产生的微小的单质 S 颗粒大量进入 Mor 的孔隙结构中，形成堵塞，使得在吸附剂脱汞过程中，烟气中的汞原子只能和负载在吸附剂外表面上的单质 S 反应，而所生成的 HgS 附着于吸附剂表面，又进一步阻碍了吸附剂孔隙中 S 与汞的接触，从而使 S-Mor 的脱汞能力受到限制。

不同温度下对单质 S 改性吸附剂脱汞效果的研究表明，温度从 70℃升高到120℃有利于吸附剂对汞的脱除，这一现象也符合化学吸附的规律。同时可以看出，三种单质 S 改性吸附剂的最佳汞穿透率仅能维持 15min 左右，然后迅速升高至完全穿透，此现象说明在较高温度下吸附剂会失去脱汞活性。其可能原因为温度的升高会加速单质 S 的氧化。

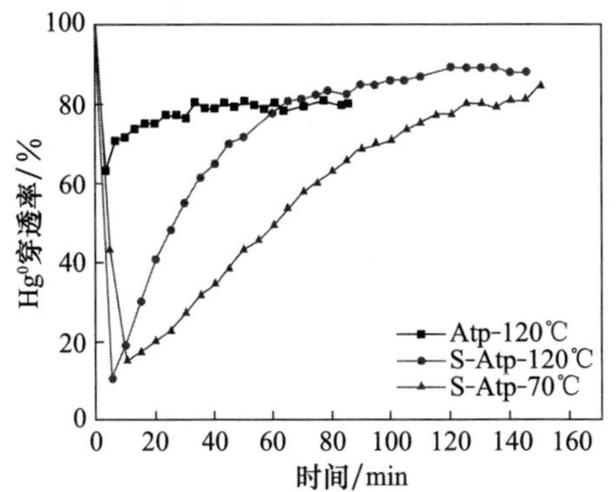

图 6.28　单质 S 改性 Atp 吸附剂对 Hg^0 的穿透率曲线

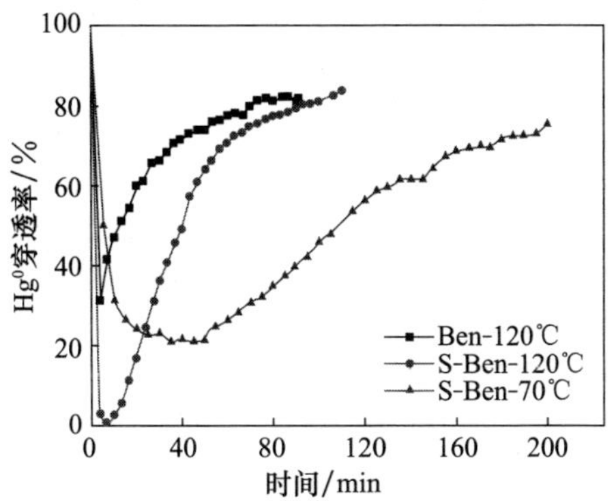

图 6.29　单质 S 改性 Ben 吸附剂对 Hg^0 的穿透率曲线

2. 交联硫化钠改性吸附剂的脱汞性能

图 6.31 为交联硫化钠改性吸附剂对 Hg^0 的穿透率曲线，在试验过程中三种

吸附剂用量均为 0.25g。Lee 等[61]的研究结果显示，交联硫化钠改性吸附剂在 70℃时表现出 93%的汞脱除率，而在高温下的汞脱除率却很差，因此本试验所选取的反应温度为 70℃。从图中可以看出，经交联硫化钠改性后的三种吸附剂的汞脱除效果要明显低于单质 S 改性吸附剂，基本无脱汞效果。由表 6.5 可以看出，交联硫化钠改性吸附剂的硫含量要明显高于单质硫改性吸附剂，而其吸附效果不明显，可见硫改性吸附剂的脱汞效果与硫在吸附剂中的存在形态相关。

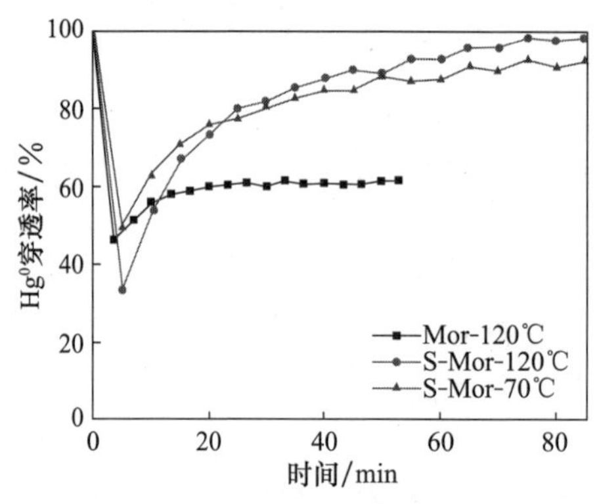

图 6.30 单质 S 改性 Mor 吸附剂对 Hg^0 的穿透率曲线

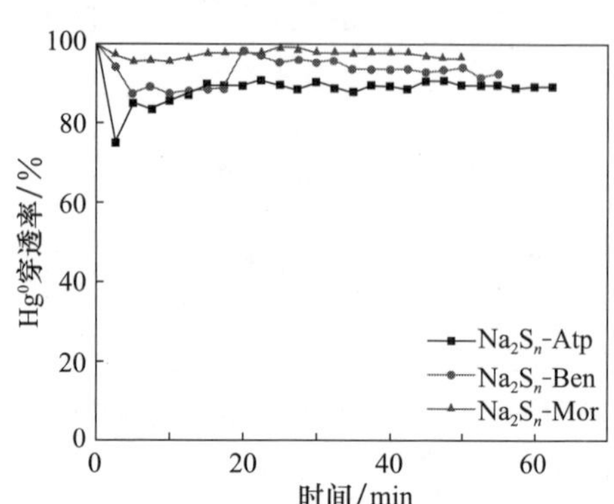

图 6.31 交联硫化钠改性吸附剂在 70℃对 Hg^0 的穿透率曲线

6.3.3 有机 S 改性矿物吸附剂的脱汞性能

1. 有机 CaHS 改性吸附剂的脱汞性能

巯基乙酸钙(CaHS)是一种工业上常用的化学试剂，其含有的巯基基团(—HS)对溶液中的汞离子有很好的吸附效果。通过浸渍法将其负载于三种天然矿物吸附剂材料，制备出三种有机改性汞吸附剂，考察了含有—HS 的阴离子基团对单质汞的脱除能力。图 6.32 为 CaHS 改性吸附剂在 120℃对 Hg^0 的穿透率曲线。结果显示三种改性吸附剂对 Hg^0 并无吸附效果。通过 XRF 对吸附剂中 S 含量进行测定，见表 6.5，S-Atp 和 S-Mor 中的 S 含量很低，说明 Atp 和 Mor 对 CaHS 的吸附能力很弱，而 S-Ben 虽然很好的负载了 CaHS，但其也无脱汞能力。

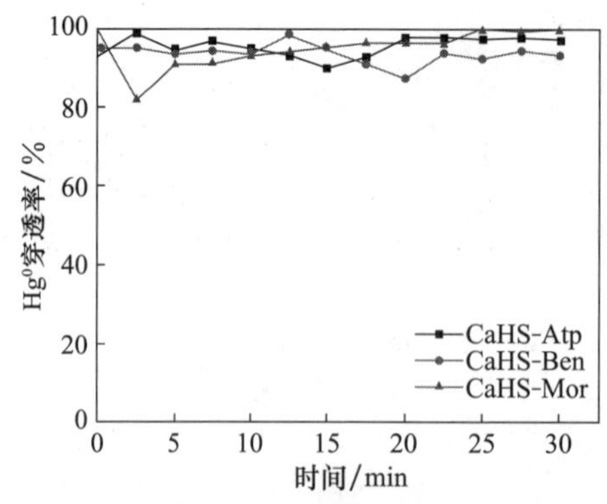

图 6.32 CaHS 改性吸附剂在 120℃对 Hg^0 的穿透率曲线

2. PT 及 PTO 改性吸附剂的脱汞性能

如图 6.33 所示，2-巯基吡啶（PT）和 2-巯基吡啶-N-氧化物（PTO）是两种带有六圆环结构的含巯基有机物，可以与金属原子形成络合物，具有很好的抗菌效果。通过浸渍法将两种改性剂负载于三种天然矿物吸附剂材料上，制备出六种有机改性汞吸附剂，考察了 PT 和 PTO 对汞的吸附效果。图 6.34 和图 6.35 为六种改性吸附剂对 Hg^0 的穿透率曲线。结果显示六种改性吸附剂的脱汞效果均较差，吸附剂中的—HS 不能有效地捕获汞原子。

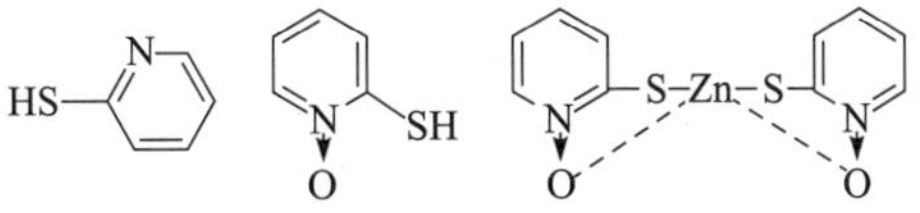

(a)PT　(b)PTO　(c)金属络合物

图 6.33　改性剂分子结构示意图

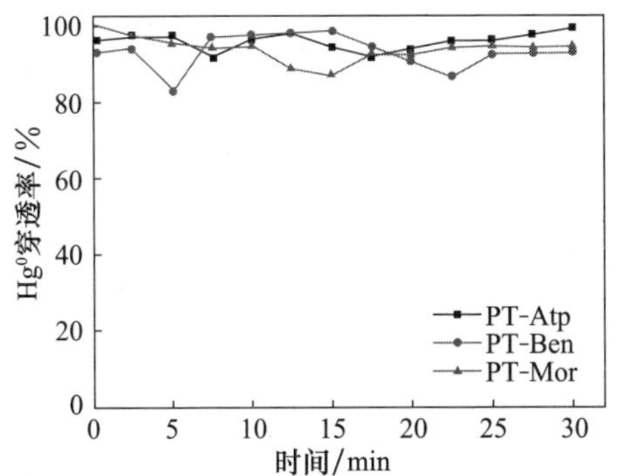

图 6.34　PT 改性吸附剂在 120℃时对 Hg^0 的穿透率曲线

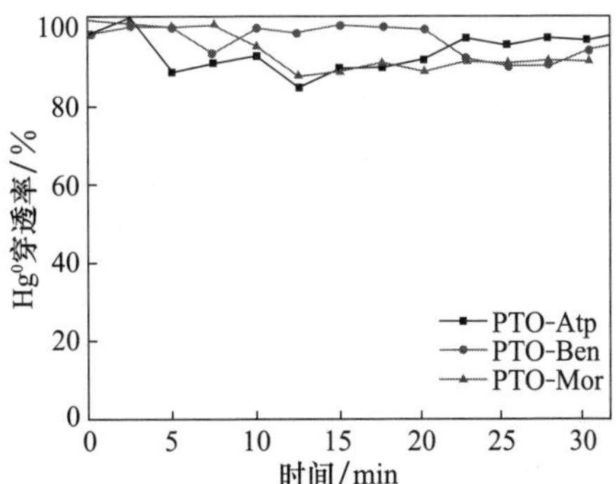

图 6.35　PTO 改性吸附剂在 120℃时对 Hg^0 的穿透率曲线

3. MPTMS 及 MSO_3 改性吸附剂的脱汞性能

图 6.36 为 MPTMS 改性和 MSO_3 改性吸附剂的结构示意图。MPTMS 是一种常用的硅烷偶联剂，通过与吸附剂表面的羟基反应能够稳定地附着在吸附剂表面，从而将巯基基团引入硅酸盐吸附剂中。烷基磺酸是一种强酸性的质子酸，具有良好的酸催化性能。通过对 MPTMS 改性吸附剂中—HS 的氧化，成功制备了含有磺酸基团的改性吸附剂。

(a) MPTMS改性　(b) MSO_3改性

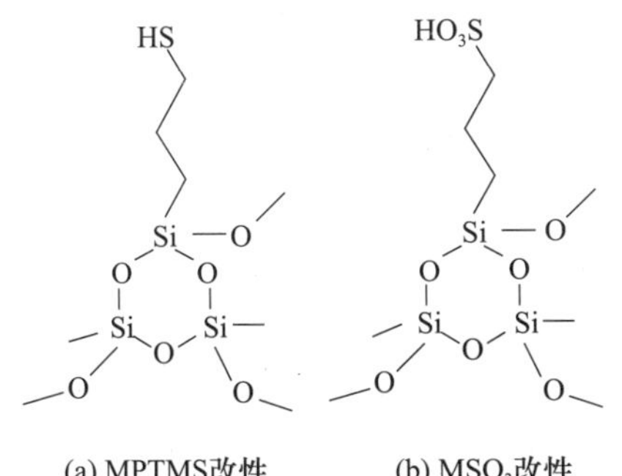

图 6.36　改性吸附剂结构示意图

图 6.37 和图 6.38 为六种改性吸附剂对 Hg^0 的穿透率曲线。结果显示，六种改性吸

附剂的脱汞效果均较差,吸附剂中的—HS 和—HO_3S 并不能有效地捕获汞原子。

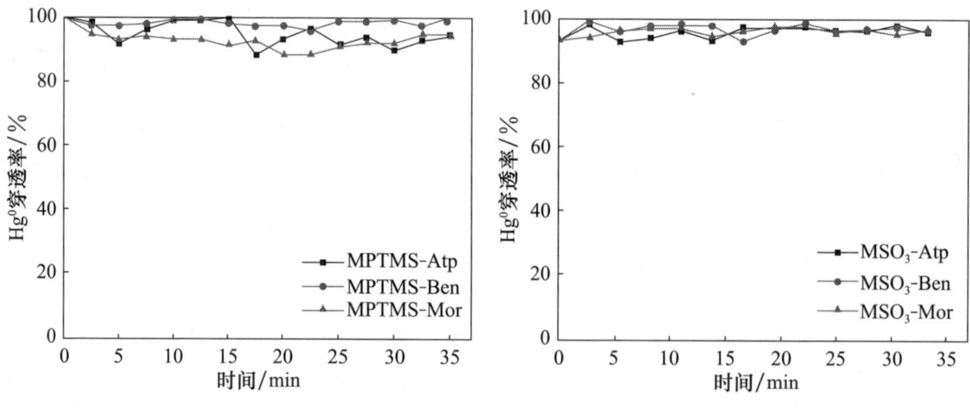

图 6.37　MPTMS 改性吸附剂在 120℃ 对 Hg^0 的穿透率曲线

图 6.38　MSO_3 改性吸附剂在 120℃ 对 Hg^0 的穿透率曲线

4. 有机螯合改性吸附剂的脱汞性能

半胱氨酸是一种常见的氨基酸类物质,其中有含活性 S 成分的巯基、羧基(—COOH)和氨基(—NH_2)基团,能够与 Ag^+、Hg^{2+} 等金属离子形成不溶性的硫醇盐。两个分子的半胱氨酸(Cys)可以通过巯基基团的缩合生成含有 S—S 键的胱氨酸(DCys)分子,其结构也具有螯合重金属离子的能力。如图 6.39 所示为胱氨酸和半胱氨酸的分子结构示意图。

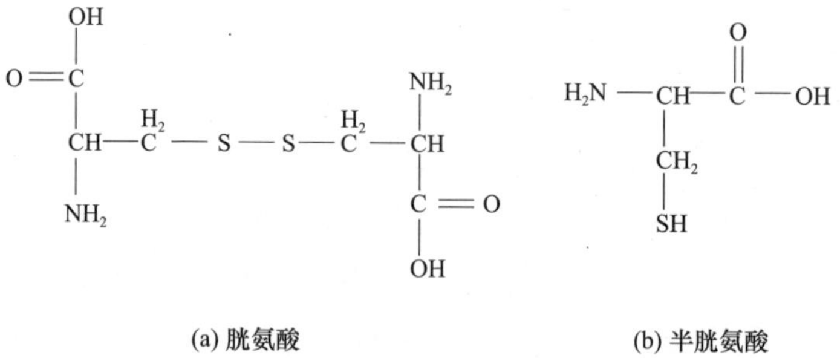

(a) 胱氨酸　　(b) 半胱氨酸

图 6.39　改性吸附剂分子结构示意图

试验过程中采用浸渍法将半胱氨酸和胱氨酸引入天然硅酸盐矿物吸附剂中,利用其含有的活性基团对单质汞进行吸附。表 6.6 为胱氨酸和半胱氨酸改性吸附剂的孔结构参数。可以看出,因为负载了大量改性剂,改性后 Ben 的比表面积有大幅下降。因为 Ben 的层状结构具有可膨胀性,其层间可以容纳大量的有机改性剂分子,而 Atp 层链状结构所形成的孔道相对稳定,使得两种有机改性剂分子只能负载在 Atp 的表面，而无法通过孔道结构进入吸附剂内部，因此两种改性剂在 Atp 上的负载量要明显小于在 Ben 上的负载量。Cys-Atp 比表面积减小的可能原因是，较小的 Cys 分子堵塞了 Atp 表面的孔道。

表 6.6　胱氨酸和半胱氨酸改性吸附剂的孔结构参数

样品	比表面积/(m^2/g)	孔径/nm	孔容/(m^3/g)
Atp	153.55	9.42	0.36
Cys-Atp	83.36	12.93	0.27
DCys-Atp	158.82	9.26	0.37
Ben	40.90	7.44	0.08
Cys-Ben	12.70	21.91	0.07
DCys-Ben	20.64	17.59	0.09

图 6.40 为 Cys 改性吸附剂在 120℃对 Hg^0 的穿透率曲线。由于在制备吸附剂的过程中用到了盐酸，为了合理探讨吸附剂的脱汞效果，在相同条件下制备了盐酸改性吸附剂用作对比研究。试验结果表明，Cys-Ben 的 Hg^0 穿透率为 80%，而相同条件下 Cys-Atp 的 Hg^0 穿透率仅为 40%，虽然 HCl-Atp 的 Hg^0 穿透率在初始阶段也接近 40%，但随后迅速上升到 80%，而 Cys-Atp 的 Hg^0 穿透率则稳定维持在 40%～50%。说明 Cys-Atp 的脱汞效果主要来自 Cys 中活性基团对汞的螯合作用。

Cys-Ben 中改性剂的负载量要高于 Cys-Atp，其脱汞效果却很差，说明 Ben 层间改性剂的大量聚集不利于吸附剂对汞的吸附，其可能原因为：一方面，吸附剂中的 Cys 与 Ben 层间所吸附的金属离子形成了螯合物，从失去继续螯合脱汞的能力；另一方面，大量聚集的 Cys 分子之间相互结合，占据了用来螯合脱汞的活性点位。

图 6.41 和图 6.42 为两种 Cys 改性吸附剂在三种不同温度下对 Hg^0 的穿透率曲线。结果显示温度的改变并未提高 Cys-Ben 的脱汞能力，在 70℃下 Cys-Atp 的

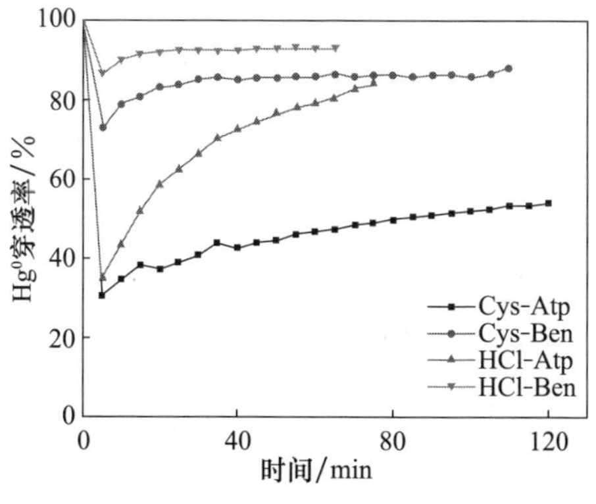

图 6.40　Cys 改性吸附剂在 120℃对 Hg^0 的穿透率曲线

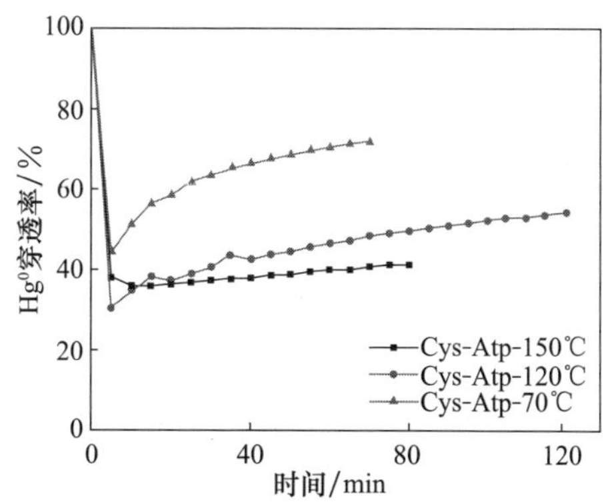

图 6.41　Cys-Atp 在不同温度下对 Hg^0 的穿透率曲线

脱汞效果有所减弱，表明其对 Hg^0 的吸附需要一定活化能。

图 6.43 显示了两种 DCys 改性吸附剂在 120℃对 Hg^0 的穿透率曲线。同样利用盐酸改性吸附剂作为对比试验。结果显示改性后膨润土的脱汞能力得到较大提高，DCys-Ben 对 Hg^0 的最佳穿透率下降到了 30%以下，然后在 1h 内逐渐回升到 60%。DCys-Atp 对 Hg^0 的穿透率为 70%，要高于 HCl-Atp，原因为 DCys 占据了凹凸棒石对 HCl 的吸附位。通过对比 Cys 改性吸附剂对 Hg^0 的脱除效果，可以推断，因为 DCys 分子中失去了活性基团—HS，剩余的—COOH 和—NH_2 对汞的螯合作用减弱，DCys 分散于凹凸棒石的表面，因此 DCys-Atp 表现出的脱汞能力较弱，而对于 DCys-Ben 吸附剂，DCys 能够聚集于膨润土的层间，通过相互配合能够增强其螯合汞的能力。

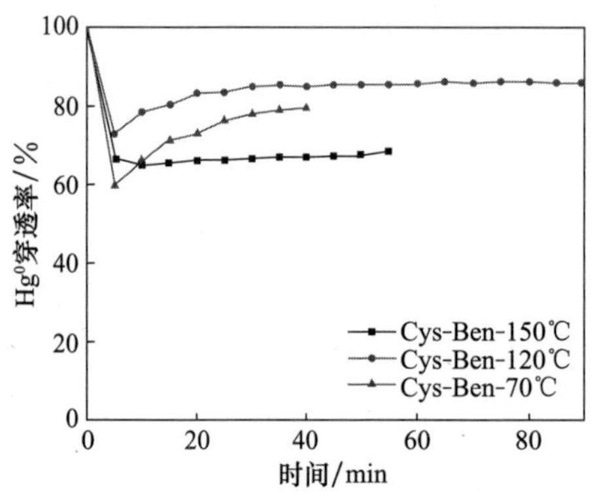

图 6.42　Cys-Ben 在不同温度下对 Hg^0 的穿透率曲线

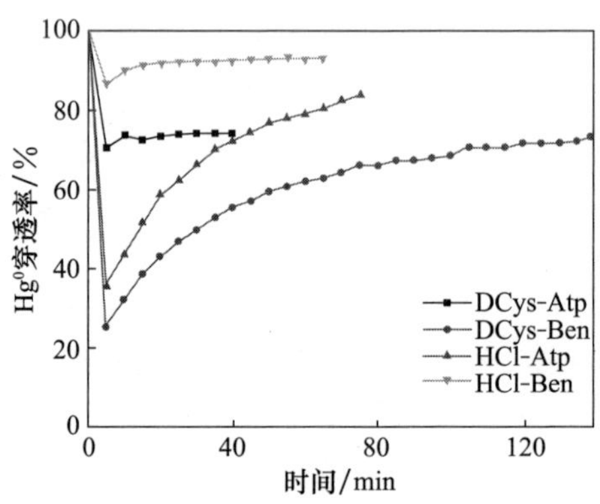

图 6.43　DCys 改性吸附剂在 120℃对 Hg^0 的穿透率曲线

图 6.44 和图 6.45 为两种 DCys 改性吸附剂在三种不同温度下对 Hg^0 的穿透

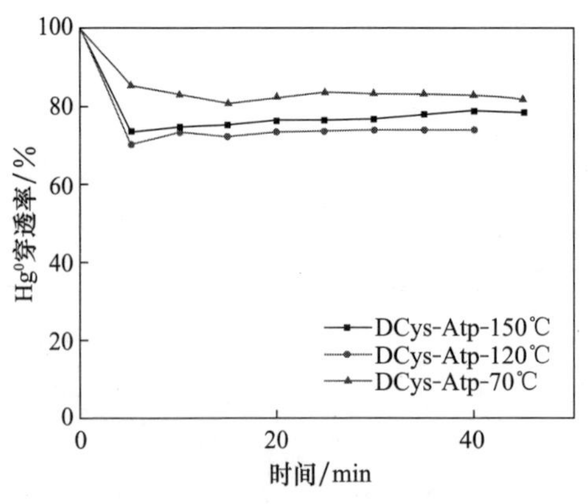

图 6.44　DCys-Atp 在不同温度下对 Hg^0 的穿透率曲线

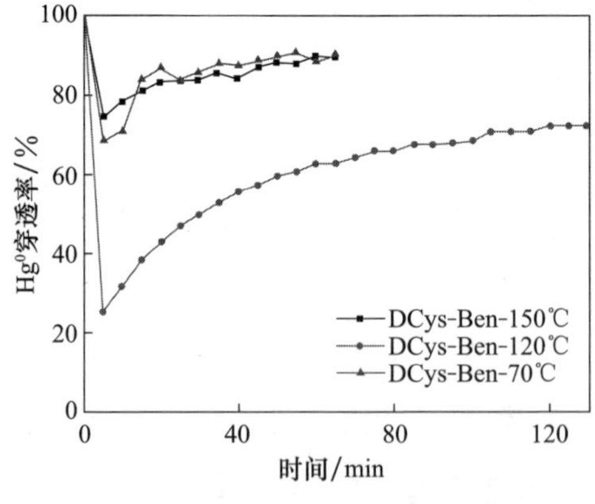

图 6.45　DCys-Ben 在不同温度下对 Hg^0 的穿透率曲线

率曲线。结果显示，改变温度并未提高 DCys-Atp 的脱汞能力，因为螯合反应需要一定的活化能，因此在低温下 DCys-Ben 对 Hg^0 的脱除能力较弱，在 150℃时其脱汞能力依然很差，可能是因为 DCys 发生了分解。

6.3.4　S 改性矿物吸附剂的脱汞机理

利用各种不同形态 S 的化学改性剂制备出了一系列基于天然硅酸盐矿物的汞吸附剂，通过对其脱汞效果的测试和分析，发现不同 S 改性矿物吸附剂的脱汞效果遵循一定的机理。图 6.46 显示了吸附剂中 S 的含量与吸附剂脱汞效果之间的关系。为了便于评价各种改性吸附剂的脱汞效果，选取平均汞脱除率作为衡量标准。除 Na_2S_n 改性吸附剂为 70℃下测量值外，其余各吸附剂的平均汞脱除率均为 120℃时的值。可以看出，与无机 S 改性剂相比，三种天然矿物吸附剂对有机 S 改性剂的负载量均较低，其原因为有机改性剂分子普遍较大，不利于吸附剂中微孔的吸附。天然膨润土因为具有可膨胀的层状结构，改性剂可以进入吸附剂层间聚集，所以对有机改性剂的负载量要大于其他两种吸附剂，而丝光沸石的改性剂负载量是最小的，说明具有可膨胀的层状结构矿物更有利于对有机大分子改性剂的吸附。

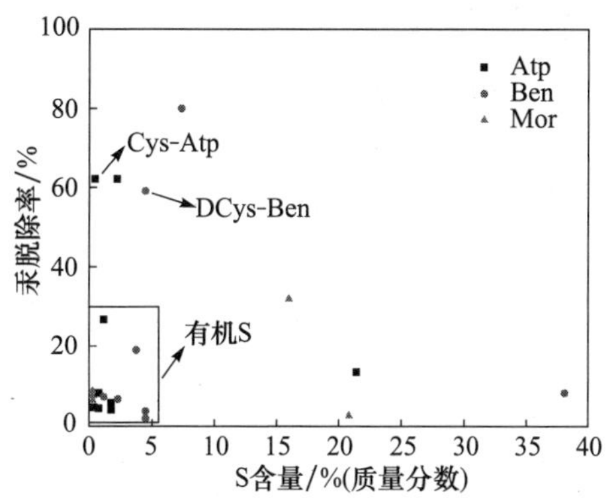

图 6.46　吸附剂中 S 含量与平均汞脱除率的关系

对各种 S 改性吸附剂脱汞试验结果的分析显示，吸附剂的脱汞效果受改性剂中 S 形态的影响。例如，对于无机 S 改性吸附剂，虽然 Na_2S_n 改性吸附剂中的 S 含量要远大于单质 S 改性吸附剂，但其脱汞效果并不明显，说明与 S—S 形态相比，单质 S 更易与汞发生反应；对于有机 S 改性剂则更为明显，与水处理中脱除汞离子的离子吸附机理不同，单一地利用—HS 并不能有效捕获烟气中的 Hg^0，通过加入—NH_2 和—COOH 基团，能够与 Hg^0 发生螯合反应，可显著提高吸附剂的脱汞效果。

天然矿物吸附剂的结构特性也对 S 改性吸附剂的脱汞能力有较大影响。在单质 S 改性过程中，丝光沸石因其特殊的孔隙结构吸附了大量单质 S 颗粒，从而造成其孔隙堵塞，脱汞效果不理想；而 Cys 和 DCys 在 Atp 和 Ben 两种吸附剂上负载位置的不同也使得两种改性吸附剂表现出迥异的汞脱除特性。总体来看，对于 S 改性矿物吸附剂，吸附剂中 S 的含量与吸附剂的脱汞效果并无明显的联系，其脱汞能力是改性剂中 S 形态和吸附剂材料结构两者共同作用的结果。

6.4 无机改性矿物吸附剂的脱汞性能

本节选取一系列基于卤族元素的改性剂：$CuCl_2$、$NaClO_3$、KBr 和 KI，用以增强天然硅酸盐矿物吸附剂的脱汞能力；同时利用铝离子柱撑技术制备了铝柱撑蒙脱石。氧化改性也是一种很常见的改性。本节还选用金属氧化物 MnO_2、Co_3O_4 等改性剂，对凹凸棒石及膨润土进行改性，研究单质汞的脱除性能，分析各种吸附剂的脱汞机理，并探讨改性剂和吸附剂材料间的最佳匹配关系。

6.4.1 矿物吸附剂的制备和表征

铝柱撑蒙脱石吸附剂制备过程中所用到的蒙脱石为直接购买的提纯蒙脱石。首先将三种天然硅酸盐矿物分别研磨至 300 目，放入烘箱中于 100℃下干燥，所得天然吸附剂放入干燥皿中用于后续改性吸附剂的制备。吸附剂详细信息及改性剂含量见表 6.7。

表 6.7 改性吸附剂信息

吸附剂名称	简称	吸附剂材料	元素含量/%(质量分数)
$CuCl_2$ 改性吸附剂	Cu-Atp	凹凸棒石	Cu1.71
	Cu-Ben	膨润土	Cu1.82
	Cu-Mor	丝光沸石	Cu0.51
$NaClO_3$ 改性吸附剂	Cl-Atp	凹凸棒石	Cl4.28
	Cl-Ben	膨润土	Cl5.06
	Cl-Mor	丝光沸石	Cl2.00
KBr 改性吸附剂	Br-Atp	凹凸棒石	Br0.23
	Br-Ben	膨润土	Br0.15
	Br-Mor	丝光沸石	Br0.13
NaBr 改性吸附剂	NaBr-Atp	凹凸棒石	Br2.74
	NaBr-Ben	膨润土	Br2.72
KI 改性吸附剂	I-Atp	凹凸棒石	I5.96
	I-Ben	膨润土	I6.56
	I-Mor	丝光沸石	I2.53
铝柱撑蒙脱石吸附剂	Mon	蒙脱石	Al19.59
	Al-Mon	蒙脱石	Al25.91
MnO_2 改性吸附剂	MnO_2-AtP	凹凸棒石	Mn10.92
	MnO_2-Ben	膨润土	Mn7.32
Co_3O_4 改性吸附剂	Co_3O_4-Atp	凹凸棒石	Co11.86
	Co_3O_4-Ben	膨润土	Co9.21

1) $CuCl_2$ 改性吸附剂的制备

量取0.25g$CuCl_2 \cdot 2H_2O$于烧杯中，加入50mL丙酮搅拌至完全溶解，随后在持续搅拌下缓慢加入2g天然吸附剂并在常温下搅拌2h，过滤后将吸附剂放入烘箱于100℃下干燥，所得改性吸附剂研磨至300目后放入干燥皿中备用。

2) $NaClO_3$ 改性吸附剂的制备

量取0.5g$NaClO_3$于烧杯中，加入20mL去离子水搅拌至完全溶解，在持续搅拌下缓慢加入2g天然吸附剂，于常温下搅拌5g，过滤后将吸附剂放入烘箱于70℃下干燥，所得改性吸附剂研磨至300目后放入干燥皿中备用。

3) KBr、NaBr和KI改性吸附剂的制备

KBr、NaBr和KI改性吸附剂的制备过程类似于$NaClO_3$改性吸附剂的制备。

4) 铝柱撑蒙脱石吸附剂的制备

取50g Mon于烧杯中，加入100mL的1mol/L的NaCl溶液，在60℃下搅拌3h，然后过滤，重复以上过程三次，将混合液静置过夜。过滤后用去离子水清洗样品至滤液中无Cl^-(用0.1mol/L $AgNO_3$检测)，将固体样品于100℃下烘干，得到钠化蒙脱石。

在70℃持续搅拌的情况下，向0.2mol/L的$AlCl_3$溶液中滴加0.2mol/L氢氧化钠，使得最终溶液中OH^-和Al^{3+}含量的物质的量之比为2.5，滴加完毕后持续搅拌2h，然后在60℃下静置20h，所得溶液即为柱撑液。将上述钠化蒙脱石配置成2%(质量分数)的悬浮液，在70℃持续搅拌情况下缓慢滴加柱撑液，使得所加入的Al^{3+}量和蒙脱石含量之比为2mmol/g，柱撑液滴加完后继续搅拌2h，所得悬浮液在60℃下静置20h，然后过滤并用去离子水洗涤至滤液中无Cl^-(用0.1mol/L的$AgNO_3$检验)。所得固体样品于60℃下烘干，得到铝柱撑蒙脱石吸附剂Al-Mon。将Al-Mon在400℃下热活化3h所得样品记为Al-Mon-400。

5) MnO_2 改性吸附剂的制备

取0.9g 50%(质量分数)的$Mn(NO_3)_2$溶液于烧杯中，加入50mL水搅拌至完全溶解成一定浓度的$Mn(NO_3)_2$溶液，取2g凹凸棒石(膨润土)，70℃磁力搅拌3h，过滤后于110℃的烘箱下干燥24h，在300℃马弗炉内煅烧4h，煅烧后的吸附剂研磨至300目，得到MnO_2改性吸附剂。

6) Co_3O_4 改性的吸附剂的制备

量取1.09g的$Co(NO_3)_2 \cdot 6H_2O$于烧杯中，加入50mL水搅拌至完全溶解制成一定浓度的$Co(NO_3)_2$溶液，再取2g凹凸棒石(膨润土)，70℃磁力搅拌3h，过滤后于110℃烘箱下干燥24h，最后于300℃马弗炉内煅烧4h，煅烧后的吸附剂经研磨过筛至300目，得到Co_3O_4改性的吸附剂。

6.4.2　$CuCl_2$ 改性矿物吸附剂的脱汞性能及机理

铜作为一种过渡金属元素，在催化剂合成领域有广泛的应用，具有很好的催化

活性，而氯元素对汞的脱除也显示出很好的效果，因此选取 $CuCl_2$ 作为一种改性剂用于提高天然矿物吸附剂的脱汞能力。图 6.47 为 $CuCl_2$ 改性吸附剂的 XRD 图谱。由图可以看出，经 $CuCl_2$ 改性后，三种吸附剂材料的结构特性均未发生明显变化，结合 XRF 的 Cu 测试结果，说明 $CuCl_2$ 改性剂成功附着在吸附剂材料上，并且具有很好的分散性。与 Atp 和 Mor 相比，Ben 的层状结构具有膨胀性，经 $CuCl_2$ 改性后其特征峰有所减弱，说明改性剂进入吸附剂层间。对 $CuCl_2$ 改性吸附剂的孔结构参数测试(见表 6.8)也表明，吸附剂负载 $CuCl_2$ 后比表面积减小，孔径有所增加。

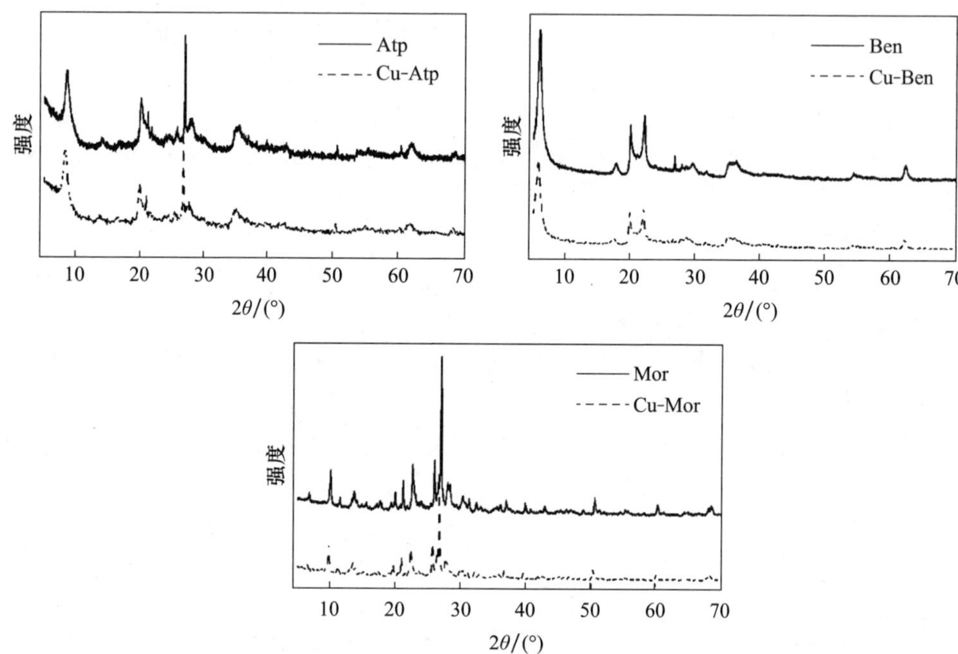

图 6.47　$CuCl_2$ 改性吸附剂的 XRD 图谱

表 6.8　$CuCl_2$ 改性吸附剂的孔结构参数

样品	比表面积/(m^2/g)	孔径/nm	孔容/(cm^3/g)
Atp	153.55	9.42	0.36
Cu-Atp	125.66	11.48	0.36
Ben	40.90	7.44	0.08
Cu-Ben	33.61	10.15	0.09
Mor	6.83	13.02	0.02
Cu-Mor	7.48	10.85	0.02

图6.48比较了三种 $CuCl_2$ 改性吸附剂在120℃时的平均脱汞效率。可以看出,经 $CuCl_2$ 改性后三种天然矿物吸附剂材料的脱汞能力都得到极大改善,尤其是对于Atp和Ben,在改性后吸附剂的平均脱汞效率都接近90%,是极具应用前景的汞吸附剂。Lee等[35]也做了类似的试验,在其研究中,选取了活性炭和一种纳米蒙脱石MK10作为吸附剂材料,利用 $CuCl_2$ 改性制备了两种类型的汞吸附剂 $CuCl_2$-clay和 $CuCl_2$-AC,并选用了一种已经证明具有极好脱汞能力的溴化活性炭吸附剂Darco Hg-LH作为对比。其研究结果显示,这两种吸附剂都表现出将近90%的脱汞效率,其效果与Darco Hg-LH相似[70]。

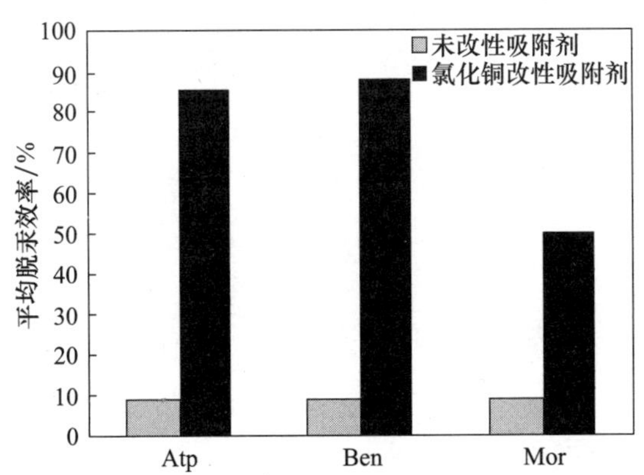

图6.48 $CuCl_2$ 改性吸附剂在120℃时的平均脱汞效率的比较

通过以上试验可以看出,在脱汞方面 $CuCl_2$ 是一种有效的改性剂,能够很好地提高吸附剂的脱汞能力。然而,Cu-Mor的平均脱汞效率仅有50%,其原因可能是,与Atp和Ben相比,Mor的比表面积较小,而且有研究显示Mor对铜离子的吸附能力很弱,从而导致 $CuCl_2$ 改性剂无法很好地负载在Mor上,由XRF的结果也可看出Cu-Mor中的铜含量较低。而 $CuCl_2$ 负载量的降低会影响吸附剂的脱汞效果[71]。

$CuCl_2$ 改性吸附剂的脱汞机理源于 $CuCl_2$ 对 Hg^0 的氧化,其反应方程式如下[72]:

$$Hg^0 + 2CuCl_2 \longrightarrow HgCl_2 + 2CuCl \tag{6.8}$$

$$Hg^0 + CuCl_2 \longrightarrow HgCl_2 + Cu \tag{6.9}$$

气态 Hg^0 被 $CuCl_2$ 氧化形成 $HgCl_2$[35],而天然矿物材料对金属离子具有良好的吸附作用,因此可以吸附反应生成的 $HgCl_2$,即使其挥发到烟气中,因为 $HgCl_2$ 有很好的水溶性,也可以通过湿法脱硫装置与 SO_2 一起脱除。

图6.49为不同温度下 $CuCl_2$ 改性吸附剂平均脱汞效率的比较。可以看出,吸附剂的脱汞能力随着温度的升高而降低。在150℃时,Cu-Atp和Cu-Ben的平均

脱汞效率仍保持在约 80%，燃煤电站的静电除尘器或袋式除尘器的运行温度在 150℃以下，因此这两种吸附剂具有实际应用前景。

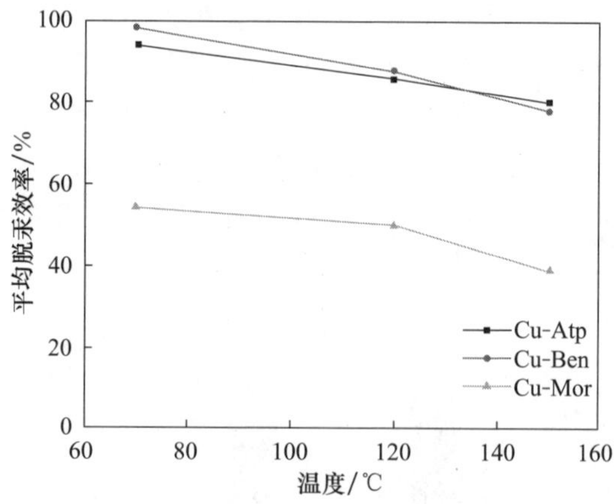

图 6.49　不同温度下 $CuCl_2$ 改性吸附剂平均脱汞效率的比较

6.4.3　$NaClO_3$ 改性矿物吸附剂的脱汞性能及机理

图 6.50 为 $NaClO_3$ 改性吸附剂的 XRD 图谱。可以看出，经氯酸钠改性后，三种吸附剂材料的结构特性均未发生明显变化。

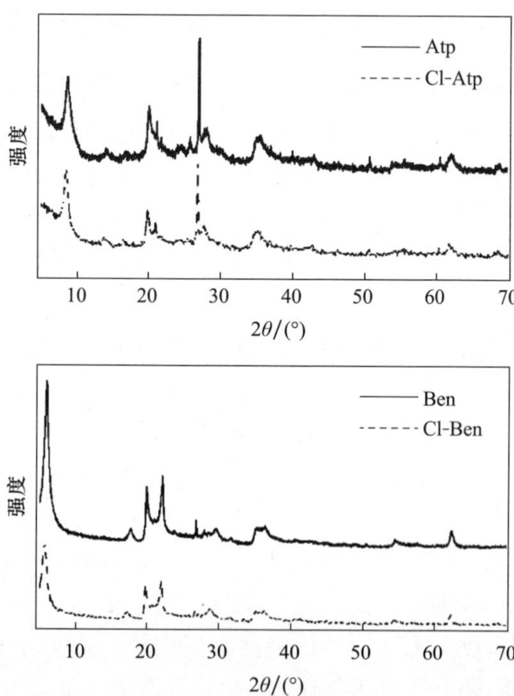

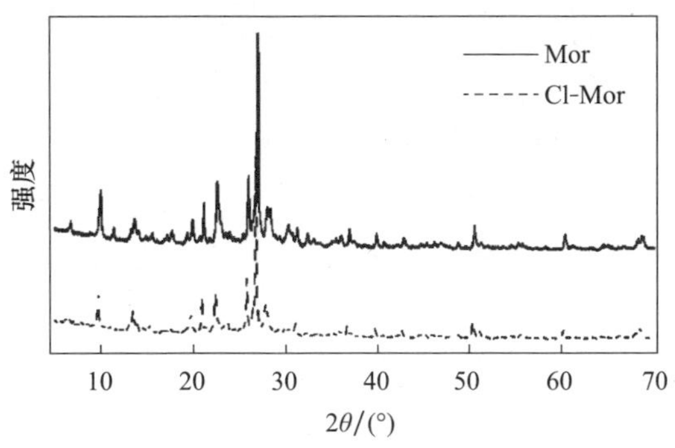

图 6.50　$NaClO_3$ 改性吸附剂的 XRD 图谱

对 $NaClO_3$ 改性吸附剂的孔结构参数测试(见表 6.9)表明，Ben 负载 $NaClO_3$ 后其比表面积由约 $41m^2/g$ 下降到了 $19m^2/g$，而 Atp 和 Mor 的比表面积略微上升，表明改性剂在三种天然矿物吸附剂材料上的负载有所不同。

表 6.9　$NaClO_3$ 改性吸附剂的孔结构参数

样品	比表面积/(m^2/g)	孔径/nm	孔容/(cm^3/g)
Atp	153.55	9.42	0.36
Cl-Atp	166.76	9.00	0.38
Ben	40.90	7.44	0.08
Cl-Ben	18.62	19.56	0.099
Mor	6.83	13.02	0.022
Cl-Mor	10.45	7.98	0.02

图 6.51 为三种 $NaClO_3$ 改性吸附剂在 120℃时平均脱汞效率的比较。由图可以看出，三种 $NaClO_3$ 改性吸附剂表现出极为不同的脱汞能力。Cl-Atp 显示出极好的脱汞效果，其平均脱汞效率达到 90%以上，而 Cl-Mor 的平均脱汞效率则不到 30%。XRF 测试结果表明，Mor 中改性剂含量要低于 Atp 中改性剂的含量，由此可能导致 Cl-Mor 的脱汞能力要低于 Cl-Atp。值得注意的是，Cl-Ben 和 Cl-Atp 中的 Cl 元素含量分别为 5.06%和 4.28%(质量分数)，表明两种吸附剂中 $NaClO_3$ 含量差别不大，而 Cl-Ben 的平均脱汞效率仅为 50%，暗示着 $NaClO_3$ 改性吸附剂的脱汞能力受到吸附剂材料的影响，而表 6.9 中吸附剂比表面积的不同变化趋势也说明了这点。

图 6.52 为不同温度下 $NaClO_3$ 改性吸附剂平均脱汞效率的比较。可以看出，在吸附温度从 70℃上升到 150℃的过程中，三种氯酸钠改性吸附剂的脱汞能力表现出相同的变化趋势，在 120℃时有着最佳的脱汞效果。可以认定氯酸钠改性吸附剂对 Hg^0 的脱除是一个化学吸附过程，化学吸附过程要一定的活化能，而且其反应速率随温度的升高而增大[59]，其可能的反应方程式如下：

$$3Hg + NaClO_3 \longrightarrow 3HgO + NaCl \tag{6.10}$$

$$2Hg + NaClO_3 \longrightarrow 2HgO + NaClO \tag{6.11}$$

$$Hg + NaClO \longrightarrow HgO + NaCl \tag{6.12}$$

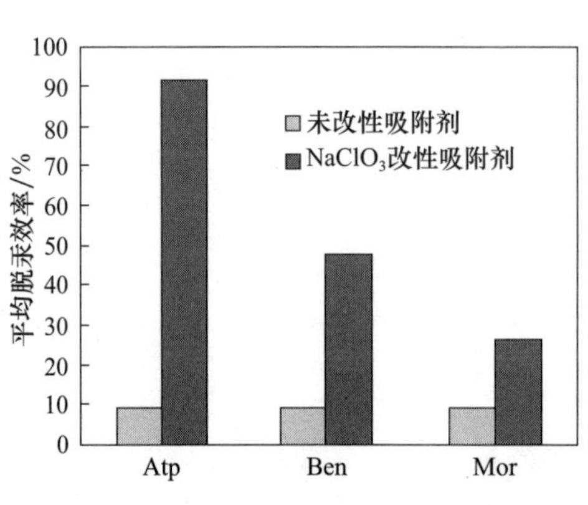

图 6.51 在 120℃时 $NaClO_3$ 改性吸附剂平均脱汞效率的比较

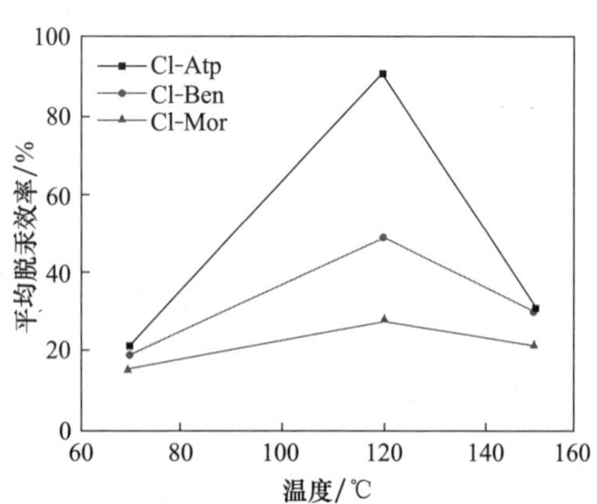

图 6.52 不同温度下 $NaClO_3$ 改性吸附剂平均脱汞效率的比较

三种 $NaClO_3$ 改性吸附剂在 120℃时表现出不同的脱汞效率,这除了与吸附剂中改性剂的含量有关,还与吸附剂中的铁氧化物含量有关。表 6.10 为 $NaClO_3$ 改性吸附剂的平均脱汞效率和吸附剂中铁元素含量的关系。可以看出,吸附剂的平均脱汞效率随吸附剂中铁元素含量增加而升高,其中 Cl-Atp 吸附剂中的铁含量高达 12.1%,其平均脱汞效率高达 92%。有研究表明,铁氧化物是一种很好的催化剂,能够促进 $NaClO_3$ 的分解[73]。吸附剂中的铁离子会攻击 $NaClO_3$ 分子中氧原子里面一个未成键的电子,从而形成一种配位键 Fe^{3+}—O。而 Fe^{3+}—O 能够削弱 $NaClO_3$ 分子中的 Cl—O 键,进而使其分解。可见因为天然硅酸盐矿物材料中铁元素的存在会削弱 $NaClO_3$ 改性剂中的 Cl—O 键,使得吸附剂能够更好地氧化烟气中的 Hg^0,而吸附剂中的铁氧化物作为催化剂促进了反应的发生。

当反应温度升高到 150℃时,三种 $NaClO_3$ 改性吸附剂的平均脱汞效率迅速下降到 30%以下,其原因是氯酸钠改性剂的分解:

$$2NaClO_3 \longrightarrow 2NaCl + 3O_2 \tag{6.13}$$

Begg 等[74]的研究显示 $NaClO_3$ 在 147℃时发生分解,而吸附剂中铁氧化物的存在加速了分解反应的发生。同时,天然硅酸盐矿物材料中常存在碱土金属,在此条件下吸附剂中的铁氧化物会被 $NaClO_3$ 氧化成高铁酸盐,而高铁酸盐中的 Fe^{4+} 比 Fe^{3+} 具有更高的催化活性。研究结果表明,碱土金属高铁酸盐对氯酸钠的分解同样有很好的催化活性[73]。因此,在多种因素的共同作用下,吸附剂中的 $NaClO_3$ 在 150℃时发生分解,从而导致氯酸钠改性吸附剂汞脱除率大幅下降。

表 6.10　$NaClO_3$ 改性吸附剂的平均汞脱除率和铁元素含量的关系

吸附剂	120℃时平均汞脱除率/%	Cl 含量/%(质量分数)	Fe 含量/%(质量分数)
Cl-Atp	92	4.28	12.10
Cl-Ben	48	5.06	4.79
Cl-Mor	26	2.00	2.62

6.4.4　KBr 改性矿物吸附剂的脱汞性能及机理

溴化活性炭被认为是一种很有效的汞吸附剂。为避免单质溴的挥发，本节选取 KBr 作为改性剂来提高天然矿物吸附剂的脱汞能力。由图 6.53 可知，经 KBr 改性后三种吸附剂的脱汞能力都未能得到显著改善，XRF 测试结果显示三种天然矿物吸附剂对溴化钾的吸附能力都较弱，而较低的改性剂含量使得三种吸附剂的汞脱除率都较差。

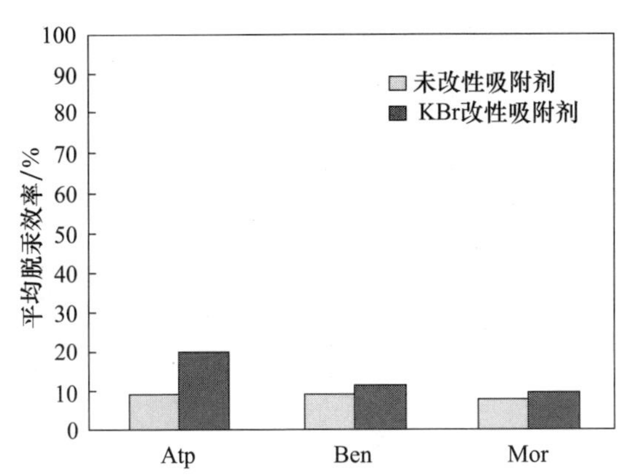

图 6.53　在 120℃时 KBr 改性吸附剂平均脱汞效率的比较

6.4.5　NaBr 改性矿物吸附剂的脱汞性能及机理

由前面的研究可知，$CuCl_2$ 和 $CuBr_2$ 均是有效的改性剂，其改性的凹凸棒石和膨润土脱汞效率均有比较明显的改善，对于这两种改性剂，Cl 和 Br 均是卤族元素，在氧化单质汞上有重要的作用，但是作为过渡金属元素 Cu，在改性吸附剂的脱汞试验中是否承担作用，还需要进一步研究，因此，为了进一步弄清卤族元素改性吸附剂的脱汞机理，进一步研究 NaBr 改性矿物吸附剂的脱汞性能。

由图 6.54 可以看出，改性前后吸附剂的结构没有发生明显变化，结合 XRF 的 Br 检测可知，NaBr 均匀分散在吸附剂的表面。

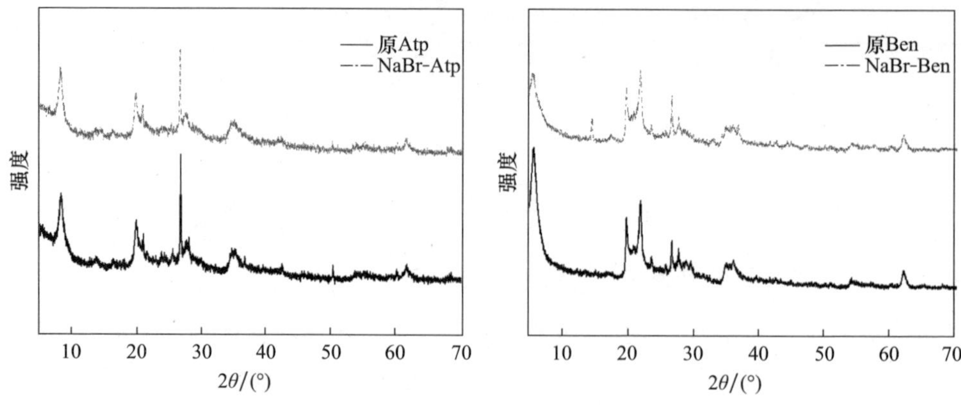

图 6.54　改性吸附剂的 XRD 图谱

如图 6.55 所示，NaBr 改性的凹凸棒石和膨润土的脱汞效率均有较大的提高。纯氮气气氛下，NaBr-Atp 脱汞效率提高至 87.3%，NaBr-Ben 脱汞效率提高至 85.2%。由 NaBr 改性的两种吸附剂脱汞效率与原矿相比均有很明显的提高。其脱汞机理与 $CuBr_2$、$CuCl_2$ 类似，NaBr 附着在吸附剂的表面上，为单质汞的氧化提供充足的含 Br 官能团，其可与单质汞反应产生 $HgBr_2$ 类物质，进而达到脱除元素汞的效果。

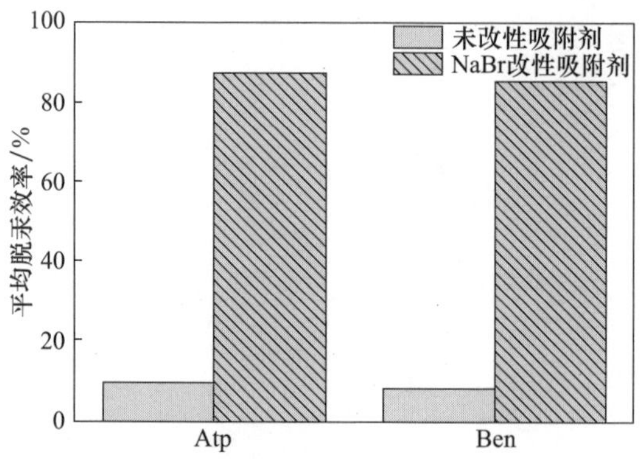

图 6.55　NaBr 改性吸附剂平均脱汞效率的比较

6.4.6　KI 改性矿物吸附剂的脱汞性能及机理

图 6.56 为 KI 改性吸附剂的 XRD 图谱。结合 XRF 的碘测试结果与 I-Atp 和 I-Mor 相比，I-Ben 吸附剂的(001)面特征峰减弱至几乎消失，表明吸附剂材料 Ben 的层状结构受到破坏。

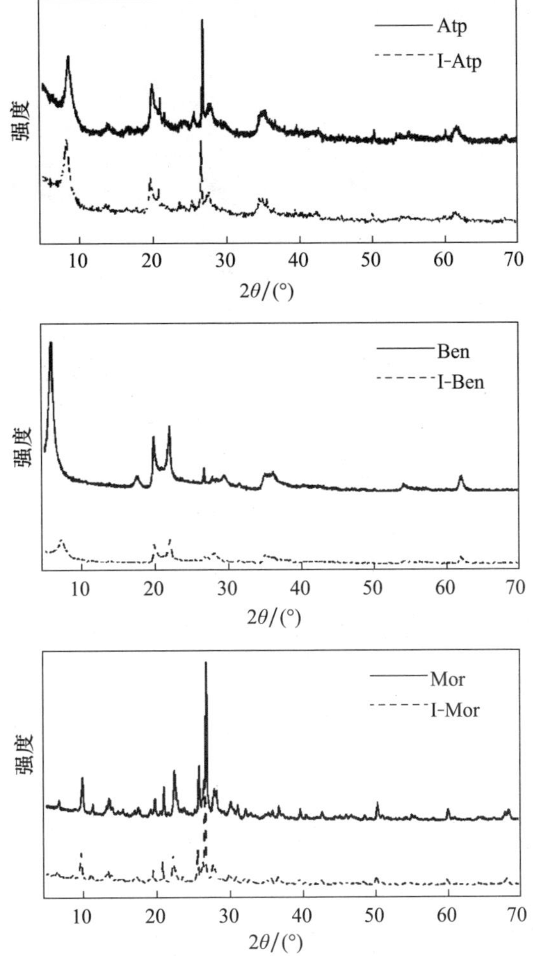

图 6.56　KI 改性吸附剂的 XRD 图谱

图 6.57 为 120℃时 KI 改性吸附剂的平均脱汞效率比较。三种天然矿物吸附剂经 KI 改性后其脱汞能力都有了显著提高，其平均脱汞效率均保持在 80%以上，是三种很有潜力的汞吸附剂。如图 6.58 所示，在不同温度下对吸附剂的脱汞能力进行测试，结果表明三种 KI 改性吸附剂的脱汞能力随温度的升高而增强，说明这是一个典型的化学吸附。相关碘和 KI 改性活性炭吸附剂研究较多[4]，如 Lee 等[59]研究了碘化钾改性活性炭吸附剂对汞的脱除效果，其结果也显示出类似的汞脱除率。碘化钾改性吸附剂的脱汞反应机理如下：

$$Hg + I_2 + 2KI \longrightarrow K_2HgI_4 \quad (6.14)$$

$$Hg + I_2 + KI \longrightarrow KHgI_3 \quad (6.15)$$

$$Hg + \frac{1}{2}I_2 \longrightarrow HgI \quad (6.16)$$

$$2KI + HgI + \frac{1}{2}I_2 \longrightarrow K_2HgI_4 \tag{6.17}$$

$$KI + HgI + \frac{1}{2}I_2 \longrightarrow KHgI_3 \tag{6.18}$$

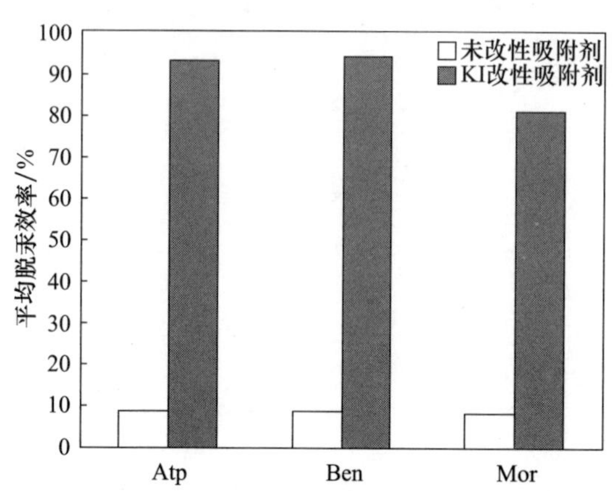

图 6.57 在 120℃时 KI 改性吸附剂平均脱汞效率的比较

从以上反应方程式可以看出，在 KI 改性吸附剂脱汞的化学反应过程中，单质碘(I_2)是一个必不可少的反应物。可推测在所制备的 KI 改性吸附剂中存在 I_2。而其来源与 KI 的氧化有关，KI 氧化生成 I_2 和 K_2O，其反应方程如下[75]：

$$4KI + O_2 \longrightarrow 2I_2 + 2K_2O \tag{6.19}$$

通过对 KI 改性吸附剂脱汞的试验结果进行分析可知，在吸附剂脱汞试验进行前，吸附剂中的碘化钾已经被氧化，原因基于以下两点：其一是因为三种吸附剂在脱汞试验开始阶段就表现出很高的脱汞效率，然而试验模拟烟气中氧气含量较低，KI 的氧化需要一个过程；其二是因为三种吸附剂表现出很高的汞脱除率，然而有研究显示在相同的试验温度下 KI 的脱汞效果很差[75]。因此可以推断吸附剂中的 KI 可能在吸附剂制备过程的烘干阶段发生了氧化反应。为了验证以上推断，将三种吸附剂平铺于瓷舟中，放入烘箱在 120℃下进行干燥。随后每隔一段时间进行取样，测试所取样品中碘的含量，其结果如图 6.59 所示。可以看出，吸附剂中碘的含量随时间的延长而降低，而 KI 在此温度下不会挥发，说明吸附剂中的 KI 被空气中的氧气氧化生成了 I_2，而 I_2 的挥发使得吸附剂中碘含量降低。

为了确认挥发出来的物质确实为 I_2，对吸附剂样品进行淀粉测试。将 KI 改性吸附剂样品放入一密封容器中加热至 120℃，利用空气做载气将挥发的 I_2 携带到淀粉检测吸收瓶。吸收液中含有 0.3%的淀粉和 0.01mol/L 的 KI。作为对比，对过滤后未经干燥的 KI 改性吸附剂样品也进行测试，其结果如图 6.60 所示。由此可以证实吸附剂中的 KI 在干燥过程中会发生氧化反应，生成可挥发的 I_2。

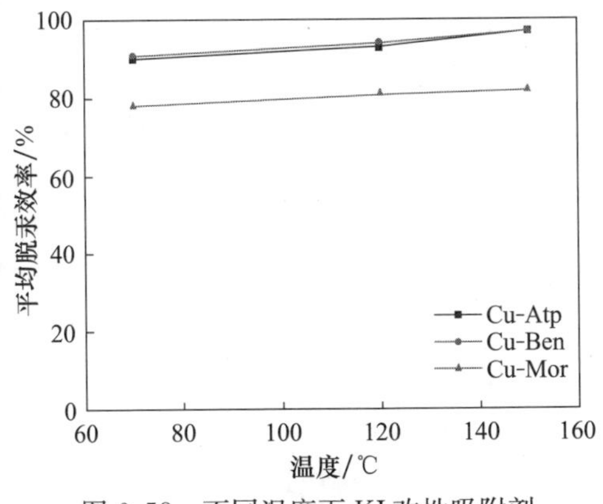

图 6.58　不同温度下 KI 改性吸附剂平均脱汞效率的比较

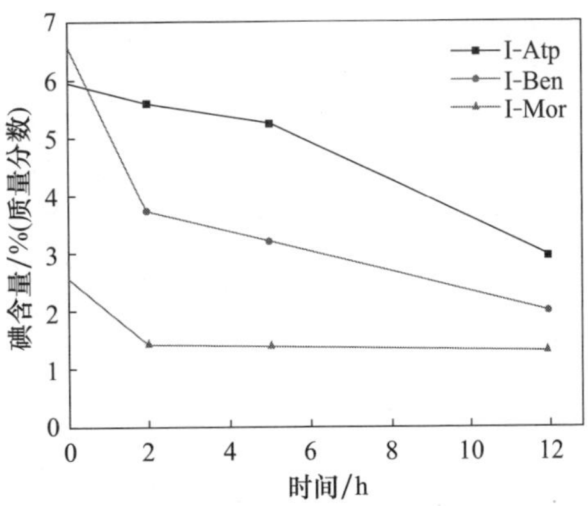

图 6.59　吸附剂中碘含量随时间的变化

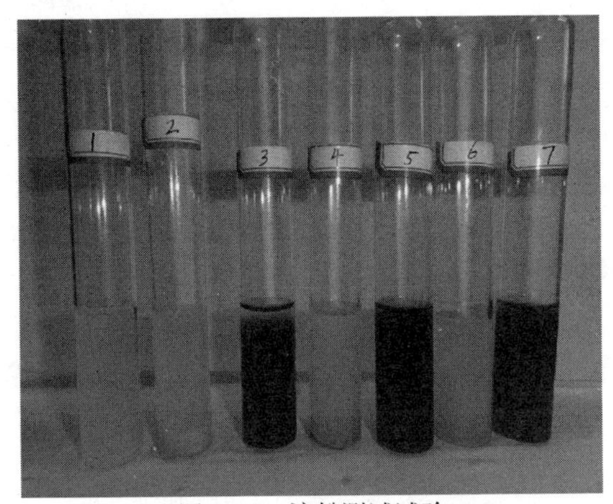

图 6.60　淀粉测试试验

1—空白样；2—未干燥吸附剂样品 I-Ben；3—I-Ben 样品的 I_2 挥发测试；4—未干燥吸附剂样品 I-Atp；5—I-Atp 样品的 I_2 挥发测试；6—未干燥吸附剂样品 I-Mor；7—I-Mor 样品的 I_2 挥发测试

根据前面 XRD 的结果，在吸附剂制备过程中，KI 改性剂进入 Ben 层间，在其后的干燥过程中，由于生成的 I_2 易挥发，Ben 的层状结构受到破坏，特征峰减弱，而 Atp 和 Mor 的晶体结构相对稳定，因此未受到破坏。表 6.11 为在加热 12h 后 KI 改性吸附剂的平均脱汞效率。可以看出，尽管吸附剂 I-Atp 和 I-Ben 中碘的含量降低了且超过一半，其仍有 80%以上的平均脱汞效率。

表 6.11　加热 12h 后 KI 改性吸附剂的平均脱汞效率

吸附剂	12h 加热后碘含量/%(质量分数)	30℃时平均脱汞效率/%
I-Atp	2.94	81
I-Ben	2.00	82
I-Mor	1.32	54

6.4.7　铝柱撑蒙脱石改性矿物吸附剂的脱汞性能

对于具有层状结构的物质，柱撑是一种特殊的活化方式，柱化剂能够在层间形成一种柱状支撑，提高物质的层间距、稳定性、比表面积和表面活性等特性，改善物质的吸附特性。本节利用活性铝作为柱化剂，对具有层状结构的 Mon 进行柱撑改性，制备出铝柱撑蒙脱石，并对其物理特性及脱汞能力进行研究。

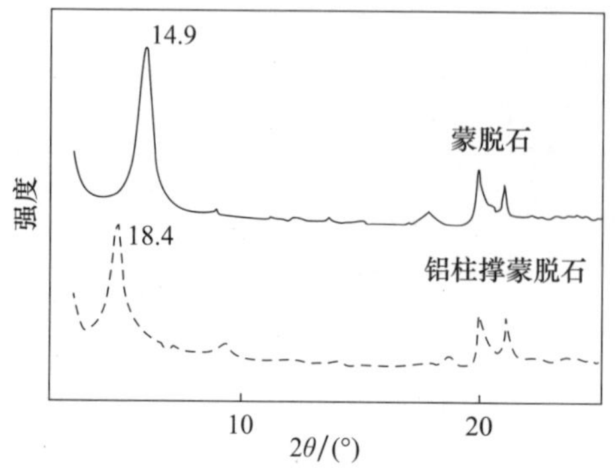

图 6.61　铝柱撑蒙脱石的 XRD 图谱

图 6.61 为铝柱撑蒙脱石的 XRD 图谱。可以看出，在经过铝柱撑后，Mon 的层间距由原来的 1.49nm 增加到 1.84nm，说明铝离子氧化物成功在 Mon 层间形成了柱状结构。由表 6.12 中铝柱撑蒙脱石的孔结构参数也可以看出，Mon 经过 Al 柱撑活化后，其比表面积由原来的 $61m^2/g$ 增加到了 $209m^2/g$，其物理结构特性得到明显改善。图 6.62 为在 120℃时铝柱撑蒙脱石的平均汞脱除率比较。通过对其脱汞效果的试验研究发现，虽然 Mon 经过铝柱撑后物理特性得到改善，但是其脱汞效果依然很差。

表 6.12　铝柱撑蒙脱石的孔结构参数

样品	比表面积/(m^2/g)	孔径/nm	孔容/(cm^3/g)
Mon	61.73	10.61	0.16
Al-Mon	169.64	3.52	0.15
Al-Mon-400	209.51	3.33	0.17

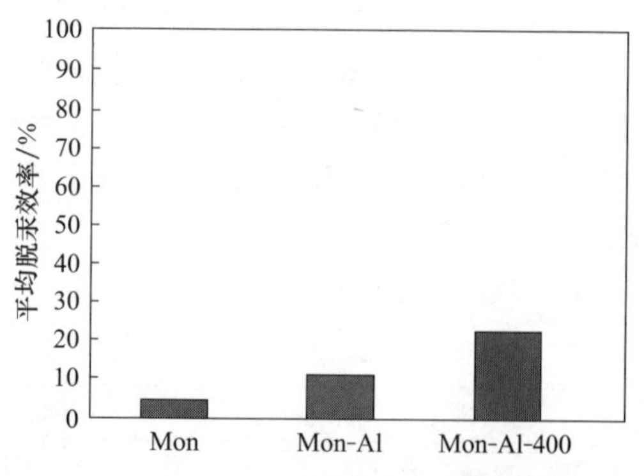

图 6.62　在 120℃时铝柱撑蒙脱石的平均脱汞效率

6.4.8　金属氧化物改性矿物吸附剂的脱汞性能

矿物吸附剂的改性方法将影响其进一步的应用，未改性的矿物吸附剂脱汞性能较差，尝试采用金属氧化物改性提高脱汞效率。图 6.63 为 MnO_2 和 Co_3O_4 改性的两种吸附剂的 XRD 图谱。比较煅烧后的原矿 Atp 和 MnO_2/Co_3O_4-Atp 可知，特征曲线并没有明显的变化，说明 MnO_2 和 Co_3O_4 改性并没有改变原凹凸棒石的内部结构。而经高温煅烧后，膨润土的(001)特征峰明显减弱，主要原因可能是膨润土层间水分子的挥发，使其结构发生崩塌。

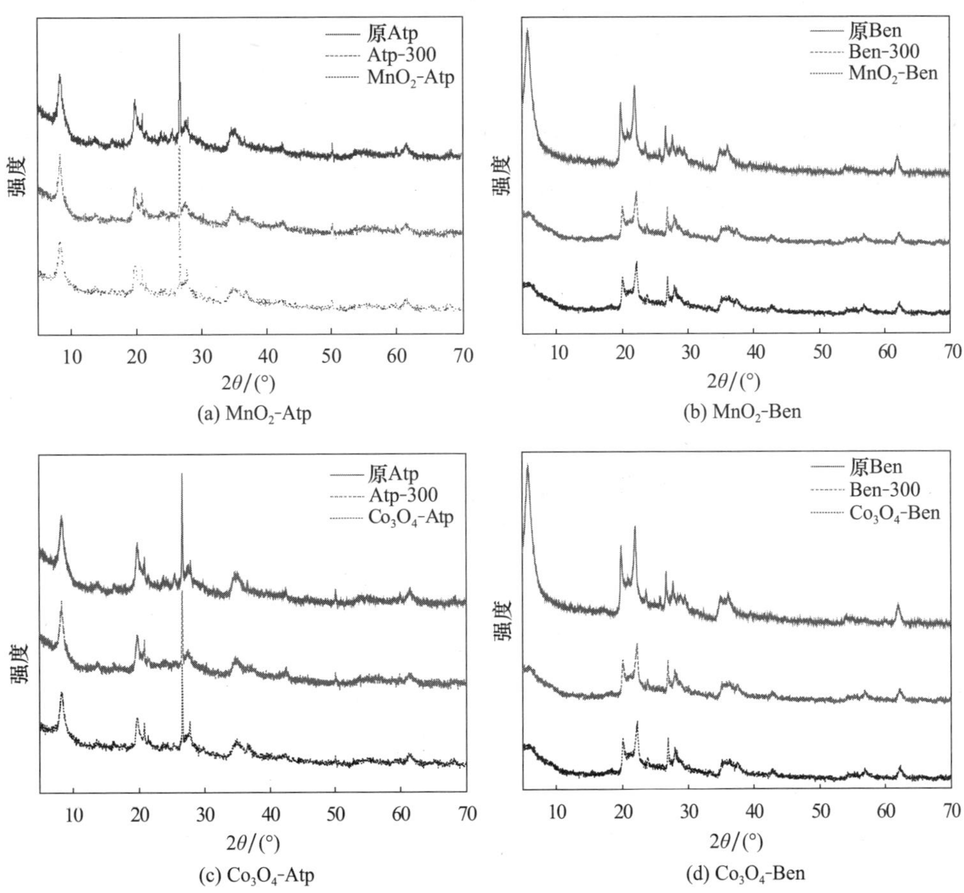

图 6.63　改性前后吸附剂的 XRD 图谱

由图 6.64 可知，MnO_2 改性使凹凸棒石和膨润土的脱汞效率得到了明显提高。MnO_2-Atp 的脱汞效率由未改性的 10%提高至 87.9%，MnO_2-Ben 的脱汞效率由未改性的 8.8%提高至 82.3%。同样地，Co_3O_4 改性的凹凸棒石和膨润土的脱汞效率也有了较大的提高，Co_3O_4-Atp 的脱汞效率提高到 84%，而 Co_3O_4-Ben

的脱汞效率提高到 78.8%。由此可知，MnO_2 和 Co_3O_4 作为改性剂改性凹凸棒石和膨润土均有比较明显的效果。

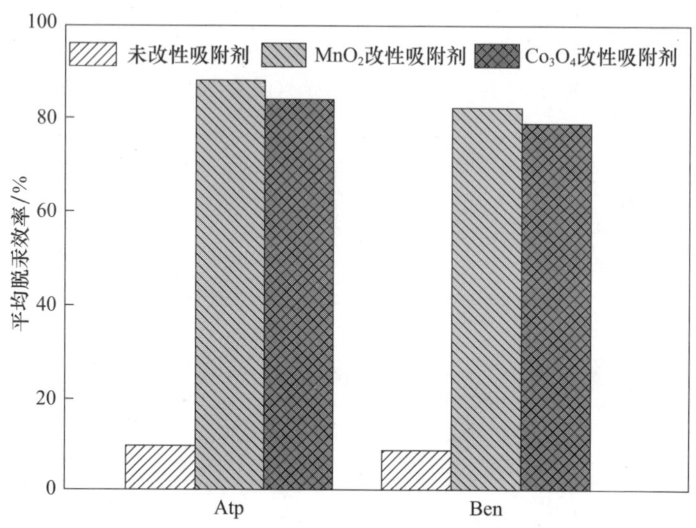

图 6.64　金属氧化物改性吸附剂的平均脱汞效率

金属氧化物 MnO_2/Co_3O_4 附着在吸附剂表面后，使原本简单的物理吸附变成复杂的物理化学复合吸附。MnO_2 和 Co_3O_4 改性的两种吸附剂均有较高的脱汞效率，可以解释为：在吸附过程中，气态的单质汞首先在凹凸棒石和膨润土表面形成吸附态的汞，随后与附着在凹凸棒石和膨润土表面的 MnO_2 或 Co_3O_4 发生反应，生成新型复合金属氧化物，电子在化合物内部向汞转移。

通过对天然矿物吸附剂的脱汞研究发现，无论吸附剂活化与否，其对 Hg^0 的物理吸附能力均较弱。可以认为单一地利用天然矿物材料的物理吸附能力进行脱汞是很难实现的，因此需要利用改性剂来增强天然矿物材料的脱汞能力。凹凸棒石的比表面积通常约为膨润土的 4 倍，但它们表现出相似的脱汞能力。丝光沸石的比表面积很低，改性剂含量也低于凹凸棒石和膨润土，其表现出的脱汞能力也是最弱的。由此说明，吸附剂的脱汞能力与其比表面积并无直接联系，而主要与吸附剂材料的改性剂有关。

6.5　烟气组分对改性矿物吸附剂脱汞性能的影响

在实际电厂烟气中，各烟气组分对吸附剂的脱汞效果有不同的影响，促进或抑制烟气中 Hg^0 的氧化和吸附[76,77]。为研究不同烟气成分对改性吸附剂脱汞能力的影响，以改性 Atp 和 Ben 吸附剂为例，在不同烟气条件下进行脱汞试验，并分析 O_2、HCl、NO、SO_2 等对改性吸附剂脱汞性能的影响及相关的反应机理。

6.5.1　烟气组分对 $CuCl_2$ 改性矿物吸附剂脱汞性能的影响

1. O_2 对 $CuCl_2$ 改性矿物吸附剂脱汞效率的影响

O_2 浓度的变化对 $CuCl_2$ 改性吸附脱汞性能的影响如图 6.65 所示，当 O_2 的浓度由 0 逐渐升至 4%和 8%时，其脱汞效率均随之提高。加入 4%O_2 后，$CuCl_2$-Atp 和 $CuCl_2$-Ben 脱汞效率分别为 93.7%和 92.5%，继续增加 O_2 浓度至 8%，两者的脱汞效率分别为 97.5%和 93.9%。由此可知，O_2 可以促进 $CuCl_2$ 改性矿物吸附剂对汞的脱除。

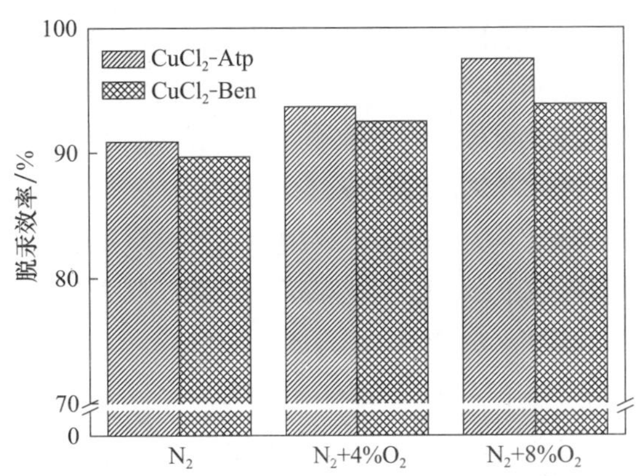

图 6.65　O_2 浓度对 $CuCl_2$ 改性矿物吸附剂的影响

2. HCl 对 $CuCl_2$ 改性矿物吸附剂脱汞效率的影响

不同浓度 HCl 对改性矿物吸附剂的影响由图 6.66 所示，当烟气中 HCl 浓度

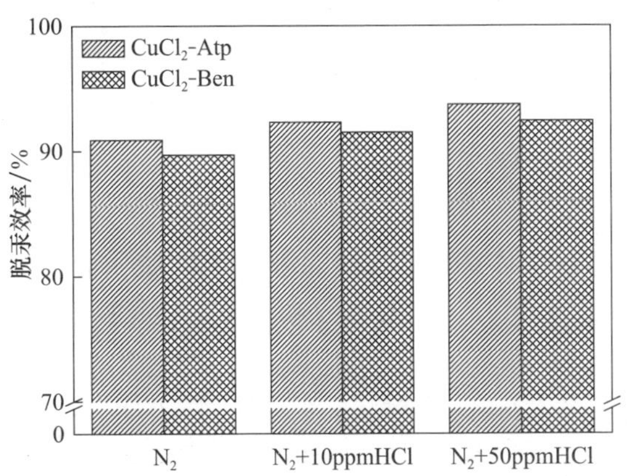

图 6.66　不同浓度 HCl 对改性矿物吸附剂的影响

由 0 升至 10ppm 时，$CuCl_2$-Atp 和 $CuCl_2$-Ben 的脱汞效率分别升至 92.3%和 91.5%，继续增加 HCl 的浓度至 50ppm，其脱汞效率分别增加至 93.7%和 92.4%，即 $CuCl_2$ 改性吸附剂的脱汞效率随着 HCl 的增加而微弱增加。HCl 的促进作用主要归因于 HCl 可以为单质汞的氧化提供含 Cl 官能团，而 $CuCl_2$ 改性的矿物吸附剂已含有较充足的含 Cl 官能团，因此增加 HCl 的浓度并不能显著提高其脱汞效率。

3. SO_2 对 $CuCl_2$ 改性矿物吸附剂脱汞效率的影响

由图 6.67 可知，SO_2 可以明显抑制 $CuCl_2$ 改性吸附剂的脱汞效率，400ppmSO_2 浓度下，$CuCl_2$-Atp 和 $CuCl_2$-Ben 的脱汞效率由原来的 90.9%和 89.7%分别降至 88.8%和 87.4%，当 SO_2 浓度增至 1200ppm 时，脱汞效率分别降低至 84.4%和 84.1%。试验表明，SO_2 对 $CuCl_2$ 改性矿物吸附剂的脱汞效率有抑制作用，这是由于 SO_2 与单质元素汞竞争氧化活性位点。

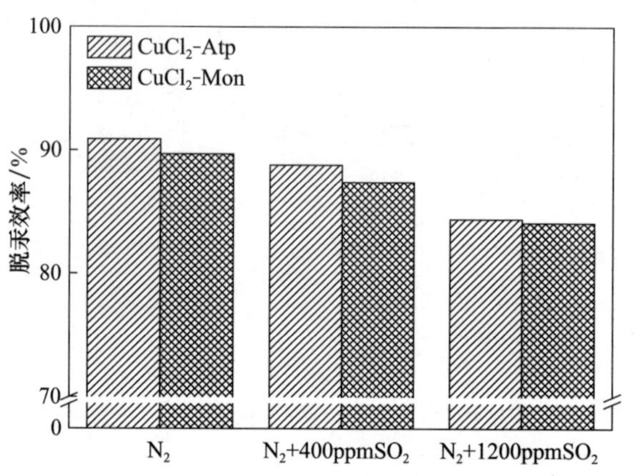

图 6.67　SO_2 对改性矿物吸附剂的影响

4. NO 对 $CuCl_2$ 改性矿物吸附剂脱汞效率的影响

由图 6.68 可知，NO 对 $CuCl_2$ 改性的吸附剂的脱汞效率也有着一定的抑制作用。在 100ppmNO 浓度下，$CuCl_2$-Atp 和 $CuCl_2$-Ben 吸附剂的脱汞效率由原来的 90.9%和 89.7%分别降至 88.6%和 88.1%，继续增加 NO 的浓度至 300ppm 时，脱汞效率继续下降至 86.7%和 85.9%，试验表明，NO 对 $CuCl_2$ 改性的矿物吸附剂也有着一定的抑制作用，但是相对 SO_2 而言，NO 在不同浓度下的抑制作用都不是很明显。NO 轻微的抑制作用可能是其与单质汞竞争吸附位造成的。

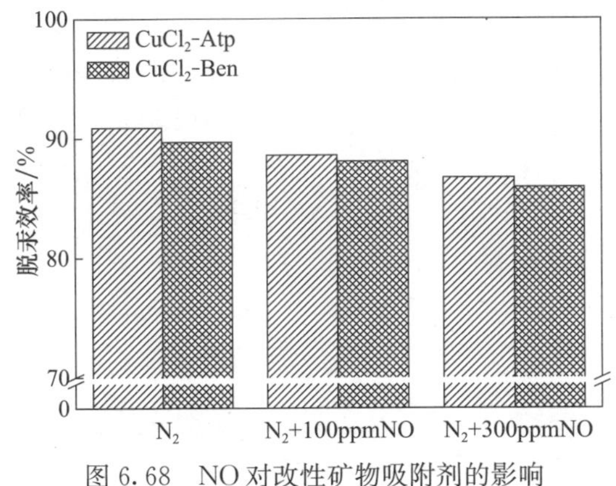

图 6.68　NO 对改性矿物吸附剂的影响

6.5.2　烟气组分对 $CuBr_2$ 改性矿物吸附剂脱汞性能的影响

1. O_2 对 $CuBr_2$ 改性矿物吸附剂脱汞效率的影响

由图 6.69 可知，O_2 对两种改性吸附剂均有促进作用，对于 $CuBr_2$-Atp，在纯氮气气氛下，其脱汞效率高达 95.2%，当 O_2 浓度由 0 逐渐增加至 4%时，其脱汞效率增加至 96.4%，当 O_2 浓度增加至 8%时，脱汞效率增加至 97.1%；同样，O_2 对 $CuBr_2$-Ben 吸附剂也有一定的促进作用，O_2 浓度由 0 逐渐增加至 4%时，脱汞效率由 93.4%增至 94.1%，当 O_2 浓度增加至 8%时，其脱汞效率可达到 95.2%。Br 改性的两种吸附剂在纯氮气的气氛下的脱汞效率均很高，可达 90%以上，O_2 的氧化促进作用并不明显。

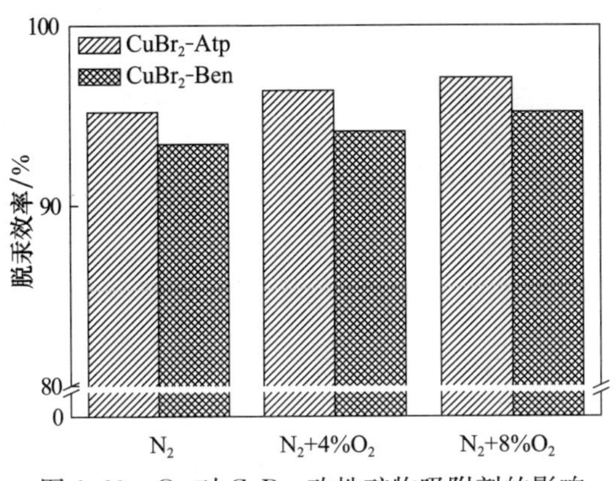

图 6.69　O_2 对 $CuBr_2$ 改性矿物吸附剂的影响

2. SO_2 对 $CuBr_2$ 改性矿物吸附剂脱汞效率影响

由图 6.70 可知，SO_2 对 $CuBr_2$ 改性的两种改性矿物吸附剂的脱汞效率具有一定程度的抑制作用。对 $CuBr_2$-Atp 而言，当 SO_2 的浓度由 0 逐渐增加至 400ppm 时，其脱汞能力由原来的 95.2%逐渐降至 93.2%，继续增加 SO_2 的浓度至 1200ppm，脱汞效率也随之下降至 90.5%；SO_2 浓度的变化对 $CuBr_2$-Ben 脱汞效率的影响有相似的趋势，当 SO_2 浓度由 0 逐渐增至 400ppm 时，其脱汞能力由 93.4%逐渐降至 91.6%，继续增加 SO_2 浓度至 1200ppm，脱汞效率继续下降至 89.8%。

3. NO 对 $CuBr_2$ 改性矿物吸附剂脱汞效率的影响

由图 6.71 可知，NO 对 $CuBr_2$ 改性的两种吸附剂具有轻微的抑制作用。对于 $CuBr_2$-Atp，当 NO 的浓度由纯氮气的 0 逐渐增加至 100ppm 时，其脱汞效率由 95.2%逐渐降至 94.1%，继续增加 NO 的浓度至 300ppm，其脱汞效率也继续降低至 92.6%；而对于 $CuBr_2$-Ben，NO 浓度由 0 逐渐增加至 100ppm 时，其脱汞效率由 93.4%逐渐降至 92.3%，继续增加 NO 浓度至 300ppm，其脱汞效率继续下降至 91.2%。

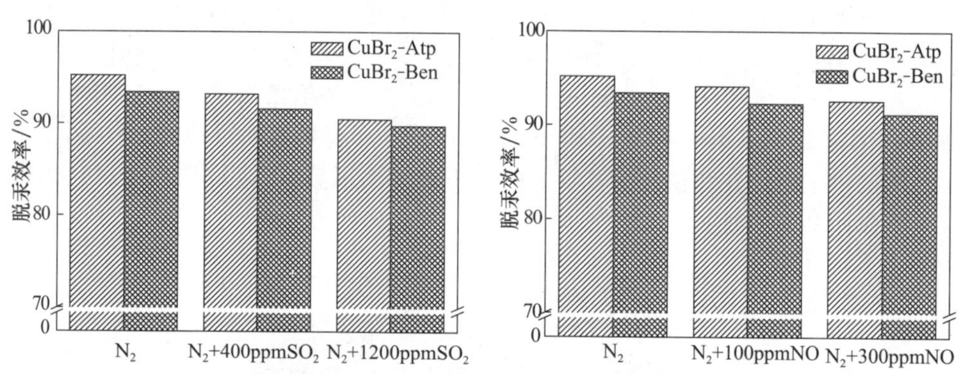

图 6.70　SO_2 对 $CuBr_2$ 改性矿物吸附剂的影响　图 6.71　NO 对 $CuBr_2$ 改性矿物吸附剂的影响

6.5.3　烟气组分对 NaBr 改性矿物吸附剂脱汞性能的影响

1. O_2 对 NaBr 改性矿物吸附剂脱汞效率的影响

由图 6.72 可知，对于 NaBr-Atp，O_2 浓度由 0 逐渐提高至 4%时，其脱汞效率由 87.3%逐渐提高至 89.1%，逐渐增加 O_2 浓度至 8%，其脱汞效率继续提高至 90.5%，继续增加 O_2 浓度至 12%时，脱汞效率进一步提高至 91.6%；O_2 浓度对 NaBr-Ben 脱汞效率的影响与其对 NaBr-Atp 的影响类似，当 O_2 浓度由 0 逐渐提高至 4%时，其脱汞效率由 85.2%逐渐提高至 87.3%，逐渐增加 O_2 浓度至 8%，其脱汞效率继续提高至 89.7%，继续增加 O_2 浓度至 12%时，其脱汞效率进一步提高至 91.1%。因此，O_2 对 NaBr 改性的凹凸棒石和膨润土均有促进作用。

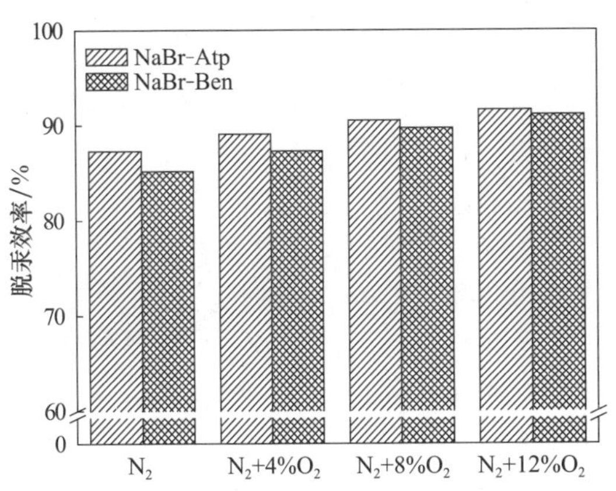

图 6.72　O_2 对 NaBr 改性矿物吸附剂的影响

2. SO_2 对 NaBr 改性矿物吸附剂脱汞效率的影响

如图 6.73 所示，对于 NaBr-Atp，在烟气中通入 400ppm SO_2 时，其脱汞效率由纯氮气气氛下的 87.3%逐渐降至 85.4%，继续升高 SO_2 的浓度至 800ppm，脱汞效率继续降低至 82.9%，当增加 SO_2 浓度增至 1200ppm，其脱汞效率进一步降低至 80.9%；而 SO_2 浓度的变化对 NaBr-Ben 脱汞效率的影响与其对 NaBr-Atp 的影响基本一致，当 SO_2 浓度由 0 逐渐升至 400ppm 时，其脱汞效率由 85.2%逐渐降至 82.8%，逐渐升高 SO_2 的浓度至 800ppm，脱汞效率继续降低至 80.7%，进

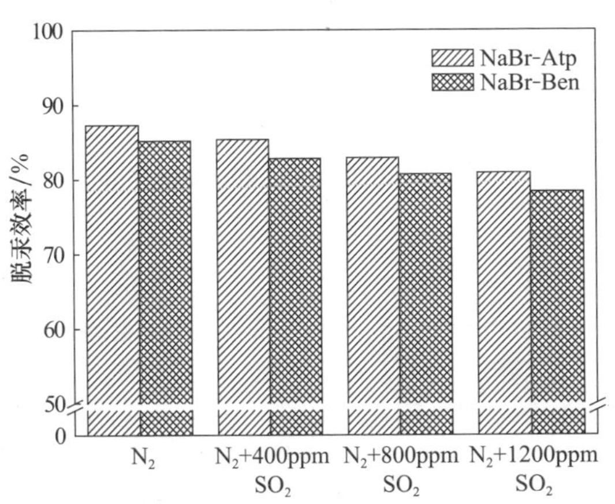

图 6.73　SO_2 对 NaBr 改性矿物吸附剂的影响

一步增加 SO_2 浓度至 1200ppm，脱汞效率进一步降低至 78.3%。由此可知 SO_2 对两种吸附剂的脱汞效率均有抑制作用。

3. NO 对 NaBr 改性矿物吸附剂脱汞效率的影响

由图 6.74 可知，对于 NaBr-Atp，当 NO 浓度由 0 逐渐升至 50ppm 时，其脱汞效率由 87.3%逐渐降至 85.9%；当烟气中 NO 的浓度增至 100ppm 时，脱汞效率继续降低至 84.4%，进一步增加 NO 浓度至 300ppm，脱汞效率进一步降低至 82.9%；而 NO 浓度的变化对 NaBr-Ben 脱汞效率的影响与其对 NaBr-Atp 的影响基本一致，当 NO 浓度由 0 逐渐升至 50ppm 时，其脱汞效率由 85.2%降至 83.5%；当烟气中 NO 的浓度增至 100ppm 时，脱汞效率继续降低至 81.7%；再次增加 NO 浓度至 300ppm，其脱汞效率再次降低至 78.9%。由此可知，NO 对两种改性吸附剂均具有一定的抑制作用。

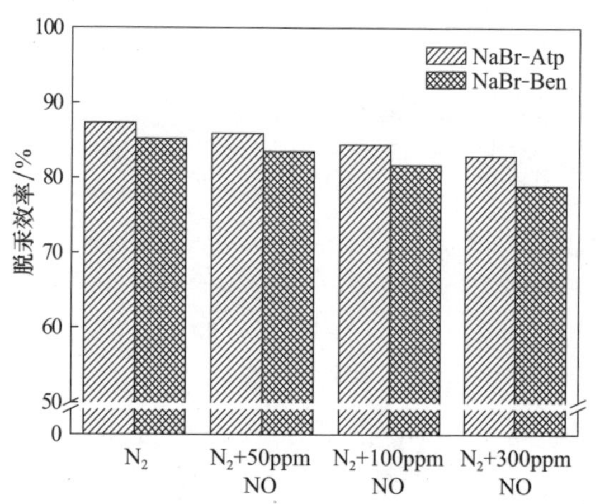

图 6.74　NO 对 NaBr 改性矿物吸附剂的影响

6.5.4　烟气组分对单质 S 改性矿物吸附剂脱汞性能的影响

1. O_2 对 S 改性矿物吸附剂脱汞效率的影响

研究 O_2 浓度的变化对 S 改性矿物吸附剂脱汞性能的影响。结果如图 6.75 所示，当 O_2 的浓度由 0 逐渐升至 4%和 8%时，其脱汞能力也随之提高，4% O_2 使 S-Atp 和 S-Ben 脱汞效率分别提高至 87.6%和 82.8%，继续增加 O_2 浓度至 8%，两者的脱汞效率也继续提高，分别为 88.7%和 86.6%。总体来说，O_2 促进了单质 S 改性的两种吸附剂对单质汞的脱除。

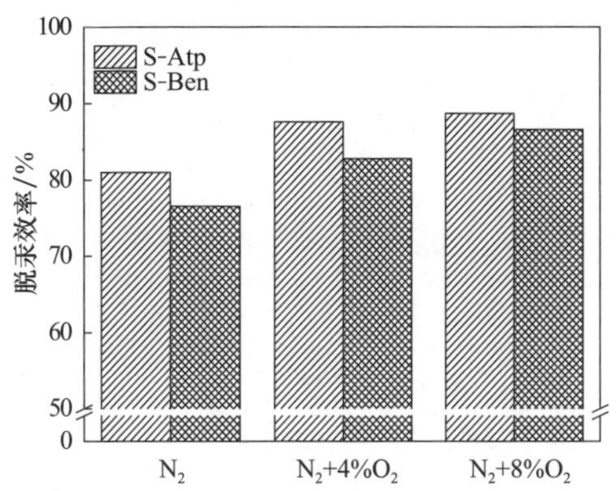

图 6.75　O_2 对 S 改性矿物吸附剂的影响

2. HCl 对 S 改性矿物吸附剂脱汞效率的影响

逐渐改变烟气中 HCl 的浓度，研究 HCl 浓度对单质 S 改性的凹凸棒石和膨润土两种吸附剂脱汞效率的影响。如图 6.76 所示，当 HCl 浓度为 0、10ppm、50ppm 时，S-Atp 的脱汞效率分别为 81%、86.8%、90.8%；而 S-Ben 的脱汞效率分别为 76.5%、86.7%和 89.3%。由此可知，增加 HCl 的浓度可以促进两种改性矿物吸附剂对单质汞脱除。

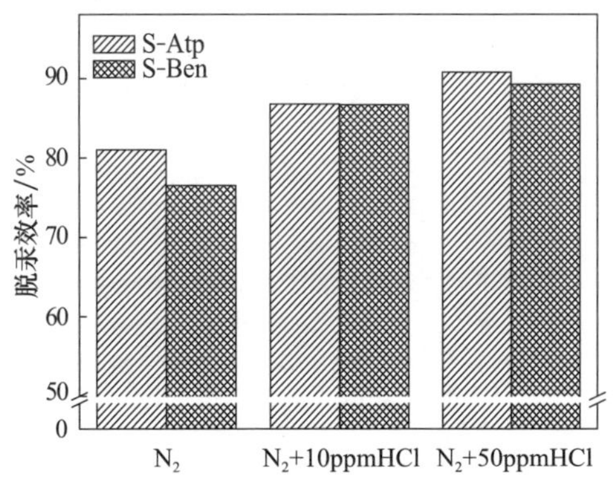

图 6.76　HCl 对 S 改性矿物吸附剂的影响

3. SO_2 对 S 改性矿物吸附剂脱汞效率影响

SO_2 浓度对 S 改性矿物吸附剂脱汞效率的影响至关重要。如图 6.77 所示，当 SO_2 浓度为 0、400ppm、1200ppm 时，S-Atp 的脱汞效率分别为 81%、71.5%、64.7%，S-Ben 的脱汞效率分别为 76.5%、67.9%和 61.7%。由此可知，SO_2 对 S 改性的凹凸棒石和膨润土的脱汞性能有显著的抑制作用。

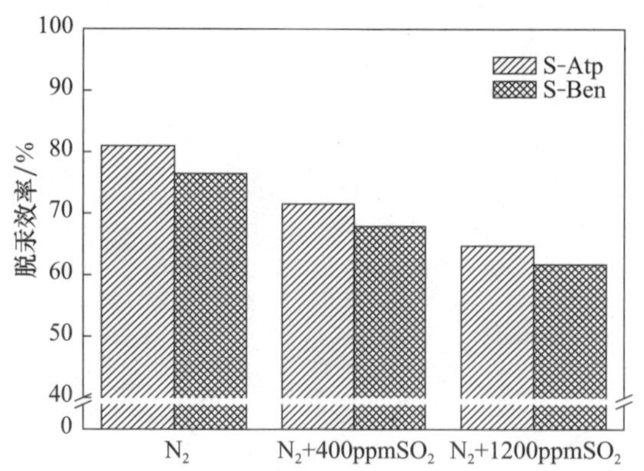

图 6.77　SO_2 对 S 改性矿物吸附剂的影响

4. NO 对 S 改性矿物吸附剂脱汞效率的影响

如图 6.78 所示，当 NO 浓度由 0 逐渐升至 100ppm 时，S-Atp 和 S-Ben 的脱汞效率分别下降至 78.7％和 75.1％，继续增加 NO 浓度至 300ppm 时，脱汞效率又有轻微的下降，分别为 76.8％和 73.9％。由此可知，NO 对 S 改性矿物吸附剂具有轻微的抑制作用。

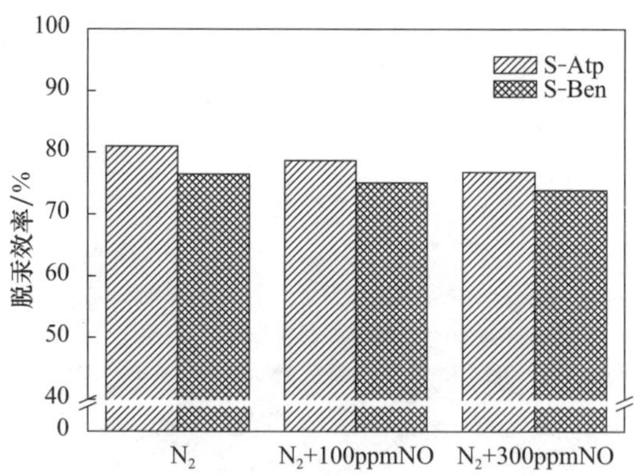

图 6.78　NO 对 S 改性矿物吸附剂的影响

6.5.5　烟气组分对 MnO_2 改性矿物吸附剂的脱汞性能的影响

1. O_2 对 MnO_2 改性矿物吸附剂脱汞效率的影响

由图 6.79 可知，当 O_2 浓度由 0 逐渐升至 4％、8％和 12％时，MnO_2-Atp 的脱汞效率分别为 87.9％、92.1％、94.1％和 96.5％，MnO_2-Ben 的脱汞效率分别为 82.3％、85.5％、88.4％和 93％。由此可知，O_2 促进了 MnO_2 改性矿物吸附剂的

脱汞效率。高洪亮等认为 Hg 可以与 O_2 发在较低温度下发生反应生成 HgO，而当温度升高到 500K 时，HgO 分解，而本试验过程中温度均低于 500K，且 O_2 的促进作用比较明显，可能的原因可以由以下反应式解释[78]：

$$\mathrm{Hg(g)}+\text{表面}\longrightarrow \mathrm{Hg(ad)} \tag{6.20}$$

$$\mathrm{Hg(ad)}+\mathrm{M}_x\mathrm{O}_y \longrightarrow \mathrm{HgO(ad)}+\mathrm{M}_x\mathrm{O}_{y-1} \tag{6.21}$$

$$\mathrm{M}_x\mathrm{O}_{y-1}+\frac{1}{2}\mathrm{O_2(g)}\longrightarrow \mathrm{M}_x\mathrm{O}_y \tag{6.22}$$

$$\mathrm{HgO(ad)}+\mathrm{M}_x\mathrm{O}_y \longrightarrow \mathrm{HgM}_x\mathrm{O}_{y+1} \tag{6.23}$$

$$\mathrm{HgO(ad)}\longrightarrow \mathrm{HgO(g)} \tag{6.24}$$

气态的元素汞首先在凹凸棒石和膨润土的表面形成吸附态的汞，而吸附态的元素汞与吸附剂表面的 MnO_2 反应生成 HgO 和具有缺陷位的金属氧化物，O_2 则不断为具有缺陷位的 MnO_2 提供晶格氧，进而形成新的金属氧化物，新的氧化物又可以与吸附态的 HgO 形成新的复合金属氧化物[79]。

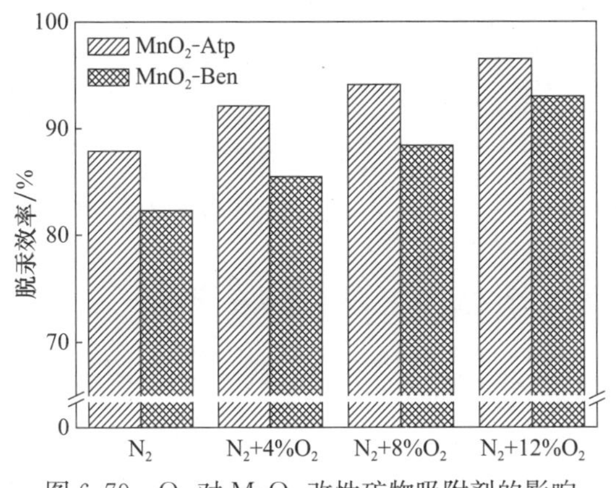

图 6.79　O_2 对 MnO_2 改性矿物吸附剂的影响

2. HCl 对 MnO_2 改性矿物吸附剂脱汞效率影响

HCl 浓度的改变对 MnO_2 改性矿物吸附剂脱汞效率的影响如图 6.80 所示。当 HCl 的浓度由 0 逐渐增加至 10ppm、30ppm、50ppm 时，MnO_2-Atp 的脱汞效率分别为 87.9%、90.1%、92.8%和 94.8%；而 MnO_2-Ben 的脱汞效率分别 82.3%、90.7%、92.3%和 94.4%。因此，HCl 提高 MnO_2 改性的吸附剂的脱汞效率。HCl 的参与为脱汞过程提供了有利条件，其提供大量的 Cl^-，Sliger 等[80]指出燃煤烟气中的 $HgCl_2$ 的形成，关键在于 Cl，Cl 在广泛的温度下加速氧化 Hg^0，同时高洪亮等[81]认为 HCl 的存在会促进单质汞的氧化。根据 Shen 等[82]的研究表明，金属氯化物的脱汞性能比金属氧化物更加有效。发生的化学反应可能如下[82]：

$$\mathrm{MCl}_x\mathrm{(s)}+\mathrm{Atp/Ben}\longrightarrow \mathrm{M}_x\mathrm{O}_y+\mathrm{Cl\text{-}Atp} \tag{6.25}$$

$$Hg(g)+Atp/Ben\text{-}surface \longrightarrow Hg(ad) \tag{6.26}$$

$$Hg(ad)+Cl\text{-}Atp/Ben \longrightarrow HgCl \tag{6.27}$$

$$HgCl+Cl\text{-}Atp/Ben \longrightarrow HgCl_2 \tag{6.28}$$

$$HgCl_2+Hg(ad) \longrightarrow Hg_2Cl_2 \tag{6.29}$$

$$Hg(ad)+M_xO_y \longrightarrow HgO(ad)+M_xO_{y-1} \tag{6.30}$$

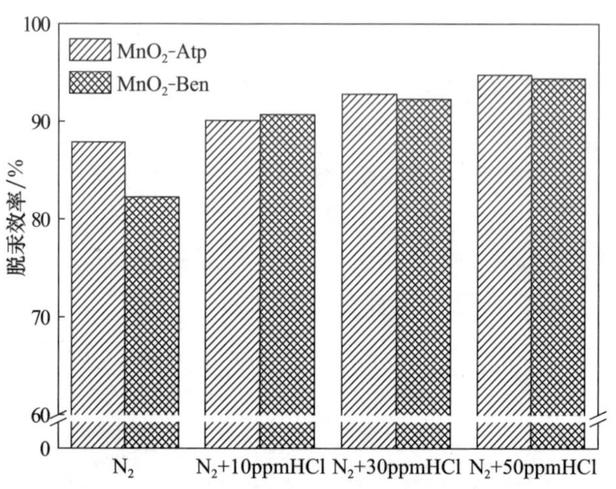

图 6.80　HCl 对 MnO_2 改性矿物吸附剂的影响

3. SO_2 对 MnO_2 改性矿物吸附剂脱汞效率影响

改变 SO_2 的浓度，研究 SO_2 对 MnO_2 改性矿物吸附剂的影响，结果如图 6.81

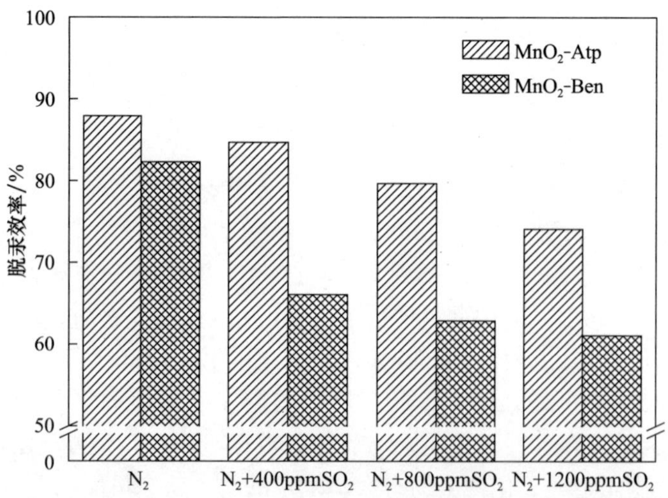

图 6.81　SO_2 对 MnO_2 改性矿物吸附剂的影响

所示，当 SO_2 浓度由 0 增加逐渐至 400ppm、800ppm、1200ppm 时，MnO_2-Atp 的脱汞性能由 87.9%逐渐降至 84.7%、79.7%、74.1%，而 MnO_2-Ben 的脱汞效率由 82.3%逐渐降至 66.1%、62.9%、61.1%。SO_2 对 MnO_2 改性的吸附剂有非常明显的抑制作用。

4. NO 对 MnO_2 改性矿物吸附剂脱汞效率影响

NO 浓度的变化对 MnO_2 改性矿物吸附剂的脱汞效率的影响结果如图 6.82 所示。当 NO 浓度由 0 逐渐升至 50ppm、100ppm、300ppm 时，MnO_2-Atp 的脱汞效率逐渐由 87.9%降至 86.1%、84.4%、81.8%，MnO_2-Ben 的脱汞效率由原来的 82.3%逐渐降至 80.8%、77.6%、73.3%。由此可知，两种吸附剂的脱汞效率均有不同程度的降低，这一结果与张亮等[22]的基本一致。

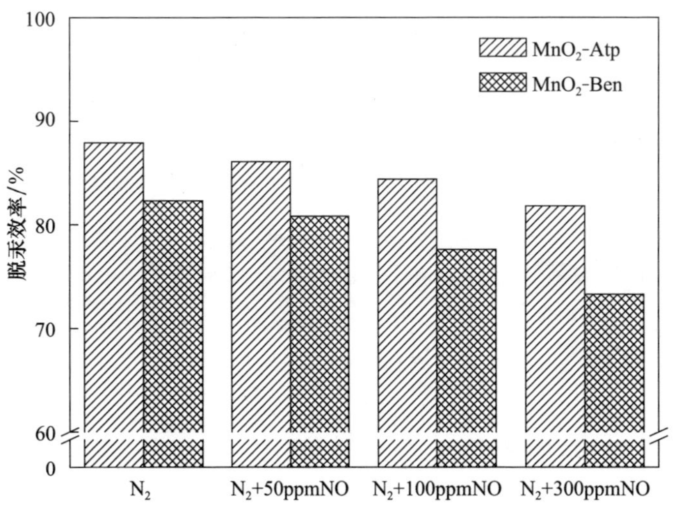

图 6.82　NO 对 MnO_2 改性矿物吸附剂的影响

6.5.6　烟气组分对 Co_3O_4 改性矿物吸附剂的脱汞性能的影响

1. O_2 对 Co_3O_4 改性矿物吸附剂对脱汞效率的影响

O_2 浓度的变化对 Co_3O_4 改性的吸附剂脱汞效率的影响如图 6.83 所示。当 O_2 浓度由 0 逐渐升至 4%、8%和 12%时，Co_3O_4-Atp 的脱汞效率分别为 84%、88.1%、92.1%和 94.7%，Co_3O_4-Ben 的脱汞效率分别 78.8%、86.1%、91.1%和 93.1%。由此可知，O_2 可以促进 Co_3O_4 改性矿物吸附剂的脱汞能力。

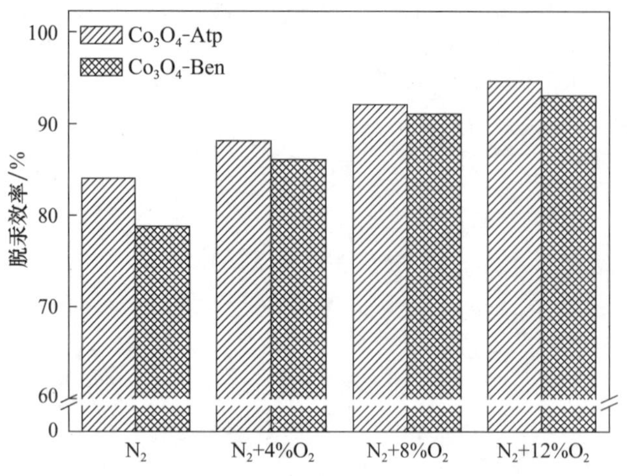

图 6.83　O_2 对 Co_3O_4 改性矿物吸附剂的影响

2. HCl 对 Co_3O_4 改性矿物吸附剂脱汞效率的影响

HCl 对脱汞效率的影响如图 6.84 所示，当 HCl 的浓度由 0 逐渐增加至 10ppm、30ppm、50ppm 时，改性吸附剂的脱汞能力有不同程度的提高，Co_3O_4-Atp 的脱汞效率分别增加到 90.7%、93.8%、95.5%，Co_3O_4-Ben 的脱汞效率分别增加到 90.6%、92.1%、94.8%。可见，HCl 极大地促进了 Co_3O_4 改性矿物吸附剂的脱汞效率。这与 MnO_2 改性矿物吸附剂机理类似。

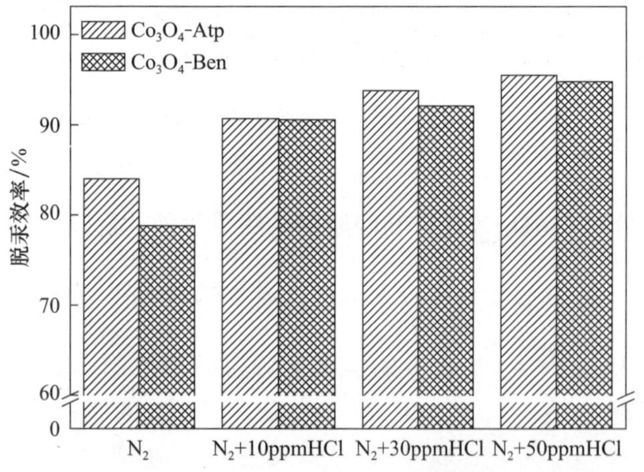

图 6.84　HCl 对 Co_3O_4 改性矿物吸附剂的影响

3. SO_2 对 Co_3O_4 改性矿物吸附剂对脱汞效率的影响

SO_2 浓度对 Co_3O_4 改性的吸附剂脱汞效率的影响结果如图 6.85 所示。当 SO_2 由 0 逐渐增加至 400ppm、800ppm、1200ppm 时，Co_3O_4-Atp 的脱汞效率由 84%逐渐降至 64.5%、59.5%、53.1%，而 Co_3O_4-Ben 的脱汞效率由 82.3%逐渐降至 53.1%、51.8%、49.2%。SO_2 对 Co_3O_4 改性吸附剂的脱汞效率有着很明显的抑制作用，SO_2 为 400ppm 时，脱汞效率减少了 20%左右，随着 SO_2 浓度逐渐增加，脱汞效率下降幅度趋于缓慢，但是仍然保持下降趋势。其原因可能是负载在吸附剂表面的金属氧化物会与 SO_2 反应，一方面消耗载体表面的金属氧化物，另一方面形成的硫酸盐类附着在吸附剂的表面，使金属氧化物失活，造成所谓的“SO_2 中毒”，因此其抑制作用很明显，这也与 Mei 等[83]的研究结果基本一致。

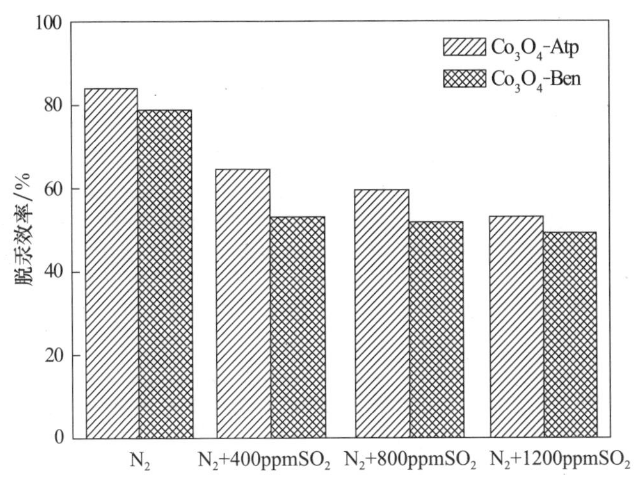

图 6.85　SO_2 对 Co_3O_4 改性矿物吸附剂的影响

4. NO 对 Co_3O_4 改性矿物吸附剂脱汞效率的影响

NO 浓度的变化对 Co_3O_4 改性矿物吸附剂脱汞效率的影响如图 6.86 所示。当 NO 浓度由 0 逐渐升至 50ppm、100ppm、300ppm 时，Co_3O_4-Atp 的脱汞效率逐渐由 84%逐渐降至 81%、78.7%、75.5%，Co_3O_4-Ben 的脱汞效率由原来的 78.8%逐渐降至 75.5%、72.9%、70.6%。NO 对两种吸附剂均有不同程度的抑制作用，这一结果与前人研究的结论一致。

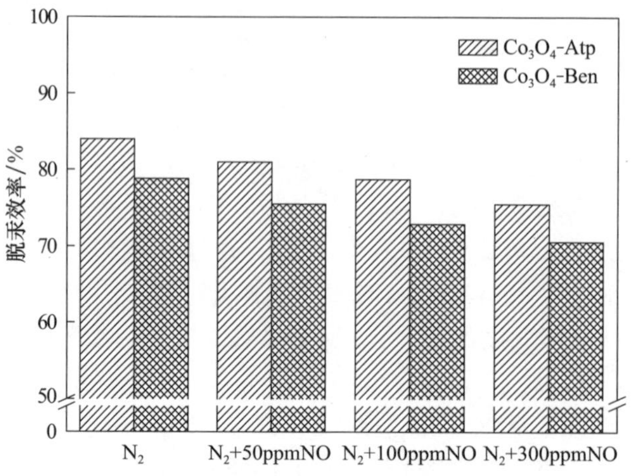

图 6.86 NO 对 Co_3O_4 改性矿物吸附剂的影响

6.6 矿物吸附剂的优选及脱汞机理

6.6.1 矿物吸附剂的优选及应用

表 6.13 总结了各改性吸附剂的平均脱汞效率。总体上看,无机改性吸附剂的脱汞效果优于有机改性吸附剂,丝光沸石基吸附剂的脱汞能力弱于其他两种材料的吸附剂。平均脱汞效率达到 80%以上的吸附剂有 S-Ben、Cu-Atp、Cu-Ben、Cl-Atp、I-Atp、I-Ben 和 I-Mor,而超过 90%的有 Cl-Atp、I-Atp 和 I-Ben。

表 6.13 不同改性吸附剂的平均脱汞效率 (单位:%)

活性物	Atp	Ben	Mor
单质 S	62	80	32
交联硫化钠	13	8	3
巯基乙酸钙	4	7	6
2-巯基吡啶	4	7	7
2-巯基吡啶 N 氧化物	8	7	8
MPTMS	6	2	8
磺酸基化 MPTMS	4	3	5
Cys	62	19	—
Dcys	27	59	—
$CuCl_2$	86	88	50
$NaClO_3$	92	48	26
KBr	20	11	9
KI	93	94	81

选取汞吸附剂 Norit Darco Hg-LH 作为参照对象，对天然硅酸盐矿物和活性炭基吸附剂的脱汞成本进行一个初步的比较。汇总的各种原材料市场售价见表 6.14。

表 6.14　原材料市场售价

原材料	平均售价/(元/t)	原材料	平均售价/(元/t)
活性炭	7000	KBr	15000
矿物材料	600	KI	110000
Br_2(l)	13600	NaI	150000
$CaBr_2$	7500	$CuCl_2$	9000
NaBr	13500		

用于脱汞的溴化活性炭中溴含量一般在 5%左右，因此在各改性吸附剂的成本计算过程中，吸附剂中的改性剂含量按 5%的 Br、I 或 Cu 计算。初步计算表明，含有 5%Br 的溴化活性炭的成本为 7330 元/t，结合 Norit Darco Hg-LH 的市场售价可以计算出成本在吸附剂售价中所占的比例约为 0.489，以此为基础可以推算出各改性吸附剂的售价，如表 6.15 所示。

表 6.15　改性吸附剂的成本和售价

原材料	活性炭材料(元/t)		天然矿物材料(元/t)	
	成本	售价	成本	售价
Br_2(l)	7330	15000	1250	2558
$CaBr_2$	7588	15527	1508	3085
NaBr	7519	15387	1439	2945
KBr	7766	15891	1686	3449
KI	18063	36963	11983	24521
NaI	20713	42386	14633	29944
$CuCl_2$	7409	15162	1329	2720

在电厂的实际测试表明，利用 Norit Darco Hg-LH 作为汞吸附剂，在汞脱除率为 75%左右时，吸附剂的喷入量为 $1lb/10^6 ft^3$[84]，烟气中汞浓度为 $10\mu g/m^3$，结合以上计算的吸附剂价格，可以计算出各吸附剂的脱汞成本，如表 6.16 所示。从以上计算结果可以看出，与活性炭材料相比，利用天然矿物作为材料制备的吸附剂可以明显降低脱汞成本。$CuCl_2$ 改性硅酸盐矿物吸附剂是一种极具潜力的汞吸附

剂，其脱汞成本不及活性炭材料吸附剂的 1/5。

表 6.16 不同吸附剂的脱汞成本 (单位：万元/kgHg)

项目	液溴	溴化钙	溴化钠	溴化钾	碘化钾	碘化钠	氯化铜
活性炭	2.40	2.49	2.47	2.55	5.93	6.80	2.43
天然矿物	0.41	0.49	0.47	0.55	3.93	4.80	0.44
比值	5.86	5.03	5.22	4.61	1.51	1.42	5.57

针对凹凸棒石设计的 Cu-Atp 吸附剂的工业制备流程如图 6.87 所示。凹凸棒石开采并经过初步的研磨后放入原料仓储藏，原料仓出来的凹凸棒石粉进入反应活化室，在活化室内凹凸棒石与氯化铜溶液按要求负载，充分混合后干燥，烘干过程中挥发出的溶剂经冷凝回用，改性吸附剂经过研磨打包备用。整套 Cu-Atp 的制备工艺流程简单，对设备要求低，投资小，无污染。

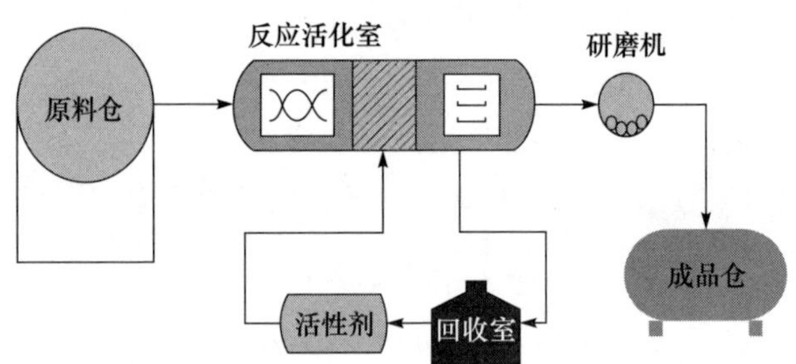

图 6.87 Cu-Atp 吸附剂的工业制备流程

6.6.2 矿物吸附剂的脱汞机理

黄川微[85]和史晓莉[86]等研究了凹凸棒石对水溶液中铜离子的吸附机理，结果显示凹凸棒石并非主要以离子交换机理吸附铜离子，溶液中的铜离子会在凹凸棒石表面发生水解沉淀，而且凹凸棒石带负电荷，会吸附溶液中带正电荷的铜离子氢氧化物胶体颗粒。Chen 等[17]也研究了酸活化凹凸棒石对溶液中铜离子的脱除，结果表明其脱除机理主要是矿物表面的 Si—OH 基团对铜离子的络合吸附机制，其反应可表示为

$$\text{Si—OH} + Cu^{2+} \longleftrightarrow \text{Si—OCu}^{+} + H^{+} \tag{6.31}$$

$$2\text{Si—OH} + Cu^{2+} \longleftrightarrow (\text{Si—O})_2Cu + 2H^{+} \tag{6.32}$$

$$\text{Si—OH} + Cu^{2+} + H_2O \longleftrightarrow \text{Si—OCuOH} + 2H^{+} \tag{6.33}$$

$$\text{Si—OH} + 2Cu^{2+} + 2H_2O \longleftrightarrow \text{Si—OCu}_2(OH)_2 + 3H^{+} \tag{6.34}$$

Chen 等[17]也证明矿物表面的羟基基团对铜离子有很好的络合吸附作用。因此在极性低的溶剂中，$CuCl_2$ 能以分子形式被凹凸棒石的极性面或羟基基团吸附，在极

性较高的溶剂中一部分 $CuCl_2$ 会发生水解而以铜离子氢氧化物胶体颗粒的形式负载在吸附剂表面，而此种形态的铜并不具备氧化 Hg^0 的能力。

为了深入探究 Cu-Atp 吸附剂的反应机理，对反应前后的吸附剂进行 XPS 表征，分析反应前后活性物质化学价态的变化。XPS 结果如图 6.88 所示。Yuan 等[87]的研究表明，XPS 中 Cu 的结合能处的峰值 934.9eV(Cu $2p_{3/2}$)和 954.7eV(Cu $2p_{1/2}$)均应归属于 $CuCl_2$ 中 Cu^{2+} 的特征峰，而在 932.4eV(Cu $2p_{3/2}$)和 952.2eV(Cu $2p_{1/2}$)处对应的特征峰则对应于 CuCl 中的 Cu^+。由图 6.88(a)和(b)可以看出，Cu 2p 分别有两个强烈的特征峰(933.6/953.3eV($CuCl_2$-Atp)、933.5/953.2eV($CuBr_2$-Atp))和两个微弱的特征峰(936.0/955.5eV($CuCl_2$-Atp)、935.9/956.0eV($CuBr_2$-Atp))。新鲜吸附剂中 Cu 元素主要以 Cu^{2+} 的形式存在，经过纯氮气下 35h 的脱汞试验后，吸附剂中可以明显检测出 Cu^+，如图 6.88(c)和(d)所示。在反应后的样品中，两个强烈的特征峰(932.9/952.3eV($CuCl_2$-Atp)；932.5/952.2eV($CuBr_2$-Atp))对应于 Cu^+ 的特征峰。Cu^{2+} 特征峰明显减弱，这说明脱汞过程中发生了化学反应。

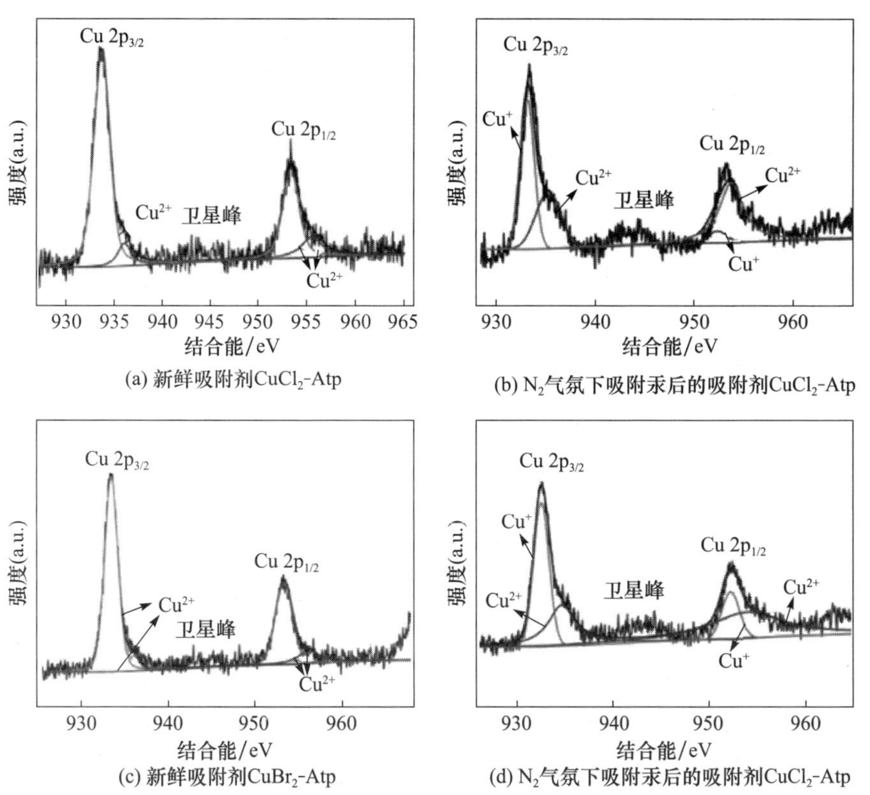

图 6.88　不同样品上 Cu 2p 的 XPS

图 6.89 给出了反应前后吸附剂 $CuCl_2$-Atp 和 $CuBr_2$-Atp 上卤素 Cl/Br 的 XPS。可以看出，反应后吸附剂 Cl 的价态虽然没有变化，但其结合能的峰值朝着低能级的方向移动，表明反应后 Cl 以新的结合方式存在于形成的铜氯复合产物中。伴随着反应前后 Cu^{2+} 的减少和 Cu^{+} 的增加以及卤素化合形态的变化，单质汞被氧化。其反应过程可以用以下反应式表示：

$$CuX_2 + Atp \longrightarrow CuX_2\text{-}Atp \tag{6.35}$$

$$Hg^0(g) \longrightarrow Hg^0(ads) \tag{6.36}$$

$$X^- \longrightarrow \cdot X \tag{6.37}$$

$$Cu^{2+} + e^- \longrightarrow Cu^+ \tag{6.38}$$

$$Hg^0 \longrightarrow Hg^{2+} + 2e^- \tag{6.39}$$

$$2X + Hg^0(ads) \longrightarrow HgX_2 \tag{6.40}$$

$$Hg^{2+} + 2X^- \longrightarrow HgX_2 \tag{6.41}$$

式中，X 为卤素 Cl 或 Br。

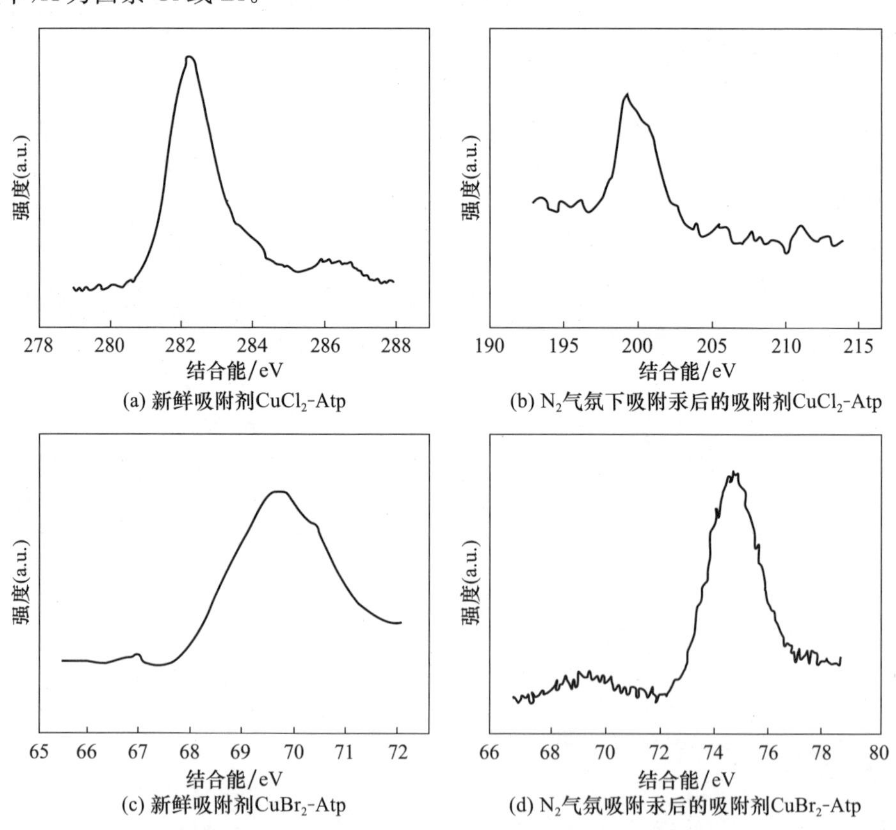

图 6.89 不同样品上 Cl/Br 的 XPS

吸附剂 Cu-Atp 能够有效脱除烟气中的 Hg^0，其脱除机理主要源于以下两个因素：①活性物质 $CuCl_2$ 和 $CuBr_2$ 分子对烟气中汞有很强的氧化作用，铜离子能够将 Hg^0 氧化成 Hg^+/Hg^{2+}；②凹凸棒石能够高效地负载活性分子（$CuCl_2$ 和 $CuBr_2$）并有效吸附生成的氧化态汞。天然凹凸棒石对活性分子的吸附主要依靠的是矿物表面的极性面和羟基基团的络合吸附机制，而不是离子交换机理，导致活性分子大量负载于吸附剂的表面而非孔道结构中，使其更容易与烟气中的单质汞接触，有利于吸附剂对汞的脱除，同时也提高了改性剂的利用率。Drelich 等[88]在合成负载纳米铜颗粒的蛭石材料的研究过程中也发现铜离子主要聚集在蛭石片的表面。Lee 等[35]合成的 $CuCl_2$ 改性纳米蒙脱石 MK10 吸附剂对烟气中的汞有很好的氧化作用，而吸附剂中捕获的汞只有约 10%。通过对 $CuCl_2$ 改性活性炭吸附剂的脱汞试验研究，也表明吸附剂中对汞的氧化位和吸附位是不同的，即 $CuCl_2$ 将汞氧化而释放出 $HgCl_2$。

$CuCl_2$ 改性凹凸棒石的制备及脱汞机理如图 6.90 所示。在吸附剂制备过程中凹凸棒石依靠其表面的极性面和羟基基团络合吸附溶剂中的 $CuCl_2$ 分子，负载于凹凸棒石表面的 $CuCl_2$ 以分子及水合物形态存在，使用不同的溶剂会影响 $CuCl_2$ 的形态，使部分 $CuCl_2$ 水解成 $Cu(OH)_2$；在吸附剂的加热过程中，水合物形态的 $CuCl_2$ 会缓慢分解生成 CuO，降低吸附剂的脱汞活性；$CuCl_2$ 中的氯原子能够有效捕获烟气中的单质汞，促使其氧化为二价汞，反应生成的汞化合物被凹凸棒石中的活性点位吸附。

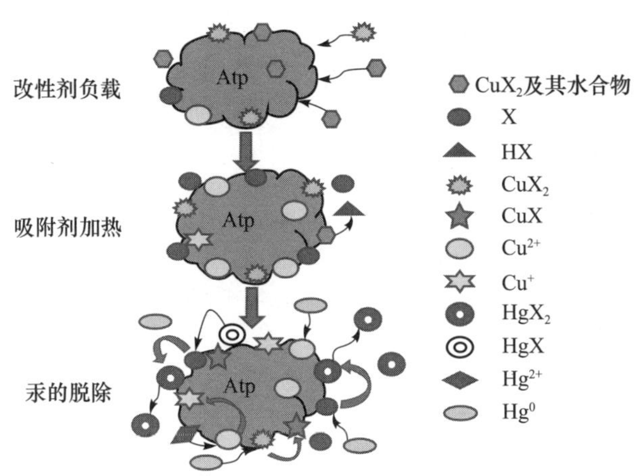

图 6.90　吸附剂 Cu-Atp 的制备和脱汞机理示意图

6.6.3　矿物吸附剂的汞吸附动力学模拟

1. 准一级反应动力学模型

准一级反应动力学模型通常用于描述只有外部传质控制的过程，也可近似用

于孔、表面扩散的非线性系统。此模型能够很好地适用于吸附的初始阶段，其吸附方程为

$$\frac{\mathrm{d}Q_t}{\mathrm{d}t}=k_1(Q_e-Q_t) \tag{6.42}$$

$$\frac{\mathrm{d}Q_t}{Q_e}=k_1\left(1-\frac{Q_t}{Q_e}\right)\mathrm{d}t=k_1\exp(-k_1t)\mathrm{d}t \tag{6.43}$$

积分后得到如下形式：

$$\frac{Q_t}{Q_e}=1-\exp\ (-k_1t) \tag{6.44}$$

式中，Q_t 为 t 时刻的吸附量，ng/mg；Q_e 为平衡时的吸附量，ng/mg；k_1 为一级吸附速率常数，min^{-1}。

2. 准二级反应动力学模型

准二级反应动力学模型适用于化学吸附过程，或在吸附过程中吸附质与吸附剂间发生了电子共享或电子转移，此模型能够很好地描述吸附的整个过程（包括外部液膜扩散、表面吸附和颗粒内扩散等）而且与速率控制步骤相一致。其表达式为

$$\frac{\mathrm{d}Q_t}{\mathrm{d}t}=k_2(Q_e-Q_t)^2 \tag{6.45}$$

积分后可得到如下形式：

$$\frac{1}{Q_t}=\frac{1}{k_2Q_e^2}\ \frac{1}{t}+\frac{1}{Q_e} \tag{6.46}$$

式中，k_2 为二级吸附速率常数，min^{-1}；$k_2Q_e^2$ 为初始吸附率。

在此条件下吸附遵循 Langmuir 等式：

$$\frac{\mathrm{d}\theta}{\mathrm{d}t}=k_\alpha c(1-\theta)-k_d\theta \tag{6.47}$$

式中，θ 为表面覆盖率（Q_t/Q_e）；k_α 为 Langmuir 吸附常数，$\mathrm{cm^3/(min\cdot ng)}$；$k_d$ 为 Langmuir 脱附常数，min^{-1}。

准二阶动力学模型吸附率的计算是基于固体表面的吸附能力，由此可以直接确定吸附能力、速率常数和初始吸附率。

3. 吸附动力学拟合计算

通过吸附剂对 Hg^0 的穿透试验数据，可计算出单位质量吸附剂所吸附的汞随时间的变化趋势。图 6.91 为 Atp 和 Cu-Atp 在 120℃时对汞的吸附量曲线。基于吸附剂脱汞试验数据，采用最小二乘法和非线性拟合法，在 MATLAB 上分别拟合计算了两种吸附剂在两个吸附动力学模型上的各动力学参数，并与试验结果进行比较。

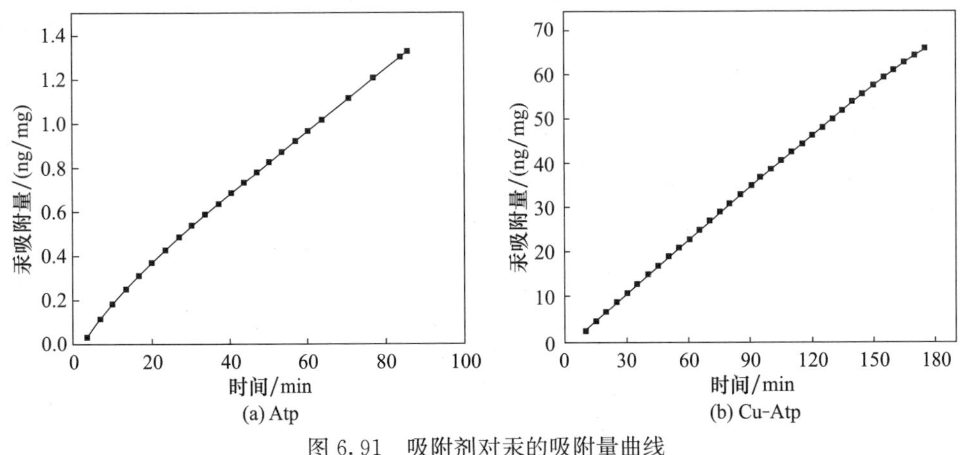

图 6.91　吸附剂对汞的吸附量曲线

图 6.92～图 6.95 为采用不同吸附动力学模型拟合计算结果与试验结果的比较。可以看出，对于 Atp 和 Cu-Atp 两种吸附剂，模拟曲线都能够很好地吻合试验结果。表 6.17 中的相关系数显示，准二级动力学模型的模拟结果要更接近试验值，说明吸附剂对汞的吸附可以用化学吸附机理解释，这与前面的试验分析结果一致。通过试验分析得出 $CuCl_2$ 分子主要富集在凹凸棒石的表面，导致吸附剂对汞的吸附受到外部传质控制的影响，因此利用准一级动力学模型也能较好地描述吸附剂对汞的吸附过程。

表 6.17　试验数据与模拟结果的相关系数 R^2

样品	准一级动力学模型	准二级动力学模型
Atp	0.9975	0.9996
Cu-Atp	0.9987	0.9995

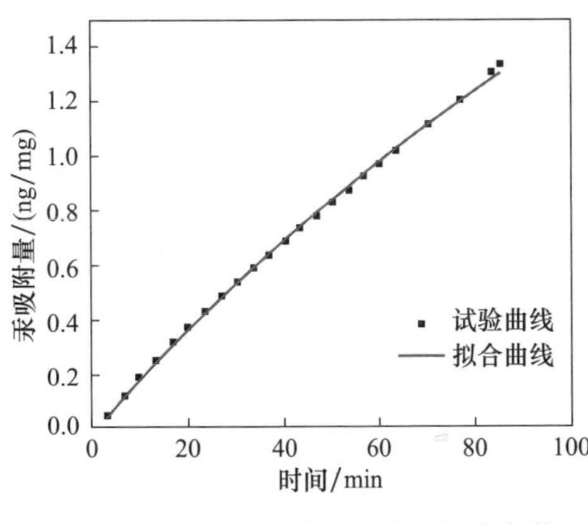

图 6.92　Atp 汞吸附量的准一级动力学模型模拟结果

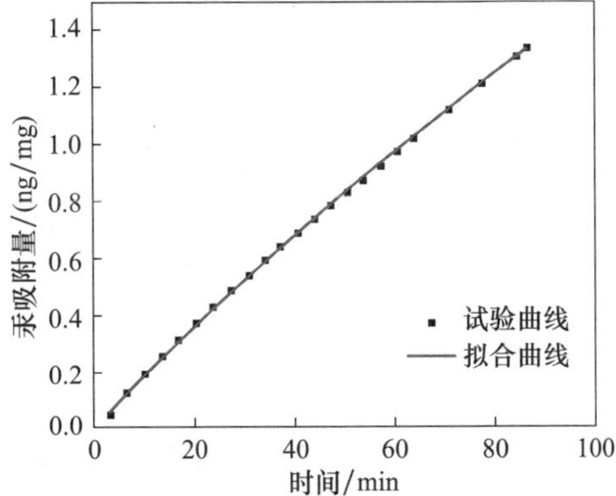

图 6.93　Atp 汞吸附量的准二级动力学模型模拟结果

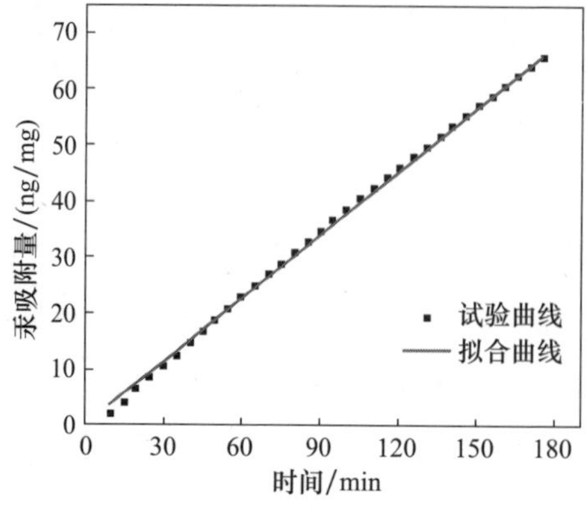

图 6.94　Cu-Atp 汞吸附量的准一级动力学模型模拟结果

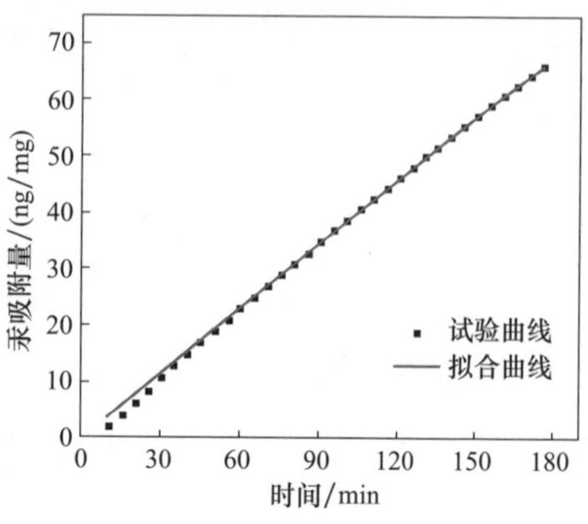

图 6.95　Cu-Atp 汞吸附量的准二级动力学模型模拟结果

综上所述，与活性炭类吸附剂相比，天然矿物材料吸附剂可大幅降低脱汞成本。通过对各种改性吸附剂的脱汞效果进行比较，筛选出 $CuCl_2$ 改性凹凸棒石吸附剂作为主要研究对象，对吸附剂的脱汞机理和影响吸附剂脱汞效果的各因素进行了分析，证实 Cu-Atp 能够捕获 77.8%的 Hg^0，以其他阴离子替代氯离子后发现吸附剂脱汞性能大幅下降，说明在 $CuCl_2$ 对 Hg^0 的氧化过程中，氯元素起着不可替代的作用。准二级动力学模型能够很好地拟合试验结果，说明 Cu-Atp 吸附剂对 Hg^0 的脱除符合化学吸附机理。经 Mn 掺杂后能够有效抑制 Cu-Atp 吸附剂中 $CuCl_2$ 的分解，从而有效抵抗升高温度对吸附剂脱汞效果带来的不利影响。因此，以凹凸棒石为载体材料制备出的 Cu-Atp 是一种新型经济、环保、高效的汞吸附剂，具有很好的工业应用前景。

参考文献

[1] Yang H Q, Xu Z H, Fan M H, et al. Adsorbents for capturing mercury in coal-fired boiler flue gas. Journal of Hazardous Materials, 2007, 146(1-2): 1—11.

[2] Yan R, Liang D T, Tsen L, et al. Bench-scale experimental evaluation of carbon performance on mercury vapour adsorption. Fuel, 2004, 83(17-18): 2401—2409.

[3] Ma S M, Zhao Y C, Yang J P, et al. Research progress of pollutants removal from coal-fired flue gas using non-thermal plasma. Renewable and Sustainable Energy Reviews, 2017, 67: 791—810.

[4] Granite E J, Pennline H W, Hargis R A. Novel sorbents for mercury removal from flue gas. Industrial & Engineering Chemistry Research, 2000, 39(4): 1020—1029.

[5] Yang J P, Zhao Y C, Zhang J Y, et al. Removal of elemental mercury from flue gas by recy-

clable $CuCl_2$ modified magnetospheres catalyst from fly ash. Part 1. Catalyst characterization and performance evaluation. Fuel,2016,164:419－428.

[6] 刘勇,李晖,张永丽,等. 羟基铝柱撑蛭石的制备及其吸附磷酸根性能研究. 四川大学学报,2008,40(4):77－82.

[7] Lagadic I L,Mitchell M K,Payne B D. Highly effective adsorption of heavy metal tons by a thiol-functionalized magnesium phyllosilicate clay. Environmental Science & Technology,2001,35(5):984－990.

[8] Celis R,Hermosin M C,Cornejo J. Heavy metal adsorption by functionalized clays. Environmental Science & Technology,2000,34(21):4593－4599.

[9] 杨雅秀. 中国粘土矿物. 北京:地质出版社,1994.

[10] 郭晓芳. 改性粘土矿物在重金属废水处理中的应用研究[硕士学位论文]. 长沙:湖南大学,2007.

[11] 叶长青,曾庆福. 膨润土的改性及其在环保中的应用. 自然杂志,2003,(4):216－220.

[12] 罗平,邹建国,刘燕燕. 凹凸棒土在环境保护中的应用进展. 江西科学,2010,28(4):466－469.

[13] Bailey S E,Olin T J,Bricka R M,et al. A review of potentially low-cost sorbents for heavy metals. Water Research,1999,11(33):2469－2479.

[14] Griffin R A,Frost R R,Au A K,et al. Attenuation of pollutants in mu-nicipal landfill leachate by clay minerals:Part 2. Heavy-metal adsorption. Journal of Comparative Neurology,1977,277(4):608－620.

[15] Pérez-Quintanilla D,Del H I,Fajardo M,et al. 2-mercaptothiazoline modified mesoporous silica for mercury removal from aqueous media. Journal of Hazardous Materials,2006,134(1-3):245－256.

[16] Melamed R,Luz A B. Efficiency of industrial minerals on the removal of mercury species from liquid effluents. Science of the Total Environment,2006,368(1SI):403－406.

[17] Chen H,Zhao Y G,Wang A B. Removal of Cu(Ⅱ) from aqueous solution by adsorption onto acid-activated palygorskite. Journal of Hazardous Materials,2007,149(2):346－354.

[18] Wang W J,Chen H,Wang A Q. Adsorption characteristics of Cd(Ⅱ) from aqueous solution onto activated palygorskite. Separation and Purification Technology,2007,55(2):157－164.

[19] Eswaran S,Stenger H G,Fan Z. Gas-phase mercury adsorption rate studies. Energy & Fuels,2007,21(2):852－857.

[20] Morency J R. Zeolite sorbent that effectively removes mercury from flue gases. Filtration & Separation,2002,39(7):24－26.

[21] 丁峰,张军营,赵永椿,等. 天然矿物材料吸附剂脱除烟气中单质汞的实验研究. 中国电机工程学报,2009,29(35):65－70.

[22] 张亮,禚玉群,杜雯,等. 非碳基改性吸附剂汞脱除性能实验研究. 中国电机工程学报,2010,30(17):27－34.

[23] He C, Shen B X, Chen J H. Adsorption and oxidation of elemental mercury over CeMnO$_x$/Ti- PILCs. Environmental Science & Technology, 2014, 48(14): 7891—7898.

[24] Liu H, Yang J P, Tian C, et al. Mercury removal from coal combustion flue gas by modified palygorskite adsorbents. Applied Clay Science, 2017, 147: 36—43.

[25] Jurng J S, Lee T G, Lee G W, et al. Mercury removal from incineration flue gas by organic and inorganic adsorbents. Chemosphere, 2002, 47(9): 907—913.

[26] 张波,仲兆平,丁宽,等. 凹凸棒土的吸附脱汞特性. 中南大学学报, 2015, 46(2): 723—727.

[27] Wang J C, Li D K, Ju F L, et al. Supercritical hydrothermal synthesis of zeolites from coal fly ash for mercury removal from coal derived gas. Fuel Processing Technology, 2015, 136: 96—105.

[28] Wdowin M, Macherzynski M, Panek R, et al. Investigation of the sorption of mercury vapour from exhaust gas by an Ag-X zeolite. Clay Minerals, 2015, 50(1): 31—40.

[29] He C, Shen B X, Li F K. Effects of flue gas components on removal of elemental mercury over Ce-Mno$_x$/Ti-PILCs. Journal of Hazardous Materials, 2016, 304: 10—17.

[30] Zhang L, Zhuo Y Q, Du W, et al. Hg removal characteristics of noncarbon sorbents in a fixed-bed reactor. Industrial & Engineering Chemistry Research, 2012, 51(14): 5292—5298.

[31] 雷明婧,朱健,王平,等. 粘土矿物无机柱撑改性及其吸附研究进展. 中南林业科技大学学报, 2012, (12): 67—71.

[32] 丁峰. 矿物吸附剂对然煤烟气中汞的脱除机制研究[博士学位论文]. 武汉:华中科技大学, 2012.

[33] 丁峰,张军营,赵永椿,等. 硫改性硅酸盐吸附剂脱汞性能的实验研究. 华中科技大学学报(自然科学版), 2011, 39(11): 116—119.

[34] 姚婷,洪亚光,段钰锋,等. KI 改性凹凸棒管道喷射脱汞实验研究. 中国电机工程学报, 2015, (22): 5787—5793.

[35] Lee S S, Lee J Y, Keener T C. Novel sorbents for mercury emissions control from coal-fired power plants. Journal of the Chinese Institute of Chemical Engineers, 2008, 39(2): 137—142.

[36] Lee J Y, Ju Y H, Lee S S, et al. Novel mercury oxidant and sorbent for mercury emissions control from coal-fired power plants. Water Air Soil Pollut: Focus, 2008, 8(3): 333—341.

[37] 刘芳芳,张军营,赵永椿,等. 金属氧化物改性凹凸棒石脱除烟气中的单质汞. 燃烧科学与技术, 2014, (6): 553—557.

[38] 刘芳芳. 改性矿物吸附剂脱除烟气中单质汞的研究[硕士学位论文]. 武汉:华中科技大学, 2013.

[39] Shi D L, Lu Y, Tang Z, et al. Removal of elemental mercury from simulated flue gas by cerium oxide modified attapulgite. Korean Journal of Chemical Engineering, 2014, 31(8): 1405—1412.

[40] 施冬雷,乔仁静,许琦. 酸改性凹凸棒土的制备及其脱汞性能. 合成化学, 2015, (8): 720—

724.

[41] 李敏,王力,陈江艳,等. 溴化铵改性膨润土脱除气态单质汞的特性及机理分析. 燃料化学学报,2014,42(10):1266—1272.

[42] Cai J,Shen B X,Li Z,et al. Removal of elemental mercury by clays impregnated with KI and KBr. Chemical Engineering Journal,2014,241:19—27.

[43] Butz J,Broderick T,Turchi C. Amended Silicated for Mercury Control. Texas:University of North Texas,2006.

[44] Standard test method for elemental,oxidized,particle-bound and total mercury in flue gas generated from coal-fired stationary sources(Ontario Hydro Method). ASTM Method D6784-02. West Conshohocken:American Society for Testing and Materials. 2006.

[45] 王丽娟. 蛭石的有机化改性与应用技术研究进展. 第十五届全国非金属矿加工利用技术交流会,宜兴,2014.

[46] Johnson E B G,Arshad S E. Hydrothermally synthesized zeolites based on kaolinite:A review. Applied Clay Science,2014,97-98:215—221.

[47] 任珊珊,俞卫华,何雪华,等. 沸石矿物的开发与应用. 中国非金属矿工业导刊,2012,(2):28—31.

[48] 杨红彩,郑水林. 膨润土的矿物特征及其加工应用概述. 中国非金属矿工业导刊,2004,(z1):55—57,102.

[49] 樊国栋,沈茂. 凹凸棒黏土的研究及应用进展. 化工进展,2009,28(1):99—105.

[50] 杨宇翔,陈荣三. 几种硅藻土的表面电化学性质的研究. 无机化学学报,1997,13(1):11—15.

[51] 赵芳玉,薛洪海,李哲,等. 低品位硅藻土吸附重金属的研究. 生态环境学报,2010,19(12):2978—2981.

[52] 朱健,王平,罗文连,等. 硅藻土吸附重金属离子研究现状及进展. 中南林业科技大学学报,2011,(7):183—189.

[53] 张凤君. 硅藻土加工与应用. 北京:化学工业出版社,2006.

[54] 朱健,王平,雷明婧,等. 硅藻土理化特性及改性研究进展. 中南林业科技大学学报,2012,32(12):61—66.

[55] Torres S R M,Genet M J,Gaigneaux E M,et al. Benzimidazole adsorption on the external and interlayer surfaces of raw and treated montmorillonite. Applied Clay Science,2011,53(3):366—373.

[56] Korkuna O,Leboda R,Skubiszewska-Zieba J,et al. Structural and physicochemical properties of natural zeolites:Clinoptilolite and mordenite. Microporous and Mesoporous Materials,2006,87(3):243—254.

[57] Flora J R V,Hargis R A,O'Dowd W J,et al. Modeling sorbent injection for mercury control in baghouse filters:I—model development and sensitivity analysis. Journal of the Air & Waste Management Association,2003,53(4):478—488.

[58] Li Y H,Lee C W,Gullett B K. The effect of activated carbon surface moisture on low tem-

perature mercury adsorption. Carbon,2002,40(1):65—72.

[59] Lee S J,Seo Y C,Jurng J,et al. Removal of gas-phase elemental mercury by iodine- and chlorine-impregnated activated carbons. Atmospheric Environment,2004,38(29):4887—4893.

[60] Zeng H C,Jin F,Guo J. Removal of elemental mercury from coal combustion flue gas by chloride-impregnated activated carbon. Fuel,2004,83(1):143—146.

[61] Lee J Y,Ju Y,Keener T C,et al. Development of cost-effective noncarbon sorbents for Hg^0 removal from coal-fired power plants. Environmental Science & Technology,2006,40(8):2714—2720.

[62] Cao J L,Shao G S,Wang Y,et al. CuO catalysts supported on attapulgite clay for low-temperature CO oxidation. Catalysis Communications,2008,9(15):2555—2559.

[63] Liu W,Vidic R D,Brown T D. Impact of flue gas conditions on mercury uptake by sulfur-impregnated activated carbon. Environmental Science & Technology,2000,34:154—159.

[64] Korpiel J A,Vidic R. Effect of sulfur impregnation method on activated carbon uptake of gas-phase mercury. Environmental Science & Technology,1997,31(8):2319—2325.

[65] Liu W,Vidic R D,Brown T D. Optimization of high temperature sulfur impregnation on activated carbon for permanent sequestration of elemental mercury vapors. Environmental Science & Technology,2000,34(3):483—488.

[66] Liu W,Vidi R D,Brown T D. Optimization of sulfur impregnation protocol for fixed-bed application of activated carbon-based sorbents for gas-phase mercury removal. Environmental Science & Technology,1998,32(4):531—538.

[67] Lee S H,Park Y O. Gas-phase mercury removal by carbon-based sorbents. Fuel Processing Technology,2003,84(1-3):197—206.

[68] Vidic R D,Siler D P. Vapor-phase elemental mercury adsorption by activated carbon impregnated with chloride and chelating agents. Carbon,2001,39(1):3—14.

[69] Abu-Daabes M A,Pinto N G. Synthesis and characterization of a nano-structured sorbent for the direct removal of mercury vapor from flue gases by chelation. Chemical Engineering Science,2005,60(7):1901—1910.

[70] Luttrell G H,Kohmuench J N,Yoon R H. An evaluation of coal preparation technologies for controlling trace element emissions. Fuel Processing Technology,2000,65:407—422.

[71] Lee S S,Lee J Y,Keener T C. Bench-scale studies of in-duct mercury capture using cupric chloride-impregnated carbons. Environmental Science & Technology,2009,43(8):2957—2962.

[72] Lee S S,Lee J Y,Khang S J,et al. Modeling of mercury oxidation and adsorption by cupric chloride-impregnated carbon sorbents. Industrial & Engineering Chemistry Research,2009,48(19):9049—9053.

[73] Zhang Y C,Ellison J E,Cannon J C. Interaction of iron oxide with barium peroxide and hydroxide during the decomposition of sodium chlorate. Industrial & Engineering Chemistry Research,1997,36(5):1948—1952.

[74] Begg I D, Halfpenny P J, Hooper R M, et al. X-ray topographic investigations of solid state reactions. I. Changes in surface and bulk substructure during incipient thermal decomposition in sodium chlorate monocrystals. Proceedings of the Royal Society of London, 1983, 386(1791):431－442.

[75] Li Y, Daukoru M, Suriyawong A, et al. Mercury emissions control in coal combustion systems using potassium iodide: Bench-scale and pilot-scale studies. Energy & Fuels, 2009, 23(1-2):236－243.

[76] Galbreath K C, Zygarlicke C J, Tibbetts J E, et al. Effects of NO_x, α-Fe_2O_3, γ-Fe_2O_3, and HCl on mercury transformations in a 7kW coal combustion system. Fuel Processing Technology, 2005, 86(4):429－448.

[77] Diamantopoulou I, Skodras G, Sakellaropoulos G P. Sorption of mercury by activated carbon in the presence of flue gas components. Fuel Processing Technology, 2010, 91(2):158－163.

[78] 赵玲. 二氧化锰体系下氯酚的非生物转化研究. 广州：中国科学院广州地球化学研究所，2006.

[79] 梅志坚. 控制烟气汞排放的钴锰系列吸附剂研究[博士学位论文]. 上海：上海交通大学，2008.

[80] Sliger R N, Kramlich J C, Marinov N M. Towards the development of a chemical kinetic model for the homogeneous oxidation of mercury by chlorine species. Fuel Processing Technology, 2000, 65:423－438.

[81] 高洪亮，王向宇，周劲松，等. 化学改性对膨润土吸附气态汞的影响. 锅炉技术，2008, 39(4):72－76.

[82] Shen Z M, Ma J, Mei Z J, et al. Metal chlorides loaded on activated carbon to capture elemental mercury. Journal of Environmental Sciences, 2010, 22(11):1814－1819.

[83] Mei Z J, Shen Z M, Zhao Q J, et al. Removal and recovery of gas-phase element mercury by metal oxide－loaded activated carbon. Journal of Hazardous Materials, 2008, 152(2): 721－729.

[84] Derenne S, Sartorelli P, Bustard J, et al. Toxecon clean coal demonstration for mercury and multi-pollutant control at the Presque Isle Power Plant. Fuel Processing Technology, 2009, 90(11):1400－1405.

[85] 黄川徽. 凹凸棒石对重金属的吸附及其酸溶动力学研究[硕士学位论文]. 合肥：合肥工业大学，2004.

[86] 史晓莉. 凹凸棒石表面特性及其与重金属离子的界面作用[硕士学位论文]. 合肥：合肥工业大学，2005.

[87] Yuan Y Z, Cao W, Weng W Z. $CuCl_2$ immobilized on amino-functionalized MCM-41 and MCM-48 and their catalytic performance toward the vapor-phase oxy-carbonylation of methanol to dimethylcarbonate. Journal of Catalysis, 2004, 228(2):311－320.

[88] Drelich J, Li B, Bowen P, et al. Vermiculite decorated with copper nanoparticles: Novel antibacterial hybrid material. Applied Surface Science, 2011, 257(22):9435－9443.

第 7 章　光催化氧化脱汞

自 1972 年 Fujishima 和 Honda 在 *Nature* 上发表了在 TiO_2 半导体电极上光致分解水并产生氢气以来，半导体光催化技术在学术界引发了世界性的光催化热潮。20 世纪 70 年代末，Frank 和 Bard[1,2] 发现，TiO_2 在紫外线照射下可以降解水中的氰化物，随后光催化开始广泛应用于环境污染控制的研究。80 年代，日本对光催化剂在水中污染物处理方面的应用进行了广泛研究。90 年代，这方面的研究进入蓬勃发展阶段。从光催化的发展史来看，虽然光催化技术起源于光解水制氢，但将其用于环境污染治理及水资源的净化方面的研究进展迅速，取得了诸多实用性成果。因光催化脱除方法具有低能耗、高效率、操作简便、无二次污染等优点，被认为是最有前景的能够有效氧化汞的手段之一[3,4]。和其他系统相比，光催化系统可以在较温和的条件下同时实现多种污染物的有效脱除[5]，在燃煤电厂污染物处理方面具有很好的应用潜力。

TiO_2 因性质稳定、价廉易得、无毒等特点在光催化氧化脱汞领域应用最多。将 TiO_2 及光催化技术应用于汞的脱除是一个新兴的研究领域[6]。Lee 等[7] 在紫外线(ultravidet，UV)光照下使用 P25 型纳米 TiO_2 粉体脱除汞蒸气，并控制气相汞浓度、光照强度及反应温度等因素，着重考察了前两者对催化反应的影响，发现在较低的催化剂/汞质量比下取得了较显著的脱汞效果，最高脱汞率达 99%；在低温段(<80℃)，总反应速率随着温度的升高而增大，氧化反应对总反应起控制作用，反应速率的增大幅度大于吸附速率的降低程度；在较高温度段(>110℃)，总反应速率随着温度的升高而减小，吸附起控制作用，超过反应速率的影响。Shen 等[8] 将 P25 负载于玻璃微珠上考察 P25 在燃煤电厂 ESP 温度窗口(100～200℃)下的光催化脱汞性能。试验结果显示，P25 光催化性能随温度升高而逐渐降低，400℃煅烧的催化剂在 160℃下获得了最高的光催化脱汞效率。Chen 等[4] 发现 N 掺杂可有效抑制水蒸气对 TiO_2 表面活性点位的竞争性吸附。Tsai 等[9] 制备了不同掺杂比的 Cu-TiO_2 光催化剂，并进行脱汞试验，结果表明，5% Cu-TiO_2(质量分数)在可见光下 Hg^0 脱除效率最佳。

TiO_2 有三种常见的同质异相结构，分别为锐钛矿(anatase)、金红石(rutile)和板钛矿(brookite)，其中锐钛矿和金红石相具有光催化特性；板钛矿则由于储量少、结构不稳定等而极少作为催化剂应用。图 7.1 为锐钛矿和金红石相 TiO_2 的结构示意图[10]。两种晶型均为 TiO_6 八面体结构，Ti^{4+} 位于相邻的 6 个 O_2^- 所形成的八面体中心。两者的区别在于 TiO_6 八面体结构间的结合方式不同，锐钛矿有四条共享边，而金红石有两条共享边。结构上的差异导致两种晶型 TiO_2 有不同的密度和能带结构，锐钛矿的质量密度为 3.894g/cm^3，略小于金红石(4.250g/cm^3)；锐钛矿的带隙能则略大于金红石。通常认为锐钛矿相 TiO_2 的催化活性要优于金红石相。

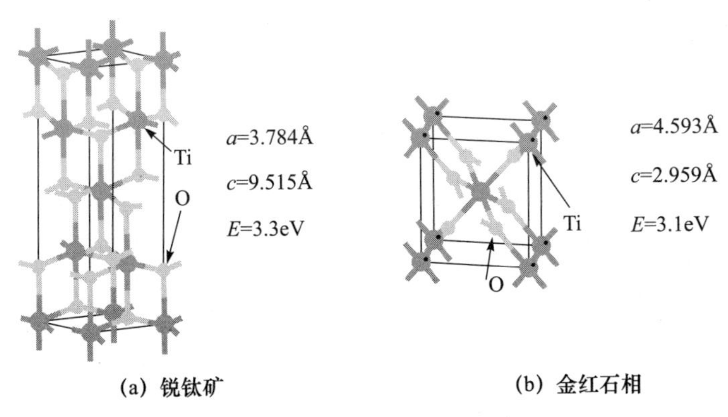

(a) 锐钛矿　　(b) 金红石相

图 7.1　TiO_2 晶体结构示意图

TiO_2 为半导体材料，具有能带结构，由低能价带(valence band，VB)和高能导带(conduction band，CB)构成，两个能带之间宽度为带隙能(E_g)。当能量大于 E_g 的光源照射 TiO_2 时，价带上电子跃迁到导带上形成光生电子，同时价带上产生空穴。一部分光生电子及空穴在 TiO_2 内部或表面复合放出热量，一部分迁移至 TiO_2 表面被 TiO_2 表面吸附的 O_2、H_2O 等受体俘获形成 O_2^-、·OH 等活性物质，具体过程如图 7.2[11]所示。

一般认为，TiO_2 光催化脱汞反应遵循 Langmuir-Hinshelwood 机制，TiO_2 光催化脱汞过程中，参与反应的 O_2、H_2O 及 Hg^0 等分子先吸附于催化剂表面，然后 O_2、H_2O 分别俘获光生电子及空穴并生成 O_2^-、·OH 等活性自由基，活性自由基与吸附于 TiO_2 表面的 Hg^0 反应将其氧化。除 Hg^0 的氧化外，有试验观察到反应生成的 HgO 会在 H_2O 及光生电子作用下重新被还原为 Hg^0[12]。

纯 TiO_2 带隙较宽，对自然光源利用率低且光生电子-空穴对易复合，光催化脱汞性能并不理想。为提高 TiO_2 光催化脱汞活性，研究人员在改善形貌、掺杂改性、与其他半导体材料复合、开发负载型催化剂等方面均做了大量研究。其中，改善 TiO_2 微观形貌对提高其脱汞性能有明显作用。选择合适的制备工艺对催化剂形貌进行调控有益于光催化脱汞性能的提升。与普通 TiO_2 纳米颗粒相比，呈纳米管、纳米纤维、空心微球等特殊形貌的 TiO_2 一般具有更大的比表面积，有利于反应物的吸附，从而增强 TiO_2 光催化脱汞性能。连续的一维 TiO_2 纳米纤维可通过自组装、相分离、吸引和静电纺丝等方法制备得到。其中，静电纺丝产量高，易于实

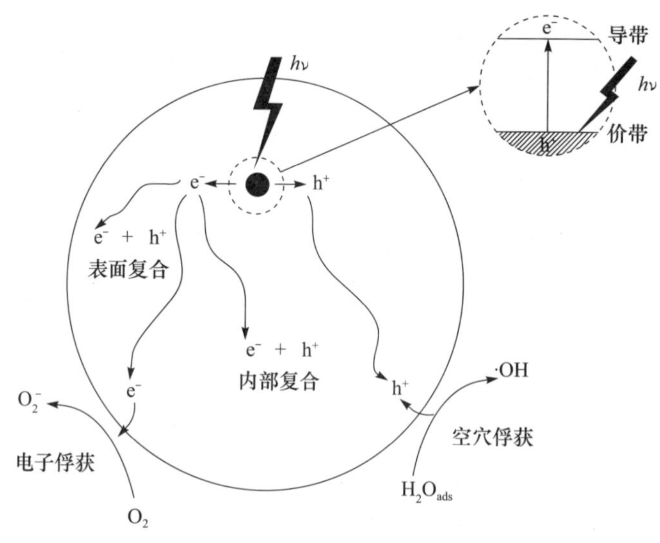

图 7.2　TiO_2 光催化脱汞原理图[11]

现,对纤维直径的控制更加灵活,制得的金属氧化物纳米纤维具有比表面积大、结晶度高、电化学性能好和催化活性高等优点。Wu 等[13]利用水热法合成的 TiO_2 空心微球比表面积约为 P25 颗粒的 3 倍,且在紫外光光照强度 0.3mW/cm^2、反应温度 55℃、空气气氛下获得了 82.8%的光催化脱汞效率。Wang 等[3]制备的 TiO_2 纳米管在 100h 的试验时间内保持了 90%以上的 Hg^0 脱除效率(N_2+5%O_2 气氛)。

金属氧化物掺杂改性是目前研究比较多的 TiO_2 改性方法。TiO_2 中掺杂金属氧化物可有效地防止电荷载体重组,提高光催化脱汞性能;部分金属掺杂后还可拓展 TiO_2 光响应范围,增强 TiO_2 在可见光下的光催化活性。Tsai 等[14]制备的 Al-TiO_2 光催化剂在可见光下展现了良好的 Hg^0 脱除效果。Wu 等[13]制备了 0～15%(质量分数)CuO/TiO_2 催化剂,并考察了催化剂在紫外光及可见光下的脱汞性能。试验结果显示,催化剂在紫外光照射下均达到超过 70%的脱汞效率,1.25%(质量分数)CuO/TiO_2 在可见光下光催化活性最高,Hg^0 脱除效率为 57.8%,相比 TiO_2 催化剂效率提高了约 40%。张冲等[15]制备了 Ce-TiO_2 光催化剂,发现 Ce 掺杂抑制了 TiO_2 晶粒的生长,使 TiO_2 晶粒尺寸减小且提高了催化剂光生电子-空穴的分离效率,从而提高了催化剂脱汞性能。Ce 掺杂后,催化剂在紫外光和可见光条件下 Hg^0 脱除效率分别提高了 28.7%及 19.4%。过量的金属掺杂会形成新的电子空穴对复合中心,反而对光催化反应活性起抑制作用。代学伟等[16]考察了不同掺杂量下 Fe-TiO_2 光催化脱汞性能的差异。试验显示,当 Fe 掺杂物质的量之比大于 0.01 时,Hg^0 脱除效果随掺杂量的增加而逐渐降低。

此外，反应器类型对光催化脱汞性能同样有重要影响。合理的反应器设计有助于提高光源利用率，在同样的催化剂用量及光源强度下实现更高的脱汞效率。目前的光催化反应器大多将光催化剂粉末平铺于石英砂芯上，并在反应器顶部引入紫外光源。此类固定床反应器，光催化剂粉末互相遮挡，无法受到均匀的光照，光源利用率不高，且难以放大，工业化应用前景受限。此外，部分研究学者尝试将催化剂粉末负载于玻璃微珠[17]、金属丝网[14]、α/γ-Al_2O_3[18]等材料表面，以提高光催化反应器光源利用效率。

近年来，已有学者采用蜂窝陶瓷负载光催化剂并插入光纤的方法开发出新型蜂窝陶瓷光纤反应器，如图 7.3 所示。蜂窝陶瓷光纤反应器与上述反应器相比，具有以下优势：光催化剂分散负载于蜂窝陶瓷孔隙表面，催化剂暴露面积显著增大，同样流速下气体与催化剂接触反应时间显著增加，有利于光催化脱汞性能的提升；普通固定床光催化反应器中，光催化剂只有一面受到光源照射，光源利用率不高。蜂窝陶瓷光纤反应器中光源通过光纤传播可使蜂窝陶瓷孔隙表面负载光催化剂受到均匀光照，光源利用率提高；蜂窝陶瓷结构稳定，易于放大，工业化应用受限制小。目前，蜂窝陶瓷光纤反应器在挥发性有机物（volatile organic compounds，VOCs）污染物降解、CO_2 光催化还原及 NO 光催化还原领域表现出良好的脱除性能[19]。Yu 等[20]对比了 PtO_xPdO_y/TiO_2 催化剂在蜂窝陶瓷光纤反应器及普通粉末固定床反应器中 NO 还原效率的差别，发现相同反应条件下，蜂窝陶瓷光纤反应器中 NO 还原效率比普通粉末固定床反应器高出 15%～20%。虽然蜂窝陶瓷光纤反应器展现出良好的光催化性能，但目前并没有光催化脱汞的相关研究。

图 7.3　蜂窝陶瓷光纤反应器[20]

基于以上几点，本章旨在：①探讨纳米 TiO_2 复合物的光催化脱汞性能；②基于静电纺丝法制备优选钛基纳米纤维，实现汞的光催化氧化脱除；③研究纳米复合材料的光催化一体化脱除性能；④将蜂窝陶瓷光纤反应器用于汞的脱除试验；⑤探讨钛基纳米材料光催化脱汞脱硫脱硝反应机理。

7.1　纳米 TiO_2 复合物光催化脱汞研究

7.1.1　纳米 TiO_2 复合物的制备

采用溶胶凝胶法合成负载 TiO_2 纳米微粒的活性炭（TiO_2-AC）和纤维。钛酸四丁酯 $Ti(OC_4H_9)_4$（TEOT）作为前驱物，去离子水作为与 TEOT 形成溶胶的反应物，乙醇、乙酸作为反应的缓释剂。制备具体步骤如下：

（1）取一定量 TEOT，使之在磁力搅拌器作用下与 20mL 无水乙醇混合均匀，配制成溶液 A。

（2）取 10mL 乙醇和 20mL 乙酸均匀混合，再向其中加入去离子水，配置成溶液 B，转移至分液漏斗中待用。

（3）向溶液 A 中加入一定量的载体（要求搅拌时，溶液能将载体充分浸没），搅拌 20min 后将分液漏斗中的溶液 B 逐滴滴加至 A 中。

（4）逐滴滴加一定量的去离子水，直至达到与 TEOT 完全反应的总量。

（5）取出纤维布，滤干后在空气中陈化 12h。

（6）先用干燥箱在 100℃下烘干 2h 脱除游离水，然后煅烧 2h 以脱除内在水完成 TiO_2 结晶（纯 TiO_2 分别在 100℃、300℃、500℃、700℃管式炉中 N_2 保护下煅烧，TiO_2-AC 复合物分别在 500℃、700℃管式炉中 N_2 保护下煅烧，TiO_2 纤维直接在 500℃马弗炉中煅烧）。

7.1.2　纳米 TiO_2 复合物光催化试验系统与方案

试验系统如图 7.4 所示，分为三个部分。①配气系统，主要由氮气、氧气、二氧化碳气瓶、流量计、混气瓶、水蒸气和汞蒸气发生装置组成。水蒸气发生装置由盛有去离子水的洗气瓶和恒温水浴箱构成。汞蒸气发生装置的汞源为置于 U 形管内的汞渗透管，恒温水浴箱维持其稳定蒸发。②光反应器，为吸附剂进行光催化脱汞的装置，由内外两个圆柱形套管组成。两管之间环形柱状区域中部安置一宽度与环宽一致的槽状固定床，固定床由 80 目不锈钢筛网自制而成，用于铺放催化剂。内管管内放置紫外灯，紫外光波长为 253.7nm。为保证灯管发射出的紫外光有效投射至固定床上，内管采用不吸收紫外光的石英制成。在反应器管外，还可敷设加热带，由温控仪控制加热温度。③气体汞在线分析仪，以实时测量单质汞浓度。

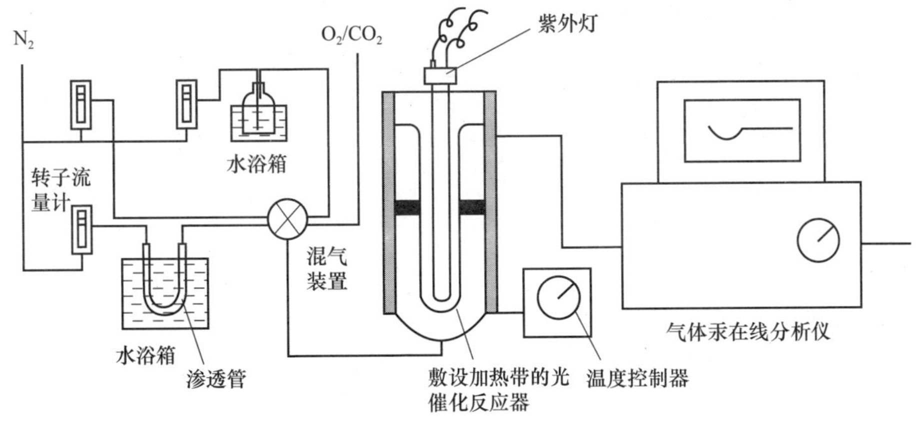

图 7.4 纳米 TiO_2 复合物光催化脱汞系统

首先，考察不同样品光催化脱汞的特性，紫外光光照强度为 4.8mW/cm^2，反应温度为 30℃，采取间断照射模式，一方面与无光照条件下脱汞对比，考察紫外光的作用；另一方面用以验证试验的可重复性。其次，考察光照强度及反应温度等对催化脱汞的影响。具体地，辐射强度通过在紫外灯外套上不同层数的不锈钢筛网调节，分别降至 3.3mW/cm^2 和 2.0mW/cm^2；反应温度通过温控器调节加热带控制，分别为 70℃和 100℃。各组脱汞试验均保持催化剂与反应器入口汞蒸气的比例为 50000∶1，以排除催化剂用量的影响。采用紫外辐射计测定光强。水蒸气的浓度通过调节通入水蒸气发生器的氮气流量来控制。

7.1.3 纳米 TiO_2 复合物的表征

图 7.5 为四组热处理温度下纯 TiO_2 的 XRD 图谱。由于 TiO_2 成分单一，无杂质，100℃、300℃和 500℃下均只有锐钛矿相，而在 700℃下除有锐钛矿相外还有金红石相。通过半定量分析得到，金红石所占比例为 82%，而锐钛矿仅占 18%。从结晶程度来看，随着温度的升高，TiO_2 结晶程度提高，晶体结构趋于完整。从晶相转变角度分析，在 100～500℃，随着温度的升高，锐钛矿特征峰不断加强，在 500℃达到最大峰强；在 500～700℃范围，锐钛矿峰型减弱，而金红石峰型加强。这说明从 100℃开始热处理就有非晶态 TiO_2 向锐钛矿的晶型转变。在 500～700℃发生了锐钛矿向金红石的晶相转化。

图 7.6 为两组热处理温度下 TiO_2-AC 复合物 XRD 图谱。在 500℃，复合物中只含有锐钛矿，而在 700℃，复合物中同时含有锐钛矿和金红石。两者晶相组成均与对应温度的纯 TiO_2 一致。图 7.7 为 500℃热处理所得的 5 个 TiO_2 纤维的 XRD 图谱，可以看出，复合物中均只含有锐钛矿相，成分与对应温度的纯 TiO_2 及 TiO_2-

AC 相同,结晶程度变化一致。

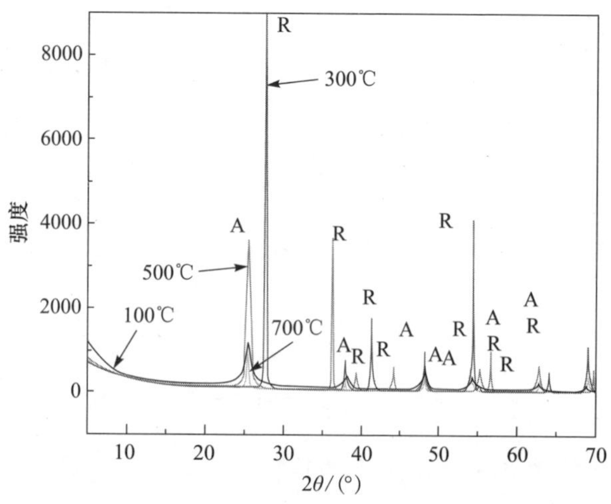

图 7.5　四组热处理温度下纯 TiO_2 的 XRD 图谱

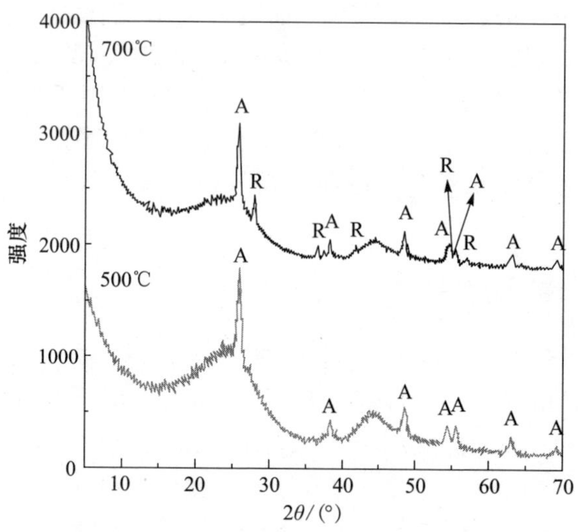

图 7.6　两组热处理温度下 TiO_2-AC 的 XRD 图谱

由图 7.8(a)、(b)可知,TiO_2-AC 表面有致密的微粒层,纳米 TiO_2 粒子分散均匀,粒径在 30nm 左右。另外,TiO_2 纤维的表面形态存在明显不同于 TiO_2-AC 之处,如图 7.8(c)、(d)所示。TiO_2 纤维表面 TiO_2 微粒粒径在 20nm 左右,明显小于 TiO_2-AC 中的微粒;其次,TiO_2 纤维上微粒基本以单一颗粒形式存在,且分布者更加均匀,未出现团聚现象。

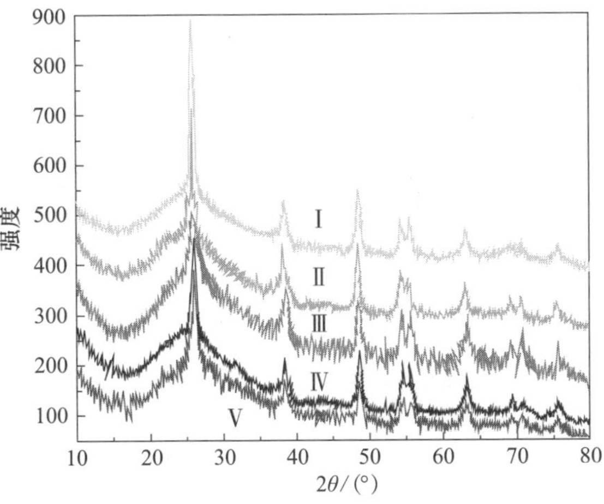

图 7.7　500℃热处理的 TiO_2 纤维的 XRD 图谱

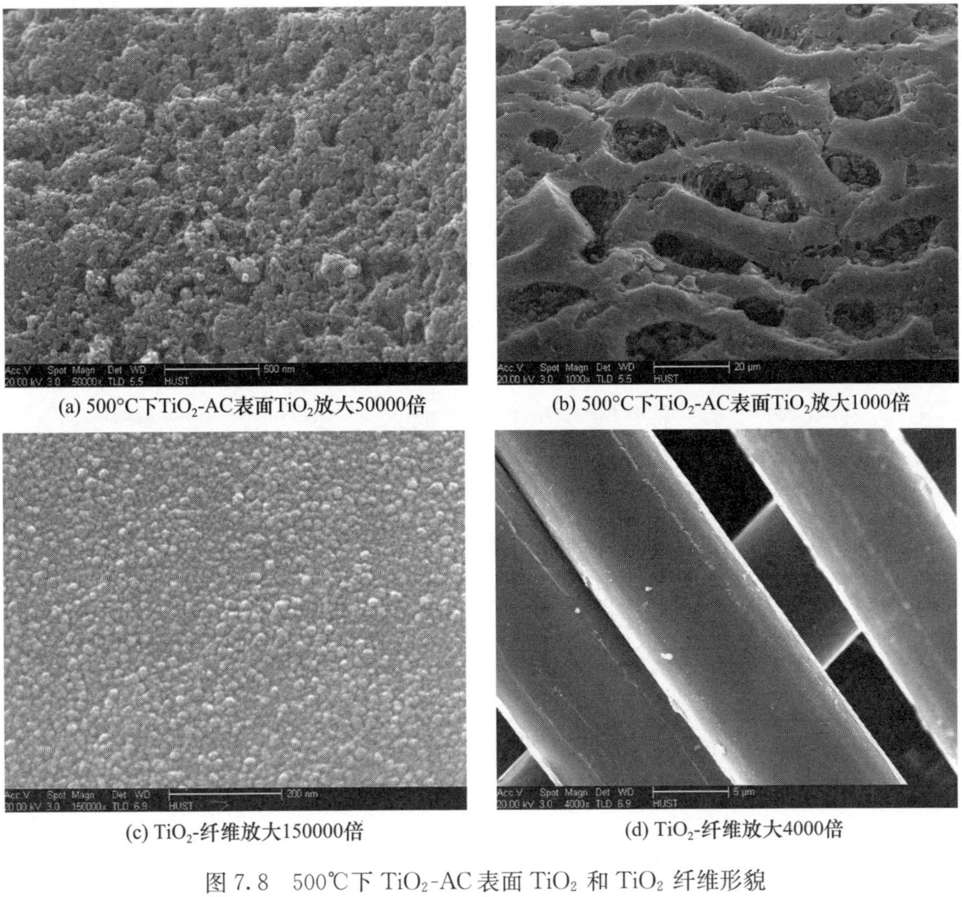

(a) 500°C下TiO_2-AC表面TiO_2放大50000倍

(b) 500°C下TiO_2-AC表面TiO_2放大1000倍

(c) TiO_2-纤维放大150000倍

(d) TiO_2-纤维放大4000倍

图 7.8　500℃下 TiO_2-AC 表面 TiO_2 和 TiO_2 纤维形貌

7.1.4 纳米 TiO_2 复合物光催化汞性能

将 TiO_2 纤维与 500℃下热处理的 TiO_2-AC 及纯 TiO_2 脱汞效果进行对比，如图 7.9 所示。反复光照下，两种复合物在光照下的最高脱汞效率达到 87%。TiO_2 纤维性能明显较 TiO_2-AC 及纯 TiO_2 稳定，在两次独立光照期间，脱汞效率均稳定在 86%；而 TiO_2-AC 在两次光照期间的稳定值仅为 81%；纯 TiO_2 效率最低，在紫外光下最高效率仅为 75%。

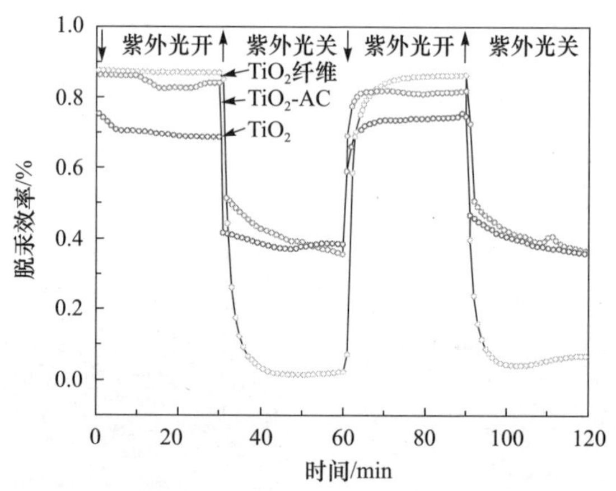

图 7.9 UV 反复照射下 TiO_2 纤维、TiO_2-AC 及 TiO_2 脱汞效率对比

保持 15%的 CO_2、5%的 O_2 以及 2.0%的水蒸气(此含量下的脱汞效率高)条件不变，利用不同层数的不锈钢筛网套在紫外灯外，分别将辐射强度减为 3.3mW/cm^2 和 2.0mW/cm^2，考察光照强度对 TiO_2 纤维脱汞性能的影响。对比三种光强下试验结果，发现紫外光光照强度从 4.8mW/cm^2 降至 3.3mW/cm^2 的过程中，脱汞效率无明显变化，均在 92%左右；而继续减弱光强至 2.0mW/cm^2，脱除效果明显减弱，为 85%(见图 7.10)。结果表明，辐射强度为 3.3mW/cm^2 时，紫外光已经足量，在该值以下时，辐射的增强促进光催化反应的进行，而在超过该值之后，继续加强辐射对反应没有影响。

保持 15%的 CO_2、5%的 O_2 及 2.0%的水蒸气条件不变，辐射强度 4.8mW/cm^2，利用加热带分别升温至 70℃和 100℃，对 TiO_2 纤维进行脱汞试验，考察催化反应在不同温度下的表现。如图 7.11 所示，在无紫外光时，温度对汞的预吸附已经显示出明显的影响，从 30℃升温至 70℃，脱汞效率增大，为 17%；继续升温至 100℃时，脱汞效率下降，为 2%，脱汞效率随温度的升高呈现出先增大后减小的趋势；而在紫外光下变化趋势则与此不同，表现为在 30～70℃，温度的升高对脱汞效率无明显影响，均为 92%；继续升温至 100℃，脱汞效率显著减弱，为 28%。在 30～70℃，温度的升高有利于提高汞的预吸附率，对催化脱汞无明显的影响；在 70～100℃，升高温度对预吸附和催化脱汞均有明显抑制作用。因此，光催化脱汞不适宜在高温下进行。

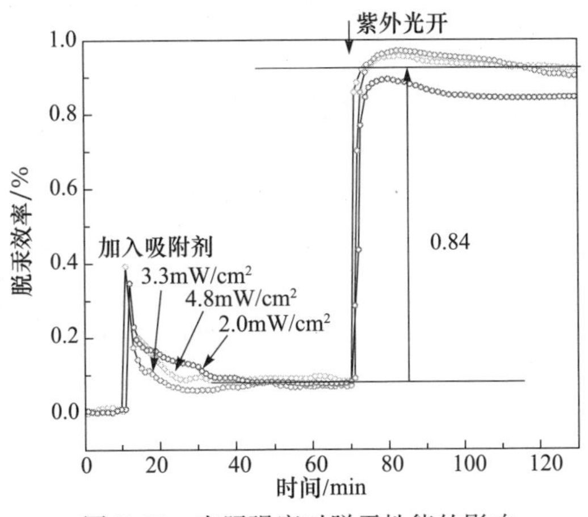

图 7.10　光照强度对脱汞性能的影响

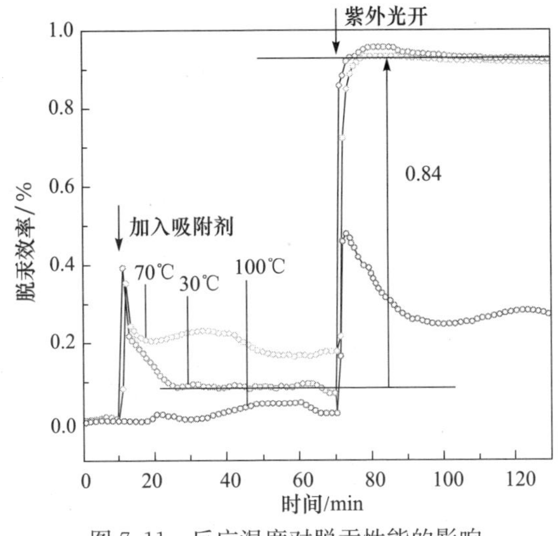

图 7.11　反应温度对脱汞性能的影响

7.2　钛基纳米纤维光催化脱汞

7.2.1　钛基纳米纤维的制备

采用静电纺丝法制备纳米纤维的具体流程如下：将钛酸四丁酯（TBOT）、乙醇和乙酸按照 1∶5∶2 的体积比混合均匀，随后向其中加入一定量的聚乙烯吡咯烷酮（PVP），剧烈搅拌 3h，混合均匀后制得黏稠的 PVP/TiO_2 前驱体溶液。同样，在加入 PVP 之前先加入乙酸铜、三氯化铟、偏钒酸铵的草酸溶液、钨酸铵的草酸溶液和硝酸银的水溶液，即可分别制得黏稠的 PVP/TiO_2/CuO、PVP/TiO_2/In_2O_3、PVP/TiO_2/V_2O_5、PVP/TiO_2/WO_3 和 PVP/TiO_2/Ag 的前驱体溶液。

将制得的前驱体溶液加入注射器中，注射器通过聚乙烯软管与不锈钢的喷丝头相连。转鼓收集装置与喷丝头的距离为 15cm，转鼓的旋转速度为 200r/min。在转鼓与喷丝头之间加入 16kV 的高压电，在 25℃条件下，保持湿度在 40%左右，开始静电纺丝。在电场力的作用下，纳米纤维被收集到旋转金属丝转鼓收集装置上。静电纺丝装置如图 7.12 所示。将制得的纳米纤维无纺布置于马弗炉中 500℃下煅烧 3h，以去除其中的 PVP 与有机组分。其中，TiO_2-CuO、In_2O_3、V_2O_5、WO_3 和 Ag 与 TiO_2 的复合物催化剂分别简写为 $TiCu_x$、$TiIn_x$、TiV_x、TiW_x 和 $TiAg_x$，x 代表 CuO、In_2O_3、V_2O_5、WO_3 和 Ag 的质量分数。

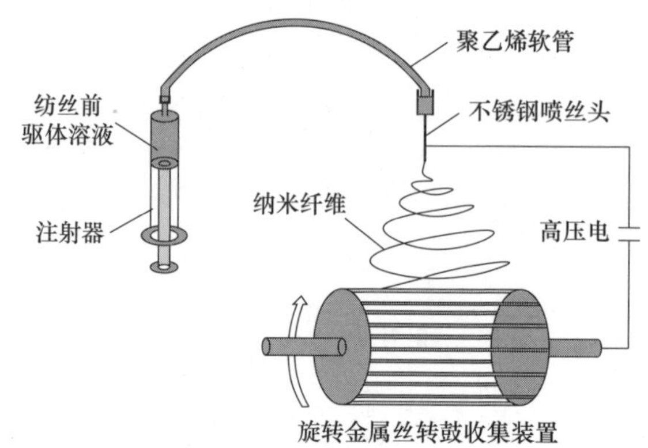

图 7.12　静电纺丝装置示意图

7.2.2　光催化脱汞试验系统与方案

TiO_2 基纳米纤维光催化脱汞试验系统如图 7.13 所示。该系统由配气系统、光催化反应器和汞在线分析仪三部分组成。配气系统由平衡气 N_2、4% O_2、12% CO_2 和 4%的水蒸气构成。气体总流量为 1L/min。汞渗透管提供单质汞源，氮气作为载气携带汞蒸气通过光催化反应器，单质汞的初始浓度保持在 50μg/m^3 左右。反应器由石英材质的内外两套管组成，内管中放置紫外灯。内外两套管之间有一层石英砂芯，TiO_2 基纳米纤维放置于石英砂芯上，每次试验的催化剂用量为 0.3g。在反应器外缠绕加热带，由温控仪控制加热温度为 120℃，在内管中使用空气泵通入冷空气来冷却紫外灯。

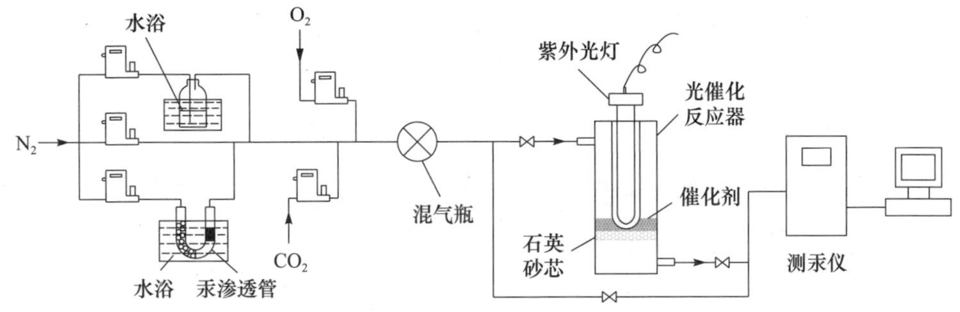

图 7.13　TiO_2 基纳米纤维光催化脱汞试验系统

试验方案见表 7.1。在工况 1 中,使用纯 TiO_2 和改性后的钛基纳米纤维催化剂脱除烟气中的元素汞,根据不同光照条件下的催化活性,确定 TiO_2 中的最佳掺杂物种。改性后的钛基催化剂优选为 $TiCu_{10}$、$TiIn_{10}$、TiV_3、TiW_7 和 $TiAg_3$。在工况 2 中,使用优选的钛基纳米纤维进行多次循环脱汞试验,考察钛基纳米纤维脱汞的稳定性。

表 7.1　TiO_2 基纳米纤维光催化脱汞的试验工况

工况	催化剂	光照条件
1	TiO_2,TiCu,TiIn,TiV,TiW,TiAg	无光下 10min,再在可见光下 20min,最后在紫外光下 30min
2	TiV,TiW	8 次循环(每次循环均为可见光下 20min 和紫外光下 30min 交替进行)
3	TiAg	8 次循环(每次循环均为无光下 20min 和紫外光下 30min 交替进行)

注:以上试验模拟烟气中均含有 4% O_2、4% H_2O、12% CO_2 和 50μg/m^3 Hg^0,N_2 作为平衡气,反应温度为 120℃。

7.2.3　钛基纳米纤维的表征

图 7.14 为不同钛基纳米纤维的 XRD 图谱。由图可以看出,XRD 峰峰形尖锐,表明 TiO_2 的结晶度高。500℃热处理下,纯 TiO_2 主要以锐钛矿相存在,仅出现少量的金红石相特征峰。当掺入金属氧化物后,金红石相的特征峰消失,表明金属氧化物的掺杂抑制了金红石相生成。此外,未检测到 CuO、In_2O_3、V_2O_5、WO_3 和 Ag_2O 的特征峰,这可能是由于样品中金属氧化物的量较少,仪器未能检测出来,或高度均匀地分散于 TiO_2 的晶格中。

TiO_2、TiCu、TiIn、TiV、TiW 和 TiAg 的 SEM、TEM 及 EDX 分析如图 7.15 所示,可以观察到纤维粗细均匀且表面光滑,说明采用静电纺丝法可以制备出合格

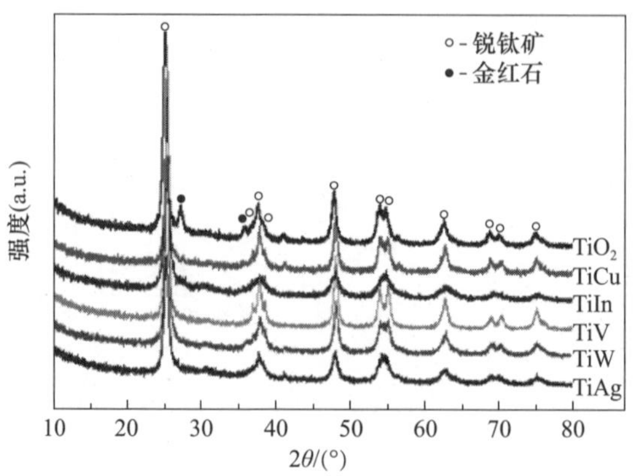

图 7.14 不同钛基纳米纤维 XRD 图谱

的纤维。TEM 图显示纯 TiO_2 直径约为 200nm，掺入氧化物后约为(200±50)nm，单根纤维由无数致密的纳米颗粒组成，颗粒直径为 10nm 左右。掺杂后的纳米纤维元素组成具体见表 7.2。

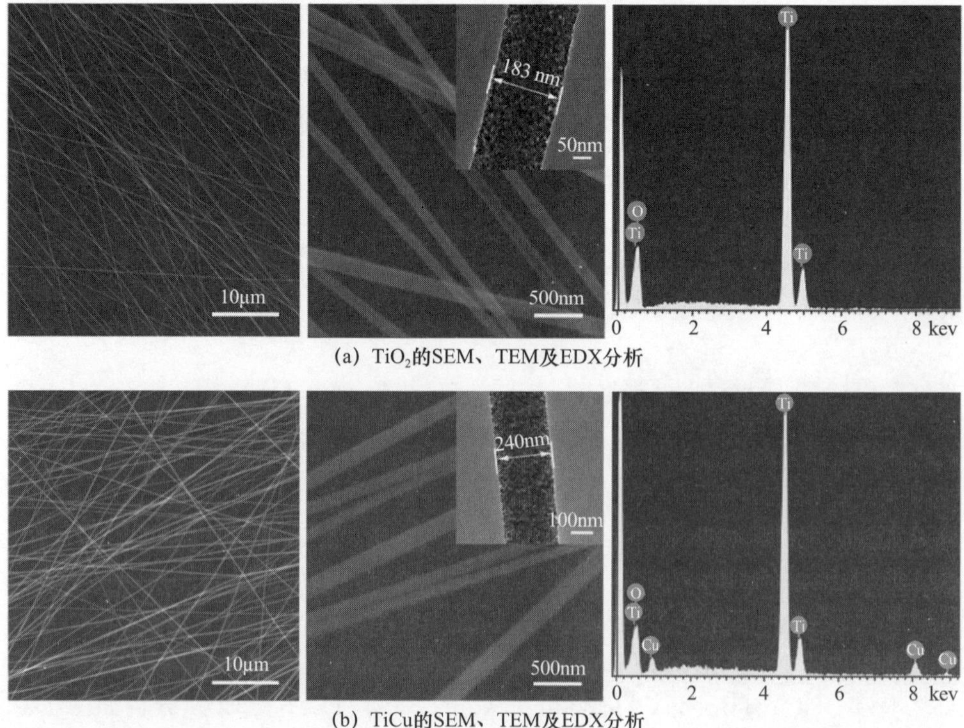

(a) TiO_2的SEM、TEM及EDX分析

(b) TiCu的SEM、TEM及EDX分析

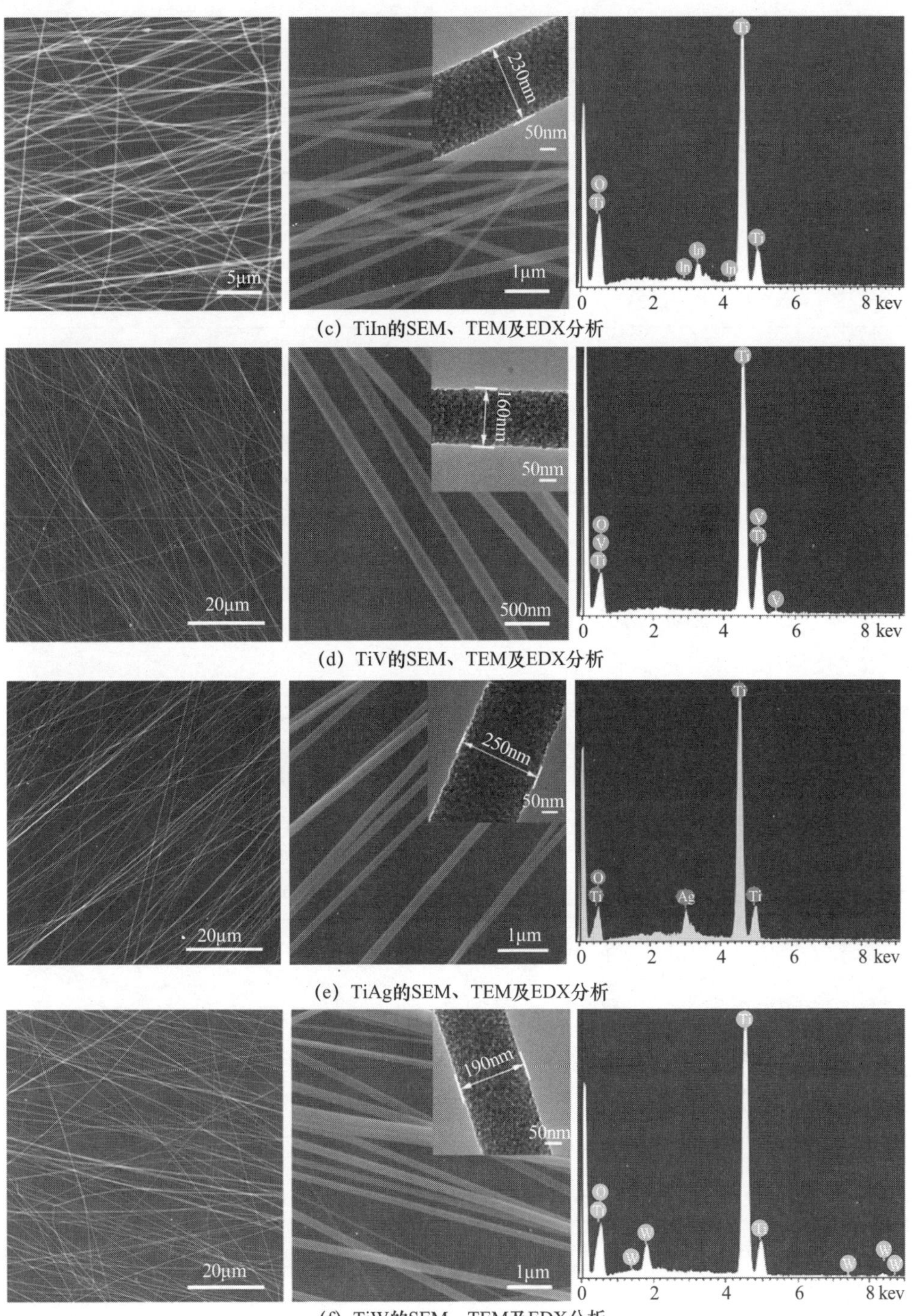

(c) TiIn的SEM、TEM及EDX分析

(d) TiV的SEM、TEM及EDX分析

(e) TiAg的SEM、TEM及EDX分析

(f) TiW的SEM、TEM及EDX分析

图 7.15　纳米纤维的 SEM、TEM 及 EDX 分析

表 7.2 纳米纤维元素组成 （单位：%）

样品	O	Ti	金属元素
TiO_2	75.09	24.91	
TiCu	67.63	29.39	2.98(Cu)
TiIn	77.08	21.86	1.06(In)
TiV	73.52	24.26	2.23(V)
TiW	75.75	23.45	0.80(W)
TiAg	76.02	22.55	1.44(Ag)

图 7.16 是纳米纤维的 UV-vis 光谱。纯 TiO_2 对光谱的吸收集中于 250～400nm，在可见光段无吸收。掺杂金属氧化物后，紫外光段和可见光段吸收强度均有所提高，其中 TA 和 TV 分别在紫外光段和可见光段最高。此外，和纯 TiO_2 相比，改性后的纳米纤维吸收禁带宽度明显提高，有利于光催化活性的提高[21]。

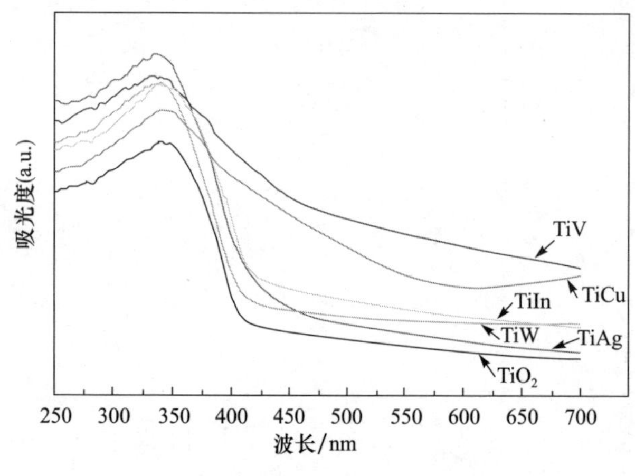

图 7.16 纳米纤维 UV-vis 光谱

表 7.3 列出了纤维的比表面积、孔容和孔径分析结果。纯 TiO_2 比表面积为 19.50m^2/g，表明不是多孔结构。除掺入 CuO 和 Ag_2O 后比表面积有所降低外，掺杂其余几种元素后均有明显增加。其中 TI 比表面积高达 43.67m^2/g，为纯 TiO_2 的 2.24 倍。

表 7.3 纳米纤维比表面积、孔容和孔径分析结果

样品	比表面积/(m^2/g)	孔容/(cm^3/g)	孔径/nm
TiO_2	19.5022	0.039532	8.10812
TiCu	12.0792	0.025566	8.46613

续表

样品	比表面积/(m^2/g)	孔容/(cm^3/g)	孔径/nm
TiIn	43.6760	0.065610	6.00882
TiV	43.0540	0.078476	7.29097
TiW	33.7851	0.061015	7.22395
TiAg	12.7206	0.028415	8.93502

7.2.4　钛基纳米纤维光催化脱汞性能

不同光照条件下钛基纤维的光催化脱汞效率如图 7.17 所示，可以看出纯 TiO_2 在无光、可见光下脱汞效率仅为 3%。切换至紫外光后。效率可达 73%。对于掺杂后的 TiCu 和 TiIn，各光照下效率和纯 TiO_2 相近，表明 CuO 和 In_2O_3 对 TiO_2 的提高作用不大。TiV 在无光、可见光、紫外光下的效率分别为 25%、63%和 77%，表明 In_2O_3 可提高 TiO_2 的光响应范围至可见光区域。而 WO_3 的掺入则提高了 TiO_2 在紫外光下的催化活性。对 TiAg 而言，几乎不受光照影响，在各条件下均可保持 95%的脱汞效率。

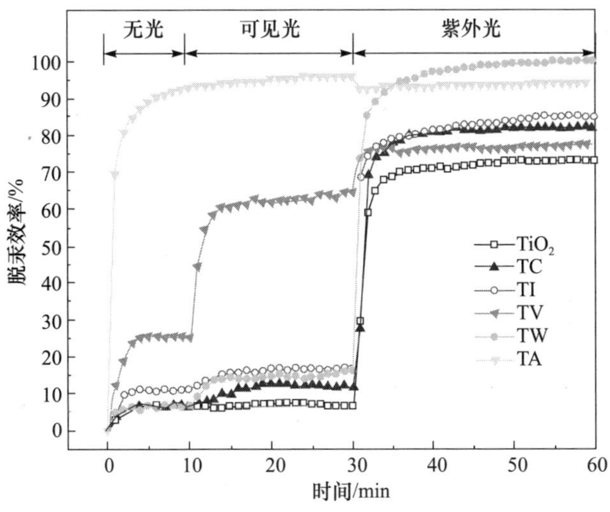

图 7.17　TiO_2 基纳米纤维光催化脱汞

在此基础上，对 TiW、TiV 和 TiAg 进行了多次循环试验，每个样品的活性测试时间为 400min，催化剂活性随时间的变化曲线如图 7.18 所示。可以看出，在所研究的时间段内，催化剂活性比较稳定。

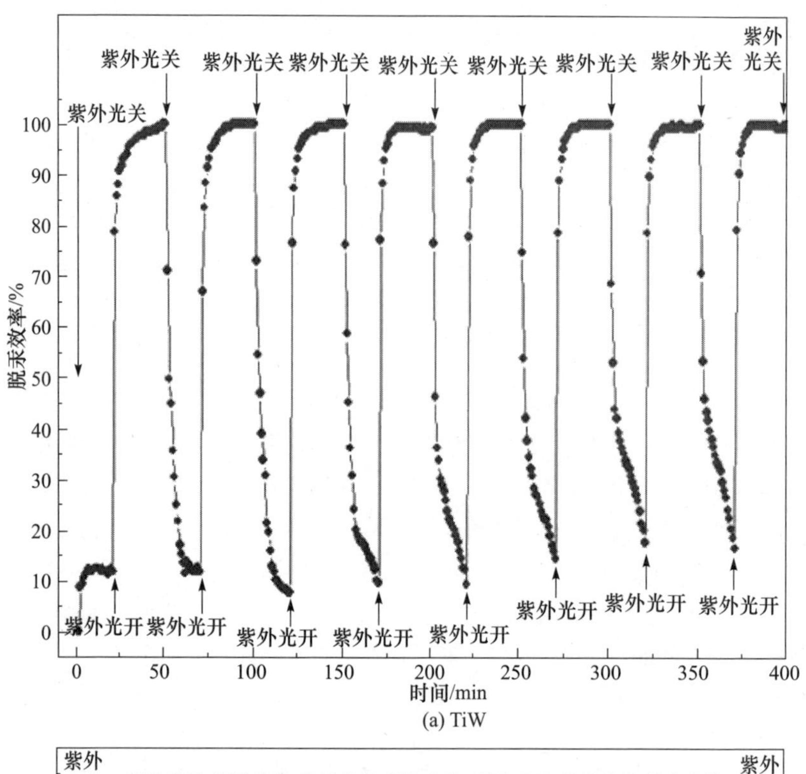
紫外光关
紫外光开
脱汞效率/%
时间/min
(a) TiW

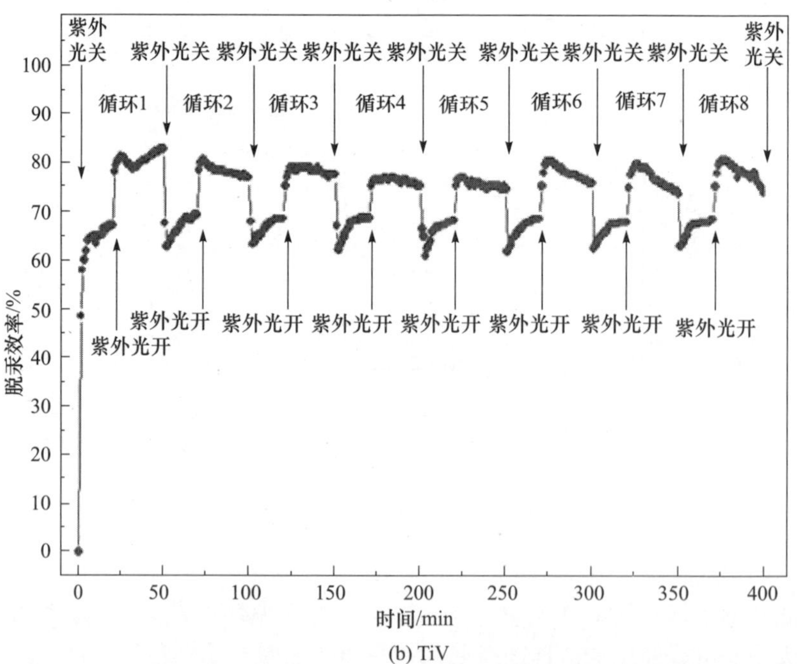
紫外光关
紫外光开
循环1
循环2
循环3
循环4
循环5
循环6
循环7
循环8
脱汞效率/%
时间/min
(b) TiV

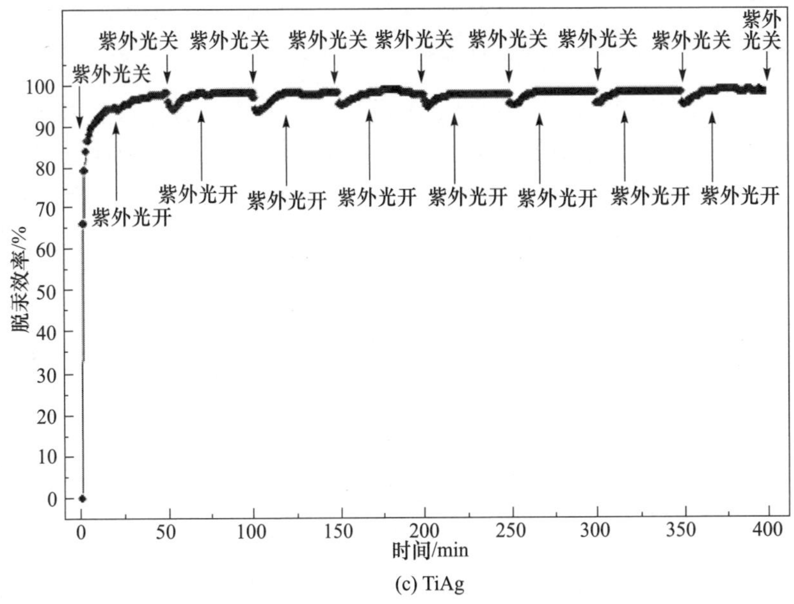

图 7.18　纳米纤维 8 次循环脱汞效率

7.3　TASF 纳米复合材料光催化一体化脱除

7.3.1　TASF 纳米复合材料的制备

采用溶胶凝胶法制备 TiO_2-硅酸铝纤维（TiO_2-aluminum silicate fiber，TASF）纳米复合材料的具体步骤如下：

（1）称取一定量的 $Ti(OC_4H_9)_4$，在剧烈的搅拌下与 20mL 的无水乙醇充分混合，搅拌 10min 待混合均匀后即得到溶液 A。

（2）向溶液 A 中加入一定量的硅酸铝纤维，此时溶液 A 需将硅酸铝纤维完全浸没，搅拌 20min 使溶液 A 充分浸渍到纤维中。

（3）将 10mL 乙醇、20mL 乙酸和少量去离子水混合均匀形成溶液 B 并置于分液漏斗中，然后将溶液 B 逐滴滴加至溶液 A 中，使 $Ti(OC_4H_9)_4$ 发生水解缩聚反应。

（4）待溶液 B 滴加完全后 10min，再逐滴滴加一定量的去离子水，使 $Ti(OC_4H_9)_4$ 的水解反应发生，在以上步骤中溶液均需在磁力搅拌器上剧烈搅拌。

（5）30min 后取出硅酸铝纤维，滤干后在空气中陈化 12h。

（6）将硅酸铝纤维在 100℃下干燥箱中烘 2h 脱除游离水，再在马弗炉中 300～700℃下煅烧 2h 完成 TiO_2 结晶。

7.3.2 TASF 光催化试验系统与方案

试验研究 TASF 对模拟燃煤烟气中 NO、SO_2 和 Hg^0 的脱除能力。TASF 光催化脱硫脱硝脱汞试验系统如图 7.19 所示。该系统主要由配气系统、光催化反应器、便携式红外气体分析仪和汞在线分析仪 4 部分组成。各气体流量均由质量流量计精确控制。汞源来自于置于 U 形管内的汞渗透管，单质汞的初始浓度保持在 50μg/m³ 左右。反应器由石英材质的内外两套管组成，一个 9W 紫外灯放置在内管中心。紫外灯能提供波长为 253.7nm 的紫外光，光照强度为 3mW/cm²。通过在紫外灯外覆盖不同孔径的不锈钢网可以改变紫外光光照强度，当不锈钢网的孔径分别为 160μm 和 650μm 时，紫外光光照强度分别为 1mW/cm² 和 2mW/cm²。在内外管之间放置一个孔径为 2mm 的不锈钢网，每次试验时，4gTiO_2-硅酸铝纤维放置在不锈钢网上。在反应器外缠绕加热带，通过热电偶可控制反应器内模拟烟气的温度。试验通过空气泵产生冷空气来冷却紫外灯。反应器放置在一个不透光的箱子内用来减小紫外光的散射以达到最大地利用紫外光能，同时可以防止外界的太阳光能对试验的影响。烟气分析仪测定常规烟气成分(反应后的烟气先通入到 1mol/L 的 KCl 溶液中，KCl 溶液只吸收尾气中的 Hg^{2+} 而允许 Hg^0 通过，可用来检测尾气中 Hg^{2+} 的含量。烟气在进入汞在线分析仪前先通入到 1mol/L 的 NaOH 溶液和硅胶中，用来除去烟气中的酸性气体和水蒸气，防止酸性气体腐蚀汞分析仪，保持汞分析仪数值的准确性。

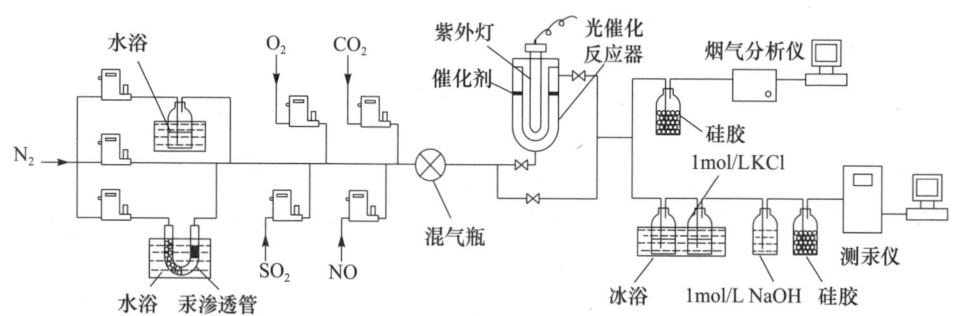

图 7.19 TASF 光催化试验系统

1. TASF 脱硫、脱硝和脱汞的试验方案

试验工况见表 7.4。在工况 1 中，使用 TASF 脱除模拟燃煤烟气中的 SO_2，考察了 TASF 在紫外光和可见光下的脱硫性能；在工况 2 中，改变 SO_2 的初始浓度从 400ppm 到 1200ppm，研究 SO_2 的初始浓度对脱硫效率的影响；在工况 3 中，改变 NO 的初始浓度从 50ppm 到 200ppm，研究不同浓度 NO 对光催化脱硫的影响。

工况4、5、6与工况1、2、3类似，分别研究TASF在紫外光和可见光下的脱硝性能、NO的初始浓度对脱硝效率的影响，以及不同浓度的SO_2对光催化脱硝的影响。在工况7中，在紫外光与可见光间断照射下，使用TASF脱除模拟燃煤烟气中的Hg^0，考察催化剂的光催化脱汞能力。

表7.4　TASF脱硫、脱硝和脱汞的试验工况

工况	SO_2初始浓度/ppm	NO初始浓度/ppm	Hg^0初始浓度/($\mu g/m^3$)	光照方式	反应时间/min
1	400	0	0	紫外光、可见光间断照射	210
2	400,600,800	0	0	紫外光	60
3	400	50,100,200	0	紫外光	60
4	0	50	0	紫外光、可见光间断照射	210
5	0	50,100,200	0	紫外光	60
6	400,600,800	50	0	紫外光	60
7	0	0	50	紫外光、可见光间断照射	210

注：以上试验模拟烟气中均含有4% O_2、12% CO_2、2% H_2O，N_2作为平衡气，紫外光光照强度均为3mW/cm^2，反应温度均为30℃。

2. TASF同时脱硫脱硝脱汞的试验方案

这部分试验研究TASF同时脱硫脱硝脱汞时，其他条件对脱除效率的影响。试验工况见表7.5。工况1研究O_2的浓度变化对光催化脱硫脱硝脱汞的影响；工况2研究水蒸气的浓度变化对脱除效率的影响；工况3研究反应温度对TASF光催化效率的影响；工况4研究不同光照强度下光催化脱除效率的变化。

表7.5　TASF同时脱硫脱硝脱汞的试验工况

工况	O_2质量分数/%	H_2O质量分数/%	紫外光光照强度/(mW/cm^2)	反应温度/℃
1	0,4,8	2	3	120
2	4	0,2,4	3	120
3	4	2	3	30,70,120
4	4	2	1,2,3	120

7.3.3　TASF纳米复合材料的表征

利用XRD、SEM、UV-vis和BET检测方法对纤维的晶体结构和微观形貌进行表征。催化剂的XRD图谱如图7.20所示，其中a代表硅酸铝纤维的XRD图谱，b～f 分别代表 TASF 在 300℃、400℃、500℃、600℃和 700℃下煅烧后的 XRD 图谱。由图可知，在 15°～80°，硅酸铝纤维的 XRD 图谱没有任何明显的衍射峰，说明硅酸铝纤维是无定形结构，其中不包含任何晶体的物质。当 TiO_2 负载在硅酸铝纤维上时，热处理温度为 300℃时，在 25.6°出现了锐钛矿相 TiO_2 的特征衍射峰，说明此时 TASF 中有锐钛矿相的 TiO_2 形成，然而此衍射峰峰形并不尖锐，表明热处理温度为 300℃时的锐钛矿相 TiO_2 结晶度不高。随着热处理温度的升高，TiO_2 的结晶度逐渐增强。当热处理温度为 500℃时，更多的锐钛矿相 TiO_2 的特征衍射峰被发现。衍射峰的强度随着热处理温度的提高而逐渐增强是由于 TiO_2 粒子的热诱导逐渐增强，这种增强导致了结晶度增大，使 TiO_2 颗粒更加有序地排列。随着热处理温度逐渐升高到 700℃，金红石相的 TiO_2 的特征峰出现。一般认为，锐钛矿相 TiO_2 比金红石相具有更好的光催化性能，因此，本节中 TiO_2 的最佳热处理温度为 500℃。

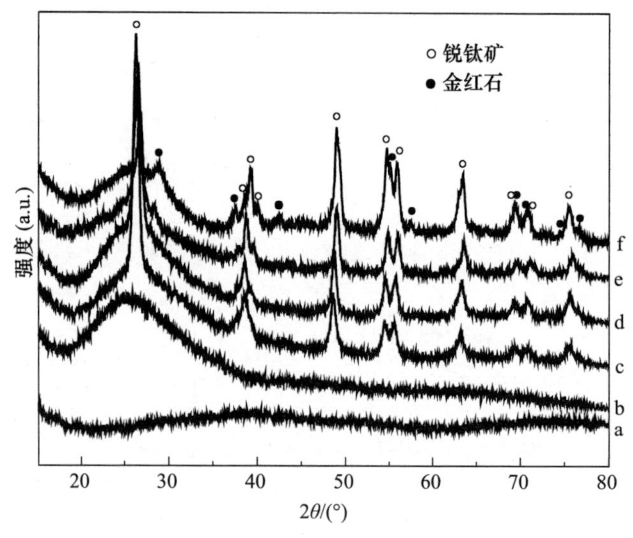

图 7.20 催化剂的 XRD 图谱

a—硅酸铝纤维；b—TASF 在 300℃下煅烧；c—TASF 在 400℃下煅烧；d—TASF 在 500℃下煅烧；e—TASF 在 600℃下煅烧；f—TASF 在 700℃下煅烧

催化剂的 SEM 图如图 7.21 所示。图 7.21(a)、(b)分别为硅酸铝纤维放大 1000 倍和 100000 倍时的 SEM 图，图 7.21(c)、(d)分别为 TASF 放大 4000 倍和 150000 倍时的 SEM 图。由图 7.21(a)可知，硅酸铝纤维直径在 10μm 左右，表面光滑[22]。当 TiO_2 负载在硅酸铝纤维表面后，由图 7.21(c)可以看出，负载后柱状体表面 TiO_2 分散性好，粒径为 10～20nm。负载的纳米颗粒粒径越小，分散性好，活性越强。

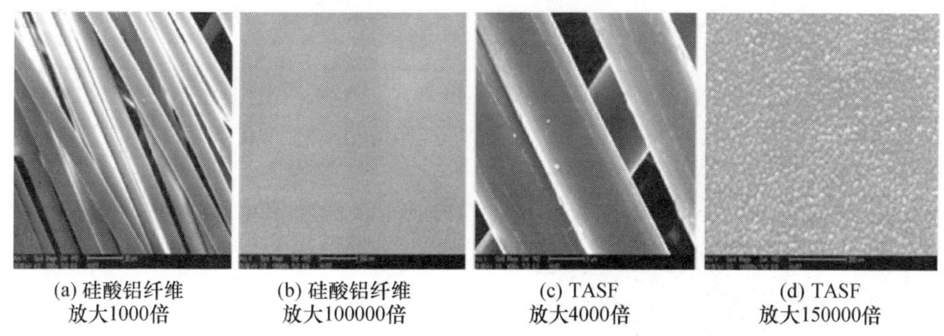

图 7.21　催化剂的 SEM 图

催化剂的 EDX 分析如图 7.22 所示。其中，图 7.22(a)为硅酸铝纤维的 EDX，图 7.22(b)为 TASF 的 EDX。由图 7.22(a)可知，硅酸铝纤维含有 O、Al 和 Si 三种元素，其质量分数分别为 59.54%、19.49%和 20.97%。由图 7.22(b)可知，TASF 中除含有 O、Al 和 Si 三种元素外还含有元素 Ti，证明 TiO_2 成功地负载到了硅酸铝纤维上，其中 O、Al、Si 和 Ti 的质量分数分别为 54.94%、19.19%、19.52%和 6.35%，元素 Al 和 Si 的含量与原始纤维相比没有明显变化，换算后可知负载在硅酸铝纤维表面的 TiO_2 的质量分数在 10%左右。

催化剂的 UV-vis 光谱如图 7.23 所示。由光谱 a 可知，在紫外可见光范围内硅酸铝纤维的 UV-vis 光谱中没有任何吸收峰出现，说明硅酸铝纤维不具备光学活性。当 TASF 在 300℃下煅烧后(光谱 b)，在 300～400nm 范围内出现了明显的 TiO_2 的吸收峰，而此时的吸收峰强度不大。随着热处理温度的升高，TiO_2 吸收峰的强度逐渐增强，当煅烧温度为 500℃时，此时的吸收峰强度最大。但是 TiO_2 吸收峰只出现在紫外光谱区间，说明 TiO_2 只对紫外光有反应并产生光学活性，而在可见光下不能发生光催化反应。同时可观察到光谱 d 中 TiO_2 的吸收波长范围相对于光谱 b 得到了扩展，而吸收强度的增加和吸收波长的扩展会使光催化剂表面

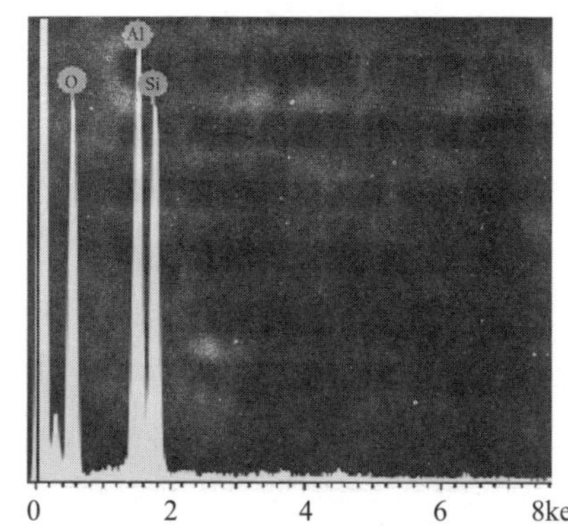

元素	质量分数/%	原子分数/%
O	59.54	71.70
Al	19.49	13.92
Si	20.97	14.39
总计	100.00	

(a) 硅酸铝纤维

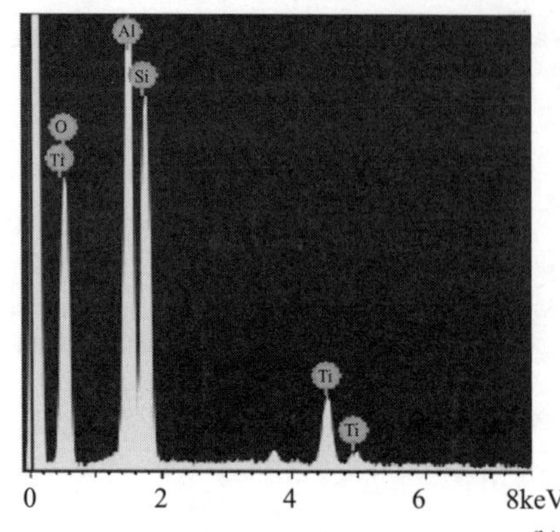

元素	质量分数/%	原子分数/%
O	59.54	71.70
Al	19.49	13.92
Si	20.97	14.39
总计	100.00	

(b) TASF

图 7.22　催化剂的 EDX 分析

的电子-空穴对的形成速率大大增加，从而导致光催化剂显示出更高的催化活性。因此，500℃煅烧下的 TASF 具有最高的吸光度，随着煅烧温度的进一步升高，TASF 的吸光度略有下降。

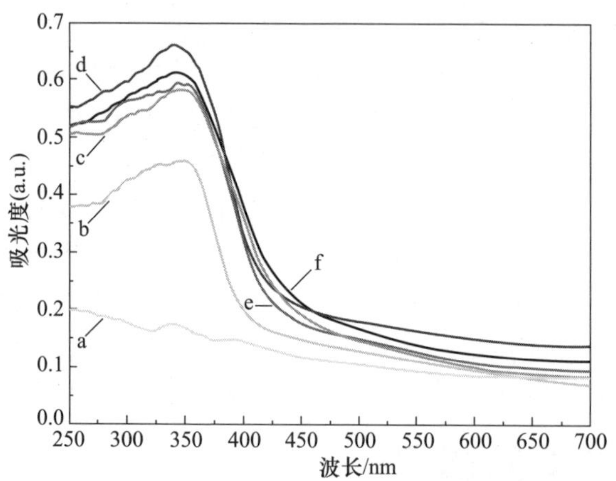

图 7.23　催化剂的 UV-vis 光谱

a—硅酸铝纤维；b—TASF 在 300℃下煅烧；c—TASF 在 400℃下煅烧；d—TASF 在 500℃下煅烧；e—TASF 在 600℃下煅烧；f—TAS 在 700℃下煅烧

催化剂的比表面积、孔容和孔径分析见表 7.6。硅酸铝纤维的 BET 比表面积为 0.0561m^2/g，微孔的孔容和孔径很小。然而，当 TiO_2 负载在硅酸铝纤维表面以后，随着煅烧温度的升高，催化剂的比表面积、孔容和孔径均有所增加。当煅烧温度为 500℃时，TASF 具有最大的比表面积，为 4.8761m^2/g，此时的 BET 比表面积是原始纤维的 87 倍，表明硅酸铝纤维表面负载 TiO_2 有利于增大催化剂的比表面积，从而增加催化剂与污染物的接触面积，有利于光催化反应的发生，提高了催化效率。随着煅烧温度的进一步增加，BET 比表面积逐渐减小。

表 7.6　催化剂的 BET 分析

催化剂	比表面积/(m^2/g)	孔容/(cm^3/g)	孔径/nm
硅酸铝纤维	0.0561		
300℃热处理的 TASF	0.7696	0.000039	0.20329
400℃热处理的 TASF	3.1688	0.005082	6.41500
500℃热处理的 TASF	4.8761	0.005141	4.21734
600℃热处理的 TASF	1.3699	0.002408	7.03237
700℃热处理的 TASF	0.5054	0.001436	11.3653

由催化剂的表征结果可知，500℃热处理下的 TASF 显示出较高的结晶度、较高光学活性和较大的比表面积，因此 500℃热处理下的 TASF 可作为脱硫、脱硝和脱汞的催化剂，在后续试验中使用。

7.3.4　TASF 分别脱除 SO_2、NO 和 Hg^0 的性能

1. TASF 光催化脱硫

当烟气中含有 400ppm SO_2 时，考察 TASF 的光催化脱硫效率。结果如图 7.24 所示，当紫外灯关闭时，在无光的条件下 SO_2 的脱除率只有 7%左右。由于 TASF 在无光或可见光的条件下没有催化活性，此时只发生简单的物理吸附，

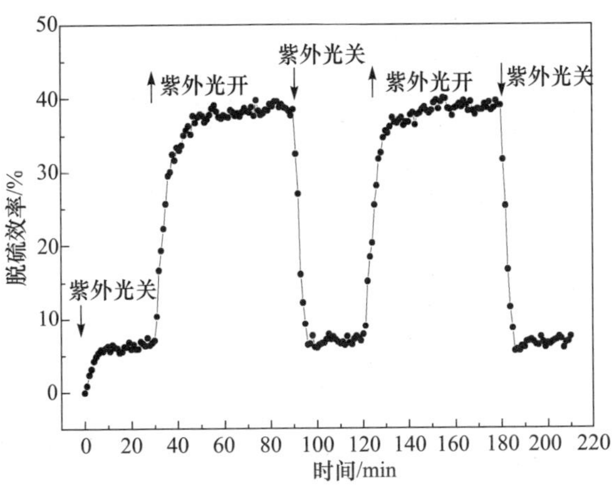

图 7.24　TASF 催化剂脱硫效率随时间的变化

脱硫率很低。然而，当紫外灯打开时，在紫外光的条件下 SO_2 的脱除率迅速增加到 40%左右，表明 TASF 在紫外光的条件下能够和烟气中的 SO_2 发生光催化氧化反应，将不溶于水的 SO_2 氧化为易溶于水的 SO_3。在紫外光下连续脱硫 30min 后关闭紫外灯，脱硫效率又迅速下降到 7%，保持无光状态 20min 再打开紫外灯，脱硫效率重新返回 40%，再次证明了 TiO_2 的光催化脱硫能力。

改变 SO_2 的初始浓度，研究 SO_2 初始浓度的变化对脱硫效率的影响。结果如图 7.25 所示，当 SO_2 浓度分别为 400ppm、600ppm 和 800ppm 时，TASF 的光催化脱硫效率随着 SO_2 浓度的增加逐渐降低。当 SO_2 为 400ppm 时脱硫效率最高，为 39%，当 SO_2 为 800ppm 时脱硫效率降为 30%。分析原因可能是当 SO_2 为 400ppm 时，催化剂上的吸附点位已经过饱和，SO_2 与强氧化性的自由基发生了充分的氧化还原反应，再增加 SO_2 的浓度会发生反扩散作用，使参加光催化氧化的 SO_2 分子数减少，从而降低 SO_2 的脱除效率。

保持 SO_2 的浓度为 400ppm，向烟气中添加 NO 气体，研究 NO 及其浓度的变化对脱硫效率的影响。如图 7.25 所示，向烟气中添加 50ppm NO 后，SO_2 的脱除效率略有降低。继续增加 NO 的浓度，脱硫效率也继续降低。这是由于烟气中的 NO 会与 SO_2 争夺活性点位和强氧化性的活性自由基，如 ·OH 和 O_2^-，这种竞争会降低光催化氧化 SO_2 的自由基的数量，使 SO_2 的氧化受到抑制，从而降低了 SO_2 的脱除效率。

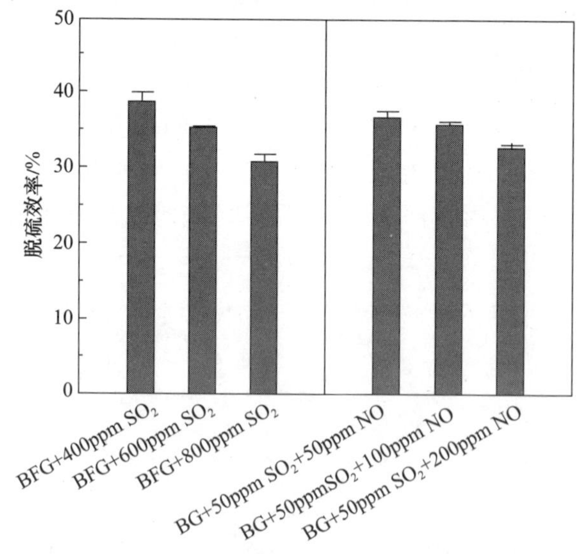

图 7.25　SO_2 的初始浓度与 NO 对脱硫效率的影响

2. TASF 光催化脱硝

TASF 的光催化脱硝效率如图 7.26 所示，保持烟气中含有 50ppm NO 时，考察 TASF 的脱硝能力。首先在无光的条件下，NO 的脱除效率只有 8%。此时仍然是由于物理吸附将 NO 吸附在 TASF 表面，并没有发生光催化氧化反应。打开紫外灯后，在紫外光的照射下，NO 的脱除率迅速增加到 41%。这是由于在紫外光下，TASF 上负载的 TiO_2 能够产生强氧化性的自由基，与烟气中 NO 发生氧化反应。紫外光照射下连续脱硝 30min 后关闭紫外灯，脱硝效率又迅速回到 8%。保持无光状态 20min 再打开紫外灯，脱硝效率重新上升到 40%左右，验证了 TASF 在紫外光下具有催化脱硝能力。

值得注意的是，在试验中为了清楚显示各种因素对脱硫、脱硝和脱汞效率的影响，每次试验的 TASF 用量很少，因此气体的空塔速率为 20000h^{-1} 远高于实际燃煤电厂中 SCR 反应器中的空塔速率(2000～4000h^{-1})[23]。在催化剂用量如此少且空塔速率很大的情况下，TASF 仍能表现出一定的脱硫和脱硝能力，说明 TASF 催化剂可以实现 SO_2 与 NO 的脱除。

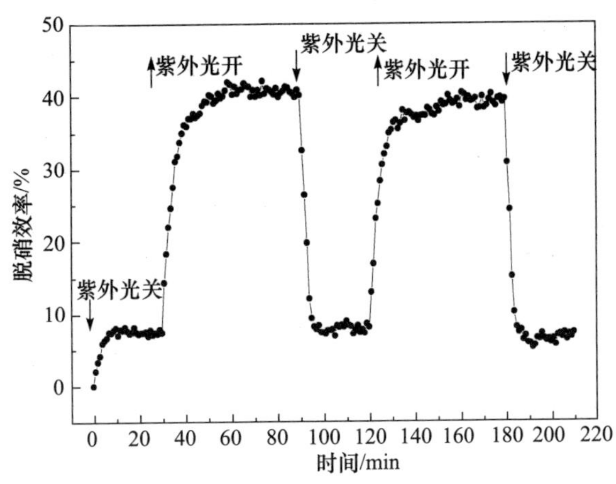

图 7.26　TASF 光催化剂脱硝效率随时间的变化

改变 NO 的初始浓度，研究 NO 初始浓度的变化对脱硝效率的影响。结果如图 7.27 所示，改变 NO 的浓度分别为 50ppm、100ppm 和 200ppm，TASF 的光催化脱硝效率只有轻微的减小，表明当 NO 的浓度为 50ppm 时，TASF 表面的吸附点位仍未达到饱和状态，继续增加 NO 的初始浓度仍有多余的自由基能将 NO 氧化为 NO_2。因此，NO 的浓度在 50～200ppm 范围内，改变烟气中 NO 的含量对脱硝效率没有大的影响。

烟气中的 SO_2 及其浓度的变化对脱硝效率的影响如图 7.27 所示，保持烟气中 NO 的浓度为 50ppm，向烟气中添加 400ppm SO_2 后，NO 的脱除效率降低到 35%。随着 SO_2 的浓度增加，脱硝效率继续降低。原因也是 SO_2 会与 NO 争夺 TASF 表面的活性点位和强氧化性的 ·OH 和 O_2^- 活性自由基，从而降低了 NO 的脱除效率。

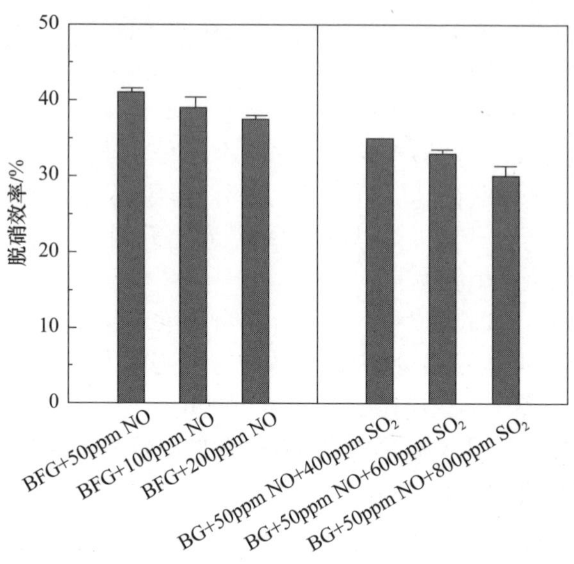

图 7.27 NO 的初始浓度与 SO_2 对脱硝效率的影响

3. TASF 光催化脱汞

保持烟气中 Hg^0 的浓度为 50μg/m³，考察 TASF 的光催化脱汞能力，结果如图 7.28 所示，首先在无光的条件下 TASF 的脱汞效率为 10%左右，此时以物理吸附为主，没有光催化氧化反应发生。由于纳米的 TiO_2 颗粒附着在硅酸铝纤维表面，在物理吸附的作用下 TASF 能够吸附部分元素汞。打开紫外灯后，在紫外光的照射下，Hg^0 的脱除效率迅速增加到 85%。这是由于在紫外光下，TASF 上负载的 TiO_2 能够产生强氧化性的 · OH 和 O_2^- 自由基，将 Hg^0 氧化为 Hg^{2+}。

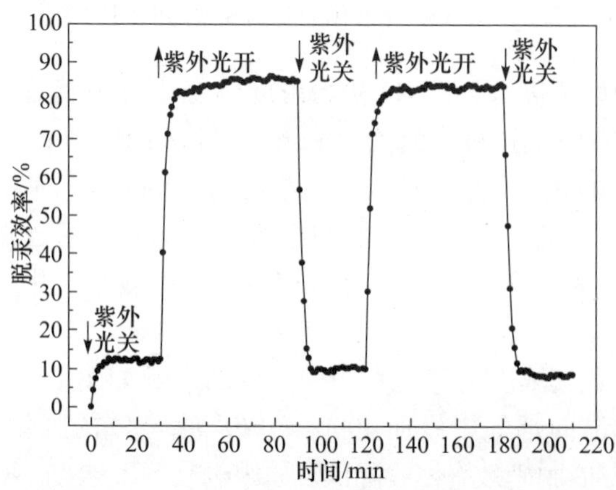

图 7.28 TASF 催化剂脱汞效率随时间的变化

紫外光照射下连续脱汞 30min 后关闭紫外灯，脱汞效率又迅速降为 10%。保持无光状态 20min 后再打开紫外灯，此时脱汞效率又重新上升到 85%左右。间断光照下的重复性试验表明模拟烟气下 TASF 的脱汞性能良好，脱汞效率稳定。

4. TASF 同时脱硫脱硝脱汞的性能

燃煤烟气中存在多种污染物，钛基催化剂已被证实在脱除 Hg^0、SO_2 方面有较好的效果[24,25]。光催化过程产生的活性自由基能够将 SO_2、NO 和 Hg^0 同时氧化，由此产生光催化联合脱除烟气多组分污染物技术。本节开展 TASF 光催化同时脱硫、脱硝、脱汞的活性测试，旨在为一体化脱除技术提供参考。

1) O_2 的影响

O_2 对光催化脱硫、脱硝和脱汞效率的影响如图 7.29 所示。当烟气中不含 O_2 时，光催化脱硫、脱硝和脱汞效率分别为 27%、25%和 74%；添加 4%的 O_2 后光催化脱除效率有所提高；继续增加 O_2 的含量达到 8%，TASF 的脱硫、脱硝和脱汞效率分别达到 35%、34%和 84%。由此可见，在 120℃时 O_2 对光催化脱硫、脱硝和脱汞均有明显的促进作用。

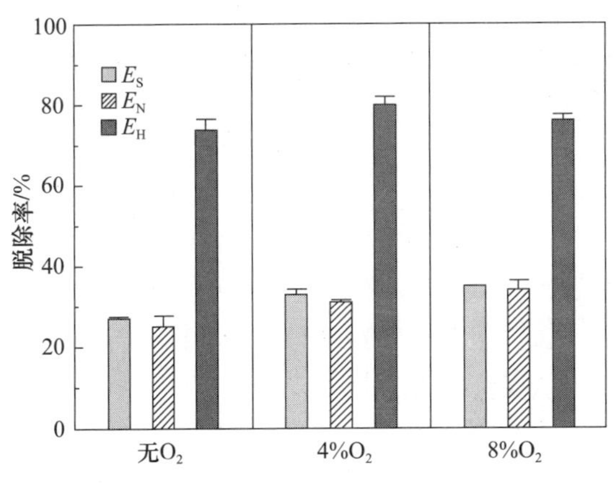

图 7.29　O_2 对 TASF 脱硫、脱硝和脱汞的影响

2) H_2O 的影响

H_2O 对 TASF 光催化氧化烟气中 SO_2、NO 和 Hg^0 有抑制作用。如图 7.30 所示，在干燥、无 H_2O 的气氛下，TASF 的脱硫、脱硝和脱汞效率分别为 36%、37%和 89%；当烟气中添加 4%的水蒸气后，脱硫、脱硝和脱汞效率分别降为 31%、30%和 76%。H_2O 对 TASF 光催化氧化表现出抑制作用主要是由于竞争吸附，竞争强氧化性的活性自由基，因此，SO_2、NO 和 Hg^0 的氧化受到了抑制，光催化脱除效率

有所降低。

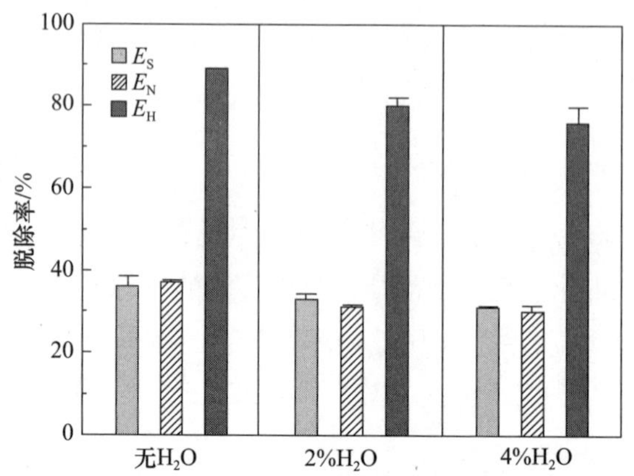

图 7.30　H_2O 对 TASF 脱硫、脱硝和脱汞的影响

3）温度的影响

烟气温度对 TASF 脱硫、脱硝和脱汞效率有一定的影响。试验考察了模拟烟气温度分别为 30℃、70℃和 120℃时的光催化脱除效果，结果如图 7.31 所示。当烟气温度为 30℃时，TASF 的脱硫、脱硝和脱汞效率分别为 37%、35%和 84%。随着烟气温度的升高，光催化脱除效率有所降低，影响不大。当烟气温度达到 120℃时，TASF 的脱硫、脱硝和脱汞效率分别为 33%、31%和 80%。在较高的温度下，气相的 SO_2、NO 和 Hg^0 在 TASF 催化剂表面的沉积和吸附有所减弱[5]，因此，在较高的温度下，SO_2、NO 和 Hg^0 的脱除率有少许降低，温度不是影响光催化氧化效率的最主要因素。

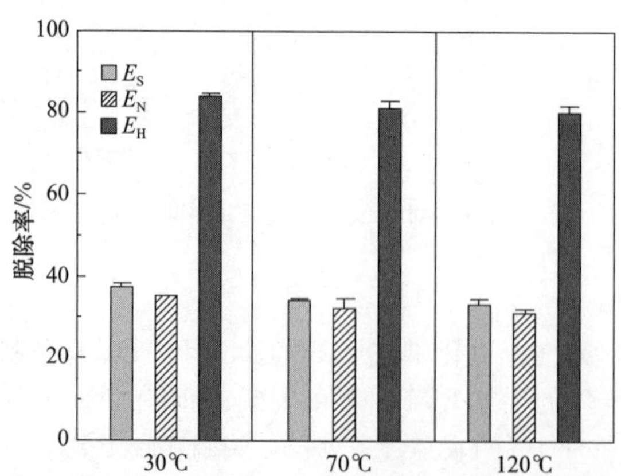

图 7.31　温度对 TASF 脱硫、脱硝和脱汞的影响

4）紫外光光照强光照度的影响

当紫外光光照强度为 $3mW/cm^2$ 时，SO_2、NO 和 Hg^0 的脱除率最高，分别为33%、31%和80%。然而，随着紫外光光照强度的降低，SO_2、NO 和 Hg^0 的脱除率剧烈降低。当紫外光光照强度为 $1mW/cm^2$ 时，SO_2、NO 和 Hg^0 的脱除率分别降为14%、12%和38%，说明紫外光是 TASF 催化氧化 SO_2、NO 和 Hg^0 的重要条件，紫外光光照强度的强弱决定了催化反应速率的大小和催化效率的高低。当紫外光光照强度较弱时，光生电子-空穴对和活性自由基的数量会减少，导致 TASF 光催化氧化 SO_2、NO 和 Hg^0 效率降低，如图 7.32 所示。

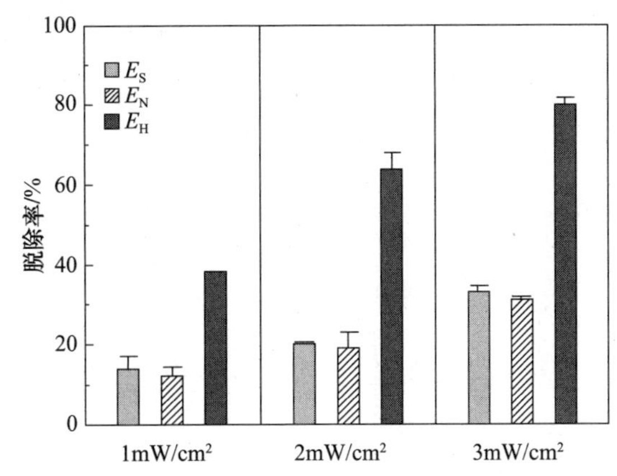

图 7.32　紫外光光照强度对 TASF 脱硫、脱硝和脱汞的影响

7.4　Ce 掺杂 TiO_2 纳米纤维光催化脱汞

7.4.1　催化剂制备

将制备得到的铈钛纳米纤维记为 CeTNs。具体制备流程如下：将钛酸四丁酯(TBOT)、乙醇和乙酸按照 1∶5∶2 的体积比磁力搅拌均匀混合；10min 后向其中缓慢加入适量的硝酸铈($Ce(NO_3)_3 \cdot 6H_2O$)和聚乙烯吡咯烷酮(PVP，M_w = 1300000)。连续搅拌 3h 得 CeTNs/PVP 的纺丝前驱体溶液，其中 Ce 的质量分数为 0～5%。随后，将均匀的前驱体溶液加入静电纺丝装置中，采用转鼓收集器和锡箔进行收集。调节纺丝针头与收集器间距为 15cm，在 20kV 电场力的作用下，制得纳米纤维。将纳米纤维在马弗炉中煅烧，并在 400～600℃下保温 3h 活化。

样品的带隙能可通过 UV-vis 光谱计算得到：$\alpha h\nu = K(h\nu - E_g)^n$。其中 $h\nu$ 是吸

收能；K 是和材料有关的常数；α 可由吸收能力 A 代替；n 和半导体的转换类型有关(直接转换、非直接转换情况下分别为 1/2、2)。

7.4.2　光催化氧化试验系统与方案

汞光催化氧化试验系统如图 7.33 所示。该系统由模拟烟气系统、固定床反应系统和气体分析系统组成。各部分由特氟龙管连接而成。气体总流量为 1L/min。Hg^0 初始浓度约为 50μg/m³。气固光催化反应过程中，保持较高的光通量和较低的压降有利于反应的进行。由于具备几何体积小的优点，环形反应器被认为是光催化反应中比较理想的类型[26]。商业 TiO_2 催化剂在室温下效率较高[27,28]，当温度高于 120℃以后，随着反应温度的上升，TiO_2 活性降低，致使光催化脱 Hg^0 能力下降。此外，Shen 等[8,29]研究发现在 254nm 光照下，120℃时的脱汞效率可高达 90%。因此，仍选取 120℃下进行试验。其他条件同 7.4 节。

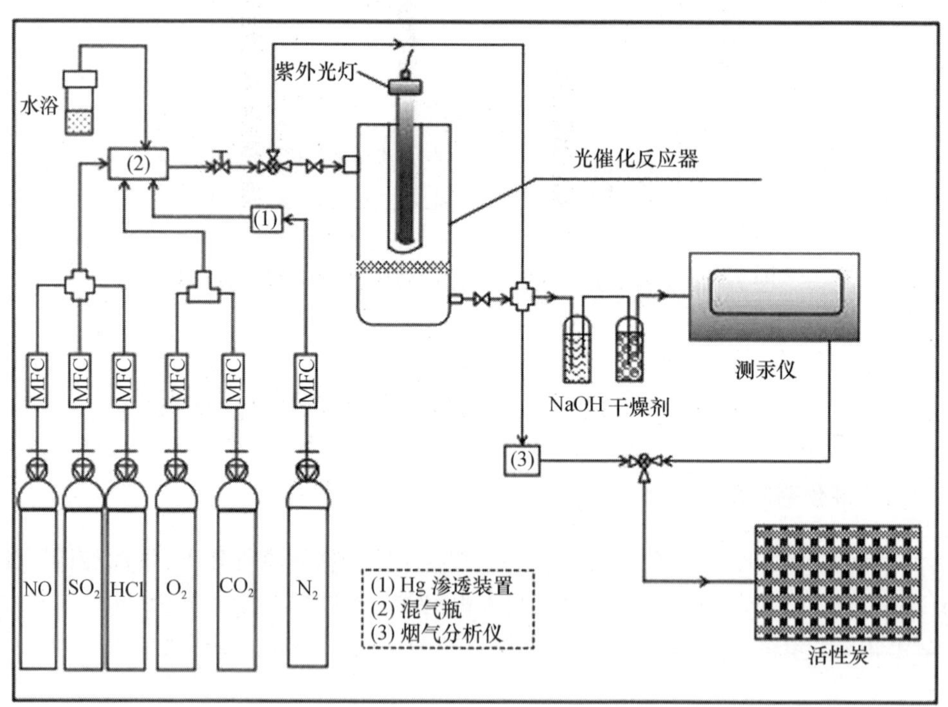

图 7.33　汞光催化氧化汞试验系统图

根据需要设计了 7 组试验，见表 7.7。每组试验中，活性测试的催化剂质量为 0.3g。试验 1 在 0.1%～5%范围内制备了 6 个掺杂比的催化剂，分别在无光、可见光和紫外光条件下进行活性测试，并和纯 TiO_2 进行对照研究，筛选出低温下催化

氧化 Hg^0 性能最优的 CeTNs。试验 2 研究了烟气组分中 O_2 浓度对反应过程的影响。试验 3 探讨紫外光、SO_2 和催化剂三个因素间的作用关系，分别在三种气氛下开展试验：①有紫外光，无催化剂；②无紫外光，有催化剂；③有紫外光，有催化剂。以期厘清三者间的优先级顺序；然后，在紫外光和 0.3% CeTNs 共同存在、无 O_2 条件下研究 SO_2 对光催化氧化 Hg^0 性能的影响，SO_2 浓度分别为 400ppm、800ppm 和 1200ppm。试验 4 研究 NO 对 CeTNs 脱汞性能的影响。试验 5 进行了紫外光、HCl 和催化剂三者间的关系比较，以及 HCl 的影响，HCl 浓度为 30ppm 和 50ppm。试验 6 分析水蒸气对催化剂的影响。试验 7 研究了 NO 和 SO_2 的协同作用：在紫外光条件下，先保持 SO_2 为 1200ppm 不变，在 50～300ppm 范围内改变 NO 的量；然后固定 NO 浓度，在 400～1200ppm 区间内调整 SO_2 的量，探究协同作用下催化剂的脱汞活性。

表 7.7 试验工况汇总表

	样品	试验气氛	备注
1	TiO_2，x% CeTNs	N_2+4% O_2	x=0.1%～5%；400℃煅烧；无光、可见光、紫外光下分别照射 10min、20min、30min
2	0.3% CeTNs	N_2+0,4%,8% O_2	紫外光
3	无	N_2+4% O_2+400ppm SO_2	紫外光
	0.3% CeTNs	N_2+4% O_2+400ppm SO_2	无紫外光
	0.3% CeTNs	N_2+4% O_2+400ppm SO_2	紫外光
	0.3% CeTNs	N_2+400,800,1200ppm SO_2	紫外光
4	0.3% CeTNs	N_2+50,100,200,300ppm NO	紫外光
	0.3% CeTNs	N_2+4% O_2+300ppm NO	紫外光
5	无	N_2+4%O_2+50ppm HCl	紫外光
	0.3% CeTNs	N_2+4%O_2+50ppm HCl	无紫外光
	0.3% CeTNs	N_2+4%O_2+50ppm HCl	紫外光
	0.3% CeTNs	N_2+30,50ppm HCl	紫外光
6	0.3% CeTNs	N_2+4% O_2+2%,4%H_2O	紫外光
7	0.3% CeTNs	1200ppm SO_2+50,100,200,300ppm NO	紫外光
	0.3% CeTN	300ppm NO+400,800,1200ppm SO_2	紫外光

7.4.3 数据处理

光子利用效率是衡量光解和光催化氧化过程的主要标准。本节定义光子利用效率的计算公式为

$$\Phi=\frac{A}{B} \tag{7.1}$$

$$A=\frac{C_{\mathrm{in,Hg^0}}\eta Qt}{M}N_{\mathrm{A}} \tag{7.2}$$

$$B=\frac{StI}{h\nu} \tag{7.3}$$

上述式中，$C_{\mathrm{in,Hg^0}}$ 为 Hg^0 的初始浓度，μg/m³；Q 为气流量，L/min；t 为反应时间，min；M 为 Hg 的原子质量，g/mol；N_A 为阿伏伽德罗常量；S 为辐射面积，cm²；h 为普朗克常量；ν 为光照频率；I 为光照强度，由光照辐射计进行测定。

7.4.4　催化剂表征

图 7.34 为 CeTNs 催化剂在 400℃煅烧时的 XRD 图谱。纯 TiO_2 在 25.3°具有较强的衍射峰，对应于锐钛矿的(101)面。在 27.5°的衍射峰对应于金红石相的(110)面。该结果表明 400℃热处理下 TiO_2 为混合晶型结构，锐钛矿是主要的存在形式，含有少量金红石。掺入 Ce 元素后，抑制金红石相的生成，致使金红石相衍射峰减弱。Ce^{4+} 和 Ce^{3+} 的离子半径分别为 0.093nm 和 0.103nm，均高于 Ti^{4+} 的 0.068nm，使得它们难以进入 TiO_2 晶格，可能以离子形式分布在 TiO_2 表面[30]。相反，Ti^{4+} 更容易进入 CeO_2 晶格并替代 Ce 元素的位置，形成 Ti-O-Ce 共价键，促进晶格畸变[31]。XRD 图谱中未发现铈化合物的衍射峰，推测可能是含量较低或均匀分布于样品中所致。

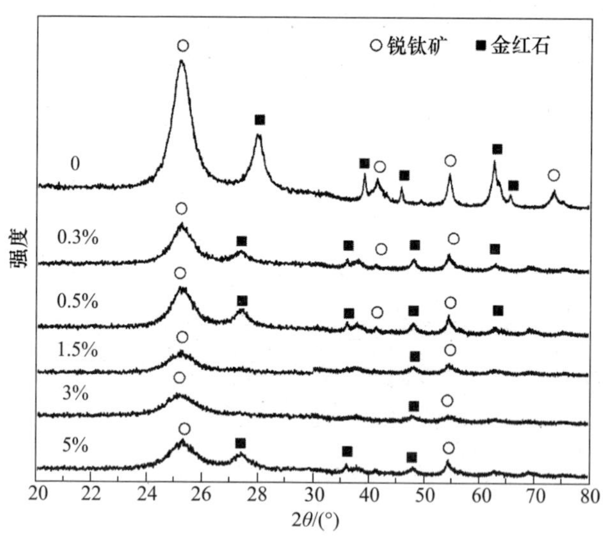

图 7.34　催化剂的 XRD 图谱

CeTNs 的 FE-SEM、HR-TEM 和元素分布图如图 7.35 所示。由图 7.35(a)可以看出，纳米纤维粗细均匀，纯 TiO_2 纳米纤维的平均直径约为 80nm，掺入 Ce

元素后有所增加，直径范围为 90～233nm。

借助 HR-TEM 发现，单根纤维由无数致密的纳米颗粒组合而成，结合选取电子衍射图（SAED，见图 7.35（e）插图）可以看出样品同时具备很好的结晶度。根据晶格图可测量出晶面间距，纯 TiO_2 晶格图中发现了 0.35nm 和 0.32nm 的晶面间距，对应于锐钛矿的（101）面和金红石相的（110）面。掺入 Ce 元素后出现了 0.31nm 和 0.27nm 的晶面间距，如图 7.35（c）、（d）所示，它们分别属于 CeO_2 的（111）面和（200）面。由色散谱（EDS mapping）（7.35（f）～（i））不难发现 Ti 元素和 Ce 元素均匀分布于纤维中。由此可以确定 CeO_2 纳米颗粒高度分散于纤维中，与 XRD 结果吻合。

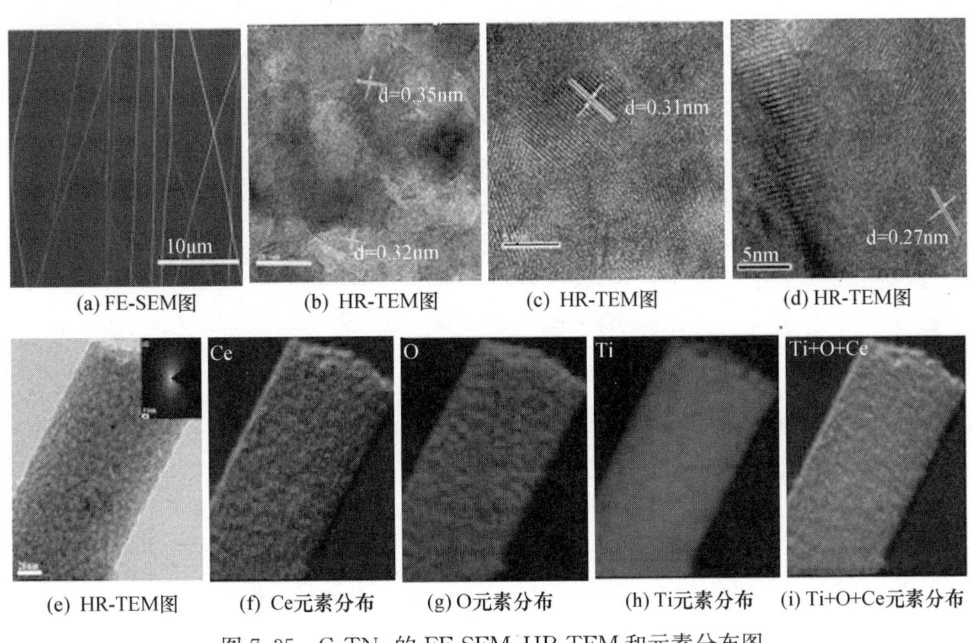

(a) FE-SEM图　(b) HR-TEM图　(c) HR-TEM图　(d) HR-TEM图

(e) HR-TEM图　(f) Ce元素分布　(g) O元素分布　(h) Ti元素分布　(i) Ti+O+Ce元素分布

图 7.35　CeTNs 的 FE-SEM、HR-TEM 和元素分布图

CeTNs 的光吸收特性如图 7.36 所示。Ce 元素含量为 0.3%时，带隙能由 3.17eV 增至 3.20eV；当掺杂量提高到 5%时，带隙能降为 3.07eV；微弱的红移（ΔE_g=0.1eV）与 Ce 元素有关，有利于光催化性能的提高，产生的原因可能与形成 Ti—O—Ce 共价键有关。紫外光下 TiO_2 对光的吸收是由于电子受激发由 O 2p 跃迁至 Ti 3d 轨道[32]，Ce 4f 引入后，和 TiO_2 的导带或价带产生电荷转移[33]。CeO_2 的中央吸收峰位于 400nm 处[34]，因此 400nm 以后的吸收是复合纤维的作用。由图 7.36 可以看出，可见光下，0～0.5%的样品对光吸收差别不大，且优于其余掺杂量，0.3%CeTNs 的吸光度略高，说明可见光下 CeTNs 催化剂具有一定的光活性。

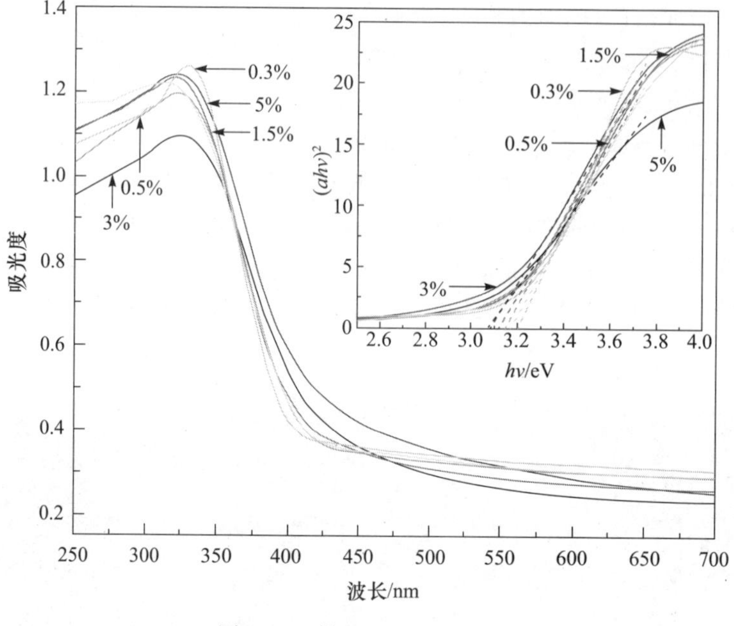

图 7.36　样品的 UV-vis 图谱

7.4.5　Ce 掺杂含量的影响

着重对 Ce 元素的掺杂含量(0～5%)进行试验研究,如图 7.37 所示。无光和可见光条件下,和 TiO_2 相比,0.5%CeTNs 的活性提高幅度最大,但汞氧化效率仍然较低,仅为 25%左右。切换到紫外光照射后,不同样品的效率均有了明显上升,

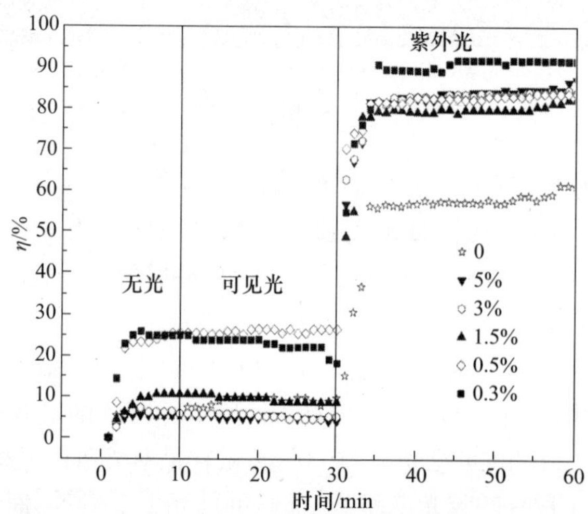

图 7.37　Ce 元素含量对 CeTNs 活性的影响

掺Ce元素的催化剂活性比纯TiO_2要高，其中0.3%CeTNs性能最佳，掺杂含量继续升高时，脱汞效率出现了不同程度的降低。

7.4.6 烟气组分的影响

在优选出0.3%CeTNs催化剂后，对量子产率进行了计算，Φ值比TiO_2提高了28.43%，达到44.69%。不同烟气组分对Hg^0氧化性能的影响如图7.38所示。可以看出，O_2、NO和HCl促进Hg^0氧化，而SO_2和H_2O则对氧化性能有明显的抑制作用。

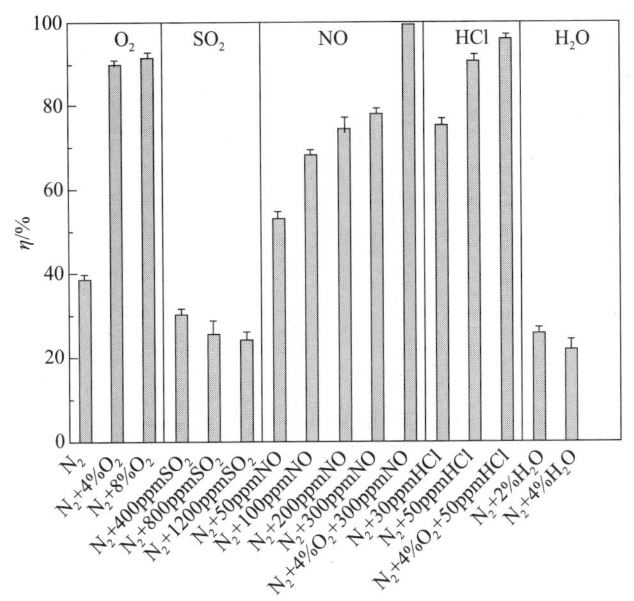

图7.38　烟气组分对Hg^0氧化性能的影响

SO_2单独存在的情况下，紫外光、SO_2、催化剂三者的相互作用机理如图7.39所示。通常认为紫外光和催化剂对光催化活性提高是有利的。然而，由图7.39可以看出，当SO_2存在时，对紫外光和催化剂脱汞均有着显著的抑制作用。采用半定量方法对不同情况下的S 2p图谱进行分析，结果显示，当有紫外光照射时，催化剂在168.7eV处形成了更强的吸收峰，该结合能对应于SO_4^{2-}，表明有紫外光照射时，更多的SO_2和催化剂发生了反应，影响了催化剂的脱汞性能。

烟气中含有50ppm NO时，η为53.1%，随着NO提高至200ppm，汞氧化效率达到了78.1%(见图7.38)，有氧条件下η则进一步升高。研究表明，CeTNs中的

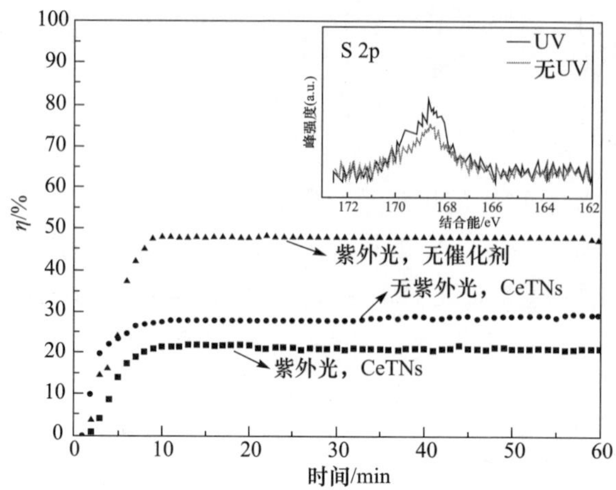

图 7.39 SO_2 存在情况下光催化特性研究(插图为反应后催化剂的 S 2p 图谱)

Ce^{4+}可以促进 NO 向 NO_2 的氧化[35]，有氧条件下，气相氧再生了晶格氧，并补充化学吸附氧，更多 NO 吸附于催化剂表面氧化生成 NO^+ 和 NO_2，有利于汞的脱除[36]。试验过程中在反应器出口检测到了 NO_2 气体，Huang 等[37]认为低浓度的 NO_2 可以和 Hg^0 发生非均相反应，促进汞脱除。

HCl 对汞脱除起着至关重要的作用[38,39]。图 7.40 研究了紫外光、HCl 和催化剂三者的相互作用。和 SO_2 存在情况下的光催化特性不同，在 HCl 作用下紫外光和 CeTNs 均有助于汞的氧化。有报道指出[39,40]，即便催化剂吸附汞饱和的情况下，HCl 仍然可以促进 Hg^0 氧化。

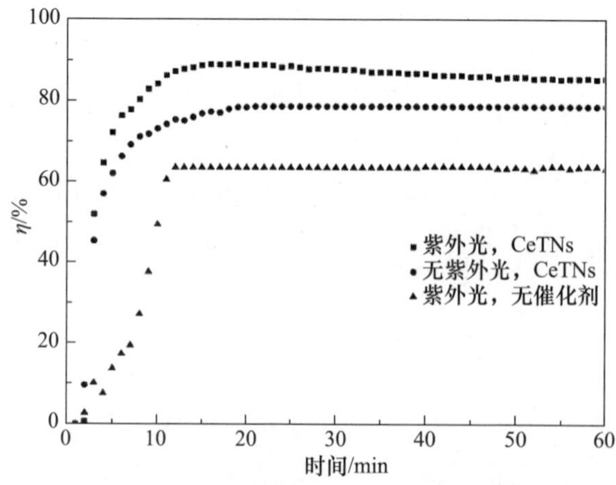

图 7.40 HCl 存在情况下光催化特性研究

7.4.7　SO_2 和 NO 共同作用的影响

模拟烟气中含 1200ppm SO_2、50ppm NO 时，汞氧化效率 N_2 气氛下有所增加，为 41.8%（见图 7.41），随着 NO 的增加，汞氧化效率持续上升，在 300ppm 时达到 81.4%。结果表明，当 SO_2 恒定，改变 NO 的量时，氧化效率随 NO 浓度的增加而上升，且共同作用下的性能要优于仅含 SO_2 的情况。Fang 等[41]在研究中发现了类似的现象，认为 NO 存在时，Hg^0 更易于氧化生成 $Hg(NO_3)_2$ 和 $Hg_2(NO_3)_2$，可以有效阻止 Hg^0 的二次释放。

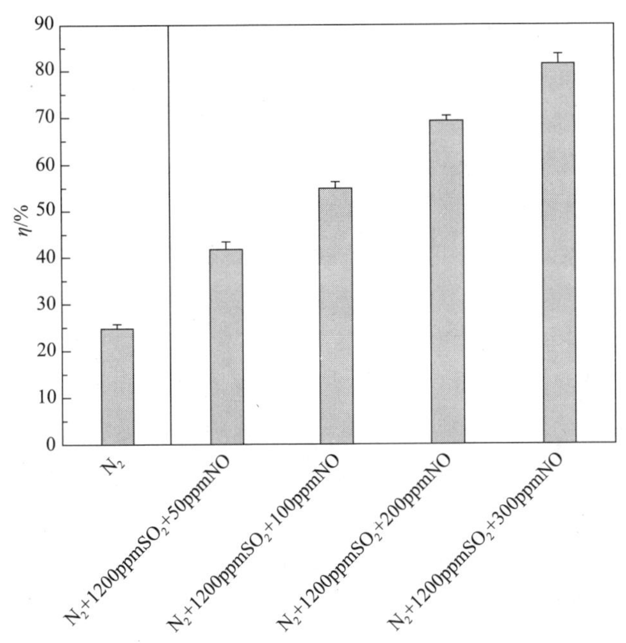

图 7.41　NO 含量对 Hg^0 氧化的影响

图 7.42 为 NO 不变，改变 SO_2 情况下对 Hg^0 氧化的影响，其中基线 1 和基线 2 分别为 N_2 气氛、300ppm NO/ N_2 气氛汞氧化效率。向烟气中添加 400ppm SO_2 后脱汞效率由 78.1%上升至 80.8%，继续增加 SO_2 浓度无明显变化。结果显示，虽然 SO_2 单独作用时对汞氧化起抑制作用，但在 NO 存在情况下，改变 SO_2 浓度对结果无太大影响，意味着 NO 和 SO_2 间的竞争吸附作用不大；这两种气体同时存在时比它们各自单独作用下的效果要好，其中 NO 对汞氧化起着更加主要的作用。

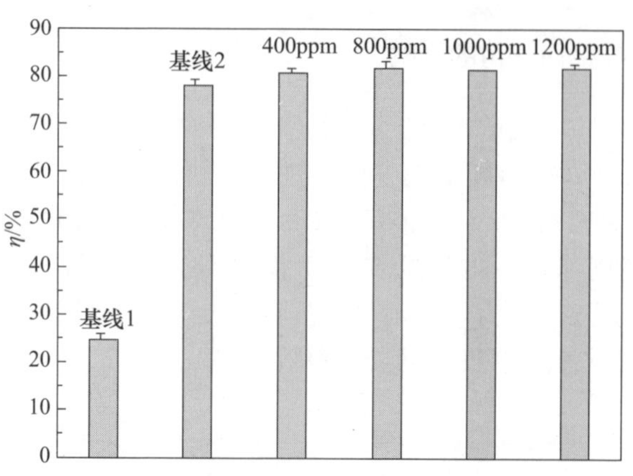

图 7.42　SO_2 含量对 Hg^0 氧化的影响

（基线 1 为 N_2 气氛，基线 2 为 300ppm NO/N_2 气氛）

7.5　TiO_2 催化剂光纤反应器脱汞

7.5.1　催化剂制备

负载 TiO_2 蜂窝陶瓷催化剂制备方法如图 7.43 所示。蜂窝陶瓷用去离子水清洗清除表面杂质并置于 100～120℃温度范围内烘干。TiO_2 前驱体溶液采用热水解法制备，具体步骤如下：将 85mL 钛酸四正丁酯(TBOT)逐滴滴入 510mL 0.1mol/L 硝酸（HNO_3）溶液中，然后加热至 80℃，搅拌 8h 得到 TiO_2 前驱体溶液。每 100mL TiO_2 前驱体溶液中缓慢加入 2g 聚乙二醇(PEG)并超声分散 10min 以增加溶液黏性。蜂窝陶瓷浸没于 TiO_2 前驱体溶液并静置 30min，取出吹去蜂窝陶瓷孔隙内部多余 TiO_2 前驱体溶液防止堵塞。浸渍后蜂窝陶瓷置于烘箱（100～120℃）中烘干，而后在马弗炉中控制升温速率 1℃/min，在设定温度下煅

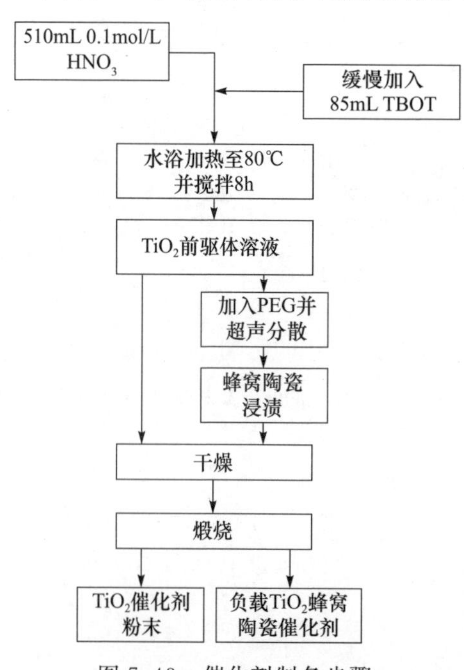

图 7.43　催化剂制备步骤

烧1h制得负载TiO_2蜂窝陶瓷。在TiO_2前驱体溶液中添加不同量的去离子水稀释可控制蜂窝陶瓷TiO_2负载量。前驱体溶液无稀释时，每个蜂窝陶瓷TiO_2负载量约为0.24g，分别按比例加入33%、100%、300%去离子水稀释时，TiO_2负载量分别约为0.18g、0.12g和0.06g。另外，将TiO_2前驱体溶液直接置于烘箱中烘干，而后在马弗炉中煅烧即可得到催化剂粉末。制得催化剂均用代号TiXY表示，其中X代表煅烧温度，Y为HC(蜂窝陶瓷)或P(粉末)，分别代表负载TiO_2蜂窝陶瓷催化剂及粉末状催化剂。

所使用蜂窝陶瓷采购自台湾超格精密陶瓷有限公司。蜂窝陶瓷为堇青石材质，整体呈圆柱形，直径40mm，高50mm。每个蜂窝陶瓷内部有161个2mm×2mm正方形小孔，试验时小孔内部插入光纤以改善紫外光在整个孔隙内部的分布，如图7.44所示。

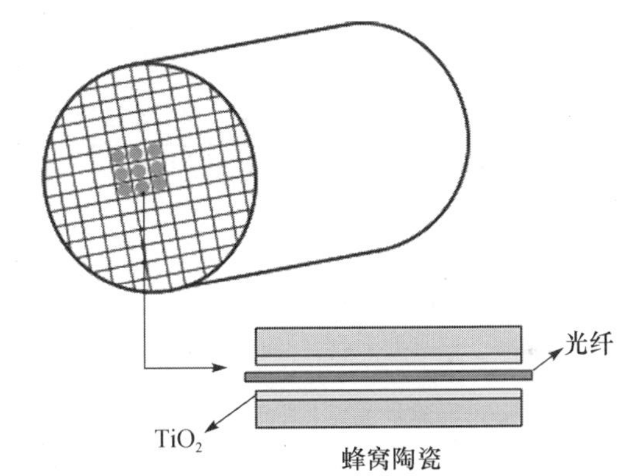

图7.44　蜂窝陶瓷结构示意图

7.5.2　光催化试验系统与方案

图7.45为蜂窝陶瓷光纤反应器光催化试验系统，试验系统由配气系统、反应器系统、汞分析系统和尾气处理系统组成。反应器进口Hg^0浓度维持在$(60\pm3)\mu g/m^3$。试验中气体流量为1.2L/min。反应器部分由蜂窝陶瓷光纤反应器及紫外灯组成。蜂窝陶瓷光纤反应器主体部分为石英管，内径约为50mm，两端由圆盘形不锈钢法兰密封保证装置气密性，其中一端开有石英玻璃窗作为光源入射窗口。石英玻璃管内套有聚四氟乙烯材质的套管用于固定蜂窝陶瓷。

具体试验条件设置见表7.8。工况1和2是为了分析反应温度的影响，工况3是为了确定蜂窝陶瓷上TiO_2的最佳负载量，工况4～6旨在研究反应器类型的影响和催化剂循环再生性能。

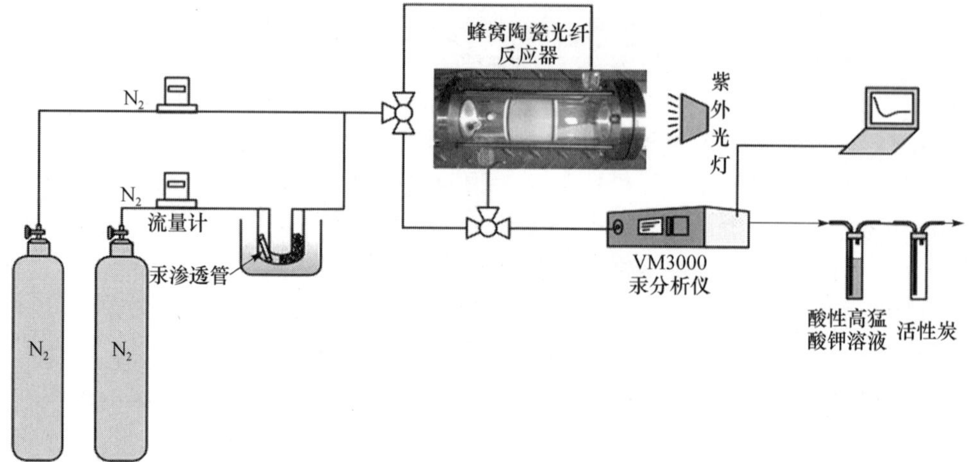

图 7.45　蜂窝陶瓷光纤反应器光催化试验系统

表 7.8　试验条件设置

工况	催化剂	负载量/g	烟气组分	温度/℃	光强/(mW/cm²)
1	Ti400HC	0.24	N_2	25,60,90,120	无紫外光,1.5,4
2	Ti400HC	0.06,0.24	N_2	25,60,90,120	1.5
3	Ti400HC	0.06,0.12,0.18,0.24	N_2	90	1.5
4	Ti400HC,Ti400P,P25	0.06,0.24	N_2	90	1.5
5	失活 Ti400HC 煅烧再生(四次循环)	0.06	N_2	90	1.5
6	失活 Ti400HC(四次循环)	0.06	N_2	90	1.5

7.5.3　催化剂表征

图 7.46 为不同煅烧温度 TiO_2 及商用 P25 粉末 XRD 图谱。可以发现,随着煅烧温度增加,TiO_2 结晶程度逐渐提高且晶型逐渐发生变化。煅烧温度低于 400℃时,TiO_2 晶型为单一锐钛矿相;煅烧温度高于 500℃时,锐钛矿相 TiO_2 开始向金红石相转变。500℃煅烧所得的 TiO_2 已出现明显的金红石相衍射峰,600℃煅烧所得的催化剂几乎全部为金红石相。

由表 7.9 可以发现,300℃煅烧获得的催化剂具有最高的比表面积和孔容,随着煅烧温度升高,TiO_2 晶粒逐渐增大,比表面积和孔容逐渐减小。当煅烧温度高于 500℃时,催化剂比表面积和孔容急剧降低;600℃煅烧获得 TiO_2 粉末比表面积和孔容几乎为零,推测煅烧温度高于 500℃时 TiO_2 粉末发生烧结现象,催化剂内部孔道坍塌或被堵塞,孔隙结构几乎消失。

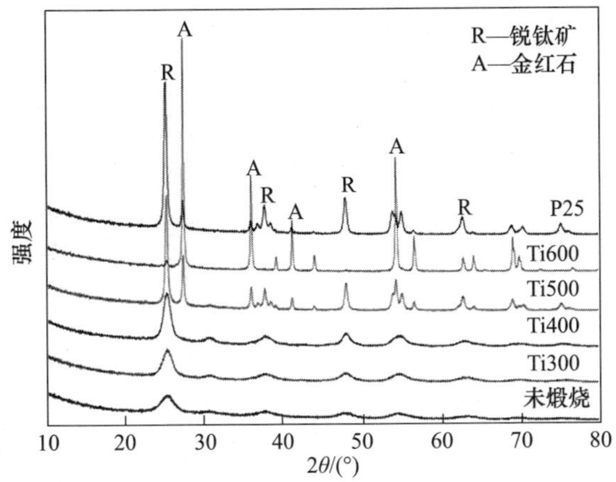

图 7.46　不同煅烧温度下 TiO_2 的 XRD 图谱

表 7.9　不同煅烧温度下 TiO_2 粉末的比表面积及孔容、孔径变化

煅烧温度/℃	比表面积/(m^2/g)	孔容/(cm^3/g)	孔径/nm
300	127.44	0.131	4.11
400	100.42	0.106	4.52
500	13.59	0.029	8.77
600	0.194	0.005	104.23
P25	50.26	—	—

7.5.4　蜂窝陶瓷光纤反应器光催化脱汞性能

1. 光照强度和反应温度的影响

图 7.47 所示为不同光强下反应温度对光催化脱汞效率的影响。无紫外光照射时，催化剂对 Hg^0 仅有物理吸附作用，反应温度升高，催化剂物理吸附能力逐渐减弱，Ti400HC 脱汞效率逐渐降低。当紫外光光照强度为 1.5mW/cm^2 时，Ti400HC 在低于 90℃反应温度范围内均保持 90%以上的光催化脱汞效率。当反应温度升至 120℃时，Ti400HC 脱汞效率显著降低至 75.1%。反应温度升高对 Hg^0 的脱除起抑制作用。这是因为反应温度升高导致了催化剂表面活性点位对 Hg^0 的吸附能力减弱，而光催化反应过程遵循 Langmuir-Hinshelwood 机制，即 Hg^0 必须先吸附于催化剂表面的活性位点上，然后才能与活性物质发生表面反应。因此，提高反应温度虽然有利于光催化反应速率的增大，但过高的反应温度使得能够参与光催化反应的 Hg^0 减少，光催化反应整体的反应速率减小，Hg^0 脱除效率降低。紫外光光照强度增大到 4mW/cm^2 时，光催化脱汞效率仅在 120℃反应温度下有明显的促进作用，而在较低温度下的促进作用并不明显。因此，以下试验中紫

外光光照强度均设为 1.5mW/cm^2。

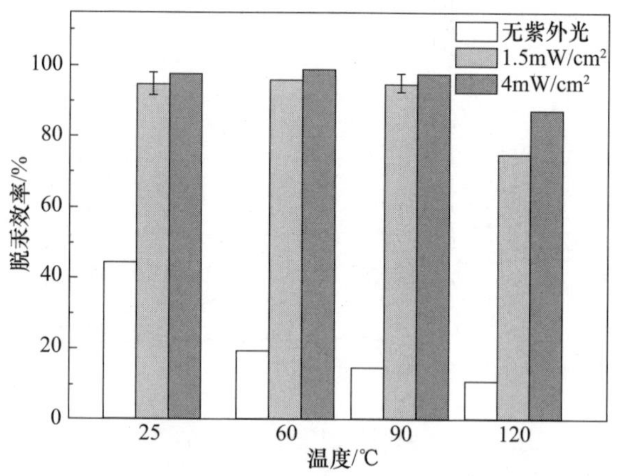

图 7.47 不同光强下反应温度对脱汞效率的影响(Ti400HC,N_2,M=0.24g)

2. 负载量的影响

同时考察不同负载量下反应温度对 Ti400HC 光催化脱汞性能的影响,结果如图 7.48 所示。当负载量为 0.24g 时,反应温度的变化对 Ti400HC 脱汞性能并无显著影响,仅在 120℃条件下有一定的抑制作用。当负载量降低至 0.06g 时,参与光催化反应的活性物质减少,反应温度对 Ti400HC 脱汞性能有显著的影响。随着反应温度升高,Ti400HC 脱汞效率明显降低,在 120℃时的效率仅为 16.7%。

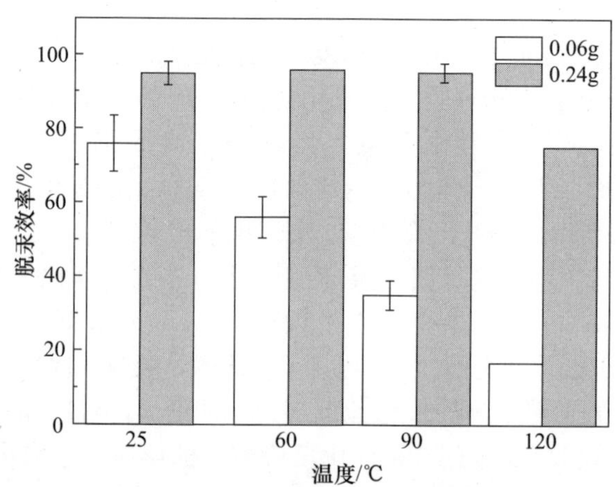

图 7.48 不同负载量下反应温度对脱汞效率的影响(Ti400HC,N_2,I=1.5mW/cm^2)

由图 7.49 可以发现，随着 TiO_2 负载量升高，脱汞效率逐渐增大。催化剂负载量由 0.06g 提高至 0.24g，脱汞效率由 35.0%显著升高至 95.2%。在相同工况条件下，TiO_2 负载量越大，催化剂活性吸附点位越多，O_2、H_2O 和 Hg^0 等反应物在 TiO_2 表面的吸附越容易，O_2^-、· OH 等活性自由基产率越大，从而光催化脱汞效率越高。值得注意的是，本试验条件下负载 0.24g TiO_2 蜂窝陶瓷光催化脱汞效率已达到 95.2%，因此可以预见继续增大催化剂负载量对光催化脱汞效率的提升作用并不大。

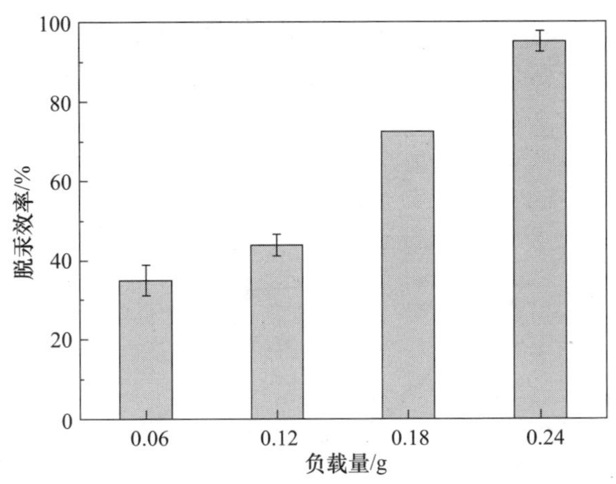

图 7.49　催化剂负载量对光催化脱汞效率的影响（Ti400HC，N_2，T=90℃，I=1.5mW/cm^2）

3. 催化剂的再生性能

蜂窝陶瓷再生试验结果分别如图 7.50 和图 7.51 所示。纯 N_2 条件下，Ti400HC 表面吸附有微量的 H_2O 及 O_2，紫外光照射下可产生 O_2^- 和 · OH 等自由基从而氧化部分 Hg^0。但随着反应进行，H_2O 及 O_2 逐渐消耗且得不到补充，自由基产率逐渐降低，因此光催化脱汞效率随时间增加而逐渐降低，如图 7.50 中循环 1 所示。由图 7.50 可以发现，在无煅烧再生过程时，Ti400HC 光催化脱汞效率随循环次数的增加而显著降低，第三次循环后 Ti400HC 脱汞效率仅为 6.6%，几乎失活。这是由于随着循环次数的增加，光催化反应产物逐渐占据 Ti400HC 表面活性吸附点位，从而导致光催化活性急剧降低。对比图 7.50 和图 7.51 可发现，经高温煅烧再生，Ti400HC 在多次循环脱汞试验后，其脱汞性能仍保持稳定，且相较新鲜 Ti400HC 仅略有降低，再生效率稳定在 60%以上。这表明 Ti400HC 经 400℃高温煅烧后，占据活性吸附点位的反应产物脱附，活性吸附点位得到恢复。

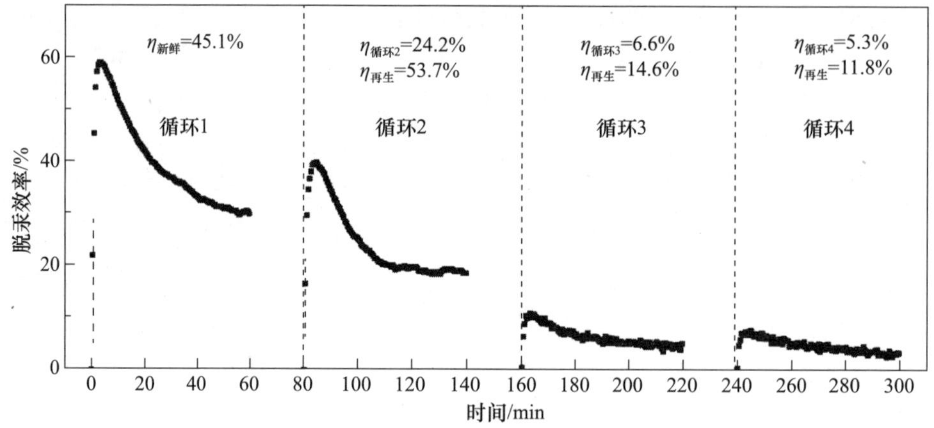

图 7.50　无煅烧再生蜂窝陶瓷循环光催化脱汞性能

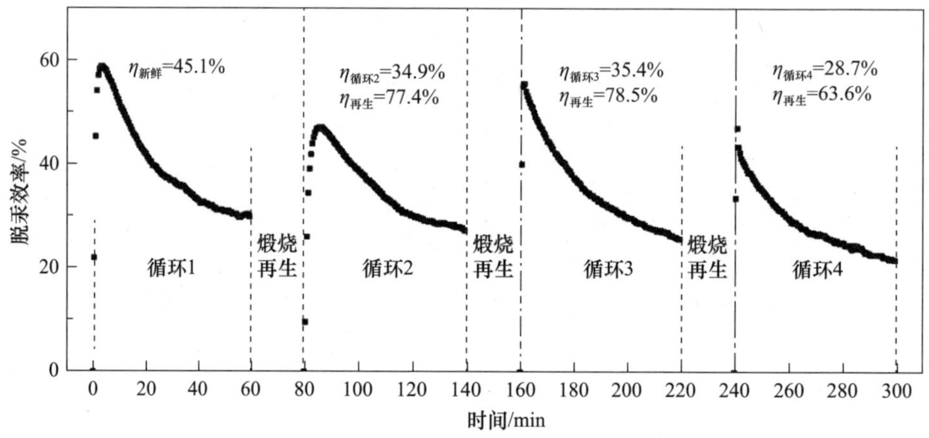

图 7.51　高温煅烧再生蜂窝陶瓷循环光催化脱汞性能

7.5.5　烟气组分对蜂窝陶瓷光纤反应器光催化脱汞的影响

1. O_2 的影响

负载 TiO_2 蜂窝陶瓷催化剂在不同烟气组分下的光催化脱汞性能试验结果如图 7.52 所示。

由图 7.52 可发现，O_2 对 TiO_2 光催化脱汞起促进作用。纯 N_2 气氛下，光催化脱汞效率仅为 35%，添加 4%的 O_2 后光催化效率明显提高，达到了 46.3%；进一步升高 O_2 浓度至 12%，Hg^0 脱除效率为 50.1%，促进作用不明显。光催化脱汞反应中，O_2 作为光生电子的受体，一方面可抑制光生电子-空穴对的复合，提高自由基产率；另外，其与电子结合后生成的 O_2^- 对 Hg^0 也有一定的氧化作用，因此气相中 O_2 的存在可促进光催化效率的提高。

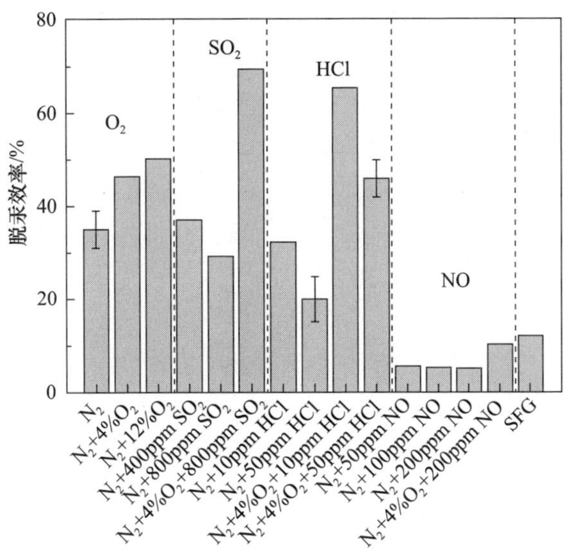

图 7.52　不同气氛下 TiO_2 光催化脱汞效率

2. SO_2 的影响

烟气中 SO_2 对 TiO_2 基光催化脱汞的影响并无一致结论。Cho 等[42]的试验结果显示 SO_2 对光催化脱汞起抑制作用，Zhuang 等[43]发现低浓度的 SO_2 对光催化脱汞几乎无影响，而高浓度的 SO_2 对光催化脱汞起抑制作用。分别在无 O_2 和有 O_2 条件下考察了 SO_2 对 Hg^0 光催化脱除的影响，试验结果如图 7.52 所示。无 O_2 条件下，添加 400ppm SO_2 对光催化脱汞效率并无显著影响，进一步升高 SO_2 浓度至 800ppm，光催化脱汞效率降低，这与 Zhuang 等[43]的试验结果一致。

无 O_2 条件下，SO_2 对光催化脱汞的抑制作用可能有两方面原因：一是 SO_2 与 Hg^0 存在竞争性吸附，Hg^0 在活性点位上的吸附受到抑制；二是吸附于活性点位上的 SO_2 消耗了 O_2^-、$\cdot OH$ 等活性自由基，自由基产率降低。以上两种机制同时作用最终导致脱汞效率降低。对于 SO_2 与 Hg^0 的竞争性吸附，一般认为 TiO_2 光催化脱汞反应遵循 Langmuir-Hinshelwood 机制，Hg^0 须先吸附于催化剂表面的活性位点上，然后才能与活性物质发生表面反应。因此推测高浓度 SO_2 气氛下，催化剂表面部分活性点位被 SO_2 占据，Hg^0 在活性点位上的吸附受到抑制，光催化反应速率减小，脱汞效率随之降低。

设计 SO_2 预处理试验以检验 SO_2 与 Hg^0 的竞争性吸附作用。SO_2 预处理试验步骤为：首先将新鲜催化剂在无光、90℃及 N_2＋800ppm SO_2 气氛下预处理 2h，使 SO_2 吸附在催化剂表面活性点位上；然后用纯 N_2 吹扫催化剂 15min，保证反应器内无残余 SO_2 存在；最后将预处理后催化剂在纯 N_2 条件下进行脱汞试验并与相同条件下新鲜催化剂脱汞效率进行对比。新鲜催化剂与 SO_2 预处理催化剂脱汞结果如图 7.53 所示。相同反应条件下，SO_2 预处理催化剂脱汞效率低于未处理催化剂。这说明预处理过程中吸附在催化剂表面活性点位上的 SO_2 抑制了 Hg^0 的吸附，脱汞效率降低。

为验证 SO_2 对自由基的消耗，考察无 O_2、有 O_2 气氛下 SO_2 对光催化脱汞的影响。由图 7.54 可发现，在 $N_2+4\%O_2+800ppmSO_2$ 气氛中，TiO_2 光催化脱汞效率在 2h 内保持在 60%以上；切断 O_2 后，脱汞效率迅速降低至 10%左右；恢复 O_2 后，脱汞效率升高至 60%。O_2 的存在可以补充被 SO_2 消耗的自由基，从而降低 SO_2 对光催化脱汞的抑制作用。O_2 与 SO_2 对 Hg^0 氧化的协同作用可能由以下路径实现：首先，吸附于活性点位上的 SO_2 被 O_2^-、· OH 自由基等氧化为 SO_3；在 O_2 存在的条件下，SO_3 可与 Hg^0 反应生成 $HgSO_4$，如反应(7.4)～反应(7.6)所示：

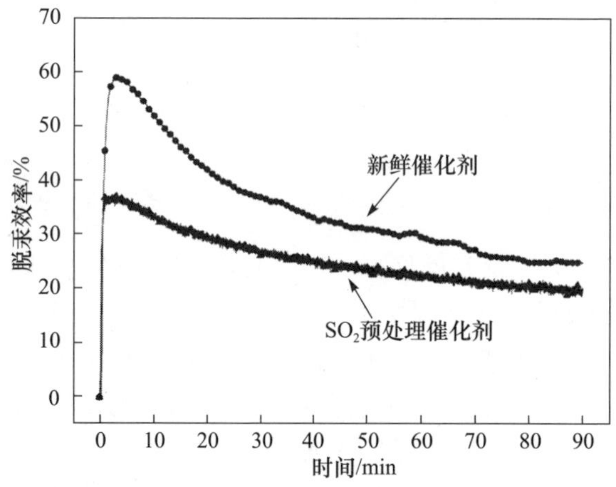

图 7.53　SO_2 预处理对 Hg^0 脱除效率的影响

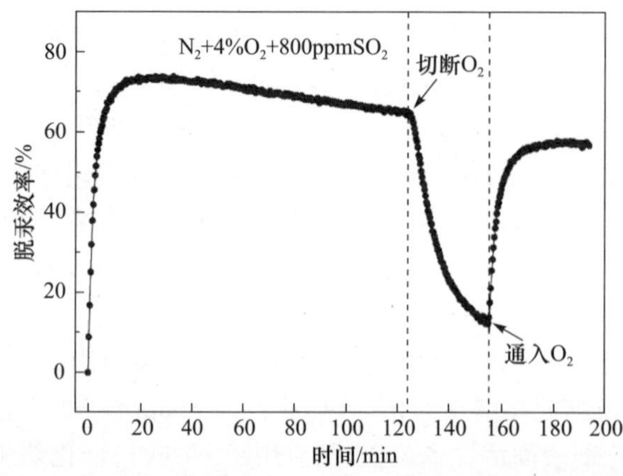

图 7.54　无 O_2、有 O_2 气氛下 SO_2 对光催化脱汞的影响

$$2SO_2 + O_2^- \longrightarrow 2SO_3 \tag{7.4}$$

$$SO_2 + 2 \cdot OH \longrightarrow SO_3 + H_2O \tag{7.5}$$

$$2SO_3 + 2Hg^0 + O_2 \longrightarrow 2HgSO_4 \tag{7.6}$$

图 7.55 为 N_2＋4％O_2＋800ppmSO_2 气氛下催化剂反应前后 S 2p 的 XPS。由图可知，反应后 S 2p 的结合能区在 168.6eV 及 169.7eV 存在两个明显的峰，这两个峰分别属于 S^{4+} 及 S^{6+}[44]，证明了 SO_2 存在条件下 SO_3 的生成。

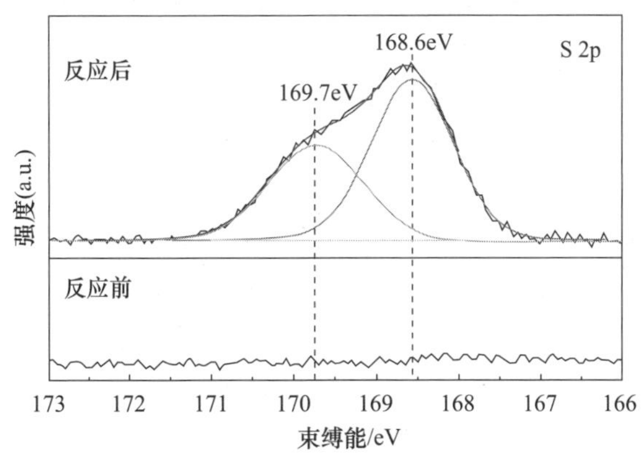

图 7.55　反应前后催化剂 S 2p 的 XPS（N_2＋4％O_2＋800ppmSO_2 气氛）

3. HCl 的影响

考察 HCl 对 TiO_2 光催化脱汞的影响，如图 7.56 所示。无 O_2 条件下，HCl 对光催化氧化脱汞不起作用。纯 N_2 条件下添加 10ppmHCl，光催化脱汞效率由 35％降低至 32.3％，进一步升高 HCl 浓度至 50ppm，光催化脱汞效率降低至 20％。Chen 等[4]在 N 掺杂 TiO_2 催化剂上同样观察到了类似结果并认为是由于 HCl 占据了催化剂表面活性点位。为检验 HCl 是否与 Hg^0 存在竞争性吸附，考察 HCl 预处理对催化剂脱汞效率的影响。新鲜催化剂与 HCl 预处理催化剂脱汞结果如图 7.56 所示，相同工况条件下 HCl 预处理催化剂脱汞效率低于新鲜催化剂。这说明预处理过程中 HCl 占据了催化剂表面部分活性点位，抑制了 Hg^0 的氧化脱除。将 HCl 预处理后催化剂分别在无 O_2、有 O_2 气氛下进行光催化脱汞反应，结果如图 7.57 所示。由图 7.57 可发现，通入 4％O_2 后，HCl 预处理后催化剂脱汞效率由 20％左右显著提高至 60％以上，切断 O_2 后，脱汞效率恢复至 20％左右。由图 7.52 也可发现，有氧条件下低浓度的 HCl 可以促进 Hg^0 的氧化，N_2＋4％O_2 氛围中通入 10ppm HCl 脱汞效率由 46.3％显著增加至 65.3％。因此推测 HCl 存在时，O_2 不仅可以补充催化剂表面所消耗的自由基，而且可与 HCl 协同作用生成一些活性物质促进 Hg^0 的氧化。O_2 对 HCl 的作用至关重要。

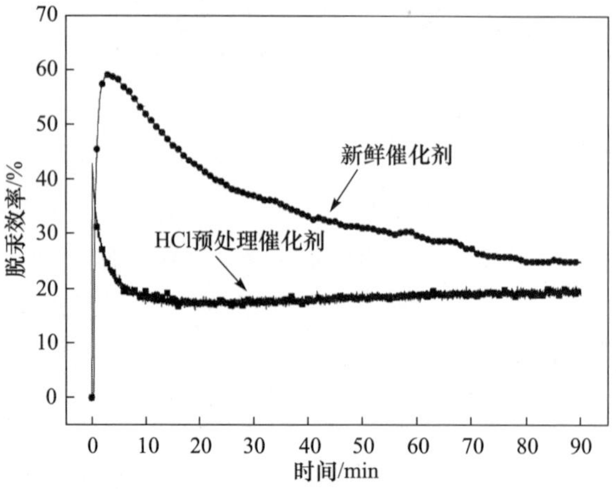

图 7.56　HCl 预处理对脱汞效率的影响

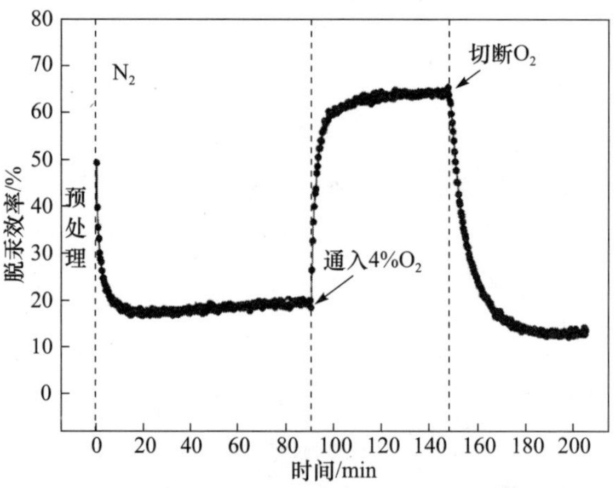

图 7.57　HCl 预处理后及无 O_2、有 O_2 气氛下催化剂脱汞效率变化

4. NO 的影响

对纯 TiO_2 而言，NO 对脱汞有显著抑制作用。由图 7.52 可发现，纯 N_2 气氛中添加 50ppm NO，脱汞效率由原来的 35%急剧降低至 5.7%，继续增大 NO 浓度，脱汞效率有略微下降但维持在 5%左右。Shen 等[29]认为光催化反应中 NO 对 Hg^0 脱除的抑制作用可能是由于 NO 与 Hg^0 的竞争性吸附以及对 · OH 自由基的大量消耗（NO+ · OH+M $\longrightarrow$ HONO+M）。为检验 NO 与 Hg^0 的竞争性吸附，N_2+200ppmNO 预处理对 TiO_2 脱汞效率的影响如图 7.58 所示，发现 NO 预处理后催化剂脱汞性能低于新鲜催化剂。

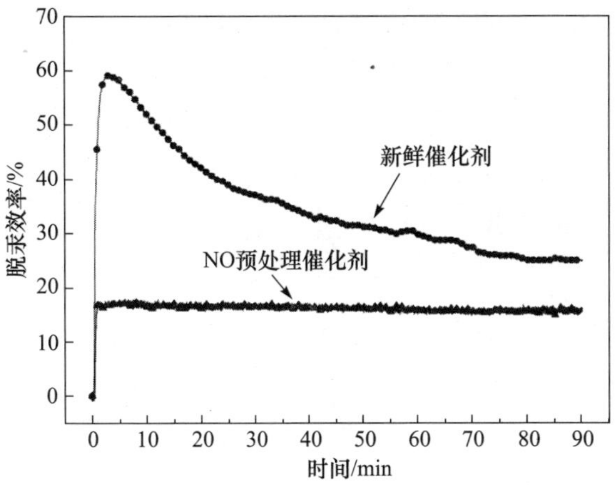

图 7.58　NO 预处理对脱汞效率的影响

O_2 存在条件下，NO 对 TiO_2 光催化脱汞依然起明显抑制作用。$N_2+4\%O_2$ 氛围中添加 200ppm NO，脱汞效率由原来的 46.3%急剧降低至 10.3%；O_2 存在与否不影响 NO 对汞的抑制作用(见图 7.59)。

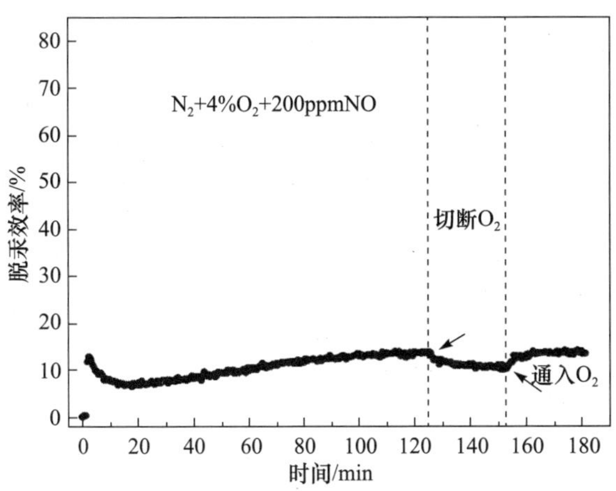

图 7.59　无 O_2、有 O_2 气氛下 NO 对光催化脱汞的影响

5. H_2O 的影响

水蒸气对光催化脱汞的影响试验结果如图 7.60 所示。负载量为 0.24g 催化剂蜂窝陶瓷，在纯 N_2 气氛下，脱汞效率为 95.2%。通入 $4\%O_2+12\%CO_2$ 后，由于 O_2 的促进作用，脱汞效率增加至 98.2%。但在 SFG 气氛下，由于酸性气体组分(SO_2、NO 及 HCl)对活性位点的竞争性吸附以及对自由基的消耗作用，脱汞效

率急剧降低至 60.4%。SFG 气氛中加入 8% H_2O 后，脱汞效率进一步降低至 38.8%。水蒸气显著抑制了纯 TiO_2 光催化脱汞反应。

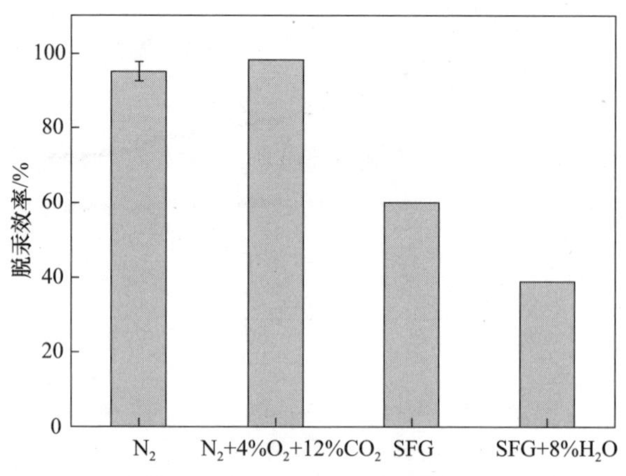

图 7.60　水蒸气对光催化剂脱汞的影响

为进一步考察 H_2O 对光催化脱汞的抑制机制，试验步骤如下：①将负载有 0.12g 新鲜催化剂的蜂窝陶瓷置于 $N_2+4\%O_2$ 气氛、1.5mW/cm^2、室温环境下进行 5h 脱汞试验；②切断汞源并用纯 N_2 吹扫催化剂直至反应器出口无 Hg^0；③将催化剂置于不同条件下观察 Hg^0 的再释放。Hg^0 再释放试验结果如图 7.61 所示。由图可发现，在 5h 反应时间内，反应器出口 Hg^0 浓度始终保持在 1μg/m^3 以下，脱汞效率达到了 99.1%。该阶段脱汞试验在 $N_2+4\%O_2$ 气氛下进行，因此反应后催化剂表面汞种类主要为光催化氧化生成的 HgO 及由物理吸附、化学吸附作用而捕获的 Hg^0。

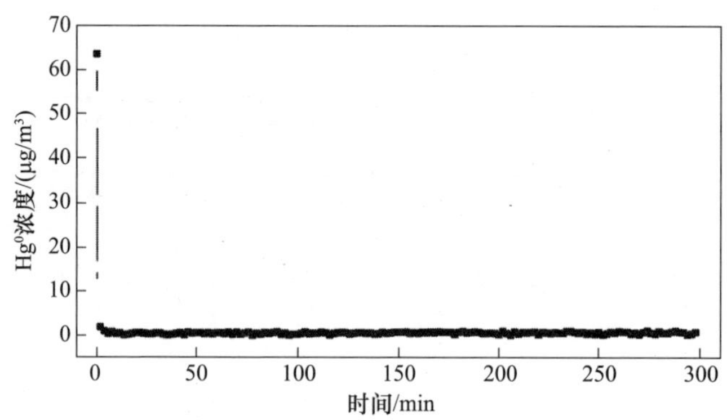

图 7.61　脱汞试验反应器出口 Hg^0 浓度实时变化图

图 7.62 为脱汞反应后及在不同条件下 Hg^0 的再释放浓度图。首先是 $N_2+4\%O_2$ 气氛、5min 没有 Hg^0 的再释放；然后通入 8%水蒸气 Hg^0 浓度瞬间升高至约 160μg/m^3，此时 Hg^0 的再释放是水蒸气作用导致吸附于 Hg^0 的脱附；40min 时引

入 $1.5mW/cm^2$ 的紫外光照射，Hg^0 浓度瞬间升高至约 $470\mu g/m^3$。此阶段再释放的 Hg^0 来源于紫外光照射下催化剂表面生成的 HgO 被水蒸气及光生电子还原所生成的 Hg^0，具体反应如式(7.7)所示：

$$HgO + H_2O + 2e^- \longrightarrow Hg^0 + 2OH^- \tag{7.7}$$

80min 时关闭紫外光源，Hg^0 浓度有一个明显的下降，稳定在 $5\mu g/m^3$ 左右。112min 时重新引入 $1.5mW/cm^2$ 的紫外光照射，Hg^0 浓度由 $5\mu g/m^3$ 左右上升至 $25\mu g/m^3$ 左右。133min 时切断水蒸气，Hg^0 浓度逐渐降低至 $0\mu g/m^3$。

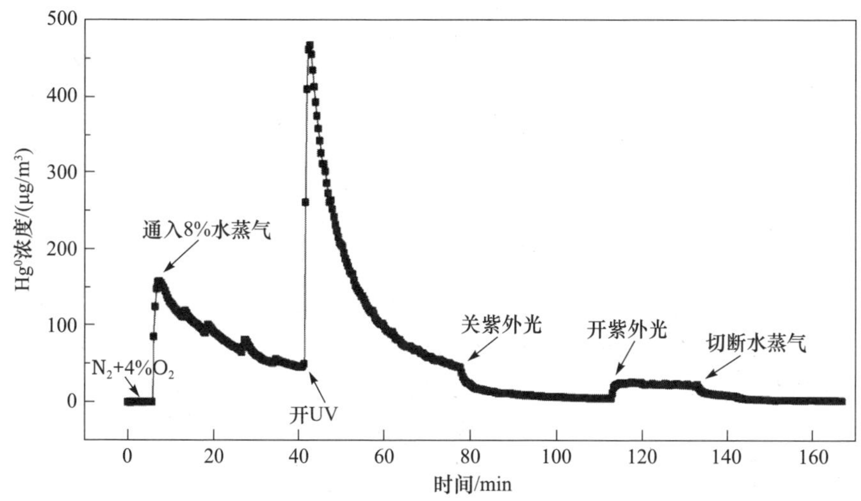

图 7.62　不同条件下 Hg^0 再释放浓度图

由以上试验现象可推断，水蒸气存在的条件下，Hg^0 的脱除由吸附、光催化氧化、脱附及光催化还原四种机制共同影响，如图 7.63 所示。H_2O 对光催化脱汞的抑制作用主要是与 Hg^0 竞争活性吸附点位而导致的 Hg^0 的脱附以及紫外光照射下 HgO 被水蒸气及光生电子的光催化还原。

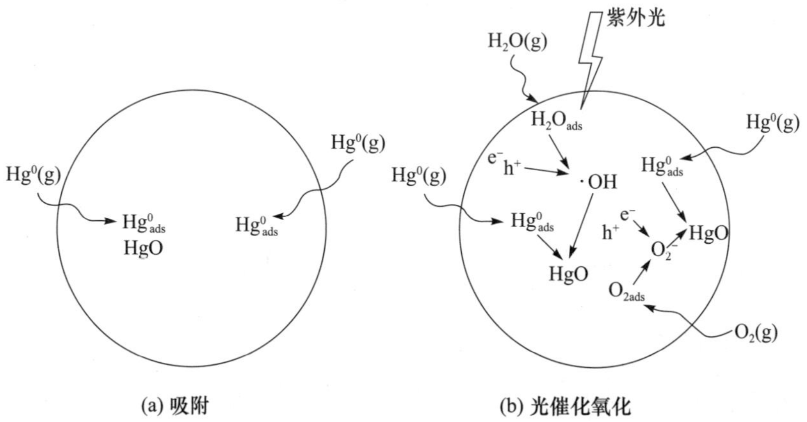

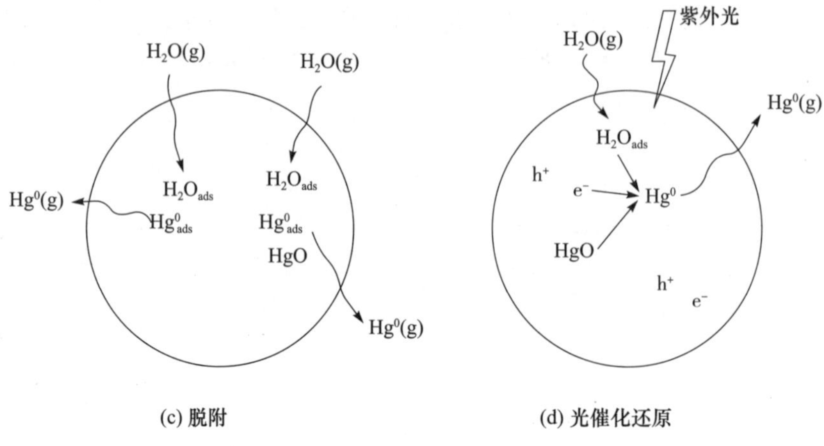

(c) 脱附　　(d) 光催化还原

图 7.63　水蒸气存在条件下 Hg^0 脱除机制

6. 复杂气氛下 TiO_2 光催化脱汞稳定性

在 SFG 气氛下进行了 TiO_2 光催化脱汞稳定性试验，试验共进行了 6 组循环，除循环 1 外，其他 5 组循环均在无光及紫外光环境下进行 20min 脱汞试验，结果如图 7.64 所示。由图可发现经历 6 次循环后，催化剂在紫外光照射下的脱汞效率仍稳定在 60%左右，表明其在长时间条件下仍具有较高的稳定性。

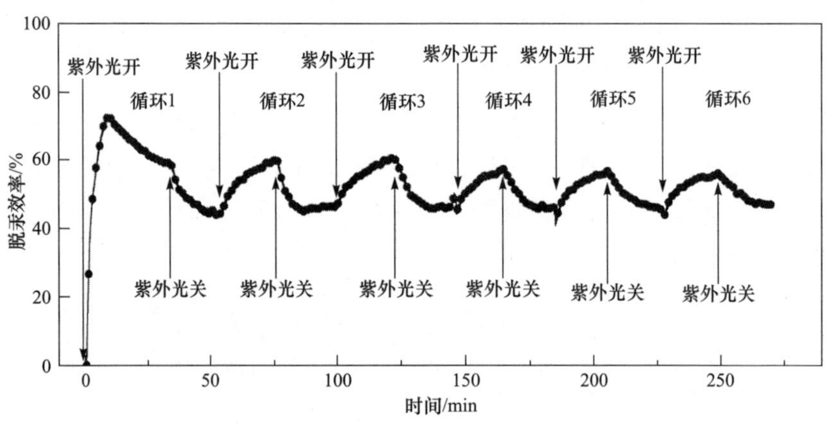

图 7.64　SFG 气氛下 TiO_2 循环脱汞试验

7.6　Ce 掺杂蜂窝陶瓷光纤反应器光催化脱汞

7.6.1　催化剂制备

采用热水解法分别制备了 Ce 元素的质量分数为 0.2%、0.6% 和 1.0% 的

CeO_2/ TiO_2 催化剂。TiO_2 前驱体溶液制备后，先按比例加入不同质量的六水合硝酸铈并搅拌使其充分溶解，制得 CeO_2/TiO_2 前驱体溶液；然后进行浸渍、干燥、煅烧等步骤。蜂窝陶瓷上负载 CeO_2/TiO_2 催化剂均在 400℃下煅烧 1h 得到，且负载质量均在 0.12g 左右。

7.6.2　催化剂表征

图 7.65 为不同掺杂比 CeO_2/TiO_2 催化剂的 XRD 图谱。由图可发现，Ce 掺杂后，催化剂晶型没有发生明显改变，以锐钛矿相 TiO_2 为主，无金红石相 TiO_2 存在，极少量板钛矿相 TiO_2[45]。Lu 等利用同样方法制备的 Ag-TiO_2 催化剂也发现了板钛矿相 TiO_2 的存在[19]。随着 Ce 掺杂量的增加，TiO_2(101)面衍射峰的峰值逐渐降低，表明 Ce 元素的掺杂抑制了 TiO_2 晶粒的增长，这是由于部分 Ce 掺杂后进入 TiO_2 晶格中，抑制了 Ti 与 O 之间的重排及传递。与 Wang 等[24]的研究结果一致，未发现 Ce 单质及 Ce 的氧化物的衍射峰，这可能是由于 Ce 元素掺杂量较低或 Ce 的氧化物均匀分散于 TiO_2 晶格中。

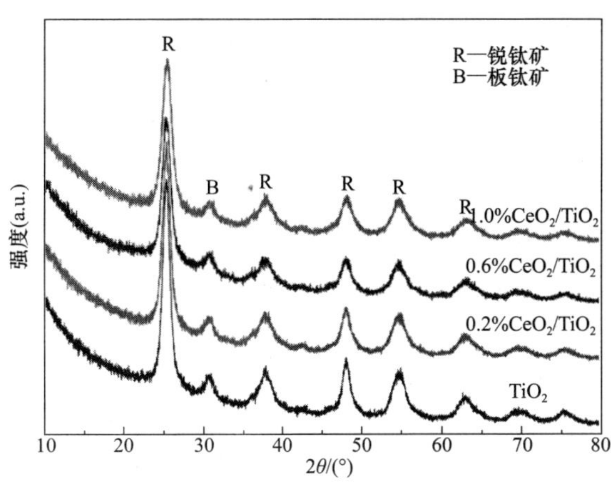

图 7.65　不同掺杂比 CeO_2/TiO_2 催化剂 XRD 图谱

由表 7.10 可发现，纯 TiO_2 的比表面积最小，为 100.42m^2/g。TiO_2 中掺入 0.2% Ce(质量分数)后，催化剂的比表面积增大至 103.82m^2/g，继续增大 Ce 掺杂量，CeO_2/TiO_2 催化剂比表面积会进一步增大。

表 7.10　不同 CeO_2/TiO_2 催化剂 BET 表征

催化剂	S_{BET}/(m^2/g)	孔容/(cm^3/g)	孔径/nm
TiO_2	100.42	0.106	4.52
0.2%(质量分数)CeO_2/TiO_2	103.82	—	—
0.6%(质量分数)CeO_2/TiO_2	112.34	—	—
1.0%(质量分数)CeO_2/TiO_2	123.81	—	—

图 7.66 为 CeO_2/TiO_2 催化剂的 XPS，其中(a)图为 1% CeO_2/TiO_2 Ce 3d 图谱，u、v 分别代表 Ce3$d_{3/2}$、Ce3$d_{5/2}$ 的自旋轨道状态，u/v、u_2/v_2、u_3/v_3 双峰对为 Ce^{4+} 的 $3d^{10}4f^0$ 电子状态，u_1/v_1 双峰对代表 Ce^{3+} 的 $3d^{10}4f^1$ 电子状态[46,47]。由图可知，掺杂的 Ce 有 Ce^{3+}、Ce^{4+} 两种价态。图 7.66(b)为 CeO_2/TiO_2 Ti 2p 图谱，其中，三个样品 Ti $2p_{3/2}$ 及 Ti $2p_{1/2}$ 的结合能分别在 458.5eV 及 464.2eV 附近，这表明 CeO_2/TiO_2 催化剂中 Ti 均为 4+价态[48,49]。此外，可发现随着 Ce 元素掺杂量的增加，Ti 2p 谱峰逐渐向高能级移动，这可能是由于部分 Ce 进入 TiO_2 晶格中取代了 Ti 离子，Ti 周围电子云密度降低，外层电子屏蔽作用降低，中心原子与核电荷作用强度增强，电子结合能增大。

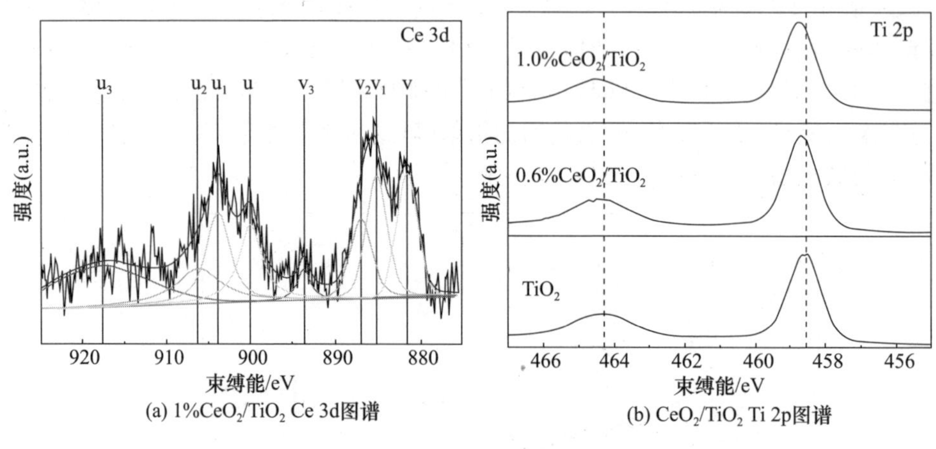

(a) 1%CeO_2/TiO_2 Ce 3d图谱　(b) CeO_2/TiO_2 Ti 2p图谱

图 7.66　CeO_2/TiO_2 催化剂 XPS

图 7.67(a)为不同掺杂比 CeO_2/TiO_2 催化剂的 UV-vis 光谱。由图可发现，0.6% CeO_2/TiO_2 及 1.0% CeO_2/TiO_2 催化剂在紫外光区域的吸收强度明显高

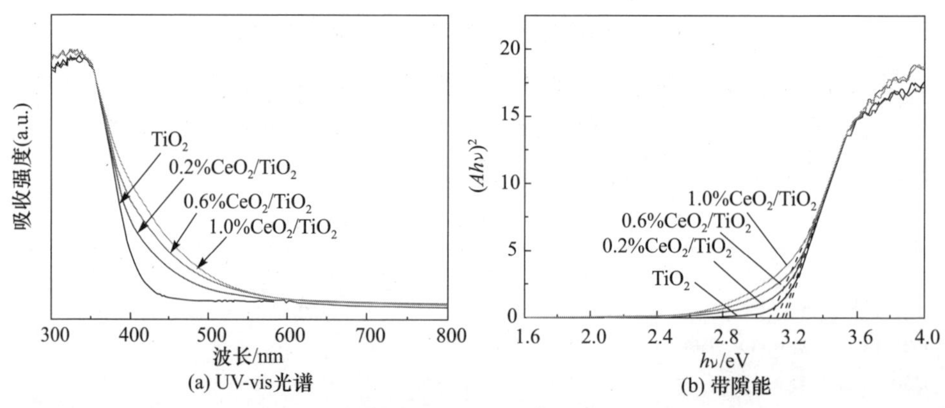

(a) UV-vis光谱　(b) 带隙能

图 7.67　不同掺杂比 CeO_2/TiO_2 催化剂的光学特征

于 0.2% CeO_2/TiO_2 及纯 TiO_2，Ce 元素的掺杂增强了 TiO_2 对紫外光的吸收。同时，可观察到 Ce 元素掺杂后，催化剂的吸收峰出现了红移现象，且随着掺杂量的增大而越加明显，这与 Martin 等[50]和 Xiao 等[51]的研究结果相一致。不同掺杂比 CeO_2/TiO_2 带隙能如图 7.67(b)所示，由图可发现，Ce 元素掺杂降低了催化剂的带隙能，且与 Ce 掺杂量呈正相关关系。这是由于 Ce 掺杂后，Ce 的氧化物在 TiO_2 导带附近形成了新的杂质能级。

7.6.3　CeO_2/TiO_2 催化剂光催化脱汞试验

图 7.68 给出了不同 CeO_2/TiO_2 催化剂在无紫外光照射及有紫外光照射下的脱汞效率。与纯 TiO_2 相比，CeO_2/TiO_2 催化剂在无紫外光照射下的脱汞性能显著提升，且与 Ce 掺杂量呈正相关关系，这可能有两方面原因：①Ce 掺杂增大了催化剂比表面积，提高了其物理吸附能力；②Ce 掺杂后，部分 Ce 元素以 CeO_2 形式存在，CeO_2 的热催化氧化作用同样有助于脱汞效率的提高。He 等[52]的研究结果表明低温环境下 CeO_2 因价态变化而产生的晶格氧(O_α)可氧化 Hg^0，如反应(7.8)和反应(7.9)所示。

$$2CeO_2 \longrightarrow Ce_2O_3 + O_\alpha \tag{7.8}$$

$$O_\alpha + Hg^0 \longrightarrow HgO \tag{7.9}$$

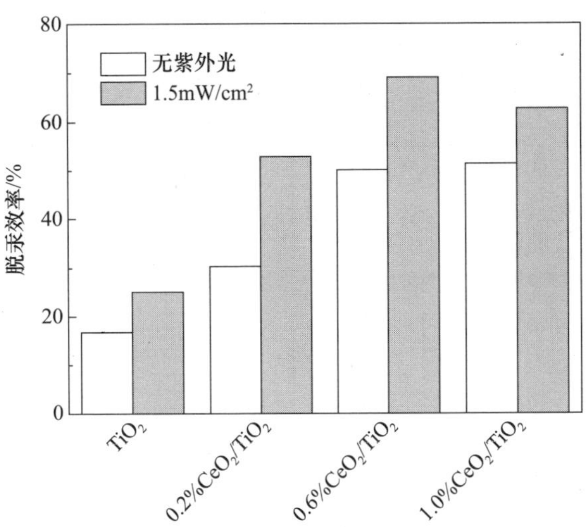

图 7.68　不同 CeO_2/TiO_2 催化剂光催化脱汞效率(SFG，$M=0.12g$，$T=90℃$)

在紫外光照射下，TiO_2 催化剂中掺杂 0.6%(质量分数)Ce 后，Hg^0 脱除效率由 25.1%提高至 69.3%。Wang 等[24]研究了 0.3%(质量分数)CeO_2/TiO_2 催化剂的脱汞性能比较显著。Ce^{4+} 作为光生电子的俘获位，抑制光生电子-空穴对复合，反应如反应(7.10)和反应(7.11)所示[53]。

$$Ce^{4+} + e^- \longrightarrow Ce^{3+} \tag{7.10}$$

$$Ce^{3+} + O_2 \longrightarrow O_2^- + Ce^{4+} \tag{7.11}$$

综上所述，CeO_2/TiO_2 催化剂中 Hg^0 的脱除由吸附、热催化及光催化三种机制共同作用。Ce 的掺杂一方面提高了催化剂的吸附能力，另一方面提供了可氧化 Hg^0 的晶格氧，促进了 Hg^0 的热催化氧化；同时 TiO_2 对紫外光的吸收得到增强，光生电子-空穴对复合受到抑制，TiO_2 光催化脱汞性能得到提升。三种机理共同作用最终促进了 Hg^0 的脱除。

7.6.4 烟气组分对光催化脱汞性能的影响

1. O_2 的影响

由图 7.69 可发现，O_2 对 CeO_2/TiO_2 催化剂脱汞有显著的促进作用。纯 N_2 气氛下，脱汞效率仅为 23.6%；添加 4%的 O_2 后脱汞效率明显提高至 65.9%；12% O_2 下脱汞效率为 77.1%。文献报道烟气中 O_2 可氧化 Ce_2O_3，补充 CeO_2 中 O_α(反应(7.12))[25,54]，从而进一步促进 Hg^0 的脱除。

$$2Ce_2O_3 + O_2 \longrightarrow 4CeO_2 \tag{7.12}$$

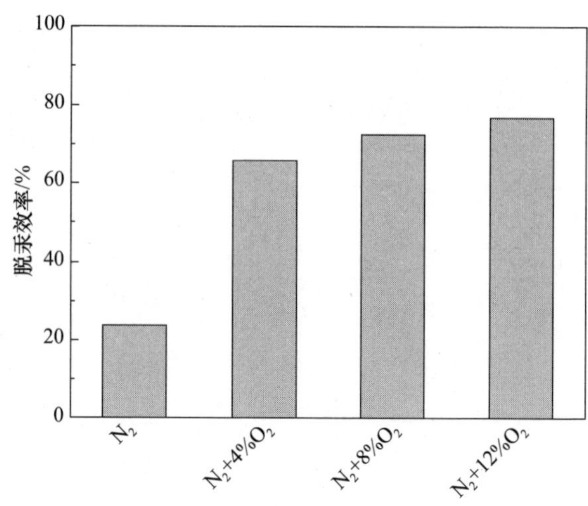

图 7.69　O_2 对 CeO_2/TiO_2 催化剂光催化脱汞的影响(M=0.12g, T=90℃, I=1.5mW/cm^2)

2. SO_2 的影响

SO_2 对 CeO_2/TiO_2 催化剂 Hg^0 脱除性能的影响如图 7.70 所示。与纯 TiO_2 相反，在反应温度为 90℃时，无氧条件下 SO_2 对 0.6%(质量分数)CeO_2/TiO_2 脱汞起促

进作用。N_2 气氛中加入 400ppm SO_2，脱汞效率由 23.6%提高至 40.3%。Ce 掺杂后，CeO_2 中晶格氧可将部分吸附于活性点位上 SO_2 氧化为 SO_3，并在无氧条件下作为氧化剂参与 SO_3 与 Hg^0 的反应，促进 $HgSO_4$ 生成。图 7.71 所示为 N_2 +800ppm SO_2 气氛下 TiO_2 和 0.6%(质量分数)CeO_2/TiO_2 催化剂在反应相同时间后 S 2p 的 XPS。由图 7.71 可发现两种催化剂反应后 S 2p 的结合能区在 168.97eV 及 170.16eV 区域均存在两个明显的峰，这两个峰分别属于 S^{4+} 及 S^{6+} 。通过计算各自谱峰所占面积比

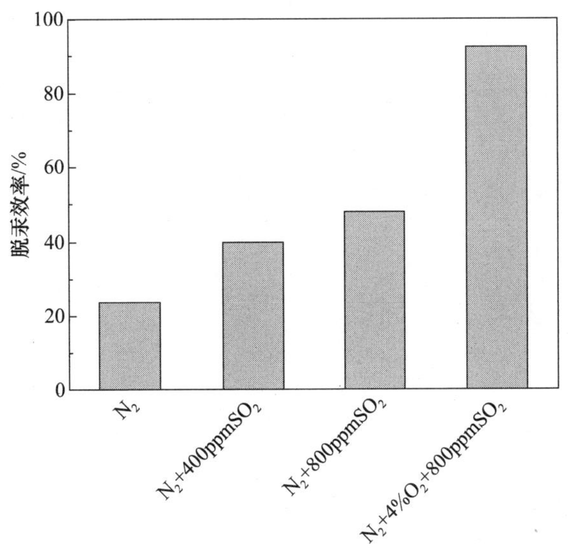

图 7.70　SO_2 对 CeO_2/TiO_2 催化剂 Hg^0 脱除性能的影响(M=0.12g，T=90℃，I=1.5mW/cm^2)

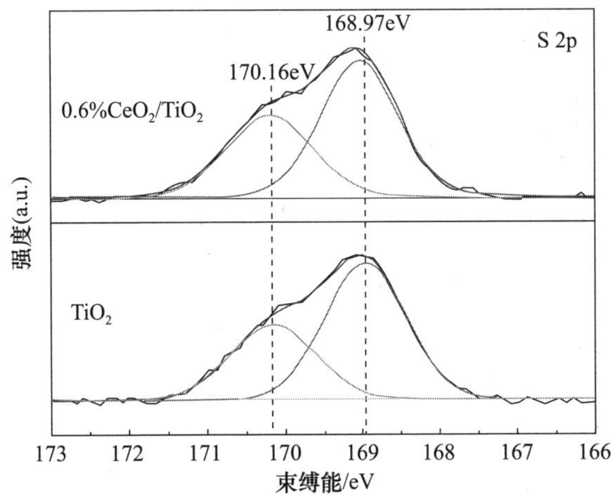

图 7.71　TiO_2、0.6%CeO_2/TiO_2 反应后 S 2p XPS(N_2 +800ppmSO_2 气氛)

例可得出 S^{6+} 所占比例。由计算得出 TiO_2 和 0.6%(质量分数)CeO_2/TiO_2 催化剂 S^{6+} 所占比例分别为 36.47%及 40.05%，说明 Ce 掺杂后有更多的 SO_2 转化为了 SO_3 或 $HgSO_4$，证明了 CeO_2 中晶格氧对 SO_2 的氧化作用。

N_2 + 800ppm SO_2 气氛中加入 4% O_2 后，脱汞效率由 47.8%显著提高至 92.7%。这是由于 O_2 存在条件下，一方面补充并再生了 CeO_2 中晶格氧，一方面 SO_3 与 Hg^0 可在 O_2 协助下发生反应生成 $HgSO_4$(反应(7.4)、反应(7.5)、反应(7.13)、反应(7.15))。

$$O_\alpha + SO_2 \longrightarrow SO_3 \tag{7.13}$$

$$SO_3 + O_\alpha + Hg^0 \longrightarrow HgSO_4 \tag{7.14}$$

$$2SO_3 + 2Hg^0 + O_2 \longrightarrow 2HgSO_4 \tag{7.15}$$

3. NO 的影响

Wang 等前期的研究[24,54]中，在自制的固定床光催化反应系统上开展了 0.3%(质量分数)Ce-TiO_2 纳米纤维脱汞试验，并详细探讨了 NO 对汞脱除的影响。研究发现，在 120℃情况下 NO 对汞氧化有明显的促进作用。He 等[55]、Fan 等[56]在利用 Ce-TiO_2 催化剂进行热催化脱汞试验时也发现 NO 可在 CeO_2/TiO_2 催化剂作用下被氧化为 NO_2，Hg^0 可与 NO_2 发生反应生成 $Hg(NO_3)_2$ 等物质而被脱除。针对蜂窝陶瓷光纤反应器，在 90℃情况下 NO 对 0.6%(质量分数)CeO_2/TiO_2 脱汞性能则具有抑制作用，如图 7.72 所示。纯 N_2 气氛中添加 50ppmNO，Hg^0 脱除效率由原来的 23.6%显著降低至 4.3%，继续增大 NO 浓度至 100ppm，脱汞效率进一步下

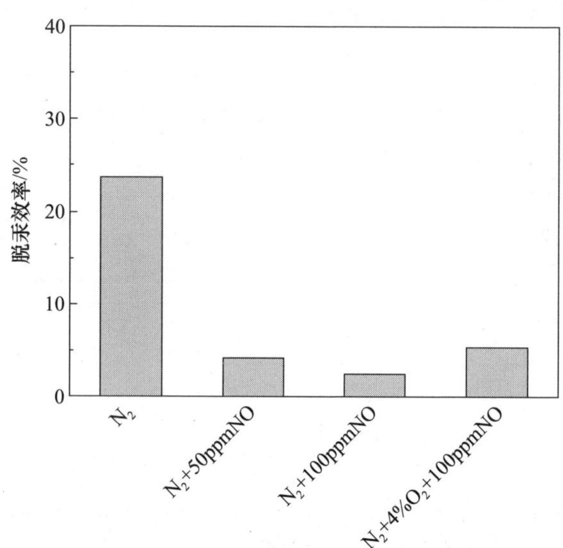

图 7.72 NO 对 CeO_2/TiO_2 催化剂脱汞性能的影响(M=0.12g，T=90℃，I=1.5mW/cm^2)

降至 2.5%左右。N_2+100ppm NO 气氛中加入 4%O_2 后，脱汞效率由 2.5%微弱的提升至 5.4%。NO 的抑制作用一方面是由于催化剂表面绝大多数活性吸附点位被 NO 所占据，Hg^0 在催化剂表面的吸附难以进行，另一方面是由于其对·OH 自由基的大量消耗。

7.7　钛基纳米材料光催化脱汞脱硫脱硝机理

7.7.1　TiO_2-硅酸铝纤维光催化脱汞脱硫脱硝机理

根据试验推测 TASF 光催化脱硫脱硝脱汞的反应过程：波长小于 387nm 的紫外光照射在 TiO_2 上，TiO_2 被激发后生成了光生电子-空穴对，同时激发态的导带电子(e^-)和空穴(h^+)能够重新结合，此时光能会以热能或其他形式的能量散发，TiO_2 的激发过程表示如下[57-59]：

$$TiO_2 + h\nu \longrightarrow TiO_2 + h^+ + e^- \tag{7.16}$$

$$h^+ + e^- \longrightarrow \text{重新合并} + \text{能量} \tag{7.17}$$

当 TiO_2 表面吸附了气态的水分子和氧气时，会抑制光生电子-空穴的复合，h^+ 会与 H_2O 分子或 OH^- 反应，e^- 也会与 H_2O 或 O_2 分子反应生成超氧根离子 $\cdot O_2^-$ 和羟基自由基·OH：

$$H_2O + h^+ \longrightarrow \cdot OH + H^+ \tag{7.18}$$

$$OH^- + h^+ \longrightarrow \cdot OH \tag{7.19}$$

$$O_2 + e^- \longrightarrow \cdot O_2^- \tag{7.20}$$

$$H_2O + \cdot O_2^- \longrightarrow \cdot OOH + OH^- \tag{7.21}$$

$$H^+ + \cdot OOH + e^- \longrightarrow H_2O_2 \tag{7.22}$$

$$2\cdot OOH \longrightarrow O_2 + H_2O_2 \tag{7.23}$$

$$\cdot OOH + H_2O + e^- \longrightarrow H_2O_2 + OH^- \tag{7.24}$$

$$H_2O_2 + e^- \longrightarrow \cdot OH + OH^- \tag{7.25}$$

$\cdot O_2^-$ 和·OH 都是氧化性强的自由基，可以将 NO 氧化为 NO_2[24,25]：

$$NO + \cdot O_2^- + H_2O \longrightarrow NO_2 + 2OH^- \tag{7.26}$$

$$NO + 2\cdot OH \longrightarrow NO_2 + H_2O \tag{7.27}$$

SO_2 被活性自由基氧化为 SO_3：

$$SO_2 + 2\cdot OH \longrightarrow SO_3 + H_2O \tag{7.28}$$

$$SO_2 + \cdot O_2^- + H_2O \longrightarrow SO_3 + 2OH^- \tag{7.29}$$

同样，强氧化性的·OH、$\cdot O_2^-$ 将 Hg^0 氧化为 Hg^{2+}，实现光催化脱汞过程：

$$Hg^0 + 2\cdot OH \longrightarrow HgO + H_2O \tag{7.30}$$

$$Hg^0 + \cdot O_2^- + H_2O \longrightarrow HgO + 2OH^- \tag{7.31}$$

TiO_2-硅酸铝纤维纳米复合材料光催化脱硫、脱硝、脱汞机制可如图 7.73 所示。

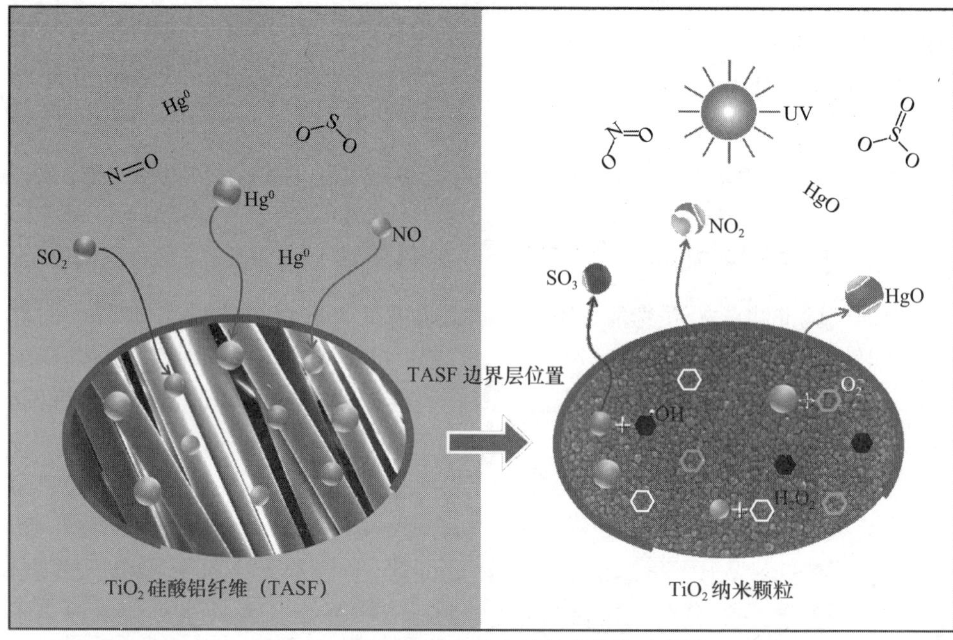

图 7.73　TASF 纳米复合材料光催化示意图

1. 汞的物料平衡分析

通过汞的质量平衡计算来验证试验的准确性与可靠性。试验样品分别命名为 TASF-1、TASF-2、TASF-3 和 TASF-4，脱汞时的紫外光光照强度均为 $3mW/cm^2$，反应温度均为 120℃。其脱汞时的模拟烟气气氛分别如下。

(1) TASF-1：4% O_2、12% CO_2 和 2% H_2O，N_2 作为平衡气。

(2) TASF-2：4% O_2、12% CO_2、2% H_2O 和 400ppm SO_2，N_2 作为平衡气。

(3) TASF-3：4% O_2、12% CO_2、2% H_2O 和 50ppm NO，N_2 作为平衡气。

(4) TASF-4：4% O_2、12% CO_2、2% H_2O、400ppm SO_2 和 50 ppm NO，N_2 作为平衡气。

1) 汞的物料平衡计算

保持光催化系统中气体总流量为 1L/min，设反应时间为 1h，汞平衡计算如下：

$$Hg^T = Hg^S + Hg^0 + Hg^{2+} \tag{7.32}$$

式中，Hg^T 为汞渗透管释放的总汞量；Hg^S 为 TASF 催化剂中吸附的汞量；Hg^0 为尾气中单质汞的含量；Hg^{2+} 为尾气中二价汞的含量。

2) Hg^T 的计算

保持汞渗透管释放的初始汞浓度为一定值，设为 $A\mu g/m^3$，总汞量为

$Hg^T = A\mu g/m^3 \times 1L/min \times 60min \times 10^{-3} = 0.06A\mu g$

汞的初始汞浓度为 $50\mu g/m^3$。

3) Hg_S 的计算

脱汞后 TASF 催化剂中吸附的汞含量由 Hydra-C 自动汞分析仪测量。

4) Hg^0 的计算

TASF-1 到 TASF-4 样品脱汞后尾气中单质汞浓度随时间变化的曲线如图 7.74 所示。由软件 Origin 积分可得尾气中单质汞含量随时间变化的曲线，如图 7.75 所示，从而得到 60min 内尾气中的单质汞含量。

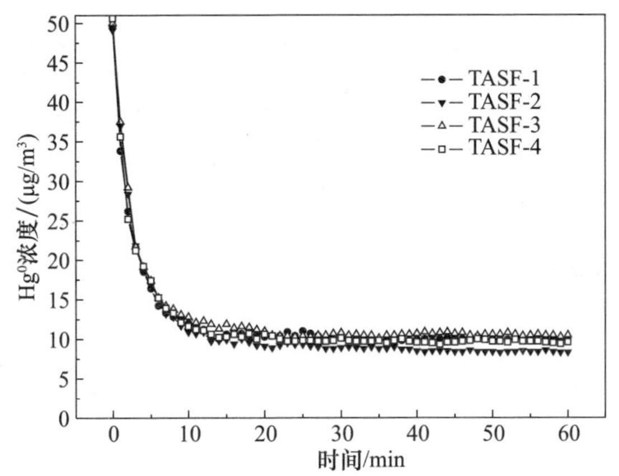

图 7.74　尾气中汞浓度随时间变化的曲线

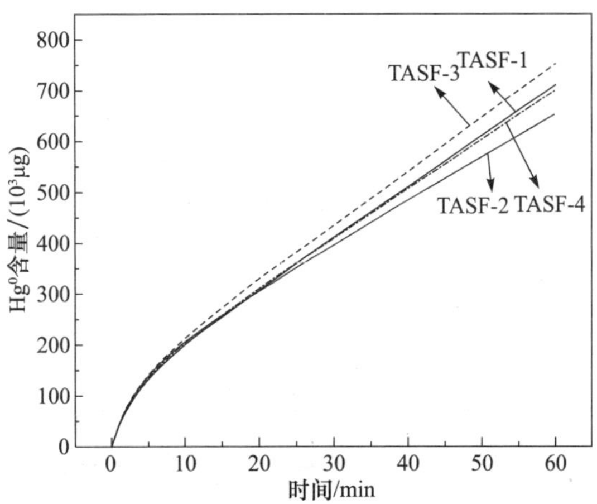

图 7.75　尾气中单质汞含量随时间变化的曲线

5）Hg^{2+}的计算

根据 Ontario-Hydro Method，用两瓶 1mol/L 的 KCl 溶液来吸收尾气中的 Hg^{2+}，然后对 KCl 溶液进行消解，测量 KCl 溶液吸收的 Hg^{2+} 的总量。

光催化系统中各形态汞的含量见表 7.11，汞质量平衡在 83%～91%，平衡误差的是由取样、消解、收集和测试的过程引起的。

表 7.11　汞的物料平衡表

样品	Hg^T/μg	Hg^S/μg	Hg^0/μg	Hg^{2+}/μg	Hg 平衡/%
TASF-1	2.970	1.303	0.710	0.626	88.9
TASF-2	2.946	1.210	0.653	0.608	83.8
TASF-3	3.000	1.358	0.752	0.627	91.2
TASF-4	3.036	1.262	0.670	0.702	86.7

2. *脱硫脱硝分析*

试验在模拟烟气条件下，脱硫脱硝后的尾气吸收后采用离子色谱仪检测其中的离子成分，验证光催化氧化 SO_2 和 NO 的发生。烟气组分为 4% O_2、12% CO_2、2% H_2O、400ppm SO_2 和 50ppm NO，N_2 作为平衡气；紫外光光照强度为 3mW/cm²，反应温度为 120℃。试验连续脱硫脱硝 3h，脱硫脱硝前、后吸收液的离子色谱图分别如图 7.76 和图 7.77 所示。

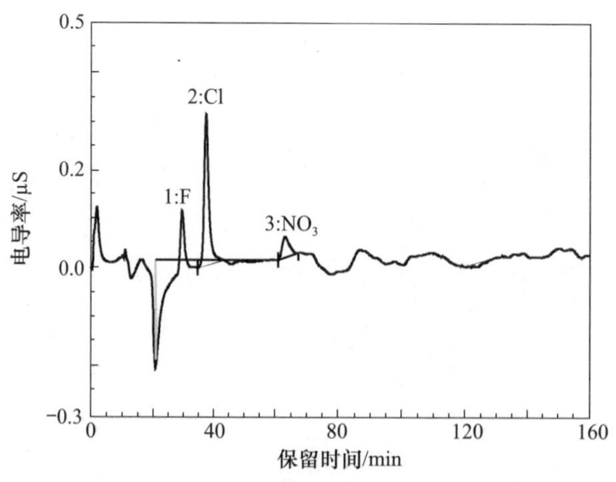

图 7.76　脱硫脱硝前吸收液的离子色谱图

由图可知光催化氧化 SO_2 和 NO 后，吸收液中出现了较强的 SO_4^{2-} 和 NO_3^- 的吸收峰，表明在紫外光的辐射下，TASF 将 SO_2 和 NO 催化氧化为 SO_4^{2-} 和 NO_3^-。

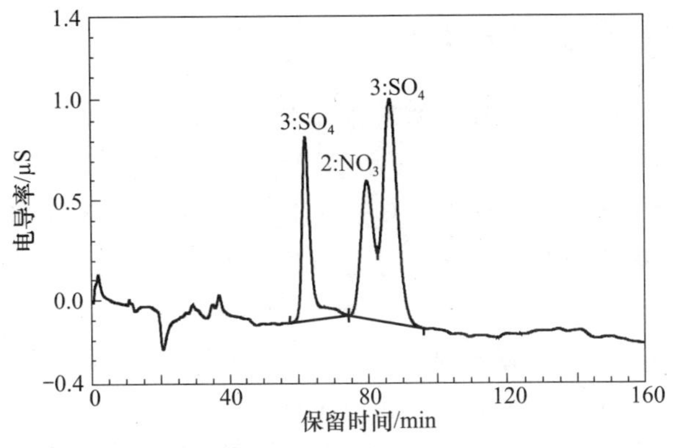

图 7.77　脱硫脱硝后吸收液的离子色谱图

7.7.2　TiO_2 基纳米纤维脱汞机理

1. V_2O_5-TiO_2 催化反应机理

掺杂 V_2O_5 能显著提高 TiO_2 对可见光的利用率同时增强 TiO_2 在可见光下的催化活性。在 V_2O_5-TiO_2 体系中，V_2O_5 进入 TiO_2 的晶格空隙中，通过 V—O—Ti 键与 TiO_2 连接，形成了催化反应的活性点位。在可见光的照射下，光生电子被激发，从 V_2O_5 的价带(VB)跃迁到其导带(CB)上，由于 V_2O_5 的禁带宽度为 2.3eV (<3.2eV)，V_2O_5 的导带位置高于 TiO_2 的，激发态的电子可以从 V_2O_5 的 CB 上迅速转移到 TiO_2 的 CB 上，光生空穴则留在了 V_2O_5 的 VB 上[60,61]。此时聚集在 TiO_2 导带上的电子可以快速地和 O_2 反应生成 O_2^-，而 V_2O_5 价带上的空穴则与 H_2O 或 OH^- 反应生成 · OH。这些强氧化性的物质将汞氧化。因此，电子的跃迁是 V_2O_5-TiO_2 在可见光下具有脱汞性能的主要原因。同时电子和空穴的快速分离使量子效率得到提高，从而提高了 V_2O_5-TiO_2 的催化活性和氧化能力。光激发下 V_2O_5-TiO_2 的电子转移与催化机理示意图如图 7.78 所示。

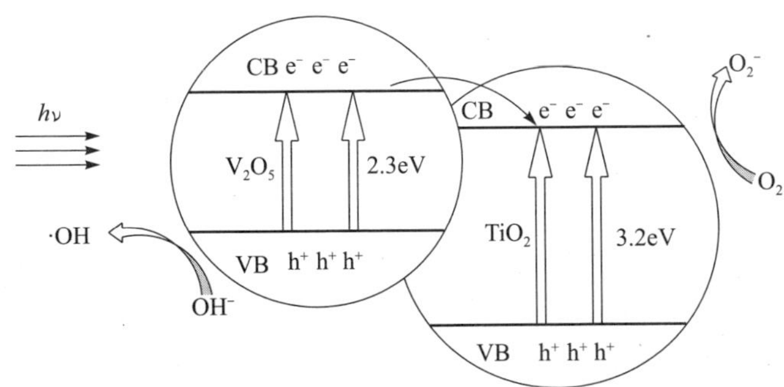

图 7.78　光激发下 V_2O_5-TiO_2 的电子转移与催化机理示意图

2. WO_3-TiO_2 催化反应机理

WO_3 作为一种半导体材料其禁带宽度为 2.8eV，在可见光下具有一定的光学活性。在 TiO_2 中掺杂 WO_3 后紫外光下脱汞效率提高的原因主要有两个方面。首先，由于 W^{6+} 物种具有 Lewis 和 Brønsted 酸性位，从而 WO_3-TiO_2 具有了表面酸性[62,63]。这种表面酸性对未成对的电子具有较高的亲和力，能够吸附 O_2 产生 O_2^- 和 · OH，因此 TiO_2-WO_3 的脱汞效率得到了提高。

另外，在 WO_3-TiO_2 纳米纤维中，光辐射下 TiO_2 的光生电子被激发从 VB 跃迁到 CB 上。由于 WO_3 的导带位置低于 TiO_2 的，TiO_2 导带上的电子可以非常迅速地转移到 WO_3 的导带上，失去电子的空穴则被困在 TiO_2 的价带上，因此光生电子和空穴的复合概率大大降低，这将使光量子效率得到很大提高[64]。因此表面酸性的增加、快速而有效的电荷转移和电子-空穴复合率的降低是导致 WO_3-TiO_2 在紫外光下有很高的催化活性的根本原因。WO_3-TiO_2 的能带结构与电荷载体分离示意图如图 7.79 所示。

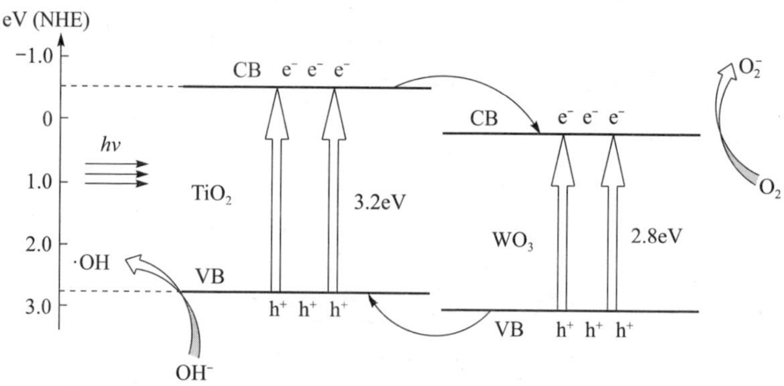

图 7.79 WO_3-TiO_2 的能带结构与电荷载体分离示意图

NHE—标准电极

3. Ag-TiO_2 脱汞机理

在 TiO_2 中掺杂 Ag 后脱汞效率提高的主要原因是银汞合金的形成。其脱汞机理包括物理吸附、齐化反应和化学吸附。气态的元素汞吸附在 Ag-TiO_2 纤维表面，与 Ag-TiO_2 纤维中的银通过齐化反应形成各种 Ag-Hg 的化合物，Ag-TiO_2 纤维将有毒的元素汞转化为无毒的合金汞。烟气中的元素汞不断被 Ag-TiO_2 纳米纤维捕获，最终附着在纤维的表面。因此，TiO_2-Ag 纳米纤维在无光的条件下能够达到很高的脱汞效率。

参考文献

[1] Frank S N, Bard A J. Heterogeneous photocatalytic oxidation of cyanide ion in aqueous solutions at titanium dioxide powder. Journal of the American Chemical Society, 1977, 99: 303—309.

[2] Frank S N, Bard A J. Heterogeneous photocatalytic oxidation of cyanide and sulfite in aqueous solutions at semiconductor powders. The Journal of Physical Chemistry B, 1977, 81(15): 1484—1488.

[3] Wang H Q, Zhou S Y, Xiao L, et al. Titania nanotubes—A unique photocatalyst and adsorbent for elemental mercury removal. Catalysis Today, 2011, 175: 202—208.

[4] Chen S S, His H C, Nian S H, et al. Synthesis of N-doped TiO_2 photocatalyst for low-concentration elemental mercury removal under various gas conditions. Applied Catalysis B: Environmental, 2014, 160-161: 558—565.

[5] Granite E J, Pennline H W. Photochemical removal of mercury from flue gas. Industrial & Engineering Chemistry Research, 2002, 41: 5470—5476.

[6] Pitoniak E, Wu C Y, Londeree D, et al. Nanostructured silica-gel doped with TiO_2 for mercury vapor control. Journal of Nanoparticle Research, 2003, 5: 281—292.

[7] Lee T G, Biswas P, Hedrick E. Overall kinetics of heterogeneous elemental mercury reactions on TiO_2 sorbent particles with UV irradiation. Industrial & Engineering Chemistry Research, 2004, 43(6): 1411—1417.

[8] Shen H Z, Ie I R, Yuan C S, et al. Enhanced photocatalytic oxidation of gaseous elemental mercury by TiO_2 in a high temperature environment. Journal of Hazardous Materials, 2015, 289: 235—243.

[9] Tsai C Y, Hsi H C, Kuo T H, et al. Preparation of Cu-doped TiO_2 photocatalyst with thermal plasma torch for low-concentration mercury removal. Aerosol and Air Quality Research, 2013 13: 639.

[10] Zhang J F, Zhou P, Liu J J, et al. New understanding of the difference of photocatalytic activity among anatase, rutile and brookite TiO_2. Physical Chemistry Chemical Physics, 2014, 16: 20382—20386.

[11] 周思瑶. TiO_2 基纳米管吸附-光催化氧化脱除燃煤烟气中单质汞的研究[硕士学位论文]. 杭州:浙江大学,2011.

[12] Li Y, Wu C Y. Role of moisture in adsorption, photocatalytic oxidation, and reemission of elemental mercury on a SiO_2-TiO_2 nanocomposite. Environmental Science & Technology, 2006, 40(20): 6444—6448.

[13] Wu J, Li C E, Zhao X Y, et al. Photocatalytic oxidation of gas-phase Hg^0 by CuO/TiO_2. Applied Catalysis B: Environmental, 2015, 176-177: 559—569.

[14] Tsai C Y, Kuo T H, Hsi H C. Fabrication of Al-doped TiO_2 visible-light photocatalyst for

low-concentration mercury removal. International Journal of Photoenergy，2012：1－8.

[15] 张冲，吴江，陈先托. 铈碳共掺杂 TiO_2 脱除烟气汞的实验研究. 上海电力学院学报，2016，32(2)：135－139.

[16] 代学伟，吴江，齐雪梅，等. Fe 掺杂 TiO_2 催化剂制备及其光催化脱汞机理. 环境科学研究，2014，27(8)：827－834.

[17] Shen H Z，Ie I R，Yuan C S，et al. Removal of elemental mercury by TiO_2 doped with WO_3 and V_2O_5 for their photo- and thermo-catalytic removal mechanisms. Environmental Science and Pollution Research，2016，23(6)：5839－5852.

[18] Yu J C C，Nguyen V H，Lasek J，et al. NO_x abatement from stationary emission sources by photoassisted SCR：Lab-scale to pilot-scale studies. Applied Catalysis A：General，2016，523：294－303.

[19] Lu K T，Nguyen V H，Yu Y H，et al. An internal-illuminated monolith photoreactor towards efficient photocatalytic degradation of ppb-level isopropyl alcohol. Chemical Engineering Journal，2016，296：11－18.

[20] Yu Y H，Pan Y T，Wu Y T，et al. Photocatalytic NO reduction with C_3H_8 using a monolith photoreactor. Catalysis Today，2011，174(1)：141－147.

[21] Yuan Y，Zhao Y C，Li H L，et al. Electrospun metal oxide-TiO_2 nanofibers for elemental mercury removal from flue gas. Journal of Hazardous Materials，2012，227-228：427－435.

[22] Yuan Y，Zhang J Y，Li H L，et al. Simultaneous removal of SO_2，NO and mercury using TiO_2-aluminum silicate fiber by photocatalysis. Chemical Engineering Journal，2012，192：21－28.

[23] Laudal D L T，Pavlish J H，Brickett L，et al. Mercury speciation at power plants using SCR and SNCR control technologies. Proceedings of the 3rd International Air Quality Conference，Arlington，2002.

[24] Wang L L，Zhao Y C，Zhang J Y. Electrospun cerium-based TiO_2 nanofibers for photocatalytic oxidation of elemental mercury in coal combustion flue gas. Chemosphere，2017，185：690－698.

[25] Wang L L，Zhao Y C，Zhang J Y. Photochemical removal of SO_2 over TiO_2-based nanofibers by a dry photocatalytic oxidation process. Energy&Fuels，2017，31：9905－9914.

[26] Palau J，Colomer M，Penya-Roja J M，et al. Photodegradation of toluene，m-Xylene，and nbutyl acetate and their mixtures over TiO_2 catalyst on glass fibers. Industrial & Engineering Chemistry Research，2012，51(17)：5986－5994.

[27] Jung K Y，Park S B，Anpo M. Photoluminescence and photoactivity of titania particles prepared by the sol-gel technique：Effect of calcination temperature. Journal of Photochemistry and Photobiology A：Chemistry，2005，170(3)：247－252.

[28] Suriyawong A，Smallwood M，Li Y，et al. Mercury capture by nano-structured titanium dioxide sorbent during coal combustion：Lab-scale to pilot-scale studies. Aerosol and Air Quality Research，2009，9：394－403.

[29] Shen H Z, Ie I R, Yuan C S, et al. The enhancement of photo-oxidation efficiency of elemental mercury by immobilized WO_3/TiO_2 at high temperatures. Applied Catalysis B: Environmental, 2016, 195: 90−103.

[30] Kim H H. Nonthermal plasma processing for air-pollution control: A historical review, current issues, and future prospects. Plasma Processes and Polymers, 2004, 1(2): 91−110.

[31] Jeong J, Jurng J. Removal of gaseous elemental mercury by dielectric barrier discharge. Chemosphere, 2007, 68(10): 2007−2010.

[32] El-Bahy Z M, Ismail A A, Mohamed R M. Enhancement of titania by doping rare earth for photodegradation of organic dye (Direct Blue). Journal of Hazardous Materials, 2009, 166(1): 138−143.

[33] Xie Y B, Yuan C W. Visible-light responsive cerium ion modified titania sol and nanocrystallites for X-3B dye photodegradation. Applied Catalysis B: Environmental, 2003, 46(2): 251−259.

[34] Song S, Xu L J, He Z Q, et al. Mechanism of the photocatalytic degradation of C. I. reactive black 5 at pH 12.0 using $SrTiO_3/CeO_2$ as the catalyst. Environmental Science & Technology, 2007, 41: 5846−5853.

[35] Gao X, Jiang Y, Zhong Y, et al. The activity and characterization of CeO_2-TiO_2 catalysts prepared by the sol-gel method for selective catalytic reduction of NO with NH_3. Journal of Hazardous Materials, 2010, 174(1-3): 734−739.

[36] Liu R H, Xu W Q, Tong L, et al. Role of NO in Hg^0 oxidation over a commercial selective catalytic reduction catalyst V_2O_5-WO_3/TiO_2. Journal of Environmental Sciences, 2015, 38: 126−132.

[37] Huang Y, Gao D M, Tong Z Q, et al. Oxidation of NO over cobalt oxide supported on mesoporous silica. Journal of Natural Gas Chemistry, 2009, 18(4): 421−428.

[38] Yang S J, Guo Y F, Yan N Q, et al. Elemental nercury capture from flue gas by magnetic Mn-Fe spinel: Effect of chemical heterogeneity. Industrial & Engineering Chemistry Research, 2011, 50(16): 9650−9656.

[39] Qiao S H, Chen J, Li J F, et al. Adsorption and catalytic oxidation of gaseous elemental mercury in flue gas over MnO_x/Alumina. Industrial & Engineering Chemistry Research, 2009, 48: 3317−3322.

[40] Li J F, Yan N Q, Qu Z, et al. Catalytic oxidation of elemental mercury over the modified catalyst Mn/r-Al_2O_3 at lower temperatures. Environmental Science & Technology, 2010, 44: 426−431.

[41] Fang P, Cen C P, Tang Z J. Experimental study on the oxidative absorption of Hg^0 by $KMnO_4$ solution. Chemical Engineering Journal, 2012, 198-199: 95−102.

[42] Cho J H, Lee T G, Eom Y. Gas-phase elemental mercury removal in a simulated combustion flue gas using TiO_2 with fluorescent light. Journal of the Air & Waste Management Association, 2012, 62: 1208−1213.

[43] Zhuang Z K, Yang Z M, Zhou S Y, et al. Synergistic photocatalytic oxidation and adsorption of elemental mercury by carbon modified titanium dioxide nanotubes under visible light LED irradiation. Chemical Engineering Journal, 2014, 253: 16—23.

[44] Wu Z B, Jin R B, Wang H Q, et al. Effect of ceria doping on SO_2 resistance of Mn/TiO_2 for selective catalytic reduction of NO with NH_3 at low temperature. Catalysis Communications, 2009, 10: 935—939.

[45] Paola A D, Bellardita M, Palmisano L. Brookite, the least known TiO_2 photocatalyst. Catalysts, 2013, 3: 36—73.

[46] Zhang L H, Koka R V. A study on the oxidation and carbon diffusion of TiC in aluminatitanium carbide ceramics using XPS and Raman spectroscopy. Materials Chemistry and Physics, 1998, 57(1): 23—32.

[47] Fang B Z, Chaudhari N K, Kim M S, et al. Homogeneous deposition of platinum nanoparticles on carbon black for proton exchange membrane fuel cell. Journal of America Chemistry Society, 2009, 131: 15330—15338.

[48] Reddy B M, Khan A, Yamada Y, et al. Structural characterization of CeO_2-TiO_2 and V_2O_5/CeO_2-TiO_2 catalysts by raman and XPS techniques. The Journal of Physical Chemistry B, 2003, 107: 5162—5167.

[49] Mullins D R, Overbury S H, Huntley D R. Electron spectroscopy of single crystal and polycrystalline cerium oxide surfaces. Surface Science, 1998, 409: 307—319.

[50] Martin M V, Villabrille P I, Rosso J A. The influence of Ce doping of titania on the photodegradation of phenol. Environmental Science and Pollution Research, 2015, 22: 14291—14298.

[51] Xiao J R, Peng T Y, Li R, et al. Preparation, phase transformation and photocatalytic activities of cerium-doped mesoporous titania nanoparticles. Journal of Solid State Chemistry, 2006, 179: 1161—1170.

[52] He J, Reddy G K, Thiel S W, et al. Ceria-modified manganese oxide/titania materials for removal of elemental and oxidized mercury from flue gas. The Journal of Physical Chemistry C, 2011, 115: 24300—24309.

[53] Xu Y H, Chen H R, Zeng Z X, et al. Investigation on mechanism of photocatalytic activity enhancement of nanometer cerium-doped titania. Applied Surface Science, 2006, 252: 8565—8570.

[54] Wang L L, Zhao Y C, Zhang J Y. Comprehensive evaluation of mercury photocatalytic oxidation by cerium-based TiO_2 nanofiber. Industrial & Engineering Chemistry Research, 2017, 56: 3804—3812.

[55] He C, Shen B X, Chen J H, et al. Adsorption and oxidation of elemental mercury over $CeMnO_x$/Ti-PILCs. Environmental Science & Technology, 2014, 48: 7891—7898.

[56] Fan X P, Li C T, Zeng G M, et al. Removal of gas-phase element mercury by activated carbon fiber impregnated with CeO_2. Energy & Fuels, 2010, 24: 4250—4254.

[57] Sjostrom S, Durham M, Bustard C J, et al. Activated carbon injection for mercury control: Overview. Fuel, 2010, 89: 1320—1322.

[58] Jiang Y, Zhang P, Liu Z W, et al. The preparation of porous nano-TiO_2 with high activity and the discussion of the cooperation photocatalysis mechanism. Materials Chemistry and Physics, 2006, 99(2-3): 498—504.

[59] Wang Z H, Jiang S D, Zhu Y Q, et al. Investigation on elemental mercury oxidation mechanism by non-thermal plasma treatment. Fuel Processing Technology, 2010, 91: 1395—1400.

[60] Xu B L, Fan Y N, Liu L, et al. Dispersion state and catalytic properties of vanadia species on the surface of V_2O_5/TiO_2 catalysts. Science in China Series B: Chemistry, 2002, 45: 407—415.

[61] Wang Y, Su Y R, Qiao L, et al. Synthesis of one-dimensional TiO_2/V_2O_5 branched heterostructures and their visible light photocatalytic activity towards Rhodamine B. Nanotechnology, 2011, 22: 1—8.

[62] Iliev V, Tomova D, Rakovsky S, et al. Enhancement of photocatalytic oxidation of oxalic acid by gold modified WO_3/TiO_2 photocatalysts under UV and visible light irradiation. Journal of Molecular Catalysis A: Chemical, 2010, 327: 51—57.

[63] Keller V, Bernhardt P, Garin F. Photocatalytic oxidation of butyl acetate in vapor phase on TiO_2, Pt/TiO_2 and WO_3/TiO_2 catalysts. Journal of Catalysis, 2003, 215: 129—138.

[64] Lv K Z, Li J, Qing X X, et al. Synthesis and photo-degradation application of WO_3/TiO_2 hollow spheres. Journal of Hazardous Materials, 2011, 189: 329—335.

第 8 章　飞灰及磁珠吸附剂脱汞

飞灰作为一种很有潜力的吸附剂而被广泛研究。以往通常认为飞灰中未燃炭含量是影响其脱汞能力的主要因素[1]，但是近期的研究表明，未燃炭的物理特性、岩相组分、微观形貌等也对脱汞性能具有重要影响[2]。此外，飞灰中某些无机组分尤其是磁性组分(磁珠)在捕获汞的同时还能促进汞的氧化。由于磁珠具有容易与飞灰分离的特性，采用磁选方法将磁珠从飞灰中分离出来，将其活化后用于脱除烟气中的汞，既不会影响飞灰的品质，又可以实现吸附剂的循环再生利用，颇具应用潜力。本章较为系统地描述飞灰物理特性、未燃炭含量、未燃炭的岩相组分和微观结构特性对脱汞性能的影响，并重点论述可循环再生磁珠吸附剂的脱汞性能及其反应机理。

8.1　飞灰吸附剂脱汞

8.1.1　飞灰的物理特性对脱汞性能的影响

飞灰的物理特性，如颗粒粒径和比表面积等，是影响飞灰脱汞性能的重要因素。对于大型燃煤电厂锅炉，煤粉在 1400℃以上的高温下被快速地加热、裂解和燃烧，煤中矿物质发生分解、熔融、汽化、凝聚、冷凝和团聚等一系列的物理化学变化，在较低温度下形成不同颗粒粒径、不同化学组分、不同物理性质以及不同形貌特征的飞灰。Dunham 等[3]曾采用固定床的方法研究了 16 种不同的飞灰对汞的氧化和捕获，结果如图 8.1 所示。飞灰颗粒的比表面积是促进汞的氧化和吸附的重要条件，随着飞灰颗粒比表面积的增大，汞的氧化和吸附性能增强，但比表面积与氧化和吸附性能之间并没有太强的相互关联，这表明亚微米级颗粒对汞的氧化和吸附不仅与其比表面积有关，而且与其比表面积的利用率有关。

目前，普遍认为飞灰对汞的捕获随飞灰颗粒粒径的减小而增强，飞灰颗粒越细，汞在飞灰表面的富集越明显。然而，部分学者在考察不同颗粒粒径对飞灰脱汞性能的影响时却得出了相反的结论。Zhao 等[4]研究了不同颗粒粒径飞灰的脱汞性能，如图 8.2 所示，结果表明，粗颗粒飞灰脱汞性能明显高于细颗粒，这可能是粗颗粒飞灰中含有较多的未燃炭引起的(见表 8.1)。但是对比粒径大于 100μm 与 80～100μm 的飞灰，两者碳含量相差不大，但是脱汞能力有较大差异，这也再次证明碳含量并不是影响飞灰脱汞性能的主要因素。

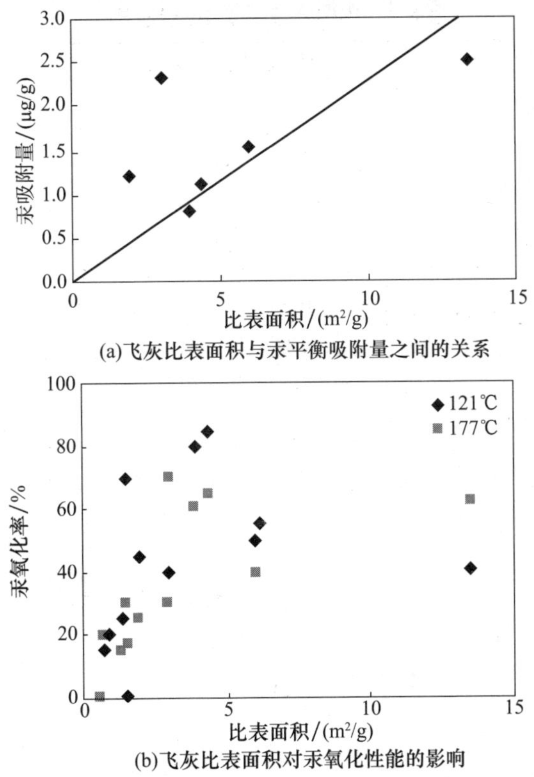

(a)飞灰比表面积与汞平衡吸附量之间的关系

(b)飞灰比表面积对汞氧化性能的影响

图 8.1　飞灰比表面积对脱汞性能的影响[3]

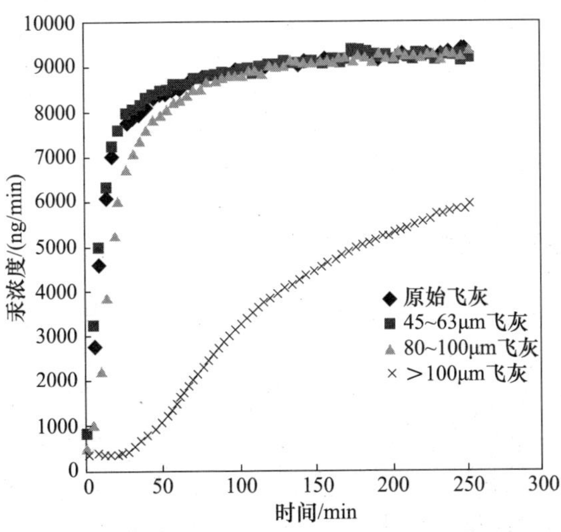

图 8.2　不同粒径飞灰颗粒脱汞性能[4]

表 8.1　不同粒径飞灰 Hg 吸附量[4]

样品	Hg 吸附量/(μg/g)	烧失量/%
原始飞灰	1.70	5.6
45～63μm 飞灰	1.96	12.64
80～100μm 飞灰	3.0	33.87
＞100μm 飞灰	19.1	35.4

孟素丽等[5]研究发现，只有合适的颗粒粒径范围才能达到最佳的吸附效果，50μm＜d＜74μm 的飞灰汞吸附效率最高；当 d＜50μm 时，飞灰汞吸附效率有所下降；当 d＞74μm 时，飞灰汞吸附效率下降显著(见图 8.3)。当飞灰颗粒较细时，烟气导致通过吸附层的传质阻力增大，汞较难穿透某一分子层而到达下一分子层，吸附效率下降；而飞灰颗粒较大时，比表面积减小，外部传质和内部扩散过程受到影响，导致吸附效率下降。因此，只有合适的粒径范围才能达到最佳效果。

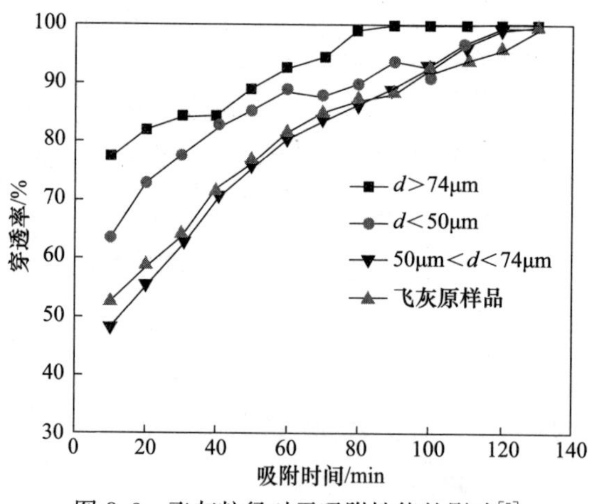

图 8.3　飞灰粒径对汞吸附性能的影响[5]

8.1.2　未燃炭含量对飞灰脱汞性能的影响

未燃炭含量对飞灰捕获汞的能力具有重要影响，普遍认为随着未燃炭含量的增加，飞灰捕获汞的能力也相应增强[1]。Hower 等[6]连续一个月采集了 Kentucky 电厂静电除尘器同一位置飞灰，发现飞灰中汞含量与未燃炭含量之间具有明显的相关性(见图 8.4)。此外，在燃烧低硫煤的电厂，采用三级机械除尘(旋风分离器)和五级布袋除尘器所捕集的飞灰中，汞含量差异显著，如图 8.5 所示。由于烟气温度较高，旋风分离器所捕集的飞灰中未燃炭含量明显低于布袋除尘器飞灰中的，因此飞灰中汞含量较低[7]。

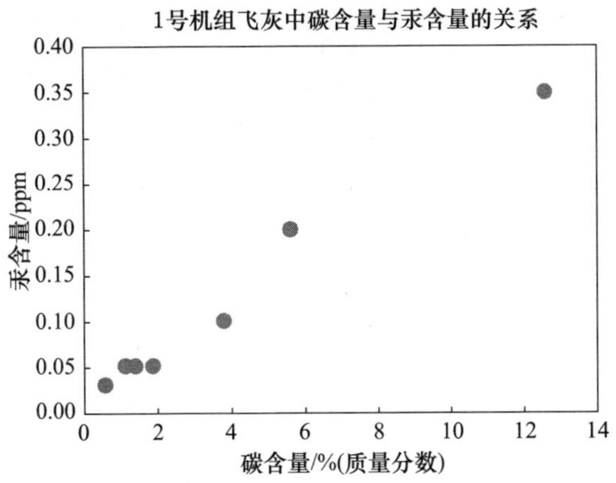

图 8.4　飞灰中碳含量与汞含量的关系(燃烧高挥发分的 Illinois Basin 烟煤)[6]

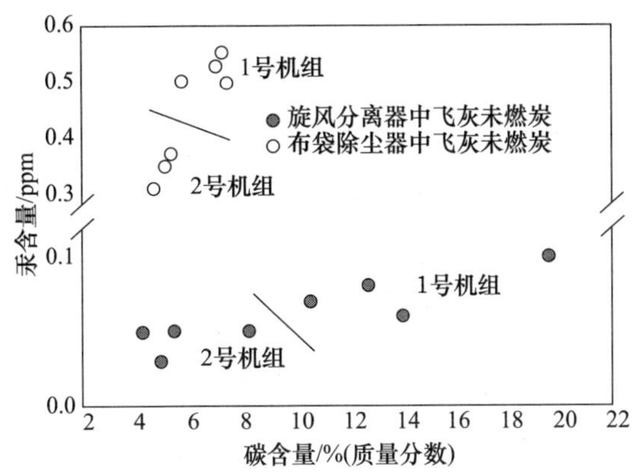

图 8.5　旋风分离器和布袋除尘器采集的飞灰中的碳含量与汞含量的关系
(燃烧高挥发分的 Central Appalachian 烟煤)[6]

Abad-Valle 等[1]的研究发现，在 N_2、CO_2 和 O_2 气氛下飞灰捕获汞的能力与未燃炭的含量成正比，但是在有 SO_2、HCl、水蒸气以及各烟气组分协同作用时并不完全成正比，这可能是由于飞灰及烟气组分的协同作用(见表 8.2)。

近期的研究表明，未燃炭含量并不是影响飞灰脱汞性能的唯一决定性因素。Goodarzi 等[8]研究发现，来自不同煤阶的飞灰中未燃炭含量与汞的吸附量并不具有统一的相关性，如图 8.6 所示。来自燃烧褐煤和烟煤的飞灰中未燃炭含量与汞的吸附量存在较好的相关关系；来自无烟煤和石油焦混合后产生的未燃炭含量与汞的吸附量并没有太强的相关性。其原因可能是来自褐煤和烟煤的飞灰中的未燃炭具有较大的比表面积和较强的活性，而来自石油焦的未燃炭主要为各向异性炭颗粒，其比表面积相对各向同性未燃炭较小。

表 8.2　不同未燃炭含量的飞灰的汞吸附性能[1]

气氛	汞吸附量/(μg/g)			
	CTL-O	CTL-EC	CTE-O	CTE-EC
N_2	1.7	20	1.0	9.0
12.6%O_2	1.8	20	1.1	8.5
20%O_2	1.9	20	1.2	9.2
16%CO_2	2.2	20	1.0	8.7
0.2%SO_2	1.7	19	1.0	5.7
50ppm HCl	21	250[a]	9.9	200[a]
3%H_2O	1.7	20	0.9	5.6
10%O_2+16%CO_2+0.2%SO_2	2.1	29	1.1	8.9
10%O_2+16%CO_2+0.2%SO_2+3%H_2O	1.7	310[a]	0.9	160[a]
10%O_2+16%CO_2+0.2%SO_2+3%H_2O+50ppm HCl	8.5	35	4.4	17

注：CTL-O、CTE-O 分别为来源于燃烧烟煤和次烟煤的飞灰，CTL-EC、CTE-EC 分别为 CTL-O、CTE-O 经过筛分处理得到的富碳组分，其未燃炭含量分别为 CTL-O5.6%，CTE-O2.0%，CTL-EC35%、CTE-EC18%。

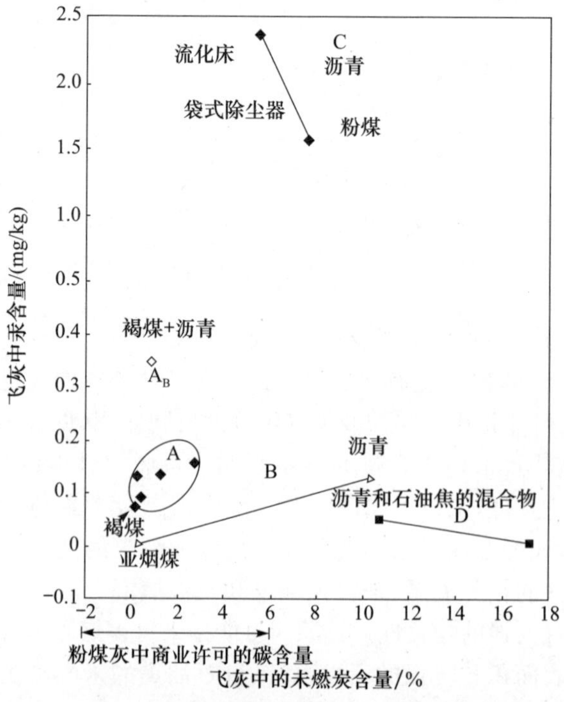

图 8.6　飞灰未燃炭含量与汞吸附量的关系[8]

Zhao 等[4]的研究也发现，飞灰未燃炭含量并不是影响汞吸附性能的唯一因素。原始飞灰中以 CTSR 的汞吸附能力最强，达 5.02μg/g；富碳组分中 CTL>100 和 CTSR>80 的汞吸附能力最高，分别达到 9.36μg/g 和 10.3μg/g(见图 8.7)。烟煤飞灰(CTL、CTSR)的富碳组分的吸附汞能力明显高于原始飞灰，而高阶无烟煤及亚烟煤飞灰的富碳组分与原始飞灰的脱汞能力相当，甚至偏低。由于燃煤飞灰物理化学组分的复杂性，不同煤阶中炭质结构和岩相组分存在较大差异，进而其结构形貌各不相同，故其吸附性能存在较大差异。由此表明，飞灰中未燃炭含量并不是影响汞吸附量的唯一因素，未燃炭的炭质结构和岩相组分同样是影响飞灰脱汞能力的重要因素。

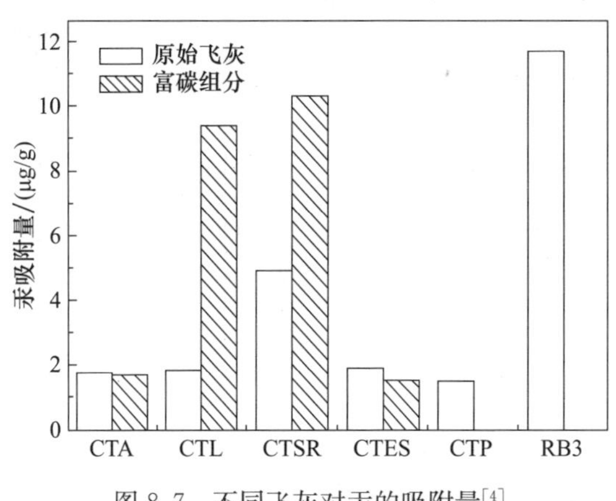

图 8.7　不同飞灰对汞的吸附量[4]

CTA—高阶煤；CTL—烟煤；CTSR—烟煤；CTES—次烟煤；CTP—燃烧烟煤的流化床电厂飞灰；RB3—活性炭

8.1.3　未燃炭的岩相组分及微观形貌结构特征对飞灰脱汞性能的影响

飞灰中未燃炭颗粒依据其结构特征可以分为各向同性未燃炭和各向异性未燃炭。而依据其微观形貌和来源，各向同性未燃炭颗粒可进一步划分为[9]源于低阶煤镜质组燃烧的各向同性颗粒、源于惰质组的完全各向同性颗粒和各向同性碎片。各向异性未燃炭可进一步划分为源于无烟煤镜质组的未燃炭颗粒、源于半无烟煤和烟煤镜质组的未燃炭颗粒、源于高阶煤惰质组的颗粒和碎片状颗粒。对于各向同性未燃炭和各向异性未燃炭，其熔融特性和微观形貌结构均表现出较大差异，而颗粒结构的方向性、未燃炭结构及微观形貌结构是影响飞灰脱汞性能的重要因素。

López-Antón 等[10]和 Zhao 等[4]分别研究了高汞浓度和低汞浓度条件下未燃炭岩相组分对脱汞性能的影响。结果发现，无论是高汞浓度还是低汞浓度条件下，飞灰对汞的吸附都主要取决于各向异性未燃炭含量(见图 8.8 和图 8.9)，各种各向同性炭颗粒含量与飞灰汞吸附量并无明显的相关性(见图 8.10 和图 8.11)。

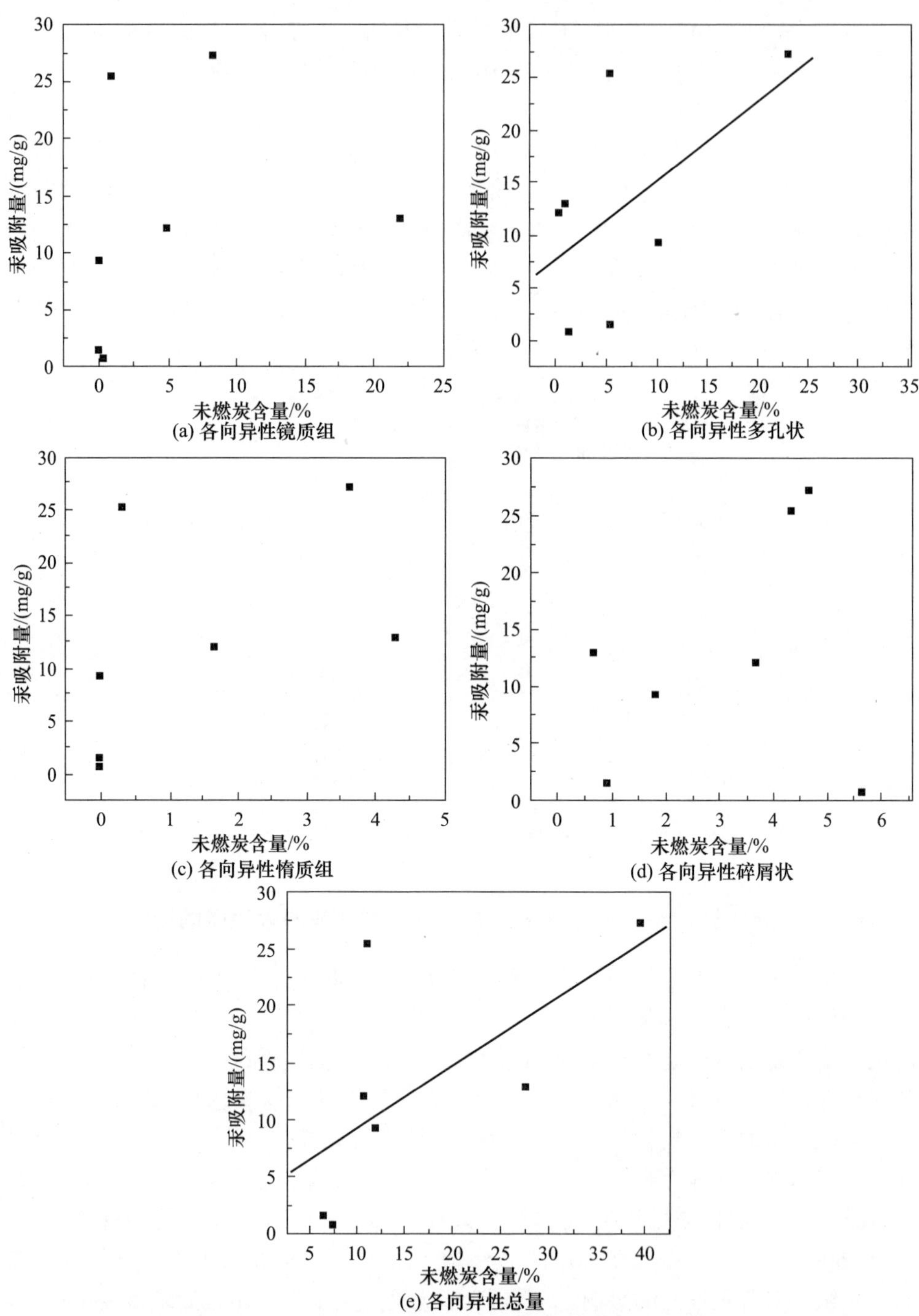

图 8.8　各向异性炭含量与飞灰汞吸附量的关系(高汞浓度)[4]

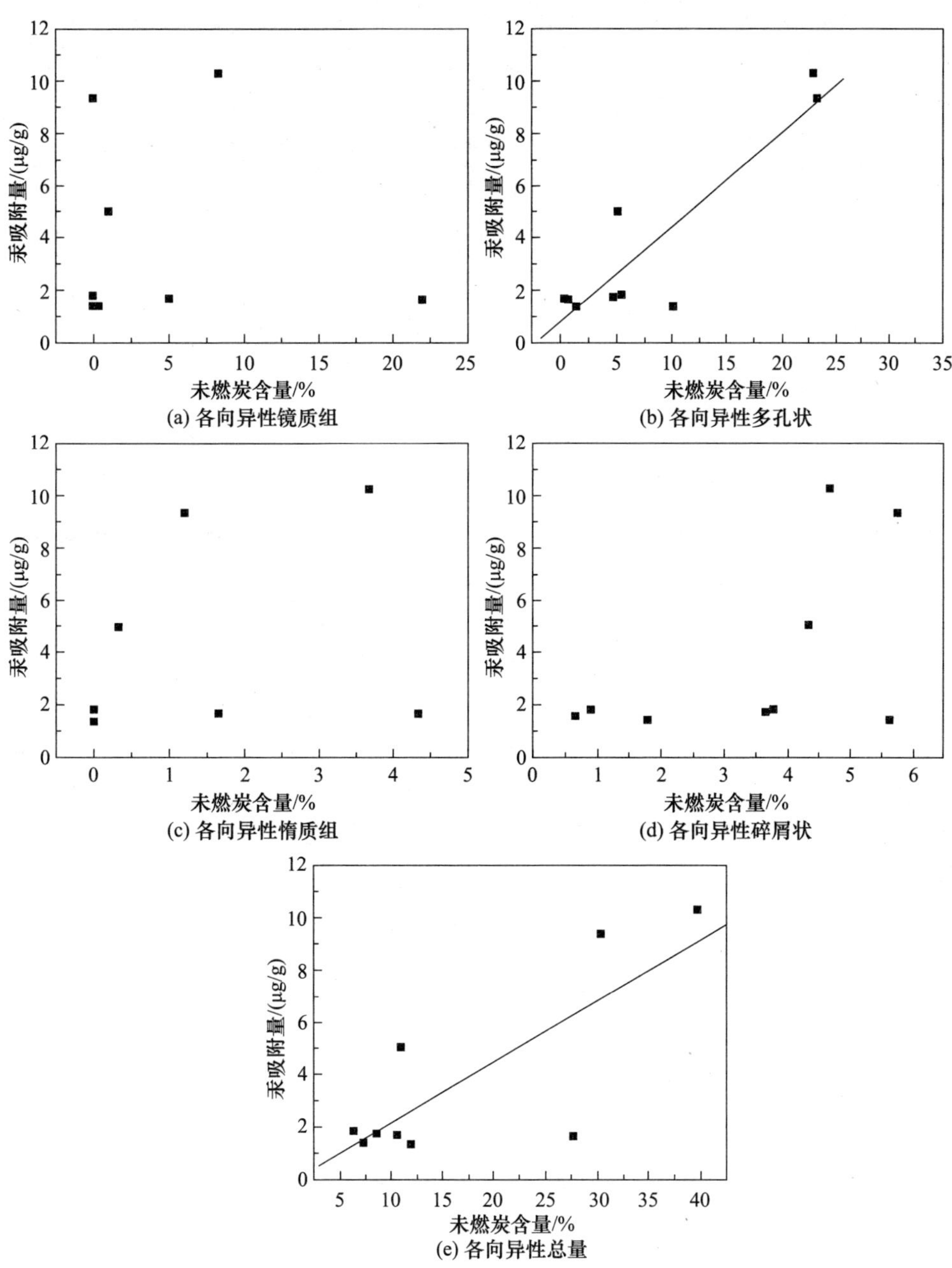

图 8.9　各向异性炭含量与飞灰汞吸附量的关系(低汞浓度)[4]

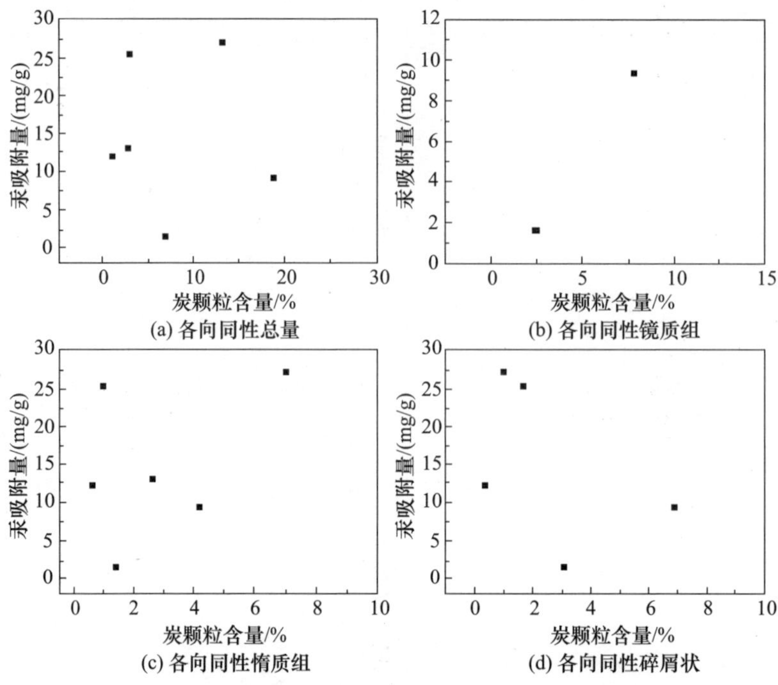

图 8.10　各向同性炭碳颗粒含量对飞灰汞吸附量的影响(高汞浓度)[4]

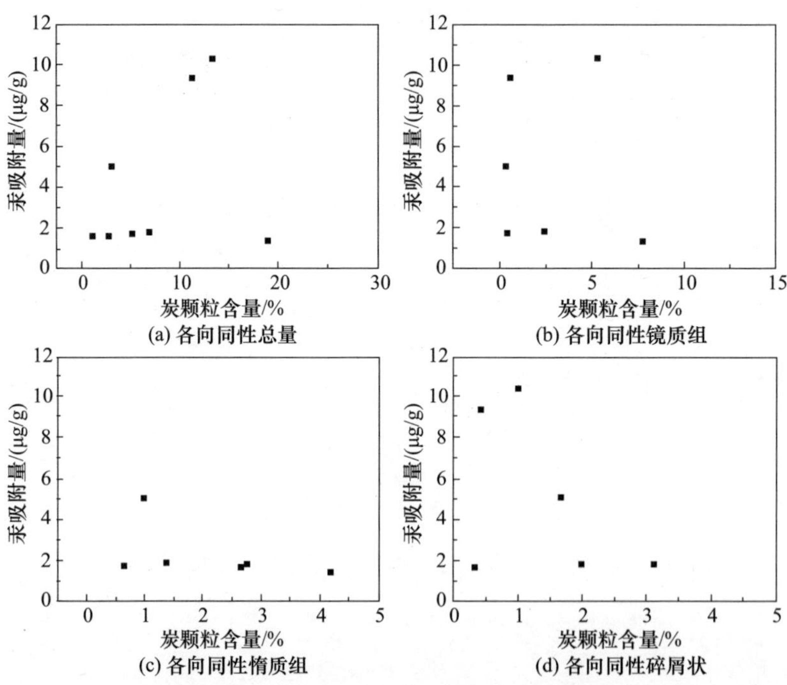

图 8.11　各向同性炭颗粒含量对飞灰汞吸附量的影响(低汞浓度)[4]

8.1.4　飞灰中无机化学组分对脱汞性能的影响

飞灰中某些活性无机化学组分对汞的氧化和捕获有重要的促进作用。Ghorishi 等[11]考察了化合物合成模拟飞灰对汞氧化的影响，结果表明，飞灰中铁氧化物(Fe_2O_3)对 Hg^0 具有极强的催化氧化活性，而 Al_2O_3、SiO_2 和 CaO 等则对 Hg^0 几乎没有氧化作用。Wang 等[12]同样采用模拟飞灰研究了无机化学组分对汞的吸附和氧化性能，发现 Al_2O_3、Fe_2O_3、TiO_2 具有较强的汞吸附能力，而 CaO 和 MgO 的汞吸附能力较弱(见图 8.12)。该研究中 Al_2O_3 和 TiO_2 较强的汞吸附能力可能归因于其较高的比表面积。但是，在燃煤飞灰中，铝元素通常以硅铝酸盐形式存在，汞吸附能力很弱。

Dunham 等[3]研究了 16 种不同飞灰对 Hg^0 的氧化和捕获作用，结果表明，飞灰中磁铁矿对 Hg^0 氧化具有重要的促进作用，其良好的催化氧化性能可能得益于磁铁矿独特的尖晶石结构(见图 8.13)。

Galbreath 等[13]将 α-Fe_2O_3 和 γ-Fe_2O_3 注入某 7kW 沉降炉燃烧亚烟煤、褐煤和烟煤产生的实际烟气中，研究铁氧化物对汞形态变化的影响，结果表明，α-Fe_2O_3 未能促进汞的氧化，但是 γ-Fe_2O_3 对 Hg^0 的氧化具有重要的促进作用，而在

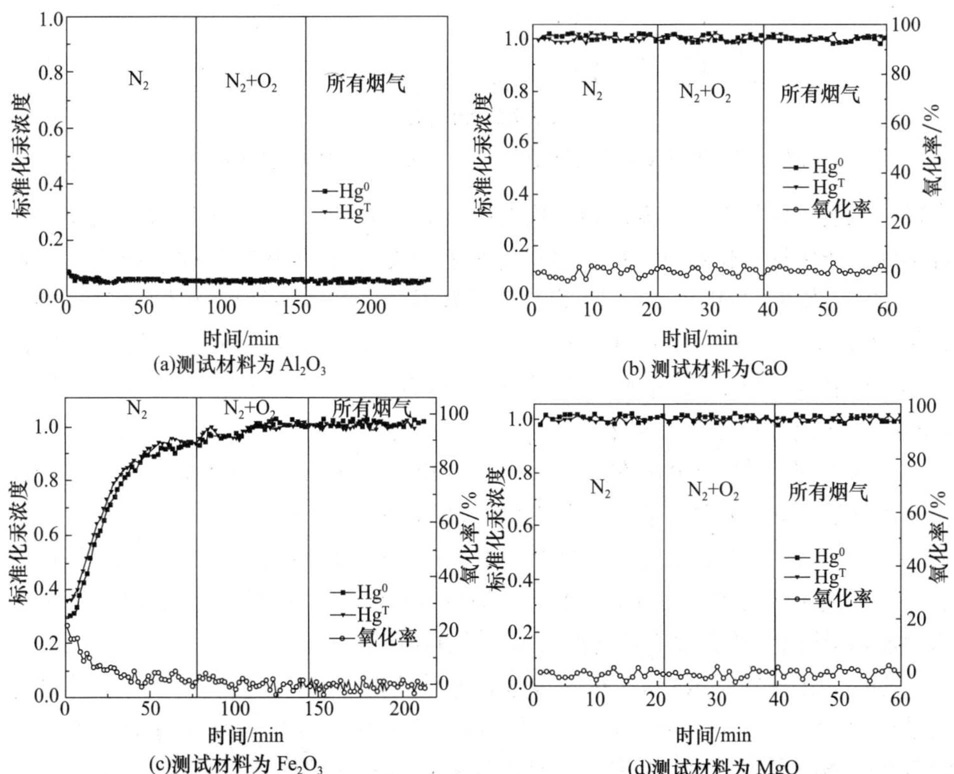

(a)测试材料为 Al_2O_3

(b) 测试材料为CaO

(c)测试材料为 Fe_2O_3

(d)测试材料为 MgO

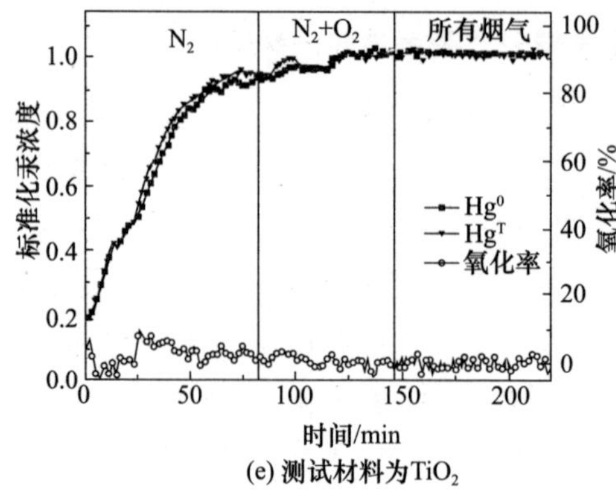

(e) 测试材料为 TiO_2

图 8.12 模拟飞灰成分的汞吸附和氧化性能[12]

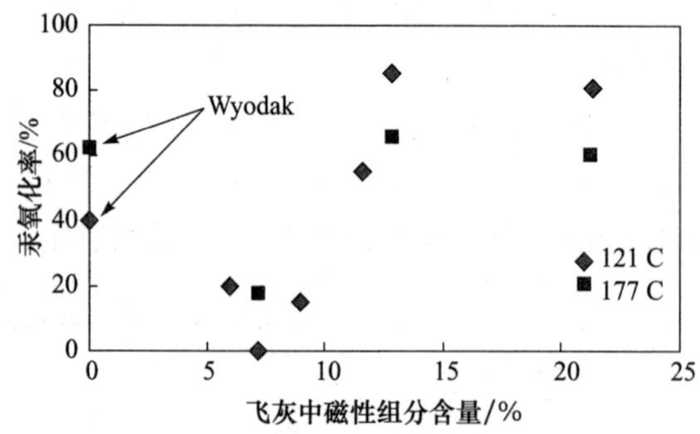

图 8.13 烟煤飞灰中磁性组分含量(质量分数)对汞氧化的影响[3]

实验室规模的模拟烟气中发现两者均能促进汞的氧化。Abad-Valle 等[14]在研究 5 种不同飞灰中铁氧化物对汞形态转化的影响后发现,铁氧化物的种类和含量对汞氧化均没有影响(见图 8.14),这主要是因为不同飞灰中铁氧化物种类较多,包括 α-Fe_2O_3、γ-Fe_2O_3 和 Fe_3O_4 等多种形式,不同晶型的铁氧化物的催化能力差异较大,而且烟气组分也对铁氧化物氧化 Hg^0 具有重要影响,不同烟气组分下其对 Hg^0 的氧化效果具有较大差异。

飞灰中的含铁物相以赤铁矿(α-Fe_2O_3)、磁赤铁矿(γ-Fe_2O_3)、磁铁矿(Fe_3O_4)及含铁硅酸盐等多种形式存在。如上所述,不同的含铁物相对 Hg^0 的吸附和氧化能力差异很大。到目前为止,各含铁物相与 Hg^0 的反应机制及其促进 Hg^0 吸附和氧化的最优含铁物相仍不清楚。本节只是初步介绍飞灰含铁物相(磁珠)对汞的吸附性能,具体的磁珠脱汞的研究将在 8.3 节详细描述。

除铁氧化物外,CuO 和 MnO_2 等过渡金属氧化物也对汞的氧化也具有重要的促进作用[11,15,16]。Ghorishi 等[11]在研究燃煤飞灰中主要矿物组分对烟气中 Hg^0 的氧化性能时发现,CuO 和 Fe_2O_3 对汞的氧化具有显著的促进作用,尤其是在有

NO_2 存在的情况下其促进作用更加显著。他们研究中还发现，含有 14%Fe_2O_3 的化合物合成模拟飞灰在 250℃时对 Hg^0 的氧化效率达到 90%以上，而 CuO 的促进作用更加显著，添加 1%CuO 对汞氧化的促进作用即可与添加 14%Fe_2O_3 时的效果相当。Yamaguchi 等[15,16]的研究表明，MnO_2 在高浓度 HCl 条件下对 Hg^0 的氧化同样具有显著的促进作用。

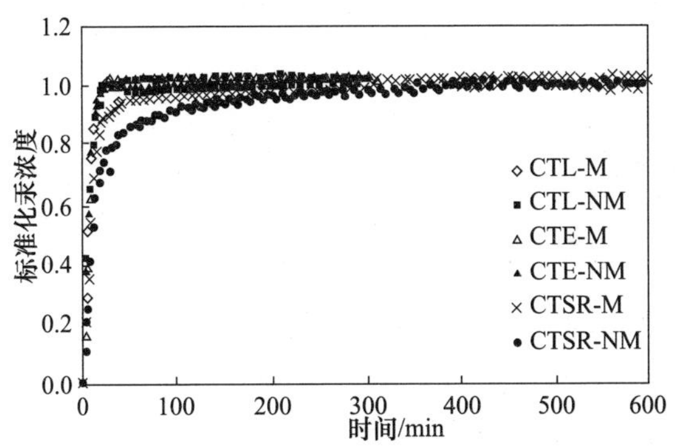

图 8.14　不同磁性灰(-M)和非磁性灰(-NM)的汞吸附性能[14]

8.1.5　烟气组分对飞灰脱汞性能的影响

1. 常规烟气组分 N_2、CO_2、O_2 和 H_2O 等对飞灰脱汞性能的影响

以往的研究主要集中于探讨烟气中酸性气体组分对飞灰脱汞性能的影响，包括 Cl_2、HCl、SO_2、NO_x 等，而对其他常规烟气组分(如 N_2、CO_2、O_2、H_2O 等)的关注较少，一般认为常规烟气组分对飞灰吸附汞几乎没有影响。

Abad-Valle 等[1]研究了两种飞灰及其富碳组分在一系列模拟烟气气氛下对汞的吸附和氧化能力。结果表明，N_2、CO_2 和 O_2 气氛下所有飞灰及其富碳组分对汞的吸附能力并无差异。近期的一些研究却表明，常规烟气组分对飞灰氧化和捕获汞的性能也有重要影响。然而，Zhao 等[17]发现某些电厂飞灰即使在 N_2 气氛下也体现出一定的氧化能力，在研究中还发现对于某些电厂飞灰富碳组分，CO_2 也能促进其对汞的氧化，尤其是在 O_2 存在的情况下，其促进作用更加显著(表 8.3)。基本烟气气氛下飞灰的氧化能力可能来源于飞灰本身及飞灰中某些活性无机化学组分，如活性 Fe_2O_3 和 CaO 等。

表 8.3　不同烟气组分下飞灰吸附汞能力[17]

气体组成	汞吸附量/(μg/g)			
	CTL	CTL>100	CTES	CTES>200
空气	1.8	19.8	1.2	8.9
N_2	1.7	20.2	1.1	9.8

续表

气体组成	汞吸附量/(μg/g)			
	CTL	CTL>100	CTES	CTES>200
20% O_2 + N_2	1.9	19.5	1.2	9.2
0.2% SO_2 + N_2	1.7	18.9	1.0	5.7
16% CO_2 + N_2	2.2	21.6	1.0	8.7
50ppmHCl + N_2	21.4	251	9.9	205
10% O_2 + 16% CO_2 + N_2	1.9	28.1	1.0	8.3
10% O_2 + 16% CO_2 + 0.2% SO_2 + N_2	2.1	29.4	1.1	8.9

多项研究表明，O_2 的存在能够改善飞灰对汞的吸附和氧化性能。Diamantopoulou 等[18]在研究不同烟气组分下活性炭对汞的吸附性能时发现，在 O_2 气氛下汞的穿透时间大大延长，同时汞的吸附量是惰性气体气氛下的 10 倍，这表明 O_2 能显著地促进活性炭对汞的吸附，这主要是非均相氧化和化学吸附作用引起的。Zhao 等[17]的研究也表明，O_2 的存在不仅能够促进汞的吸附，而且对汞的氧化作用也不容忽视。O_2 对汞吸附的促进作用可能得益于 O_2 和汞之间的异相氧化作用。

H_2O 的存在对 Hg^0 的氧化具有重要影响，但这种影响主要是通过与烟气中其他烟气组分的协同作用。Zhao 等[19]研究了 H_2O、NO 和 SO_2 对 Hg^0 氧化的影响，结果表明这三者单独存在时对 Hg^0 氧化的影响均较小，但是三者的协同作用会明显抑制 Hg^0 的氧化。这主要是由于 NO 和 SO_2 作为氧化剂时，H_2O 中生成的 OH 与 NO 和 SO_2 发生以下反应：

$$NO + OH + M \longrightarrow HONO + M \tag{8.1}$$

$$SO_2 + OH + M \longrightarrow HOSO_2 + M \tag{8.2}$$

$$SO_2 + OH + M \longrightarrow SO_3 + H + M \tag{8.3}$$

上述反应减少了通过反应式(8.4)生成的 Cl，因而抑制了 Hg^0 的氧化。而当 HCl 作为氧化剂时，H_2O 通过抑制 HCl 分解出氯自由基，从而对 Hg^0 的氧化起到抑制作用。

$$Cl_2 + OH \longrightarrow Cl + HOCl \tag{8.4}$$

Agarwal 等[20]曾研究了 Cl_2 作为氧化剂时，H_2O、SO_2 和 NO 对 Hg^0 氧化的影响。结果表明，H_2O、SO_2 和 NO 均对汞的氧化起抑制作用，如图 8.15 所示。这是由于 SO_2 和 NO 发生如下反应：

$$SO_2(g) + Cl_2(g) \longrightarrow SO_2Cl_2(g) \tag{8.5}$$

$$2NO(g) + Cl_2(g) \longrightarrow 2NOCl(g) \tag{8.6}$$

从而抑制了汞的氧化，而当 H_2O 存在时，SO_2 和 NO 对 Hg^0 氧化的抑制作用更加显著。

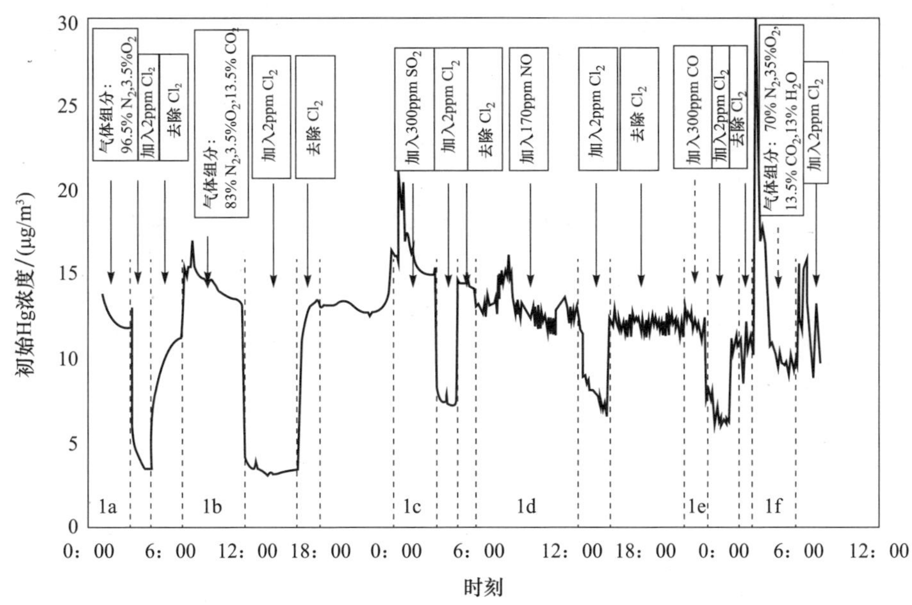

图 8.15　烟气组分对脱汞性能的影响[20]

2. HCl 对飞灰脱汞性能的影响

HCl 被认为是促进汞氧化的重要因素。HCl 对汞形态分布的影响可能是与 Hg^0 直接发生反应生成 $HgCl_2$ 或与 HgO 间接反应生成 $HgCl_2$。孟素丽等[21]研究发现，HCl 对汞的吸附具有显著的促进作用，但是在较高的 HCl 浓度条件下，飞灰对汞的吸附效率反而稍微有所降低，这主要是由于随着 HCl 浓度的增大，化学反应加快，生成的汞氯化物增多，被吸附的汞氯化物也增多，汞吸附效率升高。但是随着飞灰表面被覆盖，飞灰的有效吸附空间急剧减小，吸附能力降低，从而吸附效率有所降低，但是这种影响并不十分显著(见图 8.16)。

对于燃烧不同煤阶的燃煤产生的实际烟气，HCl 对汞形态的转化差异较大，Galbreath 等[13]将 HCl 注入某 7kW 沉降炉燃烧亚烟煤、褐煤和烟煤产生的实际烟气中，研究其对汞形态变化的影响。结果表明，在燃烧亚烟煤产生的烟气中 HCl 的注入显著促进了 Hg^0 向 Hg^{2+} 的氧化；然而，对于燃烧褐煤产生的烟气，HCl 的注入却促进了 Hg^0 和 Hg^{2+} 转化为 Hg^p。

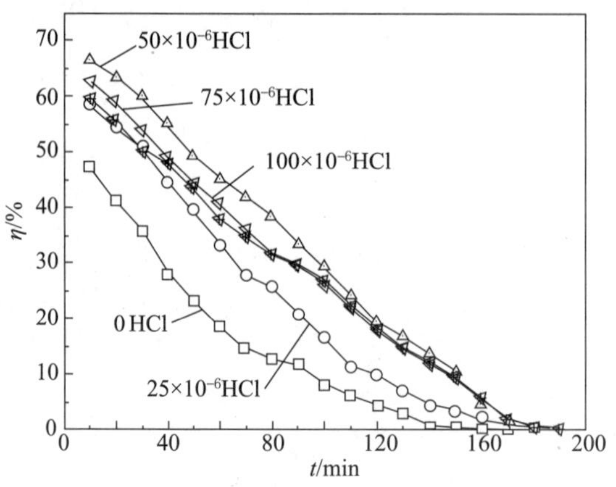

图 8.16　HCl 浓度对飞灰吸附汞的吸附效率的影响[21]

3. NO_x 对飞灰脱汞性能的影响

NO_x 通常被认为对 Hg^0 的氧化有较好的促进作用。孟素丽等[21]发现 NO 能够显著促进汞的吸附，其主要原因是 NO 与 O_2 接触极易生成 NO_2，NO_2 是一种强氧化剂，可以将 Hg^0 氧化，从而使汞被飞灰吸附。在反应中 NO 为催化剂，大大促进了汞的氧化，增强了飞灰对汞的吸附能力，反应如下：

$$NO(g)+O_2 \rightleftharpoons NO_2(g)+O \tag{8.7}$$

$$Hg^0+O \rightleftharpoons HgO(s,g) \tag{8.8}$$

$$Hg^0+NO_2 \rightleftharpoons HgO(g,s)+NO(g) \tag{8.9}$$

另外，一些学者认为 NO_x 对汞的吸附和氧化并没有显著的促进作用，甚至会抑制汞的氧化。Galbreath 等[13]将 NO_2 在 440～880℃温度下注入某 7kW 沉降炉燃烧亚烟煤、褐煤和烟煤产生的实际烟气中，研究其对汞形态变化的影响，结果如图 8.17 所示，在亚烟煤和褐煤烟气中 NO_2 的注入并未显著促进 Hg^0 的氧化，这可能是由于两者的烟气和飞灰组分抑制了 Hg^0-NO_x 的非均相氧化反应，或是在该 7kW 沉降炉中的反应温度与小型试验之间的较大差异引起的。

Agarwal 等[20]研究了 Cl_2 作为氧化剂时，NO_x 对汞氧化的影响，结果表明 NO 对 Cl_2-Hg^0 的均相氧化具有抑制作用，而这可能是由于 NO 和 Cl_2 之间发生如下反应：

$$2NO(g)+Cl_2(g) \longrightarrow 2NOCl(g) \tag{8.10}$$

反应(8.10)消耗了 Cl_2，抑制了 Hg^0 的氧化，并且这种抑制作用随 NO 浓度的增大而更加明显，当 H_2O 存在时更加显著地增强了 NO_x 的抑制作用。

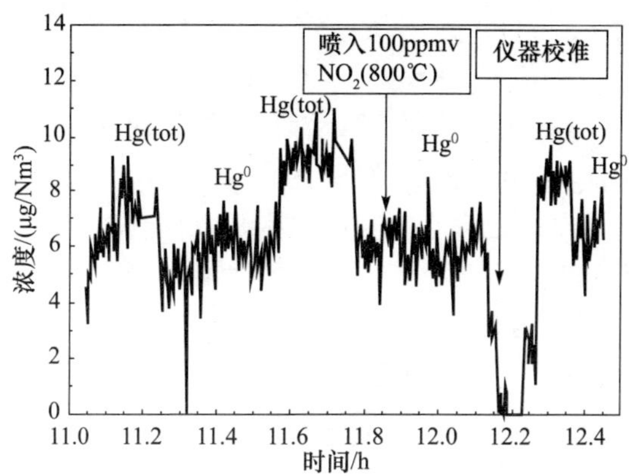

图 8.17　注入 100ppm NO_2 对脱汞性能的影响[22]

4. SO_x 对飞灰脱汞性能的影响

大量研究表明，燃煤烟气中硫氧化物（SO_x）对 Hg^0 的捕获具有重要的影响。通常认为 SO_3 的存在对 Hg^0 的捕获具有抑制作用。Presto 等[22]的研究表明，SO_3 即使在较低的浓度条件下，依然对汞的捕获具有强烈的抑制作用，而 SO_3 对汞捕获的抑制作用主要是通过与 Hg^0 竞争活性吸附位引起的。

迄今为止，SO_2 对 Hg^0 的捕获的影响尚无定论。Diamantopoulou 等[18]研究发现，SO_2 对飞灰捕获汞具有促进作用，这可能是由于 SO_2 的存在增加了活性炭表面的含硫活性吸附点位，从而促进了对 Hg^0 的化学吸附作用。Agarwal 等[20]在研究飞灰中未燃碳对 Hg^0 的吸附性能时发现，在还原性气氛下，SO_2 对汞的吸附具有促进作用（见图 8.18），这可能是由于 SO_2 与 Hg^0 反应生成 Hg_2S，从而对 Hg^0 的脱除具有显著的促进作用。黄治军等[23]的研究同样表明，在 O_2 存在条件下，SO_2 对汞的氧化具有显著的促进作用，如图 8.19 所示。其原因主要是以下一系列化学反应：

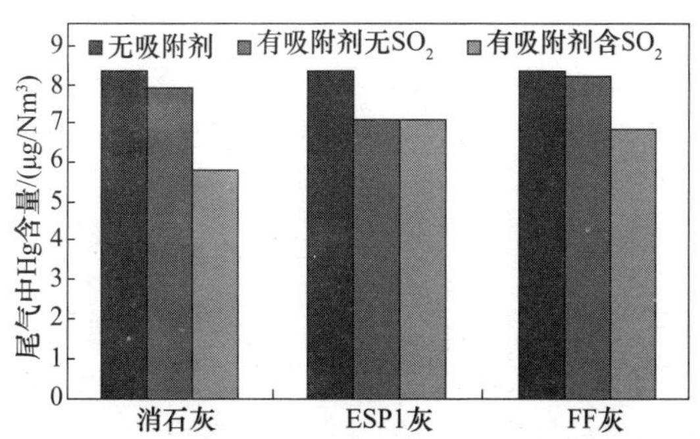

图 8.18　灰样对含 SO_2 烟气中 Hg 的吸附量[23]

$$2Hg(g)+O_2(g) \longrightarrow 2HgO(s,g) \tag{8.11}$$

$$2SO_2(g)+2HgO(s,g)+O_2(g) \longrightarrow 2HgSO_4(s,g) \tag{8.12}$$

经过上述反应生成稳定的 $HgSO_4$，从而促进了汞的氧化。

大部分研究者认为 SO_2 对汞的吸附和氧化具有抑制作用。López-Antón 等[10]发现，N_2 气氛下 SO_2 的存在对汞的吸附具有抑制作用，这可能是由 SO_2 与汞竞争活性吸附位而引起的。Agarwal 等[20]在研究 Cl_2 气氛下 SO_2 对汞氧化的影响时发现，SO_2 对汞的氧化具有抑制作用，但它不是直接与汞发生反应的，其抑制作用可能是由于 SO_2 和 Cl_2 之间发生反应：

$$SO_2(g)+Cl_2(g) \longrightarrow SO_2Cl_2(g) \tag{8.13}$$

上述反应消耗了 Cl_2，从而抑制了 Cl_2 对 Hg^0 的氧化，并且这种抑制作用随 SO_2 浓度的增大而更加明显。

另有学者认为 SO_2 对汞的吸附和氧化的影响取决于 SO_2 的体积浓度。孟素丽等[21]研究了不同浓度条件下 SO_2 对飞灰吸附汞的影响，结果如图 8.19 所示，与无 SO_2 气氛相比，初始时刻飞灰对汞的吸附效率显著下降，但是随着反应的进行，飞灰对汞的吸附效率逐渐升高，直至对汞的吸附效果达到最佳状态，此后飞灰对汞的吸附性能逐渐减弱直至吸附达到饱和。不同 SO_2 浓度条件下飞灰对汞的吸附性能变化较为复杂，这说明在 SO_2 存在的情况下，多孔结构的飞灰对汞的吸附包括物理吸附和化学吸附，SO_2 的体积浓度对飞灰吸附汞的性能具有重要影响。

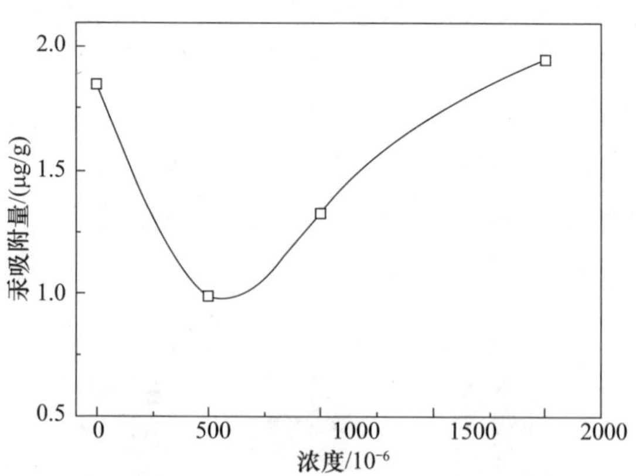

图 8.19　SO_2 浓度与飞灰汞吸附量的变化关系[21]

目前，SO_2 对汞吸附和氧化的反应机制尚不清楚。Liu 等[24]采用密度泛函理论和簇模型研究了 SO_2 对汞吸附的影响，计算结果表明烟气中 SO_2 对汞吸附的影响较为复杂，主要取决于烟气中 SO_2 的浓度。低浓度下 SO_2 的存在增加了炭表面吸附点位的活性，从而使汞的吸附性能增强；高浓度下 SO_2 的存在却抑制了汞的吸附，这主要是由于 SO_2 与汞竞争活性吸附点位。

5. 烟气中溴含量对飞灰脱汞性能的影响

近年来，许多学者开始关注并研究烟气中添加溴对 Hg^0 氧化的影响，结果表明，在燃煤烟气中添加少量的溴就能显著促进汞的氧化，并且溴对汞的氧化活性远高于氯及其他卤族元素[25-28]。Cao 等[26]采用燃烧次烟煤产生的烟气研究了 HF、HCl、HBr 和 HI 对 Hg^0 的氧化性能，结果表明，四者对 Hg^0 氧化性能的大小顺序依次为 HBr＞HI≫HCl≈HF。当飞灰存在时，向烟气中添加少量的 HBr 即可达到 90％的汞氧化率，在烟气中添加溴能够显著促进汞的氧化，与飞灰或未燃炭颗粒协同作用时对汞氧化的促进作用更加显著，如图 8.20 所示。

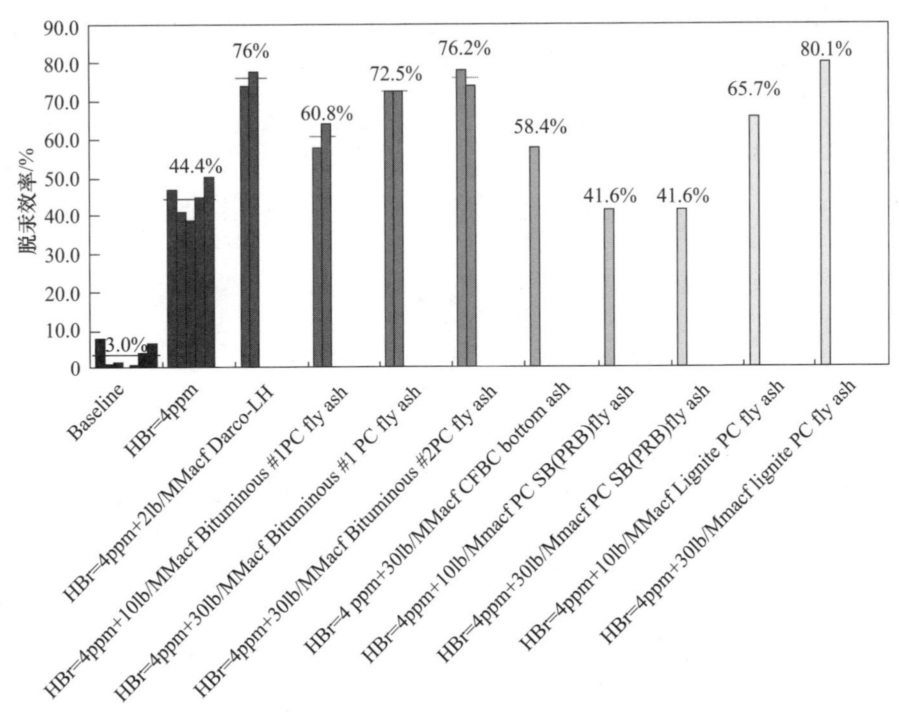

图 8.20　同时注入 HBr(4ppm)和不同飞灰时的脱汞效率[26]

Liu 等[27]在研究 Br_2 及其与飞灰协同作用对汞的氧化性能时发现，Br_2 能显著促进汞的氧化，而燃煤飞灰尤其是飞灰中未燃炭与 Br_2 的协同作用对汞的氧化作用更加显著。添加溴促进了汞在飞灰和未燃炭颗粒上的快速吸附及非均相氧化反应的发生，并且反应动力学计算结果表明，汞在飞灰上的吸附反应速率要小于 Br_2

在飞灰上的吸附反应速率，因此汞在飞灰上的吸附反应速率成为非均相氧化反应速率的制约因素。

8.1.6 改性飞灰脱汞性能

由于原始飞灰脱汞性能较低，一般采用改性飞灰进行试验以测定其脱汞性能。常用的改性方法包括机械研磨、等体积浸渍、离子交换法、浸渍法及溶液-凝胶法等。常用的改性物质包括卤素、金属氧化物、金属盐等[29-32]。

经过 HBr 改性的飞灰在热烟气环境中能释放 HBr、Br_2 等与汞发生均相氧化反应，从而极大地促进 Hg^0 向 Hg^{2+} 转化，实现高效脱汞[32]，因此 HBr 成为应用广泛的飞灰改性剂。Gu 等[33]使用机械研磨法和离子交换法制备 HBr 改性飞灰，在固定床上分别获得了 70%和 66%的脱汞效率，并可适用于 150～200℃的较高烟气温度。Xu 等[29]使用 HBr 改性飞灰获得了最高 75%的脱汞效率，在 60～150℃范围内，脱汞效率与烟气温度呈正相关关系，说明化学吸附过程占据主导地位。溴对于汞的氧化能力使得改性飞灰具有较高的汞容。Li 等[34]制备的 HBr 改性飞灰汞容达到了 74076ng/g，是改性前的 55 倍之多；Song 等[35]在飞灰中添加 5%的 HBr 后飞灰汞容达到 100000ng/g 以上，是改性前的约 100 倍，这充分证明了 HBr 的优良改性效果。类似的，卤盐改性飞灰也可以获得较高的脱汞效率。田园梦等[36]使用 5%浓度 NaCl 溶液和 NaBr 溶液浸渍处理飞灰 3h，最高脱汞效率分别达到 92.6%和 77.6%。大量试验证明，Br、Cl 等卤素是良好的飞灰改性剂。

经过 HBr 改性的飞灰具有良好的脱汞能力，为进一步的喷射脱汞研究创造了条件。Zhang 等[37]在携带床上针对 A、B 两种飞灰测试了改性物质及粒径对脱汞改性飞灰脱汞性能的影响，试验结果表明，经过 HBr 改性的飞灰获得了更高的脱汞效率与速率，且粒径在 200 目以下的细飞灰脱汞效果更佳，具体表现为在汞蒸气中喷射经过 HBr 改性的飞灰后，瞬时脱汞效率最高达 98.4%，并在更长时间内维持了更低的浓度，在初始阶段表现出更快的下降趋势。其原因在于粒径更小的飞灰经 HBr 改性后，比表面积的上升创造了更多的脱汞活性位点，促进了汞的氧化脱除过程。烟气组分对改性飞灰喷射脱汞的效率也有明显影响。Zhang 等[37]在模拟烟气中添加 400ppm NO 后，飞灰脱汞效率较初始状态增加约 22%，达到 66.1%，这是由于添加 NO 后促进了 HgBr 的生成，即溴对汞的氧化过程。

Co、Mn、Fe 等过渡金属及其氧化物对汞具有一定的氧化吸附能力，可用于飞灰吸附剂的改性。Xu 等[38]在 80℃的低温模拟烟气中进行 Co_3O_4 改性飞灰脱汞试验，当 Co 负载量为 9%(质量分数)时，脱汞效率高达 76%，过高和过低的 Co 负载量都将导致脱汞效率降低。XPS 表征与热重分析表明，Co_3O_4 中的晶

格氧参与了将 Hg^0 氧化为 HgO 的过程，并可从气流中的 O_2 获得补充，从而维持较长时间的脱汞效率。Mn 和 Fe 的复合改性效果更佳，当 Mn/Fe 物质的量之比为 2/3 时，在 120℃烟气中维持 98%的脱汞效率长达 8h，该脱汞过程可描述为气态 Hg^0 被 Mn^{4+} 和 Fe^{3+} 阳离子氧化为 HgO，Mn^{3+} 和 Fe^{2+} 在烟气中再被氧化回 Mn^{4+} 和 Fe^{3+}，HgO 最终被吸附在吸附剂表面的循环非均相氧化过程。

8.1.7　改性飞灰吸附法脱汞工业化应用

Wang 等[28]在 300MW 火电机组上进行了飞灰喷射脱汞试验，喷射系统的喷射位置示意如图 8.21 所示。图中罗茨风机和吸附剂引射器在一个平台上工作，通过软管与吸附剂喷射器连接，吸附剂喷射器置于空预器与电除尘之间的烟道内，飞灰基吸附剂在烟气的作用下，在烟道中停留 1～2s 进入电除尘器中，停留时间可被认为是吸附剂脱汞的时间。

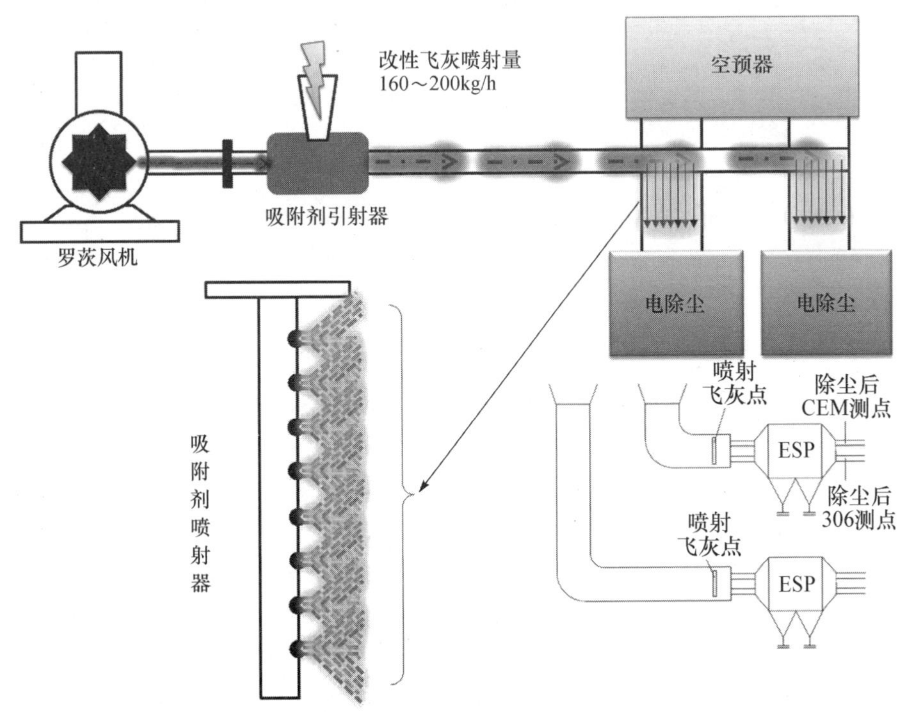

图 8.21　喷射位置示意图[28]

利用 EPA-30B 在线取样、离线分析方法监测了试验过程中除尘器前、除尘器后和脱硫后三个位置烟气的汞浓度。同时，通过汞在线烟气分析仪测量了烟气中脱硫塔后汞的浓度。图 8.22 是某时间段在线测汞仪测得的飞灰喷射前后汞浓度的变化结果。可以发现,在飞灰吸附剂喷射后,电除尘器与脱硫塔出口处的汞浓度均有不同程度下降,且随着吸附剂喷射量的增加,对汞排放的控制作用更加明显。改性飞灰喷射系统对于 Hg^0 的脱除效率可达到 40%~50%,而 Hg^{2+} 的浓度则无明显变化。试验表明,改性飞灰吸附剂喷射吸附能够在现有基础上降低汞浓度 30%~50%,结合电厂原有污染物控制设施,综合脱汞效率能够达到 75%~90%。

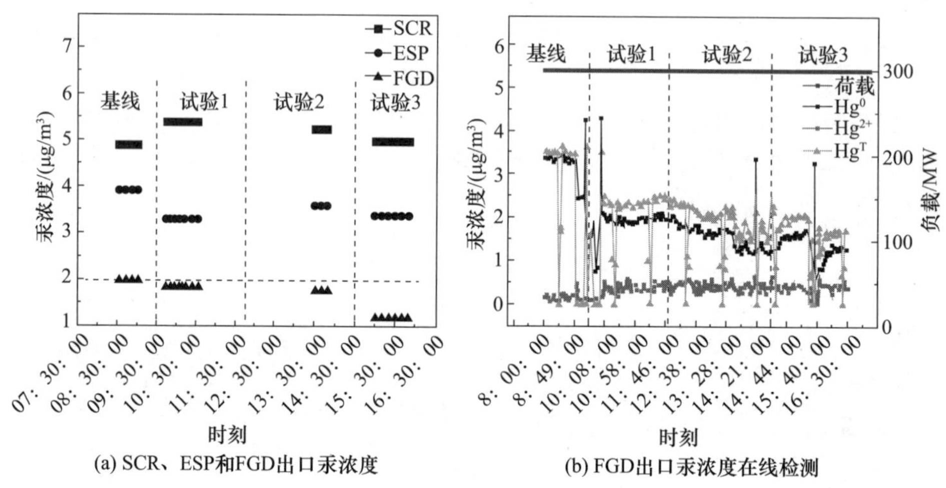

图 8.22 飞灰喷射前后汞浓度变化[28]

8.2 磁珠脱汞性能研究

如上所述,飞灰中的铁氧化物(磁珠)对 Hg^0 的吸附和氧化具有重要影响。磁珠主要来源于煤燃烧过程中煤中含铁矿物(黄铁矿、菱铁矿等)的转化,因其良好的催化和磁选分离特性,已广泛应用于催化、冶金、特种混凝土材料等领域[39~47]。磁珠催化性能主要源于其特殊的铁尖晶石结构[41,42,45,48]。磁珠中铁尖晶石相占 70%~90%,赤铁矿占 5%~20%,同时,还含有少量莫来石、石英及含铁硅酸盐相。磁珠的化学和矿物组成差异对其催化性能有重要影响。不同飞灰中的磁珠分选含量为 0.5%~18.1%,我国燃煤电厂每年飞灰产量为 3.75 亿 t[49],因此磁珠的年产量保守估计(按 1%计)至少 375 万 t。作为燃煤废弃物的再利用,若能将其分选用于汞的排放控制,磁珠将是一种非常有潜力的汞吸附剂。

8.2.1　飞灰样品的采集和磁珠分选

选取我国 10 个典型燃煤电厂以及俄罗斯 Primorskay'a 电厂采集飞灰样品，采用自行开发的小型磁选机从飞灰中磁选分离出磁珠。此外，将黄石电厂飞灰中磁珠(HSM)(HSM)样品进行多次筛选，获得强磁性磁珠样品(STM)。所选取电厂的基本信息包括电厂装机容量、燃煤特性及飞灰中磁珠含量，见表 8.4。磁选结果表明，不同电厂飞灰中磁珠的含量有很大差异，在 1.5%～11.5%。

表 8.4　飞灰样品采集电厂基本信息

样品	来源	装机容量/MW	煤阶	磁珠产量/%(质量分数)
HSM	湖北黄石	330	烟煤/褐煤混煤	5.6
ZJM	广东珠江	300	烟煤	5.0
EZM	湖北鄂州	300	烟煤	4.6
SHM	山东石横	315	烟煤/褐煤混煤	7.0
LHM	河南漯河	330	烟煤/褐煤混煤	11.5
SCM	广东沙角	660	烟煤	1.5
JXM	江西南昌	330	烟煤/褐煤混煤	4.7
HBM	湖北宜昌	315	烟煤/褐煤混煤	6.4
BJM	北京	220	—	4.2
RUM	俄罗斯 Primorskay'a 电厂	—	褐煤	—
STM	湖北黄石	330	烟煤/褐煤混煤	—

8.2.2　磁珠的物理化学特征

1. 磁珠的粒径分布、比表面积、孔隙特征

磁珠的粒径集中分布在 50～150μm，与飞灰相比无显著差异。对比磁珠和飞灰的比表面积及孔隙特征，发现磁珠的物理吸附性能并不占优，磁珠的比表面积较小，为 0.18～0.28m^2/g，孔径主要分布在 8～10nm 的中孔区域。

2. 磁珠的磁特性

磁珠的磁特性如图 8.23 和表 8.5 所示，不同电厂的磁珠，其饱和磁化强度略有差异，其变化范围为 17.52～39.53emu。磁珠的矫顽力和剩余磁化强度均很小，具有典型的超顺磁特性，易于从飞灰中磁选分离出来，同时当磁场褪去时，磁珠表现出顺磁性，不会发生磁团聚现象。

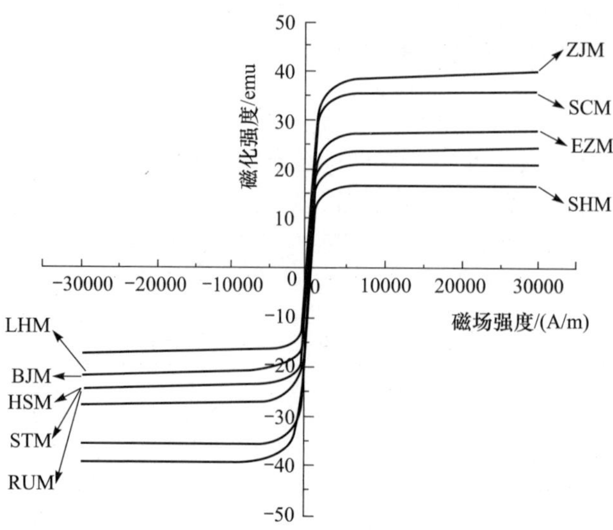

图 8.23　磁珠的磁特性曲线[50]

表 8.5　磁珠的磁特性参数[50]

样品	M_r/emu	H_c/(A/m)	M_s/emu
HSM	3.88	1.80	22.19
ZJM	4.37	1.62	39.53
EZM	3.19	1.26	27.91
SHM	2.37	1.95	17.52
LHM	2.39	1.73	21.46
SCM	2.59	1.85	35.83
BJM	0.62	0.15	24.25
RUM	3.49	4.39	25.07
STM	1.17	0.32	25.01

注:M_r 表示剩余磁化强度;H_c 表示矫顽力;M_s 表示饱和磁化强度。

3. 磁珠的微观形貌

采用 FESEM 对磁珠的微观形貌进行系统研究,如图 8.24 所示。发现磁珠大多呈理想球形,表面粗糙。在磁珠的表面富集了大量小晶粒,EDX 分析结果表明这些小晶粒大多为铁尖晶石,如磁赤铁矿、磁铁矿等,也包括少量含铁的硅铝酸盐。图 8.24(a)～(d)为磁珠表面的骨架状晶体,这些晶体有规律地、均一地交互生长,大多为规则的八面体结构,偶有立方体结构,以类棱柱状骨架形式呈现,而骨架的狭小间隙内则填充着硅酸盐玻璃体,骨架结构的性能通常与存在表面缺陷的单晶体类似。图 8.24(e)和(f)显示在磁珠表面附着针状钙长石,大量磁铁矿晶体填充于针状钙长石间隙内。

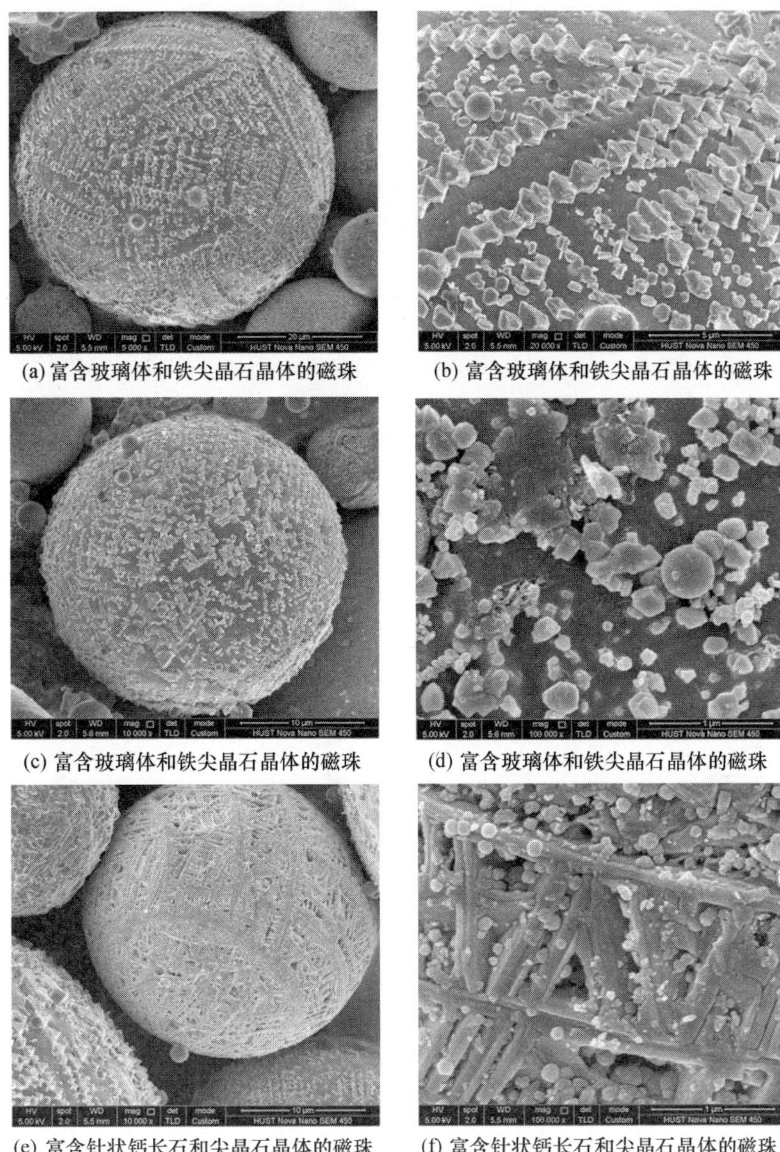

(a) 富含玻璃体和铁尖晶石晶体的磁珠　(b) 富含玻璃体和铁尖晶石晶体的磁珠

(c) 富含玻璃体和铁尖晶石晶体的磁珠　(d) 富含玻璃体和铁尖晶石晶体的磁珠

(e) 富含针状钙长石和尖晶石晶体的磁珠　(f) 富含针状钙长石和尖晶石晶体的磁珠

图 8.24　磁珠的微观形貌[50]

4. 磁珠的化学组分

磁珠和飞灰的化学组分见表 8.6。相较于飞灰，铁质组分在磁珠中明显富集，达 27.4%～50.4%(质量分数)。Si 和 Al 元素在磁珠中的含量仅次于 Fe 元素，分别占 25.0%～39.1%(质量分数)、11.6%～24.1%(质量分数)。Si、Al 和 Fe 三者在磁珠中所占比例达 83.1%～91.9%，因此，Fe_xO_y-Al_2O_3-SiO_2 体系的组成对磁珠的化学组分、矿物组成和微观形貌等有重要影响。一方面，Si 和 Al 元素赋存在含铁的硅铝酸盐或莫来石中[51]，并随铁磁性的含铁物相分离出来，这将在一定程度上影响磁珠的矿物组成和微观形貌；另一方面，Si 和 Al 元素会参与铁尖晶石的生长[52]。因此，Al、Si 和 Fe 元素对磁珠中铁尖晶石相的生成具有重要影响。磁珠中其他次量元素(Mg、Ca、Mn 等)也与 Fe 元素的含量呈现一定的相关性，Mg、Ca 和 Mn 元素的含量随着 Fe 元素的增加而增加，这主要是由铁尖晶石晶体结构中 Fe 元素的类质同象置换引起的。Ca 元素通常位于铁尖晶石四面体位上，Mn 主要位于八面体位上，而 Mg 通常嵌入惰性尖晶石相中，而不会占据四面体或八面体位。

表 8.6 磁珠和飞灰的化学组分(质量分数)[50] (单位：%)

元素	Na_2O	MgO	Al_2O_3	SiO_2	P_2O_5	SO_3	K_2O	CaO	TiO_2	MnO	Fe_2O_3	LOI
HSM	4.2	1.6	20.0	34.4	0.1	0.6	0.7	2.3	2.2	0.1	33.8	0.1
HSFA	1.8	1.3	33.8	55.7	—	0.2	1.4	2.5	0.7	—	2.6	
ZJM	4.3	2.7	11.6	25.0	0.7	0.2	0.3	3.8	0.5	0.6	50.4	0.0
ZJFA	1.5	1.4	32.1	52.2	—	1.4	1.8	3.8	1.7	—	4.0	
EZM	3.1	2.1	15.9	30.9	0.6	0.3	0.4	2.8	0.6	0.4	42.8	0.1
EZFA	1.3	1.5	35.3	53.4	—	1.2	1.0	3.3	1.0	—	2.0	
SHM	1.7	1.4	24.1	33.6	0.5	0.4	0.5	2.6	0.7	0.3	34.3	0.0
SHFA	1.5	1.4	29.3	54.7	—	0.9	1.2	6.2	1.0	0.1	4.0	
LHM	3.3	1.6	19.4	33.6	0.3	0.1	0.6	2.3	0.7	0.4	37.8	1.5
LHFA	1.3	1.7	26.3	55.3	—	1.1	1.0	8.6	0.9	0.1	3.9	
SCM	1.71	2.1	19.9	28.8	0.1	0.4	0.2	3.6	0.8	0.3	42.1	0.3
SCFA	0	1.6	32.9	51.9	—	1.8	0.7	6.8	1.1	—	3.2	
BJM	3.3	2.0	14.3	39.1	0.1	1.4	0.6	8.8	0.4	0.4	29.7	1.7
BJFA	2.4	3.8	20.4	53.4	—	2.1	1.5	11.1	0.6	0.1	4.7	
RUM	1.4	8.2	22.1	35.8	—	0.2	1.6	2.5	0.7	0.3	27.4	0.1
STM	3.8	1.8	21.3	33.5	0.1	0.7	0.6	1.7	0.7	0.2	35.7	0.7

注：M 表示磁珠；FA 表示飞灰；LOI 表示烧失量(815℃下煅烧 1h)。

5. *磁珠的矿物组成*

采用 XRD 对磁珠的矿物组成进行定性和半定量分析，如图 8.25 所示。不同电厂的磁珠中都含有赤铁矿(α-Fe_2O_3)、磁赤铁矿(γ-Fe_2O_3)、磁铁矿(Fe_3O_4)和镁铁矿($MgFe_2O_4$)，在部分磁珠中还含有少量石英。XRD 半定量分析结果表明磁珠中含铁物相以 γ-Fe_2O_3 和 Fe_3O_4 为主。由于 Fe_3O_4 和 γ-Fe_2O_3 的晶面间距 d 值基本重合，仅通过 XRD 很难精确鉴别。

穆斯堡尔谱是研究含铁物相种类和含量的有效工具，可以区分出 XRD 不能鉴

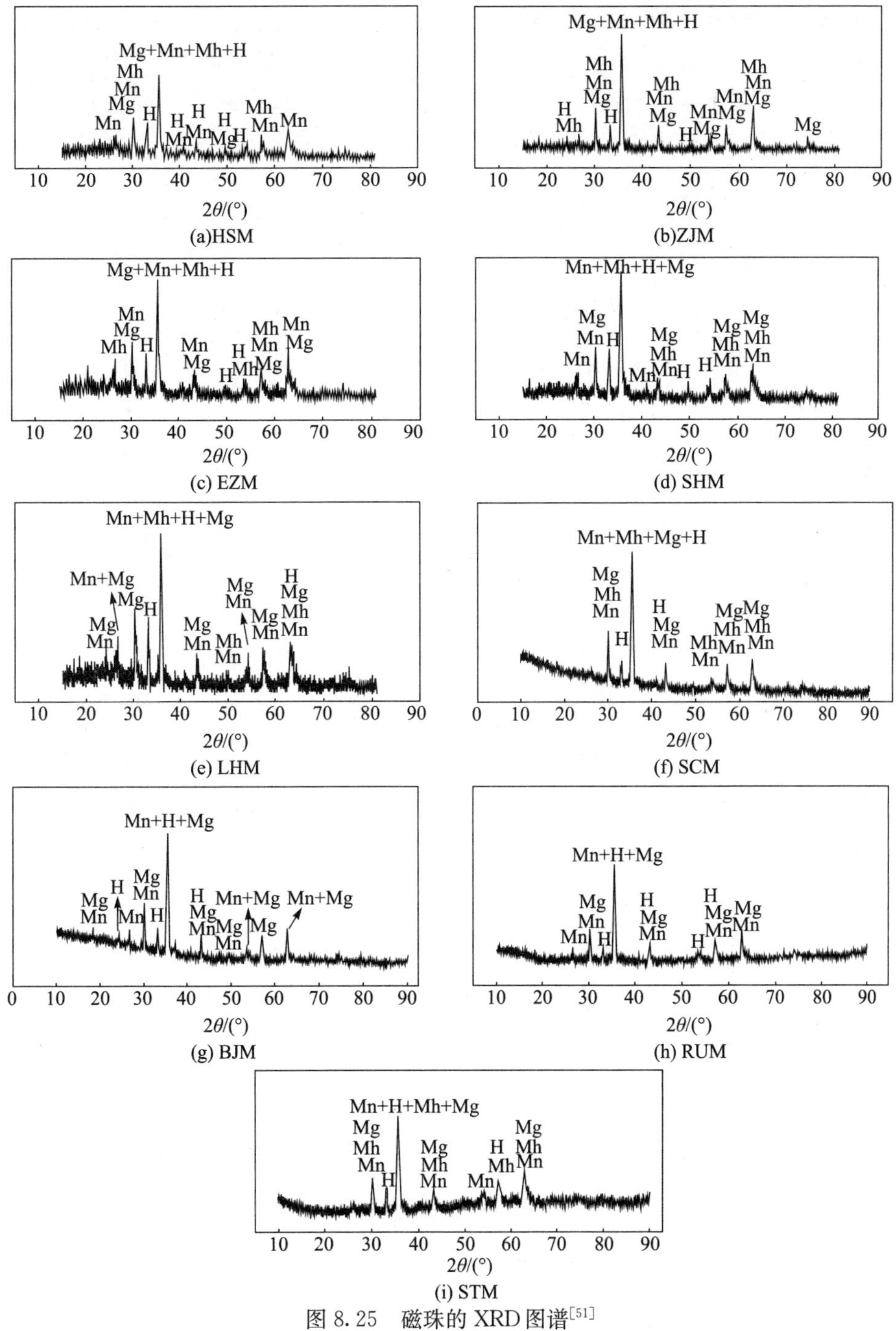

图 8.25　磁珠的 XRD 图谱[51]

H—赤铁矿；Mh—磁赤铁矿；Mn—磁铁矿；Mg—镁铁；Q—石英

别的一些含铁物相。典型的磁珠穆斯堡尔谱谱线包含几套六线谱和双线谱，根据谱线特征和典型特征参数，如同质异能移(δ)、四极裂距(Δ)及磁超精细场(H)等可鉴别含铁物相的种类。结果表明，磁珠中含铁物相主要包括 Fe_3O_4、γ-Fe_2O_3、α-Fe_2O_3 和含铁顺磁固溶体，穆斯堡尔谱线是由这些含铁物相的特征谱线叠加而成的，如图 8.26 和表 8.7 所示。

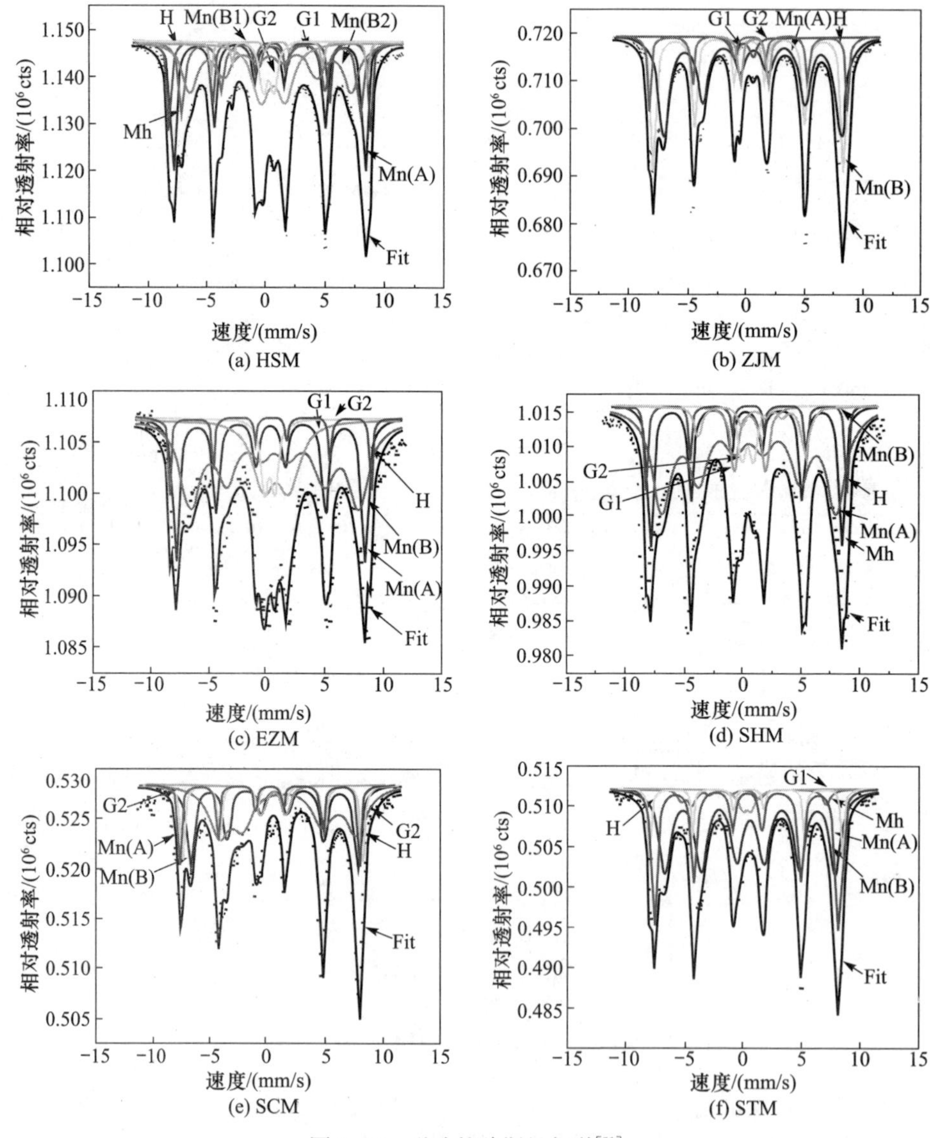

图 8.26　磁珠的穆斯堡尔谱[51]

G1—Fe^{3+}-硅酸盐；G2—Fe^{2+}-硅酸盐；H—赤铁矿(α-Fe_2O_3)；Mh—磁赤铁矿(γ-Fe_2O_3)；Mn(A)—磁铁矿(Fe_3O_4 四面体位)；Mn(B)—磁铁矿(Fe_3O_4 八面体位)；Fit—拟合曲线

(1) Fe_3O_4，属于反尖晶石结构$[Fe^{3+}]_A[Fe^{2+}Fe^{3+}]_BO_4^{2-}$，A 位(四面体)上的$Fe^{3+}$产生一组六线谱，$H=482\sim502$kOe(1Oe＝1Gb/cm＝[1000/(4π)]A/m＝79.5775A/m)；B 位(八面体)上的 Fe^{2+} 和 Fe^{3+} 只有一个 H 值，只产生一组六线谱，$H=442\sim467$kOe，因此 Fe_3O_4 的特征谱线由两组六线谱组成。

(2) γ-Fe_2O_3，具有与 Fe_3O_4 相同的反尖晶石结构，γ-Fe_2O_3 与 Fe_3O_4 的穆斯堡尔谱线一样，也应观察到 A 位和 B 位的 Fe^{3+} 产生的两组六线谱，但是由于 Fe^{3+} 的 $3d^5$ 电子呈球形对称分布，对核周围环境变化不敏感，因此室温谱只观察到一组磁劈裂六线谱，$H=502\sim506$kOe，$\delta=0.31\sim0.32$mm/s，$\Delta=0\sim0.01$mm/s。

(3) α-Fe_2O_3，Fe^{3+}呈反铁磁性排列，占据着八面体空穴，只产生一组六线谱，$H=506\sim529$kOe，$\delta=0.17\sim0.37$mm/s，$\Delta=-0.08\sim-0.04$mm/s。

(4) 顺磁固溶体，包括含 Fe^{2+} 和 Fe^{3+} 的硅酸盐，分别产生一组双线谱。含 Fe^{2+} 的硅酸盐，其 $\delta=1.96\sim2.41$mm/s，$\Delta=0.57\sim0.88$mm/s；含 Fe^{3+} 的硅酸盐，其 $\delta=0.75\sim1.64$mm/s，$\Delta=-0.19\sim0.75$mm/s。

需要指出的是，HSM 的穆斯堡尔谱线与其他样品有很大差异，其中 Fe_3O_4 有三组六线谱，分别对应于 Fe_3O_4(四面体位)、Fe_3O_4(八面体位 1)和 Fe_3O_4(八面体位 2)，其 H 值分别为 498kOe、467kOe、和 417kOe。出现三组六线谱的原因是 Fe_3O_4 晶格结构八面体位上发生离子类质同象置换，导致电子迁移率缺失[53]。一些含铁物相的典型特征参数并不能完全与纯铁质化合物相对应，这主要是由非化学计量的含铁物相、固溶体及铁氧化物离子类质同象置换导致的[54]。

通过对吸收峰面积的定量分析可估算出各含铁物相的相对含量，见表 8.7。不同电厂的磁珠中各含铁物相的含量具有较大差异，磁珠中铁磁性组分 Fe_3O_4 和 γ-Fe_2O_3 的含量较多，其含量范围介于 54.5%～82.9%，这主要是由于和其他含铁物相相比，较强的磁性使其更容易从飞灰中磁选分离出来。尤其是在 ZJM 中，其 Fe_3O_4 含量占到 79.1%，相应地，该样品也具有较高的饱和磁化强度。γ-Fe_2O_3 作为 Fe_3O_4 向 α-Fe_2O_3 转变的中间产物，仅在 HSM 和 SHM 两个样品中被检测到。随着温度升高，Fe_3O_4 先氧化为 γ-Fe_2O_3，或 γ-Fe_2O_3 与 Fe_3O_4 的固溶体，最后转变为 α-Fe_2O_3；当温度超过 1400℃时，α-Fe_2O_3 又转化为 Fe_3O_4[55]。因此，γ-Fe_2O_3 是在烟气温度降低过程中，Fe_3O_4 向 α-Fe_2O_3 转变的中间产物[56]。顺磁性含铁物相，如含 Fe^{2+} 和 Fe^{3+} 的硅酸盐、Fe(Si，Al)合金、α-Fe_2O_3 等，也在磁珠中被检测到。不同电厂的磁珠的化学组分和矿物组成具有较大差异，这是影响其催化性能的重要因素[41,44]。

表 8.7　磁珠的穆斯堡尔谱参数[50]

样品	δ/(mm/s)	Δ/(mm/s)	H/kOe	铁质矿物	相对含量/%
HSM	0.65	2.41	—	Fe^{2+}-硅酸盐	9.6
	0.39	0.85	—	Fe^{3+}-硅酸盐	8.2
	0.37	−0.06	525	α-Fe_2O_3	12.1
	0.31	0.01	502	γ-Fe_2O_3	12.0
	0.55	−0.10	498	Fe_3O_4(四面体位)	27.7
	0.32	−0.01	417	Fe_3O_4(八面体位 1)	6.6
	0.36	−0.02	467	Fe_3O_4(八面体位 2)	23.8
ZJM	0.76	2.38	—	Fe^{2+}-硅酸盐	4.9
	−0.19	1.64	—	Fe^{3+}-硅酸盐	3.3
	0.33	−0.04	526	α-Fe_2O_3	12.7
	0.31	−0.02	502	Fe_3O_4(四面体位)	32.0
	0.64	−0.06	467	Fe_3O_4(八面体位)	47.1
EZM	0.88	2.18	—	Fe^{2+}-硅酸盐	17.8
	0.32	0.88	—	Fe^{3+}-硅酸盐	6.7
	0.37	−0.07	532	α-Fe_2O_3	5.8
	0.34	−0.03	501	Fe_3O_4(四面体位)	25.2
	0.69	−0.05	445	Fe_3O_4(八面体位)	44.5
SHM	0.59	2.57	—	Fe^{2+}-硅酸盐	5.5
	0.39	0.96	—	Fe^{3+}-硅酸盐	5.6
	0.37	−0.06	529	α-Fe_2O_3	9.5
	0.32	0.00	506	γ-Fe_2O_3	22.9
	0.55	−0.06	485	Fe_3O_4(四面体位)	25.5
	0.75	−0.01	459	Fe_3O_4(八面体位)	31.1
SCM	0.28	0.75	—	Fe^{3+}-硅酸盐	3.4
	0.35	−0.07	509	α-Fe_2O_3	8.9
	0.30	−0.02	485	Fe_3O_4(四面体位)	30.8
	0.58	−0.01	450	Fe_3O_4(八面体位)	52.1
	−0.31	1.66	356	FeSi	4.8
RUM	0.69	1.96	—	Fe^{2+}-硅酸盐	14.1
	0.21	1.11	—	Fe^{3+}-硅酸盐	2.4
	0.36	−0.08	506	α-Fe_2O_3	10.6
	0.33	−0.03	482	Fe_3O_4(四面体位)	23.9
	0.54	−0.02	442	Fe_3O_4(八面体位)	49.1

续表

样品	δ/(mm/s)	Δ/(mm/s)	H/kOe	铁质矿物	相对含量/%
STM	0.57	2.19	—	Fe^{2+}-硅酸盐	6.2
	0.17	−0.08	507	α-Fe_2O_3	12.5
	0.32	−0.01	484	Fe_3O_4(四面体位)	24.8
	0.66	−0.07	449	Fe_3O_4(八面体位)	41.7
	0.58	0.255	369	FeSi	14.8

注：δ 表示同质异能位移；Δ 表示四极矩分裂；H 表示磁超精细分裂；FeSi 表示 Fe(Si,Al)合金。

8.2.3　磁珠的脱汞性能及反应机理

1. 反应温度对磁珠脱汞性能的影响

分别选择三种典型的铁含量差异较大的磁珠样品(BJM、HSM 和 ZJM)，考察反应温度对脱汞性能的影响，三个样品中铁含量分别为 29.7%、33.8%和 50.4%。结果如图 8.27 所示，在 100～250℃三种磁珠的累积脱汞效率($E_{T\text{-}a}$)均随着反应温度(T)的升高而增加；但是，随着反应温度的进一步升高，$E_{T\text{-}a}$反而严重下降。不同磁珠的脱汞性能也有显著差异：ZJM 的脱汞性能最优，在 250℃时获得了最佳的脱汞效率，为 34.6%；BJM 和 HSM 同样在 250℃时获得了最佳的脱汞效率，分别为 17.2%和 20.7%。这表明除了反应温度，铁含量也是影响脱汞性能的重要因素。

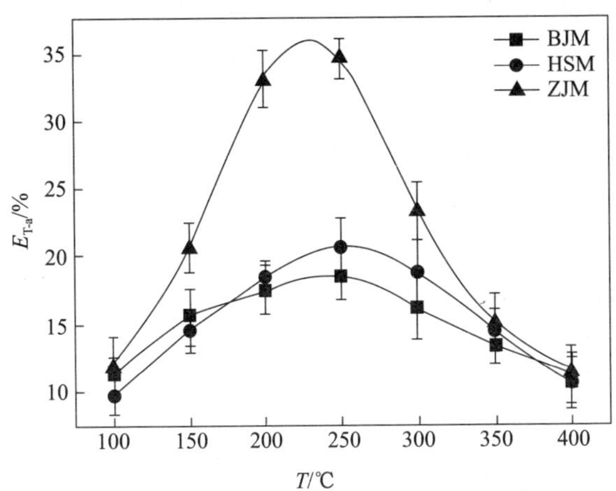

图 8.27　反应温度对磁珠脱汞性能的影响[57]

2. 脱汞性能与铁质组分的关联特性

不同电厂的磁珠对 Hg^0 的脱除能力有很大差别，$E_{T\text{-}a}$与磁珠中铁含量的关联特性如图 8.28 所示。总体而言，磁珠的脱汞性能与铁含量并无明显的相关性(见

图 8.28(a)),虽然 STM 的铁含量高于 BJM、HSM 和 SHM,但是 STM 脱汞效率却低于三者;同样,虽然 EZM 的铁含量较高,但是其脱汞效率最低。这说明,磁珠中铁含量并不是决定脱汞性能的唯一因素。但如果排除 STM 和 EZM,磁珠的脱汞性能与铁含量之间呈明显的正相关关系(r=0.91),$E_{T\text{-}a}$随着铁含量的增加而升高(见图 8.28(b))。

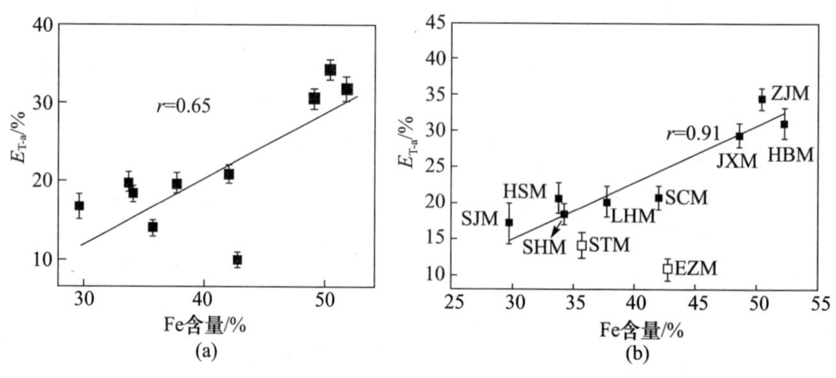

图 8.28　磁珠的脱汞性能与铁含量的关系[57]

磁珠中的铁以 Fe_3O_4、α-Fe_2O_3、γ-Fe_2O_3 和含铁硅酸盐等多种形式存在,且不同电厂的磁珠中各含铁物相的相对含量差异很大。因此,可以推断除铁含量以外,磁珠中含铁物相的种类和含量也是影响其脱汞性能的重要因素。先前已有研究表明,铁尖晶石(Fe_3O_4 和 γ-Fe_2O_3)和 α-Fe_2O_3 对 Hg^0 的吸附及氧化具有较高的催化活性[48,58,59],因此可认为磁珠中具有汞吸附和氧化能力的活性组分。为了阐明磁珠脱汞性能与铁含量和含铁物相的关联特性,本节基于上述物理化学表征结果,研究磁珠中铁含量与上述活性组分含量的关联特性。图 8.29 显示,除 STM 和 EZM 以外,活性组分,即铁尖晶石(Fe_3O_4 和 γ-Fe_2O_3)和赤铁矿(α-Fe_2O_3)的含量随着铁含量的增加而增加。STM 和 EZM 虽然铁含量较高,但是其含有的活性组分较少,这也就解释了这两个样品中铁含量较高,但是其脱汞性能却较差的原因。因此,除磁珠中铁含量以外,活性组分的含量也是决定脱汞性能的重要因素。

为了进一步证实上述结论,将磁珠进行系统的粒度分级(<100 目、100～200 目、200～300 目、300～400 目、>400 目),并考察了脱汞性能与磁珠中铁含量的关联特性,如图 8.30 所示。除 EZM 以外,磁珠的脱汞性能与铁含量之间呈明显的正相关关系(r=0.88),这与上述结果是一致的。尽管 EZM 各粒度级样品中铁含量较高,但是其中的铁大部分以含铁硅酸盐形式存在,活性组分铁尖晶石(Fe_3O_4 和 γ-Fe_2O_3)和赤铁矿(α-Fe_2O_3)的含量较低,导致其脱汞性能较差。这充分说明磁珠的脱汞性能不仅与铁含量有关，还取决于活性组分的含量。

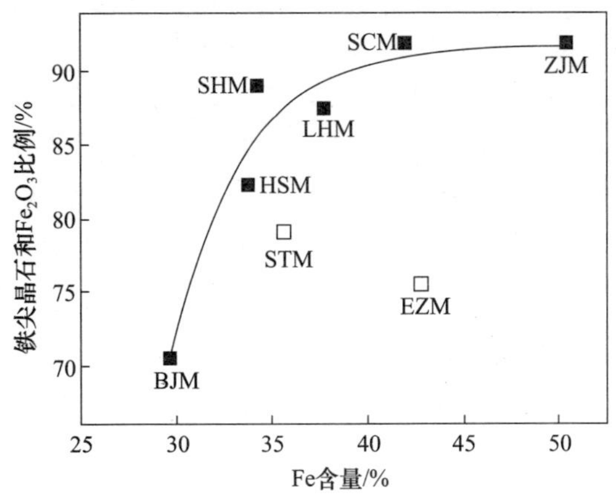

图 8.29 磁珠中铁含量与铁尖晶石(Fe_3O_4 和 γ-Fe_2O_3)和赤铁矿(α-Fe_2O_3)的含量的关系[57]

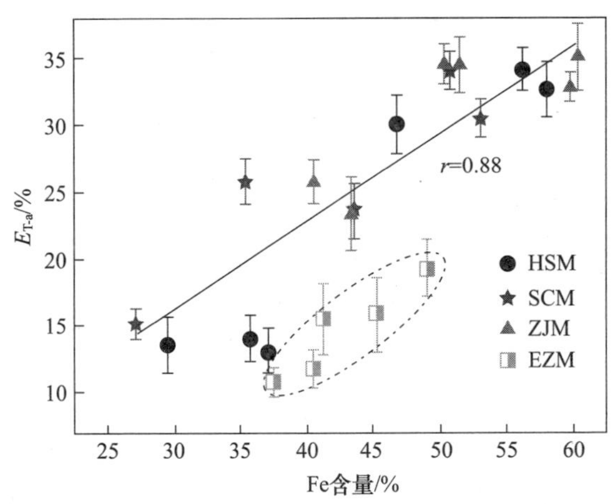

图 8.30 粒度分级磁珠的脱汞性能与铁含量的关系[57]

磁珠中 Si 和 Al 元素的含量仅次于 Fe 元素，三者在磁珠中所占比例达83.1%～91.9%。磁珠中的 Si 和 Al 主要以含铁的硅铝酸盐或莫来石相存在[51]，并随铁磁性的含铁物相分离出来。磁珠的化学组成分析表明，Si 和 Al 元素的含量与 Fe 含量呈负相关关系。因此，当磁珠中铁含量较低时，含铁的硅铝酸盐含量较高，而对 Hg^0 具有吸附和氧化能力的活性组分，即铁尖晶石(Fe_3O_4 和 γ-Fe_2O_3)和赤铁矿(α-Fe_2O_3)的含量相应较低；另外，大量的玻璃相物质会包裹在磁珠表面，阻碍了活性组分与 Hg^0 的反应，这两方面的原因导致铁含量较低的磁珠脱汞性能较差。随着磁珠中铁含量的增加，活性组分的含量增加，且玻璃相物质减少，从而增加了活性组分与汞的接触机会，因此脱汞性能随着磁珠中铁含量的增加而提升。

对于 STM 和 EZM，虽然铁含量较高，但是其中含有的活性组分较少，这与煤粉颗粒粒径、煤中含铁矿物质的种类、赋存形态、内在矿物所占的比例以及燃烧气氛和温度等因素有关。煤粉燃烧过程中，共存于同一个煤粉颗粒中的黏土矿物和黄铁矿先后熔融，黏土矿物熔融后形成细小的硅铝酸盐灰球，黄铁矿在高温下氧化形成 Fe-O-S 熔融体，具有高度的流动性和润湿性，极易与硅铝酸盐玻璃体融合，不再继续氧化，形成含铁的硅铝酸盐玻璃体[60]。硅铝酸盐玻璃体对 Hg^0 的吸附和氧化是惰性的；另外，这些玻璃相物质也会黏附在磁珠表面，阻碍活性组分与 Hg^0 的反应。

8.3 改性磁珠脱汞

上述研究表明，磁珠的脱汞性能较低，且不同飞灰中的磁珠的化学组分和矿物组成差异显著，因此其脱汞性能也存在很大差异，需开发强化磁珠脱汞性能的方法，以提高其脱汞能力和适用性。烟气中的氯含量对吸附剂的脱汞性能具有重要影响，而我国煤中氯含量(63～318mg/kg)普遍低于美国平均水平(628mg/kg)[61]。因此，研发适用于低氯煤燃烧烟气的汞吸附剂具有重要意义。有文献报道 $CuCl_2$ 化学改性后的吸附剂具有很高的 Hg^0 吸附和氧化活性[5,62-64]。作为一种过渡金属，Cu 具有良好的催化活性，同时，在低氯甚至无氯烟气中，$CuCl_2$ 中的 Cl 也有助于 Hg^0 的氧化。本节采用等体积浸渍法合成 $CuCl_2$ 负载改性磁珠吸附剂(Cu-MF 吸附剂)，进行系统的物理化学特性表征和性能评价，并揭示 $CuCl_2$ 与 Hg^0 的反应机理，同时研究了吸附剂的再生循环性能及机理。

8.3.1 吸附剂的表征

Cu-MF 吸附剂的磁特性曲线如图 8.31 所示，其饱和磁化强度达 20emu，图中没有出现磁滞曲线和矫顽力，这说明 Cu-MF 吸附剂具有超顺磁性，且负载 $CuCl_2$ 未对磁珠的磁特性产生明显影响。另外，图中显示出用普通的磁铁就可将 1g 的 Cu-MF 吸附剂从 10g 的飞灰中分离出来。因此，Cu-MF 吸附剂被喷射到烟气中脱汞后，易于从飞灰中磁选分离出来循环利用。

EPR 技术能够精确识别 Cu^{2+} 的配位状态。图 8.32 为不同 Cu 负载量吸附剂上 Cu^{2+} 的 EPR 图谱。在低 Cu 负载量(0.5%)时，Cu^{2+} 以典型的轴对称结构($g_{xx}=g_{yy}=g_{\perp}$ 和 $g_{zz}=g_{/\!/}$)形式存在，而当 Cu 负载量为 1.0%、3.0%、6.0%时，由于未成对电子与 Cu 原子核的超精细作用，出现了明显的四极分裂[66]。通常，Cu-Cl 化合物的超精细结构不明显，因此吸附剂上的 Cu^{2+} 可能不是以 Cu-Cl 化合物形式存在的。进一步分析其 EPR 参数可知，其可能是与载体上的晶格氧相互结合形

成的离散态 Cu^{2+}[66]。随着 Cu 负载量的进一步增加，四极分裂结构逐渐减弱，并被无超精细作用的各向同性单谱线（$g_{iso}=2.15$）所覆盖。该单谱线是典型的具有强磁偶极矩和自旋交互作用的聚集态 Cu^{2+} 的特征谱线[67]，主要是在一定的比表面积上较为密集的顺磁中心导致的。

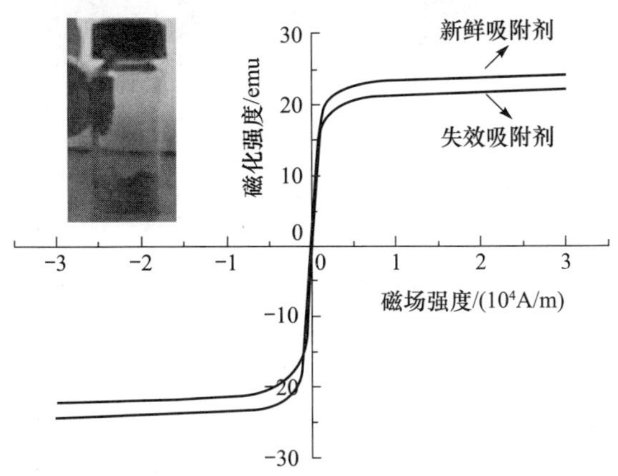

图 8.31　Cu-MF 吸附剂的磁特性曲线[65]

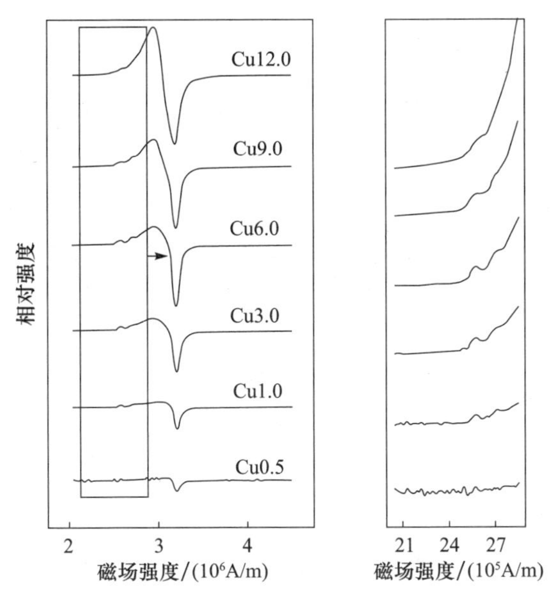

图 8.32　不同 Cu 负载量吸附剂上 Cu^{2+} 离子 EPR 图谱[65]

为进一步分析吸附剂上铜氯化合物的种类，采用 XPS 分析了吸附剂上 Cu 元素的化合价态。图 8.33 为 Cu 负载量 6.0%时，吸附剂上 Cu 元素的 XPS 图谱。

在 934.8eV 和 955.1eV 处的特征峰归属于 $CuCl_2$ 中 Cu^{2+}，同时在 938.3～945.8eV 处出现的卫星峰，也与 $CuCl_2$ 中 Cu^{2+} 离子的特征峰是相吻合的。

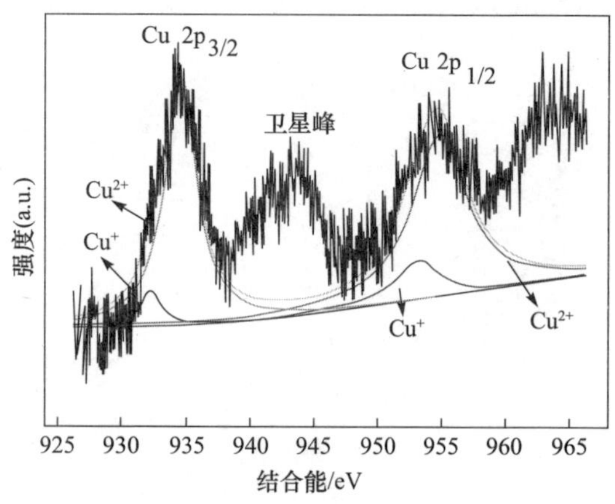

图 8.33 吸附剂(Cu 负载量 6%)上 Cu 2p 的 XPS[65]

图 8.34 给出了不同 Cu 负载量的吸附剂上 Cl/Cu 原子比。由图可以看出，随着 Cu 负载量从 0.5%增加到 12%，Cl/Cu 原子比从 1.38 增加到 4.13。在吸附剂的干燥过程后，载体表面的 O 原子或—OH 基团会与 $CuCl_2$ 发生置换反应生成 HCl，导致吸附剂制备过程中 Cl 流失。因此，当 Cu 含量较低时，吸附剂中 Cu^{2+} 倾向于和邻近的 O 原子配位，形成 Cu-O-Cl 表面体系，部分 Cl 在干燥过程中流失，从而形成缺氯配位，其 Cl/Cu 原子比低于理论值 2。随着 Cu 负载量的增加，过量的 $CuCl_2$ 颗粒从溶液中直接析出沉积到载体表面，并随着 $CuCl_2$ 颗粒沉积量增多，Cu^{2+} 出现聚合，Cl^- 在载体表面的覆盖度也相应增加，Cu^{2+} 与 Cl^- 相互结合的概率增加，因此，Cl/Cu 原子比逐渐增加至接近甚至高于理论值，从而形成富氯配位。

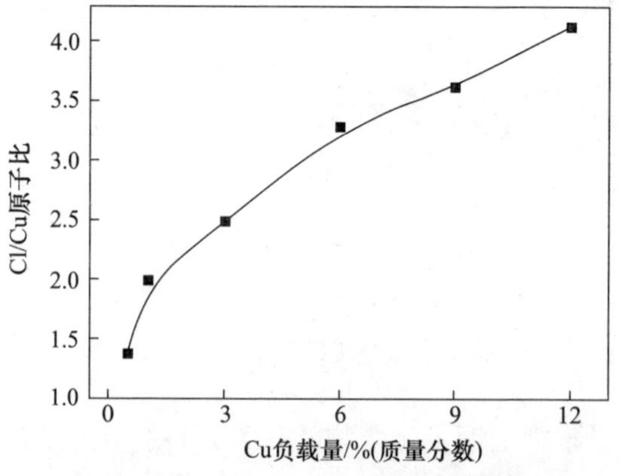

图 8.34 Cl/Cu 原子比与 Cu 负载量关系[65]

8.3.2 吸附剂脱汞性能评价

1. Cu 负载量对吸附剂脱汞性能的影响

当 Cu 负载量从 0 增加到 6%时，脱汞效率由 15.1%增加到 90.6%，继续增加 Cu 的负载量，脱汞效率反而有所下降，如图 8.35 所示。在 Cu 负载量低，尤其是 Cu 负载量为 0.5%时，其对 Hg^0 的吸附效率(E_{ads-a})和氧化效率(E_{oxi-a})与原始磁珠相近，这表明在低 Cu 负载量的吸附剂表面，Hg^0 的活性吸附位很少，这与 $CuCl_2$ 和 Hg^0 的含量比例(%比 ppb)是相矛盾的。在低 Cu 负载量的吸附剂上，Cu^{2+} 在吸附剂表面的配位状态与高 Cu 负载量时有很大不同：低 Cu 负载量时，离散态的 Cu^{2+} 处于缺氯配位上；高 Cu 负载量时，聚合态的 Cu^{2+} 处于富氯配位上。因此，可推断位于富氯配位上的 Cu^{2+} 是 Hg^0 的吸附和氧化的活性位；而位于缺氯配位上的 Cu^{2+} 对 Hg^0 的吸附和氧化是惰性的。但是，负载过量的 $CuCl_2$ 反而会使 Hg^0 的吸附和氧化性能有所下降，其原因可能是负载量过高会影响 $CuCl_2$ 在吸附剂表面的分散度，阻碍了 Hg^0 和活性位之间的有效接触。另外，吸附剂也具有一定的汞氧化能力，不同负载量的吸附剂氧化效率均为 10%左右。

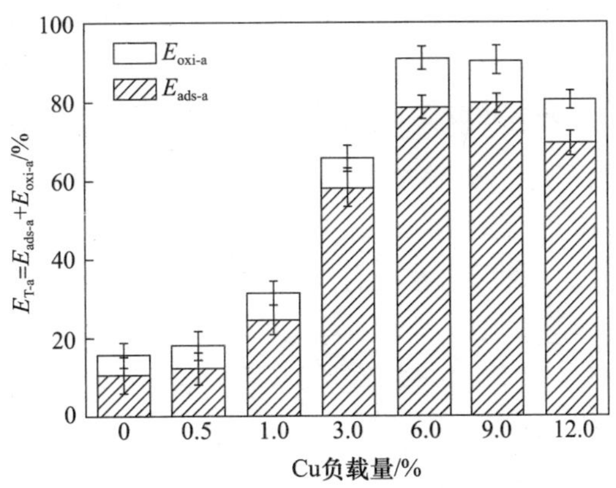

图 8.35　Cu 负载量对吸附剂脱汞性能的影响[65]

2. 反应温度对吸附剂脱汞性能的影响

图 8.36 显示出了吸附剂在不同反应温度下的脱汞性能，当反应温度为 150℃时获得了最佳脱汞效率，约为 90.6%。随着反应温度的升高，吸附剂对 Hg^0 的吸附效率迅速下降，并且导致总的脱汞效率下降。在低温时，吸附剂 Hg^0 的脱除性能主要取决于其化学吸附能力，但是随着反应温度的升高，吸附效率大幅降低，其原因是在高温下吸附剂上的汞发生脱附。随着温度的升高，由于在高温下反应物具有较高的分子动能[68]，使得 Hg^0 和 $CuCl_2$ 的接触概率增大，促进了 $CuCl_2$ 对

Hg^0 的氧化，因此吸附剂对 Hg^0 的氧化性能获得提升。但是，当温度升高到 400℃时，氧化效率急剧降低至 15.5%，这主要是由于 $CuCl_2$ 在高温下分解成 CuCl，CuCl 进一步分解和挥发。

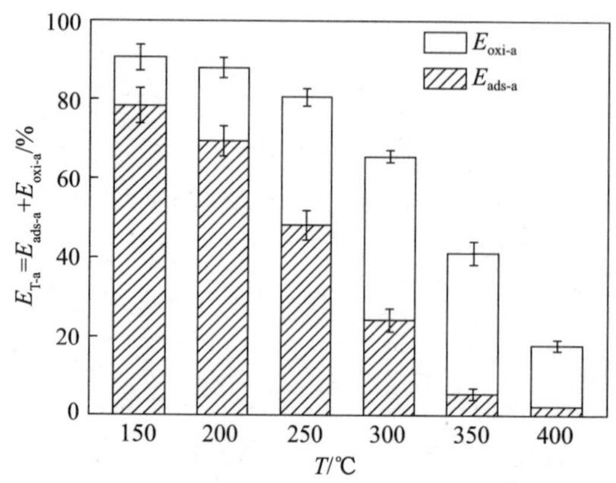

图 8.36 反应温度对吸附剂脱汞性能的影响[65]

3. 烟气成分对吸附剂脱汞性能的影响

Cu_6-MF 吸附剂具有良好的抗 SO_2 中毒能力，即使当烟气中含有高浓度(1600ppm)的 SO_2，其瞬时脱汞效率(E_{T-i})仍可以达到 85%左右，如图 8.37 所示。无论烟气中是否有 O_2 存在，NO 对吸附剂脱汞性能的影响均可以忽略。因此，NO 对吸附剂表面化学状态的影响不大。为进一步考察烟气组分的协同作用，分别考察 $N_2+4\%O_2+1200ppm\ SO_2+10ppm\ HCl$ 和 $N_2+4\%O_2+300ppm\ NO+10ppm\ HCl$ 气氛下的脱汞性能，发现有少量 HCl(10ppm)存在时，SO_2 的抑制作用

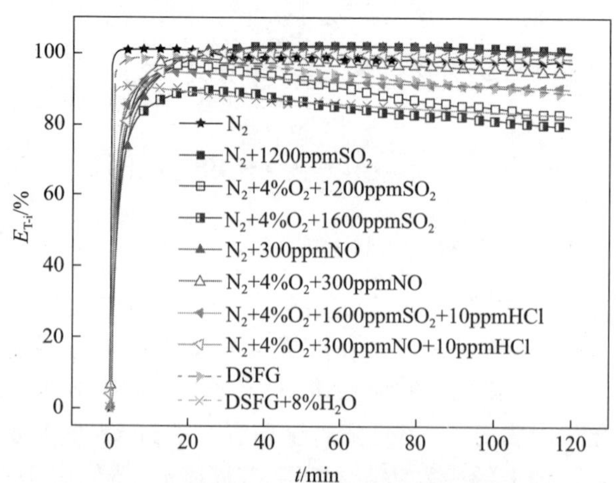

图 8.37 烟气成分对吸附剂脱汞性能的影响[65]

会有所减弱，而 NO 和 HCl 的协同作用可促进汞的脱除。烟气中的 H_2O 对吸附剂的脱汞性能具有轻微的抑制作用，向模拟烟气中添加 8% H_2O 后，吸附剂的脱汞效率下降约 10%，尽管如此，吸附剂的脱汞效率仍维持在 85% 以上。因此，Cu-MF 吸附剂可适应复杂气氛下汞的脱除，具有良好的抗 SO_2 和 H_2O 中毒能力。

8.3.3　吸附剂对汞的吸附和氧化机理分析

1. Cu-MF 吸附剂上 Hg^0 活性吸附位和氧化位识别

在 N_2 气氛下，吸附剂对 Hg^0 的脱除效率几乎达到 100%，如图 8.38 所示，这主要是通过 Hg^0 和吸附剂之间的非均相反应实现的，即 Hg^0 首先吸附在吸附剂表面，然后被吸附剂表面的活性 Cl^- 或/和 Cu^{2+} 氧化。为了揭示 $CuCl_2$ 与 Hg^0 的反应机理及路径，首先识别吸附剂表面 Hg^0 的活性吸附位和氧化位。将吸附汞后的吸附剂进行 Hg-TPD 试验，发现在 165℃ 和 405℃ 处分别出现两个汞的脱附峰，如图 8.39 所示，这说明在吸附剂表面至少存在两种形态的汞。在 165℃ 处汞的脱附峰对应于 $HgCl_2$ 的分解（$HgCl_2 \longrightarrow Hg^0 + Cl_2$）。在 N_2 气氛下，$CuCl_2$ 是唯一能为 Hg^0 向 $HgCl_2$ 的转化提供 Cl 源的物质，因此可推测 $CuCl_2$ 中 Cl 原子是 Hg^0 的活性吸附位之一。在 405℃ 处，汞的脱附峰可能是由于 Hg 与 $CuCl_2$ 中 Cu 原子结合形成的 Hg-Cu 复合物在高温下分解、脱附造成的。通过比较两者的分解脱附温度，可以推断 Hg 在 Cu 吸附位（Hg-Cu）的结合能要高于 Hg 在 Cl 吸附位（Hg-Cl）。

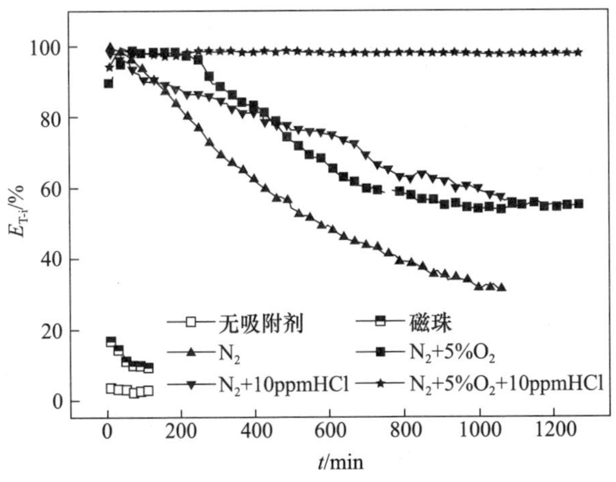

图 8.38　不同气氛下吸附剂的脱汞性能[69]

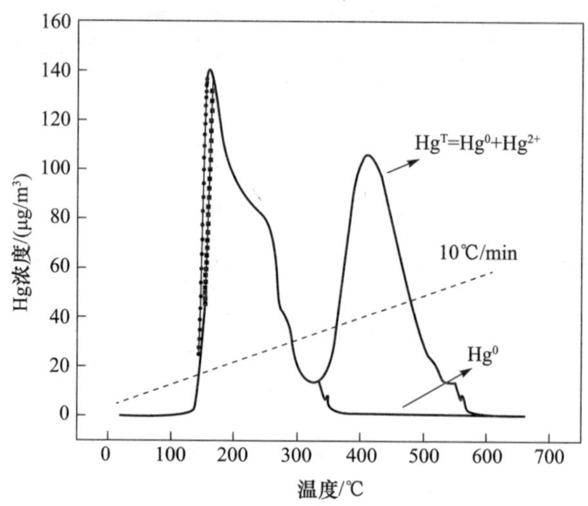

图 8.39 吸附剂上的汞随温度的释放曲线[69]

2. O_2 和 HCl 的作用

对比 N_2、N_2＋HCl、N_2＋O_2、N_2＋O_2＋HCl 气氛下吸附剂的脱汞效率和穿透时间，发现 HCl 和 O_2 均能促进 Hg^0 的脱除，如图 4-38 所示。HCl 对脱汞性能的促进作用可以通过 Mars-Maessen 机理解释，即气态 Hg^0 首先吸附在 Cu_x-MF 表面，形成吸附态汞，然后被 $CuCl_2$ 中的晶格 Cl 氧化生成吸附态 $HgCl_2$ 或 Hg_2Cl_2，在此过程中，$CuCl_2$ 中的晶格 Cl 被消耗生成氯空位，烟气中的气相 HCl 能补充和再生这些氯空位。但是，Mars-Maessen 机理无法解释 O_2 的促进作用，这说明 Cu^{2+} 同样是影响脱汞性能的重要因素。Cu^{2+} 可以将 Hg^0 氧化，同时被还原为 Cu^+，而烟气中的 O_2 可以将 Cu^+ 重新氧化为 Cu^{2+}。HCl 和 O_2 能修复 Hg^0 氧化过程中消耗的晶格 Cl 和被还原的 Cu^{2+}。通过分析 HCl 和 O_2 对 Cu_x-MF 吸附剂脱汞性能的影响，即可探明吸附剂上 Cu 和 Cl 吸附位对 Hg^0 的吸附和氧化机理。

1）O_2 的作用

图 8.40 显示出 O_2 能显著提高吸附剂的脱汞效率，并显著延长穿透时间。由于在本节试验条件(150℃)下，O_2 与 Hg^0 之间的均相反应很难发生，因此 O_2 的促进作用是通过 Hg^0-吸附剂-O_2 三者之间的非均相反应实现的。在脱汞反应过程中，$CuCl_2$ 被还原为 CuCl，因此可推断当反应气氛中有 O_2 存在时，Cu^+ 可被 O_2 氧化为 Cu^{2+}，从而促进 Hg^0 的脱除。本节通过以下试验验证该推测：首先在 N_2 气氛下使吸附剂达到 50％汞穿透，然后在原气氛中添加 5％O_2，发现 O_2 的引入能在一定程度上使汞的脱除效率得到提升，这表明 O_2 的加入对 Cu^+/Cu^{2+} 离子的形态

具有重要影响。Cu^{2+} 在氧化 Hg^0 的同时被还原为 Cu^+，O_2 能将 Cu^+ 重新氧化为 Cu^{2+}。但是在反应进行 1h 后，汞的脱除效率再次下降，如图 8.41 所示。因此，可推断 O_2 的加入并未将 Cu^+ 氧化为初始状态的 Cu^{2+}（$CuCl_2$），而是生成了某种 CuO-Cl 的中间过渡态产物。

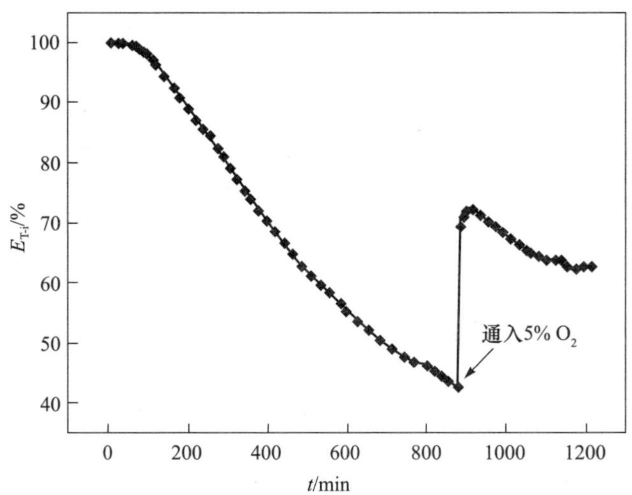

图 8.40　O_2 对吸附剂脱汞性能的影响（当吸附剂在 N_2 气氛下达到 50%汞穿透时，在原气氛添加 5%O_2）[69]

2) HCl 的作用

为了考察吸附剂上的 Cl 吸附位对 Hg^0 的作用机理，首先在 N_2 气氛下考察了 Cu_x-MF 吸附剂对 Hg^0 的脱除性能，如图 8.41 所示。发现在反应的初始阶段，超过 80%的汞被吸附在吸附剂表面，只有少于 10%的 Hg^{2+} 释放到烟气中。随着反应的进行，吸附剂对 Hg^0 的吸附性能逐渐下降，而氧化性能逐渐增加，约 30%的 Hg^{2+} 释放到烟气中。在反应进行 18h 后，吸附剂对汞的吸附能力几乎达到饱和，但是在反应器出口仍有 30%的 Hg^{2+} 被检测到，这说明在 Cu_x-MF 吸附剂上存在不同的活性吸附位和氧化位。在反应的初始阶段，Hg^0 被吸附剂表面活性氧化位氧化为 Hg^{2+} 后转移到邻近的非催化吸附位，而随着反应的进行，非催化吸附位逐渐饱和，产生的 Hg^{2+} 被释放到烟气中。从图 8.42 可以发现，在 N_2 气氛下脱汞反应后，吸附剂表面 Cl/Cu 原子比明显降低，这说明释放到烟气中的 Hg^{2+} 可能来源于 Cl 吸附位上的 $HgCl_2$ 或 Hg_2Cl_2。经 HCl 或 HCl+O_2 处理后，Cl/Cu 原子比有所增加。HCl 对吸附剂脱汞性能的促进作用可以由 Mars-Maessen 机理解释。

进一步考察 Cl 吸附位对 Hg^0 的作用机理：首先在 N_2 气氛下使吸附剂达到50%汞穿透，然后在原气氛中添加 10ppm 的 HCl，发现 HCl 的加入能在一定程度上提升脱汞效率，但是在反应进行 1h 后，脱汞效率同样再次下降，如图 8.43 所示。如上所述，HCl 对脱汞性能的促进作用可以通过 Mars-Maessen 机理解释，但是即使向烟气中添加 HCl 后，脱汞效率也随着反应的进行再次下降，这也再次验证了 Cu 吸附位对 Hg^0 的吸附和氧化的重要性。

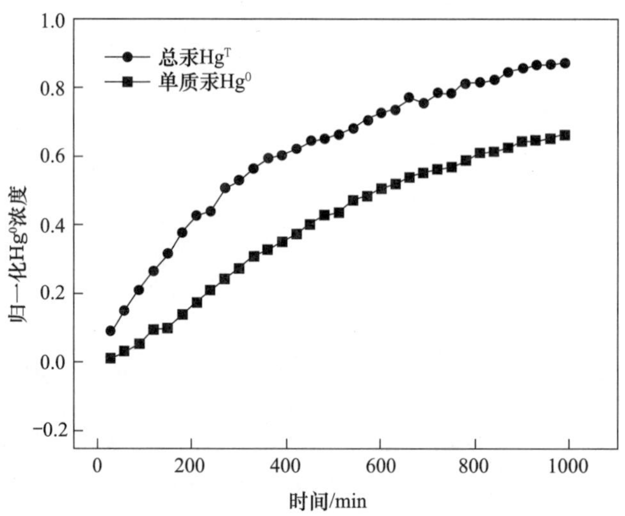

图 8.41　N_2 气氛下 Hg^0 和 Hg^T 浓度变化情况

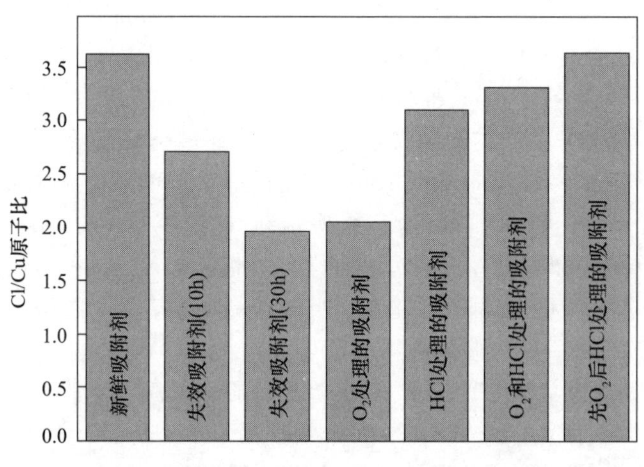

图 8.42　不同样品 Cl/Cu 原子比[69]

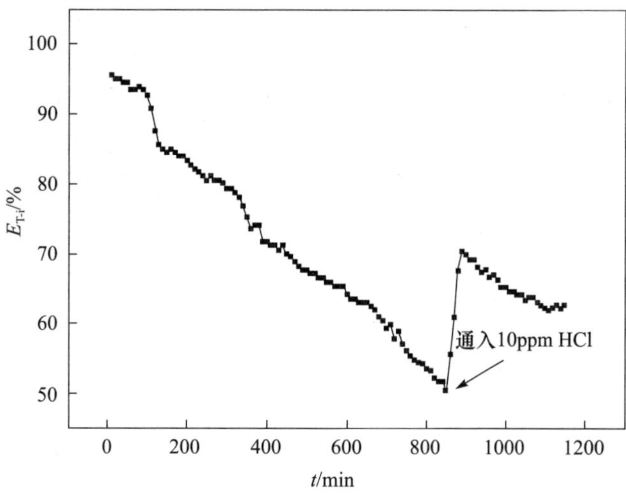

图 8.43　HCl 对吸附剂脱汞性能的影响[69]
当吸附剂在 N_2 气氛下达到 50%汞穿透时，
在原气氛添加 10ppm HCl

3) O_2 和 HCl 的协同作用

图 8.44 显示出在 N_2+ 5%O_2+10ppm HCl 气氛下，$CuCl_2$ 对 Hg^0 的脱除效率能在较长的时间内维持很高水平(接近 100%)，结合上述 HCl 和 O_2 在脱汞反应中的作用，发现 $CuCl_2$ 对 Hg^0 的脱除并不是 Cu^{2+} 或 Cl^- 的单一作用，而是两者的协同作用。$CuCl_2$ 作为一种典型的碳氢化合物氧氯化反应的催化剂，在 Deacon 反应中可通过反应式(8.14)将 HCl 转化成 Cl_2[70,71]。

$$2HCl+\frac{1}{2}O_2 \longleftrightarrow Cl_2+H_2O \quad \Delta H^0=-28.4kJ/mol \tag{8.14}$$

该反应为放热反应，从热力学平衡角度看，在 100～250℃温度范围内容易发生。但是 Cl_2 的释放是吸热反应，在 300～360℃高温范围内更有利于反应的发生[64]。此外，Cl_2 和 Hg^0 之间的均相反应在本研究温度范围内发生较为缓慢[17,21,72]，不足以支撑本研究中高效的 Hg^0 氧化效率。因此，在本研究的试验条件下，Deacon 反应并不足以支撑 HCl 对脱汞性能的高效促进作用，而 Hg^0 的高效氧化主要依赖于与 $CuCl_2$ 发生的非均相反应。也就是说，O_2 和 HCl 通过协同影响 Cu^{2+} 和 Cl^- 的状态，从而促进 Hg^0 的脱除。

通过以下试验证明 O_2 和 HCl 的协同作用：首先在 N_2 气氛下使吸附剂达到 50%汞穿透，然后在原气氛中添加 5%O_2 和 10ppm HCl，发现脱汞效率恢复到初始水平，并且在较长时间内维持不变，如图 8.44 所示。类似地，首先在 N_2 气氛下使吸附剂达到 50%汞穿透，然后在原气氛中添加 5%O_2，发现脱汞效率能得到一定的提升，但是在较短的时间内又再次下降，然后添加 10ppm HCl，发现脱汞效率恢复到初始水平，并且在较长时间内维持不变，如图 8.45 所示。这充分说明 HCl 和 O_2 的共同存在能修复 Hg^0 氧化过程中消耗的晶格 Cl 原子和被还原的 Cu^{2+} 。

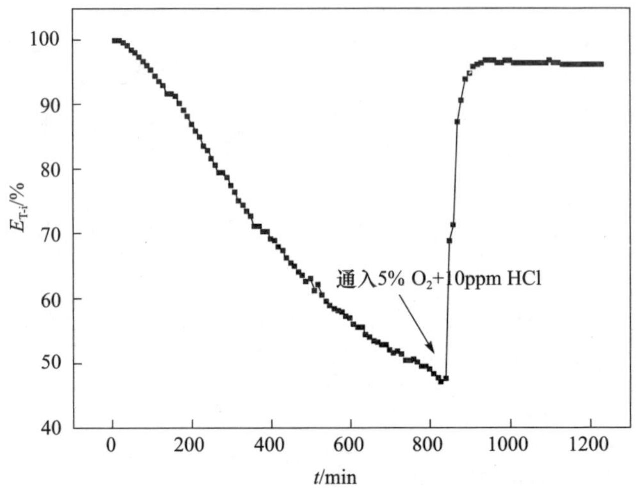

图 8.44　O_2 和 HCl 对吸附剂脱汞性能的影响[69]
（当吸附剂在 N_2 气氛下达到 50%汞穿透时，
在原气氛中添加 5%O_2 和 10ppm HCl）

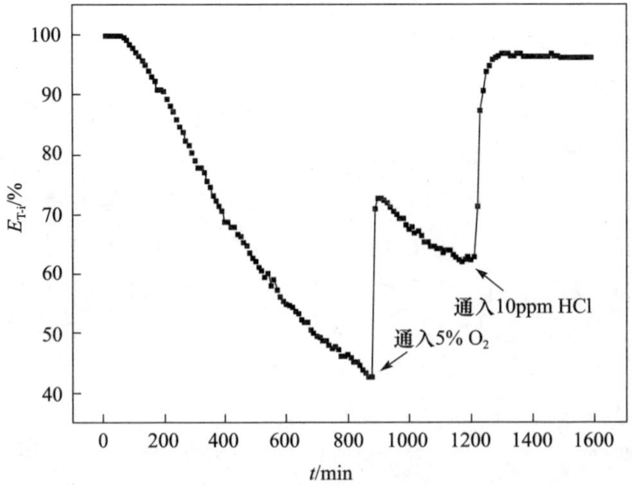

图 8.45　O_2 和 HCl 对吸附剂脱汞性能的影响[69]
（当吸附剂在 N_2 气氛下达到 50%汞穿透时，
在原气氛中先后引入 5%O_2 和 10ppm HCl）

3. 反应机理及路径

基于上述试验结果，可得到在有 O_2 和 HCl 参与时，$CuCl_2$ 对 Hg^0 的吸附和氧化机理及反应路径，如图 8.46 所示。首先，Hg^0 被吸附在 Cu_x-MF 吸附剂上的 Cu 和 Cl 吸附位上，在此反应过程中，$CuCl_2$ 中晶格 Cl 原子被消耗，同时 Cu^{2+} 被还原为 Cu^+。在有 O_2 和 HCl 存在时，CuCl 通过以下反应路径被转化为 $CuCl_2$[64,71,73]：①CuCl 与 O_2 反应生成 Cu-O-Cl 中间过渡态产物；②HCl 补充 Cu-O-Cl 中 Cl 原子使其修复为 $CuCl_2$。本研究采用 EPR 和 XPS 对反应过程中的中间过渡态产物进行详细表征，从而验证了所提出的反应机理及路径。

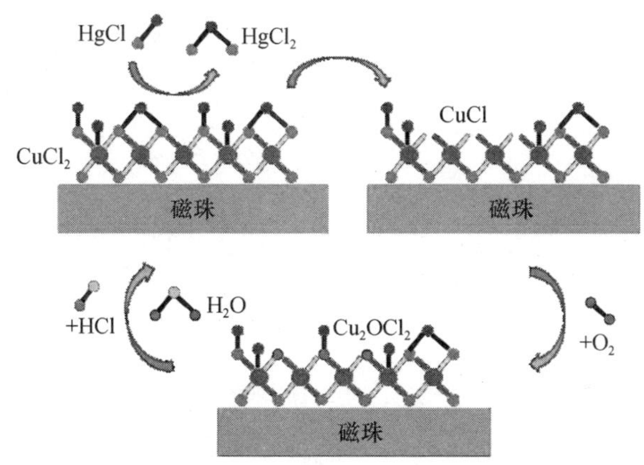

图 8.46　$CuCl_2$ 与 Hg^0 的作用机理及反应路径[69]

由于 Cu^+(d^{10})和 Cu^{2+}(d^9)电子排布的差异，仅有 Cu^{2+} 可以被 EPR 检测到，因此 EPR 信号的强弱可以用来分析吸附剂表面 Cu^{2+} 含量，从而识别 $CuCl_2$ 与 Hg^0 反应过程中 Cu 原子的价态变化情况。本研究采用 EPR 分别考察新鲜吸附剂、吸附汞的吸附剂及 HCl 和 O_2 处理过的吸附剂表面 Cu 原子价态变化情况，所有 EPR 信号强度均以新鲜吸附剂为基准进行归一化处理。从图 8.47 和图 8.48 可以发现，经过 10h 的脱汞试验后，吸附剂上 Cu^{2+} 信号强度明显减弱，并且随着反应时间的延长，Cu^{2+} 信号强度的减弱更加明显，这充分说明在脱汞反应过程中，吸附剂上的 Cu^{2+} 被还原为 Cu^+。经过 O_2 预处理后，吸附剂的 EPR 信号强度明显增强，甚至高于原始吸附剂，这说明在脱汞反应过程中生成的 Cu^+ 被 O_2 重新氧化成 Cu^{2+}，但是该 Cu^{2+} 可能不同于 $CuCl_2$ 中 Cu^{2+}。经 O_2 和 HCl 同时处理后，吸附剂的 EPR 信号强度与新鲜吸附剂非常接近。此外，作为对照，经 O_2 和 HCl 先后处理后的吸附剂，其 EPR 信号同样与新鲜吸附剂接近。这充分说明 O_2 和 HCl 的共同作用能够有效地将 CuCl 修复为 $CuCl_2$。

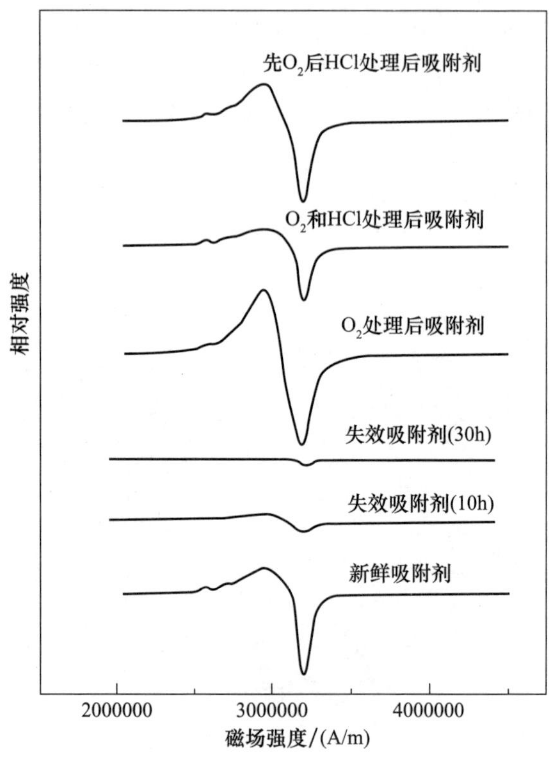

图 8.47 不同样品上 Cu^{2+} 的 EPR 图谱[69]

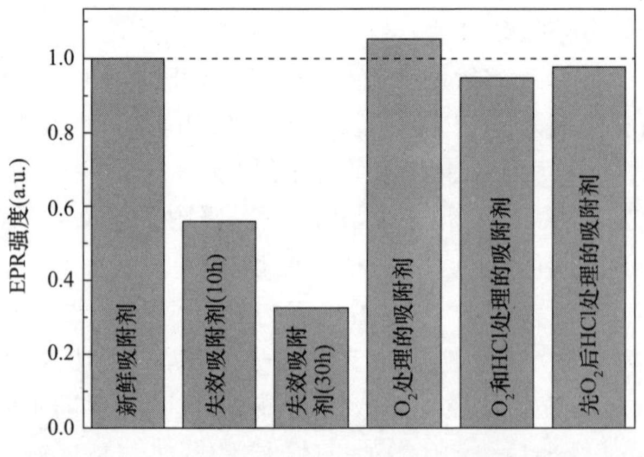

图 8.48 不同样品上 Cu^{2+} 的 EPR 信号强度[69]

进一步采用XPS分析脱汞反应过程中吸附剂表面化学状态变化情况，如图8.49和图8.50所示。图8.49显示在新鲜吸附剂上Cu元素主要以Cu^{2+}形式存在，经过10h的脱汞试验后，在吸附剂上可以明显检测到Cu^{+}（结合能932.4eV），并且随着脱汞反应时间的延长，Cu^{+}的含量明显增加，Cu^{2+}的含量进一步减少。这与EPR分析结果是一致的。此外，在N_2气氛下进行脱汞反应后，吸附剂上Cl/Cu原子比明显减少（见图8.42），这说明在脱汞反应过程中，$CuCl_2$中的晶格Cl原子随$HgCl_2$或Hg_2Cl_2一起释放到烟气中，导致Cl原子在反应过程中不断流失。

结合上述EPR分析结果以及O_2和HCl在脱汞反应过程中起的作用，可以推断O_2和HCl对吸附剂上Cu及Cl元素的状态具有重要影响。为验证这一推测，将在N_2气氛下吸附汞后的吸附剂置于含有5%O_2或/和10ppm HCl的气氛中处理2h，结果如图8.49所示。经O_2处理后，一种不同于$CuCl_2$（结合能934.8eV）和CuCl（结合能932.4eV）的Cu-Cl化合物（结合能933.2eV）生成，这与EPR结果是吻合的，即O_2能将Cu^{+}氧化成Cu^{2+}，但该Cu化合物与$CuCl_2$有所不同，溶解度试验也同样证实了这一结论。有研究表明O原子可嵌入CuCl的第一层配位层中，生成Cu_2OCl_2[64,70,71]。脱汞试验证明，Cu_2OCl_2对Hg^0的脱除性能在一定程度上优于CuCl，但是低于$CuCl_2$。

如图8.42所示，将吸附汞后的吸附剂采用HCl处理后，吸附剂上Cl/Cu原子比明显增加，这也验证了HCl能补充$CuCl_2$在脱汞反应过程中消耗的晶格Cl原子。但是，图8.49显示，尽管经HCl处理后吸附剂上Cl原子的含量有所增加，但是Cl元素的状态与新鲜吸附剂有很大不同。当采用HCl和O_2共同处理后，Cl原子的含量和状态均被修复并接近新鲜吸附剂。这说明脱汞反应过程中生成的CuCl在HCl作用下转化成Cu-Cl中间过渡态产物。此外，HCl和活性Cl原子也可能吸附在吸附剂表面，从而增加了Cl原子含量，并进一步促进了Hg^0的吸附和氧化。在HCl和O_2共同作用下，该Cu-Cl中间过渡态产物以及吸附在吸附剂表面的HCl和活性Cl原子被进一步转化成$CuCl_2$。同样，作为对照，先后经O_2和HCl处理后，吸附剂上的Cu和Cl原子均被有效地修复成$CuCl_2$，这也再次验证了上述解释。

在有O_2和HCl共同参与的情况下，Hg^0与$CuCl_2$的反应构成一个循环，脱汞反应过程中生成的CuCl经过以下反应路径被转化为$CuCl_2$：①CuCl与O_2反应生成Cu-O-Cl中间过渡态产物；②HCl可补充Cu-O-Cl中Cl原子使其被修复为$CuCl_2$，其反应路径可以用以下反应式表述：

$$Hg^0 + 2CuCl_2 \longrightarrow 2CuCl + HgCl_2 \tag{8.15}$$

$$2CuCl + \frac{1}{2}O_2 \longrightarrow Cu_2OCl_2 \tag{8.16}$$

$$Cu_2OCl_2 + 2HCl \longrightarrow 2CuCl_2 + H_2O \tag{8.17}$$

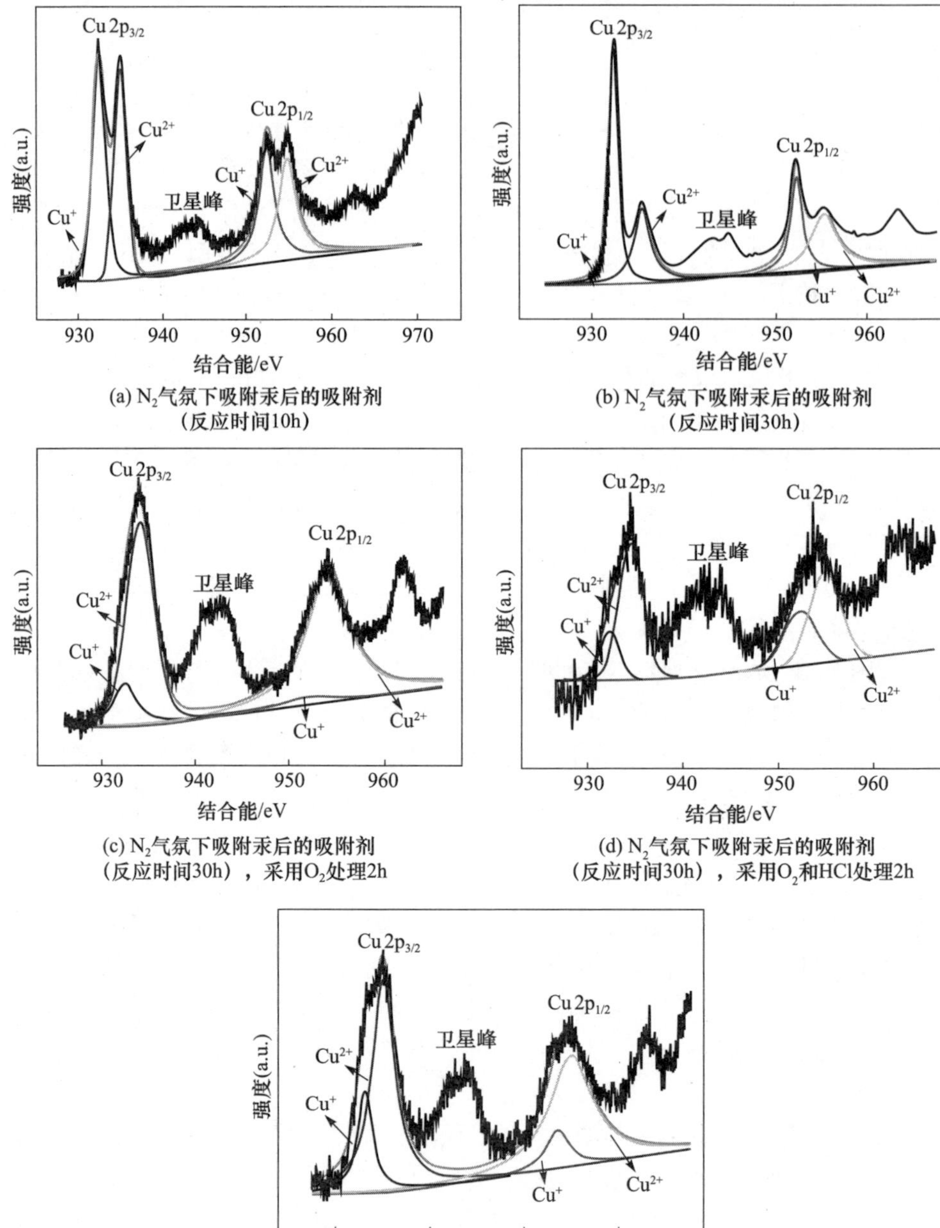

(a) N_2气氛下吸附汞后的吸附剂（反应时间10h）

(b) N_2气氛下吸附汞后的吸附剂（反应时间30h）

(c) N_2气氛下吸附汞后的吸附剂（反应时间30h），采用O_2处理2h

(d) N_2气氛下吸附汞后的吸附剂（反应时间30h），采用O_2和HCl处理2h

(e) N_2气氛下吸附汞后的吸附剂（反应时间30h），先后采用O_2和HCl处理2h

图 8.49　不同样品上 Cu 2p 的 XPS[69]

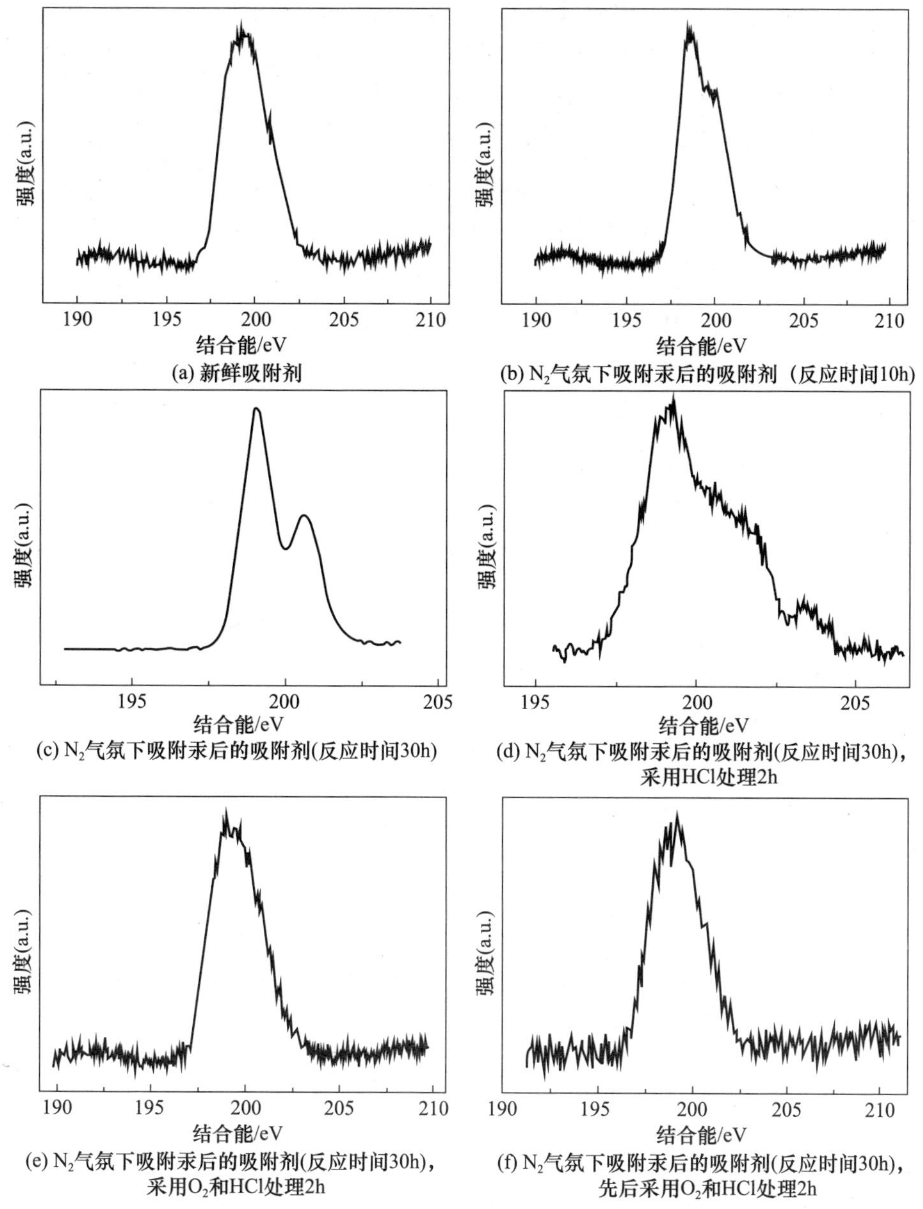

图 8.50　不同样品上 Cl 2p 的 XPS 图谱[69]

8.3.4　失活吸附剂的再生性能及其机理

1. 模拟烟气气氛下再生性能

如上所述，在 N_2+O_2+HCl 气氛下，由于 O_2 和 HCl 可以修复失活吸附剂上的活性位，使其维持较高的脱汞性能。但是，在模拟烟气(simulated flue gas，SFG)

气氛下，SO_2 和 NO 在一定程度上抑制了吸附剂的脱汞性能。如图 8.51 所示，在反应进行一定时间后，即使将 SO_2 和 NO 从 SFG 气氛中移除，其脱汞性能依然下降，并没有恢复到初始水平。结合 4.4.3 节烟气成分对吸附剂脱汞性能的影响分析可知，NO 对脱汞性能几乎没有负面影响，而 SO_2 会在一定程度上抑制汞的脱除。在有 O_2 存在的情况下，SO_2 会与吸附剂上的活性组分反应生成硫酸盐类物质（SO_4^{2-}），引起吸附剂表面化学变化（见图 8.52）。因此，在 SFG 气氛下，铜氯化合

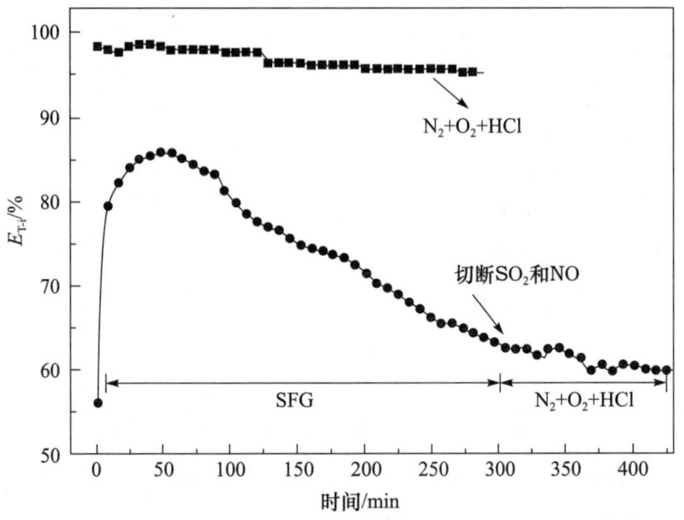

图 8.51 SFG 与 N_2+O_2+HCl 气氛下吸附剂脱汞差异[74]

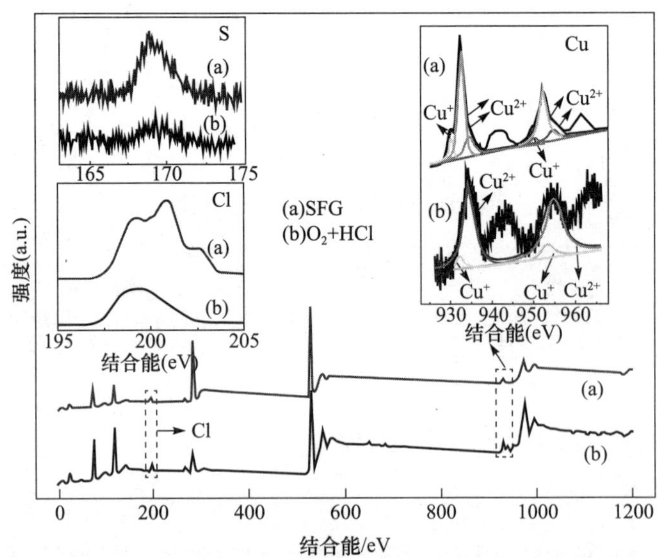

图 8.52 SFG 与 N_2+O_2+HCl 气氛下吸附剂表面化学差异[74]

物（$CuCl_2$，$CuCl$，Cu_2OCl_2）向 $CuSO_4$ 的转化会阻碍 O_2 和 HCl 对失活吸附剂上活性位的修复。此外，吸附在吸附剂上的汞也可能会抑制吸附剂的再生。因此，为实现失活吸附剂的再生，需首先移除吸附在吸附剂活性位上的硫酸盐和汞。

2. 失活吸附剂的再生性能评价

根据上述 SFG 与 N_2+O_2+HCl 气氛下吸附剂脱汞性能差异，以及有 O_2 和 HCl 共同参与时，$CuCl_2$ 对 Hg^0 的吸附和氧化机理，提出失活吸附剂的再生方法，其包括两个关键步骤：①将失活吸附剂在高温下加热，使吸附在吸附剂上的硫酸盐和汞分解释放，从而使被覆盖的活性位暴露出来；②采用 O_2 和 HCl 修复吸附剂上的 Cu 离子和 Cl 离子，从而使活性位得到修复。下面将分别对这两个关键步骤中的影响因素进行分析。

1）O_2 和 HCl 的修复对吸附剂再生的影响

O_2 和 HCl 的修复对吸附剂再生性能的影响如图 8.53(a)所示，将失活吸附剂在 N_2 气氛、400℃下加热后再次进行脱汞试验，发现再生吸附剂对 Hg^0 的脱除效率仅为 50%，与再生前几乎相近。在 $N_2+4\%O_2$ 气氛、400℃下加热再生后的吸附剂，其脱汞效率由 50%增加到 80%，但是其脱汞效率在较短的时间（50min）内迅速下降。这说明 O_2 并不能使失活吸附剂上的活性位得到完全修复，该现象与上述 $CuCl_2$ 和 Hg^0 的反应机理部分的论述是一致的，即失活吸附剂上的 CuCl 与 O_2 反应生成中间过渡态产物（Cu_2OCl_2），而该产物对 Hg^0 的氧化能力优于 CuCl，但低

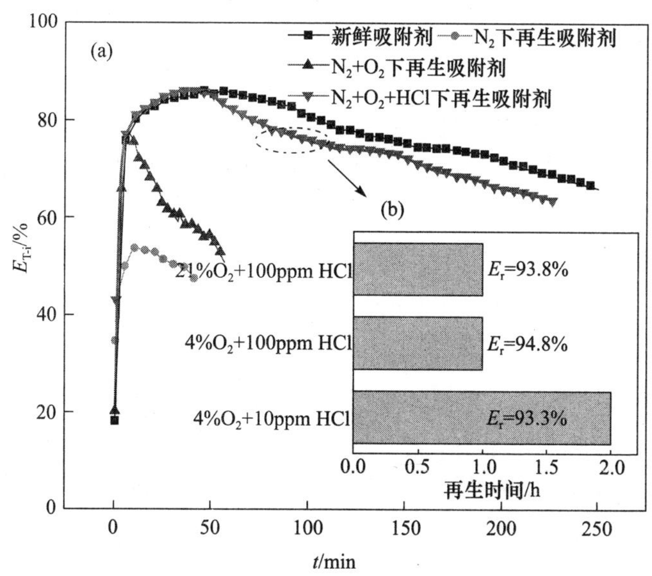

图 8.53　O_2 和 HCl 的修复对吸附剂再生的影响[74]

于 $CuCl_2$。当再生气氛中同时含有 O_2 和 HCl 时，再生吸附剂的脱汞性能几乎恢复到新鲜吸附剂的水平，这充分说明 O_2 和 HCl 的修复对失活吸附剂的再生是至关重要的。

O_2 和 HCl 浓度以及再生时间对再生性能的影响如图 8.53(b)所示，发现 O_2 和 HCl 浓度对再生效率的影响较小，当再生气氛中含有不同浓度的 O_2 和 HCl 时，失活吸附剂的再生效率几乎相近，分别为 93.3%、94.8%、93.8%。但是，随着 O_2 和 HCl 浓度的增加，所需要的再生时间明显缩短。当再生气氛中含有 4%O_2+10ppm HCl 时，再生 2h 后其再生效率达到 93.3%，而要达到相近的再生效率，当再生气氛中含有 100ppm HCl 时，再生时间缩短到 1h。O_2 浓度的影响与 HCl 相比并不十分明显，当再生气氛中含有 4%O_2+10ppm HCl 和 21%O_2+10ppm HCl 时，其再生效率相近。

2）再生温度和加热速率的影响

再生温度不但会影响失活吸附剂上硫酸盐和汞的分解释放，而且会影响吸附剂上活性组分的稳定性，因此它是影响失活吸附剂再生性能的重要因素之一。首先，考察在 150℃下采用 O_2 和 HCl 修复后吸附剂的脱汞性能，如图 8.54 所示。发现在反应的初始阶段，再生吸附剂获得了较高的脱汞效率，但是其脱汞能力在较短的时间(50min)内迅速降低。这可能是由于在再生过程中，部分 HCl 或活性 Cl 原子吸附到再生吸附剂表面，进而促进了汞的脱除，然而，这些吸附到吸附剂上的 HCl 或活性 Cl 原子数量有限，在脱汞反应过程中迅速消耗完毕，从而导致脱汞性能迅速降低。当在 N_2+4%O_2+10ppm HCl 气氛、300℃下加热再生后，获得了

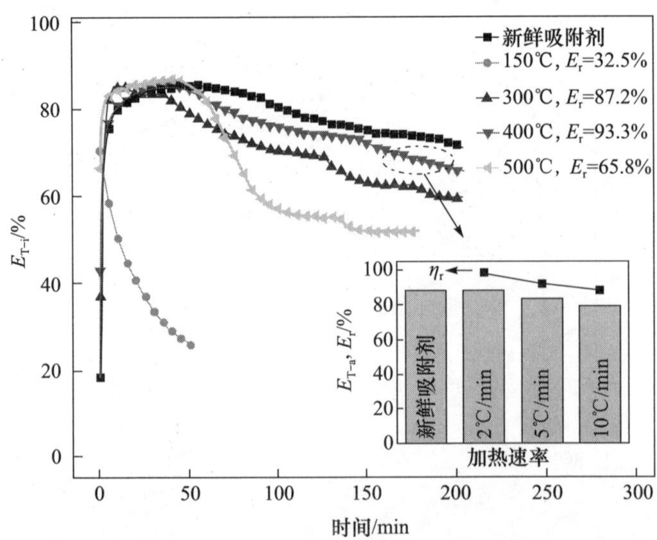

图 8.54　再生温度和加热速率的影响[74]

88.2%的再生效率，随着再生温度进一步升高到 400℃，再生效率达到 93.3%。这表明在 40℃的再生温度下，失活吸附剂上占据活性位的硫酸盐和汞已基本完全分解释放，并随后被 O_2 和 HCl 修复。但是，进一步提高再生温度到 500℃时，其再生效率降低到 65.8%。这可能是由于在 500℃下，铜氯化合物开始分解、挥发，导致吸附剂上活性组分减少。

加热速率对失活吸附剂再生性能的影响如图 8.54 所示，将吸附剂从室温加热到 400℃，加热速率分别为 2℃/min、5℃/min 和 10℃/min。当加热速率为 2℃/min 时，获得了最优的再生性能，随着加热速率的增加，吸附剂的再生性能在一定程度上有所降低。这可能是由于不同的加热速率下，硫酸盐和汞的释放行为存在差异，从而导致活性位的释放程度存在差异。但是，总体来看，与再生温度相比，加热速率对吸附剂再生性能的影响并不十分明显。

3. 失活吸附剂的再生机理

基于上述试验结果，提出了失活吸附剂的再生机理，如图 8.55 所示。在脱汞反应过程中，烟气中的 SO_2 与吸附剂上的活性组分互相反应，生成硫酸盐覆盖在吸附剂的活性位上，从而导致吸附剂失活。此外，Hg^0 吸附在吸附剂的 Cu 和 Cl 吸附位上，消耗了 $CuCl_2$ 中的晶格 Cl 原子，同时 Cu^{2+} 被还原为 Cu^+。经高温加热后，吸附在吸附剂上的硫酸盐和汞分解、释放，活性吸附位被暴露出来。当有 O_2 和 HCl 共同参与时，失活吸附剂上的活性位被修复，使吸附剂得到再生。通过 EPR、XPS 等表征手段，深入分析新鲜吸附剂、失活吸附剂及再生吸附剂的表面化学变化情况，验证了所提出的失活吸附剂的再生机理。

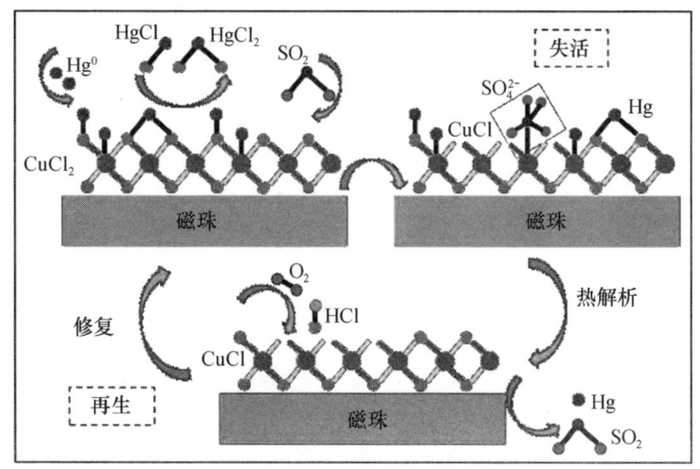

图 8.55　失活吸附剂的再生机理[74]

1）失活吸附剂的表面化学

在 DSFG 和 N_2+O_2+HCl 气氛下，吸附汞后的吸附剂的 XPS 如图 8.52 所示。因为在 DSFG 气氛下，$CuCl_2$ 与 Hg^0 的反应过程中主要涉及 Hg、Cu、Cl、S 和 N 等元素，因此重点关注新鲜吸附剂和失活吸附剂上这些元素的表面化学变化情况。Hg 元素由于含量较低，未能通过 XPS 检测到。在 N_2+O_2+HCl 气氛下，吸附汞后的吸附剂中 Cu 和 Cl 元素与新鲜样品没有太大差异，这主要是由于在脱汞反应过程中，$CuCl_2$ 被还原为 CuCl，在有 O_2 和 HCl 共同参与时，CuCl 可以被再氧化和氯化生成 $CuCl_2$。但是，在 DSFG 气氛下，吸附汞后的吸附剂中 Cu 和 Cl 元素的表面化学发生明显变化，同时生成硫酸盐类物质。因此，生成的硫酸盐类物质会阻碍 O_2 和 HCl 对失活吸附剂上活性位的修复。

2）加热再生后吸附剂的表面化学

为考察加热温度对再生性能的影响，分析加热脱附过程中汞的分解、释放行为，以及新鲜吸附剂、失活吸附剂和再生吸附剂表面化学变化情况。图 8.56 为加热过程中吸附剂上的汞随温度的释放曲线，发现分别在 192℃和 395℃处出现两个汞的脱附峰。通过定量计算分析发现，在 300℃时约 45%的汞从吸附剂上释放，当再生温度升高到 400℃时，约 88%的汞被释放，进一步提高再生温度到 500℃时，汞的释放率达 96%。不同样品中 S 元素的表面化学变化情况如图 8.57 所示，发现当再生温度高于 300℃时，吸附剂上的 S 已基本完全释放。综合考虑，再生温度为 400℃时，已足以使吸附剂上的硫酸盐和汞分解释放。尽管较高的再生温度（500℃）能进一步促进硫酸盐和汞的释放，但是其再生效率却明显降低（见图 8.56），这可能是由于在高温下，铜氯化合物（$CuCl_2$/CuCl）分解、挥发，从而使吸附剂上的活性组分减少。通过 XRF 分析高温加热后吸附剂上的 Cu 含量，发现当在 500℃加热后，吸附剂上的 Cu 含量由最初的 6%降低到 3.2%，这充分证明了上述

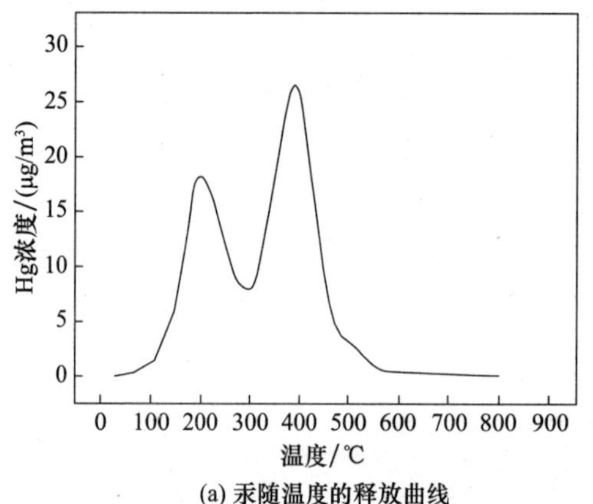

(a) 汞随温度的释放曲线

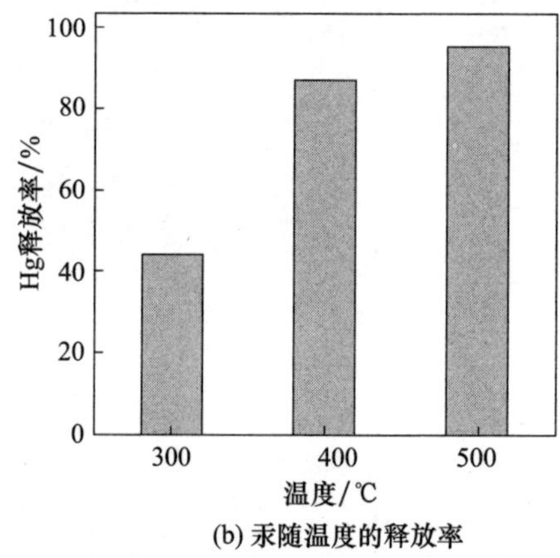

(b) 汞随温度的释放率

图 8.56 吸附剂上的汞随温度的释放曲线及释放率[74]

推断。在 N_2 气氛下加热再生后，吸附剂上 Cu-Cl 化合物主要以 CuCl 形式存在，因此，为恢复其脱汞活性，必须采用 O_2 和 HCl 对吸附剂上的活性位进行修复。

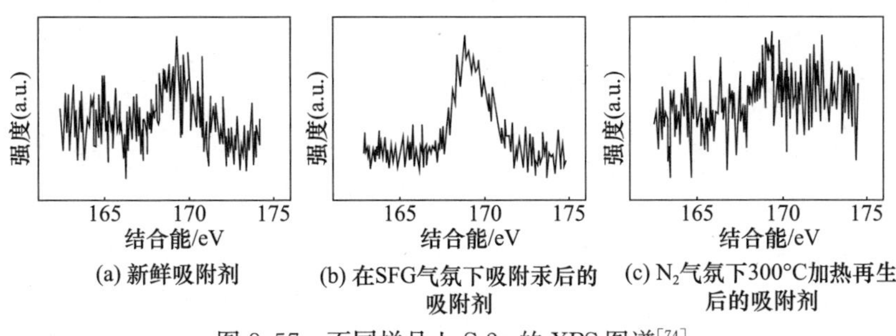

图 8.57　不同样品上 S 2p 的 XPS 图谱[74]

3）O_2 和 HCl 修复后吸附剂的表面化学特征

采用 O_2 和 HCl 对吸附剂上的活性位进行修复前后样品中 Cu 和 Cl 元素的表面化学特征变化情况如图 8.58 和图 8.59 所示。将在 400℃加热后的吸附剂采用 O_2 再生后，发现其表面的 Cu^+ 被氧化为 Cu^{2+}，但是其结合能(933.2eV)与 $CuCl_2$(934.8eV)和 CuCl(932.4eV)略有差异，同样，其 Cl 元素的 XPS 图谱也与新鲜样品有一定差异，这充分说明仅采用 O_2 修复失活吸附剂的活性位并不能使吸附剂得到完全再生。由于氧原子可嵌入 CuCl 的第一层配位层中，在 O_2 的作用下，CuCl 被转化为中间过渡态产物(Cu_2OCl_2)。当采用 O_2 和 HCl 共同修复失活吸附剂上的活性位时，Cu 和 Cl 元素的表面化学特征被完全修复，与新鲜吸附剂相近。尽管

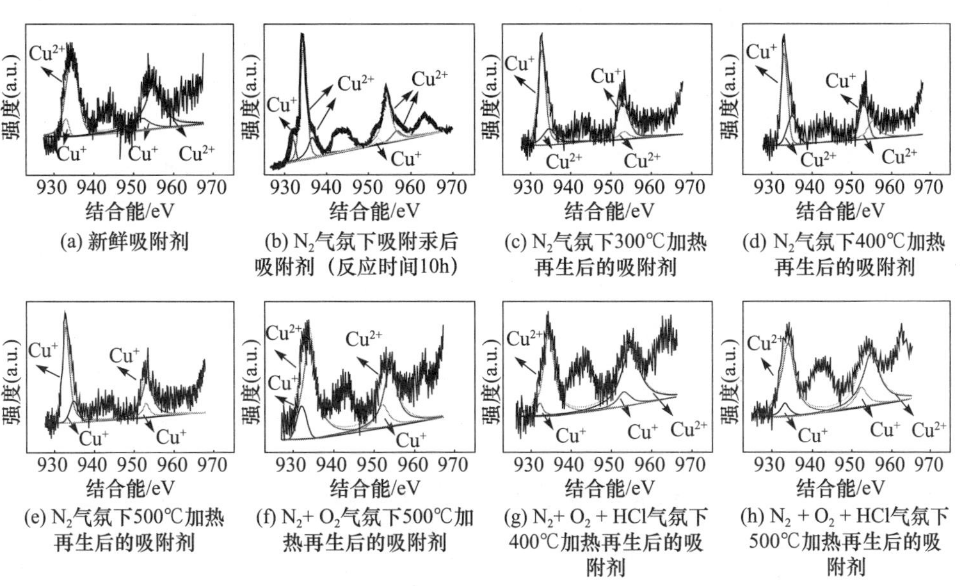

图 8.58　不同样品上 Cu 2p 的 XPS 图谱[74]

在 500℃加热后，O_2 和 HCl 同样能使吸附剂上 Cu 和 Cl 元素的表面化学特征完全修复，但是高温会导致活性组分流失，减少吸附剂表面活性位的数量，从而在一定程度上使其脱汞活性有所降低。

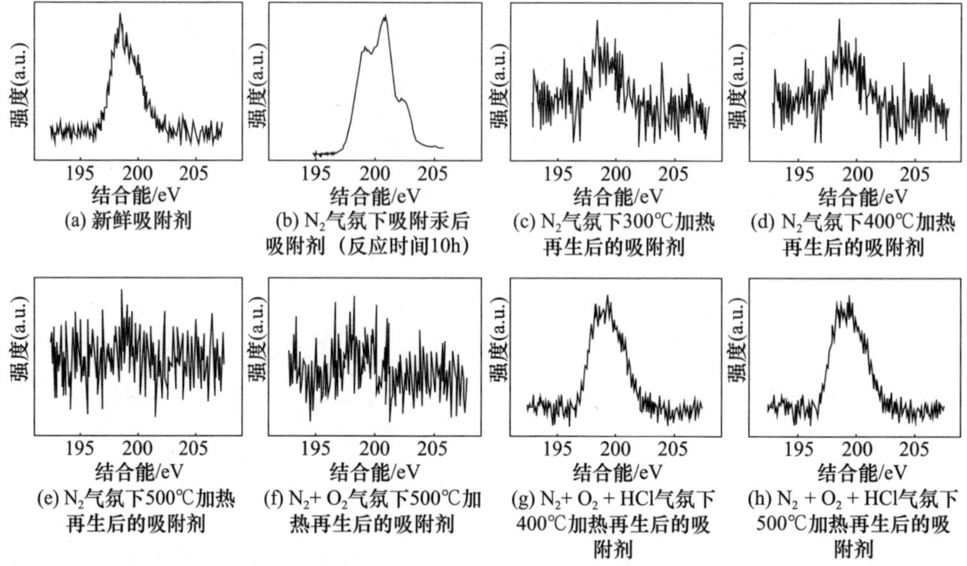

图 8.59 不同样品上 Cl 2p 的 XPS 图谱[74]

8.3.5 吸附剂的再生性能稳定性

吸附剂的多次吸附-再生循环性能如图 8.60 所示，由图可发现新鲜样品的脱汞效率为 88.5%，而再生吸附剂的脱汞效率为 80.5%～83.4%，在四次循环试验中，再生吸附剂的脱汞性能几乎没有明显降低，失活吸附剂的再生效率达到 90.5%～94.2%。这说明在再生过程中吸附剂的物理化学特性没有发生明显的改变。为验证这一推测，考察了新鲜样品和多次循环后样品表面化学的变化情况（见图 8.61），发现 Cu 和 Cl 元素的表面化学状态没有显著变化。同时，经 4 次吸附-

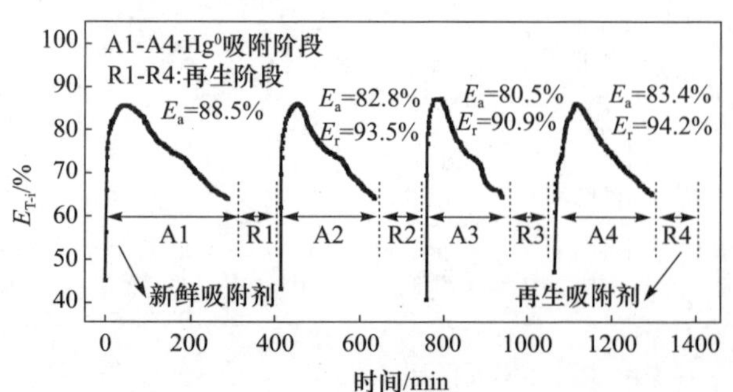

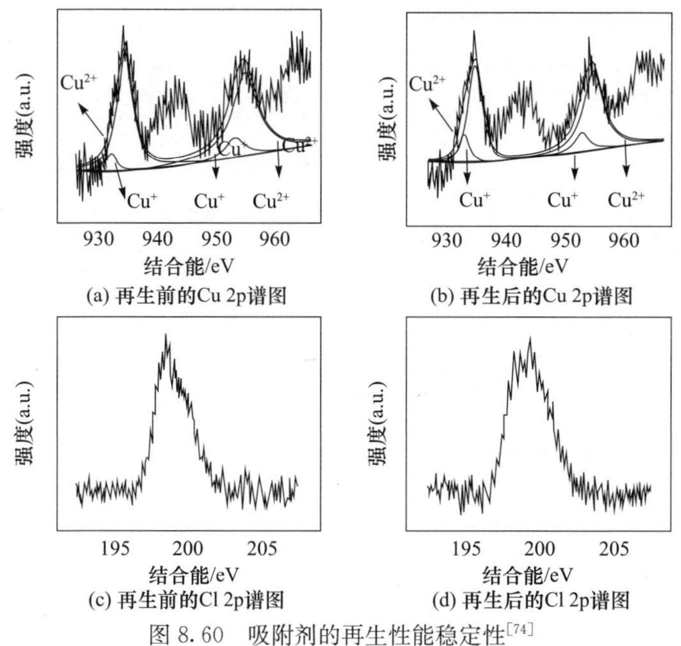

图 8.60　吸附剂的再生性能稳定性[74]

再生循环试验后，吸附剂上的 Cu 含量为 5.8%，与新鲜样品相近，这说明在再生过程中，吸附剂上的活性组分(Cu 和 Cl 元素)维持相对稳定。

8.4　磁珠吸附剂喷射脱汞性能

8.4.1　试验装置系统

图 8.61 为模拟烟气管道吸附剂喷射脱汞试验装置系统示意图。模拟烟气管道总长 20m，内径 16mm，内衬 Teflon，烟道的温度采用电加热带控制，并在烟气管道上均匀布置多个热电偶监测温度。为研究吸附剂在烟气中的停留时间对脱汞性能的影响，在烟道上均匀布置了 4 个烟气取样点。

烟气管道中总烟气流量为 58L/min，烟气流速约为 9m/s，进入烟气管道的烟气由三部分组成。第一部分气流通过 Hg^0 发生器携带气态 Hg^0 进入烟气预热器，其流量为 3L/min。为了研究烟气中 Hg^0 浓度对吸附剂脱汞性能的影响，烟气入口 Hg^0 浓度分别设为 4.7μg/m³、9.5μg/m³ 和 16.4μg/m³。第二部分气流用于携带吸附剂进入烟道中，其流量为 15L/min。第三部分气流通过烟气预热器后与携带 Hg^0 的气流混合并进入烟气管道中，其流量为 40L/min。在烟气管道上 4 个取样点处，吸附剂的停留时间分别为 0.55s、1.12s、1.61s 和 2.24s。烟气温度分别设为 100℃、120℃和 150℃。吸附剂采用微量螺旋给料器由储料仓送入到烟道入口，并由高压气流喷射到烟气管道中，通过调速器可精确控制吸附剂的喷射量。为了

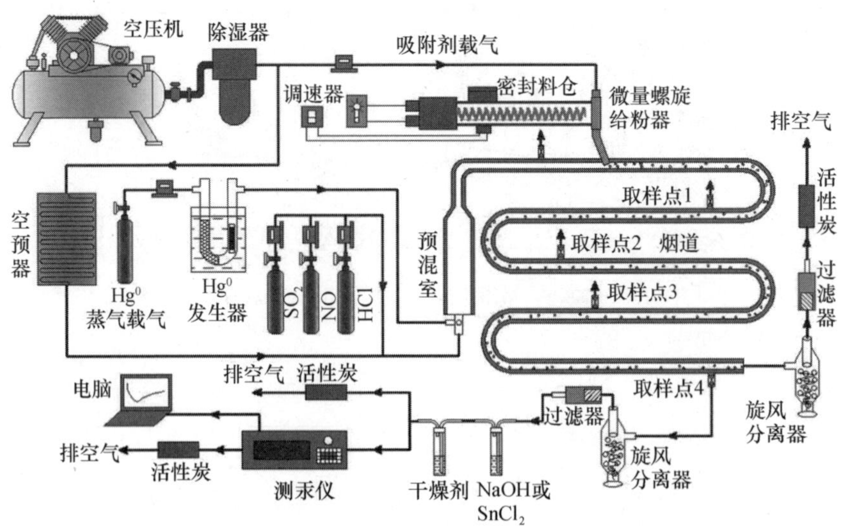

图 8.61　模拟烟气管道吸附剂喷射脱汞试验装置系统示意图

提高吸附剂喷射量的精度，将吸附剂与相同粒径的中性 Al_2O_3 颗粒按照 1∶9(质量比)混合。在各采样点处抽取部分烟气用于测试烟气中汞浓度，所抽取的烟气流量为 1.2L/min。测试过程中，首先采用旋风分离器和布袋除尘器将烟气中的吸附剂颗粒分离，然后采用汞蒸气在线监测仪测试烟气中的汞浓度，尾气经过活性炭净化后排入大气。每个工况点的脱汞效率取自工况稳定后 10min 内的平均值。

8.4.2　初始烟气汞浓度对脱汞性能的影响

图 8.62 为不同初始烟气汞浓度对吸附剂脱汞性能的影响。其中，吸附剂喷射量为 1.09g/m³，停留时间为 2.24s，吸附剂粒径为 45～74μm，烟气温度为 120℃。可以发现，在相同的停留时间下，吸附剂的脱汞效率随着初始烟气汞浓度的增加有

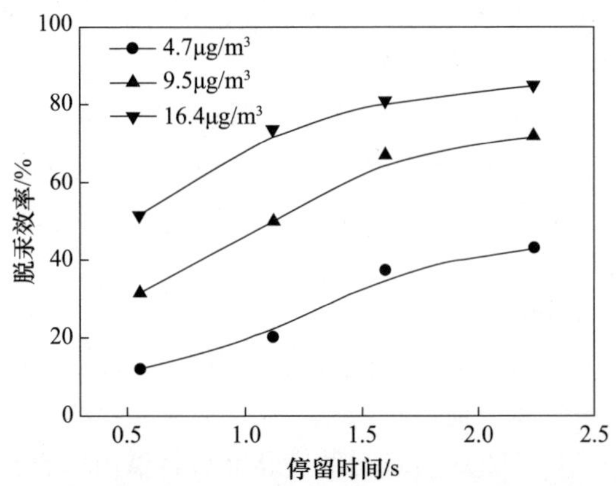

图 8.62　初始烟气汞浓度对吸附剂脱汞性能的影响[75]

所提高。当吸附剂喷射到烟气管道中后，烟气中的汞通过分子和对流扩散向吸附剂外表面扩散，从而在烟气与吸附剂外表面之间形成相间膜。相间膜的内外侧之间的汞浓度梯度会影响汞分子向吸附剂表面的外部传质速率。当吸附剂粒径一定时，外部传质系数和单位体积吸附剂的比表面积是恒定的。初始汞浓度的增加会使相间膜内外侧的浓度梯度增加，从而可增加烟气中的汞向吸附剂表面的外部传质速率。因此，吸附剂的脱汞效率随着初始烟气汞浓度的增加有所提高。

8.4.3　吸附剂喷射量对脱汞性能的影响

通常情况下，在燃煤电厂脱汞过程中，吸附剂在烟气管道中的停留时间是一定的，可通过调节吸附剂喷射量改变脱汞效率。图 8.63 为吸附剂喷射量对脱汞效率的影响。其中，停留时间为 2.24s，吸附剂粒径为 45～74μm，烟气温度为 120℃，烟气中汞浓度为 16.4μg/m^3。结果表明，当停留时间一定时，吸附剂的脱汞效率随着吸附剂喷射量的增加而显著提高。当吸附剂喷射量为 0.22g/m^3 和 0.44g/m^3 时，即使停留时间增加到 2.24s，其脱汞效率也不足 30%。当吸附剂喷射量增加到 0.89g/m^3 和 1.09g/m^3 时，其脱汞效率大幅增加，尤其是当吸附剂喷射量为 1.09g/m^3 时，即使在较短的停留时间(0.55s)下，其脱汞效率也可达到 50%以上。增大吸附剂的喷射量，可提高单位体积烟气中吸附剂的浓度，从而减小气体汞分子向吸附剂外表面的传递阻力，促进吸附剂对汞的脱除。

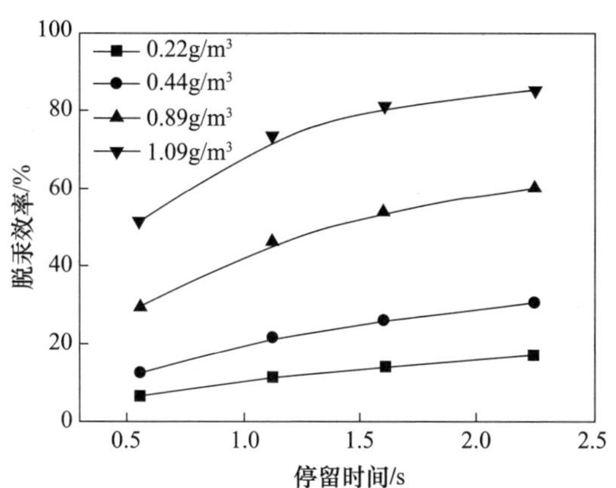

图 8.63　吸附剂喷射量对脱汞性能的影响[75]

8.4.4　吸附剂粒径对脱汞性能的影响

图 8.64 为吸附剂粒径对脱汞性能的影响，其中，吸附剂喷射量为 1.09g/m^3，

停留时间为 2.24s，烟气温度为 120℃，烟气中汞浓度为 16.4μg/m^3。可发现吸附剂粒径对脱汞效率的影响较大，在相同的停留时间下，随着颗粒粒径的减小，脱汞效率不断增加。当吸附剂粒径为小于 45μm 和 45～74μm 时，其脱汞效率非常相近，但是，当吸附剂粒径为 74～125μm 时，其脱汞效率明显降低。减小吸附剂的粒径，可增加单位体积吸附剂的比表面积，从而可提高外部传质速率。另外，外部传质系数随着吸附剂粒径的减小而增加，从而促进了气体汞分子向吸附剂外表面的传递进程。从提高脱汞效率的角度看，吸附剂的粒径越小越好。但是，从燃煤电厂吸附剂喷射脱汞的整个工艺流程考虑，颗粒粒径并非越小越好。颗粒粒径减小，势必会给除尘设备的捕获带来难度，造成除尘效率下降。另外，减小吸附剂的粒径意味着增加吸附剂载体的破碎成本。因此，在实际应用过程中，需综合考虑脱汞效率、吸附剂生成成本、工艺流程等方面，选取合适的吸附剂颗粒粒径。

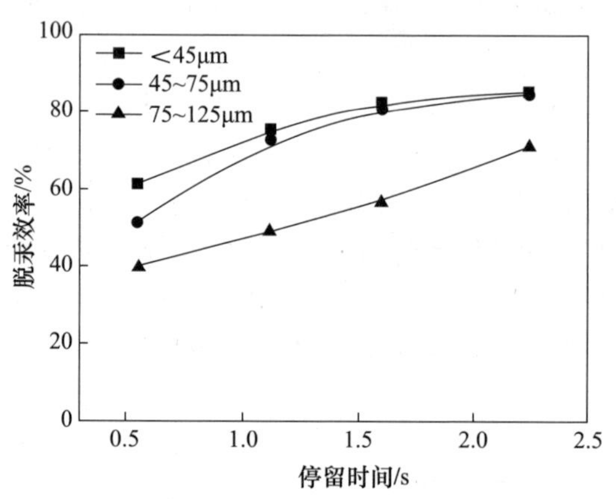

图 8.64　吸附剂粒径对脱汞性能的影响[75]

8.4.5　烟气温度对脱汞性能的影响

图 8.65 为烟气温度对吸附剂喷射脱汞性能的影响，其中，吸附剂喷射量为 1.09g/m^3，停留时间为 2.24s，吸附剂粒径为 45～74μm，烟气中汞浓度为 16.4μg/m^3。在本节所考察的温度范围内，烟气温度对脱汞效率的影响不明显，在 100～150℃温度范围内，吸附剂的脱汞效率为 79.1%～81.5%。Cu-MF 吸附剂对汞的脱除以化学吸附为主。根据分子碰撞理论，气体反应物的分子动能随着温度的升高而增加，从而使汞分子与吸附剂的碰撞机会增加，促进了汞分子向吸附剂外表面的传质进程。但是，汞在吸附剂表面的吸附速率还会受吸附剂上活性位数量的影响。因此，随着烟气温度的升高，虽然汞分子向吸附剂的外部传质速率增加，但是受活性位数量的限制，在 100～150℃温度范围内，脱汞效率并

没有明显增加。

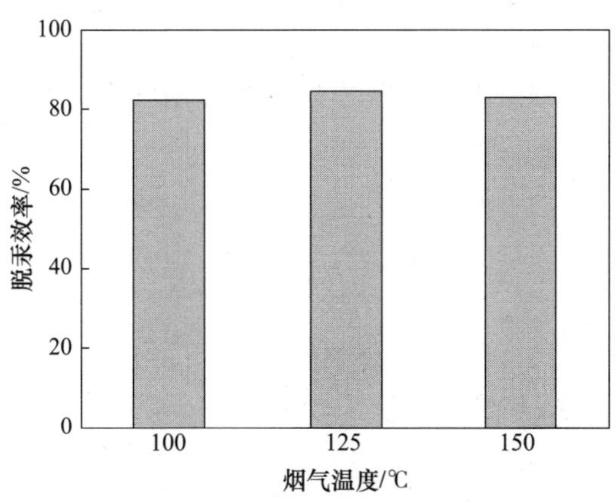

图 8.65　烟气温度对脱汞性能的影响[75]

8.4.6　烟气组分对脱汞性能的影响

为了给燃煤电厂吸附剂喷射脱汞性能提供具有实际参考意义的试验数据，本节在空气气氛中加入酸性气体（1200ppm SO_2、300ppm NO、10ppm HCl），考察 CuMF 吸附剂的喷射脱汞性能，结果如图 8.66 所示。可以发现，酸性气体的加入并未对吸附剂的脱汞性能产生较大影响。但是 H_2O 的加入对吸附剂的脱汞性能有一定的抑制作用，但是尽管如此，吸附剂的脱汞效率仍然可以达到 70%。因此，该吸附剂可应用于燃煤烟气喷射脱汞，有效脱除烟气中的汞。

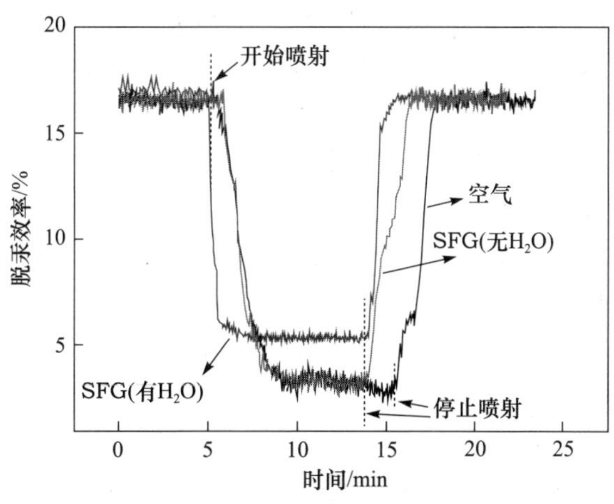

图 8.66　烟气组分对脱汞性能的影响[75]

8.5　磁珠脱汞技术工艺

本节提出一种以燃煤废弃物飞灰中磁珠脱除烟气中单质汞的新思路，该技术示意图如图 8.67 所示。

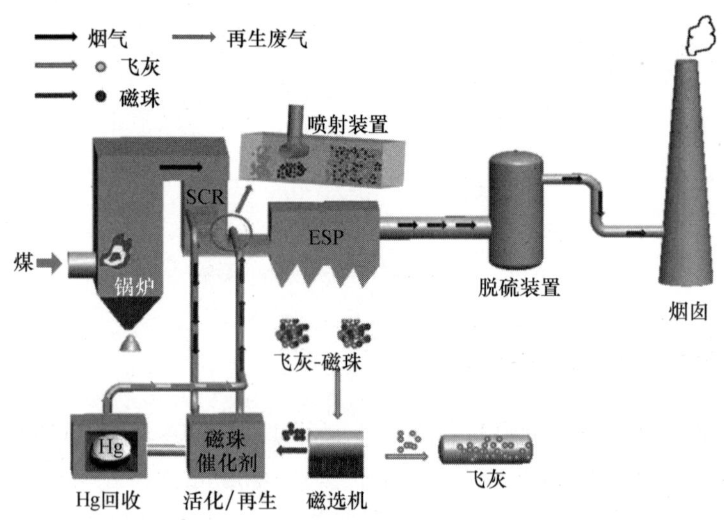

图 8.67　燃煤电站飞灰磁珠脱汞技术示意图[76]

通过对燃煤废弃物飞灰进行磁选，经改性提升后合成磁珠吸附剂，将其喷入ESP 前的烟道中以脱除烟气中的汞，随后磁珠吸附剂和飞灰被 ESP 捕获，可以将磁珠吸附剂从飞灰中磁选分离出来，对磁珠吸附剂进行再生、活化后再次喷射入烟道中循环使用。在吸附剂再生过程中，吸附剂上的汞可以集中回收资源化利用。整套磁珠脱汞设备由四部分组成：磁选装置、活化装置、喷射装置和汞回收装置。

(1) 磁选装置：采用磁选机对 ESP 捕集的飞灰进行磁选，获得磁珠用于磁珠吸附剂的制备，分离后的飞灰进入贮灰仓。

(2) 活化装置：结合各燃煤电厂烟气的实际情况，在活化室内对磁珠进行改性，以提高其脱汞效率，达到环保要求。

(3) 喷射装置：将活化或改性后的磁珠吸附剂喷射入 ESP 前的烟气管道中，吸附和氧化烟气中的汞。

(4) 汞回收装置：由于汞在吸附剂上富集，在再生过程中，汞从失活吸附剂上释放，再生气流中汞浓度远高于烟气中汞浓度，因此有利于汞的回收和资源化利用。

参考文献

[1] Abad-Valle P, Lopez-Anton M A, Diaz-Somoano M, et al. The role of unburned carbon concentrates from fly ashes in the oxidation and retention of mercury. Chemical Engineering Journal, 2011, 174: 86－92.

[2] Hower J C, Senior C L, Suuberg E M, et al. Mercury capture by native fly ash carbons in coal-fired power plants. Progress in Energy and Combustion Science, 2010, 36(4): 510－529.

[3] Dunham G E, DeWall R A, Senior C L. Fixed-bed studies of the interactions between mercury and coal combustion fly ash. Fuel Processing Technology, 2003, 82: 197－213.

[4] Zhao Y C, Zhang J Y, Liu J, et al. Experimental study on fly ash capture mercury in flue gas. Science China Technological Sciences, 2010, 53: 976－983.

[5] 孟素丽，段钰锋，黄治军，等. 燃煤飞灰的物化性质及其吸附汞影响因素的试验研究. 热力发电，2009，38(8)：46－51.

[6] Hower J C, Trimble A S, Eble C F, et al. Characterization of fly ash from low-sulfur and high-sulfur coal sources: partitioning of carbon and trace elements with particle size. Energy Sources, 1999, 21(6): 511－525.

[7] Hower J C, Finkelman R B, Rathbone R F, et al. Intra- and inter-unit variation in fly ash petrography and mercury adsorption: Examples from a western Kentucky power station. Energy and Fuels, 2000, 14(1): 212－216.

[8] Goodarzi F, Hower J C. Classification of carbon in Canadian fly ashes and their implications in the capture of mercury. Fuel, 2008, 87(10/11): 1949－1957.

[9] Hower J C, Suarez-ruiz I, Mastalerz M. An approach toward a combined scheme for the petrographic classification of fly ash: Revision and clarification. Energy & Fuels, 2005, 19(2): 859－863.

[10] López-Antón M A, Abad-valle P, Diaz-somoano M, et al. The influence of carbon particle type in fly ashes on mercury adsorption. Fuel, 2009, 88(7): 1194－1200.

[11] Ghorishi S B, Lee C W, Jozewice W S, et al. Effects of fly ash transition metal content and flue gas HCl/SO_2 ratio on mercury speciation in waste combustion. Environmental Engineering Science, 2005, 22(2): 221－231.

[12] Wang F, Wang S, Meng Y, et al. Mechanisms and roles of fly ash compositions on the adsorption and oxidation of mercury in flue gas from coal combustion. Fuel, 2016, 163: 232－239.

[13] Galbreath K C, Zygarlicke C J, Tibbettes J E, et al. Effects of NO_x, α-Fe_2O_3, γ-Fe_2O_3, and HCl on mercury transformations in a 7kW coal combustion system. Fuel Processing Technology, 2005, 86(4): 429－448.

[14] Abad-Valle P, Lopez-Anton M A, Diaz-Somoano M, et al. Influence of iron species present in fly ashes on mercury retention and oxidation. Fuel, 2011, 90(8): 2808－2811.

[15] Yamaguchi A, Tochihara Y, Ito S, et al. Mercury oxidation by copper oxides in combustion

flue gases. Powder Technology, 2008, 180(1-2): 222－226.

[16] Yamaguchi A, Tochihara Y, Ito S, et al. Mercury oxidation with catalytic materials in combustion flue gases combined power plant air pollutant control mega symposium. Combined Power Plant Air Pollutant Control Mega Symposium, Washington DC, 2004.

[17] Zhao Y C, Zhang J Y, Liu J, et al. Study on mechanism of mercury oxidation by fly ash from coal combustion. Chinese Science Bulletin, 2010, 55(2): 163－167.

[18] Diamantopoulou I, Skodras G, Sakellaropoulos G P. Sorption of mercury by activated carbon in the presence of flue gas components. Fuel Processing Technology, 2010, 91: 158－163.

[19] Zhao Y X, Mann M M, Ollson E S, et al. Effects of sulfur dioxide and nitric oxide on mercury oxidation and reduction under homogeneous conditions. Journal of the Air & Waste Management Association, 2006, 56(5): 628－635.

[20] Agarwal H, Stenger H G, Wu S, et al. Effects of H_2O, SO_2, and NO on homogeneous Hg oxidation by Cl_2. Energy & Fuels, 2006, 20(3): 1068－1075.

[21] 孟素丽，段钰锋，黄治军，等. 烟气成分对燃煤飞灰汞吸附的影响. 中国电机工程学报，2009, 29(20): 66－73.

[22] Presto A A, Grantee J G. Impact of sulfur oxides on mercury capture by activated carbon. Environmental Science Technology, 2007, 41(18): 6579－6584.

[23] 黄治军，段钰锋，王运军，等. 电厂飞灰对烟气中汞吸附性能的试验研究. 锅炉技术，2008, 39(6): 70－74.

[24] Liu J, Qu W Q, Joo S W, et al. Effect of SO_2 on mercury binding on carbonaceous surfaces. Chemical Engineering Journal, 2012, 184: 163－167.

[25] Cao Y, Wang Q H, Li J, et al. Enhancement of mercury capture by the simultaneous addition of hydrogen bromide(HBr) and fly ashes in a slipstream facility. Environmental Science Technology, 2009, 43(8): 2812－2817.

[26] Cao Y, Gao Z Y, Zhu J S, et al. Impacts of halogen additions on mercury oxidation, in a slipstream selective catalyst reduction (SCR), reactor when burning sub-bituminous coal. Environmental Science Technology, 2008, 42(1): 256－261.

[27] Liu S H, Yan N Q, Liu Z R, et al. Using bromine gas to enhance mercury removal from flue gas of coal-fired power plants. Environmental Science Technology, 2007, 41(4): 1405－1412.

[28] Wang S M, Zhang Y S, Gu Y Z, et al. Using modified fly ash for mercury emissions control for coal-fired power plant applications in China. Fuel, 2016, 181: 1230－1237.

[29] Xu W Q, Wang H R, Zhu T Y, et al. Mercury removal from coal combustion flue gas by modified fly ash. Journal of Environmental Sciences, 2013, 25: 393－398.

[30] Zhang Y S, Zhao L L, Guo R T, et al. Influences of NO on mercury adsorption characteristics for HBr modified fly ash. International Journal of Coal Geology, 2017, 170: 77－83.

[31] Xing L L, Xu Y L, Zhong Q. Mn and Fe modified fly ash as a superior catalyst for elemen-

tal mercury capture under air conditions. Energy & Fuels,2012,26:4903—4909.

[32] Gu Y Z,Zhang Y S,Lin J W,et al. Homogeneous mercury oxidation with bromine species released from HBr-modified fly ash. Fuel,2016,169:58—67.

[33] Gu Y Z,Zhang Y S,Lin L R,et al. Evaluation of elemental mercury adsorption by fly ash modified with ammonium bromide. Journal of Thermal Analysis and Calorimetry,2015,119:1663—1672.

[34] Li W H,Song N,Zhang Y S,et al. Mercury sorption properties of HBr-modified fly ash in a fixed bed reactor. Journal of Thermal Analysis and Calorimetry,2016,124:387—393.

[35] Song N,Teng Y,Wang J W,et al. Effect of modified fly ash with hydrogen bromide on the adsorption efficiency of elemental mercury. Journal of Thermal Analysis and Calorimetry,2014,116:1189—1195.

[36] 田园梦,刘清才,孔明,等. 改性粉煤灰基脱汞吸附剂制备及性能分析. 环境工程学报,2017,11:4751—4756.

[37] Zhang Y S,Duan W,Liu Z,et al. Effects of modified fly ash on mercury adsorption ability in an entrained-flow reactor. Fuel,2014,128:274—280.

[38] Xu Y L, Zhong Q, Xing L L. Gas-phase elemental mercury removal from flue gas by cobalt-modified fly ash at low temperatures. Environmental Technology,2014,35:2870—2878.

[39] 赵永椿,熊卓,张写营,等. 利用飞灰中的磁珠催化氧化烟气中单质汞的方法及设备:中国,CN201210158244. 3. 2012.

[40] Vassilev S V,Menendez R,Borrego A G,et al. Phase-mineral and chemical composition of coal fly ashes as a basis for their multicomponent utilization. 3. Characterization of magnetic and char concentrates. Fuel,2004,83:1563—1583.

[41] Anshits E N V A G,Kondratenko E V,Fomenko E V,et al. The study of composition of novel high temperature catalysts for oxidative conversion of methane. Catalysis Today,1998,42:197—203.

[42] Anshits E V K A G,Fomenko E V,Kovalev A M,et al. Physicochemical and catalytic properties of glass crystal catalysts for the oxidation of methane. Journal of Molecular Catalysis A:Chemical 2000,158:209—214.

[43] Vassilev S. Phase-mineral and chemical composition of coal fly ashes as a basis for their multicomponent utilization. 1. Characterization of feed coals and fly ashes. Fuel,2003,82:1793—1811.

[44] Zyryanov V V,Petrov S A,Matvienko A A. Morphology and structure of magnetic spheres based on hematite or spinel and glass. Inorganic Materials,2010,46:651—659.

[45] Fomenko E V,Kondratenko E V,Sharonova O M,et al. Novel microdesign of oxidation catalysts. Part 2. The influence of fluorination on the catalytic properties of glass crystal microspheres. Catalysis Today,1998,42:273—277.

[46] Xue Q F,Lu S G. Microstructure of ferrospheres in fly ashes: SEM, EDX and ESEM

analysis. Journal of Zhejiang University SCIENCE A,2008,9:1595—1600.

[47] Sarkar A,Kumari B. Characterisation of ultrafine magnetospheres using HRTEM,FTIR and EPR. Proceedings of the National Seminar on Recent Advances in Material Science, Dhanbad,2008.

[48] 杨士建. 磁性铁基尖晶石对气态零价汞的化学吸附研究[博士学位论文]. 上海:上海交通大学,2012.

[49] Yao Z T,Xia M S,Sarker P K,et al. A review of the alumina recovery from coal fly ash, with a focus in China. Fuel,2014,120:74—85.

[50] Yang J P,Zhao Y C,Zyryanov V,et al. Physical-chemical characteristics and elements enrichment of magnetospheres from coal fly ashes. Fuel,2014,135:15—26.

[51] Anshits N N,Mikhailova O A,Salanov A N,et al. Chemical composition and structure of the shell of fly ash non-perforated cenospheres produced from the combustion of the Kuznetsk coal (Russia). Fuel,2010,89:1849—1862.

[52] Blaha U,Sapkota B,Appel E,et al. Micro-scale grain-size analysis and magnetic properties of coal-fired power plant fly ash and its relevance for environmental magnetic pollution studies. Atmospheric Environment,2008,42:8359—8370.

[53] Shoumkova A S. Magnetic separation of coal fly ash from Bulgarian power plants. Waste Management & Research,2011,29:1078—1089.

[54] Sokol E V,kalugin V M,Nigmatulina E N,et al. Fervospheres from fly ashes of chelyabinsk coals: Chemical composition, morphology and formation conditions. Fuel, 2002, 81: 867—876.

[55] Hansen L D,Silberman D,Fisher G L. Crystalline components of stack-collected,size-fractionated coal fly ash. Environmental Science & Technology,1981,15:1057—1062.

[56] Magiera T,Jabłońska M,Strzyszcz Z,et al. Morphological and mineralogical forms of technogenic magnetic particles in industrial dusts. Atmospheric Environment,2011,45:4281—4290.

[57] Yang J P,Zhao Y C,Zhang S B,et al. Mercury removal from flue gas by magnetospheres present in fly ash:Role of iron species and modification by HF. Fuel Processing Technology,2017,167:263—270.

[58] Guo P,Guo X,Zheng C G. Roles of γ-Fe_2O_3 in fly ash for mercury removal:Results of density functional theory study. Applied Surface Science,2010,256(23):6991—6996.

[59] Guo P,Guo X,Zheng C G. Computational insights into interactions between Hg species and α-Fe_2O_3(001). Fuel,2011,90(5):1840—1846.

[60] Zhao Y C,Zhang J Y,Sun J M,et al. Mineralogy,chemical composition,and microstructure of ferrospheres in fly ashes from coal combustion. Energy & Fuels,2006,20:1490—1497.

[61] Wang S X,Zhang L,Li G H,et al. Mercury emission and speciation of coal-fired power plants in China. Atmospheric Chemistry & Physics Discussions,2009,10(3):1183—1192.

[62] Du W,Yin L B,Zhuo Y Q,et al. Catalytic oxidation and adsorption of elemental mercury

over $CuCl_2$-impregnated sorbents. Industrial & Engineering Chemistry Research, 2014, 53:582—591.

[63] Kim M H, Ham S W, Lee J B. Oxidation of gaseous elemental mercury by hydrochloric acid over $CuCl_2/TiO_2$-based catalysts in SCR process. Applied Catalysis B: Environmental, 2010, 99:272—278.

[64] Li X, Liu Z Y, Kim J S, et al. Heterogeneous catalytic reaction of elemental mercury vapor over cupric chloride for mercury emissions control. Applied Catalysis B: Environmental, 2013, 132-133:401—407.

[65] Yang J P, Zhao Y C, Zhang J Y, et al. Removal of elemental mercury from flue gas by recyclable $CuCl_2$ modified magnetospheres catalyst from fly ash. Part 1. Catalyst characterization and performance evaluation. Fuel, 2016, 164:419—428.

[66] Leofanti M P G, Garilli M, Carmello D, et al. Alumina-supported copper chloride 1. Characterization of freshly prepared catalyst. Journal of Catalysis, 2000, 189:91—104.

[67] Poznyak S K, Pergushov V I, Kokorin A I, et al. Structure and electrochemical properties of species formed as a result of Cu(II) ion adsorption onto TiO_2 nanoparticles. The Journal of Physical Chemistry B, 1999, 130:1308—1315.

[68] Mochida I, Korai Y, Shirahama M. Removal of SO_x and NO_x over activated carbon fibers. Carbon, 2000, 38:227—239.

[69] Yang J P, Zhao Y C, Zhang J Y, et al. Removal of elemental mercury from flue gas by recyclable $CuCl_2$ modified magnetospheres catalyst from fly ash. Part 2. Identification of involved reaction mechanism. Fuel, 2016, 167:366—374.

[70] Carlo L C P, Luciana C, Silvia B, et al. The $CuCl_2/Al_2O_3$ catalyst investigated in interaction with reagents. International Journal of Molecular science, 2001, 2:230—245.

[71] Leofanti G, Marsella A, Cremaschi B, et al. Alumina-supported copper chloride 4. Effect of exposure to O_2 and HCl. Journal of Catalysis, 2002, 205:375—381.

[72] Zhao Y X, Mann M D, Pavlish J H, et al. Application of gold catalyst for mercury oxidation by chlorine. Environmental Science & Technology, 2006, 40:1603—1608.

[73] Zhou X, Xu W Q, Wang H R, et al. The enhance effect of atomic Cl in $CuCl_2/TiO_2$ catalyst for Hg^0 catalytic oxidation. Chemical Engineering Journal, 2014, 254:82—87.

[74] Yang J, Zhao Y, Zhang J, et al. Removal of elemental mercury from flue gas by recyclable $CuCl_2$ modified magnetospheres catalyst from fly ash. Part 3. Regeneration performance in realistic flue gas atmosphere. Fuel, 2016, 173:1—7.

[75] Yang J, Zhao Y, Guo X, et al. Removal of elemental mercury from flue gas by recyclable $CuCl_2$ modified magnetospheres from fly ash. Part 4. Performance of sorbent injection in an entrained flow reactor system. Fuel, 2018, 220:403—411.

[76] Yang J P, Zhao Y C, Zhang J Y, et al. Regenerable cobalt oxide loaded magnetosphere catalyst from fly ash for mercury removal in coal combustion flue gas. Environmental Science & Technology, 2014, 48:14837—14843.

第 9 章　燃煤电厂超低排放对汞的协同脱除

目前，国内外大多数电厂安装了 SCR、ESP/FF 以及 WFGD 等污染物控制装置(air pollution control devices，APCDs)，以减少 NO_x、PM 及 SO_x 的排放。研究表明，APCDs 对燃煤烟气中汞的形态和排放有不同程度的影响，APCDs 协同脱汞具有很好的应用前景[1]。另外，有关煤种、燃烧条件、APCDs 配置等对协同脱汞性能的影响已有大量研究。近年来，随着《煤电节能减排升级与改造行动计划(2014—2020 年)》等文件的颁布，部分省份也加强了对燃煤污染物的排放限制，其中，上海、山东和浙江等省市规定 PM、NO_x 和 SO_2 的排放标准分别为 5mg/m^3、50mg/m^3、35mg/m^3。为了满足超低排放标准，国内很多电厂掀起了超低排放改造的热潮，例如，对 SCR、ESP、WFGD 等系统进行改造。此外，为了利用烟气的余热，在 ESP 入口安装了低温省煤器(low temperature economizer，LTE)；为了减少超细颗粒和气溶胶的排放，很多电厂在 WFGD 后加装了湿式静电除尘器(wet electrostatic precipitators，WESP)，这些装置对燃煤烟气中汞的形态转化缺乏系统的报道。本章对三个不同技术流派超低排放机组进行汞排放特性的现场试验，系统分析 SCR、LTE、ESP、WFGD 和 WESP 对汞的协同脱除性能及机理；讨论汞在整个系统中的质量平衡、在各燃烧产物中的分布以及大气汞排放因子。同时，结合国内外典型燃煤电厂汞的排放特性，深入分析超低排放改造对汞协同脱除的促进机理。

9.1　锅炉配制及超低排放技术线路

依托国内某电厂四台超低排放机组开展了 SO_2、颗粒物、NO_x 及汞的排放特性研究，其机组容量分别为 350MW(＃1 机组、＃2 机组)、300MW (＃3 机组、＃4 机组)。四台机组均进行了超低排放改造，主要的污染物控制设备包括 SCR、低温电除尘器(cold side-electrostatic precipitator，CS-ESP)、WFGD 和 WESP，在超低排放技术方面具有很好的示范作用。下面将简要介绍四台机组的容量、配置、超低排放技术路线以及污染物的测量和分析方法等。

9.1.1　锅炉配置

电厂＃1 机组和＃2 机组采用日本进口亚临界燃煤机组，其主要特点如下：锅炉型式为亚临界控制循环燃煤汽包锅炉、一次中间再热、单炉膛、切圆燃烧；锅炉钢架为全悬吊结构、半露天布置、固态排渣；锅炉的额定蒸发量 1175t/h，出口蒸汽压力为 17.26MPa，过热蒸汽温度为 541℃。锅炉装有三台无轴封水浸式电动炉水循环泵、两台三分仓空气预热器、两台双室五电场静电除尘器、后期改造增设了石灰石-石膏湿法脱硫装置。

＃3 机组和＃4 机组采用国产亚临界燃煤汽包锅炉，其主要特点如下：锅炉型式为亚临界参数、自然循环汽包炉、一次中间再热、平衡通风、四角切圆燃烧方式、露天布置、固态排渣、全钢构架、全悬吊结构、单炉膛Ⅱ型布置，每台锅炉配有两台三分仓空气预热器、两台 50％容量的双室五电场静电除尘器，同步建设了石灰石-石膏湿法脱硫装置。

9.1.2　超低排放技术路线

按照该电厂总体部署，根据机组现状，电厂针对各机组分别制定了具有代表性的超低排放改造技术路线，在达到全厂近零排放和提升节能水平的基础上，保证技术路线的先进性与示范性。

＃1 机组和＃2 机组改造主要实施内容包括：低氮燃烧器改造、加装 SCR、加装 LTE、电除尘器高频电源改造、引增合一改造、脱硫增容提效改造、取消烟气换热器(gas gas heater，GGH)、加装湿式电除尘器、排烟方式改造(＃1 机组烟气引至＃4 烟塔，＃2 机组烟气引至＃3 烟塔，同时＃1 烟囱防腐作为两台机组备用排烟通道)。

＃3 机组和＃4 机组改造主要实施内容为：汽轮机通流改造、低氮燃烧器改造、加装 LTE、电除尘器高频电源改造、引风机增容提效改造、脱硫增容提效改造、加装湿式电除尘器(＃4 机组)。

四台机组超低排放改造实施控制目标分别如下：

＃1 机组：粉尘浓度≤5mg/m^3，SO_2 浓度≤35mg/m^3，NO_x 浓度≤50mg/m^3；

＃2 机组：粉尘浓度≤3mg/m^3，SO_2 浓度≤35mg/m^3，NO_x 浓度≤50mg/m^3；

＃3 机组：粉尘浓度≤3mg/m^3，SO_2 浓度≤15mg/m^3，NO_x 浓度≤25mg/m^3；

＃4 机组：粉尘浓度≤1mg/m^3，SO_2 浓度≤15mg/m^3，NO_x 浓度≤25mg/m^3。

四台机组超低排放改造具体实施方案介绍如下。

1. ＃1 机组

＃1 机组烟尘、SO_2、NO_x、排烟方式超低排放改造技术路线如图 9.1 所示。

1) 烟尘近零排放控制措施

干式电除尘器前加装 LTE，实现烟温余热回收利用及低温电除尘的双重效果，通过对电除尘器进行高频电源改造，使得脱硫系统入口粉尘浓度≤20mg/m^3。

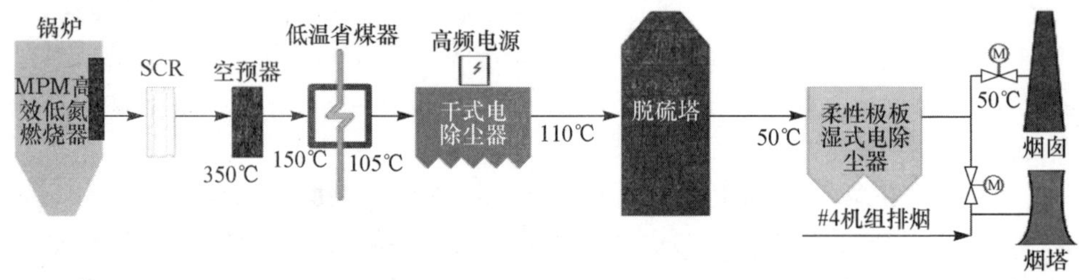

图 9.1　#1 机组超低排放改造技术路线

在脱硫系统上安装高性能除雾器，使得脱硫出口粉尘(含石膏)浓度≤25mg/m^3。

脱硫系统出口安装湿式电除尘器，控制烟尘(含石膏)浓度≤5mg/m^3。

2) SO_2 排放控制措施

脱硫系统增加一层喷淋装置，调整喷嘴布置，实现烟气与喷淋液浆充分混合，使得脱硫系统出口 SO_2 浓度≤35mg/m^3。

取消脱硫系统 GGH，消除堵塞风险，取消增压风机实施引增合一改造，以克服机组设备增加所带来的运行阻力。

3) NO_x 排放控制措施

通过低氮燃烧器改造，控制锅炉出口 NO_x 浓度<200mg/m^3，同时增设 SCR，使得 NO_x 排放浓度≤50mg/m^3。

4) 排烟方式改造

将湿式电除尘器出口净烟气引至#4 烟塔，实现烟塔合一、消除视觉污染，同时，对#1 烟管防腐处理后，预留回烟囱排放通道，保证#4 机组停机时#1 机组的安全稳定运行。

2. #2 机组

#2 机组烟尘、SO_2、NO_x、排烟方式超低排放改造技术路线如图 9.2 所示。#2 机组技术路线与#1 机组基本相同，主要区别在于#2 机组采用了双尺度高效低

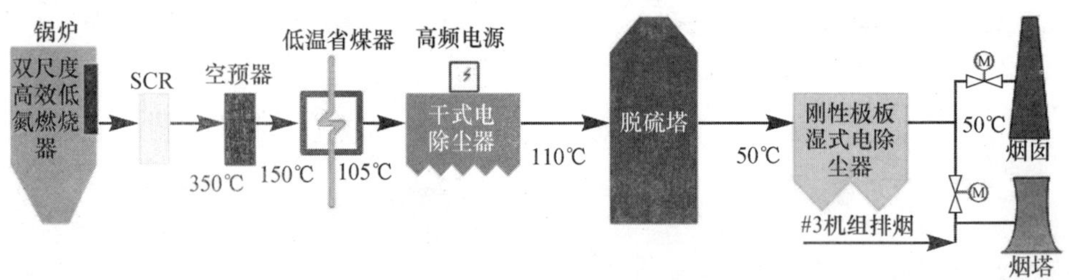

图 9.2　#2 机组超低排放改造技术路线

氮燃烧器与刚性极板湿式电除尘器，其尾部净烟气引至＃3 烟塔排放，并与＃1 机组共用排烟通道。

3. ＃3 机组

＃3 机组烟尘、SO_2、NO_x、排烟方式超低排放改造技术路线如图 9.3 所示。

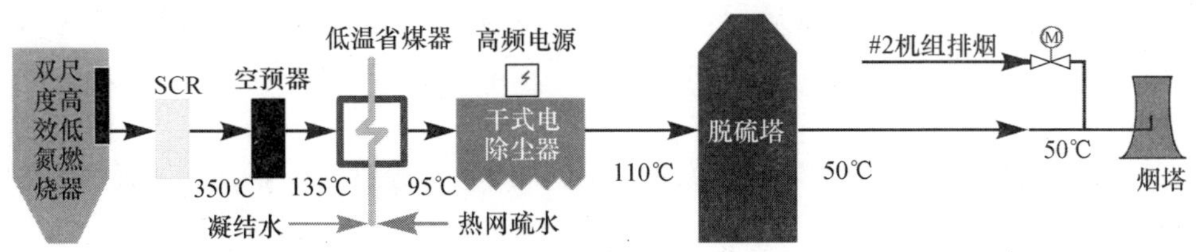

图 9.3　＃3 机组超低排放改造技术路线

(1) 对汽轮机通流部分进行改造，实现机组的节能提效，保证机组热耗率验收工况(turbine heat-acceptance，THA)的热耗率不高于 7898kJ/(kW·h)，提高经济性。

(2) 烟尘排放控制措施：电除尘器前加装 LTE，电除尘器进行高频电源改造，控制脱硫系统入口粉尘浓度≤20mg/m³。脱硫系统采用管束式除尘除雾一体化装置，控制脱硫系统出口烟尘(含石膏)浓度≤3mg/m³。

(3) SO_2 排放控制措施：喷淋层更换高性能喷嘴，下方安装旋汇耦合装置，优化喷嘴布置方式，实现与烟气充分混合。拆除原除雾器，换为管束式除尘除雾一体化装置，控制脱硫系统出口 SO_2 浓度≤15mg/m³。

(4) NO_x 排放控制措施：通过对低氮燃烧器优化，控制锅炉出口 NO_x 浓度＜150mg/m³，SCR 脱硝效率＞80％，控制控制 NO_x 排放浓度≤25mg/m³。

4. ＃4 机组

＃4 机组烟尘、SO_2、NO_x、排烟方式超低排放改造技术路线如图 9.4 所示。＃4 机组技术路线与＃3 机组基本相同，主要区别在于烟尘排放控制措施方面。＃4 机组在脱硫系统后加装湿式电除尘器，控制烟尘(含石膏)排放浓度≤1mg/m³。＃3 机组与＃2 机组共用＃3 烟塔，而＃4 机组与＃1 机组共用＃4 烟塔。

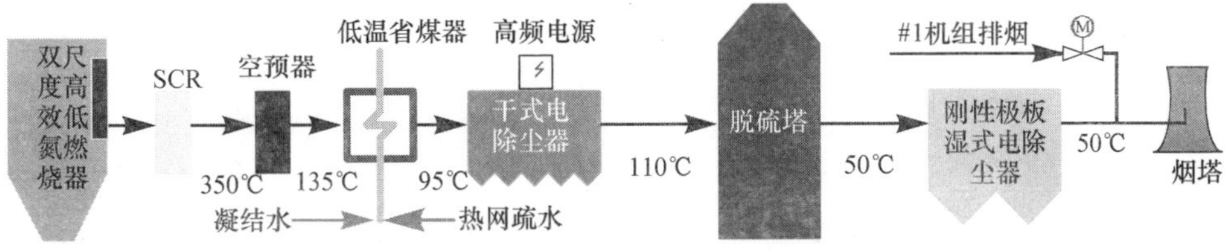

图 9.4　＃4 机组超低排放改造技术路线

9.2　采样及测试方法

9.2.1　采样工况及采样点

测试均在系统连续正常运行条件下进行，期间锅炉负荷维持在100%左右，偏差不超过1%。此外，为了确保采样数据准确可靠，在机组中所有采样点位置同时采样。

采样期间，同时对入炉燃煤进行取样，煤种的元素分析及工业分析见表9.1。

表9.1　机组入炉煤质分析

元素分析/%					工业分析/%				Q_{ad} /(J/g)
C	H	O	N	S	水分	灰分	挥发分	固定碳	
52.87	2.89	9.08	0.69	0.65	8.27	19.41	34.44	37.88	19960

采样点位置如图9.5所示，包括SCR前后、LTE前后、ESP后、WFGD后、WESP后，分别对应1、2、3、4、5、6、7位置。

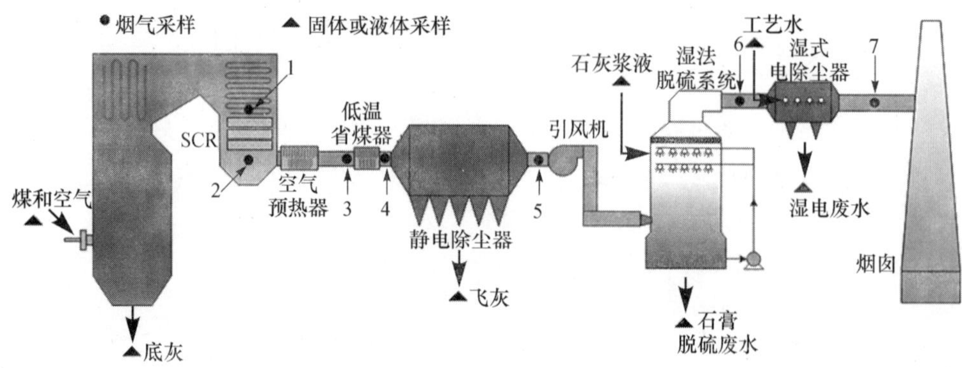

图9.5　采样点位置示意图

9.2.2　烟气中汞的含量和形态测试方法

采用EPA30B法检测标准，使用LUMEX烟道气汞采样检测系统测量烟气中的汞，首先在现场通过吸附管对汞进行吸附采样，再通过加热分解进行汞浓度分析，可测得烟气中排放总气态汞的浓度和价态汞的浓度。分析过程是在专用吸附管内利用汞专用吸附材质(活性炭等)，通过采样探头，在烟囱内安设定流量采样，汞在吸附材质富集，并记录采样流量及采样时间。用汞分析仪分析吸附材质上富集的汞的容量，通过采样流量及采样时间计算烟道气中汞的浓度，采样流程如图 9.6 所示。LUMEX 烟道气采样检测系统主要由取样系统、汞吸附富集单元（活性炭吸附管）和塞曼效应汞分析检测单元三个主要模块组成。

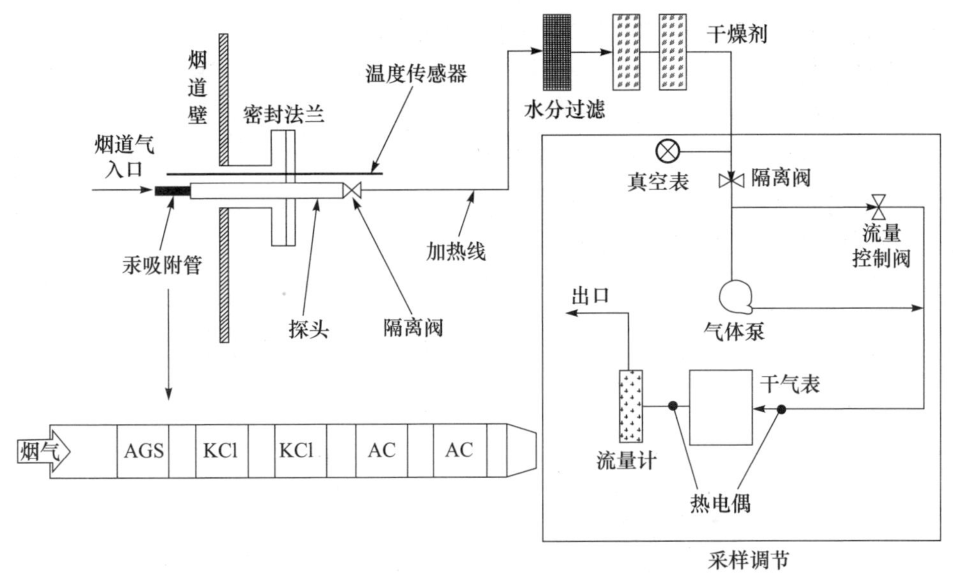

图 9.6　烟道气态汞采样流程

本研究中采用的吸附管为可以分价态的炭管，该吸附管 AGS 用于吸收酸性气体，KCl 用来吸收 Hg^{2+}，活性炭用于吸收 Hg^0，AGS、KCl、活性炭间采用石英棉隔离。Hg^0 含量为两段活性炭中吸收的汞质量的总和，Hg^{2+} 含量为 AGS 和两段 KCl 中吸收的汞质量的总和。每次取样过程采用两根吸附管平行取样，采样的干烟气量为 30L，采样时间为 30min 左右。

样品中的汞含量采用塞曼效应汞分析检测单元测试。该仪器基于高频塞曼效应原子吸收的原理，检出限为 1～10ng/g，量程范围为 1～100μg/g。

9.2.3　固、液体产物中汞的含量和形态测试方法

在进行气体采样时，同步采集固体和液体产物，固体样品包括煤入炉混煤粉、灰渣、ESP 灰、脱硫石膏、石灰石、WESP 灰；液体样品包括石灰石浆液、脱硫浆液、湿电废水和工艺水。每个取样点取三次样品，迅速放入用稀硝酸和去离子水清洗过的取样瓶内，密封保存。将煤和底灰研磨至 250μm 以下以备检测。脱硫废水、

湿电废水静置过滤得到澄清液体以及相应的沉淀，沉淀在 45℃下恒温干燥至恒重。将石膏浆液通过静置分层的方法，分为上层粒径较小的深褐色悬浮物和下层颗粒较大、颜色较浅的沉淀物，分离过滤后在 45℃下干燥至恒重。固、液体样品中的汞含量采用塞曼效应汞分析检测单元进行测定。

固体和液体产物中汞的含量采用塞曼效应汞分析检测单元测试，将称重好的煤样放入石英池导入仪器中，样品被干燥，继而被加热到一定温度，将所有汞转化为蒸气，利用催化管在 850℃下将蒸气中的 Hg^{2+} 转化成 Hg^0，利用金管捕集 Hg^0，加热金管释放 Hg^0 并使其进入分析单元，进行分析检测。检测限为 1～10ppb，量程为 1～100ppm。此方法简单便捷，不需要进行溶液预处理。

固体产物中汞的形态采用程序升温脱附（Hg-temperature programmed desorption，Hg-TPD）方法确定，试验系统如图 9.7 所示。该系统主要由程序升温脱附系统、Hg 还原系统和测试系统三部分组成。

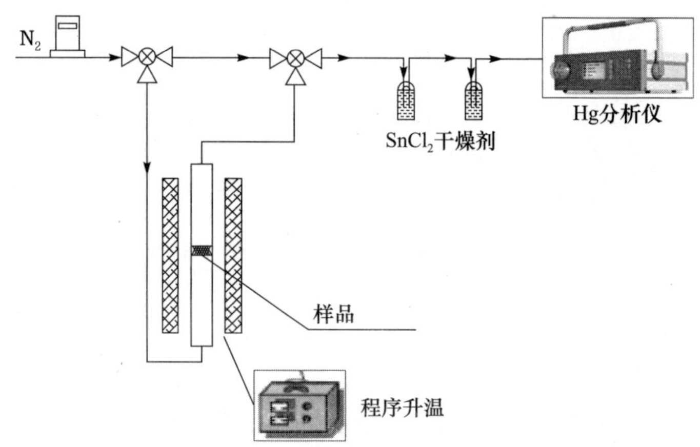

图 9.7 程序升温汞脱附（Hg-TPD）试验系统示意图

1）程序升温脱附系统

Hg-TPD 试验系统反应器为内径 10mm、长 400mm 的圆柱形石英管。吸附汞后的吸附剂置于反应器中，由可程序控温的管式炉精确控制和调节温度，将吸附剂由 30℃加热至 800℃，升温速率为 10℃/min。在试验前采用热电偶校准反应器温度。

2）汞还原系统

在程序升温加热过程中，从吸附剂上脱附的汞除 Hg^0 以外还有 Hg^{2+}，因此，采用配置的 Hg 还原系统将烟气中的 Hg^{2+} 还原为 Hg^0，从而使烟气中的汞可被汞蒸气在线监测仪检测。

3）测试系统

烟气中的汞通过还原系统后采用汞蒸气在线监测仪测量。

9.2.4　分析方法

1. 质量平衡计算方法

在进行气体采样时，同步采集固体和液体产物，通过测量得到样品中汞的质量浓度后，结合采样时各物料的消耗、产出，计算得到进出系统的汞质量的比例，排出系统的总量与输入系统总量的比值即质量平衡率。该电厂全流程下汞的输入主要分为煤、石灰石和工艺水，输出主要有飞灰、底灰、石膏和废水废渣、湿电废水。具体计算公式如下：

$$\text{输入量}=F_{C}\times C_{C}+F_{L}\times C_{L}+F_{pw}\times C_{pw}$$

$$\text{输出量}=F_{FA}\times C_{FA}+F_{BA}\times C_{BA}+F_{gy\text{-}fine}\times C_{gy\text{-}fine}+F_{gy\text{-}coarse}\times C_{gy\text{-}coarse}$$
$$+F_{WA}\times C_{WA}+F_{FE}\times C_{FE}+F_{WE}\times C_{WE}+F_{stack}\times C_{stcak}$$

$$\text{质量平衡率}=\text{输出量}/\text{输入量}$$

式中，F_{C}、F_{L}、F_{pw}、F_{FA}、F_{BA}、$F_{gy\text{-}fine}$、$F_{gy\text{-}coarse}$、F_{WA}、F_{FE}、F_{WE}、F_{stack} 分别为燃煤、石灰、工艺水、飞灰、底灰、纯石膏、粗石膏、湿电灰、脱硫废水、湿电废水和烟气的质量流量；C 为汞在各产物中的质量浓度。

2. 相对富集系数

相对富集系数(relative enrichment factor，REF)是汞在灰中与煤中相对含量的比值。相对富集系数越大，说明汞在灰中的富集能力越强。计算公式如下：

$$\text{REF}=C_{\text{汞,灰}}\times C_{\text{灰分}}/C_{\text{汞,煤}}$$

式中，REF 为相对富集系数；$C_{\text{汞,灰}}$ 为灰中汞元素的质量分数；$C_{\text{汞,煤}}$ 为煤中的汞元素的质量分数；$C_{\text{灰分}}$ 为煤收到基中灰分的含量。

9.3　污染物控制装置对汞迁移转化的影响

本节系统分析不同技术流派超低排放机组汞的排放特性，以及 SCR、LTE、ESP、FGD、WFGD、WESP 等装置对汞的协同脱除性能和机理。

9.3.1　SCR 的协同脱汞性能分析

SCR 脱硝装置主要用来脱除烟气中的 NO_x，其催化脱硝工艺的反应温度在 350℃左右。在 SCR 催化剂的作用下，通过喷入 NH_3 将烟气中的 NO_x 还原为 N_2 和 H_2O。研究表明，SCR 催化剂对 Hg^0 也有一定的氧化作用。

近年来，关于 SCR 协同脱汞的研究成为热点问题[2-5]。SCR 通过促进汞形态的转化进而有利于其他设备对汞的协同脱除[6,7]，有关 SCR 催化剂对汞形态的影响汇总于表 9.2。

表 9.2 燃煤电厂 SCR 前后 Hg 的形态和浓度

煤种	Hg 的形态	SCR 进口		SCR 出口		参考文献
		浓度/(μg/m³)	质量分数/%	浓度/(μg/m³)	质量分数/%	
PRB 煤(含氯)	Hg^0	—	97.40	—	3.30	[6]
	Hg^{2+}	—	2.60	—	96.70	
PRB 煤(无氯)	Hg^0	—	97.40	—	96.50	
	Hg^{2+}	—	2.60	—	3.50	
烟煤	Hg^0	11.53	42.27	4.56	17.27	[7]
	Hg^{2+}	2.33	8.54	7.83	29.66	
	Hg^p	13.42	49.19	14.01	53.07	
	Hg^T	27.28	100.00	26.40	100.00	
烟煤	Hg^0	10.93	41.81	4.98	19.71	[8]
	Hg^{2+}	2.38	9.11	7.05	27.90	
	Hg^p	12.83	49.08	13.24	52.39	
	Hg^T	26.14	100.00	25.27	100.00	

为了考察超低排放机组 SCR 装置协同脱汞性能的影响，本节对国内某电厂＃1、＃2、＃4 机组 SCR 的脱汞性能进行了研究，结果如图 9.8(a)所示。＃1、＃2、＃4 机组 SCR 进口处总汞浓度分别为 4.16μg/m³、5.17μg/m³、4.23μg/m³，而 SCR 出口处其浓度分别为 4.67μg/m³、4.89μg/m³、3.97μg/m³。总体来说，SCR 进出口处总汞的浓度几乎相近，这说明 SCR 装置对总汞的脱除作用几乎可以忽略。然而，经过 SCR 后，汞的形态发生了明显的变化，Hg^{2+} 所占的比例明显增加，Hg^0 所占的比例则明显降低。结合图 9.8(a)和(b)可以看出，在 SCR 进口处，Hg^0 的浓度为 3.21～4.03μg/m³，占总汞的 71.97%～77.95%；在 SCR 出口处，Hg^0 的浓度降低为 1.88～2.07μg/m³，占总汞的 31.69%～46.45%。相应地，通过 SCR 后，Hg^{2+} 的浓度及其所占的比例都相应有所增加。这表明 SCR 催化剂(V_2O_5-TiO_2)可以促进 Hg^0 的氧化，这与 Li 等[9]的研究结果是一致的。烟气中的 HCl 浓度对 V_2O_5-TiO_2 的 Hg^0 氧化能力具有重要影响，Lee 等[6]研究表明烟气中添加 8ppm 的 HCl 几乎可以将 Hg^0 全部转化为 Hg^{2+}。烟气中的 HCl 首先被吸附在 V_2O_5-TiO_2 催化剂上，然后解析生成具有高活性的中间过渡态产物(V-Cl 复合物)，进而促进了 Hg^0 的氧化[10-12]。Hg^{2+} 易溶于水，且与 Hg^0 相比更容易被飞灰捕获，因此，烟气中通过 SCR 转化的 Hg^{2+} 最终会被后续装置脱除。尽管 SCR 不能直接脱除汞，但是 SCR 对 Hg^0 的氧化有利于促进其他污染物控制装置对汞的协同

脱除。

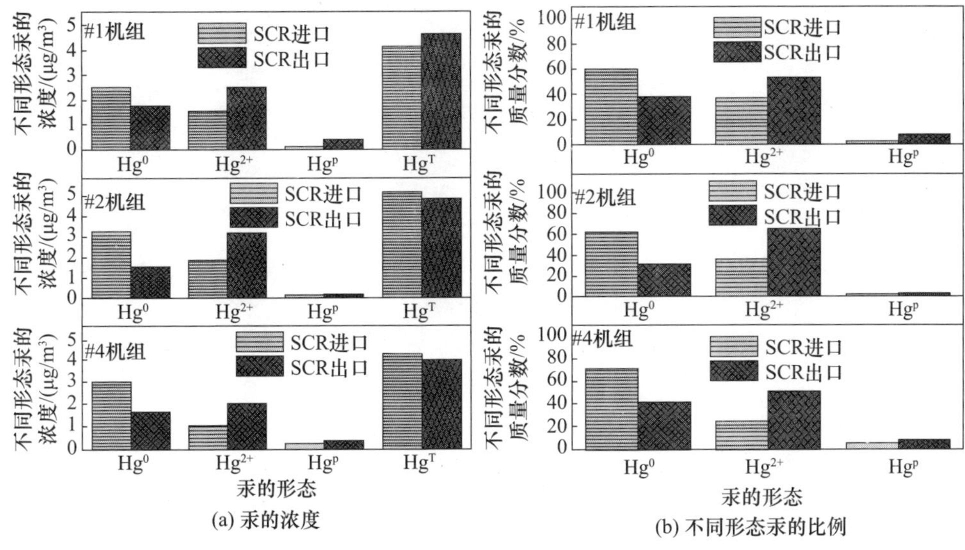

图 9.8　＃1、＃2、＃4 机组 SCR 装置的脱汞性能[13]

＃1、＃2、＃4 机组 SCR 装置对 Hg^0 的氧化效率分别为 41.43％、51.61％、47.68％，略低于文献中报道的数据[14-16]。SCR 装置的 Hg^0 氧化效率与 HCl 浓度、SCR 空塔气速、SCR 催化剂上的停留时间以及 SCR 装置中 NH_3/NO 比值有关。此外，锅炉负荷和催化剂使用时间也对 SCR 装置的汞氧化效率具有重要影响。Zhou 等[17]发现，当负荷由 60％增加至 100％时，NO_x 的还原效率为 83.4％～85.9％，这说明负荷的变化对 SCR 装置的脱硝性能影响不大。然而，相比脱硝性能，Hg^0 的催化氧化性能对负荷的波动显得更加敏感。当锅炉负荷为 60％时，SCR 催化剂之前，Hg^0 占总汞的比例为 76.4％，而在 SCR 催化剂之后，Hg^0 占总汞的比例为 22.7％，Hg^0 的氧化效率高达 72.1％。在负荷率为 75％和 100％时，Hg^0 的催化氧化效率分别为 65.71％和 61.78％，如图 9.9 所示。

Zhou 等[17]发现 Hg^0 的催化氧化效率和 SCR 催化剂的运行时间有明显的关系（见图 9.10）。1＃锅炉的 SCR 催化剂运行时间约为 35000h，而 2＃锅炉的 SCR 催化剂运行时间不超过 5000h。电厂使用的 SCR 催化剂是 V_2O_5 基的商业催化剂，其活性温度窗口为 300～400℃，布置于省煤器与空预器之间、静电除尘器之前的位置，导致催化剂不得不在高灰的环境中工作，因此飞灰的冲击会造成催化剂的磨损和堵塞，从而造成活性组分的流失和催化剂比表面积的降低。另外，飞灰中的碱金属、碱土金属及重金属等会导致催化剂活性组分的中毒失活，飞灰中的钾盐可以和催化剂的活性组分 V_2O_5 反应生成惰性的偏钒酸钾，从而抑制 Hg^0 和 HCl 在催化剂表面的吸附或者活化。

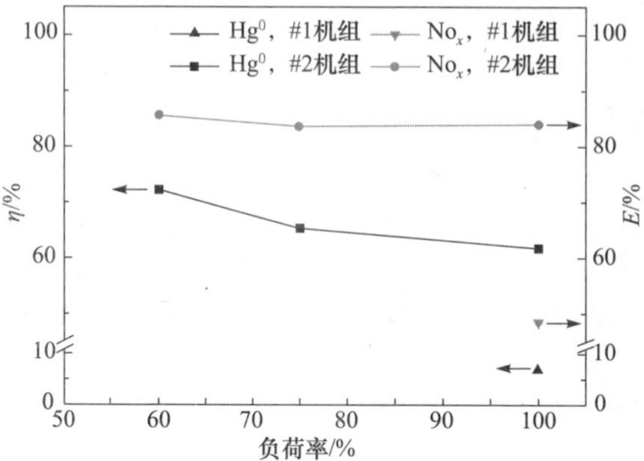

图 9.9　不同负荷下，各锅炉 SCR 系统的脱硝效率(E)和脱汞效率(η)[17]

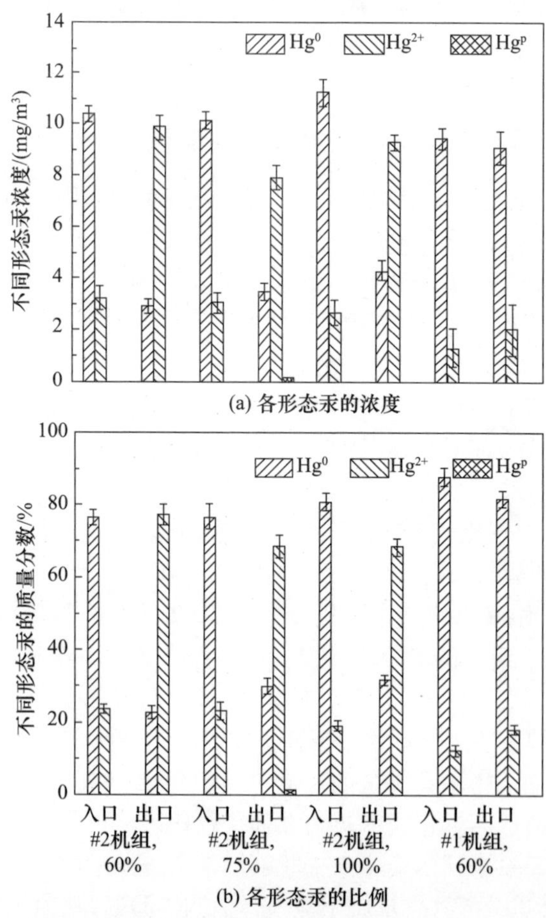

图 9.10　SCR 系统前后烟气中汞浓度和比例[17]

9.3.2　LTE 对 Hg 的控制效果

为了提高除尘器效率和电厂的运行经济性，很多电厂在 ESP 前的烟道上加装了 LTE。其原理为：凝结水在 LTE 内吸收排烟热量，降低排烟温度，自身被加热、升高温度后再返回汽轮机低压加热器系统，代替部分低压加热器的作用。烟气温度进一步降低，将会影响汞在烟气中的形态分布，并进而影响各污染物控制装置的协同脱汞性能。因此，本节重点分析 LTE 前后汞的浓度和形态分布。

如图 9.11 所示，气态汞在 LTE 进口处的浓度低于 SCR 进口，并且烟气中有更多的 Hg^p 被脱除。烟气经过安装在 SCR 和 LTE 之间的空气预热器之后温度降低，这有利于 Hg^0 和 Hg^{2+} 向 Hg^p 的转化。结合图 9.11(a)和(b)可以看出，烟气经过 LTE 后，其 Hg^0 和 Hg^{2+} 的浓度及所占的比例均有所降低，而 Hg^p 的浓度和所占的比例相应增加。烟气的温度分别从 130℃（♯2 机组）和 127℃（♯4 机组）下降到 108℃（♯2 机组）和 95℃（♯4 机组）。随着烟气温度下降到 100℃左右，烟气中的一些成分（如水蒸气、SO_3 或 HCl 等）会冷凝到飞灰表面形成液态膜。冷凝到飞灰上的 HCl 进而形成含氯的活性吸附位点，吸附和氧化 Hg^0，从而促进 $HgCl_2$ 或 Hg_2Cl_2 在飞灰上的形成，进而使 Hg^0 和 Hg^{2+} 的浓度降低，Hg^p 的浓度相应增加。SO_3 也会由气态转化成液态，最终与水蒸气相互作用，生成 H_2SO_4 并吸附在飞灰表面[18]。然而，SO_3 或 H_2SO_4 对飞灰吸附汞的影响较为复杂。一些研究表明 SO_3 会阻碍汞的氧化[19,20]；也有研究表明经过 H_2SO_4 预处理的活性炭有利于提高其 Hg^0 的吸附能力[21]。因此，SO_3 或 H_2SO_4 对飞灰吸附汞的影响还有待进一步深入研究。

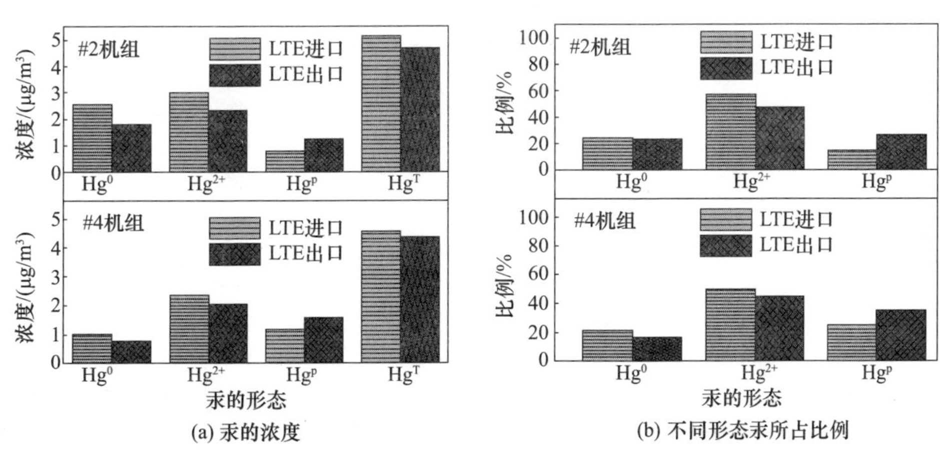

图 9.11　LTE 进出口处不同形态汞的浓度和所占比例[13]

本节采用 Hg-TPD 方法考察了♯4 机组 LTE 前、后飞灰中汞的赋存形态，从而掌握 LTE 对烟气中汞形态分布的影响。如图 9.12(a)所示，LTE 前的飞灰样品中汞的赋存形态主要以三方晶系的红色 HgS(峰值约在 300℃处)为主,HgS 的形成是由于 Hg 和残留在飞灰未燃碳中的硫发生反应[22]。如图 9.12(b)所示,除 HgS 外,在 LTE 后的飞灰中还检测到 $HgCl_2$ 和 $HgSO_4$。$HgCl_2$ 的形成主要归因于含氯活性吸附位点对汞的吸附。此外,SO_3 在飞灰上发生了冷凝并附着在其表面形成吸附汞的酸性活性位点,除了吸附烟气中 Hg^{2+} 形成 $HgSO_4$ 外,也可能吸附并氧化 Hg^0 形成 $HgSO_4$,进而导致颗粒态汞浓度的增加。

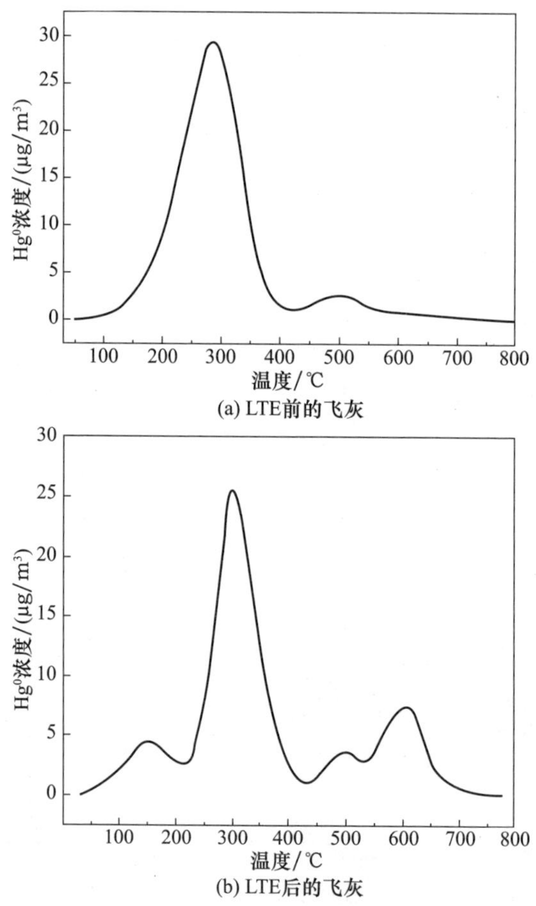

图 9.12　飞灰中各种形态的汞的脱附[13]

9.3.3　ESP 对 Hg 的控制效果

我国电厂普遍安装了 ESP 来减少颗粒物的排放。一般来说,ESP 可以脱除 99%以上的颗粒物,而颗粒态汞会附着在飞灰上,因此易于被除尘装置脱除。有关 ESP 对汞形态和浓度的影响汇总于表 9.3。

表 9.3　燃煤电厂安装 ESP 后的汞的形态和浓度变化

煤种	Hg 的形态	ESP 进口		ESP 出口		参考文献
		浓度/(μg/m³)	质量分数/%	浓度/(μg/m³)	质量分数/%	
云冈烟煤	Hg^0	4.35	17.64	7.13	31.80	[23]
	Hg^{2+}	16.77	68.04	15.28	68.09	
	Hg^p	3.53	14.32	0.03	0.11	
神华混煤	Hg^0	—	33.97	—	43.62	[24]
	Hg^{2+}	—	37.39	—	52.50	
	Hg^p	—	28.64	—	3.88	
低氯煤	Hg^0	14.24	48.85	12.16	51.81	[25]
	Hg^{2+}	13.12	45.01	11.24	47.89	
	Hg^p	1.79	6.14	0.07	0.30	

ESP 的脱汞性能与很多因素有关。美国 EPA 对 14 台装有冷态 ESP 的煤粉锅炉进行了汞排放测试[1]，结果如图 9.13 所示，煤中的汞含量、氯含量及低位发热量等因素在很大程度上影响烟气中汞的形态分布和除尘装置对汞的脱除能力。美国 Fthenakis 等[26]的研究表明，电除尘器仅能去除烟气中小于 20%的汞。日本 Yokoyama 等[27]测试了日本某 700MW 燃煤电厂中的汞排放情况。结果表明，电除尘器对烟气中汞的平均脱除率也仅有 26%左右。

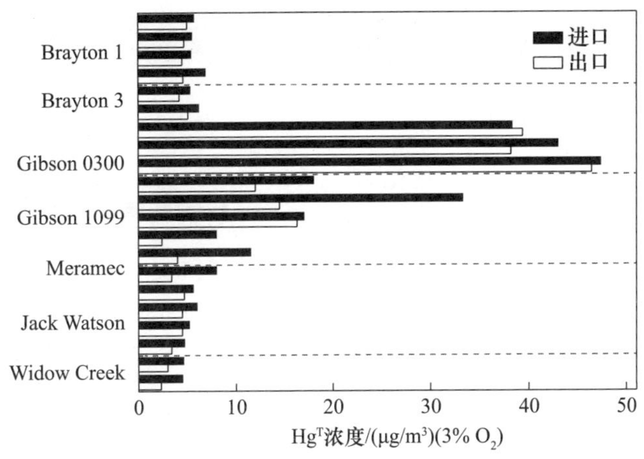

图 9.13　装有冷态 ESP 的煤粉锅炉燃烧烟煤汞的进口和出口浓度[1]

美国 EPA 的测试报告(见图 9.14)[1]显示，相比 ESP，FF 脱除烟气中汞的能力更为优越，平均脱除效率为 72%～90%。冷态 ESP 对汞的脱除效率要优于热态 ESP，而冷态 ESP 对汞的脱除能力还与煤种有关。燃烧烟煤或烟煤与石油焦的电站冷态 ESP 对 Hg^T 的削减量为 35%～54%，而燃烧次烟煤和褐煤的电站冷态 ESP 对 Hg^T 的削减量则较低，热态 ESP 对汞的脱除效率普遍较低。

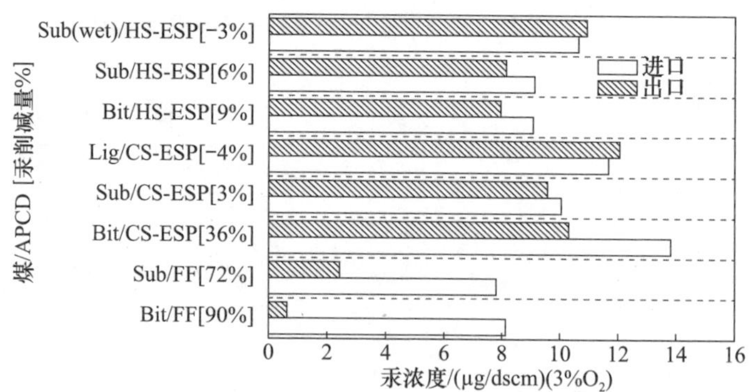

图 9.14　装有 ESPs 和 FF 布袋除尘器的煤粉锅炉的汞的削减量[1]

本节系统研究了国内某超低排放电厂＃1、＃2 及＃4 机组的低温电除尘器的脱汞性能。如图 9.15 所示，经过 ESP 后，虽然 Hg^0 和 Hg^{2+} 所占的比例都有不同程度的升高，但颗粒态的汞所占的比例却从 27.0%～34.1%下降到 1.5%～1.6%，这是非常明显的变化。因此，随同颗粒物的脱除，大部分颗粒态汞也被脱除。

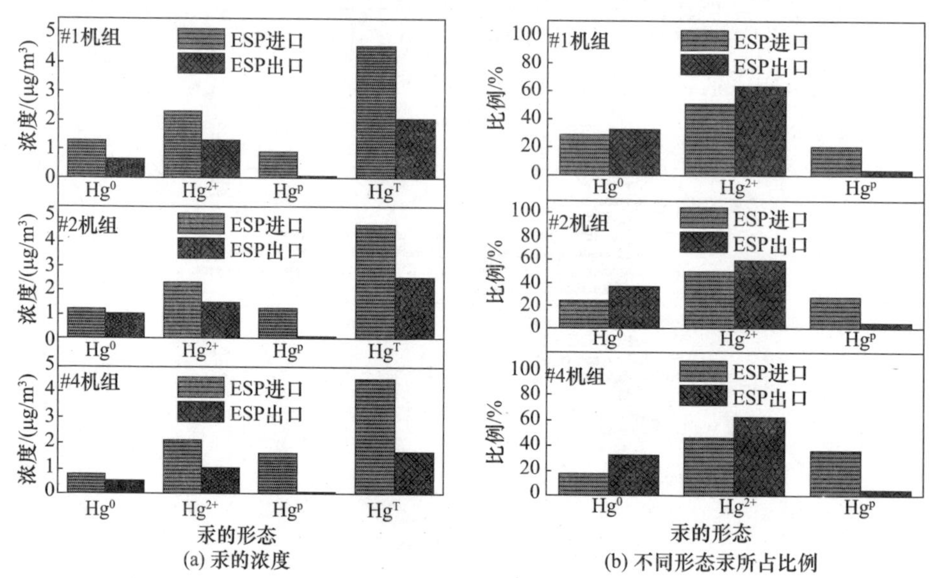

图 9.15　ESP 进出口处不同形态汞的浓度和所占比例[13]

先前的研究表明，ESP 对于气态汞的转化几乎没有作用，而且不能有效地控制气态汞的排放[14,15]。然而，经过 ESP 后，气态 Hg^0 和 Hg^{2+} 的浓度明显地下降。如图 9.15(a)所示，Hg^0 的浓度由 0.8～1.4μg/m³ 降低到 0.4～0.9μg/m³，而 Hg^{2+} 的浓度则由 2.1～2.4μg/m³ 降低到 1.0～1.1μg/m³，＃1 机组、＃2 机组和＃

4 机组中 Hg^T 的浓度也都下降 50%左右(见图 9.15(b))。这主要是因为烟气经过 LTE 后,烟气温度降低,促进了汞在飞灰上的吸附,从而促进低温 ESP 对汞的脱除。为了验证这一结论,分别采集 #4 机组 LTE 运行状态和关闭状态时的 ESP 灰。发现当 LTE 处于运行状态时,飞灰中汞的浓度为 143.1ng/g;而当 LTE 处于关闭状态时,飞灰中汞的浓度为 81.22ng/g。这表明经过 LTE 装置后,烟气的温度降低,有利于飞灰对 Hg^0/Hg^{2+} 的捕获。因此,LTE 在气态汞向颗粒态汞的转化过程中起到非常重要的作用,进而提高了 ESP 对汞的协同脱除性能。

9.3.4 WFGD 对 Hg 的控制效果

目前,大多数电厂安装了 WFGD 以控制 SO_2 排放。WFGD 系统以其脱硫效率高、脱硫产物可回收利用、适应性广、结构简单及运行稳定等特点,在国内外大型火电厂得到广泛应用[28]。

先前的研究表明,WFGD 对汞的形态转化具有重要影响,如表 9.4 所示[25,28,29]。WFGD 装置对二价汞具有较高的捕获效率,而对 Hg^0 不但没有脱除作用,甚至会因还原部分 Hg^{2+} 而使 Hg^0 的浓度增加。

表 9.4　燃煤电厂安装 WFGD 后的 Hg 的形态和浓度

脱硫剂	Hg 的形态	WFGD 进口		WFGD 出口		参考文献
		浓度/($\mu g/m^3$)	质量分数/%	浓度/($\mu g/m^3$)	质量分数/%	
$NH_3 \cdot H_2O$	Hg^0	7.74	77.24	7.87	96.09	[28]
	Hg^{2+}	2.24	22.36	0.17	2.08	
	Hg^T	10.02	—	8.19	—	
石灰石浆液	Hg^0	5.06	24.14	5.82	96.52	[28]
	Hg^{2+}	16.01	76.38	0.14	2.32	
	Hg^T	20.96	—	6.03	—	
石灰石浆液	Hg^0	12.20	51.56	11.37	94.59	[25]
	Hg^{2+}	11.46	48.44	0.65	5.41	
	Hg^T	23.66	—	12.02	—	

杨宏旻等[29]的研究表明,WFGD 对烟气中 Hg^{2+} 的脱除效率可高达 89.24%～99.1%;李志超等[25]对某配置 ESP 和 WFGD 的 300MW 燃煤电厂汞排放进行现场测试,也得出类似的结果。此外,胡长兴等[24]测试了 6 套燃煤电站 WFGD 的脱汞性能,发现经 WFGD 洗涤后,烟气中的汞形态发生了较大的改变,主要以 Hg^0 为主,Hg^{2+} 基本全被捕获。

本节测试了不同超低排放技术流派 WFGD 装置的协同脱汞的性能,结果如图 9.16 所示。经过 WFGD 后,Hg^{2+} 的浓度明显下降,意味着大部分 Hg^{2+}(88.20%～92.80%)被 WFGD 脱除,这是由于 Hg^{2+} 具有水溶性,可以被洗涤液所吸收。另外，Hg^p 也可以有效地被 WFGD 脱除。然而，WFGD 在转化 Hg^0 的形态以及脱除过程中展现出不同的作用。在 ♯1 机组和 ♯4 机组中，Hg^0 经过 WFGD 后其浓度有所下降。不同的是，♯2 机组 WFGD 出口相对于进口处虽然总汞的浓度降低了约 50%，但 Hg^0 的浓度和所占的比例都有所增加，这与杨宏旻等[29]的研究结果相吻合。这主要是因为 Hg^{2+} 在被洗涤液脱除的过程中，部分会与浆液中硫酸氢根离子和金属离子反应使其形态发生转化，并且较高的 Hg^{2+} 浓度促进了 Hg^{2+} 的还原。总体来说，WFGD 中 Hg^{2+} 的还原主要有以下两方面原因：

(1) 石灰或石灰石浆液的蒸发可以在脱硫剂外表面形成一层水膜，Hg^{2+} 和 Hg^0 可以在水膜中反应生成 Hg_2^{2+}，随之 Hg_2^{2+} 又和浆液中的 OH^- 反应生成 Hg^0 和 HgO，而 HgO 继而会被 SO_2 还原成 Hg^0。这些反应可以用反应(9.1)～反应(9.3)表示。

$$Hg^{2+} + Hg^0 \longleftrightarrow Hg_2{}^{2+} \tag{9.1}$$

$$Hg_2{}^{2+} + 2OH^- \longleftrightarrow H_2O + HgO + Hg^0 \tag{9.2}$$

$$HgO + SO_2 \longleftrightarrow Hg^0 + SO_3 \tag{9.3}$$

(2) 烟气中的 SO_2 会溶解在洗涤液中进而形成亚硫酸盐和硫酸盐。溶解在洗涤液中的 Hg^{2+} 又与之反应生成 $HgSO_3$ 和 $HgSO_4$，部分 $HgSO_3$ 和 $HgSO_4$ 经过一系列的反应释放出 Hg^0。这些过程可以用反应(9.4)和反应(9.5)表示。

$$Hg^{2+} + SO_3^{2-} \longleftrightarrow HgSO_3 \longrightarrow Hg^0 \tag{9.4}$$

$$Hg^{2+} + SO_4^{2-} \longleftrightarrow HgSO_4 \longrightarrow Hg^0 \tag{9.5}$$

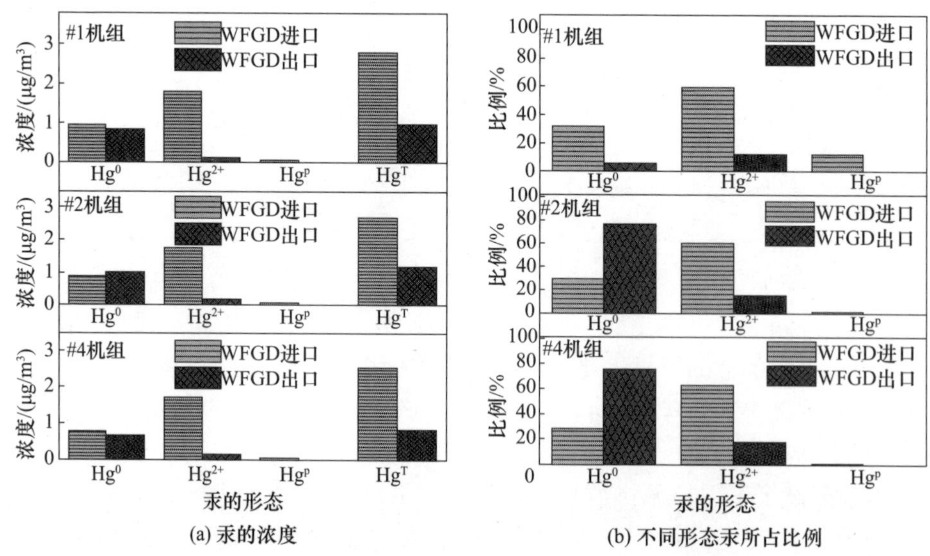

图 9.16 WFGD 进出口处不同形态汞的浓度和所占比例[13]

WFGD中Hg^{2+}的还原取决于WFGD的运行条件。#2机组中,WFGD进口处的烟气温度为124.6℃,而#4机组则为109.8℃。结合上述结果可以看出,洗涤装置中烟气温度的增加可能会导致Hg^0排放的增加。周婷[30]在研究脱硫浆液中Hg^{2+}的还原影响因素时也指出,温度升高时离子在浆液中的运动加快,提高了Hg^{2+}的还原速率。此外,浆液的pH也是影响Hg^0再释放的一个重要因素。周婷等[30]的研究也表明,pH的升高会使Hg^{2+}的还原速率减小。这是因为高的pH有助于Hg^{2+}与更多的OH^-形成$Hg(OH)^+$或者$Hg(OH)_2$,而$Hg(OH)^+$和$Hg(OH)_2$比较稳定,不易释放出Hg^0。#2机组中浆液的pH为5.0,而#4机组的pH则为5.4。浆液的pH随着烟气中O_2浓度的增加而下降,这会导致Hg^0再释放量的增加。尹正明等[31]也得出类似的结论,并且指出$CaSO_3$及部分过渡态金属对汞都有较强的还原性。

9.3.5 WESP对汞的控制效果

WESP在超低排放改造中得到广泛应用,对超细颗粒物和气溶胶的脱除起到非常重要的作用。WESP的除尘过程主要有四个阶段组成[32]:气体的电离、粉尘获得离子而荷电、荷电粉尘向电极移动、将电极上的粉尘清除等,由于所运用的流动的水膜及时将粉尘带走,增加了其对粉尘的脱除效率,这对燃煤烟气中汞的脱除是非常有利的。

美国能源部(Department of Energy,DOE)的研究发现WESP对Hg^p和Hg^{2+}的脱除效果较明显,但对Hg^0的脱除效率有限;此外,WESP阳极材料也对脱汞效率有一定的影响[33],见表9.5。现阶段针对汞在WESP中的协同脱除仍缺乏系统研究,但是,由于WESP可以实现细颗粒物、硫酸雾、汞等易挥发重金属的深度联合脱除,必将在燃煤电厂的超净排放改造中得到广泛应用。

表9.5 WESP对汞的脱除效率[33]

WESP阳极材料	Hg^0	Hg^{2+}	Hg^p
金属	36%	76%	67%
人造纤维	33%	82%	100%

本节针对装有湿式静电除尘器的#1机组和#4机组的协同脱汞效果进行研究,如图9.17所示。经过WESP后Hg^0的浓度从0.68~0.84μg/m³下降到0.45~0.48μg/m³,同时Hg^{2+}的浓度也由0.13~0.16μg/m³下降到0.06~0.07 μg/m³。烟气中水溶性的Hg^{2+}在经过WESP中的飞灰捕集板时会溶解在上面的水膜层中。Hg^0是难溶于水的,因此,Hg^0浓度的降低是由于经历了Hg^0向Hg^{2+}/Hg^p的转化过程。

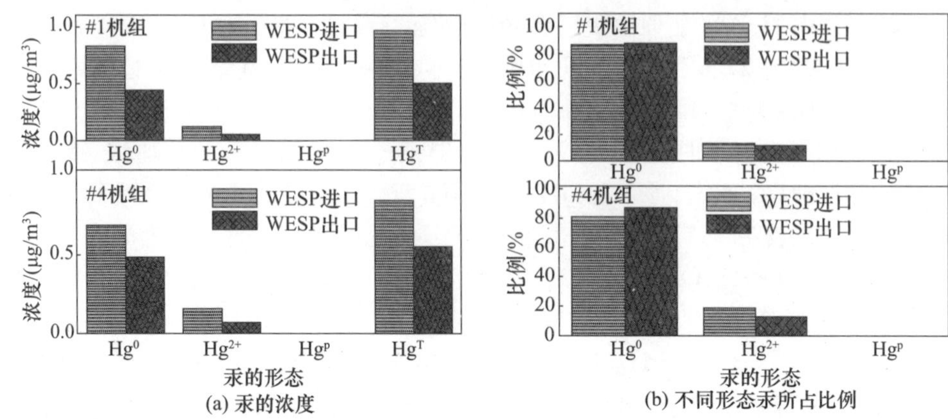

图 9.17　WESP 进出口处不同形态汞的浓度和所占比例[13]

WESP 的电极会产生电晕放电，而气体 O_2、H_2O 和 HCl 会因放电产生 O、OH、O_3、Cl 及 Cl_2 等自由基，这些自由基具有很高的 Hg 氧化活性，可以将 Hg^0 氧化成 Hg^{2+}，进而被 WESP 脱除掉，这些过程可以通过反应(9.6)～反应(9.17)来描述。美国 DOE 先前的研究也表明 WESP 在汞的脱除过程中起到重要作用，对 Hg^0、Hg^{2+} 和 Hg^p 的平均脱除效率分别为 32%～40%、72%～82%和 33%～100%[34]。本研究中 WESP 的 Hg^0 脱除效率(29.48%～46.42%)与 DOE 的研究结果很相近。然而，Hg^{2+} 的脱除效率(53.85%～56.25%)比 DOE 的研究结果低，这主要是由于 WESP 入口汞浓度较低，且 WESP 电极材料有差异。WESP 电极材料会影响 Hg^{2+} 和 Hg^p 的脱除，采用尼龙纤维材料的 WESP 脱除 Hg^{2+} 和 Hg^p 的效果要优于采用金属材料的 WESP，而 WESP 电极材料对 Hg^0 的脱除的影响并不是很明显。

$$O_2+2e^- \longrightarrow 2O+2e^- \tag{9.6}$$

$$O_2+O \longrightarrow O_3 \tag{9.7}$$

$$O+H_2O \longrightarrow OH+OH \tag{9.8}$$

$$HCl+e^- \longrightarrow H+Cl+e^- \tag{9.9}$$

$$Hg^0+O \longrightarrow HgO \tag{9.10}$$

$$Hg^0+O_3 \longrightarrow HgO+O_2 \tag{9.11}$$

$$Hg^0+OH \longrightarrow HgOH \tag{9.12}$$

$$Hg^0+Cl \longrightarrow HgCl \tag{9.13}$$

$$HgCl+Cl \longrightarrow HgCl_2 \tag{9.14}$$

$$Hg^0+Cl_2 \longrightarrow HgCl+Cl \tag{9.15}$$

$$HgCl+Cl_2 \longrightarrow HgCl_2+Cl \tag{9.16}$$

$$Hg^0+Cl_2 \longrightarrow HgCl_2 \tag{9.17}$$

9.4　汞在各燃烧产物中的分布

烟气中汞的形态以及在各燃烧产物中分布对各污染物控制装置的协同脱汞性能具有重要影响。固态和液态燃烧产物中汞的浓度见表 9.6。结果表明，底灰中汞的浓度较低，在 0.8～1.3μg/kg 范围内变化，而 ESP 飞灰中汞的浓度则在 109.5～143.1μg/kg 范围内变化。

相对富集指数(REF)可用来评价汞在飞灰和底灰中富集特性。如图 9.18 所示，飞灰的 REF 比底灰高出很多。汞作为一种易挥发的元素，在高温燃烧过程中以气态的形式释放到烟气中，仅有很小部分的汞在烟气冷却过程中被飞灰吸附。相比于文献的报道[35-37]，本研究中飞灰的 REF 较高，这主要归因于经过安装在 ESP 之前的 LTE 后，烟气温度降低，进而提高了飞灰对汞的吸附能力。

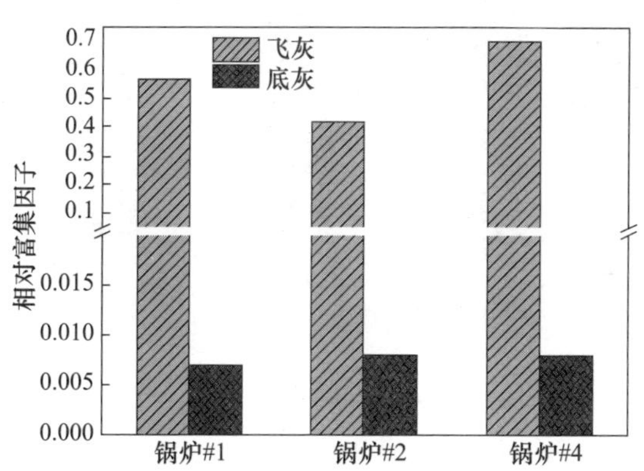

图 9.18　飞灰和底灰的相对富集因子[13]

Hg^{2+} 易溶于水，可以溶解在 FGD 废液并且被废水和石膏捕获。由表 9.7 可知，相比于粗石膏，汞在细石膏中明显富集，细石膏中汞的浓度约是粗石膏中的 2.51～4.28 倍。尽管石膏中细颗粒的比例仅占 5%，其汞的含量占 FGD 总产品中的 12.21%～13.05%，很接近粗石膏中汞的含量(14.16%～19.35%)，这主要是因为细石膏颗粒拥有较大的比表面积，有利于 Hg^{2+} 的吸附。另外，一部分细颗粒物会被 FGD 捕获并混合在细石膏中。一般来说，细颗粒物中富集了大量的汞，进而会使细石膏中汞的浓度增加。由图 9.19 可知，67.6%～72.9%的汞仍然停留在 FGD 废液中，这说明石膏对汞的吸附能力是有限的。此外，由于被 FGD 捕获的细颗粒物也停留在 FGD 废液中，在一定程度上导致 FGD 废液中汞浓度增加。

表 9.6 燃烧产物中汞的浓度[13]

机组	固态样品/(μg/kg)					液态样品/(μg/L)	
	飞灰	底灰	细石膏	粗石膏	WESP 灰	FGD 废液	WESP 废液
＃1	123.9	1.3	125.4	37.2	1945.2	78.2	39.2
＃2	109.5	0.8	171.2	40.6	—	89.4	—
＃4	143.1	1.1	137.7	55.1	1541.7	96.9	35.8

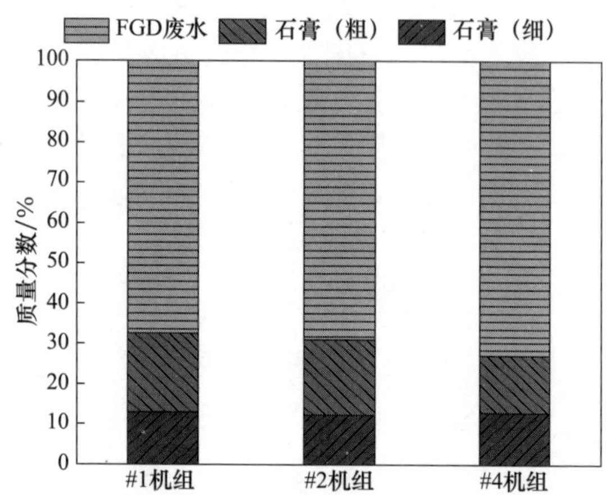

图 9.19 Hg 在 WFGD 浆液中的分布[13]

WESP 灰中汞的浓度变化范围为 1541.7～1945.2μg/kg，明显高于飞灰和石膏中汞的含量。WESP 灰主要为亚微米细颗粒物，而汞很容易在这部分颗粒中富集，这会导致汞在 WESP 灰中的大量富集。由于气态 Hg^{2+} 的水溶性，WESP 废液中会富集大量的汞。

表 9.7 为电厂整个系统中平均每小时汞的输入和输出量，在此次测试过程中，汞的质量平衡在 85.17％～118.07％。汞质量平衡的误差与煤的成分和燃烧产物的波动、锅炉运行工况的细微变化以及采样和分析过程中一些不确定因素有关。一般来说，在现场测试中，汞的质量平衡在 70％～130％是可以接受的[38]。

表 9.7 汞在电厂全系统中的质量平衡[13]

项目	样品	＃1 机组	＃2 机组	＃4 机组
汞输入量/(g/h)	煤	3.9000	4.9920	3.9000
	石灰	0.0009	0.0009	0.0009
	工艺用水	0.0415	0.0396	0.0404

续表

项目	样品	#1 机组	#2 机组	#4 机组
汞输出量/(g/h)	飞灰	1.8942	2.0482	2.5102
	底灰	0.00204	0.00136	0.00187
	细石膏	0.09025	0.09443	0.10203
	粗石膏	0.13357	0.1444	0.11191
	FGD 废液	0.4680	0.5340	0.5760
	WESP 废液	0.3510	0.0000	0.3150
	WESP 灰	0.0350	0.0000	0.0277
	烟囱排气	0.6120	1.4640	1.008
出/进平衡/%		90.96	85.17	118.07

整个系统中各燃烧产物中汞的分布情况如图 9.20 所示，汞主要分布在 ESP 灰(45.3%～57.8%)中，在其他燃烧产物中的分布分别为 FGD 废液(11.2%～13.3%)、WESP 废液(7.3%～8.4%)、粗石膏(2.6%～3.2%)、细石膏(2.1%～2.4%)、WESP 灰(0.6%～0.8%)和底灰(0.03%～0.05%)。传统 ESP 的脱汞效率低于 30%[39-41]，而本研究中 ESP 飞灰捕获汞的效率较高。这主要归因于经过 LTE 后烟气温度降低，进而有利于飞灰对汞的捕获。当烟气经过 WFGD 系统时，大约 5%的汞被石膏捕获，而大部分的汞仍然停留在 WFGD 废液中。这说明被脱硫浆液捕获的 Hg^{2+} 有很大部分不能被石膏吸收。脱硫浆液中的 Hg^{2+} 将会形成难溶的硫酸盐，其中部分硫酸盐会混合进入石膏。WESP 灰中汞占的比例相对较低，这是因为经过 ESP 和 WFGD 后烟气中细颗粒的浓度非常低。因此，被 WESP 捕获的颗粒态汞仅仅占很小的比例，但由于汞在 WESP 灰中大量富集，会对人类的健康造成影响，需要引起足够重视。虽然燃煤烟气中大部分的汞可以被 APCDs 脱除，但汞从气相产物中转移到了固态和液态产物中。由于在飞灰和石膏的应用过程中会导致汞的二次释放污染，各固态和液态产物中的汞都要引起重视。

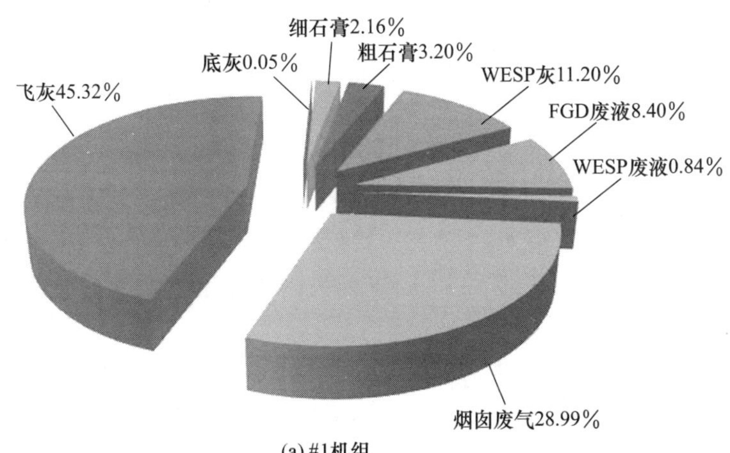

(a) #1机组

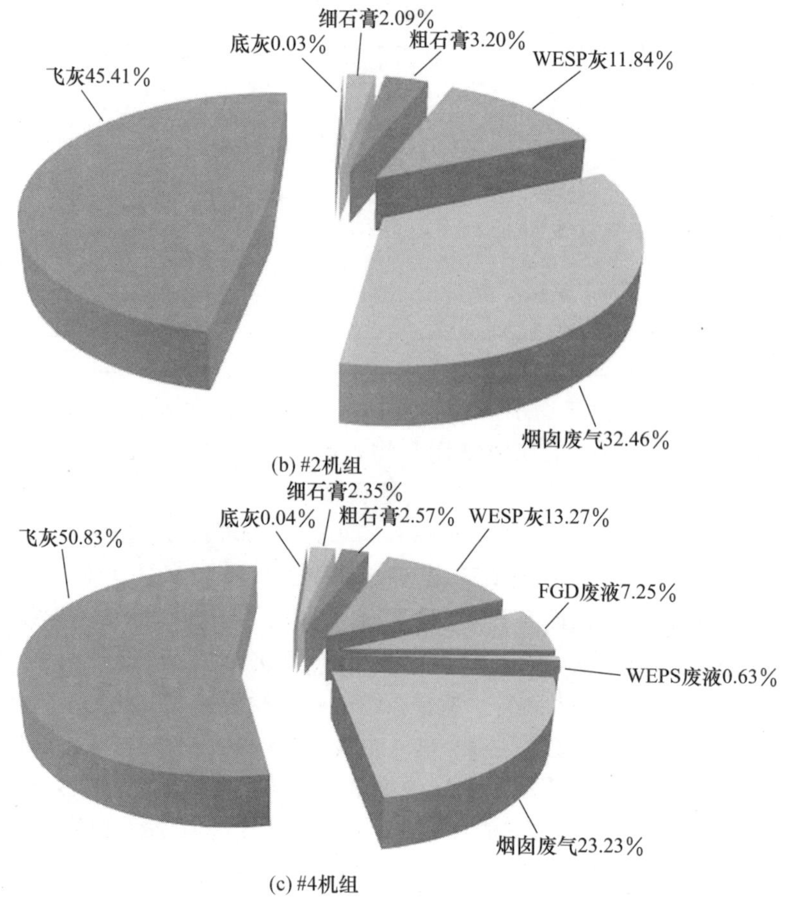

图 9.20　Hg 在整个系统的燃烧产物中的分布[13]

9.5　污染物控制装置的协同脱汞效率

我国的燃煤电厂烟气污染物控制设备千差万别，再加上锅炉炉型复杂、煤种多变，造成汞的减排效果差异较大。常规污染物控制技术在一定程度上能够减少汞的排放，但控制能力区别很大，主要与汞的形态分布有关。烟气中汞的形态受到煤种及其成分、燃烧器类型、锅炉运行条件(如锅炉负荷、锅炉空气系数、烟气气氛、燃烧温度、烟气成分)等诸多因素的影响。

在作者的研究中，烟囱处汞的排放浓度为 0.51～1.22$\mu g/m^3$。SCR+ESP、SCR+ESP+WFGD、SCR+ESP+WFGD+WESP 组合的脱汞效率分别为 37.2%～49.5%、74.5%～83.3%、88.5%～89.6%(见图 9.21)。超低排放改造

前，♯2 机组和♯4 机组的 SCR＋ESP＋WFGD 的脱汞效率分别为 72.8％和 82.2％。超低排放改造后，脱汞效率增加了 15％，其中 SCR＋ESP 的脱汞效率明显提高，达到 37.8％～51.2％，明显高于超低排放改造前(25.7％)，这主要归因于 ESP 脱汞效率的提高，ESP 脱汞能力的提高则归因于 LTE 的作用。烟气经过 LTE 后温度降低，SO_3 和 HCl 在飞灰表面凝结形成新的活性位点，从而有利于飞灰对汞的吸附，烟气中 Hg^p 浓度的增加也会提高 ESP 的脱汞效率。对中国、美国、日本和韩国而言，其电厂中 SCR＋ESP＋WFGD 的脱汞效率在 69.5％～80.5％的范围内变化。因此，除 NO_x、颗粒物和 SO_2 外，超低排放改造后污染物控制装置的协同脱汞性能也在很大程度上得到提高。

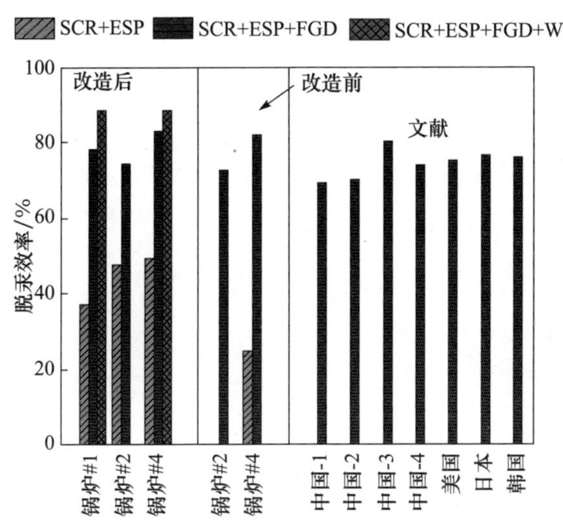

图 9.21　APCDs 的脱汞效率[13]

大气排放因子是评价汞释放到大气中的量的重要指标。由图 9.22 可知，超低排放改造后，SCR＋ESP＋WFGD 的汞排放因子为 0.81g/TJ(♯2 机组)，SCR＋ESP＋WFGD＋WESP 的汞排放因子分别为 0.47g/TJ(♯1 机组)和 0.39g/TJ(♯4 机组)。此外，对超低排放改造前♯2 机组和♯4 机组的排放因子也进行了研究和比较。在超低排放改造前，其排放因子分别为 2.34g/TJ(♯2 机组)和 2.18g/TJ(♯4 机组)，这说明超低排放改造后 SCR＋ESP＋WFGD＋WESP 组合可以有效地降低汞的排放。

美国 EPA 统计了美国 80 个电厂的汞排放因子，其中涵盖了燃烧烟煤、亚烟煤以及褐煤的多个电厂[42]。燃烧烟煤、亚烟煤以及褐煤的电厂的平均汞排放因子分别为 1.63g/TJ、2.08g/TJ、6.79g/TJ。本节的研究结果表明，超低排放改造前，电厂的汞排放因子已经很接近美国电厂；而超低排放改造后，汞排放因子显著下降。

然而,我国燃煤电厂的汞排放因子差异显著,这主要是由我国电厂燃烧煤种多变、锅炉炉型复杂、锅炉及污染物控制装置的运行条件变化频繁等因素引起的。

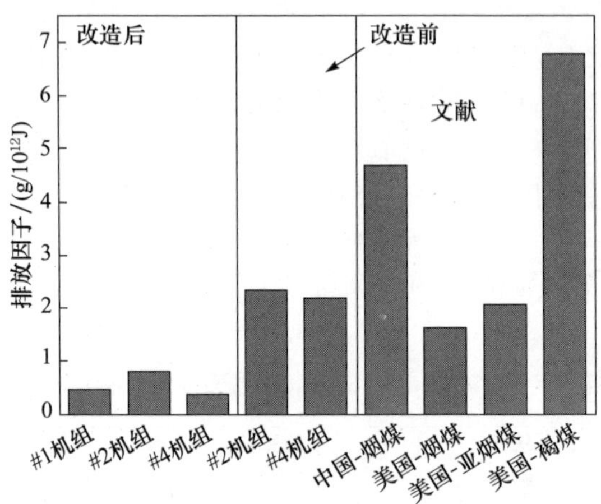

图 9.22 超低排放改造前后我国电厂和美国电厂的汞排放因子[13]

9.6 污染物控制装置协同脱汞优化

9.6.1 SCR 协同脱汞的优化

结合 SCR 协同脱汞的机理,要使其协同脱硝脱汞性能达到最佳状态,需要从燃料优化、运行优化、催化剂优化等三方面着手调整[43]。

1) 燃料的优化

大量试验证明,煤中氯元素对燃煤烟气中汞的形态转化具有很重要的作用。烟气中 HCl 含量高时,SCR 会激发其活性,使氯元素转化成具有氧化活性的自由基 Cl 或者单质 Cl_2,进而使吸附汞的活性位增多并将更多的 Hg^0 氧化成 Hg^{2+}。而我国电厂燃用的煤种多数为低氯煤,这不利于 SCR 对汞形态的催化转化作用,所以需要添加一定量的 HCl 或者采用高、低氯煤混燃的方法来提高汞的氧化效率。另外,烟气中 HCl 含量的增加会增加对设备的腐蚀性,在提高脱汞性能的同时需要提高设备的耐腐蚀性,这无疑增加了投资成本。因此,燃煤电厂需要选择合适的燃料,协调好脱汞效率与成本问题,最终使 SCR 达到最优状态。

2) 运行的优化

氨氮比对 SCR 协同脱汞也有一定的影响,在燃用低氯煤种时表现得尤为明显,这主要是由于 NH_3 会和少量的 HCl 形成竞争吸附,并且两者会结合生成 NH_4Cl,进而使对 Hg^0 起氧化作用的 HCl 减少,因此,NH_3 对 SCR 协同脱汞在低氯气氛烟气条件下表现出明显的抑制作用。NH_3 在较高浓度的含氯气氛烟气下对 SCR 的影响并不是很大。针对我国电站燃用低氯煤种的情况，需要根据试验测试结果来调整运行参数和优化部分工艺，以减少氨的逃逸，控制好氨氮比，从而使烟气中汞的控制达到理想的水平。

3）催化剂的优化

对 SCR 而言，其脱硝脱汞性能与催化剂的活性有直接关系。对于已经开发出的贵金属催化剂、金属氧化物催化剂、分子筛催化剂和活性炭催化剂，考虑到经济性和催化活性，钒钛类催化剂是目前应用最为广泛的 SCR 催化剂，其最主要的活性成分是 V_2O_5。这类催化剂经常以锐钛矿的 TiO_2 为载体，因为 TiO_2 具有大的比表面积、优良的结构性能和较高的活性。此外，金属氧化物类催化剂如 CuO、Fe_2O_3、MnO、CaO 等的研究尚未成熟，需要综合考虑其热稳定性、催化活性和协同脱汞性能等问题。因此，开发出低温高效的协同控制多种污染物的催化剂具有重要意义。

9.6.2　LTE 系统汞协同控制的优化

低温省煤器是利用凝结水吸收排烟热量，降低排烟温度，而被加热、升温的凝结水又返回汽轮机低压加热器系统，即在发电量不变的条件下可节约机组能耗。而且 LTE 在一定程度上能提高烟尘、SO_3 及汞的脱除效率。

为了提高燃煤烟气中汞的脱除效率，可能会在烟气中添加卤素的氰化物或燃用一定量的高氯煤，这无疑会使烟气具有一定的腐蚀性。同时，为使 LTE 达到理想的传热与换热性能，需增加其换热面，还要保证良好的烟气流场特性以满足耐腐蚀、耐磨损和不易积灰的要求。因此，LTE 选型结构的优化和布置位置的优化显得格外重要，需要综合评价各个污染物协同脱除的性能，进而从空气预热器后电除尘器前布置方案、引风机后脱硫吸收塔前布置方案、串联两级布置方案及 LTE 取水方案等几种方案中选择出适合各自电厂的 LTE 布置方案。

9.6.3　ESP 系统汞协同控制的优化

目前，为达到颗粒物排放标准，我国各电厂先后对除尘装置进行了改造，甚至新建了高性能的除尘装置。通过提高 ESP 系统除尘性能，最大限度地降低烟气中颗粒物浓度，对颗粒态汞和烟气中的 Hg^{2+} 的捕获具有更加明显的效果。

9.6.4　WFGD 系统汞协同控制的优化

由于 Hg^{2+} 易溶于水，在 SCR 装置中被氧化的 Hg^0 可以在湿法脱硫洗涤塔中被脱硫浆液吸收。一般来说，由于温度低，WFGD 有利于汞的氧化和 Hg^{2+} 的吸收，而对气态 Hg^0 的吸收并不明显。因此，可以采用在吸收塔中添加脱汞固汞稳定剂，一方面氧化单质汞，另一方面通过络合物或螯合物将吸收的 Hg^{2+} 固化下来，以便脱汞更加彻底。

9.6.5 WESP 系统汞协同控制的优化

结合电厂协同脱汞的要求，可以从以下几个方面对 WESP 进行优化调整。

1）材料的优化

为增加脱汞效率，通常会提高燃煤烟气中氯的含量，而这也对 WESP 材料的耐腐蚀性提出了更高的要求。相比于传统的 WESP 阳极材料，碳纤维、硅纤维和柔性纤维等材料是以后研究的方向。另外，有研究表明，以丙纶为阳极板材料的 WESP 对氧化汞和颗粒态汞的脱除效果要优于 316L 的金属材料[44]。因此，材料的选择也是影响 WESP 脱汞性能的一个重要因素。

2）可以采用干式 ESP 和 WESP 相结合的方式

考虑到增加除尘效果与协同脱汞有一定的关联性，可以采用在干式 ESP 后安装 WESP 装置，即干式 ESP 作为一级除尘装置，WESP 作为二级除尘装置，这种布置方式更有利于材料的防腐蚀及烟气中汞的脱除。

3）可以采用等离子增强型 WESP

MSE 技术应用公司和 CR 洁净空气技术公司合作开发的新技术将脉冲等离子运用于 WESP，使 WESP 能够脱除模拟烟气中 90%以上的元素汞[44]。其原理主要是利用电晕极产生的反应物将元素汞氧化，进而形成 Hg^{2+} 被 WESP 脱除。

参 考 文 献

[1] James D K，Charles B S，Ravi K S，et al. Control of mercury emissions from coal-fired electric utility boilers：Interim Report. Virginia：National Risk Management Research Laboratory，2002.

[2] Eswaran S，Stenger H G. Understanding mercury conversion in selective catalytic reduction (SCR) Catalysts. Energy & Fuels，2005，19(19)：2328－2334.

[3] Eswaran S，Stenger H G. Effect of halogens on mercury conversion in SCR catalysts. Fuel Processing Technology，2008，89(11)：1153－1159.

[4] Presto A A，Granite E J. Survey of catalysts for oxidation of mercury in flue gas. Environmental Science & Technology，2006，40(18)：5601－5609.

[5] Chao Y，Gao Z Y，Zhu J S，et al. Impacts of halogen additions on mercury oxidation，in a slipstream selective catalyst reduction (SCR)，reactor when burning sub-bituminous coal. Environmental Science & Technology，2008，42(1)：256.

[6] Lee C W，Srivastava R K，Ghorishi S B，et al. Investigation of selective catalytic reduction impact on mercury speciation under simulated NO_x emission control conditions. Journal of

the Air & Waste Management Association,2004,54(12):1560—1566.

[7] 许月阳,薛建明,王宏亮,等.燃煤烟气常规污染物净化设施协同控制汞的研究.中国电机工程学报,2014,(23):3924—3931.

[8] 王铮,薛建明,许月阳,等.选择性催化还原协同控制燃煤烟气中汞排放效果影响因素研究.中国电机工程学报,2013,14:12,32—37.

[9] Li H L,Li Y,Wu C Y,et al. Oxidation and capture of elemental mercury over SiO_2-TiO_2-V_2O_5 catalysts in simulated low-rank coal combustion flue gas. Chemical Engineering Journal,2011,169(1-3):186—193.

[10] Preciado I,Young T,Silcox G. Mercury oxidation by halogens under air- and oxygen-fired conditions. Energy & Fuels,2014,28(2):1255—1261.

[11] Yan N Q,Chen W M,Chen J,et al. Significance of RuO_2 modified SCR catalyst for elemental mercury oxidation in coal—fired flue gas. Environmental Science & Technology,2011,45(13):5725—5730.

[12] Zhang B K,Liu J,Dai G L,et al. Insights into the mechanism of heterogeneous mercury oxidation by HCl over V_2O_5/TiO_2 catalyst:Periodic density functional theory study. Proceedings of the Combustion Institute,2015,35(3):2855—2865.

[13] Zhang Y,Yang J P,Yu X H,et al. Migration and emission characteristics of Hg in coal-fired power plant of China with ultra low emission air pollution control devices. Fuel Processing Technology,2017,158:272—280.

[14] Zhao S L,Duan Y F,Chen L,et al. Study on emission of hazardous trace elements in a 350MW coal-fired power plant. Part 1. Mercury. Environmental Pollutation,2017,229:863—870.

[15] Pudasainee D,Kim J H,Yoon Y S,et al. Oxidation,reemission and mass distribution of mercury in bituminous coal-fired power plants with SCR,CS-ESP and wet FGD. Fuel,2012,93(1):312—318.

[16] Pudasainee D,Seo Y C,Sung J H,et al. Mercury co-beneficial capture in air pollution control devices of coal-fired power plants. International Journal of Coal Geology,2016,170(1):48—53.

[17] Zhou Z J,Liu X W,Zhao B,et al. Effects of existing energy saving and air pollution control devices on mercury removal in coal-fired power plants. Fuel Processing Technology,2015,131:99—108.

[18] Wei Y Y,Yu D Q,Tong S T,et al. Effects of H_2SO_4 and O_2 on Hg^0 uptake capacity and reversibility of sulfur-impregnated activated carbon under dynamic conditions. Environmental Science & Technology,2015,49(3):1706—1712.

[19] Mibeck B A F,Olson E S,Miller S J. $HgCl_2$ sorption on lignite activated carbon:Analysis of fixed-bed results. Fuel Processing Technology,2009,90(11):1364—1371.

[20] Presto A A,Granite E J,Karash A. Further investigation of the impact of sulfur oxides on mercury capture by activated carbon. Industrial & Engineering Chemistry Research,2007,46(24):8273—8276.

[21] Uddin M A, Yamada T, Ochiai R, et al. Role of SO_2 for elemental mercury removal from coal combustion flue gas by activated carbon. Energy & Fuels, 2008, 22(4): 2284－2289.

[22] Rumayor M, Diaz-Somoano M, Lopez-Anton M A, et al. Application of thermal desorption for the identification of mercury species in solids derived from coal utilization. Chemosphere, 2015, 119: 459－465.

[23] 罗光前,姚洪,黄永琛,等. 煤粉电站锅炉的汞形态及分布的比较//中国工程热物理学会燃烧学学术会议论文集. 天津:中国工程热物理协会, 2007: 573－580.

[24] 胡长兴,周劲松,何胜,等. 静电除尘器和湿法烟气脱硫装置对烟气汞形态的影响与控制. 动力工程, 2009, 29(4): 400－404.

[25] 李志超,段钰锋,王运军,等. 300MW 燃煤电厂 ESP 和 WFGD 对烟气汞的脱除特性. 燃料化学学报, 2013, 41(4): 491－498.

[26] Fthenakis V M, Lipfert F W, Moskowitz P D, et al. An assessment of mercury emissions and health risks from a coal-fired power plant. Journal of Hazardous Materials, 1995, 44(2): 267－283.

[27] Yokoyama T, Asakura K, Matsuda H, et al. Mercury emissions from a coal-fired power plant in Japan. Science of the Total Environment, 2000, 259(1-3): 97－103.

[28] 鲍静静,印华斌,杨林军,等. 湿法烟气脱硫系统的脱汞性能研究. 动力工程, 2009, 29(7): 664－670.

[29] 杨宏旻, Liu K L, Cao Y, 等. 电站烟气脱硫装置的脱汞特性试验. 动力工程, 2006, 26(4): 554－557, 567.

[30] 周婷. 钙基湿法烟气脱硫浆液中二价汞的还原影响因素研究[硕士学位论文]. 湘潭:湘潭大学, 2015.

[31] 尹正明,熊学云,吴其荣. WFGD 系统对汞的影响分析[J]. 中国资源综合利用, 2011, 29(7): 39－41.

[32] 闫君. 湿式静电除雾器脱除烟气中酸雾的试验研究[博士学位论文]. 济南:山东大学, 2010.

[33] Reynold J, Bayless D L, Calne J. Multi-pollutant control using membrane-based up-flow wet electrostatic precipitation. Ohio: Ohio University, 2004.

[34] Reynolds J. Multi-pollutent control using membrane-based up-flow wet electrostatic precipitation. DoEfinal Report. Ohio: Ohio University, 2004.

[35] Tang Q, Liu G, Yan Z, et al. Distribution and fate of environmentally sensitive elements (arsenic, mercury, stibium and selenium) in coal-fired power plants at Huainan, Anhui, China. Fuel, 2012, 95(1): 334－339.

[36] López-Antón M A, Díaz-Somoano M, Ochoa-González R, et al. Distribution of trace elements from a coal burned in two different spanish power stations. Industrial & Engineering Chemistry Research, 2011, 50(21): 12208－12216.

[37] Bhangare R C, Ajmal P Y, Sahu S K, et al. Distribution of trace elements in coal and combustion residues from five thermal power plants in India. International Journal of Coal Ge-

ology,2011,86(4):349—356.

[38] Wang S X,Zhang L,Li G H,et al. Mercury emission and speciation of coal-fired power plants in China. Atmospheric Chemistry & Physics Discussions,2010,10(3):1183—1192.

[39] Bartle K D,Lee M L,Novotny M. High-resolution GLC profiles of urban air pollutant polynuclear aromatic hydrocarbons. International Journal of Environmental Analytical Chemistry,1974,3(4):349—356.

[40] Horne R A. The Chemistry of Our Environment. New York:John Wiley & Sons,1978.

[41] Brown T D,Smith D N,Hargis R A,et al. Mercury measurement and its control:What we know,have learned,and need to further investigate. Journal of the Air & Waste Management Association,1999,49(6):628—640.

[42] US Environmental Protection Agency. Proposed national emission standards for hazardous air pollutants;and,in the alternative,proposed standards of performance for new and existing stationary sources;electric utility steam generating units,proposed rules. Federal Register,2004,69:4652—4752.

[43] 王铮. 燃煤电站汞排放规律及其协同控制技术研究[博士学位论文]. 南京:南京师范大学,2013.

[44] 丁承刚,罗汉成,潘卫国. 湿式静电除尘器及其脱除烟气中汞的研究进展. 上海电力学院学报,2015,31(2):151—155.